수학적 전투모델링과 컴퓨터 워게임

전쟁의 기억과 미래
Memories and the Future of War

권오정 저

이 책을 나라를 위해 헌신하는

국방인들과 그 가족들에게 바칩니다.

머리말

워게임은 전쟁 또는 전투를 모의하는 것입니다. 인류의 역사를 살펴보면 전쟁은 인간의 본성과 같이 항상 인간과 함께 있어 왔습니다. 인간이 태어나서 전쟁이 없는 시대에 살다 죽는 것이 어려운 일에 속할만큼 전쟁은 늘 인간의 언저리에서 머물고 있습니다. 20세기와 어간에 한반도에서는 청일전쟁, 러일전쟁, 태평양 전쟁, 한국전쟁 등이 있었고 세계적으로는 1, 2차 세계대전과 중일전쟁, 베트남 전쟁, 걸프전, 아프칸 전쟁, 이라크전 등이 있었으며 21세기에는 시라아전, IS 전 등 수많은 전쟁속에서 인류는 참혹한 시간을 보냈습니다.

전쟁을 통해 과학기술의 발전이 있었던 것도 사실입니다. 그것은 승리하기 위한 방법을 찾기 위해 현존하는 최첨단의 과학기술을 전장에 적용하고 미래의 과학기술로 신무기체계를 개발하여 적을 격멸시키기 위해서입니다. 컴퓨터, 인터넷, GPS, 핵발전 등이 전쟁에서 승리하기 위해 개발하여 민간영역으로 Spin-off 된 기술들입니다.

전쟁의 참혹함은 이루 말할 수 없지만 전쟁에서의 패배는 영토와 주권의 상실, 생명과 재산의 피탈뿐만 아니라 정상적인 생활을 불가능하게 하여 인간의 기본적 생활 여건과 인간성마저 파괴시킵니다.

군은 평시에 전쟁을 예방하는데 군사력을 사용하고 새로운 군사력을 건설하고 위기를 관리합니다. 전쟁 예방 실패시 군은 적과 싸워 승리하는데 모든 역량을 집중합니다. 전쟁에서의 승패는 유형적 무기체계의 양과 질, 병력의 수, 훈련수준, 전쟁지속능력, 지휘관의 능력, 사기, 군기 등 수많은 요소에 의해 결정됩니다. 전쟁을 준비해 보기 위해 실제 전투를 해 볼 수는 없습니다. 그러므로 전쟁을 대비하여 군사력을 건설하고 작전계획을 수립하고 대부대 지휘관 및 참모와 야전부대를 훈련시키는 것은 오직 워게임에 의해서만 가능한 것입니다.

만약 워게임의 논리나 데이터가 잘못되어 있다면 잘못된 워게임으로 군사력을 건설하고 작전계획을 수립하고 장병을 훈련하고 무기체계를 연구개발하고 전투발전요소를 식별하여 발전시키는 일은 잘못된 것입니다. 만약 워게임이 개인의 취미로 하는 것이라면 잘못되더라도 크게 상관할 일은 아니며 기업이 시장에 대한 워게임을 수행하여 잘못되었다면 기업만 어려움을 겪으면 됩니다. 그러나 국가가 수행한 워게임이 잘못된다면 전쟁에서의 패배의 한 원인이 될 수 있습니다. 이렇듯 국방분야에 적용되는 워게임은 어떤 조직에서 사용하는 것보다도 더 실전적이어야 하고 과학적이어야 합니다.

따라서 이 책의 목표는 워게임 역시 모델링 및 시뮬레이션을 군사적인 영역에 적용한 것이기 때문에 모델링 및 시뮬레이션을 이해하고 군사분야에서 사용되는 워게임의 논리와 방법을 소개하는 것입니다. 이 책은 KAIST 석박사과정 학생들의 강의록을 기초로 작성된 것이기 때문에 수학, 통계, 시뮬레이션과 같은 전문적인 사전지식이 필요합니다. 또한, 군사적인 내용이 많기 때문에 군사적인 사전지식도 일부 필요합니다.

이 책이 나오기까지 많은 격려를 아끼지 않은 KAIST 신성철 총장님과 방효충 KAIST 안보융합연구원장님, 산업 및 시스템공학과 학과장 이태식 교수님을 비롯한 학과의 모든 교수님들께 감사의 말씀을 드립니다. 특히, 저의 박사학위 지도교수이자 은사이신 박성수 교수님께 존경의 말씀을 드리고 싶습니다. 집필간 전적인 신뢰를 표시해주고 힘을 보태준 가족들에게도 사랑과 감사의 말을 전하고 싶습니다.

그러나 이 책은 많은 내용을 국내외 각종 도서와 논문, 인터넷으로부터 가져와 나름대로 해석하고 정리한 것이기 때문에 내용적으로 완벽하지 않을 뿐만 아니라 많은 오류가 있을 수도 있습니다. 독자들께서 오류를 지적해 주시면 부족한 부분은 향후 개정판을 통하여 발전시키고 더 많은 워게임에 대한 내용을 추가하여 발전시켜 나갈 것을 약속드립니다.

2019. 12. 20

KAIST에서 권오정

목 차

제 1장 국방 모델링 및 시뮬레이션 / 1

1.1 모델링 및 시뮬레이션 ··· 2
1.2 국방 모델링 및 시뮬레이션 ··· 4
1.2.1 국방 모델링 및 시뮬레이션 종류 ··· 4
1.2.2 Live 시뮬레이션 ··· 6
1.2.3 Virtual 시뮬레이션 ··· 7
1.2.4 Constructive 시뮬레이션 ··· 8
1.2.5 LVC(Live Virtual Constructive) 통합 체계 ··· 24
1.2.6 M&S 기술 ··· 27

제 2장 워게임 발전사 / 28

2.1 군(軍)에서의 워게임 ··· 29
2.2 워게임 발전 ··· 30
2.3 워게임 지도 형태 ··· 62
2.4 미니어처(Miniature) 워게임 ··· 65
2.5 보드(Board) 워게임 ··· 67
2.6 블럭(Block) 워게임 ··· 70
2.7 카드(Card) 워게임 ··· 73
2.8 컴퓨터(Computer) 워게임 ··· 74
2.9 전구 워게임 모델 ··· 75

제 3장 난수 / 94

3.1 난수(Random Number) ··· 95
3.1.1 중앙제곱(Middle-Square) 방법 ··· 98

3.1.2 중앙승법(Midproduct) 방법 ····· 99
3.1.3 상수승수(Constant Multiplier) 방법 ····· 100
3.1.4 가산합동(Additive Congruential) 방법 ····· 100
3.1.5 선형합동발생(LCG: Linear Congruential Generator) 방법 ····· 101
3.1.6 승산합동(Multiplicative Congruential) 방법 ····· 103

3.2 난수의 일양성 및 독립성 검정 ····· 105
3.2.1 일양성(Uniformity)과 독립성(Independence) 개념 ····· 105
3.2.2 일양성(Uniformity) 가설 검정 ····· 106
3.2.3 Kolmogorov-Smirnov(KS) 검정 ····· 109
3.2.4 독립성(Independence) 검정 방법 ····· 116
3.2.5 Run up, Run down 검정 ····· 117
3.2.6 Run above and blow the mean 검정 ····· 120
3.2.7 자동상관관계 검정(Test of Autocorrelation) ····· 129
3.2.8 Gap 검정 ····· 132
3.2.9 Poker 검정 ····· 134

3.3 확률변수값 생성 ····· 136
3.3.1 확률분포의 상호 관계 ····· 136
3.3.2 난수를 이용한 확률변수값 발생 방법 ····· 137
3.3.3 역변환법(Inverse Transform Method) ····· 137
3.3.4 (0,1) Uniform Distribution 확률변수값 생성 ····· 139
3.3.5 (a,b) Uniform Distribution ····· 140
3.3.6 지수분포(Exponential Distribution) ····· 141
3.3.7 삼각분포(Triangular Distribution) ····· 144
3.3.8 Weibull 분포(Weibull Distribution) ····· 145
3.3.9 Erlang 분포(Erlang Distribution) ····· 147
3.3.10 Logistic 분포(Logistic Distribution) ····· 148
3.3.11 Rayleigh 분포(Rayleigh Distribution) ····· 150
3.3.12 절단된 정규분포(Truncated Normal Distribution) ····· 153
3.3.13 경험적 분포의 확률변수 발생 ····· 154
3.3.14 표준 정규분포(Standard Normal Distribution) ····· 157
3.3.15 정규분포(Normal Distribution) ····· 161
3.3.16 Gamma 분포(Gamma Distribution) ····· 161

3.3.17 이산형 일양분포(Discrete Uniform Distribution) ··· 164
3.3.18 기하분포(Geometric Distribution) ··· 165
3.3.19 Poisson 분포(Poisson Distribution) ··· 167
3.3.20 이항분포(Binomial Distribution) ··· 169
3.3.21 채택/기각법(Aceeptance/Rejeciton Method) ··· 171

제 4장 시뮬레이션 / 177

4.1 시뮬레이션 개념 및 필요성 ··· 178
4.2 해석적 방법과 시뮬레이션 차이점 ··· 180
4.2.1 해석적 방법: What is the best ··· 180
4.2.2 시뮬레이션: What-if ··· 181
4.3 모델링(Modeling) ··· 181
4.4 시스템(System) ··· 182
4.5 시뮬레이션 절차 ··· 184
4.6 이산사건 시뮬레이션(DES: Discrete Event Simulation) ··· 192
4.6.1 이산사건 시뮬레이션 개념 ··· 192
4.6.2 DES World Views ··· 194
4.6.3 미래사건목록(FEL: Future Event List) ··· 195
4.6.4 시간관리방법 ··· 196
4.6.5 Bootstrapping ··· 198
4.6.6 시뮬레이션 종료 시간 결정 ··· 199
4.6.7 시뮬레이션 알고리즘 ··· 199
4.6.8 Event-scheduling DES ··· 201
4.6.9 Activity-scanning DES ··· 221
4.6.10 Process-interaction DES ··· 228
4.7 Monte Carlo 시뮬레이션 ··· 233
4.7.1 Monte Carlo 시뮬레이션 개요 ··· 233
4.7.2 원주율 찾는 문제 ··· 233
4.7.3 물품 구입량 결정 문제 ··· 235
4.7.4 표적 명중확률 구하는 문제 ··· 242
4.7.5 공산오차를 이용한 표적 명중확률 문제 ··· 244
4.7.6 곡선 아래 면적 구하는 문제 ··· 255

제 5장 표적 탐지 모의 / 257

5.1 표적 탐지모델 개요 ··· 258
5.2 간헐적 일별 탐지 모델(Intermittent Glimpses Model) ··· 259
5.3 탐색 기본 요건 ··· 262
5.4 Random 탐색 ··· 263
5.5 Scanned 탐색 ··· 265
5.6 탐지 여부가 확률로 표현될 때 단순 탐색 ··· 268
5.7 연속 탐지 모델 ··· 271
5.8 Inverse Law of Detection ··· 276
5.9 역입체 탐지법(Inverse Cube Laws of Detection) ··· 278
5.10 역제곱 탐지법(Inverse Square Laws of Detection) ··· 278
5.11 지역탐지 확률 ··· 280
5.11.1 완전 탐색(Exhaustive Search) ··· 280
5.11.2 무작위 탐색(Random Search) ··· 281
5.11.3 역 입체법 탐색법에 의한 탐색(Inverse Cube Law Search) ··· 282
5.12 1차원 탐색 ··· 285
5.13 일정한 속도를 가진 표적 탐지 ··· 287
5.14 표적이 전자기파를 방사하는 경우 탐지 ··· 292
5.15 측면거리(Lateral Range) ··· 294
5.16 측면거리곡선의 종류 ··· 296
5.16.1 Definite Range Lateral Range Curve Model ··· 296
5.16.2 Linear Lateral Range Curve Model ··· 296
5.16.3 Inverse Cube Lateral Range Curve Model ··· 296
5.17 무작위적으로 분포된 표적탐지 ··· 305
5.18 여러 명의 탐지자가 동시에 일정한 지역을 탐지 ··· 307
5.19 지상 탐색에서 측면거리 결정방법 ··· 312
5.20 수색 및 정찰 ··· 319
5.20.1 무작위적으로 수색(Random Search) ··· 319
5.20.2 Uniform Random Search ··· 322
5.21 평행 탐색 ··· 323

5.22 탐지지역과 시간을 고려한 무작위 탐색 ··· 328
5.23 이동표적 탐지모형 ··· 331
5.23.1 탐지모형을 위한 수식 유도 ··· 331
5.23.2 탐지율을 경험적으로 결정하는 방법 ··· 334
5.23.3 이동표적을 탐지하기 위한 일반적인 모델 ··· 337
5.23.4 일반화 모델 중 특정한 경우 ··· 338
5.25 지상군 전투모델에서 탐지논리 ··· 340
5.24 워게임에서의 탐지확률 산출 방법 ··· 343
5.24.1 식별 사이클 수 ··· 344
5.24.2 대비(Contrast) ··· 344
5.24.3 탐지기 성능척도 ··· 346

제 6장 표적 할당 모형 / 350

6.1 표적할당 모형 ··· 351
6.2 Lagrangian Relaxation and Branch-and-Bound ··· 352
6.2.1 문제 모형화 ··· 352
6.2.2 Branch-and-Bound 구조에서 Lagrangian Multiplier 최신화 ··· 355
6.2.3 실행가능해 찾기 ··· 356
6.2.4 Lagrangian Heuristic ··· 357
6.2.5 분기 규칙 ··· 359
6.3 A Branch-and-Price Algorithm ··· 360
6.3.1 문제 모형화 ··· 360
6.3.2 TP3를 새로운 모형으로 전환 ··· 362
6.3.3 Branch-and-Price 알고리즘 ··· 365
6.3.4 Subproblem 최적화 ··· 366
6.3.5 초기 실행가능한 열 ··· 367
6.3.6 분기 전략 ··· 368

제 7장 표적 공격 모의 / 370

7.1 전투 피해율 산출 ··· 371
7.1.1 표적 살상확률 ··· 371
7.1.2 1차원 모형 ··· 371

7.1.3 2차원 모형 ········ 379
7.1.4 조준오차가 없을 때 원형표적의 명중확률 ········ 385
7.1.5 각종 오차를 고려한 명중확률 계산 ········ 386
7.2 발사속도와 살상율 ········ 390
7.3 직접사격 모의 ········ 393
7.4 간접사격 피해 확률 ········ 399
7.4.1 곡사화기 특성 산출 ········ 401
7.4.2 탄착지점 판단 ········ 402
7.4.3 취약성 범주 ········ 403
7.4.4 취약성 범주별 치사면적 ········ 405
7.4.5 피해 함수 ········ 408
7.4.6 치사반경 구하는 법 ········ 415
7.4.7 간접사격 모의 절차 ········ 416
7.5 지상군 워게임에서 간접사격 모의방법 ········ 420
7.6 표적 명중 조건부 파괴확률 ········ 422
7.6.1 표적 피해효과 ········ 422
7.6.2 Kill 정의 ········ 423
7.6.3 표적 명중 조건부 파괴확률 구하는 방법 ········ 424
7.6.4 단발 사격에 의한 표적 취약성 계산 ········ 426
7.6.5 중복이 없는 Nonredundant Critical 구성품으로 구성된 경우 ········ 427
7.6.6 중복이 있는 Nonredundant Critical 구성품으로 구성된 경우 ········ 429
7.6.7 중복이 없는 Redundant Critical 구성품으로 구성된 경우 ········ 431
7.6.8 중복이 있는 Redundant Critical 구성품으로 구성된 경우 ········ 433
7.6.9 여러 발 사격의 경우 취약성 ········ 434
7.6.10 합동탄약효과교범(JMEM: Joint Munition Effectiveness Manual) · 440
7.6.11 AMSAA(Army Materiel Systems Analysis Activity) 보정방법론 · 450
7.6.12 한국국방연구원의 보정방법론 ········ 453
7.6.13 기존 무기체계와 표적 데이터를 기반으로 추정하는 방법 ········ 453
7.7 지상전 워게임의 근접전투 모의논리 ········ 463

제 8장 전투개체 지상이동 모의 / 470

8.1 개체 이동 모델링 ········ 471

8.1.1 이동 모델링 개요 ······ 471
8.1.2 정비상태와 지연상태 ······ 472
8.1.3 이동경로 구성 ······ 473
8.1.4 이동시간 계산 ······ 473
8.2 지상군 전투모델 '창조 21'의 이동 알고리즘 ······ 478
8.3 개체의 위치 갱신 알고리즘 ······ 483
8.4 가시선 분석 ······ 485
8.4.1 선형보간법 ······ 486
8.4.2 가시선 분석 절차 ······ 489

제 9장 네트워크 중심전 모의 / 494

9.1 네트워크 중심전(NCW: Network Centric Warfare) ······ 495
9.2 NCW 적용 영역 ······ 497
9.3 Schutzer의 C2(Command and Control) 이론 적용 ······ 499
9.4 NCW의 네트워크 효과 ······ 501
9.5 NCW 효과 측정 가능한 Metric 개발 ······ 503
9.6 창조 21 모델의 NCW 개념 발전 ······ 510
9.6.1 NCW 개념 적용 시 전장영향요소 분석 ······ 510
9.6.2 전투행위와 전투효과의 연관관계 분석 ······ 511
9.6.3 NCW 개념을 적용한 탐지논리 발전방향 ······ 512
9.6.4 NCW 개념을 적용한 교전논리 발전방향 ······ 516

제 10장 C4ISR 모의 / 524

10.1 C4ISR 모의 개념 ······ 525
10.1.1 C4ISR 모의 개요 ······ 525
10.1.2 C4ISR 모의 대상과 범위 ······ 527
10.2 DNS 모델 ······ 528
10.3 지상전 전투모델 '창조 21'에서 통신 모의 ······ 535
10.4 C4ISR 장비에 의한 탐지 ······ 536
10.4.1 SAR(Synthetic Aperture Radar) 레이더 모의 ······ 536
10.4.2 주파수 간섭 모의 ······ 538

10.4.3 전자전 모의 ··· 539
10.4.4 통신정보 탐지 모의 ··· 540
10.4.5 정보 융합 모의 ··· 541
10.5 C4ISR 체계의 MOP, MOE, MOO ··· 542

제 11장 민군작전 모의 / 544

11.1 민군작전 ··· 545
11.2 JMEM 모델 개관 ··· 547
11.2.1 JMEM 모델 개념 ··· 547
11.2.2 모델 구조 ··· 547
11.3 모델 논리 ··· 549
11.3.1 민간인 집단 구성 ··· 550
11.3.2 규칙 집합 ··· 551
11.3.3 민간인 집단 성향 ··· 552
11.3.4 상황 발생에 따른 관련사항 모의 ··· 554
11.3.5 민간인 활동 ··· 558
11.4 세부 구조 및 데이터 흐름 ··· 561
11.4.1 JIN(JNEM Input Component) ··· 561
11.4.2 JRAM(JNEM Regional Assessment Model) ··· 562
11.4.3 JOUT(JNEM Output Component) ··· 563
11.5 CBS 모델과 연동 관계 ··· 565
11.5.1 CBS 모델의 민사부대 모의 ··· 565
11.5.2 CBS 모델의 민사부대 활동 ··· 566
11.5.3 CBS 모델 내 JNEM 모의 구현 ··· 567
11.6 JNEM 모의논리 ··· 573
11.6.1 성향곡선(Attitude Curves) ··· 573
11.6.2 수준효과(Level Effect) ··· 574
11.6.3 기울기 효과(Slope Effects) ··· 576
11.6.4 기여도 측정 ··· 579
11.6.5 만족도 ··· 582
11.6.6 관심사항 ··· 583

11.6.7 종합만족도, 중요도, 집단 특성 ··· 583
11.6.8 장기적 추세 ··· 585

제 12장 지뢰 및 기뢰 모의 / 586

12.1 지뢰 및 기뢰 ··· 587
12.2 기뢰 및 지뢰 모의 방법 ··· 587
12.2.1 난수에 의한 방법 ··· 587
12.2.2 ENWGS(Enhanced Naval WarGaming System) ··· 589
12.2.3 The Uncountered Minefield Planning Model(UMPM) ··· 590
12.3 지뢰 제거 및 기뢰 소해 ··· 594
12.4 기뢰 소해부대의 취약성 ··· 596
12.5 소해 수준의 충분성 ··· 597
12.6 소해의 순차적 과정 여부 ··· 598
12.7 기뢰 형태의 다양성 ··· 598
12.8 다수 형태 Sweep 자산 존재 시 ··· 599
12.9 추가적 질문 ··· 599
12.9.1 기뢰 Sweep 최적화 모델 원형: OptSweep ··· 600
12.9.2 지뢰(기뢰) 게임 ··· 602
12.10 급조폭발물(IED: Improvised Explosive Device) ··· 607

제 13장 UAV 모의 / 610

13.1 무인기(Unmanned Aerial Vehicles) ··· 611
13.2 UAV 이동경로 문제 ··· 611
13.3 정찰-이동표적 탐지 ··· 619
13.4 무인 전투항공기(UCAV) ··· 625

제 14장 대테러와 대반군 모의 / 637

14.1 테러와 반군 ··· 638
14.2 자살 폭탄 효과 ··· 639
14.2.1 파편의 비산 ··· 640

14.2.2 Arena 모델링 ··· 642
14.2.3 군중에 의한 차단 효과 ··· 645
14.3 생물학 무기 테러에 대한 대응-천연두의 경우 ··· 650
14.3.1 전염병과 가능한 해결책 ··· 651
14.3.2 집단 백신접종 모델 ··· 653
14.4 대반군전 ··· 658
14.4.1 대반군전 모델 ··· 659
14.4.2 수치 예제 ··· 661

제 15장 DETERMINISTIC LANCHESTER 전투모형 / 666

15.1 개요 ··· 668
15.1.1 Homogenous Lanchester 모형 ··· 670
15.1.2 Heterogenous Lanchester 모형 ··· 670
15.1.3 전투의 수학적 해석 ··· 671
15.2 Lanchester Square Law ··· 674
15.2.1 어느 측이 승리할 것인가? ··· 676
15.2.2 t 시점에서 전투력 수준은? ··· 681
15.2.3 전투는 언제 종결될 것인가? ··· 683
15.3 Lanchester 1st Linear Law ··· 684
15.3.1 승리의 조건 ··· 685
15.3.2 전투 지속시간 ··· 686
15.4 Lanchester 2nd Linear Law ··· 687
15.4.1 승리의 조건 ··· 688
15.4.2 t 시점에서의 전투력 비율 ··· 690
15.5 Lanchester Mixed Law ··· 690
15.5.1 소규모 부대간 전투 ··· 690
15.5.2 비정규전 부대와 정규전 부대의 교전 전투 Modeling ··· 692
15.5.3 승리의 조건 ··· 693
15.5.4 Mixed Law에서의 전투에서 승리하는 요인 ··· 699
15.6 Lanchester Logarithm Law ··· 701
15.6.1 Logarithm Law 개요 ··· 701

15.6.2 t 시점에서의 전투력 비율 ········ 703
15.6.3 승리한 측의 잔여 전투력 ········ 704
15.7 Lanchester Geometric Mean Law ········ 704
15.8 Automatous Firing and Aiming Firing Law ········ 706
15.8.1 자동사격과 조준사격 개요 ········ 706
15.8.2 승리한 측의 잔여 전투력 ········ 707
15.8.3 전투 종료시점 ········ 707
15.8.4 t 시점에서 전투력 비율 ········ 709
15.9 Lanchester Law 전환 확률 ········ 710
15.9.1 Square Law ········ 710
15.9.2 1st Linear Law ········ 711
15.9.3 Logarithm Law ········ 711
15.10 증원과 비전투 손실이 있는 Lanchester 전투모형 ········ 713
15.11 Lanchester 전투모형의 확장 ········ 718
15.11.1 Helmbold 전투모형 ········ 718
15.11.2 Bracken 전투모형 ········ 722
15.11.3 Scheiber 전투모형 ········ 723
15.11.4 Hartly 전투모형 ········ 723
15.12 다양한 상황에서의 Lanchester 전투모형 ········ 724
15.12.1 Square 법칙에서 전투 중 전투력 증원이 있는 경우 ········ 724
15.12.2 Square 법칙에서 Blue Force의 항공지원이 있는 경우 ········ 724
15.12.3 Square 법칙에서 양측 모두 화력지원이 가용시 ········ 725
15.12.4 다양한 형태의 전투모형 Diagram ········ 725
15.13 Heterogeneous Lanchester 전투모형 ········ 728
15.14 전투종료 조건 묘사 ········ 729
15.15 Lanchester 법칙의 제한사항 ········ 732

제 16장 STOCHASTIC LANCHESTER 전투모형 / 734

16.1 확률과정 ········ 735
16.2 Poisson 과정 기반 전투모형화 ········ 735
16.3 지수형 Lanchester 방정식 ········ 737

16.4 확률적 결투 ··· 741
16.4.1 기본 결투 모델링 ··· 741
16.4.2 일반 결투 모델링 ··· 742
16.5 승리할 확률과 잔여 전투력 기댓값 ··· 744
16.6 전투 지속시간 기댓값 ··· 747

제 17장 AGENT BASED MODELING / 755

17.1 Agent Based Model(ABM) ··· 756
17.2 ABM 활용분야 ··· 760
17.3 ABM 기반 모델링 및 시뮬레이션 ··· 761
17.3.1 에이전트 기반의 NCW 전투모델링 시스템 설계 ··· 761
17.3.2 에이전트 기반모의를 통한 갱도포병 타격방안 연구 ··· 780

제 18장 분산 시뮬레이션 / 788

18.1 분산 시뮬레이션(Distributed Simulation) ··· 789
18.2 분산 시뮬레이션을 위한 기술 ··· 792
18.3 Federation ··· 793
18.4 HLA(High Level Architecture) ··· 794
18.5 Federation/Federate 규칙 ··· 797
18.6 OMT(Object Model Template) ··· 798
18.6.1 SOM(Simulation Object Model) ··· 799
18.6.2 FOM(Federation Object Model) ··· 801
18.6.3 MOM(Management Object Model) ··· 808
18.7 FED ID ··· 810
18.8 Interface Specification ··· 813
18.9 HLA의 기능 ··· 814
18.9.1 Federation Management ··· 816
18.9.2 Declaration Management ··· 819
18.9.3 Object Management ··· 823
18.9.4 Ownership Management ··· 825
18.9.5 Time Management ··· 827

18.9.6 Data Distribution Management ··· 838
18.10 RTI(Run Time Infrastructure) ··· 841
18.11 Federation 연동 방법 ··· 844
18.11.1 연동수준에 의한 분류 ··· 844
18.11.2 GateWay ··· 846
18.11.3 Bridge ··· 847

제 19장 MULTI-RESOLUTION MODEL / 851

19.1 다중 해상도 모델(MRM: Multi-resolution Model) ··· 852
19.1.1 MRM 개념 ··· 852
19.1.2 MRM 기법 ··· 854
19.2 MRM 도전 과제 ··· 857
19.2.1 연동 구조 및 방식 결정 ··· 859
19.2.2 해당도 전환 방식 ··· 861
19.2.3 데이터 전송 방법 ··· 864
19.2.4 동기화 ··· 868
19.3 A/D(Aggregation/Disaggregation) 기법 ··· 868
19.3.1 A/D 기법의 구현방법 ··· 868
19.3.2 Disaggregation 조건 설정 ··· 871
19.3.3 데이터 변환 규칙 ··· 875
19.3.4 데이터 일관성 유지 ··· 880
19.4 UNIFY 기법 ··· 883
19.4.1 정보 요청법 ··· 883
19.4.2 정보 공지법 ··· 885
19.4.3 정보 공유법 ··· 886

제 20장 SITUATIONAL FORCE SCORING 방법 / 889

20.1 SFSM(Situational Force Scoring Methodology) ··· 890
20.2 SFS 방법론 진행 절차 ··· 890

■ 참고문헌 ··· 927
■ 찾아보기 ··· 939

제1장

국방 모델링 및 시뮬레이션

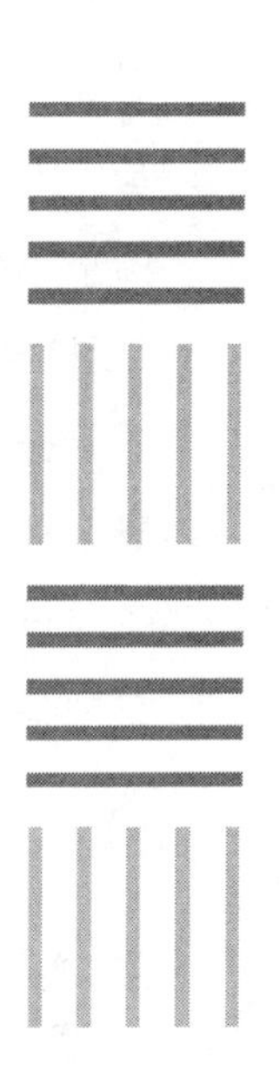

1.1 모델링 및 시뮬레이션

모델(Model)은 하나의 시스템, 개체, 현상, 프로세스의 물리적, 수학적, 논리적 표현이다. 모델링(Modeling)은 관심 시스템과 그 동작원리를 수학적, 물리적, 또는 논리적으로 표현하는 방법을 말하며 수리적 모델, 논리적 모델, 물리적 모델이 있다. 일반적으로 모델링은 시스템 속성과 그 동작에 대한 표현활동이며 현실세계 또는 시스템에 대한 표현을 직접적으로 할 수 있지만 대부분 시스템 이론 또는 시스템 모델링 이론을 바탕으로 시스템과 그 동작원리를 추상화한다.

시뮬레이션(Simulation)은 모델을 이용하여 시간 순차적으로 시스템을 동작시키는 실험을 말한다. 자동차나 항공기 시스템에서부터 사회현상, 전쟁 등에 대해 특정 상황이 주어지면 어떤 결과가 초래되는지(What-if)에 대한 강력한 분석 수단이라고 할 수 있다.

수학적 모델, 수학 모델 또는 수리 모델은 수학적 개념과 언어를 사용한 시스템의 서술이다. 수학적 모델을 개발하는 과정은 수학적 모델링이라고 한다. 수학적 모델은 물리학, 생물학, 지구과학, 기상학 등 자연과학, 컴퓨터 과학, 인공지능 등 공학 부문, 경제학, 사회학, 정치학 등 사회과학에 사용된다. 물리학자, 엔지니어, 통계학자, 운용 과학 분석가, 경제학자들은 수학적 모델을 매우 광범위하게 사용한다.

하나의 모델은 시스템을 설명하는 것과 다른 구성 요소들의 영향도에 대한 연구를 도와주고 행위에 대한 예측을 가능케 한다. 수학적 모델들은 보통 관계와 변수로 이루어진다. 관계는 연산자에 의해 기술된다. 변수는 시스템 매개변수를 추상화한 것으로 양자화된다. 일부 분류기준은 자신의 구조에 따라 수학적 모델을 위해 사용될 수 있다. 수학적 모델은 다음과 같이 구분할 수 있다.

- 선형, 비선형 모델
- 정적, 동적 모델
- 명시적, 암묵적 모델
- 비연속적, 연속적 모델
- 결정적, 확률 과정 모델
- 연역적, 귀납적, 유동적 모델

논리적 모델은 개념적 구조를 논리적 형태로 모델링하여 데이터 베이스의 논리적 구조로 표현하는 도구이다. 개체-관계 모델(E-R Model: Entity-Relationship Model)은 개념적 데이터 모델로서 개체와 개체 간의 관계를 이용해 현실 세계를 개념적 구조로 표현한다. 개체-관계 모델의 핵심 요소는 개체, 속성, 관계이다. 개체-관계 다이어그램(E-R Diagram)은 개체-관계 모델을 이용해 현실 세계를 개념적으로 모델링한 결과물을 그림으로 표현한 것이다.

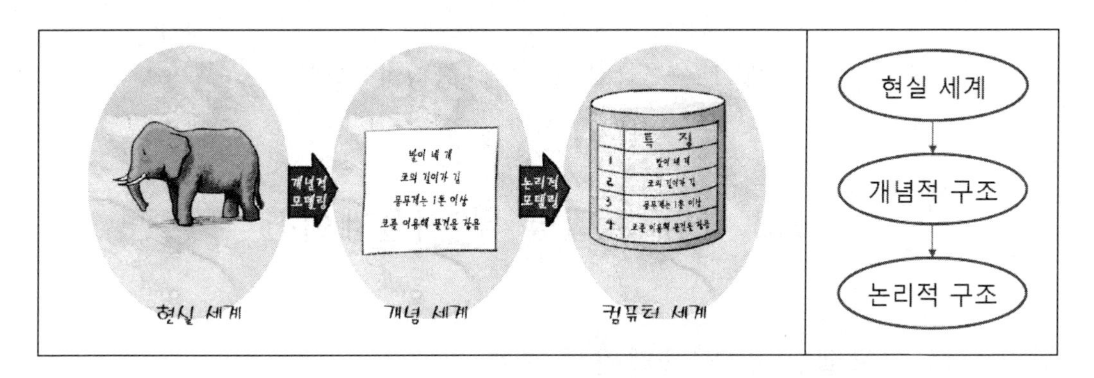

그림 1.1 모델링 과정

개념 모델을 거쳐 논리 모델까지 완료되면 모델링의 요구사항은 모두 데이터 모델에 반영된 상태이다. 이제부터는 구현을 위한 물리적인 구성과 실제 구현을 위한 설계를 해야 할 물리적 모델링 단계이다.

물리적 모델링은 실제시스템을 물리적으로 제작하여 현실세계에서 실체계가 운용되는 모습을 보기 위해 만든 모형을 제작하는 것이다. 모형비행기를 만들어 풍동실험을 해 본다든지 모형함정을 만들어 수조에서 거동을 관찰한다든지 하는 것이다.

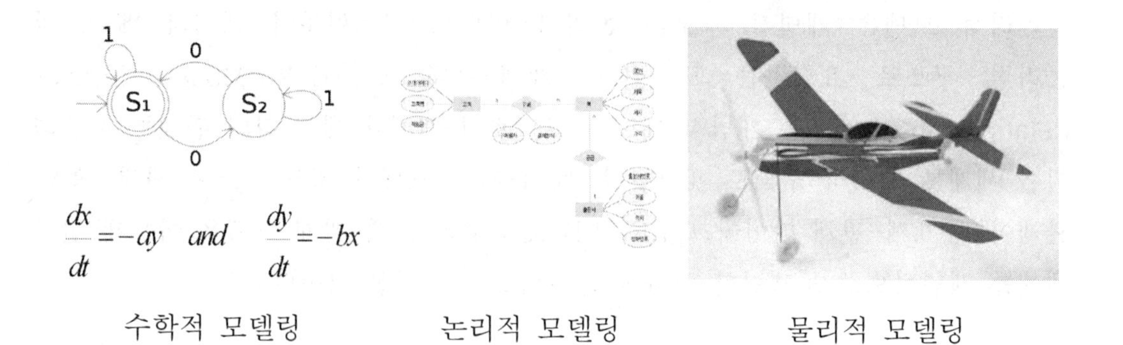

그림 1.2 수학적, 논리적, 물리적 모델링

1.2 국방 모델링 및 시뮬레이션

1.2.1 국방 모델링 및 시뮬레이션 종류

M&S 기술은 경제, 국방, 사회, 공공, 환경, 원자력 등 거의 모든 영역에서 활용 중이며 그 구현 기반이 되는 정보기술의 급속한 발달로 나날이 그 효용성이 높아지고 있다. 모델링 및 시뮬레이션을 국방분야에 적용한 것이 국방 모델링 및 시뮬레이션이다. 국방의 궁극적인 목표는 평시에는 전쟁을 억제하는 것이며 전쟁이 발발하면 전쟁에서 승리하는 것이다. 국방에서의 군사력 건설, 작전계획 수립, 무기체계 개발, 개인 및 부대 훈련, 전투발전 요소 개발 등의 다양한 요구는 국방 모델링 및 시뮬레이션을 더욱 더 필요로 한다. 왜냐하면 전투는 전쟁상황이 아니면 실제로 해 보기가 불가능한 것이며 실제세계에서 이러한 국방의 요구를 실험하는 것은 엄청난 자원과 시간을 요구하기 때문이다.

국방 M&S 를 형태에 따라 분류하면 실제(Live), 가상(Virtual), 구조(Constructive) 시뮬레이션으로 나눌 수 있다. Live 시뮬레이션은 육군과학화전투훈련단(KCTC: Korea Combat Training Center)과 같은 실기동 시뮬레이션을, Virtual 시뮬레이션은 UAV(Unmanned Aerial Vehicle)와 같은 시뮬레이터를, Constructive 시뮬레이션은 창조 21 모델과 같은 워게임을 말한다.

Live

Virtual

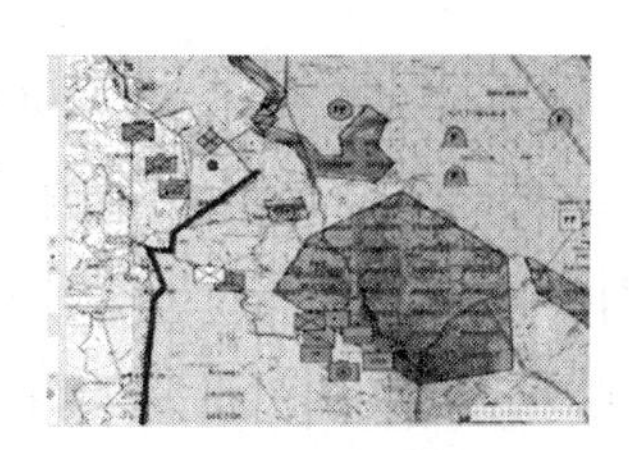

Constructive

그림 1.3 Live, Virtual, Constructive 시뮬레이션

표 1.1 은 Live, Virtual, Constructive 시뮬레이션 내용 및 특징을 기술한 것이다.

표 1.1 Live, Virtual, Constructive 시뮬레이션 내용 및 특징

구분	내용 및 특징
Live	실제 시스템 운영에 실제 사람이 참여하는 시뮬레이션 유형으로 사격훈련장, 과학화 훈련장 및 야외기동훈련 등이 있다.
Virtual	시스템 운영에 실제 사람이 참여하는 시뮬레이션 유형으로 항공기, 화력통제자원 운용 및 통신 등과 같은 분야에서 임무숙달 연습을 위해 핵심역할에 인간을 참여시키는 HITL(Human-In-The-Loop) 개념의 각종 시뮬레이터가 대표적이다.
Constructive	모의되는 시스템의 운영에 모의되는 사람이 참여하는 시뮬레이션 유형으로 실제 사람은 이러한 시뮬레이션에 입력은 제공하나, 시뮬레이션의 결과결정 과정에는 전혀 관여하지 않는다. 워게임이 대표적이다.

Live, Virtual, Constructive 시뮬레이션은 각각 장점과 단점을 가지고 있는데 표 1.2 와 같다. 특정 시뮬레이션 형태가 모든 관점에서 우수하거나 열등한 것은 없다. 각 시뮬레이션이 특정한 기능과 장단점을 가지고 있어 국방 M&S 를 설계하고 적용할 때는 가장 적합한 시뮬레이션을 선택해야 하고 이러한 장점을 결합하여 단점을 보완하려는 LVC 통합체계를 구축하려고 노력 중이다.

표 1.2 Live, Virtual, Constructive 시뮬레이션 장점과 단점

구 분	장 점	단 점
Live	• 실전적 훈련 체험	• 훈련기회 부족, 개발비용 과다 • 대부대 훈련 제한 • 인접부대 상황조성 제한
Virtual	• 조종, 포술 등 장비 숙달 • 반복훈련 가능	• 개발비용 과다 • 전술 훈련 제한
Constructive	• 훈련비용 저렴 • 대부대 지휘관 참모 전투지휘절차 훈련 가능	• 실제 부대 실전체험 제한 • 가상 데이터로 묘사 • 세부 묘사 제한

1.2.2 Live 시뮬레이션

Live 시뮬레이션은 실제 사람이 실제 장비를 가지고 실시하는 시뮬레이션이다. 국방분야의 대표적인 Live 시뮬레이션 형태는 과학화 전투훈련으로서 레이저를 발사하는 마일즈(Miles) 장비를 착용 또는 장착하여 훈련을 실시한다. 실제 전투의 모습대로 전투를 진행하며 레이저로 피격여부를 판단하고 인원의 경우 두부, 흉부 등 주요 부위를 맞았을 때는 사망, 팔 다리 피격시는 중상으로 처리한다. 장비의 경우도 이와 유사한 방법으로 파괴여부를 판단하며 중상 또는 사망한 병사로부터 발사된 마일즈 장비는 상대 표적을 공격했을 때 피해를 주지 못한다. 전투에 참여하는 전투원은 본인이 피격된 것을 휴대하는 전시창으로 확인이 가능하다.

또, 통제반에서는 부대의 이동경로나 각개 인원과 장비의 위치를 시간별로 알 수 있고 피해가 누구로부터 발사된 장비로부터 발생한 것인지를 알 수 있다.

따라서 사후검토 시간에 부대의 지휘조치의 적절성과 전투의 효율성에 대해 알 수 있다. 이러한 훈련으로 가장 실전적인 훈련을 할 수 있으나 이 훈련에 가장 적합한 대상은 야전에서 적과 실제 전투를 하는 전투원들과 소부대들이다.

그림 1.4 Live 시뮬레이션(과학화 전투훈련)

1.2.3 Virtual 시뮬레이션

Virtual 시뮬레이션은 실제 인원이 가상 환경에서 실시하는 시뮬레이션으로 따라서 HITL(Human-In-The-Loop)라고 할 수 있으며 국방에서 사용되는 Virtual 시뮬레이션은 대표적으로 시뮬레이터가 있다. 국방에서 시뮬레이터는 유무인 항공기, 함정, 전차, 장갑차, 화포, 대공화기, 정비체계 등 다양한 분야에서 폭넓게 사용되고 있다.

실제 장비를 운용하기 전 장비숙달을 위한 시뮬레이터가 있으며 전술훈련을 하기 위한 훈련용 시뮬레이터가 있다. 시뮬레이터를 사용함으로써 장비에 대한 친숙도가 증가하고 실제 훈련에 소요되는 비용을 상당부분 절감할 수 있다. 뿐만 아니라 다양한 상황에서 장비숙달이나 훈련을 함으로써 융통성 있는 대처가 가능한 능력이 향상된다.

전술훈련용 시뮬레이터는 개별 장비 단독훈련뿐만 아니라 다른 인접 장비와의 통신으로 공동의 상황을 가지고 제대별 지휘자 및 지휘관 통제하 전술훈련을 할 수 있다. 향후 더 확장하여 이종 시뮬레이터간 연동도 보편화 될 것으로 예상된다.

전투기 시뮬레이터

전차 시뮬레이터

시뮬레이터 화면

장갑차 시뮬레이터

그림 1.5 Virtual 시뮬레이션(시뮬레이터)

1.2.4 Constructive 시뮬레이션

Constructive 시뮬레이션는 가상의 인원과 장비가 가상의 환경속에서 실시하는 시뮬레이션이다. 국방 분야에서는 워게임이 대표적이다. 국방 M&S에서는 활용목적과 형태 등에 따라 그림 1.6과 같이 훈련용, 분석용, 획득용, 합동/전투실험용으로 분류할 수 있다.

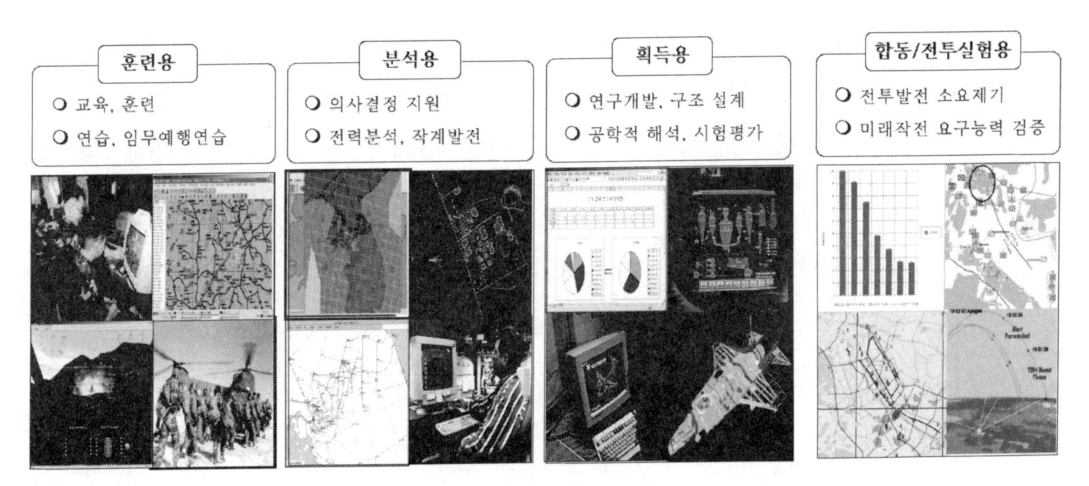

그림 1.6 Constructive 시뮬레이션 용도

훈련용 워게임은 가상 전장환경을 구성하여 지휘관 및 참모를 훈련시키는 목적으로 실시하는데 사용된다. 훈련의 대상은 훈련대상 부대의 지휘관 및 참모이며 주로 연합부대 및 합동부대, 작전사, 사·군단을 대상으로 한다. 훈련부대의 모든 예하부대들이 참여하지 않기 때문에 예하부대가 대항군과 전투하는 상황은 워게임을 통해 묘사하고 대항군은 연습의 목표를 달성하기 위해 운용된다. 훈련대상 부대와 대항군을 통제하여 연습목표를 달성하도록 상황을 조정통제하는 훈련통제실이 있다. 훈련이 종료되고 난 이후 워게임에서 나온 결과로 훈련대상 부대의 지휘관 및 참모가 조치한 사항에 대해 교훈을 얻기 위한 사후검토를 실시한다.

워게임 사후검토

워게임의 사후검토모델은 모의 결과 및 훈련진행상태를 수집·저장·분석할 수 있는 체계이다. 상황도를 이용하여 각 제대별, 시간별, 특정작전별 상황전시와 상황재연을 할 수 있고, 인원, 장비, 교전, 피해 등 전장기능별 현황조회와 분석, 지역별, 국면별 상황재연 그리고 디지털 지도를 이용하여 가시선 거리 측정 기복도 등 지형분석 기능을 제공한다. 사후검토 모델은 전투모의에 의한 연습을 수행한 경험과 결과를 바탕으로 어떠한 현황이 연습간 필요할 것인가를 과학적이고 계량적으로 분석한 결과 요구사항이 나와 구현한 것이다.

사후검토 모델을 통해 연습간 진행된 모든 상황을 검토하여 교훈을 얻을 수 있고 사후검토를 원활히 진행할 수 있다. 지휘관이 어떤 국면에서 어떤 결심을 하였고 부대는 어떻게 기동했으며 적과 교전하여 어떤 피해가 발생했는지에 대해 데이터로 설명할 수 있다.

표 1.3 사후검토 모델 기능

주요 기능	세부 기능
상황전시	• 지도전시(벡터 지도, 래스터 지도) • 전시정보 선택 • 관심목록 • 지도 이동(부대명, 지명, 좌표) • 투명도 편집
상황재연	• 특정국면 상황재연 • 상황도 저장
현황 조회 및 분석	• 정형화 자료 조회 • 엑셀 출력 • 그래프 전시
지형분석	• 가시선 분석 • 단면도 분석 • 거리 측정

상황재연 기능에서는 연습 전체 또는 특정기간에 대한 재연이 가능하다. 상황재연을 원하는 시간대를 입력하고 전시하기를 원하는 전투개체를 피아별, 부대별, 부대속성별로 구분하여 표시하면 이에 상응하는 상황재연용 로그파일이 생성되면 상황을 시간 진행속도를 조절하여 상황을 재연해 볼 수도 있고 순간화면을 캡쳐하여 저장할 수도 있다.

현황조회 및 분석기능에서는 현황 데이터에 대한 조회가 가능하고 엑셀 형태 파일로 전환하거나 다양한 그래프 형태로 현황을 확인할 수 있는 기능을 제공한다. 예를 들면 지휘통제분야에서는 전투력 복원에 대한 현황통계를 볼 수 있고 정보분야에서는 정보와 전자전 자산현황과 종심표적 정보와 피해현황을 볼 수 있다. 기동분야에서는 전력현황을 세부적으로 제공해 주며 화력이나 방공, 전투근무지원분야에서 다양하게 데이터를 수집할 수 있다. 지형분야에서는 디지털 지도인 벡터지도를 활용하여 거리측정, 단면도 분석, 가시선 분석 등이 가능하다. 이러한 기능을 활용하여

기동부대의 기동이 적절한지, 장애물 설치의 적절성, 통신소 위치 설정의 적절성, 전투력 변화 추이, 탄약 통제보급율 초과사용 분석 등을 분석할 수 있다.

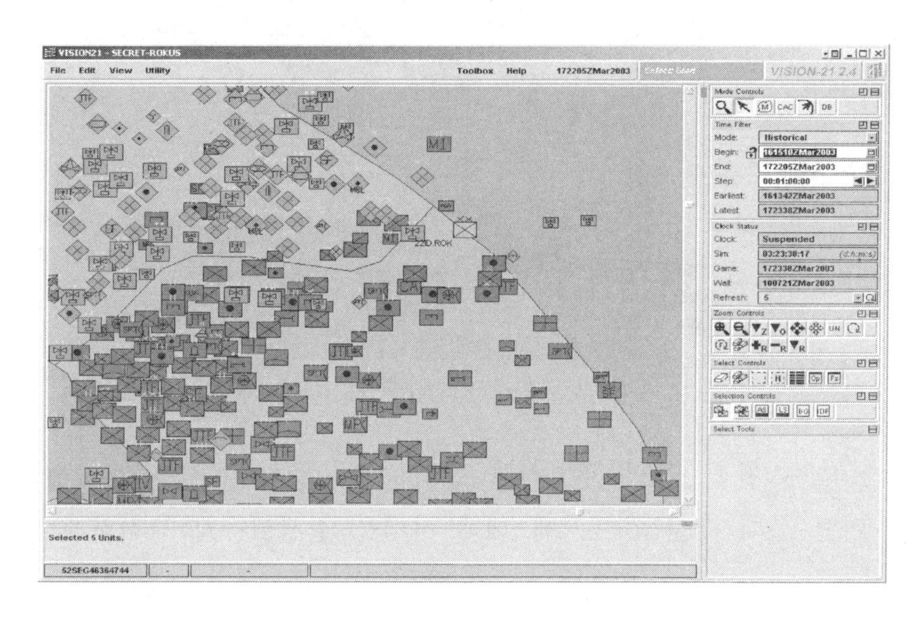

그림 1.7 미군 사후검토모델 '비전 21' 화면

그림 1.8은 사후검토모델 KAAR의 특정시점의 상황재연 기능을 표현한 것이다. KAARS는 한국군 지상전 전투모델 '창조 21'의 사후검토모델로서 '창조 21'에서 발생한 모든 전투상황을 사후검토할 수 있는 모델이다. 특정시점의 상황재연은 투명도를 지도에 동시에 보일 수 있고 특정시점에 부대들의 위치와 현황을 볼 수 있다. 일정 시간 간격으로 저장해서 시간 경과로 보면 작전 진행경과를 볼 수 있다.

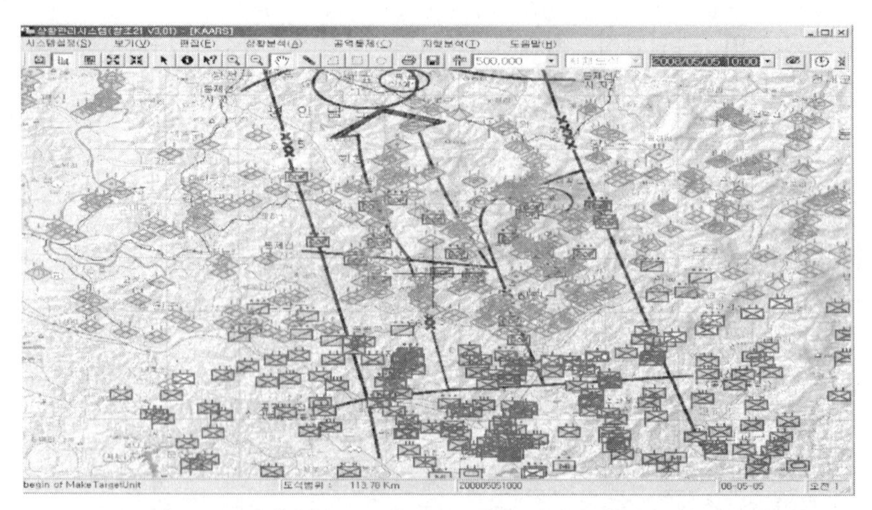

그림 1.8 사후검토모델 KAARS 의 상황 재연 기능

그림 1.9 는 전장기능별 주요상황 분석 기능 중 사격현황 분석을 나타낸 것이다. 어떤 부대가 어느 표적에 대해 사격을 실시했는지 도식화해서 볼 수 있다.

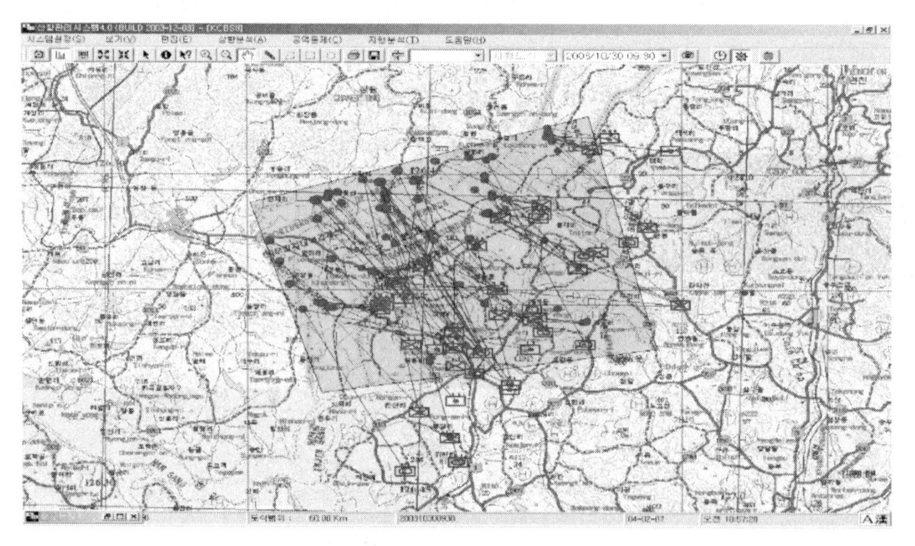

그림 1.9 사후검토모델 KAARS 의 사격현황 분석 기능

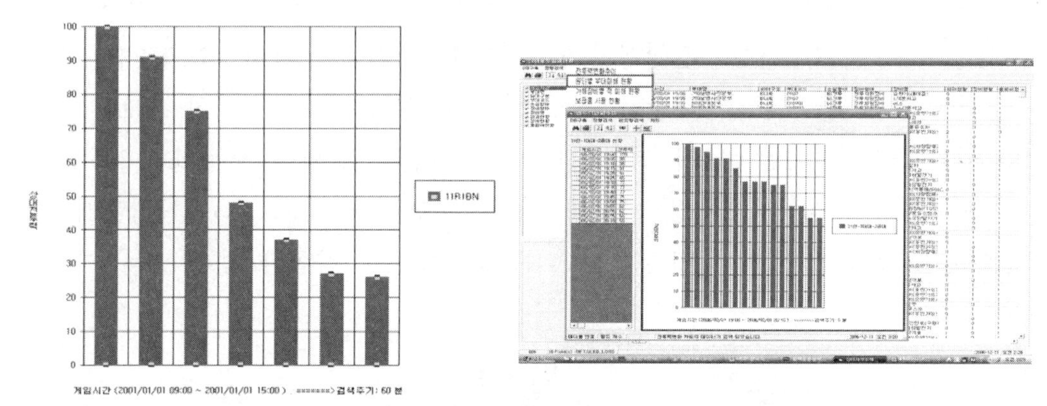

그림 1.10 사후검토모델 KAARS 의 각종 통계기능

훈련용 워게임의 하나의 특징은 분석용 워게임과는 다르게 훈련대상 부대와 대항군이 결정한 부대이동과 화력운용, 정찰활동 등을 명령을 워게임 모델에 입력하는 게임어가 있다는 점이다.

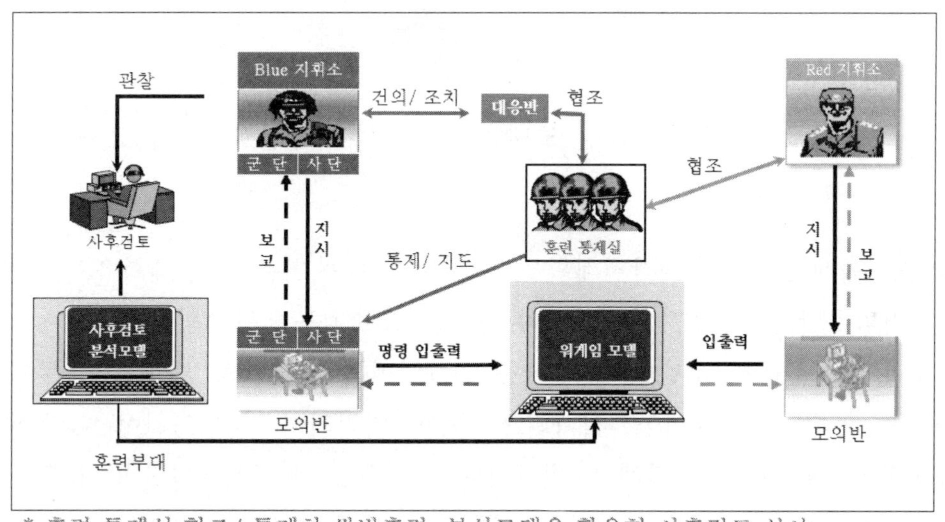

* 훈련 통제실 협조/ 통제하 쌍방훈련, 분석모델을 활용한 사후검토 실시

그림 1.11 워게임을 이용한 전투지휘훈련

전투지휘훈련시 1 개의 워게임 모델로 가상 전장상황을 구성할 수도 있으나 현재는 다수의 워게임 모델을 연동시켜 더 실전적인 가상 전장상황을 묘사하기도 한다. 육군의 경우 초기 전투지휘훈련에서는 창조 모델 단독으로 가상

전장상황을 구성하였으나 현재는 '창조 21' 모델, '전투근무지원' 모델, '화랑' 모델을 연동하여 가상 전장상황을 구성하고 있다. 한미 연합연습 시에는 한국군과 미군의 지상전, 해상전, 공중전, 상륙작전, 전투근무지원, 정보 모델 등 20 여개 모델들이 연동되어 더 실전적인 가상전장 상황을 구성한다. 다수 모델 연동에 의한 가상 전장환경 구성에 대한 기술은 제 18 장 분산시뮬레이션을 참조하라. 그림 1.12 에서 Blue Player 는 훈련대상인 지휘관 및 참모들이다.

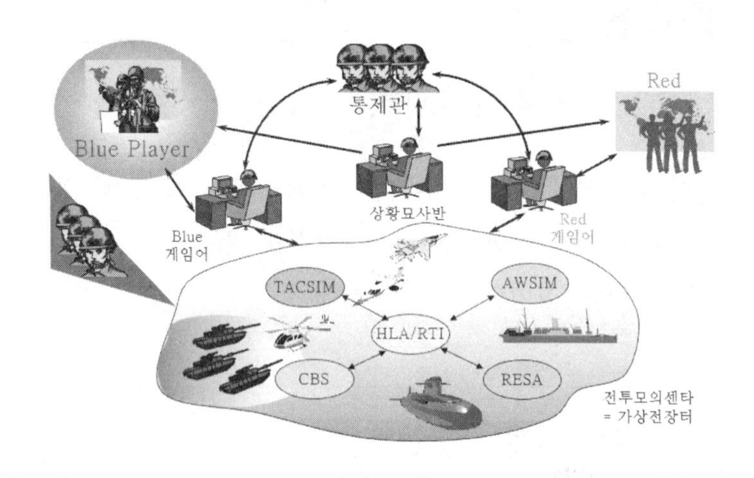

그림 1.12 다수 워게임 모델을 연동하여 가상전장상황을 묘사

분석용 워게임은 주로 작전계획을 발전시키거나 기존 작전계획을 검증하고, 국방개혁의 안을 검토하여 최적의 안을 도출하는 등 의사결정에 관련된 분석분야에 사용하는 모델이다. 분석용 워게임에는 피아간의 부대구조, 무기체계 수량 및 능력, 부대 이동 시나리오 등이 입력되어 전투조건이 갖추어지면 자동교전이 이루어지고 피해가 발생하며 전투종료 및 전투이탈과 같은 활동, 병력과 장비의 보충 및 증원 등이 이루어져 사전에 설정한 안에 대해 분석을 하는 기능이 있다.

그림 1.13 은 분석용 워게임의 상황도를 나타내고 있는데 메뉴창과 부대 목록창, 모의 엔진/상황도 정보창, 명령 단축 아이콘 등이 있다.

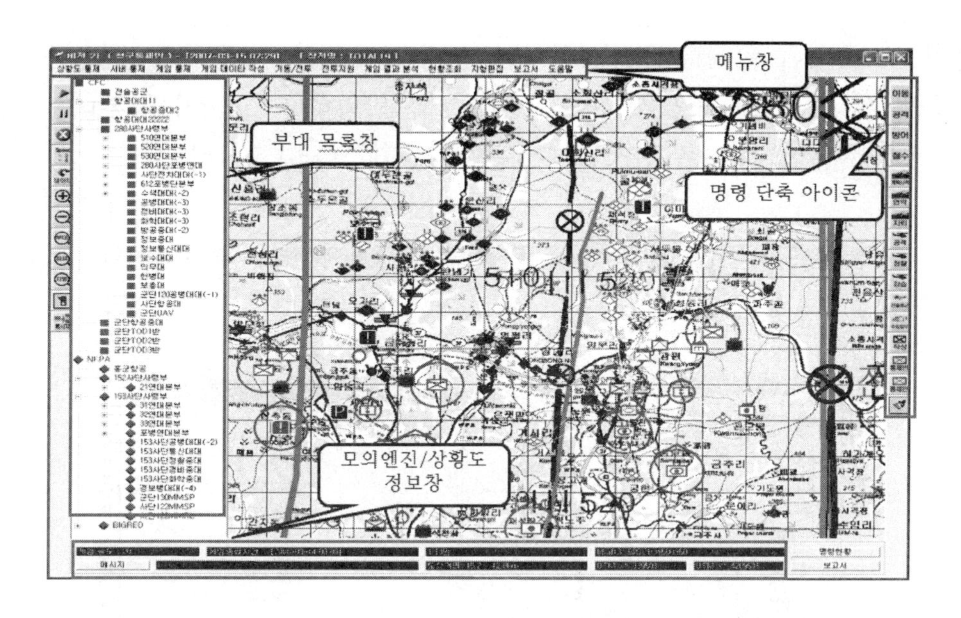

그림 1.13 분석용 워게임 모델 상황도 전시

분석용 워게임에서는 먼저 기초 데이터를 구축해야 하는데 이 단계에서 각종 매개변수를 편집한다. 무기체계 특성, 모의변수 등 입력하고 확인 및 수정을 하는 단계이다. 그림 1.14 와 같이 직사화기와 곡사화기의 특성과 살상율, 탐지자산의 탐지율 등의 매개변수를 설정하는 단계이다.

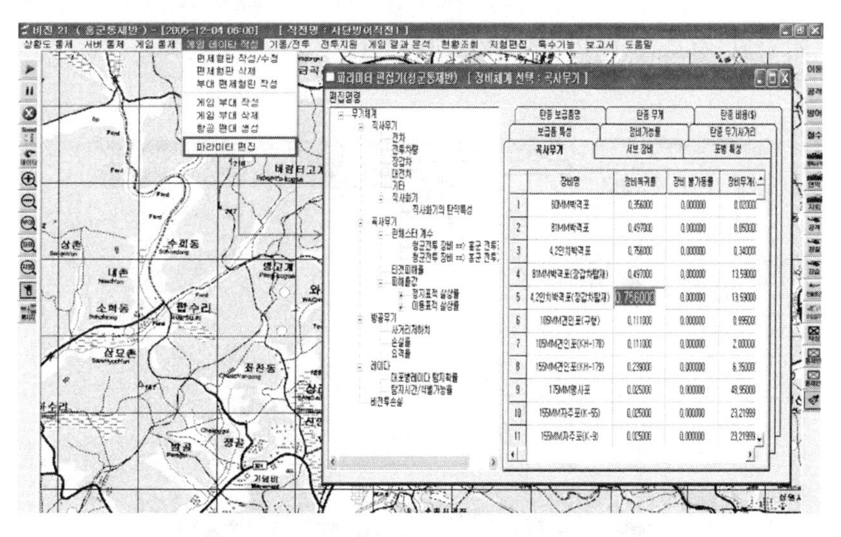

그림 1.14 워게임 기초 데이터 구축

인원 및 장비의 편제형판을 사용하여 부대가 보유한 장비의 수량을 작성하고 부대유형 및 위치 등 게임을 하는 부대정보를 입력한다. 모의하는 부대수준으로 모든 장비 수량 및 구조를 편성해야 하기 때문에 상당한 시간이 소요된다.

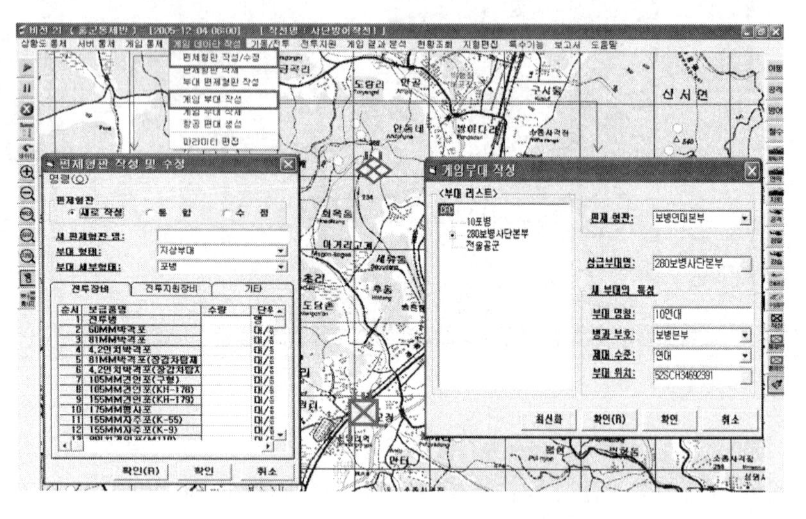

그림 1.15 인원 및 장비 현황 구축

다음은 시나리오를 작성하는 단계인데 이동할 부대를 지정하고 이동경로를 입력한다. 어느 부대가 언제 어느 경로를 따라 기동하고 작전을 수행하는지 입력한다. 지정된 경로를 따라 부대가 이동한다.

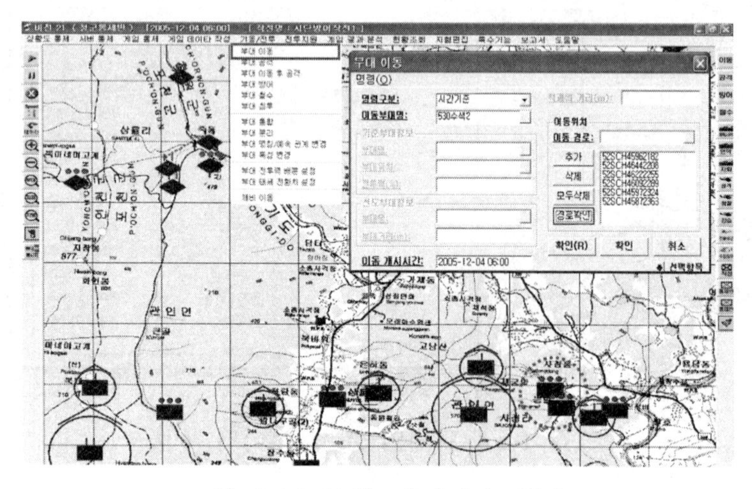

그림 1.16 분석 시나리오 구축

다음은 화력지원을 위해 사격임무, 관측부대, 표적위치 정보를 입력하고 전투근무지원을 위해 부대보급에 대한 정보를 입력한다.

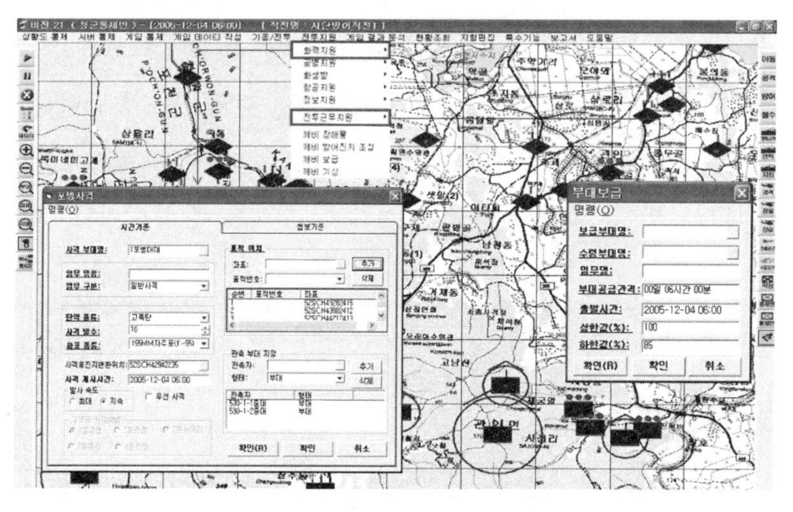

그림 1.17 화력지원 임무 정보입력

데이터 입력이 종료되면 모델을 운용하여 주요 전투경과를 확인하고 명령과 시나리오 오류를 찾아 수정한다. 모델 운용은 주로 'Run' 명령을 입력하여 모델 내에서 사전 구축된 모의 논리에 따라 전투가 실시된다. 현재 컴퓨팅 속도가 비약적으로 발전하여 이 단계에는 그렇게 많은 시간이 소요되지는 않는다.

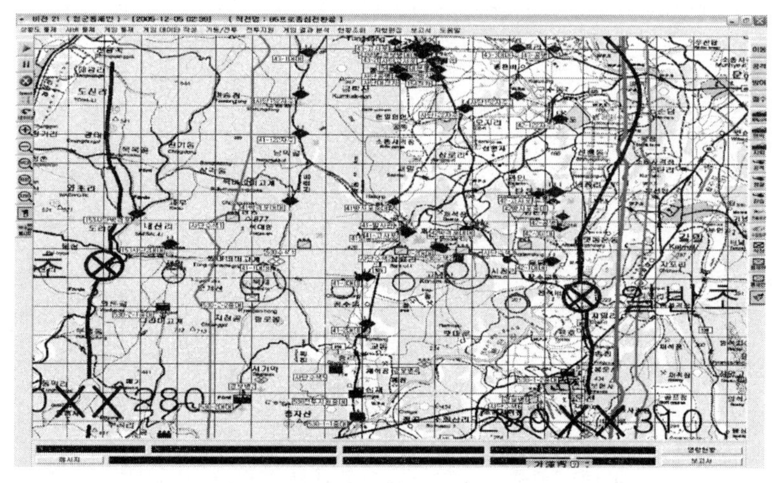

그림 1.18 전투모의 진행

마지막으로 사후검토를 하는 단계인데 전투력변화 추이, 원인별 부대피해 현황 등 모델에서 제공되는 정형화된 형태로 워게임 결과를 분석하기도 하고 포병피해현황, 근접전투피해현황, 장비보급 현황 등 비정형검색을 통해 분석한다. 최종적으로 부대전투력 현황, 병력·장비·포병사격 현황 등 종합현황으로 워게임 결과를 분석한다. 현재 개발된 대부분의 워게임은 비정형 데이터를 찾아 엑셀 형식으로 데이터를 받아 그래프와 같은 시각적 효과를 강화시키고 있다.

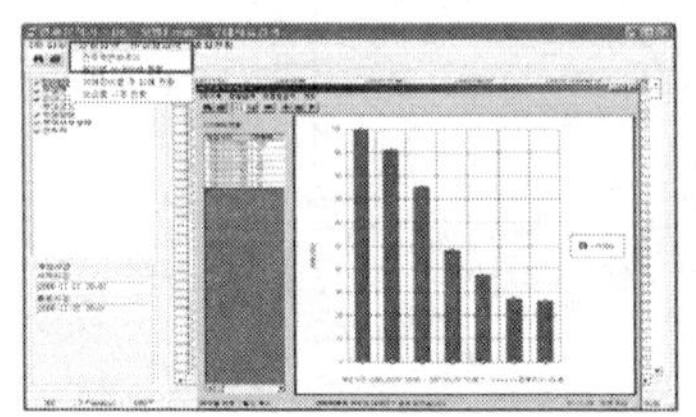
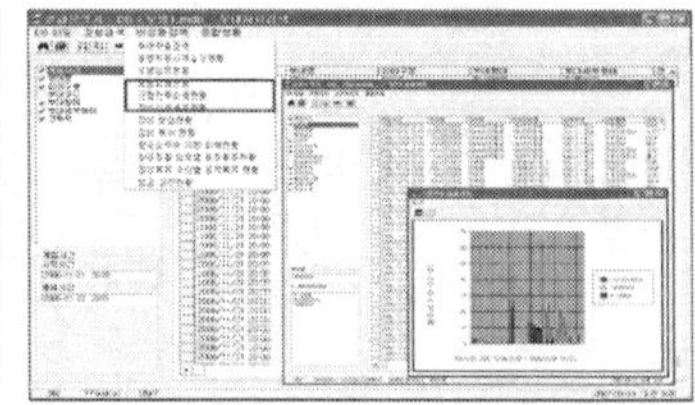

그림 1.19 사후검토 데이터 분석

획득용 워게임 모델은 주로 무기체계의 연구개발시 주로 사용되는 공학적 수준의 모델들이다. 물론 무기체계의 필요성과 수량 결정 등을 하기 위해 분석용 워게임 모델을 획득용으로 사용하기도 하지만 무기체계 연구개발시 부품 및 모듈, 체계의 공학적 해석을 위해 주로 사용된다.

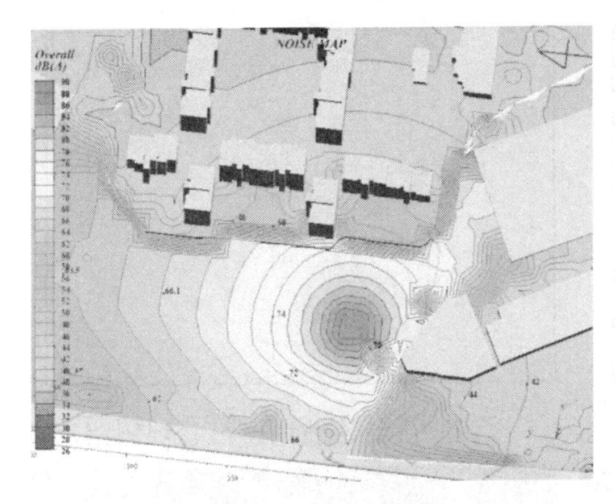

소음 진동 시뮬레이션

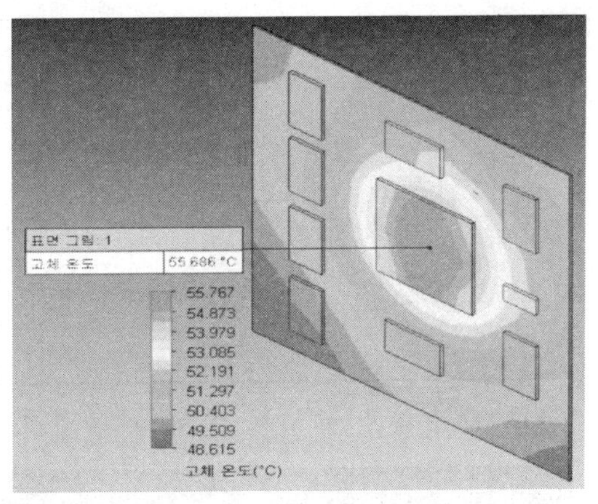

열 전달 시뮬레이션

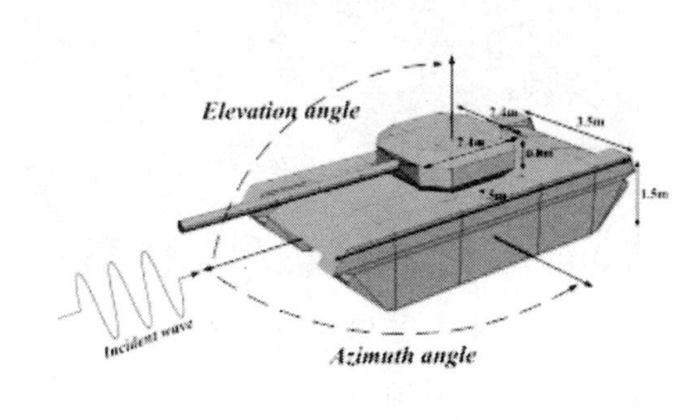

전차 시뮬레이션

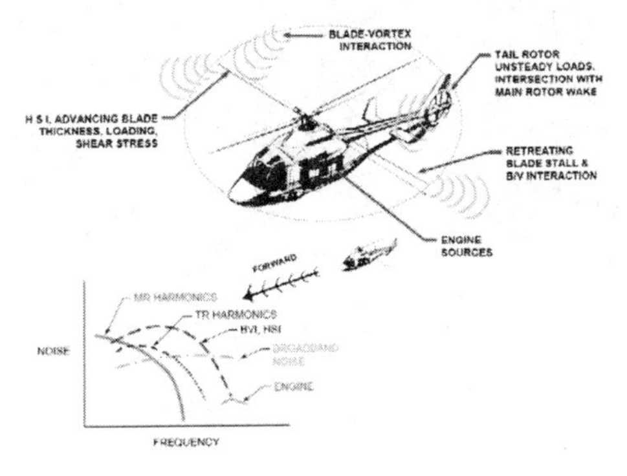

헬기 시뮬레이션

그림 1.20 공학적 수준 시뮬레이션

합동/전투실험용 워게임은 미래 작전 요구능력을 검증하여 전투발전의 소요를 도출하기 위해서 사용된다. 전투발전 소요는 교리, 조직구조 및 편성, 교육·훈련, 군수, 인적자원, 시설 등이다. 합동/전투실험을 위한 워게임은 모든 제대급, 목적별 워게임을 망라하여 필요에 따라 조합하여 사용한다.

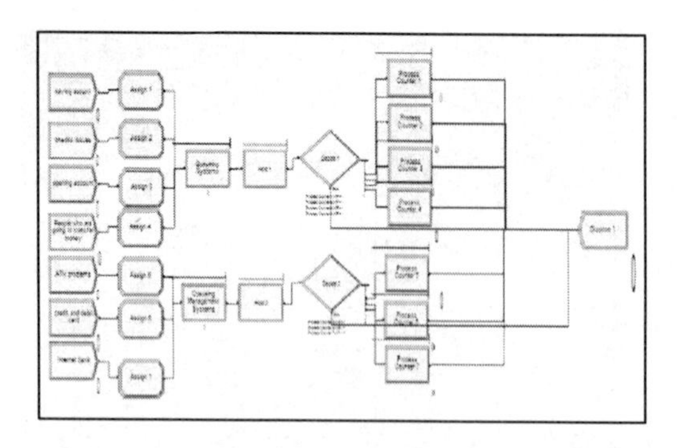

업무 프로세스 개선을 위한 시뮬레이션

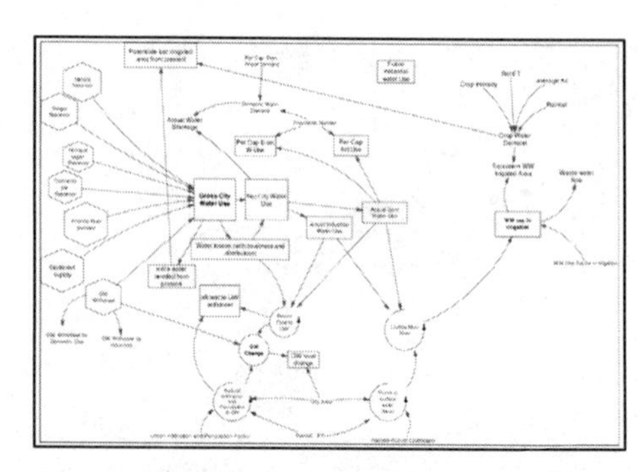

조직 개선을 위한 시뮬레이션

보급 능력 시뮬레이션

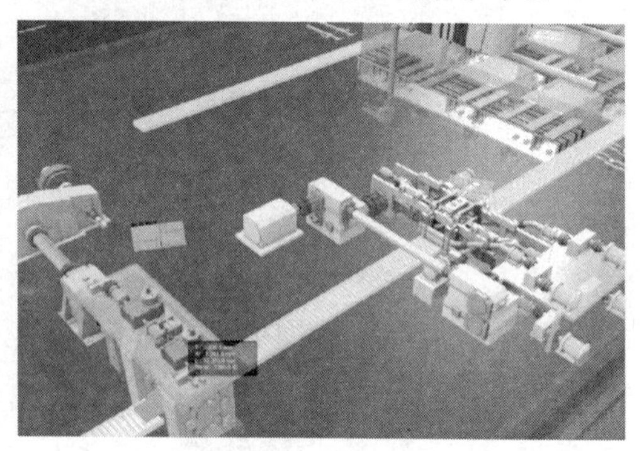

정비 능력 시뮬레이션

그림 1.21 합동/전투실험을 위한 시뮬레이션

워게임 모델은 묘사 수준에 따라 전구(전역/전쟁/전장)급 모델, 임무급 모델, 교전급 모델 및 공학급 모델로 구분된다. 전구급 모델은 국가급 전쟁에 관한 모델로서 합동 및 연합 전투위주의 전장 상황을 대상으로 한다. 임무급 모델은 군단이나 사단급에 해당하는 모델로 무기체계 관점에서는 다 대 다(Many-to-Many) 전투를 묘사하며 교전급 모델은 연대, 대대 및 소부대 급의 모델로 주로 일 대 일(One-to-One) 전투가 일어난다. 교전급 모델은 특정 표적이나 적의 위협 무기체계에 대한 개별 무기체계의 효과도를 평가하는데 사용하는 모델로서 제한된 시나리오에 의한 일 대 일, 소수 대 소수 무기 체계간의 전투효과를 모의한다. 학술적 분류로는 이산사건 시스템 모델에 해당하며 Lanchester 방정식, Event Scheduling Approach, Activity-Scanning Approach, Process-Interaction Approach, DEVS (Discrete Even Systems Specification) 형식론 등으로 모델링 할 수 있으며 전술 및 교전 교칙과 같은 군사학 또는 OR(Operations Research) 등의 분야 지식을 필요로 한다. 이러한 모델은 공학급 모델로부터 얻은 체계

성능을 이용하며 상위 수준 즉 임무급 모델에 생존율, 취약성, 치사율 등과 같은 체계효과도라 불리는 MOE(Measure of Effectiveness)를 제공한다.

공학급 모델은 공학분석을 위해 무기체계 및 하부 구성품의 공학적 특성을 분석할 때 사용되는 모델을 말한다. 공학급 모델은 무기체계 개발 시 체계의 성능이나 제원, 설계 검증 및 개발, 생산가능성 판단 등을 분석하거나 이들 요소사이의 Trade-off 분석 시 사용되는 국방 M&S 모델이다. 학술적 분류로는 연속 시스템 모델에 해당하며 미분방정식 등으로 모델링 할 수 있으며 물리나 전기, 전자, 기계 등과 같은 공학에 관련된 영역의 지식을 필요로 한다. 이러한 공학급 모델은 MOP(Measure of Performance)라 불리는 성능 척도를 제공한다. MOP 의 예로는 레이더의 탐지 범위, 오차거리, 속도 등이 있다. 이러한 성능 매개변수는 체계개발 시 규격으로 사용된다.

이렇게 계층적으로 구성된 모델들은 사용 및 분석 목적에 따라 그 적용영역이 달라지는데, 큰 틀에서 보면 위협, 환경, 작전 및 전술, 기술 등이 주어진 상황에서 시스템의 임무, 운용, 규격 등에 대한 요구사항을 도출하는 논리로 적용될 수 있다. 먼저 하향식으로 적용할 경우, 전구급 모델을 이용하여 임무수준의 요구사항을 도출하고, 임무급 모델을 이용하여 체계수준의 요구사항을 도출하고, 교전급 모델을 이용하여 체계의 성능항목별 요구사항을 도출하게 된다. 도출된 성능목표를 바탕으로 체계개발이 진행되며, 체계성능의 타당성 검증은 역방향으로 성능, 체계 및 임무 능력을 예측하는 방식으로 이루어진다. 즉, 공학급 모델을 이용하여 달성 가능한 성능을 예측하고 그 결과를 교전급 모델에 입력하여 임의의 시나리오에서 체계의 운용효과, 즉, 체계능력을 예측한다. 이 결과를 임무급 모델의 입력으로 사용하고 임무달성도를 예측한다. 궁극적으로 이러한 반복과정을 통하여 요구되는 능력차이를 충족시킬 수 있는 대안을 식별하게 되는 것이다.

워게임 모델을 특성별로 분류하면 결정적(Deterministic) 모델과 확률적(Stochastic) 모델 그리고 혼합형(Hybrid) 모델로 구분할 수 있다. 결정적 모델은 확률적 개념이 포함되지 않은 모델로서 동일한 입력자료에 대해서 동일한 결과가 항상 도출되는 모델이다.

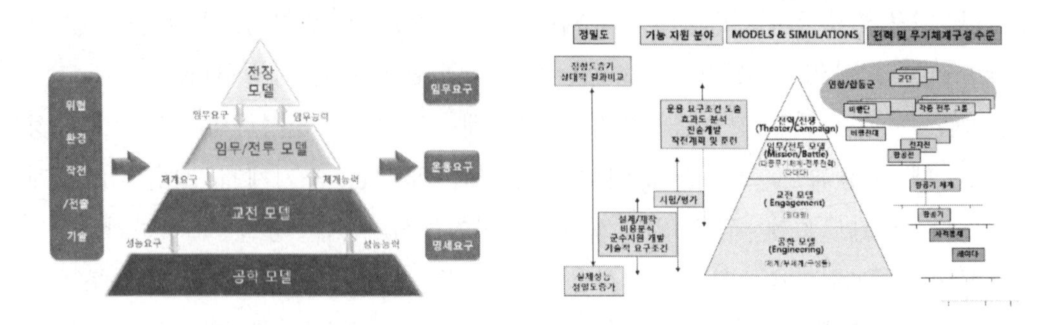

그림 1.22 워게임 모델 분류

이에 비해 확률적 모델은 확률개념이 모델 내 포함되어 동일한 자료를 입력하더라도 상이한 결과가 확률에 근거해 나올 수 있는 모델을 말한다. 혼합형 모델은 결정적 모델과 확률적 모델이 혼합되어 있는 모델로서 주모델은 결정적 모델이고 보조모델이 확률적 모델이어서 보조모델에서 나온 결과를 주모델의 입력자료로 사용하는 경우를 말한다. 이러한 모델로는 CEM(Concepts Evaluation Model)이 있다. 대부분 훈련용 워게임 모델은 Constructive 시뮬레이션이 주를 이루고 전역 및 전쟁 모델로 분류할 수 있으며 확률적 모델이 대부분이다.

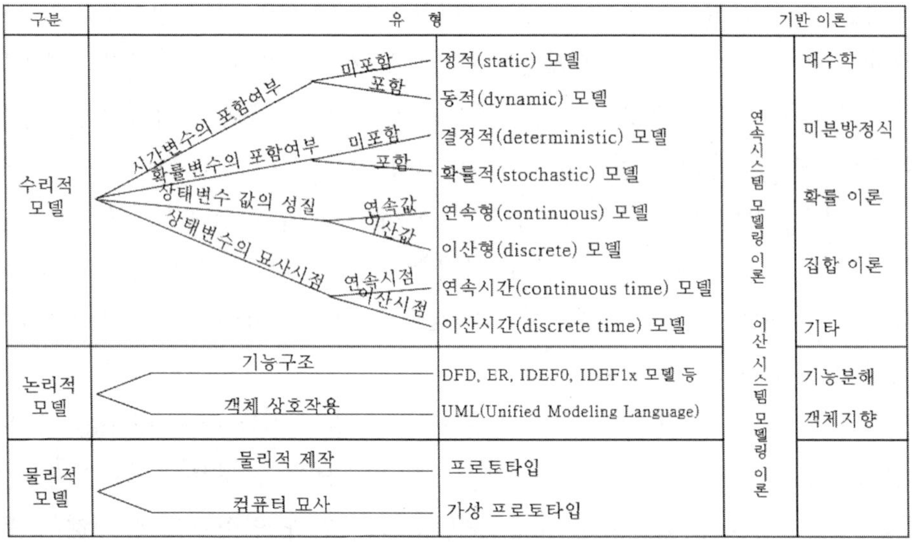

구분	유형			기반 이론	
수리적 모델	시간변수의 포함여부	미포함	정적(static) 모델	연속시스템 모델링 이론	대수학
		포함	동적(dynamic) 모델		
	확률변수의 포함여부	미포함	결정적(deterministic) 모델		미분방정식
		포함	확률적(stochastic) 모델		확률 이론
	상태변수 값의 성질	연속값	연속형(continuous) 모델		
		이산값	이산형(discrete) 모델		집합 이론
	상태변수의 묘사시점	연속시점	연속시간(continuous time) 모델		
		이산시점	이산시간(discrete time) 모델	이산시스템 모델링 이론	기타
논리적 모델	기능구조		DFD, ER, IDEF0, IDEF1x 모델 등		기능분해
	객체 상호작용		UML(Unified Modeling Language)		객체지향
물리적 모델	물리적 제작		프로토타입		
	컴퓨터 묘사		가상 프로토타입		

그림 1.23 워게임 모델 특성별 분류

워게임 모델은 해상도(Resolution)에 따라 High Resolution 모델과 Low Resolution 모델로 구분할 수 있다. 해상도는 현실 표현에 대한 상세도 혹은 정밀도이다. High Resolution 모델은 병사 개개인, 전차, 화포의 개체 단위까지 묘사가 가능한 상세모의 모델이고 Low Resolution 모델은 중대, 대대, 연대와 같이 부대단위로 모의하는 개략모의 모델이다. 상세모의는 자세한 모의와 결과를 알 수가 있으나 데이터베이스 구축과 컴퓨팅 자원소요가 너무 많이 소요되어 대부대 교전 모의에는 부적합하다. 일반적으로 대부대 교전 모의시에는 개략모의 모델이 사용된다.

High Resolution 모델은 상세(Disaggregation) 로 Low Resolution 모델은 집약(Aggregation)으로 설명할 수 있는데 상세는 하나의 개체를 여러 개로 나누어서 구체적으로 표현하는 것이며 집약은 여러 가지 개체를 하나로 추상화해서 표현하는 것이다. 그림 1.24 와 같이 전차 소대(개체 1)는 4 개의 전차 반으로 상세화되고 4 개 전차 반은 16 개의 전차 단차로 상세화된다. 16 개 전차 단차는 144 개의 개체로 더 세분화된다. 집약은 그 반대 방향이다.

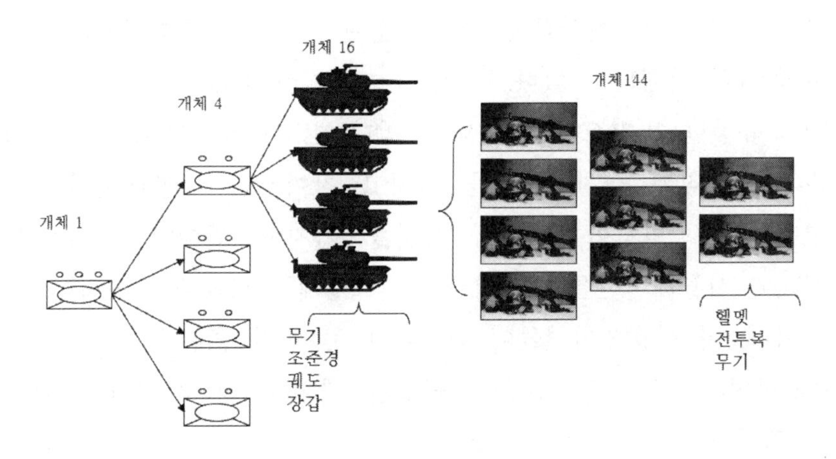

그림 1.24 집약과 상세

워게임의 충실도(Fidelity)는 현실에 대한 표현의 정확도(Accuracy)이다. 일반적으로 Low Resolution 은 충실도 낮고 High Resolution 은 충실도 높다고 할 수 있으나 반드시 그러한 것은 아니다.

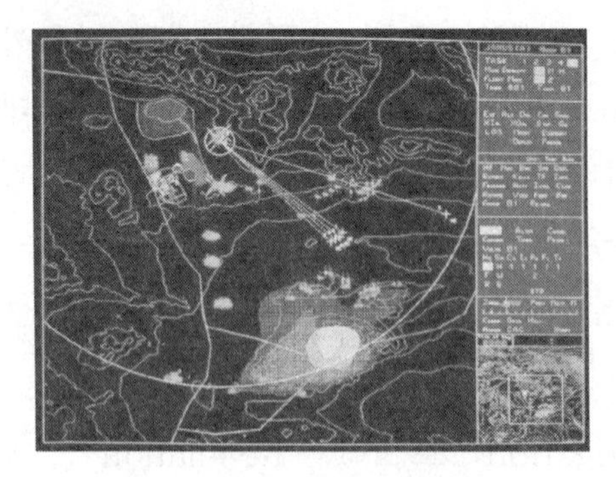

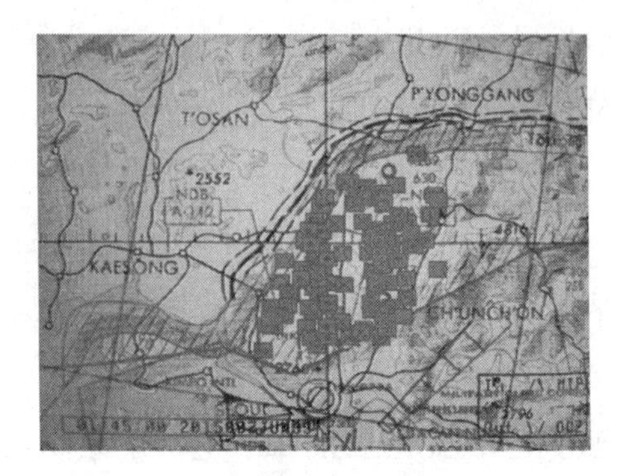

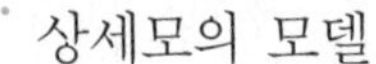

상세모의 모델　　　　　　　　　　개략모의 모델

그림 1.25 상세 및 개략모의 모델

1.2.5 LVC (Live Virtual Constructive) 통합 체계

M&S 기법을 이용하여 훈련비용 및 위험을 줄이면서 실제 전장 환경과 동일한 훈련 환경을 조성하여 현실감을 높여 훈련 효과를 극대화하려는 노력들이 국내외에서 활발히 진행되고 있다. Live, Virtual, Constructive 통합 시뮬레이션을 통한 훈련이 유망한 방안으로 대두되고 있다. Live 시뮬레이션은 실제 병력이 마일즈 장비가 장착된 실제 장비를 가지고 참여하는 시뮬레이션이고 Virtual 시뮬레이션은 실제 병력이 모의된 장비를 가지고 참여하는 시뮬레이션이며 Constructive 시뮬레이션은 모의된 시스템에 모의된 병력이 참여하는 시뮬레이션이다. 이 시뮬레이션들이 연동된 LVC 통합 훈련은 개별 시뮬레이션의 단점을 보완하여 실제 전장 환경과 근접한 합성 전장 환경에서 현실감 높은 훈련이 가능하다.

LVC 연동의 정의는 LVC 요소 중 2 가지 이상의 요소가 연동하여 시뮬레이션하는 것을 말한다. LVC 연동의 가장 좋은 장점은 작전환경과 유사한 훈련환경 제공이 가능하고 가용자원의 효과적 활용을 들 수 있다. 먼저 L-C 연동에 의한 훈련은 실기동 훈련장 규모제한을 극복하고 병사로부터 지휘관 및 참모의 동시 통합훈련이 가능하다. 어떤 부대가 훈련을 해야 하는데 전체 부대가 훈련하기는 훈련장이 부족하다면 훈련장이 가용한 범위내에서 소규모 부대는 실기동 과학화 훈련을 실시하고 그 부대를 제외한 부대는 C 훈련체계로 훈련한다면 제한된 환경속에서 효과적인 훈련을 할 수 있다. V-C 연동에 의한 훈련은 제 기능 모의 및 주요 전투장비 운용을 효과적으로 수행할 수 있다. V

훈련체계는 전차, 장갑차, 포병, 공병, 항공 등 실제 전투체계를 그대로 묘사하기 때문에 승무원의 전투수행 능력을 향상시킬 수 있다. C 훈련체계는 상급부대의 지휘관 및 참모의 전투수행 절차 연습을 할 수 있기 때문에 V 훈련체계와 연동하면 제 전장기능 모의와 실 전투체계의 묘사를 통한 전장 환경 입력이 가능하다. 이러한 의미에서 L-V-C 연동에 의한 전장묘사는 연합, 합동, 제병협동작전의 제 기능 모의가 가능할 뿐만 아니라 다양한 작전요구를 충족할 수 있는 훈련체계라고 할 수 있다.

LCV 훈련은 전장의 마찰요소를 경험할 수 있는 장점이 있다. 워게임 위주의 Constructive 시뮬레이션으로만 지휘관 및 참모훈련인 전투지휘훈련을 실시할 때 느낄 수 없는 마찰요소를 경험할 수 있는데 이는 Live 시뮬레이션과의 연동으로 인해 발생할 가능성이 높다. 워게임에서는 잘 진행되던 작전도 Live 시뮬레이션으로 하는 훈련과 연동되면 Live 측에서는 실기동을 하면서 훈련을 하는 것이기 때문에 작전이 의도된대로 잘 되지 않을 가능성이 훨씬 높아진다. 이것은 실전장의 상황을 경험할 수 있는 중요한 기회라고 할 수 있다.

그림 1.26 은 육군에서 적용할 수 있는 LVC 연동체계에 의한 훈련의 한 예이다. 여단 규모 훈련을 하면서 대항군은 대대급 워게임 모델인 전투21 모델과 실제병력으로 묘사하고 훈련 부대 중 좌측 1 개 대대는 Live 시뮬레이션으로 과학화전투훈련 체계로 훈련을 하고, 중앙의 1 개 대대는 3 개 중대로 Virtual 시뮬레이션인 전차 시뮬레이터로 훈련을 진행시키고, 나머지 부대들은 Constructive 시뮬레이션인 워게임으로 훈련을 진행시키는 모델이다. 포병과 공병의 경우는 시뮬레이터와 워게임을 병행해서 한다면 실제 필요한 훈련장 규모는 과학화 전투훈련을 하는 Live 시뮬레이션 수행 대대 규모 정도가 된다. 나머지 훈련부대들은 Virtual 시뮬레이션과 Constructive 시뮬레이션으로 훈련함으로써 가상공간에서 장비의 특성에 맞는 훈련을 할 수 있고 지휘관 및 참모의 전투수행지휘절차 훈련을 하게 됨으로써 가장 경제적이고 훈련효과가 높은 훈련을 할 수 있는 것이다.

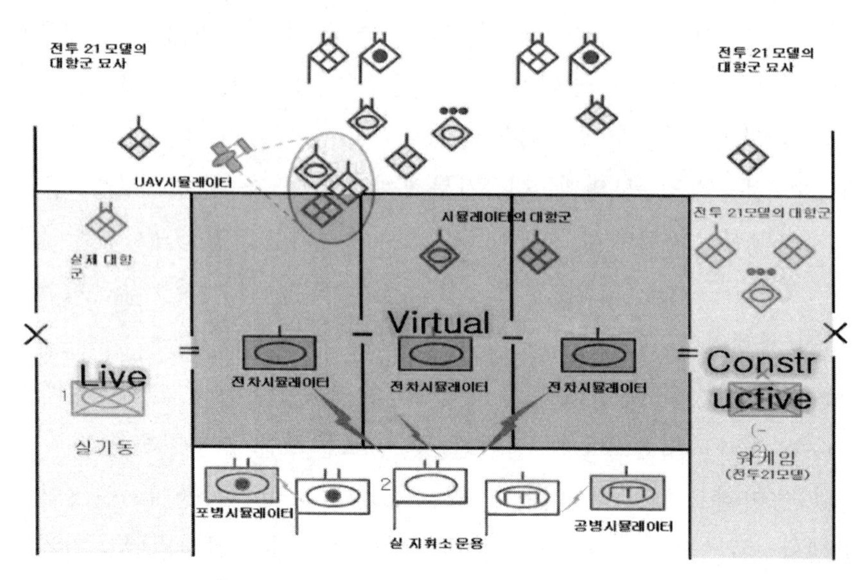

그림 1.26 LVC 연동체계에 의한 훈련 예

LVC 연동체계에 의한 훈련시 주의해야 할 점은 Live, Virtual, Constructive 부대의 기동속도 일치에 대한 것과 Fair Fighting 에 관한 것뿐만 아니라 전투지역에 대한 지형과 기상 묘사 등 다양하게 발생할 수 있으나 이러한 제한사항은 연습통제관의 수동적 개입에 의해 일정부분 해결 가능하다. Fair Fighting 은 전투피해평가가 공정하게 실시되어야 한다는 것을 말한다. L-V-C 체계 상호간 발생하는 피해평가가 합리적으로 발생해야 전체적인 훈련이 무리없이 진행될 수 있다.

즉, LVC 훈련이 모든 면에서 좋은 훈련체계라고는 할 수 없으나 미군과 같이 지역적으로 원거리 분산된 특성을 가진 부대들이 취할 수 있는 적절한 훈련체계라고 할 수 있다. 미군은 전세계를 대상으로 작전을 하기 때문에 다른 나라에 파병을 가 있는 부대와 본토의 부대 또는 외국에 배치된 전력간 훈련이 많이 필요하다. 이러한 경우 가상의 전장환경 속에서 공통의 전장을 인식하고 훈련을 할 수 있다면 이러한 훈련체계는 긴요하게 사용될 수 있다.

한국군도 편조단위로 임무를 수행하는 군단 예하 부대들이 적절한 시기에 편조되어 훈련을 한다면 LVC 훈련이 유용한 수단이 될 수 있고 UAV 시뮬레이터나 병과학교에 있는 Virtual 시뮬레이터들을 훈련에 포함해서 한다면 더 효과적인 훈련이 될 수 있을 것이다. 특히, UAV 시뮬레이터는 훈련대상자들에게 전장가시화를 제공함으로써 Constructive 시뮬레이션만으로 실시하던 전투지휘훈련을 더 현실감있게 만들어 준다.

1.2.6 M&S 기술

M&S 를 구현하기 위해서는 다양한 기술이 필요한데 대표적인 기술은 모델링 기술, 시뮬레이션 기술, 상호연동 기술, 컴포넌트 기술, 합성환경 기술, 가상현실 기술, 혼합현실 기술, Agent Based Model 기술, MRM(Multi-Resolution Model), VV&A(Verification Validation & Accreditation) 기술 등이다.

모델링 기술은 현실을 수학적, 물리적, 또는 논리적으로 표현하는 기술이며 시뮬레이션 기술은 모델을 시간적으로 실행시키는 기술이며 논리구조 설계, 모의논리 개발 기술, DB 구조 설계, 코딩능력, 사후검토 구현 기술 등이 관련되어 있다.

상호연동 기술은 모델간 통신을 통하여 공통의 전장상황을 묘사하는 연동기술이다. 컴포넌트 기술은 모델을 컴포넌트화하여 개발하여 개발 이후 유지보수와 새로운 모델 개발시 모듈을 재사용할 수 있는 기술이다.

합성환경기술은 Live, Virtual, Constructive 시뮬레이션을 연동시켜 LVC 체계를 구축하는 기술이며 가상현실 기술은 Virtual 시뮬레이션에서 구성하는 가상현실에 대한 것이며 혼합현실 기술은 실제에 가상을 혼합한 환경을 구성하는 것이다.

Agent Based Model 기술은 그룹 또는 조직과 같은 개별 또는 집합 개체로 표현되는 자율 Agent 의 행동과 상호작용에 대한 묘사를 위한 계산모델의 한 부류를 다루는 기술이다.

MRM 기술은 High Resolution 모델과 Low Resolution 모델을 필요에 따라 변환할 수 있는 기술로서 개략모델에서 특정국면에 대해 상세모델로 전환하여 모의할 수 있고 모의된 결과가 개략모델로 집약되어 전환되는 기술이다. 마찬가지로 개략 모델에서 상세모델로 전환시는 개체 분해로 상세화하는 기술이 구현되어야 하고 이 두 개 모델 사이의 결과가 일치되어야 한다.

VV&A 기술은 M&S 개발시 구현하고자 하는 모델을 검증하는 기술이다.

제2장

워게임 발전사

2.1 군(軍)에서의 워게임

워게임은 전투를 현실감있게 모의하는 전략게임의 형태이다. 워게임은 테이블 위에서의 모형장난감이나 보드 게임, 비디오 게임 등이 될 수 있다. 이러한 것들은 전형적으로 삼림, 언덕, 야지, 하천과 같은 다양한 지형 특징을 묘사하는 지도를 사용하고 게임에서 운용되는 개체의 위치와 이동을 조정하기 위해 격자 또는 위치체계를 사용한다. 이러한 것들은 보병여단 또는 포병대대와 같은 특정 군사 대형을 표현하는데 적합하도록 조정된다. 많은 워게임들이 전쟁과 특정 전역 또는 전투, 하위 수준의 교전을 망라하여 역사적 전투를 재해석할 수 있다. 워게임은 지상전뿐만 아니라 해상전, 공중전도 모의할 수 있다. 군사 워게임은 전투, 전역, 전쟁과 같은 무장화된 갈등을 모의한다. 워게임에는 적대적인 양측이 존재해야 하며 상대측의 결정에 대해 현명하게 대응하여야 한다. 워게임은 실제부대나 장비를 사용하지는 않는다.

군사 워게임은 군장교들이 실제 전투를 준비하기 위해 사용되기 때문에 자연적으로 사실주의와 현재사건을 강조한다. 역사에 대한 워게임은 역사학자들이 2 차 세계대전이나 나폴레옹 전쟁과 같이 이미 지난 전쟁에 대해 실시하는 워게임이며 군에서는 거의 사용되지 않는다.

군대 조직들은 그들의 현재 워게임에 대하여 일반적으로 공개하지 않으며 이러한 이유로 군사 워게임을 기획하고 만드는 것은 도전적인 과제이다. 무기체계의 성능특성이나 군사기지의 위치와 같이 워게임 기획자가 요구하는 데이터는 종종 비밀로 분류되어 있어서 그들의 모델이 정확한지 검증하는데 어려움을 겪고 있다. 비밀주의는 워게임이 군에 이미 납품이 되었을 때는 오류를 수정하여 배포하는 것을 더 어렵게 한다. 상용 워게임은 수천명 또는 수백만명의 게임 실시자가 있을 수 있는 반면 군사 워게임은 소규모 게임 실시자가 존재하기 때문에 워게임에 대한 피드백을 받기가 어렵다. 결론적으로 워게임 모델 내에 존재하는 오류가 계속 있을 가능성이 크다.

군사 워게임

레크레이션 워게임

그림 2.1 군사 워게임과 레크레이션 워게임

2.2 워게임 발전

B.C. 3000 년경

게임은 군대의 훈련과 분석, 임무 준비태세를 위해 사용된 중요한 도구이다. 약 5,000 년 전에 색을 칠한 돌과 판 위에 격자체계를 사용한 원시적 전투모델을 사용하였다.

B.C. 2500 년경

수메르와 이집트에서 내용 및 형태는 불분명한 소형 전사모형에서 워게임의 흔적이 있다.

B.C. 545 년경~ B.C 470 년경

중국 춘추시대 오나라 병법가 손자(孫子)는 그의 저서 손자병법(孫子兵法) 第一[始計篇]에서 다음과 같이 전쟁에 대해 갈파하고 있다.

전쟁이라는 것은 나라의 중대한 일이므로, 이해와 득실을 충분히 검토하고 시작하지 않으면 안된다. 우선 나와 상대방의 우열을 분석하고, 이길 수 있는지 없는지를 분간할 일이다. 이때, 판단의 기준으로 삼을 것은 도(道), 천(天), 지(地), 장(將), 법(法)의 5가지 조건이다.

이들 조건을 비교, 검토하여 승산이 있으면 싸울것이요, 승산이 없다고 생각되면 싸움을 피할 일이다. 승산이 없이 전쟁을 시작하는 것은 어리석기 그지없다.

일단 전쟁에 임하면 반드시 이기지 않으면 안 된다. 이기기 위하여는 전쟁의 본질을 파악해야 한다. 전쟁은 시종 속임수이다. 어떻게 상대의 허를 찌를 것인가, 이것이 승패의 갈림길이다.

"전쟁은 나라의 중대한 일이다. 국민의 생사와 국가의 존망이 걸려 있다. 그러므로 신중하게 검토하지 않으면 안 된다."

즉, 전쟁을 즐겨하는 장군치고 큰 인물이 없다. 옛부터 명군이요 명장이라는 사람들은 모두가 군사행동을 신중히 하고 있다. 손자는 싸워서 이기는 것은 최하책이요 싸우지 않고 이기는 것은 최상책이라고 하였다

손자병법에서도 전쟁의 승패를 미리 예측해 보면 이길 수 있는 가능성이 높아진다고 말하고 있다. 전쟁전 승패를 예측하는 것은 고대에서는 쉬운 일은 아니었을 것이다. 따라서 고대에서 주로 수행했던 방법은 적과 아군의 전력을 비교하는 것이다. 그러나 현대에서도 정확한 적 정보를 얻기 어려운 것인데 고대에서는 더욱 더 힘들었을 것이다. 적 정보를 가지고 있다고 해도 적과 아군의 전력을 비교하는 것은 단순한 보병의 수나 기병의 수 정도였을 것이다.

현대와 같이 적과 아군의 부대구조, 무기체계, 지휘관의 능력, 병력수, 부대수, 지휘통제통신 능력, 지형의 유리와 불리점, 기상의 영향 등과 같이 종합적으로 분석하는 체계는 갖추어져 있지 않았을 것이다. 그러나 고대에서도 적과 아군의 전력을 비교해 미리 비교 분석해 보고 전쟁에 나가길 병법서에서 이야기하고 있다.

夫未戰而廟算勝者, 得算多也. 未戰而廟算不勝者, 得算少也.
(부미전이묘산승자, 득산다야. 미전이묘산불승자, 득산소야)

전쟁은 시작하기 전에 최고작전회의에서 적과 아군의 전력을 비교 계산해야 한다. 승리할 자는 승산이 많은 것이다. 전쟁은 시작하기 전에 전력을 비교해서 승리할 수 없는 자는 승산이 적은 것이다.

多算勝, 少算不勝, 而況於無算乎. 吾以此觀之, 勝負見矣.
(다산승, 소산불승, 이황어무산호. 오이차관지, 승부견의)

승산이 많은 자는 승리하고, 승산이 적은 자는 승리하지 못한다. 하물며 검토를 아니하는 자는 말해 무엇하랴. 나는 이것으로써 전쟁의 승부를 미리 알 수 있다.

그림 2.2 손자와 손자병법

B.C. 5 세기

고대 그리스인들은 전쟁을 모델링한 보드 게임인 Petteia 를 시작하였다.

A.D. 1 세기

군사 시뮬레이션 게임은 시간의 경과에 따라 진화하여 마침내 A.D. 1 세기경 로마군대가 사판과 축소물을 사용하여 전장을 표현하였다. 이러한 도구는 전략적 시나리오를 실행해 볼 수 있는 시각적 도구이다. 이러한 도구는 오늘날까지 사관학교와 병과학교에 남아 있으며 컴퓨터 시뮬레이션에 의해 대체되고 있다.

A.D. 6 세기

체스는 북인도에서 발명되어 페르시아와 유럽으로 전파되었다. 15 세기 말에 현대적인 형태로 진화하였다. 산스크리트어로 체스의 원래 이름은 'Chaturanga'이며 Gupata 제국의 군사 조직을 의미하는 '4 개 조직'을 의미한다.

그림 2.3 체스(Chess)

A.D. 15 세기

화약과 소화기는 중국에서 발명되어 아시아, 유럽, 중동의 군대에 전파되었다. 새로운 무기는 전투가 더 이상 사람들을 살상함 없이 정확하게 모의할 수 없다는 것을 의미하였으며 전략가들에게 전쟁을 준비하는 더 축약된 수단들을 살펴볼 것을 강요하였다.

1650 년 독일에서 체스에 관심

독일에서 체스의 열렬한 지지자들은 원래의 체스에 바탕을 둔 전장의 전략을 점진적으로 더 정교화하고 발전시키기 시작하였다. 18 세기 말경, 군사 지휘관들은 체스에 대해 관심을 기울이기 시작했다.

1780 년경

단순한 부대 및 지형묘사, 부대이동 규칙 적용 등 모델링 및 시뮬레이션 기본개념이 출현하였다

1824 년 Kriegsspiel

현대의 워게임은 19 세기 무렵 프러시아에서 창안되어 마침내 프로시아군 장교들을 훈련시키고 교리를 발전시키는 방법으로 채택되었다. 프랑스와 프로이센 전쟁에서 프로이센이 프랑스군을 이긴 이후 군장교들에 의해 훈련과 연구의 도구로 다른 많은 나라에서 폭 넓게 채택되었으며 군사 매니아에 의해 레저활동으로 사용되었다. 따라서 군사 워게임은 훈련과 연구의 목적으로 군에 의해 사용되는 중요한 도구이며 레저 워게임은 흥미의 목적으로 실시되며 가끔씩 경쟁 목적으로 사용되기도 한다.

최초의 워게임은 1789 년 프러시아의 Johann Christian Ludwig Hellwig 에 의해 창안되었다. Hellwig 워게임은 장교 후보생들에게 군사전략에서 유용한 교훈을 가르치는데 실제적으로 충분한 시도를 하였기 때문에 최초의 진정한 워게임이라고 할 수 있다. Hellwig 는 대학교수였으며 그가 가르친 학생들은 군복무 예정인 귀족자제들이었다. 그러나 Hellwig 은 또한 그의 워게임을 레크레이션 목적으로 상업적으로 판매하기를 희망하였다. Hellwig 은 체스게임 실시자들이 접근할 수 있고 흥미를 느끼게 하기 위해 체스판에 게임의 바탕을 두었다. Hellwig 은 1803 년에 규칙집 2 판을 발행하였다.

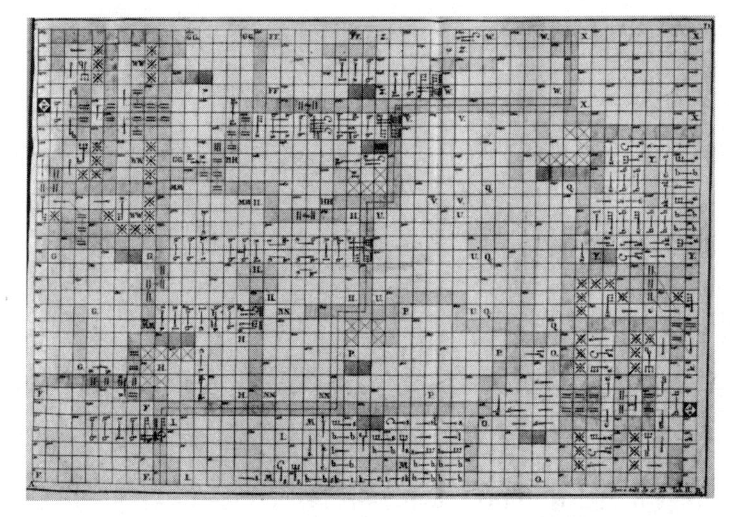
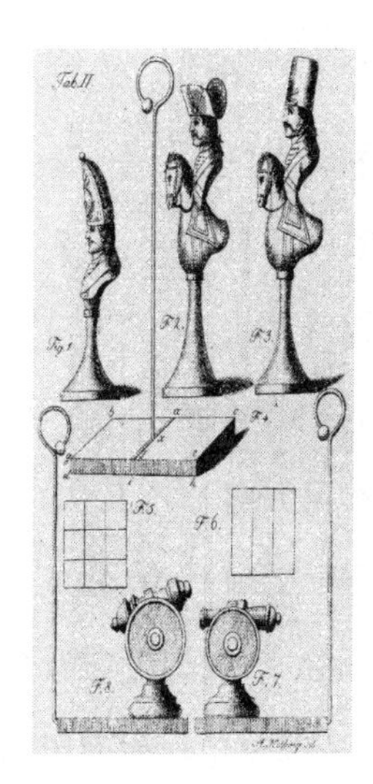

그림 2.4 Hellwig 워게임

Hellwig 게임은 체스판에 있기 때문에 정방형의 격자위에서 실행되었으나 격자가 매우 컸기 때문에 사각형 테이블은 산악, 늪, 수면, 도랑 등과 같은 다른 지형을 묘사하기 위해 색상 코드로 표현하였다. 지형의 모습은 고정된 것이 아니었고 게임 실시자들이 그들의 전투지대를 표현하기 위해 새로 만드는 것이 가능하였다.

체스의 말과 같은 게임의 도구는 기병, 보병, 포병과 다양한 지원부대와 같은 실제 부대를 표현하였다. 체스판에서 게임을 실시하였기 때문에 하나의 부대는 한 구역을 점령할 수 있었고 측면이나 대각선 방향으로 구역 단위로 이동 가능하였다.

정상적인 지형하에서는 보병은 최대 8 구역 거리 이동이 가능하였다. 기병은 12 구역 이동이 가능하였고 경기병은 16 구역 이동이 가능하였다. 이는 이러한 부대들의 실제 이동속도를 반영한 것이다. 그러나 지형은 이동을 지연시킬 수 있었다. 산악은 통과불능이고 늪은 부대 이동속도를 감소시켰으며 하천은 부교 등과 같은 특수한 장비지원으로만 이동이 가능하였다.

게임 실시자는 양측이 번갈아 하나의 부대 또는 사각형안에 집결된 부대들의 집단을 이동시킬 수 있었다. 체스와 똑 같이, 부대는 구역에 진입하여 적 부대를 격멸할 수 있었다. 그러나 보병과 포병부대들은 적 부대에 대해 사격할 수

었었고 최대 거리가 2~3 구역이었다. 체스와는 다르게 부대는 방향을 지향하였다. 예를 들어 보병부대는 정면과 측면에서 적을 만나면 적을 공격할 수 있었다. Hellwig 워게임은 제한된 범위내에서 전장의 불확실성을 모의할 수 있었다.

Reisswitz 워게임은 전투의 불확실성의 정도를 더하기 위해 주사위가 사용되었다. 지도의 축적은 1:8000 이었고 블록은 부대의 크기에 비례하여 제작되었다. 이렇게 함으로써 전장에서 부대가 차지하는 면적에 상응하게 지도상에서도 상대적으로 같은 공간을 차지하게 되었다.

Reisswitz 워게임은 나폴레옹 전쟁 기간 중 프러시아 육군에 의해 수집된 데이터를 사용하여 부대능력을 실전감있게 모델링하였다. Reisswitz 의 교본은 각 부대형태가 행군하는 지, 뛰어서 이동하는 지, 전속력으로 이동하는 지 등에 따라 부대가 이동하는 지형에서 한 라운드에서 얼마나 멀리 이동할 수 있는지에 대한 표를 제공하였다.

따라서 워게임 심판관은 지도상을 가로지르는 부대의 이동을 통제하기 위해 측정자를 사용하였다. Reisswitz 워게임은 전투결과와 사상자를 결정하기 위해 주사위를 사용하였으며 사상자는 소화기와 포병에 의해 발생하였으며 포병은 거리를 두고 사격이 가능하였다. 체스의 말과 다르게 Reisswitz 워게임은 완전한 패배를 당하기 전에 부분적인 손실을 가할 수 있었고 단계에 따라 종이에 기록되었다. 워게임은 사기와 피로를 모델링하는 특정 규칙도 가지고 있었다.

그림 2.5 Reisswitz 워게임의 재구성

Reisswitz 워게임 역시 심판관을 사용하였다. 게임 실시자는 게임 지도상의 부대들을 직접적으로 통제하지는 않았다. 오히려, 그들은 종이 쪽지 위에 가상의 부대들을 위한 명령을 작성하여 심판관들에게 제출하였다. 그러면 심판관은 가상의 부대들이 이해하고 명령을 어떻게 수행하는지를 판단하는 것에 따라 게임 지도 위에서 부대를 이동시켰다.

부대들이 지도상에서 적과 교전하면 주사위를 던지고 효과를 계산하고 패배한 부대들을 지도에서 제거하는 것은 심판관의 역할이었다. 심판관은 또한 전장의 불확실성을 모의하기 위해 비밀정보를 관리하기도 하였다. 심판관은 양측이 볼 수 있다고 판단되는 부대들에 대해서만 지도상에서 부대를 위치시켰다. 심판관은 숨겨진 부대들의 위치를 머리속에서 추적하였고 적의 가시거리 안으로 들어왔다고 판단될 때 지도상에 부대를 위치시켰다.

게임 실시자가 부대를 최초 위치에 놓을 동안 게임이 시작될 때까지 상대측이 자측의 전개를 관찰하지 못하도록 중간을 가로 질러 스크린을 위치시킬 수 있었다. 그러나 게임이 진행되면 어떤 것을 숨기는 것은 불가능하였다.

초기 워게임은 적의 요새를 점령하는 것과 같은 승리의 조건을 고정시켰었다. 반면 Reisswitz 워게임은 제약을 두지 않았다. 심판관이 승리의 조건을 결정하였으며 실제 전투에서 부대들이 목표하는 것과 같은 목표를 묘사하려고 하였다. 전투의 결과에 중점을 두지 않고 의사결정의 경험과 전략적인 사고에 중점을 두었다. Reisswitz 는 "카드 또는 보드게임의 승리와 패배는 중요한 것이 아니다"라고 기록하였다. 영어권에서는 Reisswitz 워게임류를 Kriegsspiel, 독일어로 워게임, 이라고 불렀다.

프러시아 황제와 일반참모부는 Reisswitz 워게임을 공식적으로 지지하였고 1820 년대 말 모든 독일 연대는 Reisswitz 워게임을 구입하였다. 이것이 훈련과 연구의 도구로서 군에 의해 채택되어 광범위하게 사용된 첫 번째 워게임이다. 해가 지나서 프러시아는 새로운 기술과 교리와 부합하는 Reisswitz 워게임의 새로운 버전을 개발하였다.

Hellwig 워게임은 상업적으로 성공적이어서 다른 개발자들이 체스와 같은 워게임을 개발하는데 동기를 부여하였다. 1796 년 또 다른 프러시아 사람 Johann Georg Julius Venturini 이 Hellwig 워게임에 영감을 받아 다른 워게임을 개발하였다. Venturini 의 워게임은 훨씬 큰 격자에서 실시되었다. Venturini 의 워게임은 보급수송대와 이동식당과 같은 군수를 관장하는 규칙을 추가하였으며 기상과 계절효과를 반영하여 아마도 작전적 수준의 첫 번째 워게임일 것이다.

1806 년 오스트리아인 Johann Ferdinand Opiz 이 민간인과 군사 시장을 겨냥한 워게임을 개발하였다. Hellwig 워게임과 같이 모듈방식의 격자 기반 판을 사용하였다. 그러나 Hellwig 의 워게임과 다르게 Opiz 워게임은 실제 전투의 예측불가능성을 모의하기 위해 주사위를 굴리는 방식을 채택하였다. 이러한 방식은 그 당시 논쟁의 대상이었다. 교육 목적뿐만 아니라 레저용으로 계획된 Hellwig 은 우연을 도입한 방식은 재미를 반감시킬 수 있다고 생각했다.

체스와 같은 Hellwig, Venturini, Opiz 워게임에 대한 비판은 체스와 같은 형식에서 부대가 격자를 넘어 이동하는데 제한을 준 것이다. 단지 하나의 부대는 구역이 $1\,mile^2$ 크기여도 하나의 구역만 점령할 수 있다는 것이며 구역내에서 부대의 정확한 위치는 중요하지 않다는 것이다. 격자 역시 강이 직선으로 흐르고 직각으로 꺾어지는 자연스럽지 않은 형태속에 지형을 묘사한다는 것이다. 현실감 부족으로 인해 어떤 군대도 이러한 워게임을 진지하게 받아들이지 못하였다.

프러시아 육군 고문관 Leopold von Reisswitz 과 그의 아들 육군 중위 Georg 는 'Instructions for the Representation of Tactical Maneuvers under the Guise of a Wargame'이라는 제목을 가진 정교화된 매뉴얼을 발간하였다. 13 년 후, Georg 는 그들 게임의 개선된 버전을 황제인 Friedrich Wilhelm 3 세에게 바쳤다. 이 버전은 2 개의 팀이 축척지도에서 대결하는 것인데 주사위를 이용하여 전쟁의 여러 변화를 모의하는 것이었다. 이것이 황제의 마음에 쏙 들었고 모든 현대 군사 워게임의 시조인 Kriegsspiel 이 탄생하게 되었다.

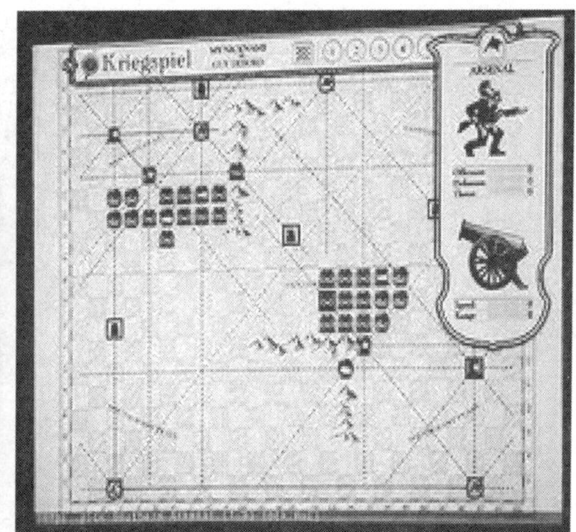

그림 2.6 Kriegsspiel

체스 형태의 격자 대신에 이 워게임은 프러시아 육군이 사용한 것과 같은 종류의 정확한 종이지도에서 실시되었다. 이러한 방식은 워게임을 실제 위치에서 전투를 모의하고 자연적인 지형을 모델링할 수 있게 하였다. 부대들은 자연스러운 형태의 방법으로 지형 장애물의 제약을 받지만 지도를 가로질러 이동할 수 있었다. 보병 대대, 기병 분대와 같은 육군 부대의 상당한 부분을 묘사할 수 있었으며 납으로 만들어진 작은 사각형 블록으로 부대를 대신하였다.

부대를 묘사하는 블록들은 부대가 속하는 소속을 지정하기 위해 적색이나 청색으로 칠해져 있었다. 청색 블록은 프러시아 육군을 나타내고 적색 블록은 외국군 적을 나타내었으며 이러한 이유로 청색은 워게임을 실시하는 측의 색상으로 굳어졌다. 따라서 청군(Blue Force)은 워게임 실시 부대를, 홍군(Red Force)은 적을 나타내게 되었다.

그림 2.7 Kriegsspiel 으로 훈련하는 프러시아 장교단

1870 년 이후 모든 세계로의 워게임 전파

1870 년 프랑스-프러시아 전쟁에서 프러시아가 프랑스를 이기기 전까지 프러시아 워게임은 프러시아 외부에는 관심을 전혀 끌지 못했다. 많은 사람들이 워게임 전통이 프러시아가 승리한 원인의 하나로서 믿었다. 프러시아 육군은 무기, 병력수, 부대 훈련에서 확실한 유리점을 가지지 못했으나 세계에서 유일하게 워게임으로 훈련된 군이었다. 전세계 민간인들과 군인들은 외국군이 Kriegsspiel 이라고 부른 독일군의 워게임에 심대한 관심을 가지게 되었다.
영국군을 위해 Wilhelm von Tschischwitz 의 시스템에 기반을 둔 영어로 된 첫 Kriegsspiel 교범이 1872 년 발행되었다. 세계에서 처음으로 레크레이션 워게임 클럽인 대학 Kriegsspiel 이 영국 Oxford 대학에서 1873 년에 창립되었다. 미국에서는 Charles Adiel Lewis Totten 이 1880 년 Strategos, the American War Game 이라는 제목으로 책을 발간하였으며 William R. Livermore 는 The American Kriegsspiel 을 1882 년에 발간하였다. 이 두가지 책은 프러시아 워게임에 의해 아주 많이 영향을 받은 것이다. 1894 년 미 해군대학은 워게임을 정규교육의 도구로 채택하였다.

그림 2.8 미 해군대학 워게임

1887 년

Kriegsspiel 기반하에서 모델링된 최초의 미국 워게임이 Rhode Island 의 Newport 에 있는 해군대학에서 개최되었으며 해군성 차관보인 Theodore Roosevelt 는 나중에 열렬한 지지자가 되었다.

1900 년 초 미 해군대학의 러일전쟁 워게임

미 해군대학은 러일전쟁의 전술을 게임을 통해 예측하였다

1916 년 Lanchester 법칙 발견

Fredrick Lanchester 이 1916 년 제 1 차 세계 대전 중에 상대방의 힘의 관계를 보여주는 미분방정식을 고안한 것이 Lanchester 방정식이다. Lanchester 법칙은 2 개의 군대 사이의 상대적인 힘을 계산하는 수학적인 공식이다. Lanchester 방정식은 공격자와 방어자의 힘을 시간에 기반에 둔 함수로 나타내어 기술하는 미분방정식이다. 이 방정식 중에서 많이 알려진 방정식은 고대 전투에 적합한 Lanchester 선형 법칙과 소화기와 같이 장거리의 무기를 사용하는 현대전투에 적용 적합한 Lanchester 의 제곱 법칙이 있다. Lanchester 법칙은 부대간 전투를 묘사하는 기본 알고리즘으로 채택되어 많은 워게임 모델에 적용되었다.

1918 년~1941 년

1 차 및 2 차 세계대전 중 정부차원의 워게임에 대한 관심은 최고조에 이르렀고 베르사이유 조약으로 실 군사훈련이 제한된 독일과 전쟁 중에 태평양 전선에 중점을 둔 수백개의 해군 워게임을 실시한 미국과 일본에서 아주 활발하게 워게임을 실시하였다.

1 차 세계 대전 이후 베르사이유 조약은 독일군의 규모에 아주 큰 제약을 가하였고 항공기, 전차, 잠수함과 같은 특정 무기보유를 직접적으로 금지하였다. 이것 때문에 독일군이 야전훈련을 통해 교리를 발전시키는 것을 어렵게 하였다. 이를 보상하기 위해 독일군은 워게임 사용을 크게 확장하였다. 독일군이 1934 년 재무장을 공개적으로 시작했을 때 장교단들은 이미 어떤 무장을 해야 하는지 어떤 조직적 개혁을 실행해야 하는지에 대해 꽤 잘 발전된 이론을 가지고 있었다.

1 차 세계대전 이전 독일 총참모부에서 Schlieffen 계획에 대해 워게임을 실시하였으며 1 차 세계대전 중 러시아와 독일 참모본부에서 Tannenberg 전투에 대해 게임을 실시하였다.

워게임은 독일이 2 차 세계대전 초기에 큰 효과를 본 전술인 전격전과 잠수함의 이리떼 전술을 발전시키는데 많은 도움을 주었다. 이 시기의 독일군의 워게임은 전술적 수준과 작전술적 수준에서 실행하도록 제약되었다. Hitler 는 그 자신이 전략적 판단을 하는 능력이 충분하다는 자신감이 있었기 때문에 전략 수준의 게임은 좋아하지 않았다. 전쟁 진행에 따라 독일군은 전술적 수준과 작전술적 수준에서는 잘 싸웠지만 매우 많은 나쁜 전략적 결심을 하였다. 2 차 세계대전시 독일군과 소련군 총참모부는 독일군의 소련 공격 계획인 Barbarossa 작전에 대해 워게임을 실시하였다.

그림 2.9 제 2 차 세계대전시 소련군의 워게임 실시

<u>1927 년 일본군의 진주만 공격 워게임 실시</u>

Hawaii 진주만에 있는 미 해군기지에 일본 항공기가 공격하기 14 년 전, 일본 해군소령 Sokichi Takagi 는 워게임으로 시나리오를 검증해 보았다. 그 결과 진주만은 피해가 거의 없었고 미군이 신속하게 동경에 대하여 보복을 할 수 있는 것으로 나왔다. 1941 년 전쟁계획을 실행하기 전까지 일본군은 반복적으로 연습을 실시하였다. 또한 일본해군은 Midway 해전에 대해 워게임을 실시하였다.

그림 2.10 일본 해군의 워게임

1940 년 독일군 서부전선 워게임 실시

폴란드 침공 3 개월 후 독일의 총참모장 Franz Halder 는 독일군의 1940 년 벨기에, 프랑스, 룩셈부르크와 네들란드 정복 계획에 대해 워게임으로 4 개월간 검토하였다. 워게임은 정확하게 연합군의 초기 대응을 예측하였으며 벨기에를 선제 공격하였다.

1940 년대 태평양 전쟁에 대한 미 해군 워게임 실시

미해군의 제 2 차 대전의 영웅 Chester William Nimitz 제독이 워게임에 대해 "일본과의 전쟁은 수많은 사람들이 수많은 방법으로 수행된 워게임실에서 이루어졌다. 전쟁기간 동안에 우리가 놀란 것은 하나도 없었다. 완전히 예상 못한 것은 오직 가미가제 뿐이었다"라고 말한 바와 같이 해상전에서의 워게임 중요성을 인정하고 있었다. 미국의 여러 대학에서는 일본에 대한 전쟁에 대해 여러 다른 전략 접근에 대해 워게임을 실시하였다. 또한 미 해군대학은 2 차 세계대전시 일본군에 대한 해군 기뢰전을 모의하여 최적의 대응방안을 제시하였다.

1943 년 게임이론 개발

게임이론은 상호 의존적인 의사 결정에 관한 이론이다. 게임이란 효용 극대화를 추구하는 행위자들이 일정한 전략을 가지고 최고의 보상을 얻기 위해 벌이는 행위를 말한다. 게임이론은 사회 과학, 특히 경제학에서 활용되는 응용 수학의 한 분야이며, 생물학, 정치학, 컴퓨터 공학, 철학에서도 많이 사용된다. 게임이론은 참가자들이 상호작용하면서 변화해 가는 상황을 이해하는 데 도움을 주고, 그 상호작용이 어떻게 전개될 것인지, 매 순간 어떻게 행동하는 것이 더 이득이 되는지를 수학적으로 분석해 준다. 게임이론 역시 워게임의 한 축으로써 심대한 영향을 끼쳤다.

1946 년~1952 년

미사일 사격도표 계산용 컴퓨터 Eniac(1946) 및 최초 상용컴퓨터 Univac-I(1952) 개발이 개발되어 모델링 및 시뮬레이션의 군사적 활용 전환기가 되었다.

1949 년 Monte Carlo 시뮬레이션 방법 발견

Monte Carlo 방법은 난수를 이용하여 함수의 값을 확률적으로 계산하는 알고리즘을 부르는 용어이다. 수학이나 물리학 등에 자주 사용되며, 계산하려는 값이 닫힌 형식으로 표현되지 않거나 복잡한 경우에 근사적으로 계산할 때 사용된다. Stanislaw Marcin Ulam 이 Monaco 의 유명한 도박의 도시 Monte Carlo 의 이름을 본따 명명하였다.

1930 년 Enrico Fermi 가 중성자의 특성을 연구하기 위해 이 방법을 사용한 것으로 유명하다. Manhattan 계획의 시뮬레이션이나 수소폭탄의 개발에서도 핵심적인 역할을 담당하였다. 알고리즘의 반복과 큰 수의 계산이 관련되기 때문에 Monte Carlo 방법은 다양한 컴퓨터 모의 실험 기술을 사용하여 컴퓨터로 계산하는 것이 적합하다.

Monte Carlo 방법은 수학적인 결과를 얻기 위해 반복적으로 무작위 샘플링의 방법을 이용하는 넓은 범위의 컴퓨터 알고리즘이다. 이 알고리즘의 본질적인 생각은 결정론적일 수도 있는 문제를 해결하기 위해 무작위성을 이용하는 것이다. 이 방법은 보통 물리나 수학 문제를 해결하는 데 쓰이며, 다른 방향으로의 접근이 불가능할 때 가장 유용하다. Monte Carlo 방법은 주로 최적화, 수치적 통합, 확률 분포로부터의 도출 등에서 주로 사용된다.

물리 문제에서 Monte Carlo 방법은 유체, 무질서한 물질, 강하게 결합한 고체 및 세포 구조와 같은 많은 결합 자유도를 가진 시스템을 시뮬레이션 하는 데 유용하다. 그 밖의 예로는 사업의 위험성 계산과 같은 입력 값에 상당한 불확실성이 있는 모델링 현상과, 수학에서는 복잡한 경계 조건을 가진 다차원적의 정적분이 있다. 우주, 석유 탐사, 항공기 설계 등 시스템 엔지니어링 문제에 적용함에 있어 Monte Carlo 방법 기반의 실패 예측, 비용 초과 및 일정 초과는 일상적으로 인간의 직관 또는 대안적인 방법보다 낫다.

대체적으로, Monte Carlo 방법은 확률론적 해석을 가진 문제를 해결하기 위해 사용될 수 있다. 대수의 법칙에 의해, 일부 무작위 변수의 예상 값으로 설명되는 전체는 변수의 독립 표본의 평균을 취함으로써 근사치를 구할 수 있다. 변수의 확률 분포가 매개변수로 표시될 때 수학자들은 종종 MCMC(Markov Chain Monte Carlo) 샘플러를 사용한다 중심 아이디어는 어느 규정된 고정 확률분포를 가진 현명한 Markov Chain 모델을 설계하는 것이다. 즉, 한계에서 MCMC 방법에 의해 생성되는 샘플은 원하는 분포의 샘플이 될 것이다. Ergodic 정리에 의해, 고정된 분포는 MCMC 샘플러의 무작위 상태의 측정에 의해 근사된다.

1950 년대 핵전쟁 시뮬레이션

Herbert Goldhamer, Andrew Marshall, Herman Kahn 과 같은 미국 전략가들은 핵전쟁의 파멸의 의미를 냉전의 군사적 분쟁뿐만 아니라 지정학적인 분야에 대해 게임을 통해 연구하였다.

1953 년 컴퓨터를 워게임에 적용

미국 Maryland 의 Johns Hopkins 대학에 있는 육군 운영분석실은 최초로 진정한 컴퓨터화된 워게임을 발전시켰다. 1948 년 Air Defense Simulation 을 시작으로 1953 년 Carmonette 시리즈를 개발하였으며 이러한 시스템은 부대를 옮기고 주사위를 굴리고 테이블에서 결과를 검토하고 최종결론을 계산하는 수많은 수동작업을 없앴다.

1958 년~1960 년 중반

워게임의 미래가 미 해군대학 캠퍼스에 있는 3 층 빌딩에 설치된 7 백만 달러에 달하는 해군 전자 전투시뮬레이터로 시작되었다. 1962 년 타군에 앞서 해군대학에 워게임 과정을 개설하여 예상되는 전쟁에서의 해군작전을 발전시켰다. 그러나 해군의 워게임은 현대의 지휘소연습과는 달리 작전을 수립하고 이에 대한 결과를 분석하는 형태로 지속되어 1960 년대 중반 해군대학의 워게임 체계를 전쟁분석연구체계(WARS: Warfare Analysis and Research System)로 변경되었다.

미공군은 합참 및 RAND 연구소와 함께 전략 항공사령부에 단일 통합작전계획에 의거 소련의 전략과 전술 및 무기체계를 연구하고 예상되는 전쟁을 BIG STICK 이라는 워게임을 사용하여 북미 방어를 분석했다. BIG STICK 은 1964 년까지 공군사령부와 공군대학에서 시범을 보였으며 공군대학의 핵심 교과과정이 되었다.

1962 년 미육군의 워게임은 헬기 추종자들이 공중기동사단 개념을 개발하는데 사용되어 월남전까지 적용하였다.

1962 년 Spacewar! 개발

Massachusetts Institute of Technology(MIT)의 학생들이 최초의 사격지향 비디오 게임인 'Spacewar!'를 개발하였다. Spacewar! 는 1962 년 미국 MIT 학생이었던 Steve Russell,이 만든 세계 최초의 디지털 방식의 컴퓨터 게임이다. 이전에도 컴퓨터를 이용한 게임으로 A. S. Duglas 가 EDSAC 으로 제작된 OXO 라는 Tic-Tac-Toe 게임이 있었으나 EDSAC 이 Cambrige 에서만 소유되었기 때문에 널리 알려져 있지 않았으며, William Higinbotham 이 Oscilloscope 로 제작한 'Tennis for Two' 라는 테니스 게임도 있었으나, 마찬가지로 Brookhaven 국립 연구소에서만 소유되었기 때문에 널리 알려져 있지 않았다. 'Spacewar!'는 여러 곳에서 해당 컴퓨터가 있는 곳이면 언제든지 즐길 수 있는 게임의 시초로 보고 있다.

Spacewar!

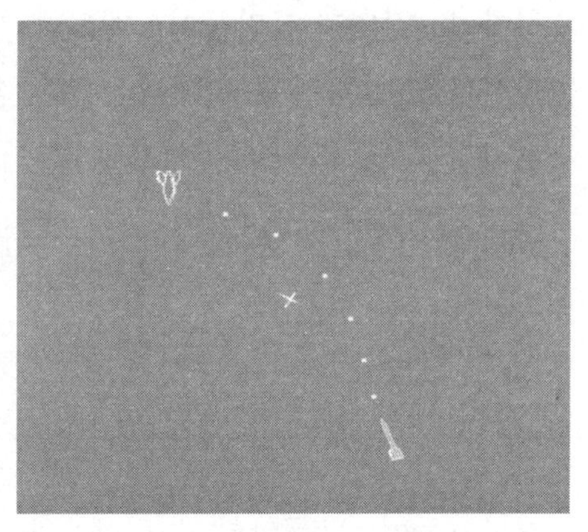

Spacewar! 게임 장면

그림 2.11 Spacewar!

1964 년 월남전에 대한 워게임 실시

미 합참은 McGeorge Bundy 와 Cyrus Vance 를 포함하는 Lyndon B. Johnson 행정부의 고위 공무원들이 베트남에서 미군 군사고문관들과 함께 Sigma I-64, II-64 라는 베트남에 대한 미국의 전략적 방책을 묘사하는 정치-군사 워게임을 실시하였다.

Sigma I-64, II-64 워게임은 현대적인 컴퓨터를 이용한 가상 전장상황을 조성하여 방책을 묘사하는 것이 아닌 게임이론에 입각한 경우의 수를 계산하는 형식으로 진행됐다. 이 워게임에서 미 합참은 주요 표적으로 선정된 월맹지역의 94 개의 표적을 공격하고 월맹의 항구를 기뢰로 봉쇄하여 전쟁의 주도권을 확보함으로써 단기간의 전쟁개입을 시도하였다. 그러나 정치적인 문제에서 베트남전에 중국과 소련의 개입으로 인한 제 3 차대전으로 확전 방지 및 핵공격에 대한 방안을 제시할 수는 없었다. 이에 따라 미국은 월남군의 능력을 신장시켜 월맹을 방어하며 비정규전으로 월맹에 압력을 증가한다는 내용의 '작전계획 34'를 수립하여 시행했다.

이러한 상태에서 발생한 통킹만사건으로 미국은 한국전과 같이 국민의 동의나 의회에 의한 선전포고도 없이 다낭 미 공군기지에 지상경비를 담당하기 위한 미 해병 2 개 대대가 주둔시켰다. 미국은 통킹만 사건으로 본격적으로 전쟁에 개입하게 되어 월맹에 대한 선전포고와 국제사회로부터 전쟁의 정당성을 내세울 수 있었으나 소련과 중국의 개입을 우려한 Johnson 대통령은 의회에 선전포고를 요청하지 않았다. 미국이 베트남전에서 소련과 중국에 대한 정치적 고려를 우선시하는 상황에서 워게임은 전쟁의 승리가 아닌 소련과 중국을 자극하지 않는 군사작전을 계획하는데 사용됐다. 이 워게임은 미군이 군사적으로 베트남이라는 수렁에 빠진 것뿐 만 아니라 미국 국내정치의 심각한 문제로 종료되었다.

1970 년 네트워크화된 워게임으로 발전

개발자들이 컴퓨터의 능력에 대해 이해하는 수준이 높아질수록 사람에 의해 진행된 종이 게임으로 관리할 수 있는 수준을 훨씬 넘는 수학과 논리 알고리즘을 이용할 수 있었다.1970 년대에 최초로 오늘날의 네트워크화된 반복과 여러 게임실시자에 의한 시뮬레이션이 나타났다. 미 육군대학에서의 McClintic Theater 모델과 같은 게임은 전투에 대해 수학적 모델을 개선시켰을 뿐 아니라 매력적인 그래픽을 도입하였다.

실기동 훈련, 수동모의에 의한 교육훈련용 시뮬레이션 시도가 정착되어 컴퓨터를 이용한 시뮬레이션을 시작하였다.

<u>1976 년 IDAHEX 모델 개발</u>

IDAHEX 는 2 개 군의 핵전이 아닌 재래식 지상전 전투 컴퓨터 모델이다. IDAHEX 모델은 워게임 실시자에게 계속 상황을 알려주고 부대에 명령을 하달하게 한다. 부대는 지상, 해상, 공중으로 이동가능하다. 부대 이동율은 전투태세, 이동조건과 수송의 적절성에 의해 변한다. 교전에서의 손실은 이질적 Lanchester 자승법칙 절차에 따라 평가된다. 간접 화력지원과 직접 공중지원 실시가 가능하다. 병참선에 대한 공중공격을 간략히 표현할 수 있으며 교량건설과 지뢰설치와 같은 공병 행동이 표현 가능하다. 보급품 소모가 평가될 수 있고 군수 행위가 묘사된다. IDAHEX 모델은 차단된 후퇴선과 보급선을 인식할 수 있으며 적절한 결과를 부여할 수 있다.

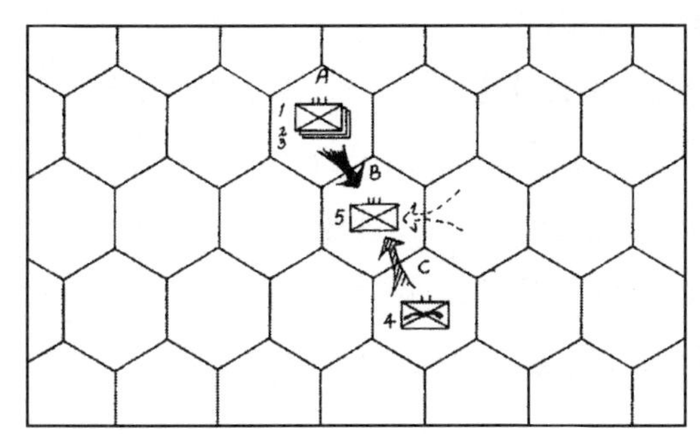

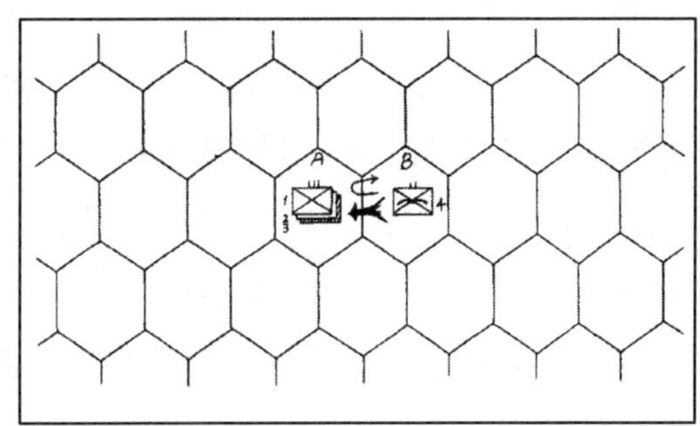

그림 2.12 IDAHEX 모델

<u>1978 년 JANUS 모델 개발</u>

JANUS 모형은 개별 무기체계에 대한 상세한 특성자료를 반영하고 수십 미터 단위의 해상도를 갖는 수치지형자료를 사용할 뿐만 아니라, 세밀한 전투모의

논리로 구성되어 있기 때문에 지상 무기체계의 효과 분석에 매우 적합하다. 따라서 이 모델은 고해상도 모델로 분류할 수 있으며 인원, 전차, 화포, 차량 등 개체 단위 모의가 가능하여 소규모 부대의 워게임에 적합하다.

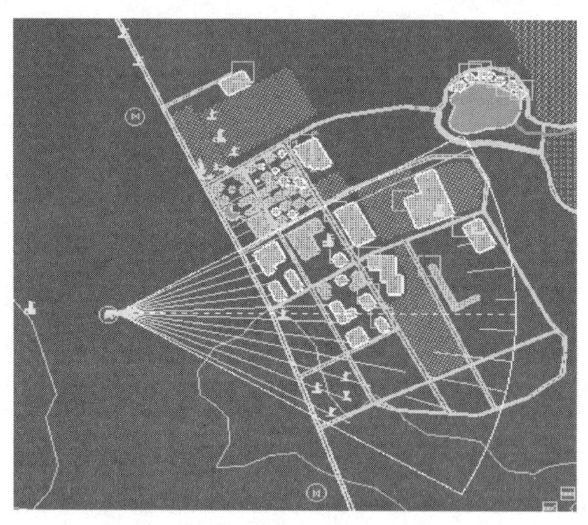

그림 2.13 JANUS 모델

1980 년대

자동화 모의지원체계(SIMNET: SIMulation NETwork) 및 과학화 실기동훈련장(NTC: National Training Center) 구축을 추진하였고 국방 시뮬레이션 인터넷(Defense Simulation Internet)를 구축하였다. SIMNET 과 LAN 이 연결되었다. 전투지휘훈련프로그램(BCTP: Battle Command Training Program) 개념 및 CBS(Corps Battle Simulation) 등 모델과 ALSP(Aggregate Level Simulation Protocol) 등 분산환경하 워게임과 연동체계를 개발하고 교육훈련 분야에 모델링 및 시뮬레이션을 적극적으로 활용 시작하였다.

1981 년 Live 시뮬레이션 시설인 미 NTC(National Training Center) 개소

미육군은 Mojave 사막에 1,000 평방 마일에 달하는 예술의 경지에 달하는 전투 시뮬레이션 시설, NTC 를 개소하였다. 최초의 Star Trek 와 같은 레이저 발사기 채택된 신기술을 포함하고 있어 Fort Atari 라는 별명이 붙여졌다.

그림 2.14 National Training Center

NTC 는 인원과 장비에 레이저를 발사할 수 있는 장치 마일즈 장비를 부착하고 실제 상황과 같이 표적에 대해 사격할 수 있었으며 피격당한 인원과 장비는 피격사실을 인지할 수 있었으며 각 개체와 부대가 기동한 경로와 시간, 어느 개체에 의해 피해를 입었는지를 정확히 알 수 있어 사후검토가 가능하였기 때문에 획기적인 훈련방법으로 생각되었다. 이러한 훈련방법은 워게임의 범위를 훨씬 더 확장시켰으며 실제 인원과 장비가 투입되어 실제 상황에서 훈련하는 개념으로 이제껏 가상환경하에서 가상 인원과 장비가 훈련한 좁은 범위의 워게임을 개념적으로 더 확대시켰다.

1980 년대 JICM 모델 개발

1980 년대는 북대서양 조약기구와 바르샤바 조약기구 사이에서 발생가능한 전쟁에 대해 관심이 고조되었다. 미 RAND 연구서에서는 핵 교환전에 대한 연구를 실시하였으며 RAND 전략평가체계(RSAS: RAND Strategy Assessment System)를 개발하였다. 이 체계에서는 워게임의 가장 좋은 점과 분석적 모델링을 망라한 형태로 통합하여 어떤 결론에 도달하는 프레임워크를 지향하였다.

워게임에서는 정치와 군사요소 간의 상호작용, 운영적 제한사항, 핵전에서의 지휘통제통신에 대한 공격과 같은 종종 무시되는 실전쟁의 특징, 목표와 인식의 비대칭성, 국가의 전력 교리, 형태의 비대칭성, 군사작전의 비교적 실전적인 묘사, 전쟁에 관련된 국가간 행동 및 대응과 같은 것이 포함되도록 요구되었다. 분석적인 모델링에서는 가정과 피해에 대한 명확성, 재생산성, 논리적 구조 및 엄격한 적용, 효율성 및 다양한 시나리오 해석을 할 수 있는 많은 워게임의 허용 등이 요구되었다.

이러한 요구사항을 만족하는 모델이 JICM(Joint Integrated Contingency Model)이며 이 모델은 전략 및 작전술 수준의 지상, 해상, 공중 전투를 모의하는 모델이다. 전세계의 지형 데이터 베이스를 가지고 있으며 부대, 전투 시나리오를 포함하고 있고 명령에 의해 전투가 진행되며 전투 매개변수를 변화시킴으로써 다양한 전투를 모의할 수 있다. 전투 결과가 화면에 전시되고 결과에 대해 분석이 가능한 수단을 제공해 준다.

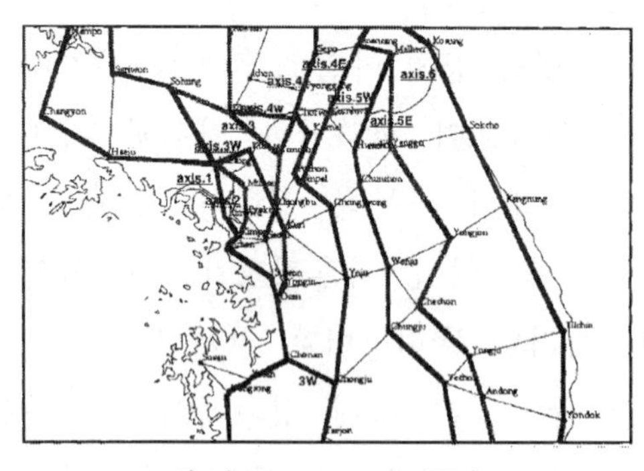

한반도 도로망 구조

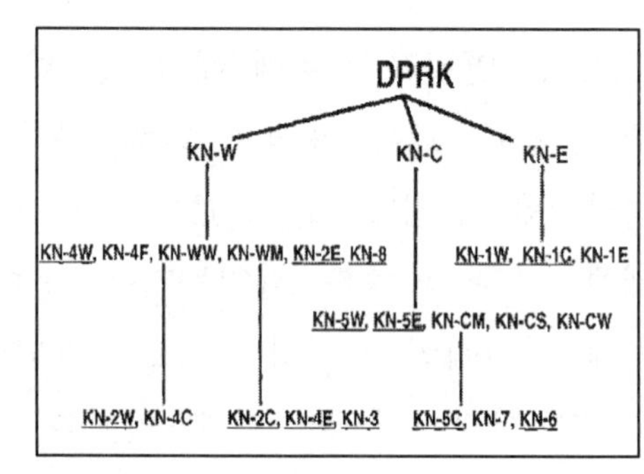

북한군 전투서열

그림 2.15 JICM 모델

1990 년 ModSAF 모델 개발:

ModSAF(Modular Semi-Automated Forces)는 소프트웨어 모듈과 첨단 분산 시뮬레이션(ADS: Advanced Distributed Simulation) 와 컴퓨터 생성 가상군(CGF: Computer Generated Forces) 소프트웨어의 집합이다. ModSAF 모듈과 소프트웨어는 한 사람의 운용자가 가상 전장에서 실전적인 훈련, 시험평가에 사용되는 대규모 개체를 생성하고 통제할 수 있게 한다.

ModSAF 는 인간 승무원이 아닌 컴퓨터가 움직이는 차량을 전시하는 것을 사용자가 알아차리지 못할 만큼 충분히 실전적인 개체들을 포함한다. 이러한 개체들은 지상 차량과 공중 항공체, 비탑승 보병, 미사일, 동적 구조를 포함하고 서로 다른 개체와 상호작용하며 인원의 각 개체 시뮬레이터들은 훈련, 전투발전 실험, 시험평가 연구를 지원한다.

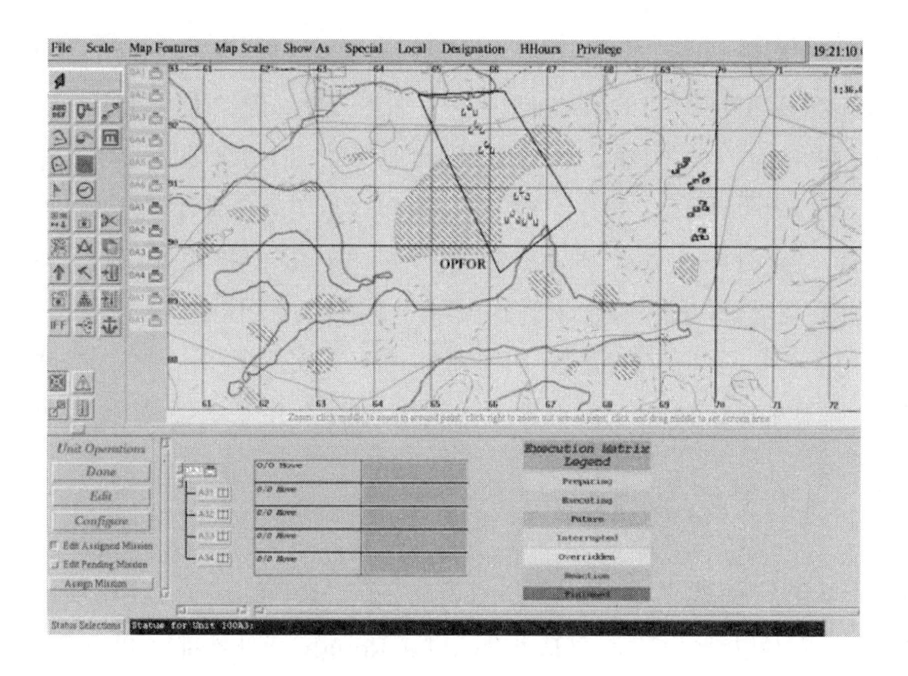

그림 2.16 ModSAF v5.0 SAFstation display

1990 년대

미 국방성 M&S 담당부서(DMSO: Defense Modeling and Simulation Office)를 설치하였으며 ALSP(Aggregate Level Simulation Protocol)를 이용한 합동훈련연동체계(JTC: Joint Training Confederation)를 구축하였다. 모델의 상호운용성(Interoperability), 재사용성(Reusability)을 포함한 M&S 종합계획을 추진하여 HLA(High Level Architecture) 미국방성 표준 지정(1996), IEEE 국제표준 제정(2000), 시뮬레이션 간의 데이터 및 시각 등 교환을 위한 인터페이스의 국제 표준을 설정하였다.

1990 년 걸프전의 워게임 수행

- 전쟁계획시 워게임

1990 년 초 미 중부군사령부는 합참의장의 지침에 따라 아라비아반도 방위를 위한 개략개념계획(COP: Conceptual Plan)을 수립하였다. 이 개략개념계획은 중부군사령관의 작전개념을 확대한 것으로 방위정보국과 중부군사령부

정보국장이 수립한 위협 시나리오를 근거로 작성됐으며 작전지원을 위한 워게임 모델 및 사용되었다. 중부군사령부는 이라크의 공격에 대한 방어작전을 고려하여 컴퓨터 가상 워게임을 사용한 작전계획 90-1002 를 작성했다. 가상 워게임은 전쟁기획관으로 하여금 양측의 장비 및 인원손실의 예상에 따른 다른 작전과정을 연구할 수 있게 해주었고, 방어할 수 있거나 손실 혹은 회복할 수 있는 지형에 대한 평가를 가능하게 하였다. 1991 년 이라크가 실제 쿠웨이트를 침공하자 미국의 중부군사령부는 작전계획 90-1002 에 의거 단시간에 전쟁을 준비하고 작전계획에 따라 군사력을 운용하여 압도적인 승리를 할수 있었다.

- 무기체계 효율성 워게임

미국의 걸프전 승리의 원동력으로 꼽히는 항공작전은 1991 년 8 월 Norman Schwarzkopf 사령관이 공군 참모차장 Mike Rough 대장에게 이라크군에 관련된 목표를 선정하여 전략폭격 계획을 수립하도록 의뢰하면서 시작되었다. Rough 대장은 그 업무를 미 국방성 지하에 있는 Checkmate 라고 알려진 극비의 존재였던 전쟁분석실 책임자인 John Warden 대령에게 임무를 부여했다. Checkmate 분석실은 Carter 정권시절에 설치된 것으로 목적은 유럽에서 소련군과 대규모 전쟁을 실시할 경우 미 공군은 어떻게 대항할 것인가를 연구하는 곳이었다.

이런 이유로 Checkmate 의 컴퓨터에는 미공군과 소련 공군뿐만 아니라 다른 잠재적 가상적국의 공군에 관해서도 여러 가지 정보가 집적되어 있었다. Warden 대령은 이라크의 군사력과 미국의 증가된 군사력을 항공전 모의 분석모델 TAC THUNDER 를 이용하여 5 개의 동심원(Five Ring) 이론에 기초를 두고 항공 작전계획인 Instand Thunder 를 작성했다. 계획의 주안은 지상전을 하지 않고 공중 폭격만으로 이라크군을 쿠웨이트에서 철수시켜 평화를 달성하는 것으로 이라크의 중앙 집권화된 지휘, 통제 체제와 방송시설 및 방공표적, 군수시설 등이 6 일간 24 시간 주야로 공중폭격하는 계획이었다.

그중 이라크 방공망은 Instand Thunder 작전을 수행하기 위해 제거해야할 장벽이었다. 이라크의 방공망은 소련제 무기와 프랑스의 최신식 지휘통제시스템으로 보강되어 있었다. 특히 바그다드의 주요지역은 냉전시대의 동구 어떠한 도시보다 밀도가 높은 방공망을 형성하고 있어서 Instand Thunder

작전을 수행을 위해서는 우선적으로 제압해야했다. 이를 위해 Checkmate 팀은 F-15E 와 F-117 전투기를 대상으로 어떠한 기종이 효과적으로 방공망을 제압할 수 있는지 대공방어망모델 EADSIM(Extend Air Defense Simulation)을 사용하여 워게임 분석을 실시했다. 분석 결과는 F-15E 전투기가 약 20% 피격될 것이 예상되었으며 F-117 전투기의 피해는 없음으로 나타났다.

당시 Horner 공군사령관은 1989 년 파나마 공격시 최초 실전에 투입된 F-117 전투기가 방공망이 미비한 상황에서 목표를 명중시키지 못한 것에 대해 F-117 전투기 성능을 높이 평가하지 않고 있었다. 이러한 Horner 장군의 인식은 Warden 대령이 이라크 중심부를 공격하는데 F-117 전투기에 많은 것을 의존한 항공작전 계획을 보고 받고, Glosson 준장에게 Warden 대령의 계획에 구애받지 말고 새로운 계획을 수립하도록 명령하게 했다.

Glosson 준장은 Black Hole 이라고 지칭된 기획팀을 구성하여 항공력을 배분하고 항공표적과 무기를 구체화하여 항공임무명령서를 작성하였으나 Warden 대령과 같이 F-117 전투기에 비중을 두었다. 전후분석에서 F-117 전투기는 다국적군이 보유한 항공기의 2.5%(44 대)지만 개전일 전략 표적중 31%이상을 파괴하고 전쟁기간중 한 대의 손실도 없이 작전을 수행하여 이후 전쟁에서 선도적인 무력수단으로 사용됐다.

Checkmate 팀은 Instand Thunder 작전을 수행하기 위해서 35 개의 비행대대가 필요했다. 그리고 워게임을 통해 이 기간중 예상되는 항공기 손실은 제 1 일째 10~15 대, 그 이후는 감소하여 6 일간 40 대는 넘지 않을 것이라고 판단했다.

이러한 예상 손실률은 걸프전시 항공기 손실을 예상했던 많은 여론과 연구소의 발표내용과 상이했다. 당시 항공전을 낙관적으로 생각했던 사람들은 출격한 항공기의 0.5%(30,000 회 출격 중 150 대)가 손실될 것으로 예견하고 비관론자들은 2%(1976 년 이스라엘 2% 손실)를 예견했으며 극도의 비관론자들은 10%의 손실까지 예상했다. 전쟁 종전시 미국과 다국적군은 총 29,393 소티의 비행을 실시하여 14 대의 항공기가 손실되었다.

걸프전에 대한 그릇된 여론의 예측은 정치 및 군사 지도자와 참모들에게 잘못된 전력운용을 강요했다. 걸프전은 강력한 방어진지를 형성한 이라크의 공화국수비대를 돌파하지 못하고 장기화되면서 전사 2,000 명, 부상 8,000 명의 희생자가 발생되고 이 희생자수는 화학공격을 있을 경우 산출 불가능하다는 등의 말들은 전쟁을 워게임으로 분석하여 예측한 계획에 의문을 제기하도록 만들었다.

그 예로 걸프전이 베트남전화 될 것이라는 우려와 대량사상자 예상된다는 보도가 계속되자 Schwarzkopf 사령관은 걸프전이 개시되기 2일전인 1992년 1월 15일 사우디 공군사령부에서 항공작전 계획을 보고 받으며 전쟁초기에 B-52 폭격기로 공화국수비대를 폭격하라는 지시를 내려 항공작전 기획관들을 놀라게 했다.

통합임무명령서(ITO)를 작성을 책임진 Glosson 준장은 "F-16 과 F/A 18 기로 SA-6 와 SA-2, 그리고 SA-3 지대공 미사일 전부를 첫날 제압하기 전까지는, 지대공 미사일 위협 때문에 B-52 로 폭격하는 계획을 세울 수 없습니다."라고 답했지만 Schwarzkopf 사령관은 "난 1 시(최초 공격시간 1 시 30 분)부터 폭격이 시작되길 원한다고 말했어, 당신들은 나에게 잘못보고 했고, 내 명령에 불복했어. 지시대로 행하지 않았단 말이야."라고 하며 공중우세 확보가 되지 않은 시기와 지역에 대형 폭격기를 투입하라는 명령을 내렸다. 이러한 일은 지휘관이 전쟁을 준비하며 받아야 하는 전쟁의 불확실성에 대한 스트레스와 비이성적인 판단의 가능성을 보여주는 것으로 과학적인 전쟁분석의 필요성이 강조되는 것이다.

- 전쟁경험 부여

Eglin 공군기지에는 80 년대부터 시작된 컴퓨터와 네트워크의 발전을 이용한 시뮬레이션을 통신 네트워크로 연결시켜 시간과 공간을 극복하고 현실묘사의 충실도를 향상시킨 합성환경의 워게임 체계가 구축되어 있었다. 이러한 기술을 이용한 중부사령부의 아라비아 반도 방어계획 워게임인 Internal Look 90 은 분산 워게임으로 수행되어 걸프전을 대비했다.

Internal Look 90 워게임은 이라크군이 침공예상 병력을 24 개 사단이며 중부사령부의 전쟁준비 기간은 21 일을 전제로 억지, 방위작전, 실지 회복을 위한 공세이전의 3 단계로 구성되어 있었다. 그런데 이 워게임 실시와 이라크군의 쿠웨이트 국경으로 집결하는 이동이 겹쳤기 때문에 가정상의 병력만 차이가 있었고 이라크의 정치, 군사적인 상황에 관해서는 실상황과 유사한 정보가 부여되었으며 워게임과 닥쳐오는 실제 위기에 대처하기 위한 사령부의 활동을 동시 병행하여 실시된 연습이 되었다. 이 때문에 이라크가 쿠웨이트를 공격시 발생할 많은 문제점을 사전에 도출할 수 있었다.

그중에는 억지를 위해서 이라크군이 사우디를 침공하기 전에 미군을 사우디에 배치해야 하는데 국가지휘부가 사전정보를 확보할 수 있을까 여부와 아랍국의 보수적인 지도자들이 미군배치를 인정해야하는 문제를 발견하여 사전 조치를 할 수 있었다. 더구나 미군을 사우디에 전개시키기 위한 목록 작성도 지연되어 잘 진척되지 않았고, 또 실지회복을 위한 공세이전에 관해서는 계획조차 없었다.

이라크의 쿠웨이트 침공이 있은지 2 일후 Schwarzkopf 사령관은 Camp David 에서 Bush 대통령에게 사우디 방위계획에 관하여 보고하였다. 이때 Schwarzkopf 사령관은 워게임을 통해 적이 병력 100 만 명의 세계 제 4 위의 육군을 보유한 군사대국이며 5000 대 이상의 전차와 800 여대의 전투기 및 폭격기를 보유하고 이란과의 전쟁으로 풍부한 전투경험 있는 군사강국임을 상기하며 베트남 전쟁과 같이 대통령 기분을 좋게 하기 위하여 말로만 큰소리를 치거나 거짓말을 해서는 안 된다는 것을 유의했다.

그의 보고는 1 단계로 이라크에 대해 징벌적, 한정적 보복공격을 실시하고 2 단계로 사우디아라비아를 방어하기 위한 작전계획 90-1002 를 시행한다는 계획이었다. 다음으로 Schwarzkopf 사령관은 쿠웨이트에 진출한 이라크군 10 만 명을 축출시키기 위해서 미국은 이라크군의 3~5 배의 지상전력이 필요하지만 장비와 전술의 우월성, 제공권과 제해권의 획득, 경제제재의 효과, 타국군의 참가 등을 고려하여 최소한 약 15 만 명의 지상 전력을 증원해야 한다는 분석결과와 상황에 따라서는 이라크 본토의 90 만 명과의 전쟁을 불사해야 하고 대규모 지상군의 이동으로 타지역에 전력의 공백이 발생할 수 있음을 보고 하였다.

이러한 신속한 전장상황에 대한 대처방안 보고는 Bush 대통령에게 Schwarzkopf 사령관에 대한 믿음과 신뢰를 주는 계기가 되었으며 미국이 걸프지역에 대규모 군사력을 주둔시키는 것의 정치적 미묘함을 감수하고 자신의 정치적 생명까지 걸프전에 걸 수 있게 해주었다. Bush 대통령의 참모는 워게임을 통해 나타난 중동에 거대한 병력을 투입해야 하는 것과 군사력으로 문제를 해결하기에 많은 시간이 필요하다는 것을 이해하지 못하고 즉각적인 쿠웨이트로 진격을 Bush 대통령과 Cheney 국방장관에게 설명한 경우도 있었다. 그러나 미국내의 백악관-국무성-국방성간의 이라크에 대한 군사적 대응에 대한 논의는 베트남전과 같이 혼란스럽지 않았다. 이는 미국이 원하는 상태를 강력한 군사작전을 통하여 이룰 수 있음을 사전 워게임으로 연습하고 분석하여 제시함으로 가능했다.

- 워게임 측면에서의 승리요인

이라크의 Saddam Hussein 은 쿠웨이트를 침공하여 공화국 수비대를 주축으로 강력한 방어선을 형성하고 다국적군을 소모전으로 유도하려 했다. 그러나 미국은 1980 년 이후 과학기술 발전을 계기로 컴퓨터 워게임을 통해 가상전장상황을 현실과 같이 조성하여 이라크의 위협에 대처했다. 미국은 이라크가 쿠웨이트를 침공하기 전에 이라크 위협에 대한 개략개념계획을 발전시켜 작전계획 90-1002 을 분석용 워게임을 사용하여 검증하고 걸프만에서의 이라크 위협에 대처할 수 있도록 준비했다.

또한 Schwarzkopf 사령관을 비롯한 중부군 사령부는 연습용 워게임 모델을 이용한 Internal Look 90 지휘소연습으로 작전계획을 숙달하고 작전계획에 필요한 부대를 선정할 수 있었다. 그리고 이라크의 침공이 현실로 나타나자 무기체계의 효율성을 워게임으로 비교하여 세부 작전계획을 수립하고 시행했다. 이 과정에 일부 관료들의 염려를 뒤로하고 항공력은 미국 군사력의 핵심으로 개전초 이라크 중심을 공격, 마비시킴으로써 역사상 유래를 찾기 힘든 단기간에 적은 희생으로 승리할 수 있는 요소가 되었다.

2000 년대

HLA 를 구현한 Middleware 로 HLA/RTI(Run Time Infrastructure) 이용 모의체계를 구축하였다. 작전환경(OE: Operational Environment)과 동일한 훈련환경(TE: Training Environment)을 제공하는 것을 목표로 LVC+C4ISR 에 의한 합성전장체계 구축하였다. 국방 시뮬레이션 인터넷을 대체하는 JTEN(Joint Training and Experimentation Network)을 구축하였다.

2001 년 OneSAF 모델 개발

OneSAF 는 첨단개념연구(ACR), 훈련/연습 및 군사작전(TEMO), 연구개발 및 획득(RDA) 등의 다양한 M&S 영역에 대한 통합 시뮬레이션 서비스를 제공하기 위해 단일 체계가 아닌 시뮬레이션 수행을 위한 기반체계를 모두를 포함하는 통합 시뮬레이션 체계이다.

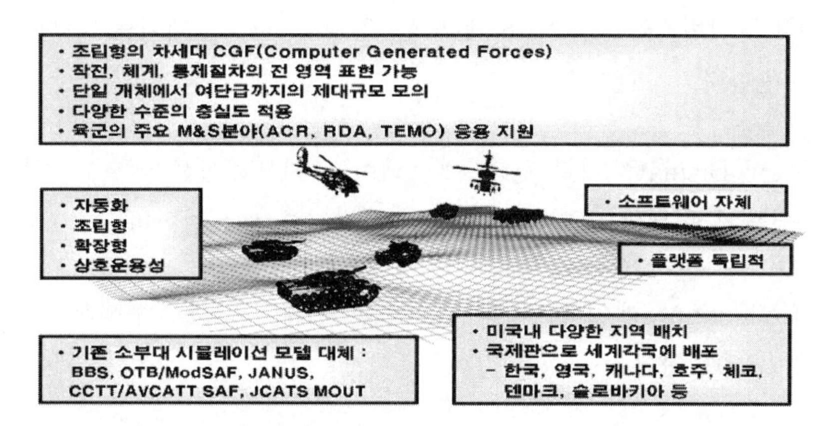

BBS : Brigade/Battalion Battle Simulation
OTB/ModSAF : Modular Semi-Automated Forces
CCTT/AVCATT : Close Combat Tactical Trainer/Aviation Combined Arms Tectical Trainer
JCATS MOUT : Joint Conflict And Tactical Simulation Military Operations on Urbanized Terrain

그림 2.17 OneSAF 특징

OneSAF 의 모델은 시뮬레이션을 위한 구성요소를 표현한 것으로 단일의 전투 Platform 을 의미하는 개체 모델과 군대 조직을 의미하는 부대 모델, 실장비와 무기의 기본 특성 및 물리적 기능을 표현하는 물리 모델, 지휘통제 및 전술적 기능을 수행하는 개체 및 부대의 활동을 의미하는 행위모델, 시뮬레이션과 관련된 지형 및 기상과 같은 환경 자료를 표현한 환경 모델이 있다. OneSAF 는 다양한 시뮬레이션 목적에 필요한 도구 및 서비스를 계층구조의 PLAF(Product Line Architecture Framework) 아키텍처 형태로 정의하고 있다. OneSAF 의 지원 서비스는 다음과 같다.

· Composition: 조립 서비스는 컴포넌트들이 조립되어 특정 제품으로 구성되도록 지원한다.

· Environment Runtime: 환경 Runtime 서비스는 One-SAF 의 분산 환경 운용 시 공동 환경을 제공하기 위한 서비스로 주로 훈련과 같은 다중 사용자 환경에서의 OneSAF 운용을 지원한다.

· Environment Reasoning: 환경 추론 서비스는 지형및 기상과 같은 환경 데이터와의 관계를 지원한다.

· GUI: GUI 서비스는 OneSAF 윈도우 양식과 디스플레이를 위한 기본 GUI 스타일을 지원한다.

· Plan View Display: 계획 뷰 디스플레이는 시뮬레이션 계획, 시뮬레이션 간 객체 및 유닛들의 형태와 상태, 지형 등을 시각적으로 표현한다.

· Data Collection: 데이터 수집 서비스는 사후 분석을 수행하기 위한 관련 데이터 수집을 지원한다.

· Simulation: 시뮬레이션 서비스는 시뮬레이션의 시간 진행과 사건관리, 난수 생성 등의 기본 시뮬레이션 기능에 대한 수행을 지원한다.

· Simulation Object Runtime Database: 시뮬레이션 객체 런타임 데이터베이스는 OneSAF 의 분산 환경을 지원하기 위한 데이터베이스 및 데이터를 관리한다.

· Modeling: 모델링 서비스는 시뮬레이션 서비스에 대한 접근 관리 및 모델링 수행을 지원한다.

· System Repository: 시스템 저장소 서비스는 OneSAF 컴포넌트가 OneSAF 저장소의 데이터 접근이 가능하도록 지원한다.

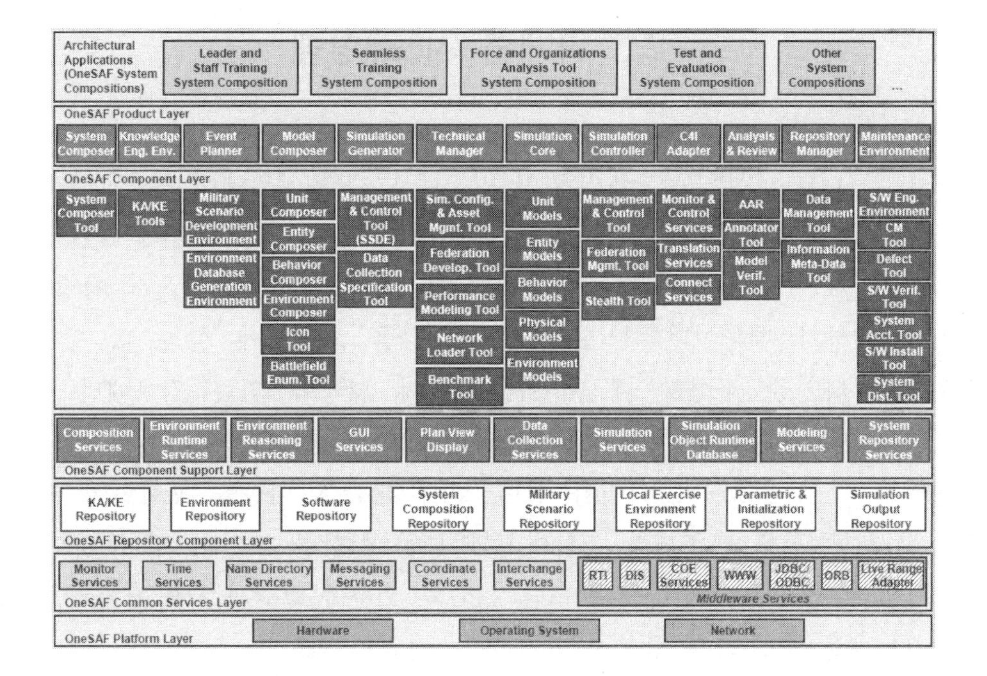

그림 2.18 OneSAF Framwork

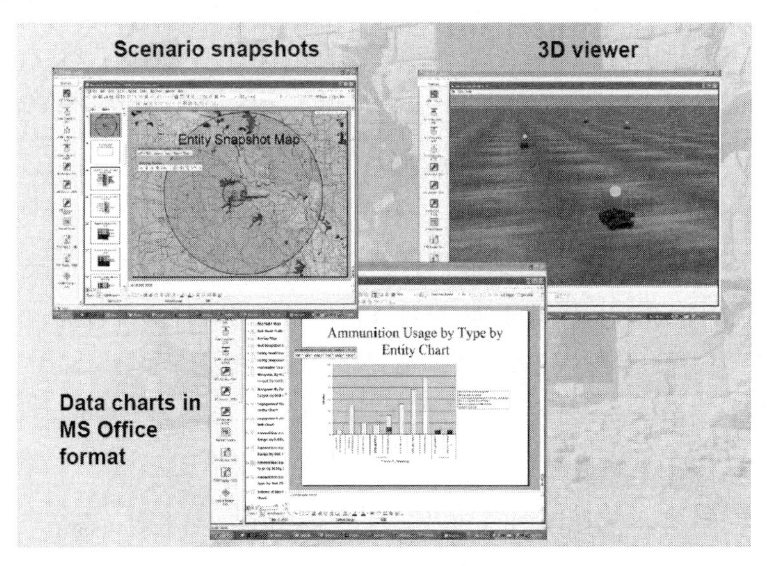

그림 2.19 OneSAF 사후검토 체계

2.3 워게임 지도 형태

지도를 묘사하는 방법은 여러 방법이 있는데 근대 워게임에서 처음으로 사용된 지도는 4 각형으로 지도를 묘사하였다. 그러나 현재 4 각형 모양의 타일은 자주 쓰이지 않는데, 이 경우 가운데 현재 위치를 기준으로 전후좌우 4 방향으로만 이동이 가능하기 때문이다. 물론 대각선 이동을 가능하게 할 수도 있겠지만, 일반적으로 타일을 구성할 때 각 면과 면이 맞닿아 있는 경우에만 이동이 가능하다는 전제로 본다면 이동이 불가능한 지역이 되어버린다.

그렇다고 그림 2.20 의 그림과 같이 실제 대각선 이동을 포함하여 8 각형 타일을 사용할 경우 타일끼리 조합이 불가능한 이상한 모양이 되어 지도를 다 덮을 수 없다. 지형을 표현하는데 그림 2.20의 오른쪽 그림과 같이 3가지 형태는 지면을 다 채울 수 있으며 중복이 되지 않는 장점이 있다.

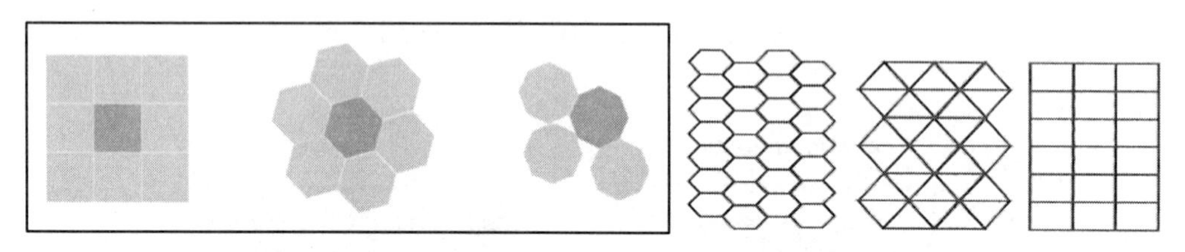

그림 2.20 워게임 지도 타일 형태

물론 4 각형 타일 지도도 앞에서 언급한 6 각형 헥사 타일에서 가능한 이동가능 범위를 구현할 수 있다. 그러나 4 각형 타일 지도가 인접 타일로 이동하는 것은 거리가 다른 결점이 있다. 그림 2.21 의 왼쪽 그림에서 보는 것과 같이 A 지점과 B 지점까지의 거리는 A 지점과 C 지점과의 거리와 다르다. 동일한 인접지역으로 이동하는데도 거리가 다른 것이다.

각 타일의 위치를 위아래로 엇갈리게 배치하여 사용할 경우 현재 위치를 기준으로 6 방향의 이동이 가능한 지도를 만들 수 있다. 다른 도형들과 달리 6 각형의 헥사 타일을 사용할 경우에는 모든 면들이 맞닿아 있는 지형을 만들 수 있다. 뿐만 아니라 그림 2.21 의 오른쪽 그림과 같이 인접지역으로 이동하는 경우 헥사의 중심까지의 거리가 동일하다.

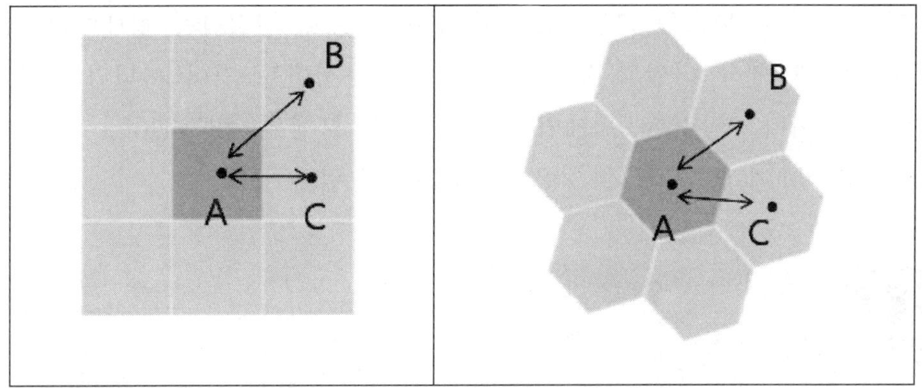

그림 2.21 4 각 타일과 6 각 타일

이동 역시 실제로는 6 방향이지만 360 도 전 방향으로 이동이 가능하다. 이런 이유 때문에 전략 시뮬레이션의 경우 헥사 타일을 쓰는 경우가 많다. 또한 이런 헥사 타일의 지도 방식은 원래 일반인들의 유희를 위한 게임용으로 만들어진 것이 아니라 군대에서 전략적인 워게임의 필요성으로 수학자와 군 관계자들이 고안한 방식이 원조라고 알려져 있다.

그림 2.22 에서 보는 것과 같이 4 각형 지도는 하천이 직각으로 흐르는 등 지형을 묘사하는 것이 부자연스럽지만 6 각형 헥사 지도를 사용하면서 훨씬 더 자연스러운 지형 묘사가 가능하게 되었다.

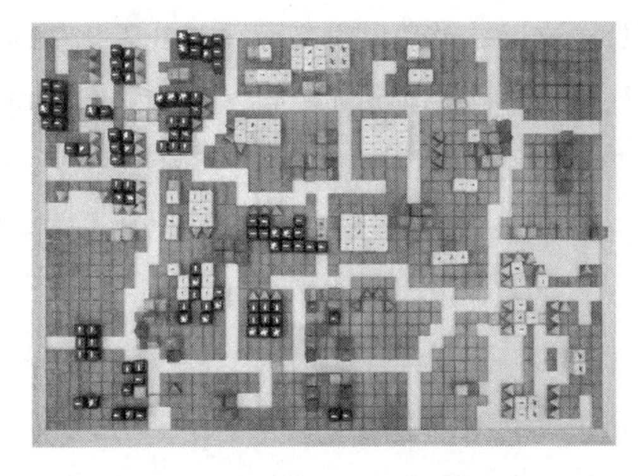

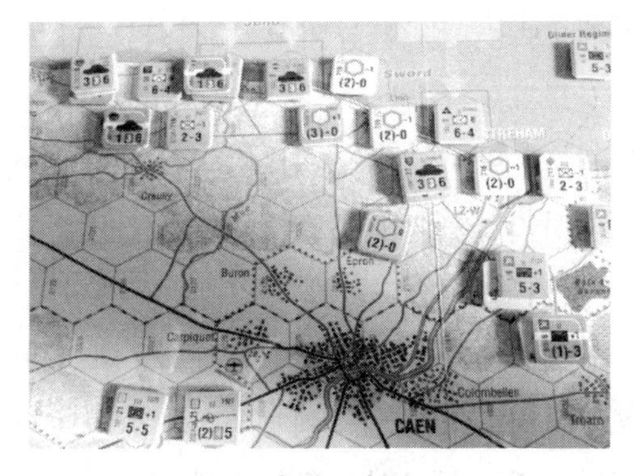

Hellwig 의 4 각형 지도 6 각형 지도

그림 2.22 4 각형 지도와 6 각형 지도

이렇게 헥사 타일 방식의 게임들은 대부분 전략적인 전쟁을 모의하기 보다는 전술적인 전투 모의에 강점을 지니게 된다.

또 다른 지도의 모습은 그림 2.23 과 같이 선으로 연결하는 형태이다. 부대는 앞의 4 각형과 헥사 타일의 모습처럼 면으로 움직이는 것이 아니라 선에 따라 움직이는 것이다. 이러한 워게임의 대표적인 모델은 JICM(Joint Integrated Contingency Model)으로 그림 2.23 의 오른쪽 그림과 같다.

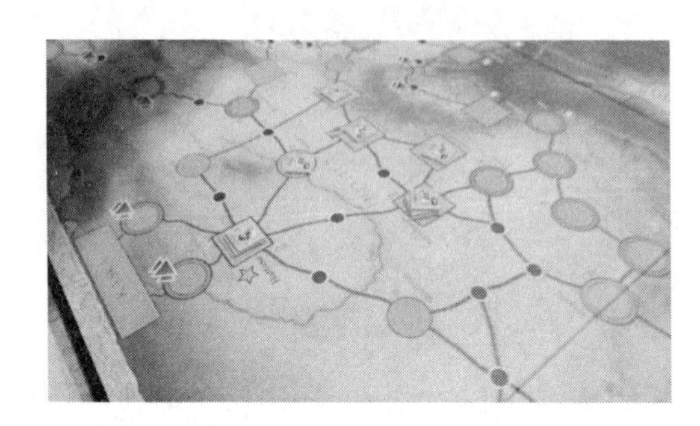

Virgin Queen 지도

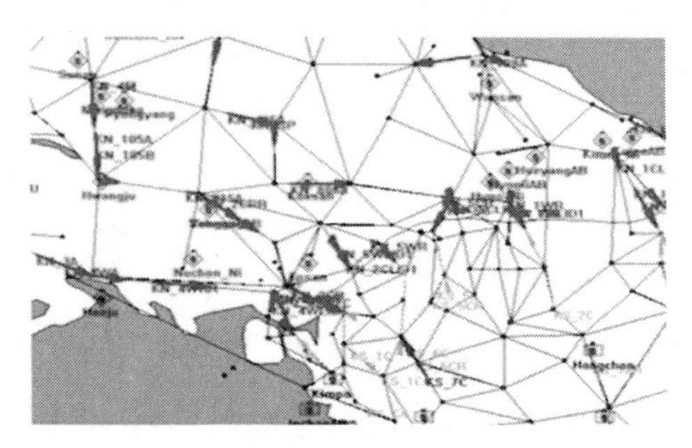

JICM 모델 지도

그림 2.23 도로망 지도 워게임 형태

현대의 컴퓨터 워게임에서는 지형 형태, 초목화, 도시화, 도로, 하천, 교량 등 여러 층으로 이루어진 디지털 지형정보가 포함되어 있어서 부대의 이동과 작전에 영향을 준다. 지형 묘사는 바탕 지도 위에 지형속성이 겹쳐져 있는 형태이며 지형 형태는 하천, 평지, 구릉지, 산악, 통과불능, 늪 등이며 초목화는 불모지, 산재, 보통, 밀집 등이고 도시화는 마을, 읍, 도시로 구분되며 도로는 비포장 도로, 포장도로, 고속도로 등으로 하천은 소하천, 중하천, 대하천으로 구분하고 있다. 특히, 후방지역을 모의하는 육군의 화랑모델의 경우 후방지역의 작전특성을 잘 모의하기 위해 인구밀도, 만조/간조, 철도, 철교, 터널, 행정구역, 지하철, 공동구 등 추가되어 있다.

장애물은 지뢰지대, 점장애물, 대전차구 등으로 구분된다. 지뢰지대는 공병임무, 포병사격, 항공임무에 의해 설치 가능하고 점장애물은 공병임무, 도로상에 포병사격, 항공임무에 의거 설치 가능하다. 대전차구는 공병임무에 의해서만 설치가능하다.

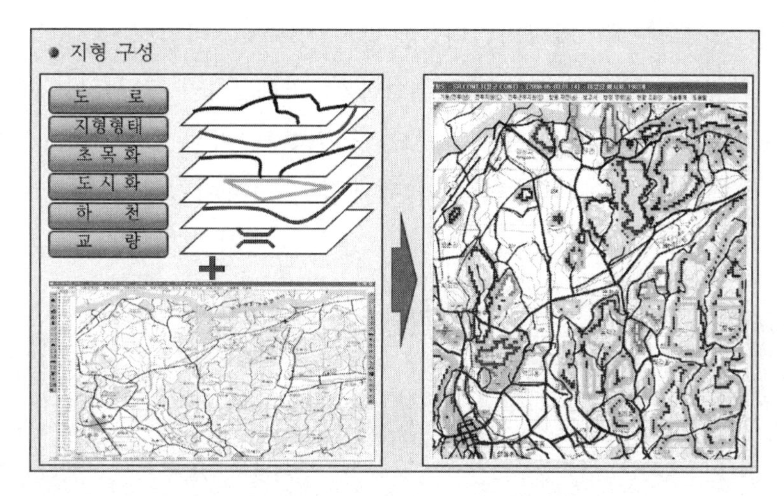

그림 2.24 워게임에서 디지털 지도

지형특성은 교통 소통능력에 미치는데 도로와 하천은 부대이동 및 보급수송에 영향을 미치고 교량 미설치시 도하소요시간이 증대된다. 도시화, 초목화는 근접전투와 최대 탐지거리에 영향을 준다. 또한, 초목화는 연막 효과에 영향을 미치고 항공기의 공대지 공격능력에 영향을 준다.

2.4 미니어처(Miniature) 워게임

영국 작가 H. G. Wells 는 군인인형을 가지고 실시하는 성문화된 규칙을 개발하였으며 1913 년에 Little Wars 라는 제목으로 책을 발간하였다. 이것이 미니어처 워게임을 위한 최초의 규칙집으로 광범위하게 기억되고 있다. Little Wars 는 모두가 접근할 수 있고 흥미를 유발하는 매우 간단한 규칙을 가지고 있다. Little Wars 는 전투를 해석하기 위해 계산이나 주사위를 사용하지 않았다.

포병공격을 위해서 게임 실시자는 작은 목재 실린더를 발사해서 적의 모델을 물리적으로 넘어지게 하는 스프링 장전 인형 화포를 사용한다. 보병과 기병은 비록 인형이 소화기를 가지고 있지만 육박전으로 교전만 가능하였다. 2 개의 보병 부대가 근접 구역에서 싸울 때 부대는 그들이 상대적 크기에 의해 결정된 무작위적이지 않은 피해를 입는다. Little Wars 는 잔디밭이나 대규모 공간과 같은 큰 야지에서 실시되도록 계획되었다. 보병은 양측이 번갈아 1 ft, 기병은 2 ft 이동이 가능하였다. 이러한 거리를 측정하기 위해 게임 실시자는 2 ft 길이의 끈을 사용하였다. Wells 는 3 차원 전장을 창조하기 위해 건물, 나무 그리고 다른 지형특징의 축소 모델을 사용한 최초의 워게임 실시자이기도 하다.

그림 2.25 Little Wars

Wells 의 매뉴얼은 미니어처 워게임 공동체를 활성화하는데 실패하였다. 하나의 가능한 원인은 주석과 납의 부족으로 병사모델을 만드는 것이 비싸게 된 것이었으며 전쟁 자체에 대해 부정적 생각을 준 1·2 차 세계대전이다. 또 다른 원인은 미니어처 워게임을 하는 동호회나 잡지의 부족 때문일 수 있다. 미니어처 워게임은 병사 모델을 제작하고 수집하는 동호회의 큰 관심으로 보인다.

그림 2.26 미니어처 워게임

1955 년 캘리포니아 사람 Jack Scruby 은 비싸지 않은 미니어처 워게임을 제작하기 시작하였다. Scruby 의 미니어처 워게임 동호회에 대한 주된 기여는 미국과 영국을 아우르는 게임 실시자를 네트워크화를 한 것이다. 그 시기에 미니어처 워게임 공동체는 극소수였고 게임 실시자는 서로를 찾는데 어려움을 겪었다. 1956 년 Scruby 는 미국에서 제 1 회 미니어처 워게임 회의를 조직하였고 여기에는 단지 14 명의 사람들이 참여하였다.

1957 년부터 1962 년까지 그는 세계 최초의 워게임 잡지 War Game Digest 를 출판하였다. 이 잡지를 통해 워게임 실시자들은 그들의 규칙과 게임 보고서를 발행할 수 있었다. 이 잡지는 200 명 이하의 구독자를 가지고 있었으나 미니어처 워게임 공동체를 계속 발전시킬 수 있었다.

영국에서는 비슷한 시기에 Donald Featherstone 이 워게임에 대한 영향력 있는 일련의 책을 연속적으로 집필하였다. 이것은 Little Wars 이후 워게임에 기여한 첫 발간물이라고 할 수 있다. 제목은 War Games, Advanced Wargames, Solo Wargaming, Wargame Campaigns, Battles with Model Tanks, Skirmish Wargaming 등이다.

2.5 보드(Board) 워게임

첫 번째의 성공적인 상업 보드 워게임은 1954 년 미국인 Charles S. Roberts 이 개발한 Tactics 이다. 이전의 워게임과 다르게 이 워게임이 특별한 이유는 대량생산되어 게임을 위해 필요한 모든 도구들이 하나의 상자안에 다 있다는 것이다. 이전의 워게임은 종종 규칙집만 있었고 다른 도구들은 게임 실시자들이 구하여야 했다. 워게임은 고정된 형태로 미리 제작된 보드에서 실시되었다. 우리는 이것을 보드 워게임이라 부른다.

그림 2.27 Tactics

Roberts 는 후에 상업적 워게임으로 특화된 첫 번째 회사인 Avalon Hill Game Company 를 설립하였다. 1958 년 Avalon Hill 은 Gettysburg 라는 게임을 배포하였는데 이는 Tactics 의 규칙을 개정한 것이었으며 역사적인 Gettysburg 전투에 기반을 둔 것이었다. Gettysburg 는 지금까지 가장 광범위하게 실시된 워게임이다.

보드 워게임은 미니어처 워게임보다 더 인기를 끌었다. 하나의 이유는 미니어처 워게임의 게임 도구들이 값비싼 것이었고 시간이 많이 소요되었고 정교한 기술이 필요하였기 때문이다. 다른 이유는 보드 워게임은 통신에 의해 게임이 실시될 수 있었기 때문이다. 보드 워게임은 주로 격자 기반으로 실시되기도 하고 간단한 형태의 기록으로 설명될 수 있는 이동의 방법으로 기획되기도 한다. 미니어처 워게임에서는 자유로운 형태가 불가능하다.

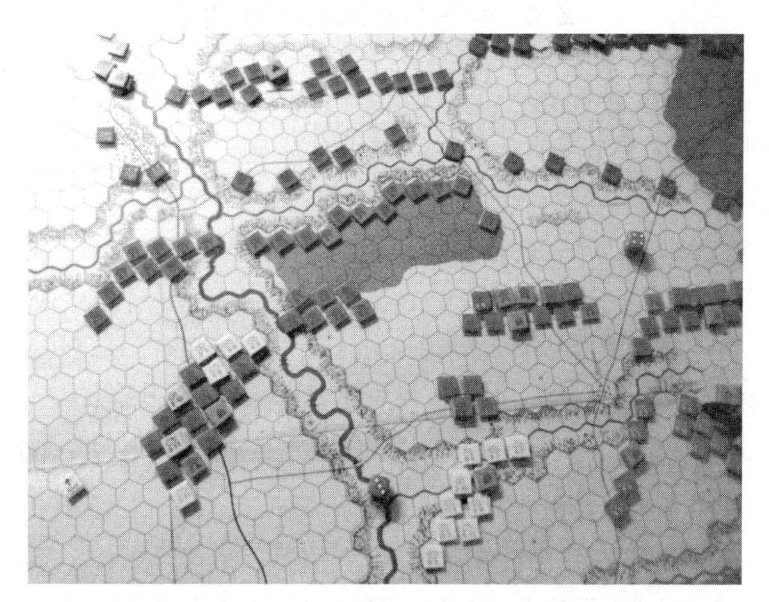

그림 2.28 La Bataille de la Moskowa(1974)

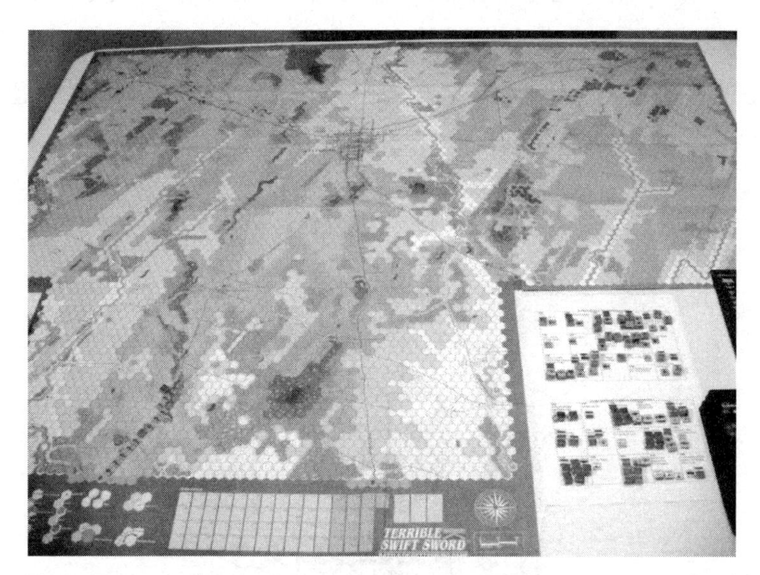

그림 2.29 Terrible Swift Sword (1976), Gettysburg 의 원형

2.6 블럭(Block) 워게임

블럭 워게임은 카드보드 또는 금속, 플라스틱 미니어처 대신에 목재 블럭으로 군부대를 표현하는 보드 워게임이다. 이러한 블럭들은 전형적으로 정방형이고 어느 측인지 표시되거나 표시되어 있지 않으며, 일반적으로 표시된 측면이 소유하고 있는 실시자를 보게 위치시킬 수 있도록 충분히 두껍다. 예를 들어 공격, 방어, 이동점수뿐만 아니라 정체성과 같은 부대의 상세정보는 소유하고 있는 게임 실시자가 쉽게 볼 수 있다. 반면, 상대측 게임 실시자는 그러한 정확한 정보를 알 수 없으며 상대측의 부대 형태나 부대의 정보에 대해 잘 알 수 없으므로 전쟁의 불확실성을 묘사한다.

가끔씩, 블럭들은 현재 부대의 전투력이 단계적으로 감소하는 것을 나타내도록 가장자리 주위에 일련의 숫자로 표시하고 주된 정보를 중앙에 표시한다. 부대가 한사람을 표현하는 부상이나 한사람 이상의 병력수 감소가 있을 때 게임 실시자는 시계반대 방향으로 돌린다. 이렇게 함으로써 블럭의 위에 숫자들이 현재 전투력을 나타내도록 한다. 그림 2.30 의 블럭은 4 단계의 전투력을 가지고 있는 반면 블럭은 더 작은 단계를 가질 수 있다.

그림 2.30 Crusader Rex

그렇지 않으면 어떤 블럭 워게임은 피해받은 부대를 보드에서 제거하기도 하고 더 낮은 전투력을 가진 블럭으로 대체한다. 많은 사람들이 그들의 미니어처 전투를 위해 전역 게임으로서 블럭 게임을 사용한다. 어떤 편리한 비율을 사용하여 블럭을 미니어처로 전환하는 것은 용이한 일이며 전투결과에 따라 피해받은 부대를 감소시키기 위해 전투 이후에 같은 비율을 사용한다.

양측의 워게임 실시자 중 오직 한측에만 보이는 부대 단대호에 대한 최초의 생각은 Stratego 의 첫 버전인 L'attaque 게임이 소개된 1908 년으로 거슬러 올라간다. 초기 Stratego 의 단대호는 카드보드였지만 2 차 세계대전 이후 목재로 대체되었다. 오늘날의 Stratego 단대호는 플라스틱이다. Stratego 는 블럭 워게임을 위해 직접적인 영감을 준 것은 아니었다. 1972 년에 Gamma Two Games 의 Lance Gutteridge 가 6 면 주사위를 사용하여 단계적으로 전투력이 감소하는 것을 묘사하였다.

주사위의 높은 가격 때문에 4 개의 가능한 전투력 단계를 표시한 목재 블럭을 대신 사용하도록 결정하였다. 첫 번째의 이러한 블럭 워게임은 1759 년의 Quebec 이며 Abraham 평원 전투를 둘러싼 전역을 묘사하였다. Gamma Two Games 은 이름을 Columbia Games 으로 변경하기 전에 Waterloo 전역, Napoleon 전쟁과 1812 년 전쟁을 망라하는 1812 년 전쟁을 이후에 생산하였다.

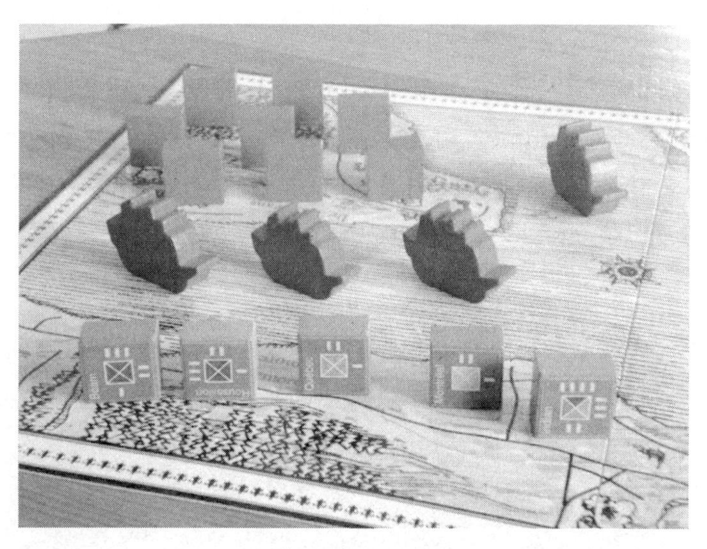

그림 2.31 Quebec

1980 년과 1990 년대를 통해 Columbia Games 은 실제적으로 블럭 워게임의 유일한 실제적 발행기관이었다. 이 시기에 그들의 배포는 2 차 세계대전의 북아프리카 전역을 다룬 Rommel in the Desert, 2 차 세계대전의 유럽전역의

군단수준의 전투를 다룬 EastFront 와 속편들, 미국 남북전쟁의 Virginia 와 서부 전역을 다룬 Bobby Lee and Sam Grant 을 배포하였다.

그림 2.32 EastFront

현재 블럭 워게임은 약간의 부활의 모습이 보인다. Jerry Taylor 의해 계획된 Columbia Games 의 Hammer of the Scots 는 꽤 인정받는 작품이다. 그의 차기 작품 Crusader Rex 역시 많은 사람들이 구입하였다. Jerry Taylor 는 장미의 전쟁에 기반을 둔 또 다른 블럭 워게임을 배포하기도 하였다.

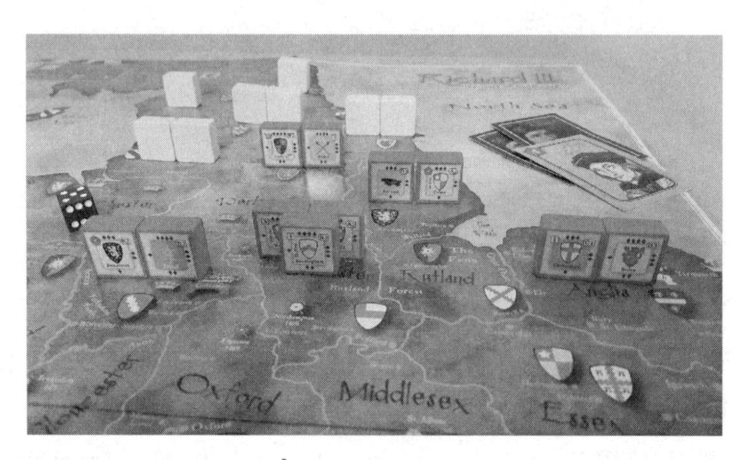

그림 2.33 Richard III

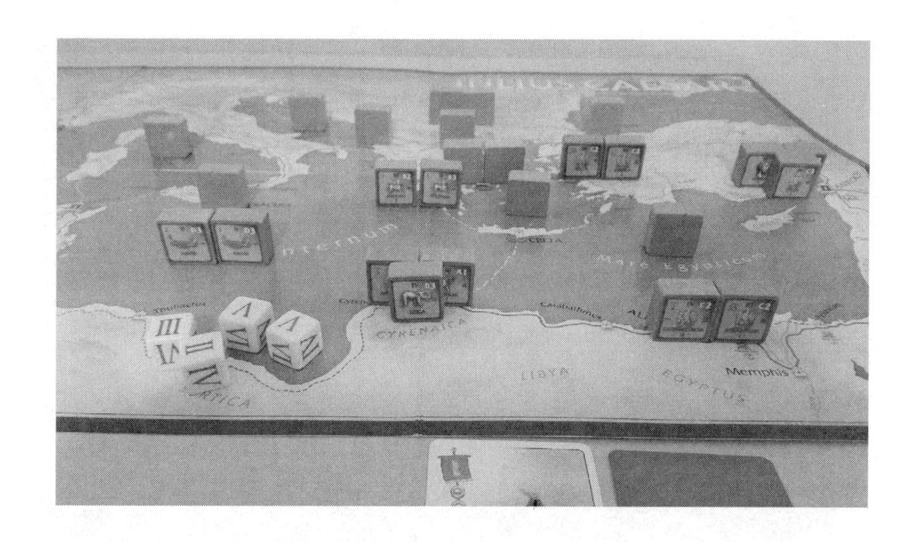

그림 2.34 Julius Caesar

2.7 카드(Card) 워게임

카드의 특성으로 인해 카드는 게임의 모의 측면은 잘 맞지 않지만 요약된 게임에 잘 맞는다. 전통적으로 카드 게임은 전쟁을 다루는 워게임으로 고려되지는 않았다. 초기의 카드 워게임은 1966 년에 발행된 Nuclear War, 지구 종말에 대한 가볍게 흥미로 하는 게임이며 Flying Buffalo 에 의해 현재도 여전히 발행되고 있다. 이것은 어떻게 어떤 실제 핵 교차타격이 발생할 것인지 모의하지는 않지만 주제를 다루는 방법 때문에 여전히 대부분의 카드 게임과는 다르게 구조화되어 있다.

1970 년대 말, 보드 워게임 회사인 Battleline Publications 이 2 개의 카드 게임, Naval War 와 Armor Supremacy 을 제작하였다. Naval War 은 워게임 동호회에서 꽤 인기를 끌었고 실제 상황을 묘사하지는 않았지만 해양전투 체계를 다루었다. Armor Supremacy 는 성공적이지는 않았지만 2 차 세계대전 동안 새로운 전차형태의 개발과 일정한 계획을 선보였다.

가장 성공적인 카드 워게임은 확실히 1983 년 Avalon Hill 사에서 의해 제작된 2 차 세계대전의 전술적 제대 전투를 다룬 Up Front 이다. 게임용 카드팩이 무작위적인 지형과 사격의 우연성 그리고 지형 특성과 같은 국지적인 조건에 따른 불확실성을 모의하는 것을 가지고 있어서 요약성이 갖추어져 있었다.

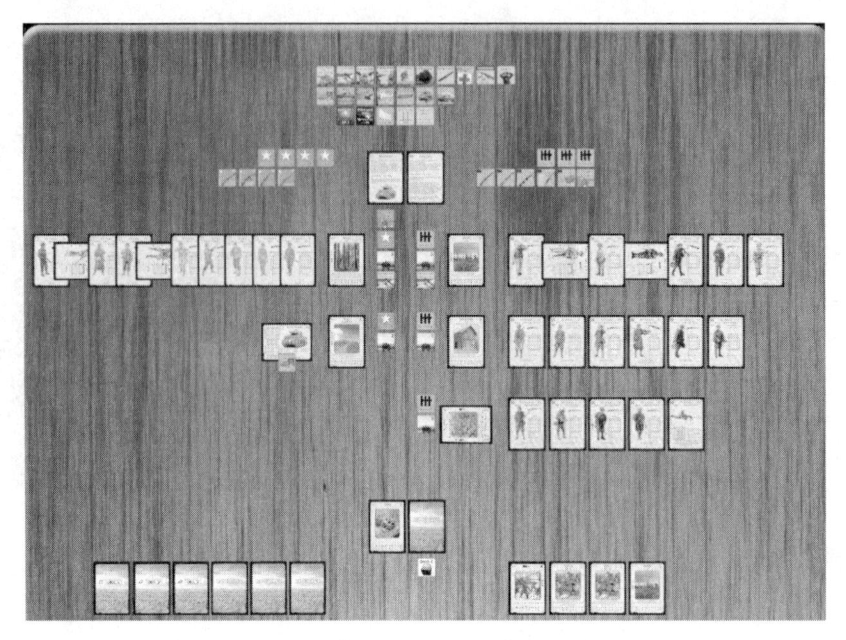

그림 2.35 Up Front

2.8 컴퓨터(Computer) 워게임

워게임이라는 용어는 비디오 게임 동호회에서는 거의 사용되지 않는다. 대부분의 전략 비디오 게임은 어떻든 전쟁의 실전적인 시나리오를 묘사한다. 그러므로 컴퓨터 워게임을 전략 게임으로 주로 부른다. 만약 전략 비디오 게임이 특별히 사실적이라면 가끔 시뮬레이션으로 부른다. 컴퓨터 워게임은 전통적인 워게임에 비해 많은 장점을 가지고 있다. 컴퓨터 게임에서 순서와 방법, 절차와 계산은 자동화되어 있다. 워게임 실시자는 단지 전략적이고 전술적인 의사결정만 하면 된다.

게임의 모든 절차와 방법을 다 알 필요가 없기 때문에 워게임 실시자의 학습곡선은 더 작다. 컴퓨터는 사람보다 훨씬 더 빨리 계산을 실시할 수 있기 때문에 게임의 진행이 더 빠르다. 자동화 덕분에 전통적인 워게임보다 컴퓨터 워게임은 더 정교한 절차와 방법을 가지고 있다. 컴퓨터 게임은 소프트웨어이기 때문에 복제와 분배가 매우 효과적으로 이루어질 수 있어서 전통적인 워게임보다 더 값싸다. 컴퓨터 게임을 하면 워게임 실시자가 적을 찾기가 더 쉽다. 왜냐하면 컴퓨터 게임은 가상 적에 대한 인공적인 정보를 사용할 수가 있거나 인터넷으로 또 다른 워게임 실시자와 연결할 수 있기 때문이다. 이러한 이유로 워게임에서 현재 지배적인 수단으로 부상하였다.

최근 몇 년 동안 워게임과 관련하여 컴퓨터 게임을 위해 프로그램이 개발되었다. 지역 컴퓨터 워게임과 원격 컴퓨터 워게임, 2 가지의 다른 범주로 구분할 수 있다. 대부분의 지역 컴퓨터 워게임은 컴퓨터 메모리 속에서 전장을 재생성하지는 않았지만 게임규칙, 부대 특징, 부대상태의 추적, 위치와 거리를 저장함으로써 소리와 음성으로 게임을 생동감 있게 만들어 전투를 묘사하게끔 게임 통제역할을 컴퓨터가 하게 하였다.

게임 실시의 절차는 간단하다. 양측은 각자의 순서에서 부대들은 무작위적인 순서로 나타난다. 상대측이 더 많은 부대를 가지고 있으면 다음 순서에서 더 많은 기회를 선택할 수 있다. 부대가 나타날 때 지휘관은 명령을 구체화하고 표적과의 거리에 관하여 자세한 정보로 공세적 행동이 취해졌다고 하자. 명령의 결과는 부대 이동거리와 표적의 효과가 보고되고 부대는 테이블위에서 이동한다. 모든 거리관계는 테이블 위에서 추적된다. 모든 기록유지는 컴퓨터에 의해 이루어진다.

원격 컴퓨터 지원형 워게임은 E-mail 게임 실시 개념의 확대로 간주될 수 있다. 그러나 표현과 실제 능력은 완전히 다르다. 그들은 컴퓨터 상에서 존재하는 보드 워게임 또는 미니어처 워게임 느낌과 형태를 복제하도록 계획된 것이다. 지도와 시간을 측정하는 카운터가 이를 조작하는 사용자에게 제공되고 이제껏 발생한 사건이 저장된 파일이 상대방에게 전달된다. 상대방은 그의 물리적인 게임의 설정에 대하여 모든 것을 복제함 없이 현시간까지 발생한 사실을 검토할 수 있고 대응할 수 있다. 어떤 모델은 양측의 게임 실시자를 온라인으로 연결하여 실시간으로 상대측의 이동을 볼 수 있다.

2.9 전구 워게임 모델

지금까지 설명한 워게임 개념의 발전된 모습으로 실제 워게임이 실행되는 전구 워게임을 소개한다. 이 모델은 난수와 기존 검증된 데이터를 기반으로 상황을 묘사하여 전장의 모습을 모의하고 있어서 워게임의 수행 절차를 이해하는데 도움을 줄 수 있다. 이 모델은 전구급 상황을 묘사하여 각 임무별 진행 수준과 지휘관 및 전투참모단의 조치를 촉진할 수 있다.

이 모델의 모의 수준은 최소 부대단위가 사·여단급 부대이며 작전적 수준 모의를 한다. 모의방법은 일정주기별 반자동화 방식으로 사용자에 의한 토의식 진행할 수 있다. 모의 주기는 72 시간으로 하고 필요시 수정 가능하다. 모의의 시나리오 입력는 3 개반 통제반, Blue Force 와 Red Force 로 구분하여 각각 입력한다

통제반은 BlueForce 와 RedForce 가 취한 조치가 모의규칙에 합당한지 여부를 통제하지만 이들에 대한 조언 및 지원 행동을 하지 않는다. 통제반은 모의간 작성된 구술자료와 결심자료들을 추적하여 차후 분석 및 주요 전역 고찰사항 발전에 있어 근거자료로 제공한다. 종료시간에 맞추어 종료하거나 진행해도 더 이상 도출될 내용이 없다고 판단할 경우 모의종료를 통제한다. Blue Force 와 Red Force 반은 모의상황판 위에서 작전을 모의하며 지도위에서 부대들을 전개, 기동, 전투를 실시하여 모의 이전의 계획단계간 발전한 작전개념에서 식별한 목표를 달성한다.

이 모델의 목적은 Blue Force 의 증원전력, 동원, 부대의 군수소요, 군수지원지역을 고려한 군수지원 지연효과, 부대 기동지연 등에 따른 영향효과를 반영하는 것이다. 모의를 위한 지형의 묘사는 그림 2.36 과 같이 한반도 전역을 6 각형 타일인 헥사로 구성하여 지상과 해상을 구분하고 하천을 묘사한다.

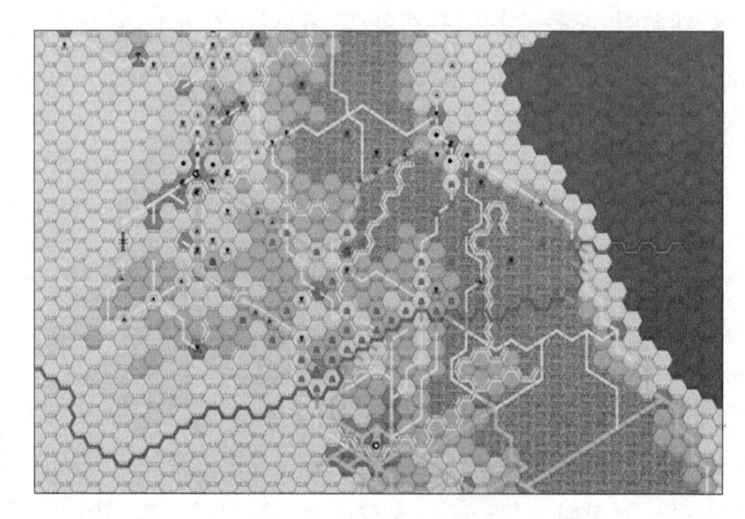

그림 2.36 모델의 지도

1 개 헥사의 면적은 사전 지정된 ㎢이며 1 개 사단이 1 개 헥사를 점령하고 여단은 2 개 여단이 1 개 헥사 점령이 가능하다. 모델속에서 운용되는 부대 단대호는 그림 2.37 과 같이 구성한다. 그림 2.37 의 단대호 예는 Red Force 의 사단의 전투력 값과 이동점수를 표현하고 있는데 가운데 상단에 있는 사단은 5 의 전투력 값을 가지고 있고 12 이동점수를 가지고 있다. 오른쪽 고정익 항공기와 회전익 항공기는 각각 1 의 공중공격점수를 가지고 있다.

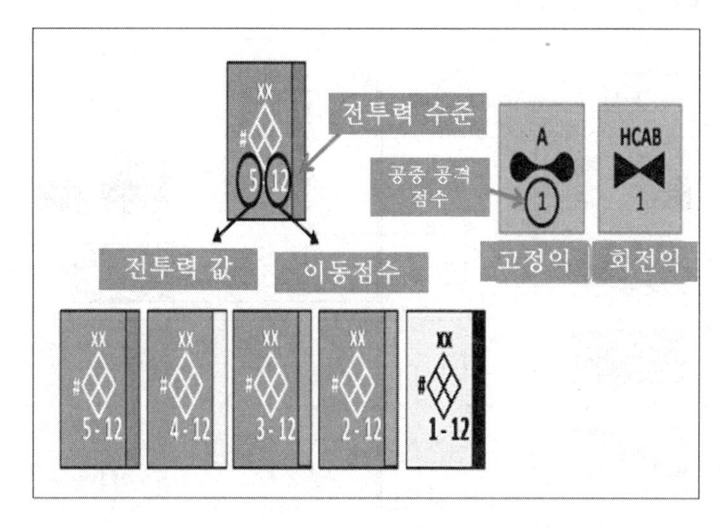

그림 2.37 부대 전투력 표현

여기서 표현되는 전투력 값은 Blue Force 의 특정사단을 기준으로 상대적으로 수치화한 부대의 전투력 값이며 부대의 개별 인원 및 장비는 미입력한다. 전투력 수준은 교전결과를 반영하여 색상으로 표시하는데 다음과 같은 공식으로 표현한다.

전투력 수준 = 교전후 전투력 값/교전전 전투력 값

전투력 수준에 따라 녹색, 황색, 적색, 흑색으로 표시하기로 한다. 공중 공격점수는 공중전력을 수치화한 점수로 공중전력 할당을 기반으로 산정한다.

Blue Force 와 Red Force 의 공중전력에 종합적으로 고려하여 근접항공지원(CAS: Close Air Support), 항공차단(AI: Air Interdiction), 전구 탄도

미사일 대응(CTBM: Counter Theater Ballistic Missiles), 해상 기뢰차단 점수를 할당하면 된다.

이동점수는 부대별로 주기당 이동할 수 있는 능력을 수치화한 점수로 부대별 이동능력을 고려하여 사전 합의하에 작성한다. 부대이동시에 이동로 상의 지형유형을 고려하여 이동점수 차감한다. 주기당 1 회만 이동이 가능하며, 부대별 이동점수를 초과해서 이동할 수 없다.

표 2.1 지형 표현과 이동점수 * 이 값은 가상값임

구 분	표시	이동점수	구 분	표시	이동점수
평지		2	도시		1
하천		10	구릉지		4
산악		12	주 이동로		2
비무장지대		3	보조 이동로		3

이 모델에서는 6 개 지형 유형과 2 개 이동로로 구성하고 지형 유형별로 고정된 이동점수를 부여한다. 즉, 부대 이동로상 헥사의 지형유형을 고려하여 부대별 이동점수 차감시킨다. 단, 비무장지대의 경우는 비무장지대가 위치한 지형의 이동점수를 부여하고 비무장지대의 지뢰를 개척 후에는 비무장지대 개척점수를 부여한다.

워게임 진행은 72 시간 마다 7 가지 단계에 따라서 모의가 진행되며 이러한 절차는 모의 종료 시까지 모든 주기에서 동일하게 적용된다.

기상결정 ⇒ ISR 의 탐지지역 지정 및 탐지여부 결정 ⇒ 공중전력 할당 ⇒ Red Force 비대칭 공격 할당 ⇒ 군수 가용량 판단 ⇒ 기동 및 전투 ⇒ 전투후 조치

세부 진행단계 및 내용은 다음과 같다.

1 단계: 기상결정

기상결정의 목적은 이동, 전투, ISR(Intelligence, Surveillance and Reconnaissance) 운용시 기상의 영향 효과 고려하는 것이다. 통제반에서 계절을 입력하고 2 개 주사위를 사용하여 난수값을 발생시켜 주사위 값의 합으로 결정한다. 매 주기마다 계절별 주사위값에 해당되는 기상효과 도표상의 기상에 따른 영향효과가 모의에 적용된다.

예를 들면 봄/가을이고 난수값이 12 일 경우 기상상황이 폭우/장마로 결정되며, 그에 따라 화학무기 효과는 없으나 공중공격력과 부대 기동력의 저하 효과가 모의에 반영된다.

표 2.2 기상 결정과 효과

봄/가을	여름	기상 상황	효과
합 2~6	합 2~4	청량/고요	없음
합 7~11	합 5~9	구름/강우	• 공중 공격력 oo% 저하, • 부대는 기동력 oo% 저하
합 12	합 10~12	폭우/장마	• 화학무기 효과 없음 • 공중 공격력 oo% 저하 • 부대 기동력 oo% 저하 • 교량 사용 불가

2 단계: ISR 의 탐지지역 지정 및 탐지여부 결정

이 단계의 목적은 전역 초기단계 및 기간 중 정보를 제한시키기 위한 것이다. Blue Force 가 가지고 있는 ISR 자산을 적절히 할당하여, 탐지지역 지정 및 탐지여부 결정한다. 정보제한 결정은 모의전에 참여자들 간의 협의에 의해서 결정하며 완전정보제공 방법은 적 부대들에 대한 정보를 모두 공개하여 단일상황도에서 워게임을 진행하는 방법으로 단일상황도에서 진행되더라도 조우한 부대, 이동간 식별한 부대, ISR 로 식별된 부대들에 대해서만 조치가 가능하도록 한다. 최소정보제공 방법은 적 부대들에 대한 정보를 교전중인 적부대, ISR 자산으로 식별한 부대로 한정하여 Blue Force 와 Red Force 별로 별도의 상황도에서 워게임을 진행하는 방법이다. 최소정보제공의 경우는 완전정보제공보다 실상황을 잘 반영하는 장점은 있으나 절차가 복잡하고, 시간소요가 증대되는 단점이 있어서 훈련상황을 고려하여 결정한다.

ISR 의 탐지지역 지정은 각 자산별 탐지범위 내에서 탐지지역을 자산별로 명령으로 입력하는 것이다. Blue Force 의 ISR 자산별 탐지범위는 서로 상이하다. ISR 자산이 실제 모의되는 것은 아니고 탐지지역에서 탐지정보만 제공하는 것으로 한다.

표 2.3 ISR 자산 종류

구분	자산 1	자산 2	자산 3	자산 4
ISR 자산			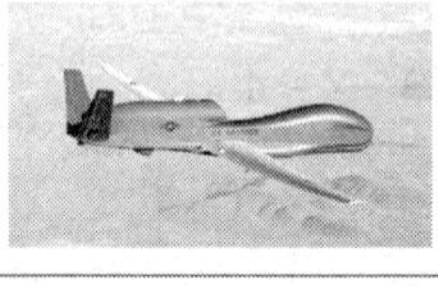	

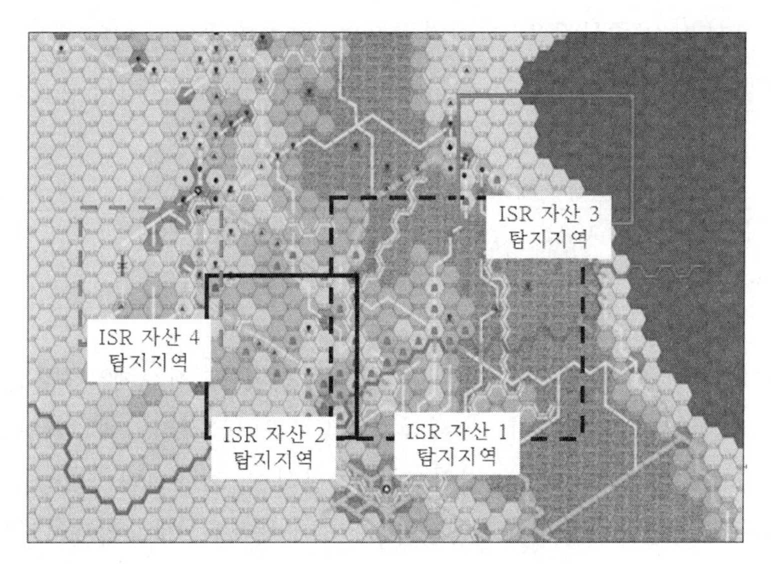

그림 2.38 ISR 자산 탐지 범위 (예): 가상 데이터로 그린 것임

ISR 자산의 탐지는 기상상황에 영향을 받고 ISR 탐지 도표를 사용하여 결정하며 자산 1 은 기상에 상관없이 항시 탐지가 가능하다.

표 2.4 ISR 탐지 도표

구분	맑음	구름/강우	폭우/폭설
정보 결정	3 이상이면 탐지	5 이상이면 탐지	7 이상이면 탐지

통제반은 2 개 주사위를 사용하여 난수값을 발생시켜 나온 합의 수 1~12 의 정수값을 활용하여 탐지지역내 표적들에 대한 탐지여부 결정한다. 탐지결과는 지도상에 탐지부호로 생성한다. 예를 들면, ISR 자산이 1 이며 기상이 맑음일 경우는 난수값이 3 이면 해당표적은 탐지가 된 것으로 결정하는 방식이다.

3 단계: 공중전력 할당

공중전력 할당의 목적은 공중전력을 획득해서 사용하기 위함이다. 공중전력은 각각의 다른 임무를 지원하기 위해 점수로 표현하며 주로 Blue Force 의 공중전력이다. 공중점수 사용에 있어 가용한 공중무장이 없다면 공중 공격점수를 사용할 수 없다. 공중무장은 참여자들간의 협의를 통해 이양이 가능한 것으로 한다. 공중전력 종류는 CAS, AI, CTBM, 해상 기뢰차단 등이다.

표 2.5 공군 전력 할당 (예) * 이 값은 가상값임

구분	CAS	AI	CTBM	기뢰차단
Sortie 수	30	22	16	7

공중전력별 관련 표적 및 효과는 CAS 전력은 전선에 위치한 적 부대에 적용하며 지상군과 연계하여 공세공격 및 방어공격지원에 할당하는 경우와 지상군의 전투력 값에 공중 공격점수를 합산하여 적용한다. 지상군과 연계없이 여건조성임무로 단독 공격시 할당하는 경우에 1 개 헥사지역을 공격하면 공격효과는 그 지역을 중심으로 헥사로 3 개 지점까지 영향을 미치는 것으로 한다.

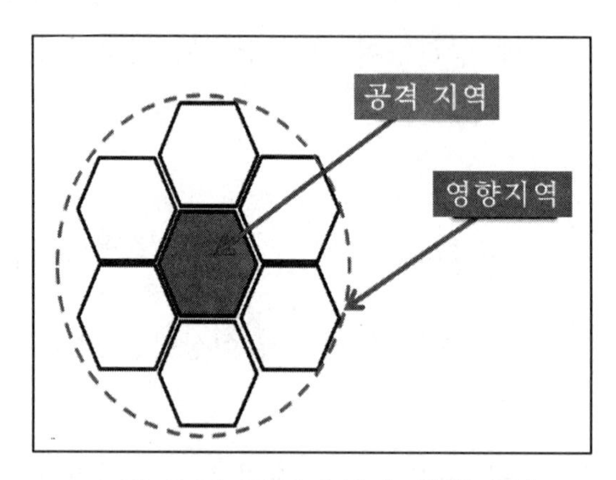

그림 2.39 공격지역과 영향지역

AI 는 ISR 에 의해 탐지된 적부대 한하여 적용하며 공격지역과 영향지역은 CAS 의 지상군을 지원하지 않고 단독공격시 할당하는 경우와 동일하다. CTBM 은 적 전구탄도미사일 지역을 통제할 수 있는 지점에 위치시 Red Force 가 운용할 수 있는 가용 전구탄도미사일 사격량을 적절히 감소시킨다.

해상 기뢰차단은 해상 헥사에서 Red Force 의 기뢰부설능력을 감소시키며, 이를 통해 Blue Force 의 강제진입작전시 위험이 감소될 수 있다. Red Force 참여반들은 매주기 각 해안의 사전 정의된 개수의 헥사에 기뢰를 부설한 가능한

것으로 한다. 해상 기뢰차단을 적용하면 기뢰능력이 적정량 감소하는 것으로 한다.

4 단계: Red Force 비대칭 공격 할당

이 단계의 목적은 전구탄도미사일, 장사정포, 공중 및 해상 장거리 특수전 부대, 게릴라 부대에 의한 영향을 평가하는 것이다. 먼저 TBM 및 특수전 부대에 의한 영향은 비행기지에 사용하면 Blue Force 에 가용한 공중공격 점수가 감소한다.

예를 들어 TBM 2 점이고 주사위 합이 4 이면 공격받은 해당 비행기지는 공중공격 점수가 1 점이 감소가 되며 TBM 2 점이고 주사위 합이 6 이면 공격받은 해당 비행기지 피해가 없는 것으로 가정한다.

표 2.6 비행기지에서 TBM 및 특수전부대 효과 * 이 값은 가상값임

주사위 합 (난수값)	TBM 1, SOF 2	TBM 2, SOF 4	TBM 3, SOF 6	TBM 4, SOF 8	TBM 5, SOF 10
2	-2	-2	-3	-3	-3
3	-1	-2	-2	-2	-2
4	-1	-1	-2	-1	-2
5	.	-1	-1	-1	-2
6	.	.	-1	-1	-1
7	.	.	-1	-1	-1
.	.	.	.	-1	-1
.	.	.	.	-1	-1

해외에서 증원중인 Blue Force 전력이 위치한 한반도 항만에 적용하면 해외 증원 완료 기간이 증가하게 된다. 워게임 이전에 Blue Force 반은 참여인원들과 협의하여 통제반에 동원 일정과 해외 증원전력 일정을 제공하며 통제관은 일정별로 부대의 도착 및 대형에 대한 일정을 작성한다. Red Force 가 한반도내 항만에 대하여 TBM 또는 특수전 점수를 할당하면 주사위 규칙을 적용하여

공격달성 여부를 판단하며, 해당 항만에 해외 증원을 수행중인 Blue Force 가 있다면 완료일정이 도표에 표시한 주기만큼 지연시킨다. 예를 들면 TMB 3 점이고 주사위 합이 5 이면 공격받은 항만에서 해외로부터 증원을 수행중인 Blue Force 의 완료일정이 1 개 주기가 추가 소요되게 되는 것으로 규칙을 정한다.

표 2.7 특수전 부대 및 TBM 공격으로 인한 해외증원 일정 지연

* 이 값은 가상값임

주사위 합 (난수값)	TBM 1, SOF 2	TBM 2, SOF 4	TBM 3, SOF 6	TBM 4, SOF 8	TBM 5, SOF 10
2	1	1	1	2	3
3	1	1	1	2	2
4	1	1	1	2	2
5	.	1	1	1	2
.	.	.	1	1	2
.	.	.	1	1	2

동원중인 Blue Force 부대에 사용하면 동원완료 기간이 증가한다. 동원일정은 구체적인 부대와 도시별 집결지가 포함되며 Red Force 반이 TBM 점수 또는 그에 상응하는 특수전 부대 점수를 Blue Force 주민센터에 위치시킬 때, 공격받은 Blue Force 부대의 동원 일정은 지연된다. 예를 들면 TBM 4 점이고 주사위 합이 4 이면 공격받은 지역에서 동원중인 Blue Force 부대의 동원기간이 2 개 주기 증가된다.

표 2.8 특수전 부대 및 TBM 공격으로 인한 동원 일정 지연 도표 (단위: 주기)

* 이 값은 가상값임

주사위 합 (난수값)	TBM 1, SOF 2	TBM 2, SOF 4	TBM 3, SOF 6	TBM 4, SOF 8	TBM 5, SOF 10
2	1	2	2	2	4
3	1	1	1	2	3
4	1	1	1	2	3
5	.	1	1	2	2
6	.	.	1	1	2
7	.	.	1	1	2
8	.	.	.	1	1
9	.	.	.	1	1
10	.	.	.	.	1
11	.	.	.	.	1
12	.	.	.	.	.

장사정 포병에 의한 영향은 TBM 점수를 사용한다. 해당 주기가 진행되는 동안, Red Force 반은 지도에 나타난 북한 장사정포병 부대가 Blue Force 팀의 지상군부대에 사격하거나 특정지역을 사격할 것인지 결정한다. 특정지역에 사격이 가능하려면 그 거리가 일정 헥사 이하만 가능하며 특정지역에 사격을 한다면 그 주기에는 공격 또는 방어중인 Red Force 부대 지원이 불가능하다. 특정지역에 Red Force 포병이 사격한다면 특정지역 지역에서 Blue Force 동원에 대하여 완료일정 지연 효과가 발생한다.

Red Force 장사정포 부대가 특정지역에 사격한다면 Blue Force 반은 6 면 주사위의 1~6 사이의 정수값을 고려하여 대화력전으로 인한 장사정포 부대 파괴 여부를 결정한다. 예를 들면, 숫자가 3 이상이면 Red Force 장사정포 부대는 파괴되고 상황도에서도 제거시킨다.

게릴라 부대에 의한 영향은 매 주기당 통제반은 Blue Force 반에 의해 점령된 지역의 범위와 게릴라 부대의 수를 결정한다. 게릴라 부대 점수는 정전시 각 도지역에 수용된 상비부대에 기초해서 산정하며 게릴라 부대 점수는 다음 주기에서 그 부대가 주둔했던 도지역내 어느 곳이든 사용이 가능하다. Blue Force 의 병참선에 나타날 수 있고 보급로를 차단할 수 있다. 예를 들면, 산악지역의 보급로에 Red Force 의 특수전 부대 및 게릴라가 점령시에 군수처리량을 사전지정된 비율만큼 감소시킨다.

표 2.9 게릴라 및 적 특수전 부대 존재시 군수처리량 감소 도표

＊ 이 값은 가상값임

구분	주 이동로	하천	산악	비무장지대 (개척)	구릉지	도시
군수처리량 점수	340	8	4	14	6	60
감소 비율	oo%	oo%	oo%	oo%	oo%	oo%

Blue Force 의 전투부대가 동일 헥사에 나타나면 게릴라 부대는 전멸된 것으로 가정하고 제거한다.

5 단계: 군수 가용량 판단 (Blue Force 반만 가능)

이 단계의 목적은 계획의 군수지속성을 확인하고 Blue Force 의 동원 및 해외 증원전력 전개의 수행을 판단하는 것이다. 군수부분의 목적은 현실적인 군수 지속능력 고려하여 모의진행간 낙관적인 결과가 나오는 것을 방지하는 것이다. 전구수준에서 군수를 다룰 때 크게 군수소모와 보급지원으로 구분하여 적용한다. 비무장지대 이북 전방지역에서는 군수수송은 주보급로가 있는 지역에 집중되어 대량의 기동부대, 난민, 정비 후송 등으로 인해 다수의 부대에 제한들이 발생한다. 비무장지대 이남인 후방지역의 보급수송이 병목지점의 처리량을 제한하진 않는데 이들 대부분이 송유관, 도로 등 대용량 수송수단으로 처리가 이루어져 주 보급로의 점유경쟁이 거의 없기 때문이다.

부대 유형별 보급 소요는 부대의 보급소요 점수와 도로의 군수처리량 점수를 비교하여 판단한다. 보급로상에서 가장 제한이 되는 지역의 군수처리량으로 부대의 보급여부 결정하며 부대별 군수소요는 주기별 필요량이므로 매 주기마다 100% 보급이 되지 않을 경우 소진된다.

표 2.10 부대 유형별 군수소요 점수

* 이 값은 가상값임

구분	보병사단	기계화사단	포병여단	기갑여단	동원사단	향토사단
군수소요 점수	1	2	2	0.3	0.7	0.6

표 2.11 지형유형별 군수처리량

* 이 값은 가상값임

구분	주 이동로	하천	산악	비무장지대 (개척)	구릉지	도시
군수처리량 점수	280	8	4	20	10	50
적 특수전 부대 또는 게릴라 존재시 처리량 감소	oo%	oo%	oo%	oo%	oo%	oo%

해당 보급로상 Blue Force 부대의 전체 보급 소요가 보급로의 군수처리량을 초과할 경우 Blue Force 반은 보급이 가능한 부대를 판단하고 최소 1 개 이상의 부대는 보급대상에서 제외시킨다. 보급품이 채워질 때까지 부대는 이동하거나 공격할 수 없으며, 단지 방어만 가능하다. 보급로의 군수처리량을 초과하지 않을 경우 모든 부대에 정상적인 보급을 실시하여 해당 부대들은 이동 및 공격 등의 임무수행이 가능하게 된다. 군수소요 점수는 군수지원지역에 가용한 보유량에 기초하여 산정한다. 군수지원지역은 Blue Force 반은 적 지역내 군수지원지역을 선택 가능하다.

각 군수지원지역은 최대 사전 지정된 보급점수를 보유 가능하며 주기당 어떤 방향이든 사전 지정된 점수만큼 보급 가능하다. 적 지역내 항구에 헥사에 설치할 수 있으며, 이 경우 군수지원단이나 기동지속여단이 필요하지 않는다. 예를 들면 군수지원지역(LSA: Logistics Supply Area, 20 점 보유)에서 비무장지대를 통과하여 4 개 부대에 보급할 경우는 다음과 같다.

총 보급소요량은 5.3 점으로 1.0(Blue Force 보병사단) + 2(Blue Force 포병여단) + 2(Blue Force 기계화 사단) + 0.3(Blue Force 기갑여단)이며 보급로 상의 군수처리 가용량은 각각 3 점, 5 점이므로 가장 제한되는 군수처리 가용량은 3 점으로 계산된다. 즉, 3 점 범위 내에서 보급이 가능하므로 Blue Force 반은 보병사단, 기계화 사단, 기갑여단에는 보급 (3.3 점)하고 포병여단은 다음 주기에 보급하기로 결정한다. 이 경우 포병여단은 이동 및 공격을 할 수 없고, 방어만 가능하다.

그림 2.40 군수지원 모의

6 단계: 기동 및 전투

이 단계의 목적은 엄격한 통제 절차를 거쳐서 정량적 전투모의를 실시하는 것이다. 한 주기에서 기동 및 전투단계는 2 번 반복 실시한다. 첫 번째, 공자는 명령을 이용하여 부대들을 이동하여 특정한 방어부대를 공격하도록 부대를 할당한다. 두 번째, 방어하는 측이 이동하여 공격하는 측을 공격하도록 부대를 할당한다. 최초 워게임에서 Red Force 반은 이동하여 선제공격을 하며, Blue

Force 반이 공격을 수행하고 주도권을 확보하게되면 Blue Force 반이 공자가 되어 먼저 이동 및 공격을 수행하게 된다.

기동의 경우 사단 규모의 부대는 1 개의 헥사, 최대 2 개의 여단이 동일 헥사를 점령할 수 있다. 각각의 부대는 부대 주위의 6 개 헥사에 영향을 미칠 수 있으며 이를 통제구역이라고 한다.

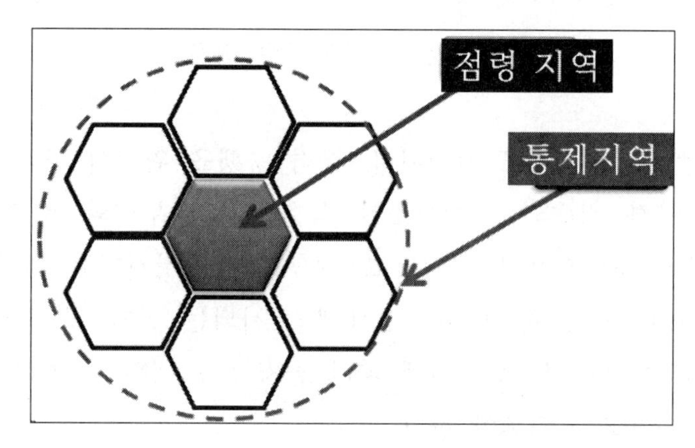

그림 2.41 점령지역 및 통제지역

부대가 적의 통제구역에 진입하면 이동이 중지되고 진출을 할 수 없으며, 일단 적의 통제구역에 들어간 부대는 공격을 실시하거나 하지 않을 수 있다. 한개 헥사에 여러 개의 적부대가 있으면 적부대 모두를 공격하거나 일부만 공격할 수도 있다.

부대 이동은 특정 헥사를 지날 때 해당 부대의 이동점수에서 특정 헥사의 지형별 이동점수를 차감한다. 부대가 이동할 수 있는 점수가 0 으로 떨어지거나, 부대가 다음 헥사로 진입할 수 있는 점수가 부족하면 부대는 이동이 정지된다. 부대 이동은 1 개 주기에 한번만 가능하며, 새로운 주기가 되면 설정된 이동점수로 복원된다. 단, 군수점수가 채워지지 않을 경우는 이동점수가 있어도 이동이 불가하다. 예를 들면 이동점수가 12 인 보병사단이 평지 2 개 헥사를 이동하게 되면 6 점이 차감되어 부대이동 점수는 6 점이 된다. 그러나 다음 주기에는 보병사단의 이동점수는 12 점으로 복원된다.

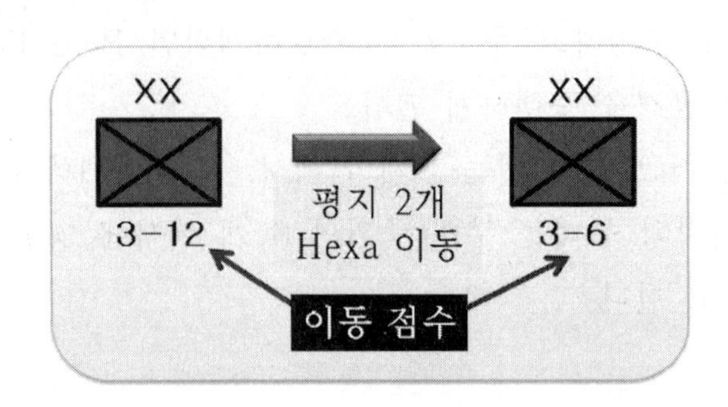

그림 2.42 이동점수 적용

전투는 다음과 같은 절차로 진행된다. 공격 수행을 위해선 공격부대, 지원부대, 포병부대, 공중공격 점수의 공격요소를 통합하여 적부대와 비교하여 전투력비 결정한다. 상대부대의 태세가 비교되고 양측간의 판정결과는 지상 전투결과 표 2.12 에 제시되어 있다. 첫 번째는 표내에 표시되는 공자 및 방자 손실이며 두 번째는 주사위를 이용하여 그 결과에 따라 공자 또는 방자가 지상전투 결과 표에 제시된 헥사의 수만큼 후퇴해야 한다.

표 2.12 지상전투 결과

* 이 값은 가상값임

전투력비 (공격 : 방어)	공격부대	방어부대	후퇴
1 : 5	0.28	0.08	공격부대 1 헥사
1 : 4	0.24	0.07	공격부대 1 헥사
1 : 3	0.20	0.06	공격부대 1 헥사
1 : 2	0.19	0.08	.
1 : 1	0.15	0.08	.
2 : 1	0.13	0.10	방어부대 1 헥사
3 : 1	0.12	0.12	방어부대 1 헥사
.	.	.	.
.	.	.	.

후퇴하지 않은 상대부대는 적이 후퇴한 빈 헥사에 진입을 선택할 수 있으며, 공군전력 또는 포병이 가담한 공격은 지원받는 부대가 공방에 관계없이 후퇴하지 않는다. 예를 들면 Red Force 부대가 Blue Force 부대를 공격할 경우 Red Force 의 1 개 보병사단 5 점과 1 개 포병여단 1 점, Blue Force 의 1 개 보병사단 4 점과 1 개 CAS 1 점 간의 전투집합이 형성되어 계산된다. 전투력비는 공자 (Red Force, 6 점), 방자 (Blue Force, 5 점)으로 약 1:1 로 계산되며 전투 판정결과는 지상전투 결과표에서 전투력비 1:1 인 경우 적용한다. 공격부대 (Red Force) 0.15 점, 방어부대 (Blue Force) 0.08 점 손실되어 공격부대와 방어부대는 모두 후퇴하지 않는다.

그림 2.43 근접전투 모의

공중 공격점수에 의한 지상부대 전투손실은 지상군과 연계하여 공세공격 및 방어공격지원을 할 경우는 지상군의 전투력 값에 공중 공격점수를 합산하여 적용한다. 지상군과 연계없이 여건조성임무로 단독 공격시 할당하는 경우는 1 개 헥사지역을 공격하면 공격효과는 그 지역을 중심으로 육각형으로 사전 지정된 지점까지 영향을 미친다.

공중 공격점수에 의한 전투력 손실량은 표 2.13 과 같다. 공중 공격점수는 최소 1 점에서 최대 3 점까지 할당이 가능하다. 예를 들면 전투력 값이 2 점인 Red Force 의 1 개 기계화사단에 Blue Force 의 공중 공격점수 3 점이 할당될 경우는 기계화 사단의 전투력 값은 0.19 점이 차감되어 1.81 점으로 조정된다.

표 2.13 공중 공격점수에 의한 전투력 손실량

* 이 값은 가상값임

구 분	공중 공격점수		
	1 점	2 점	3 점
보병사단	0.04	0.08	0.20
보병여단	0.06	0.11	0.16
기갑/기계화 사단	0.08	0.13	0.19
기갑/기계화/포병 여단	0.09	0.19	0.25

7 단계: 전투 후 조치

이 단계의 목적은 다음 주기 작전수행팀의 결정에 영향을 주게 되는 4 가지 조치에 대한 판단 및 적용을 하는 것이다. 첫째, Red Force 의 방호기뢰에 관한 전투후의 조치로, Red Force 반 참여자는 기뢰를 부설하고자 하는 해상 헥사를 지정한다. Red Force 반 참여자는 매 주기당 해안별로 사전 지정된 개수만큼 헥사에 기뢰를 부설할 수 있으며 서해안과 동해안에 설치할 수 있는 최대 기뢰수가 결정되어 있다. 기뢰가 설치된 헥사는 기록이 되며, Blue Force 반에는 전시가 되지 않는다. Blue Force 반은 대기뢰전 부대를 해당 헥사에 할당하여 제거가 가능하다.

두 번째로, 안정화 소요에 부대 할당전투가 종료되면 통제관은 Blue Force 팀에 의한 안정화작전 확보소요를 결정한다. 일반적으로는 Red Force 지역에서 전멸된 적군의 규모와 Blue Force 반의 확보 규모에 기초하여 산정한다. 이 정보가 도시되면 Blue Force 반은 부대진출선 후방에서 적절한 규모의 부대를 할당한다. 이 부대는 전투나 이동을 할 수 없으며, 워게임이 끝날 때까지 한 위치를 고수하거나 부대진출선이 남쪽으로 이동하면 방어작전으로 전환할 수 있다.

세 번째로, 지상군 부대 이동 및 전투에 영향을 미치는 피난민 규모, 위치, 이동 결정하는 것이다. 전투가 종료되면 Blue Force 부대가 Red Force 의 도시지역에서 2 개 헥사내에 있을 경우 피난민이 발생하여 이동하게 된다. 통제관은 이들의 규모를 결정해서 해당 도시지역에 이를 표시한다. 피난민 무리의 이동방향은 통제관의 판단에 따라 정하며, 양 진영의 지상부대는 피난민 부호가 표시된 헥사에 진입하면 더 이상 이동할 수 없게 된다. 해당 헥사내에서는 공격이 불가능하며 적의 지상공격에 대해서 방어는 가능하다.

네 번째로, Red Force 게릴라 부대의 위치 및 규모 결정하는 것이다. 전투 가 종료되면 통제관은 Red Force 게릴라 부대점수를 결정하고 각 Red Force 지역에서 게릴라 부대의 점수 생성. Blue Force 부대가 북쪽으로 이동하면서 Red Force 지역을 확보하면 Red Force 반이 사용할 수 있는 게릴라 점수는 감소하게 된다. 게릴라 점수의 규모와 시기는 통제관에서 결정한다. 예를 들면 Blue Force 부대가 Red Force 의 특정 도(道) 지역의 사전 지정된 비율을 점령했을 경우 해당 도(道)에서 생성할 수 있는 게릴라 점수의 사전 지정된 비율만큼 통제관이 결정하여 할당한다.

제3장

난수

3.1 난수(Random Number)

워게임에서는 난수를 광범위하게 사용한다. 표적의 명중, 살상, 대포병 탐지 레이더의 포탄 탐지여부, 전자전 성공여부 등을 결정할 때 난수를 기반으로 결정한다. 따라서 난수의 생성과 특성을 잘 이해하는 것이 무엇보다도 중요하다. 이 장에서는 난수의 특성을 이해하고 난수의 생성을 하는 방법을 주로 설명한다.

난수는 예측할 수 없이 발생되는 무작위 수다. 무작위에 가까운 난수를 물리적으로 생성하기 위해서는 금속을 뜨겁게 달굴 때 발생하는 전자파나 방사성 물질의 핵분열을 이용한다. 난수는 다음의 성질을 만족해야 한다.

(1) [0, 1] 구간을 갖는 일양분포(Uniform Distribution)에서 발생
(2) 서로 통계적으로 독립(Statistically Independent)

(1)의 조건에 따른 난수의 분포는 그림 3.1, 식 (3-1)과 같다.

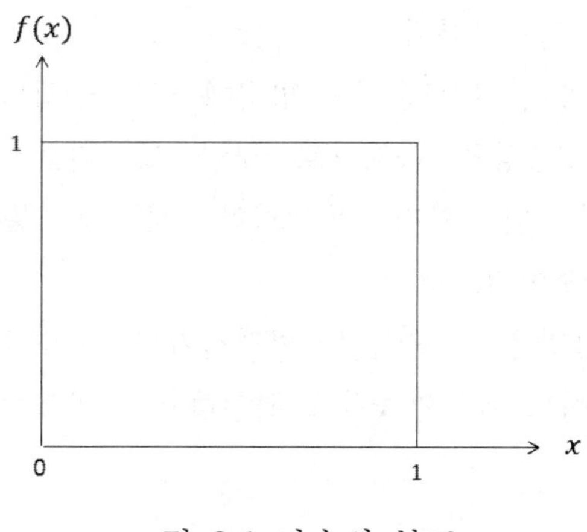

그림 3.1 난수의 분포

$$f(x) = \begin{cases} 1, & 0 \le x \le 1 \\ 0, & otherwise \end{cases} \qquad (3\text{-}1)$$

난수 x의 평균 $E(x)$과 분산 $V(x)$은 식 (3-2), (3-3)과 같다.

$$E(x) = \int_0^1 x dx = \frac{x^2}{2}\Big|_0^1 = \frac{1}{2} \qquad (3\text{-}2)$$

$$V(x) = E(x^2) - [E(x)]^2 = \int_0^1 x^2 dx - \left(\frac{1}{2}\right)^2 = \frac{x^3}{3}\Big|_0^1 - \frac{1}{4} = \frac{1}{12} \qquad (3\text{-}3)$$

난수의 종류는 진정한 난수(Truly Random Number), 의사난수(Pseudo Random Number), 준난수(Quasi Random Number)로 구분하다. 진정한 난수는 자연 현상 그 자체로부터 생성한 것이다. 주로 방사성 붕괴, 대기 소음 등의 물리적인 현상으로부터 난수를 생성한다. 자연으로부터 발생되는 난수는 그야말로 예측하기가 어려운 무작위수이다.

의사난수는 산술적인 방법에 의해 구할 수 있는 방법으로 수치적 알고리즘을 컴퓨터에서 실행시켜 난수를 생성한다. 컴퓨터 시뮬레이션을 수행하기 위해서는 알고리즘에 따른 난수의 생성이 필요하고 여러가지 방법에 의해 난수를 발생시킬 수는 있으나 시간이 계속 흐르면 난수의 성질을 반드시 보장하지는 않는다. 따라서 이를 의사난수라고 부른다.

준난수는 의사난수와 같이 산술적인 방법에 의해 구하나 일양분포에 따르도록 일정한 패턴의 난수 생성을 목적으로 구한 것이다. 의사난수는 이론적으로 완전하지는 못하지만 몇 가지 통계적인 검정을 통과하면 시뮬레이션에 사용하여도 무방한 난수이다.

그러나 대수적 방법을 이용하여 발생시키는 난수들은 모두가 이론적인 측면에서 보면 어느 정도 예측가능하고 완전하게 임의적이지 못하다는 공통적인 결점을 갖고 있다.

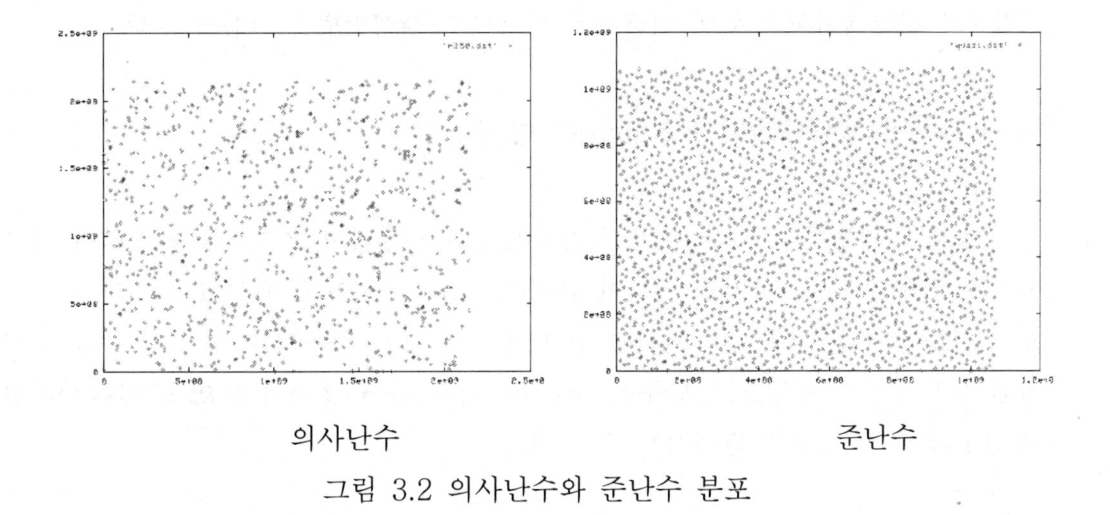

그림 3.2 의사난수와 준난수 분포

컴퓨터 시뮬레이션에서는 의사난수를 사용하므로 생성 알고리즘 중에서 좋은 의사난수 생성을 시켜야 하는데 좋은 난수의 특성은 다음과 같다.

(1) 난수들은 0 부터 1 사이의 일양분포(Uniform Distribution)를 가진다.
(2) 난수들간의 상관관계가 없어야 한다.
(3) 효율적으로 그리고 빠르게 난수를 생성할 수 있어야 하고
 많은 기억용량을 필요로 하지 않아야 한다.
(4) 서로 다른 난수를 많이 생성할 수 있다.
(5) 생성된 난수들을 순서대로 똑 같이 재생성할 수 있다.

난수를 만들기 위한 유의 사항으로는 다음과 같은 항목을 점검해야 한다.

(1) 일양성(Uniformity)
(2) 연속형 분포에 가까운지 여부
(3) 순환성(Cyclic Property)보유 여부
 (3.1) 난수 사이의 자동상관관계(Autocorrelation)
 (3.2) 인접한 난수보다 점차로 작아지거나 커지는 경향이 있는지 여부
 (3.3) 연속한 몇 개의 난수는 평균치보다 크고 몇 개는 작은지 검토

컴퓨터 시뮬레이션을 위한 여러가지 의사난수 생성방법은 다음과 같다.

3.1.1 중앙제곱(Middle-Square) 방법

중앙제곱 방법은 4 자리 수의 초기치(Seed)를 정하고 초기치를 제곱하여 나온 수에서 가운데 수 4 자리를 취하여 10,000 으로 나누어 0 에서 1 사이의 난수를 만드는 방법이다. 다음 단계에서는 앞 단계에서 구한 가운데 수 4 자리 수를 다시 제곱하여 동일한 방법으로 난수를 구한다. 예를 들어 초기치가 $R_0 = 4552$이라면 표 3.1 과 같은 난수를 발생시킬 수 있다.

표 3.1 중앙제곱 방법 예

i	R_i	R_i^2	R_{i+1}	난수
1	4552	20720704	7207	0.7207
2	7207	51940849	9408	0.9408
3	9408	88510464	5104	0.5104
4	5104	26050816	0508	0.0508
5	0508	00258064	2580	0.2580
6	2580	06656400	6564	0.6564
7	6564	43086096	0860	0.0860
8	0860	00739600	7396	0.7396
9	7396	54700816	7008	0.7008
10	7008	49112064	1120	0.1120

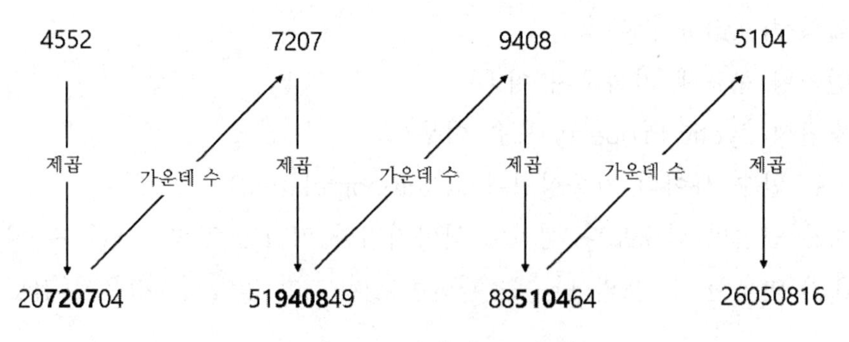

그림 3.3 중앙제곱 방법

이 방법은 초기치가 n 자리 수일 때 난수가 반복되는 주기가 8^n 보다 항상 짧거나 어떤 숫자로 수렴하는 결점이 있다. 즉 초기치가 4 자리이면 난수의 반복 주기가 $8^4 = 4096$ 보다 항상 짧거나 어떤 수로 수렴한다. 만약 가운데 수가 0이 되는 경우에는 더 이상 난수를 만들지 못하게 된다. 그런 의미에서 중앙제곱방법은 난수가 0으로 수렴하고 1 개의 난수를 안다면 이후에 발생할 난수들이 결정되기 때문에 임의적이지 못하다.

3.1.2 중앙승법(Midproduct) 방법

중앙승법 방법은 초기치 X_i와 X_{i+1}를 정하여 이를 곱하여 나온 수 $U_i = X_i \times X_{i+1}$, $i = 0,1,2,...$의 가운데 4 자리를 구하여 난수로 변환하는 방법이다. i 단계에서는 X_i와 U_i의 가운데 4 자리 수를 X_{i+1}로 간주한다. 만약 초기치가 $X_0 = 2938$, $X_1 = 7229$이라면 표 3.2 와 같이 난수를 구할 수 있다.

표 3.2 중앙승법 방법 예

i	X_i	X_{i+1}	U_i	U_i 가운데 4 자리	난수
0	2938	7229	21238802	2388	0.2388
1	7229	2388	17262852	2628	0.2628
2	2388	2628	06275664	7566	0.7566
3	2628	7566	19883448	8834	0.8834
4	7566	8834	66838044	8380	0.8380
5	8834	8380	74028920	0289	0.0289
6	8380	0289	02421820	2182	0.2182
7	0289	2182	00630598	0598	0.0598
8	2182	0598	01304836	0483	0.0483
9	0598	0483	00288834	8834	0.8834
10	0483	8834	04266822	6682	0.6682

$i = 0$ 인 경우 $U_1 = X_0 \times X_1 = 2938 \times 7229 = 21238802$ 가 되고 21238802 의 가운데 4 자리를 취하면 2388 이고 이것을 10,000 으로 나누어 난수 0.2388 을 만든다. $i = 1$에서는 $X_1 = 7229$가 되고 X_2는 U_0의 가운데 4 자리 수 2388 이 된다.

3.1.3 상수승수(Constant Multiplier) 방법

상수승수 방법은 1 단계에서 4 자리 수 특정한 상수 K 를 취하고 4 자리 수 초기치 X_1를 결정하여 초기치를 상수에 곱하여 나온 수 V_1 의 가운데 4 자리를 난수로 변환한다. 즉 $V_1 = K \times X_1$가 된다. 다음 단계부터는 $V_i = K \times X_i$로 난수를 결정한다. 예를 들어 $K = 3987$, $X_i = 7229$인 경우 난수를 발생시키는 방법은 표 3.3 과 같다.

표 3.3 상수승수 방법 예

i	K	X_i	$V_i = K \times X_i$	V_i 가운데 4 자리	난수
1	3987	7229	28822023	8220	0.8220
2	3987	8220	32773140	7731	0.7731
3	3987	7731	30823497	8234	0.8234
4	3987	8234	32828958	8289	0.8289
5	3987	8289	33048243	0482	0.0482
6	3987	0482	01921734	2173	0.2173
7	3987	2173	08663751	6375	0.6375
8	3987	6375	25417125	4171	0.4171
9	3987	4171	16629777	6297	0.6297
10	3987	6297	25106139	1061	0.1061

3.1.4 가산합동(Additive Congruential) 방법

가산 합동법은 초기 숫자로 n 개의 숫자 $X_1, X_2, \ldots, X_n$ 을 사용해서 $X_{n+1}, X_{n+2}, \ldots$ 을
$X_i = (X_{i-1} + X_{i-n}) mod\, m$ 을 이용해서 발생시킨다. 예를 들어 만약 $X_1 = 57, X_2 = 34, X_3 = 89, X_4 = 92, X_5 = 16$이고 $n = 5$, $m = 100$이라면 $X_i, i = 6,7, \ldots$은 표 3.4 와 같이 결정한다.

$$X_6 = (X_5 + X_1)mod100 = 73,\ R_1 = \frac{73}{100} = 0.73$$

$$X_7 = (X_6 + X_2)mod100 = 7,\ R_1 = \frac{7}{100} = 0.07$$

$$X_8 = (X_7 + X_3)mod100 = 96,\ R_1 = \frac{96}{100} = 0.96$$

$$X_9 = (X_8 + X_4)mod100 = 88,\ R_1 = \frac{88}{100} = 0.88$$

$$X_{10} = (X_9 + X_5)mod100 = 4,\ R_1 = \frac{4}{100} = 0.04$$

$$X_{11} = (X_{10} + X_6)mod100 = 77,\ R_1 = \frac{77}{100} = 0.77$$

표 3.4 가산합동 방법 예

i	X_i	$X_{i-1} + X_{i-n}$	$(X_{i-1} + X_{i-n})mod\ m$	난수
1	57			
2	34			
3	89			
4	92			
5	16			
6	73	73	73	0.73
7	107	107	7	0.07
8	196	196	96	0.96
9	288	288	88	0.88
10	304	304	4	0.04
11	377	377	77	0.77
12	484	484	84	0.84
13	680	680	80	0.80
14	968	968	68	0.68
15	1272	1272	72	0.72

3.1.5 선형합동발생(LCG: Linear Congruential Generator) 방법

선형합동발생 방법은 초기치 R_0, 상수 a, c, m으로 다음 단계의 난수를 $R_{i+1} = (aR_i + c)mod\ m$으로 결정한다. 만약 $a = 3, c = 3,\ R_0 = 3, m = 5$ 라고 할 때 이

방법으로 난수를 발생시키는 LCG 를 LCG(m, a, c, R_0)으로 표기한다. LCG(5,3,3,3) 경우 $R_{i+1} = (3R_i + 3) mod\ 5$ 이고 난수는 표 3.5 와 같은 절차로 발생시킨다.

표 3.5 선형합동발생 방법 예

i	R_i	$aR_i + c$	R_{i+1}	난수
0	3	12	2	0.40
1	2	9	4	0.80
2	4	15	0	0.00
3	0	3	3	0.60
4	3	12	2	0.40
5	2	9	4	0.80
6	4	15	0	0.00
7	0	3	3	0.60
8	3	12	2	0.40
9	2	9	4	0.80

그림 3.4 는 가로축이 i를 표현하고 세로축은 난수를 표현할 때 1,000 개의 난수를 발생시켜 점을 찍은 것이다.

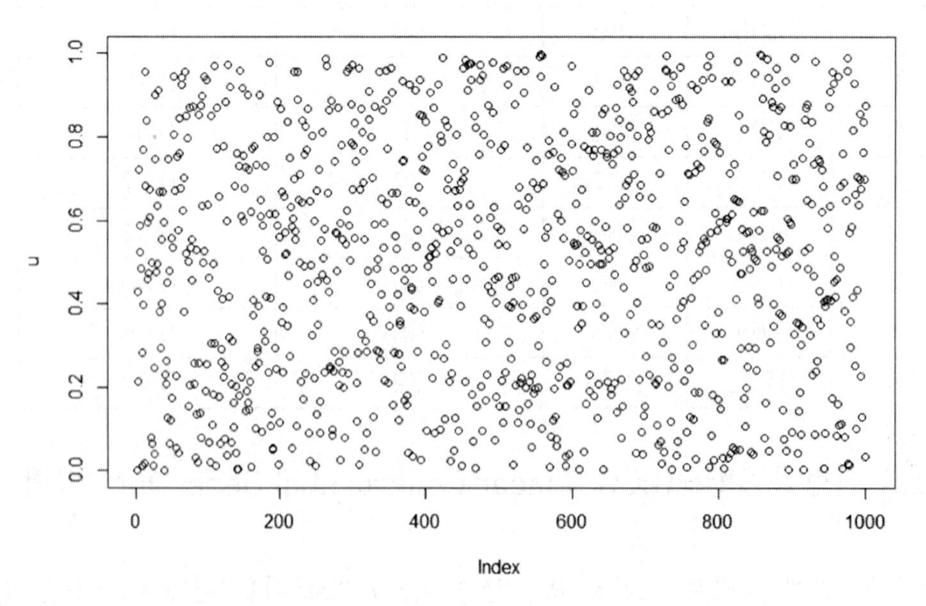

그림 3.4 선형합동 방법에 의한 난수 발생 분포

LCG 의 특징을 살펴보면 최대 가능 주기는 다음과 같다. 조건 (1), (2), (3)을 만족하면 최대가능 주기 $P = m = 2^b$가 된다.

(1) $m = 2^b$(b 는 정수)
(2) $a = 15 + 4k$(k는 정수)
(3) c와 m의 최대공약수가 1 인 경우

LCG 방법의 단점은 모든 R_i는 $m, c, a\, R_0$로 완전히 결정될 수 있어 구해진 R_i은 임의적이 아니다라는 것과 구해진 R_i가 유리수인 0, $\frac{1}{m}$, $\frac{2}{m}$, …, $\frac{m-1}{m}$ 값만을 취할 수 있기 때문에 그 사이의 값들은 표현할 수 없다는 것이다. LCG 방법에서 R_i 는 앞의 $R_i - 1$에 의해서만 좌우되기 때문에 $0 \le R_i \le m - 1$값을 가지며 주기 P는 $P \le m$ 이다. 최대가능 주기 $P = m$가 된다.

LCG 방법에 의해 발생되는 난수는 $\left\{0, \frac{1}{m},, \frac{2}{m}, \ldots,, \frac{m-1}{m}\right\}$ 중의 값을 갖는다. 따라서 난수 R_i는 실수구간인 [0,1] 구간에서 무작위적인 표본을 취한 표본은 연속형 변수가 아니고 이산형 변수가 된다. 그러나 m 이 매우 큰 값, 즉 $m = 2^{31} - 1$ 또는 $m = 2^{28}$이면 발생되는 난수 R_i는 연속형 변수와 같이 취급가능하다. 밀도란 이러한 난수 사이의 간격을 말하며 이 간격이 작을수록, 즉 밀도가 높을수록 좋다.

주기가 길어지면 난수의 밀도가 높아지며 시뮬레이션에서 난수를 발생시켜 사용할 때 같은 난수를 사용할 가능성이 적어진다. 따라서 주기는 길수록 바람직하다.

3.1.6 승산합동(Multiplicative Congruential) 방법

LCG 방법에서 $c = 0$인 경우가 승산합동 방법이며 $R_{i+1} = (aR_i) mod\, m$가 된다. c 가 없으므로 계산이 더 빠르다는 장점이 있으나 $c = 0$ 이므로 최대주기는 가질 수 없다. $m = 2^b$을 취하면 계산상 나눗셈을 피할 수 있으나 최대주기 $P \le 2^{b-2}$ 임이 증명되었다.

승산합동방법은 LCG 방법보다 더 효과적으로 알려져 있다. $m = 2^b$, $a = \pm 3 + 8k$(k는 정수), 초기치 X_0가 홀수인 경우에는 최대 가능 주기가 $P = \frac{m}{4} = 2^{b-2}$ 가

된다. 예를 들어 $a = 13 = -3 + 8k = -3 + 8 \times 2$ 이고 $m = 2^6 = 64$ 인 경우 $k = 2, m = 64, b = 6$인 경우이다. $a = 13, m = 2^6 = 64$ 이 $X_0 = 1,2,3,4$인 4 가지 경우를 살펴보면 다음과 같다. X_0가 짝수인 경우 최대주기보다 더 짧다.

표 3.6 승산합동 방법 예

X_i \ X_0	1	2	3	4
X_1	13	26	39	52
X_2	41	18	59	36
X_3	21	42	63	20
X_4	17	34	51	4
X_5	29	58	23	52
X_6	57	50	43	36
X_7	37	10	47	20
X_8	33	2	35	4
X_9	45	26	7	52
X_{10}	9	18	27	36
X_{11}	53	42	31	20
X_{12}	49	34	19	4
X_{13}	61	58	55	52
X_{14}	25	50	11	36
X_{15}	5	10	15	20
X_{16}	1	2	3	4

승산승법 방법에서 초기치가 0 이라면 생성되는 모든 난수는 0 이다. 만약, 초기치가 0 이 아니고, m 이 소수라면 R_i는 0 이 되지 않는다. 예를 들어, m = 11, a = 7, seed = 1 이라면 생성되는 난수는 m-1 주기를 가진다.

7, 5, 2, 3, 10, 4, 6, 9, 8, 1, 7, 5, 2, ...

$m - 1 = 11 - 1 = 10$ 개

m 이 소수일 경우 a를 잘 선택하면 주기가 있는 난수 생성을 가져온다. 물론 m 이 클수록 주기는 길기 때문에 가능한 큰 m 을 선택하는 것이 바람직하다. 32

bit 기계에서의 가장 보편적인 방법은 $m = 2^{31} - 1 =$ 2,147,483,647, a = 16,807 을 사용하여 m -1 주기의 난수를 생성하는 것이다.

32 bit Machine 에서 Overflow 문제가 발생한다. 현재 난수가 최대 값인 $2^{31} - 2$ 라고 가정하자. 다음 난수는 $2^{31} - 2$ 에 16,807 을 곱하여야 한다. 이 결과값은 32 bit 를 초과하므로 32 bit 에 이 수를 표현하면 음수로 나올 수 있다. 이 Overflow 문제는 64bit 의 정수형 데이터 공간을 사용하면 해결 가능하다.

난수 생성기로 생성된 난수들을 보다 더 무작위적인 성격을 갖도록 하기 위하여 부가적인 과정을 거칠 수 있다. Shuffling 은 이러한 부가적인 과정의 한 방법으로 다음과 같은 절차에 따른다.

(1) N개의 난수를 생성하여 배열 $A[0 : n-1]$ 에 저장.
(2) 난수를 필요로 할 때 0부터 $n-1$까지의 수 중 하나인
p를 임의로 선택하여 배열 $A[p]$에 저장된 난수를 return.
(3) $A[p]$에 새로운 난수를 생성하여 저장

(1)과 같이 주어진 크기의 배열을 초기화한 후 난수를 필요로 할 때마다 (2)와 (3)을 실행한다.

3.2 난수의 일양성 및 독립성 검정

3.2.1 일양성(Uniformity)과 독립성(Independence) 개념

난수는 일양성과 독립성을 가져야 난수라고 할 수 있다. 일양성은 개별 난수의 발생 가능성이 동일하다는 것이다. 예를 들어 100 개의 난수가 발생했을 때 각 난수의 발생가능성은 1/100 이다. 총 난수의 개수가 N 개이고 난수 발생구간인 0과 1 사이를 n개의 동일한 구간으로 나누었을 때 각 구간의 길이는 $1/n$이 되며 각 구간에서 관찰될 난수의 기대 개수는 N/n이다.

독립성은 각 난수는 이전에 발생한 난수나 이후에 발생할 난수와 아무런 관련성이 없다. 난수의 범위인 0 과 1 사이의 특정구간에서 난수가 관찰될 확률은

그 이전에 발생한 난수의 값과는 독립적이다. 예를 들어 0.3 이라는 난수가 발생했다고 가정하자. 이제 새로운 난수가 0.3 보다 큰 값을 가질 확률은 방금 발생한 난수의 값 0.3과는 관계없이 독립적으로 0.7이다. 새로운 난수가 0.5보다 작은 값을 가질 확률은 지금 발생한 난수 0.3과 관계없이 0.5가 된다.

3.2.2 일양성(Uniformity) 가설 검정

일양성 가설검정을 위한 귀무가설 H_0과 대립가설 H_1은 다음과 같다.

$$H_0 : R_i \sim U(0,1) \text{ 이다.}$$
$$H_1 : R_i \sim U(0,1)\text{이 아니다.}$$

일양성 검정방법은 Frequency Test인 χ^2 적합성 검정방법을 사용한다. 난수가 발생하는 (0,1) 구간을 m 개의 구간으로 나누고 j 번째 구간에 속하는 난수의 수에 대한 기대치를 f_{ej} 하고 j 번째 구간에 속하는 난수의 수를 f_{oj} 라 하자. 그리고 다음과 같은 통계량을 구한다.

$$\chi_0^2 = \sum_{j=1}^{m} \frac{(f_{oj}-f_{ej})^2}{f_{ej}} = \frac{m}{N}\sum_{j=1}^{m}(f_{oj} - \frac{N}{m})^2 \qquad (3\text{-}4)$$

만약 $\chi_0^2 > \chi_{m-1,\alpha}^2$ 이면 H_0 를 기각하고 $\chi_0^2 \leq \chi_{m-1,\alpha}^2$이면 H_0 기각하지 않는다. 이때 일반적으로 난수의 총수는 50 개가 넘어야 하고 각 구간에 속하는 난수의 수는 최소한 5 개 이상이어야 신뢰성이 보장된다. 예를 들어 50 개의 난수를 발생시켰다. 만약 일양성이 보장된다면 난수가 5 개의 각 구간별로 균일하게 발생되어 각 구간에서의 난수가 발견될 확률은 0.2가 될 것이다.

$$H_0 = p_j = 0.2,\ j = 1,2,3,4,5$$

발생된 난수를 각 구간별로 분류하여 난수의 개수를 세어보니 표 3.7 의 관측빈도수와 같았다.

표 3.7 난수의 일양성 검정 예

j	구간	기대빈도수(f_{ej})	관측빈도수(f_{oj})	$\frac{(f_{oj}-f_{ej})^2}{f_{ej}}$
1	0.0~0.2	10	12	0.4
2	0.2~0.4	10	5	2.5
3	0.4~0.6	10	19	8.1
4	0.6~0.8	10	7	0.9
5	0.8~1.0	10	7	0.9
합계		50	50	12.8

유의수준 $\alpha = 0.05$로 일양성을 검정해 보자.

$$\chi_0^2 = \sum_{j=1}^{m} \frac{(f_{oj}-f_{ej})^2}{f_{ej}} = 0.4 + 2.5 + 8.1 + 0.9 + 0.9 = 12.8$$

$\chi_0^2 = 12.8$이고 구간의 수가 5 이므로 자유도가 4 이고 유의수준 $\alpha = 0.05$인 $\chi_{4,0.05}^2$는 9.488 이다. 그러므로 $\chi_{m-1,\alpha}^2 = \chi_{4,0.05}^2 = 9.488$ 이다.

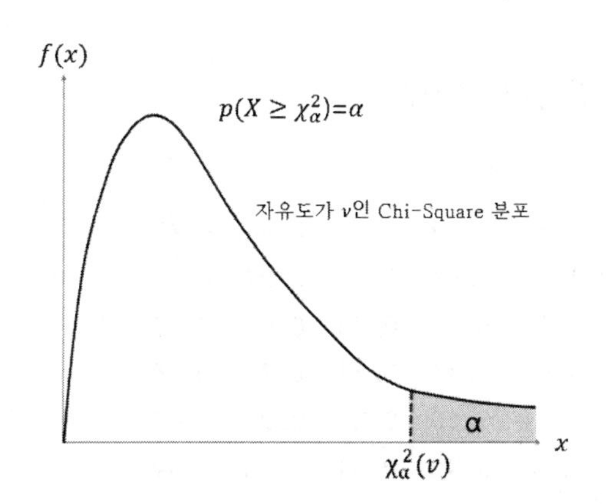

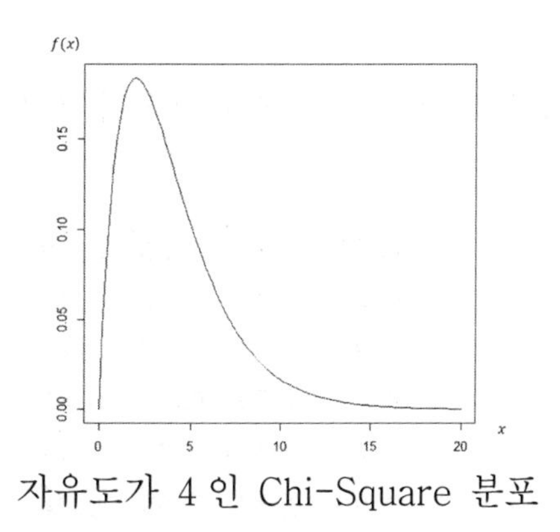

자유도가 4 인 Chi-Square 분포

그림 3.5 χ^2 적합성 검정

표 3.8 χ^2 분포표

확률

자유도 ν \ α	0.995	0.99	0.975	0.95	0.9	0.5	0.1	0.05	0.025	0.01	0.005
1	0.00004	0.0002	0.001	0.004	0.02	0.45	2.71	3.84	5.02	6.63	7.88
2	0.01	0.02	0.05	0.10	0.21	1.39	4.61	5.99	7.38	9.21	10.60
3	0.07	0.11	0.22	0.35	0.58	2.37	6.25	7.81	9.35	11.34	12.84
4	0.21	0.30	0.48	0.71	1.06	3.36	7.78	9.49	11.14	13.28	14.86
5	0.41	0.55	0.83	1.15	1.61	4.35	9.24	11.07	12.83	15.09	16.75
6	0.68	0.87	1.24	1.64	2.20	5.35	10.64	12.59	14.45	16.81	18.55
7	0.99	1.24	1.69	2.17	2.83	6.35	12.02	14.07	16.01	18.48	20.28
8	1.34	1.65	2.18	2.73	3.49	7.34	13.36	15.51	17.53	20.09	21.95
9	1.73	2.09	2.70	3.33	4.17	8.34	14.68	16.92	19.02	21.67	23.59
10	2.16	2.56	3.25	3.94	4.87	9.34	15.99	18.31	20.48	23.21	25.19
11	2.60	3.05	3.82	4.57	5.58	10.34	17.28	19.68	21.92	24.72	26.76
12	3.07	3.57	4.40	5.23	6.30	11.34	18.55	21.03	23.34	26.22	28.30
13	3.57	4.11	5.01	5.89	7.04	12.34	19.81	22.36	24.74	27.69	29.82
14	4.07	4.66	5.63	6.57	7.79	13.34	21.06	23.68	26.12	29.14	31.32
15	4.60	5.23	6.26	7.26	8.55	14.34	22.31	25.00	27.49	30.58	32.80
16	5.14	5.81	6.91	7.96	9.31	15.34	23.54	26.30	28.85	32.00	34.27
17	5.70	6.41	7.56	8.67	10.09	16.34	24.77	27.59	30.19	33.41	35.72
18	6.26	7.01	8.23	9.39	10.86	17.34	25.99	28.87	31.53	34.81	37.16
19	6.84	7.63	8.91	10.12	11.65	18.34	27.20	30.14	32.85	36.19	38.58
20	7.43	8.26	9.59	10.85	12.44	19.34	28.41	31.41	34.17	37.57	40.00
21	8.03	8.90	10.28	11.59	13.24	20.34	29.62	32.67	35.48	38.93	41.40
22	8.64	9.54	10.98	12.34	14.04	21.34	30.81	33.92	36.78	40.29	42.80
23	9.26	10.20	11.69	13.09	14.85	22.34	32.01	35.17	38.08	41.64	44.18
24	9.89	10.86	12.40	13.85	15.66	23.34	33.20	36.42	39.36	42.98	45.56
25	10.52	11.52	13.12	14.61	16.47	24.34	34.38	37.65	40.65	44.31	46.93
26	11.16	12.20	13.84	15.38	17.29	25.34	35.56	38.89	41.92	45.64	48.29
27	11.81	12.88	14.57	16.15	18.11	26.34	36.74	40.11	43.19	46.96	49.64
28	12.46	13.56	15.31	16.93	18.94	27.34	37.92	41.34	44.46	48.28	50.99
29	13.12	14.26	16.05	17.71	19.77	28.34	39.09	42.56	45.72	49.59	52.34
30	13.79	14.95	16.79	18.49	20.60	29.34	40.26	43.77	46.98	50.89	53.67
40	20.71	22.16	24.43	26.51	29.05	39.34	51.81	55.76	59.34	63.69	66.77
50	27.99	29.71	32.36	34.76	37.69	49.33	63.17	67.50	71.42	76.15	79.49
60	35.53	37.48	40.48	43.19	46.46	59.33	74.40	79.08	83.30	88.38	91.95
70	43.28	45.44	48.76	51.74	55.33	69.33	85.53	90.53	95.02	100.43	104.21
80	51.17	53.54	57.15	60.39	64.28	79.33	96.58	101.88	106.63	112.33	116.32
90	59.20	61.75	65.65	69.13	73.29	89.33	107.57	113.15	118.14	124.12	128.30
100	67.33	70.06	74.22	77.93	82.36	99.33	118.50	124.34	129.56	135.81	140.17

$\chi_0^2 > \chi_{4,0.05}^2$이므로 H_0를 기각한다. 즉 일양성을 기각한다.

다음과 같은 100 개의 난수의 일양성을 검정해 보자.

0.34	0.90	0.25	0.89	0.87	0.44	0.12	0.21	0.46	0.67
0.83	0.76	0.79	0.64	0.70	0.81	0.94	0.74	0.22	0.74
0.96	0.99	0.77	0.67	0.56	0.41	0.52	0.73	0.99	0.02
0.47	0.30	0.17	0.82	0.56	0.05	0.45	0.31	0.78	0.05
0.79	0.71	0.23	0.19	0.82	0.93	0.65	0.37	0.39	0.42
0.99	0.17	0.99	0.46	0.05	0.66	0.10	0.42	0.18	0.49
0.37	0.51	0.54	0.01	0.81	0.28	0.69	0.34	0.75	0.49
0.72	0.43	0.56	0.97	0.30	0.94	0.96	0.58	0.73	0.05
0.06	0.39	0.84	0.24	0.40	0.64	0.40	0.19	0.79	0.62
0.18	0.26	0.97	0.88	0.64	0.47	0.60	0.11	0.29	0.78

표 3.9 100 개의 난수 χ^2 검정

j	구간	기대빈도수(f_{ej})	관측빈도수(f_{oj})	$\frac{(f_{oj}-f_{ej})^2}{f_{ej}}$
1	0.0~0.1	10	8	0.4
2	0.1~0.2	10	8	0.4
3	0.2~0.3	10	10	0
4	0.3~0.4	10	9	0.1
5	0.4~0.5	10	12	0.4
6	0.5~0.6	10	8	0.4
7	0.6~0.7	10	10	0
8	0.7~0.8	10	14	1.6
9	0.8~0.9	10	10	0
10	0.9~1.0	10	11	0.1
합계		100	100	3.4

유의수준 $\alpha = 0.05$로 일양성을 검정해 보자.

$$\chi_0^2 = \sum_{j=1}^{m} \frac{(f_{oj}-f_{ej})^2}{f_{ej}} = 3.4$$

$\chi_0^2 = 3.4$ 이고 구간의 수가 10 이므로 자유도가 9 이고 유의수준 $\alpha = 0.05$ 인 $\chi_{9,0.05}^2$는 16.92 이다.

$$\chi_{m-1,\alpha}^2 = \chi_{9,0.05}^2 = 16.92$$

$\chi_0^2 < \chi_{9,0.05}^2$이므로 H_0 를 기각하지 못한다. 즉 일양성을 부정하지 못한다.

3.2.3 Kolmogorov-Smirnov(KS) 검정

KS 검정은 연속적인 분포를 대상으로 일양성을 검정하는 방법으로서 경험적 누적 분포함수(ECDF: Empirical Cumulative Distribution Function)에 근거한다. 발생된 난수의 경험적 누적분포함수 $F_n(x)$ 와 연속형 일양분포의 누적분포함수 $F(x)$ 를 비교한다. 일양분포의 누적분포함수는 다음과 같다.

$$F(x) = x, \qquad 0 \le x \le 1$$

발생된 난수를 $R_1, R_2, \dots, R_N$ 이라고 하면 이들의 경험적 누적분포함수 $F_n(x)$ 은 다음과 같다.

$$F_n(x) = \frac{N\text{개의 난수 중 } x \text{ 이하인 난수의 수}}{N}$$

먼저 n 개의 난수 $X_1, X_2, X_3, \dots, X_n$ 들을 Non-decreasing 순으로 정렬한다. $X_{(i)}$는 i번째로 작은 난수를 표시한다.

$$X_{(1)} \le X_{(2)} \le \cdots \le X_{(n)}$$

경험적 누적분포함수 ECDF는 그림 3.6과 같이 $1/n$ 씩 증가하는 계단함수이다.

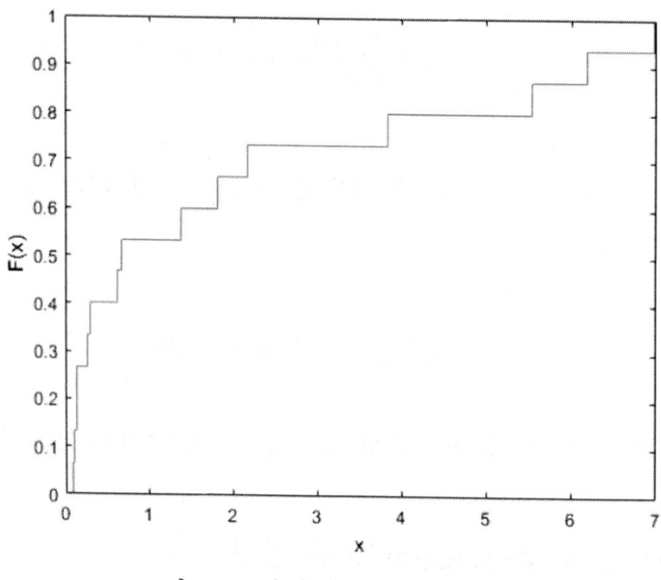

그림 3.6 경험적 누적분포 함수

$$F_n(x) = \begin{cases} 0, & x < X_{(1)} \\ \frac{i}{n}, & X_{(i)} < x < X_{(i+1)}, \ i = 1,2,\dots,n-1 \\ 1, & x \ge X_{(n)} \end{cases} \qquad (3\text{-}5)$$

경험적 누적분포함수를 사용하면 데이터에 대한 분포의 적합도를 평가하고, 모집단에 대해 추정된 백분위수 및 표본 값에 대한 실제 백분위수를 확인하며, 표본 분포를 비교할 수 있다. 경험적 누적분포 함수에서는 표본의 각 관측 값을 해당 값보다 작거나 같은 값의 백분율로 표시한다. 표시된 점들은 계단 모양의 선을 사용하여 연결되며, 그림에는 선택한 분포에 대한 적합된 누적분포함수선이 포함된다. 경험적 누적분포함수는 두 축이 모두 선형이라는 점을 제외하고는 확률도와 유사하므로, 보다 직관적인 해석이 가능하다.

그림 3.7 은 경험적 누적분포함수와 신뢰구간의 하한선과 상한선, 알려진 모집단의 누적분포함수를 같이 그려 놓은 것이다.

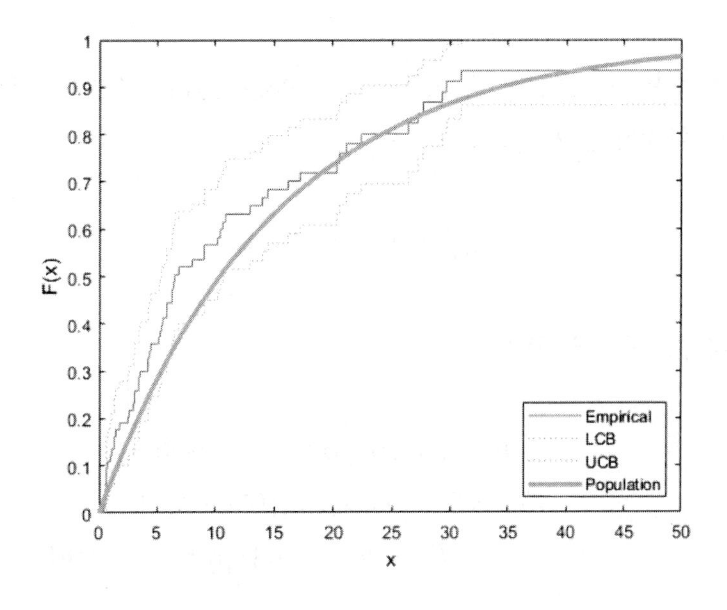

그림 3.7 경험적 누적분포 함수와 알려진 함수의 누적분포함수

표본들이 알려진 누적분포함수 $F(x)$ 에 따르는지 결정하는 척도 중 하나는 $F_n(x)$와 $F(x)$의 차이다. $F_n(x)$와 $F(x)$의 차이가 크면 두 분포는 서로 다를 것이고 차이가 작으면 표본들이 $F(x)$에 근사하다고 할 수 있다.

$$D = max|F_n(x) - F(x)|$$

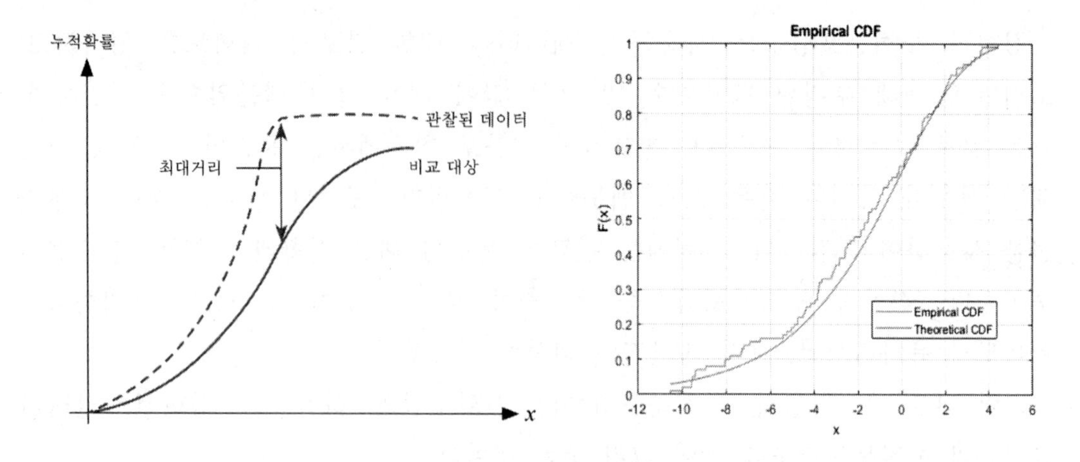

그림 3.8 $F_n(x)$와 $F(x)$의 차이

n 개의 난수들 $X_1, X_2, X_3, \ldots, X_n$이 Non-decreasing 순으로 정렬한다. $X_{(i)}$는 i번째로 작은 난수를 표시한다.

$$X_{(1)} \le X_{(2)} \le \cdots \le X_{(n)}$$

KS 통계량은 식 (3-6)과 같다.

$$D = max\{D^+, D^-\} \qquad (3\text{-}6)$$
$$where, D^+ = max_{1\le i\le n}\{i/n - X_{(i)}\}$$
$$D^- = max_{1\le i\le n}\{X_{(i)} - (i-1)/n\}$$

경험적 누적분포함수와 실제 누적분포함수의 관계는 아래 3 가지로 나눌 수 있다.

경우 1

$$F(x) \le (i-1)/n \le i/n$$
$$max\{|F_n(x) - F(x)|\} = i/n - F\left(X_{(i)}\right)$$

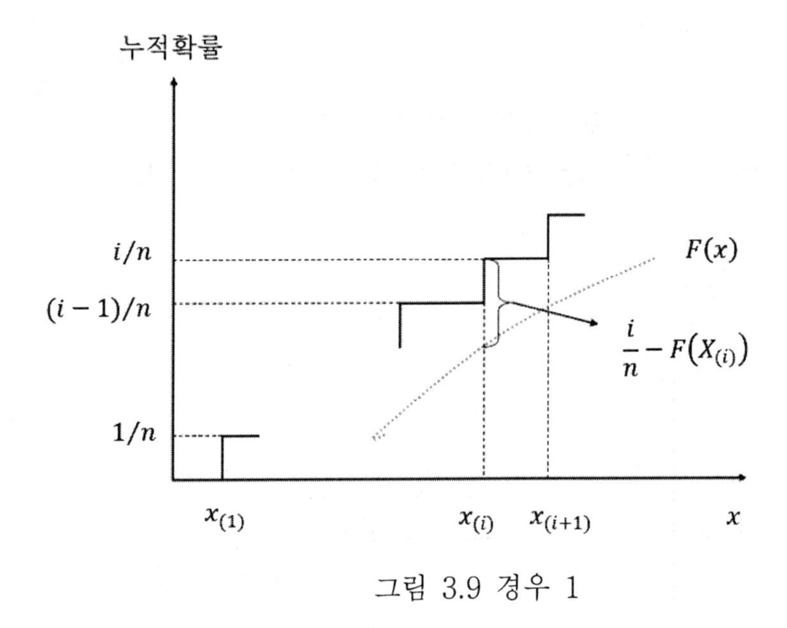

그림 3.9 경우 1

경우 2

$$F(x) \geq i/n \geq (i-1)/n$$
$$max\{|F_n(x) - F(x)|\} = F\big(X_{(i)}\big) - (i-1)/n$$

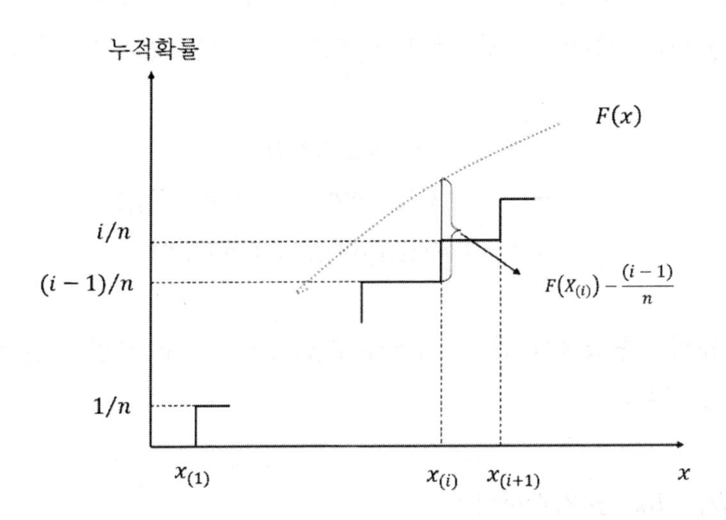

그림 3.10 경우 2

경우 3

$$(i-1)/n \le F(x) \le i/n$$
$$ma\,x\{|F_n(x) - F(x)|\} = max\{i/n - F(x), F(X_{(i)}) - (i-1)/n\}$$

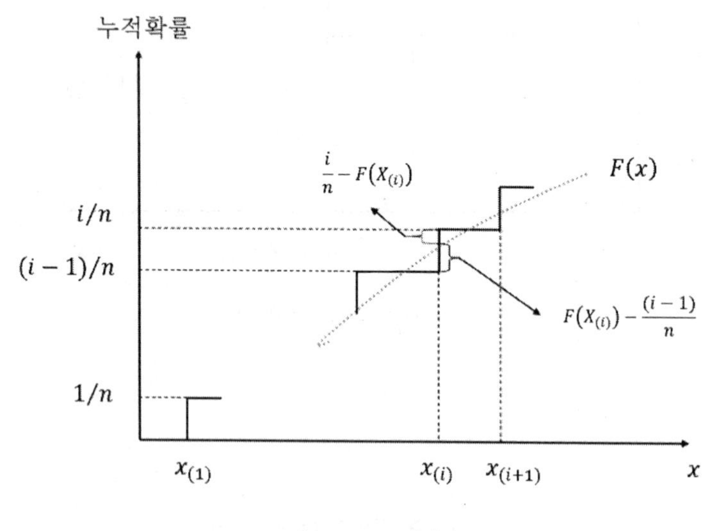

그림 3.11 경우 3

경우 1, 경우 2, 경우 3 에서 보는 것과 같이 $x = X_i$에서 $max\{i/n - F(x), F(X_{(i)}) - (i-1)/n\}$ 들을 구한 후 이들 중 가장 큰 값을 선택한다.

$$D = max\{D^+, D^-\}$$
$$where, \quad D^+ = max_{1 \le i \le n}\{i/n - X_{(i)}\}$$
$$D^- = max_{1 \le i \le n}\{X_{(i)} - (i-1)/n\}$$

D_α : 유의수준 α에서 임계값(Critical Value)이라고 하면 다음과 같이 가설 검정을 실시한다.

$D > D_\alpha$: H_0 를 기각한다.
$D \le D_\alpha$: H_0 를 기각하지 못한다.

예를 들어 난수 0.44, 0.81, 0.14, 0.05, 0.93 의 일양성을 KS 검정방법으로 검정해 보자. 유의 수준 $\alpha = 0.05$이다. 먼저 0.44, 0.81, 0.14, 0.05, 0.93 를 Non-decreasing 순으로 정렬한다. $X_{(i)}$ 를 Non-decreasing 순으로 정렬한 난수로 정의하고 $X_{(1)}$이 가장 작은 수이고 $X_{(n)}$을 가장 큰 수라고 하자.

표 3.10 난수의 KS 검정 예

i	1	2	3	4	5
$X_{(i)}$	0.05	0.14	0.44	0.81	0.93
i/n	0.20	0.40	0.60	0.80	1.00
$\frac{i}{n} - X_{(i)}$	**0.15**	**0.26**	**0.16**	-	0.07
$X_{(i)} - (i-1)/n$	0.05	-	0.04	**0.21**	**0.13**

각 i에서 $\frac{i}{n} - X_{(i)}$와 $X_{(i)} - (i-1)/n$에서 최대값을 구하고 이 중에서 가장 최대값을 택하여 검정통계량으로 둔다.

$$D^{+} = 0.26, \qquad D^{-} = 0.21$$

$$D = max\{D^{+}, D^{-}\} = max\{0.26, 0.21\} = 0.26$$
$$D_{0.05} = 0.565$$

$D < D_{0.05}$이므로 H_0 를 기각하지 못한다

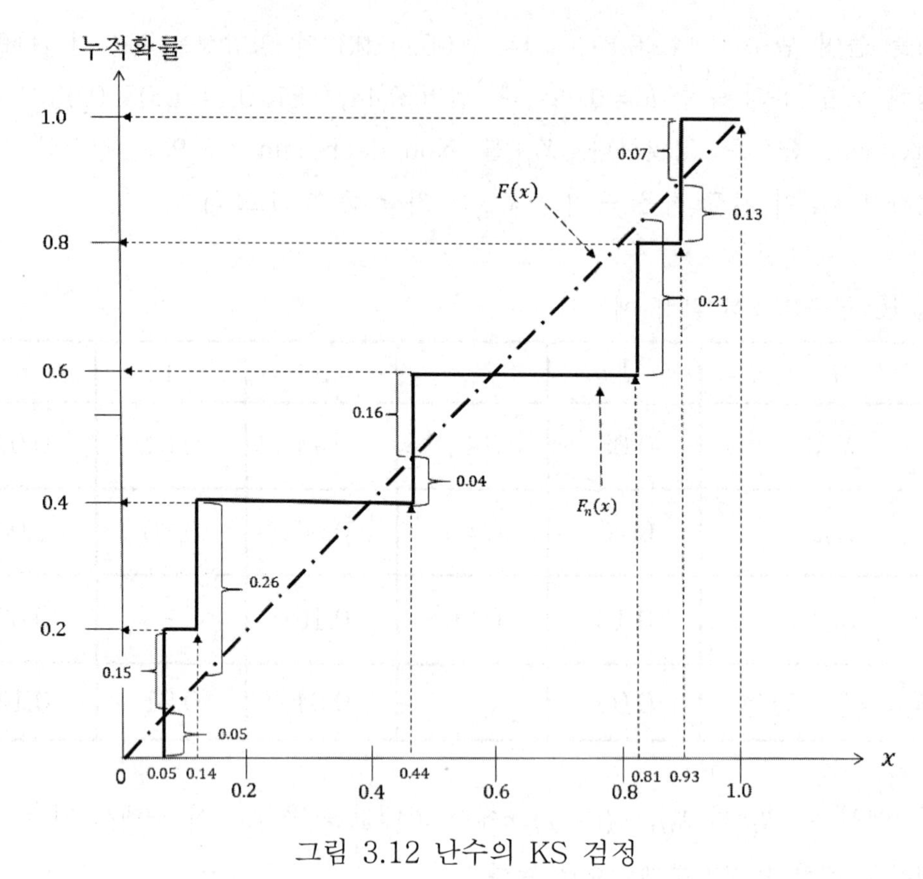

그림 3.12 난수의 KS 검정

3.2.4 독립성(Independence) 검정 방법

난수의 독립성 검정 방법에는 Run 검정, Autocorrelation 검정, Gap 검정, Poker 검정 등이 있다. Run 검정에는 Run up, Run down, Run above and run below the mean 등이 있고 Autocorrelation 검정은 난수들 사이의 자동상관관계 유무 조사하여 독립성 판단하는 것이다. Gap 검정은 난수에서 같은 숫자가 다시 나타날 때까지의 간격을 조사하여 평균간격과 비교하여 독립성을 검정한다. Poker 검정은 난수에 있는 숫자를 그룹으로 묶어서 Poker Hand 로 보고 Poker Hand 에 있는 동일한 숫자의 수를 평균치와 비교하여 독립성 판단한다.

독립성(Independence) 가설 검정은 다음과 같은 귀무가설 H_0와 대립가설 H_1으로 실시한다.

$$H_0 : R_i \sim \text{독립적이다.}$$
$$H_1 : R_i \sim \text{독립적이 아니다.}$$

3.2.5 Run up, Run down 검정

동전던지기를 예를 들면 Run 을 다음과 같이 정의한다. 동전의 앞면이 나왔을 때를 H 라 표시하고 뒷면이 나왔을 때 T 라고 표시하자. 만약 동전던지기를 해서 나온 앞면과 뒷면의 순서가 다음과 같다면 Run 은 같은 앞면과 뒷면이 나온 것을 하나로 생각해서 7 개의 Run 이 나왔다고 생각할 수 있다.

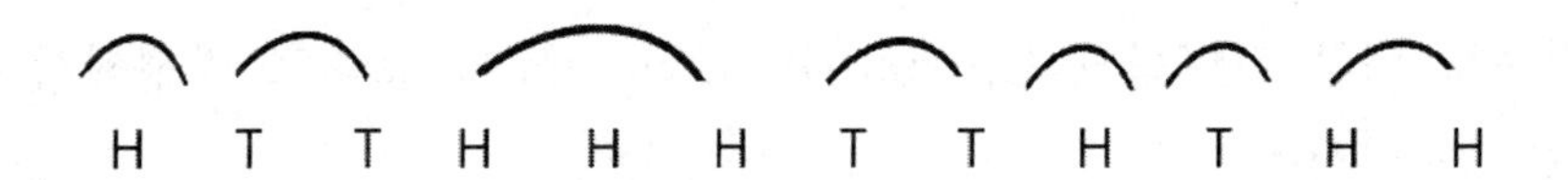

그림 3.13 Up run, down run

아래를 보면 숫자 위에 '−'와 '+'가 적혀 있다. '−'와 '+'의 의미는 해당되는 숫자와 바로 뒤의 숫자와 비교해서 해당되는 숫자가 바로 뒤의 숫자보다 작으면 증가하는 것이므로 '+'를 해당되는 숫자가 바로 뒤의 숫자보다 크면 감소하는 것이므로 '−'를 해당되는 숫자 위에 기록한다. '+'를 Up run 이라고 하고 '−'를 Down run 이라고 한다.

−	+	+	+	−	−	−
0.87	0.15	0.23	0.45	0.69	0.32	0.30
+	−	+	+	+	−	
0.19	0.24	0.18	0.65	0.82	0.93	0.22

Run 만 기록해 보면 아래와 같다.

– + + + – – – + – + + + –

여기에는 7 개의 Run 이 존재하며 첫 번째 Run 의 길이는 1, 두 번째 Run 의 길이는 3 이다. Up run 은 3 개가 있고 Down run 은 4 개가 있다.

만약 다음과 같은 난수가 있다고 하자.

+	+	+	+	+	+	+	+	+	
0.08	0.18	0.23	0.36	0.42	0.55	0.63	0.72	0.89	0.91

여기에는 Run 의 길이가 1 이며 모두 Up run 이다. 난수는 불규칙하게 무작위로 생성되는 성질이 있으므로 이러한 경우는 직관적으로도 난수라고 할 수 없을 것이다.

아래와 같은 난수는 Up run 과 Down run 이 계속 번갈아 가며 발생하고 있다. 이러한 경우도 너무 과다하게 Up run 과 Down run 이 교대로 발생해서 난수라고 생각하기는 좀 의심스럽다.

+	–	+	–	+	–	+	–	+	
0.08	0.93	0.15	0.93	0.17	0.55	0.43	0.72	0.55	0.98

그러면 난수라면 Run 은 어떤 성질을 가져야 할 것인가를 알아보고 난수의 성질을 가지고 있는지 독립성 검정을 Run 검정을 통해 알아본다.

N 개의 숫자가 있는 경우 Run 은 최대 $N-1$, 최소 1 개이다. 따라서 난수에 존재하는 Run 의 수는 두 극단 사이의 어떤 중간값일 것이다. N 개의 숫자가 있는 경우 Run 의 수를 a라 하면 a의 평균 및 분산은 다음과 같다.

$$\mu_a = \frac{2N-1}{3}$$

$$\sigma_a{}^2 = \frac{16N-29}{90}$$

$N > 20$인 경우 a는 대략적으로 평균을 μ_a, 분산을 σ_a로 하는 정규분포로 근사화할 수 있다.

$$a \sim N(\mu_a, {\sigma_a}^2)$$

따라서 위 식을 표준정규분포로 만들수 있다.

$$Z_0 = \frac{a - (\frac{2N-1}{3})}{\sqrt{(16N-29)/90}} \sim N(0,1)$$

만약 $-Z\alpha_{/2} \le Z_0 \le Z\alpha_{/2}$이면 H_0를 기각하지 못한다. 즉 난수의 독립성을 부정하지 못한다.

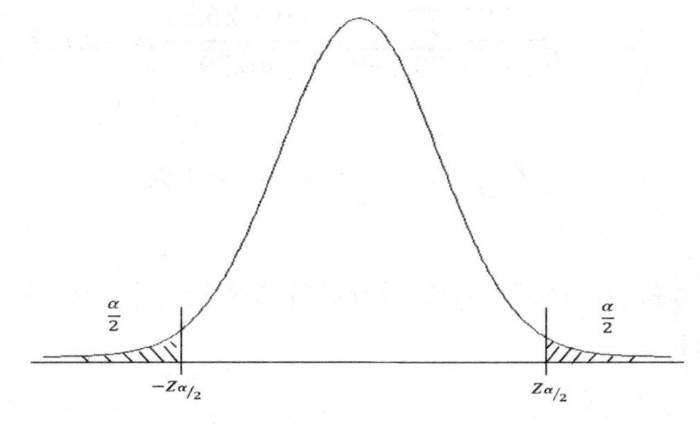

그림 3.14 표준정규분포표에서 양측 유의수준

아래와 같은 난수들을 Run 에 의한 독립성을 유의수준 5%로 검정을 해보자.

+	+	+	−	+	−	+	−	−	−
0.41	**0.68**	**0.89**	0.94	**0.74**	0.91	**0.55**	0.62	0.36	0.27
+	+	−	+	−	−	+	−	+	−
0.19	**0.72**	0.75	**0.08**	0.54	0.02	**0.01**	0.36	**0.16**	0.28
−	+	−	−	+	−	+	+	−	−
0.18	**0.01**	0.95	0.67	**0.19**	0.46	**0.23**	**0.32**	0.82	0.44
+	+	−	+	−	−	+	+	−	
0.30	**0.42**	0.73	**0.04**	0.83	0.45	**0.13**	**0.58**	0.66	0.30

Run 을 살펴보면 아래와 같이 26 번의 Run 이 발생한다.

+	+	+	−	+	−	+	−	−	−
+	+	−	+	−	−	+	−	+	−
−	+	−	−	+	−	+	+	−	−
+	+	−	+	−	−	+	+	−	

따라서 총 난수는 40 개 Run 은 26 개 이므로 $N = 40, a = 26$이 된다.

$$\mu_a = \frac{2N-1}{3} = \frac{2 \times 40 - 1}{3} = 26.33$$
$$\sigma_a{}^2 = \frac{16N-29}{90} = \frac{16 \times 40 - 29}{90} = 6.79$$

$$Z_0 = \frac{a - (\frac{2N-1}{3})}{\sqrt{(16N-29)/90}} = \frac{26-26.33}{\sqrt{6.79}} = -0.127$$

$$Z\alpha_{/2} = Z_{0.05/2} = Z_{0.025} = 1.96$$

$-Z_{0.025} \leq Z_0 \leq Z_{0.025}$이므로 H_0를 기각하지 못한다. 즉 난수의 독립성을 부정하지 못한다.

3.2.6 Run above and blow the mean 검정

아래와 같은 난수를 보면 Run 이 26 개가 있다. 앞의 Run up, Run down 검정에서 예를 든 난수와 동일한 Run up, Run down 이 발생하므로 Run up, Run down 검정에서는 독립성을 부정할 수 없다. 그러나 아래의 난수를 자세히 살펴보면 첫 번째 난수부터 20 번째 난수까지는 난수의 평균치 0.5 보다 크고 21 번째 난수부터 40 번째 난수까지는 난수의 평균치 0.5 보다 작다. 과연 이러한 난수가 독립적이라 할 수 있을까하는 의문을 해결하는 방법이 Run above and blow the mean 검정이다. 실제 난수를 무작위적으로 불규칙하게 발생시켜 독립적으로 발생시킨다면 이러한 현상은 일어나지 않을 것이다.

+	+	+	−	+	−	+	−	−	−
0.63	**0.72**	**0.79**	0.81	**0.52**	0.94	**0.83**	0.93	0.87	0.67
+	+	−	+	−	−	+	−	+	−
0.54	**0.83**	0.89	**0.55**	0.88	0.77	**0.74**	0.95	**0.82**	0.86
−	+	−	−	+	−	+	+	−	−
0.43	**0.32**	0.36	0.18	**0.08**	0.19	**0.18**	0.27	0.36	0.34
+	+	−	+	−	−	+	+	−	
0.31	**0.45**	0.49	**0.43**	0.46	0.35	**0.25**	**0.39**	0.47	0.41

먼저 평균치를 사용하는 Run 검정을 위해 다음과 같은 정의한다.

다음과 같은 난수 20 개를 생각해 보자.

0.40	0.84	0.75	0.18	0.13	0.92	0.57	0.77	0.30	0.71
0.42	0.05	0.78	0.74	0.68	0.03	0.18	0.51	0.10	0.37

난수의 평균치 0.5 보다 크면 "+"로 0.5 보다 작으면 "-"로 적으면 아래 20 개 난수에 대해서 Run 이 아래와 같이 11 개의 Run 이 발생한다.

−	+	+	−	+	+	+	+	−	+
0.40	**0.84**	**0.75**	0.18	**0.13**	**0.92**	**0.57**	**0.77**	0.30	**0.71**
−	−	+	+	+	−	−	+	−	−
0.42	0.05	**0.78**	**0.74**	**0.68**	0.03	0.18	**0.51**	0.10	0.37

다음과 같은 기호를 정의한다.

n_1: 평균치 0.5 보다 큰 숫자의 개수
n_2: 평균치 0.5 보다 작은 숫자의 개수
b : 모든 Run 의 수

그러면 b의 평균과 분산은 다음과 같다.

$$\mu_b = \frac{2n_1 n_2}{N} + \frac{1}{2}$$
$$\sigma_b{}^2 = \frac{2n_1 n_2(2n_1 n_2 - N)}{N^2(N-1)}$$

n_1이나 n_2가 20 보다 큰 경우 b는 대략적으로 다음과 같은 정규분포를 따른다.

$$Z_0 = \frac{b - (\frac{2n_1 n_2}{N} + \frac{1}{2})}{\sqrt{\frac{2n_1 n_2(2n_1 n_2 - N)}{N^2(N-1)}}}$$

$$-Z_{0.025} \le Z_0 \le Z_{0.025}$$

아래와 같은 난수 40 개로 Run above and blow the mean 검정을 해보면 다음과 같다.

−	+	+	+	+	+	+	+	−	−
0.41	**0.68**	**0.89**	0.94	**0.74**	**0.91**	**0.55**	**0.62**	0.36	0.27
−	+	+	−	+	−	−	−	−	−
0.19	**0.72**	**0.75**	0.08	**0.54**	0.02	0.01	0.36	0.16	0.28
−	−	+	+	−	−	−	−	+	+
0.18	0.01	**0.95**	**0.67**	0.19	0.46	0.23	0.32	**0.82**	**0.53**
−	−	+	−	+	−	−	+	+	−
0.30	0.42	**0.73**	0.04	**0.83**	0.45	0.13	**0.58**	**0.66**	0.30

$n_1 = 18,\quad n_2 = 22,\ b = 17$

$$\mu_b = \frac{2n_1 n_2}{N} + \frac{1}{2} = \frac{2 \times 18 \times 22}{40} + \frac{1}{2} = 20.3$$
$$\sigma_b{}^2 = \frac{2n_1 n_2(2n_1 n_2 - N)}{N^2(N-1)} = \frac{2 \times 18 \times 22(2 \times 18 \times 22 - 40)}{40^2(40-1)} = 9.54$$

$$Z_0 = \frac{b - (\frac{2n_1n_2}{N} + \frac{1}{2})}{\sqrt{\frac{2n_1n_2(2n_1n_2 - N)}{N^2(N-1)}}} = \frac{17 - 20.3}{\sqrt{9.54}} = -1.07$$

$-Z_{0.025} \leq Z_0 \leq Z_{0.025}$이므로 H_0를 기각하지 못한다. 즉 난수의 독립성을 부정하지 못한다.

다음은 Run 길이를 이용한 방법으로 독립성 검정을 실시한다. 아래 난수는 Run above and below the mean 방법으로는 독립성을 기각하지 못한다.

−	−	+	+	−	−	+	+	−	−	+	+
0.16	0.27	0.58	0.63	0.45	0.21	0.72	0.87	0.27	0.15	0.92	0.85

그러나 난수를 자세히 살펴보면 난수의 평균 0.5 보다 작은 값이 처음 2 개 나타나고 그 다음 큰 값이 2 개 나타나는 형태가 반복된다. 난수라면 이러한 성질은 없을 것이다. 이러한 현상이 난수로서 자연스러운 것인지 난수로 부적합한 것인지를 검정해 보는 방법을 알아본다.

(1) Run up and down 방식

독립적인 N 개의 숫자가 있는 경우 길이가 i인 run 의 수를 Y_i(Run up and down 방식)라 하면 Y_i의 평균치는 다음과 같다.

$$E(Y_i) = \begin{cases} \frac{2}{(i+3)!}[N(i^2+3i+1) - (i^3+3i^2-i-4)], & i \leq N-2 \\ \frac{2}{N!} & i = N-1 \end{cases}$$

(2) Run above and below the mean 방식

n_1: 평균치 0.5 보다 큰 숫자의 개수

n_2: 평균치 0.5 보다 작은 숫자의 개수

N : 난수의 개수

$$E(Y_i) = \frac{N\omega_i}{E(I)}, \quad N > 20$$

$$where,\ \omega_i = \left(\frac{n_1}{N}\right)^i \left(\frac{n_2}{N}\right) + \left(\frac{n_1}{N}\right)\left(\frac{n_2}{N}\right)^i, \quad N > 20$$

ω_i는 Run 의 길이가 i 일 근사확률

$E(I)$는 Run 의 평균길이로서 다음과 같다.

$$E(I) = \frac{n_1}{n_2} + \frac{n_2}{n_1}, \qquad N > 20$$

$E(A)$: N개 난수에 대한 평균 run 의 수이며 다음과 같다.

$$E(A) = \frac{N}{E(I)}, \qquad N > 20$$

$$\chi_0^2 = \sum_{i=1}^{L} \frac{[O_i - E(Y_i)]^2}{E(Y_i)}$$

H_0 이 참이면 χ_0^2는 자유도가 $L-1$ 인 χ^2분포를 따른다. 여기서 Run up and down 방식에서는 $L = N - 1$이고 Run above and below the mean 방식에서는 $L = N$ 이다. 아래 난수를 난수의 길이를 이용하여 독립성 검정을 해본다. 난수의 개수는 60 개이므로 $N = 60$이다. Run up and down 방식에서는 $L = N - 1 = 60 - 1 = 59$이다.

+	−	−	+	−	+	−	+	+	−
0.30	0.48	0.36	**0.01**	0.54	**0.34**	0.96	**0.06**	**0.61**	0.85
+	−	+	+	−	+	+	−	+	−
0.48	0.86	**0.14**	**0.86**	0.89	**0.37**	**0.49**	0.60	**0.04**	0.83
+	−	−	+	−	+	−	−	+	−
0.42	0.83	0.37	**0.21**	0.90	**0.89**	0.91	0.79	**0.57**	0.99
−	+	+	+	−	−	−	+	+	−
0.95	**0.27**	**0.41**	**0.81**	0.96	0.31	0.09	**0.06**	**0.23**	0.77

− − + − + − − − + −
0.73 0.47 **0.13** 0.55 **0.11** 0.75 0.36 0.25 **0.23** 0.72
+ − − − + − + + −
0.60 0.84 0.70 0.30 **0.26** 0.38 **0.05** **0.19** 0.73 0.44

+ − − + − + − + + −
+ − + + − + + − + −
+ − − + − + − − + −
− + + + − − − + + −
− − + − + − − − + −
+ − − − + − + + −

Run 의 길이는 다음과 같다.

1,2,1,1,1,1,2,1,1,1,2,1,2,1,1,1,1,2,1,1,1,
2,1,2,3,3,2,3,1,1,1,1,3,1,1,1,3,1,1,2,1

표 3.11 Run 의 길이 횟수

Run 의 길이(i)	1	2	3
횟수(O_i)	26	9	5

$$E(Y_1) = \frac{2[60(1+3+1)-(1+3-1-4)]}{4!} = 25.08$$
$$E(Y_2) = \frac{2[60(4+6+1)-(8+12-2-4)]}{5!} = 10.77$$
$$E(Y_3) = \frac{2[60(9+9+1)-(27+27-3-4)]}{6!} = 3.04$$

평균 Run 의 수는 다음과 같다.

$$\mu_a = \frac{2N-1}{3} = \frac{2\times 60-1}{3} = 39.67$$
$$\sum_{i=1}^{3} E(Y_i) = 25.08 + 10.77 + 3.04 = 38.89$$

$$\sum_{i=4}^{N-1} E(Y_i) = 39.67 - 38.89 = 0.78$$

평균 Run 의 수 $E(Y_i)$ 가 5 이상이어야 하는데 구간의 이론 평균빈도수가 너무 작은 경우는 두 구간의 빈도수를 합하여 새로 구성한다.

표 3.12 관찰된 Run 의 수와 이론적 평균 Run 의 수 비교 (1)

Run 의 길이 (i)	관찰된 Run 의 수 (O_i)	평균 Run 의 수 $E(Y_i)$	$\frac{[O_i - E(Y_i)]^2}{E(Y_i)}$
1	26	25.08	0.03
2	9 } 14	10.77 } 14.59	0.02
≥ 3	5	3.82	
	40	39.67	0.05

$\alpha = 0.05$ 로 검정해보면 $\chi_0^2 = \sum_{i=1}^{L} \frac{[O_i - E(Y_i)]^2}{E(Y_i)} = 0.03 + 0.02 = 0.05$ 이며 $\chi_{0.05,1}^2 = 3.84$ 이어서 $\chi_0^2 > \chi_{0.05,1}^2$ 이다. 따라서 H_0 을 기각하지 못한다. 즉, 이 난수의 독립성을 기각하지 못한다.

위에서 제시된 예제를 유의수준 $\alpha = 0.05$로 해서 Run above and below the mean 방식으로 검정해 본다.

−	−	−	−	+	−	+	−	+	+
0.30	0.48	0.36	0.01	**0.54**	0.34	**0.96**	0.06	**0.61**	**0.85**
−	+	−	+	+	−	−	+	−	+
0.48	**0.86**	0.14	**0.86**	**0.89**	0.37	0.49	**0.60**	0.04	**0.83**
−	+	−	−	+	+	+	+	+	+
0.42	**0.83**	0.37	0.21	**0.90**	**0.89**	**0.91**	**0.79**	**0.57**	**0.99**
+	−	−	+	+	−	−	−	−	+
0.95	0.27	0.41	**0.81**	**0.96**	0.31	0.09	0.06	0.23	**0.77**
+	−	−	+	−	+	−	−	−	+
0.73	0.47	0.13	**0.55**	0.11	**0.75**	0.36	0.25	0.23	**0.72**
+	+	+	−	−	−	−	−	+	−
0.60	**0.84**	**0.70**	0.30	0.26	0.38	0.05	0.19	**0.73**	0.44

− − − − + − + − + +

− + − + + − − + − +

− + − − + + + + + +

+ − − + + − − − − +

+ − − + − + − − − +

+ + + − − − − − + −

Run above and below the mean 방식에서는 $L = N = 60$이다. 난수의 평균치 0.5 보다 큰 숫자의 개수 $n_1 = 28$이고 평균치 0.5 보다 작은 숫자의 개수$n_2 = 32$이다.

표 3.13 Run 의 길이와 관찰 횟수

Run 의 길이(i)	1	2	3	≥4
횟수 (O_i)	17	9	1	5

Run 의 길이가 i 일 근사확률은 다음과 같이 계산한다.

$$\omega_i = \left(\frac{n_1}{N}\right)^i \left(\frac{n_2}{N}\right) + \left(\frac{n_1}{N}\right)\left(\frac{n_2}{N}\right)^i$$

$$\omega_1 = \left(\frac{28}{60}\right)^1 \left(\frac{32}{60}\right) + \left(\frac{28}{60}\right)\left(\frac{32}{60}\right)^1 = 0.498$$

$$\omega_2 = \left(\frac{28}{60}\right)^2 \left(\frac{32}{60}\right) + \left(\frac{28}{60}\right)\left(\frac{32}{60}\right)^2 = 0.249$$

$$\omega_3 = \left(\frac{28}{60}\right)^3 \left(\frac{32}{60}\right) + \left(\frac{28}{60}\right)\left(\frac{32}{60}\right)^3 = 0.125$$

$$\vdots$$

Run 의 평균길이 $E(I) = \frac{n_1}{n_2} + \frac{n_2}{n_1}$, $N > 20$이므로 다음과 같다.

$$E(I) = \frac{n_1}{n_2} + \frac{n_2}{n_1} = \frac{28}{32} + \frac{32}{28} = 2.02$$

$E(Y_i) = \frac{N\omega_i}{E(I)}$, $N > 20$ 이므로

$$E(Y_1) = \frac{60(0.498)}{2.02} = 14.79$$
$$E(Y_2) = \frac{60(0.249)}{2.02} = 7.40$$
$$E(Y_3) = \frac{60(0.125)}{2.02} = 3.71$$

⋮

표 3.14 관찰된 Run의 수와 이론적 평균 Run의 수 비교 (2)

Run의 길이 (i)	관찰된 Run의 수 (O_i)	평균 Run의 수 $E(Y_i)$	$\frac{[O_i - E(Y_i)]^2}{E(Y_i)}$
1	17	14.79	0.33
2	9	7.40	0.35
3	1 } 6	3.71 } 7.51	} 0.30
≥4	5	3.80	
	32	29.70	0.98

$E(A) = \frac{N}{E(I)}$, $N > 20$ 이므로 $E(A) = \frac{60}{2.02} = 29.7$

$$\sum_{i=1}^{3} E(Y_i) = 14.79 + 7.40 + 3.71 = 25.9$$

$$\sum_{i=4}^{N} E(Y_i) = E(A) - \sum_{i=1}^{3} E(Y_i) = 29.7 - 25.9 = 3.8$$

$\alpha = 0.05$로 검정해보면 $\chi_0^2 = \sum_{i=1}^{L} \frac{[O_i - E(Y_i)]^2}{E(Y_i)} = 0.98$이며 $\chi_{0.05,2}^2 = 5.99$이어서 $\chi_0^2 < \chi_{0.05,2}^2$ 이다. 따라서 H_0 을 기각하지 못한다. 즉, 이 난수의 독립성을 기각하지 못한다.

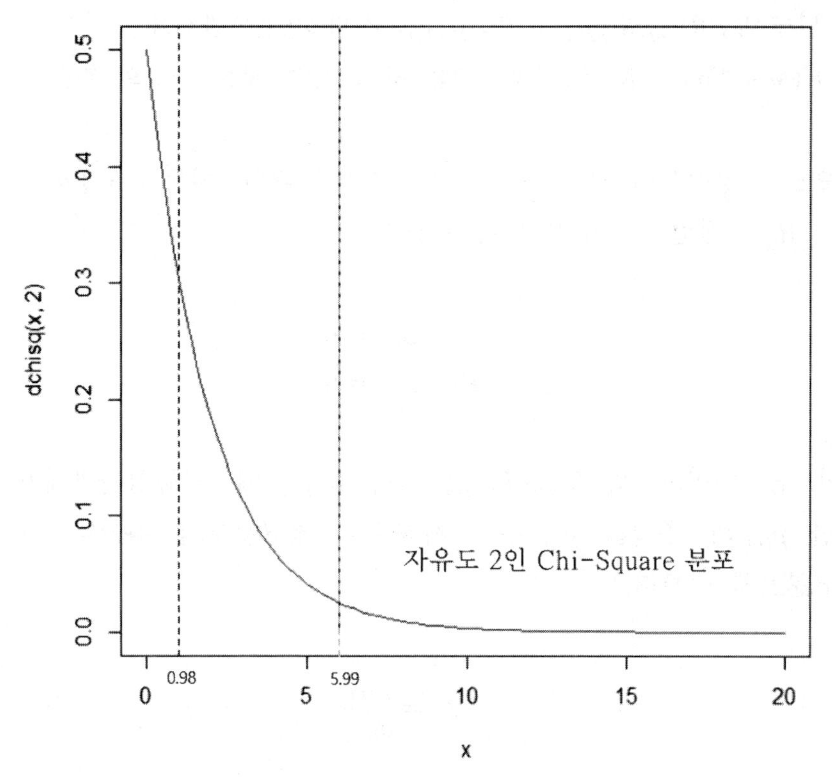

그림 3.15 자유도가 2 인 Chi-Squre 분포

3.2.7 자동상관관계 검정(Test of Autocorrelation)

아래 난수는 이제까지 설명한 모든 검정에서 독립성을 기각할 수 없다. 그러나 자세히 관찰하면 5, 10, 15번째 등 5번째 마다 숫자가 매우 큰 수가 온다. 이렇듯 일정 위치의 숫자가 매우 크든지 작은 경우나 큰 수, 작은 수가 교대로 존재하는 관계 등이 존재하면 난수라고 할 수 없을 것이다.

0.12	0.01	0.23	0.28	**0.89**	0.31	0.64	0.28	0.83	**0.93**
0.99	0.15	0.33	0.35	**0.91**	0.41	0.60	0.27	0.75	**0.88**
0.68	0.49	0.05	0.43	**0.95**	0.58	0.19	0.36	0.69	**0.87**

i 번째 숫자에서 시작하여 매 m번째 마다의 숫자에 존재하는 자동상관관계를 검정한다. 자동상관관계 검정을 위해 다음과 같은 기호를 정의한다.

ρ_{im} : 난수 $R_i, R_{i+m}, R_{i+2m}, \dots, R_{i+(M+1)m}$ 간의 자동상관관계
M : $i + (M+1)m \leq N$ 을 만족시키는 최대 정수, N은 난수의 총수

그러므로 검정대상이 되는 난수는 $M+2$개가 된다. 자동상관관계 검정을 위한 귀무가설 H_0라 대립가설 H_1은 다음과 같다.

$$H_0 : \rho_{im} = 0$$
$$H_1 : \rho_{im} \neq 0$$

M 이 큰 수이고 $R_i, R_{i+m}, R_{i+2m}, \dots, R_{i+(M+1)m}$ 에 자동상관관계가 존재하지 않는다면 ρ_{im} 의 추정값 $\hat{\rho}_{im}$ 은 근사적으로 정규분포를 따르며 검정통계량은 표준정규분포를 따른다.

$$Z_0 = \frac{\hat{\rho}_{im}}{\sigma_{\hat{\rho}_{im}}}$$

$$where,\ \hat{\rho}_{im} = \frac{1}{M+1}\left(\sum_{k=0}^{M} R_{i+km}R_{i+(k+1)m}\right) - 0.25$$

$$\sigma_{\hat{\rho}_{im}} = \frac{\sqrt{13M+7}}{12(M+1)}$$

유의수준 $\alpha = 0.05$에서 $-Z\alpha_{/2} \leq Z_0 \leq Z\alpha_{/2}$이면 귀무가설 H_0를 기각할 수 없다. 즉, 자동상관관계가 없다고 판단한다. 만약, $\rho_{im} > 0$ 이면 검정대상인 $M+2$개의 숫자는 양의 자동상관관계를 가진다. 즉, 매 m번째마다 존재하는 $M+2$ 개의 숫자는 크기가 비슷할 확률이 높다. $M+2$ 개의 숫자가 모두 크거나 혹은 작다. 만약 $\rho_{im} < 0$ 이면 검정대상인 $M+2$개의 숫자는 음의 자동상관관계를 가진다. 매 m번째마다 숫자가 큰 수, 작은 수(또는 작은 수, 큰 수) 순서로 교대로 나타난다. $\rho_{im} = 0$ 이면 매 m번째마다 이러한 경향은 없다고 할 수 있다.

아래와 같은 난수를 가지고 세 번째 수를 시작으로 매 5 번째 수를 대상으로 유의수준 $\alpha = 0.05$로 자동상관관계검정을 실시해 본다.

0.12	0.01	0.23	0.28	0.89	0.31	0.64	0.28	0.83	0.93
0.99	0.15	0.33	0.35	0.91	0.41	0.60	0.27	0.75	0.88
0.68	0.49	0.05	0.43	0.95	0.58	0.19	0.36	0.69	0.87

$i = 3$(세 번째 수부터 시작), $m = 5$(매 5 번째마다 수), $N = 30$(난수의 총수) 이며 $M = 4$ 가 된다. 왜냐하면 $(3 + (M + 1)5 \le 30)$을 만족시키는 최대의 수가 M 이기 때문이다.

$$\hat{\rho}_{35} = \frac{1}{4+1}\big((0.23)(0.28) + (0.28)(0.33) + (0.33)(0.27) + (0.27)(0.05) + (0.05)(0.36)\big) - 0.25 = -0.1945$$

$$\sigma_{\hat{\rho}_{35}} = \frac{\sqrt{13(4) + 7}}{12(4+1)} = 0.128$$

$$Z_0 = \frac{-0.1945}{0.1280} = -1.519$$

$Z\alpha_{/2} = Z_{0.025} = 1.96$ 이고 $-Z\alpha_{/2} \le Z_0 \le Z\alpha_{/2}$ 이므로 귀무가설 H_0를 기각할 수 없다. 즉, 자동상관관계가 없다고 판단한다.

자동상관관계 숫자에 대한 독립성 검정은 i, m 을 여러가지로 변화시켜 검정 수행하여야 한다. i=1 인 경우 m=1, m=2, m=3,...을 실시해 보아야 하고 i=1, 2, 3,..등 다양하게 해 검정해 보아야 한다. $\alpha = 0.05$ 인 경우 독립성을 가진 난수에 대해서도 H_0를 부정할 확률은 0.05 이다. 독립성을 갖는 난수에 대해 i와 m을 바꾸어 10 번 검정을 수행하면 H_0를 모두 받아들일 확률은 $(0.95)^{10} = 0.6$으로 감소한다. 따라서 10 번 검정을 하는 경우 H_0를 부정하는 잘못된 결정을 1 회 이상 내릴 확률도 0.4 가 된다.

3.2.8 Gap 검정

Gap 이란 같은 숫자가 되풀이해서 나타날 때 그 사이의 존재하는 다른 숫자의 개수이다.

4 1 **3** 5 1 7 2 8 2 0 7 9 1 **3** 5 2 7 9 4 1
6 **3** **3** 9 6 **3** 4 8 2 **3** 1 9 4 4 6 8 4 1 **3** 8
9 5 5 7 **3** 9 5 9 8 5 **3** 2 2 **3** 7 4 7 0 **3** 6
3 5 9 9 5 5 5 0 4 6 8 0 4 7 0 **3** **3** 0 9 5
7 9 5 1 6 6 **3** 8 8 8 9 2 9 1 8 5 4 4 5 0
2 **3** 9 7 1 2 0 **3** 6 **3**

예를 들어 난수 3 의 Gap 을 살펴보면 18 개의 3 이 있으므로 17 개의 Gap 이 존재한다. 첫 번째 Gap 의 길이는 10 이고 두 번째 Gap 의 길이는 7 이다. 길이가 10 인 Gap 이 나타날 확률은 다음과 같다.

$$p(\text{Gap 의 길이}=10) = p(\text{3 이 아닌 숫자}) \times p(\text{3 이 아닌 숫자}) \times \ldots \times p(\text{3 인 숫자}) = (0.9)^{10}(0.1)$$

즉, 3 이 아닌 숫자가 10 번 나타나고 그 다음 난수 3 이 오는 경우의 확률이다. 일반적으로 p (" t " 숫자 뒤에 " t " 아닌 숫자가 x 개 존재하는 경우) $= (0.9)^x(0.1), x = 0,1,2,\ldots$ Gap 검정에서는 숫자들 사이에 존재하는 모든 간격의 수를 관찰하여 독립성 검정한다. 즉, 0,1,2,3,...,9 에 대한 간격의 수를 관찰하는 것이다. 그러므로 불규칙하게 섞여 있는 숫자들의 이론적 간격 수의 누적분포함수(CMF)는 다음과 같다.

$$F(x) = 0.1\sum_{n=0}^{x}(0.9)^n = 1 - 0.9^{x+1}$$

이것은 모든 숫자 0,1,2,...,9 들의 간격이 x 이거나 x 보다 작을 확률을 표현하며 $F(0)$는 같은 숫자가 두번 연속해서 나타날 확률을 의미한다.

아래와 같은 110 개의 난수를 살펴보면 각 숫자의 Gap 의 개수는 표 3.15 와 같고 총 Gap 의 개수는 100 개라는 것을 알 수 있다.

4 1 3 5 1 7 2 8 2 0 7 9 1 3 5 2 7 9 4 1
6 3 3 9 6 3 4 8 2 3 1 9 4 4 6 8 4 1 3 8
9 5 5 7 3 9 5 9 8 5 3 2 2 3 7 4 7 0 3 6
3 5 9 9 5 5 5 0 4 6 8 0 4 7 0 3 3 0 9 5
7 9 5 1 6 6 3 8 8 8 9 2 9 1 8 5 4 4 5 0
2 3 9 7 1 2 0 3 6 3

표 3.15 예제 데이터 숫자와 Gap 수

숫자	0	1	2	3	4	5	6	7	8	9
Gap 수	7	8	8	17	10	13	7	8	9	13

유의수준 $\alpha = 0.05$ 로 Gap 검정을 Kolmogorov-Smirnov 검정을 이용하여 실시해 본다.

표 3.16 Gap 검정 예

Gap 의 길이	빈도	상대빈도	누적상대빈도 ($F_n(x)$)	이론적 누적 상대빈도 $F(x)$	$\|F(x) - F_n(x)\|$
0~3	35	0.35	0.35	0.3439	0.0061
4~7	22	0.22	0.57	0.5695	0.0005
8~11	17	0.17	0.74	0.7176	**0.0224**
12~15	9	0.09	0.83	0.8147	0.0153
16~19	5	0.05	0.88	0.8784	0.0016
20~23	6	0.06	0.94	0.9202	0.0198
24~27	3	0.03	0.97	0.9497	0.0223
28~31	0	0.0	0.97	0.9657	0.0043
32~35	0	0.0	0.97	0.9775	0.0075
36~39	2	0.02	0.99	0.9852	0.0043
40~43	0	0.0	0.99	0.9903	0.0003
44~47	1	0.01	1.00	0.9936	0.0064

이론적 누적 상대빈도 $F(x)$는 $F(x) = 1 - 0.9^{x+1}$을 이용하여 구한다. 예를 들어 0~3 간격에서 $F(x) = 1 - 0.9^{3+1} = 0.3439$가 된다. 빈도는 실제 관측치에서 구한 것이고 이를 이용하여 상대빈도와 경험적 누적상대빈도 $F_n(x)$를 구한다. $n \geq 40$인 대표본 경우에는 Kolmogorov-Smirnov 검정통계량을 근사치로 구한다.

α	0.10	0.05	0.01
D_α	$1.22/\sqrt{n}$	$1.36/\sqrt{n}$	$1.63/\sqrt{n}$

$$D_{0.05} = \frac{1.36}{\sqrt{100}} = 0.136$$
$$D = max|F(x) - F_n(x)| = 0.0224$$

$D_{0.05} > D$이므로 H_0를 기각할 수 없다.

3.2.9 Poker 검정

숫자들 중에 동일한 숫자가 몇 번이나 반복적으로 존재하는지 관찰하는 것이다. 아래 숫자를 보면 동일한 숫자가 두번씩 들어가 있으므로 독립적인 수로 보기 어렵다. 난수라면 이렇지 않을 것이다.

0.255 0.577 0.331 0.414 0.828 0.909 0.303 0.001

3 자리 수에는 다음의 세 가지 경우가 존재한다. 각 경우의 확률은 다음과 같다.

(1) 세 숫자가 모두 상이한 경우 (예: 0.123)

p (세 숫자가 모두 다른 경우)= p (두 번째 숫자가 첫 번째 숫자와 다른 경우) ×

p (세 번째 숫자가 첫 번째 및 두 번째 숫자와 다른 경우)=(0.9)(0.8)=0.72

(2) 세 숫자가 모두 동일한 경우 (예: 0.777)

p (세 숫자가 모두 같은 경우)=p (두 번째 숫자가 첫 번째 숫자와 동일한 경우) ×

p (세 번째 숫자가 첫 번째 숫자와 동일한 경우)=(0.1)(0.1)=0.01

(3) 두개의 숫자만 동일한 경우 (예; 0.122)

p (두개의 숫자만 동일한 경우)=1-0.72-0.01=0.27

예를 들어 세자리 수가 1,000 개 발생. 세자리가 모두 다른 경우가 680 번 세자리가 모두 동일한 경우 31 번, 두자리만 동일한 경우가 289 번이다. 유의수준 $\alpha = 0.05$로 Poker 검정을 실시한다.

표 3.17 Poker 검정

경우	관찰 횟수 (O_i)	이론적 평균값(E_i)	$\frac{[O_i - E_i]^2}{E_i}$
세 숫자가 모두 다르다.	680	720	2.22
세 숫자가 모두 동일	31	10	44.10
두 자리만 동일	289	270	1.34
합계	1,000	1,000	47.66

$\alpha = 0.05$로 검정해보면 $\chi_0^2 = \sum_{i=1}^{3} \frac{[O_i - E_i]^2}{E_i} = 47.66$이며 $\chi_{0.05,2}^2 = 5.99$이어서 $\chi_0^2 > \chi_{0.05,2}^2$이다. 따라서 H_0을 기각한다. 즉, 난수의 독립성을 기각한다.

3.3 확률변수값 생성

3.3.1 확률분포의 상호 관계

그림 3.16 에서 보는 것과 같이 모든 분포는 상호 연결되어 있다. 특정 분포의 모수 값에 따라 다른 분포가 되기도 하고 하나의 분포에서 다른 분포로 변환시는 특정한 가정을 주기도 한다.

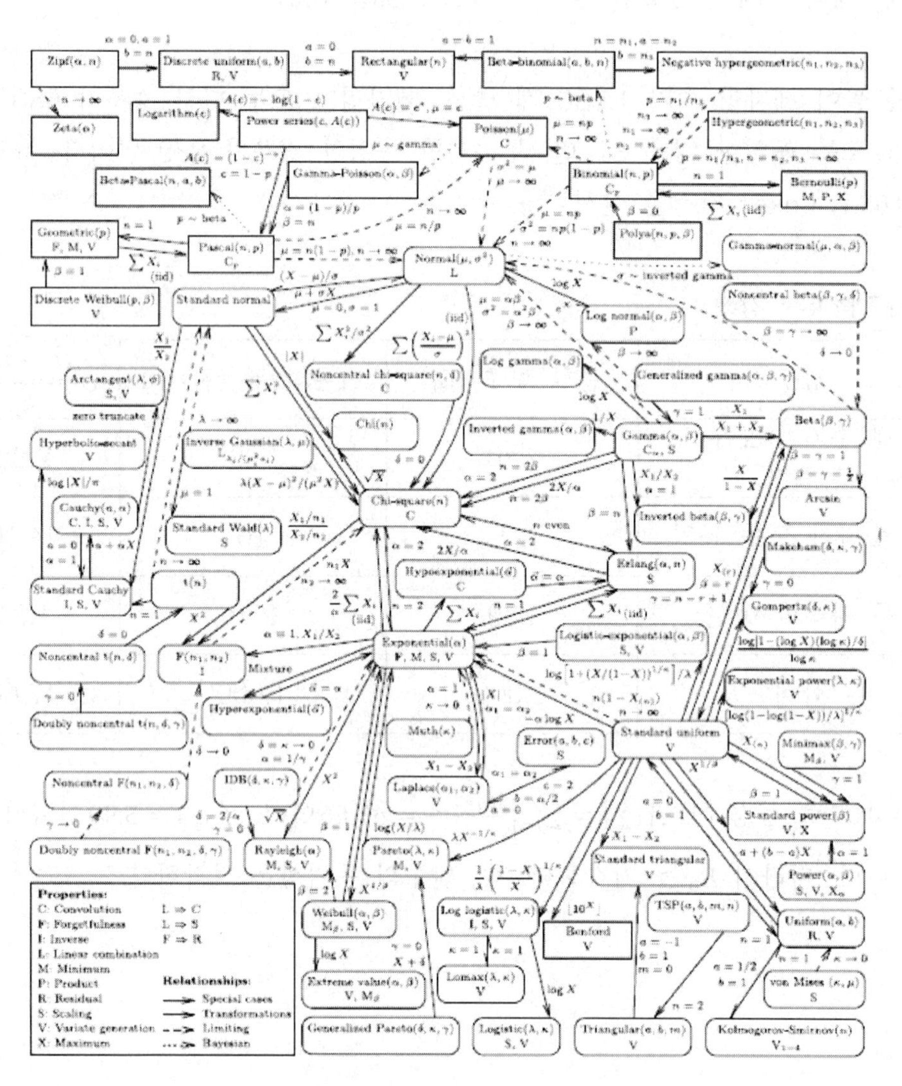

그림 3.16 확률분포의 관계

3.3.2 난수를 이용한 확률변수값 발생 방법

난수를 이용하여 확률변수값을 발생시키는 방법으로는 역변환법, 합성법, 결합법, 채택/기각법 등이 있다.

(1) 역변환법 개념

난수를 u, 확률변수값을 x, x의 누적분포함수를 F라 할 때 $x = F^{-1}(u)$ 에 의하여 확률변수값을 구하는 방법이다.

(2) 합성법

누적분포함수 F가 다른 분포함수를 $F1$, $F2$, ... 의 Convex Combination 으로 표시될 수 있는 경우에 확률변수값을 구하는 방법으로 사용된다.

(3) 결합법

발생될 x 가 확률변수 $Y_1, Y_2, \ldots, Y_n$ 의 합으로 나타내지는 경우에 확률변수값을 구하는 방법으로 사용된다.

(4) 채택/기각법

정한 조건을 정해서 만족하면 채택하고 아니면 기각하는 방식으로 확률변수값을 발생시키는 방법이다.

3.3.3 역변환법(Inverse Transform Method)

역변환법은 난수 u를 생성하여 누적분포함수에서 값이 일치하는 x를 찾는 방법이다. 즉 난수를 u로 하면 식 (3-7)로 확률변수값 x를 찾을 수 있다.

$$u = F(x)$$
$$x = F^{-1}(u) \tag{3-7}$$

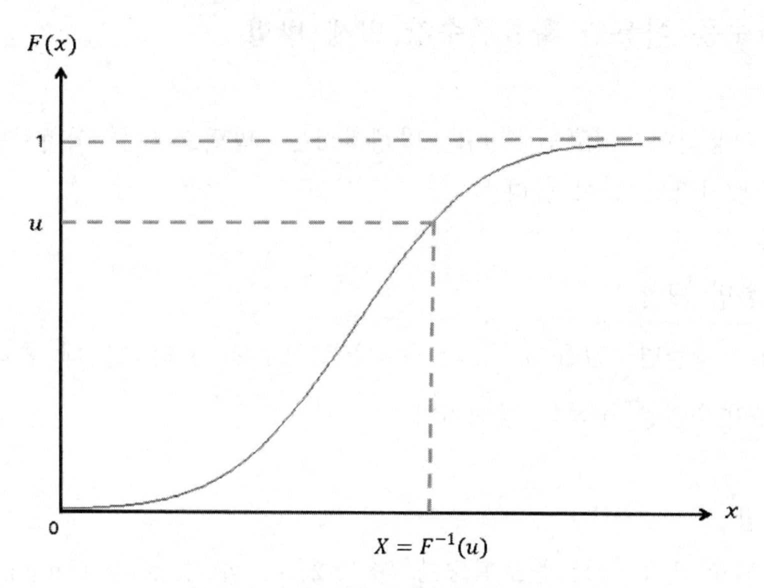

그림 3.17 역변환법에 의한 난수 발생

u를 0 에서 1 까지의 일양분포를 갖는 확률변수라고 하면 어느 연속적인 누적분포함수 F 에 대해 다음과 같이 정의된 X는 F 를 누적분포함수로 가진다.

$$X = F^{-1}(u)$$

이런 논리가 작동하는 이유는 다음과 같은 관계 때문이다.

$$F(x) = P(X \le x) = P[F^{-1}(u) \le x] = P[F\left(F^{-1}(u)\right) \le F(x)] = P[u \le F(x)]$$

F 는 비감소 함수이므로 $a \le b$의 관계는 $F(a) \le F(b)$와 동일하다.

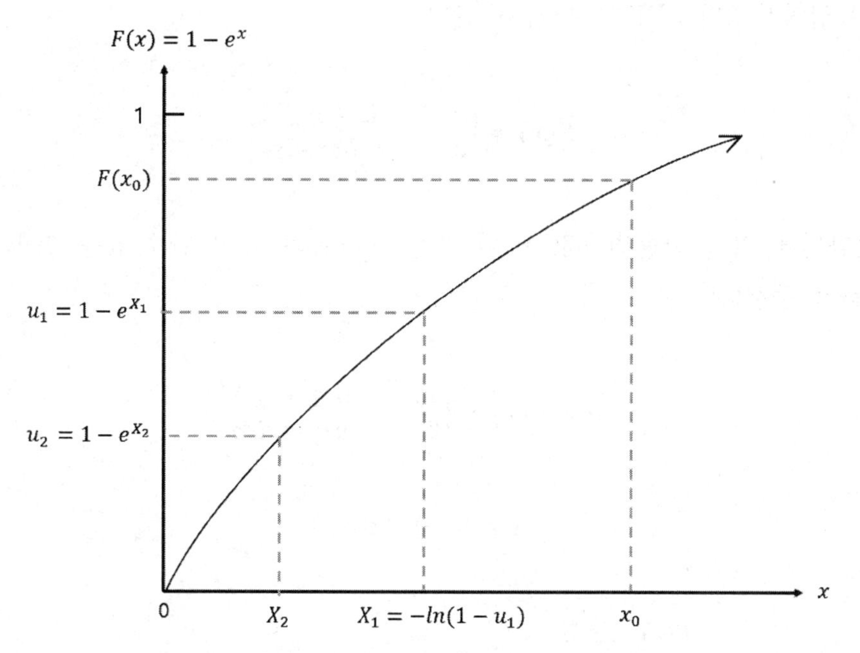

그림 3.18 지수함수에서의 누적분포함수와 역변환법

$X_1 \le x_0$ 이면 $u_1 \le F(x_0)$가 성립

$u_1 \le F(x_0)$ 이면 $X_1 \le x_0$가 성립

그리고 u_1 은 일양분포 $U(0,1)$ 에서 생성된 난수이다. 따라서 $P(X_1 \le x_0) = P\big(u_1 \le F(x_0)\big) = F(x_0)$ 가 성립하며 X 의 누적분포함수(CDF)는 $F(x) = 1 - e^{-x}$ 가 된다.

다양한 함수의 역변환법

3.3.4 (0,1) Uniform Distribution 확률변수값 생성

(0,1) 일양분포의 PDF 는 다음과 같다.

$$f(x) = \begin{cases} 1, & 0 \le x \le 1 \\ 0, & otherwise \end{cases}$$

(0,1) 일양분포의 CDF 는 다음과 같다.

$$F(x) = \begin{cases} x, & 0 \le x \le 1 \\ 0, & otherwise \end{cases}$$

역변환법에 의한 확률변수값 x 의 생성은 다음과 같이 난수 u를 CDF 와 같고 놓고 풀어 구한다.

$$u = F(x) = \begin{cases} x, & 0 \le x \le 1 \\ 0, & otherwise \end{cases}$$

$$x = u,\ \ 0 \le u \le 1$$

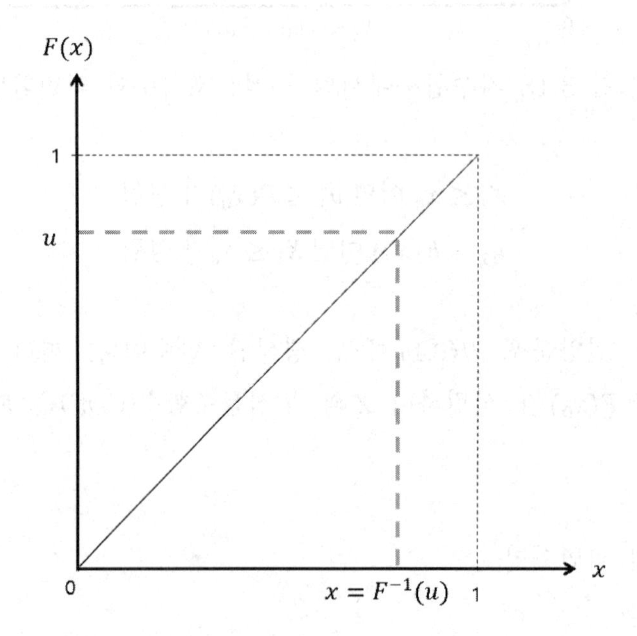

그림 3.19 (0.1) Uniform Distribution 역변환법

3.3.5 (a, b) Uniform Distribution

(a, b) 구간 일양분포의 PDF 는 다음과 같다.

$$f(x) = \begin{cases} \frac{1}{b-a}, & a \le x \le b \\ 0, & otherwise \end{cases}$$

(a, b) 구간 일양분포의 CDF 는 다음과 같다.

$$F(x) = \begin{cases} \frac{x-a}{b-a}, & a \le x \le b \\ 0, & otherwise \end{cases}$$

그러므로 확률변수값 x를 구하는 방법은 다음과 같다. 난수 u를 CDF 와 같게 놓고 풀면 된다.

$$u = F(x) = \begin{cases} \frac{x-a}{b-a}, & a \le x \le b \\ 0, & otherwise \end{cases}$$

$$x = a + u(b-a), \qquad 0 \le u \le 1$$

3.3.6 지수분포(Exponential Distribution)

지수분포는 연속된 2 개의 무작위 사건 사이의 시간을 모델링하는데 유용하다. 대기행렬 이론의 예서 고객의 도착 간격시간, 서비스 시간을 주로 지수분포로 표현한다. 이것은 사건이 서로 독립적일 때, 일정 시간동안 발생하는 사건의 횟수가 Poisson 분포를 따른다면 다음 사건이 일어날 때까지 대기 시간은 지수분포를 따른다는 이론에 따른 것이다.

지수분포의 PDF 는 다음과 같다.

$$f(x) = \begin{cases} \lambda e^{-\lambda x}, & x \ge 0 \\ 0, & x < 0 \end{cases}$$

그림 3.20에서 보는 것과 같이 PDF는 모수 λ에 따라 다른 모양으로 표현된다.

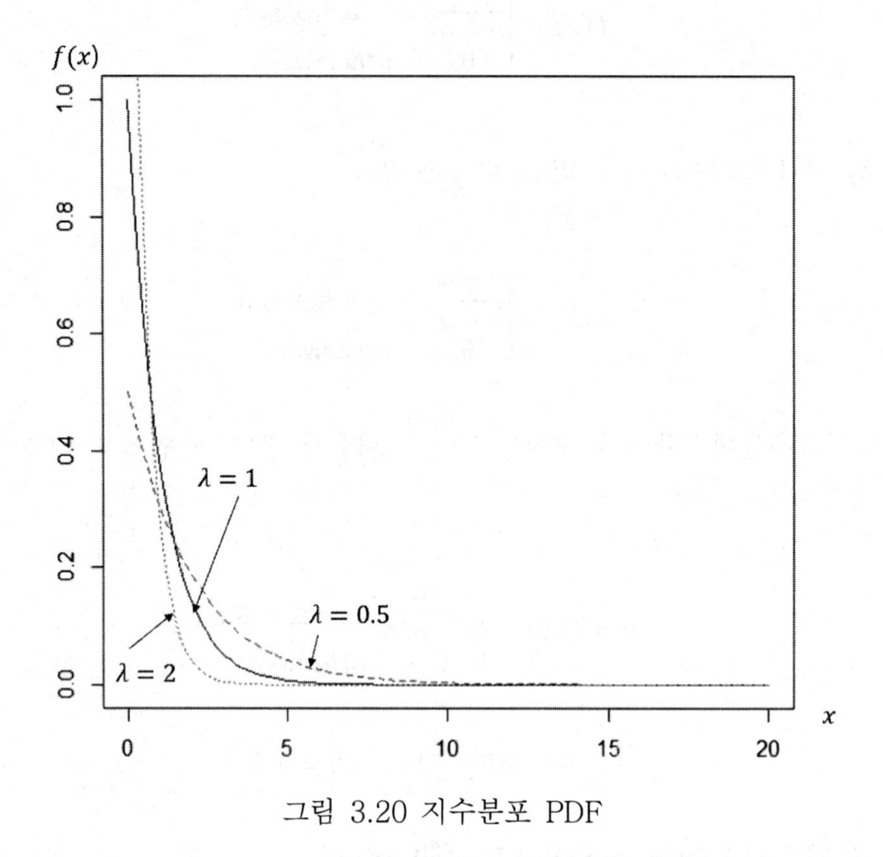

그림 3.20 지수분포 PDF

지수분포의 CDF 는 다음과 같다.

$$F(x) = \begin{cases} 1 - e^{-\lambda x}, & x \geq 0 \\ 0, & x < 0 \end{cases}$$

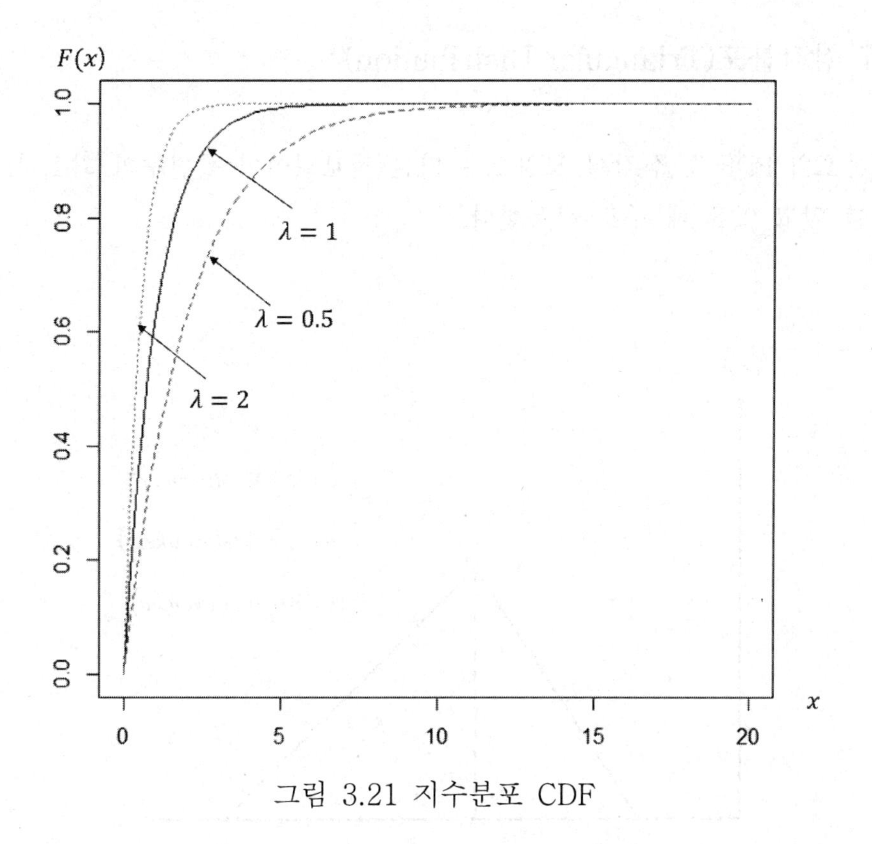

그림 3.21 지수분포 CDF

다음은 역변환법으로 지수분포의 확률변수값을 구하는 절차이다.

$$f(x) = \lambda e^{-\lambda x}, \quad x \geq 0$$
$$u = F(x) = \int_0^x \lambda e^{-\lambda x} dt = -e^{-\lambda x}\Big]_0^x = 1 - e^{-\lambda x}$$
$$e^{-\lambda x} = 1 - u$$
$$-\lambda x = log(1-u)$$
$$x = -\frac{1}{\lambda} log(1-u)$$

u는 0 부터 1 까지의 일양분포를 가지므로 $log(1-u)$의 확률분포는 $log(u)$의 확률분포와 동일하다

3.3.7 삼각분포(Triangular Distribution)

삼각분포의 PDF 는 삼각형 모양으로 다른 정보없이 확률변수의 최소치, 최대치, 최빈치를 알고 있을 때 주로 사용한다.

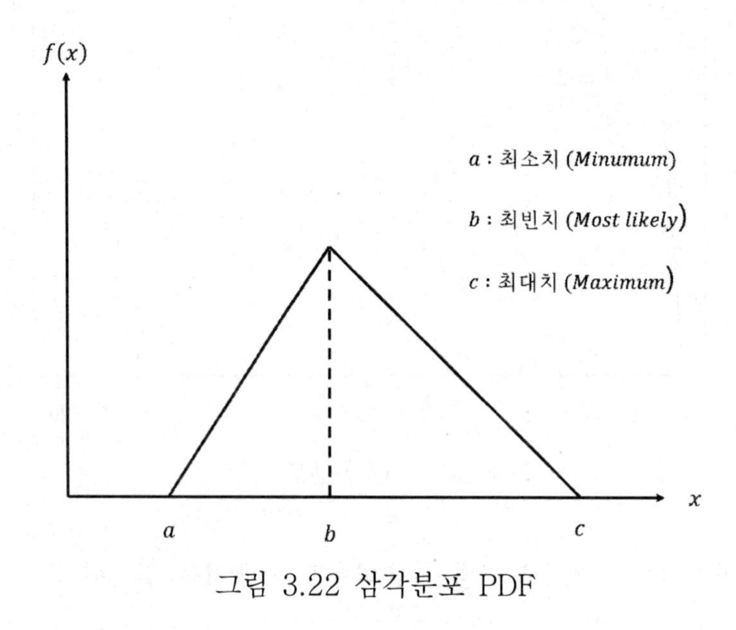

그림 3.22 삼각분포 PDF

a 부터 c사이의 값을 갖고, b가 최빈값인 삼각분포의 PDF 는 다음과 같다.

$$f(x) = \begin{cases} \dfrac{2(x-a)}{(c-a)(b-a)}, & a \le x \le b \\ \dfrac{-2(x-c)^2}{(c-a)(c-b)}, & b \le x \le c \end{cases}$$

a 부터 c사이의 값을 갖고, b가 최빈값인 삼각분포의 CDF는 다음과 같다.

$$F(x) = \begin{cases} \frac{(x-a)^2}{(c-a)(b-a)}, & a \le x \le b \\ 1 - \frac{(x-c)^2}{(c-a)(c-b)}, & b \le x \le c \end{cases}$$

따라서 역변환법에 의한 확률변수값은 난수 u 를 $F(x)$와 같게 놓고 풀면 다음과 같다.

$$u = F(x) = \begin{cases} \frac{(x-a)^2}{(c-a)(b-a)}, & a \le x \le b \\ 1 - \frac{(x-c)^2}{(c-a)(c-b)}, & b \le x \le c \end{cases}$$

$$x = \begin{cases} a + \sqrt{u(c-a)(b-a)}, & a \le x \le b \\ c - \sqrt{(1-u)(c-a)(c-b)}, & b \le x \le c \end{cases}$$

3.3.8 Weibull 분포(Weibull Distribution)

Weibull 분포는 수명 데이터 분석에 광범위하게 활용되고 있다. 주로 산업현장에서, 부품의 수명 추정 분석, 어떤 제품의 제조와 배달에 걸리는 시간, 날씨예보, 신뢰성 공학에서 실패분석 등을 하는 데 사용되며 고장날 확률이 시간이 지나면서 높아지는 경우, 줄어드는 경우, 일정한 경우 모두 추정할 수 있다. 특히, 고장날 확률이 시간에 따라 일정한 경우는 지수분포와 동일하다. Weibull 분포는 정규분포나 지수분포같은 다른 통계적인 분포를 묘사할 수 있다.

Weibull 분포의 PDF는 다음과 같다.

$$f(x) = \frac{k}{\lambda^k} x^{k-1} e^{-(\frac{x}{\lambda})^k}, \qquad x \ge 0$$

Weibull 분포의 CDF 는 다음과 같다.

$$F(x) = 1 - e^{-\left(\frac{x}{\lambda}\right)^k}, \ \ x \geq 0$$

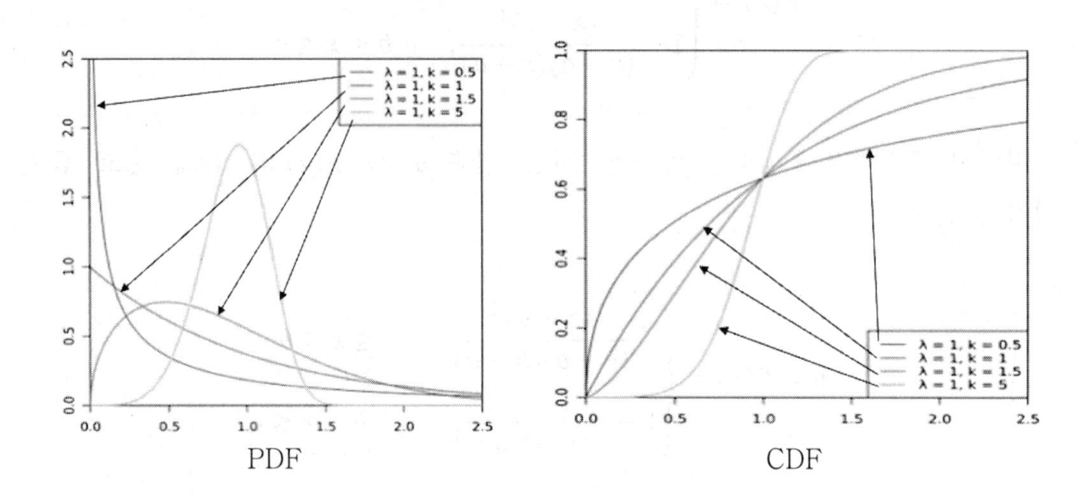

그림 3.23 Weibull 분포의 PDF 와 CDF

역변환법으로 확률변수값을 구하는 방법은 다음과 같다.

$$u = F(x) = 1 - e^{-\left(\frac{x}{\alpha}\right)^\beta}$$

$$e^{-\left(\frac{x}{\alpha}\right)^\beta} = 1 - u$$

$$\left(\frac{x}{\alpha}\right)^\beta = -ln(1-u)$$

$$x = \alpha \sqrt[\beta]{-ln(1-u)}$$

3.3.9 Erlang 분포(Erlang Distribution)

Erlang 분포는 n 번 성공할 때 까지의 소요시간에 대한 분포이다. Erlang 분포의 확률변수값은 일반적으로 지수분포의 Convolution 방법으로 구한다. 이것은 Erlang 분포가 지수분포와 밀접한 관계가 있기 때문이다.

Erlang 분포의 PDF 는 다음과 같다.

$$f(x) = \frac{\lambda e^{-\lambda x}(\lambda x)^{n-1}}{(n-1)!}, \qquad x \geq 0$$

Erlang 분포의 CDF 는 다음과 같다.

$$F(x) = \int_0^x \frac{\lambda e^{-\lambda y}(\lambda y)^{n-1}}{(n-1)!} dy, \quad 0 < x$$

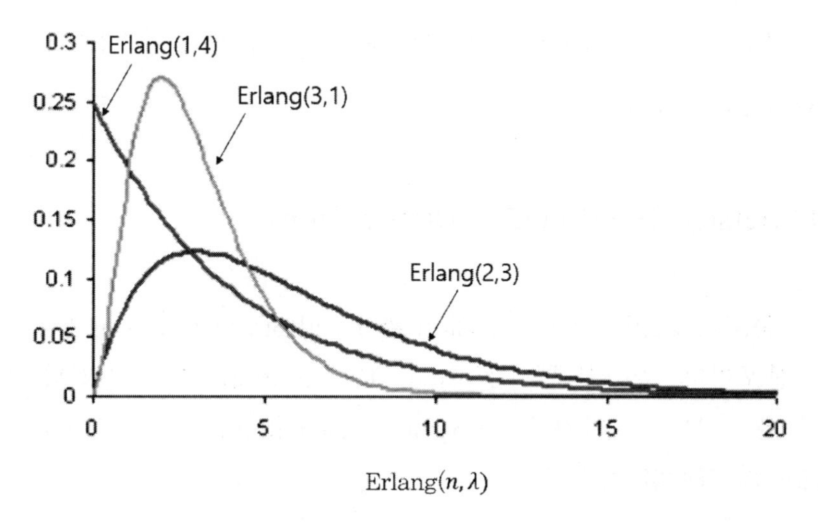

그림 3.24 Erlang 분포

Erlang(n, λ)의 확률변수 x는 평균 λ를 갖는 n 개의 독립적인 지수분포가 합해진 결과라는 사실을 기반으로 n 개의 독립적인 난수 u_i, $i = 1,2,\ldots,n$을 생성하고 이들 난수들을 지수분포의 확률변수로 변환하여 합하여 Erlang 분포의 확률변수값 x를 구한다. 만약 $n = 1$이면 지수분포가 된다.

$$x = -\frac{1}{\lambda}logu_1 - -\frac{1}{\lambda}logu_2 - \cdots - -\frac{1}{\lambda}logu_n = -\frac{1}{\lambda}log(u_1u_2 \ldots u_n)$$

예를 들어 화물차가 창고에 시간당 평균 10 대씩 도착, 도착시간 간격은 완전 불규칙적이라고 하자. 화물차의 도착은 Poisson 과정이다. 창고에 도착한 화물차는 A, B 두 장소에 화물을 내린다. A 와 B 장소는 임의로 선정한다. 따라서 A 에 도착하는 화물차는 시간당 평균도착이 5 대인 Poisson Process 이다. A 에 도착하는 화물차의 도착시간 간격 x는 창고에 도착하는 시간간격 두개를 합한 것과 동일하여 $x = -\frac{1}{\lambda}ln(u_1u_2)$이다. 따라서 평균치가 1/10 인 지수변수 두개를 합해서 얻어진 확률변수가 평균이 $\frac{2}{\lambda} = \frac{2}{10} = 0.2$ 시간인 Erlang 변수가 된다. Erlang(2 ,5) 인 Erlang 확률변수 값을 발생시키기 위해 먼저 두개의 난수 u_1, u_2를 구해 $-\frac{1}{\lambda}ln(u_1u_2)$에 대입한다. $u_1 = 0.937, u_2 = 0.217$ 이라면 $-\frac{1}{10}ln(0.937\text{x}0.217)$ =0.159 가 된다.

3.3.10 Logistic 분포(Logistic Distribution)

Logistic 분포는 Logistic Regression 과 Feedforward Neural Networks 에서 사용되는 분포이다. 이 분포는 Normal Distribution 과 유사하나 더 두꺼운 꼬리와 높은 첨도를 가진다. Logistic Distribution 은 Tukey Lambda Distribution 의 특수한 경우이다.

Logistic 분포의 PDF 는 다음과 같다.

$$f(x) = \frac{e^{-\frac{x-\mu}{s}}}{s(1+e^{-\frac{x-\mu}{s}})^2} = \frac{1}{s(e^{\frac{x-\mu}{2s}} + e^{-\frac{x-\mu}{2s}})^2} = \frac{1}{4s}sech^2(\frac{x-\mu}{2s})$$

Logistic 분포의 CDF 는 다음과 같다.

$$F(x) = \frac{e^x}{1 + e^x}$$

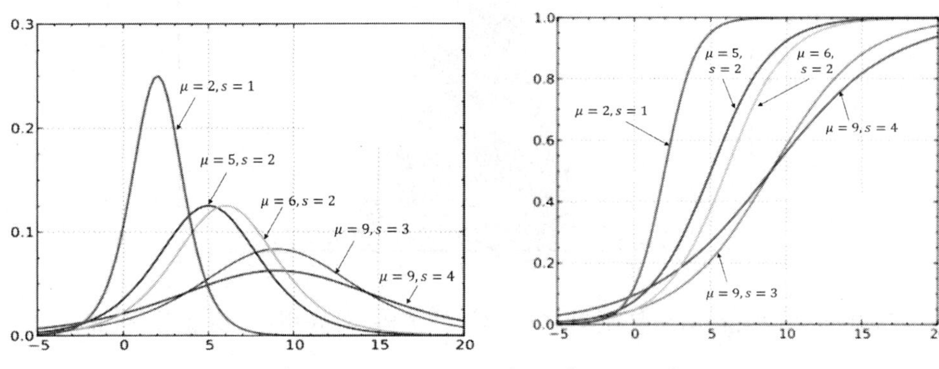

그림 3.25 Logistic 분포의 PDF 와 CDF

역변환법으로 Logistic 확률변수 값을 구하는 방법은 아래와 같다.

$$x = F^{-1}(u) = log(\frac{u}{1-u})$$

이 방법에 의해 구한 확률변수 값을 구해 이론적 분포와 비교해 보면 그림 3.26 와 같다. 즉 역변환법으로 구한 값은 이론적 분포와 아주 유사하다.

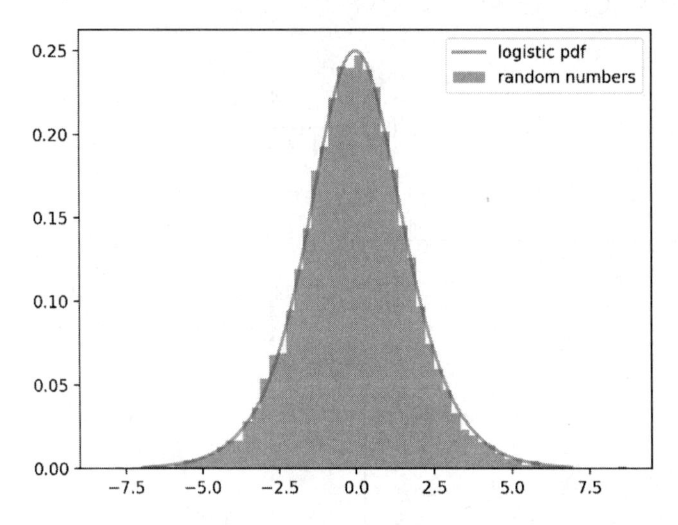

그림 3.26 Logistic 분포의 이론적 분포와 확률변수 생성값 비교

3.3.11 Rayleigh 분포(Rayleigh Distribution)

2 차원 벡터의 직교 성분이 정규 분포일 경우, 벡터의 크기는 Rayleigh 분포를 따른다. 예를 들어 바람을 2 차원 벡터로 나타냈을 때, 벡터의 두 직교 성분이 정규 분포이면, 바람의 속력은 Rayleigh 분포를 따른다. 실수부와 허수부가 독립적으로 정규 분포를 따르는 복소수가 있다면, 복소수의 절댓값이 Rayleigh 분포를 나타낸다.

$X \sim N(0,\sigma^2)$ 와 $Y \sim N(0,\sigma^2)$ 가 서로 독립인 정규분포일 때 $R = \sqrt{X^2 + Y^2}$ 은 Rayleigh(σ^2) 가 된다. $R \sim Rayleigh(1)$ 이면 R^2 은 자유도가 2 인 χ^2 분포가 된다. 또한 X가 모수 λ를 가지는 지수분포이면 $Y = \sqrt{2X\sigma\lambda} \sim Rayleigh(\sigma)$이다.

Rayleigh 분포의 PDF 는 다음과 같다.

$$f(x) = \frac{x}{\sigma^2} e^{-x^2/(2\sigma^2)}, \qquad x \geq 0$$

σ의 최대우도 추정공식은 다음과 같다.

$$\sigma = \sqrt{\frac{1}{2N}\sum_{i=0}^{N} x_i^2}$$

Rayleigh 의 CDF 는 다음과 같다.

$$F(x) = 1 - e^{-\frac{x^2}{2\sigma^2}}, \qquad 0 \le x$$

역변환법으로 Rayleigh 분포의 확률변수값을 아래 식으로 구한다.

$$u = F(x) = 1 - e^{-\frac{x^2}{2\sigma^2}}, \qquad 0 \le x$$

$$x = F^{-1}(u) = \sqrt{-2\sigma^2 log(1-u)}$$

이렇게 구한 확률변수로 이론적 분포와 비교해 보면 그림 3.27 과 같다. 난수로 생성된 확률변수값의 분포가 Rayleigh 분포를 아주 잘 묘사한다고 할 수 있다.

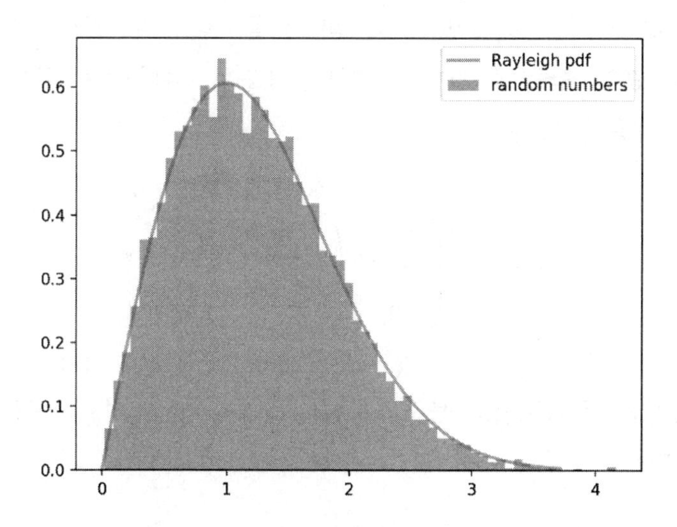

그림 3.27 Rayleigh 분포의 이론적 분포와 확률변수 생성값 비교

두 개의 확률변수 X 와 Y 가 서로 독립적이며 평균이 0 이고 분산이 동일하게 σ^2 인 Gaussian 확률밀도 함수를 가진다고 하자. 두 확률변수의 결합 확률밀도함수는 다음과 같이 주어진다.

$$f(x,y) = f(x)f(y) = \frac{e^{-\frac{x^2}{2\sigma^2}}}{\sigma\sqrt{2\pi}} \times \frac{e^{-\frac{y^2}{2\sigma^2}}}{\sigma\sqrt{2\pi}} = \frac{1}{2\pi\sigma^2} e^{-\frac{x^2+y^2}{2\sigma^2}}$$

확률변수 X 와 Y 가 갖는 값 (x,y)을 직교 좌표로 사용하면 평면상의 한 개의 점이 된다. 직교좌표 (x,y) 로 표현되는 평면상의 한 점은 (r,θ) 의 극좌표로 표현할 수 있다. 여기서 r과 θ는 다음과 같은 관계를 가진다.

$$r = \sqrt{x^2+y^2}, \quad \theta = tan^{-1}(\frac{y}{x})$$

이와 같이 확률변수 X 와 Y 로써 직교좌표계의 각 값을 표현하는 경우 대응하는 극좌표계의 두 값, 즉 크기와 각도를 나타내는 확률변수 R 과 θ는 함수 $R = g_1(x,y) = \sqrt{x^2+y^2}$ 와 $\theta = g_2(x,y) = tan^{-1}(\frac{y}{x})$ 에 의해 확률변수 X 와 Y 로부터 변환된다. 즉, 확률변수 X 와 Y 를 다음과 같이 변환하여 새로운 확률변수 R 과 θ가 만들어 진다. 크기와 각도를 나타내는 확률변수 R과 θ의 분포를 구하면 다음과 같다.

$$f_R(r) = \begin{cases} \frac{r}{\sigma^2} exp\left(-\frac{r^2}{2\sigma^2}\right), & 0 \le r \\ 0, & r < 0 \end{cases}$$

즉 R 의 분포는 Rayleigh 분포가 된다. 그리고 θ 의 분포는 아래와 같이 일양분포가 된다.

$$f_\theta(\theta) = \begin{cases} \frac{1}{2\pi}, & 0 \le \theta \le 2\pi \\ 0, & otherwise \end{cases}$$

3.3.12 절단된 정규 분포(Truncated Normal Distribution)

$a < x < b$ 범위의 절단된 정규분포는 다음과 같다.

$$X \sim N(\mu, \sigma^2)\, I(a < x < b)$$

여기서 $I(a < x < b)$ 은 a 와 b 사이의 구간이면 1, 아니면 0 를 나타내는 Indicator 함수이다.

그러므로 확률변수 값의 추출범위가 $a < x < b$가 된다. φ_a와 φ_b를 다음과 같이 정의한다.

$$\varphi_a = \Phi[\frac{a-\mu}{\sigma}]$$
$$\varphi_b = \Phi[\frac{b-\mu}{\sigma}]$$

여기에서 Φ는 $N(0,1)$의 CDF 이다. $\varphi_a < U < \varphi_b$인 일양분포를 만든다.

$$U \sim Uni(\varphi_a, \varphi_b)$$

그러면 다음의 확률변수 값 x는 $N(\mu, \sigma^2)\, I(a < x < b)$에서 추출된다.

$$x = \sigma\Phi^{-1}(u) + \mu \sim N(\mu, \sigma^2) I(a < x < b)$$

그림 3.28 은 $N(2, 3^2)\, I(1 < x < 5)$에서 확률변수를 난수로 추출한 것과 이론적 절단된 정규분포를 비교한 것이다. 난수로 추출한 확률변수값이 이론적 분포를 잘 설명하고 있다는 것을 알 수 있다.

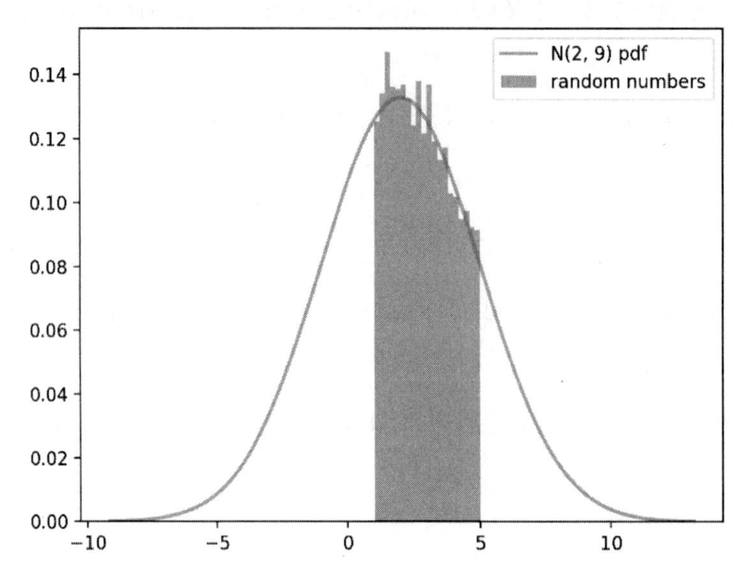

그림 3.28 절단된 정규분포의 이론적 분포와 확률변수 생성값 비교

3.3.13 경험적 분포의 확률변수 발생

경험적 분포는 주어진 데이터들로부터 이론적인 확률분포를 가정하기 어려운 경우에 사용하는 방법이다. 앞에서 설명한 것과 같이 경험적 분포로 확률변수값을 발생시키는 것은 Step Function 형태의 경험적 누적분포를 가지고 확률변수값을 발생시킨다. 누적분포 함수가 Step Function 이면 그림 3.29 와 같이 난수 u에 대응되는 확률변수값 $x = F^{-1}(u)$를 구한다.

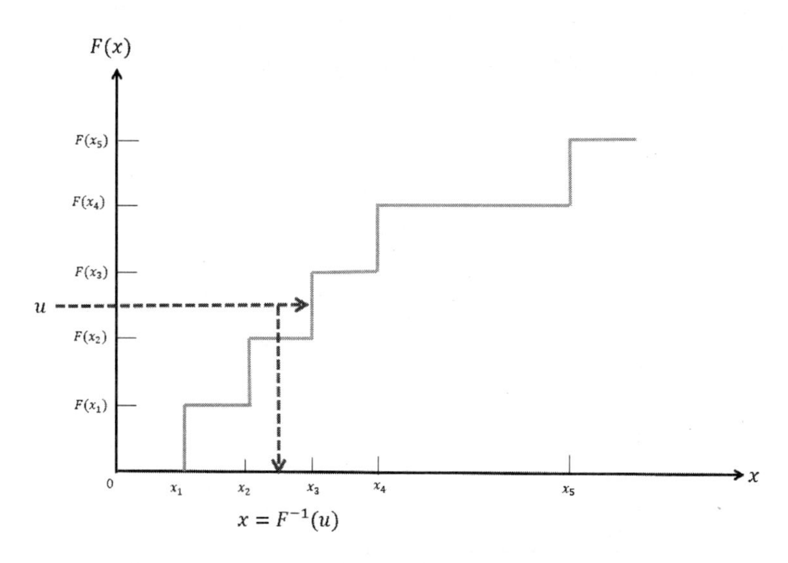

그림 3.29 경험적 분포로부터 확률변수값 생성

만약 경험적 누적분포함수가 Step Function 이 아닌 Linear Piecewise Function 이면 난수 u에 대응되는 확률변수값 $x = F^{-1}(u)$를 아래 식에 의해 보간법으로 구한다.

$$x = x_i + \frac{F(x_{i+1}) - u}{F(x_{i+1}) - F(x_i)}(x_{i+1} - x_i)$$

예를 들어 표 3.18 과 같이 어떤 제품의 수리시간과 빈도를 첫 번째 열과 두 번째 열과 같이 관측하였다면 이를 바탕으로 상대빈도와 누적빈도를 구할 수 있다.

표 3.18 수리시간의 상대빈도와 누적빈도

수리시간	빈도	상대빈도	누적빈도
$0 < x \leq 0.5$	31	0.31	0.31
$0.5 < x \leq 1.0$	10	0.10	0.41
$1.0 < x \leq 1.5$	25	0.25	0.66
$1.5 < x \leq 2.0$	34	0.34	1.00
합계	100	1.00	

누적빈도를 가지고 아래 3.30 과 같이 수리시간 x 와 경험적 누적분포함수 $\hat{F}(x)$와 가상적 누적분포함수 $F(x)$를 같이 그릴 수 있다.

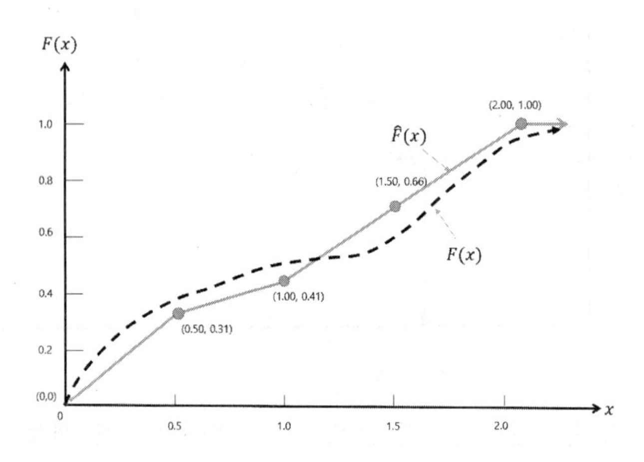

그림 3.30 경험적 누적분포함수와 가상적 누적분포함수

수리시간이 0 이 걸리는 것은 현실적으로 맞지 않으므로 그림 3.30 을 약간 수정하여 그림 3.31 과 같이 그린다. 만약 모든 수리시간이 최소한 0.25 시간이 소요된다고 가정하면 경험적 누적분포함수 $\hat{F}(x)$ 를 x =0.25 부터 그린다. 그런 다음 난수를 발생시켜 확률변수값을 구한다. 예를 들어 첫 번째 난수 u_1가 0.83 이라면 이에 상응하는 확률변수값 $x_1 = 1.75$가 된다. 이러한 절차는 역변환법으로 보간법 적용하는 개념이다.

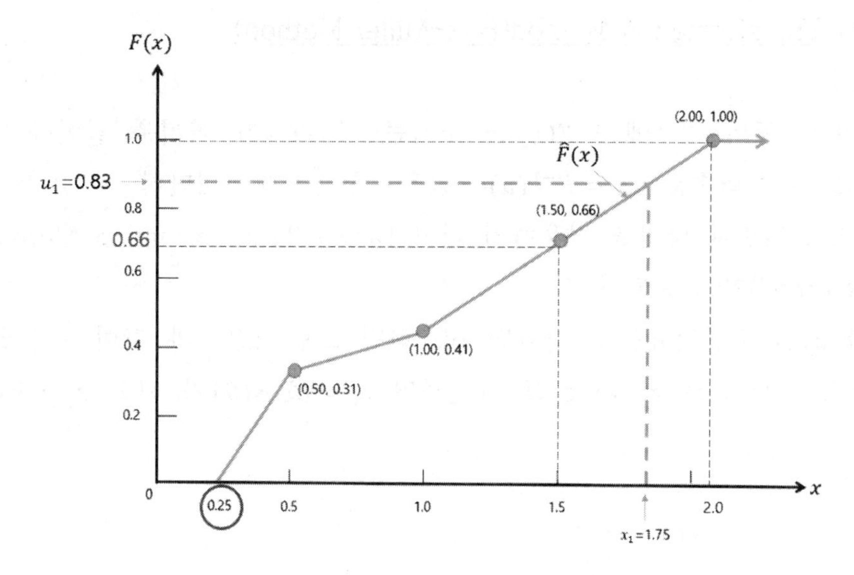

그림 3.31 누적분포함수의 수정

$$x_1 = 1.5 + \frac{R_1 - 0.66}{1.00 - 0.66}(2.0 - 1.5) = 1.75$$

3.3.14 표준 정규분포(Standard Normal Distribution)

표준 정규분포의 PDF 는 다음과 같다.

$$f(x) = \frac{1}{\sqrt{2\pi}} exp(-\frac{x^2}{2})$$

표준 정규분포의 CDF 는 다음과 같다.

$$F(x) = \int_{-\infty}^{x} \frac{1}{\sqrt{2\pi}} ex\,p\left(-\frac{t^2}{2}\right) dt, \quad -\infty < x < \infty$$

Direct Transformation Method(Box-Miller Method)

표준정규분포의 경우에는 $F(x)$를 구하는 것 자체가 어려운 일이라서 역변환 방법으로 확률변수값 $x = F^{-1}(u)$ 값을 구하기가 대단히 어렵다. 따라서 직접적으로 역변환 방법을 적용하지 않고 Direct Transformation Method(Box-Miller Method)가 사용된다.

z_1 과 z_2를 표준정규분포 확률변수라 하면 그림 3.32 와 같이 원점에서 (z_1, z_2)까지의 벡터 B로 z_1 과 z_2를 표현하면 $z_1 = Bcos(\theta)$가 되고 $z_2 = Bsin(\theta)$로 변환된다.

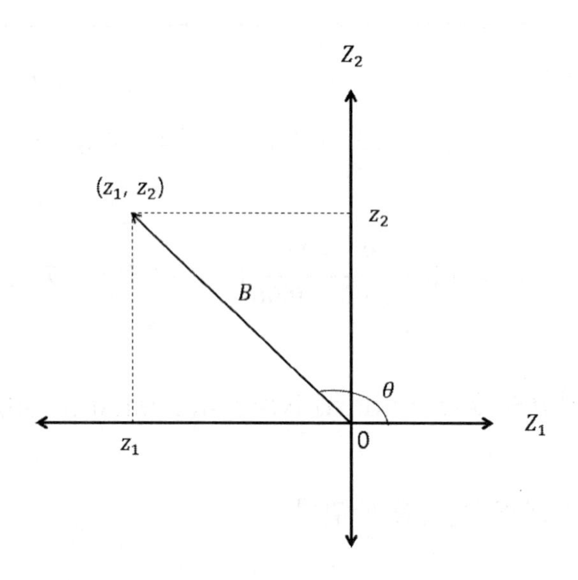

그림 3.32 Direct Transformation Method

Z_1과 Z_2가 표준정규변수이므로 $z_1 = Bcos(\theta)$, $z_2 = Bsin(\theta)$의 θ 구간이 (0, 2π)인 일양분포를 따른다. 이 때 θ의 단위는 Radian 이며 B 와 각도 θ는 상호 독립적이라고 가정한다. 1 Radian 은 그림 3.33 과 같이 반지름과 같은 길이의 원호에 해당하는 각도이다.

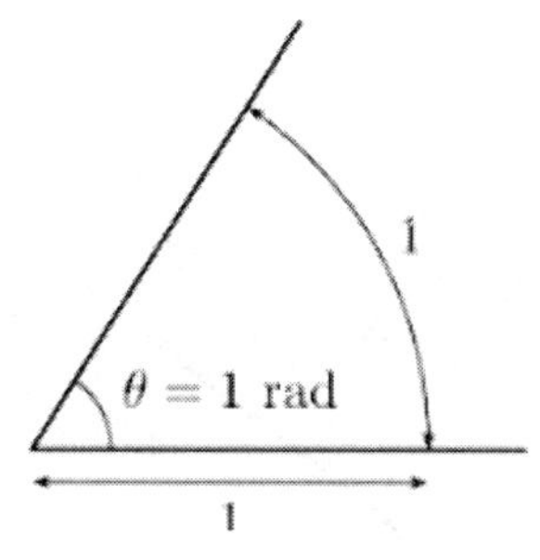

그림 3.33 Radian 개념

$z_1^2 + z_2^2 = B^2(cos^2\theta + sin^2\theta) = B^2$ 이다. B^2 은 표준정규분포 2 개를 더한 분포이므로 자유도가 2 인 χ^2 분 포가 된다. 또한 지수분포와 Gamma 분포, χ^2 분포의 관계를 살펴보면 다음과 같다.

$$exp\left(\frac{1}{2}\right) \Leftrightarrow \Gamma(1,2) \Leftrightarrow \chi^2(2)$$

따라서 B^2 은 평균이 2 인 지수분포와 같다. 그리고 앞에서 설명한 것과 같이 지수분포의 확률변수값은 다음과 같이 생성한다.

$$x = -\frac{1}{\lambda}log(1-u) = -\frac{1}{\lambda}log(u)$$

따라서 확률변수 $B = \sqrt{-2\log(u)}$ 가 된다. B 를 $z_1 = Bcos(\theta)$, $z_2 = Bsin(\theta)$ 에 대입하고 두개의 난수 u_1, u_2 를 사용하여 2 개의 표준정규분포 Z_1, Z_2 발생시키면 다음과 같다.

$$Z_1 = \sqrt{-2\log(u_1)}\cos(2\pi u_2)$$
$$Z_2 = \sqrt{-2\log(u_1)}\sin(2\pi u_2)$$

Box-Miller Method 를 다른 방법으로 설명하면 다음과 같다. X, Y 를 표준정규분포에 따르는 독립적인 확률변수라고 하자.

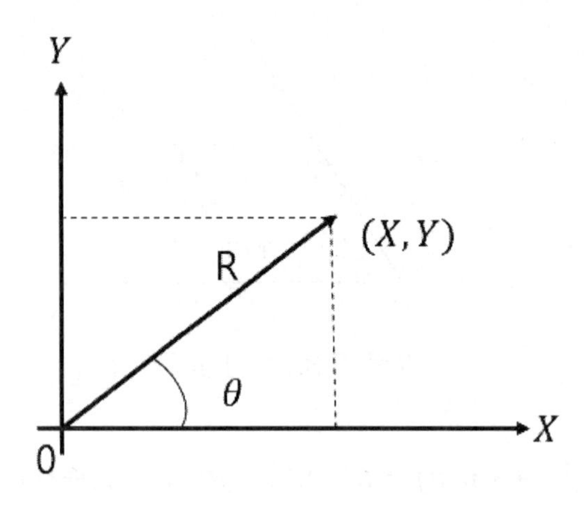

그림 3.34 벡터의 극좌표 전환

그림 3.34 에서 보는 것과 같이 R과 θ는 (X,Y)의 극좌표이다. 따라서 $R^2 = X^2 + Y^2$이며 $tan\theta = \frac{Y}{X}$가 된다. 결합확률밀도 함수는 식 (3-8)과 같이 표현된다.

$$f(x,y) = \frac{1}{\sqrt{2\pi}} exp\left(-\frac{x^2}{2}\right) \frac{1}{\sqrt{2\pi}} exp\left(-\frac{y^2}{2}\right) = \frac{1}{2\pi} exp(-\frac{x^2+y^2}{2}) \quad (3\text{-}8)$$

$x^2 + y^2 = d, \theta = tan^{-1}(\frac{y}{x})$ 로 변수치환하면 변수치환에 의한 확률밀도함수는 식 (3-9)와 같다.

$$f_{R^2,\theta}(d,\theta) = \frac{1}{2}\frac{1}{2\pi} e^{-d/2}, 0 < d < \infty, 0 < \theta < 2\pi \quad (3\text{-}9)$$

즉, 식 (3-9)는 평균 2 를 갖는 지수분포와 $(0, 2\pi)$의 일양분포의 곱으로 표현된다. Box-Miller 방법에서 확률변수값을 구하기 위해 다음과 같은 단계를 따른다.

단계 1: 난수 u_1, u_2를 생성한다.
단계 2: $R^2 = -2\log(u_1)$, $\theta = 2\pi u_2$ 를 계산한다.
단계 3: $x = Rcos\theta = \sqrt{-2\log(u_1)}\cos(2\pi u_2)$

$$y = Rsin\theta = \sqrt{-2\log(u_1)}\,\sin(2\pi u_2)$$

3.3.15 정규분포(Normal Distribution)

정규분포의 확률변수를 생성할 때 중심극한정리를 이용한 방법을 사용할 수 있다. n 개의 난수 $(u_i, i = 1,2,\ldots,n)$ 를 생성하여 이들을 더하면 이 값은 n 이 클수록 중심극한정리(Central Limit Theorem)에 의해 정규분포에 근사한다. 이 성질을 이용하여 정규분포 $N(\mu, \sigma^2)$을 갖는 확률변수를 근사적으로 구할 수 있다. 확률변수 X를 다음과 같다고 하자.

$$X = \sum_{i=1}^{n} u_i$$

X는 근사적으로 평균 $n/2$, 분산 $n/12$을 갖는 정규분포를 따른다. 특히 $n = 12$ 라면 분산의 값이 간단해져 X 는 근사적으로 $N(6,1)$ 에 따른다. 이를 표준정규분포로 변환하면 다음과 같다.

$$Z = \frac{x-\mu}{\sigma} = \frac{\sum_{i=1}^{12} u_i}{1}$$

그러므로 다음 식에 의해 확률변수값 x를 생성할 수 있다.

$$x = \mu + \sigma(\sum_{i=1}^{12} u_i - 6)$$

3.3.16 Gamma 분포(Gamma Distribution)

Gamma 분포의 PDF 는 다음과 같다.

$$f(x) = \frac{\lambda e^{-\lambda x}(\lambda x)^{k-1}}{\Gamma(k)}, \quad 0 \le x$$

Gamma 값의 성질은 다음과 같다.

1) $\Gamma(k) = \int_0^\infty t^{k-1}e^{-t}dt$

2) $\Gamma(k) = (k-1)\Gamma(k-1)$

3) $\Gamma(1) = 1$

4) 만약 k가 정수라면 $\Gamma(k) = (k-1)!$

Gamma 분포는 k가 정수이면 Erlang 분포가 되며 $k = 1$이면 지수분포가 된다. Gamma 분포에서 $\alpha = k, \beta = \frac{1}{\lambda}$로 하면 α는 $Shape$ 모수가 되고 β는 $Scale$ 모수가 된다. k가 0부터 1까지의 실수에 대해 Gamma 값을 알고 있다면 그 외 실수값에 대한 Gamma 값은 쉽게 구할 수 있다. 예를 들어 $k = 4.3$은 다음과 같이 구한다.

$$\begin{aligned}\Gamma(4.3) &= (3.3)\Gamma(3.3) = (3.3)(2.3)\Gamma(2.3) = (3.3)(2.3)(1.3)\Gamma(1.3) \\ &= (3.3)(2.3)(1.3)(0.3)\Gamma(0.3)\end{aligned}$$

Gamma 함수의 특성에 의해 0 부터 0.5 사이의 실수에 대한 Gamma 함수값을 가지고 있으면 모든 실수의 Gamma 함수값을 구할 수 있다.

$$\Gamma(k)\Gamma(1-k) = \frac{\pi}{sin(\pi k)}$$

0 부터 0.5 사이의 Gamma 값은 근사치로 구한다.

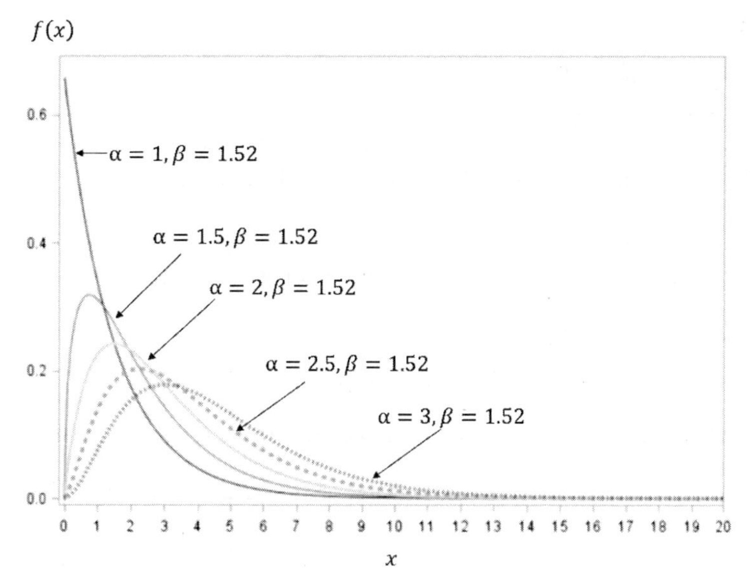

그림 3.35 Gamma 분포

표준 Gamma 분포는 $\lambda = 1$ 인 경우로서 k 만의 Parameter 를 갖는다. 다음 방법은 채택/기각에 근거하여 표준 Gamma 분포의 확률변수를 구하는 것으로 이 난수를 λ로 나누면 원하는 Gamma 분포의 확률변수를 구할 수 있다.

(1) $k = 1$인 경우 지수분포 방법에 의한 확률변수를 구한다.

(2) $0 < k < 1$인 경우

단계 1: $v_1 = \frac{e+k}{e}$

단계 2: 난수 u_1, u_2를 생성한다.

단계 3: $v_2 = v_1 u_1$

단계 4:

4.1 만약 $v_2 \leq 1$이면 $x = v_2^{1/k}$

만약 $v_2 \leq e^{-x}$이면 x를 확률변수로 채택하고 정지한다.

그렇지 않으면 단계 2 로 간다.

4.2 만약 $v_2 > 1$이면 $x = -ln\{(v_1 - v_2)/k\}$

만약 $v_2 \leq x^{k-1}$이면 x를 확률변수로 채택하고 정지한다.

그렇지 않으면 단계 2 로 간다.

(3) $k > 1$인 경우

단계 1: $c = 3k - 0.75$

단계 2: 난수 u_1을 생성한다.

단계 3: $v_1 = u_1(1 - u_1)$, $v_2 = u_1(1 - 0.5)\sqrt{c/v_1}$

단계 4:

4.1 만약 $x = k + v_2 - 1 \leq 0$이면 단계 2로 간다.

4.2 그렇지 않으면 난수 u_2를 생성한다.

$$v_3 = 64v_1^3u_2^2$$

만약 $v_3 \leq 1 - 2v_2^2/x$ 또는 $lnv_3 \leq 2\{[k-1]ln[\frac{x}{(k-1)} - v_2\}$이면

x를 확률변수로 채택하고 정지한다. 그렇지 않으면 단계 2로 간다.

3.3.17 이산형 일양분포(Discrete Uniform Distribution)

이산형 일양분포의 PMF(Probability Mass Function)와 CMF(Cumulative Mass Function)는 다음과 같다.

이산형 일양분포의 PMF는 다음과 같다.

$$P(x) = \frac{1}{k}, \quad x = 1,2,\ldots,k$$

이산형 일양분포의 CMF는 다음과 같다.

$$F(x) = \begin{cases} 0, & x < 1 \\ \frac{1}{k}, & 0 \leq x < 2 \\ \frac{2}{k}, & 2 \leq x < 3 \\ \vdots & \\ \frac{k-1}{k}, & k-1 \leq x < k \\ 1, & k \leq x \end{cases}$$

확률변수 x_i를 $x_i = i,\ r_i = P(x_1) + P(x_2) + \cdots. + P(x_i)$ 라 하면 $F(x_i)$ 는 다음과 같다.

$$F(x_i) = \frac{i}{k} = r_i, \qquad i = 1,2,\ldots,k$$
$$F(x_{i-1}) = r_{i-1} = \frac{i-1}{k} < u \le r_i = \frac{i}{k} = F(x_i)$$

위 식을 정리하면 다음과 같다.

$$i - 1 < uk \le i$$
$$uk \le i < uk + 1$$

⌈y⌉를 y 보다는 크면서 가장 가까운 정수라고 정의하면 $i - 1 < uk \le i$, $uk \le i < uk + 1$는 $x_i = i$ 로 되고 $x = \lceil uk \rceil$ 가 된다. 예를 들어 {1,2,…,10}의 값을 갖는 이산형 일양분포 확률변수를 발생시키는 방법은 다음과 같다.

$$x = \lceil uk \rceil, \qquad k = 10.$$
$u_1 = 0.78$이면 $x_1 = \lceil 7.8 \rceil = 8$

$u_2 = 0.03$이면 $x_2 = \lceil 0.3 \rceil = 1$

$u_3 = 0.97$이면 $x_3 = \lceil 9.7 \rceil = 10$

3.3.18 기하분포(Geometric Distribution)

기하분포는 다음과 같은 2 가지 종류가 있다.

- Bernoulli 시행에서 처음 성공까지 시도한 횟수 X 의 분포 $x = 1,2,3,\ldots$
- Bernoulli 시행에서 처음 성공할 때까지 실패한 횟수 X 의 분포 $x = 0,1,2,\ldots$

여기서는 Bernoulli 시행에서 처음 성공할 때까지 실패한 횟수 X 의 분포로 설명한다.

기하분포의 PMF 는 다음과 같다.

$$P(x) = p(1-p)^x, x = 0,1,2, \ldots.$$

기하분포의 CMF 는 다음과 같다.

$$F(x) = \sum_{i=0}^{x} p(1-p)^i = \frac{p\{1-(1-p)^{x+1}\}}{1-(1-p)} = 1-(1-p)^{x+1}, \qquad x = 0,1,2, \ldots$$

$$F(x-1) = 1-(1-p)^x < u \le 1-(1-p)^{x+1} = F(x)$$
$$(1-p)^{x+1} \le 1-u < (1-p)^x$$
$$(x+1)\,ln(1-p) \le ln(1-u) < xln(1-p)$$

$1-p < 1$이면 $ln(1-p) < 0$

$$\frac{ln(1-u)}{ln(1-p)} - 1 \le x < \frac{ln(1-u)}{ln(1-p)}$$

$$x = \left\lceil \frac{ln(1-u)}{ln(1-p)} - 1 \right\rceil$$

p는 고정된 값이고 $\beta = -1/ln(1-p)$라고 하면

$$x = \left\lceil \frac{ln(1-u)}{ln(1-p)} - 1 \right\rceil$$

$$x = \lceil -\beta \ln(1-u) - 1 \rceil$$

$-\beta\ln(1-u)$ 는 평균이 β 인 지수분포의 확률변수이다. 따라서 모수가 $\frac{1}{\beta}$ 인 지수확률변수를 구한 다음 $x = \lceil -\beta\ln(1-u) - 1 \rceil$ 에 대입하면 기하분포의 확률변수를 구할 수 있다.

3.3.19 Poisson 분포(Poisson Distribution)

Poisson 분포는 Binomial 분포의 특수한 경우로 n이 대단히 크고 p가 대단히 작을 경우 Binomial 분포의 확률변수 X 는 $\lambda = np$인 Poisson 분포로 근사할 수 있다. λ 를 단위시간 또는 공간에서 발생하는 사건의 평균수라고 하고 x 를 발생하는 사건의 수라고 하면 PMF 는 다음과 같다.

Poisson 분포의 PMF 는 다음과 같다.

$$P(x) = \frac{e^{-\lambda}\lambda^x}{x!}, \qquad x = 0,1,2,\ldots$$

그림 3.36 은 λ 값에 따른 Poisson 분포의 PMF 와 CMF 를 표현한 것이다.

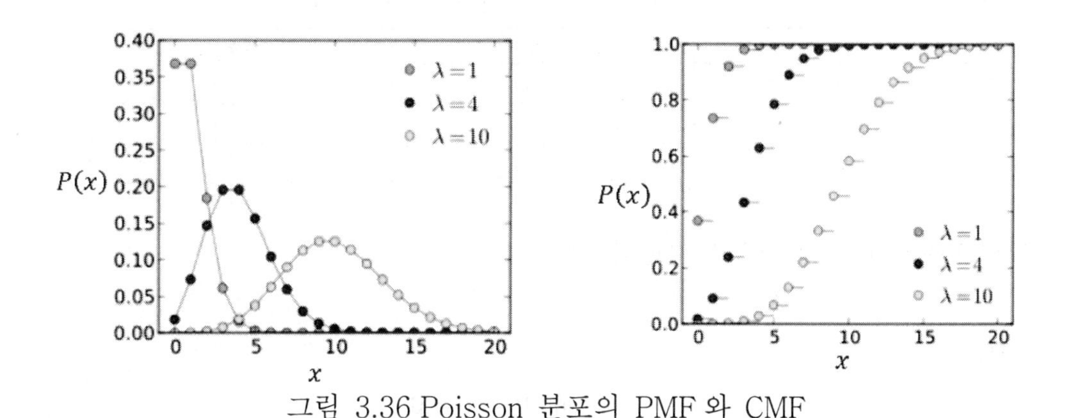

그림 3.36 Poisson 분포의 PMF 와 CMF

Poisson 분포의 한 예를 들면 1898 년 L. Bortkewitch 는 Prussia 의 기마병 중에서 말에 차여 사망한 숫자를 조사하였다. 그는 20 년간 10 개의 군단에서 나타난 결과를 아래와 같이 표로 요약하였다. 20 년간 10 개 군단에서 얻은 관측치는 1 년에 200 개 군단에서 얻은 관측치와 동일하다고 간주한다. 표 3.19 에서 x는 한 개의 군단에서 1 년간 말에 차여 사망한 기마병의 수를 나타낸다. λ =122/200=0.61 로 하여 구한 이론적 확률은 맨 오른쪽 열에 표시되어 있다. 상대도수와 이론적 확률값이 아주 유사함을 알 수 있다.

표 3.19 Bortkewitch 가 관찰한 Prussia 기마병 중 말에 차여 사망한 분포

x	도수	사망자 수	상대도수	$P(x) = \frac{e^{-\lambda}\lambda^x}{x!}$
0	109	0	0.545	0.543
1	65	65	0.325	0.331
2	22	44	0.110	0.101
3	3	9	0.015	0.021
4	1	4	0.005	0.003
합	200	122	1.000	1.000

이산형 확률변수를 생성하는 방법은 누적확률을 구하고 그에 상응하는 확률변수값을 구한다. 예를 들어 이산형 확률변수 x의 확률 $P(x)$과 누적확률 $F(x)$가 다음과 같다고 하자.

표 3.20 확률변수 x의 확률 $P(x)$과 누적확률 $F(x)$ 예

x	$P(x)$	$F(x)$
0	0.50	0.50
1	0.30	0.80
2	0.20	1.00

그러므로 PMF 과 CMF 은 다음과 같다.

- PMF

$$P(x) = \begin{cases} 0.50, & x = 0 \\ 0.30, & x = 1 \\ 0.20, & x = 2 \end{cases}$$

• CMF

$$F(x) = \begin{cases} 0, & x < 0 \\ 0.50, & 0 \le x < 1 \\ 0.80, & 1 \le x < 2 \\ 1.0, & 2 \le x \end{cases}$$

만약 난수 $u = 0.73$라면 이에 상응하는 확률변수는 $x = 1$이 된다.

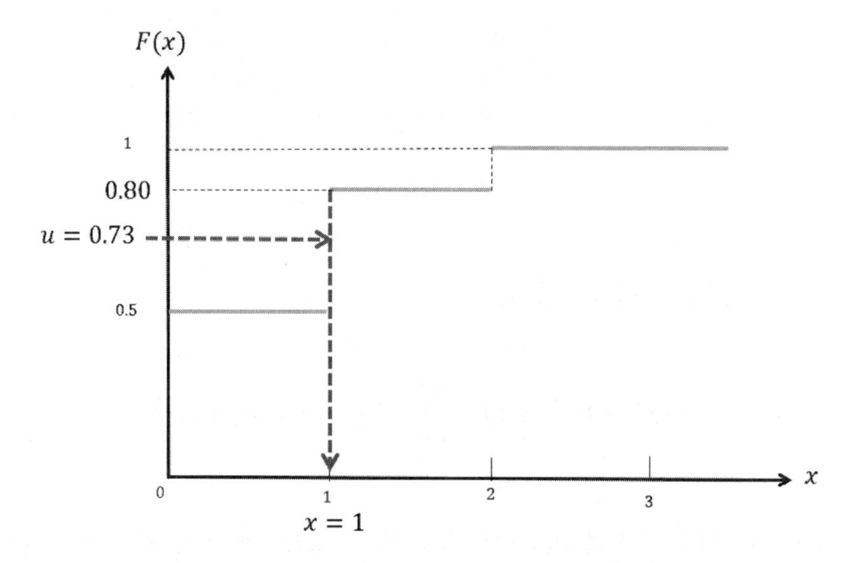

그림 3.37 역변환법으로 확률변수값 생성

3.3.20 이항분포(Binomial Distribution)

이항분포의 PMF 는 다음과 같다.

$$P(x) = \binom{n}{x} p^x (1-p)^{n-x}, x = 0,1,2, \dots, n$$

여기서 기호는 아래와 같이 정의한다.

n: 시행횟수

p: 성공확률

x: n 번 시행에서 성공횟수

이항분포를 $B(n,p)$로 표현하면 그림 3.38 과 같이 n과 p가 변화함에 따라 다양한 형태의 분포가 된다.

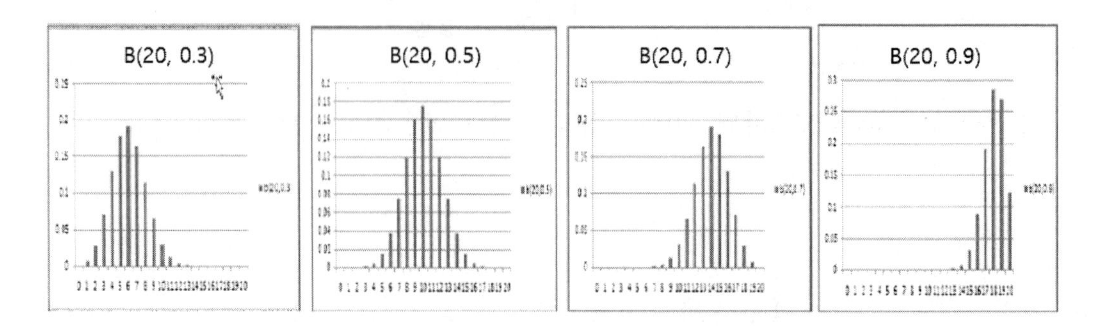

그림 3.38 이항분포

이항분포의 CMF 는 다음과 같다.

$$F(x) = P(X \leq x) = \sum_{t \leq x} f(t), \quad -\infty \leq x \leq \infty$$

예를 들어 3 개의 동전을 던져서 앞면이 나오는 횟수를 확률변수 x라 할 때 확률밀도함수는 다음과 같다.

$$P(0) = \binom{3}{0}(\frac{1}{2})^0(1-\frac{1}{2})^3 = \frac{1}{8}$$
$$P(1) = \binom{3}{1}(\frac{1}{2})^1(1-\frac{1}{2})^2 = \frac{3}{8}$$
$$P(2) = \binom{3}{2}(\frac{1}{2})^2(1-\frac{1}{2})^1 = \frac{3}{8}$$
$$P(3) = \binom{3}{3}(\frac{1}{2})^3(1-\frac{1}{2})^0 = \frac{1}{8}$$

따라서 누적밀도함수는 다음과 같다.

$$F(x) = \begin{cases} 0, & x < 0 \\ \frac{1}{8}, & 0 \le x < 1 \\ \frac{4}{8}, & 1 \le x < 2 \\ \frac{7}{8}, & 2 \le x < 3 \\ 1, & 3 \le x \end{cases}$$

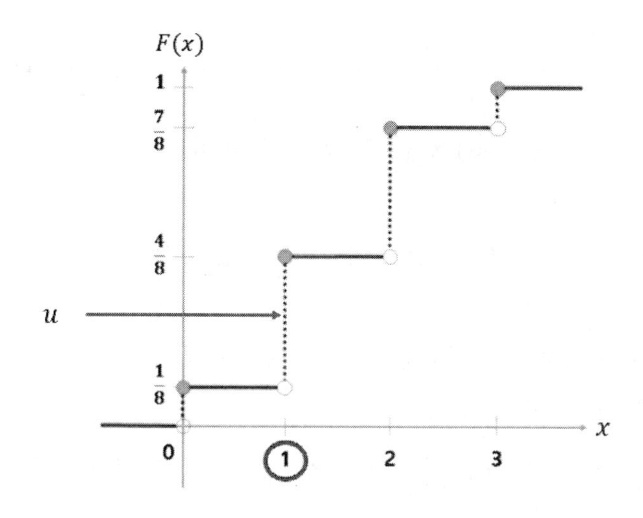

그림 3.39 역변환법으로 이항분포 확률변수값 생성

3.3.21 채택/기각법(Aceeptance/Rejeciton Method)

채택/기각법은 일정한 조건을 정해서 만족하면 채택하고 아니면 기각하는 방식으로 확률변수값을 발생시킨다. 필요한 확률변수의 수 보다 더 많은 난수를 발생시켜야 한다는 문제점이 있다. 채택/기각법에서는 $f(x)$ 분포의 확률변수를 발생시키기를 원할 때 $f(x)$ 를 완전히 포함하는 $g(x)$ 를 알고 있고 $g(x)$ 를 가지는 확률변수를 생성하는 방법을 알고 있다고 가정한다. 그렇다면 $g(x)$ 를 이용하여 $f(x)$ 확률변수를 채택/기각법으로 생성할 수 있다. c 를 다음과 같은 조건을 만족하는 상수라고 하자.

$$\frac{f(x)}{g(x)} \le c, \ for\ all\ x$$

다시 말하면 $f(x) \le cg(x), for\, all\, x$ 가 되어 $cg(x)$는 $f(x)$를 다 포함한다.

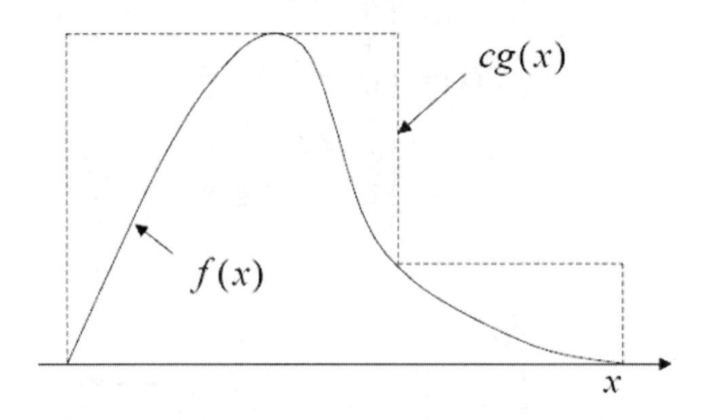

그림 3.40 $f(x)$ 를 완전히 포함하는 $g(x)$

채택/기각법에 의한 확률변수 발생 절차는 다음과 같다.

단계 1: $g(y)$를 가지는 난수 y 를 생성
단계 2: 난수 u를 생성
단계 3: 만약 $u \le \frac{f(y)}{cg(y)}$이면 $x = y$, 아니면 단계 1 로 간다

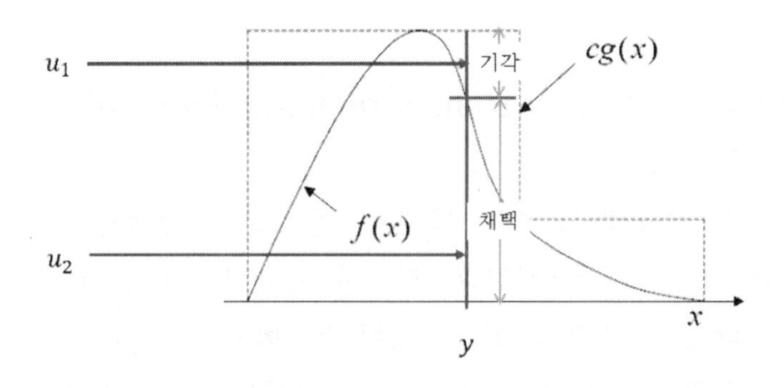

그림 3.41 기각역과 채택역

즉, 알고 있는 $g(x)$에 의한 난수 y를 생성하여 이를 구하고자 하는 $f(x)$의 확률변수로 할 것인가를 결정한다. 이를 위해 또 다른 난수를 생성하여 난수가

알고 있는 $g(x)$ 곡선안에 포함되면 채택하고 아니면 기각한다. 채택될 때까지 이러한 절차를 반복한다. 그림 3.41 에서 난수 y에 대해 난수 u_2이 발생했을 때 $x = y$로 채택되지만 u_1가 발생했을 때는 확률변수로 채택하지 않는다.

간단한 채택/기각법의 예를 들면 다음과 같다. 그림 3.42 에서와 같이 (1/4, 1) 사이의 일양분포의 확률변수를 생성하고자 한다.

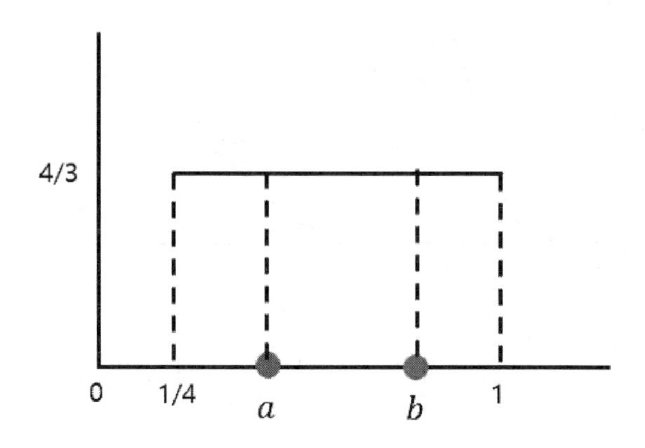

그림 3.42 (1/4, 1) 사이의 일양분포 확률변수를 생성

단계 1: 난수 u을 생성

단계 2: $u \geq 1/4$ 이면 $x = u$로 사용

$u < 1/4$이면 단계 1 로 간다

$\frac{1}{4} \leq a < b \leq 1$에 대해서 $P\left(a \leq u \leq b | \frac{1}{4} \leq u \leq 1\right) = \frac{P(a \leq u \leq b)}{P\left(\frac{1}{4} \leq u \leq 1\right)} = \frac{b-a}{3/4}$이 성립한다.

(1/4, 1)구간의 일양분포가 (a, b)에 존재할 확률이 $\frac{b-a}{3/4}$이므로 이러한 방식으로 만들어진 변수는 (1/4, 1)구간의 일양분포이다.

그림 3.43 역시 채택/기각법의 개념을 보여주고 있는데 $f(x)$를 다 포함하는 c를 구하는 것이 중요하다. $f(x)$를 아주 완전하게 포함하되 최소한의 크기로 포함해야 효율적으로 채택/기각법을 사용할 수 있다.

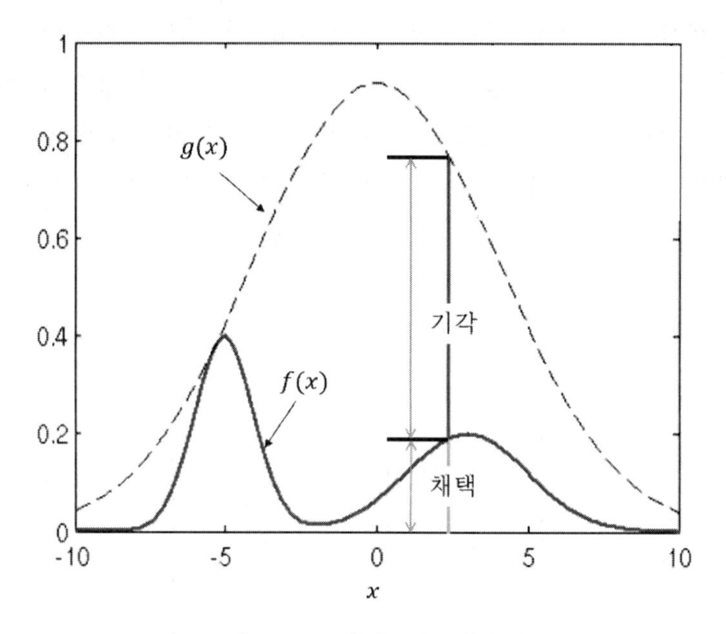

그림 3.43 기각 및 채택역

$$p(\text{채택}) = \int \left\{ \frac{f(x)}{cg(x)} \right\} g(x)dx = \frac{1}{c} \int f(x)dx$$

채택율은 c 에 반비례한다. $f(x) \le cg(x)$ 를 만족하면서 가능한 작은 c 를 선택하는 것이 바람직하다.

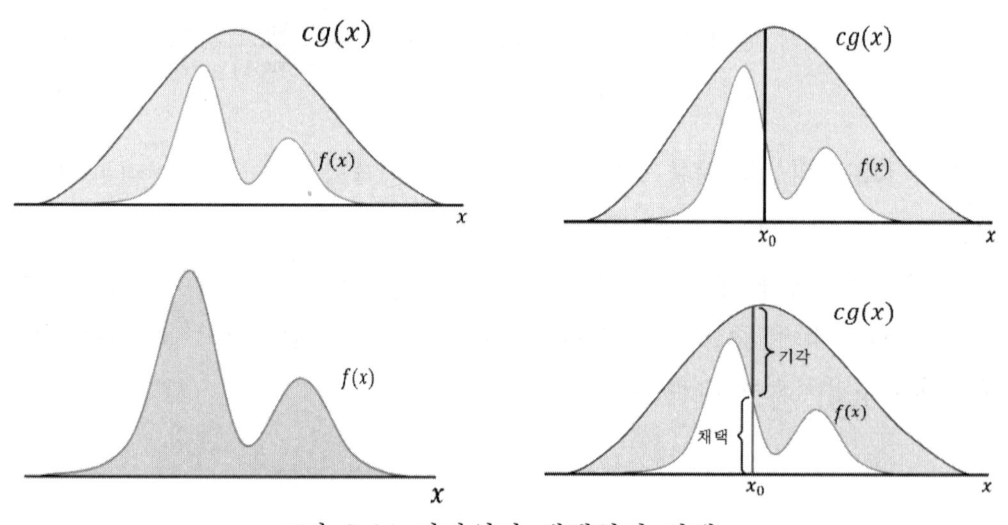

그림 3.44 기각역과 채택역의 선택

$f(x) = 20x(1-x)^3, 0 < x < 1$ 인 함수를 대상으로 채택/기각법을 적용해 보고자 한다. $g(x) = 1, 0 < x < 1$을 채택하여 $f(x)$를 포함하는 c를 구하고자 한다.

$$\frac{f(x)}{g(x)} = 20x(1-x)^3, \qquad 0 < x < 1$$

$$\frac{d}{dx}\left(\frac{f(x)}{g(x)}\right) = 20[(1-x)^3 - 3x(1-x)^2] = 0$$

$$x = \frac{1}{4}$$

$$\frac{f(x)}{g(x)} \leq 20\left(\frac{1}{4}\right)\left(\frac{3}{4}\right)^3 = \frac{135}{64} = c$$

$$\frac{f(x)}{cg(x)} = \frac{256}{27}x(1-x)^3$$

1 단계: 난수 u_1, u_2 생성

2 단계: 만약 $u_2 < \frac{256}{27}u_1(1-u_1)^3$이면 $x = u_1$, 아니면 단계 1로 간다

또 다른 채택/기각법의 예를 들어보자. $f(x) = \frac{2}{\sqrt{2\pi}}e^{-x^2/2}$, $0 < x < \infty$라고 하자.

$g(x)$를 평균이 1인 지수분포로 정하고 c를 구한다.

$$g(x) = e^{-x}, \qquad 0 \leq x \leq \infty$$

$$\frac{f(x)}{g(x)} = \frac{2}{\sqrt{2\pi}}e^{-\frac{x^2}{2}+x}$$

$\frac{f(x)}{g(x)}$의 최대값은 $x = 1$일 때 $\mathrm{c} = \frac{1}{\sqrt{2\pi}}$이 된다.

$$\frac{f(x)}{cg(x)} = exp\left(x - \frac{x^2}{2} - \frac{1}{2}\right) = exp\left\{-\frac{(x-1)^2}{2}\right\}$$

단계 1: 평균 1의 지수분포에 따르는 확률변수 y를 생성

단계 2: 난수 u_1을 생성

단계 3: 만약 $u_1 < exp\left\{-\frac{(y-1)^2}{2}\right\}$ 이면 $x = y$ 아니면 단계 1로 간다.

단계 4: 난수 u_2를 생성

단계 5: 만약 $u_2 < 1/2$ 이면 $x = -x$

그림 3.45 는 채택/기각법으로 구한 채택(Accept)와 기각(Reject)의 예를 보여주고 있다. 채택/기각법으로 구한 확률변수들의 분포가 $f(x)$에 근접한 것을 보여준다.

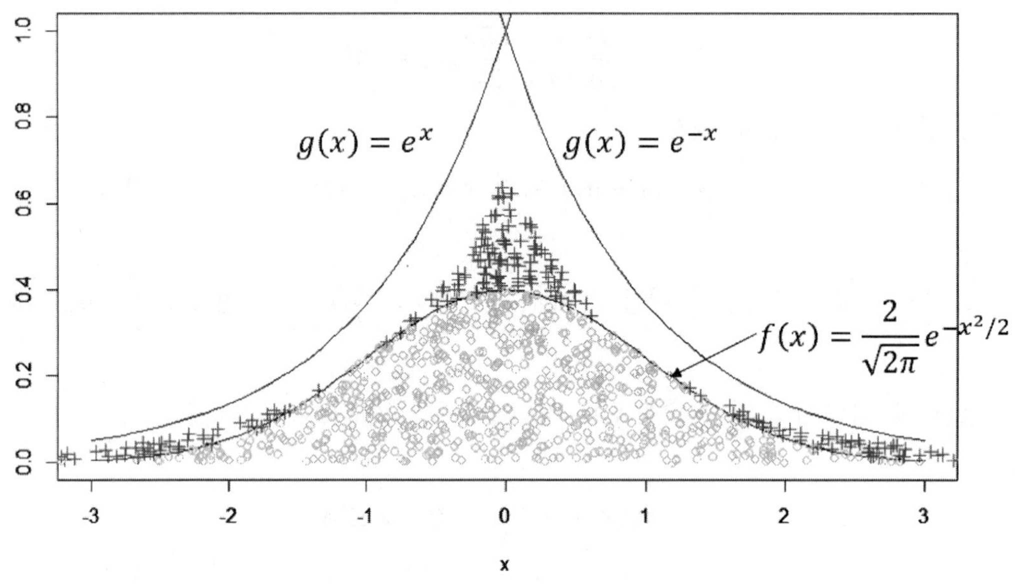

그림 3.45 기각된 샘플과 채택된 샘플

제4장

시뮬레이션

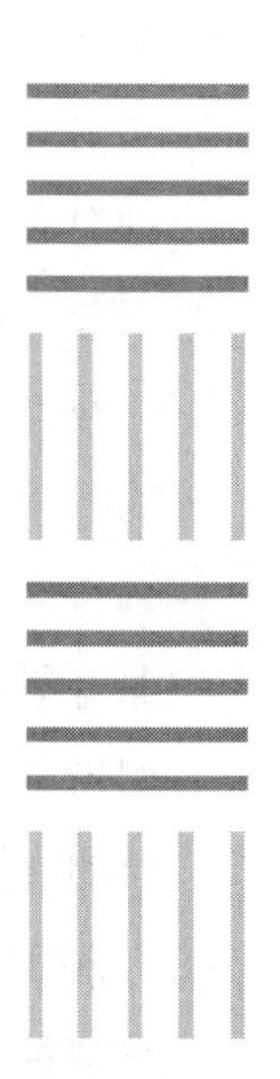

4.1 시뮬레이션 개념 및 필요성

시뮬레이션은 현실세계에서 일어나고 있는 혹은 앞으로 일어날 수 있는 일을 미리 흉내를 내어 봄으로써 문제를 더 잘 이해하고 장래에 일어날 일을 미리 예측하기 위해 사용하는 방법이다. 민방위 훈련, 각종 훈련 대비 훈련, 사고 조난자 구조 훈련, 전쟁연습, 공장의 효율 측정, 고속도로 톨게이트 창구 수 결정, 은행 등 대기행렬이 존재하는 시스템 분석 등에서 많이 사용된다. 시뮬레이션은 현실문제를 반영하는 모형을 만들어 실험을 함으로써 현실문제를 이해하고 여러가지 대안의 결과를 예측하는 기법이라고 할 수 있다.

예를 들어 공장의 생산능력을 증가시키기를 원하는 경우에는 여러가지 방법이 있는데 먼저 과거의 경험 또는 대략적인 추측으로 결정할 수도 있다. 이러한 경우는 과학이라기 보다는 직관에 의한 방법으로 간주된다. 두 번째는 경영과학 또는 생산관리기법을 사용하여 결정하는 방법이다. 이 경우에는 수학적 해석이 가능한 수학적 모형을 수립해야 하며 전체 시스템을 설명하는 데는 어려움이 있을 수 있다. 세 번째는 전체 생산시설의 모형을 만들어 시뮬레이션을 수행하여 문제시설의 생산능력을 파악하고 적정 생산규모를 찾아낼 수 있다. 시스템을 분석하기 위해서는 어떤 방법이 가장 적합한 방법인가를 찾아야 하는데 공장의 생산능력을 증가시키기 위해 단순한 수식으로 설명이 가능하다면 복잡한 시뮬레이션을 실시할 필요는 없다.

시스템이 복잡해질수록 간단한 수학적 모형으로는 설명하기가 힘든 경우가 많아서 시뮬레이션의 필요성이 더욱 증대된다. 예를 들어 국가간 전쟁의 결과를 예측해 보고자 할 때는 양측의 전투력을 전투원수, 부대수, 무기의 편성, 장비 보유현황, 지형, 기상, 사기, 군기, 전투기량 등 수많은 요소들이 고려되어야 한다. 이러한 경우는 단순한 수식으로 전쟁의 결과를 예측하기가 힘들어 시뮬레이션을 하지 않고는 결과를 예측하기가 대단히 어렵다.

2001 년에 미국의 대기업에서 사용하는 OR 기법들의 빈도수를 조사하여 보고한 바에 따르면 다음 표와 같다. 이와 같이 미국의 대기업에서도 OR 기법 중 시뮬레이션을 가장 많이 사용하고 있는 것을 알 수 있다. 이것은 시스템이 복잡하면 할수록 시뮬레이션 기법에 많이 의존하고 있는 것을 알려준다.

표 4.1 OR(Operations Research) 기법 중 사용 빈도

기법	빈도	비율(%)
Simulation	60	29
Linear Programming	43	21
Network Analysis	28	14
Inventory Theory	24	12
Nonlinear Programming	16	8
Dynamic Programming	8	4
Integer Programming	7	3
Queueing Theory	7	3
기타	12	6
합계	205	100

앞에서 설명한대로 시뮬레이션은 현실체계를 흉내내거나 복제하여 사용하는 모델 또는 절차를 말한다. 시뮬레이션 유형은 물리적 시뮬레이션, 컴퓨터 시뮬레이션으로 구분할 수 있고 컴퓨터 시뮬레이션은 문제 또는 체계가 너무 복잡하여 수학적으로 해석하기 어려울 때 또는 체계에 무작위성 요소가 있을 때 주로 사용된다.

시뮬레이션 모델의 유용성을 살펴보면 첫째, 시뮬레이션은 일반적으로 이해하기 용이하고 상대적으로 복잡하지 않다. 둘째, 광범위한 범위의 문제를 모형화할 수 있으며 실제 체계를 구축하거나 변경시키지 않고 What-if 형태의 문제에 대한 답을 제공한다. 셋째, 시뮬레이션은 실제 체계보다 저비용으로 빠르게, 안전하게 실험할 수 있다.

예를 들어 작업현장을 직접 이용하여 실험하는 경우에는 작업교란으로 인한 피해, 관찰된 다는 것을 아는 피관측자가 비정상적인 작업태도를 보이는 Hawthorne 효과가 발생하며 다양한 실험이 불가능하다. 그러나 시뮬레이션은 이런 단점없이 수행될 수 있고 비용도 적게 든다. 시뮬레이션은 모형이 일단 만들어지면 여러가지 대안을 쉽게 시행해 볼 수 있다. 또한, 수리적인 방법보다 이해 및 사용이 쉽다. 따라서 시뮬레이션 모형을 수리모형보다 더욱 현실에 가깝게 만들 수 있다. 그뿐만 아니라 시뮬레이션은 위험한 환경에서의 작업에서나 월면 착륙 모의실험과 같이 다른 방법은 쓰일 수 없고 시뮬레이션만이 유일한 해결책인 경우가 있다. 마지막으로 장시간 경과

후에야 결과를 알 수 있는 문제를 시뮬레이션하면 단시간에 결과를 예측할 수 있을 뿐만 아니라 반대로 시간을 확장시켜 시뮬레이션 할 수 있는 유용성이 있다.

그 반면 시뮬레이션의 단점으로는 일반적으로 개발하는데 시간이 많이 소요되고 비용이 많이 든다. 정교하고 효과적인 시뮬레이션 모형의 개발에는 많은 경험과 노력이 필요하다. 다음으로 시뮬레이션은 문제에 대한 정확한 답을 주거나 최적의 방안을 제공한다는 보장이 없다. 그러나 시뮬레이션 언어의 개발 및 컴퓨터 기능의 향상으로 이러한 단점은 많이 보완되고 있다.

4.2 해석적 방법과 시뮬레이션 차이점

4.2.1 해석적 방법: What is the best

Linear Programming, Integer Programming, Network Analysis, Inventory Optimization 등 최적화 기법들은 Feasible Solution Set 중에서 최적해를 찾아준다. 만약 문제가 NP-Hard 문제라서 최적해를 합리적인 시간내에 찾는데 어려움이 있으면 근사 최적해를 구하는 Heuristic Algorithm 을 많이 사용한다. 이러한 Heuristic Algorithm 중에서 Genetic Algorithm, Tabu Search, Simulated Annealing 과 같은 Meta-Heuristic 은 광범위한 분야에 손쉽게 적용할 수 있는 장점이 있다.

해석적 방법 중 Single-pair 최단경로문제를 생각해 보자. 그림 4.1 과 같이 출발점(s)으로부터 도착점(t)까지 가는 경로중 각 노드간의 Weight 로 표현된 거리의 합이 최소가 되는 경로를 찾는 것이 Single-pair 최단경로문제이다.

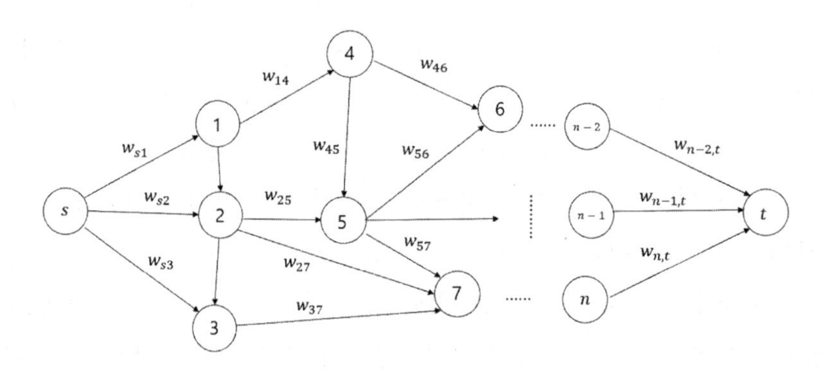

그림 4.1 최단경로문제

최단경로문제를 수리적 모형으로 표현하면 아래와 같다.

$$Min \sum_{i,j \in A} W_{ij} x_{ij}$$

$$s.t \quad \sum_j x_{ij} - \sum_j x_{ji} = \begin{cases} 1, & if \ i = s \\ -1 & if \ i = t \\ 0, & otherwise \end{cases} \qquad for\ all\ i$$

$$x_{ij} \geq 0 \ for\ all\ i, j \in A$$

여기서 x_{ij}는 결정변수로서 노드 i에서 노드 j의 Edge 가 경로에 포함되면 1 아니면 0 가 되는 2 진 변수이며 W_{ij}는 노드 i에서 노드 j의 거리이다.

이 문제에 대해서는 Dijkstra's Algorithm, Bellman–Ford Algorithm 과 같은 합리적인 시간내에 문제의 최적해를 찾는 해석적 방법이 알려져 있다. 즉, Polynomial Time 안에 수 많은 가능해 중에 가장 거리의 합이 최소화되는 경로를 찾을 수 있다. 그러므로 이 문제에 대해 시뮬레이션을 하는 것은 부적절하다.

4.2.2 시뮬레이션: What-if

시뮬레이션은 해석적 방법과 다르게 결정변수가 입력자료가 된다. 시뮬레이션은 결정된 하나의 모델에 대한 답을 제공해 줄 뿐이다. 따라서 여러 모델을 설정하고 각 모델을 비교해 보아야 한다. 결국 유한한 모델에 대해 시뮬레이션 결과를 비교하여 어느 모델이 더 나은 모델인지 비교하고 최상의 모델을 채택하거나 그러한 방향으로 개선을 하는 방향성을 제공한다. 시뮬레이션과 해석적 방법의 차이와 장단점을 잘 구분하여 실제 문제를 해결하는데 적용해야 한다는 것을 알아야 한다.

4.3 모델링(Modeling)

모델링은 관심 시스템과 그 동작원리를 수학적, 논리적 또는 물리적으로 표현하는 방법을 말하며, 시뮬레이션은 모델을 이용하여 시간 순차적으로 시스템을 동작시키는 실험을 말한다. 자동차나 항공기 시스템에서부터 사회현상,

전쟁 등에 대해 특정 상황이 주어지면 어떤 결과가 초래되는지(What-if)에 대한 강력한 분석 수단이라고 할 수 있다.

모형을 만든 후 시뮬레이션으로 구한 해는 모형에 대한 최선의 방법이지 현실문제에 대해서는 최선의 방법이 아닐 수도 있다. 시뮬레이션은 만들어진 모형에 대한 해석을 해주는 것이지 수많은 모형 중에서 최선의 모형을 알려주지는 않는다. 시뮬레이션을 실시하는 사람들은 이러한 관점을 잘 이해하고 시뮬레이션에 접근해야 한다.

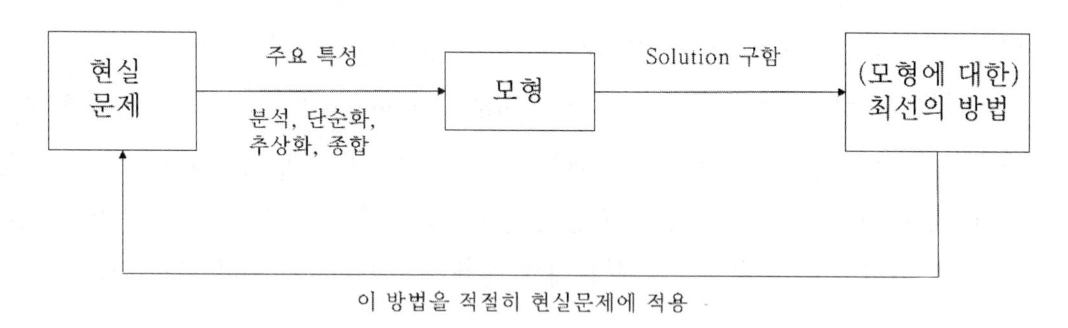

그림 4.2 현실세계와 모형의 관계

4.4 시스템(System)

시스템은 여러 가지 요소로 배열 혹은 조직화되어 있고 이들 요소들간의 상호작용을 통하여 자신의 고유목적을 달성하고자 하는 자연적 혹은 인위적 개체들의 모임이다. 시스템을 둘러싸고 있는 환경(Environment)은 외부에서 체계에 작용할 때 체계가 이에 반응하는 개체들의 모임이며 환경의 외부 배경(Context)은 외부에서 체계에 작용하지만 체계가 이에 반응을 하지 않는 개체들의 모임이라고 정의한다.

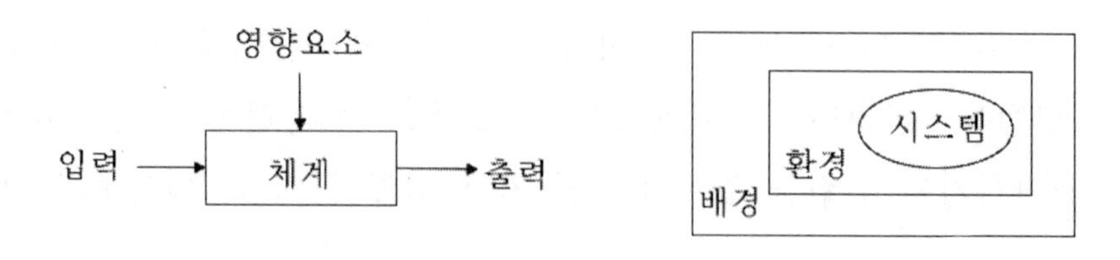

그림 4.3 시스템의 역학과 외부 환경 및 배경

시스템은 각 구성요소가 존재하며 외부환경과 구분되는 경계선이 있다. 그러나 기업에서 시장을 대상으로 하는 가격요소는 시스템에 포함될 수도 있고 외부환경으로 처리될 수도 있다. 독과점적 기업만 있는 시장에서는 가격은 통제가능한 내부 요소이지만 완전경쟁 시장에서는 가격은 시장 기능에 의해 정해지는 외부 요소라고 할 수 있다.

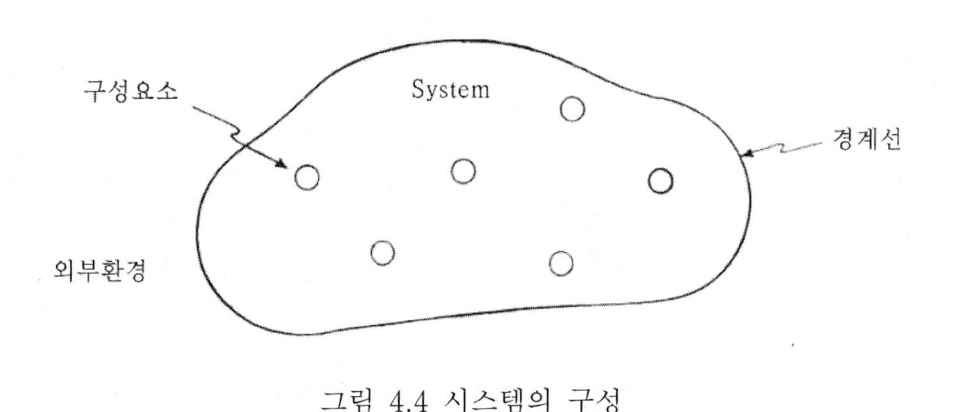

그림 4.4 시스템의 구성

시뮬레이션에서 분석하고자 하는 대상이 시스템인데 이를 표현하기 위한 용어는 다음과 같다.

- 개체(Entity): System 과 관련있는 사람, 물건, 개념 등
- 속성(Attribute): 개체의 특성을 설명하는 것
- 상태(State): 어느 한 시점에서의 System 의 현상을 나타내는 것
- 상태변수(State Variable): System 의 상태를 나타내는 변수
- 사건(Event): System 의 State 를 변화시키는 것.
  순간적으로 발생해서 시간이 소요되지 않음
- 활동(Activity): 일정한 크기의 시간이 소요되는 기간

표 4.2 는 학교, 은행, 공장의 시스템, 개체, 속성, 사건, 시스템변수, 활동을 정리한 것이다.

표 4.2 시스템의 예

System	Entity	Attribute	Event	System Variable	Activity
학교	학생	전공 이름	입학, 졸업	학생수	재학, 휴학
	교수	전공 직위	취임, 퇴직 프로젝트 완료	교수수 프로젝트 수	강의, 연구
은행	고객	예금액 대출액	은행도착 은행출발	대기고객수	대출수속중 대기
공장	직원	이름 소속	출근 퇴근 퇴직	직원수 작업중	작업 대기
	기계	속도 용량	고장 가동시간	고장상태 정상상태	가동중 수리중

4.5 시뮬레이션 절차

시뮬레이션의 절차는 그림 4.5 와 같다. 문제 문제가 무엇인지 명확히 식별해야 하며 시뮬레이션의 목적을 확인하고 계획을 수립하여야 한다. 다음 단계는 목적에 가장 부합하는 모형을 구축해야 하며 이 모형에 입력할 자료를 수집해야 한다. 모형구축과 자료수집이 완료되면 이를 컴퓨터 시뮬레이션으로 구현하기 위한 프로그램을 작성하여 모형을 묘사하는데 제한이 있는지, 프로그램상 의도하지 않은 오류가 있는지 확인해야 한다.

시뮬레이션은 전체 가능해집합(Feasible Solution Set)에서 최적의 해를 알려주는 것이 아니라 미리 설정한 대안들을 평가하는 것이므로 실험계획법에 의해 가장 작은 수의 대안을 사전 결정하여 이를 시뮬레이션해 본다. 만약, 결과를 분석해서 추가 수행이 필요하다면 추가 수행하고 추가수행 필요가 없다면 시뮬레이션을 종료하고 결과를 분석하여 보고서를 작성한다.

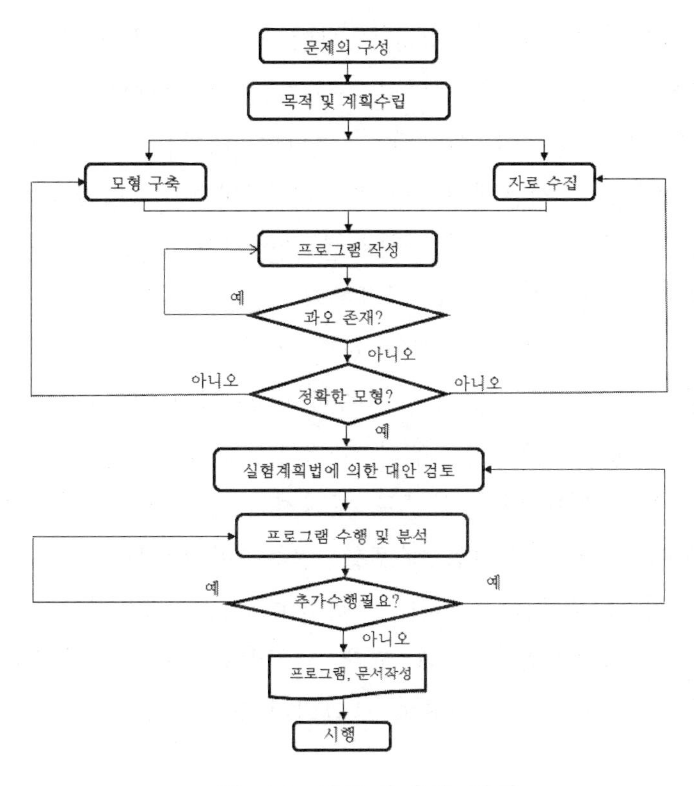

그림 4.5 시뮬레이션 절차

시뮬레이션을 설명하기 위해 가장 보편적으로 예를 드는 사업장의 대기시스템을 가지고 설명해 보자. 일반적인 대기 시스템은 고객의 모집단에서 고객이 확률분포에 따라 시스템에 도착하고 서비스를 받게 되는데 서비스하는 자원이 도착한 고객을 다 서비스할 만큼 충분하지 않으면 대기하게 된다. 고객들은 서비스를 받고 난 이후에는 시스템을 떠나게 된다. 그림 4.6 은 일반적인 대기 시스템을 표현한 것이다.

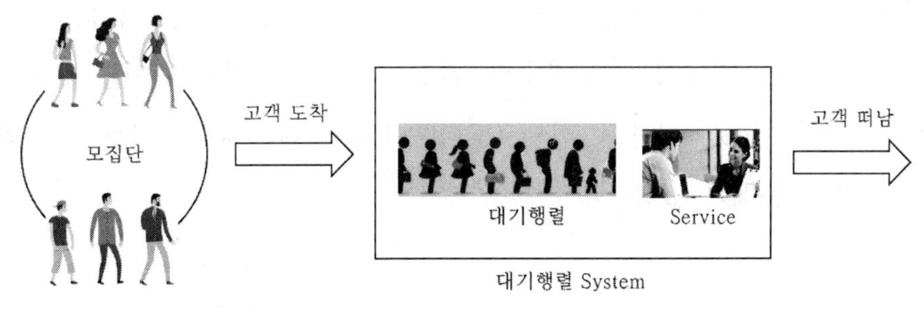

그림 4.6 대기행렬 시스템

예를 들어 복사기 1 대로 영업하는 사업장을 생각해 보자. 고객들은 복사를 하기 위해 사업장으로 도착할 것이고 복사기가 가용하다면 복사 서비스를 바로 받고 복사기를 다른 고객이 사용하고 있다면 대기를 해야 하고 차례에 따라 서비스를 받을 것이다. 시뮬레이션의 목적은 먼저 이 사업장을 분석하여 고객의 평균대기 시간, 평균 서비스 시간, 시스템 내에서의 고객의 평균체재 시간, 대기 후 서비스 받을 확률, 복사기가 미가동일 확률, 고객 도착시간 간격의 평균, 고객의 평균 대기시간을 구해 보고자 한다. 이러한 측정요소로 1 대의 복사기로 영업하는 사업장이 고객의 입장에서 만족할 만한 것인지를 확인하고자 한다.

이러한 분석을 하기 위해서는 우선 고객의 도착간격과 서비스 시간의 분포가 결정되어야 한다. 고객이 어떤 분포로 도착하는 것인가는 실제 고객의 도착시간 간격을 기록하여 가장 합리적인 분포를 추정하여야 한다. 이 예에서는 고객의 도착분포를 고객 도착시간 간격을 측정하여 이를 경험적 누적분포로 만들고 난수를 할당하여 역변환법에 의해 고객 도착시간 간격을 결정한다. 예를 들어 고객 도착시간 간격을 실제로 기록해 보았더니 표 4.3 과 같았다.

표 4.3 고객 도착시간

고객 도착시간 간격 a_i (분)	횟수	확률($p(a_i)$)	누적확률	난수할당
1	10	0.1	0.1	0.00~0.10
2	16	0.16	0.26	0.10~0.26
3	22	0.22	0.48	0.26~0.48
4	34	0.34	0.82	0.48~0.82
5	13	0.13	0.95	0.82~0.95
6	5	0.05	1.00	0.95~1.00
계	100	1.00		

여기에서 난수의 할당 간격을 보면 0.00~0.10, 0.10~0.26 에서와 같이 0.10 이 중복된다. 이것은 연속형 확률변수의 값인 난수가 정확히 0.10 의 값을 가질 가능성은 이론적으로 '0'이고 실제로도 나타나지 않는다. 그러므로 경계구간의 값을 중복해도 문제가 없다.

도착시간 간격의 기대값은 표 4.3 에서 쉽게 찾을 수 있다. a_i 를 고객 도착시간간격이라 하고 $p(a_i)$를 고객 도착시간간격 a_i 확률이라고 하면 기대값은 다음과 같다.

$$\sum_{i=1}^{6} a_i\, p(a_i) = 1 \times 0.1 + 2 \times 0.16 + 3 \times 0.22 + 4 \times 0.34$$
$$+5 \times 0.13 + 6 \times 0.05 = 3.39(\text{분})$$

실제 고객의 도착시간은 그림 4.7 과 같이 불규칙하다. 그러나 모형을 단순화하기 위해 도착시간이 1 분 이하는 1 분으로 1 분과 2 분 사이면 2 분으로 가정한다.

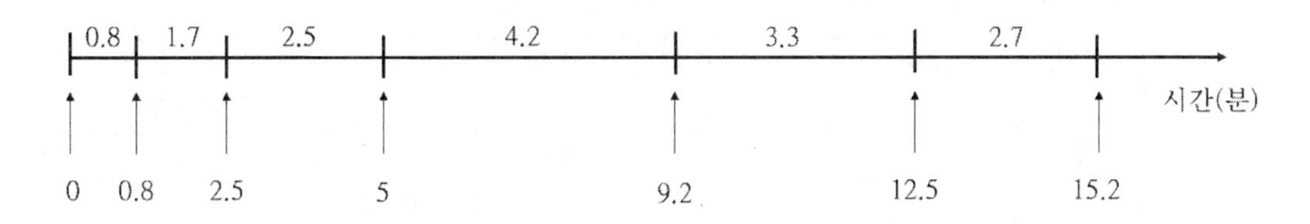

그림 4.7 실제 고객 도착시간 모습

다음은 서비스 시간분포를 구하기 위해 실제 서비스 시간을 측정하여 기록하였다. 이를 이용하여 서비스 시간을 생성하여 시뮬레이션에 사용하는데 난수를 이용하여 각 서비스 시간을 표 4.4 와 같이 찾는다.

표 4.4 실제 서비스 시간과 난수할당

서비스 시간 S_i (분)	횟수	확률($p(S_i)$)	누적확률	난수할당
1	9	0.09	0.09	0.00~0.09
2	39	0.39	0.48	0.09~0.48
3	26	0.26	0.74	0.48~0.74
4	18	0.18	0.92	0.74~0.92
5	8	0.08	1.00	0.92~1.00
계	100	1.00		

서비스 시간의 기대값은 표 4.4 에서 쉽게 찾을 수 있다. S_i를 서비스 시간이라 하고 $p(S_i)$를 서비스 시간 S_i의 확률이라고 하면 다음과 같이 서비스 시간 기대값을 구할 수 있다.

$$\sum_{i=1}^{5} S_i\, p(S_i) = 9 \times 0.09 + 2 \times 0.39 + 3 \times 0.26 + 4 \times 0.18$$
$$+5 \times 0.08 = 2.77(\text{분})$$

복사기가 1 대 있는 사업장의 시스템을 분석하기 위해 먼저 난수를 발생시켜 고객이 도착한 시간 간격을 구한다. 앞에서 설명한대로 표 4.5 는 각 고객의 도착시간간격을 난수로 상응하는 도착 시간간격을 구한 것이다.

표 4.5 난수로 구한 고객의 도착시간 간격

고객	난수	도착시간 간격(분)	고객	난수	도착시간 간격(분)
1	-	-	11	0.87	5
2	0.94	5	12	0.85	5
3	0.08	1	13	0.13	2
4	0.35	3	14	0.89	5
5	0.24	2	15	0.74	4
6	0.88	5	16	0.99	6
7	0.05	1	17	0.68	4
8	0.58	4	18	0.06	1
9	0.57	4	19	0.50	4
10	0.74	4	20	0.63	4

다음은 동일한 방법으로 난수를 이용하여 표 4.6 과 같이 서비스 시간을 얻는다. 고객의 도착 시간 간격 및 서비스 시간으로 시뮬레이션 시간과 시스템내에 있는 고객의 수를 도표로 정리하면 그림 4.8 과 같다. 고객 1 은 시뮬레이션이 시작하자마자 도착해서 2 분간의 서비스를 받는다. 고객 2 는 시뮬레이션 시작 5 분후에 시스템에 도착하므로 고객 1 이 시스템에서 떠난 이후이다.

표 4.6 난수로 구한 서비스 시간분포

고객	난수	서비스 시간(분)	고객	난수	서비스 시간(분)
1	0.14	2	11	0.46	2
2	0.18	2	12	0.61	3
3	0.11	2	13	0.30	2
4	0.96	5	14	0.61	3
5	0.52	3	15	0.07	1
6	0.53	3	16	0.67	3
7	0.51	3	17	0.31	2
8	0.03	1	18	0.30	2
9	0.66	3	19	0.58	3
10	0.54	3	20	0.05	1

따라서 시뮬레이션 시작 후 2 분까지는 시스템 내 고객이 1 명만 있고 2 분부터 5 분까지는 2 분 이후 고객이 시스템을 떠난 이후라 시스템 내에는 고객이 없다. 고객 3 은 고객 2 가 도착한 시간 1 분 이후에 시스템에 도착하므로 6 분부터 7 분까지는 시스템 내 고객이 2 명이 있다. 고객 2 의 서비스 시간이 2 분으로 7 분에 시스템을 떠나므로 7 분 이후에는 고객 3 이 서비스를 받는다. 이러한 방법으로 시스템 내 고객의 수를 시뮬레이션 시간 진행에 따라 확인한다.

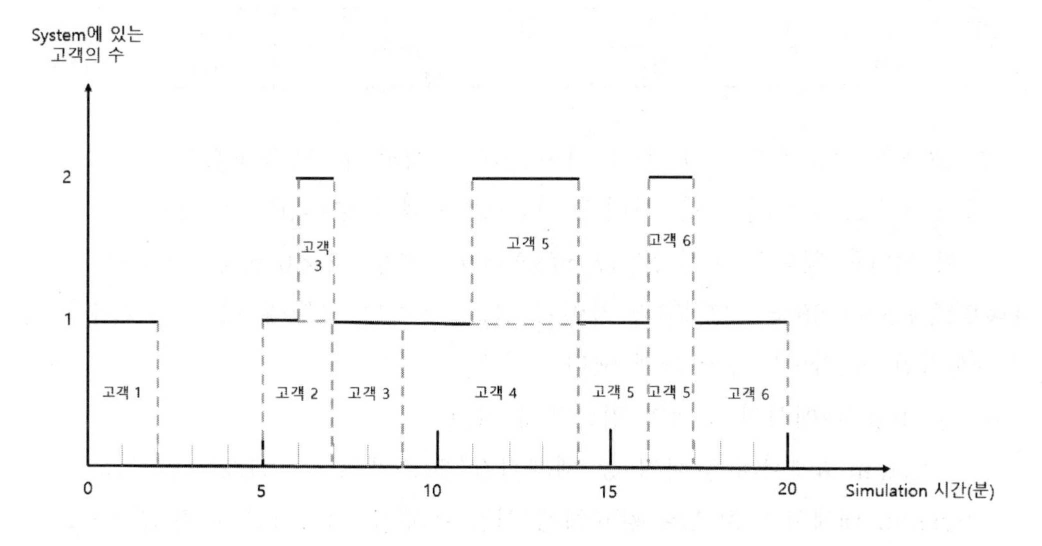

그림 4.8 시스템내에 있는 고객의 수

표 4.7 복사기 사업장 시뮬레이션 표 시간 단위: 분

고객	도착 시간 간격	도착시간	서비스 시간	서비스 시작 시간	대기 시간	서비스 종료 시간	시스템내 체재시간	복사기 유휴시간
1	-	0	2	0	0	2	2	0
2	5	5	2	5	0	7	2	3
3	1	6	2	7	1	9	3	0
4	3	9	5	9	0	14	5	0
5	2	11	3	14	3	17	6	0
6	5	16	3	17	1	20	4	0
7	1	17	3	20	3	23	6	0
8	4	21	1	23	2	24	3	0
9	4	25	3	25	0	28	3	1
10	4	29	3	29	0	32	3	1
11	5	34	2	34	0	36	2	2
12	5	39	3	39	0	42	3	3
13	2	41	2	42	1	44	3	0
14	5	46	3	46	0	49	3	2
15	4	50	1	50	0	51	1	1
16	6	56	3	56	0	59	3	5
17	4	59	2	60	0	62	2	1
18	1	60	2	62	1	64	3	0
19	4	64	3	65	0	68	3	1
20	4	69	1	69	0	70	1	1
	69		49		12		61	21

(1) 고객의 평균대기 시간=총 대기시간/총 고객의 수=12/20=0.6(분)

(2) 평균 Service 시간=총 서비스 시간/총 고객의 수=49/20=2.45(분)

이 시간은 앞에서 구한 $\sum_{i=1}^{5} S_i\, p(S_i) = 9 \times 0.09 + 2 \times 0.39 + 3 \times 0.26 + 4 \times 0.18 + 5 \times 0.08 = 2.77$(분)과 차이가 난다. 그러나 시뮬레이션의 고객수를 증가시키면 이 차이는 줄어들게 된다.

(3) System 내에서의 고객의 평균체재 시간

=Sytem 내에서의 고객의 총 체재시간/총 고객의 수=61/20=3.05(분)

System 내에서의 고객의 평균체재 시간 = 평균 대기시간 + 평균서비스 시간=0.6+ 2.45=3.05 분

(4) 대기 후 Service 받을 확률=대기 후 서비스 받은 고객의 수/총 고객의 수
=7/20=0.35

(5) 복사기가 미가동일 확률=총 미가동시간/총 시뮬레이션 시간=21/70=0.3

(6) 도착시간 간격의 평균
=도착시간 간격의 합계/(총 도착고객의 수-1)=69/19=3.63(분)

분모에서 1 을 제한 것은 첫 번째 고객이 도착한 시간부터 시뮬레이션을 시작했기 때문이다. 앞에서 구한 $\sum_{i=1}^{6} a_i \, p(a_i) = 1 \times 0.1 + 2 \times 0.16 + 3 \times 0.22 + 4 \times 0.34 \ +5 \times 0.13 + 6 \times 0.05 = 3.39$(분)의 차이는 시뮬레이션 시간을 증가시키면 줄어들게 된다.

(7) 평균 대기시간(대기한 사람만 고려할 경우)
=총 대기시간/총 대기자의 수=12/7=1.71(분)

시뮬레이션 이후 평가를 실시하여 시스템의 상태에 대한 만족도와 개선사항을 도출한다. 앞에서 예를 든 복사기 사업장의 평균 대기시간은 0.6 분이고 고객이 대기후 서비스 받을 확률은 0.35 이다. 고객의 대기시간이 길지 않다. '복사기를 2 대로 늘일 것인가?' 하는 문제를 전략적으로 판단하여야 한다. 만약 복사기를 1 대 더 늘인다면 고객의 대기시간은 거의 '0'가 될 것이나 복사기 유휴시간이 현재 System 에서 30%인데 복사기 2 대가 되면 크게 증가할 것으로 예상되어 운영측면에서 비경제적이 될 가능성이 높다. 그러므로 경제성 검토하고 복사기 가격, 복사기 수익성, 복사기 고장빈도, 대기중 고객 불만, 경쟁자 유무 등을 종합적으로 검토하여 복사기 증가를 판단하여야 한다.

4.6 이산사건 시뮬레이션(DES: Discrete Event Simulation)

4.6.1 이산사건 시뮬레이션 개념

이산사건 시뮬레이션은 상태변수와 사건을 이용하여 실행한다.

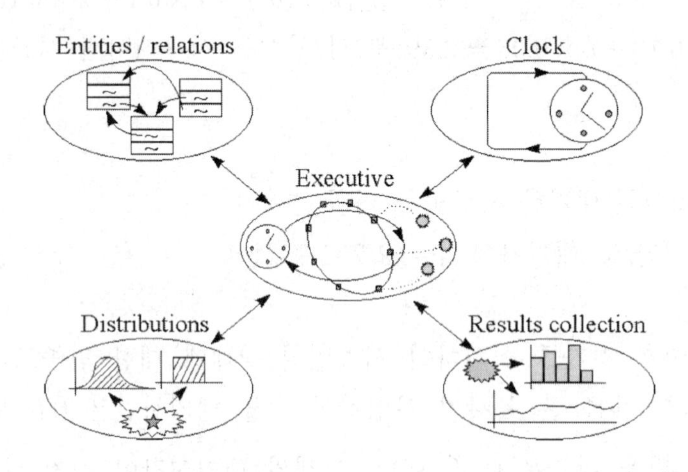

그림 4.9 이산사건 시뮬레이션 구조

이산사건 시뮬레이션을 설명하기 위해 다음과 같은 항목을 정의한다.

- 목록(List): Queue 나 Chain 과 같은 특정한 논리적 형태로 정렬되어 있는 관련된 개체(Entity)들의 집합
- 사건(Event): 시스템의 상태를 변화시키는 순간적인 발생. 예를 들면 고객의 도착, 출발 등
- 사건목록(Event List): 미래사건목록(Future Event List)로 알려진 발생순서에 의해 정렬된 미래 사건들의 발생 목록
- 사건알림(Event Notice): 현재 또는 미래시간의 사건발생 Record (형태와 시간)
- 활동(Activity): 서비스 시간과 같이 시작되면 특정한 길이의 시간이 소요되는 기간

활동의 기간은 확정적(Deterministic) 또는 확률적(Stochastic)인 개체의 속성과 시스템 변수에 따른 함수로 정해질 수 있다. 기간은 다른 사건의 발생에 의해 영향을 받지 않으므로 활동은 무조건적인 대기라고 불리기도 한다. 활동의 종료는 사건이다. 종종 주요사건(Primary Event)라고 불린다.

- 과정(Process): 개체(Entity)가 진행되는 활동(Activity)들의 모든 순서
- 시계(Clock): 시뮬레이션 시간을 표현하는 변수
- 지연(Delay): 대기열에서 고객이 기다리는 것 같이 종료될때까지 미확정된 기간

지연기간은 모델을 설계하는 사람에 의해 정해지는 것이 아니라 시스템 조건에 의해 결정된다. 그런 의미에서 조건적 대기라고 불린다. 예를 들어 대기열에서 고객의 지연은 대기열에 미리 들어와 있는 다른 고객들이 받는 서비스 기간이나 고객수에 의해 결정된다.

동적(Dynamic) 시스템은 시간의 함수로 시간에 따라 지속적으로 변화하는 시스템을 말한다. 시스템 상태, 개체 속성, 활동 개체의 수, 집합의 내용, 활동과 지연 등이 시간의 함수로 진행된다.

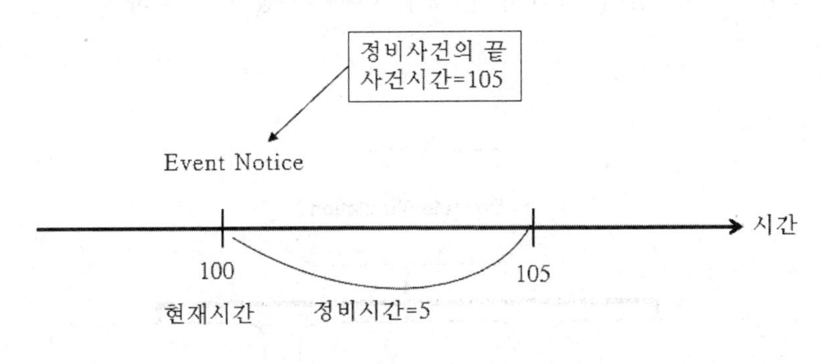

그림 4.10 Event Notice 개념

활동(Activity)의 기간은 사건의 발생시작으로부터 계산할 수 있다. 활동과 활동의 기대종료시간을 추적하기 위해 활동시작이 발생하는 시점으로부터

활동알림(Event Notice)이 생성되어 활동의 종료시간과 동일한 사건시간을 인지한다.

4.6.2 DES World Views

시뮬레이션의 관점은 다음 3 가지가 대표적이다.

(1) Event-scheduling World View (변동시간 진행)

Event 와 Event 가 시스템에 끼치는 영향 관점에서 시스템을 분석한다.

(2) Process-interaction World View (변동시간 진행)

개체의 전수명주기와 개체 관점에서 모델을 정의한다. Process-interaction World View 는 직관적이고 고수준 Block 이나 네트워크 구조 측면에서 Process 를 설명가능

(3) Activity-scanning World View (고정시간 진행)

고정시간 진행을 사용하고 어떤 활동이 시작할 수 있는지 규칙기반 접근법이다. 시간진행에서 각 활동을 검사해서 활동시작을 할 수 있는 조건을 확인한다. 소규모 시스템에 적합하며 매우 빠른 진행이 가능하다.

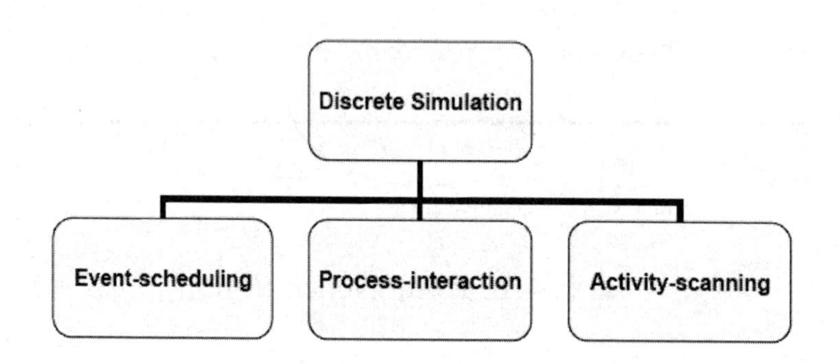

그림 4.11 Discrete 시뮬레이션의 종류

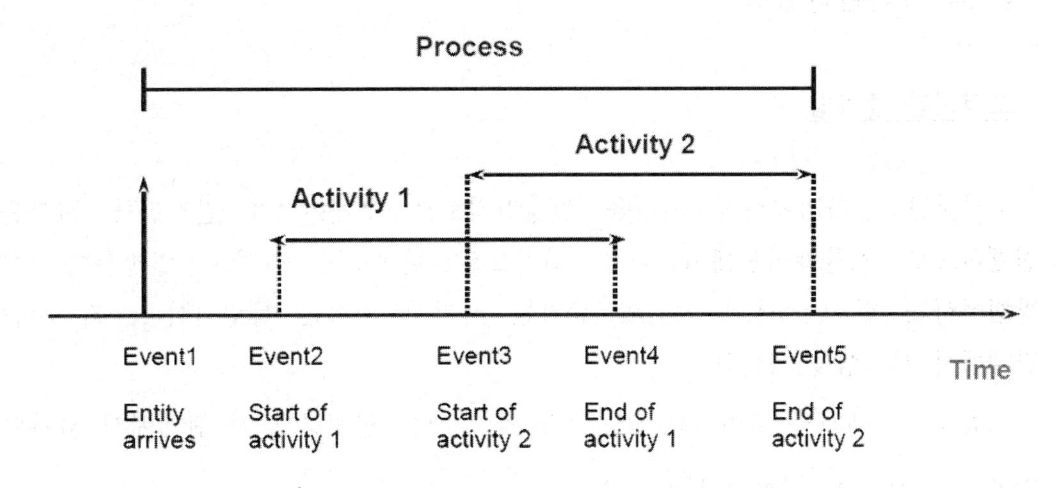

그림 4.12 Event, Activity, Process (1)

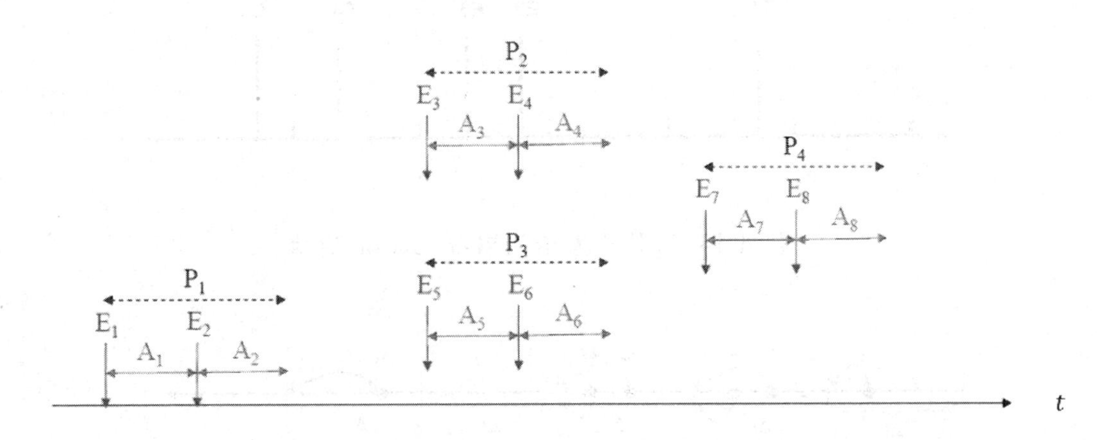

그림 4.13 Event, Activity, Process (2)

4.6.3 미래사건목록(FEL: Future Event List)

시뮬레이션에서는 미래사건목록를 처리하는데 많은 시간을 소모한다. 어떤 경우에는 전체 시뮬레이션 시간의 40% 이상을 차지하기도 한다. 그러므로 미래사건목록을 효과적으로 처리하는 것이 매우 중요하다.

미래사건목록에 사건을 삽입시 순차적 탐색은 $O(n)$ 복잡도를 가지므로 회피하여야 한다. 트리 구조의 데이터 베이스의 복잡도는 $O(log\, n)$ 이므로 훨씬 효과적이다.

4.6.4 시간관리방법

고정시간 증가법

고정시간 증가법에서는 시간을 일정간격으로 쪼개어 그 간격만큼 시간을 진행하므로 시뮬레이션에서 다음 시간으로 이동하는 간격은 일정하다. 이 방법에서는 한 단계에서 시간의 증가는 사건의 수와는 독립적이다. 각 시간 단계에서 시스템을 갱신한다.

그림 4.14 에서와 같이 S0, S1,...,S5 의 간격은 일정하고 각 단계에서 사건의 수가 0, 1, 2,... 등 여러가지 경우가 있다.

그림 4.14 고정시간 증가법과 Event 발생

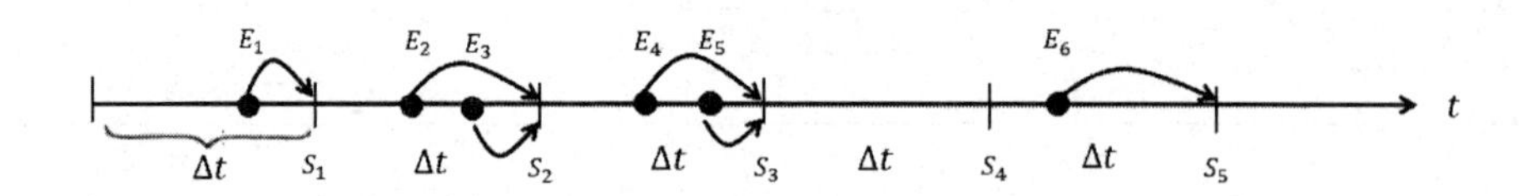

그림 4.15 고정시간 증가법에서 2 개 이상의 사건 처리

그림 4.15 에서 보는 것과 같이 고정시간 진행에서 한 시간단계안에 있는 2 개 이상의 사건을 처리할 때 어느 것을 먼저 실행할 지는 시뮬레이션 실험자가 결정한다. Δt 동안 발생한 모든 사건을 Δt 끝에 발생한 것으로 간주하는 방법이다.

이 방법의 장점으로는 모델링이 용이하지만 시뮬레이션 정확도가 상대적으로 낮은 것이 단점이다. '여러 사건의 발생순서를 어떻게 결정하는가?' 하는 문제를 생각해야 하고 시간간격의 결정에서 시간간격이 너무 짧으면 너무 많은 단계가 존재하고 반대로 너무 길면 한 시간단계 안에 너무 많은 Event가 존재하게 된다.

사건 증가법(Event Incrementing Method)

사건 증가법에서는 사건 발생에 따라 시간을 진행시킨다. 사건이 시간단계의 길이를 결정한다. 시간단계의 길이는 2개의 연속된 사건 사이의 시간과 동일하다. 그러므로 시간단계의 길이는 변동적이다. 시스템 상태는 시간이 변동될 때 관찰된다.

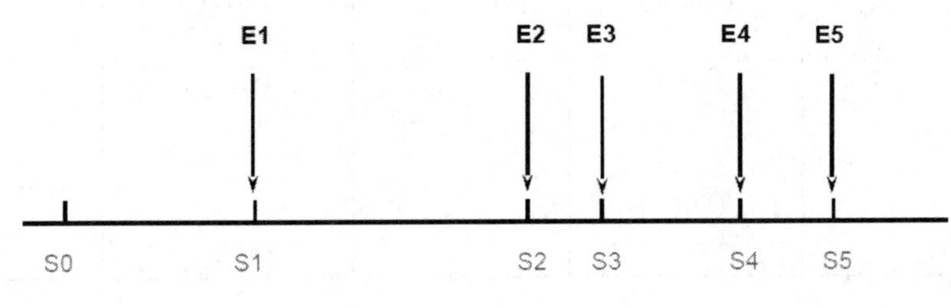

그림 4.16 사건 증가법

표 4.8 시뮬레이션 표 형식

Simulation시간	시스템 상태	개체와 속성	미래사건목록	필요통계량
t	$(x, y, z, \cdots)$	……	(A, t_1) (D, t_2) . . .	

표 4.9 시뮬레이션 표 예제

시뮬레이션 시간	시스템 상태	개체와 속성	미래사건목록	필요통계량
t	(3,0,1)	…	(A,t_1) (D,t_2) (C,t_3) . . . (N,t_n)	…

↓

시뮬레이션 시간	시스템 상태	개체와 속성	미래사건목록	필요통계량
t_1	(4,0,1)	…	(D,t_2) (E,t^*) (C,t_3) . . . (N,t_n)	…

4.6.5 Bootstrapping

미래사건목록에 있는 (A,t_n)가 시간 t_n에 고객이 도착하는 사건을 나타낸다고 하자. 시뮬레이션 시간이 t_n로 증가되어 이 사건이 수행되면 고객의 수는 한명 증가한다. 이때 고객의 도착시간 간격을 나타내는 확률분포를 이용해서 다음에 도착할 고객의 도착간격 a를 계산한다. 그러면 다음 고객의 도착시간은 $t_n^* = t_n + a$ 가 된다.

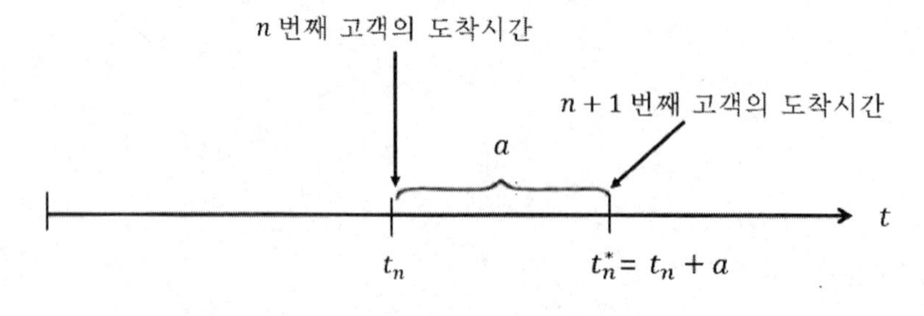

그림 4.17 Bootstrapping 개념 (1)

마찬가지로 t_1 에서 대기중이던 고객의 서비스를 시작하여 s 만큼의 시간이 소요되어 서비스가 $t_1^* = t_1 + s$에 종료된다. 즉, 서비스 종료시간 t_1에 대기 중이던 다음 고객의 서비스 시간 s가 결정된다.

이와 같이 시뮬레이션 시간이 어떤 사건발생 시간에 도달하면 관련된 다른 사건을 발생시키는 것을 Bootstrapping 이라고 부르며 이산사건 시뮬레이션에서는 Bootstrapping 에 의해 시뮬레이션을 계속할 수 있다.

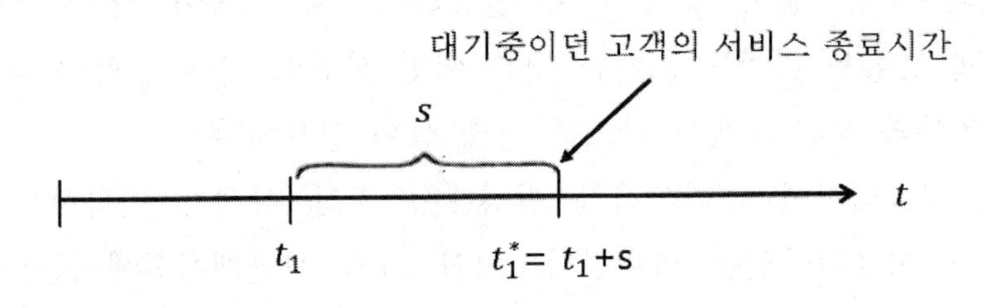

그림 4.18 Bootstrapping 개념 (2)

4.6.6 시뮬레이션 종료 시간 결정

시뮬레이션 모델을 만들 때 미리 시뮬레이션 종료시간 T_E를 정해 놓는다. 예를 들어 $T_E = 200$으로 정해 놓으면 200 단위 시간 경과후 시뮬레이션은 종료된다. 또는 시뮬레이션에서 특수한 사건의 발생시간을 종료시간 T_E로 한다. 예를 들면 200 명의 고객의 서비스를 마치는 시간, 워게임에서 한측이 소멸되는 시간, 도박 시뮬레이션에서 한측이 파산을 하는 시간 등이다.

4.6.7 시뮬레이션 알고리즘

모든 시뮬레이션은 다르게 보이더라도 아래 알고리즘에 의해 시뮬레이션이 진행된다.

(1) 미래사건목록으로부터 긴급실행사건을 제거한다.
(2) 시뮬레이션시간을 진행시킨다.
(3) 상태변수들을 갱신한다.
(4) 새로운 미래사건을 Bootstrapping에 의해 미래사건목록에 진입시킨다.
(5) 필요한 통계량을 계산한다.

모델의 구성요소의 정의로 인해 모델의 정적인 묘사가 가능하며 각 구성요소간 동적 관계성과 상호작용의 묘사 역시 필요하다. 예를 들어 각 사건이 시스템 상태에 어떻게 영향을 미치는가 하는 것과 어떤 사건이 각 활동의 시작과 종료를 표현하는지 여부와 시간 0에서 시스템 상태 등이 필요하다.

이산 사건 시뮬레이션은 이산시간 지점에서 모든 상태가 변화하는 시스템에 대한 모델링과 시뮬레이션을 의미한다. 이산 사건 시뮬레이션에서는 시간 진행 구조와 모든 사건이 정확한 시간대별로 발생하는 것을 보장해야 한다. 어떤 주어진 t시점에서 미래사건목록은 사전 계획된 $t_1, t_2, t_3, \ldots$에서의 미래사건이 모두 포함되어야 한다. 미래사건목록은 $t \le t_1 \le t_2 \le \cdots \le t_n$ 순으로 의해 정렬되어 있어야 한다.

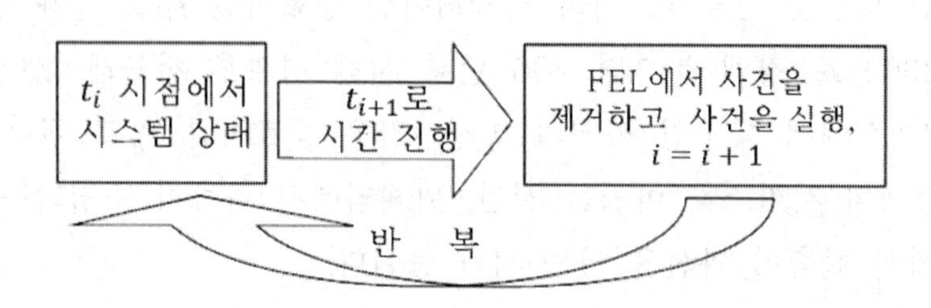

그림 4.19 시뮬레이션 진행 절차와 FEL

4.6.8 Event-scheduling DES

Event-scheduling DES 은 사건중심으로 구성되어 있으며, 활동이 상태를 변경시킨다. 다음 사건의 시간을 확인하고 사건의 일정을 계획한다. Event-scheduling DES 는 상호작용이 제한되거나 정확한 시간이 중요할 때 적합한 방법이다. Event-scheduling DES 의 절차는 그림 4.20 과 같다.

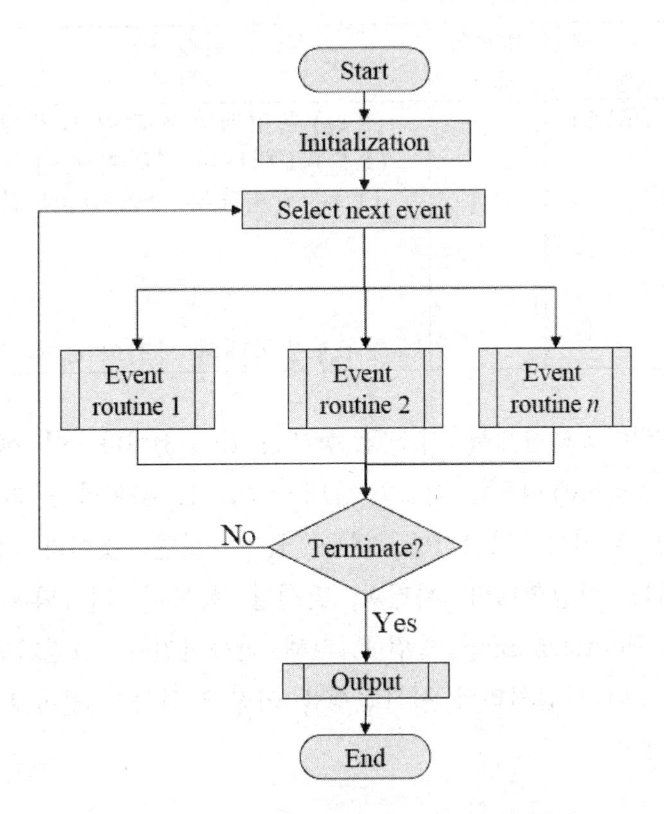

그림 4.20 Event-scheduling DES 절차

Event-scheduling DES 는 가장 고전적인 DES 방법이다. 사건은 다른 사건을 시작하게 하거나 다른 사건의 일정을 계획하게 하고 각 사건은 해당되는 시뮬레이션 절차를 가지고 있다. 각 절차는 사건에 관련된 모든 변화를 관리한다. 만약 2 개의 사건이 한 시점에서 동시 발생하면 반드시 순서화되어야 한다. Event-scheduling DES 의 예를 들면 표 4.10 과 같다.

표 4.10 Event-scheduling DES 예

시뮬레이션 시간	시스템 상태	개체와 속성	미래사건 목록	필요 통계량
t	(5,1,6)	…	$(3, t_1)$ 3 형태의 사건이 t_1에 발생 $(1, t_2)$ 1 형태의 사건이 t_2에 발생 $(1, t_3)$ 1 형태의 사건이t_3에 발생 . . . $(2, t_n)$ 2 형태의 사건이 t_n에 발생	…

표 4.10 에서는 t 시점에서 시스템 상태는 (5,1,6)이다. 이 예에서는 규정한 시스템 상태를 (a, b, c) 라 할 때 그 상태가 (5, 1, 6)이라는 의미이다. 정확히 무엇이라 정해 놓지는 않았지만 예를 들기 위한 것이라 간주하면 된다. 미래사건목록에는 사건형태와 사건이 발생할 목록이 기록되어 있다. 이것은 앞에서 설명한 Bootstrapping 방법에 의해 만들어진다. 그렇다면 이 시스템의 Snapshot 으로부터 사건처리와 시간진행을 어떻게 하는지 알아보면 다음과 같은 단계로 진행된다.

표 4.11 t_1에서의 시스템 상태와 미래사건 목록

시뮬레이션 시간	시스템 상태	개체와 속성	미래사건 목록	필요 통계량
t_1	(5,1,5)	…	$(1, t_2)$ 1 형태의 사건이 t_2에 발생 $(4, t^*)$ 4 형태의 사건이 t^*에 발생 $(1, t_3)$ 1 형태의 사건이t_3에 발생 . . $(2, t_n)$ 2 형태의 사건이 t_n에 발생	…

표 4.11 에서 가장 긴급실행사건은 $(3, t_1)$이다. 왜냐하면 사건이 $t \leq t_1 \leq t_2 \leq \cdots \leq t_n$ 순으로 정렬되어 있기 때문에 가장 먼저 발생하는 사건은 3 이다. 그러므로 $(3, t_1)$을 미래사건목록에서 제거하고 시간을 t_1으로 진행시킨 다음 사건 3 을 실행시킨다. 그 다음 시스템 상태를 변경시킨다. 사건 3 을 실행시킴으로써 시스템 상태는 (5,1,6)에서 (5,1,5)로 변한다.

그 다음 사건 3 이 실행됨으로써 새로운 사건 4 가 t_2와 t_3 사이인 t^*가 Bootstrapping 에 의해 발생하고 이를 List 를 검색하여 가장 적합한 시간으로 삽입한다.

식료품 가게 시뮬레이션

Event-scheduling DES 의 예를 식료품 가게로 설명한다. 이 식료품 가게는 대기행렬이 한줄로 서고 계산대가 1 개만 있는 경우이다. 먼저 시뮬레이션 종료시간을 60 분으로 정하였다. 모델의 구성요소는 다음과 같다.

- 시스템 상태
  $LQ(t)$: t시점에 대기행렬에 있는 고객수
  $LS(t)$: t시점까지 서비스를 받은 고객수
- 개체: 상태변수의 관점을 제외하고
  서비스하는 사람과 고객은 명시적으로 모델화되지 않는다.
- 사건: 고객의 도착(A), 고객의 출발(D), 시뮬레이션 종료(E)
- 사건알림(사건형태, 사건시간)
  (A, t): 미래시점 t에서 발생하는 고객의 도착사건을 표현
  (D, t): 미래시점 t에서 발생하는 고객의 출발사건을 표현
  $(E, 60)$: 미래시점 60에서 시뮬레이션 종료사건을 표현
- 활동: 도착시간 간격과 서비스 시간
- 지연: 고객이 대기행렬에서 소비하는 시간

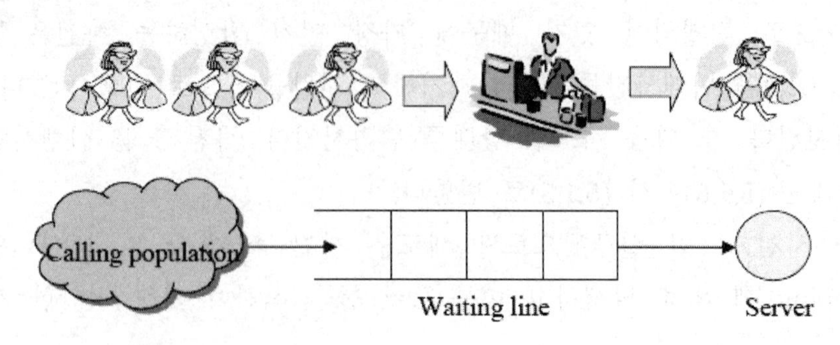

그림 4.21 식료품 가게 시스템 구조조

미래사건목록은 항상 2~3 개의 사건알림을 포함한다.

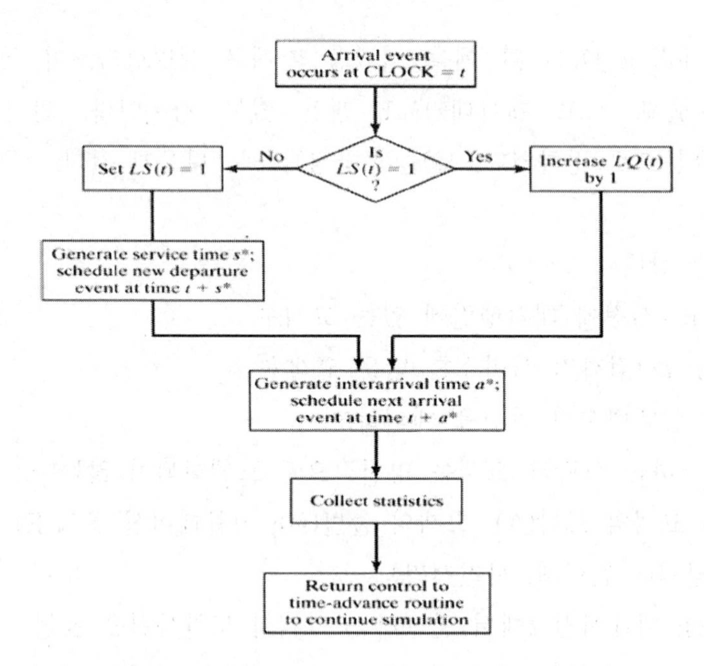

그림 4.22 식료품 가게 시뮬레이션 절차

최초 조건은 첫 번째 고객이 시간 0 에 도착하고 서비스를 받기 시작한다. 통계량은 단지 2 개만 획득하기로 하였는데 서비스인력 활용도(B)와 최대 대기행렬길이 (MQ)이다. 시뮬레이션 표는 다음 표 4.12 와 같다.

표 4.12 식료품 가게 시뮬레이션 표

	System State				Cumulative Statistics	
Clock	$LQ(t)$	$LS(t)$	Future Event List	Comment	B	MQ
0	0	1	$(D, 4)$ $(A, 8)$ $(E, 60)$	First A occurs $(a^* = 8)$ Schedule next A $(s^* = 4)$ Schedule first D	0	0
4	0	0	$(A, 8)$ $(E, 60)$	First D occurs: $(D, 4)$	4	0
8	0	1	$(D, 9)$ $(A, 14)$ $(E, 60)$	Second A occurs: $(A, 8)$ $(a^* = 6)$ Schedule next A $(s^* = 1)$ Schedule next D	4	0
9	0	0	$(A, 14)$ $(E, 60)$	Second D occurs: $(D, 9)$	5	0
14	0	1	$(A, 15)$ $(D, 18)$ $(E, 60)$	Third A occurs: $(A, 14)$ $(s^* = 4)$ Schedule next D	5	0
15	1	1	$(D, 18)$ $(A, 23)$ $(E, 60)$	Fourth A occurs: $(A, 15)$ (Customer delayed)	6	1
18	0	1	$(D, 21)$ $(A, 23)$ $(E, 60)$	Third D occurs: $(D, 18)$ $(s^* = 3)$ Schedule next D	9	1
21	0	0	$(A, 23)$ $(E, 60)$	Fourth D occurs: $(D, 21)$	12	1

만약 시뮬레이션 분석가가 시스템 내에 5 분 이상 있는 고객의 비율과 평균대응시간을 추정하고 싶다면 앞에서 설명한 시스템 시뮬레이션을 조금 다르게 해야 한다. 즉, 각 개별 고객을 명시적으로 모델에 표현할 필요가 있다. 속성으로서 도착시간을 표현한 고객개체가 모델 구성요소에 포함되어야 한다. 고객개체들은 C1, C2, C3,...로 "CHECKOUT" 으로 불리는 List 에 저장되어야 한다. 그리고 다음과 같은 3 개의 새로운 누적 통계량이 수집된다.

S: 현재시간까지 시스템을 떠난 모든 고객의 대응시간의 합
F: 5 분이상 계산대에서 소비한 고객의 수
N_D: 현재 시뮬레이션시간까지 시스템을 떠난 총 고객수

표 4.13 5분 이상 있는 고객의 비율과 평균대응시간을 위한 시뮬레이션 표

	System State		Lists		Statistics		
Clock	LQ(t)	LS(t)	Checkout Line	Future Event List	S	N_D	F
0	0	1	(C1,0)	(A,1,C2) (D,4,C1)(E,60)	0	0	0
1	1	1	(C1,0)(C2,1)	(A,2,C3)(D,4,C1)(E,60)	0	0	0
2	2	1	(C1,0)(C2,1)(C3,2)	(D,4,C1)(A,8,C4)(E,60)	0	0	0
4	1	1	(C2,1)(C3,2)	(D,6,C2)(A,8,C4)(E,60)	4	1	0
6	0	1	(C3,2)	(A,8,C4)(D,11,C3)(E,60)	9	2	1
8	1	1	(C3,2)(C4,8)	(D,11,C3)(A,11,C5)(E,60)	9	2	1
11	1	1	(C4,8)(C5,11)	(D,15,C4)(A,18,C6)(E,60)	18	3	2
15	0	1	(C5,11)	(D,16,C4)(A,18,C6)(E,60)	25	4	3
16	0	0		(A,18,C6)(E,60)	30	5	4
18	0	1	(C6,18)	(D,23,C6)(A,23,C7)(E,60)	30	5	4
23	0	1	(C7,23)	(A,25,C8)(D,27,C7)(E,60)	35	6	5

* 평균 대응시간=$S/N_D = 35/6 = 5.83$
시스템 내에 5분 이상 있는 고객의 비율=$N_{\geq 5} = F/N_D = 5/6 = 0.83$

덤프 트럭 시스템 시뮬레이션

다음은 덤프 트럭 시스템의 시뮬레이션 예를 설명한다. 6 대의 덤프 트럭이 소규모 광산으로부터 철도까지 석탄을 수송하는데 사용되고 있다. 각 트럭은 2 대의 적재 Loader 중 1 대에 의해 석탄이 적재된다. 석탄 적재후 트럭은 즉시 무게를 측정하는 곳으로 이동을 한다. 적재소 및 무게측정소는 선입선출 개념의 대기행렬을 유지한다. 무게를 측정후 트럭은 이동하여 하역을 하고 다시 적재를 위해 적재 대기행렬에서 대기한다.

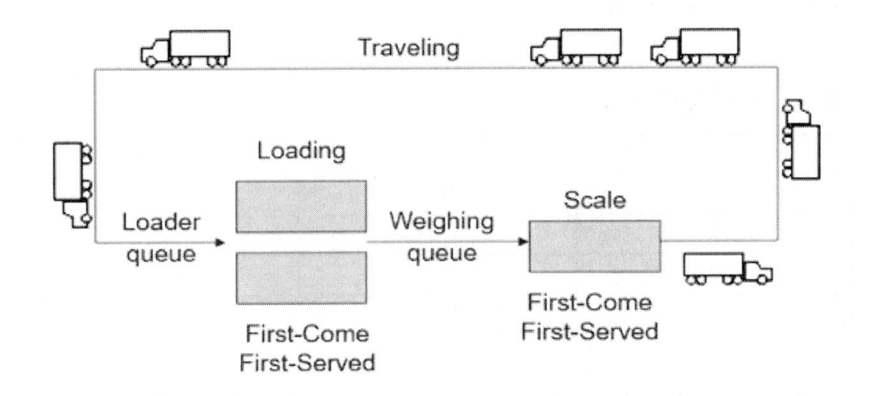

그림 4.23 덤프트럭 시뮬레이션 구조

적재시간은 표 4.14 와와 같다.

표 4.14 적재시간 분포

적재 시간(분)	PMF	CMF
5	0.3	0.3
10	0.5	0.8
15	0.2	1.0

무게측정 시간은 표 4.15 와 같다.

표 4.15 무게측정 시간

무게측정 시간(분)	PMF	CMF
12	0.7	0.7
16	0.3	1.0

이동시간은 표 4.16 과 같다.

표 4.16 이동시간 분포

이동 시간(분)	PMF	CMF
40	0.4	0.4
60	0.3	0.7
80	0.2	0.9
100	0.1	1.0

시뮬레이션의 목적은 적재 Loader 와 무게측정소의 가동율을 전체시간 대 가동시간의 비율로 추정하는 것이다. 모델의 구성요소는 다음과 같이 결정한다.

- 시스템 상태
  $LQ(t)$: 적재소 대기행렬의 트럭 대수
  $L(t)$: 적재하고 있는 트럭 대수
  $WQ(t)$: 무게를 측정소 대기행렬에 있는 트럭 대수
  $W(t)$: 무게를 측정하고 있는 트럭 대수
- 사건알림
  (ALQ, t, DTi): t시간에 i 트럭이 적재소 대기행렬 도착
  (EL, t, DTi): t시간에 i 트럭 적재 종료
  (EW, t, DTi): t시간에 i 트럭 무게측정 종료
- 개체: 6 대의 덤프 트럭$(DT1, DT2, \ldots, DT6)$
- 목록
  선입선출 기반으로 정렬된 적재를 시작하기 위해 기다리는 대기행렬
  선입선출 기반으로 정렬된 무게측정을 시작하기 위해 기다리는 대기행렬
- 활동: 적재시간, 무게측정시간, 이동시간
- 지연: 적재소 및 무게측정소에서 지연

t 시점에 j 트럭의 적재사건이 종료될 때 다른 사건이 발생된다. 만약 무게측정소에 하나의 트럭도 무게측정을 하고 있는 상태에서 j트럭이 무게측정을 시작하면 무게측정 종료사건이 미래사건목록에 삽입된다. 만약 무게측정소에 다른 트럭이 무게측정을 하고 있다면 j트럭은 무게측정 대기행렬에 삽입된다.

다음으로 만약 또 다른 트럭이 적재를 위해 기다리고 있다면 적재 대기행렬에서 제거되어 미래사건목록에 있는 적재종료사건 시간계획에 따라 적재를 시작한다. 적재종료사건과 다른 사건들은 사건 다이어그램에 적절히 잘 협조되도록 반영하여야 시뮬레이션을 원활히 수행할 수 있다.

시뮬레이션을 위한 초기조건은 5 대의 트럭은 적재소에 위치하고 1 대는 무게측정소에 위치시킨다. 적재시간은 난수를 이용하여 발생시키는데 10, 5, 5, 10, 15, 10, 10 분으로 가정하고 무게측정시간 역시 난수를 이용하여 12, 12, 12, 16, 12, 16 분으로 가정한다. 이동시간은 60, 100, 40, 40, 80 으로 가정한다. 구하고자 하는 통계량은 2 대의 적재 Loader 의 총가동시간(B_L)과 무게측정소의 총가동시간(B_S)이다.

시뮬레이션 표는 표 4.17과 같다. 초기조건이 5대의 트럭은 적재소에 위치하고 1 대는 무게측정소에 위치하기 때문에 $LQ(0) = 3$, $L(0) = 2$, $WQ(0) = 0$, $W(0) = 1$이 된다. $L(0) = 2$인 것은 적재 Loader가 2대이기 때문이며 적재소에 있는 5대 중 2대가 적재중이므로 적재소 대기행렬에는 3대가 위치한다. 즉, $LQ(0) = 3$이다. 적재소 대기행렬에 있는 트럭은 $DT4, DT5, DT6$이다. 미래사건목록(Future Event List)에는 사건알림이 (EL, 5, DT3), (EL, 10, DT2), (EW, 12, DT1)이 있다. (EL, 5, DT3)는 DT3가 5분에 적재를 완료하는 것을 의미한다.

이것은 적재 시간이 난수에 의해 10, 5, 5, 10, 15, 10, 10 분으로 발생하였기 때문에 DT1 은 무게측정소에 위치하고 DT2 와 DT3 가 적재소에서 적재되고 있는데 순서에 의해 DT2 는 적재시간이 10 분, DT3 는 적재시간이 5 분으로 할당되었기 때문이다. 이러한 미래사건목록에 있는 사건알림은 앞에서 설명한 Bootstrapping 방법에 의해 생성되어 미래사건목록에 포함된다.

미래사건목록 중 긴급실행사건을 찾아 미래사건목록에서 제거하고 시간을 진행시킨 후 긴급실행사건을 실행시킨다. $t = 0$ 에서 미래사건목록에 있는 사건알림 중 긴급실행사건은 (EL, 5, DT3)이므로 이를 미래사건목록에서 제거하고 시간을 5 분으로 이동 후 (EL, 5, DT3)을 실행시킨다. DT3 는 DT1 의 무게측정시간이 12 분이므로 바로 무게측정을 하지 못하고 무게측정소 대기행렬로 들어간다.

적재 대기행렬에 있던 DT4 가 DT3 가 적재가 종료되었으므로 적재 대기행렬에서 적재소로 가서 적재하는데 난수에 의해 5 분이 소요되는 것으로 나왔으므로 적재종료사건은 현재시간 5분에서 5분을 더한 10분이 된다. 즉, (EL, 10, DT4)가 미래사건목록에 포함된다. 물론, 미래사건목록 삽입시는 시간에 따라 정렬된 위치로 삽입된다. 이러한 방법으로 시간을 진행시켜 나가면서 시뮬레이션을 표 4.17 과 같이 진행한다.

2대의 적재 Loader 모두 사용중

표 4.17 덤프트럭 시뮬레이션

Clock	System State				Lists			Statistics	
	LQ(t)	L(t)	WQ(t)	W(t)	Loader Queue	Weigh Queue	Future Event List	BL	BS
0	3	2	0	1	DT4, DT5, DT6		(EL,5,DT3) (EL,10,DT2) (EW,12,DT1)	0	0
5	2	2	1	1	DT5, DT6	DT3	(EL,10,DT2) (EL,5+5,DT4) (EW,12,DT1)	10	5
10	1	2	2	1	DT6	DT3, DT2	(EL,10,DT4) (EW,12,DT1) (EL, 10+10,DT5)	20	10
10	0	2	3	1		DT3, DT2, DT4	(EW,12,DT1) (EL,20,DT5) (EL, 10+15,DT6)	20	10
12	0	2	2	1		DT2, DT4	(EL,20,DT5) (EW,12+12,DT3) (EL, 25,DT6) (ALQ,12+60,DT1)	24	12
20	0	1	3	1		DT2, DT4, DT5	(EW,24,DT3) (EL,25,DT6) (ALQ,72,DT1)	40	20
24	0	1	2	1		DT4, DT5	(EL,25,DT6) (EW,24+12,DT2) (ALQ, 72,DT1) (ALQ,24+100,DT3)	44	24

표 4.18 은 위에서 설명한 방법대로 76 분간 시뮬레이션을 실시한 결과이다.

표 4.18 76 분간 진행 시뮬레이션 표

Clock	System State				Lists			Cumulative Statistics	
t	$LQ(t)$	$L(t)$	$WQ(t)$	$W(t)$	Loader Queue	Weigh Queue	Future Event List	B_L	B_S
0	3	2	0	1	$DT4$ $DT5$ $DT6$		$(EL, 5, DT3)$ $(EL, 10, DT2)$ $(EW, 12, DT1)$	0	0
5	2	2	1	1	$DT5$ $DT6$	$DT3$	$(EL, 10, DT2)$ $(EL, 5+5, DT4)$ $(EW, 12, DT1)$	10	5
10	1	2	2	1	$DT6$	$DT3$ $DT2$	$(EL, 10, DT4)$ $(EW, 12, DT1)$ $(EL, 10+10, DT5)$	20	10
10	0	2	3	1		$DT3$ $DT2$ $DT4$	$(EW, 12, DT1)$ $(EL, 20, DT5)$ $(EL, 10+15, DT6)$	20	10
12	0	2	2	1		$DT2$ $DT4$	$(EL, 20, DT5)$ $(EW, 12+12, DT3)$ $(EL, 25, DT6)$ $(ALQ, 12+60, DT1)$	24	12
20	0	1	3	1		$DT2$ $DT4$ $DT5$	$(EW, 24, DT3)$ $(EL, 25, DT6)$ $(ALQ, 72, DT1)$	40	20
24	0	1	2	1		$DT4$ $DT5$	$(EL, 25, DT6)$ $(EW, 24+12, DT2)$ $(ALQ, 72, DT1)$ $(ALQ, 24+100, DT3)$	44	24
25	0	0	3	1		$DT4$ $DT5$ $DT6$	$(EW, 36, DT2)$ $(ALQ, 72, DT1)$ $(ALQ, 124, DT3)$	45	25
36	0	0	2	1		$DT5$ $DT6$	$(EW, 36+16, DT4)$ $(ALQ, 72, DT1)$ $(ALQ, 36+40, DT2)$ $(ALQ, 124, DT3)$	45	36
52	0	0	1	1		$DT6$	$(EW, 52+12, DT5)$ $(ALQ, 72, DT1)$ $(ALQ, 76, DT2)$ $(ALQ, 52+40, DT4)$ $(ALQ, 124, DT3)$	45	52

Clock	System State				Lists			Cumulative Statistics	
t	$LQ(t)$	$L(t)$	$WQ(t)$	$W(t)$	Loader Queue	Weigh Queue	Future Event List	B_L	B_S
64	0	0	0	1			$(ALQ, 72, DT1)$ $(ALQ, 76, DT2)$ $(EW, 64+16, DT6)$ $(ALQ, 92, DT4)$ $(ALQ, 124, DT3)$ $(ALQ, 64+80, DT5)$	45	64
72	0	1	0	1			$(ALQ, 76, DT2)$ $(EW, 80, DT6)$ $(EL, 72+10, DT1)$ $(ALQ, 92, DT4)$ $(ALQ, 124, DT3)$ $(ALQ, 144, DT5)$	45	72
76	0	2	0	1			$(EW, 80, DT6)$ $(EL, 82, DT1)$ $(EL, 76+10, DT2)$ $(ALQ, 92, DT4)$ $(ALQ, 124, DT3)$ $(ALQ, 144, DT5)$	49	76

$t = 20$에서 $B_L = 40$이기 때문에 2 대의 적재 Loader 는 0 부터 20 시간까지 가동이 된다는 것을 시뮬레이션 표로부터 알수 있다. $t = 25$부터 $t = 36$까지는 $L(25) = 0$ 이기 때문에 2 대의 적재 Loader 는 모두 유휴상태라는 것을 알 수 있고 B_L은 변경되지 않는다. 따라서 평균 적재소 가동율($\frac{49/2}{76} = 0.32$)이라는 것과 평균 무게측정소 가동율은 ($\frac{76}{76} = 1$)이라는 것을 알 수 있다.

덤프 트럭의 예를 Activity-scanning DES 방법과 Process-interaction DES 방법으로 시뮬레이션하기 위한 조건을 간단히 살펴보면 다음과 같다.

Activity-scanning DES 에서는 활동을 적재시간, 무게측정시간, 이동시간으로 구분하고 이 활동들이 실행되는 조건을 검사하여 조건을 만족시키면 실행시킨다.

표 4.19 덤프트럭 예에서의 활동

활동(Activity)	조건
적재시간	트럭이 적재 대기행렬 선두에 위치하고 적어도 하나의 적재 Loader 가 유휴상태
무게측정시간	트럭이 무게측정 대기행렬 선두에 위치하고 무게측정소가 유휴상태
이동시간	트럭이 막 무게측정을 마친 상태

Process-interaction DES 에서는 트럭의 수명주기를 고려하여 모델링한다. 트럭이 적재소 대기행렬에서 대기하다가 적재하고 무게측정소 행렬에서 대기하다가 무게를 측정하고 이동하는 전 수명주기를 대상으로 모델링한다.

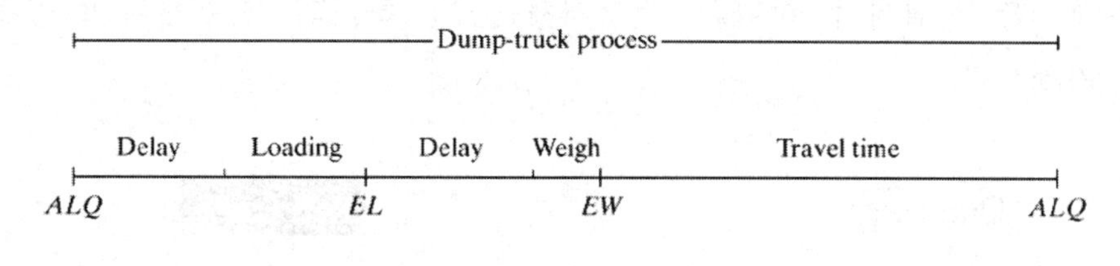

그림 4.24 덤프트럭 예에서의 프로세스

전투개체 단위 시뮬레이션

다음은 전투교전 상황을 시뮬레이션하는 절차를 설명한다. 전투교전 상황을 Event-scheduling DES 으로 표현해 본다. 그림 4.25 와 같이 Blue Force 는 전차 1 대와 대전차화기 2 대로 구성되어 있고 Red Force 는 전차 4 대로 구성되어 있다. 이런 전투장비로 편성된 양측의 교전을 모의하는 방법을 설명한다.

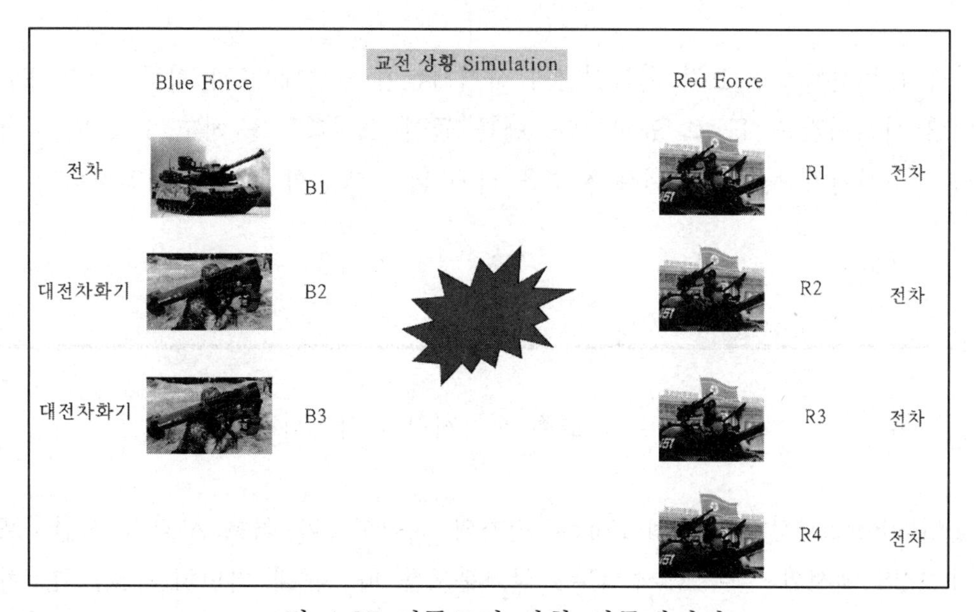

그림 4.25 전투교전 상황 시뮬레이션

그림 4.26 에서 나타난 것과 같이 Blue Force 전차가 Red Force 전차가 각각 상대방 전차를 명중시킬 확률은 0.4 이다. 여기서 명중되면 파괴되는 것으로 가정한다. Blue Force 의 대전차화기가 Red Force 전차를 명중시킬 확률은 0.8 이며 반대로 Red Force 전차가 Blue Force 대전차화기를 명중시킬 확률은 0.3 이다. 한 시점에서 하나의 전투개체는 단 하나의 전투개체만 공격할 수 있다고 가정한다.

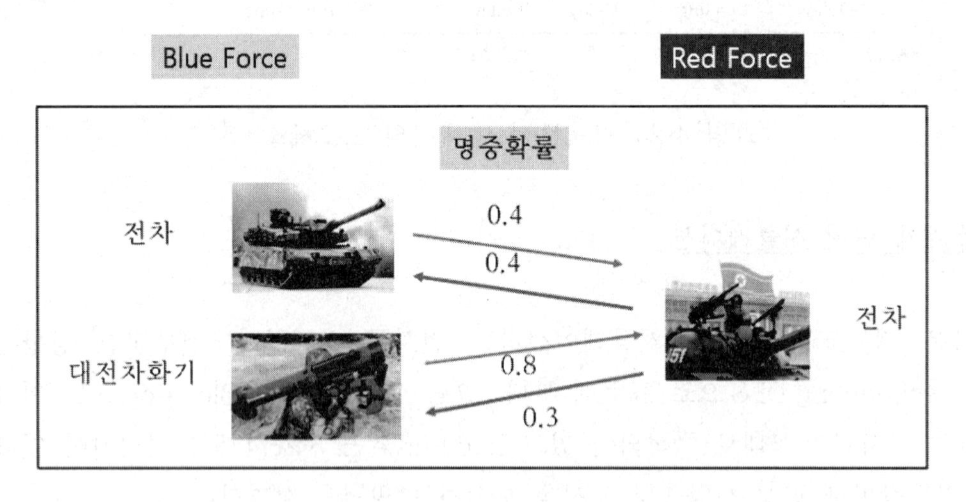

그림 4.26 화기별 명중확률

양측의 무기체계는 표적 획득시간과 사격시간이 있는데 표적 획득시간은 Ta 로 i 번째 사격시간은 Ti 로 표시한다. 예를 들어 표적획득을 하고 1 번째 사격을 해서 명중시키지 못하면 2 번째 사격을 하게 되고 명중할 때까지 사격한다.

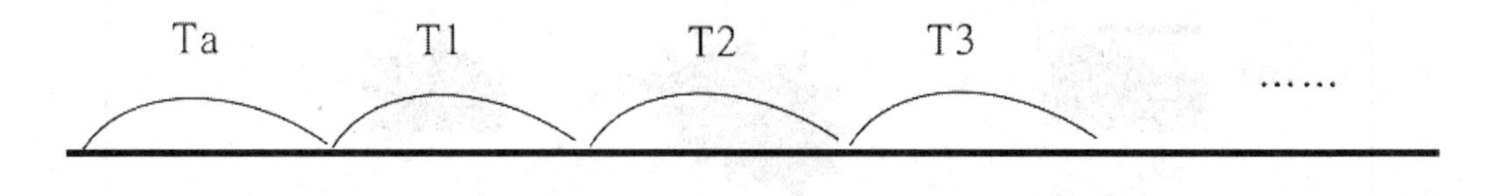

그림 4.27 표적 획득시간과 사격시간

Blue Force 전차와 Red Force 전차의 표적획득과 최초 사격의 시간분포는 그림 4.28 에서와 같이 M=4, C=2 삼각분포를 따르는데 최빈치는 M, 최소치와 최대치는 각각 M-C, M+C 이다. Blue Force 의 대전차화기 표적획득 시간과 사격시간은 각각 M=5, C=3 인 삼각분포를 따른다.

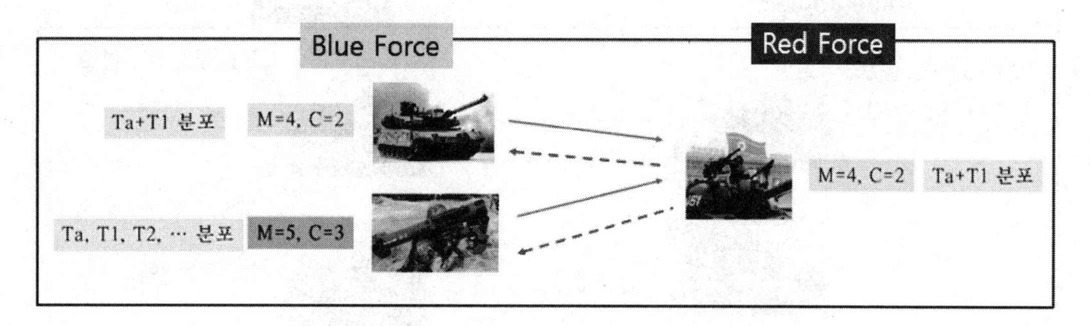

그림 4.28 표적획득과 최초 사격시간 분포 매개변수

삼각분포의 PDF 는 아래와 같다.

$$f_2(t) = \begin{cases} \dfrac{1}{C} + \dfrac{t-M}{C^2}, & M-C < t < M \\ \dfrac{1}{C} + \dfrac{M-t}{C^2}, & M < t < M+C \end{cases}$$

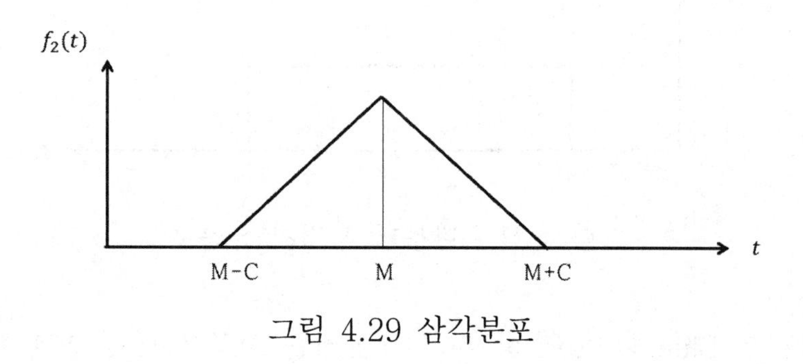

그림 4.29 삼각분포

Blue Force 전차의 제 2 탄부터의 사격시간 분포는 (a, b) 구간의 일양분포를 따르는데 a=1, b=3 이다. Red Force 전차의 제 2 탄부터의 사격시간 분포는 (a, b) 구간의 일양분포를 따르는데 a=2, b=4 이다.

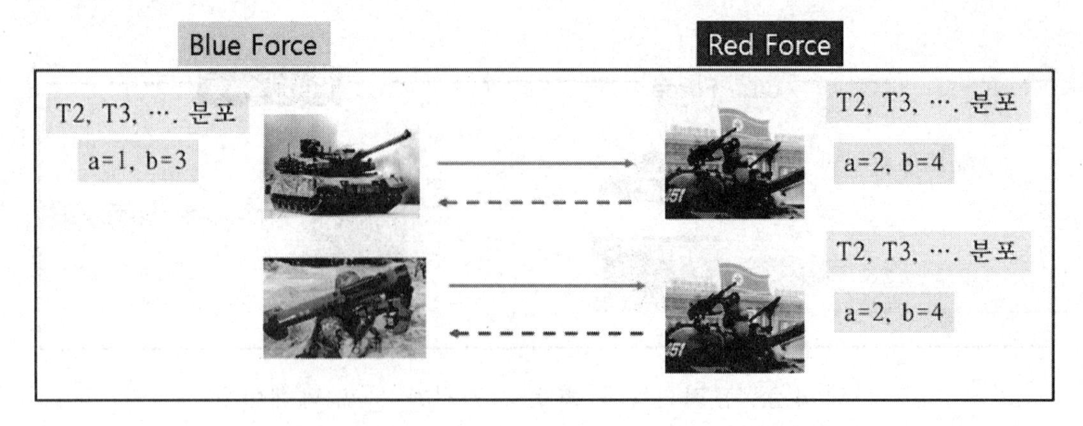

그림 4.30 2 탄부터 사격시간 분포 매개변수

(a, b) 구간의 일양분포 PDF 는 아래와 같다.

$$f_2(t) = 1/(b-a)$$

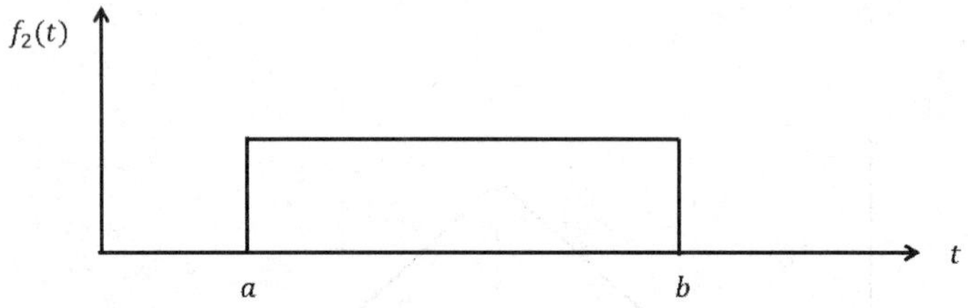

그림 4.31 2 탄부터 사격시간 분포

그림 4.32 은 Blue 와 Red 의 전차가 표적을 획득하여 첫 번째 발이 발사된 시간의 삼각분포의 CDF 와 Blue 대전차화기의 표적획득 시간분포 및 사격시간 분포의 CDF 를 나타낸 것이다. 앞에서 설명한 것과 같이 CDF 를 사용하여 난수로 역함수법으로 확률변수 값을 발생시킨다. 그림에서와 같이 만약 난수가 0.1 이면 Blue 와 Red 의 전차가 표적을 획득하여 첫 번째 발이 발사된 시간은 3.1 이 된다. 만약 난수가 0.3 이면 Blue 와 Red 의 전차가 표적을 획득하여 첫 번째 발이 발사된 시간은 4.0 이 된다.

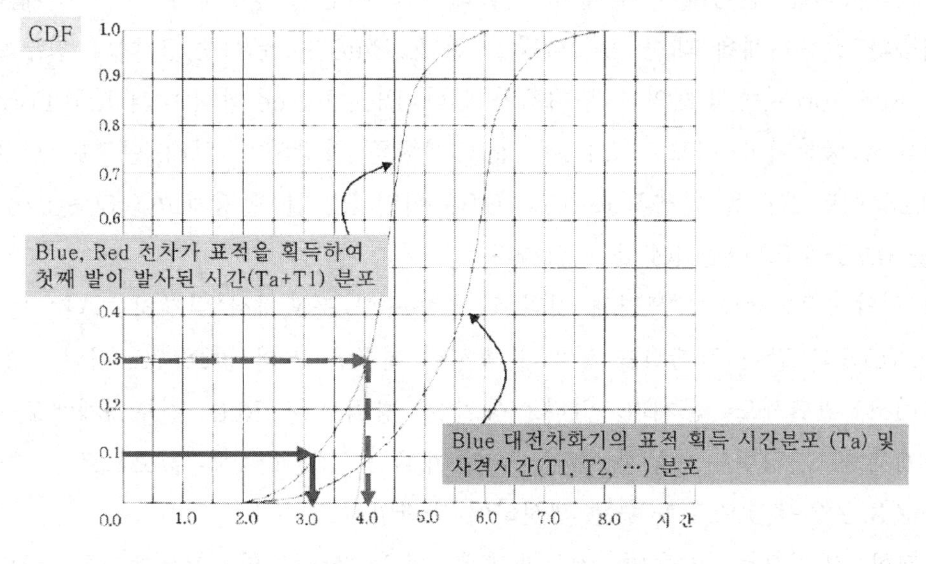

그림 4.32 역함수법으로 확률변수값 생성 (1)

그림 4.33 은 Blue 전차의 2 번째 탄부터 사격시간 분포와 Red 전차의 2 번째 탄부터 사격시간 분포의 CDF 이다. 난수와 CDF 를 이용하여 역함수법을 이용하여 확률변수값을 발생시킨다.

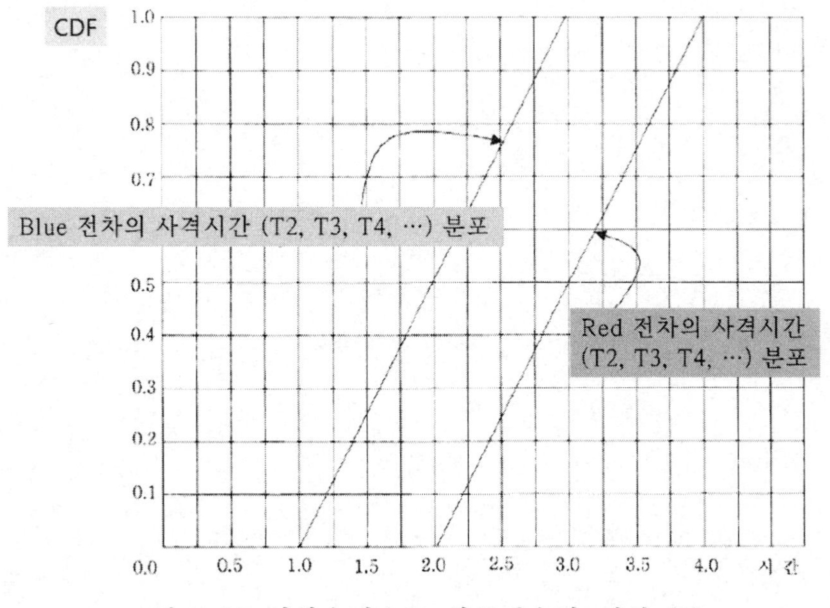

그림 4.33 역함수법으로 확률변수값 생성 (2)

시뮬레이션을 진행하기 위해서 시뮬레이션 시간 $t = 0$ 에서 각 무기체계별로 상대측의 전투개체에 대한 표적할당을 한다. Blue Force 는 3 대의 전투개체가 있고 Red Force 는 4 개의 전투개체가 있다. Blue Force 에 4 대의 Red Force 중 하나를 할당하여야 하므로 B1 에 Red 개체를 할당하기 위해 난수를 발생시켜 0~0.25 이면 R1 을 할당하고 0.25~0.50 이면 R2 를 할당하고 0.50~0.75 이면 R3 을 0.75~1.00 이면 R4 를 할당한다.

이 책의 4.7.3 절에서 설명된 것과 같이 연속형 분포에서 발생하는 난수는 0.25, 0.50, 0.75 와 같이 경계점을 정확히 발생할 확률은 거의 없으므로 이런 구간으로 중복해서 판단해도 문제가 없다. 동일한 방법으로 Red 전투개체에도 Blue 전투개체를 할당한다. 물론 Blue 전투개체는 3 개밖에 없으므로 0.0~1/3, 1/3~2/3, 2/3~1.0 으로 난수를 생성하여 판단한다.

이러한 방법으로 양측의 전투개체에 대해 상대측의 전투개체를 할당하고 사건시간을 역함수법으로 난수를 발생시켜 구한다. Blue 와 Red 전차는 표적획득과 첫 번째 사격이 이루어진 상태(A+F)를 나타내며 Blue 대전차화기는 표적획득 상태(A)를 나타낸다. 이렇게 발생한 모든 사건은 미래사건목록에 기록된다. $t = 0$에서는 모든 전투개체가 생존해 있다.

표 4.20 $t = 0$에서 시뮬레이션 표

Simulation Time			t = 0.00		
진영	무기	표시	상태	표적	사건시간
B	전차 1	B1	생존	R3	**2.40**
	대전차화기 1	B2	생존	R3	4.31
	대전차화기 2	B3	생존	R2	3.10
R	전차 1	R1	생존	B1	3.93
	전차 2	R2	생존	B3	5.30
	전차 3	R3	생존	B3	5.17
	전차 4	R4	생존	B1	4.11

역함수 방법으로 사건시간 생성

난수로 표적 할당

미래사건목록에서 긴급사건은 B1 이 R3 을 공격하는 것이므로 이 사건을 미래사건목록에서 삭제하고 시간을 $t = 2.40$ 으로 진행시킨다. B1 이 R3 을 명중시키는 여부는 난수를 발생시켜 명중률과 비교하여 명중(파괴)여부를 판단한다. Red 전차가 Blue 전차를 명중시킬 확률이 0.4 이므로 난수를 발생시켜 0.0~0.4 이면 명중(파괴), 그렇지 않으면 불명중으로 판단한다. 시뮬레이션 표 4.21 에서는 R3 가 파괴되었다. R3 가 제거되었으므로 R3 로 표적할당을 받은 B2 는 난수를 이용하여 새로운 표적 R4 를 할당한다.

표 4.21 $t = 0$, $t = 2.4$에서 시뮬레이션 표

Simulation Time			t = 0.00			t = 2.40		
진영	무기	표시	상태	표적	사건시간	상태	표적	사건시간
B	전차 1	B1	생존	R3	**2.40**	생존	**R2**	5.43 (2.40+3.03)
	대전차화기 1	B2	생존	R3	4.31	생존	**R4**	4.67 (2.40+2.27)
	대전차화기 2	B3	생존	R2	3.10	생존	R2	**3.10**
R	전차 1	R1	생존	B1	3.93	생존	B1	3.93
	전차 2	R2	생존	B3	5.30	생존	B3	5.30
	전차 3	R3	생존	B3	5.17	파괴		
	전차 4	R4	생존	B1	4.11	생존	B1	4.11
						B1이 표적 R3 파괴		
						B1과 B2에 새로운 표적 할당		

B2가 R3를 공격하는 것은 대전차화기의 경우 표적획득이 t =4.67에서 발생한 것이므로 초탄 발사 소요시간을 더해서 고려해야 한다. 다음 긴급사건은 t = 3.10에 B3가 R2를 공격하는 것인데 같은 방법으로 난수를 발생시켜 명중여부를 판단하게 된다. 이러한 일련의 절차로 교전상황을 계속 묘사한다.

다음 긴급사건은 R1이 B1을 공격하는 것이므로 t = 3.93인 사건이다. 표 4.22에서는 R1은 B1을 파괴시키는데 실해하는 것을 보인다.

표 4.22 $t = 3.10, t = 3.93$ 에서 시뮬레이션 표

Simulation Time			t = 3.10			t = 3.93		
진영	무기	표시	상태	표적	사건시간	상태	표적	사건시간
B	전차 1	B1	생존	R4	8.35 (3.10+5.25)	생존	R4	8.35
	대전차화기 1	B2	생존	R4	4.67	생존	R4	4.67
	대전차화기 2	B3	생존	R1	7.83 (3.10+4.73)	생존	R1	7.83
R	전차 1	R1	생존	B1	**3.93**	생존	B1	5.66 (3.93+1.73)
	전차 2	R2	파괴					
	전차 3	R3						
	전차 4	R4	생존	B1	4.11	생존	B1	**4.11**
			B3이 표적 R2 파괴			R1이 표적 B1 파괴 실패		
			B1과 B3에 새로운 표적 할당			R1의 시간 갱신		

4.6.9 Activity-scanning DES

모델링을 하는 사람은 모델의 활동(Activity)와 활동이 실행될 수 있는 조건을 중심으로 모델링을 한다. 각 시간 진행시에 각 활동들의 조건이 검사되고 조건이 충족되면 해당되는 활동을 실행한다. 기본적으로 이 방법은 고정시간 증가방법을 사용한다. 단점으로는 시간갱신시 마다 모든 활동들이 실행될 수 있는지 검사를 해야 하기 때문에 시뮬레이션의 속도가 느릴 수 있다.

이러한 단점을 극복하기 위해 3 단계 접근법이 개발되었다. 이 방법은 Event-scheduling 방법과 Activity-scanning 방법이 조합된 방법이다. 3 단계 접근법은 사건(Event)을 기간이 0 인 활동(Activity)라고 간주한다. 3 단계 접근법에서는 2 가지 종류의 활동이 있는데 B(Bounded)형태와 C(Conditional) 형태이다.

B 형태 활동은 모든 주요 사건과 무조건적인 활동들인데 실행되기 위한 조건이 다 충족된 활동들이다. 즉, Activity 에 필요한 자원이 충족되어 실행 대기하고 있는 활동이다. C 형태 활동은 어떤 조건이 만족해야 실행될 수 있는 조건이 충족되지 않은 활동들이다. 즉, 실행을 위해 자원이 필요한데 아직 자원이

할당되지 않은 활동이다. B 형태 활동은 Event-scheduling 접근법과 같이 실행시간 전에 계획될 수가 있다.

이 활동들은 고정시간 증가방법이 아닌 가변시간 증가방법으로 시간을 진행시킨다. 미래사건목록에는 오직 B 형태 활동들만 포함시킬 수 있다. 모든 B 형태 활동들이 완료되고 난 이후 각 시간진행 종료시점에 C 형태 활동들이 일어나는지 또는 실행될 수 있는지를 검사한다.

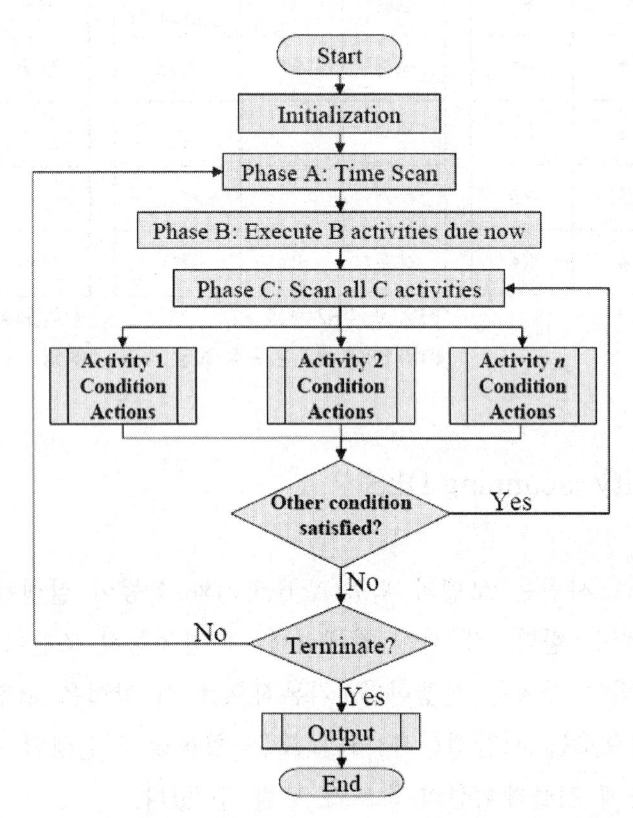

그림 4.34 Activity-scanning DES 절차

Activity-scanning 방법으로 모델링하는 절차는 다음과 같다.

(1) 개체 정의

(2) 활동(Activity) 정의.

Activity 는 상수 또는 확률변수가 될 수 있다.

Queue 는 상수, 확률변수, 0 이 될 수 있다.

(3) Activity 를 네모로 Queue 를 원으로 표시하여 단일 개체의 Activity 와 Queue 를 Activity 순서에 따라 서로 연결하여 연결고리 구성 (Activity 와 Activity 간에는 반드시 Queue 로 구성)
(4) 시스템의 모든 개체에 대해 단계 3 과 같은 방법으로 Activity- Queue 연결고리 형성

시뮬레이션 절차는 다음과 같다.

(1) 초기 시간을 예정하여 모든 활동에서 B 형태 활동을 식별하여 미래사건목록에 등록한다.
(2) 미래사건목록으로부터 최근에 발생한 사건을 찾아내고 시뮬레이션 시간을 그 활동시간만큼 전진시킨 후에 활동을 실행한다.
실행결과에 따라 C 형태 활동과 B 형태 활동을 갱신시키고 활동시간을 예정하여 미래사건목록에 등록한다.
(3) 종료 조건이 완료될 때까지 2 를 반복한다.

H 헬기 M2 엔진 정비 문제를 예를 들어 설명한다. 헬기 10 대를 운용하는 항공단에서 엔진정비를 위한 시뮬레이션을 Activity-scheduling 방법으로 실시한다. 엔진은 고장이나 정기점검 때만 정비창으로 보내지고 정기점검은 20 일 간격으로 실시된다. 이 항공단에는 1 개 부대정비팀과 2 개의 특수정비팀을 보유하고 있다. 부대정비팀은 고장난 엔진을 분리하거나 조립만 가능한 수준이며 특수정비팀은 정비공장 정비를 담당한다. 특수정비팀은 한 시점에 1 개의 엔진만 수리 가능하며 동시에 2 개 엔진 수리는 불가능하다.

엔진고장시 즉각조치를 위해 2 대의 M2 엔진을 대충장비로 가지고 있으며 고장난 엔진을 정비공장으로 이동하는 것과 엔진분리와 엔진조립은 각각 0.5 일이 소요된다. 정비정책상 전투력 유지를 위해 조립이 분리보다 우선하여 시행된다. 개체를 표현하기 위해 다음과 같은 기호를 사용한다.

- H 헬기: H1, H2,...,H10
- 엔진을 제외한 H 헬기의 본체: HB1, HB2,...,HB10

- M2 엔진: M
- 부대정비팀: R1
- 특수정비팀: S1, S2
- 활동 및 대기

M2 엔진이 고장날 일자별 확률은 표 4.23 과 같다.

표 4.23 M2 엔진이 고장날 일자별 확률

고장발생일 (R)	고장날 확률	누적확률	고장발생일 (R)	고장날 확률	누적확률
1	0.0000	0.0000	14	0.0956	0.3632
2	0.0000	0.0000	15	0.1024	0.4656
3	0.0000	0.0000	16	0.1024	0.5680
4	0.0002	0.0002	17	0.0961	0.6641
5	0.0007	0.0009	18	0.0848	0.7489
6	0.0019	0.0028	19	0.0706	0.8195
7	0.0048	0.0076	20	0.0557	0.8752
8	0.0104	0.0180	21	0.0418	0.9170
9	0.0194	0.0374	22	0.0299	0.9469
10	0.0325	0.0699	23	0.0240	0.9673
11	0.0486	0.1185	24	0.0132	0.9805
12	0.0663	0.1848	25	0.0195	1.0000
13	0.0828	0.2676			

특수 정비팀의 정비 소요일 확률은 표 4.24 과 같다.

표 4.24 정비소요일 확률

정비소요일	확률	누적확률
1	0.125	0.125
2	0.125	0.250
3	0.125	0.375
4	0.125	0.500
5	0.125	0.625
6	0.125	0.875
7	0.125	1.000

다음은 앞에서 설명한 대로 모델링을 순서에 따라 진행한다.

(1) 개체정의

헬기 엔진 정비문제에서 개체는 H 헬기, M2 엔진, 부대정비팀, 특수정비팀이다.

(2) 활동정의

H 헬기, M2 엔진, 부대정비팀, 특수정비팀의 활동을 그림 4.35 와 같이 정의한다.

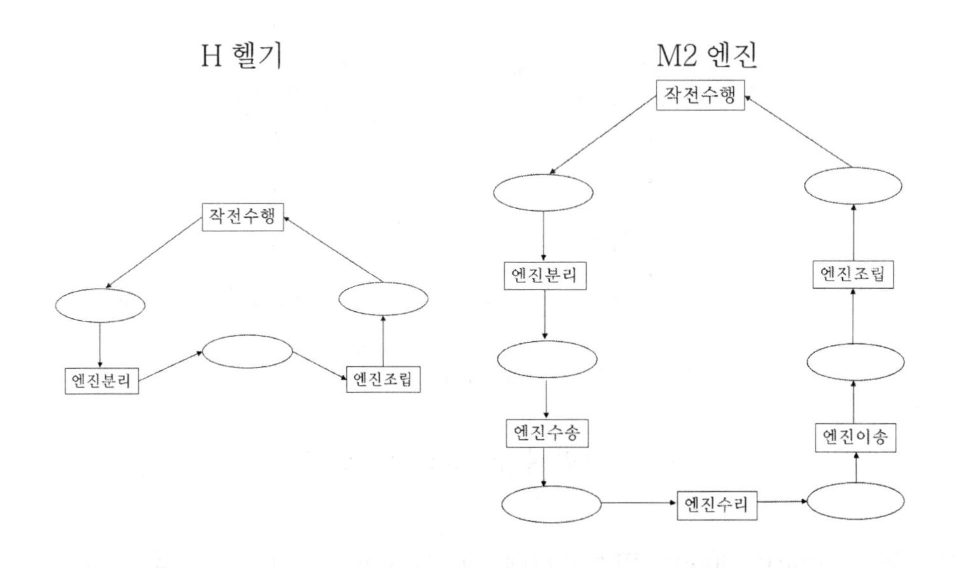

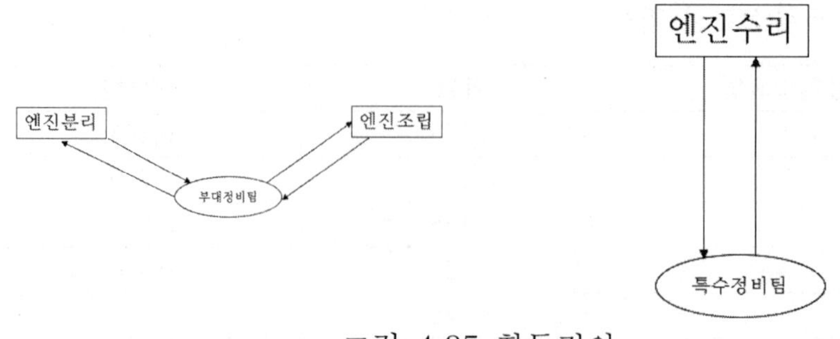

그림 4.35 활동정의

H 헬기 정비체계의 단일 Activity-Queue 연결고리 완성 및 활동을 구분하면 H 헬기는 작전수행, 엔진분리, 엔진조립으로 구분되고 M2 엔진은 엔진분리, 엔진수송, 엔진수리, 엔진이송, 엔진조립, 작전수행으로 구분된다. 부대정비팀은 엔진분리, 엔진조립 활동으로 구분되고 특수정비팀은 엔진수리의 단일 활동으로 정리할 수 있다.

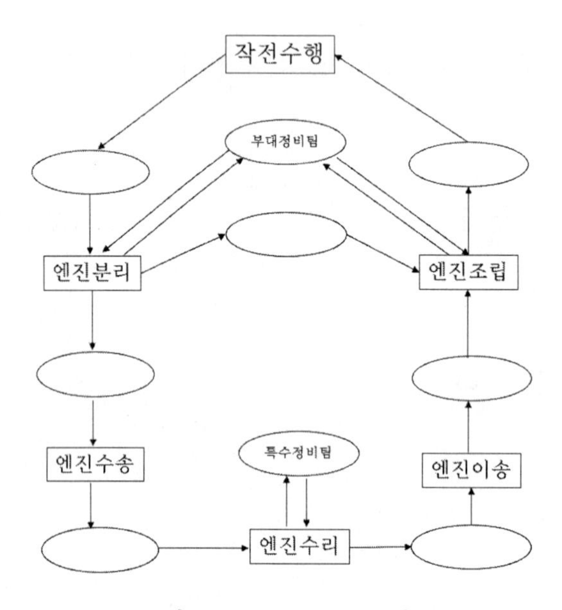

그림 4.36 Activity 연결

연결된 Activity-Queue 연결고리에 각 Activity 와 Queue 를 구분하기 위해 기호를 붙이면 다음과 같다.

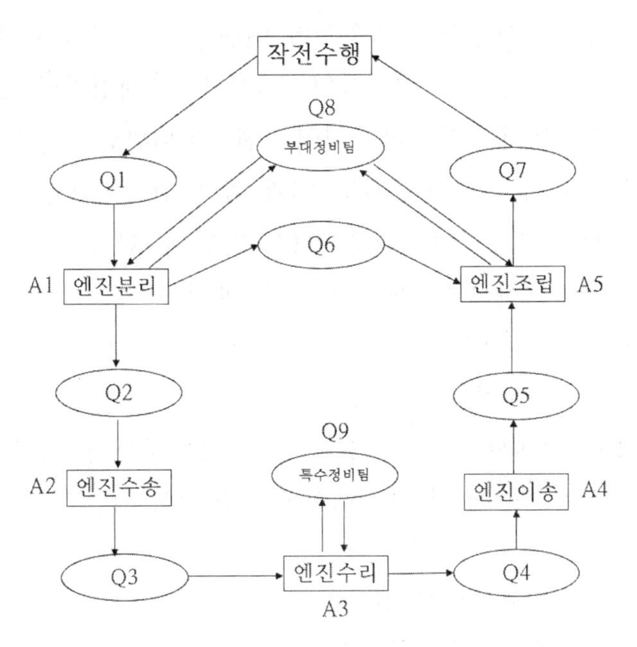

그림 4.37 Activity 와 Queue 를 구분

H 헬기의 고장시간은 난수를 이용하여 다음과 같이 생성하였다.

표 4.25 헬기 고장시간

H헬기의 고장 시간 단위 : 일

H1	H2	H3	H4	H5	H6	H7	H8	H9	H10
8	16	9	20	11	14	12	12	15	15

시뮬레이션을 시작한지 8 일차에 H1 이 고장이 발생하므로 엔진분리 A1 활동이 B 형태 활동이 된다. 왜냐하면 엔진분리를 위한 부대정비팀이 가용하기 때문이다. 따라서 A1 활동을 실행하면 H1 은 HB1 과 M, R1 이 결합되고 시간은 0.5 일이 소요되기 때문에 8.5 일이 된다. 이 때 조립대기(엔진) Queue 에는 2 개의 대충장비 엔진이 위치하고 특수정비팀은 Q9에 위치한다. 가용헬기는 10대에서 1 대가 엔진분리가 되었기 때문에 9 대가 된다. 미래사건목록에는 다음 고장나는 헬기와 시간이 삽입되는데 (H3, 9)가 되고 B 형태 활동 A1 도 같이 기록된다.

미래사건목록에서 긴급사건은 A1 이므로 A1 을 미래사건목록에서 제거하고 시간을 8.5 일로 이동한다. A1 에서 분리된 엔진은 엔진수송을 하는데 0.5 일이 소요되어 (A2, 9 일)로 이동하고 대충장비 엔진인 M2 엔진 1 대를 엔진조립활동 A5 에서 조립한다. A5 는 대충장비 엔진과 부대정비팀 R1 이 결합되어 실행가능하므로 B 형태 활동이 되어 엔진조립완료시간은 9 일이 된다. 미래사건목록에는 A5 가 들어가서 (H3, 9)과 함께 위치한다.

미래사건목록에서 다음 긴급사건은 (H3, 9)인데 엔진을 A1 활동이 B 형태 활동이라서 엔진을 분리하고 H1 에서 분리된 엔진은 특수정비팀 중 한 팀에 의해 수리를 받게 된다. 특수정비팀 정비 시간은 난수로 2 일이 결정되었다고 가정하고 시뮬레이션 표 4.26 가 작성되어 있다.

이러한 방법대로 미래사건목록에서 긴급사건을 찾아서 시간을 진행시키고 B 형태 활동을 실행시켜 나가면서 시뮬레이션을 진행시킨다.

표 4.26 헬기 정비 시뮬레이션 표

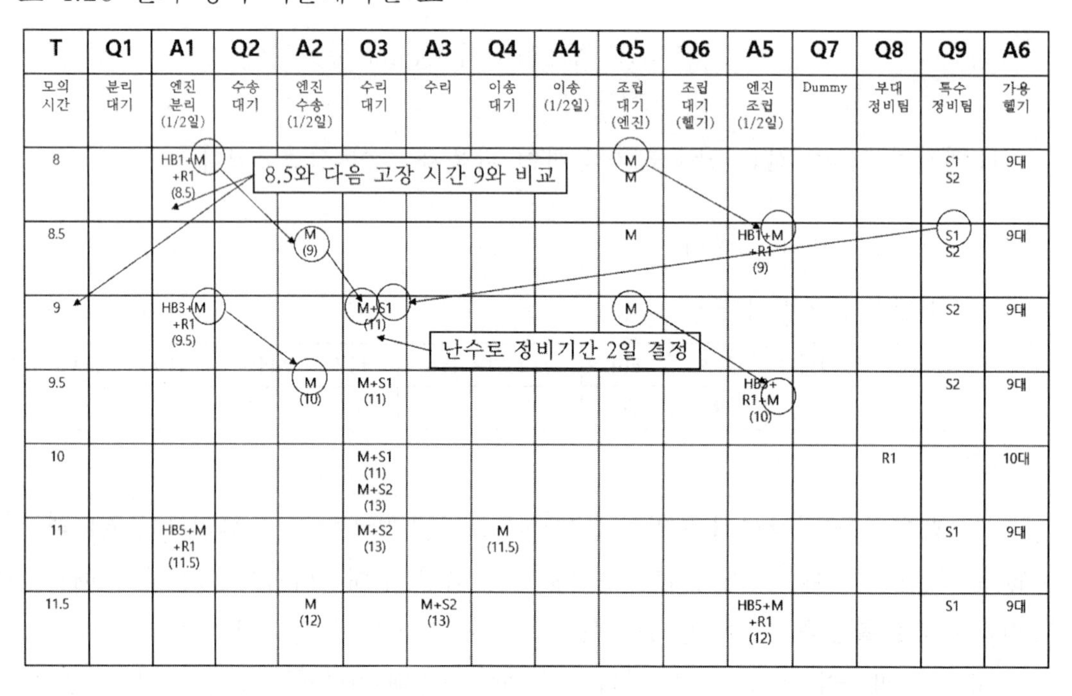

T	Q1	A1	Q2	A2	Q3	A3	Q4	A4	Q5	Q6	A5	Q7	Q8	Q9	A6
모의 시간	분리 대기	엔진 분리 (1/2일)	수송 대기	엔진 수송 (1/2일)	수리 대기	수리	이송 대기	이송 (1/2일)	조립 대기 (엔진)	조립 대기 (헬기)	엔진 조립 (1/2일)	Dummy	부대 정비팀	특수 정비팀	가용 헬기
8		HB1+M +R1 (8.5)							M M					S1 S2	9대
8.5				M (9)					M		HB1+M +R1 (9)			S1 S2	9대
9		HB3+M +R1 (9.5)			M+S1 (11)				M					S2	9대
9.5				M (10)	M+S1 (11)						HB3+ R1+M (10)			S2	9대
10					M+S1 (11) M+S2 (13)								R1		10대
11		HB5+M +R1 (11.5)			M+S2 (13)		M (11.5)							S1	9대
11.5				M (12)		M+S2 (13)					HB5+M +R1 (12)			S1	9대

4.6.10 Process-interaction DES

Process-interaction 방법은 사건적으로 정렬된 사건목록과 활동, 지연으로 개체의 수명주기를 중심으로 시뮬레이션하는 방법이다. 일반적으로 많은

Process 들이 하나의 모델에서 동시에 활성화되어 있다. 이 방법은 직관적인 호소력이 있기 때문에 시뮬레이션 소프트웨어에서 많이 구현되고 있다.

Process-interaction 방법은 개체단위의 관점, 즉 Process 중심으로 시스템을 바로본다. 따라서 모델은 흐름도에 의해 표현되고 대부분의 시각적 시뮬레이션 시스템은 사용자에게 Process 중심을 제공한다. 특히, 이 방법은 네트워크 구조를 사용하여 쉽게 프로그래밍할 수 있다.

실제 구현시는 Process 는 시간이 지날 때까지 대기할 수도 있고 다른 Process 들간 상호의존도를 표현하기 위해 조건변수를 사용하고 동기화를 실시한다. 그림 4.38 을 보면 고객 n과 고객 $n+1$의 수명주기가 표현되어 있는데 서비스 인원이 1 명이라면 고객 n의 서비스가 종료되어야 고객 $n+1$의 서비스가 시작될 수 있다.

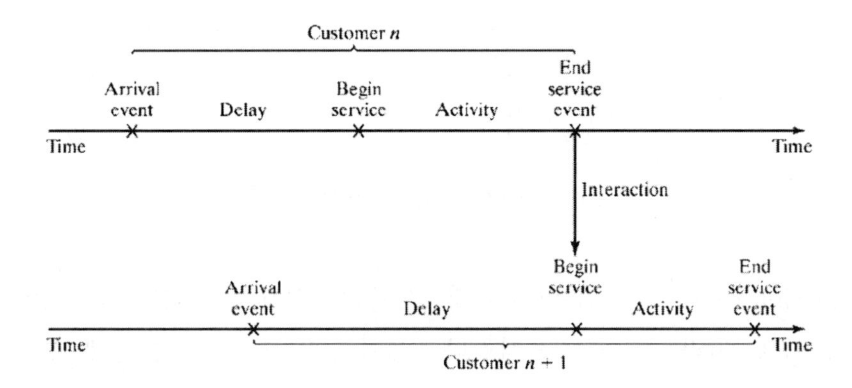

그림 4.38 고객과 Process

Process 는 Conditional Segment(Decision of Action Segment)와 Action Segment 로 구분한다. Process-interaction 방법에서는 미래사건목록(FEL: Future Event List)뿐만 아니라 현재사건목록(CEL: Current Event List)도 관리한다. CEL 에서 조건이 충족시 Event 실행를 실행한다.

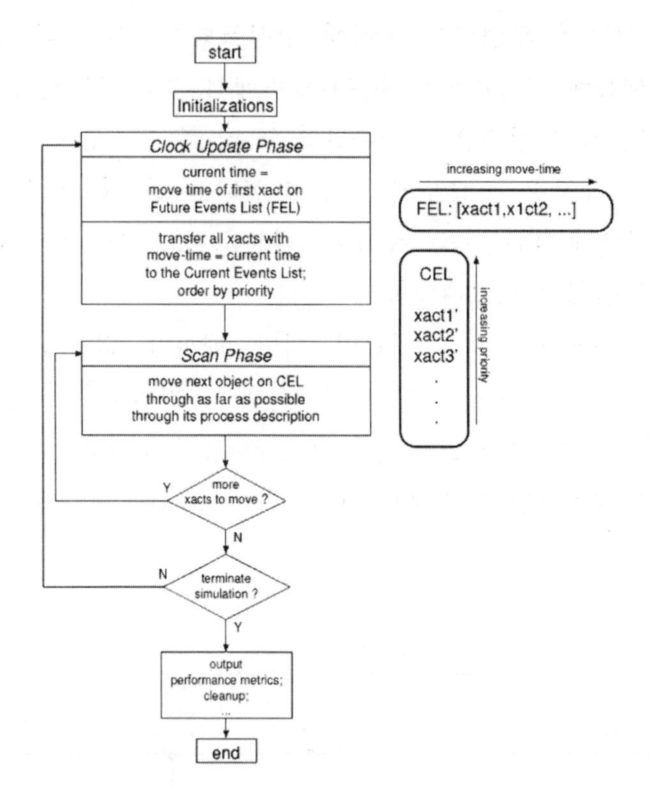

그림 4.39 Process-interaction DES 절차

Process-interaction 방법을 세차장 시뮬레이션으로 설명한다. 세차장에서는 도착한 순서에 따라 세차를 실시한다. 세차기가 2 대가 있는데 만약 세차기 1(CW1)과 2(CW2)가 모두 가용하면 세차기 1(CW1)에서 우선 세차 서비스를 받는다. 세차를 받을 차량의 도착시간은 난수를 이용하여 다음과 같이 발생시켰다.

- 세차 받을 차량 도착시간: 3, 8, 9, 14, 16, 22
- 세차시간: CW1(8 분), CW2(10 분)

자원과 Process 를 정의하면 자원은 세차시설(세차기 1, 세차기 2)이고 Process 는 세차받을 차량 도착(C1, C2, C3,…)과 세차 서비스(S1, S2, S3,…)이다.

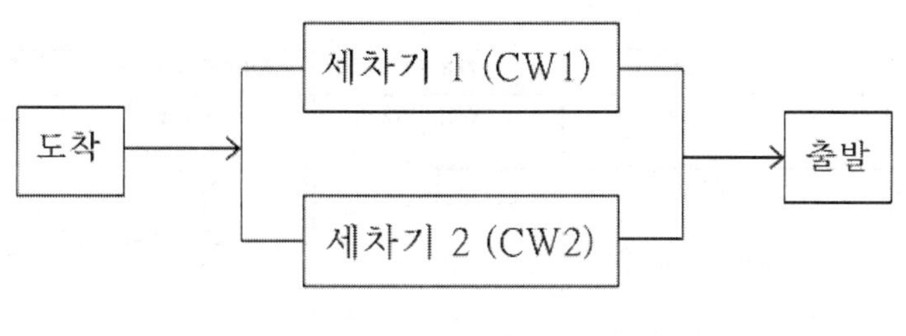

그림 4.40 세차장 구조

시뮬레이션 시간 $t = 0$ 에서 가용자원은 CW1, CW2 가 되며 대기행렬 내 Process 는 없다 미래사건목록에는 난수로 발생된 첫 번째 세차를 받을 차량이 3 분 후에 도착하는 것을 포함하고 있다. 미래사건목록에서 가장 긴급사건인 (C1, 3)을 제거하고 시간을 진행시키면 $t = 3$이 된다.

미래사건목록에 있던 (C1, 3)은 현재사건목록에 삽입되고 미래사건목록에 (S1, Null, 3)으로 S1 의 시작시간이 결정된다. 여기서 Null 은 CW1 과 CW2 중에 어느 자원이 할당된 것이 아니기 때문에 이런 방식으로 표현한다. 또한 두 번째 세차받을 차량의 도착이 난수로 발생한 8 분이기 때문에 미래사건목록에 (C2, 8)이 삽입된다. 2 개의 미래사건목록 중 긴급사건이 (S1, Null, 3)이기 때문에 이 사건을 현재사건목록으로 이동시키고 CW1 을 할당한다. 그러므로 가용자원은 CW2 만 남게되고 CW1 의 세차 소요시간이 8 분이므로 S1 의 종료시간은 11 분이 된다. 따라서 미래사건목록에는 (S1, CW1, 11)과 (C2, 8)이 포함된다.

이러한 방법으로 시뮬레이션을 진행시켜 나가는데 각 개체의 수명주기 Process 관점에서 하나의 개체 서비스 시작이 다른 개체에 제약을 받으면 대기행렬에 기다리다가 서비스를 시작한다. $t = 9$ 에서 (S3, Null, *)는 현재사건목록의 (S3, Null, 9)이 자원이 부족하여 서비스 종료시간이 언제가 될 지 모르기 때문에 표현한 것이다.

Process-interaction 방법에서는 수명주기가 처음 시작되는 개체의 시스템의 도착과 서비스, 대기, 서비스 받은 이후 시스템을 떠나는 관점에서 모델링을 하고 시뮬레이션을 실시한다.

표 4.27 세차장 시뮬레이션 표

Simulation 시간	CEL	가용자원	대기행렬 내 Process	FEL
0	null	CW1, CW2	None	(C1, 3)
3	(C1, 3)	CW1, CW2	None	(S1, Null, 3) (C2, 8)
3	(S1, Null, 3)	CW2	None	(S1, CW1, 11) (C2, 8)
8	(C2, 8)	CW2	None	(S1, CW1, 11) (S2, Null, 8) (C3, 9)
8	(S2, Null, 8)	None	None	(S1, CW1, 11) (S2, CW2, 18) (C3, 9)
9	(C3, 9)	None	None	(S1, CW1, 11) (S2, CW2, 18) (S3, Null, 9) (C4, 14)
9	(S3, Null, 9)	None	(S3, Null, *)	(S1, CW1, 11) (S2, CW2, 18) (C4, 14)
11	(S1, CW1, 11)	None	None	(S2, CW2, 18) (C4, 14) (S3, CW1, 19)
14	(C4, 14)	None	(S4, Null, *)	(S2, CW2, 18) (S3, CW1, 19) (S3, Null, 14) (C5, 16)

S1시작시간 결정

C2 도착시간 결정

S1을 위해 CW1 할당 종료시간결정

S2시작시간 결정

C3 도착시간 결정

4.7 Monte Carlo 시뮬레이션

4.7.1 Monte Carlo 시뮬레이션 개요

Monte Carlo 시뮬레이션은 무작위 추출된 난수를 이용하여 원하는 방정식이나 함수의 값을 계산하기 위한 알고리즘 및 시뮬레이션의 방법이다. 수학이나 물리학 등에 자주 사용되며, 계산하려는 값이 Closed Form으로 Analytical Solution를 구할 수 없거나 풀이가 복잡한 경우에 근사적으로 계산할 때 사용되며 어느 정도의 오차를 감안해야만 하는 특징이 있다.

Monte Carlo 시뮬레이션은 확률모형을 적용할 수 있는 다양한 분야의 문제에 활용할 수 있는 풀이 방법으로 반도체공학, 통계물리학, 기계 신뢰성의 예측, 유체역학 등 과학 및 공학의 여러 분야뿐만 아니라 금융 분야에서도 적용 가능하다. 생성된 난수를 통해 단위 변수의 패턴을 도출하여 풀이를 목표로 하는 함수가 가진 확률 변수들의 확률분포를 추정하는 작업이 Monte Carlo 시뮬레이션의 핵심이다. 모델링의 통계적인 유의숫자를 구할 때까지 계산이 반복되고, 평균 기대 값과 표준편차가 반영된 확률분포를 도출한다. Monte Carlo 시뮬레이션은 대상에 대한 통계 자료가 많고 입력 값의 분포가 고를수록 정밀한 시뮬레이션 이 가능한 특징이 있다. 무작위 난수를 이용하여 횟수 N번의 반복 시행을 통해 확률분포를 추출하기 때문에 컴퓨터 시뮬레이션을 적용하는 방법으로 발전하였다.

Monte Carlo 시뮬레이션의 이론적 근거는 대수의 법칙(Law of Large Numbers)이다. 우리가 원하는 모수가 어떤 사건이 일어날 확률이라고 한다면 그것은 적분으로 표현되는 것이지만 그 적분을 정확하기 계산하기가 어려우므로 컴퓨터 시뮬레이션으로 자료를 무작위하게 발생시켜 그 중에서 특정 사건이 일어나는 빈도를 계산해서 근사적으로 계산하는 것이다.

4.7.2 원주율 찾는 문제

Monte Carlo 시뮬레이션으로 원주율 π를 구해 보자. 그림 4.41에서 원의 검은 부분의 면적은 $\frac{\pi r^2}{4}$이고 전체 원을 둘러 싸고 있는 사격형의 우상단 진한 사격형 면적은 $1 \times 1 = 1$ 이다. 진한 사격형 면적 대 원의 검은 부분 면적의 비는 $\frac{(\pi r^2/4)}{1}$이다. 만약 사격형의 우상단 진한 사격형에 무작위로 돌을 던진다면 원의 검은 부분에 맞을 확률은 다음과 같다.

$$\frac{\text{원에 맞은 돌의 수}}{\text{던진 돌의 수}} = \frac{\pi}{4}, \rightarrow \pi = 4 \times \frac{\text{원에 맞은 돌의 수}}{\text{던진 돌의 수}}$$

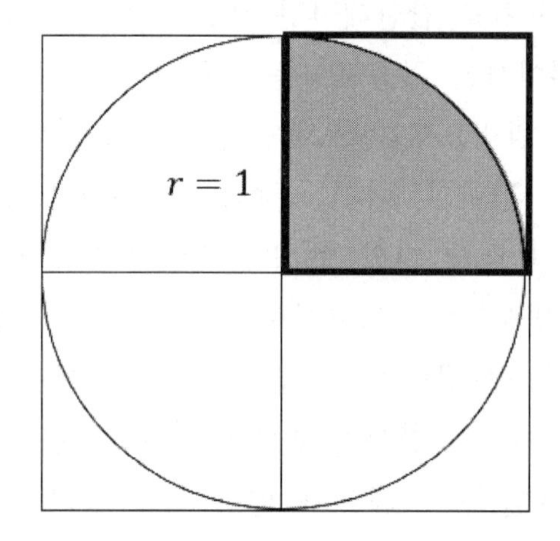

그림 4.41 π를 구하기 위한 Monte Carlo 시뮬레이션

N 을 던진 돌의 수라고 하고 M 을 원의 검은 부분에 맞은 돌의 수라고 하고 다음과 같은 절차로 시뮬레이션을 한다.

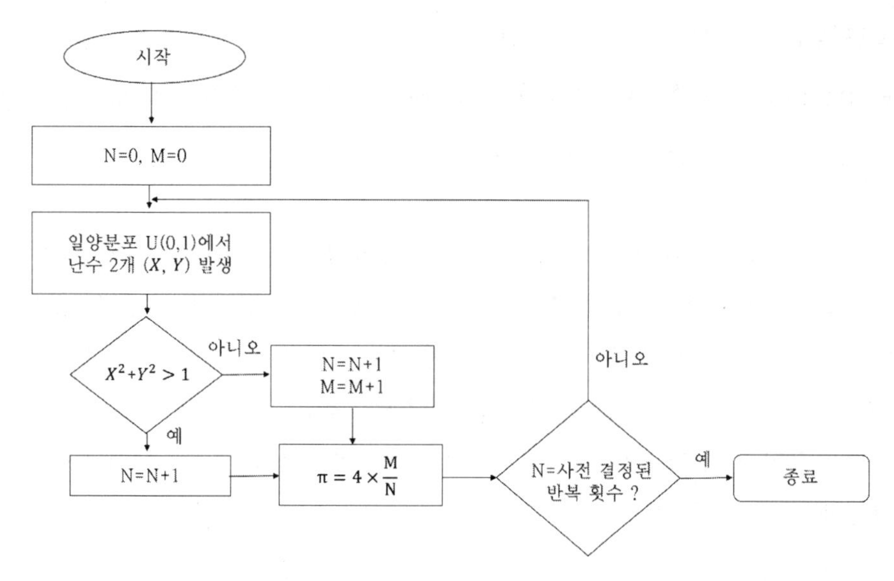

그림 4.42 π를 구하기 위한 Monte Carlo 시뮬레이션 절차

이렇게 해서 반복횟수를 증가시킬수록 π값은 참값에 더 근사한 값이 도출된다.

표 4.28 반복횟수에 따른 π 값 수렴

반복횟수	10	100	1,000	10,000	100,000	1,000,000
π	2.4	3.24	3.148	3.1465	3.14158	3.141592

4.7.3 물품 구입량 결정 문제

다음은 어떤 기념품 가게에서 기념품 구입량 결정을 위한 Monte Carlo 시뮬레이션을 설명한다. 어떤 기념품 판매점에서 기념품 1 개 주문비용은 7,500 원, 기념품 1 개 판매비용은 10,000 원, 기념품 반품시 되팔아 생기는 수입은 2,500 원이라고 하자. 즉, 주문한 1 개을 판매시는 2,500 원의 이익이 생기지만 반품시는 7,500 원에 구입하여 2,500 원에 되팔게 됨으로써 5,000 원의 손해를 보게 된다. 그러면 이 기념품점에서 얼마만큼의 기념품을 공장으로부터 주문하는 것이 좋은가 하는 것을 시뮬레이션해 본다. 이 기념품점의 이익은 다음과 같은 수식으로 표현할 수 있다.

이윤=판매수입-주문비용+ 반품수입

$$= 10{,}000 \times min(\text{주문량}, \text{수요량}) - 7{,}500 \times \text{주문량} + 2{,}500 \times max(\text{주문량} - \text{수요량}, 0)$$

시뮬레이션을 하기 위해서는 입력자료가 있어야 하는데 과거 데이터를 가지고 분석하게 된다. 과거의 기념품이 수요된 수량을 조사해 보면 표 4.29 와 같다. 수요량으로 확률을 구하고 누적확률을 구한 다음 난수를 발생시켜 해당 범위안에 들어오면 수요량으로 간주한다. 난수배정에서 범위가 중복되어도 실제 연속형 확률변수이 값인 난수가 정확히 경계선에 있을 확률은 0 이고 실제로도 나타나지 않기 때문에 문제가 없다.

표 4.29 수요량과 확률

수요량	확률	누적확률	난수 배정
100	0.3	0.3	0~0.3
150	0.2	0.5	0.3~0.5
200	0.3	0.8	0.5~0.8
250	0.15	0.95	0.8~0.95
300	0.05	1	0.95~1

시뮬레이션은 결정된 대안에 대한 분석이기 때문에 먼저 대안을 설정해야 한다. 첫 번째 대안은 주문량을 200 개로 했을 때 이익에 대한 분석이다. 난수를 발생시켜 수요량을 판단하고 이 수요량에 대한 판매수입과 주문비용, 반품비용을 찾아 이윤을 계산한다. 이러한 절차대로 100 번의 시뮬레이션을 실시하여 평균과 표준편차를 구한다. 표 4.30 은 주문량 200 개에 대한 이익을 시뮬레이션한 것이다.

표 4.30 기념품 가게 시뮬레이션 표

반복활동	난수	수요량	판매수입	주문비용	반품수입	이윤
1	0.518589	200	2,000,000	1,500,000	0	500,000
2	0.737737	200	2,000,000	1,500,000	0	500,000
3	0.91907	250	2,000,000	1,500,000	0	500,000
4	0.617445	200	2,000,000	1,500,000	0	500,000
5	0.508231	200	2,000,000	1,500,000	0	500,000
6	0.769298	200	2,000,000	1,500,000	0	500,000
7	0.251295	100	1,000,000	1,500,000	250,000	-250,000
8	0.240074	100	1,000,000	1,500,000	250,000	-250,000
9	0.155963	100	1,000,000	1,500,000	250,000	-250,000
10	0.27171	100	1,000,000	1,500,000	250,000	-250,000
11	0.700618	200	2,000,000	1,500,000	0	500,000
12	0.107299	100	1,000,000	1,500,000	250,000	-250,000
13	0.555182	200	2,000,000	1,500,000	0	500,000
14	0.716195	200	2,000,000	1,500,000	0	500,000
15	0.475077	150	1,500,000	1,500,000	125,000	125,000
16	0.612092	200	2,000,000	1,500,000	0	500,000
17	0.932073	250	2,000,000	1,500,000	0	500,000
18	0.011846	100	1,000,000	1,500,000	250,000	-250,000
19	0.14915	100	1,000,000	1,500,000	250,000	-250,000
20	0.757318	200	2,000,000	1,500,000	0	500,000
21	0.327087	150	1,500,000	1,500,000	125,000	125,000
22	0.148659	100	1,000,000	1,500,000	250,000	-250,000
23	0.815207	250	2,000,000	1,500,000	0	500,000
24	0.992125	300	2,000,000	1,500,000	0	500,000
25	0.673021	200	2,000,000	1,500,000	0	500,000
26	0.828321	250	2,000,000	1,500,000	0	500,000
27	0.298386	100	1,000,000	1,500,000	250,000	-250,000
84	0.994631	300	2,000,000	1,500,000	0	500,000
85	0.374212	150	1,500,000	1,500,000	125,000	125,000
86	0.208193	100	1,000,000	1,500,000	250,000	-250,000
87	0.566566	200	2,000,000	1,500,000	0	500,000
88	0.493514	150	1,500,000	1,500,000	125,000	125,000
89	0.109882	100	1,000,000	1,500,000	250,000	-250,000
90	0.073639	100	1,000,000	1,500,000	250,000	-250,000
91	0.922401	250	2,000,000	1,500,000	0	500,000
92	0.364916	150	1,500,000	1,500,000	125,000	125,000
93	0.524259	200	2,000,000	1,500,000	0	500,000
94	0.882077	250	2,000,000	1,500,000	0	500,000
95	0.226438	100	1,000,000	1,500,000	250,000	-250,000
96	0.531786	200	2,000,000	1,500,000	0	500,000
97	0.901466	250	2,000,000	1,500,000	0	500,000
98	0.673985	200	2,000,000	1,500,000	0	500,000
99	0.654539	200	2,000,000	1,500,000	0	500,000
100	0.209093	100	1,000,000	1,500,000	250,000	-250,000

이러한 방법대로 주문량을 100 개부터 25 개 단위로 증가시켜 300 개까지 시뮬레이션하여 평균이익과 표준편차를 그림 4.43 과 같이 구하였다.

주문량	평균이윤	표준편차
	233,750	329,837
100	250,000	0
125	267,500	80,482
150	285,000	160,963
175	250,000	235,367
200	200,000	315,328
225	97,500	355,037
250	81,250	427,649
275	-161,875	408,064
300	-202,500	450,442

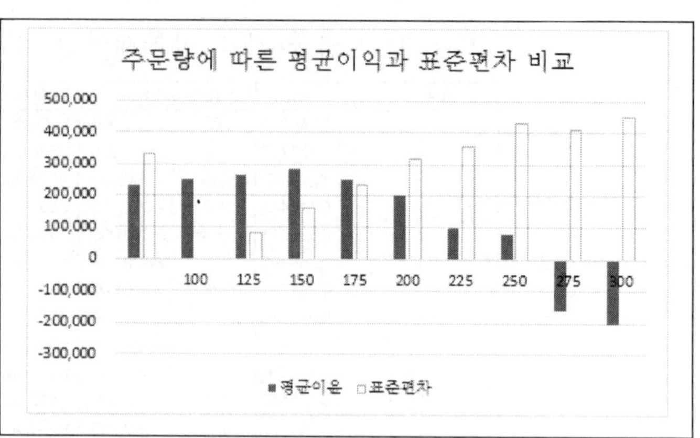

그림 4.43 주문량에 따른 평균이익과 표준편차

평균이익과 표준편차를 구하였으면 통계적 분석을 실시하여 어떤 대안, 즉 주문량이 좋은지 분석하여야 한다. 평균이익이 높다고 해서 반드시 좋은 대안은 아니다. 왜냐하면 표준편차가 크면 평균이익이 높다고 해서 좋은 대안이라고 보장하지 못하기 때문이다.

모집단의 표준편차 σ 를 모를 때 모평균 μ 의 95% 신뢰구간은 t 분포를 사용하여 구하는데 다음과 같은 식을 사용한다. 여기서 $\bar{X}$는 표본의 평균이고 s는 표본의 표준편차, n은 표본수, α는 유의수준이다.

$$\bar{X} \pm t_{\frac{\alpha}{2}, n-1} \times \frac{s}{\sqrt{n}}$$

그러나 표준편차 σ를 모를 때라도 표본의 크기가 충분히 클 때는 표준정규분포 이용이 가능하다.

$$\bar{X} \pm Z_{\frac{\alpha}{2}} \times \frac{s}{\sqrt{n}}$$

가장 적절한 반복활동 횟수를 결정하여야 하는데 절차는 아래와 같다. 원하는 신뢰수준 하에서 최대 허용오차(Maximum Probable Error, 표본오차의 상한값) 결정하는 방법으로 반복활동 횟수를 정한다. 예를 들어 '주문량이 200 개일 때 기대이윤의 신뢰구간의 폭이 130,000 원인데 이를 50,000 원으로 줄이고자 하면 몇번의 반복활동이 필요한가?' 하는 문제를 생각해 보자.

기대이윤의 신뢰구간 폭을 50,000 원으로 줄이고자 하므로 최대 표본오차(A)가 25,000 원이다. 따라서 $Z_{\frac{\alpha}{2}} \times \frac{\sigma}{\sqrt{n}} \leq$ A 가 되고 $n \geq \left(Z_{\frac{\alpha}{2}} \times \sigma\right)^2 / A^2$로 정리된다. σ는 미지의 모수이므로 현재의 반복활동을 통해 나온 표본의 표준편차 사용하든지 모집단의 분포(이윤의 분포)가 정규분포와 흡사하다고 가정할 경우 정규분포의 논리에 의해 $\sigma \cong$ (최대값-최소값)/6 을 사용한다.

예를 들어 이윤의 최대값이 50,000 원이고 최소값이 -25,000 원일 때 편차는 (50,000-(-25,000))/6=12,500 원으로 추정되고 이윤의 분포가 정규분포와 큰 차이를 보이면 $n \geq \left(Z_{\frac{\alpha}{2}} \times \sigma\right)^2 / A^2$으로 구하고 이 반복수만큼 시뮬레이션을 수행한 후 기대이윤에 대한 95% 신뢰구간을 구해보면 신뢰구간의 폭이 원했던 수준으로 나오게 된다.

다음은 두 대안의 통계적 비교에 대해 설명한다. 어떤 두 대안의 통계적 비교는 쌍대 t 검정(Matched Pairs t-test)로 수행한다. 쌍대 t 검정에서 두 모집단의 평균 차이 $\mu_1 - \mu_2$에 대한 신뢰수준 $100 \times (1-\alpha)\%$ 신뢰구간은 다음과 같다.

$$\bar{D} \pm t_{\frac{\alpha}{2}, n-1} \times \frac{S_D}{\sqrt{n}}$$

즉, 신뢰수준의 하한값은 $\bar{D} - t_{\frac{\alpha}{2}, n-1} \times \frac{S_D}{\sqrt{n}}$가 되고 상한값은 $\bar{D} + t_{\frac{\alpha}{2}, n-1} \times \frac{S_D}{\sqrt{n}}$가 된다.

주문량 200 개와 300 개 중 어느 대안이 더 우수한 대안인지 분석하기 위하여 각각의 이익을 구하고 그 차이를 구하는 반복활동을 100 번 진행하였다.

표 4.31 주문량 200 개와 300 개 비교

반복활동	주문량 200	주문량 300	차이(Di)
1	500000	-750000	1250000
2	500000	-375000	875000
3	500000	-750000	1250000
4	-250000	375000	-625000
5	-250000	375000	-625000
6	-250000	-750000	500000
7	-250000	-750000	500000
8	125000	0	125000
9	500000	-375000	875000
10	500000	-375000	875000
11	500000	-750000	1250000
12	-250000	-375000	125000
13	500000	-750000	1250000
14	-250000	-375000	125000
15	500000	-750000	1250000
96	500000	-375000	875000
97	-250000	-750000	500000
98	125000	-375000	500000
99	500000	-750000	1250000
100	-250000	-750000	500000

주문량 200 개와 300 개의 이윤의 차이 $D_i, i = 1,2, \ldots ,100$의 평균 $\overline{D}$와 표준편차 S_D는 다음과 같다.

차이평균	-10000
표준편차	192324.3
신뢰구간 상한값	28161.31
신뢰구간 하한값	-48161.3

이를 이용하여 $\bar{D} \pm t_{\frac{\alpha}{2}, n-1} \times \frac{s_D}{\sqrt{n}}$ 로 신뢰구간 상한값과 하한값을 구하여 아래 3 가지 조건으로 어느 대안이 더 우수한 대안인지 판단한다.

1. $+ \le \mu_1 - \mu_2 \le +$: μ_1 인 대안이 더 선호
2. $- \le \mu_1 - \mu_2 \le -$: μ_2 인 대안이 더 선호
3. $- \le \mu_1 - \mu_2 \le +$: μ_1 μ_2 이 통계적으로 차이가 없음

위의 예에서는 신뢰구간 하한값은 '–' (-48161.3), 상한값은 '+' (28161.31)이므로 통계적으로는 두 대안이 차이가 없다고 판단한다.

만약 다수 대안의 비교를 한다면 2 개 대안의 비교와 같은 방법으로 할 수 없다. 대안의 수가 증가하면 비교의 수가 증가할뿐만 아니라 신뢰구간의 정밀도와 관련된 문제가 발생한다. 예를 들어 설명하면 3 개 대안의 평균을 μ_1, μ_2, μ_3 라고 하자. 앞에서 설명한 두 대안의 통계적 비교방법을 이용해 두 대안의 평균 차이의 신뢰구간을 각각 5%의 유의수준으로 구한 결과가 다음과 같다고 가정하자.

$$+ \le \mu_1 - \mu_2 \le +,\ - \le \mu_2 - \mu_3 \le +,\ + \le \mu_1 - \mu_3 \le +$$

즉, 신뢰구간을 보면 각각 5% 유의수준에서 대안 1 은 대안 2 보다 좋고, 대안 2 는 대안 3 과 통계적으로 의미있는 차이가 없고 대안 1 은 대안 3 보다 좋다는 것을 알 수 있다. 그러므로 대안 1 이 가장 좋은 대안이라고 판단할 수 있다.

그러나 위의 예는 각각의 신뢰구간이 해당 모수를 포함하지 않을 최대확률이 5%이다. 이러한 해당 모수를 포함하지 않을 최대확률을 고려해서 종합적으로 판단하여야 한다. 만약 한 신뢰구간이 해당 모수를 포함하지 않는다면 앞에서 내린 대안 1 이 가장 우수한 대안이라는 결론은 잘못된 것이다. 3 개 대안이 모두 진정한 모수를 포함하지 않는다면 잘못된 결론을 내릴 확률은 15%까지 증가하게 되고 세가지 신뢰구간으로부터 추론한 결과를 신뢰할 수 있는 수준은 85%로 감소하게 된다. 이러한 문제를 해결하는 방법은 Bonferroni 방법이 있다.

4.7.4 표적 명중확률 구하는 문제

다음으로 어떤 무기체계가 특정 표적에 대하여 파괴할 확률이 0.6 이면 파괴여부에 대한 Monte Carlo 시뮬레이션을 해 보자. 절차는 아래와 같다.

(1) 일양분포 U(0,1)에서 난수 발생
(2) 만약 난수 ≤ 0.6 이면 표적 파괴, 그렇지 않으면 표적 파괴 불가로 판정
(3) (1)~(2)를 정해진 수만큼 반복하여 파괴횟수를 반복횟수로 나누어 파괴와 파괴불가로 최종 판단

다음은 Monte Carlo 시뮬레이션으로 표적명중확률을 구하는 실험을 해 본다. 만약 어떤 무기체계의 시험평가 후 수평오차 $\sigma_x = 0.8\,mrad$, 수직오차 $\sigma_y = 1.4\,mrad$ 이라는 것을 알았다고 가정해 보자. 탄착점은 $\mu_x = 0, \mu_y = 0$ 의 정규분포를 가진다. $1{,}000m$ 떨어진 $2 \times 2m$ 표적에 사격을 할 때 명중확률을 Monte Carlo 시뮬레이션을 이용하여 계산해 보자. $1mrad$은 1,000m 거리에서 1m 에 대한 각이므로 이 문제에서는 $mrad$ 을 m 단위로 그대로 환산되어 사용해도 무방하다. 그러나 사거리가 1,000 m 가 아닐 때는 비례식으로 수직오차거리와 수평 오차 거리를 구해야 한다.

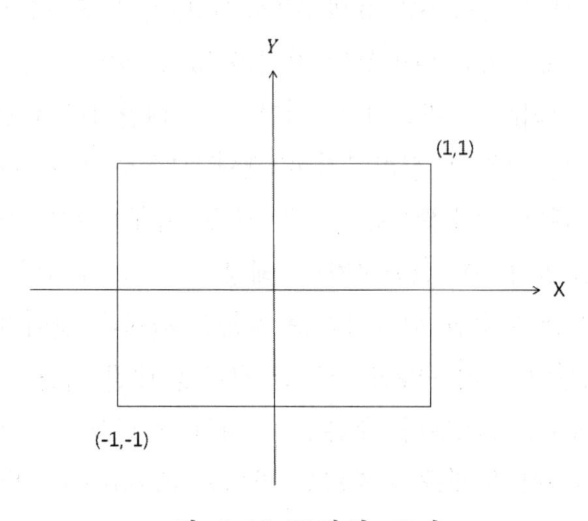

그림 4.44 표적의 크기

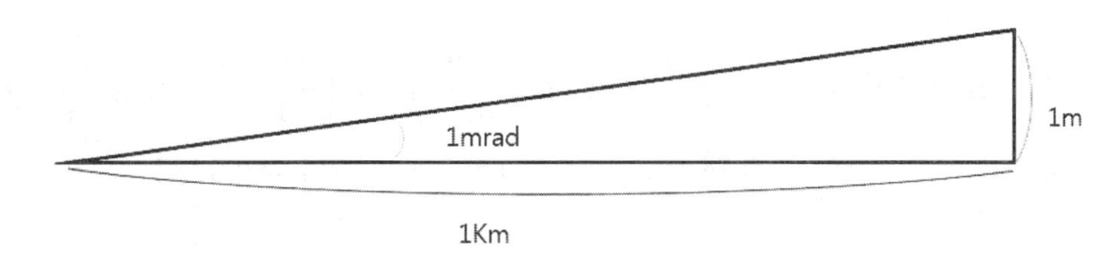

그림 4.45 $1mrad$ 정의

(1) 난수를 이용하여 X, Y 축 성분의 표준정규분포 확률변수 Z_x, Z_y 생성한다.
표준정규분포 확률변수 값을 구하는 방법은 이 책의 3.3.2 를 참조하라.

(2) 수평오차 $\sigma_x = 0.8\,mrad$ 과 수직오차 $\sigma_y = 1.4\,mrad$ 을 적용한 X, Y 축 탄착점 (X, Y)을 구한다.

$$X = 0.8 \times Z_x, \qquad Y = 1.4 \times Z_y$$

(3) (X, Y) 가 표적내부 인지 표적 외부인지를 판단한다. $-1 \leq X \leq 1, -1 \leq Y \leq 1$ 이면 명중한 것이고 그 외의 값은 명중하지 않은 것이 된다.

표 4.32 표적 명중여부 판단

횟수	수평 방향		수직 방향		명중여부
	Z_x	$X = 0.8 \times Z_x$	Z_y	$Y = 1.4 \times Z_y$	
1	-1.04	-0.832	0.88	1.232	불명중
2	1.00	0.8	0.55	0.77	명중
3	-0.89	-0.712	-0.68	-0.952	명중
⋮	⋮	⋮	⋮	⋮	⋮
10,000	1.5	1.2	0.7	0.98	불명중

이러한 절차를 10,000 회 실시하여 명중횟수를 10,000 으로 나누어 구해 보면 아래의 이론적인 명중률과 비슷해진다. 이론적인 명중률을 구해보면 다음과 같다.

$$P_x(-1 \leq X \leq 1) = P\left(\frac{-1-\mu_x}{\sigma_x} \leq Z_x \leq \frac{1-\mu_x}{\sigma_x}\right) = P\left(\frac{-1-0}{0.8} \leq Z_x \leq \frac{1-0}{0.8}\right)$$
$$= P(-1.25 \leq Z_x \leq 1.25) = 2 \times 0.3944 = 0.7888$$

$$P_y(-1 \le Y \le 1) = P\left(\frac{-1-\mu_y}{\sigma_y} \le Z_y \le \frac{1-\mu_y}{\sigma_y}\right) = P\left(\frac{-1-0}{1.4} \le Z_x \le \frac{1-0}{1.4}\right)$$
$$= P(-0.71 \le Z_x \le 0.71) = 2 \times 0.2611 = 0.5222$$

명중확률은 $P_x(-1 \le X \le 1) \times P_y(-1 \le Y \le 1)$ 이므로 $0.7888 \times 0.5222 = 0.4120$ 이다.

4.7.5 공산오차를 이용한 표적 명중확률 문제

다음은 포발사식 관측 드론의 경우를 들어 Monte Carlo 시뮬레이션을 설명한다. 포발사식 관측 드론은 다른 감시정찰 수단이 가지지 못하는 우수한 능력을 보유하고 있다. 포발사식 관측포탄은 기존의 자주포 및 견인포를 활용하여 발사되는 관측포탄으로서 기존의 포탄과 달리 동력장치로부터 추진력을 얻거나 낙하산을 이용하여 낙하하고 내부에 장차된 영상센서를 이용하여 적의 부대, 지형, 시설 등을 관측하고 전장상황에 대한 정찰임무를 수행하는 무기체계이다. 포발사식 관측포탄은 적의 위치, 규모를 신속히 확인할 수 있을 뿐만 아니라 전술부대에서 보유한 화포를 그대로 이용함으로써 적시에 신속히 전장을 확인하고 전투피해평가를 할 수 있는 장점이 있다. 포발사식 관측포탄을 활용하여 실시간 표적 위치를 파악하고 표적의 위치나 규모에 대한 판단오류를 감소시킬 수 있으며 어떤 기상조건하에서도 신속한 정보획득이 가능하다.

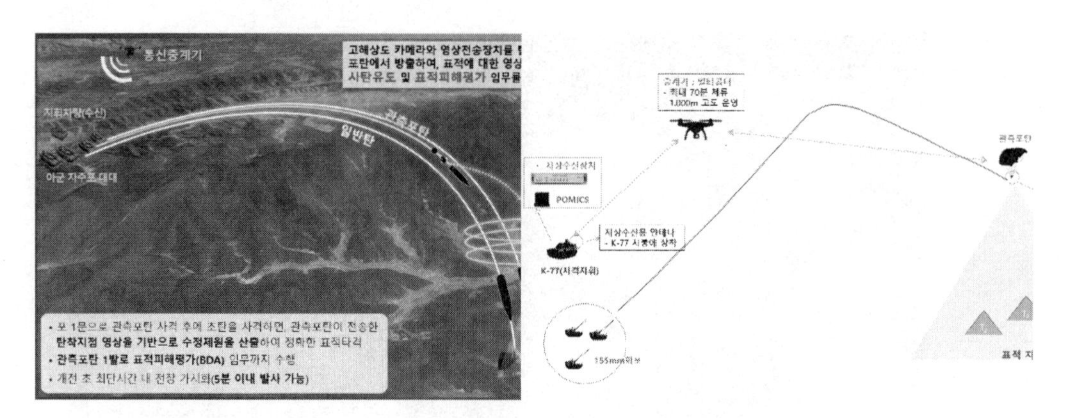

* BDA: Battle Damage Assessment (전투피해평가) POMICS(Para-Observation Munition Information Control System)

그림 4.46 포발사식 관측 드론 운용개념

포발사식 관측 드론은 전술적 제대의 미래 작전환경 변화에 대비한 적시적인 표적획득 및 피해평가 수단이다. 장거리 표적획득 수단은 네트워크 중심전 개념의 작전수행을 위한 필수 조건이며 미래전장은 작전지역 확장, 표적 증가 등으로 신속한 표적획득 및 의사결정의 중요성이 증대될 것으로 예상된다.

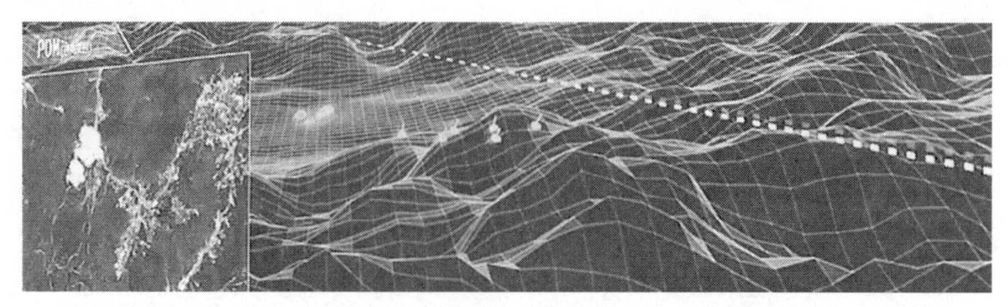

그림 4.47 산악지역에서의 포발사식 관측 드론의 역할

전술제대의 주요 표적획득수단인 적지종심작전부대, UAV 등의 적시성 제약을 상당량 보완가능할 것으로 예상된다. 전술적 제대의 가장 큰 규모인 군단이 보유한 포병대대가 스스로 전장을 확인하고 화력전투 임무수행을 할 수 있는 여건을 제공할 것이다.

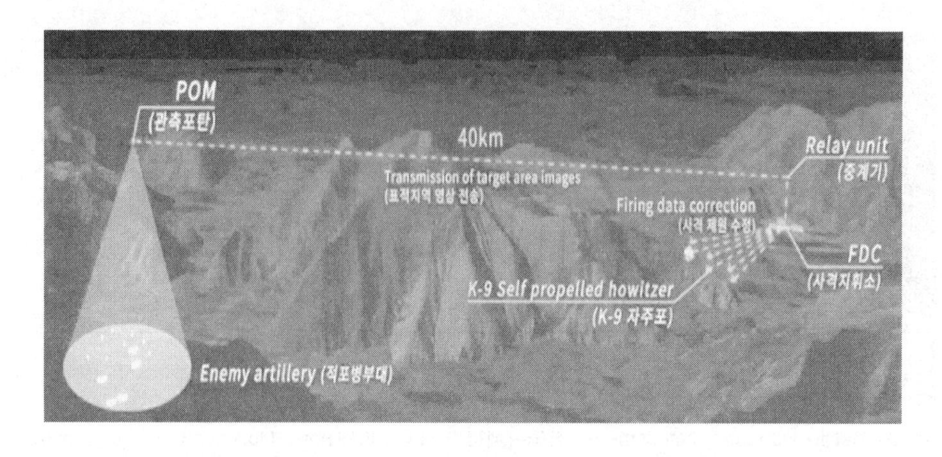

그림 4.48 관측드론의 운용 개념

무관측 사격을 하는 경우를 가정하여 155 밀리 곡사포가 장거리 이격된 표적을 타격하는 데 얼마나 정확한가를 이론적 명중확률과 Monte Carlo 시뮬레이션으로 실험을 하여 비교해 보았다. 이론적 명중확률은 앞에서 설명한 것과 같이 사거리상 명중확률과 편의상 명중확률을 곱하여 구한다. 사거리는 36km, 표적은 가로 300m x 세로 150m 이라고 가정한다. 조준점은 표적의 중앙점을 향해 조준한다.

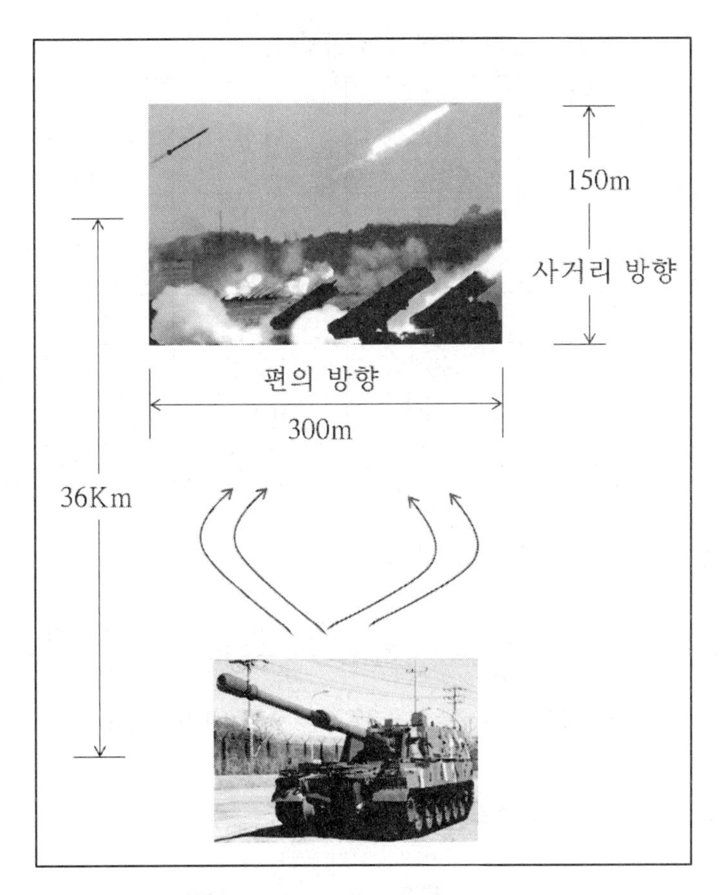

그림 4.49 표적의 크기와 사거리

각 사거리에서 사거리 공산오차와 편의 공산오차는 표 4.33 과 같다. 사거리, 사거리 공산오차와 편의 공산오차의 단위는 m 이다. 이 사거리 공산오차와 편의 공산오차를 0.6745 로 나누어 사거리 방향의 표준편차와 편의 방향의 표준편차를 구한다. 왜냐하면 $PE = Z_{PE}\sigma = 0.6745\sigma$ 이기 때문이다. 이 부분은 이 책의 7.1.3 절을 참고하라.

표 4.33 사거리별 사거리/편의 공산오차/표준편차

사거리 (m)	사거리 공산오차 (m)	편의 공산오차 (m)	탄종	사거리방향 표준편차 (m)	편의방향 표준편차 (m)
18,000	47	6	RAP	69.68	8.89
24,000	63	10	RAP	93.40	14.82
28,000	79	14	RAP	117.12	20.75
32,000	107	22	HEBB	158.63	32.61
36,000	136	29	HEBB	201.63	42.99

*RAP(Rocket Assisted Projectile)탄은 로켓추진 보조 방법으로 사거리를 연장한 탄이며 HEBB(High Explosive Base Bleed) 항력감소고폭탄으로서 항력을 감소하여 사거리를 연장시킨 탄이다.

사거리 방향의 명중확률은 다음과 같이 구한다.

$$P_x(-75 \le X \le 75) = P\left(\frac{-75-\mu_x}{\sigma_x} \le Z_x \le \frac{75-\mu_x}{\sigma_x}\right) = P\left(\frac{-75-0}{201.06} \le Z_x \le \frac{75-0}{201.06}\right)$$
$$= P(-0.373 \le Z_x \le 0.373) = 2 \times 0.1443 = 0.2886$$

편의 방향의 명중확률은 다음과 같이 구한다.

$$P_y(-150 \le Y \le 150) = P\left(\frac{-150-\mu_y}{\sigma_y} \le Z_y \le \frac{150-\mu_y}{\sigma_y}\right)$$
$$= P\left(\frac{-150-0}{42.99} \le Z_x \le \frac{150-0}{42.99}\right) = P(-3.48 \le Z_x \le 3.48)$$
$$= 2 \times 0.4988 = 0.9976$$

표적명중확률은 사거리 방향 명중확률과 편의 방향 명중확률의 곱 $P_x(-75 \le X \le 75) \times P_y(-150 \le Y \le 150)$ 으로 표현되므로 0.2886 x 0.9976 =0.2879(28.8 %)이다.

이를 Monte Carlo 시뮬레이션을 사용하여 5000 회 실시하여 보면 명중률이 대략 0.2899 로 나와 이론적 명중률과 근사하다. Monte Carlo 시뮬레이션은 난수를 발생시켜 실시하는 시뮬레이션이므로 매번 다르게 나오지만 이론적 명중률과 근사함을 알 수 있다. Monte Carlo 시뮬레이션은 난수와 평균, 표준편차를 이용하여 정규분포의 확률변수를 찾아 낸다.

Monte Carlo 시뮬레이션에서 사용한 Excel 에서는 NORMINV(Random number, mean, standard deviation) 함수를 사용하여 정규분포의 확률변수를 발생시킨다. 표 4.34 는 5,000 회의 난수를 발생시켜 시뮬레이션으로 구한 명중확률이다.

표 4.34 36km 에서의 표적명중확률 시뮬레이션

순서	난수		명중		명중여부
	사거리방향	편의방향	사거리	편의	
1	-263.3425	-36.092	0	1	0
2	52.843349	26.08664	1	1	1
3	-372.0281	11.79541	0	1	0
4	-146.9429	-33.0409	0	1	0
5	87.117129	31.67948	0	1	0
6	71.645682	-15.1766	1	1	1
7	-253.5003	13.37517	0	1	0
8	-137.7856	67.86337	0	1	0
9	-230.8119	-75.0667	0	1	0
10	-8.582271	28.7003	1	1	1
11	108.44427	66.57558	0	1	0
12	34.32432	-29.4951	1	1	1
13	81.526071	50.16808	0	1	0
14	-67.03795	23.83583	1	1	1
15	-282.6028	21.46353	0	1	0
16	-164.215	7.130202	0	1	0
17	-191.7176	61.54679	0	1	0
18	-170.3321	19.0195	0	1	0

순서	난수		명중		명중여부
	사거리방향	편의방향	사거리	편의	
4983	84.33906	12.30497	0	1	0
4984	531.6754	18.32089	0	1	0
4985	-146.885	66.47318	0	1	0
4986	241.9015	-58.3595	0	1	0
4987	218.5796	12.62042	0	1	0
4988	112.8777	29.49625	0	1	0
4989	23.95417	-3.19002	1	1	1
4990	84.46087	-19.6795	0	1	0
4991	323.5276	56.12308	0	1	0
4992	331.6599	-54.1337	0	1	0
4993	-299.202	-24.5155	0	1	0
4994	-96.0167	-20.5421	0	1	0
4995	-152.34	-17.8467	0	1	0
4996	-160.739	-12.3879	0	1	0
4997	-6.4751	-11.6755	1	1	1
4998	-59.9397	4.569953	1	1	1
4999	-423.147	86.07124	0	1	0
5000	136.2798	16.67314	0	1	0

* 명중은 1 불명중은 0 로 표현, 사거리와 편의 방향으로 다 명중시 표적에 명중하는 것으로 간주

표 4.35 Monte Carlo 시뮬레이션 명중확률

명중 횟수	1,449
총 실험 횟수	5,000
Monte Carlo 시뮬레이션 명중확률	0.2898

표 4.36 이론적 명중확률과 시뮬레이션 명중확률 비교

사거리(km)	이론적 명중확률	Monte Carlo 시뮬레이션 명중확률(5,000 회)
18	0.718	0.711
24	0.578	0.580
28	0.478	0.484
32	0.364	0.363
36	0.290	0.290

5,000 회의 시뮬레이션으로 구한 탄착점과 표적을 비교하면 그림 4.50 과 같다.

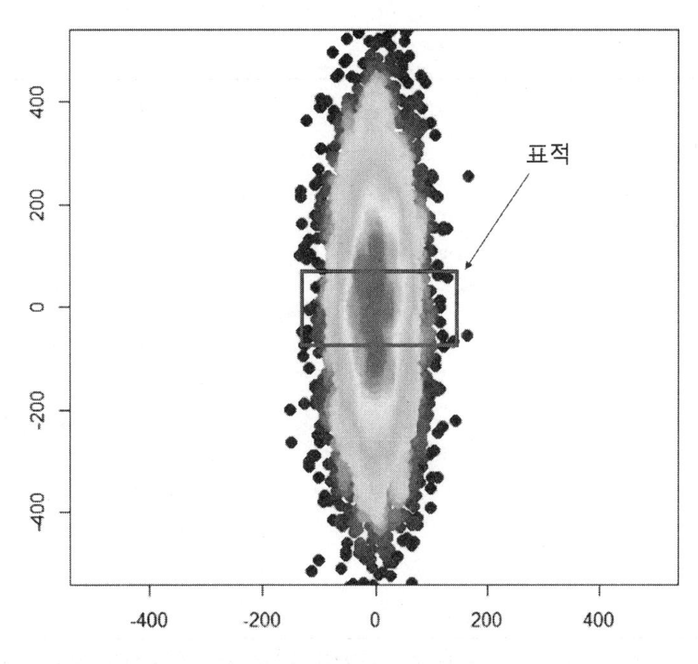

그림 4.50 탄착지역 분포도 (300m×150m 표적)

표 4.35 는 총실험횟수 5,000 회 대비 명중횟수가 1,449 회로 Monte Carlo 시뮬레이션에 의한 명중확률이 0.2898 라는 것을 나타낸다. 표 4.36 은 사거리별 이론적 명중확률과 Monte Carlo 시뮬레이션에 의한 명중확률을 비교한 것이다.

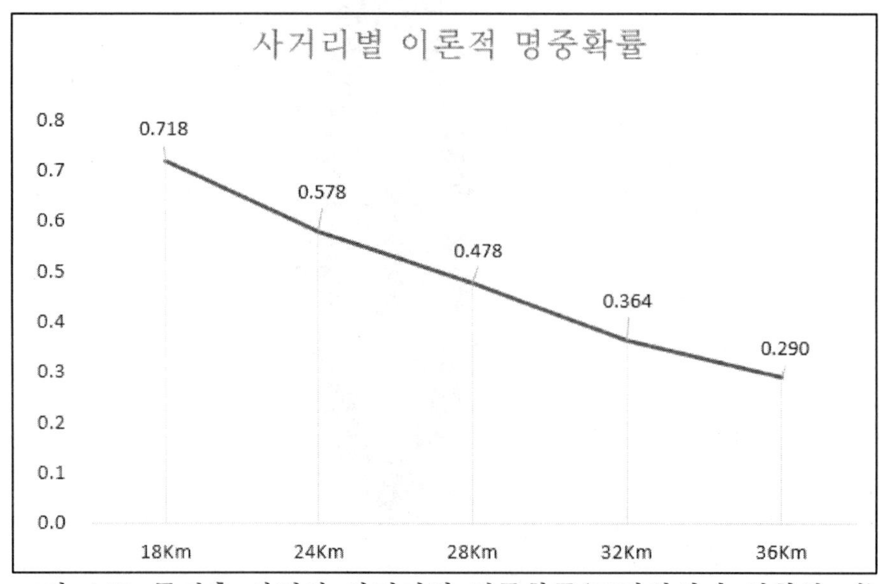

그림 4.51 무관측 사격하 사거리별 명중확률(표적위치가 정확할 때)

표 4.36 과 그림 4.51 에서 보는 것과 같이 사거리가 늘어날수록 무관측 사격하의 명중확률은 급격히 떨어진다. 이러한 현상은 장거리일수록 조그만 오차도 표적에서는 큰 변이로 작용하기 때문이다. 따라서 표적을 정확히 식별하고 사격하는 것이 아주 효과적인 타격을 달성할 수 있고 탄약 소요량도 줄일 수 있다.

사거리 36km 에서 만약 표적의 위치 정보가 부정확하여 300×150 m 표적의 중앙을 정확하게 획득 못하고 잘못된 위치에 사격을 하게 되면 이론적 표적 명중확률은 표적 위치를 정확히 알고 사격했을 때 보다 감소한다.

표 4.37 표적위치가 정확할 때와 부정확할 때 명중확률

구분		이론적 명중확률	Monte Carlo 시뮬레이션 명중확률(5,000 회)
표적위치 정확		0.290	0.288
표적위치 부정확	(+ 100m, + 75m)	0.238	0.240
	(+ 200m, + 150m)	0.090	0.091
	(+ 200m, + 200m)	0.022	0.023

그림 4.52 는 표적위치 오차가 있을 때 표적명중확률의 변화와 (+200m, +200m) 표적위치 오차가 있을 때 탄착지역 분포도를 그림으로 표현한 것이다.

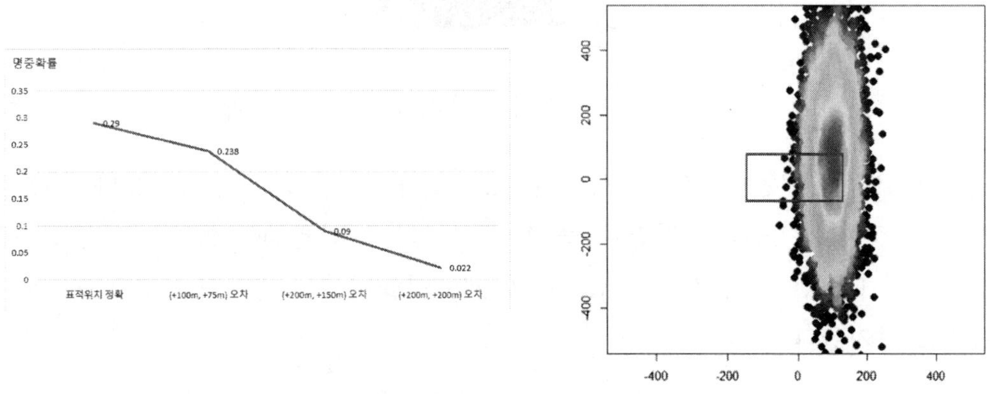

그림 4.52 표적의 조준점이 표적의 중앙과 다를 때 명중확률

만약 표적이 150m×300m로 정면보다 종심이 긴 표적의 경우 표적 명중확률을 확인해 보면 사거리 방향의 공산오차가 편의 방향의 공산오차보다 크기 때문에 약간 다른 결과가 도출된다.

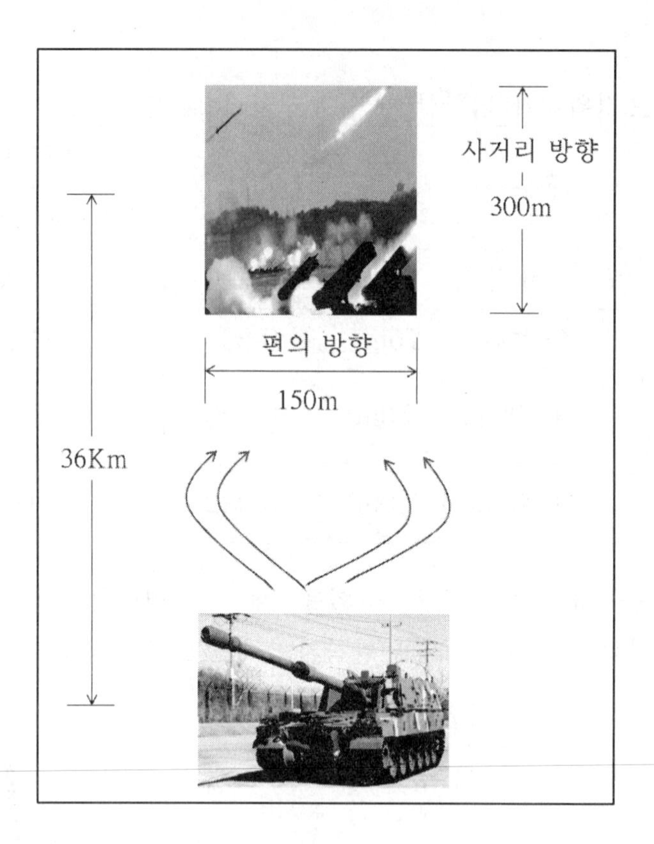

그림 4.53 표적크기가 150m×300m 일 때

이러한 현상은 일반적으로 사거리 공산오차가 편의 공산오차보다 크므로 발생하는 것이다. 표적의 정면과 종심이 역전되어 있을 때 이론적 명중확률은 0.290 에서 0.499 로 증가하고 Monte Carlo 시뮬레이션 명중확률도 0.288 에서 0.504 로 증가한다.

표 4.38 표적의 정면과 종심이 다를 때 명중확률

구분	이론적 명중확률	Monte Carlo 시뮬레이션 명중확률(5,000 회)
표적크기 (300m× 50m)	0.290	0.288
표적크기 (150m× 00m)	0.499	0.504

표적의 크기가 150m×300m 일 때 탄착지역 분포도는 그림 4.54 와 같다.

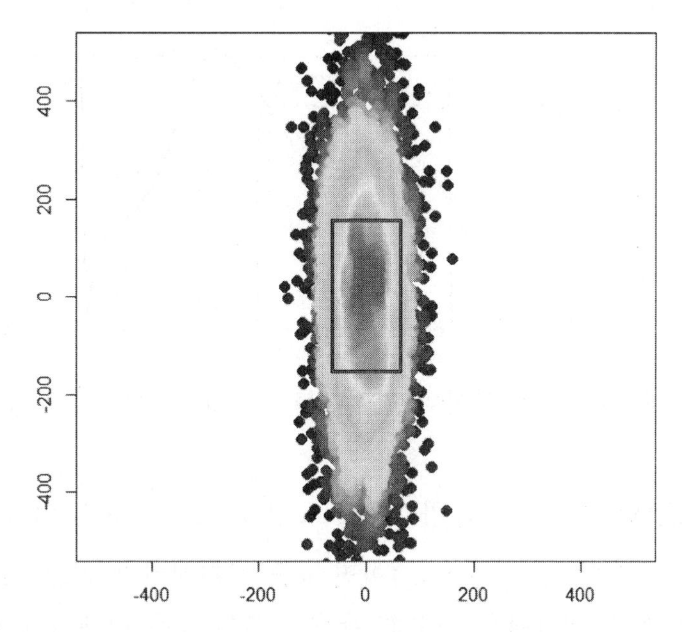

그림 4.54 탄착지역 분포도 (표적크기 150m x 300m)

만약 영상정보를 이용하여 단시간에 비교적 정확하게 수정사격을 할 수 있다면 탄약소요량은 급격히 감소할 것이며 포탄에 의한 타격효과는 극대화할 수 있다.

4.7.6 곡선 아래 면적 구하는 문제

마지막으로 그림 4.55 에서 보는 것과 같이 a 와 b 사이의 면적 구하는 Monte Carlo 시뮬레이션의 예를 설명한다.

(1) 난수 (u_1) 을 발생시켜 다음의 식에 의해 a 점과 b 점 사이에 있는 x_0을 선정한다.

$$x_0 = a + (b - a)u_1$$

(2) 다른 난수 (u_2)를 이용하여 y축선상의 하나의 점을 선정한다.

$$y_0 = Cu_2$$

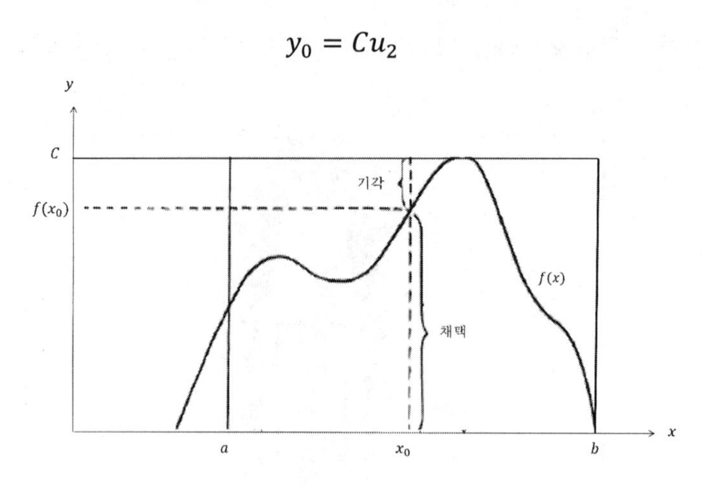

그림 4.55 a 와 b 사이의 면적 구하는 Monte Carlo 시뮬레이션

(3) $y_0 \le f(x_0)$인 경우, 즉 y_0가 '채택' 구간에 있으면 n을 하나 증가시키고 1 단계부터 다시 시작한다. $y_0 > f(x_0)$이면 n을 증가시키지 않고 (1) 단계를 다시 시작한다. 위의 모든 계산에서 난수는 항상 새로운 것을 발생시켜 사용한다.

두 개의 난수에 의해 (x_0, y_0)인 점이 결정되며, (1), (2), (3) 단계를 반복하여 생긴 점들의 총수를 N이라 하자. 이중에서 $y_0 \le f(x_0)$인 점의 수를 n이라 하면 $\int_a^b f(x)dx \cong C(b-a)\frac{n}{N}$이 된다.

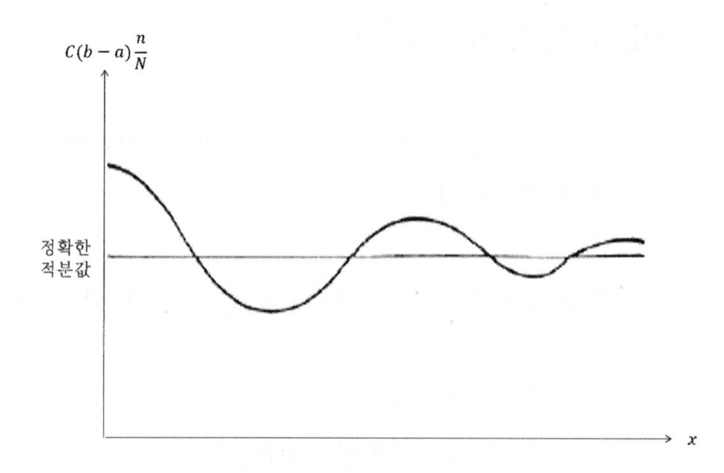

그림 4.56 x의 수가 증가할수록 적분값은 일정한 값으로 수렴

제5장

표적 탐지 모의

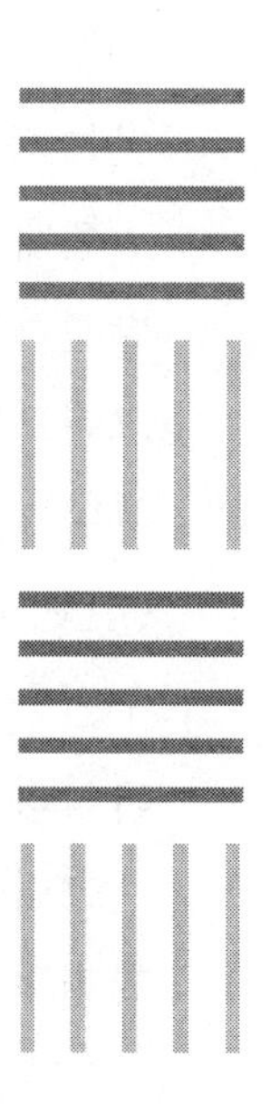

5.1 표적 탐지모델 개요

전쟁에서 가장 먼저 할 일은 표적을 탐지하는 일이다. 표적을 탐지 후 표적을 할당하고 가장 적합한 무기체계로 공격해서 적의 위협을 최소화시키며 종심전투와 근접전투를 통해 적을 격멸해서 차후 작전의 유리한 여건을 조성하고자 한다. 전투가 종료되면 피해평가를 해서 손실된 인원과 장비를 보충하고 차후 작전을 준비한다.

이러한 관점에서 보면 표적을 탐지하는 것은 대단히 중요하다. 2차 세계대전시 Midway 해전은 미군이 일본군에 대해 태평양의 주도권을 회복한 분수령 같은 전투였다. 미군은 이 전투에서 일본군이 Midway 를 공격한다는 것을 무선감청과 암호 해독을 통해서 미리 알고 있었다.

또한 정찰기를 운용하여 근접하는 일본군 항모단을 먼저 발견하였다. 태평양과 같이 광범위한 지역을 수색해서 적을 먼저 탐지하는 것은 대단히 어려운 일이다. 따라서 어떤 방법으로 수색지역을 수색할 것인가를 결정하는 것이 중요하며 전장상황에 따라 다양한 방법이 동원되어야 한다. 걸프전에서도 이라크군 표적을 찾는 것이 덤불 속에 있는 바늘을 찾는 것만큼 어렵다고 하소연할 만큼 적을 찾는 것은 표적의 전술적 행태에 따라 상당히 어려운 일이다.

현대전에서도 무기체계가 장거리, 정밀타격, 고위력화 됨으로써 먼저 적을 발견하고 먼저 결심하고 먼저 타격하는 측이 전투에서 승리할 가능성이 높다. 그러므로 적을 찾는 노력은 많은 자산을 확보해야 하고 많은 노력을 기울려야 한다. 군사 선진국일수록 인공위성, 고고도 정찰기, 중고도 정찰기, 저고도 정찰기, UAV, Drone, TOD, RASIT, 적지종심작전 부대, HUMIT, SIGINT 등 다양한 정찰 수단을 확보하려고 노력하고 있으며 적위 위치와 부대성격, 적의 의도 등에 대해 파악하려고 항상 노력한다.

그러므로 탐지이론은 적을 과학적으로 찾는 수학적 모델링을 다루고 있으며 합리적 방법으로 최소한의 노력으로 최대의 적을 찾고자 하는 학문적 이론이다.

5.2 간헐적 일별 탐지 모델(Intermittent Glimpses Model)

관측자가 그림 5.1 과 같이 간헐적으로 탐지한다고 가정하자. 이러한 경우를 해석하기 위해 다음과 같은 기호를 정의한다.

p_i : i번째 탐지시 탐지할 확률
N : 탐지 횟수

그러면 $n-1$ 번째까지 탐지하지 못할 확률은 $P(N > n-1) = \prod_{i=1}^{n-1}(1-p_i)$ 이 되고 n번째 처음 탐지가 일어날 확률은 $P(N = n) = p_n \prod_{i=1}^{n-1}(1-p_i)$이 된다. N 의 누적분포함수 CDF 는 n 번 탐지시 탐지할 확률이 되므로 $F(n) = P(N \le n) = 1 - P(N > n) = 1 - \prod_{i=1}^{n}(1-p_i)$ 이다. 첫 번째 탐지가 이루어질 때까지 평균 탐지시도 횟수는 식 (5-1)과 같다.

$$E(N) = \sum_{n=1}^{\infty} nP(N = n) \qquad (5\text{-}1)$$

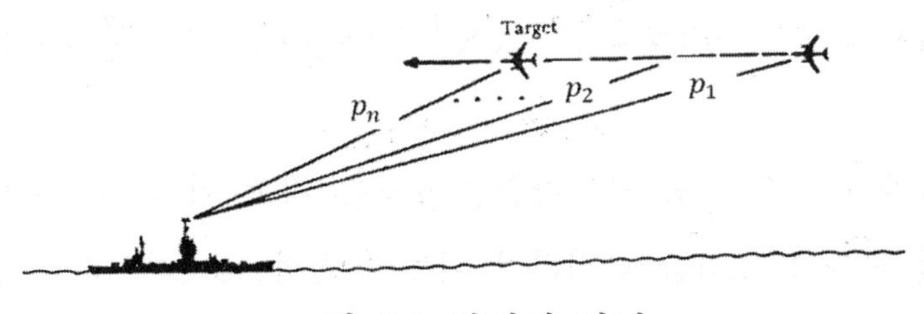

그림 5.1 간헐적 탐지

탐지기간 중 탐지확률이 변하지 않는 특별한 경우를 알아보면 $p_i = p$ 인 경우이므로 $N \sim Geo(p)$의 분포를 한다.

탐지횟수가 N 이 $n-1$ 보다 클 확률은 $P(N > n-1) = (1-p)^{n-1}$ 이 되고 탐지횟수가 n번일 확률은 $P(N > n-1)$에 p를 곱해야 하므로 $P(N = n) = p(1-p)^{n-1}$이 된다. 따라서 N의 기대값은 $E(N) = 1/p$이다. 예를 들어 한명의 관측자가 표적을 탐지확률이 다음과 같다고 하자.

표 5.1 한명의 관측자가 표적을 i번째 탐지할 확률 p_i

i	1	2	3
p_i	1/3	2/3	3/3

n 번째 처음 탐지가 일어날 확률 $P(N=n)$과 표적을 탐지하기 위해 평균적으로 시도되는 탐지시도 횟수 $E(N)$을 구하보면 식 (5-2)와 같다.

$$P(N=n)=p_n\prod_{i=1}^{n-1}(1-p_i) \quad (5\text{-}2)$$

$$P(N=1)=p_1=\frac{1}{3}$$
$$P(N=2)=p_2\times(1-p_1)=\frac{2}{3}\times\left(1-\frac{1}{3}\right)=\frac{4}{9}$$
$$P(N=3)=p_3\times(1-p_2)\times(1-p_1)=\frac{3}{3}\times\left(1-\frac{2}{3}\right)\times\left(1-\frac{1}{3}\right)=\frac{2}{9}$$

표 5.2 n 번째 처음 탐지가 일어날 확률 $P(N=n)$

n	1	2	3
$P(N=n)$	3/9	4/9	2/9

$$E(N)=\sum_{n=1}^{\infty}nP(N=n)=1\times\frac{3}{9}+2\times\frac{4}{9}+3\times\frac{2}{9}=\frac{17}{9}=1.89\text{ 회}$$

한명의 관측자가 표적을 탐지할 확률을 $p=\frac{1}{3}$이라고 가정하면 n 번째에서 처음 탐지가 일어날 확률과 표적을 탐지하기 위해 평균적으로 시도되는 탐지시도 횟수 $E(N)$를 구해보자.

$$P(N=1)=p=\frac{1}{3}$$
$$P(N=2)=p\times(1-p)=\frac{1}{3}\times\left(1-\frac{1}{3}\right)=\frac{2}{9}$$
$$P(N=3)=p\times(1-p)\times(1-p)=\frac{1}{3}\times\left(1-\frac{2}{3}\right)\times\left(1-\frac{2}{3}\right)=\frac{4}{27}$$
$$P(N=4)=p\times(1-p)\times(1-p)\times(1-p)=\frac{1}{3}\times\left(1-\frac{2}{3}\right)\times\left(1-\frac{2}{3}\right)\times\left(1-\frac{2}{3}\right)=\frac{8}{81}$$

표 5.3 $p = \frac{1}{3}$인 경우 n 번째 처음 탐지가 일어날 확률 $P(N = n)$

n	1	2	3	4	....
$P(N = n)$	1/3	2/9	4/27	8/81	....

그러므로 평균적으로 시도되는 탐지시도 횟수 $E(N)$은 다음과 같다.

$$E(N) = \frac{1}{\frac{1}{3}} = 3\text{회}$$

탐지기간 중 탐지확률에 대한 정보가 없는 경우를 생각해 보자. 다만, 경험을 통해서 탐지기간 동안 몇 번의 탐지시도에서 탐지가 이루어졌는지에 관한 데이터를 수집 가능하였다.

표 5.4 경험적으로 탐지에 성공한 횟수

탐지횟수(N)	5	6	4	7	6	3	4

첫째로, n번째에서 처음 탐지가 일어날 확률을 구해보자. $E(N)$을 알 수 없지만 경험적 자료를 통해서 $E(N)$을 표본평균으로 대체할 수 있다. N의 평균 $\bar{N}$은 $\bar{N} =$ 5이다.

$E(N) = \frac{1}{p}$를 이용하면 p와 $p(N = 1)$부터 $p(N = 3)$까지 구할 수 있다.

$$p = \frac{1}{E(N)} = \frac{1}{5}$$

$$P(N = 1) = p = \frac{1}{5}$$

$$P(N = 2) = p \times (1 - p) = \frac{1}{5} \times \frac{4}{5} = \frac{4}{25}$$

$$P(N = 3) = p \times (1 - p) \times (1 - p) = \frac{1}{5} \times \frac{4}{5} \times \frac{4}{5} = \frac{16}{125}$$

$$P(N = 3) = p \times (1 - p)^3 = \frac{1}{5} \times (\frac{4}{5})^3 = \frac{64}{625}$$

표 5.5 n번째에서 처음 탐지가 일어날 확률

n	1	2	3	4	....
$p(N=n)$	1/5	4/25	16/125	64/625	....

5.3 탐색 기본 요건

탐색은 표적을 찾는 절차이다. 여기에서 2 가지 간단한 탐색 형태를 언급하는데 Random 탐색과 Scanned 탐색이다. 간단한 탐색형태의 기본적 아이디어는 하나 이상의 표적을 포함하고 있는 탐색 공간 S 이다. 이 탐색공간에서 표적을 발견하는 절차에 대해 알아보는데 표적이 발견될 때까지 탐색공간을 계속 탐색한다고 가정한다. 탐색공간은 입체각(Solid angle) Ω 또는 입체각과 동일한 탐색지역 A 중 하나로 정의한다. 어떤 순간에 탐색할 수 있는 입체각을 ω, 지역을 a라 하면 각 탐색공간은 하위 공간 N_s로 구성된다.

$$N_s \cong \frac{\Omega}{\omega} \cong \frac{A}{a}$$

이것은 탐색지역을 분할할 수 있는 사각형으로 가정하기 때문에 근사치이다. 간단히 표현하기 위하여 탐색지역을 사각형으로 표현하고 가로와 세로 칸이 각각 5 개씩인 탐색공간은 다음과 같이 표현할 수 있다. 여기서 n_x, n_y는 탐색공간의 변을 따라 구성되는 하위 공간의 갯수이다. 즉, n_x는 세로칸의 개수이고 n_y는 가로칸의 개수이다. 그러면 총 칸의 개수 N_s는 $n_x \times n_y$가 된다.

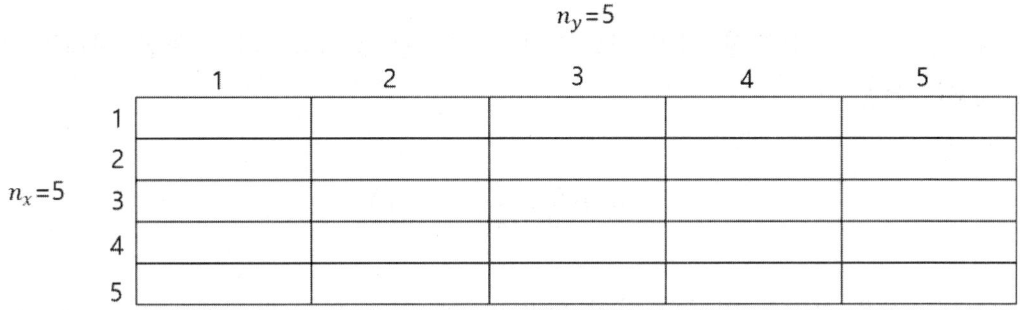

n_y=5

		1	2	3	4	5
	1					
	2					
n_x=5	3					
	4					
	5					

그림 5.2 탐색 공간

한 순간에 탐색을 하는 측은 단지 하나의 하위 공간만 탐색할 수 있다고 가정한다. 그리고 표적은 탐색공간에 Random 하게 위치하고 있다고 가정하며 하나의 하위 탐색공간에 하나의 표적만 위치하고 있다고 가정한다.

5.4 Random 탐색

이 탐색방법은 Random 하게 선택된 하위 공간에 대해 탐색을 실시하며 만약 표적이 탐지되지 않으면 위의 절차를 반복한다. Random 탐색에서는 어떤 하위 탐색공간이 탐색되었는지에 대한 기억을 유지하지 않는다. 따라서 매번 어떤 하위 탐색공간을 탐색할 것인지 결정한다. 각 하위 탐색공간을 선택할 확률은 동일하다. 그러므로 특정 하위 탐색공간을 선택할 확률은 식 (5-3)과 같다.

$$p_r \cong \frac{1}{N_s} \quad (5\text{-}3)$$

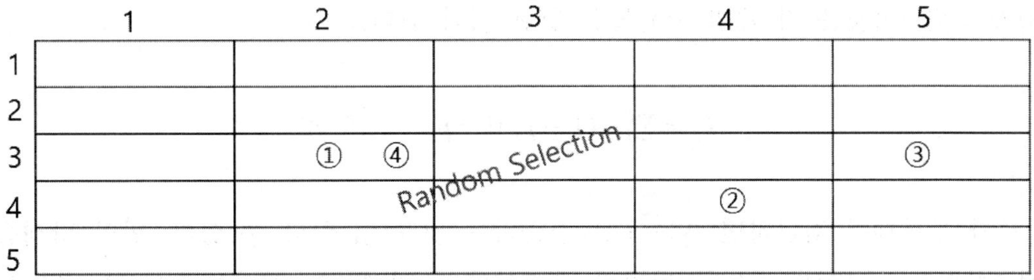

	1	2	3	4	5
1					
2					
3		① ④			③
4				②	
5					

Random Selection

그림 5.3 Random 탐색시 무작위 순서

이것은 균등한 분할성 가정으로 인한 근사적인 값이다. 더 정확한 형태는 식 (5-4)와 같다.

$$p_r = \frac{\omega}{\Omega} = \frac{a}{A} \qquad (5-4)$$

중요한 것은 이것은 하나의 하위 탐색공간에 있는 단일 표적에 대한 확률이다. 각 개별 일별(Glimpse)를 생각해 보자. 첫 번째 일별에서 표적을 탐지할 확률은 식 (5-5)와 같다.

$$p_1 = p_r \qquad (5-5)$$

두 번째 일별에서 표적을 탐지할 확률은 식 (5-6)과 같다.

$$p_2 = (1 - p_r)p_r \qquad (5-6)$$

이 확률은 단지 첫 번째 일별에서 표적을 탐지하지 못한 조건하에서 두 번째 일별에서 표적을 탐지할 확률이다. 이러한 논리로 i 번째 일별에서 처음으로 표적을 탐지할 확률은 식 (5-7)과 같다.

$$p_i = (1 - p_r)^{i-1}p_r \qquad (5-7)$$

이것으로부터 i번째 일별 이후 표적을 탐지할 누적 확률을 계산해 보면 식 (5-8)과 같다. 이것은 각 개별 확률들을 합한 것과 같다.

$$P_i = \sum_{j=1}^{i}(1 - p_r)^{j-1}\, p_r \qquad (5-8)$$

i 가 무한대에 접근하면 P_i는 1로 접근하는 것을 쉽게 알 수 있다. 만약 탐색을 계속한다면 반드시 표적을 탐지할 수 있다고 말할 수 있어서 이것은 중요한

사실이다. 또 다른 중요한 것은 표적을 탐지하기 위한 일별의 기대값에 대한 것이다. 앞의 수식을 사용하여 기대값은 식 (5-9)와 같다.

$$E_{rs}(i) = \sum_{j=1}^{\infty}(1 - p_r)^{j-1} j\, p_r \qquad (5\text{-}9)$$

식 (5-9)은 식 (5-10)과 같이 해석적으로 요약된다.

$$E_{rs}(i) = \frac{1}{p_r} \qquad (5\text{-}10)$$

$p_r \cong \frac{1}{N_s}$을 이용하면 $E_{rs}(i) \cong N_s$이다.

이것은 Random 탐색에서 하나의 표적을 탐지하기 위한 일별의 기대값은 단순히 하위 탐색공간의 수라고 할 수 있다.

5.5 Scanned 탐색

Scanned 탐색방법은 하위 탐색공간의 하나의 구석으로부터 시작한다. 표적이 탐지되면 종료되고 표적이 미탐지되면 좌우상하 인접 하위 탐색공간을 선택한다. 번갈아 가며 행이나 열을 따라 하위 탐색공간을 선택한다. 여기서 우리는 행으로 따라 선택하는 방법을 가지고 설명한다.

첫 번째 선택된 하위 탐색공간은 행 1, 열 1 을 선택하고 다음으로는 행 1, 열 2, 그 다음은 행 1, 열 3 과 같은 형태로 하위 탐색공간을 선택한다. 이러한 방법으로 행의 끝까지 탐색한다. 만약 표적을 탐지하지 못했다면 다음 행의 마지막 열로 가서 반대로 탐색해 오거나 다음 행의 처음 열로 가서 탐색을 계속할 수 있다. 어떤 방법이든지 이러한 절차는 표적이 탐지되거나 모든 탐색공간이 탐색될 때까지 계속된다.

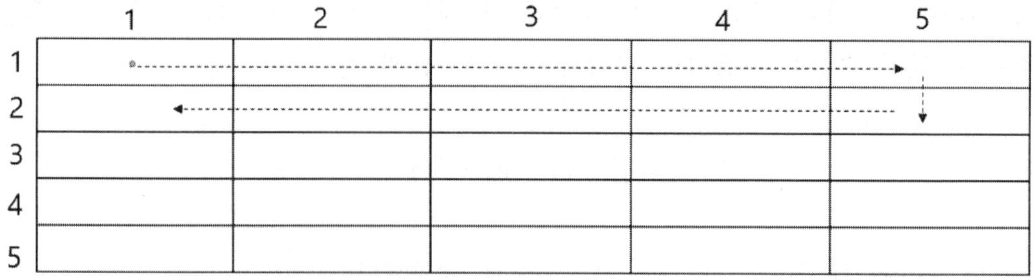

그림 5.4 Scanned 탐색 방법 (1)

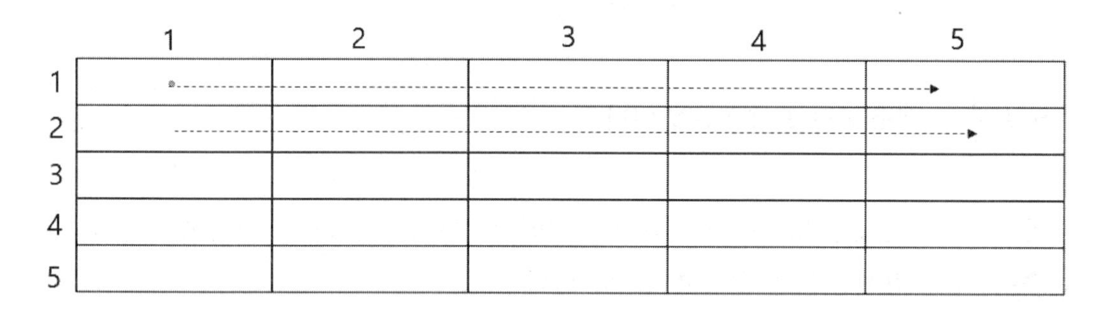

그림 5.5 Scanned 탐색 방법 (2)

이러한 Scanned 탐색방법으로 첫 번째 일별에서 표적을 탐지할 확률은 식 (5-11)과 같다.

$$p_1 = \frac{1}{N_s} \qquad (5\text{-}11)$$

두 번째 일별에서 표적을 탐지할 확률은 식 (5-12)와 같다.

$$p_2 \cong (1 - \frac{1}{N_s})(\frac{1}{N_s - 1}) \cong \frac{1}{N_s} \qquad (5\text{-}12)$$

이런 방법을 유추해 보면 i번째 일별에서 표적을 탐지할 확률은 식 (5-13)과 같다.

$$P_i = \sum_{j=1}^{i} \frac{1}{N_s} = \frac{i}{N_s} \qquad (5\text{-}13)$$

이것으로부터 i번째 일별 이후 표적을 탐지할 누적 확률을 계산해 보면 식 (5-14)와 같다.

$$P_i = \sum_{j=1}^{i} \frac{i}{N_s} \qquad (5\text{-}14)$$

표적을 탐지하기 위한 일별의 기대값은 식 (5-15)와 같다.

$$E_{ss}(i) = \sum_{j=1}^{N_s} \frac{i}{N_s} \cong \frac{N_s}{2} \qquad (5\text{-}15)$$

이것으로부터 Random 탐색에 비해 표적을 탐지하기 위한 하위 탐색공간을 탐색할 횟수가 1/2 이라는 것을 알 수 있다.

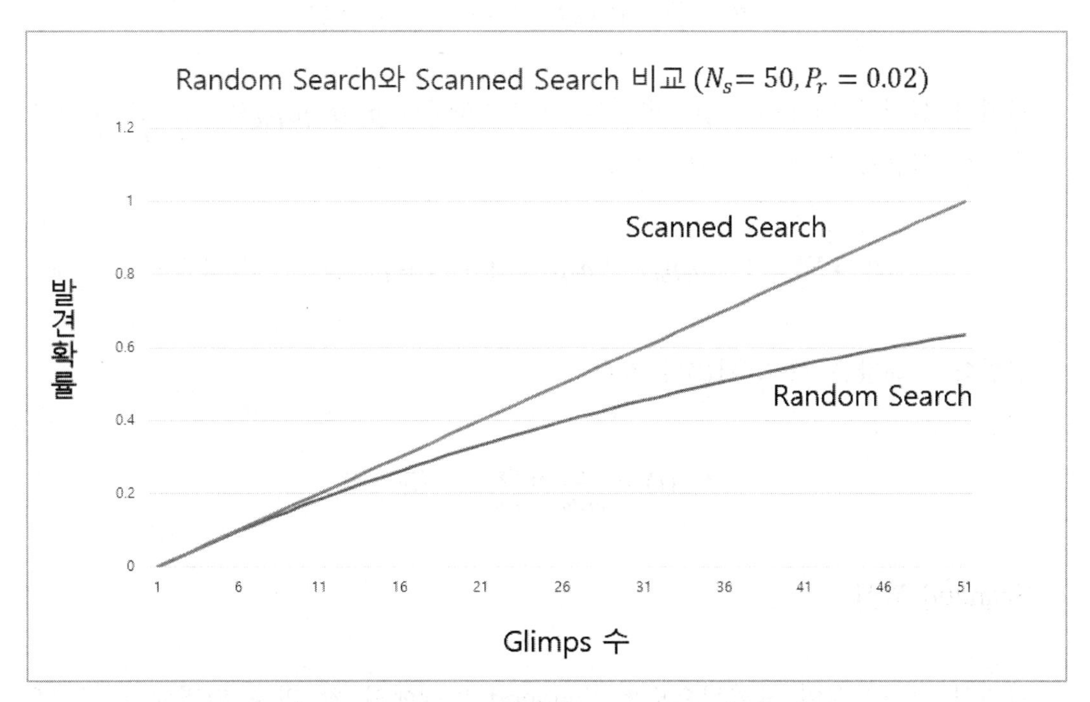

그림 5.6 Random 탐색과 Scanned 탐색 비교

5.6 탐지 여부가 확률로 표현될 때 단순 탐색

5.5 절과는 달리 탐지 여부가 불명확한 단순 탐색 방법에 대해 알아보면 다음과 같이 설명가능하다. 앞에서 설명한 Random 탐색과 Scanned 탐색 방법과 동일한 방법으로 탐색을 진행하되 하위 탐색공간에 표적이 위치하더라도 반드시 탐지하지 못하는 경우를 생각해서 표적이 일별의 Field of View(FOV) 내에 있더라도 p_d의 확률로 탐지하는 경우를 생각해 보자.

Random 탐색

i번째 일별에서 처음으로 표적을 탐지할 확률은 식 (5-16)과 같다.

$$p_i = (1 - p_r p_d)^{i-1} p_r p_d \qquad (5\text{-}16)$$

위에서 설명한 Random 탐색방법의 탐지확률에서 p_r을 $p_r p_d$로 대체한 것이다. 누적 탐지확률은 식 (5-17)과 같다.

$$P_i = \sum_{j=1}^{i}(1 - p_r p_d)^{j-1} p_r p_d = 1 - (1 - p_r p_d)^i \qquad (5\text{-}17)$$

일별의 기대값은 식 (5-18)과 같다.

$$E_{rs}(i) = \frac{1}{p_r p_d} \cong \frac{N_s}{p_d} \qquad (5\text{-}18)$$

Scanned 탐색

탐지의 불확실성이 도입됨으로써 Scanned 탐색에서 첫 번째 일별에서 표적을 탐지할 확률은 식 (5-19)와 같다.

$$p_1 = \frac{p_d}{N_s} \qquad (5\text{-}19)$$

위 식은 탐지가 확실한 상황의 첫 번째 탐지확률 $p_1 = \frac{1}{N_s}$로부터 유도된 것이다. 두 번째 일별에 의한 탐지확률은 식 (5-20)과 같다.

$$p_2 = (1 - \frac{p_d}{N_s})(\frac{p_d}{N_s - 1}) \qquad (5\text{-}20)$$

세 번째 일별에서 표적을 탐지할 확률은 식 (5-21)과 같다.

$$p_3 = (1 - \frac{p_d}{N_s})(1 - \frac{p_d}{N_s - 1})(\frac{p_d}{N_s - 2}) \qquad (5\text{-}21)$$

i 번째 일별에서 표적을 탐지할 확률을 일반화하면 식 (5-22)와 같다.

$$p_i = \sum_{j=1}^{i} \frac{p_d}{N_s - j} \prod_{k=0}^{j-1} (1 - \frac{p_d}{N_s - k}) \qquad (5\text{-}22)$$

위 식은 해석적으로 쉽게 해를 구할 수 있는 형태가 아니다. 특히 $i = N_s$ 일 경우에는 정의되지 않는다. 이것은 불확실한 탐지 상황를 설명하는 아주 훌륭한 방법은 아니다.

이러한 문제를 피하기 위해서 Scanned 탐색의 선형 특성을 이용한다. 만약 하나의 표적이 존재하면 모든 탐색공간을 완전탐색하는 N_s 회 조사에서 정확히 한번만 볼 수 있다. 이후의 완전탐색에서도 동일하다. 만약 각 완전탐색 일별을 'Super Glimpse'로 정의하면 첫 번째 완전 탐색시 탐지확률은 식 (5-23)과 같다.

$$q_1 = p_d \qquad (5\text{-}23)$$

또 i번째 탐색에서 표적을 탐지할 확률은 식 (5-24)와 같다.

$$q_i = (1 - p_d)^{i-1} p_d \qquad (5\text{-}24)$$

q_i 를 'Super Glimpse'로 간주한다. 이러한 변경에도 불구하고 i 번 완전 탐색이후의 표적탐지 누적 탐지확률은 Random 탐색과 같이 기하수열과 같은 형태로 식 (5-25)와 같다.

$$Q_i = \sum_{j=1}^{i}(1-p_d)^{j-1}p_d = 1-(1-p_d)^i \qquad (5\text{-}25)$$

표적 탐지를 위한 'Super Glimpse'의 기대값은 식 (5-26)과 같다.

$$E_{sg}(i) = \frac{1}{p_d} \qquad (5\text{-}26)$$

일별의 기대값을 구하기 위해 N_s를 곱하면 식 (5-27)과 같은 근사값을 구할 수 있다.

$$E_{ss}(i) = \frac{N_s}{p_d} \qquad (5\text{-}27)$$

이것은 Random 탐색의 기대값과 동일하다. 'Super Glimpse'로 근사하면 Random 탐색과 Scanned 탐색의 기대값은 동일하다. 이것은 i 번째 'Super Glimpse' 동안 1 번째 일별부터 N_s 일별 사이의 어느 곳에서 탐지가 발생한다는 사실을 무시한 것으로부터 나온 것이다. 그러므로 탐지가 발생한 탐지수와 N_s 일별 수 사이의 차이와 동일한 일별 수를 중복 계산한 것이다. 탐지를 못한 Scanned 탐색의 선형 형태의 지식으로부터 중복 계산한 기대값은 $\frac{N_s}{2}$라는 것을 알 수 있다. 따라서 이 중복 계산된 부분을 빼주면 식 (5-28)과 같은 기대값 $E_{ss}(i)'$을 구할 수 있다.

$$E_{ss}' \cong \frac{N_s}{p_d} - \frac{N_s}{2} \cong \frac{N_s}{p_d}\left(1-\frac{p_d}{2}\right) \qquad (5\text{-}28)$$

위 식에서 $p_d \rightarrow 1$이면 앞 절에서 설명한 적절한 형태가 된다. 일반적으로 p_d를 0.5 와 0.25 를 많이 사용한다. 그러면 Scanned 탐색은 Random 탐색에 비해 각각 단지 4/3 과 8/7 더 효율적이라는 것을 알 수 있다. 그러므로 작은 단일 일별 탐지 확률에 대해서 Random 탐색과 Scanned 탐색 2 가지 방법에서 차이가 별로 없다.

5.7 연속 탐지 모델

연속탐지 모델을 설명하기 위해 다음과 같은 기호를 정의한다.

$T_0 : t = 0$에서 탐지되지 않은 표적의 수
T_t : t 에서 탐지되지 않은 표적의 수
$T_{t+\Delta t}$: $t + \Delta t$ 에서 탐지되지 않은 표적의 수
Δt : 시간 증분

$Q(t) = P(t$ 에서 탐지 못함$)$

$P(\Delta t) = P(\Delta t$ 에서 탐지함$) = \frac{T_t - T_{t+\Delta t}}{T_t}$

$Q(\Delta t) = P(\Delta t$ 에서 탐지 못함$) = 1 - P(\Delta t)$

$$Q(t+\Delta t) = P(t+\Delta t \text{ 에서 탐지 못함}) = Q(t)Q(\Delta t) = Q(t)[1 - P(\Delta t)]$$
$$= Q(t)\left[1 - \frac{T_t - T_{t+\Delta t}}{T_t}\right]$$

위식을 다시 정리하고 Δt로 나누면 다음과 같다.

$$\frac{T_t - T_{t+\Delta t}}{T_t \Delta t} = -\frac{Q(t+\Delta t) - Q(t)}{Q(t)\Delta t}$$

그러므로 순간 탐지율 $\lambda(t) = \lim_{\Delta t \to 0} \frac{T_t - T_{t+\Delta t}}{T_t} = -\lim_{\Delta t \to 0} \frac{Q(t+\Delta t) - Q(t)}{Q(t)\Delta t} = -\frac{1}{Q(t)}\frac{dQ(t)}{dt}$ 이 된다.

$$Q(t) = exp\left[-\int_0^t \lambda(t)dt\right]$$

$$P(t) = P(t\ 에서\ 탐지함) = 1 - Q(t) = 1 - exp\left[-\int_0^t \lambda(t)dt\right]$$

만약 $\lambda(t) = c$ (상수) 라면 $P(t)$는 식 (5-29)와 같이 쓸 수 있다.

$$P(t) = 1 - e^{-ct} \quad (5\text{-}29)$$

그러므로 $P(0) = 0, P(\infty) = 1$이 된다. 확률밀도 함수 $f(t)$를 구해 보자.

$$P(t) = \int_0^t f(t)dt$$

$$f(t) = \frac{dP(t)}{dt}$$

$$f(t) = \lambda(t)exp\left[-\int_0^t \lambda(t)dt\right]$$

$$E(T) = \int_0^\infty tf(t)dt = \int_0^\infty t\lambda(t)exp\left[-\int_0^t \lambda(t)dt\right]dt$$

만약 $\lambda(t) = c$ (상수) 라면 $E(t) = \frac{1}{c}$가 된다.

만약 표적탐지에 소요되는 시간 T 가 단위시간 평균 탐지 성공 횟수 λ 를 상수로 가지는 지수분포를 한다면, $T \sim exp(\lambda)$, 확률밀도함수는 식 (5-30)과 같다.

$$f(t) = \begin{cases} \lambda e^{-\lambda t}\ , & t \geq 0 \\ 0\ , & t < 0 \end{cases} \quad (5\text{-}30)$$

시간 t까지 지속되는 동안 표적이 탐지될 확률을 나타내는 누적분포 함수, $F(t) = P(T \leq t)$는 식 (5-31)과 같이 된다.

$$F(t) = \begin{cases} 1 - e^{-\lambda t}, & t \geq 0 \\ 0, & t < 0 \end{cases} \quad (5\text{-}31)$$

이러한 경우 탐지 시간 확률변수 T의 기대값은 식 (5-32)와 같이 유도된다.

$$E(T) = 1/\lambda \quad (5\text{-}32)$$

그러므로 탐지를 시작해서 t시간까지 단 한번의 표적탐지도 이루어지지 않을 확률은 식 (5-33)과 같다.

$$P(T > t) = e^{-\lambda t} \quad (5\text{-}33)$$

또, t시간 내에 표적탐지가 이루어질 확률은 1 에서 $P(T > t)$를 빼 준 식 (5-34)와 같은 식이 된다.

$$P(T \leq t) = 1 - e^{-\lambda t} \quad (5\text{-}34)$$

단위시간 동안에 평균 탐지 성공 횟수 $\lambda = 0.005$ 건/초 라고 하면 탐지에 소요되는 평균시간과 5분이내로 탐지할 확률과 10분이 지나도 단 한번도 표적을 탐지 못할 확률은 얼마인지 알아본다.

먼저, 단위 시간을 통일하기 위해 분을 초로 전환시킨다. 5 분=300 초, 10 분=600 초이다. 탐지까지 평균 소요시간은 $E(T) = \frac{1}{\lambda} = \frac{1}{0.005} = 200$ 초가 되고 5 분 이내로 탐지할 확률은 $P(T \leq 300) = 1 - e^{-0.005 \times 300} = 0.7768$이다. 10 분이 지나도 단 한번도 표적을 탐지 못할 확률은 $P(T > 600) = e^{-0.005 \times 600} = 0.0497$이 된다.

다음은 시간에 따라 탐지 성공 횟수가 상이한 경우를 알아보자. 그림 5.7 과 같이 시간에 따라 탐지 성공횟수가 상이한 경우는 λ 대신에 λt 를 모수로 사용하여야 한다. 따라서 먼저 λt 를 결정하여야 한다.

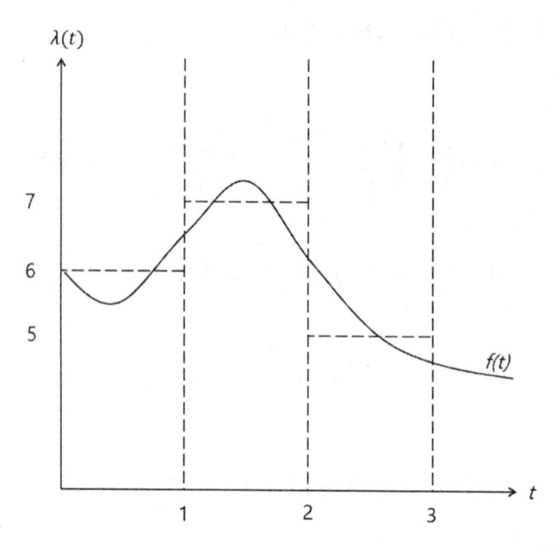

그림 5.7 시간에 따라 탐지성공 횟수가 상이한 경우

λt 를 찾기 위해 그림 5.7 과 같은 곡선에 대한 평균을 구해야 한다. 이 곡선은 임의의 주어진 시간에 탐지율을 나타내고 있다. 첫 번째 1 시간 동안 평균탐지율 λ는 6 번 탐지를 했고 두 번째 시간대에는 7 번, 세 번째에는 5 번의 탐지를 한 것으로 추정할 수 있다. 따라서 3 시간 동안 평균탐지횟수는 약 18 회로 볼 수 있다. 만약 시간간격을 아주 작게 한다면 근사치는 더욱 정확하게 구해질 것이며 무한대로 작게 하면 식 (5-35)~(5-37)과 같이 나타낼 수 있다.

$$\lambda = \frac{\int_0^t \lambda(t)dt}{t} \qquad (5\text{-}35)$$

$$\lambda t = \int_0^t \lambda(t)dt \qquad (5\text{-}36)$$

$$F(t) = 1 - e^{-\int_0^t \lambda(t)dt} \qquad (5\text{-}37)$$

$F(t)$는 t시간 탐지하는 동안 표적을 탐지할 확률을 나타내며 $F(\infty) = 1$의 조건만 만족하면 CDF 가 된다. 평균 탐지 소요시간 $E(T)$는 확률밀도 함수 $f(t)$를 사용해서 구할 수 있다. 따라서 $E(T) = \int tf(t)dt$로 표현된다.

$f(t)$의 표현은 CDF $F(t)$를 미분해서 얻을 수 있는데 식 (5-38)과 같다.

$$f(t) = \lambda(t)e^{-\int_0^t \lambda(t)dt} \quad (5\text{-}38)$$

$\lambda(t) = t/100$라고 할 때 $F(t)$와 $f(t)$를 구해 보면 다음과 같다.

$$F(t) = 1 - e^{-\int_0^t \frac{t}{100}dt} = 1 - e^{-\frac{t^2}{200}}$$

이 함수는 $F(\infty) = 1$을 만족하므로 CDF 이다. 그러므로

$$f(t) = \frac{dF(t)}{dt} = \frac{te^{-\frac{t^2}{200}}}{100}$$

$$E(t) = \int_0^\infty \frac{t^2 e^{-\frac{t^2}{200}}}{100} dt = \sqrt{50}\pi$$

연속탐지 상황에서 탐지율이 변하지 않는 경우는 $F(t) = 1 - e^{-\lambda t}$가 되며 $E(t) = \frac{1}{\lambda}$이 된다.

탐지율의 영향 요소는 표적 거리, 조명상태, 안개, 표적의 배경과 조화 등 다야하나 여기서는 거리와 순간 탐지율 관계만 고려하여 보면 그림 5.8 과 같은 형태가 있을 수 있다. A 는 거리에 따라 순간 탐지율이 점차 감소하는 경우이며 B 는 거리에 따라 순간탐지율이 급격히 감소하는 경우이다. C 는 거리에 따라 순간 탐지율이 처음에는 증가하다가 일정 거리 R 이 지나면 감소하는 경우이다. D 는 일정거리 R 까지는 탐지가 되다가 R 이후는 급격히 감소하는 경우이다.

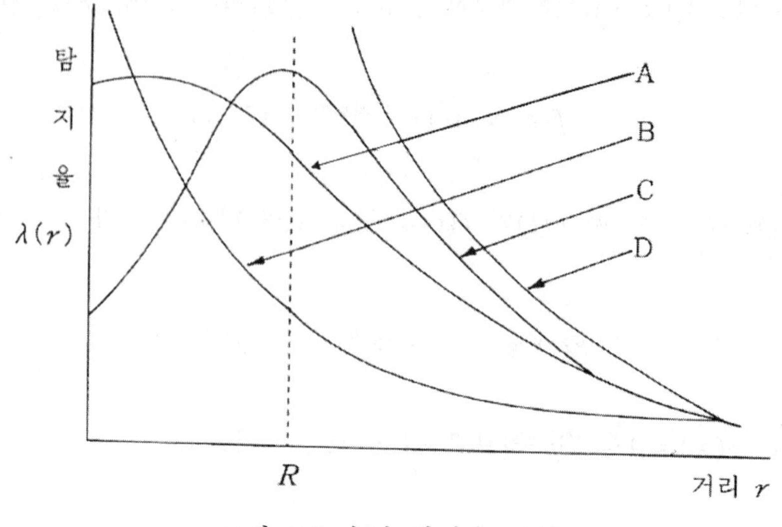

그림 5.8 순간 탐지율 곡선

5.8 Inverse Law of Detection

Inverse Law of Detection 의 가정사항은 다음과 같다.

(1) 관측자는 고도 h에서 표적을 관측한다.

(2) 관측자는 항적을 봄으로써 표적을 탐지한다.

(3) 순간적인 탐지율 λ 는 관측자를 중심으로 항적을 따라 형성되는 현과 이루는 입체각(Solid Angle)에 대한 비율이다.

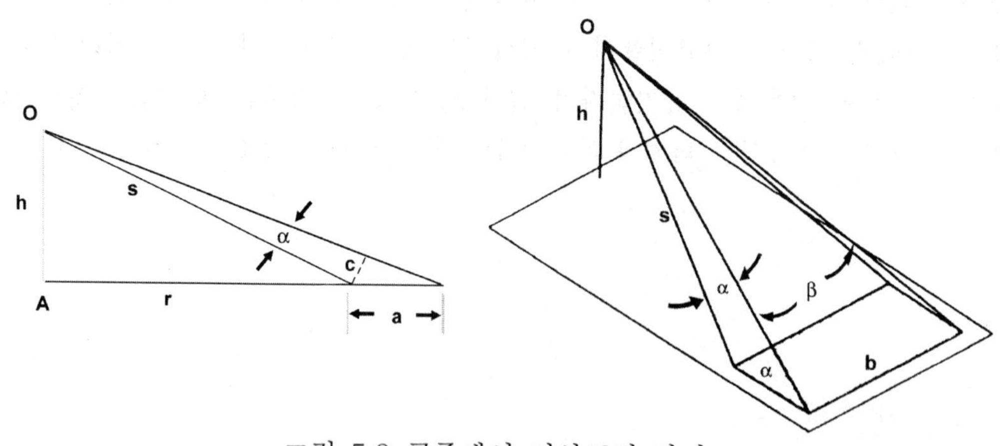

그림 5.9 공중에서 지상표적 탐지

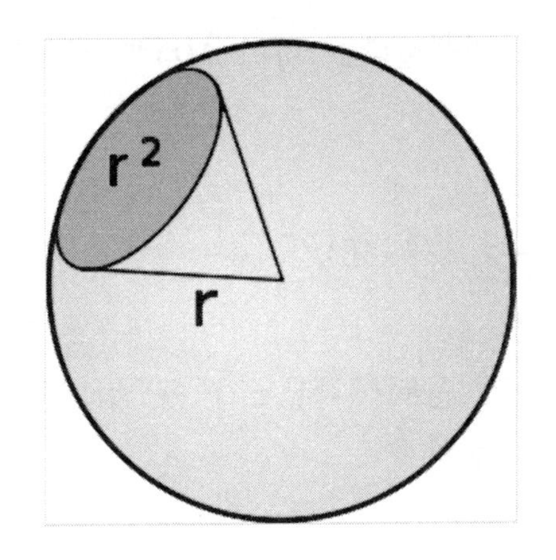

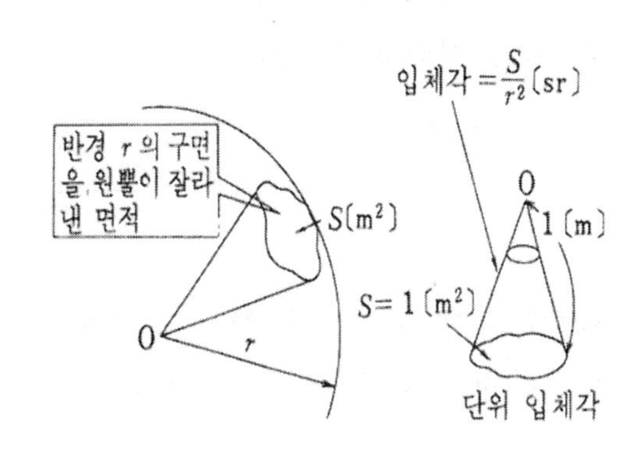

그림 5.10 입체각(Solid Angle)

그림 5.10 의 우측그림과 같이 공간에서 O를 한 끝점으로 하는 사선이 O의 둘레를 회전하여 처음의 위치로 되돌아올 때 그려진 도형을 입체각이라 하며 O를 꼭지점이라 한다. 이 경우 입체각의 크기는 O를 중심으로 하여 반지름 r인 구(球)가 이 입체각의 변과 만나서 이루어 지며 구면 위의 도형 S 의 넓이로 측정된다. S 넓이가 r^2일 때 이 입체각을 1 $sr\ (Steradian)$이라고 한다. 이것은 입체각의 단위이며 평면의 경우의 $rad(Radian)$ 의 정의를 구면 위로 확장한 것이라 할 수 있다. 또 전 구면의 중심점에 대한 입체각의 $1/4\pi$이 1 sr이 된다. 즉 구(球) 전체의 입체각은 $4\pi sr$이 된다.

입체각은 길이가 a이며 탐지방향과 수직인 폭 b인 직사각형의 면적을 바라보는 각을 의미한다. 가장 작은 단위의 입체각은 α와 β를 곱한 것과 같다. α, β 의 Radian 값은 $\alpha = \frac{c}{s}$. $\beta = \frac{b}{s}$가 되며 h에 비해 r이나 s가 월등히 크다고 가정하면 삼각형의 닮은 성질을 이용하여 $\frac{c}{a} \cong \frac{h}{s}$ 가 되어 $c \cong \frac{ah}{s}$이다. $c \cong \frac{ah}{s}$를 $\alpha = \frac{c}{s}$에 대입하면 $\alpha = \frac{ah}{s^2}$가 되어 입체각의 근사값 $\alpha\beta \cong (abh)/(s^3 \times 4\pi)$가 되며 항적을 $A = ab$라 하면 $\alpha\beta \cong (Ah)/(s^3 \times 4\pi)$가 된다.

표적의 항적을 직사각형으로 간주하고 항적의 넓이를 A 라 하면 입체각은 식 (5-39)와 같이 근사할 수 있다.

$$\alpha\beta \cong \frac{Ah}{(S^3 \times 4\pi)} = \frac{Ah}{(h^2+r^2)^{3/2} \times 4\pi} \qquad (5\text{-}39)$$

순간 탐지율 $\lambda(t)$ 가 입체각의 일정한 비율로 비례한다고 하면 $\lambda(t)$를 식 (5-40)과 같이 정리할 수 있다.

$$\lambda(t) \cong \frac{kAh}{(S^3 \times 4\pi)} = \frac{kAh}{(h^2+r^2)^{3/2} \times 4\pi} \qquad (5\text{-}40)$$

여기서 k는 거리 외 항적의 조명과 관측자의 능력, 기상조건 등 탐지율에 영향을 끼치는 따른 요소를 반영하는 상수를 의미한다.

5.9 역입체 탐지법(Inverse Cube Laws of Detection)

해상 탐지 또는 낮은 고도의 경우, 탐지거리 r과 관측자의 높이 h를 비교하면 h는 거의 무시해도 좋을 경우가 많다. 따라서 $r \gg h$인 경우라고 간주할 수 있다. 이 경우 $\lambda(t)$는 식 (5-41)과 같이 정리할 수 있다. 즉 탐지율 $\lambda(t)$은 거리 r 세제곱에 반비례한다.

$$\lambda(t) \cong \frac{kAh}{(S^3 \times 4\pi)} = \frac{kAh}{(h^2+r^2)^{3/2} \times 4\pi} = \frac{kA}{4\pi} \times \frac{h}{r^3}, \quad r \gg h \qquad (5\text{-}41)$$

$$\lambda(t) \cong \frac{kA}{4\pi} \times \frac{h}{r^3}, \quad r \gg h$$

5.10 역제곱 탐지법(Inverse Square Laws of Detection)

우주 정찰과 같은 높은 고도에서 탐지의 경우에는 탐지거리 r과 관측자의 높이 h를 비교하면 r는 거의 무시해도 좋을 경우가 많다. 즉 $h \gg r$ 경우이다. 이 경우 $\lambda(t)$는 식 (5-42)와 같다.

$$\lambda(t) \cong \frac{kAh}{(S^3 \times 4\pi)} = \frac{kAh}{(h^2+r^2)^{3/2} \times 4\pi} = \frac{kAh}{r^3 \times 4\pi} = \frac{kA}{4\pi} \times \frac{1}{h^2}, \quad h \gg r \qquad (5\text{-}42)$$

순간 탐지율 $\lambda(t)$은 높이 h 제곱에 반비례한다.

$$\lambda(t) \cong \frac{kA}{4\pi} \times \frac{1}{h^2}, \quad h \gg r$$

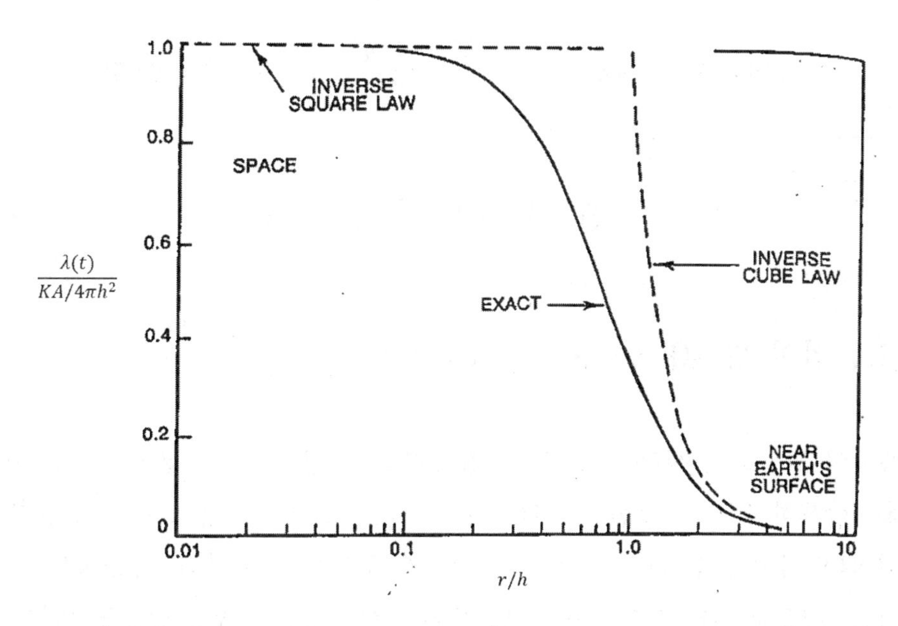

그림 5.11 Inverse Squrare Law 와 Inverse Cube Law 비교

예를 들어 시간 $t = 0$에서 어떤 레이더 기지의 보고에 의하면 500mile 떨어진 지점으로부터 미사일 1 발이 접근해 오고 있다. 미사일의 접근 속도는 시간당 10,000mile 이다. 이 미사일을 격추시키기 위해서는 레이더 기지에 접근하기 200mile 전에 완전한 탐지가 이루어져야만 공격이 가능하다. 만약 레이더의 탐지율이 식 $\lambda(t) \cong \frac{kA}{4\pi} \times \frac{h}{r^3}$ 와 같이 거리의 세제곱에 반비례한다고 할 때 공격해 오는 미사일에 대해 공격을 할 수 있도록 200mile 이전에 표적이 탐지될 확률은 얼마인가? 단 $(kAh)/(4\pi) = 10^9$으로 주어진다.

시간의 함수로서 레이더 기지와 표적간의 거리는 $r = 500 - 10{,}000t$ 로 주어진다. 거리에 따른 탐지율 $\lambda(r)$을 시간의 함수로 전환한다.

$$\lambda(t) = \frac{10^9}{(500 - 10{,}000t)^3}$$

따라서 200mile 이전에 표적을 탐지할 확률은 시간으로 환산시 0.03 시간내에 표적이 탐지되어야 하므로 0.03 시간 내에 탐지할 확률은 다음과 같이 계산된다.

$$F(0.03) = 1 - e^{-\int_0^{0.03} \frac{10^9}{(500-10{,}000t)^3}dt} = 1 - e^{-1.05} = 0.650$$

5.11 지역탐지 확률

5.11.1 완전 탐색(Exhaustive Search)

탐색지역 A 를 탐색하는데 탐색 항공기로 일정한 속도 V 로 중복없이 모든 지역을 탐색한다고 가정한다. 이 때 표적은 고정된 것으로 가정한다. 탐색 항공기기의 탐지폭 W 의 1/2 인 $\frac{1}{2}$W 내에 표적이 위치하면 자동적으로 표적을 탐지하는 것으로 가정한다. 이러한 경우 t 시간 동안 탐색할 수 있는 지역은 VWt가 된다.

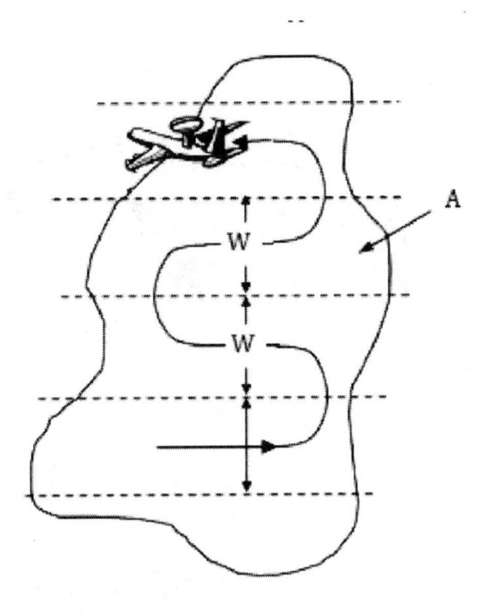

그림 5.12 완전 탐색

탐지확률은 전체 면적과 탐색지역의 비율로 간주할 수 있고 탐지확률은 식 (5-43)과 같이 표현할 수 있다.

$$p = \begin{cases} z, & 0 < z \leq 1 \\ 1. & z = 1 \end{cases} \quad (5\text{-}43)$$

$$where\ z = (VWt/A)$$

5.11.2 무작위 탐색(Random Search)

무작위 탐색은 완전 탐색처럼 체계적인 형태로 탐지하지 않고 불규칙하게 탐색하는 방법이다. 탐지율 $\lambda(t) = VW/A$ 는 단위시간당 탐지된 표적 수로 상수이므로 $\lambda(t)$를 $P(t) = 1 - e^{-ct}$에 대입하면 탐지확률은 식 (5-44)와 같다.

$$p = 1 - exp\left(-\frac{VWt}{A}\right) = 1 - exp(-z) \qquad (5\text{-}44)$$

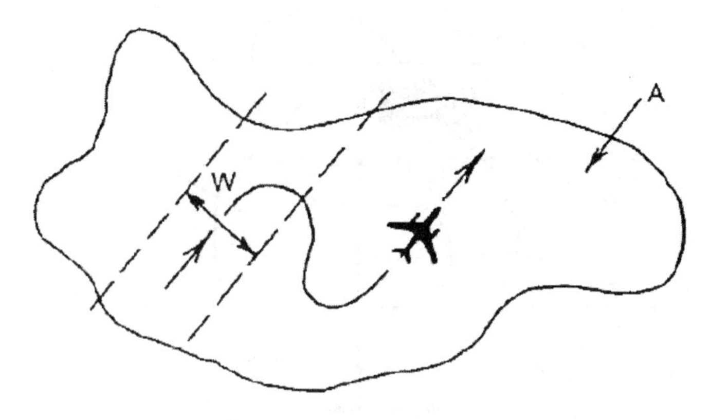

그림 5.13 Random 탐색방법

5.11.3 역 입체법 탐색법에 의한 탐색(Inverse Cube Law Search)

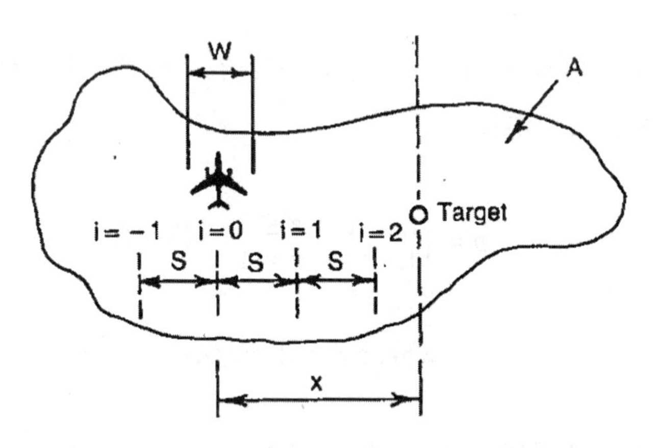

그림 5.14 역입체 탐지법에 의한 완전탐색

저고도 탐색을 한다면 탐지율은 위에서 설명한 것과 같이 식 (5-45)와 같다.

$$\lambda(t) \cong \frac{kA}{4\pi} \times \frac{h}{r^3}, \quad r \gg h \qquad (5\text{-}45)$$

고정 표적에 대해 탐색 항공기로 표적을 탐지하는 상황을 생각해 보자. 이 고정 표적과 x만큼 이격되어 고도 h로 비행하는 경우 그림 5.15 에서 보는 것과 같이 x와 h, r은 식 (5-46)과 같이 표현할 수 있다.

$$r^2 = x^2 + V^2t^2 \qquad (5\text{-}46)$$

왜냐하면 $t = 0$에서 t시간까지 비행한 거리는 Vt가 되기 때문이다.

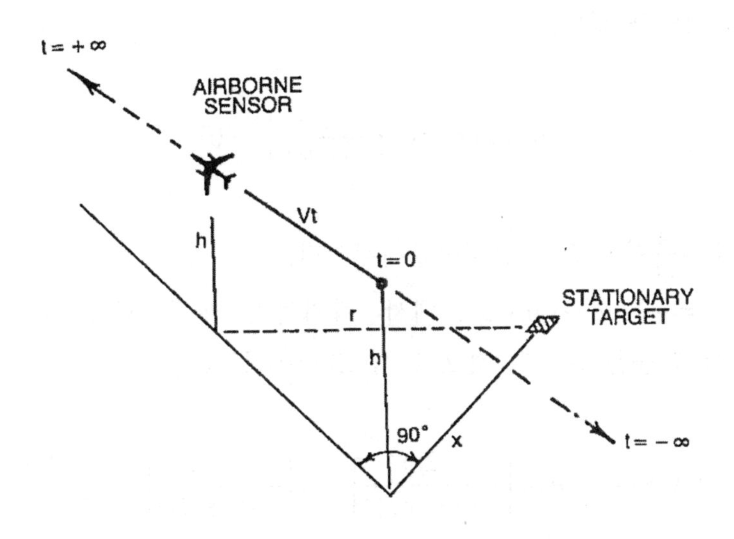

그림 5.15 고정 표적에 대해 항공기로 표적 탐지

표적과 x만큼 떨어져 고정된 고도 h를 $i = 0$ 경로를 따라 비행하는 항공기에서 표적을 탐지할 확률은 식 (5-47)과 같다.

$$p(x) = 1 - exp\left[-\int_{-\infty}^{\infty} \lambda(t)dt\right]$$

$$= 1 - exp\left[-\int_{-\infty}^{\infty} \frac{kAh}{4\pi} \frac{1}{(x^2+V^2t^2)^{\frac{3}{2}}} dt\right] = 1 - exp(-\frac{2m}{x^2}) \qquad (5\text{-}47)$$

$$where,\ m = \frac{kAh}{4\pi V}$$

$1 - exp\left[-\int_{-\infty}^{\infty} \frac{kAh}{4\pi} \frac{1}{(x^2+V^2t^2)^{\frac{3}{2}}} dt\right] = 1 - exp(-\frac{2m}{x^2})$를 구할 때는 $cosh(y) = Vt/x$로 치환하여 구한다. 엄격히 말하면 $1 - exp(-\frac{2m}{x^2})$ 의 적분구간은 지역 A 의 경계를

벗어나지 못한다. 그러나 $\lambda(t)$는 $\frac{1}{r^3}$ 에 따라 변동하기 때문에 단순해를 구하기 위해 $(-\infty, \infty)$를 적분구간으로 한다.

확률 $p(x)$ 와 관련된 탐지폭(Sweep Width)을 구해 보자. $y = \frac{\sqrt{2m}}{x}$ 로 두고 부분적분하면 $W = \int_{-\infty}^{\infty} p(x)dx = \sqrt{8\pi m}$ 이 되고 어떤 Track 에서도 탐지하지 못할 확률은 식 (5-48)과 같다.

$$q(x, S) = exp\left[-\frac{2m}{(x-iS)^2}\right] \quad (5\text{-}48)$$

여기에서 $S = \frac{A}{VT}$이고 T는 탐색종료시간이다.

탐색경로 $i = \cdots, -2, -1, 0, 1, 2, \ldots$ 에서 탐지하지 못할 확률은 모든 경로에서 탐지하지 못할 확률을 곱하는 것으로 식 (5-49)와 같다.

$$Q(x, S) = \cdots exp\left[-\frac{2m}{(x+2S)^2}\right] exp\left[-\frac{2m}{(x+S)^2}\right] exp\left[-\frac{2m}{x^2}\right]$$
$$\times\ exp\left[-\frac{2m}{(x-S)^2}\right] exp\left[-\frac{2m}{(x-2S)^2}\right] \ldots = exp[-N(x, S)] \quad (5\text{-}49)$$

$$where, \quad N(x, S) = \sum_{i=-\infty}^{\infty} \frac{2m}{(x-iS)^2}$$

$$N(x, S) = \frac{2m\pi^2}{S^2} csc^2 \frac{\pi x}{S} = \frac{\pi}{4}\left(\frac{W}{S}\right)^2 csc^2 \frac{\pi x}{S}$$

$x = 0$에서 $x = S$ 거리에서 탐지 못할 평균확률 $Q(W/S)$은 식 (5-51)과 같다.

$$Q\left(\frac{W}{S}\right) = \frac{1}{S}\int_0^S Q(x, S)dx = 1 - erf\frac{\sqrt{\pi}W}{2S} \quad (5\text{-}51)$$

여기에서 $erf(x) = \frac{2}{\sqrt{\pi}}\int_0^x e^{-t^2}dt$로 정의되는 Gauss Error Function 이다.

그러므로 탐지확률 $P(W/S)$는 식 (5-52)와 같다.

$$P\left(\frac{W}{S}\right) = 1 - Q\left(\frac{W}{S}\right) = erf\frac{\sqrt{\pi}W}{2S} \quad (5\text{-}52)$$

그림 5.16 은 위에서 설명한 3 개의 탐색 방법에 의한 탐색 확률을 비교한 그림이다. 완전탐색이 가장 우수하고 불규칙 탐색방법이 가장 좋지 않은 것으로 나타난다.

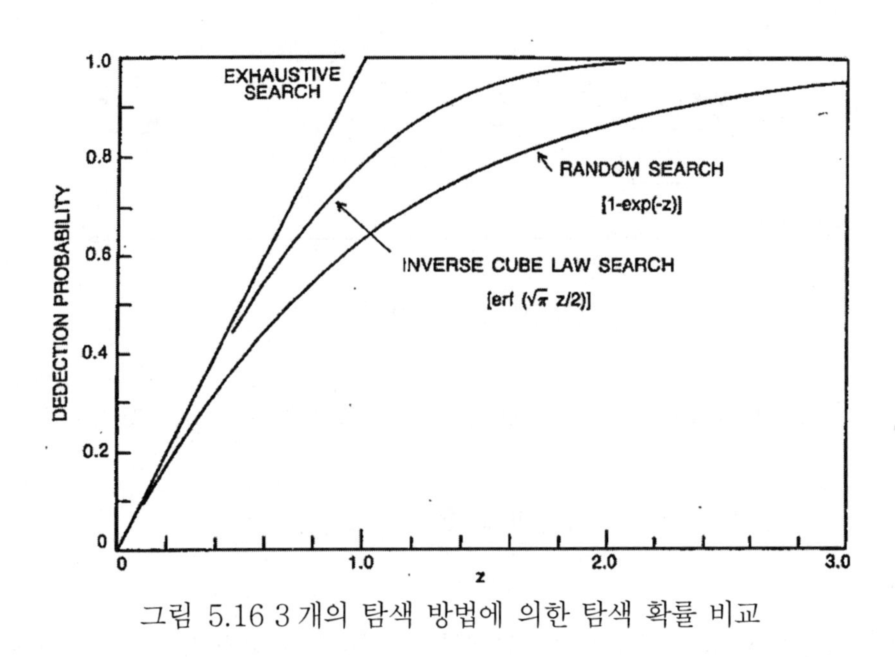

그림 5.16 3 개의 탐색 방법에 의한 탐색 확률 비교

5.12 1 차원 탐색

그림 5.17 과 같이 적 부대나 전차 등이 방어선에 접근할 때 길이 L 전선을 감시하는 관측장비를 생각해 보자. 관측장비는 반경 W 의 감시능력을 가지고 있다. 이러한 경우 최소 탐지 장비 수 n_p는 다음과 같이 최소한 $\frac{L}{2W}$이 요구된다.

$$n_p \geq \frac{L}{2W}$$

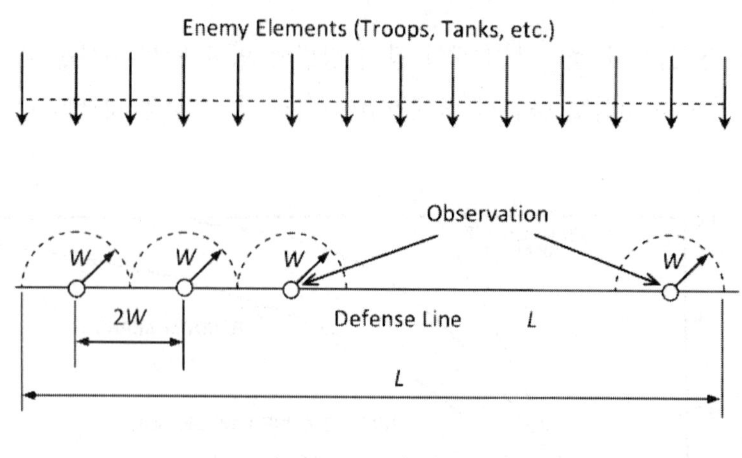

그림 5.17 1 차원 탐색

만약 관측장비의 수 n이 n_p보다 적을 경우 적을 탐지할 확률 p는 식 (5-53)과 같다.

$$p = \frac{n}{n_p} = \frac{2Wn}{L} \qquad (5\text{-}53)$$

만약 관측장비가 v_p 속도로 이동하는 이동형 장비라면 최소 탐지 장비 수 n_p는 식 (5-54)와 같다.

$$n_p \geq \frac{L}{W(2+\frac{v_p}{v_e})} \qquad (5\text{-}54)$$

여기에서 v_p는 L 을 따라 감시하는 관측장비의 속도이며 v_e는 L 에 수직으로 접근하는 적의 속도이다. $v_p = v_e$ 인 경우에는 Wv_p/v_e 거리를 관측장비가 감시할 수 있고 $n_p < \frac{L}{W(2+\frac{v_p}{v_e})}$ 인 경우에는 관측 확률은 식 (5-55)와 같다.

$$p = \frac{n}{n_p} = \frac{Wn}{L}(2 + \frac{v_p}{v_e}) \qquad (5\text{-}55)$$

5.13 일정한 속도를 가진 표적 탐지

어떤 지점으로부터 일정한 속도 v_T로 이동하는 표적에 대한 탐지를 알아본다. 표적의 최초지점은 탐지 항공기에 알려져 있다고 가정하고 표적 이동의 모든 방향은 동일 확률하다.

표적을 찾기 위해 다음과 같은 방법을 사용한다.

(1) 표적이 탐색 항공기를 향해 이동하고 있다고 가정
(2) 탐색 항공기는 최초 표적이 위치한 방향으로 이동
(3) 표적이 접촉되면 이러한 가정은 정확하며 경과시간 t_0은 식 (5-56)과 같다

$$t_0 = \frac{D}{v_T+v_S} \qquad (5\text{-}56)$$

여기에서 D는 탐색 초기의 표적 위치지점과 항공기가 위치한 지점 간의 거리이며 v_T는 표적의 속도, v_S는 탐색항공기의 위치이다. 단 $v_S > v_T$라고 가정한다. 경과시간 t_0 동안 표적이 이동한 거리 R_0는 식 (5-57)과 같다.

$$R_0 = v_T t_0 = \frac{v_T D}{v_T+v_S} \qquad (5\text{-}57)$$

경과시간 t_0 동안 탐지항공기가 이동한 거리 S_0는 식 (5-58)과 같다.

$$S_0 = v_S t_0 = \frac{v_S D}{v_T+v_S} \qquad (5\text{-}58)$$

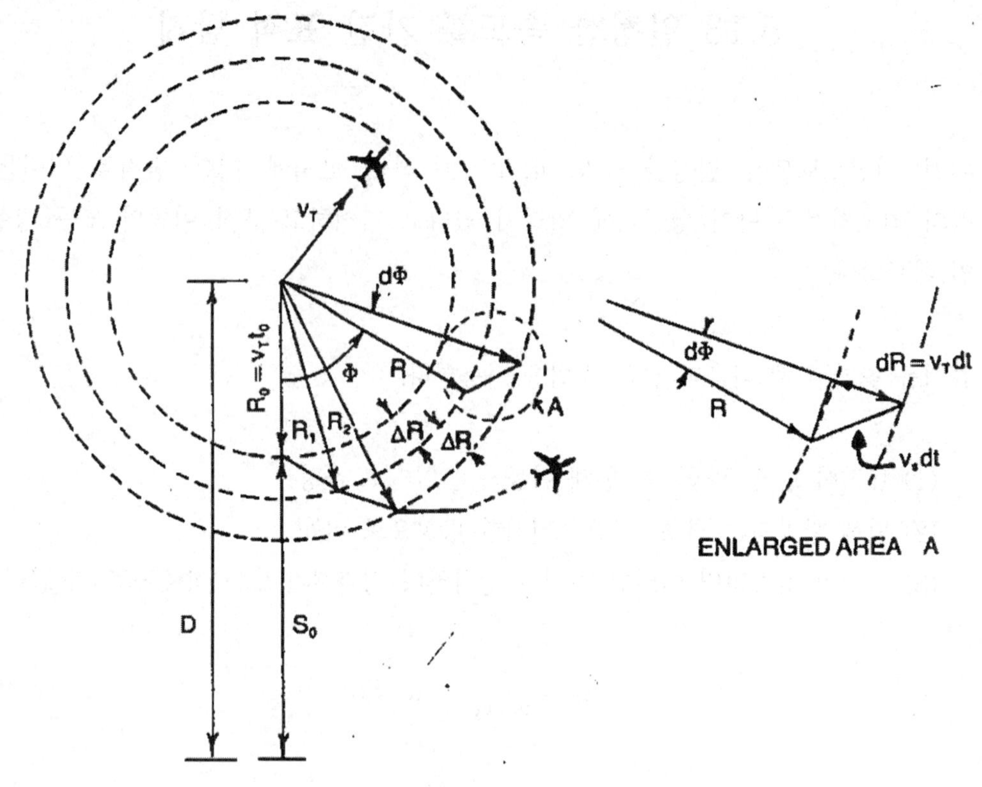

그림 5.18 일정한 속도를 가진 표적 탐지

t_0 경과후 만약 표적이 탐지되지 않았다면 탐색 항공기는 경과시간 t_0 이후 표적이 탐지될 가장 가능성 있는 지점으로 이동해야 한다. $\triangle t$ 동안 표적은 $R_1 = v_T(t_0 + \triangle t)$ 반경 원안의 어디엔가 있어야 한다. $\triangle t$ 동안 탐색 항공기는 $v_S \ \triangle t$ 거리를 이동할 것이다. 만약 $\triangle t$ 동안 탐지항공기의 이동방향이 R_1과 $v_S \ \triangle t$의 arc 방향이고 $v_S \triangle t$ 이 가정한 접촉점으로부터 만나고 표적이 $R_1 d\phi$안에서 이동한다면 R_0와 R_1 사이의 선분에서 탐지항공기는 표적을 만난다. 만약 만나지 못한다면 탐지항공기의 새로운 방향은 $R_2 = v_T(t_0 + 2\triangle t)$ 와 $v_S \triangle t$ 로 결정된다. $\triangle t$ 만큼 시간 동안 이러한 행동을 계속하면 구간직선으로 구성된 곡선을 얻을 수 있다. 이러한 곡선을 Logarithmic Spiral 이라고 한다.

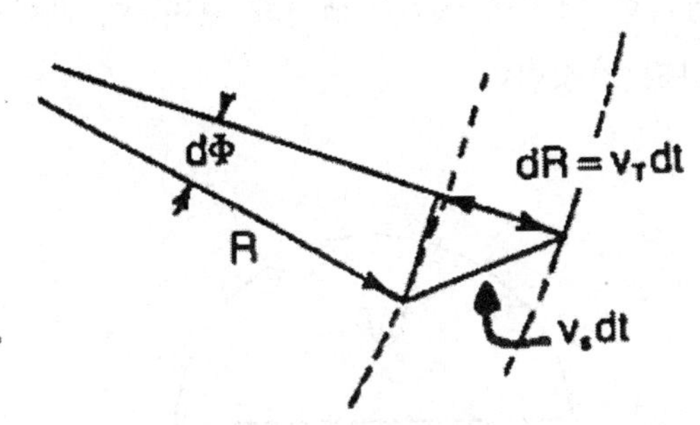

그림 5.19 Logarithmic Spiral 일부

$$(Rsind\emptyset)^2 + [dR + Rsind\emptyset \tan\left(\frac{1}{2}d\emptyset\right)]^2 = (v_S dt)^2 \quad (5\text{-}59)$$

식 (5-59)에서 2 차 항을 무시하면 식 (5-60)~(5-62)로 전개된다.

$$R^2(d\emptyset)^2 + (dR)^2 = {v_S}^2(dt)^2 \quad (5\text{-}60)$$

$$v_T dt = dR \quad (5\text{-}61)$$

$$\frac{d\emptyset}{dt} = \frac{v_T}{R}\left(\frac{{v_S}^2}{{v_T}^2} - 1\right)^{\frac{1}{2}} = \frac{v_T}{R}\frac{1}{k} \quad (5\text{-}62)$$

$$where, k = \left(\frac{{v_S}^2}{{v_T}^2} - 1\right)^{-\frac{1}{2}}$$

$\frac{d\emptyset}{dt} = \frac{v_T}{R}\left(\frac{{v_S}^2}{{v_T}^2} - 1\right)^{\frac{1}{2}} = \frac{v_T}{R}\frac{1}{k}$ 을 적분하면 $k\int_0^{\emptyset} d\emptyset = \int_0^t \frac{v_T}{R}dt = \int_{R_0}^{R}\frac{dR}{R}$ 이 된다. $k\emptyset = ln\frac{R}{R_0}$ 이고 $R = R_0 exp(k\emptyset)$ 이다. $v_T dt = dR$ 에서 $\frac{dR}{dt} = v_T$ 가 되며 $R = R_0 exp(k\emptyset)$ 를 $R = R_{0+} v_T t$ 에 대입하면 $R_0 ex\,p(k\emptyset) = R_0 + v_T t$가 되며 $k\emptyset = ln(1 + \frac{v_T t}{R_0})$ 이므로 $R = R_0 exp[ln\left(1 + \frac{v_T t}{R_0}\right)]$ 이다. 탐색항공기가 표적을 차단하는 것은 $\emptyset = 0$ 와 $\emptyset = 2\pi$사이에서 발생한다.

그러나 실제적으로 이러한 방법으로 표적을 반드시 탐지한다고 할 수 없다. 그러므로 Long-range Radar를 장착한 탐지항공기를 생각해 보자. 이 레이더는 180도 방향으로 반경 W로 탐지 가능하다고 가정한다.

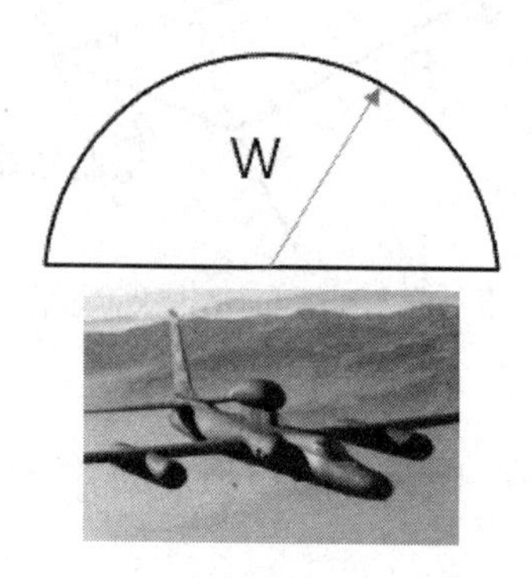

그림 5.20 Long-range Radar를 장착한 탐지항공기

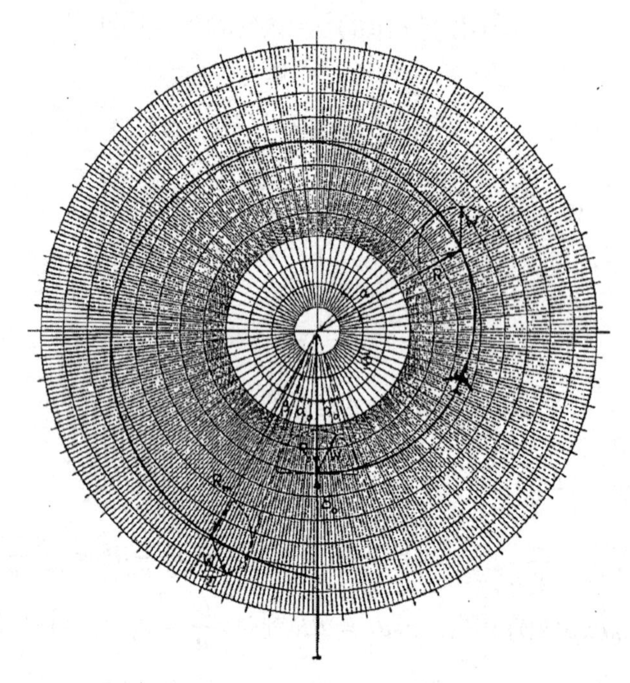

그림 5.21 Long-range Radar를 장착한 탐지항공기 궤적

이러한 상황에서 표적을 탐지할 확률은 식 (5-64)와 같다.

$$P_0 = \frac{2R_0\alpha_0}{2\pi R_0} = \frac{\alpha_0}{\pi} = \frac{1}{\pi}sin^{-1}\frac{W}{R_0} \qquad (5\text{-}63)$$

$$where, \alpha_0 = sin^{-1}\frac{W}{R_0}$$

$$P = \frac{R(\alpha_0+\emptyset+\alpha)}{2\pi R} = \frac{\alpha_0}{2\pi} + \frac{\emptyset}{2\pi} + \frac{\alpha}{2\pi} = \frac{1}{2\pi}sin^{-1}\frac{W}{R_0} + \frac{\emptyset}{2\pi} + \frac{1}{2\pi}sin^{-1}\frac{W}{R} \qquad (5\text{-}64)$$

$\emptyset = 0$이면 $R = R_0, P = P_0$이다. 탐지확률은 $\emptyset = 0$일 경우 탐지확률 P이며 $\emptyset = 2\pi - \alpha_0 - sin^{-1}(\frac{W}{R_0})$가 되면 탐지확률은 1 로 증가된다. R_m은 100% 탐지를 위해 요구되는 최대 나선 반경이다.

$R = R_0 exp(k\emptyset)$와 $k\emptyset = ln(1 + \frac{v_T t}{R_0})$를 $P = \frac{1}{2\pi}sin^{-1}\frac{W}{R_0} + \frac{\emptyset}{2\pi} + \frac{1}{2\pi}sin^{-1}\frac{W}{R}$에 대입하면 탐지확률 P 를 설명하는 식 (5-65)이 나온다.

$$P = \frac{1}{2\pi}sin^{-1}\frac{W}{R_0} + \frac{\emptyset}{2\pi} + \frac{1}{2\pi}sin^{-1}(\frac{W}{R_0}exp(-k\emptyset)) \quad (5\text{-}65)$$

또는 P를 식 (5-66)과 같이 정리할 수 있다.

$$P = \frac{1}{2\pi}sin^{-1}\frac{W}{R_0} + \frac{1}{2k\pi}ln\left(1 + \frac{v_T t}{R_0}\right) + \frac{1}{2\pi}sin^{-1}\left\{\frac{W}{R_0}exp\left(-ln\left(1 + \frac{v_T t}{R_0}\right)\right)\right\} \quad (5\text{-}66)$$

$W = 0$일 때 P는 식 (5-67)과 같이 간단히 정리된다.

$$P = \frac{\emptyset}{2\pi} = \frac{1}{2\pi}ln\left(1 + \frac{v_T t}{R_0}\right) \qquad (5\text{-}67)$$

5.14 표적이 전자기파를 방사하는 경우 탐지

표적은 전자기파를 방사하며 모든 지점에서 동일한 확률 방사한다. 표적은 t_1 시간 동안 전자기파를 방사하고 t_2시 간 동안 전자기파를 끈다. 이것은 장비의 특성상 24 시간 동안 전자기파를 방사하지 못할 수도 있고 전술적인 이유로 장비를 끄기도 한다. 이를 탐지하기 위한 탐색 항공기는 고도 h 에서 ϕ 관측 각도로 전자기파를 탐지한다. 이러한 경우 탐지폭 W는 식 (5-68)과 같이 표현할 수 있다.

$$W = 2htan(\frac{1}{2}\phi) \quad (5\text{-}68)$$

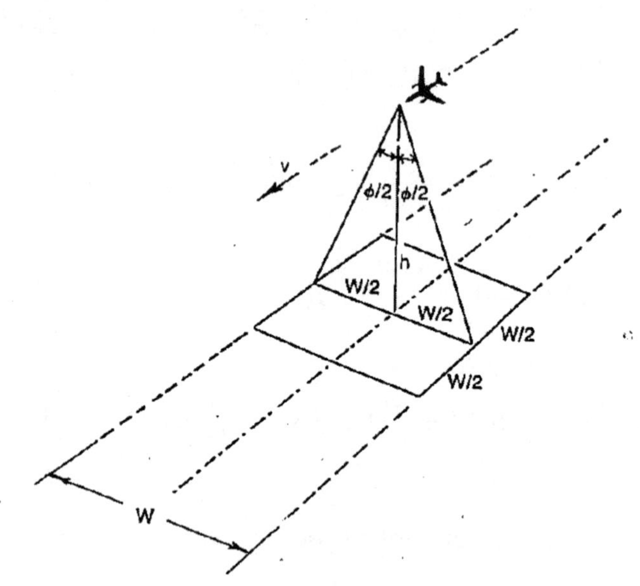

그림 5.22 표적이 전자기파를 방사하는 경우 탐지 방법

v 를 탐색항공기의 속도라 하면 탐색은 양방향으로 진행되므로 t_s 동안 지상(해상)에서 탐지될 어떤 점(예를 들어 표적)은 식 (5-69)와 같다.

$$t_s = \frac{2htan\left(\frac{1}{2}\phi\right)}{v} \quad (5\text{-}69)$$

전자파를 방사하는 표적을 탐지할 확률 P_D은 식 (5-70)과 같다.

$$P_D = P_A P_T P_S \quad (5\text{-}70)$$

여기에서 P_A는 탐색할 지역내에 표적이 있을 확률, P_T는 표적이 전자기파를 방사할 확률, P_S는 탐색 항공기 탐지 센서에 의해 표적이 탐지될 확률이다. 먼저 P_A는 탐색완료한 지역과 전체 지역의 비율이므로 식 (5-71)과 같이 계산할 수 있다.

$$P_A = \left[2htan\left(\frac{1}{2}\phi\right) \times vt\right]/A \qquad (5\text{-}71)$$

P_T는 전자기파를 방사하는 시간에 대한 전체시간의 비율이므로 식 (5-72)와 같다.

$$P_T = \frac{t_1}{t_1+t_2} \qquad (5\text{-}72)$$

마지막으로 P_S를 구해 보면 다음과 같이 구할 수 있다. 순간 탐지율 $\lambda(t) = \lambda$, 이고 $t = t_S$ 이므로 $P_S = 1 - e^{\lambda t_S} = 1 - exp(-\frac{2\lambda htan(\frac{1}{2}\phi)}{v})$이다. 따라서 t 시간에서의 표적 탐지확률 $P_D(t)$은 식 (5-73)과 같다.

$$P_D(t) = \frac{\left[2htan\left(\frac{1}{2}\phi\right)\times vt\right]}{A} \times \left(\frac{t_1}{t_1+t_2}\right) \times \left[1 - exp\left(-\frac{2\lambda htan(\frac{1}{2}\phi)}{v}\right)\right] \qquad (5\text{-}73)$$

$t = t_1 + t_2$일 경우 $P_D = \frac{\left[2htan\left(\frac{1}{2}\phi\right)\times vt_1\right]}{A} \times \left[1 - exp\left(-\frac{2\lambda htan(\frac{1}{2}\phi)}{v}\right)\right]$가 된다.

5.15 측면 거리 (Lateral Range)

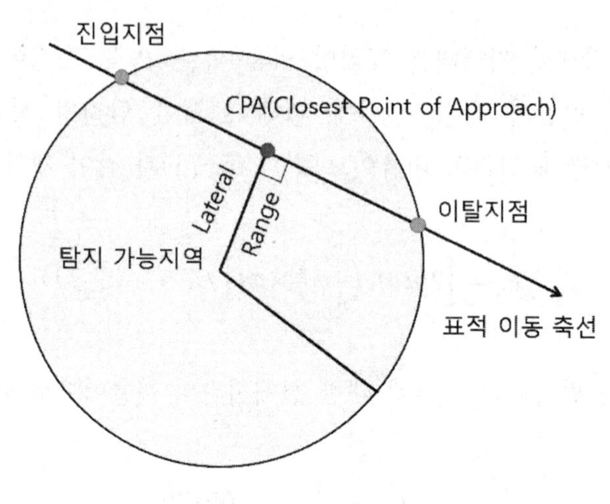

그림 5.23 측면거리

그림 5.23 에서 보는 것과 같이 측면거리는 탐지자가 표적으로부터 가장 가까운 거리를 말한다. 표적은 탐지가능 지역을 A 에서 B 로 통과하는데 관측자로부터 가장 가까운 지점 CPA(Closest Point of Approach)를 통과할 때 수직거리를 측면거리라고 한다.

이 측면거리에 따른 탐지확률을 그림으로 표현한 것이 측면거리곡선이다. 표적이 탐지자와 수직선상에 있을 때 탐지할 수 있는 조건부 확률을 $\bar{P}(x)$ 라 하면 측면거리곡선을 그림 5.24 와 같이 그릴 수 있다. 여기에서 R_m 은 탐지능력 거리를 말한다.

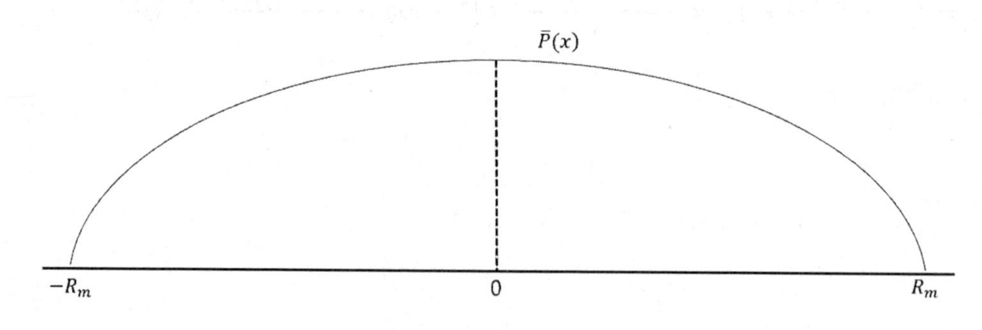

그림 5.24 측면거리곡선

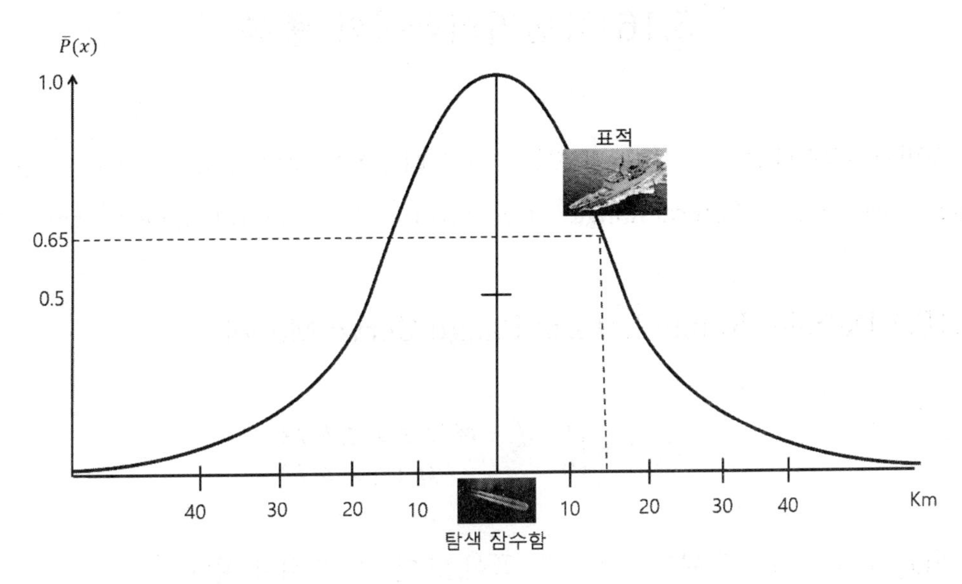

그림 5.25 측면거리곡선과 탐지확률

그림 5.25 에서 보는 것과 같이 측면거리곡선은 측면거리에 따른 탐지확률을 나타낸다. 탐색잠수함은 측면거리가 15km 일 때 표적을 탐지할 조건부 확률은 0.65 라는 것을 나타낸다.

측면거리곡선은 거리별 탐지하는 확률로 추정한다. 그림 5.26 왼쪽에서는 거리별 탐지확률을 나타내고 오른쪽 그림은 이를 기본으로 측면거리곡선을 추정하는 방법을 나타낸다. 일반적으로 탐지를 하는 것은 탐지축을 중심으로 좌우 대칭이므로 오른쪽이든 왼쪽이든 한 쪽만 찾으면 이를 대칭화하여 사용할 수 있다.

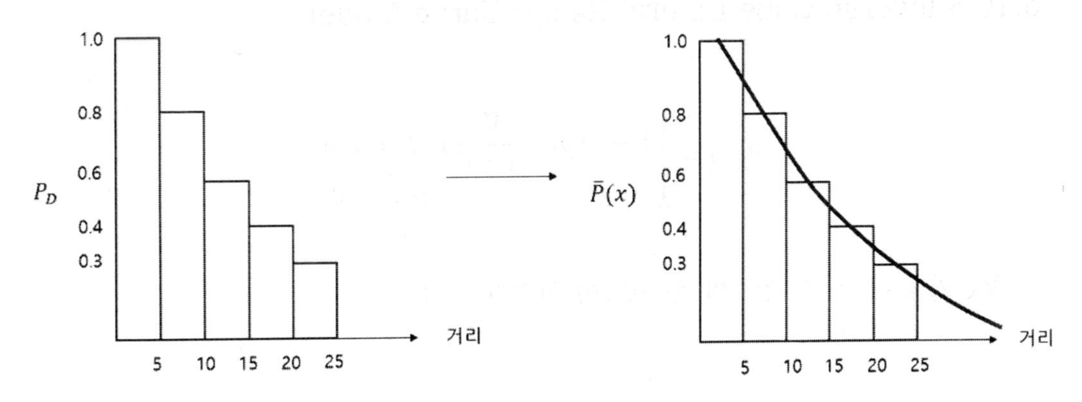

그림 5.26 측면거리곡선의 추정

5.16 측면거리곡선의 종류

측면거리곡선에는 여러가지 종류가 있는데 대표적인 것이 Definite Range Lateral Range Curve, Linear Lateral Range Curve, Inverse Cube Lateral Range Curve 등이다.

5.16.1 Definite Range Lateral Range Curve Model

$$\bar{P}(x) = \begin{cases} 1 & if\ -M/2 \le x \le M/2 \\ 0 & if\ |x| > M/2 \end{cases}$$

$\bar{P}(x)$가 0 가 아닌 곳에서 높이가 1, 폭이 M 인 직사각형이 된다.

5.16.2 Linear Lateral Range Curve Model

$$\bar{P}(x) = \begin{cases} 1 - \frac{|x|}{M} & if\ -M \le x \le M \\ 0 & if\ |x| > M \end{cases}$$

$\bar{P}(x)$가 0 가 아닌 곳에서 높이가 1, 폭이 2M 인 이등변 삼각형이 된다.

5.16.3 Inverse Cube Lateral Range Curve Model

$$\bar{P}(x) = \begin{cases} 1 - exp(-\frac{M^2}{4\pi x^2}) & if\ \ x \ne 0 \\ 1 & if\ x = 0 \end{cases}$$

$\bar{P}(x)$가 0 이 될 수 없으며 종 모양의 함수가 된다.

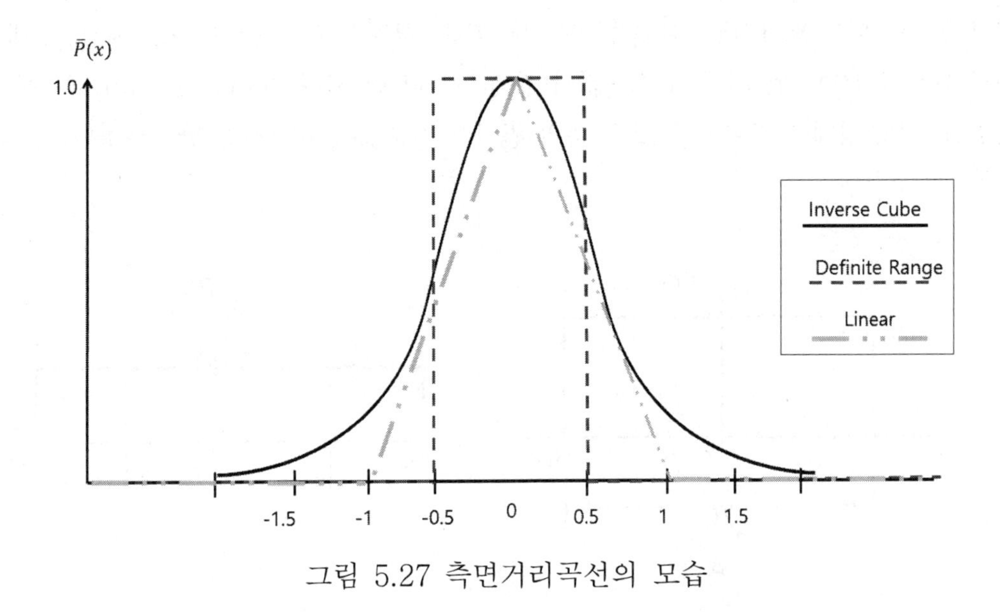

그림 5.27 측면거리곡선의 모습

측면거리곡선의 성질은 다음과 같다.

(1) $\bar{P}(x)$는 모든 x에 대해 정의된다.

(2) $\bar{P}(x)$는 확률이다. 따라서 $0 \le \bar{P}(x) \le 1$.

(3) $\bar{P}(x)$와 x축 사이의 면적은 유한하다. 따라서 $\int_{-\infty}^{\infty} \bar{P}(x)dx$는 수렴한다. 이 면적 W를 효과적인 탐지폭라고 부르며 식 (5-74)와 같이 표현한다.

$$W = \int_{-\infty}^{\infty} \bar{P}(x)dx \qquad (5\text{-}74)$$

앞의 3 가지 유형의 측면거리곡선(LRC: Lateral Range Curve)에서 각 LRC 는 $W = M$이다. Definite Range 와 Linear LRC 에서 $M = 1$이므로 그림 5.27 에서 쉽게 알수 있다. 그러나 Inverse Cube LRC 에서는 같은 방법으로 처리할 수 있으나 조금 더 복잡하다.

(4) 수직방향의 함수도 허용된다. $\bar{P}(x)$ 가 연속적이거나 유한한 수의 계단모양의 불연속을 가지고 있다면 가능하다.

그림 5.28 에서 보는 것과 같이 A, B, C, D 와 같이 다양한 형태의 LRC 가 존재한다. A 에서 효과적인 탐지폭은 Definite Range 에서 정의되는 거리($-r_{def}$~r_{def}) 구간이

되며 B 에서는 효과적인 탐지폭 W 가 최대 탐지거리 구간 ($-r_{max}$~r_{max}) 내에 위치하며 실선으로 된 LRC의 적분값과 같다. 왜냐하면 최대 $\bar{P}(x) = 0.5$이기 때문이다. C, D 도 LRC 형태는 다르지만 LRC 하위 면적의 적분값이 효과적인 탐지폭 W가 된다.

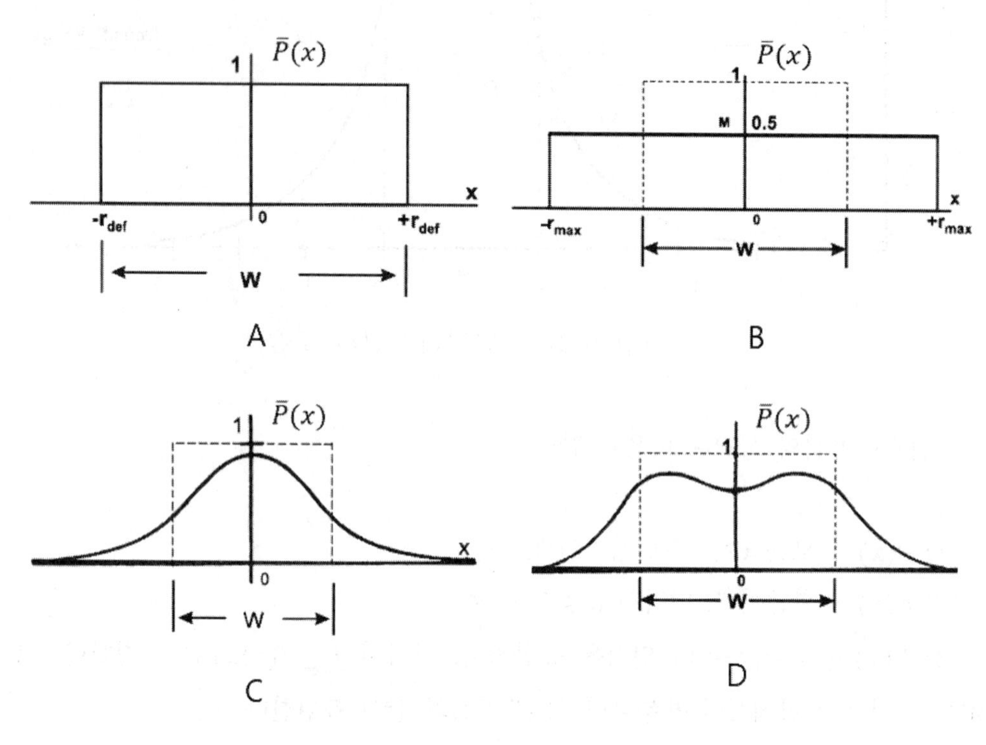

그림 5.28 다양한 LRC

효과적인 탐지폭 W의 개념을 좀 더 쉽게 설명하면 다음과 같다. 탐색지역 내 여러 표적들이 그림 5.29 와 같이 무작위적(Randomly)이고 균등(Uniformly)하게 분포하고 있다고 생각해 보자.

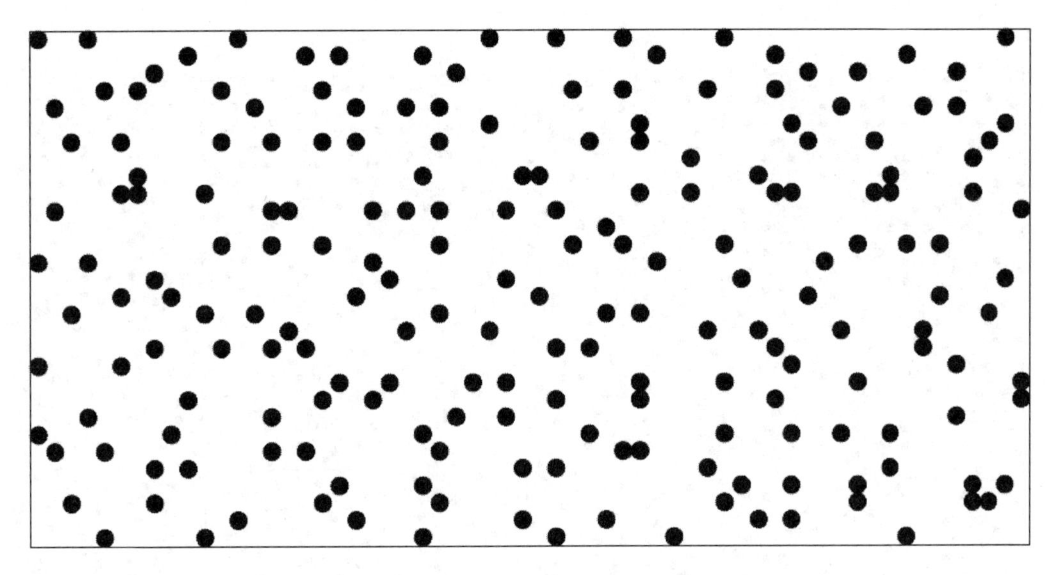

그림 5.29 무작위적이고 균등하게 분포된 표적

즉, 어떤 부분을 보아도 불규칙하고 균등하게 분포되어 있는 것으로 가정한다. 이것은 3 장에서 설명한 난수의 기본성질과 일치한다.

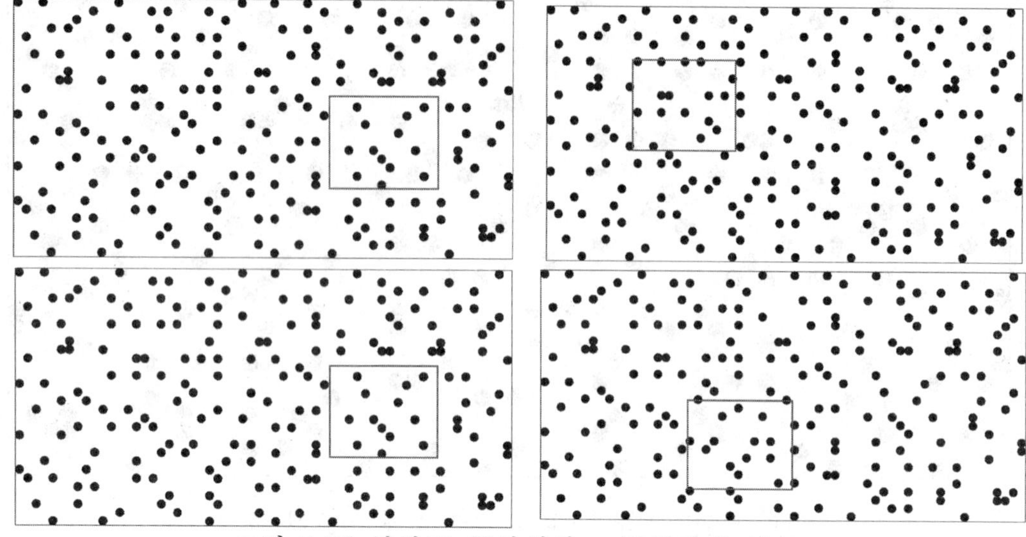

그림 5.30 부분도 무작위하고 균등하게 분포

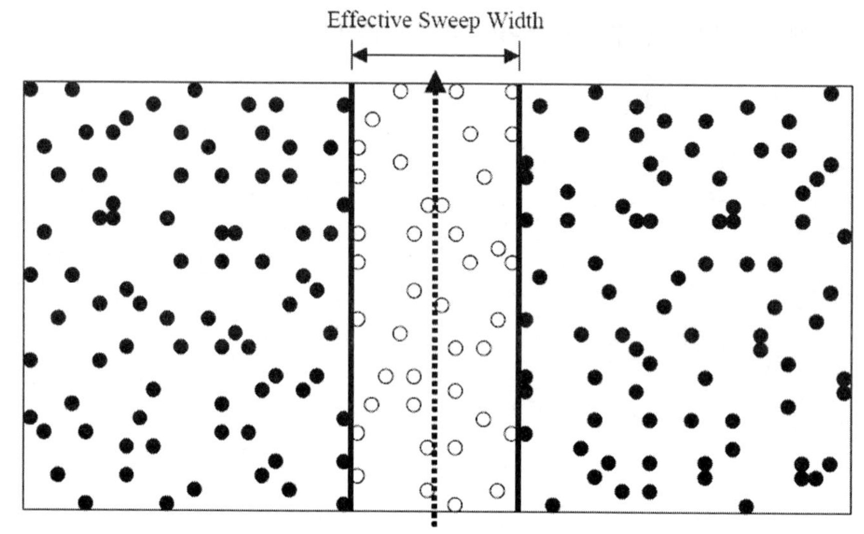

Effective Sweep Width for a Clean Sweep.
Dotted line represents searcher's track.
Number missed within sweep width = 0.
Number detected outside sweep width = 0.

그림 5.31 Effective Sweep Width

이론적으로 효과적인 탐지폭은 그림 5.31 에서 보는 것과 같이 탐지폭 안에 있으면 모두 탐지되고 탐지폭 밖에서는 탐지되지 않는 것이다. 그러나 현실적으로 이러한 탐지는 일어나기 힘든 것이다.

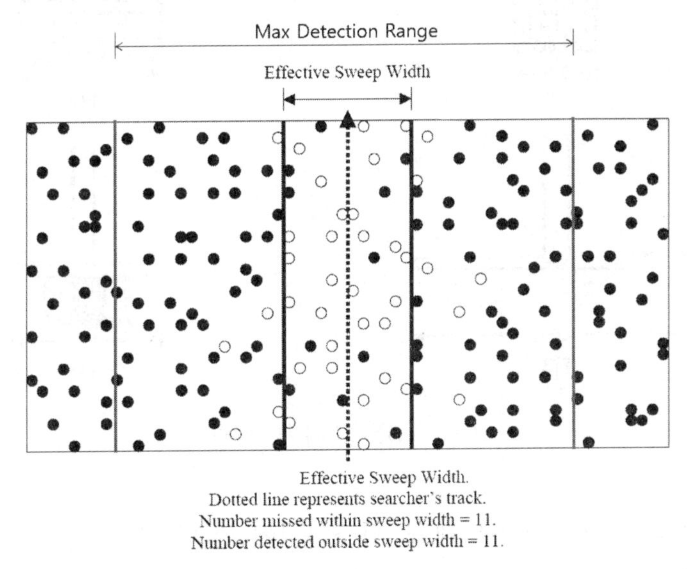

그림 5.32 Max Detection Range 와 Effective Sweep Width

실제적인 탐지활동에서는 탐지폭 내에 있는 개체도 탐지되지 않는 것이 있고 탐지폭 밖에 있는 개체도 탐지되기도 한다. 그림 5.32 에서는 탐지폭 내에서 탐지되지 않은 개체가 11 개이고 탐지폭 외부에서 탐지된 개체가 11 개 인 것을 나타내고 있다.

이 개념을 비유적으로 설명하기 위해 다음과 같은 예를 든다.

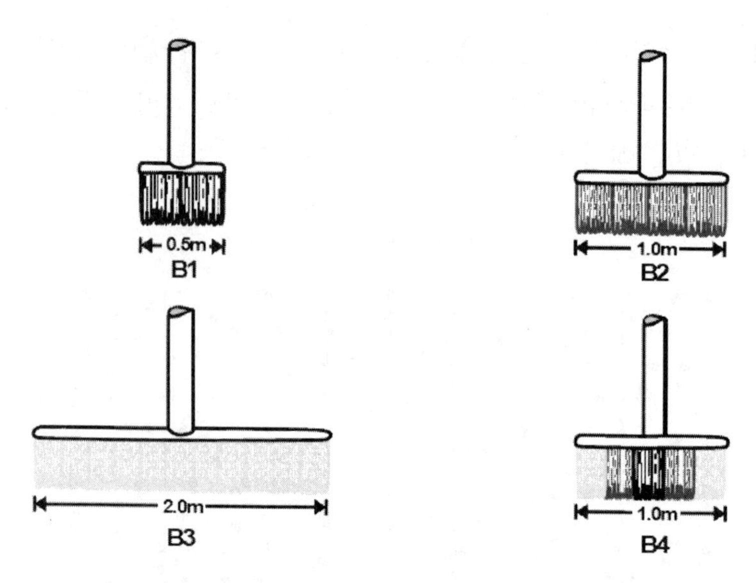

그림 5.33 브러쉬 형태

4 가지 종류의 브러쉬로 모래를 청소하고자 한다. B1 은 길이가 0.5m 인 브러쉬인데 상당히 털이 치밀하게 구성되어 모래를 모두 청소할 수 있다. B2 는 길이가 1m 인 브러쉬인데 B1 보다는 덜 치밀하게 구성되어 B1 보다는 반 밖에는 청소가 안된다. B3 는 길이가 2m 브러쉬인데 B2 보다도 덜 치밀하여 B1, B2 보다 모래를 청소하는데 빠져나가는 모래의 양이 많아 B2 비교시 반밖에 모래를 청소할 수 없다. B4 브러쉬는 가운데 20cm 는 B1 과 같은 털로 구성되어 있고 B1 털이 끝나는 지점을 중심으로 좌우 20cm 는 B2 와 같은 털로 구성되어 있고 나머지 부분은 B3 와 같은 털로 구성되어 있다.

20 초 동안을 각 브러쉬로 0.5m/sec 속도로 청소를 하면 이동안 거리는 모두 10m 가 된다. 청소한 폭은 브러쉬의 폭이므로 각 브러쉬의 폭과 같다. 위의 4 가지 브러쉬로 청소를 한 경우 아래와 같은 효과를 얻을 수 있었다. 즉, B1 의 경우 0.5m 구간에서 모두 모래를 깨끗하게 청소하여 100% 청소를 하였으나 B2 의 경우는 1.0m 브러쉬 폭에서 모두 50% 모래를 청소할 수 있었고 B3 의 경우 2m 폭에선 25 % 모래를 청소할 수 있었다. B4 의 경우는 가운데 20cm 에서는 100% 모래를 청소했으나 B2 와 같은 털을 가진 구간에서는 50%, 나머지 구간에서는 25%만 모래를 청소하였다.

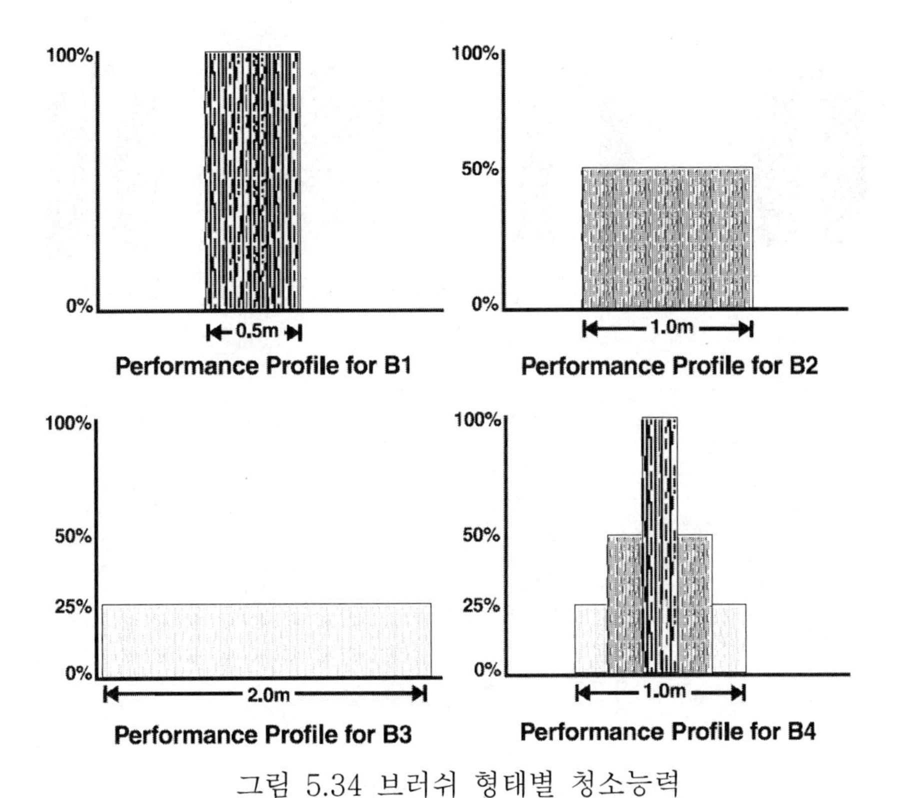

그림 5.34 브러쉬 형태별 청소능력

청소를 한 면적은 각 브러쉬별로 브러쉬의 폭을 10m 로 곱한 면적이다. 청소결과 모두 50g 의 모래를 청소를 했는데 B1 의 경우는 모래가 모두 청소되어 100%의 효과를 내는데 비해 B2 는 털이 덤성덤성하여 길이에 비해 50%, B3 는 25%, B4 는 50%를 나타낸다.

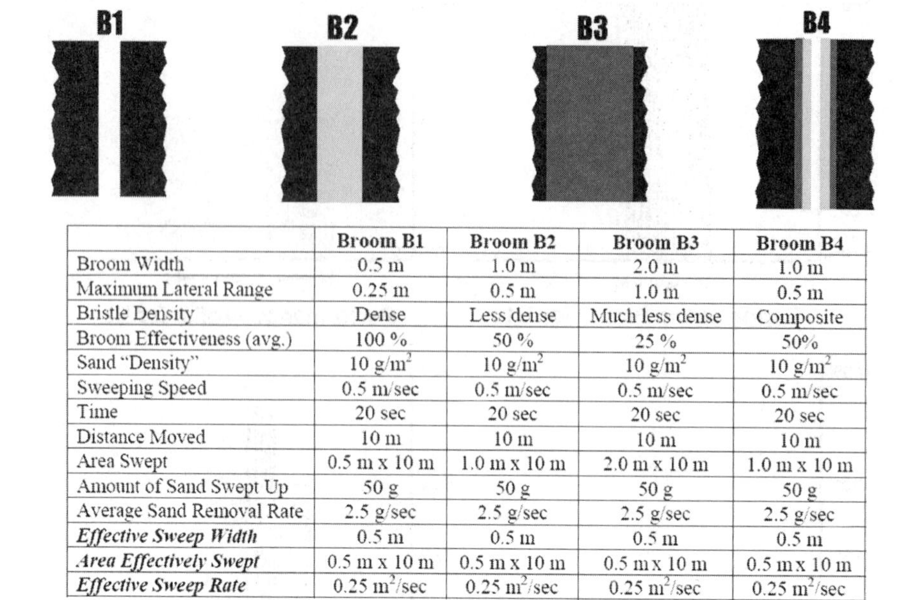

	Broom B1	Broom B2	Broom B3	Broom B4
Broom Width	0.5 m	1.0 m	2.0 m	1.0 m
Maximum Lateral Range	0.25 m	0.5 m	1.0 m	0.5 m
Bristle Density	Dense	Less dense	Much less dense	Composite
Broom Effectiveness (avg.)	100 %	50 %	25 %	50%
Sand "Density"	10 g/m^2	10 g/m^2	10 g/m^2	10 g/m^2
Sweeping Speed	0.5 m/sec	0.5 m/sec	0.5 m/sec	0.5 m/sec
Time	20 sec	20 sec	20 sec	20 sec
Distance Moved	10 m	10 m	10 m	10 m
Area Swept	0.5 m x 10 m	1.0 m x 10 m	2.0 m x 10 m	1.0 m x 10 m
Amount of Sand Swept Up	50 g	50 g	50 g	50 g
Average Sand Removal Rate	2.5 g/sec	2.5 g/sec	2.5 g/sec	2.5 g/sec
Effective Sweep Width	0.5 m	0.5 m	0.5 m	0.5 m
Area Effectively Swept	0.5 m x 10 m	0.5 m x 10 m	0.5 m x 10 m	0.5 m x 10 m
Effective Sweep Rate	0.25 m^2/sec	0.25 m^2/sec	0.25 m^2/sec	0.25 m^2/sec

그림 5.35 브러쉬 형태별 청소능력 분석

따라서 효과적인 탐지폭은 모두 평균적으로 0.5m 이다. 이는 그림 5.35 의 성능 제원 면적과 동일하다.

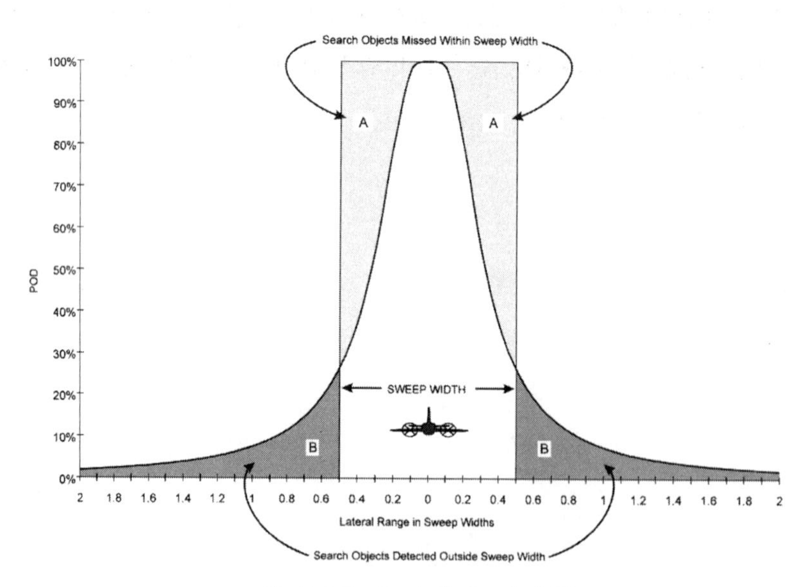

그림 5.36 효과적인 탐지폭

그림 5.36 에서 보는 것과 같이 LRC 와 가로 축 사이의 면적을 적분하면 효과적인 탐지폭을 결정할 수 있다. 그림 5.36 의 A 는 탐지폭내에서 탐지하지 못한 개체를 표현하고 B 는 탐지폭 외부에서 탐지한 개체를 표현하고 있다.

5.17 무작위적으로 분포된 표적탐지

탐지장비가 작동중인 지역에 표적들이 무작위하게 위치하고 있는 상황과 표적이 $-R_m$에서 $+R_m$까지 이동하고 있다고 가정한다. x를 표적과 탐지장비간 측면거리로 정의하면 식 (5-76)과 같다.

$$f(x) = \begin{cases} \frac{1}{2R_m}, & -R_m \le x \le R_m \\ 0, & otherwise \end{cases} \qquad (5\text{-}75)$$

$$E[\bar{P}(x)] = \int \bar{P}(x)f(x)dx = \int_{-R_m}^{R_m} \frac{1}{2R_m}\bar{P}(x)dx \qquad (5\text{-}76)$$

$$f(x) = \begin{cases} \frac{1}{L}, & -\frac{L}{2} \le x \le \frac{L}{2} \\ 0, & otherwise \end{cases} \qquad (5\text{-}77)$$

그림 5.37 과 같이 어떤 잠수함이 반경 L/2 라는 지역을 수색, 정찰하고 있을 때 표적이 분명히 그 지역내에 있다고 하면 그 표적은 L 이라는 구간에 균등하게 분포되어 있다고 할 수 있다. $f(x)$ 가 표적의 측면거리 x 에 대한 확률밀도 함수라고 하면 표적탐지확률은 $\frac{L}{2} \ge R_m$ 이므로 $E[\bar{P}(x)] = \int_{-\infty}^{\infty} f(x)\bar{P}(x)dx = \frac{1}{L}\int_{-R_m}^{R_m} \bar{P}(x)dx$이다.

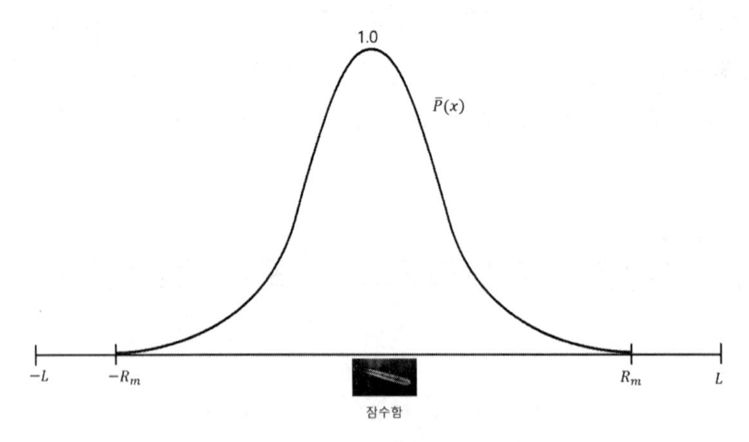

그림 5.37 잠수함의 표적탐지

다음과 같은 측면거리곡선를 가지는 탐지장비를 생각해 보자. 만약 이 탐지장비가 L=60 Nautical Mile 을 따라서 탐지활동을 한다면 센서가 표적을 탐지할 확률은 얼마인지 알아본다.

$$\bar{P}(x) = \begin{cases} 1 + \dfrac{x}{25}, & -25 \le x \le 0 \\ 1 - \dfrac{x}{25}, & 0 \le x \le 25 \\ 0, & |x| > 25 \end{cases}$$

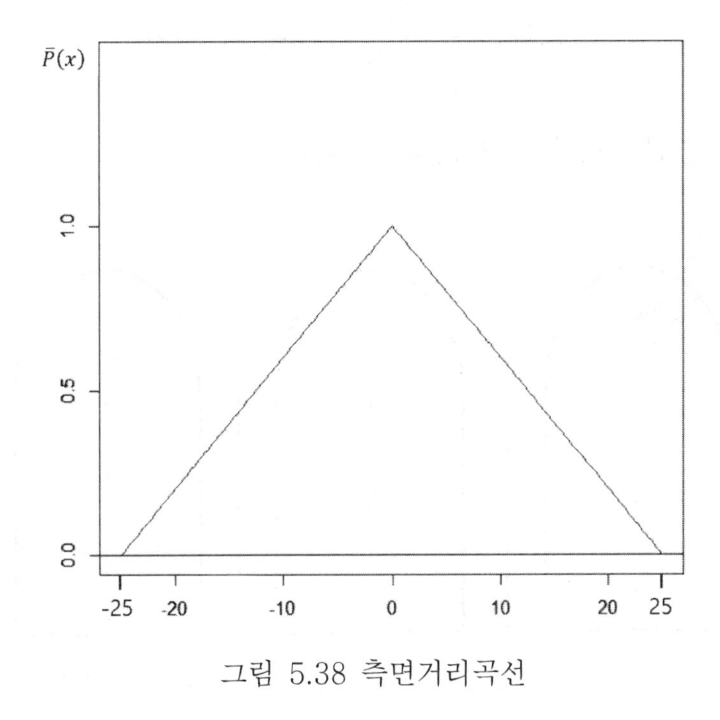

그림 5.38 측면거리곡선

$$E[\bar{P}(x)] = \int_{-\infty}^{\infty} f(x)\bar{P}(x)dx = \frac{1}{L}\int_{-R_m}^{R_m} \bar{P}(x)dx$$

$$= \frac{1}{60}[\int_{-25}^{0}\left(1+\frac{x}{25}\right)dx + \int_{0}^{25}\left(1-\frac{x}{25}\right)dx]$$

$$= \frac{1}{60}\left[\left(x+\frac{x^2}{25}\Big|_{-25}^{0}\right)+\left(x-\frac{x^2}{25}\Big|_{0}^{25}\right)\right] = \frac{1}{60}(25-12.5+25-12.5) = \frac{25}{60} = 0.42$$

5.18 여러 명의 탐지자가 동시에 일정한 지역을 탐지

그림 5.39 에서 보는 것과 같이 중복 탐지지역은 없다고 하고 표적이 탐지지역 내에 일정하게 분포되어 있다고 할 때 탐지확률은 어떻게 구하는가? 이러한 경우 $S > 2R_m$이며 x는 가장 가까운 탐지자로부터 표적과의 측면거리를 의미하며 $-S/2$와 $S/2$ 사이에 일정하게 분포되어 있으며 x의 확률밀도함수는 $f(x) = 1/S$이다. 따라서 한 명의 탐지자로부터 표적이 탐지될 확률의 기대값은 식 (5-78)과 같다.

$$E[\bar{P}(x)] = \frac{1}{S}\int_{-R_m}^{R_m} \bar{P}(x)dx \quad (5\text{-}78)$$

이 때 x보다 큰 값에 대해서는 $\bar{P}(x) = 0$이 된다.

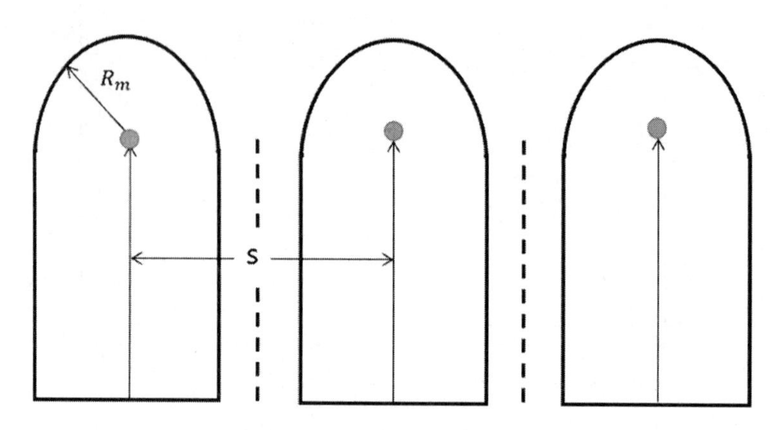

그림 5.39 여러 명의 탐지자가 동시에 일정한 지역을 탐지

Radar, SONA 등 탐지장비의 탐지능력으로 유효 탐지거리, 50% 탐지확률을 가지는 거리, 표적을 탐지한 숫자보다 놓친 숫자가 더 많은 거리 등 기준치를 설정하는데 일반적으로 탐지능력을 측정하는 기준치로 탐지폭을 사용한다.

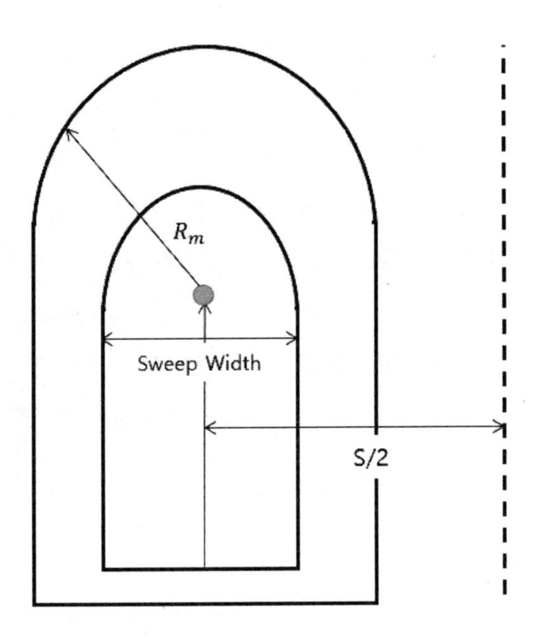

그림 5.40 탐지폭과 인접 탐지활동과 이격거리

여러 명의 탐지자 중 한명을 고려한 것으로 탐지폭 내에 들어오면 탐지가 이루어지고 그 바깥에서는 탐지가 불가능하다면 단일 표적에 대한 탐지확률 P_D은 식 (5-79)와 같다.

$$P_D = \frac{Sweep\ Width}{S} \quad (5\text{-}79)$$

$$E[\bar{P}(x)] = \frac{1}{S}\int_{-R_m}^{R_m} \bar{P}(x)dx \quad (5\text{-}80)$$

측면거리곡선의 적분값만 안다면 측면거리곡선 자체의 식을 알지 않고도 탐지확률을 구할 수 있다. 불규칙적으로 분포된 표적을 탐지하는 것이 일반적인 상황이라고 할 때 우연하게도 수학적으로 탐지폭 W 의 크기가 측면거리곡선의 적분값과 같다.

$$W = \int_{-R_m}^{R_m} \bar{P}(x)dx$$

탐지폭은 탐지가능성에 대한 가장 기본적이고 객관적이며 정량적인 측정치이다. 큰 탐지폭을 가지고 있으면 탐지가 용이하고 작은 탐지폭은 큰 탐지폭을 가진 상황과 비교시 상대적으로 탐지를 어렵게 한다.

중복되지 않은 탐지를 할 경우에 탐지확률은 직접적으로 측면거리곡선이 만드는 면적 W에 비례한다. 따라서 W는 탐지확률을 측정하는데 좋은 측정치가 될 수 있다. W는 물리적인 의미로 센서의 탐지가능지역의 폭이다. 이 값은 측면거리곡선을 적분한 값과 같다. 그러므로 탐지지역이 중첩되지 않고 불규칙적으로 분포되어 있는 표적을 탐지할 평균확률은 $\frac{W}{S}$이 된다. $\frac{L}{2} \geq R_m$ 인 경우에 평균탐지확률은 $E[\bar{P}(x)] = \frac{W}{L}$이 된다.

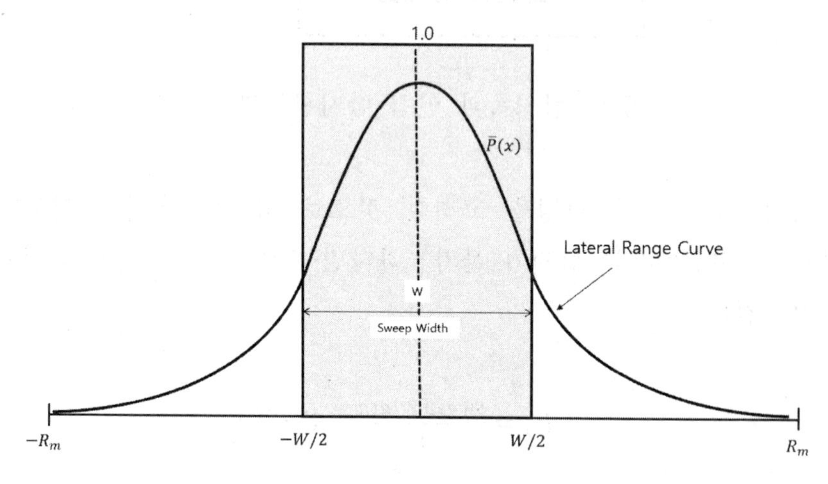

그림 5.41 측면거리곡선의 적분값과 탐지폭과의 관계

(1) $\boldsymbol{W = \int_{-R_m}^{R_m} \bar{P}(x)dx}$ **의 수학적 해석 1.**

$$E[\bar{P}(x)] = \int_{-\infty}^{\infty} \bar{P}(x)f(x)dx$$

전형적으로 측면거리가 탐지능력보다 훨씬 크다. 따라서 대부분의 $\bar{P}(x)$를 포함하는 (-L, L) 큰 구간에 대해 $f(x)$를 근사적으로 상수(f_0)로 간주한다. 예를 들어, 탐지폭보다 아주 큰 지역에서 표적을 무작위적으로 찾는다면 탐지확률 $E(\bar{P}(x))$는 다음과 같이 근사화 할 수 있다.

$$E[(x)] \approx \int_{-L}^{L} \bar{P}(x) f(x) dx \approx f_0 \int_{-L}^{L} \bar{P}(x) dx \approx f_0 W \ , \quad f_0 W \ll 1$$

(2) $\boldsymbol{W = \int_{-R_m}^{R_m} \bar{P}(x) dx}$ **의 수학적 해석** 2.

센서가 지상 또는 해상 표면에 균등 분포되어 있는 탐색대상 집합을 직선으로 통과하는 데 탐색대상은 정지해 있든지 등속으로 움직이고 있으며 센서는 등속으로 이동한다. 따라서 센서와 표적은 상대적인 속도 v로 움직이고 있다. 다음과 같은 기호를 정의한다.

- N_s : x_1과 x_2 사이의 탐색구간에서 단위시간당 발견된 평균 개체 수
- N : 단위 지역 내에 있는 평균 개체 수
- v : 상대 속도
- $\bar{p}_{avg}\,(x_1,x_2)$: x_1과 x_2사이의 평균 $\bar{p}\,(x)$

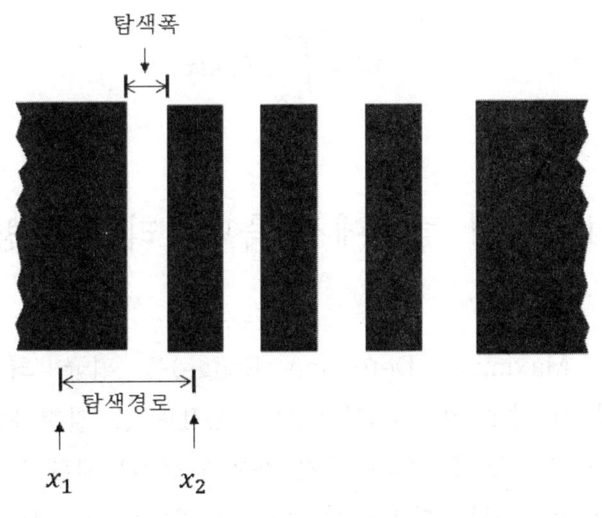

그림 5.42 탐색경로와 탐색폭

N_s는 거리와 x_1과 x_2사이의 평균 $\bar{p}_{avg}(x_1, x_2)$와 표적밀도 N과 상대 속도 v와 비례한다.

$$N_s = (x_2 - x_1) \cdot N \cdot v \cdot \bar{p}_{avg}(x_1, x_2)$$

위 식에서 $(x_2 - x_1) \cdot N \cdot v$ 는 단위시간 동안 탐색구간을 통과했을 때 그 속에 있는 탐색대상의 수이며 $\bar{p}_{avg}(x_1, x_2)$ 탐색대상 평균 탐지확률이다. 그러나 수학적으로 $N_s = (x_2 - x_1) \cdot N \cdot v \cdot \bar{p}_{avg}(x_1, x_2)$ 에서 $(x_2 - x_1) \cdot \bar{p}_{avg}(x_1, x_2)$ 은 x_1과 x_2 사이의 측면거리곡선의 면적이며 단위 시간당 탐지된 총 탐색대상 수 N_T 는 아래 식에서 보는 것과 같이 $N \cdot v$ 에 측면거리곡선의 면적을 곱하는 것이다.

$$N_T = N \cdot v \cdot \int_{-\infty}^{\infty} \bar{P}(x)dx$$

여기에서 Sensor 의 측면거리곡선 면적 W 를 효과적인 탐지폭(탐색폭)이라 하고 다음과 같이 정의하면 $N_T = N \cdot v \cdot W$이 된다. 탐지폭 W 는 측면거리곡선의 적분값과 같다

$$W = \int_{-\infty}^{\infty} \bar{P}(x)dx$$

5.19 지상 탐색에서 측면거리 결정방법

AMDR(Average Maximum Detection Range)은 평균 최대 탐지거리로서 측면거리를 결정할 때 기초 자료로 사용된다. AMDR 을 결정하는 방법은 아래와 같은 방법으로 쉽게 결정할 수 있다. 먼저 가운데 탐지물체를 두고 1 번 방향으로 이동하여 물체가 보이지 않는 위치까지 가서 그 거리를 기록한다. 물체가 보이지 않으면 50~100m 를 그 방향으로 더 이동하여 시계 방향으로 45 도 각도로 이동한다. 다시 탐지물체가 있는 방향인 2 번 방향으로 걸어 들어온다.

탐지물체가 보이는 지점을 확인한 후 그 거리를 측정 기록한다. 이러한 방법으로 다시 3 번 방향으로 나가면서 탐지물체가 보이지 않을 때까지 나가서 그 거리를 측정하고 4 번 방향으로 다시 들어온다. 이런 방법으로 8 개 방향으로 다 거리를 측정한 다음 그 거리를 평균하여 AMDR을 결정한다.

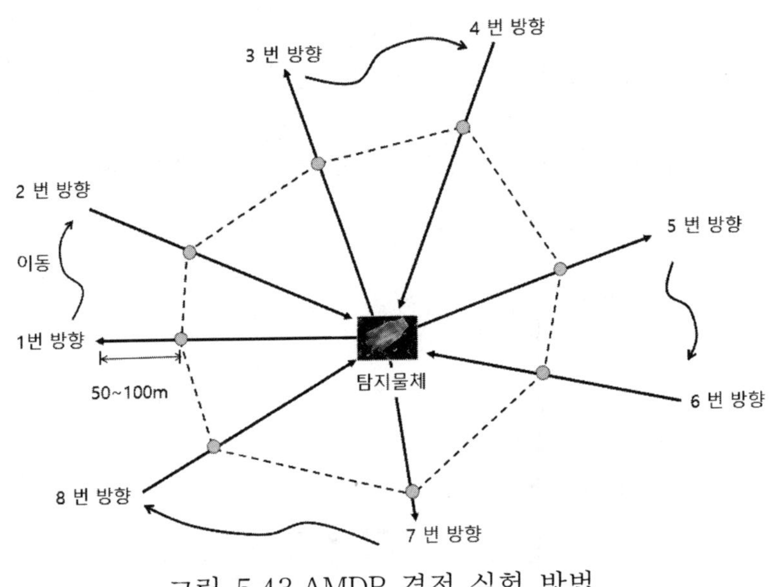

그림 5.43 AMDR 결정 실험 방법

6km 거리로 A, B 2 가지 형태의 탐지대상을 실험한다. AMDR 결정방법을 적용하여 작은 탐지대상 AMDR 은 75m 로, 큰 탐지대상 AMDR 은 100m 로 결정하였다. 큰 탐지대상 AMDR의 3 배인 300m로 이용하여 탐색경로를 따라 매 300m 마다 위치를 표시해 둔다. 이 실험에서는 경로를 따라가면서 매 300m 의 간격의 중앙을 기준으로 큰 탐지대상 AMDR ±100m 인 150, 450, 750, …, 5,850m을 선정한다. 이 선정된 150, 450, 750, …, 5,850m 좌우에 큰 탐지대상 AMDR 의 150%인 150m 를 선정하여 -150m(좌측), +150m(우측)에 위치시키는데 이 때 난수를 발생시켜 불규칙하게 탐지대상 위치를 결정한다. 만약 경로 좌우 이격거리가 홀수이면 A 형태 탐지대상을 위치시키고 짝수이면 B 형태 탐지대상을 위치시킨다.

표 5.6 AMDR 결정을 위한 실험 데이터

탐색 위치	경로 간격(m)	경로상 거리(m)	경로 좌우거리(m)	탐지 대상
1	50~250	141	+82	B
2	350~550	542	-47	A
3	650~850	786	+69	A
4	950~1,150	1,033	-22	B
5	1,250~1,450	1,320	-45	A
...	...	...	...	...

* 경로 좌우거리는 우측일 때 '+'로 좌측일 때 '-'로 표시하였다.

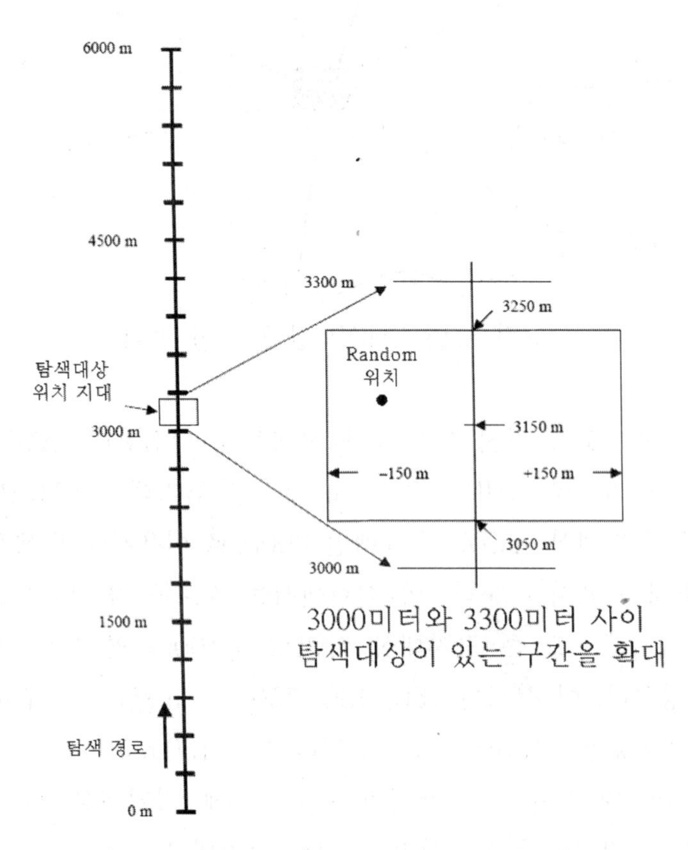

그림 5.44 탐지 대상 물체를 무작위적으로 배치하는 방법

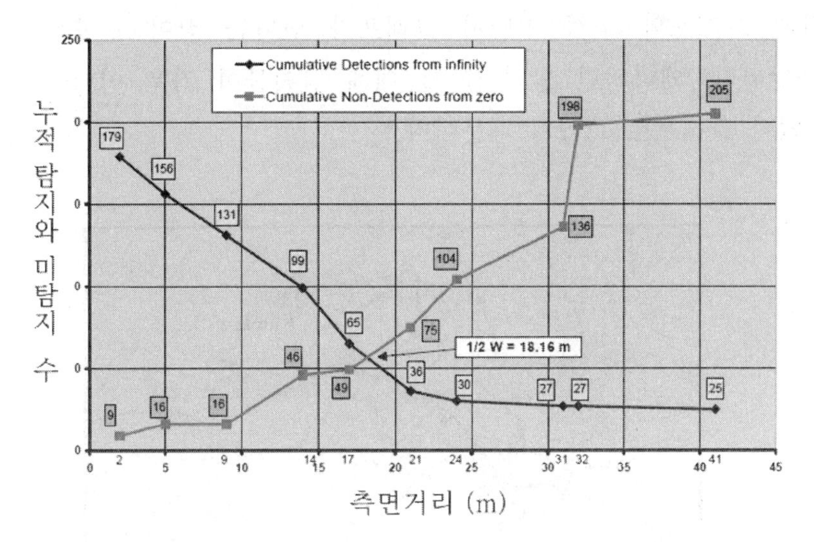

그림 5.45 측면거리에 따른 누적 탐지수와 미탐지수

측면거리에 따라 탐지한 누적 개수와 미탐지한 누적 개수를 그래프로 그린다. 예를 들어 41m 에서 25 개를 탐지하였는데 32m 에서 2 개가 탐지된다면 32m 에서는 27 개의 누적 탐지 개수가 된다. 31m 에서는 탐지된 물체가 없으므로 누적 탐지 개수는 그대로 27이 되며 24m에서 3개가 탐지되어 누적 탐지 개수는 30 개가 된다. 이러한 방법으로 누적 탐지 개수 꺽은 선 그래프를 그려 나간다. 같은 방법으로 미탐지 누적개수도 그려나가는데 2m 에서 9 개를 미탐지하였고 5m 에서 7 개가 미탐지되어 누적 미탐지 개수는 16 개가 된다. 이러한 방법으로 측면거리에 따라 미탐지 누적 꺽은선 그래프를 그려 나간다.

오랜지색 장갑

검정색 비닐백

그림 5.46 탐지 대상 물체

누적 탐지 그래프와 누적 미탐지 그래프가 만나는 점이 효과적인 탐지폭의 1/2 에 해당된다. 왜냐하면 탐지거리에 대해 탐지물이 좌우 어디에 위치했는지 고려함이 없이 그래프로 그렸기 때문이다.

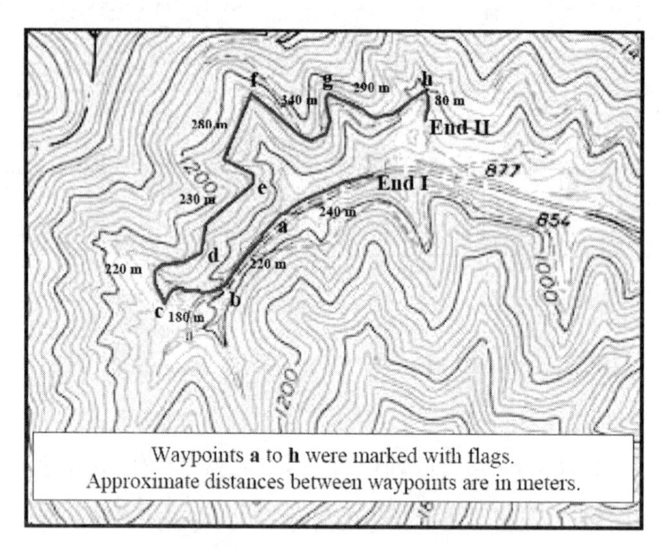

그림 5.47 지상 탐색 측면거리 획득 실험 장소

탐색경로

탐색 경로 좌우

그림 5.48 탐색경로 지형

표 5.7 탐지대상 물체 위치

위치 장소	A 지점으로부터 거리	탐지대상물 형태	시계방향 측면거리(m)	비고
1	94	검정색 비닐백	26L(Left)	
2	130	오렌지색 장갑	17R(Right)	
3	226	오렌지색 장갑	14L	
4	299	오렌지색 장갑	41R	
5	399	오렌지색 장갑	26R	데이터로 사용하지 않음
6	451	오렌지색 장갑	21L	
7	454	검정색 비닐백	12L	
8	594	검정색 비닐백	21L	
9	675	검정색 비닐백	5R	
10	753	오렌지색 장갑	32R	
11	824	오렌지색 장갑	32L	
12	919	오렌지색 장갑	14L	
13	950	오렌지색 장갑	9L	
14	1,047	오렌지색 장갑	2R	
15	1,131	검정색 비닐백	11R	데이터로 사용하지 않음
16	1,184	검정색 비닐백	3R	
17	1,259	검정색 비닐백	6L	
18	1,360	오렌지색 장갑	5R	
19	1,444	검정색 비닐백	37R	
20	1,505	검정색 비닐백	1L	
21	1,559	검정색 비닐백	37L	
22	1,669	오렌지색 장갑	31R	
23	1,719	오렌지색 장갑	24L	
5 번과 15 번 데이터는 급격히 꺽이는 장소에 위치하여 사용하지 않음 좌우(Left, Right)는 End I 으로부터 End II 방향으로 시계방향으로 이동시 표현				

탐지 대상물은 경로 좌우에 검정색 비닐백의 AMDR 의 최소 1~1.5 배 거리에 위치하였다. 의도된 최대 경로 좌우거리는 1.5 × 25 = 37.5 m 이었으나 오렌지색 장갑이 경로로부터 28m 에 위치한 하나의 경우에 보이지 않았으나 측면거리가 41m 인 다른 경우에 아주 잘 보였다.

이 실험에서 A 형태 탐지물(오렌지색 장갑)이 12 개가 사용되었고 32 명의 탐지자가 실험에 참가하였다. 따라서 12 × 32 = 384 번의 탐지 기회가 있었다. A 형태 탐지물에 대해 총 179 번의 탐지가 발생하였고 205 번은 탐지하지 못했다. 탐지거리에 대해 탐지물이 좌우 어디에 위치했는지 고려함이 없이 그래프로 그렸다. 따라서 효과적 탐지폭은 1/2 측면거리가 18.16 이므로 이의 2 배인 36m 라고 추정하였다.

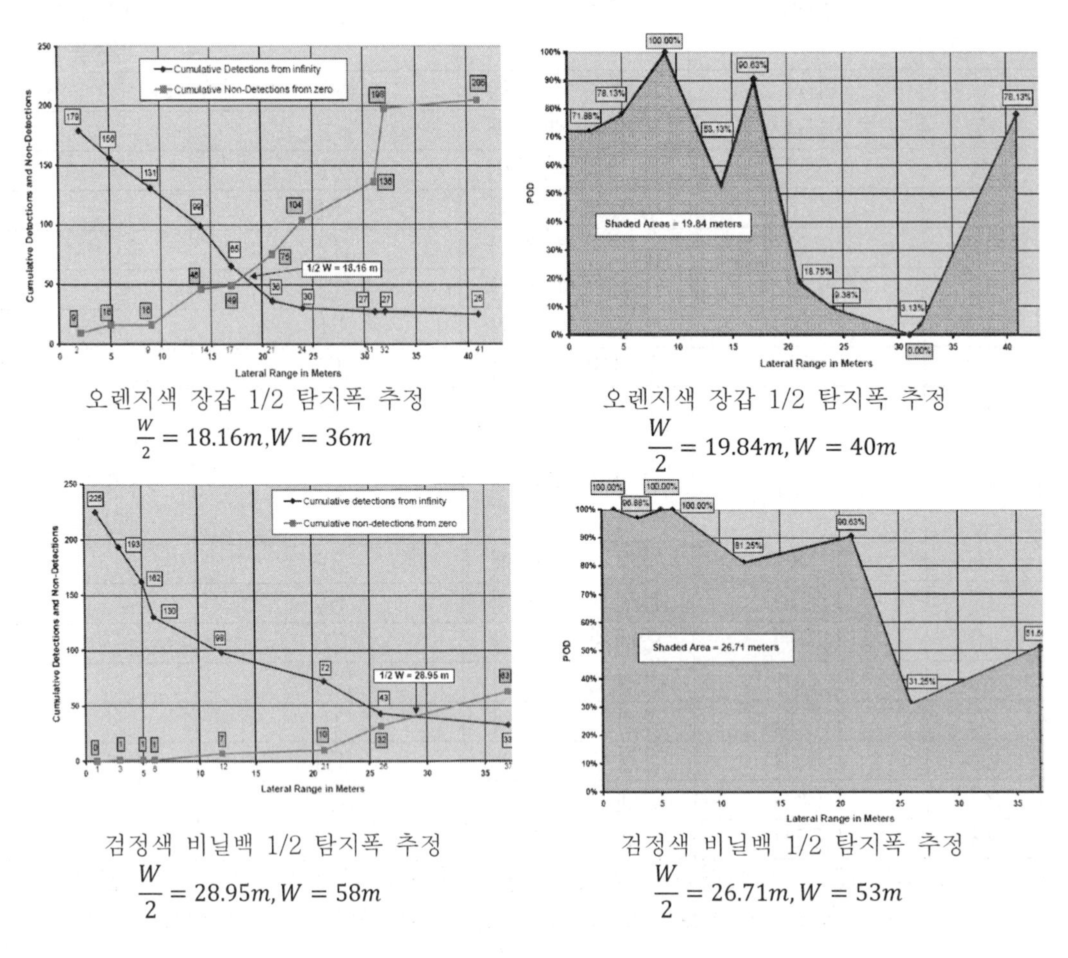

오렌지색 장갑 1/2 탐지폭 추정

$\frac{W}{2} = 18.16m, W = 36m$

오렌지색 장갑 1/2 탐지폭 추정

$\frac{W}{2} = 19.84m, W = 40m$

검정색 비닐백 1/2 탐지폭 추정

$\frac{W}{2} = 28.95m, W = 58m$

검정색 비닐백 1/2 탐지폭 추정

$\frac{W}{2} = 26.71m, W = 53m$

그림 5.49 탐지 대상 물체별 탐지폭 추정

그림 5.49 의 우상단 그림에서 2m 측면거리에서 71.88% 탐지율은 2m 거리에서 탐지된 개수를 총 탐지가능한 개수로 나눈 것이다. 각 거리별로 동일한 논리를 적용하여 측면거리곡선을 그리면 오른쪽 그림과 같다. 이 측면거리곡선의 적분값이 19.84 이다. 이는 탐지거리에 대해 탐지물이 좌우

어디에 위치했는지 고려함이 없이 그래프로 그렸기 때문에 1/2 탐지폭(Sweep Width)이 되며 탐지폭은 약 40m 가 된다.

5.20 수색 및 정찰

5.20.1 무작위적으로 수색(Random Search)

어떤 탐지대상이 전체 탐색면적 A 지역 어딘가에 있다는 사실만 알고 있다고 가정하자. 그러나 정확한 정보가 없기 때문에 A 지역에 일정하게 분포되어 있다고 가정하고 탐지를 하여야 한다. 탐지자 역시 일정한 형태를 가진 탐지보다는 불규칙한 탐지를 한다고 할 때, 탐지자가 A 지역에서 l 이라는 거리만큼 수색, 정찰을 했을 때 탐지확률이 얼마인지 알아본다.

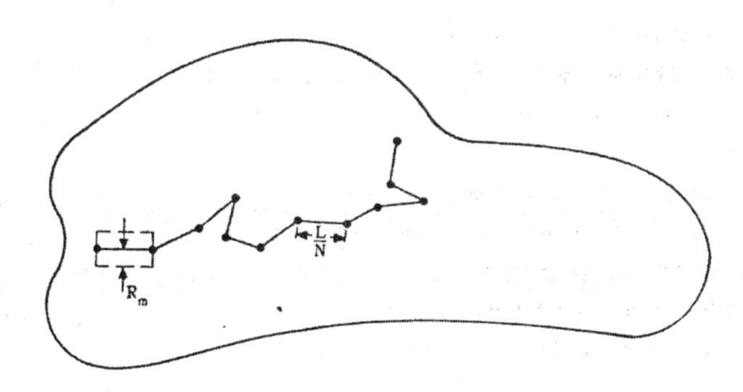

그림 5.50 무작위 수색 형태

$\bar{P}(x)$를 이러한 상황하에서 탐지자와 표적 관계로부터 얻은 측면거리곡선이라고 하자. 탐지자의 탐지거리를 N 개로 나누면 한 개 구간은 L/N 이 된다. 각각의 구간은 일직선으로 간주한다. 첫 번째 구간에서 탐지가 이루어지기 위해서는 두가지 사건이 동시에 이루어져야 한다. 즉, B 를 표적이 작은 직사각형인 길이 L/N 과 폭 $2R_m$ 사이에 있어서 탐지가 이루어질 수 있는 가능성이 있는 사건이라고 하고 C 는 탐지되는 사건이다.

첫 번째 구간의 탐지확률을 유도하는 식은 (5-81)~(5-83)과 같다.

$$P(B) = \frac{2R_m L/N}{A} \quad (5\text{-}81)$$

$$P(C/B) = \frac{1}{2R_m}\int_{-R_m}^{R_m} \bar{P}(x)\,dx \quad (5\text{-}82)$$

$$P(C) = P(B)P(C/B) = \frac{2R_m L/N}{A}\frac{1}{2R_m}\int_{-R_m}^{R_m} \bar{P}(x)\,dx = \frac{L}{NA}\int_{-R_m}^{R_m} \bar{P}(x)\,dx = \frac{LW}{NA} \quad (5\text{-}83)$$

다음은 i번째 구간에 대해 일반적인 식을 살펴보면 다음과 같다.

$$P\left(i\text{번째 구간 탐지}\middle|\text{지금까지 탐지가 이루어지지 않음}\right) \geq \frac{LW}{NA}$$

왜냐하면 지금까지 탐지하는 동안 발견되지 않았기 때문에 앞으로 계속 탐지를 진행할수록 첫 번째 구간에서의 탐지확률보다는 크다. 그러므로

$$P\left(i\text{번째 구간에서 탐지실패}\middle|\text{지금까지 탐지가 이루어지지 않음}\right) < 1 - \frac{LW}{NA}$$

따라서 $1 - \frac{LW}{NA}$는 i번째 구간 의 탐지 실패할 확률에 대한 상한값이다. 전 구간에서 탐지 못할 확률 $P(\bar{D})$는 각 구간의 탐지 못할 확률을 곱하여 구한다.

$$P(\bar{D}) = \prod_{i=1}^{N}\left(1 - \frac{LW}{NA}\right) = \left(1 - \frac{LW}{NA}\right)^N$$

따라서 탐지확률 $P(D)$는 1 에서 $P(\bar{D})$를 빼서 다음과 같다.

$$P(D) = 1 - \prod_{i=1}^{N}\left(1 - \frac{LW}{NA}\right) = 1 - \left(1 - \frac{LW}{NA}\right)^N$$

탐지구간 N을 아주 크게 한다면

$$\left(1-\frac{LW}{NA}\right)^N = exp\left[Nln\left(1-\frac{LW}{NA}\right)\right] \cong exp(-\frac{WL}{A})$$

여기에서 $\frac{WL}{A}$ 는 탐지지역 내에서 실제 탐지장비가 담당할 수 있는 지역을 의미한다. 궁극적으로 불규칙 탐지모형에서 탐지확률의 하한값은 식 (5-84)와 같다.

$$P(D) = 1 - exp(-\frac{WL}{A}) \qquad (5\text{-}84)$$

$\frac{WL}{A}$ 는 탐지행위를 나타내는 것으로 이러한 행위가 많을수록 점점 커져서 탐지확률이 높아진다. 그러나 일정 수준 이상 증가하면 탐지확률의 증가속도는 완만하게 된다.

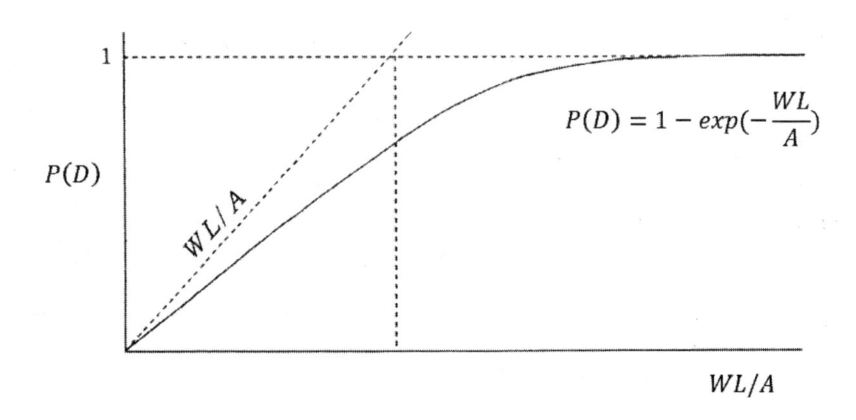

그림 5.51 탐지행위와 탐지확률 관계

$\frac{WL}{A}$의 값이 아주 작은 경우에는 탐지확률이 $\frac{WL}{A}$과 거의 비슷하지만 $\frac{WL}{A}$의 값이 점점 커지면 탐지확률은 1 에 가까워지나 탐지행위의 증가에 대한 탐지확률의 상대적 효과는 감소된다.

5.20.2 Uniform Random Search

일정한 지역 A 를 불규칙적으로 탐색하는 Random Search 와 달리 지역을 n개로 분리하여 작은 구간내에서 불규칙하게 탐색하는 방안을 생각해 볼 수 있다. 탐지자는 작은 구간내에서 탐색을 완료한 후 그 다음 구간으로 이동해서 탐지활동을 n번 계속하거나 n명의 탐지자가 각각 작은 구간을 탐색하는 경우를 생각해 볼 수 있다. 이 때 전체 탐지면적은 $A = nSb$ 가 되며 작은 구간을 탐지하는 탐지자는 탐지거리 b 만큼 탐지하게 된다. 따라서 총 탐지구간은 n 이 되며 탐지길이는 $L = nb$ 이고 $A = nSb$ 이므로 앞의 모형과 비교하면 식 (5-85)와 같다.

$$\frac{WL}{A} = \frac{Wnb}{nSb} = \frac{W}{S} \quad (5\text{-}85)$$

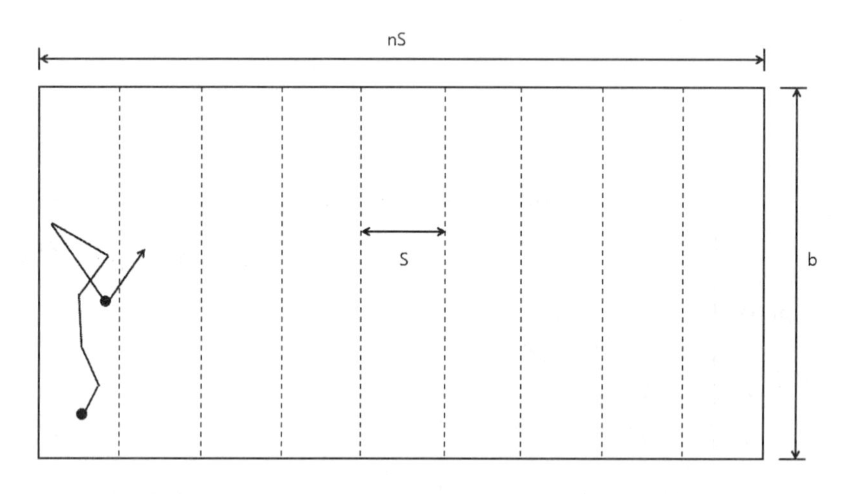

그림 5.52 Uniform Random Search 방법

Random Search 탐지확률 $P(D) = 1 - exp(-\frac{WL}{A})$가 Uniform Random Search 를 할 경우에는 $\frac{WL}{A} = \frac{W}{S}$가 되므로 식 (5-86)과 같이 탐지확률이 변경된다.

$$P(D) = 1 - exp(-W/S) \quad (5\text{-}86)$$

이러한 Uniform Random Search 모형은 Random Search 모형들 중에서 표적탐지 확률의 하한치를 제공하고 있다. 이 탐색방법은 실제로 중복 탐색을 피할 수 있기 때문에 실질적인 탐지확률을 높인다.

5.21 평행 탐색

만약 탐색하고자 하는 목표물이 어떤 특정지역내에 확실히 위치하고 있거나 그럴 가능성이 높은 경우에는 체계적인 탐색을 하기 위해 한꺼번에 여러 명의 탐색조를 투입하는 평행탐색 방법을 많이 사용한다. 그러한 탐색은 여러 명의 탐지자가 동시에 일정한 지역을 책임지면서 수색 및 정찰을 하는 방법이다. 이와 같은 방법은 탐지확률곡선, 즉 측면거리곡선을 알고 있을 경우에 적용될 수 있다.

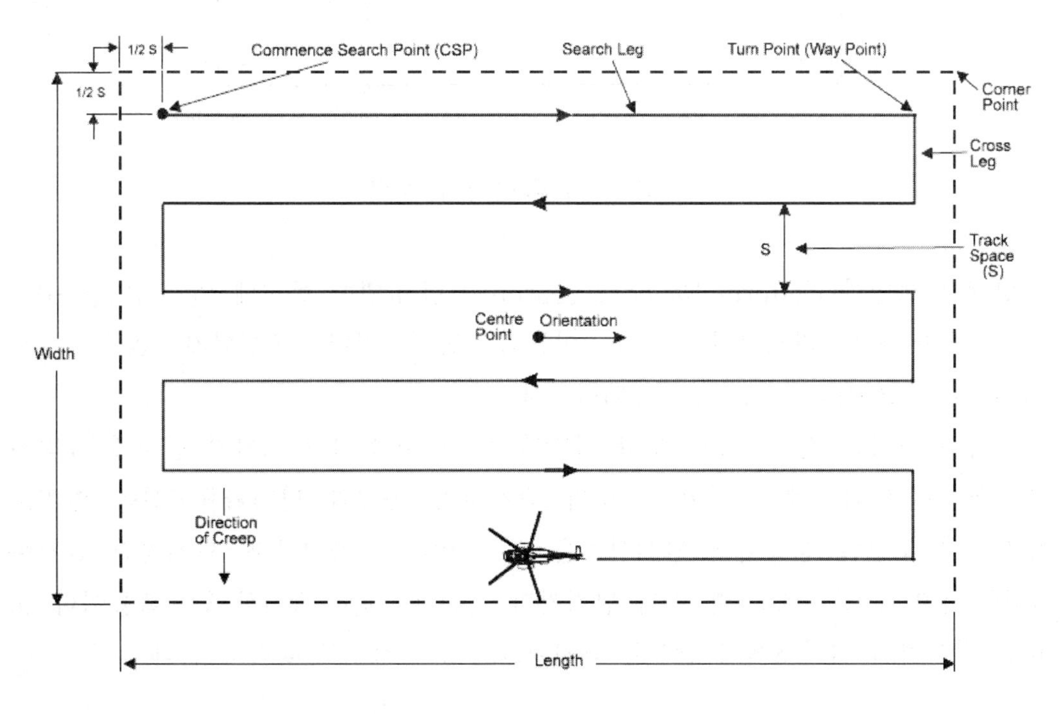

그림 5.53 평행탐색 방법

각각의 탐지자가 가지고 있는 측면거리곡선, 즉, 탐지확률 곡선을 $\bar{P}(x)=\left(\frac{90-|x|}{100}\right)^2$라고 하자.

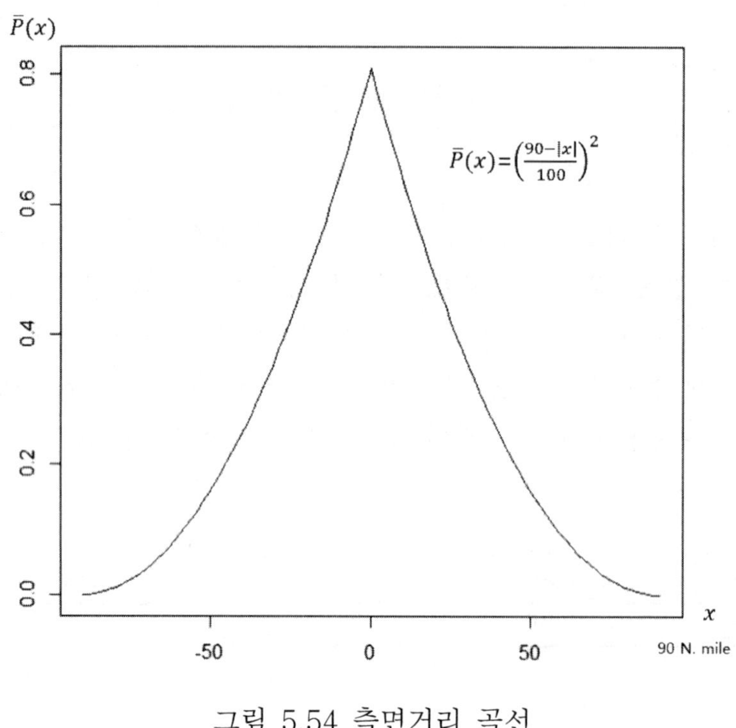

그림 5.54 측면거리 곡선

앞에서 설명한 Uniform Random Search 처럼 n명이 동시에 일정지역을 수색 및 정찰한다고 가정한다. 만약 이들의 탐지지역이 중첩되지 않을 경우 탐지확률은 $P(D) = 1 - exp(-W/S)$이었다.

만약 탐지자간 간격이 $2R_m$보다 작다면 한 명 이상의 탐지자가 동시에 표적을 발견할 수 있다. 예를 들어 2 명의 탐지자가 동일한 탐지확률곡선을 가지고 있으면서 구간이 중첩되어 탐색활동을 하고 있다고 가정하자. 탐지자간 간격은 S만큼 떨어져 있으므로 한 명의 탐지자가 거리 0 에서 탐지한 탐지확률이나 또 다른 탐지자의 거리 S에서 탐지한 탐지확률은 궁극적으로 같다고 본다.

$$E\left(\bar{P}(x)\right) = \int_0^S \bar{P}(x)\frac{1}{S}dx \qquad (5\text{-}87)$$

0 과 S 사이에서 각 탐지자의 탐지확률곡선은 $\bar{P}_1(x), \bar{P}_2(x)$ 이다. 그러나 탐지확률곡선이 0 에서 시작되어야 하므로 $\bar{P}_1(x)$은 타당하나 $\bar{P}_2(x)$는 적절히 변형되어야 한다. 더구나 R_1과 R_2가 두 탐지자의 최대 탐지능력이라고 하면 $S-R_2$와 R_1 사이에 $\bar{P}(x)$에 대한 불연속성이 존재하고 있다. 그러므로 이러한 부분에 대한 확률계산을 위해 부분적분이 이루어져야 한다.

$$E(\bar{P}(x)) = \frac{1}{S}\left\{\int_0^{S-R_2} \bar{P}_1(x)\,dx + \int_{R_1}^{S} \bar{P}_2(x-S)\,dx + \int_{S-R_2}^{R_1} [\bar{P}_1(x) \cup \bar{P}_2(x-S)]\,dx\right\}$$

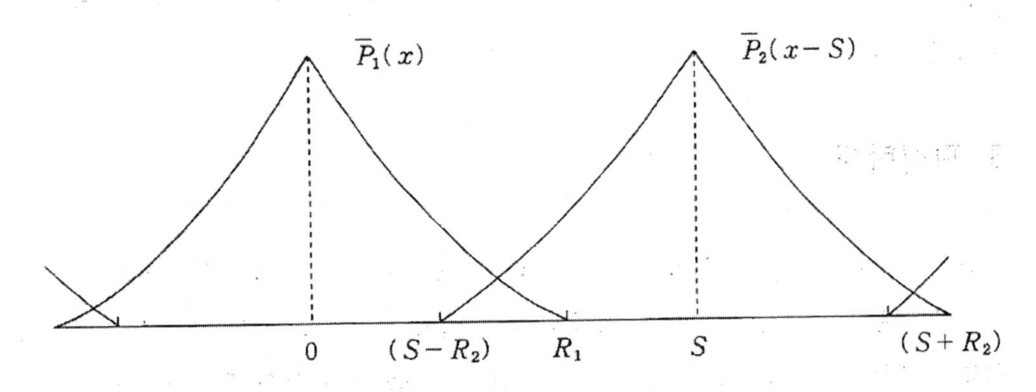

그림 5.55 동일한 탐지확률곡선을 가진 구간 중첩 탐색활동

탐지간격이 R_m보다 작은 경우에는 한 명 이상의 탐지자로부터 표적이 발견될 확률을 가지고 있다. 예를 들어 S가 60 Nautical mile 이면서 여러 명의 탐지자가 중첩되어 탐지할 수 있도록 배치되어 있다고 한다. 그림 5.56 과 같이 5 대의 탐지장비가 동일한 탐지확률곡선을 가지고 있을 때 1 번 Track 의 경우를 보면 2번과 3번 Track과 서로 60mile 떨어져 있지만 좌우측으로 30mile씩 중첩되어 있고 1번 Track의 탐지자가 2번 Track 오른쪽 30mile까지 탐지 가능하며 2번 Track 탐지자도 1 번 Track 의 왼쪽 30mile 까지 탐지 가능하고 이 확률은 같다고 본다.

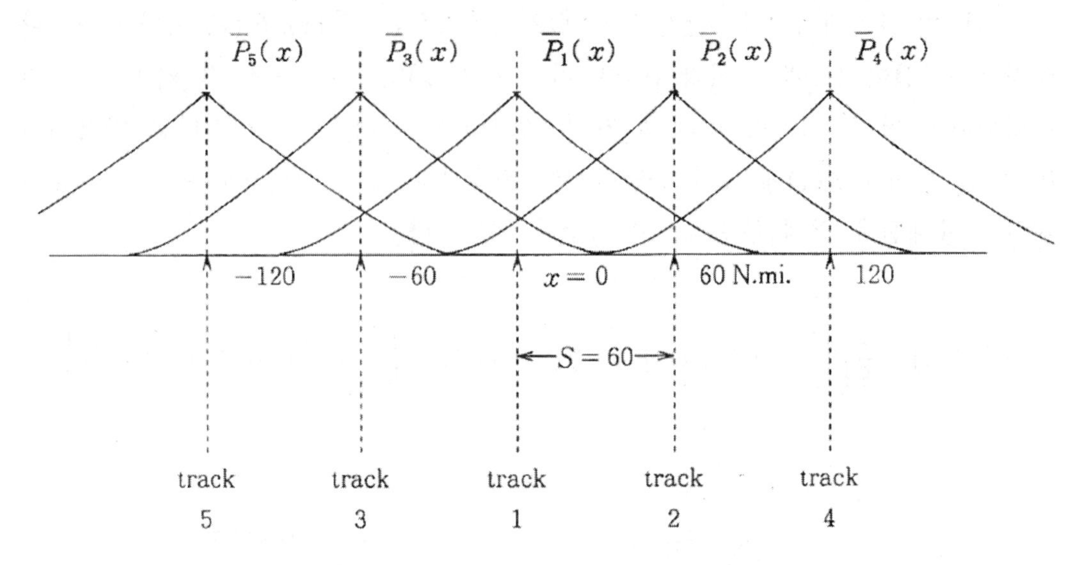

그림 5.56 동일한 동일한 탐지확률곡선을 가진 5 명의 동시 중첩 탐지

$\bar{P}_i(x)$가 i번째 구간에서 탐지될 확률이라고 하자. x가 첫 번째 구간으로부터 측정된 측면거리이므로 공통적으로 적용하기 위해 다음과 같이 변경하여야 한다. 그리고 $P(x)$를 탐지자 1 의 우측 x 지점을 통과하는 표적을 탐지할 확률이라고 한다면 $0 \le x \le 30$의 구간에서 이 확률은 1 에서 3 개의 구간 모두 탐지하지 못할 확률을 뺀 것과 같다.

$$\bar{P}_1(x) = \bar{P}(x) = \left(\frac{90 - |x|}{100}\right)^2$$

$$\bar{P}_2(x) = \bar{P}(S - x) = \left(\frac{90 - |60 - x|}{100}\right)^2$$

$$\bar{P}_3(x) = \bar{P}(S + x) = \left(\frac{90 - |60 + x|}{100}\right)^2$$

$$P(x) = 1 - [1 - \bar{P}_1(x)][1 - \bar{P}_2(x)][1 - \bar{P}_3(x)]$$

$\bar{P}_1(x), \bar{P}_2(x), \bar{P}_3(x)$를 각각 대입하면 $P(x)$는 다음과 같다.

$$P(x) = 0.843 - (1.49 \times 10^{-2})x + (1.24 \times 10^{-4})x^2 + (3.92 \times 10^{-6})x^3 - (2.37 \times 10^{-8})x^4 - (1.8 \times 10^{-10})x^5 + 10^{-12}x^6$$

평균탐지확률은 $P(x)$의 기대값을 구하는 것이므로 다음과 같이 계산된다.

$$E[P(x)] = \int P(x)f(x)dx = \int_0^{30} P(x)\frac{1}{30}dx = 0.6785$$

표적이 0 과 30 Nautical Mile 사이에 있는 한 좌우측 어디에 있든지 탐지확률은 동일함을 알 수 있다.

이 결과와 앞서 연구한 Random Search 와 비교하면 다음과 같은 차이를 발견할 수 있다.

$$W = \int_{-90}^{90}\left(\frac{90-|x|}{100}\right)^2 dx = 2\int_0^{90}\left(\frac{90-|x|}{100}\right)^2 dx = 48.6 \text{ N.mile}$$

그러므로 탐지가능지역 W/S는 다음과 같다.

$$\frac{W}{S} = \frac{48.6}{60} = 0.81$$

Uniform Random Search 의 경우에는 최소 탐지확률 즉, 하한치를 제공하는 확률은 다음과 같다.

$$1 - exp\left(-\frac{W}{S}\right) = 1 - exp(-0.81) = 0.5551$$

그러므로 체계적으로 중첩탐색시 탐지확률이 더 높음을 알 수 있다.

5.22 탐지지역과 시간을 고려한 무작위 탐색

고정된 탐지지역 내에 존재하는 표적에 대해 무작위 탐색을 실시할 경우 탐지확률은 $P_D = 1 - exp(-\frac{WL}{A})$로 주어졌다. 만약 이 표적을 탐지하기 위하여 탐지속도가 V인 장비로 T시간 탐지한다면 탐지확률은 식 (5-88)과 같다.

$$P_D = 1 - exp(-\frac{WVT}{A}) \quad (5\text{-}88)$$

보다 일반적인 공식은 탐지지역 A가 시간의 함수로 나타날 경우로서 식 (5-89)와 같다.

$$P_D = 1 - exp(-\int_0^T \frac{WV}{A(t)} dt) \quad (5\text{-}89)$$

여기서 W는 탐지장비의 탐지범위이고 V는 탐지속도, $A(t)$는 시간대별 탐지지역의 넓이를 말한다.

수색 및 정찰과정에서 목표물에 대한 탐지지역은 탐지활동이 진행됨에 따라 대개 원형으로 탐지지역이 확장된다. 초기에 어떤 표적이 반경 R인 지역내에 균등하게 분포되어 있고 그 이후 탐지지역을 최대속도 u로 움직일 경우 t 시간에 탐지지역은 식 (5-90)~(5-91)과 같이 확장된다.

$$A(t) = \pi(R + ut)^2 \quad (5\text{-}90)$$

$$\int_0^T \frac{dt}{A(t)} = \int_0^T \frac{dt}{\pi(R+ut)^2} = \frac{T}{\pi R(R+uT)} \quad (5\text{-}91)$$

시간대별 탐지확률 $P_D(T)$는 식 (5-92)와 같다.

$$P_D(T) = 1 - e^{-\frac{WVT}{\pi R(R+uT)}} \quad (5\text{-}92)$$

탐지시간이 아주 길어진다면 $P_D(T) = 1 - exp(-\frac{WV}{\pi Ru})$가 된다.

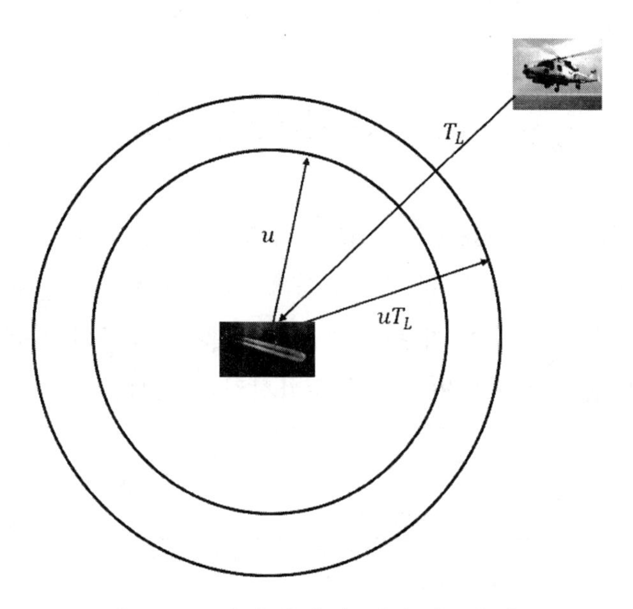

그림 5.57 대잠헬기의 잠수함 탐지

예를 들어 그림 5.57 과 같이 잠수함의 잠망경이 상대방의 탐지수단에 의해 탐지되었으므로 대잠헬기가 잠수함 탐색을 위해 현장에 파견되었다. 잠수함은 최대속도 10 knot 로 발견된 지점을 이탈하고 있으며 대잠헬기는 최초 발견후 30 분 후에 도착하였다. 이 탐지헬기는 약 시간당 250 knot 의 속도로 잠수함이 나타난 지역을 불규칙 탐색하였고 탐지폭은 1 knot 이었다. 이때 대잠헬기에게 잠수함이 탐지될 확률은 얼마인가를 알아본다.

잠수함이 탐지지역내에 반경 $R = uT_L$인 원을 중심으로 일정하게 분포되어 있다고 가정할 때 T_L은 탐지헬기가 최초 발견지점에 도착하는 시간이 된다. 그러므로 $R = uT_L = 10knot \times 0.5hr = 5knot$가 된다. 따라서 탐지헬기가 잠수함을 발견해 낼 확률은 다음과 같다.

탐지시간이 아주 길어진다면 $P_D(T)$는 다음과 같다.

$$P_D(T) = 1 - exp\left(-\frac{WV}{\pi Ru}\right) = 1 - exp\left(-\frac{1 \times 250}{\pi \times 5 \times 10}\right) = 1 - exp(-1.59) = 0.8$$

최초 2시간 내에 잠수함을 탐지할 확률은 다음과 같다.

$$P_D(T) = 1 - e^{-\frac{WVT}{\pi R(R+uT)}}$$

$$P_D(2) = 1 - e^{-\frac{1\times 250\times 2}{\pi\times 5\times(5+10\times 2)}} = 1 - e^{-2.7} = 0.72$$

시간이 경과할수로 목표물 자체도 계속 이동을 하기 때문에 탐지범위가 확대됨으로 탐지확률의 증가는 완만하게 이루어진다. 잠수함이 2 시간내에 탐지되지 않는다면 그 이후 아무리 많은 시간을 투자한다고 해도 0.8 을 초과할 수 없기 때문에 탐지확률은 8% 밖에 증가시킬 수 없다.

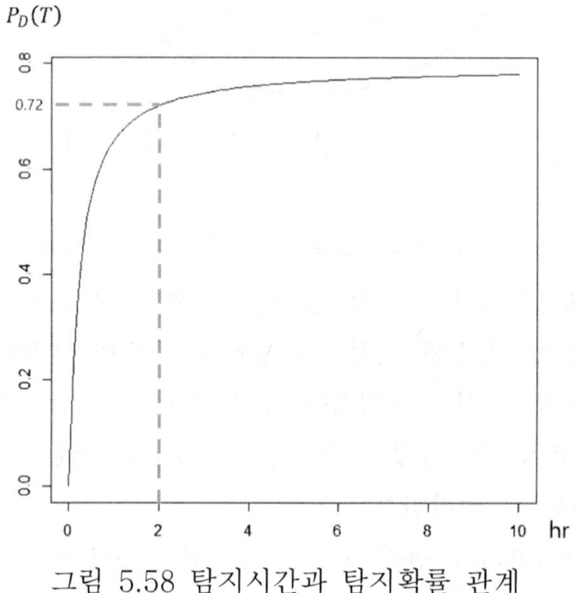

그림 5.58 탐지시간과 탐지확률 관계

5.23 이동표적 탐지모형

5.23.1 탐지모형을 위한 수식 유도

표적이 관측자에게 접근하거나 또는 관측자가 표적에 접근할 때 앞서 연구한 고정표적 탐지모형은 이러한 이동적 상황에 적용할 수가 없다. 이러한 이동상황에 적용되는 모형을 도출하기 위해 표적인 항공기 한 대가 방공기지로 직접 날라온다고 생각해 보자. 이때 탐지는 항공기의 접근로 선상에서 일어난다. 그러면 방공기지에서 이동표적을 탐지할 확률은 얼마인지 알아보다.

이와 같은 상황을 염두에 두고 수식적인 모형을 구축하기 위해서 다음과 같은 기본적인 가정을 한다.

(1) 짧은 시간간격(Δt)내에서 이루어지는 탐지라는 사상은 서로 독립이다.

(2) 탐지거리 r에서 탐지율을 $\lambda(r)$이라고 한다면 Δt시간내에 기지에서 표적을 탐지할 확률은 $\lambda(r)\Delta t$이다.

(3) $P\big(\Delta t$ 에 2 개 이상의 표적을 탐지$\big) = 0$

(4) 표적의 속도 v는 그 위치 x에 따라 다르다. 즉, $V = v(x)$

(5) 표적의 고도는 무시할 수 있다.

(6) 탐지는 표적이 접근할 때만 일어난다.

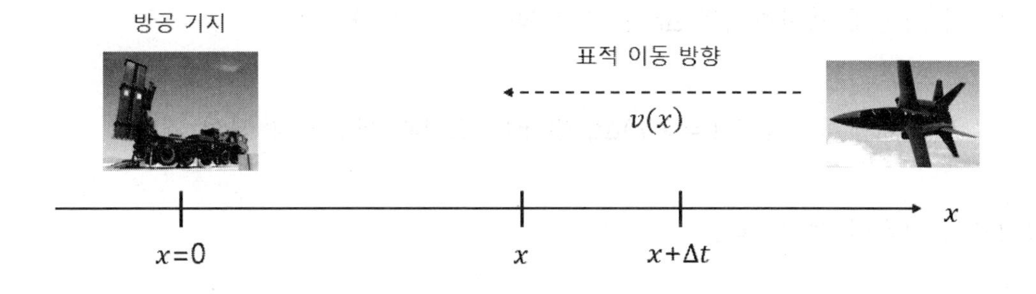

그림 5.59 이동표적 탐지 모형

표적이 x 에서 0 방향으로 접근한다고 할 때 $F(x)$ 와 $G(x)$ 를 다음과 같이 정의한다.

$$F(x) = P(\text{표적탐지 위치 } \geq x)$$
$$G(x) = P(\text{표적탐지 못한 위치 } \geq x)$$

가정 1 의 독립된 사상은 Markov Process 이론을 여기에 적용하면 (표적탐지 못한 위치 $\geq x$) 의 사상은 다음 두 개의 독립된 사상이 발생할 때만 일어난다.

$$(\text{표적탐지 못한 위치 } \geq x + \Delta t), (x + \Delta t \text{와 } x \text{ 구간내에서 표적 탐지 못함})$$

그러므로

$$P(\text{표적탐지 못한 위치 } \geq x) =$$
$$P(\text{표적탐지 못한 위치 } \geq x + \Delta t) \times P(x + \Delta t \text{와 } x \text{ 구간내에서 표적 탐지 못함})$$

그리고

$$P(x + \Delta t \text{와 } x \text{ 구간내에서 표적 탐지 못함}) =$$
$$P(x + \Delta t \text{와 } x \text{ 구간내에 위치한 표적을 } \Delta t \text{동안 탐지 못함})$$

앞에서 가정에 제시한대로 Δt 동안 표적을 탐지할 확률은

$$P(\Delta t \text{내에 표적 탐지}) = \lambda(r)\Delta t, \text{ 단 } r\text{은 표적과 방공기지 간의 거리}$$

그러므로 다음이 성립한다.

$$P(x + \Delta t \text{와 } x \text{ 구간내에서 표적 탐지 못함}) = 1 - P(\Delta t \text{내에 표적 탐지})$$
$$= 1 - \lambda(r(x))\Delta t$$

표적이 기지에 접근하는 속도를 v라고 한다면 $\Delta x = v(x)\Delta t$가 되며 $\Delta t = \Delta x/v(x)$이다. 다시 말하면 표적이 x와 $x+\Delta x$에 있는 시간은 Δt가 된다. x에서 표적을 탐지하지 못할 확률 $G(x)$는 다음과 같다.

$$\begin{aligned} G(x) &= G(x+\Delta t)P\big(x+\Delta t\text{와 } x\text{사이에서 표적 탐지 못함}\big) \\ &= G(x+\Delta t)\{1-\lambda\big(r(x)\big)\Delta t\}\{\tfrac{\Delta x}{v(x)}\} \end{aligned}$$

이 식을 다시 정리하면 다음과 같다.

$$\frac{G(x+\Delta t)-G(x)}{\Delta t} = \frac{\lambda\big(r(x)\big)}{G(x+\Delta t)v(x)}$$

위의 식에서 $\Delta t \to 0$으로 접근시키고 양변을 정리하면

$$\frac{dG}{G} = \frac{\lambda\big(r(x)\big)}{v(x)}dx$$

이 식을 x에서 ∞까지 적분하면 다음과 같다.

$$lnG(x) = -\int_x^\infty \frac{\lambda\big(r(x)\big)}{v(x)}dx$$

$G(x)$를 구하면 아래와 같다.

$$G(x) = exp(-\int_x^\infty \frac{\lambda\big(r(x)\big)}{v(x)}dx)$$

따라서 $F(x)$는 다음과 같다.

$$F(x) = 1-G(x) = 1-exp\left(-\int_x^\infty \frac{\lambda\big(r(x)\big)}{v(x)}dx\right), \qquad 0 \le x \le \infty$$

여기서 접근해 오는 표적만 탐지가 가능하므로 $x = 0$에서는 탐지가 불가능하다. 즉 $G(x = 0)$는 식 (5-93)과 같아진다.

$$G(x = 0) = exp(-\int_0^\infty \frac{\lambda(r(x))}{v(x)} dx) \qquad (5\text{-}93)$$

지금까지 도출된 수학적 모형은 $r(x), v(x), \lambda(r(x))$ 의 함수만 결정되면 탐지확률을 구할 수 있다.

5.23.2 탐지율을 경험적으로 결정하는 방법

앞에서 제시한 이론은 경험적 자료를 근거로 $\lambda(r)$이 결정되어야만 사용할 수 있다. 그러나 실제상황에서 $\lambda(r)$을 구하기는 대단히 어렵고 불가능한 경우도 있다. 여기에서 제시하는 방법은 경험적인 방법에 의해 탐지율을 추정하는 방법을 소개한다.

예를 들어 방공기지의 탐지능력을 결정하기 위하여 다음과 같은 실험을 할 수 있다. 설명을 간단히 하기 위해 항공기가 직접적으로기지를 향해 접근해 오고 있으며 기지에서는 접근해 오는 항공기만 탐지한다고 가정한다. 항공기의 접근속도는 어느 방향에서 접근해오든 간에 일정하다고 본다. 그러면 앞에서 유도한 식 $F(x) = 1 - G(x) = 1 - exp\left(-\int_x^\infty \frac{\lambda(r(x))}{v(x)} dx\right)$, $0 \le x \le \infty$ 을 적용할 수 있다. 즉, 항공기 탐지는 기지로부터 $0 \le x$ 일 때 탐지가 이루어진다. 확률변수 R이 항공기 탐지가 일어나는 거리라고 할 때 $F(R)$은 다음과 같다.

야전실험을 통해서 탐지율을 측정하기 위해 한 대의 항공기를 방공기지로 접근하게 하고 이 항공기를 탐지하는 상황을 반복하여 기록한다. 실제 이러한 실험을 60~70 회 실시한 다음 다시 탐지거리를 일정한 구간별로 나누어 거리 r에 해당하는 누적탐지 확률분포 $F(r_i)$를 작성한다.

다음은 R_i 에 대한 $\hat{F}(r_i)$ 를 표정하고 이 곡선에 맞는 함수를 찾는다. 즉 $\hat{F}(r_i)$식을 이용해서 역으로 $\hat{\lambda}(r_i)$를 추정한다.

$$F(R) = P(R \geq r) = 1 - exp(-\frac{r}{v})\int_r^{\infty} \lambda(r)dr \quad (5\text{-}94)$$

위 식을 r에 대해 미분하면 식 (5-94)와 같다.

$$\frac{dF}{dr} = -\frac{\lambda(r)}{v} exp(-\frac{1}{v}\int_r^{\infty} \lambda(r)dr) \quad (5\text{-}94)$$

아래와 같이 사거리 5,000m 에 대해 500m 단위로 10 개 구간으로 나누어 위에서 설명한 방법대로 탐지 데이터를 구하였다. r_i 는 구간의 평균거리이다. 항공기가 5,000m 에서 방공기지로 접근해 오므로 4,501~5,000m 에서 탐지한 횟수를 먼저 기록하고 r_i 가 단축되는 방향으로 탐지 횟수를 기록해 나간다. $\hat{F}(r_i)$는 $i = 10$에서 $i = 1$방향으로 누적확률을 구한다. 예를 들어 4,501~5,000m, 4,001~4,500m 에서는 탐지된 횟수가 0 이므로 누적 탐지횟수가 0 이 되고 3,501~4,000m 에서 3 회가 탐지되어 총 탐지횟수 79 로 나누면 3/79=0.0380 가 되고 누적확률 $\hat{F}(r_8) = 0.0380$이 된다. $i = 7$에서 탐지확률은 0.0253 이 되며 이 때 누적확률은 $\hat{F}(r_7) = 0.0633$이다. 이러한 방법으로 모든 $\hat{F}(r_i)$를 구한다.

표 5.8 거리별 탐지횟수 *탐지횟수 62 회, 탐지 못한 횟수 17 회

i	거리(m)	r_i	탐지 횟수	$\hat{F}(r_i)$
1	0~500	250	2	0.7848
2	501~1,000	750	7	0.7595
3	1,001~1,500	1,250	13	0.6710
4	1,501~2,000	1,750	10	0.5064
5	2,001~2,500	2,250	17	0.3798
6	2,501~3,000	2,750	8	0.1646
7	3,001~3,500	3,250	2	0.0633
8	3,501~4,000	3,750	3	0.0380
9	4,001~4,500	4,250	0	0.0000
10	4,501~5,000	4,750	0	0.0000

앞에서 구한 $\hat{F}(r_i)$를 이용하여 $\hat{\lambda}(r_i)$를 추정하는 방법은 r의 증가분에 대한 함수 F를 계산하면 $\frac{dF}{dr} = -\frac{\lambda(r)}{v} exp(-\frac{1}{v}\int_r^{\infty} \lambda(r)dr)$에서 얻은 결과의 근사치를 찾을

수 있다. 식 $\frac{dF}{dr} = -\frac{\lambda(r)}{v} exp(-\frac{1}{v}\int_r^\infty \lambda(r)dr)$ 와 $\Delta r/\Delta F$ 의 값을 이용하면 $\hat{\lambda}(r_i)$ 를 계산할 수 있다. 만약 지수부분의 적분값이 ∞로 접근한다면 $\lambda(r)$의 근사치는 식 (5-95)와 같다.

$$\lambda(r_i) = V(-\frac{\Delta F}{\Delta r}(r_i)) \quad (5\text{-}95)$$

보다 정확하게 계산하기를 원한다면 식 (5-96)과 같이 계산한다.

$$\lambda(r_i) = V(-\frac{\Delta F}{\Delta r}(r_i))exp(\frac{1}{V}\sum_{K>i}\lambda(r_k)\Delta r) \quad (5\text{-}96)$$

위 식은 Δr 간격씩 세분하였을 때 그 구간들에 대한 합을 더한 것이다. 그러나 실제 이와 같은 탐지율을 정확하게 추정하기는 대단히 어렵다. 왜냐하면 탐지율에 영향을 주는 요소는 항공기의 형태, 속도, 경로, 고도, 관측자의 능력 등이 있으며 이러한 요소들은 서로 복합적으로 작용하기 때문이다.

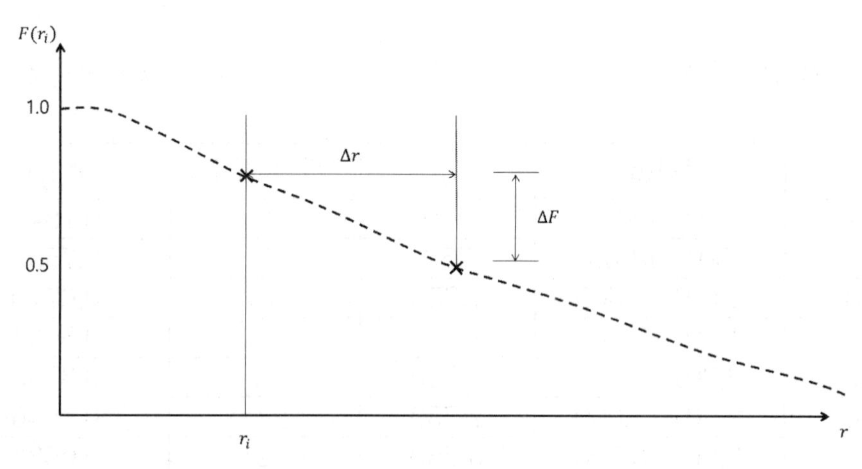

그림 5.60 Δr와 ΔF 관계에 따른 $F(r_i)$

5.23.3 이동표적을 탐지하기 위한 일반적인 모델

이동표적을 탐지하기 위해서는 3 차원 공간을 생각해야 한다. 실제 상황에서 이동표적의 탐지를 위해서는 고공에서 방공기지를 향해 침투해 오는 항공기를 탐지하려면 (x, y, z)의 3 차원 공간을 고려해야 한다. s는 표적이 상호 가시선상에 들어온 이후 항로를 따라 비행한 거리이다. $r = r(s)$는 기지로부터 항공기까지 거리를 나타낸다. 방공기지의 좌표를 (0,0,0)라고 하면 r은 다음과 같다.

$$r = r(s) = \sqrt{x_s^2 + y_s^2 + z_s^2} \quad (5\text{-}97)$$

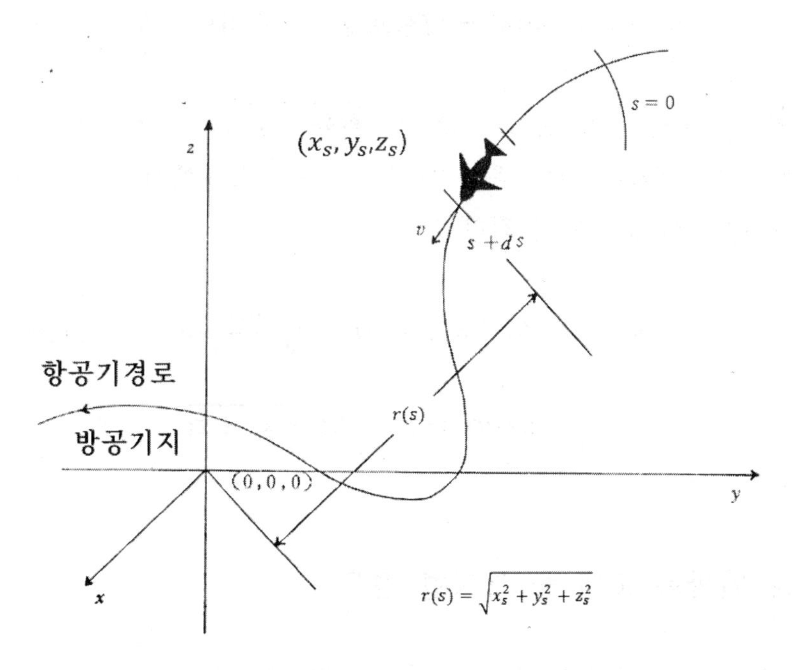

그림 5.61 이동표적 탐지

일반화 모형의 경우에도 앞에서 유도한 것과 같이 다음과 같은 사항을 가정한다.

(1) 짧은 시간간격(Δt)내에서 이루어지는 탐지라는 사상은 서로 독립이다.
(2) 방공기지가 Δt내에 표적을 탐지할 확률은 $\lambda(r)\Delta t$이다.
(3) $P(\Delta t$ 에 2 개 이상의 표적을 탐지$) = 0$
(4) 표적의 속도 v는 그 위치 s에 따라 다르다. 즉, $V = v(s)$

이 때 $F(s)$와 $G(s)$를 다음과 같이 정의한다.

$$F(s) = P(\text{항로상에서 표적탐지} \leq s)$$
$$G(s) = 1 - F(s) = P(\text{항로상에서 표적탐지 못함} \leq s)$$

즉, s지점 도달 전에 표적을 탐지할 확률을 $F(s)$, 그렇지 못할 확률을 $G(s)$로 본다. 이 경우 $F(s)$에 대한 유도과정은 1 차원 모형에서 유도한 것과 유사하다. 따라서 $F(s)$는 식 (5-98)과 같다.

$$F(s) = 1 - G(s) = 1 - exp(-\int_0^\infty \frac{\lambda(r(s))}{v(s)} ds) \qquad (5\text{-}98)$$

$$where, r(s) = \sqrt{x_s^2 + y_s^2 + z_s^2}$$

5.23.4 일반화 모델 중 특정한 경우

경우 1: 방공기지에서 표적이 접근시에만 탐지할 수 있고 기지를 지나간 경우에 대해서는 탐지 능력이 없는 경우

$$F(s) = \begin{cases} 1 - exp\left(-\int_s^\infty \frac{\lambda(r(s))}{v(s)} ds\right), & s \geq 0 \\ 1 - exp\left(-\int_0^\infty \frac{\lambda(r(s))}{v(s)} ds\right), & s \leq 0 \end{cases}$$

경우 2: 표적이 접근할 때나 이탈할 때도 탐지가 가능하며 표적은 기지를 정면으로부터 일직선상을 지나가는 경우

이 경우는 접근표적이든 이탈표적이든간에 모두 탐지율은 거리의 함수로 표시 가능하다. 그러므로 접근시 탐지율이 $\lambda(r(s))$이면 이탈시 탐지율은 $\lambda(-r(s))$로 표시되며 이때 $\lambda(r(s)) = \lambda(-r(s))$이다. 결과적으로 탐지확률 $F(s)$는 다음과 같다.

$$F(s) = \begin{cases} 1 - exp\left(-\int_{s}^{\infty} \frac{\lambda(r(s))}{v(s)} ds\right), & s \geq 0 \\ 1 - exp\left(-\int_{0}^{\infty} \frac{\lambda(r(s))}{v(s)} ds\right) exp\left(-\int_{0}^{s} \frac{\lambda(r(s))}{v(s)} ds\right), & s \leq 0 \end{cases}$$

위의 식에서 $s \leq 0$ 경우에는 표적이 기지를 이탈한 경우를 나타내며 $s = 0$ 일 때 $G(0)$는 완전히 기지에 접근했을 때도 표적을 탐지못할 확률이며 표적이 이탈거리가 $-s$일 때 탐지못할 확률은 $G(0) \times$(표적이 0 에서 $-s$로 이탈했을 때 탐지못할 확률)을 나타낸 것이다.

$$P(\text{표적이 0 에서 } -s \text{ 사이에 있을 때 탐지못함}) = \left(-\int_{0}^{|s|} \frac{\lambda(r(s))}{v(s)} ds\right)$$

따라서 표적이 ∞에서 $-s$로 이탈할 때까지 탐지못할 확률 $F(s)$는 다음과 같다.

$$\begin{aligned} F(s) &= 1 - P(\text{표적이 } \infty\text{에서 0에 이를 때 탐지 못함}) \\ &\quad \times \mathrm{P}(\text{표적이 0 에서 } -s \text{ 로 이탈시까지 탐지 못함}) \\ &= 1 - exp\left(-\int_{0}^{\infty} \frac{\lambda(r(s))}{v(s)} ds\right) exp\left(-\int_{0}^{|s|} \frac{\lambda(r(s))}{v(s)} ds\right) \end{aligned}$$

경우 3: 이 경우는 표적고도와 방공기지고도가 차이가 없는 상황으로서 나머지 조건은 경우 1 과 같다. 여기서는 탐지거리를 s 대신에 $r(s) = \sqrt{x_s^2 + y_s^2}$ 로

사용하면 된다. 따라서 탐지확률도 경우 1 에서 $\lambda(r(s))$ 대신에 $\lambda\left(\sqrt{x_s^2+y_s^2}\right)$을 사용하면 된다.

$$F(s)=\begin{cases}1-exp\left(-\int_s^\infty \frac{\lambda\left(\sqrt{x_s^2+y_s^2}\right)}{v(s)}ds\right), & s\geq 0\\ 1-exp\left(-\int_0^\infty \frac{\lambda\left(\sqrt{x_s^2+y_s^2}\right)}{v(s)}ds\right), & s\leq 0\end{cases}$$

5.25 지상군 전투모델에서 탐지논리

지상군 군단급 전투모델인 '창조 21'에서는 다음과 같은 탐지논리를 가지고 있다. 탐지여부 결정은 결정된 확률값과 난수값 비교을 비교하여 판단한다. 예를 들어 그림 5.64 에서 보는 것과 같이 어떤 탐지장비의 탐지율이 78%라면 0~1 사이의 난수를 발생시켜 0.78 보다 작거나 같으면 탐지된 것으로 판단하고 0.78 보다 크고 1 보다 작으면 미탐지된 것으로 판단한다.

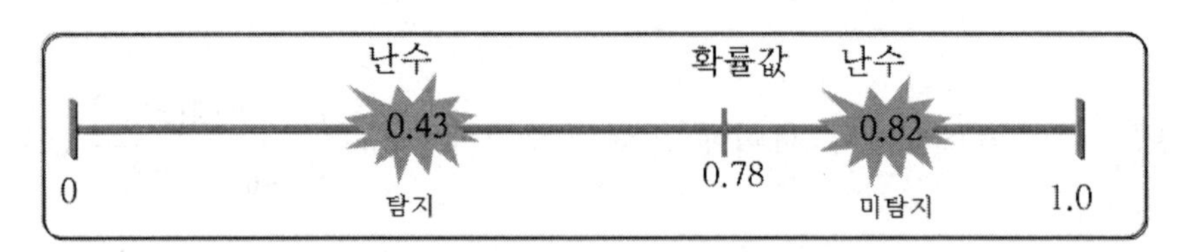

그림 5.64 난수를 이용한 탐지여부 판단

탐지 자산별 최대 탐지거리는 다음과 같다. 최대탐지거리 영향요소는 피탐지부대의 침투여부, 차량보유 여부, 피탐지부대가 위치한 지형특성 등이다.

표 5.9 군단급 탐지자산별 탐지거리 　　　　* 가상 데이터임

탐지 자산	주간	야간
열상 장비	7 km	3 km
적외서 잠망경	5 km	2 km
가글	4 km	0.7 km
육안	2 km	0.3 km

탐지된 부대에 대한 정보제공은 그림 5.56 와 같이 탐지거리에 따라 제공 정보수준의 차이가 발생하는데 거리별 최대 3 회의 정보를 제공한다. 예를 들어 2.5~4 km 에서 탐지된 부대는 피아 구분만 제공하며 1~2.5 km 에서 탐지된 부대는 보병, 포병, 기갑 등 부대 특성 식별이 가능하여 이 정보만 제공하고 400m~1km 에서 탐지된 부대는 대대, 중대 등 부대규모와 전투력 수준을 제공한다. 병력과 전투장비 수는 탐지장비의 접근정도에 따라 정확도가 증대된다.

2.5~4 km	1~2.5 km	400m~1km
피아구분	부대특성 식별	부대규모/전투력

그림 5.65 탐지거리에 따른 표적정보 제공범위

정찰은 도상정찰과 전술정찰로 구분하는데 도상정찰은 지형 형태, 도로, 하천, 교량, 활주로에 관한 정보를 제공한다. 전술정찰은 지정된 반경내의 지역에 대한 정찰을 실시하는 지역 및 지대정찰과 부대이동간 이동 및 경로에 대하여 급속정찰을 실시하는 경로정찰, 지뢰지대 정찰 종료시 화면에 지뢰지대 범위가 표식되는 지뢰지대 정찰이 있다.

대포병 레이더의 탐지에 대해 알아보면 대포병 레이더의 능력은 표 5.10 과 같다.

표 5.10 대포병 레이더의 탐지능력 및 전개 소요시간 * 가상 데이터임

구분	Blue Force		Red Force
	TPQ-36	TPQ-37	
최소 탐지거리(km)	1	1	3
최대 탐지거리(km)	50	70	35
탐지방향 범위(mil)	700	600	800
전개 소요시간(분)	30	40	30

대포병 레이더 모의는 그림 5.66 과 같은 절차로 이루어 진다.

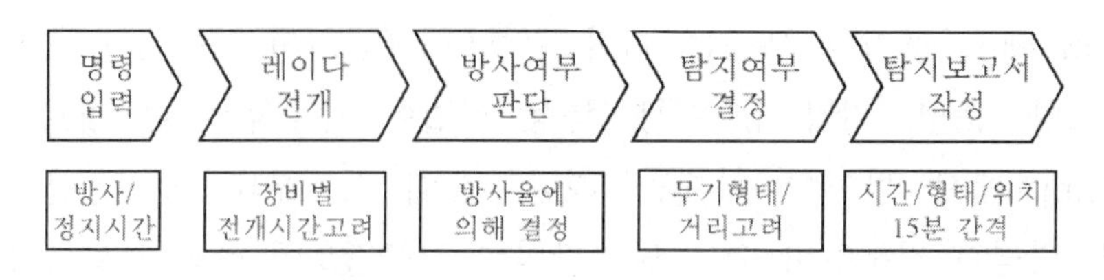

그림 5.66 대포병 레이더 운용 절차

그림 5.67 과 같이 대포병 레이더의 탐지확률이 0.7 이면 Red Force 포병이 Blue Force 전차부대를 타격시 포탄 궤적이 대포병 레이더의 레이더 반사 각도 안에 들어왔을 때로 가정하여 0~1 사이의 난수를 발생시켜 0~0.7 이면 탐지된 것으로 하고 0.7 보다 크고 1 이하이면 탐지되지 않은 것으로 판단한다. 물론 상세한 모의를 위해서는 대포병 레이더 레이더 반사 각도에서 전면으로 포탄이 날아오는 것을 탐지한 확률과 포탄이 측면으로 날아갈 때 탐지할 확률 등 각도별 탐지확률을 정확히 가지고 있다면 더 실전적인 모의가 가능할 것이다.

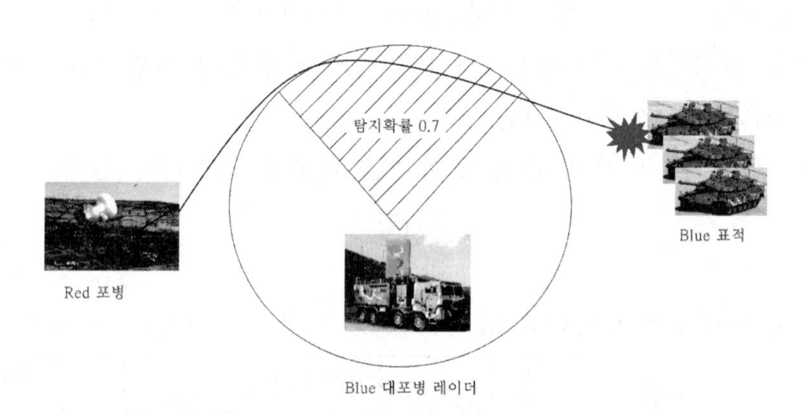

그림 5.67 난수를 이용한 대포병 레이더 탐지여부 판단

'창조 21' 모델에서 사용하는 정보수집 모델 KICM(Korea Intelligent Collection Model)은 첩보수집자산의 제원, 특성 및 성능에 따라 첩보를 수집하여 제공해 줌으로써 정보상황을 조성해 주는 모델이다. KICM 은 정보자산 모의를 통한

정보수집상태를 묘사하여 야전 운용 첩보수집자산의 실제능력 모의가 가능하고 실제 기상 및 지형 차폐를 반영한다. KICM 은 첩보수집자산 교전피해 묘사할 수 있으며 위치 탐지자산의 경우 위치오차를 적용하고 있으며 지휘관의 우선정보요구 사항을 반영할 수 있다. 첩보수집 형태 및 수집 목록은 표 5.11 과 같다.

표 5.11 정보획득 범위

*B(Blue), R(Red)

구 분	수집되는 첩보의 수준							수 집 자 산	비 고
	위 치	형 태	무기/장비	규 모	활 동	부대명	상급부대		
통신 (COMINT)	○	○		○	○	○ (확률)	○ (확률)	B:TSS(ES), GMIT R:R-314,301,305	정 보 모 델
전자 (ELINT)	○		○					B:RC-135,U-2S R: -	
사진/영상 (PHOT/IR)	○	○	○	○	○			B:U-2S,RC-7B,UAV R:RMIG-15/21	
지상감시장비 (GSR)	○	○	○	○				B:TOD,RASIT R: -	
인간 (HUMINT)	○	○	○	○	○			B:특공,수색,정찰 R:경보병 부대	창조21 모델

5.24 워게임에서의 탐지확률 산출 방법

표적 탐지확률은 탐지기가 표적 최소노출 크기에 대한 식별 사이클 수와 표적 탐지기 시계(Field of View)내에 존재하는 시간에 근거해 계산된다. 따라서 이 논리는 표적을 횡단하는 식별 사이클 수를 고려하여 탐지기가 한번 스쳐갔을 때 표적을 획득할 호가률 즉, 탐지확률을 계산한다. 따라서 이러한 논리를 적용시는 예정된 표적, 무기체계, 대기환경, 탐지기 입력자료를 필요로 한다.

5.24.1 식별 사이클 수

관측자 또는 탐지기가 표적을 구별할 수 있는 식별 사이클 수는 다음과 같이 정의한다. 선 표적의 측면을 따라서 동일한 폭을 가진 명암 막대 형판이 있을 때 그 명함의 대비를 표적과 배경의 대비와 같다고 하자. 그리고 명암 막대를 표적의 최소노출 크기에 수직으로 놓고 최소크기에 놓여 있는 막대의 수를 세면 명암 막대 쌍의 수가 관측자가 식별할 수 있는 사이클 수이다. 이렇게 식별된 사이클 수는 표적이 얼마나 잘 보이느냐 하는 척도가 된다.

그림 5.62 를 살펴보면 왼쪽 그림은 선을 쉽게 구별할 수 있다. 그러나 가운데 그림처럼 선이 조밀해지면 선을 구별하기가 힘들어 지고 오른쪽 그림과 같이 더 조밀해지면 더욱 더 선을 구별하기가 힘들다. 모델에서는 센서의 감응능력을 센서가 구별할 수 있는 검은 선들의 최소간격으로 정의하며 이를 센서가 구별할 수 있는 최소 사이클 길이라고 한다.

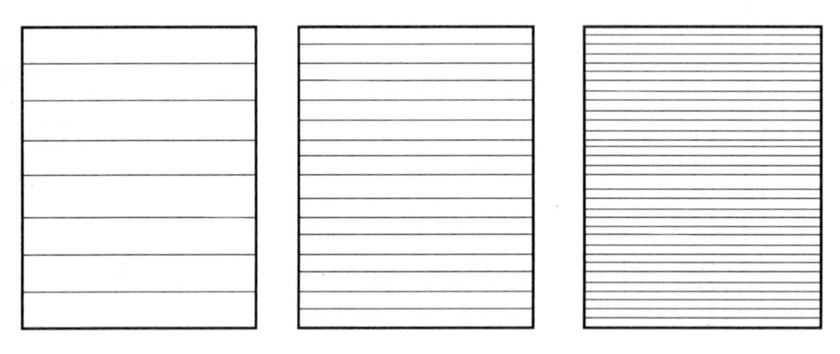

그림 5.62 식별 사이클 개념

5.24.2 대비(Contrast)

최소 사이클 길이는 표적과 배경의 대비에 따라 변한다. 즉, 표적과 배경 간의 대비가 작아질수록 센서가 구분할 수 있는 최소 사이클 길이는 커지고 센서가 구분할 수 있는 사이클 수는 줄어들게 된다. 광학 탐지기의 경우 식별 사이클 수는 주변 환경에 의하여 영향을 받으며 표적과 배경의 대비는 포적징후라고 하는 일종의 비율값으로 표현한다. 표적징후는 다음과 같이 정의한다.

$$표적징후(대비) = \frac{|표적밝기 - 배경밝기|}{배경밝기}$$

표적징후는 표적이 위치한 지점에서의 배경밝기와 표적밝기의 대비값이며 항상 0 이상의 값을 가진다. 표적징후값이 크다는 것은 표적과 배경의 대비가 분명하다는 것이며 그 값이 0 이면 표적을 배경으로부터 구별할 수 없다는 것을 말한다.

표적징후는 대기를 통과해서 탐지기에 도착하기 때문에 탐지기와 표적 사이의 가시선을 따라 이동하면서 대기 및 태양조건과 연막구름에 의해 영향을 받는다. 이러한 전장환경의 영향으로 표적징후는 감소된다. 탐지기에 도달한 약한 표적징후는 다음과 같은 수식에 의거 계산된다.

약화된 표적징후(대비)=포적징후 $\times A_a \times A_c$

where, A_a: 대기조건에 의한 감소 [0,1]

A_c: 연막구름에 의한 감소 [0,1]

위 수식에서 표적 이미지가 탐지기에 전달되는 과정에 대기조건의 영향은 대기상태와 태양의 위치와 각도에 따라 표적징후를 감소시키며 대기에 의한 감소효과 A_a는 식 (5-99)로 계산된다.

$$A_a = \frac{1}{1+SGR\times(e^{\alpha\times R}-1)} \qquad (5\text{-}99)$$

여기서 기호는 다음을 의미한다.

SGR: 기상자료의 하늘과 지상 명도비율로 태양각도와 태양 구름간의 상호작용에 기인한 표적이미지 분산 척도(현재는 태양각도 90 도에 대한 수치를 사용)

α: km 당 대기에 의한 소멸계수(기상입력자료)로 대기상태(공기온도, 공기 활동 등)에 의한 감소효과를 반영한다.

R: 관측자와 표적 간의 거리이다. (km)

A_c는 탐지기와 표적 사이의 연막구름에 의한 감소효과를 모델링한다. A_c 값은 A_a값과 마찬가지로 0 에서 1 사이의 값을 가지되 연막구름이 두꺼운수록 작은 값을 갖고 얇을수록 큰 값을 갖는다.

5.24.3 탐지기 성능척도

표적의 최소크기를 통과하는 사이클 수를 지정함으로써 표적의 크기와 표적까지의 거리관계를 묘사한다. 그러나 탐지기와 표적 간의 거리가 증가함에 따라 표적을 통과하는 사이클 수가 감소하기 때문에 이러한 특성을 모의하기 위해서 그림 5.63 과 같이 단위 각도당 센서가 구별할 수 있는 사이클 수를 지정한다. 이때 단위 각도당 식별 사이클 수는 표적과의 거리에 관계없이 일정하게 된다.

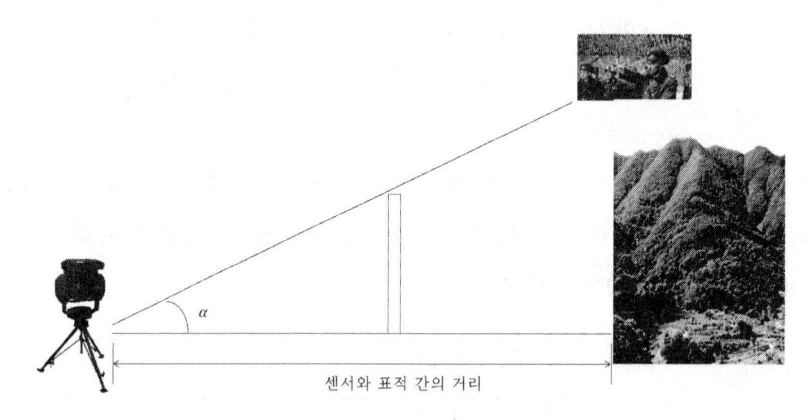

그림 5.63 표적통과 사이클 및 각도

<u>$mrad$당 사이클 수</u>

탐지기의 감응능력은 특정 대비에서 $mrad$ 당 탐지기가 구별할 수 있는 사이클 수로 정의하고 다음과 같은 식으로 표현한다.

$$mrad \text{ 당 식별 사이클 수} = \text{사이클 수} / mrad$$

표적이 탐지기에서 멀러질수록 표적이 작게 보이듯이 모델에서도 표적에 대한 탐지기의 각도가 줄어들고 따라서 표적을 통과하는 사이클 수도 줄어들게 된다.

표적각도

표적이 최소크기에 대한 $mrad$은 다음과 같은 근사식으로 계산한다.

$$\theta = \text{표적의 최소크기}(m)/\text{표적거리}(km)$$

여기서 표적의 최소크기=표적의 최소 탐지크기 $\times f1 \times f2$ 이다. $f1$ 은 표적의 노출 및 이동과 같은 상태의 영향을 반영하기 위한 인수로서 완전 차폐상태의 표적은 1/40, 부분 차폐상태의 표적은 1/3, 노출상태의 표적은 1, 이동중인 표적은 증가한 표적징후를 고려하여 1.5 의 값을 가진다. 식 (5-100)과 같이 $f2$ 는 탐지기와 표적 사이에 있는 지형지물에 의한 관측능력 저하를 반영하기 위한 인수로써 가시선 논리의 감소인수를 적용한다.

$$f2 = e^{-g \times d} \quad (5\text{-}100)$$

g: 지형자료의 해상도 즉, 격자크기(km)
d: 관측자와 표적 사이에 있는 지형지물의 밀도로 가시선 1km 당 상대적 수치

표적 통과 식별 사이클

표적각도와 $mrad$ 당 탐지기가 식별할 수 있는 사이클 수가 주어지면 표적을 통과하는 식별사이클 수 N 은 식 (5-101)과 같다.

$$\text{N=표적각도} \times mrad \text{ 당 사이클 수} = \delta \times \frac{\text{사이클 수}}{mrad} \quad (5\text{-}101)$$

여기서 계산된 N 값은 특정표적에 대한 탐지기의 식별 사이클 수를 의미하며 이 값이 커질수록 표적을 탐지할 확률이 높아진다.

표적 탐지확률 결정

표적 탐지확률은 해당 표적을 통과하는 사이클 수의 함수이다. 소부대 모델에서는 실험결과에 의하여 무한시간 동안 탐지기의 시계안에서 결국 표적을 탐지할 확률은 N 을 표적 통과 사이클 수라고 하면 다음과 같은 수식으로 표현한다.

$$P_{\infty} = \frac{N^{2.7+07N}}{1+N^{2.7+07N}} \qquad (5\text{-}102)$$

P_{∞} 를 결정 이후 일양분포로부터 난수를 발생시켜 난수가 P_{∞} 보다 작으면 표적이 탐지된 것으로 하고 그렇지 않으면 탐지되지 않은 것으로 한다. 이러한 표적목록 갱신은 가시선 판단과 함께 6 초 간격으로 실시하며 이미 이전에 탐지된 표적은 가시선 차단여부만 결정한다. 이 때 가시선이 존재하면 해당표적은 표적목록에 그대로 유지되고 가시선이 차단되면 잠재 표적목록에서 제거한다.

표적 탐지 및 획득

무한시간 동안에 언젠가는 결국 탐지될 가능성이 있는 잠재 표적목록상의 표적에 대해 t 시간 안에 표적이 탐지될 확률을 계산하기 위해 지수분포를 적용한다. 이 때 지수분포의 탐지율 λ는 평균 탐지시간의 역수이다. t시점의 표적 탐지확률 $P_d(t)$ 는 식 (5-103)과 같다. λ를 결정하는 조건과 수식은 야전시험 결과에 기초해서 작성되었다.

$$P_d(t) = 1 - e^{-\lambda t} \qquad (5\text{-}103)$$

$$\lambda = \begin{cases} \frac{P_\infty}{3.4}, & N \le 2 \\ \frac{N}{6.8}, & N > 2 \end{cases}$$

이러한 탐지확률은 표적이 시계 안에 있는 경우이므로 일반적인 탐지확률을 계산할 때는 표적이 시계안에 있을 확률을 곱해서 구한다. 표적의 탐지여부는 각 표적 탐지 주기마다 누적시간을 적용하여 탐지확률을 계산하고 난수와 비교하여 탐지여부를 결정한다.

제6장

표적 할당 모형

6.1 표적할당 모형

무기체계-표적 할당문제는 여러 제약조건을 만족하면서 표적을 요망 파괴수준까지 파괴하도록 무기체계를 할당하는 방법을 다룬다. 무기체계-표적 할당문제는 크게 계획된 사격이 완료되고 난후 적의 위협이 최소화되는 방법과 사격을 실시하는데 소요되는 비용을 최소화하는 방법으로 크게 나눌 수 있다. 어떤 방법을 사용하는가는 전술적 임무와 무기체계-표적 정보와 전투상황에 따라 결정된다.

위협 최소화는 모든 시대에 걸쳐 공격작전과 방어작전에서 공히 중요한 목표로 간주되어 왔다. 비용 최소화는 현대 무기체계의 높은 가격으로 인해 무시할 수 없는 요소가 되었다. 따라서 무기체계를 표적에 대해 효과적이며 경제적으로 할당하는 방법은 중요한 군사적 관심사이다. 무기체계-표적 할당문제를 다룬 초기의 연구자들은 전장의 적 위협을 최소화하는데 관심을 기울였다. 그러나 적 위협의 최소화를 반영하고 사격을 위한 비용을 최소화하는 모델을 만들 수 있다.

이 문제를 다루기 위해 요망 표적 파괴수준과 무기체계 한 단위를 표적에 공격했을 때 파괴되는 확률을 구할 필요가 있다. 요망 표적 파괴수준은 적 전투서열과 아군에 대한 위협을 기초로 판단할 수 있으며 군사전문가들의 의견을 종합하여 계층적 분석방법(AHP: Analytic Hierarchy Process)과 같은 방법으로 구할 수 있다. 이 영역은 군사력을 운용하는 지휘관과 전투참모단의 전문적 영역이다.

무기체계 한 단위를 표적에 공격했을 때 표적 파괴확률은 합동무기체계 효과교범(JMEM: Joint Munition Effectiveness Manual) 또는 JMEM을 기초로 제작한 소프트웨어 패키지 JWS(JMEM Weaponeering System) 등으로 구할 수 있다. 무기체계-표적 쌍의 파괴확률을 구하기 위해서는 무기체계와 표적의 정보가 필요한데 여기에는 표적의 크기, 특성, 방호정도, 위치 오차, 표적 태세 등이며 무기체계의 능력, 전개 형태, 탄약의 가용량, 탄약의 형태 등이다. 다른 요인으로는 기상 조건과 지형 특성이 고려된다. 이러한 모든 요소를 결합하여 정확한 무기체계-표적 파괴확률을 구할 수 있다. 표적을 무기체계에 적절히 할당하는 문제는 다른 군사지원체계와 독립적이지 않다. 모든 가용한 지원수단을 다 고려하여 무기체계-표적 할당문제를 다루어야 한다.

무기체계-표적 할당문제는 수십년간 동안 많은 연구자들의 관심사였다. Flood 는 무기체계를 표적에 할당하는 선형 제약식과 적 위협을 최소화하는 비선형 목적함수를 제시하였다. Ash, Manne, Danzig 는 Flood 의 모델을 수정하고 단순화형 좋은 해를 쉽게 구하는 방법을 제시하였으며 Bracken 과 McCormick 은 선형계획법(LP: Linear Programming) 근사화로 2 가지 무기체계-표적 할당문제를 고려하였다. 첫 번째는 가용한 무기체계와 다양한 표적에 할당하는 각 형태의 무기의 수를 최소화하면서 기대 적 피해를 최대화하는 것이었다. 또 다른 문제는 표적 계층별로 다양한 표적에 피해를 입히면서 총비용을 최소화하는 모델이었다.

6.2 Lagrangian Relaxation and Branch-and-Bound

다음은 권오정, 강동한, 이경식, 박성수가 연구한 Lagrangian Relaxation and Branch-and-Bound 방법에 대해 소개한다.

6.2.1 문제 모형화

무기체계-표적 할당문제를 모형화하기 위해 다음과 같은 기호를 정의하자.

W: 무기체계 집합
T: 표적 집합
A: Arc 의 집합, 무기체계 i가 표적 j를 사격할 수 있다면 $(i,j) \in A$
x_{ij}: 결정변수, 무기체계 i가 표적 j를 사격하는 발수, $(i,j) \in A$
p_{ij}: 무기체계 i의 한 발을 표적 j를 사격했을 때 파괴확률, $0 < p_{ij} < 1, (i,j) \in A$
f_i: 작전기간 중 무기체계 i의 가용 탄약 발수 ,$i \in W$
d_j: 표적 j의 최소 요망 파괴확률, $0 < d_j < 1,\ j \in T$
c_{ij}: 무기체계 i의 한 발을 표적 j를 사격했을 때 비용, $(i,j) \in A$
u_{ij}: 무기체계 i를 표적 j에 사격할 수 있는 최대 발수, $(i,j) \in A$

그러면 다음과 같은 무기체계-표적 할당문제를 모형화 할 수 있다.

(TP1) $Min \sum_{(i,j)\in A} c_{ij}\, x_{ij}$

s.t $\sum_{\{j\in T|(i,j)\in A\}} x_{ij} \le f_i \quad for\ all \quad i \in W$ (6-1)

$1 - \prod_{\{\, i\in W|(i,j)\in A\}} \left(1 - p_{ij}\right)^{x_{ij}} \ge d_j \ for\ all \quad j \in T$ (6-2)

$x_{ij} \le u_{ij} \quad for\ all \quad (i,j) \in A$ (6-3)

$x_{ij} \ge 0 \ integer\ for\ all\ (i,j) \in A$ (6-4)

TP1 에서 목적함수는 무기체계를 표적에 할당하는 비용을 최소화하는 것이다. 제약식 (6-1)은 i 무기체계가 모든 표적에 할당되는 수량은 가용량 이하여야 한다는 것이다. 식 (6-2)는 j 표적을 요망 파괴확률 이상으로 파괴시켜야 한다는 것이다. 식 (6-3)은 무기체계 i를 표적 j에 사격할 수 있는 최대 발수에 대한 제약사항이며 식 (6-4)는 결정변수 x_{ij}는 비음수인 정수여야 한다는 것이다.

비선형 제약식 (6-2)는 양변에 Logarithm 을 취해 선형으로 변환시킬 수 있다. $0 < a \le b$ 이면 $lna \le lnb$ 이고 그 역도 성립하므로 식 (6-2)를 만족하는 어떤 해도 변환된 식을 만족하며 그 역도 성립한다. 문제를 풀기 위해서는 제약식 양변의 계수가 유리수여야 하는데 변환된 제약식의 계수는 실수가 된다. 큰 수 θ (여기서는 100)를 곱하고 절하하여 가능해 영역을 근사화 할 수 있다. 부등식의 계수는 확률로부터 오는 것이기 때문에 이러한 근사화 방법은 실제적인 관점에서 받아들일 수 있다.

그러면 식 (6-2)를 변환하여 다음과 같은 모형을 얻을 수 있다.

(TP) $Min \sum_{(i,j)\in A} c_{ij}\, x_{ij}$

s.t $\sum_{\{j\in T|(i,j)\in A\}} x_{ij} \le f_i \quad for\ all \quad i \in W$ (6-1)

$$\sum_{\{i\in W|(i,j)\in A\}} a_{ij}x_{ij} \geq b_j \quad for\ all \quad j \in T \tag{6-2'}$$

$$x_{ij} \leq u_{ij} \quad for\ all \quad (i,j) \in A \tag{6-3}$$

$$x_{ij} \geq 0\ integer\ for\ all\ (i,j) \in A \tag{6-4}$$

$$where\ \ a_{ij} = \lfloor -\theta \ln(1-p_{ij}) \rfloor > 0\ and\ b_j = \lfloor -\theta \ln(1-d_j) \rfloor > 0$$

예를 들어 표적 j에 대해 $d_j = 0.5$이고 $p_{ij} = 0.4\ for\ i \in W$이면 식 (6-2′)는 $\sum_{i\in W} 51x_{ij} \geq 69$가 된다. 앞으로 (TP1) 대신 (TP)로 최적화를 수행하는 연구와 알고리즘 설계를 수행한다.

Bounded Variable Knapsack 문제가 (TP)의 특수한 경우라는 사실을 쉽게 증명할 수 있어서 (TP)는 NP-hard 문제이다. 만약 표적의 수를 1 로 설정하면 (TP)는 Bounded Variable Knapsack 문제가 되고 Bounded Variable Knapsack 은 NP-hard 문제로 알려져 있다. (TP)를 풀기 위해 Lagrangian Relaxation 과 Branch-and-Bound 방법을 사용한다. 이러한 접근법은 어려운 정수계획문제를 풀기 위해 넓게 사용되는 방법이다.

(TP)에서 제약식 (6-1)을 Lagrangian Relaxation 방법으로 완화하면 다음과 같다.

$$(LR(\lambda)) \qquad Z_D(\lambda) = min\left[\sum_{(i,j)\in A} c_{ij}\,x_{ij} + \sum_{i\in W}\lambda_i\left(\sum_{\{j|(i,j)\in A\}} x_{ij} - f_i\right)\right]$$
$$= min\left\{\sum_{(i,j)\in A}(c_{ij}+\lambda_i)\,x_{ij} - \sum_{i\in W}\lambda_i\,f_i\right\}$$

s.t (6-2′), (6-3), (6-4)

Lagrangian Dual (LD) 문제는 다음과 같다.

$$\text{(LD)} \qquad Z_{LD} = \max_{\lambda \geq 0} Z_D(\lambda)$$

고정된 λ에 대해 $LR(\lambda)$는 표적에 대응되는 각 Subproblem 으로 분해가능하다. 각 Subproblem 은 Bounded Variable Knapsack 문제이다. 표적 j에 대한 문제는 $O(|W|b_j^2)$ 의 복잡도의 동적계획법으로 쉽게 풀 수 있다. 이 알고리즘은 모든 변수의 하한값이 0 일 때 작동된다. 그러나 변수의 양수 하한값은 현대 상한값과 하한값의 차이를 새로운 상한값으로 두고 Knapsack 제약식의 우변을 적절히 조정함으로써 하한값을 0 으로 쉽게 만들 수 있다.

6.2.2 Branch-and-Bound 구조에서 Lagrangian Multiplier 최신화

Z_{LD} 를 찾기 위해 $\lambda \geq 0$ 모든 값에서 Z_{LD} 를 최대화하는 λ 를 찾아야 한다. 여기에서 LD를 풀기 위해 Subgradient 방법을 사용한다. Subgradient 는 LD와 같은 문제를 풀기 위해 많이 사용되고 있으며 많은 문제에서 잘 해결하고 있다.

t 반복 단계에서 LR(λ^t) 주어진 현재의 λ^t 와 최적해 x^t 에서 다음 단계의 Lagrangian Multiplier 는 다음 식으로 결정한다.

$$\lambda_i^{t+1} = max\left\{0,\ \lambda_i^t + \alpha^t\left(\sum_{\{j|(i,j)\in A\}} x_{ij}^t - f_i\right)\right\} \quad for\ i = 1, \dots, |W|$$

$$where\ \ \alpha^t = \frac{\mu^t(Z^* - Z_D(\lambda^t))}{\sum_{i\in W}\left(\sum_{\{j|(i,j)\in A\}} x_{ij}^t - f_i\right)^2}$$

Z^* 는 (TP)의 실행가능해 중 알려진 가장 좋은 목적함수 값이다. μ^0 값은 2 로 설정하고 10 번 반복단계 동안 $Z_D(\lambda^t)$가 이전값의 1%보다 더 증가하지 않을 때 μ^t를 0.5 를 곱한다. 단계 t 에서 Subgradient 방법의 종료조건은 다음과 같다.

(a) 사전 정해진 반복수 이후

(b) $Z_D(\lambda^t) > Z^* - 1$

(c) $\sum_{\{j|(i,j)\in A\}} x_{ij}^t \leq f_i \quad for\ all \quad i \in W$

(d) $\lambda_i^t\left(\sum_{\{j|(i,j)\in A\}} x_{ij}^t - f_i\right) = 0\ for\ all \quad i \in W$

(b) 가 발생하는 경우, Branch-and-Bound 에서 노드를 잘라낸다. 100 번의 반복 단계 동안 (b)의 경우가 발생하지 않았다고 가정하자. 만약 현재의 해가 (c)를 만족하거나 반복 한계 동안 수정에 의해 (c)를 만족시키도록 해를 변환가능하다면 새로운 가능해를 찾을 수 있다. 그러면 Z^* 를 최신화하고 Subgradient 알고리즘의 단계를 계속한다. (c)뿐만 아니라 (d)가 발생하였다고, 예를 들어 최적화 조건이 반복단계 한계안에서 만족한다고, 가정하자. 만약 현재 노드가 Branch-and-Bound 의 뿌리 노드라고 하면 알고리즘은 해 x^t를 (TP)의 최적해로 하고 종료한다. 그렇지 않으면 Z^*를 최신화하고 노드는 잘라낸다. 한편, 만약 반복 한계 동안 최적화 조건이 만족하지 않으면 해를 구하기 위하여 해당 노드를 분기하여 2 개 이상의 자식 노드를 생성한다.

뿌리 노드에서는 λ^0로 설정하고 자식 노드에서 불필요한 작업을 피하기 위해 부모 노드의 마지막 Langrangian Multiplier 를 자식 노드에서의 초기 Multiplier 로 사용한다. 문제를 풀기 위한 다음 노드를 선택하는 것은 가장 좋은 Bound 규칙에 따른다.

6.2.3 실행가능해 찾기

원문제에 대해 Lagrangian Dual 문제가 실행가능한 해는 좀처럼 찾기 어렵다. 그러나 약간의 수정에 의해 실행가능해로 종종 변환될 수 있다. 여기에서 실행가능해를 얻기 위해 Lagrangian Heuristic 을 개발하였다.

$Z_D(\lambda)$ 의 해는 식 (6-2′), (6-3), (6-4)를 만족하지만 식 (6-1)을 만족하지 않는다. 그래서 해를 약간 수정해서 식 (6-1)을 만족시킨다. 다음과 같이 정의하자.

$$B = \left\{ i \in W \middle| \sum_{\{j|(i,j)\in A\}} x_{ij}^* - f_i < 0 \right\}$$

$$C = \left\{ i \in W \middle| \sum_{\{j|(i,j)\in A\}} x_{ij}^* - f_i > 0 \right\}$$

여기에서 x^*는 현재의 실행가능한 해 벡터이다. C는 해에 의해 식 (6-1)을 만족하지 않는 제약식의 Index 집합이다. 만약 $\sum_{\{j|(i,j)\in A\}} x_{ij}^*\ for\ i \in C$를 감소시킬 수 있다면 현재 노드에 의해 표현되는 해를 실행가능하게 만들 수 있을 수도 있다. 각 변수는 식 (6-2'), (6-3), (6-4)에 각각 단 한번만 나타난다. 해의 값의 어떤 감소는 제약식 (6-3)에 영향을 미치지 않는다. 그러나 부주의한 감소는 제약식 (6-2')와/또는 (6-4)를 만족시키지 않을 수도 있다. 한편으로 $\sum_{\{j|(i_2,j)\in A\}} x_{i_2 j}^*\ for\ i_2 \in C$ 를 감소시키기 전에 $\sum_{\{j|(i_1,j)\in A\}} x_{i_1 j}^*\ for\ i_1 \in B$ 를 증가시킨다면 $\sum_{\{j|(i_1,j)\in A\}} a_{i_1 j} x_{i_1 j}^*$ 역시 증가하여 수정된 해가 실행가능하게 될 가능성이 높다. 그러나 부주의한 증가는 식 (6-1) 그리고/또는 식 (6-3)을 위배할 수도 있다. 그러므로 해의 값 증가나 감소는 주의 깊게 결정하여야 한다.

Heuristic 은 B에 있는 요소를 선택함으로써 시작되고 B의 나머지 요소들에 대해 반복적으로 진행한다. B의 각 요소를 위해 C에서 요소를 반복적으로 선택하고 필요시 C를 최신화한다. Lagrangian Heuristic 의 전체 절차는 아래와 같다.

6.2.4 Lagrangian Heuristic

Step 1: (Initialization): Set $x^0 = x^*(the\ current\ solution)$

Step 2: If $B \neq \emptyset$, go to Step 4.

Step 3: Select an element $i_1 \in B, B \leftarrow B \setminus \{i_1\}. Perform\ INC(i_1)$

If $INC(i_1)$ gets y, the vector of increment of values, $x^0 \leftarrow x^0 + y$

Step 4: Set $k = |C|, t = 0.$

Step 5: Select an element $i_1 \in C$ $and\ perform\ DEC(i_2), t \leftarrow t+1$

If $DEC(i_2)$ gets z, the vector of decrement of values, $x^0 \leftarrow x^0 - z$

If $\sum_{\{j|(i,j)\in A\}} x^0_{i_2 j} \leq f_{i_2}$, $C \leftarrow C \setminus \{i_2\}$

Step 6: If $C \neq \emptyset$ then stop. A feasible solution has been obtained.

If $t < k$, return to Step 5.

Step 7: If $B = \emptyset$ then stop. We have failed to get a feasible solution.

Otherwise return to Step 3.

INC(i)

Step 1: (Initialization) Set $\beta_i = f_i - \sum_{\{j|(i,j)\in A\}} x^0_{ij}$, $m = |\{j|(i,j) \in A\}|$, and for $j \in T, (i,j) \in A, set\ w_j = min\{\lfloor\beta_i\rfloor, u_{ij} - x^0_{ij}\}.\ Let\ \{l_1, l_2, \ldots, l_m\}$ be the sorted list of target indices $j \in T, (i,j) \in A\ such\ that\ a_{il_1} \geq a_{il_2} \geq \cdots \geq a_{il_m}$.

Step 2: If $\sum_{n=1}^{m} w_{l_n} < \beta_i$, then set $k = m+1$

Otherwise, let k be the minimum index such that $\sum_{n=1}^{k} w_{l_n} \geq \beta_i$

Set $y_{il_n} = \begin{cases} w_{l_n}, & for\ n < k \\ \beta_i - \sum_{n<k} w_{l_n}, & for\ n = k \\ 0, & for\ n > k \end{cases}$

DEC(i)

Step 1: (Initialization) Set $\gamma_i = \sum_{\{j|(i,j)\in A\}} x^0_{ij} - f_i$, $m = |\{j|(i,j) \in A\}|$, and for $j \in T, (i,j) \in A, set\ \delta_j = \sum_{\{i\in W|(i,j)\in A\}} a_{ij} x^0_{ij} - b_j,\ w_j = min\{\lfloor\delta_j/a_{ij}\rfloor, x^0_{ij}\}.\ Let\ \{l_1, l_2, \ldots, l_m\}$ be the sorted list of target indices $j \in T, (i,j) \in A\ such\ that\ c_{il_1} \geq c_{il_2} \geq \cdots \geq c_{il_m}$.

Step 2: If $\sum_{n=1}^{m} w_{l_n} < \gamma_i$, then set $k = m+1$

Otherwise, let k be the minimum index such that $\sum_{n=1}^{k} w_{l_n} \geq \gamma_i$

Set $z_{il_n} = \begin{cases} w_{l_n}, & for\ n < k \\ \gamma_i - \sum_{n<k} w_{l_n}, & for\ n = k \\ 0, & for\ n > k \end{cases}$

모든 제약식이 실행가능한 조건을 만족하는 한 $i_1 \in B$에 있는 요소를 선택하고 식 i_1에 나타나는 변수의 값을 증가시킨다. 알고리즘 $INC(i_1)$을 호출한다. 그리고 $i_2 \in C$를 선택하여 i_2 제약식에 나타난 변수 값을 다른 제약식들이 실행가능한 범위내에서 감소시키다. 알고리즘 $DEC(i_2)$를 호출한다. 만약 $DEC(i_2)$가 제약식 i_2를 실행가능하게 만드는데 성공한다면 i_2를 C에서 지운다. C에 있는 나머지 요소들에 대해 $DEC(\cdot)$를 실행한다. B에 속하는 나머지 요소들에 대해서도 같은 절차를 반복한다. $INC(i)$의 목적은 $\sum_{\{j|(i_1,j)\in A\}} a_{ij}y_{ij}$를 최대화하는 것이다. 여기서 y는 변수의 값을 증가시키는 양을 나타내는 벡터이다. 만약 $INC(i)$를 실행후 y를 구했다면 현재해 x^0는 x^0+y로 변경될 수 있다. 한편, $DEC(i)$의 목적은 $\sum_{\{j|(i_1,j)\in A\}} c_{ij}z_{ij}$를 최대화하는 것이다. 여기서 z는 변수의 값을 감소시키는 양을 나타내는 벡터이다. 만약 $DEC(i)$를 수행후 z를 구하였다면 해는 x^0-z로 변경될 수 있다. Heuristic 은 실행하는데 시간이 많이 소요되지 않기 때문에 Lagrangian Multiplier 를 최신화할 때마다 실행한다.

6.2.5 분기 규칙

Branch-and-Bound 에서 노드를 분기할 때 3 가지의 다른 분기 규칙을 고려한다. Branch-and-Bound 에서 현재 노드에서 구한 해를 x^*라고 하고 x_{ij}를 분기하기 위해 선택된 변수라고 하자. 그리고 변수의 하한값과 상한값을 각각 l^*_{ij}, u^*_{ij}라고 하자.

먼저, 규칙 1 은 각 생성된 노드에서 변수가 고정값을 가질 경우이다. 이 경우에 $(u^*_{ij}+1)$ 노드가 생성되고 노드에서 선택된 변수의 값은 $l^*_{ij}(=0)$에서 u^*_{ij}까지이다.

분기를 위해 변수를 선택할 때 특별한 우선순위가 없다. 또 다른 규칙 2 는 2 분법 분기 규칙이다. 현재의 상한값과 하한값의 차이가 가장 큰 변수를 분기 변수로 선택하는 것이다. 이 방법에서는 $l^*_{ij} \le x_{ij} \le \lfloor (u^*_{ij}+l^*_{ij})/2 \rfloor$와 $\lfloor (u^*_{ij}+l^*_{ij})/2 \rfloor + 1 \le x_{ij} \le u^*_{ij}$로 분리되는 2 개의 노드를 생성한다.

마지막으로 규칙 3 은 현재 해를 고려한 이분법 분기전략이다. 분기를 위해 가장 위배되는 제약식에서 현재 상한값과 하한값 차이 중 가장 큰 값을 가지는 변수를 선택한다. 이 방법에서는 $l_{ij}^* \leq x_{ij} \leq x_{ij}^*$ 와 $x_{ij}^* + 1 \leq x_{ij} \leq u_{ij}^*$ 로 2 개의 노드를 생성한다. 이 경우에 $x_{ij}^* = u_{ij}^*$ 이면 $l_{ij}^* \leq x_{ij} \leq x_{ij}^* - 1$ 과 $x_{ij} = x_{ij}^*$ 로 분기한다.

6.3 A Branch-and-Price Algorithm

다음은 권오정, 이경식, 강동한, 박성수가 연구한 'A Branch-and-Price Algorithm for a Targeting Problem'을 소개한다.

6.3.1 문제 모형화

무기체계-표적 할당문제를 모형화하기 위해 다음과 같은 기호를 정의하자.

W: 무기체계 집합
T: 표적 집합
A: Arc 의 집합, 무기체계 i가 표적 j를 사격할 수 있다면 $(i,j) \in A$
x_{ij}: 결정변수, 무기체계 i가 표적 j를 사격하는 발수, $(i,j) \in A$
p_{ij}: 무기체계 i의 한 발을 표적 j를 사격했을 때 파괴확률, $0 < p_{ij} < 1, (i,j) \in A$
f_i: 작전기간 중 무기체계 i의 가용 탄약 발수 , $i \in W$
q_i: 작전기간중 무기체계 i가 사격할 수 있는 표적 개수의 상한값 , $i \in W$
d_j: 표적 j의 최소 요망 파괴확률, $0 < d_j < 1,\ j \in T$
c_{ij}: 무기체계 i의 한 발을 표적 j를 사격했을 때 비용, $(i,j) \in A$
u_{ij}: 무기체계 i를 표적 j에 사격할 수 있는 최대 발수, $(i,j) \in A$
y_{ij}: 무기체계 i를 표적 j에 사격하는지 결정하는 이진 결정변수, 만약 무기체계 i를 표적 j에 사격하면 $y_{ij} = 1$, 그렇지 않으면 $y_{ij} = 0$이다

(TP2) $Min \sum_{(i,j)\in A} c_{ij}\, x_{ij}$

s.t $\sum_{\{j\in T|(i,j)\in A\}} x_{ij} \le f_i \quad for\ all\ \ i \in W$ (6-5)

$\sum_{\{j\in T|(i,j)\in A\}} y_{ij} \le q_i \quad for\ all\ \ i \in W$ (6-6)

$x_{ij} - u_{ij} y_{ij} \le 0 \quad for\ all\ \ (i,j) \in A$ (6-7)

$1 - \prod_{\{ i\in W|(i,j)\in A\}} \left(1 - p_{ij}\right)^{x_{ij}} \ge d_j \ for\ all\ \ j \in T$ (6-8)

$x_{ij} \ge 0\ integer\ for\ all\ (i,j) \in A$ (6-9)

$y_{ij} \in \{0,1\}\ for\ all\ (i,j) \in A$ (6-10)

(TP2)에서 목적함수는 무기체계를 표적에 할당하는 비용을 최소화하는 것이다. 제약식 (6-5)은 i 무기체계가 모든 표적에 할당되는 수량은 가용량 이하여야 한다는 것이다. 식 (6-6)은 무기체계 i를 표적 j에 사격할 수 있는 표적의 개수의 상한에 대한 제약사항이며 식 (6-7)은 무기체계 i를 표적 j에 사격할 수 있는 발수의 상한에 대한 제약사항이다. 식 (6-8)는 j 표적을 요망 파괴확률 이상으로 파괴시켜야 한다는 것이다. 식 (6-9)는 결정변수 x_{ij}는 비음수인 정수여야 한다는 것이다. 식 (6-10)은 무기체계 i를 표적 j에 사격하는지 하지 않은지에 대한 결정변수로 0와 1의 값만 가진다.

(TP)에서 설명한 것과 같이 비선형 제약식 (6-8)는 양변에 Logarithm 을 취해 선형으로 변환시킬 수 있다. $0 < a \le b$ 이면 $lna \le lnb$ 이고 그 역도 성립하므로 식 (6-8)를 만족하는 어떤 해도 변환된 식을 만족하며 그 역도 성립한다. 문제를 풀기 위해서는 제약식 양변의 계수가 유리수여야 하는데 변환된 제약식의 계수는 실수가 된다. 큰 수 θ (여기서는 100)를 곱하고 절하하여 가능해 영역을 근사화할 수 있다. 부등식의 계수는 확률로부터 오는 것이기 때문에 이러한 근사화 방법은 실제적인 관점에서 받아들일 수 있다. 그러면 (TP2)를 아래 (TP3)로 변환 가능하다.

$$\text{(TP3)} \quad Min \sum_{(i,j)\in A} c_{ij}\, x_{ij}$$

$$\text{s.t} \quad (6-5),(6-6),(6-7),(6-9),(6-10)$$

$$\sum_{\{i\in W|(i,j)\in A\}} a_{ij} x_{ij} \geq b_j \quad for\ all \ \ j \in T \qquad (6\text{-}11)$$

$$where \ \ a_{ij} = \lfloor -\theta \ln(1-p_{ij}) \rfloor > 0 \ and \ b_j = \lfloor -\theta \ln(1-d_j) \rfloor > 0$$

이 연구에서는 TP2 대신 TP3 를 푼다. NP-hard 문제로 알려진 Knapsack 문제가 TP3 의 특수한 경우라는 것을 쉽게 보일 수 있기 때문에 TP3 는 NP-hard 문제이다. $T = \{j\}, u_{ij} = 1\ for\ (i,j) \in A, f_i = q_i = 1\ for\ i \in W$ 로 놓으면 TP3 는 Knapsack 문제가 된다. TP3 를 풀기 위해 Branch-and-Price 알고리즘을 채택한다.

6.3.2 TP3 를 새로운 모형으로 전환

사격발수 상한선과 최초 요망 파괴수준 제약조건을 만족하게 무기체계를 표적에 할당한 것을 실행가능한 표적할당이라고 정의한다. K_j 를 표적 j 에 실행가능한 무기체계의 할당이라고 하자. K_j 에서 $x_j = (\ldots, x_{ij}, \ldots) \in Z_+^{n_j}$ 는 $x_{ij} \leq u_{ij}\ for\ all\ i,\ (i,j) \in A$ 와 $\sum_{\{i|(i,j)\in A\}} a_{ij} x_{ij} \geq b_j$ 를 만족한다. 여기서 $n_j = |i|(i,j) \in A\}|$ 이고 Z_+^n 은 비음수 n 차원 정수벡터이다. 그림 6.1 은 표적 j 에 실행가능한 3 개의 무기체계를 나타내고 있다. 하나의 표적에 대해 이러한 실행가능한 무기체계의 할당은 굉장히 많은 경우가 있을 수 있다.

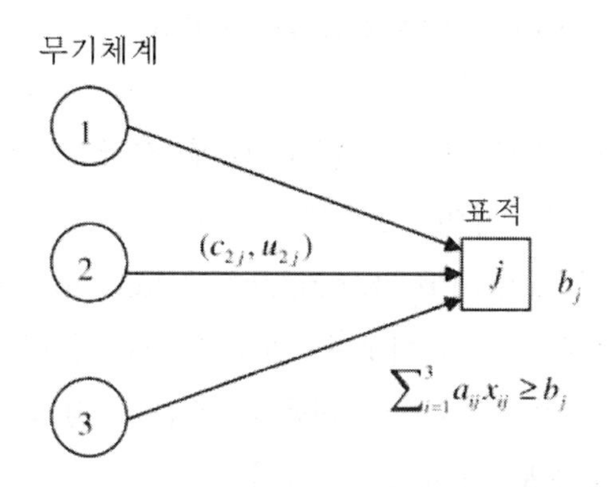

그림 6.1 실행가능한 표적할당

TP3 를 새로 모형화하기 위해 다음과 같은 기호를 정의한다.

ξ_{ijk}: $k \in K_j$ 할당에서 무기체계 i가 표적 j를 사격한 발수
C_{jk}: $k \in K_j$ 할당에서 소요되는 비용, 예를 들어 $C_{jk} = \sum_{\{i|(i,j)\in A\}} c_{ij}\xi_{ijk}$
ρ_{ijk}: 표지 변수, 만약 $\xi_{ijk} > 0$이면 $\rho_{ijk} = 1$, 그렇지 않으면 $\rho_{ijk} = 0$
λ_{jk}: 표적 j에 실행가능한 할당 k가 선택되었는지를 나타내는 이진 결정변수
　　만약 표적 j에 k가 할당되었으면 $\lambda_{jk} = 1$, 그렇지 않으면 $\lambda_{jk} = 0$

$\xi_{ijk} = 0\ for\ (i,j) \notin A$ 이다.

TP3 는 다음과 같이 RTP 로 재모형화할 수 있다.

(RTP)　$Min \sum_{j\in T} \sum_{k\in K_j} C_{jk}\lambda_{jk}$

s.t　$\sum_{j\in T} \sum_{k\in K_j} \xi_{ijk}\lambda_{jk} \leq f_i \quad for\ all \quad i \in W$　(6-12)

$\sum_{j\in T} \sum_{k\in K_j} \rho_{ijk}\lambda_{jk} \leq q_i \quad for\ all \quad i \in W$　(6-13)

$\sum_{k\in K_j} \lambda_{jk} = 1 \quad for\ all \quad j \in T$　(6-14)

$$\lambda_{jk} \in \{0,1\} \quad for\ all\ j \in T, k \in K_j \tag{6-15}$$

제약식 (6-12)과 (6-13)는 (6-5)과 (6-6)에 각각 해당된다. 제약식 (6-14)과 (6-15)은 단지 하나의 할당이 표적에 선택되는 것을 보장한다. RTPL 또는 TPL 을 RTP 의 LP(Linear Programming) Relaxation 이라고 하자. RTPL 의 최적값에 대해 이야기해 보자. RTPL 은 변수에 가해진 이진 조건을 완화함으로써 얻어진다. RTPL 에서 식 (6-14)과 비음수 조건을 암묵적으로 만족하기 때문에 $\lambda_{jk} \le 1\ for\ all\ \ j \in T, k \in K_j$ 빼버릴 수 있다.

다음을 정의하자.

$$Q = \{x \in Z_+^{|W||T|}, y \in \{0,1\}^{|W||T|}: x_{ij} - u_{ij}y_{ij} \le 0\ for\ (i,j) \in A,$$
$$\sum_{\{i|(i,j)\in A\}} a_{ij}x_{ij} \ge b_j\ for\ j \in T\}$$

Q 의 Convex Hull 을 $conv(Q)$ 로 표기한다. RTPL 의 어떠한 실행가능해도 $conv(Q)$의 꼭지점의 Convex Combination 이기 때문에 RTPL 의 최적 목적함수값은 $min\{\sum_{(i,j)\in A} c_{ij}x_{ij}: (6-1), (6-2), (x,y) \in conv(Q)\}$이다.

RTP 는 TP3 를 제약식 (6-7), (6-11), (6-9), (6-10)를 Subproblem 에 놓고 Dantzig-Wolfe Decomposition 을 적용함으로써 얻어진다. 또한 RTPL 에 의해 제공된 값은 제약식 (6-5)과 (6-6)를 완화하여 얻은 Lagrangian Dual 최적값과 동일하다. 결론적으로 RTPL 은 적어도 TPL 에 의해 주어진 한계만큼 엄격한 한계를 준다.

비록 RTPL 은 기하급수적으로 많은 수의 열(Column)을 가지고 있지만 Column Generation Technique 으로 효과적으로 풀 수 있다. $K_j' \subset K_j, j \in T$ 을 가진 RTPL 의 제한된 모형이 주어져 있다면 만약 $k \in K_j \setminus K_j', j \in T$ 인 열의 Reduced Cost 가 적어도 0 이라면 현재 최적해는 역시 RTPL 의 최적해이다. $k \in K_j$ 인 열의 Reduced Cost 는 $C_{jk} - \sum_{i\in W} \xi_{ijk}\pi_i^* - \sum_{i\in W} \rho_{ijk}\mu_i^* - \phi_j^*$ 이며 여기서 $\pi_i^* \le 0, \mu_i^* \le 0, \phi_j^*$ 는 각각 (6-12)의 i 번째 제약식, (6-13)의 j 번째 제약식, (6-14)의 j 번째 제약식에 해당되는 Dual 변수이다. 그러므로 만약 어떤 열에서 음수의

Reduced Cost 가 발견되면 이 열은 제한된 모형에 추가하여 최적화를 다시 시행한다. 그렇지 않으면 RTPL 을 최적화하여 푼 것이다.

Subproblem(Pricing Problem)는 모형에 진입시키는 좋은 실행가능한 열을 생성하는 것이다. 표적 j를 위한 최소 Reduced Cost 를 가진 할당을 생성하는 Subproblem 의 모형은 다음과 같다.

$$(SP_j)\ \min\ \left(\sum_{\{i|(i,j)\in A\}} c_{ij}x_{ij} - \sum_{\{i|(i,j)\in A\}} \pi_i^* x_{ij} - \sum_{\{i|(i,j)\in A\}} \mu_i^* y_{ij} - \phi_j^*\right) \qquad (6\text{-}16)$$

$$\text{s.t} \qquad \sum_{\{i|(i,j)\in A\}} a_{ij}x_{ij} \ge b_j \quad for\ all\ \ j \in T$$

$$x_{ij} \le u_{ij}y_{ij} \quad for\ all\ \ i \in W \ \ such\ that\ \ (i,j) \in A \qquad (6\text{-}17)$$

$$x_{ij} \ge 0\ \ integer\ for\ all\ i \in W\ such\ that\ (i,j) \in A \qquad (6\text{-}18)$$

$$y_{ij} \in \{0,1\}\ for\ all\ i \in W\ such\ that\ (i,j) \in A \qquad (6\text{-}19)$$

목적함수 (6-16)는 생성된 열의 Reduced Cost 를 나타낸다. C_{jk} 는 $\sum_{\{i|(i,j)\in A\}} c_{ij}x_{ij}$로 표현된다는 것을 유의하라. ϕ_j^*가 상수이기 때문에 SP_j는 0 이 아닌 발수로 고정 비용 (μ_i^*)을 가진 Knapsack 문제이다. 만약 최적해가 음수이면 열 $(x_{ij}^*, y_{ij}^*, e_j)^T$ 이 RTPL 의 제한된 모형에 포함된다. 여기서 $e_j = (0, \ldots, 1_{(j)}, 0, \ldots)$이다. (x_{ij}^*, y_{ij}^*)이 추가된 열의 새로운 (ξ_{ijk}, ρ_{ijk})가 된다.

6.3.3 Branch-and-Price 알고리즘

LP Relaxation 에서 Branch-and-Bound 의 일반화인 Branch-and-Price 는 Branch-and-Bound 나무를 통해 열생성을 가능하게 한다. 이 접근방법은 다른 방법으로 풀 기 힘든 대규모 정수계획문제를 해결하는 데 매우 효과적으로 알려져 있다.

전반적인 절차는 다음과 같다. 초기 열 집합으로 제한된 RTPL 로 시작하여 RTPL 의 최적해가 발견될 때까지 열생성을 적용한다. 최종 해가 정수이거나 TP3 의 최적해로 전환할 수 있다면 끝난 것이다. 그렇지 않으면 문제를 해결하기 위해 열생성을 사용할 수 있는 적절한 분기전략을 사용한다. Branch-and-Bound 나무의 각 노드에서 LP Relaxation 을 풀기 위해 열생성을 이용한다. 모든 K_j 집합에서 LP 해는 최적해이다. 나무를 탐색하는 중 필요시 분기와 잘라내는 것을 하는 중 최적해가 발견되는 즉시 Branch-and-Price 를 종료한다.

6.3.4 Subproblem 최적화

SP_j는 $j \in T$와 관련된 Subproblem 이며 0 이 아닌 발수가 부과된 고정값을 가진 Knapsack 문제이다. Subproblem 은 동적계획법 알고리즘으로 푼다. 설명의 간략화를 위해 $(i,j) \in A, for\ all\ i \in W,\ j \in T$로 가정한다.

$m = 1, \dots, n(= |W|\ )$에 대해 $N_m \equiv \{1, \dots, m\}$ 과 식 (6-20)과 같이 $Z_m(d)$ 를 정의한다.

$$Z_m(d) = min\{\textstyle\sum_{i \in N_m}(c_{ij} - \pi_i^*)x_{ij} - \sum_{i \in N_m}\mu_i^* y_{ij}: \sum_{i \in N_m} a_{ij}x_{ij} \geq d, (6-13), (6-14), (6-15)\}\ for\ d = 0, \dots, b_j \qquad (6\text{-}20)$$

그러면 $Z_n(b_j) - \phi_j^*$은 SP_j의 최적해를 준다. 만약 $\sum_{i \in N_m} a_{ij}u_{ij} < d$ 라면 $Z_m(d)$는 구할 수 없다는 것을 주목하라. $m = 1$ 로 알고리즘을 시작하고 $Z_1(d), d = 0, \dots, b_j$ 를 계산한다. 그러면 $Z_{m-1}(\cdot)$ 로부터 $Z_m(\cdot)$, $m = 2, \dots, n$ 을 재귀적으로 구하는 절차를 진행한다. 재귀는 $Z_1(d)$로 시작한다.

$$Z_1(d) = \begin{cases} none(infeasible) & if\ a_{1j}u_{1j} < d \\ \left\lceil \dfrac{d}{a_{1j}} \right\rceil (c_{1j} - \pi_1^*) - \mu_1^*\ if\ a_{1j}u_{1j} \geq d & \end{cases}$$

왜냐하면 $\pi_1^*, \mu_1^* \leq 0$ 이기 때문이다. 만약 식 (6-20)에서 최적해가 $x_{mj} = x_{mj}^*$ 이면 $\sum_{i \in N_m} a_{ij}u_{ij} \geq d$ 이고 $Z_m(d) = (c_{mj} - \pi_m^*)x_{mj}^* - \mu_m^* I(x_{mj}^*) + Z_{m-1}(d -$

$a_{mj}x^*_{mj})$가 된다. 여기서 $I(x)$는 만약 $x > 0$이면 1, 그렇지 않으면 0 를 가지는 함수로 정의한다. $L_1 = \left\lceil \frac{d}{a_{1j}} \right\rceil, L_m = max\{0, \lceil (d - \sum_{i \in N_m} a_{ij}u_{ij})/a_{mj} \rceil\}, m \geq 2$ 로 하한값이 주어질 때 $L_m \leq x^*_{mj} \leq u_{mj}$ 가 되는 것에 주목하라. 그러므로 $m = 1, \ldots, n$과 $d = 0, \ldots, b_j$에 대한 재귀식을 다음과 같이 구한다.

$$Z_m(d) = \begin{cases} none & if \sum_{i \in N_m} a_{ij}u_{ij} < d, \\ min\left\{ \begin{matrix} (c_{mj} - \pi^*_m)x_{mj} - \mu^*_m I(x_{mj}) + Z_{m-1}(d - a_{mj}x_{mj}), \\ L_m \leq x_{mj} \leq u_{mj}, integer \end{matrix} \right\} & if \sum_{i \in N_m} a_{ij}u_{ij} \geq d \end{cases} \quad (6\text{-}21)$$

여기서 만약 $d \leq 0$ 이면 $Z_0(d) = 0\, for\, all\, d, and\, Z_m(d) = 0\, for\, all\, m$ 이다. 고정된 m 에 대해 $Z_m(d)$ 를 구하기 위한 계산의 횟수는 $O(b_jU_j)$ 이고 $U_j = \max_{i \in W} u_{ij}$ 라면 전반적 계산 시간은 $O(nb_jU_j)$ 이다. 모든 m 과 d 에 대해 $Z_m(d)$ 를 구하는 x_{mj} 수준과 주어진 $Z_m(d)$ 에서 반대방향의 재귀는 최적해 (x^*_j, y^*_j) 를 결정하는데 사용된다. 최적해를 구하기 위해 요구되는 계산 횟수는 (6-21)의 정방향 재귀의 계산에 의해 지배를 받는다.

6.3.5 초기 실행가능한 열

열생성 기법을 시작하기 위하여 원문제 RTPL 의 제한된 LP 의 초기 해를 부여하기 위한 열의 집합이 필요하다. 첫째로, 초기 RTPL 이 실행가능한 해를 가지는 것을 보장하기 위해 충분히 큰 목적함수 계수 또는 인공변수를 더한다. 열에서는 모든 $(2|W| + |T|)$ 요소는 하나이다. 몇 개의 실행가능한 할당 λ_{jk} 도 역시 생성되어 초기 열로서 제한된 RTPL 에 추가된다.

처음 표적 $(j = 1)$ 로부터 시작한다. $\sum_{\{i|(i,j) \in A\}} c_{ij}x_{ij}$ 를 최소화하는 목적함수를 가진 SP_j를 푼다. 이것을 SP'_j 라고 부른다. 무기체계 i로부터 표적 j의 0 이 아닌 발수이면 무기체계 i가 표적 j에 막 할당되었으므로 q_i 를 한 단위 감소시킨다. 만약 q_i 가 0 이 되면 무기체계 i 가 남아 있는 표적을 사격하지 못하도록 $u_{il}\, for\, all\, l \geq j + 1$을 0 으로 만든다. 그 다음 남아 있는 표적들에 대해서 이러한

절차를 반복한다. 모든 표적에 대해 이 절차를 반복하거나 $q_i = 0\, for\ all\ \ i \in W$ 이면 이러한 절차는 종료된다. 결과적으로 열들은 q_i 제약식 (6-13)와 관련하여 모두 실행가능하다. 전체 초기 열을 얻는 절차는 다음에 제시되어 있다. 기껏해야 $|T|$ 열이 이 절차체 의해 초기에 추가될 수 있다.

Initialization: Set $j \coloneqq 1$

Step 1: Solve SP_j' for target j and get a feasible column.

Let $x_j^* = (\dots, x_{ij}^*, \dots) \in Z_+^{n_j}$ be the x-part of the optimal solution.

Step 2: Update data

a. Set $q_i \coloneqq q_i - I(x_{ij}^*)$ for $i \in W\ \ such\ that\ \ (i,j) \in A$

b. If $q_i = 0\, for\, i \in W$, set $u_{il} \coloneqq 0\, for\, all\, l \geq j+1\, such\, that\, (i,l) \in A$

Step 3: Termination test

If $j = |T|\, or\, q_i = 0\, for\, all\ \ i \in W, stop.$

Otherwise, set $j \coloneqq j + 1\, and\, go\, to\, step\, 1.$

6.3.6 분기 전략

RTPL 의 구한 최적해가 정수가 아닐 때 분기가 일어난다. 변수를 이분법에 기반한 표준 분기규칙을 사용한다고 가정하자. 분수 변수 λ_{jk} 에 대해 분기한다. 어떤 노드에서 λ_{jk}가 0 로 고정이 되어 있을 때 변수를 위한 열을 다시 생성하는 것이 가능하다. 이 경우 2 번째 작은 Reduced Cost 를 가진 열을 생성하는 것이 필요해진다.

Branch-and-Bound 나무의 n 깊이에서 n번째 낮은 Reduced Cost 를 가진 열을 찾는 것이 필요할 수도 있다. 이것은 만약 Subproblem 이 NP-hard 이면 일반적으로 다룰 수 없는 것이다. 그러므로 생성된 열이 다시 생성되지 않고 Subproblem 이 다룰 수 있도록 남기기 위해 Subproblem 을 수정하는 것과 같은 분기전략이 필요하다. 다른 말로 하면, Pricing Problem 과 잘 호환되는 분기전략이 필요하다.

다음과 같은 혼합 분기정책을 채택한다. 먼저, 분기 변수를 선택하기 위해 TP 에서 무기체계-표적 쌍변수 x_{ij}를 사용한다. 다음으로 분기결정을 적용하기 위해 RTP 의 실행가능 할당변수 λ_{jk} 를 사용한다. TP 의 x_{ij} 값은 $x_{ij} = \sum_{k \in K_j} \xi_{ijk} \lambda_{jk}$의 관계로부터 구할 수 있다.

δ은 비음수 정수이고 $0 < \varepsilon < 1$일 때 $\delta + \varepsilon$ 값을 가진 분수 변수 x_{ij}가 분기를 위해 선택되었다고 가정하자. RTP 의 실행가능영역을 2 개의 부분으로 나눈다. 하나는 $x_{ij} \leq \delta$이고 다른 하나는 $x_{ij} \geq \delta + 1$이다. $x_{ij} \leq \delta$를 RTP에 적용하기 위해 $\xi_{ijk} > \delta$인 $\lambda_{jk}, k \in K_j$ 의 상한값을 0 로 설정한다. 또한, $x_{ij} \geq \delta + 1$을 RTP 에 적용하기 위해 $\xi_{ijk} \leq \delta$인 변수의 상한값을 0 로 둔다.

여기에 Branch-and-Bound 나무의 각 노드에서 분기 결정을 결정하기 위한 Subproblem 을 위한 알고리즘을 수정할 필요가 있다. 일반성 결여 없이 $0 \leq \delta_1 \leq \delta_2 \leq u_{ij}$일 때 $\delta_1 \leq x_{ij} \leq \delta_2$를 적용한다고 가정하자. 모든 변수의 하한값이 0 일 때 동적계획법 알고리즘이 작동됨으로 $u_{ij} := \delta_2 - \delta_1$, $b_j := b_j - a_{ij}\delta_1$ 로 약간의 수정을 한다. Subproblem 에서 $\delta_1 > 0$ 이고 y_{ij}가 1 로 고정되될 때 목적함수에서 $-\mu_i^*$ 항은 떼어 놓을 수 있다. 그러므로 재귀식 (6-21)에서 $Z_i(d)$를 계산할 때 $-\mu_i^* I(x_{ij})$을 생략한다. 알고리즘이 종료될 때 x_{ij}^*는 $x_{ij}^* + \delta_1$으로 최신화하고 최종 해의 값은 $(\delta_1(c_{ij} - \pi_i^*) - \mu_i^*)$ 로 증가시켜야 한다. 여기에서 (x_j^*, y_j^*) 는 최종 해이다.

위에서 주어진 분기 전략은 반드시 RTP 의 최적 정수해를 보장하는 것은 아니다.

제7장

표적 공격 모의

7.1 전투 피해율 산출

7.1.1 표적 살상확률

일반적으로 표적 살상확률 P_k는 식 (7-1)과 같다.

$$P_k = P_h \times P_{k/h} \quad (7-1)$$

여기서 P_h는 표적 명중 확률, $P_{k/h}$는 표적 명중 조건하 살상확률이다. 표적 명중확률 P_h는 표적의 크기, 표적 이동성, 표적 위치오차, 조준오차, 사거리, 사탄분포, 기상 등의 함수이다. 오차는 표적 위치오차, 사수의 능력한계나 조준선 정렬미비로 발생하는 조준오차와 탄 자체의 고유 특성에 의한 사탄분포, 풍향, 풍속, 공기온도, 공기밀도, 주변 환경, 지형조건, 지구회전 등에 의해 발생하는 탄도오차가 있다.

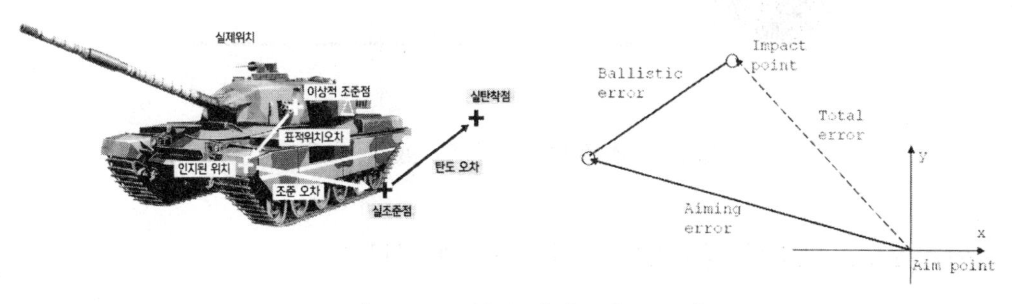

그림 7.1 조준오차와 탄도오차

7.1.2 1 차원 모형

<u>탄착 중심과 표적 중심이 일치할 경우</u>

명중확률 계산시 표적 중심 또는 탄착 중심을 통한 분산은 정규분포로 가정한다. 만약 표적이 일차원이고 표적 중심을 원점이라고 하고 탄착중심이 μ, 표준편차를 σ라 하면 P_h는 식 (7-2)와 같다.

$$P_h = P_{hit}(\mu, \sigma) = \int_I f(x)dx \quad (7-2)$$

여기서 $f(x)$와 I는 다음과 같이 정의한다.

$f(x)$: 탄착점 분포의 밀도 함수
I: 표적의 길이

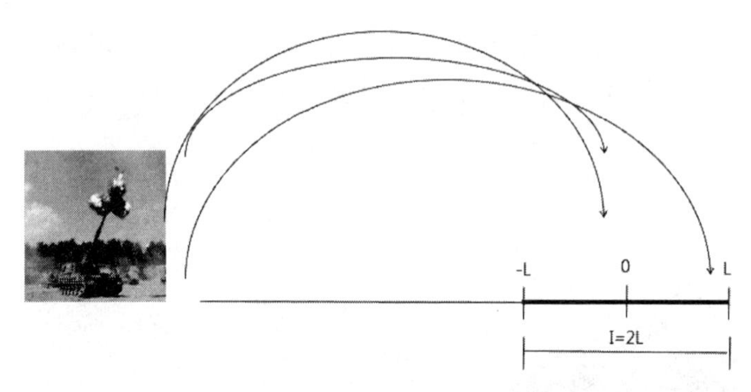

그림 7.2 길이가 2L 인 표적 공격

길이가 2L 인 표적의 명중확률은 식 (7-3)과 같다.

$$P_h = \int_{-L}^{L} \frac{1}{\sqrt{2\pi}\sigma} exp\left\{-\frac{1}{2}\left(\frac{x-\mu}{\sigma}\right)^2\right\} dx$$

$$z = \frac{x-\mu}{\sigma} \rightarrow dz = \frac{1}{\sigma}dx$$

$$z_L = \frac{L-\mu}{\sigma}, \qquad z_{-L} = \frac{-L-\mu}{\sigma}$$

$$P_h = \int_{z_{-L}}^{z_L} \frac{1}{\sqrt{2\pi}} exp\left(-\frac{z^2}{2}\right) dz = \int_{\frac{-L-\mu}{\sigma}}^{\frac{L-\mu}{\sigma}} \frac{1}{\sqrt{2\pi}} exp\left(-\frac{z^2}{2}\right) dz = \left(\Phi\left(\frac{L-\mu}{\sigma}\right) - 0.5\right) - \left(\Phi\left(\frac{-L-\mu}{\sigma}\right) - 0.5\right) = \Phi\left(\frac{L-\mu}{\sigma}\right) - \Phi\left(\frac{-L-\mu}{\sigma}\right) \quad (7\text{-}3)$$

$$where, \qquad \Phi(y) = \int_{-\infty}^{y} \frac{1}{\sqrt{2\pi}} exp\left(-\frac{z^2}{2}\right) dz$$

탄착 중심과 표적 중심이 일치하지 않을 경우

표적의 길이가 2L 인데 탄착 중심 μ 와 표적 중심이 일치하지 않는 경우를 생각해 보자. 그림 7.3 을 보면 탄착 중심의 분산이 A 가 B 보다 상대적으로 크다. 표적이 위치한 -L 부터 L 까지 A 와 B 의 면적을 보면 A 가 B 보다 더 크다. 즉, B 는 표적중심에 정확하게 정조준해야만 명중확률이 더 높다. 표적 중심에 정확히 정조준하지 못하면 명중확률이 급격히 떨어지는 것을 알 수 있다.

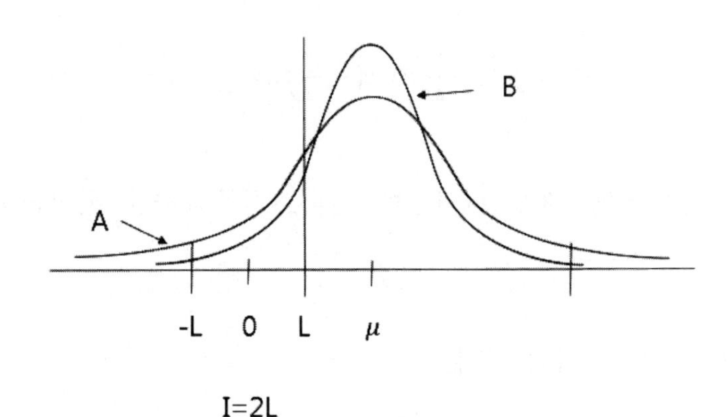

I=2L

그림 7.3 탄착중심과 표적중심이 미일치시

정확하게 정조준 한 경우

표적중심과 탄착중심이 동일한 경우 분산이 작은 B 가 A 보다 –L 에서 L 까지의 면적이 명중확률이 상대적으로 더 크다.

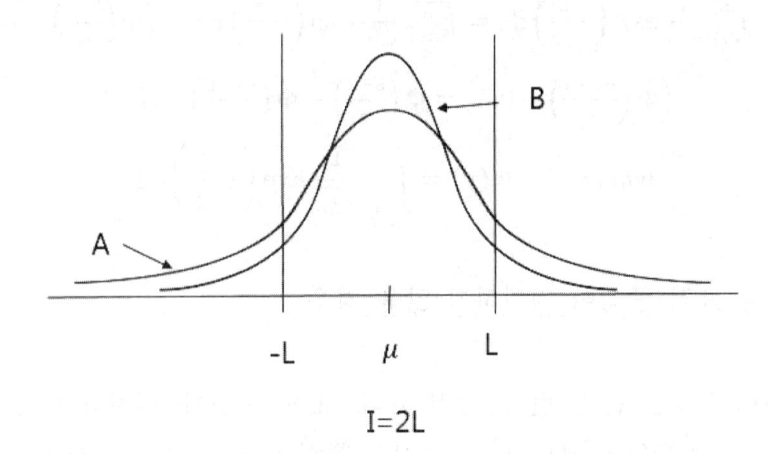

그림 7.4 탄착중심과 표적중심이 동일한 경우

표적위치 (-L, L)은 고정되어 있고 탄착중심 μ와 표준편차 σ가 변하는데 따라 명중확률 P_h가 어떻게 변하는가를 알아보면 식 (7-4)과 같다.

$$P_h = \int_{\frac{-L-\mu}{\sigma}}^{\frac{L-\mu}{\sigma}} \frac{1}{\sqrt{2\pi}} exp\left(-\frac{z^2}{2}\right) dz \qquad (7-4)$$

식 (7-4)를 μ와 σ에 대해 편미분을 한다. 적분함수를 편미분하는 방법으로 Leibnitz Rule 을 사용한다.

Leibnitz Rule 은 아래 식과 같다.

$$\frac{\partial}{\partial t}\int_{a(t)}^{b(t)} f(x,t)dx = f[b(t),t]b'(t) - f[a(t),t]\, a'(t) + \int_{a(t)}^{b(t)} \frac{\partial f(x,t)}{\partial t} dx$$

그러므로 $\frac{\partial P_h}{\partial \mu}$는 다음과 같이 정리할 수 있다.

$$\frac{\partial P_h}{\partial \mu} = \left[\frac{\partial}{\partial \mu}\int_{\frac{-L-\mu}{\sigma}}^{\frac{L-\mu}{\sigma}} \frac{1}{\sqrt{2\pi}} exp\left(-\frac{z^2}{2}\right) dz\right]$$

$$= \frac{1}{\sqrt{2\pi}} exp\left[-\frac{1}{2}\left(\frac{L-\mu}{\sigma}\right)^2\right]\left(-\frac{1}{\sigma}\right) - \frac{1}{\sqrt{2\pi}} exp\left[-\frac{1}{2}\left(\frac{-L-\mu}{\sigma}\right)^2\right]\left(-\frac{1}{\sigma}\right)$$

$$+ 0 = \frac{1}{\sqrt{2\pi}\sigma}\left[exp\left\{-\frac{1}{2}\left(\frac{-L-\mu}{\sigma}\right)^2\right\} - exp\left\{-\frac{1}{2}\left(\frac{L-\mu}{\sigma}\right)^2\right\}\right]$$

위 식에서 $\lambda_1 = \frac{L}{\sigma}$, $\lambda_2 = \frac{\mu}{\sigma}$ 로 두면

$$\frac{\partial P_h}{\partial \mu} = \frac{1}{\sqrt{2\pi}\sigma}\left[exp\left\{-\frac{1}{2}(\lambda_1 + \lambda_2)^2\right\} - \ exp\left\{-\frac{1}{2}(\lambda_1 - \lambda_2)^2\right\}\right]$$

$$= \frac{exp\left\{-\frac{1}{2}(\lambda_1 + \lambda_2)^2\right\}}{\sqrt{2\pi}\sigma}\left[1 - exp\left\{-\frac{1}{2}((\lambda_1 - \lambda_2)^2 - (\lambda_1 + \lambda_2)^2)\right\}\right]$$

여기에서

$$exp\left\{-\frac{1}{2}((\lambda_1 - \lambda_2)^2 - (\lambda_1 + \lambda_2)^2)\right\} = exp(2\lambda_1\lambda_2) = exp\left(2\frac{L}{\sigma}\cdot\frac{\mu}{\sigma}\right) = exp(\frac{2L\mu}{\sigma^2})$$

이므로

$$\frac{\partial P_h}{\partial \mu} = \frac{exp\left\{-\frac{1}{2}(\lambda_1 + \lambda_2)^2\right\}}{\sqrt{2\pi}\sigma}\left[1 - exp(\frac{2L\mu}{\sigma^2})\right]$$

L, σ 가 고정이고 $\mu > 0$이면 $exp\left(\frac{2L\mu}{\sigma^2}\right) \geq 1$, $exp\left\{-\frac{1}{2}(\frac{L+\mu}{\sigma})^2\right\} \geq 0$

그러므로 $\frac{\partial P_h}{\partial \mu} < 0$ 이다. 즉, 탄착중심 μ가 표적중심에서 멀어지면 명중확률이 감소한다.

다음으로 P_h를 표준편차 σ로 편미분해 보면 다음과 같다.

$$\frac{\partial P_h}{\partial \sigma} = \left[\frac{\partial}{\partial \sigma}\int_{\frac{-L-\mu}{\sigma}}^{\frac{L-\mu}{\sigma}} \frac{1}{\sqrt{2\pi}} exp\left(-\frac{z^2}{2}\right) dz\right]$$

$$= \frac{1}{\sqrt{2\pi}}\left[exp\left\{-\frac{1}{2}\left(\frac{L-\mu}{\sigma}\right)^2\right\}\right]\left(-\frac{L-\mu}{\sigma^2}\right)$$

$$- \frac{1}{\sqrt{2\pi}}\left[exp\left\{-\frac{1}{2}\left(\frac{-L-\mu}{\sigma}\right)^2\right\}\right]\left(-\frac{-L-\mu}{\sigma^2}\right)$$

위 식에서 $\lambda_1 = \frac{L}{\sigma}$, $\lambda_2 = \frac{\mu}{\sigma}$ 로 두면 $\frac{\partial P_h}{\partial \sigma}$는 다음과 같다.

$$\frac{\partial P_h}{\partial \sigma} = \frac{1}{\sqrt{2\pi}\sigma}\left[(\lambda_2 - \lambda_1)exp\left\{-\frac{1}{2}(\lambda_1 - \lambda_2)^2\right\} - (\lambda_2 + \lambda_1)exp\left\{-\frac{1}{2}(\lambda_1 + \lambda_2)^2\right\}\right]$$

$$= \frac{exp\left\{-\frac{1}{2}(\lambda_1 + \lambda_2)^2\right\}}{\sqrt{2\pi}\sigma}[(\lambda_2 - \lambda_1) - (\lambda_1 + \lambda_2) - exp\{-2\lambda_2\lambda_1\}]$$

$$= \frac{exp\left\{-\frac{1}{2}\left(\frac{L-\mu}{\sigma}\right)^2\right\}}{\sqrt{2\pi}\sigma}\left[\left(\frac{\mu - L}{\sigma}\right) - \left(\frac{\mu + L}{\sigma}\right)exp(-\frac{2L\mu}{\sigma^2})\right]$$

① $exp\left\{-\frac{1}{2}\left(\frac{L-\mu}{\sigma}\right)^2\right\} \geq 0,\ 0 \leq exp\left\{-\frac{2L\mu}{\sigma^2}\right\} \leq 1$ 이 항상 성립한다. $exp\left\{-\frac{2L\mu}{\sigma^2}\right\} ≒ 0$ 이고 $\mu > L$ 인 경우는 $\frac{\partial P_h}{\partial \sigma} > 0$이다. 즉 σ가 증가함에 따라 P_h도 증가한다.

② $exp\left\{-\frac{2L\mu}{\sigma^2}\right\} \cong 0$ 이고 $\mu > L$ 이면 $\left[\left(\frac{\mu-L}{\sigma}\right) - \left(\frac{\mu+L}{\sigma}\right)exp(-\frac{2L\mu}{\sigma^2})\right] > 0$ 이 된다. 이 경우 $\frac{\partial P_h}{\partial \sigma} > 0$ 가 된다. 즉 σ가 증가함에 따라 P_h도 증가한다.

③ $exp\left\{-\frac{2L\mu}{\sigma^2}\right\} \cong 1$이고 $\left[\left(\frac{\mu-L}{\sigma}\right) - \left(\frac{\mu+L}{\sigma}\right)exp(-\frac{2L\mu}{\sigma^2})\right] < 0$ 이면 $\frac{\partial P_h}{\partial \sigma} < 0$이 된다. 즉 σ가 증가함에 따라 P_h는 감소한다.

$\frac{\partial P_h}{\partial \sigma} > 0$ 의 필요조건은 $\mu > L$ 이고 $2\mu L > \sigma^2$ 이다. 즉 σ 가 증가함에 따라 명중확률을 증가시키려면 탄착중심 μ 를 표적에 놓으면 안되고 표적 밖에 위치시켜야 한다.

반면 $\frac{\partial P_h}{\partial \sigma} < 0$ 의 의미는 명중확률을 높이기 위해서는 탄착중심과 표적중심이 가까워야 한다. $\mu > L$ 이고 $\frac{\partial P_h}{\partial \sigma} > 0$ 조건이 성립하면 탄착중심이 표적중심에서 벗어나 있고 따라서 탄의 분산을 증가시킴으로써 명중확률을 높일 수 있다. 그러나 이러한 인위적인 분산증가는 한계가 있다.

$\frac{\partial P_h}{\partial \sigma} > 0$ 가 성립하기 위해서는 $\left[\left(\frac{\mu-L}{\sigma}\right) - \left(\frac{\mu+L}{\sigma}\right) exp(-\frac{2L\mu}{\sigma^2})\right] > 0$ 이 성립해야 한다. 즉 $\left(\frac{\mu-L}{\sigma}\right) > \left(\frac{\mu+L}{\sigma}\right) exp(-\frac{2L\mu}{\sigma^2})$이다. 이것은 $\frac{\mu-L}{\mu+L} > exp\left(-\frac{2L\mu}{\sigma^2}\right) > 0$, 단 $\mu > L$.

$$\frac{\mu - L}{\mu + L} > exp\left(-\frac{2L\mu}{\sigma^2}\right)$$

$$ln\left(\frac{\mu - L}{\mu + L}\right) > -\frac{2L\mu}{\sigma^2}$$

$$-ln\left(\frac{\mu + L}{\mu - L}\right) > -\frac{2L\mu}{\sigma^2}$$

$$\frac{2L\mu}{\sigma^2} > ln\left(\frac{\mu + L}{\mu - L}\right) > 0$$

$$\frac{2L\mu}{ln\left(\frac{\mu + L}{\mu - L}\right)} > \sigma^2$$

이 식을 $tan^{-1}x = \frac{1}{2} ln\left(\frac{1+x}{1-x}\right)$, 단 $|x| < 1$로 만들기 위해 변환하면

$$\frac{2L\mu}{ln\left(\frac{\mu + L}{\mu - L}\right)} = \frac{L\mu}{\frac{1}{2} ln\left(\frac{1 + L/\mu}{1 - L/\mu}\right)} = \frac{L\mu}{tan^{-1}\left(\frac{L}{\mu}\right)} > \sigma^2$$

그러므로 $\mu > L$일 때 $\frac{\partial P_h}{\partial \sigma} > 0$이 되기 위한 충분조건은 식 (7-5)가 성립해야 한다.

$$\frac{L\mu}{tan^{-1}\left(\frac{L}{\mu}\right)} > \sigma^2 \qquad (7\text{-}5)$$

탄의 분산을 인위적으로 무한히 크게 할 수 없다. 즉, 위의 조건을 만족해야 σ가 증가함에 따라 P_h도 증가한다.

다음은 표적의 구간이 탄의 분산에 비해 상대적으로 매우 적을 때는 정규분포를 사용하지 않고 명중확률 근사치를 구할 수 있다. 이 때 탄착중심 $\mu = 0$이고 σ는 표적 구간에 비해 상대적으로 매우 큰 것으로 가정한다. 이 문제를 풀기 위해 먼저 Taylor Expansion을 살펴보면 다음과 같다.

$$e^{-x} = 1 - x + \frac{x^2}{2!} - \frac{x^3}{3!} + \frac{x^4}{4!} - \cdots = \sum_{n=0}^{\infty} \frac{(-1)^n}{n!} x^n$$

표적 구간이 매우 좁으며 표적중심으로부터 $(-\frac{a}{2}, \frac{a}{2})$라고 하면

$$P_h = \int_{-\frac{a}{2}}^{\frac{a}{2}} \frac{1}{\sqrt{2\pi}\sigma} exp\left(-\frac{z^2}{2\sigma^2}\right) dz = \frac{1}{\sqrt{2\pi}\sigma} \int_{-\frac{a}{2}}^{\frac{a}{2}} \left[\sum_{n=0}^{\infty} \frac{(-1)^n}{n!} \left(\frac{x^2}{2\sigma^2}\right)^n\right] dx$$

$z = \frac{a}{2}$일 때 $\frac{z^2}{2\sigma^2} \approx 0$이라고 하면 P_h는 다음과 같다.

$$P_h \approx \frac{1}{\sqrt{2\pi}\sigma} \int_{-\frac{a}{2}}^{\frac{a}{2}} dx = \frac{a}{\sqrt{2\pi}\sigma} \text{ 단, } \frac{a^2}{8} < \sigma^2$$

표적구간이 a라고 할 때 $\frac{\left(\frac{a}{2}\right)^2}{2\sigma^2}$가 0에 가까워야 $P_h = \int_{-\frac{a}{2}}^{\frac{a}{2}} \frac{1}{\sqrt{2\pi}\sigma} exp\left(-\frac{z^2}{2\sigma^2}\right) dz = \frac{1}{\sqrt{2\pi}\sigma} \int_{-\frac{a}{2}}^{\frac{a}{2}} \left[\sum_{n=0}^{\infty} \frac{(-1)^n}{n!} \left(\frac{x^2}{2\sigma^2}\right)^n\right] dx$이 성립한다.

7.1.3 2 차원 모형

<u>사거리 공산오차와 편의 공산오차</u>

탄착점이 탄착중심을 기준으로 해서 어느 한계를 초과할 수 있는 초과오차와 초과하지 않는 오차가 동일한 확률을 공산오차라고 한다. 멀리 떨어진 어느 탄착점에 사격선과 수직이 되게 직선을 그어 동일한 2 개의 부분(각 25%)으로 분할할 수 있다. 이때 탄착중심에서 새로운 수직선까지 거리를 1 공산오차라고 하며 정상적인 산포인 경우에 탄착중심으로부터 원근 4 사거리 공산오차 내에 실질적으로 1,000 발 중 7 발을 제외하고는 모든 파열이 망라될 수 있다. 사격한 많은 탄착점들은 탄착중심을 기준으로 원근 오차를 사거리 공산오차(REP: Range Error Probable)라고 하고 좌우 오차를 편의 공산오차(DEP: Deflection Error Probable 또는 CREP: Cross Range Error Probable)라고 한다.

이러한 탄착오차는 항상 일정하게 분포되지는 않는다. 산포구형을 1 공산오차 값으로 균등하게 사거리 및 편의상으로 8 등분한다면 각 지대에 산포되는 확률은 사탄산포 확률은 많은 실험을 통하여 결정된 것이다. 예를 들어 사거리 공산오차 값이 15m 일때 포탄의 50%는 탄착 중심으로부터 원근 15m 이내, 82%는 원근 30m 이내, 96%는 원근 45m 이내에 산포될 것이다. 편의 공산오차 값이 4m 일 때 사격한 포탄의 50%는 4m 이내, 82%는 8m, 96%는 12m 이내에 산포 될 것이다. 공중에서 파열될 경우에는 파열고 공산오차, 파열거리 공산오차, 파열시간 공산오차 등이 나타난다.

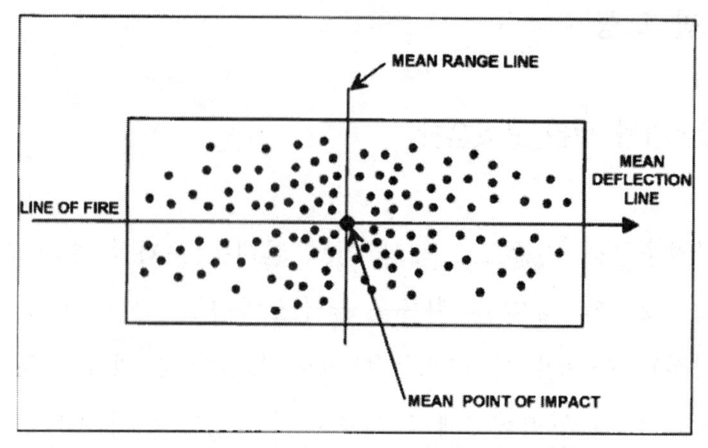

그림 7.5 사거리 및 편의방향 공산오차

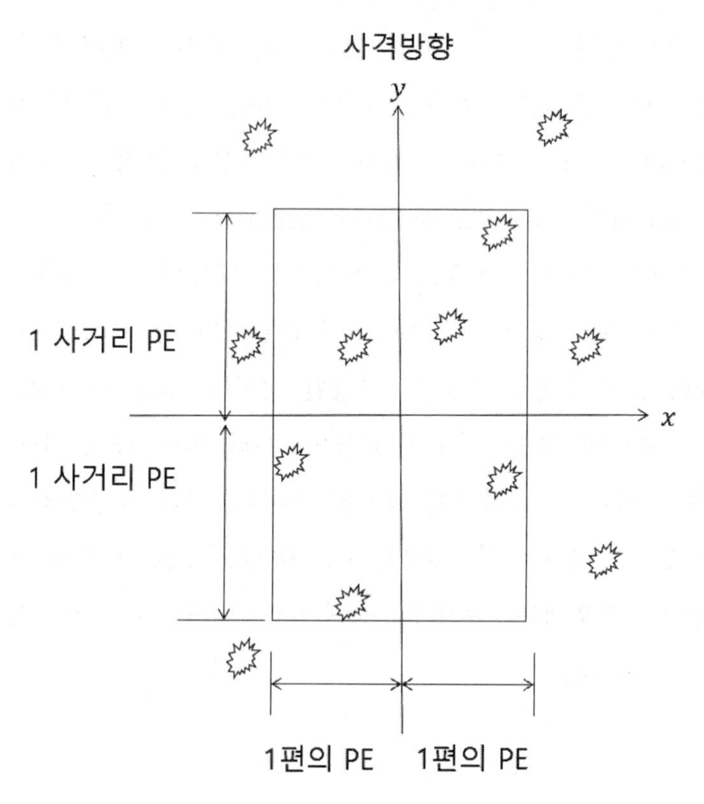

그림 7.6 1 사거리 및 1 편의 공산오차

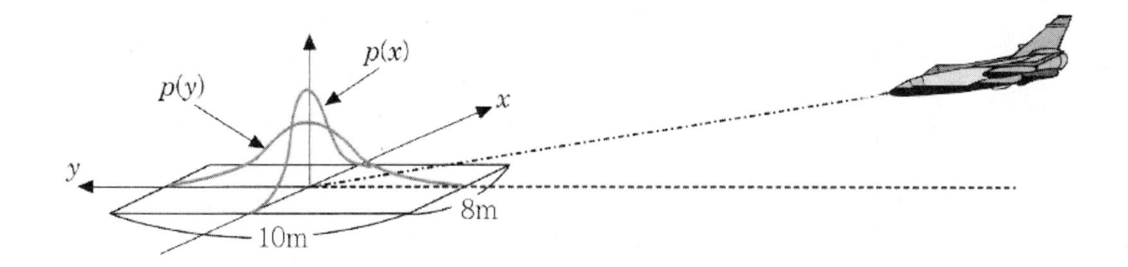

그림 7.7 사거리 방향 및 편의 방향 공산오차 발생

$$P(-PE \le x \le PE) = 0.5$$

$$P\left(\frac{-PE-\mu}{\sigma} \le x \le \frac{PE-\mu}{\sigma}\right) = 0.5$$

$Z_{PE} = \frac{PE-\mu}{\sigma}, -Z_{PE} = -\frac{PE-\mu}{\sigma}$ 라고 하면

$$P(-Z_{PE} \le x \le Z_{PE}) = 0.5$$
$$\mathrm{F}(Z_{PE}) - F(-Z_{PE}) = 0.5$$
$$Z_{PE} = 0.6745$$

$$PE = \mu + Z_{PE}\sigma, -PE = \mu - Z_{PE}\sigma$$
$$2PE = 2Z_{PE}\sigma$$
$$PE = Z_{PE}\sigma = 0.6745\sigma$$
$$2PE = 1.349\sigma$$

표적이 직사각형이고 표적 중심이 원점인 표적에 대한 명중확률을 구해 보자. 그림 7.8 과 같이 표적의 크기는 $2a \times 2b$ 이다.

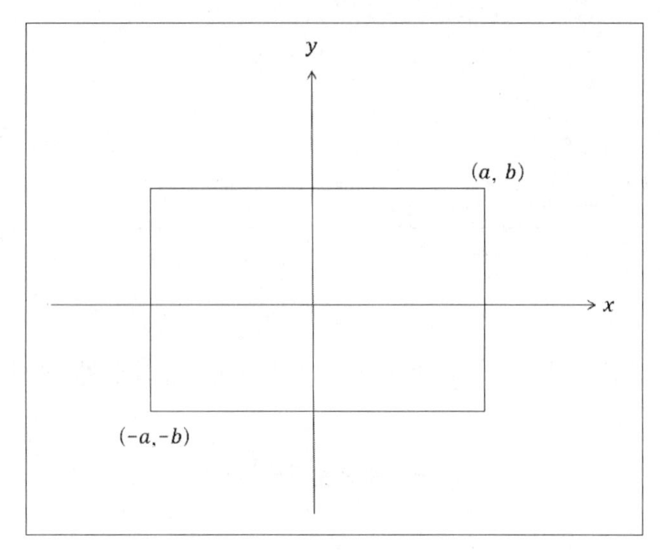

그림 7.8 크기가 $2a \times 2b$인 표적

명중확률은 식 (7-6)과 같다.

$$P_h = \frac{1}{2\pi\sigma^2}\int_{-a}^{a}\int_{-b}^{b} exp\left\{-\frac{1}{2}\left(\frac{x^2+y^2}{\sigma^2}\right)\right\}dxdy$$

$$P_h = \left[\frac{1}{\sqrt{2\pi}}\int_{-a/\sigma}^{a/\sigma}\left\{exp\left(-\frac{x^2}{2}\right)\right\}dx\right]\left[\frac{1}{\sqrt{2\pi}}\int_{-b/\sigma}^{b/\sigma}\left\{exp\left(-\frac{y^2}{2}\right)\right\}dy\right] \quad (7-6)$$

예를 들어 적 벙커가 가로와 세로가 $6\,m \times 4\,m$ 이고 아 전차포의 탄착 분산 σ^2 은 $64\,m$ 이다. 아 전차포로 적 벙커를 공격할 때 명중확률은 표준정규분포표로부터 다음과 같이 구할 수 있다.

$$P_h = \left[\frac{1}{\sqrt{2\pi}}\int_{-3/8}^{3/8}\left\{exp\left(-\frac{x^2}{2}\right)\right\}dx\right]\left[\frac{1}{\sqrt{2\pi}}\int_{-2/8}^{2/8}\left\{exp\left(-\frac{y^2}{2}\right)\right\}dy\right] = 0.0577$$

<u>원형 공산오차(CEP: Circular Error Probability)</u>

원형 공산오차는 탄의 50%가 표적에 떨어지는 반경을 의미한다. 원형 공산오차는 미사일이나 폭탄의 명중 정도를 나타내는 용어로 통상의 미사일에 대해서는 별로 사용되지 않고, 주로 탄도 미사일이나 유도 폭탄에 대해서

사용된다. CEP 는 폭탄 등이 투하되었을 경우, 그 중의 1/2 이 명중하는 원의 반경을 가리킨다. 즉 10 발 공격했을 때 5 발이 들어가는 원을 그렸을 때 그 반경이 $r = 5\,m$이라고 하면 CEP 는 $5\,m$ 라고 한다.

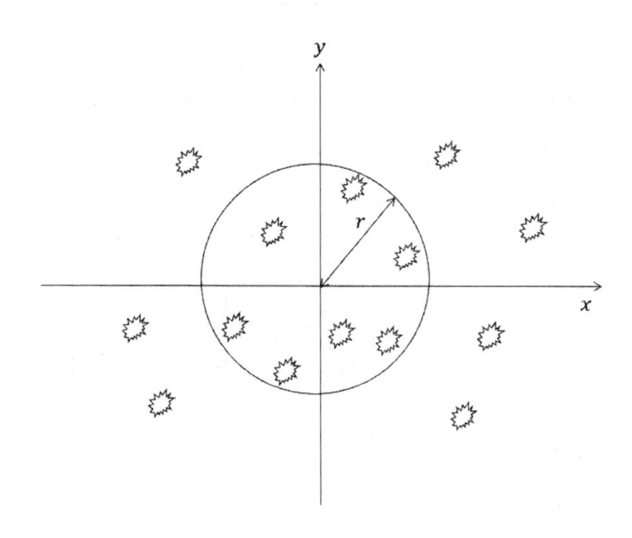

그림 7.9 원형 공산오차 개념

$f(x,y)$를 x, y로 표시되는 탄착지점의 결합확률밀도 함수라고 하고 A를 표적의 면적이라고 하면 2 차원 모형에서 표적 명중확률은 식 (7-7)과 같다.

$$P_h = \int_A \int f(x,y)dxdy \qquad (7\text{-}7)$$

여기에서 $f(x,y)$는 이변량 정규분포를 이용해 식 (7-8)과 같이 표시할 수 있다.

$$f(x,y) = \frac{1}{2\pi\sigma_x\sigma_y\sqrt{1-\rho^2}} exp\left[-\frac{1}{2(1-\rho^2)}\left\{\left(\frac{x-\mu_x}{\sigma_x}\right)^2 - 2\rho\left(\frac{x-\mu_x}{\sigma_x}\right)\left(\frac{y-\mu_y}{\sigma_y}\right) + \left(\frac{y-\mu_y}{\sigma_y}\right)^2\right\}^2\right]$$

(7-8)

여기에서 다음과 같은 기호를 정의한다.

μ_x: x 방향 평균, $\mu_x = E(x)$

μ_y: y 방향 평균, $\mu_y = E(y)$

σ_x: x 방향 표준편차

σ_y: y 방향 표준편차

ρ: 상관계수, $\rho = E\{(x-\mu_x)(y-\mu_y)\}/(\sigma_x \sigma_y)$, $-1 \le \rho \le 1$

만약 $\mu_x = \mu_y$, $\sigma_x = \sigma_y = \sigma$, $\rho = 0$ 이면 탄착중심이 원점이고 원점을 중심으로 분산이 σ^2 인 원형을 형성하는 탄착분포이다. $\rho = 0$ 이면 x, y 방향간 상관관계가 없고 $P_h = P_x \times P_y$가 된다.

$$P_h = P_x \times P_y = \left[\int_{-L_x}^{L_x} f(x)dx\right]\left[\int_{-L_y}^{L_y} f(y)dy\right]$$

여기에서 L_x는 x방향으로 탄착중심으로부터 표적의 거리이고 L_y는 y방향으로 탄착중심으로부터 표적의 거리이다.

$$f(x,y) = \frac{1}{2\pi\sigma^2} exp\left\{-\frac{1}{2}\left(\frac{x^2+y^2}{\sigma^2}\right)\right\}$$

$$\int_{x^2+y^2 \le r^2} f(x,y)dxdy = 0.5$$

가 되는 CEP $r_{0.5}$ 을 구해 보면 다음과 같다.

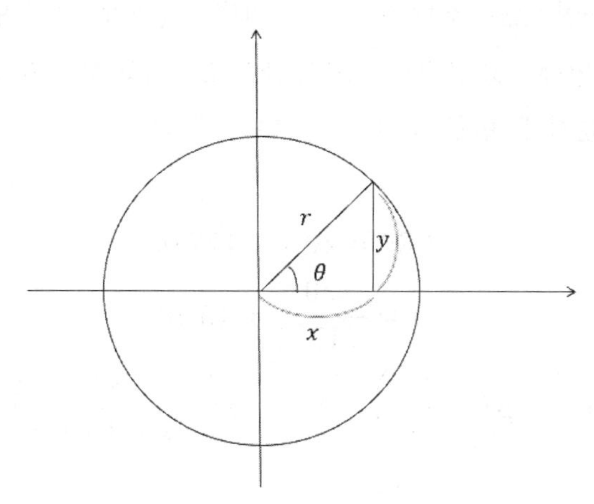

그림 7.10 극좌표로 변환

$x = rcos\theta, y = rsin\theta, 0 \leq \theta \leq 2\pi$로 변환하면 P_h는 다음과 같다.

$$P_h = \frac{1}{2\pi\sigma^2}\int_0^{r_{0.5}}\int_0^{2\pi} d\theta\, exp\left(-\frac{r^2}{2\sigma^2}\right) rdr$$

$$exp\left(-\frac{{r_{0.5}}^2}{2\sigma^2}\right) = 0.5$$

그러므로 $\text{CEP} = r_{0.5} = \sqrt{2ln2}\,\sigma = 1.1774\sigma$ 이다.

7.1.4 조준오차가 없을 때 원형표적의 명중확률

조준오차가 없다는 것은 탄착중심이 원점일 때 탄착중심과 표적중심이 일치한다는 것을 의미하고 사탄분포는 원점 중심으로 분포한다. 원형표적 반경이 r이고 무기의 표준편차가 σ라면 원형 표적의 명중확률은 식 (7-9)와 같다.

$$P_h = \int_0^{2\pi}\int_0^{r} \frac{1}{2\pi\sigma^2} exp\left(-\frac{r^2}{2\sigma^2}\right) rdrd\theta = \frac{1}{2\pi\sigma^2}\int_0^{2\pi} d\theta \int_0^{r} \frac{1}{2\pi\sigma^2} rdr = 1 - exp\left(-\frac{r^2}{2\sigma^2}\right) \quad (7\text{-}9)$$

예를 들어 공격중인 소총소대가 적 기관총 진지에 저지당하고 있다. 가용한 화력지원부대인 포병에 요청하여 고폭탄으로 사격시 피해반경이 30m 이고 CEP 가 20m 이면 표적에 명중할 확률은 다음과 같다.

$$CEP = 20 = 1.1774\sigma$$

$$\sigma = \frac{20}{1.1774} = 16.98$$

$$P_h = 1 - exp\left(-\frac{r^2}{2\sigma^2}\right) = 1 - exp\left(-\frac{30^2}{2 \times 16.98^2}\right) = 0.79$$

7.1.5 각종 오차를 고려한 명중확률 계산

어떤 무기의 수평오차와 수직오차가 다음과 같다고 가정하자.

표 7.1 각종 오차 데이터 * 단위: mrad

오차 형태	표준 통계 편차	
	수평오차 (x 방향)	수직오차 (y 방향)
화기 자체의 영구오차	$\sigma_{Ix} = 0.11$	$\sigma_{Iy} = 0.12$
탄도오차	$\sigma_{Bx} = 0.22$	$\sigma_{By} = 0.15$
조준오차, 기상오차 등 부수적 오차	$\sigma_{Ex} = 0.5$	$\sigma_{Ey} = 0.35$

여기서 $1\,mrad$은 $1/1{,}000\,radian$로서 다음과 같이 정의된다.

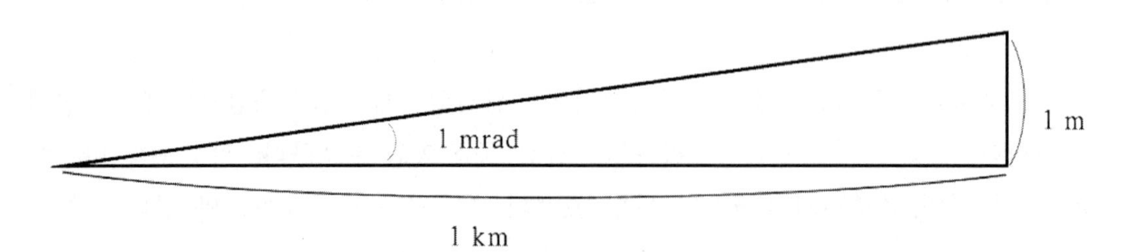

그림 7.11 $1\,mrad$ 정의

즉, 1 km 사거리에 대하여 1 m 높이에 해당하는 각이 $1\,mrad$ 이다. 위에서 언급한 오차 외에 사거리를 측정하는 기구의 오차는 지상정확도가 $30R^2, R = \frac{사거리}{1000m}$ 이다. 또 사거리별 탄의 낙각이 사표에 표시되어 있는데 1,000m 에서 위 무기의 탄 낙각은 $10.5\,mrad$ 이라고 알려져 있다. 그렇다면 1 km 에서 명중확률은 어떻게 되는지 구해 보면 다음과 같다. 먼저 360° 가 $6400\,mrad$ 이므로 비율법으로 $1\,mrad$ 을 각도로 변환하면 0.05625^o 이다. 다음으로 수평오차에 대한 모든 값을 m 단위로 표시한다.

무기의 수평오차 σ_{Wx} 는 다음과 같다. 1000m 사거리에 대한 $mrad$ 은 동일한 수치의 m로 거리로 변환가능하다.

$$\sigma_{Wx}{}^2 = \sigma_{Ix}{}^2 + \sigma_{Bx}{}^2 + \sigma_{Ex}{}^2 = 0.11^2 + 0.22^2 + 0.5^2 = 0.3105$$
$$\sigma_{Wx} = 0.557\,mrad \rightarrow\ 0.557\,m$$

무기의 수직오차 σ_{Wy}는 다음과 같다.

$$\sigma_{Wy}{}^2 = \sigma_{Iy}{}^2 + \sigma_{By}{}^2 + \sigma_{Ey}{}^2 = 0.12^2 + 0.15^2 + 0.35^2 = 0.1594$$
$$\sigma_{Wy} = 0.399\,mrad \rightarrow\ 0.399\,m$$

사거리 측정기의 수직오차를 구해 본다. 그림 7.12 에서 σ_{ry} 이 사각과 등가 오차이면 낙각 ω 이 10.5 $mrad$ 이므로 사거리 측정기의 수직오차 σ_{ry} 는 다음과 같다. 이 때 지상정확도 $\sigma_r = 30R^2$을 고려한다.

$$\sigma_{ry} = \sigma_r\omega \times 10^{-3} = 30R^2\omega \times 10^{-3} = 30 \times (1000/1000) \times 10.5 \times 10^{-3} = 0.315\,m$$

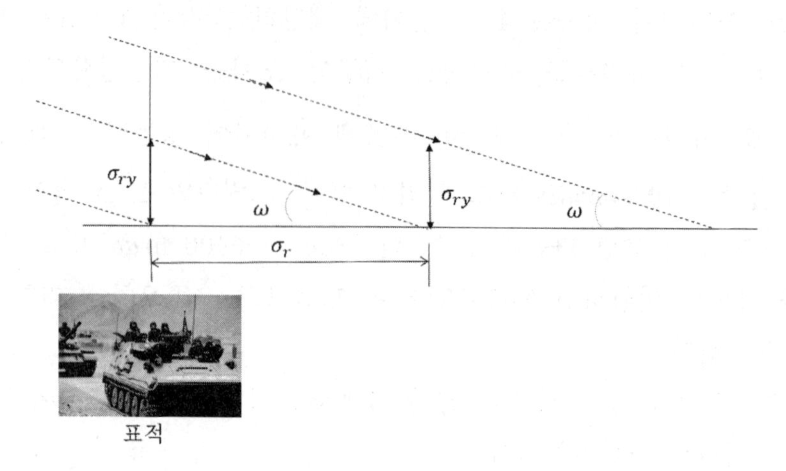

그림 7.12 사거리 측정기 오차

총오차를 구해 보면 다음과 같다. 먼저 무기의 수평오차는 $\sigma_{Wx} = 0.557$ 이며 무기의 수직오차는 $\sigma_{Wy} = 0.399$ 이고 사거리 측정도구의 수직오차는 $\sigma_{ry} = 0.315$ 이다. 무기와 사거리 측정도구의 수직오차를 종합한 총수직오차 σ_{Ty} 를 다음과 같이 계산한다.

$$\sigma_{Ty}{}^2 = \sigma_{Wy}{}^2 + \sigma_{ry}{}^2 = 0.399^2 + 0.315^2 = 0.258$$
$$\sigma_{Ty} = 0.508\, mrad \rightarrow 0.508\, m$$

위에서 구한 수평오차와 수직오차로 크기가 $2d \times 2d$ 인 표적의 명중확률을 구해보면 다음과 같다. 명중확률은 수평방향과 수직방향 명중확률의 곱이다.

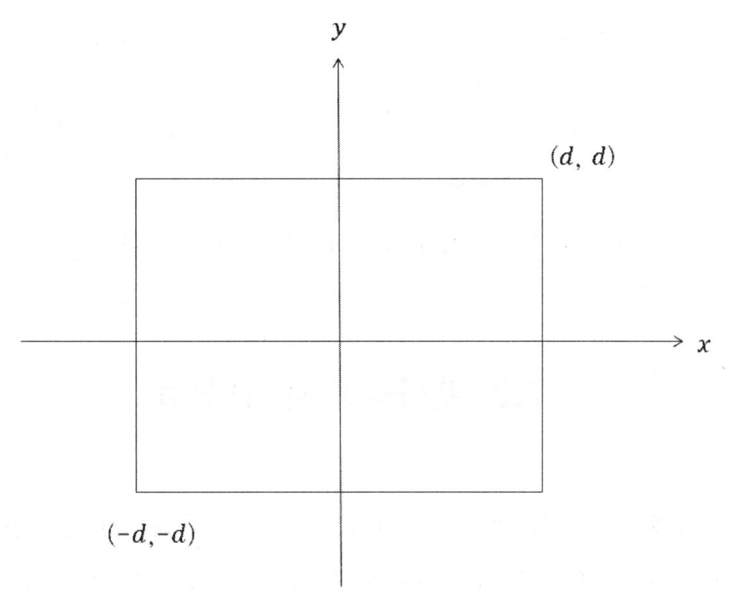

그림 7.13 크기가 $2d \times 2d$인 표적

먼저 수평, 수직 방향의 명중확률은 다음과 같이 각각 계산할 수 있다.

$$P_{hx} = \frac{1}{\sqrt{2\pi}\sigma_{Wx}} \int_{-d}^{d} exp\left\{-\frac{1}{2}\left(\frac{x^2}{\sigma_{Wx}{}^2}\right)\right\} dx = \frac{2}{\sqrt{2\pi}\sigma} \int_{0}^{d} exp\left\{-\frac{1}{2}\left(\frac{x^2}{\sigma_{Wx}{}^2}\right)\right\} dx$$

$$P_{hy} = \frac{1}{\sqrt{2\pi}\sigma_{Ty}} \int_{-d}^{d} exp\left\{-\frac{1}{2}\left(\frac{y^2}{\sigma_{Ty}{}^2}\right)\right\} dx = \frac{2}{\sqrt{2\pi}\sigma} \int_{0}^{d} exp\left\{-\frac{1}{2}\left(\frac{y^2}{\sigma_{Ty}{}^2}\right)\right\} dy$$

수평 x 방향으로 $\frac{d-0}{\sigma_{Wx}} = \frac{1-0}{0.557} = 1.80$ 이고 수직 y 방향으로는 $\frac{d-0}{\sigma_{Ty}} = \frac{1-0}{0.508} = 1.968$이다. 그러므로 표준정규분포표를 참조하면 수평 x방향의 명중확률은 $2 \times 0.4641 = 0.9282$이며 수직 y 방향의 명중확률은 $2 \times 0.4750 = 0.950$이다. 수평과 수직 방향을 모두 고려한 명중확률은 두 방향의 명중확률을 곱한 것이므로 다음과 같다.

명중확률=수평방향 명중확률 × 수직방향 명중확률 $= 0.9282 \times 0.950 = 0.8816$

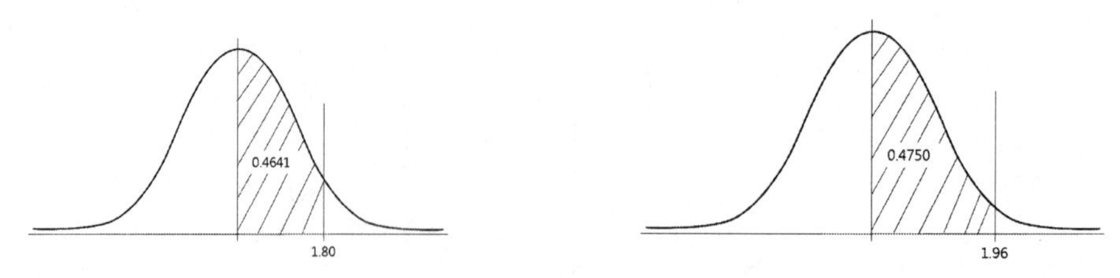

그림 7.14 표준정규화 이후 면적 계산

7.2 발사속도와 살상율

전차전을 가정해 보자. 한 발로 적 전차를 파괴할 확률은 P이고 $Q = 1 - P$라고 하자. $n-1$ 발까지는 적 전차를 파괴하지 못하고 n 발째 사격으로 적 전차를 파괴할 확률 $f(n)$은 식 (7-10)과 같다.

$$f(n) = (1-P)^{n-1}P = Q^{n-1}P \qquad (7\text{-}10)$$

그러면 적 전차를 파괴하는데 사격해야 할 평균 발수 N은 기대값 개념으로 식 (7-11)과 같이 구한다.

$$N = 1 \cdot f(1) + 2 \cdot f(2) + 2 \cdot f(2) + 3 \cdot f(3) + 3 \cdot f(3) + \cdots$$
$$= P + 2QP + 3Q^2P + 4Q^3P + \cdots = P(1 + 2Q + 3Q^2 + 4Q^3 + \cdots) \quad (7\text{-}11)$$

양변에 $(1-Q)$를 곱하면 다음과 같다.

$$(1-Q)N = P(1 - Q + 2Q - 2Q^2 + 3Q^2 - 3Q^3 + \cdots) = P(1 + Q + Q^2 + Q^3 + \cdots)$$

양변에 $(1-Q)$를 한번 더 곱하면 다음과 같다.

$$(1-Q)^2N = P[(1-Q) + (Q-Q^2) + (Q^2-Q^3) + \cdots] = P$$
$$N = \frac{P}{(1-Q)^2} = \frac{P}{P^2} = \frac{1}{P}$$

만약 $P = 0.5$라면 $N = 2$이다. 즉, 한발로 적 전차를 파괴할 확률이 0.5 이면 평균 2 발을 사격해야 적 전차를 파괴할 수 있다.

어떤 전차 대 전차 교전에서 표적을 찾아 발사준비까지 마치는 시간을 S(Set Up Time)라 하자. S 이후 1 발을 사격하고 적 전차를 파괴를 못했을 시는 포탄을 다시 장전하고 사격하는 데 T 시간이 걸린다. 적 전차 파괴 전까지 n 발을 사격한다면 이 때까지 걸리는 시간 t_n은 식 (7-12)와 같다.

$$t_n = S + (n-1)T \quad (7\text{-}12)$$

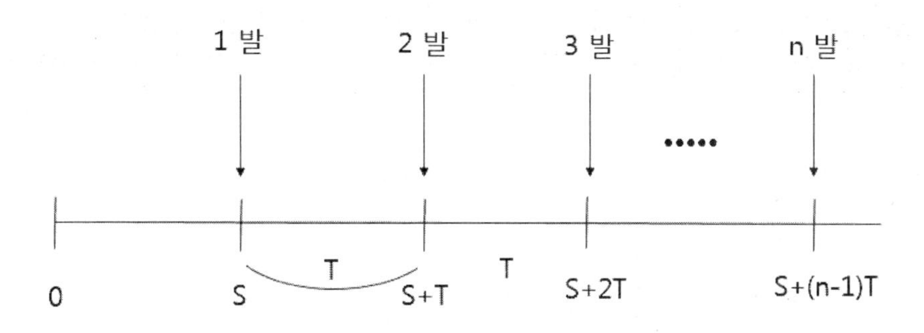

그림 7.15 사격준비시간과 발사시간

충분히 많은 교전에서 단위 시간 당 발사 탄수는 다음과 같다. 앞에서 설명한 대로 $f(n) = (1-P)^{n-1}P = Q^{n-1}P$이고 평균사격 발수는 $N = \frac{P}{(1-Q)^2} = \frac{P}{P^2} = \frac{1}{P}$이다. 그렇다면 평균 소요시간 t_{mean}은 식 (7-13)과 같이 기대값 개념으로 구할 수 있다.

$$\begin{aligned} t_{mean} &= \sum_i \left(i\text{발 사격시 걸리는 시간} \times i \text{ 발로 파괴할 확률}\right) = t_n f(1) + t_2 f(2) \\ &+ t_3 f(3) + \cdots = SP + (S+T)QP + (S+2T)Q^2P + \cdots \\ &= SP(1 + Q + Q^2 + \cdots) + QPT(1 + 2Q + 3Q^2 + \cdots) \\ &= \frac{SP}{(1-Q)} + \frac{QPT}{(1-Q)^2} = \frac{SP}{P} + \frac{(1-P)PT}{P^2} = \frac{SP + (1-P)T}{P} \quad (7\text{-}13) \end{aligned}$$

그러므로 평균 사격발수를 평균 소요시간으로 나눈 N' 은 식 (7-14)와 같다.

$$N' = \frac{N}{\left[\frac{SP+(1-P)T}{P}\right]} = \frac{\frac{1}{P}}{\left(\frac{SP+(1-P)T}{P}\right)} = \frac{1}{SP+(1-P)T} \quad (7\text{-}14)$$

$P = 0$ 이면 평균사격 발수는 $N = \frac{P}{(1-Q)^2} = \frac{P}{P^2} = \frac{1}{P} = \frac{1}{0}$ 은 ∞ 발이 되고 $P = 1$ 이면 평균사격 발수는 $N = \frac{1}{1} = 1$은 1 발이 된다.

만약 S=10, T=7 이면 P와 N'의 관계는 표 7.2 와 그림 7.16 와 같다.

표 7.2 P와 N'의 관계(S=10, T=7)

P	0	0.1	0.2	0.3	0.4	0.5	0.6	0.7	0.8	0.9	1.0
$N' = \frac{1}{SP+(1-P)T}$	0.14	0.14	0.13	0.13	0.12	0.12	0.11	0.11	0.11	0.10	0.10

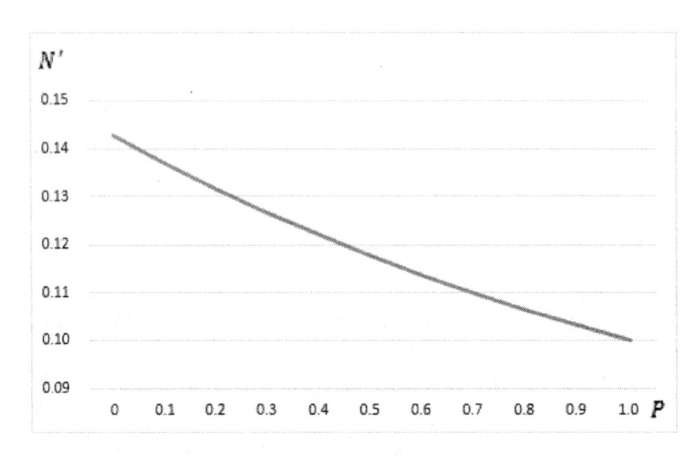

그림 7.16 P와 N'의 관계(S=10, T=7)

Blue Force 의 S를 S_B라 하고 T를 T_B, Red Force 의 S를 S_R라 하고 T를 T_R라 하자. 만약 $S_B = 15, T_B = 8, P_B = 0.5, S_R = 11, T_R = 7$ 이라고 하면 이와 동일한 능력을 가지는 P_R은 다음과 같다.

Blue Force 의 살상율은 식 (7-15)와 같다.

$$K_B = P_B N'_B = P_B/(S_B P_B + (1-P_B)T_B) = 0.5/(15 \times 0.5 + (1-0.5) \times 8) = 0.043$$

(7-15)

Red Force 의 살상율은 식 (7-16)과 같다.

$$K_R = P_R N_R' = P_R/(S_R P_R + (1 - P_R)T_R) = P_R/(11 \times P_R + (1 - P_R) \times 7) = P_R/(4P_R + 7) \tag{7-16}$$

$$\frac{P_R}{4P_R + 7} = 0.043$$

그러므로 $P_R = 0.363$ 이 된다.

7.3 직접사격 모의

장비에 대한 파괴는 다음과 같은 기호로 정의하고 분석한다.

- No-Kill: 피해 미발생
- M-Kill only: 기동력 상실만 발생
- M&F-Kill: 기동력과 화력 상실
- K-Kill: 완파
- F-Kill only: 화력 상실만 발생
- MK: 기동력 상실(M-Kill, M&F Kill, K-Kill 포함)
- FK: 화력 상실(M&F Kill, K-Kill, F-Kill 포함)

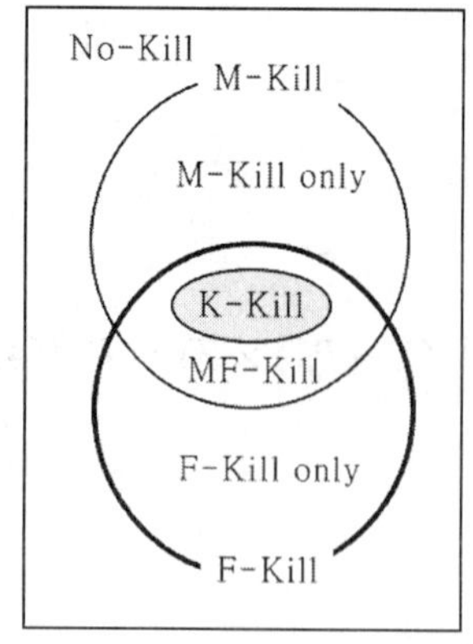

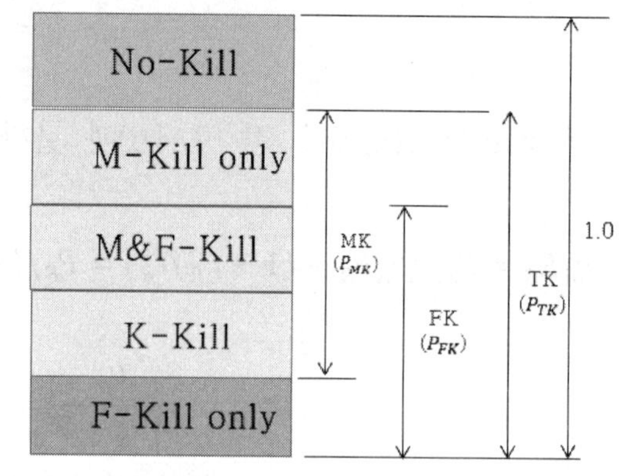

그림 7.17 장비 피해 확률 구분

장비 파괴의 범주와 의미는 표 7.3 과 같다. 그림 7.17 에서 보는 것과 같이 장비의 피해는 기동력 상실, 화력 상실을 중심으로 표현이 되어 있다.

표 7.3 장비 및 인원의 살상 범주와 의미

구 분	살상 범주	의미
장비	M-Kill (Mobility Kill)	기동능력은 상실하였으나 표적을 탐색, 탐지하여 교전할 수 있는 경우
	F-Kill (Firepower Kill)	기동능력은 보유하고 있으나 표적을 탐색, 탐지하여 교전할 수 없는 경우
	MF-Kill	기동능력과 화력능력은 상실하였으나 수리가 가능한 경우
	K-Kill (Catastrophic Kill)	기동능력과 화력능력은 상실하고 수리도 불가능한 경우
	탑승자 살상 (P-Kill: Personnel Kill)	장비에 탑승한 승무원만 살상한 경우
	피해 무 No-Kill	아무런 피해가 없음

표 7.4 는 표적의 살상 유형별/자세별/거리별 살상확률을 표현한 행렬이다. 표 7.4 에서는 기동력 파괴 확률, 화력 파괴 확률, 전 파괴확률, 완전 파괴 확률 등이 동일한 형태로 나와 있다. 워게임에서는 신속한 계산을 위해 수식을 계산하지 않고 이러한 행렬 데이터를 읽어와서 계산한다.

표 7.4 표적의 살상 유형별/자세별/거리별 살상확률($P_{k/h}$)

표적의 살상유형	표적의 자세	무기와 표적간의 거리(m)				
		100	500	1000	1500	2000
기동력 파괴확률	차폐/측면(DF)	0.5	0.5	0.5	0.5	0.5
	차폐/정면(DH)	0.5	0.5	0.5	0.5	0.5
	노출/측면(EF)	0.5	0.5	0.5	0.5	0.5
	노출/정면(EH)	0.5	0.5	0.5	0.5	0.5
화력 파괴확률	차폐/측면(DF)	0.5	0.5	0.5	0.5	0.5
	차폐/정면(DH)	0.5	0.5	0.5	0.5	0.5
	노출/측면(EF)	0.5	0.5	0.5	0.5	0.5
	노출/정면(EH)	0.5	0.5	0.5	0.5	0.5
全 파괴확률	차폐/측면(DF)	0.8	0.8	0.8	0.8	0.8
	차폐/정면(DH)	0.8	0.8	0.8	0.8	0.8
	노출/측면(EF)	0.8	0.8	0.8	0.8	0.8
	노출/정면(EH)	0.8	0.8	0.8	0.8	0.8
완파 확률	차폐/측면(DF)	0.1	0.1	0.1	0.1	0.1
	차폐/정면(DH)	0.1	0.1	0.1	0.1	0.1
	노출/측면(EF)	0.1	0.1	0.1	0.1	0.1
	노출/정면(EH)	0.1	0.1	0.1	0.1	0.1

또한 표 7.5 와 같이 사거리별로 무기체계와 표적의 상태별로 구분하여 명중확률 행렬을 신속한 계산을 위해 사용한다.

표 7.5 사거리별/무기체계·표적 상태별 명중확률(P_h)

P_h		무기체계와 표적의 상태				
		SSDF	SSDH	SSEF	SSEH	....
사거리	0m	0.45	0.40	0.90	0.10	
	200m	0.40	0.30	0.80	0.08	
	400m	0.30	0.20	0.60	0.06	
	800m	0.20	0.10	0.40	0.04	
	1200m	0.10	0.05	0.20	0.04	

S (Stationary), M(Moving), E(Exposed), D(Defilade), F(Flank), H(Head)

표 7.4 에는 차폐/노출, 측면/정면와 같은 표적의 자세와 무기와 표적간의 거리에 따른 기동력 상실확률, 화력 상실확률, 全상실확률, 완파 확률이 제시되어 있다.

직접사격 피해평가 절차는 다음과 같다.

(1) 발사하는 무기체계 유형 결정
(2) 표적 유형 결정
(3) 무기체계와 표적간의 사거리 계산
(4) 무기체계 상태 결정(이동, 정지)
(5) 표적 상태 결정(이동/정지, 차폐/노출, 정면/측면)
(6) 명중확률 값 산출
(7) 조건부 살상확률 값 표에서 읽음
(8) 표적 살상(파괴)확률 계산 $P_{Kill} = P_{Hit} \times P_{Kill/Hit}$

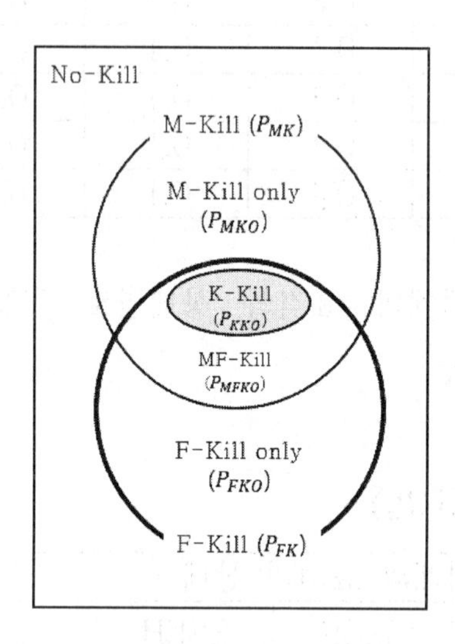

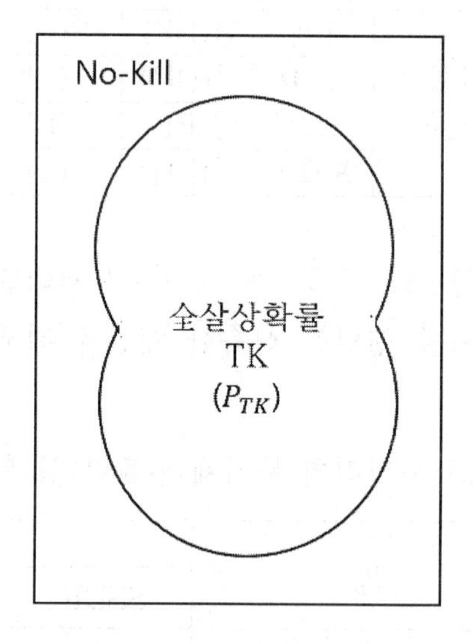

그림 7.18 살상확률 구분

직접사격시 살상확률을 이용하여 피해범주별 확률값을 산출하는 절차는 다음과 같다.

표 7.6 범주별 파괴 확률 계산

1	기동력만 파괴될 확률	$P_{MKO} = P_{TK} - P_{FK}$
2	화력만 파괴될 확률	$P_{FKO} = P_{TK} - P_{MK}$
3	기동력과 화력 모두 파괴될 확률	$P_{MFKO} = P_{MK} + P_{FK} - P_{TK} - P_{KK}$
4	완전히 파괴될 확률	P_{KKO}=P_{KK}
5	피해가 없을 확률	$1-(P_{MKO} + P_{FKO} + P_{MFKO} + P_{KKO})$ 또는 $1 - P_{TK}$

그림 7.19 의 왼쪽 그림은 M-Kill 이 K-Kill, MF-Kill 을 포함하는 것임을 나타내고 순수하게 M-Kill only 는 오른쪽 그림과 같이 진하게 표시된 부분을 나타낸다.

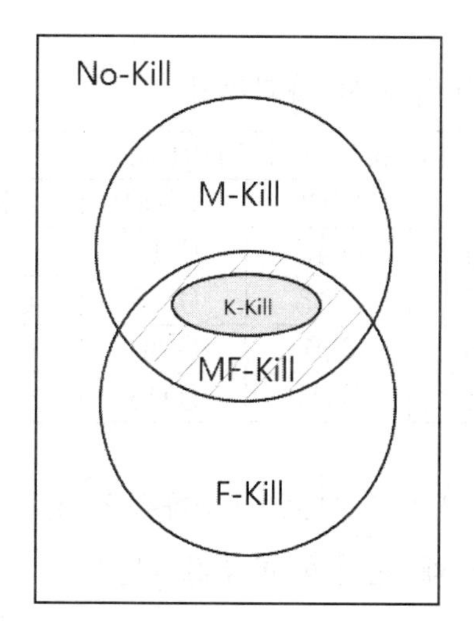

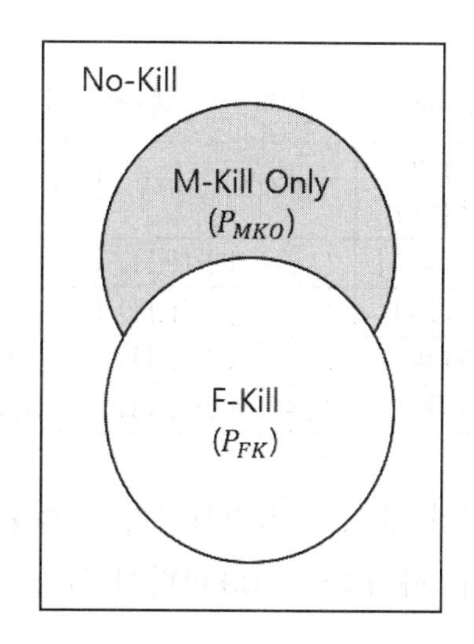

그림 7.19 파괴확률의 이해

다음은 난수에 따른 피해판단을 하는 방법에 대해 설명한다. 난수 u 을 발생시켜 다음과 같이 범위를 기준으로 피해판단을 한다.

1. $0 \le u \le P_{MKO}$: 기동력만 파괴(Mobility Kill)
2. $P_{MKO} < u \le P_{MKO} + P_{FKO}$: 화력만 파괴(Firepower Kill)
3. $P_{MKO} + P_{FKO} < u \le P_{MKO} + P_{FKO} + P_{MFKO}$: 기동력과 화력만 파괴 (Mobility & Firepower Kill)

4. $P_{MKO} + P_{FKO} + P_{MFKO} < u \leq 1 - (P_{MKO} + P_{FKO} + P_{MFKO} + P_{KKO})$: 완파(Catastrophic Kill)

5. $1 - (P_{MKO} + P_{FKO} + P_{MFKO} + P_{KKO}) \leq u$: 피해 없음

완파된 표적은 기동성과 화력이 파괴되고 정비가 불가능하며 탑승자나 승무원은 모두 사망한 것으로 피해평가가 된다. 만약 무기는 피해가 없으나 승무원만 피해가 있는 상황을 판단하고자 하면 난수가 MKO 와 FKO 보다 크지만 TK 보다 작은 경우를 적용하는 방법을 고려한다. 또한 난수가 TK 보다 작은 경우를 적용하는 방법이 있는데 이 방법은 기동력 파괴, 화력 파괴 또는 둘 다 파괴된 피해를 포함하여 어떠한 피해가 있다는 사실을 즉시 판단할 수 있는 장점이 있다. 예를 들어 표 7.7 로 표적의 피해평가를 찾아보자.

표 7.7 표적의 자세가 노출/정면일 때 사거리별 명중시 파괴확률

표적의 살상유형	표적의 자세	무기와 표적간의 거리(m)				
		100	500	1000	1500	2000
기동력파괴	노출/정면(EH)	0.5	0.5	0.45	0.45	0.45
화력파괴	노출/정면(EH)	0.5	0.5	0.45	0.45	0.45
全파괴	노출/정면(EH)	0.9	0.8	0.5	0.80	0.70
완파	노출/정면(EH)	0.1	0.1	0.01	0.05	0.05

무기가 표적을 직접사격하여 명중시킬 확률이 0.5 이고 살상확률은 표 7.7 을 따른다. 사거리는 500 미터이다. 난수가 0.7 일 때 표적의 피해평가는?

- 기동력 파괴 확률$(P_{MK}) = 0.5 \times 0.5 = 0.25$
- 화력 파괴 확률$(P_{FK}) = 0.5 \times 0.5 = 0.25$
- 全파괴$(P_{TK}) = 0.5 \times 0.8 = 0.40$
- 완파 확률$(P_{KK}) = 0.5 \times 0.1 = 0.05$

(1) 기동력만 파괴될 확률 $P_{MKO} = P_{TK} - P_{FK} = 0.4 - 0.25 = 0.15$

(2) 화력만 파괴될 확률 $P_{FKO} = P_{TK} - P_{MK} = 0.4 - 0.25 = 0.15$

(3) 기동력과 화력 모두 파괴될 확률

$$P_{MFKO} = P_{MK} + P_{FK} - P_{TK} - P_{KK} = 0.25 + 0.25 - 0.40 - 0.05 = 0.05$$

(4) 완전히 파괴될 확률 P_{KKO}=$P_{KK} = 0.05$
(5) 피해가 없을 확률 $1 - (P_{MKO} + P_{FKO} + P_{MFKO} + P_{KKO})$
$= 1 - (0.15 + 0.15 + 0.05 + 0.05) = 0.6$

난수를 발생시켜 난수 u의 범위에 따라 피해여부가 결정된다.

- $0 \leq u \leq 0.15$: 기동력만 상실(Mobility Kill)
- $0.15 < u \leq 0.30$: 화력만 파괴(Firepower Kill)
- $0.30 < u \leq 0.35$: 기동력과 화력만 파괴(Mobility & Firepower Kill)
- $0.35 < u \leq 0.40$: 완파(Catastrophic Kill)
- $0.40 < u \leq 1.0$: 피해 없음

발생시킨 난수가 0.7 이라면 표적은 피해가 없다고 판단한다.

7.4 간접사격 피해 확률

그림 7.20은 간접사격절차에 대해 사용자와 워게임의 분야를 구분하여 나타낸 것이다. 훈련용 워게임에서는 사용자가 사격임무를 부여하면 워게임에서는 무기체계의 사격준비 상태, 이동상태 여부, 사거리 등을 판단하여 사격가능 여부를 판단하고 사격이 불가시는 사격불가로 보고하고 사격이 가능하면 사격을 위한 준비시간을 부여한 후 사격을 실시하고 표적에 대한 피해평가를 실시한다.

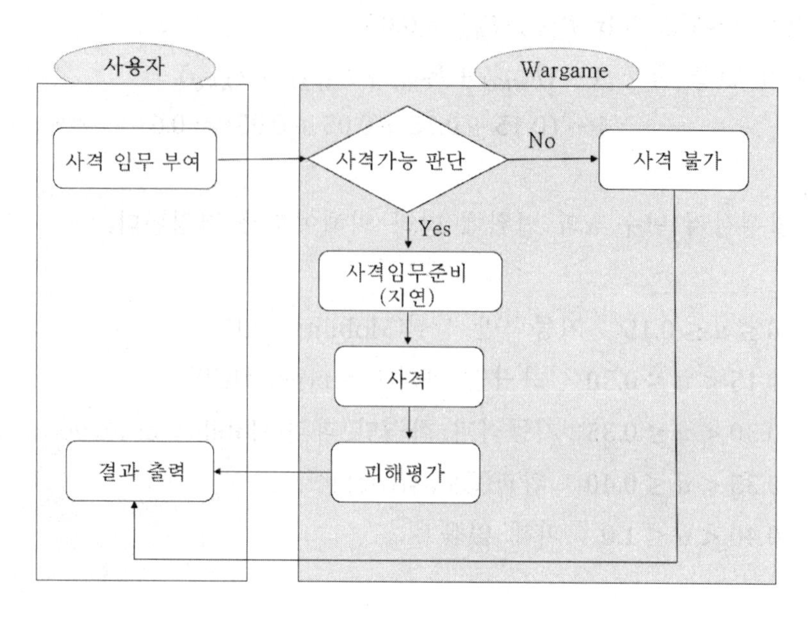

그림 7.20 간접사격 절차

그림 7.21은 간접사격에서의 실제와 워게임의 모의를 비교한 것인데 실제 폭풍 및 파편효과는 Modeling 과 실험을 통한 DB 로 효과를 대체한다. 은폐와 엄폐 효과는 워게임에서는 취약성 분류로 DB 별로 구분하여 모의에 반영한다. 그러면 이러한 절차에 대해 알아본다.

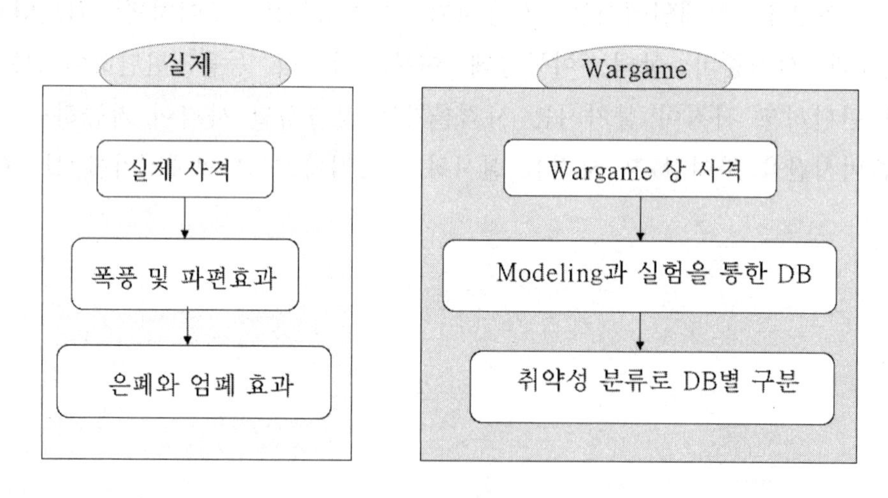

그림 7.21 간접사격의 실제와 워게임 모의 비교

7.4.1 곡사화기 특성 산출

곡사화기의 특성을 산출하는 것이 간접사격을 모의하는 첫 단계이다. 표 7.8 과 같이 거리별로 비과시간, 낙탄각도, 조준오차, 탄도오차를 포함한 행렬을 데이터베이스로 가지고 있다. 이러한 행렬로부터 거리별 간접화기 특성을 도출하는데 행렬에 나타나지 않은 거리는 보간법으로 추정한다. 보간법으로 추정시 비과시간은 거리가 길수록 많이 소요되지만 낙탄 각도는 거리가 길수록 줄어드는 요소이므로 잘 고려해서 보간법을 적용한다.

표 7.8 거리별 곡사화기 특성

거리(m)	비과시간 (초)	낙탄각도 (도)	조준오차(m)		탄도오차(m)	
			편의	사거리	편의	사거리
2000	20	70	12	29	9	10
3000	30	60	14	33	11	22

예를 들어 아군의 81mm 박격포가 2.8km 이격된 적 보병부대에 대해 간접사격을 한다고 가정하자. 81mm 박격포의 고폭탄 특성이 표 7.8 과 같고 적과의 거리가 2500m 일 때 탄착지점까지의 비과시간, 낙탄각도, 조준오차, 탄도오차를 구해 보면 다음과 같다.

거리가 2.8km 이므로 비과시간 t 를 선형보간법으로 산출하면 아래와 같이 $t =$ 28는 28 초가 된다.

$$\frac{t-20}{2800-2000}=\frac{30-20}{3000-2000}$$

$$t = 28\,(\text{초})$$

동일한 방법으로 낙탄각도는 62 도, 편의 방향 조준오차는 13.6m, 사거리 방향 조준오차는 32.2m, 편의방향 탄도오차는 10.6m, 사거리 방향 탄도오차는 19.6m 가 된다.

표 7.9 보간법에 의한 2800m 사거리에 대한 곡사화기 특성값 산출

구분	거리(m)	비과시간(초)	낙탄각도(도)	조준오차(m)		탄도오차(m)	
				편의	사거리	편의	사거리
보간법에 의한 산출	2000	20	70	12	29	9	10
	2800	**28**	**62**	**13.6**	**32.2**	**10.6**	**19.6**
	3000	30	60	14	33	11	22

7.4.2 탄착지점 판단

확률변수 x, y에 대하여 이변량 정규분포는 식 (7-17)과 같은 확률밀도함수를 가진다.

$$f(x,y) = \frac{1}{2\pi\sigma_x\sigma_y\sqrt{1-\rho^2}} exp\left\{\frac{-1}{2(1-\rho^2)}\left[\left(\frac{x-\mu_x}{\sigma_x}\right)^2 - 2\rho\left(\frac{x-\mu_x}{\sigma_x}\right)\left(\frac{y-\mu_y}{\sigma_y}\right) + \left(\frac{y-\mu_y}{\sigma_y}\right)^2\right]\right\}, \ -\infty < x < \infty, \ \infty < y < \infty \quad (7-17)$$

여기서 각 기호는 다음과 같이 정의한다.

μ_x : x의 평균

μ_y : y의 평균

σ_x : x의 표준편차

σ_y : y의 표준편차

ρ : x, y의 상관계수

표 7.10 사거리 2,500m 에서의 탄 특성

거리(m)	비과시간(초)	낙탄각도(도)	조준오차(m)		탄도오차(m)	
			편의	사거리	편의	사거리
2,500	25	65	13	31	10	16

$BN(\mu_x = 0, \mu_y = 0, \sigma_x = 13, \sigma_y = 31)$ 로부터 추출한 확률변수값이 -21 과 16 이라고 하고 $BN(\mu_x = 0, \mu_y = 0, \sigma_x = 10, \sigma_y = 16)$로부터 추출한 확률변수값이 42 와 -38 이라고 하자. 조준점을 UTM(Universal Transverse Mercator Coordinate System) 좌표계로 (x_{ap}, y_{ap})라고 하면 탄착점은 $(x_{ap} - 21 + 42, y_{ap} + 16 - 38)$이 된다.

UTM 좌표계는 전 지구상 점들의 위치를 통일된 체계로 나타내기 위한 격자 좌표 체계의 하나로 1947 년에 개발되었다. UTM 좌표계에서는 지구를 경도 6°간격의 세로 띠로 나누어 횡축 메르카토르 도법으로 그린 뒤, 위도 8° 간격으로 총 60×20 개의 격자로 나누어 각 세로 구역마다 설정된 원점에 대한 종·횡 좌표로 위치를 나타낸다. 지리 좌표계가 극지방으로 갈수록 직사각형이 크게 감소하는 반면 UTM 좌표계는 직사각형 모양을 유지하므로 거리, 면적, 방향 등을 나타내는 데 매우 편리하다는 장점이 있다

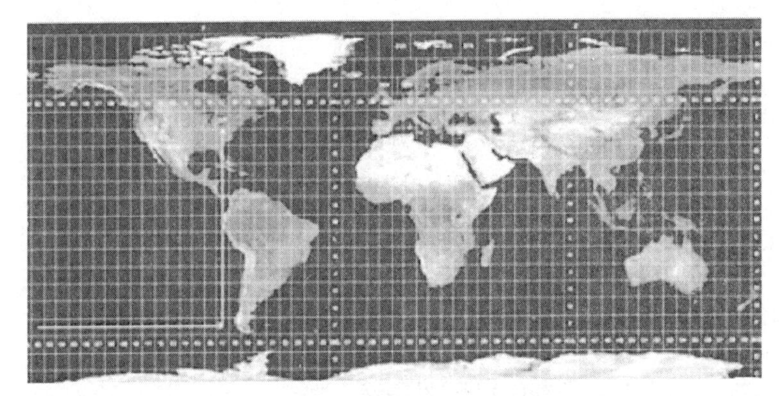

그림 7.22 UTM 격자망

7.4.3 취약성 범주

간접사격 무기체계에 의해 피해를 입는 표적은 표적의 성질에 따라 다른 피해를 입는다. 예를 들어 포병사격에 의해 동일한 양의 포탄에 의해 전차와, 차륜차량, 인원이 피해를 입는다면 인원이 가장 큰 피해를 입게되고 전차가 가장 피해가 작을 것이다. 이러한 표적의 성질별로 피해 정도를 묘사하기 위해 취약성 범주를 표적별로 정해 놓았다. 전투에 참가하는 모든 무기와 인원에 대해서 개별 단위로 취약성이 분류되어 있다.

워게임에서 사용하는 취약성은 28 개로 분류하고 있는데 다음과 같다.

1. 서 있는 인원
2. 엎드린 인원
3. 부분 보호된 인원
4. 참호속의 인원
5. 중형(中型) 전차
6. 중(重) 전차
7. 교량 전차
8. 중(重) 궤도 장갑차
9. 중형(中型) 궤도 장갑차
10. 중(重) (+) 장갑차
11. 중형(中型) 차륜 장갑차
13. 경(輕) 차륜 장갑차
14. 경(輕) 차륜 트럭
15. 중(重) 차륜 트럭
16. 경(輕) 자주포
17. 중형(中型) 자주포
18. (필요시 특수유형 무기체계 사용)
19. (필요시 특수유형 무기체계 사용)
20. 다련장 로켓
21. (필요시 특수유형 무기체계 사용)
22. 대공화기, 궤도 I 형
23. 대공화기, 궤도 II 형
24. 대공화기, 궤도 III 형
25. 방공포, 궤도형
26. 중형(中型) 헬기 I 형
27. 중형(中型) 헬기 II 형
28. 중형(中型) 헬기 III 형

이렇게 구분된 취약성 범주는 워게임에서 적용되는 무기체계별로 있으며 노출된 상태에서의 취약성 범주와 차폐된 상태에서의 취약성 범주로 구별하여 입력되어 있다.

표 7.11 은 취약성 범주의 예시를 보여주고 있다. AK-47 소총은 병력이 보유하는 기본화기이므로 취약성범주가 1 과 2 로 되어 있는데 서있는 인원은 노출상태로 엎드린 인원은 차폐상태로 간주한다. 81mm 박격포는 노출상태는 엎드린 인원과 같은 범주로 차폐상태 취약성은 부분보호된 인원으로 간주한다.

표 7.11 무기체계별 취약성 범주

무기체계명	노출상태 취약성	차폐상태 취약성
AK-47 소총	1.(서있는 인원)	2.(엎드린 인원)
81mm 박격포	2.(엎드린 인원)	3.(부분 보호된 인원)
K-242 장갑차	9.(중형(中型) 궤도 장갑차)	8.중(重) 궤도 장갑차

7.4.4 취약성 범주별 치사면적

표 7.12 에는 81mm 박격포의 고폭탄 사격시 취약성 범주별 치사면적이 행렬로 제시되어 있다. 워게임에서는 이렇듯 행렬로 구분된 데이터가 신속한 계산을 위해 미리 저장되어 있다. 수식 기반으로 데이터를 계산하는 것보다 이러한 방법이 계산속도를 높이며 현실세계를 대략적으로 모의하는데 적합하다.

표 7.12 81mm 박격포 고폭탄 사격시 취약성 범주별 치사면적

취약성	낙탄각도(60 도)			낙탄각도(70 도)			낙탄각도(80 도)		
	개활	산림	도심	개활	산림	도심	개활	산림	도심
1	360	180	180	380	190	190	324	162	162
2	230	100	119	240	107	119	227	102	114
…	..	..	..	..	..	..	..	..	..
27	180	90	180	90	180	90	180	90	90
28	170	70	160	80	170	70	160	80	80

예를 들어 81mm 박격포가 2.8km 떨어진 적 보병부대에 사격을 한다고 가정하자. 산출된 81mm 고폭탄 특성이 표 7.12 와 같고 적 보병 부대에 정확히 탄착지점이 형성되었을 때 적 AK-47 소총수의 치사면적을 구해 본다. 단, 적 부대는 노출된 상태로 삼림지에 위치하고 있다고 가정한다.

표 7.13 사거리 2800m 에서의 간접화기 특성값

거리(m)	비과시간(초)	낙탄각도(도)	조준오차(m)		탄도오차(m)	
			편의	사거리	편의	사거리
2800	28	62	13.6	32.2	10.6	19.6

표 7.14 AK-47 소총의 취약성 범주

무기체계명	노출상태 취약성	차폐상태 취약성
AK-47 소총	1(서있는 인원)	2(엎드린 인원)

적 부대가 노출된 상태로 삼림지에 위치하고 있으므로 이 때 취약성 범주는 1(서있는 인원)에 해당된다. 낙탄각도가 62 도이므로 선형보간법으로 치사면적을 구한다.

$$\frac{x-180}{62-60}=\frac{190-180}{70-60}, \quad x=182(m^2)$$

간접사격을 실시하는 곡사화기의 경우는 표적을 직접조준해서 사격하지 않고 관측자나 UAV, 드론, 인공위성, 대포병 레이더 등으로 획득한 표적을 대상으로 화포와 표적간의 거리를 계산하고 각종 오차나 기상 등을 적용하여 사격을 한다.

일반적으로 곡사화기는 직사화기보다 장사거리 타격이 가능하고 위력이 큰 반면 화포의 오차, 관측자의 오차, 표적 위치 오차, 탄도오차 등으로 초탄의 정확도가 떨어지는 단점이 있다.

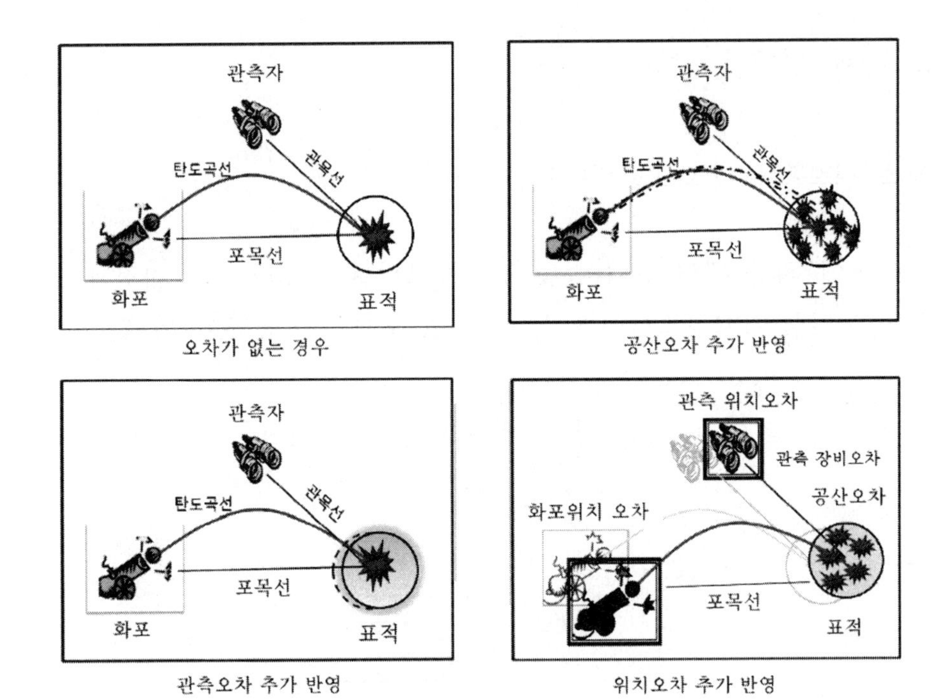

그림 7.23 간접사격 오차

곡사화기의 탄약은 폭풍효과, 파편효과, 운동에너지로 목표물을 타격하는데 이러한 모습에 대한 시뮬레이션이 필요하다. 따라서 여러 효과에 대한 피해평가 알고리즘이 존재하는데 대표적인 피해평가함수는 Cookie Cutter 함수와 Carlton 함수이다.

표 7.15 취약성 범주별 피해평가 알고리즘

취약성 범주	알고리즘	취약성 범주	알고리즘
1. 서있는 인원	Carlton	15. 중차륜 트럭	Carlton
2. 엎드린 인원	Carlton	16. 경 자주포	Cookie Cutter
...	...	...	...
8. 중궤도 APC	Cookie Cutter	22. 궤도 대공화기(I)	Carlton
9. 중형궤도 APC	Cookie Cutter	23. 궤도 대공화기(II)	Carlton

7.4.5 피해 함수

Cookie Cutter Damage Function

포탄 파편에 의한 피해가 거의 없도록 모델링한 것이다. 탄착지점과 표적과의 거리에 따른 살상 확률밀도함수는 식 (7-18), 모습은 그림 7.24 와 같다.

$$D(\mathrm{r}) = \begin{cases} 1, & r \le R_L \\ 0, & r > R_L \end{cases} \qquad (7\text{-}18)$$

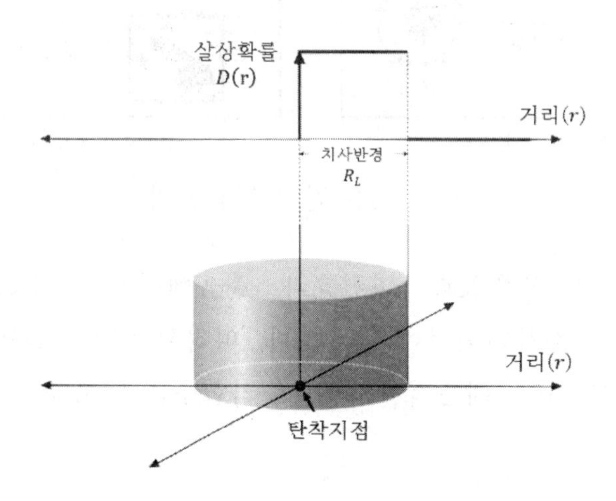

그림 7.24 Cookie Cutter 피해 함수

Carlton Damage Function

살상거리에 따른 피해평가를 하지 않고 2 차원적인 모형으로 정의하면 식 (7-19)와 같이 Carlton 피해함수를 설명할 수 있다.

$$p(x,y) = exp\left(\left(\frac{x}{WR_x}\right)^2 - \left(\frac{y}{WR_y}\right)^2\right) \qquad (7\text{-}19)$$

$p(x,y)$: (x,y)에서의 피해 확률
x : 사거리방향으로 탄착점과 표적 거리
y : 편의방향으로 탄착점과 표적 거리
WR_x : 사거리방향의 무기 치사거리
WR_y : 편의방향의 무기 치사거리

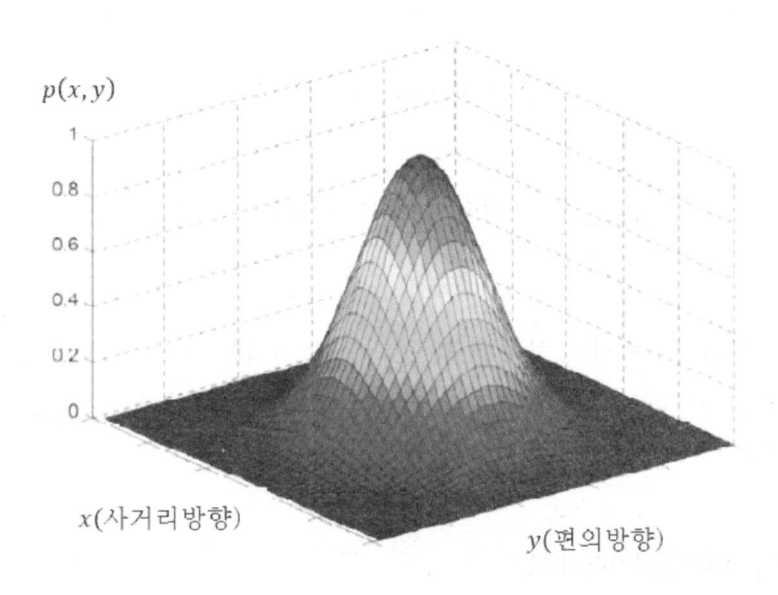

그림 7.25 Carlton 피해함수

Carlton 피해함수는 표적이 탄착지점으로부터 멀리 떨어져 있을수록 살상확률이 지수적으로 감소되도록 고안한 것이다. 따라서 이 함수는 아주 멀리 떨어진 표적 무기체계에도 살상 가능성이 있다. 이를 배제하기 위하여 일반적으로 탄착지점과 표적의 거리가 치사반경(R_L: Radius of Leathal area)의 4.47 배에 해당하는 거리를 기준으로 살상반경(R_{KW}: Radius of Kill or Wound)을 정한다. 따라서 살상반경보다 멀리 떨어진 표적은 피해를 입지 않는 것으로 판단한다.

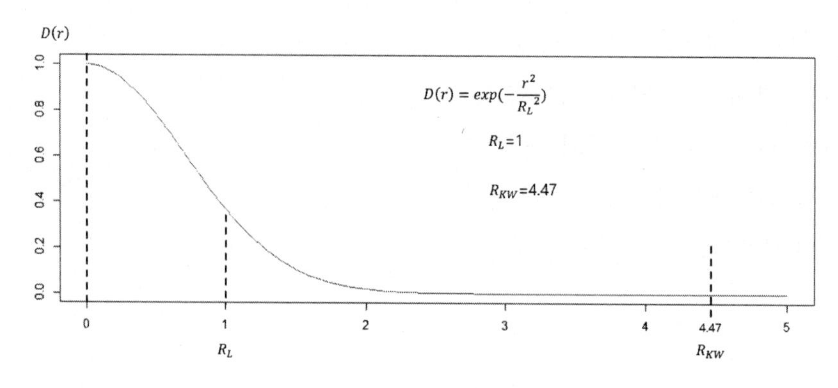

그림 7.26 Carlton 피해함수

$$D(\mathrm{r}) = \begin{cases} exp(-\frac{r^2}{{R_L}^2}), & r \le R_{KW} \\ 0, & r > R_{KW} \end{cases} \quad (7\text{-}20)$$

Carlton 피해함수에서 치사반경(R_L)의 4.47 배에 해당하는 거리를 살상반경(R_{KW})이라고 한다. R_{KW} =4.47 R_L 이며 여기서 R_{KW} 는 상수인 척도인자이다.

Gaussian Damage Function

간접사격 무기체계의 탄으로부터 입는 피해정도가 일정거리까지는 피해가 감소되는 정도가 작으나 일정거리를 지나면서 피해정도가 급격히 작아지는 경우에 사용한다.

탄착지점과 표적 사이의 거리를 r이라 하고 상수 b에 대해 정규분포를 따르는 Gaussian 피해함수는 식 (7-21)과 같다.

$$D(r) = exp(-\frac{r^2}{2b^2}) \quad (7\text{-}21)$$

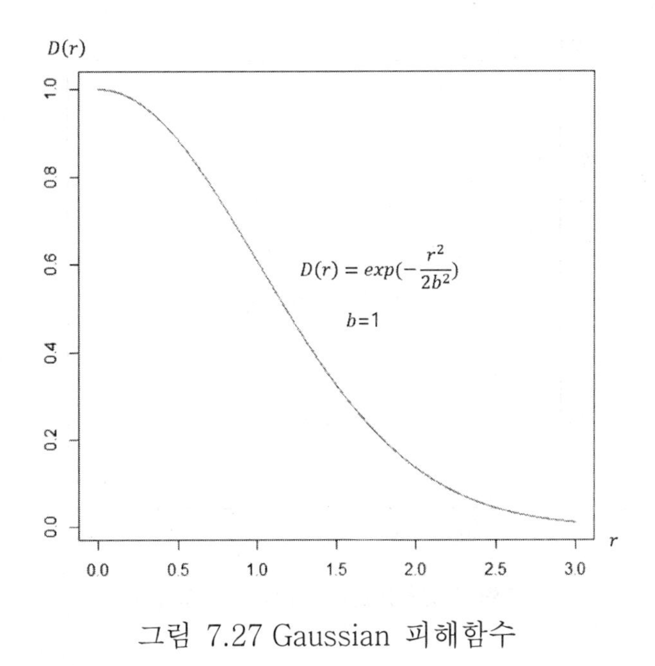

그림 7.27 Gaussian 피해함수

<u>Exponential Damage Function</u>

간접사격 표적이 탄착지점으로부터 거리가 증가함에 따라 지수적으로 피해확률이 감소하는 경우가 있다. 이러한 경우에 사용할 수 있는 피해함수는 지수피해함수(Exponential Damage Function)이다. 탄착지점과 표적 사이의 거리를 r이라 하고 상수 b에 대해 정규분포를 따르는 Exponential 피해함수는 식 (7-22)와 같다.

$$D(r) = exp(-\frac{r}{b}) \qquad (7\text{-}22)$$

여기서 상수 b는 척도인자로서 무기체계별로 다른 값을 가진다.

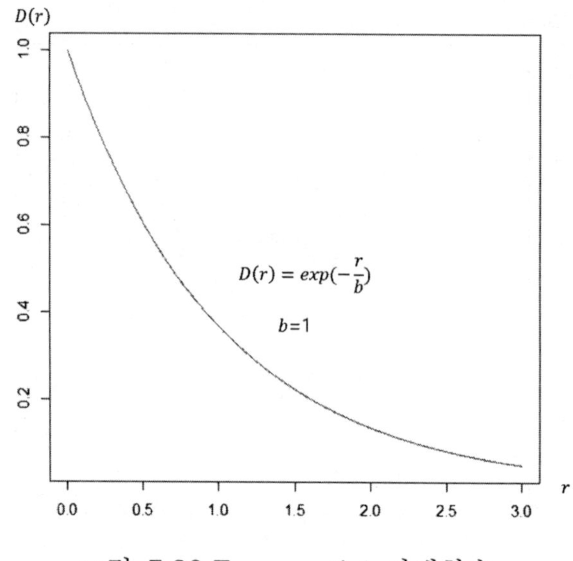

그림 7.28 Exponential 피해함수

경사계단 피해함수

탄착지점과 표적 사이의 거리를 r이라 하고 피해확률이 100%까지의 거리를 치사반경 (R_{SK}), 피해확률이 0%가 되는 거리를 안전반경(R_{SS})라고 할 때 정규분포를 따르는 경사계단 피해함수는 다음과 같다.

$$D(r) = \begin{cases} 1, & 0 \le r \le R_{SK} \\ \frac{R_{SS}-r}{R_{SS}-R_{SK}}, & R_{SK} \le r \le R_{SS} \\ 0, & r \ge R_{SS} \end{cases} \qquad (7\text{-}23)$$

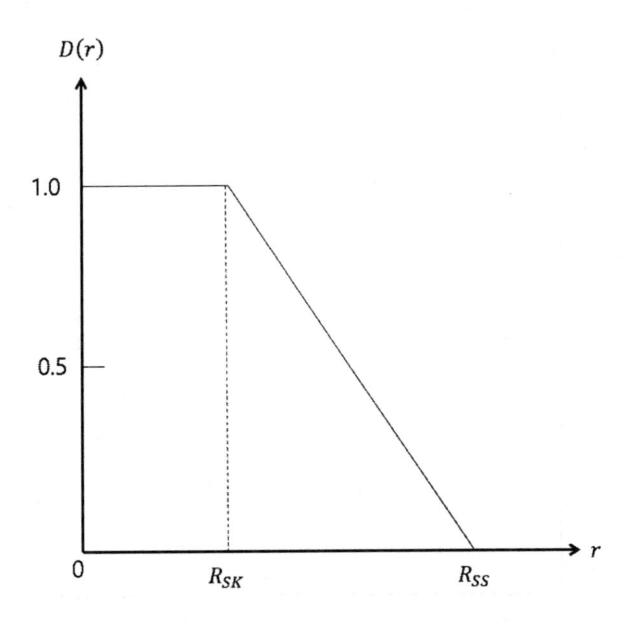

그림 7.29 경사계단 피해함수

Log-Exponential 피해함수

탄착지점과 표적 사이의 거리를 r 이라 하고, 확실한 살상반경 (R_{SK}) 에서 살상확률이 98%, 안전반경(R_{SS})에서 2%의 살상확률을 가지는 경우, 상수 α, β에 대하여 정규분포를 따르는 Log-Exponential 피해함수는 식 (7-24)와 같이 정의할 수 있다.

$$D(r) = 1 - \frac{1}{\sqrt{2\pi}}\int_0^r \frac{1}{\beta r} exp\left(-\frac{ln^2\left(\frac{r}{\alpha}\right)}{2\beta^2}\right) dr \qquad (7\text{-}24)$$

위 식을 다시 정리하면

$$D(r) = \frac{1}{2}\left\{1 - erf\left(\frac{\ln\left(\frac{r}{\alpha}\right)}{\sqrt{2}\beta}\right)\right\}$$

여기서

$$\alpha = \sqrt{R_{SS}R_{SK}},\ \beta = \frac{1}{2 \times 1.4522 \times \sqrt{2}} ln(\frac{R_{SS}}{R_{SK}})$$

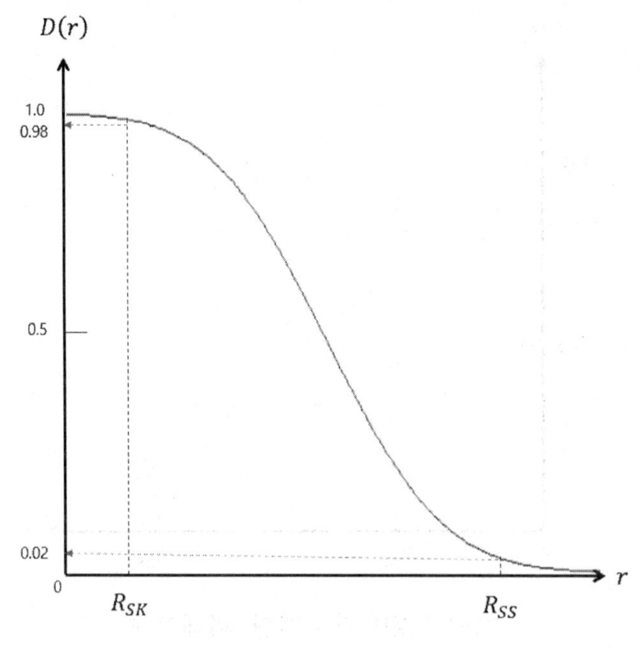

그림 7.30 Log-Exponential 피해함수

<u>기타 피해함수 (1)</u>

$$D(r) = \begin{cases} 1 - \frac{r}{R_{SS}}, & r \leq R_{SS} \\ 0, & r > R_{SS} \end{cases} \tag{7-25}$$

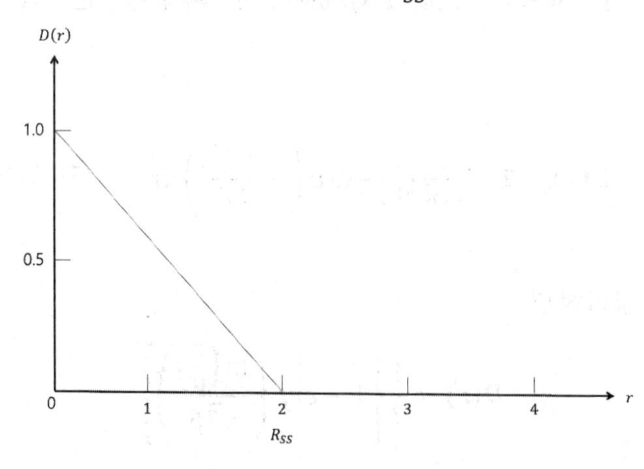

그림 7.31 기타 피해함수 (1)

기타 피해함수 (2)

$$D(r) = \begin{cases} 1, & r \le R_{SK} \\ \frac{1}{(r-R_{SK}+1)^2}, & r > R_{SK} \end{cases} \qquad (7\text{-}26)$$

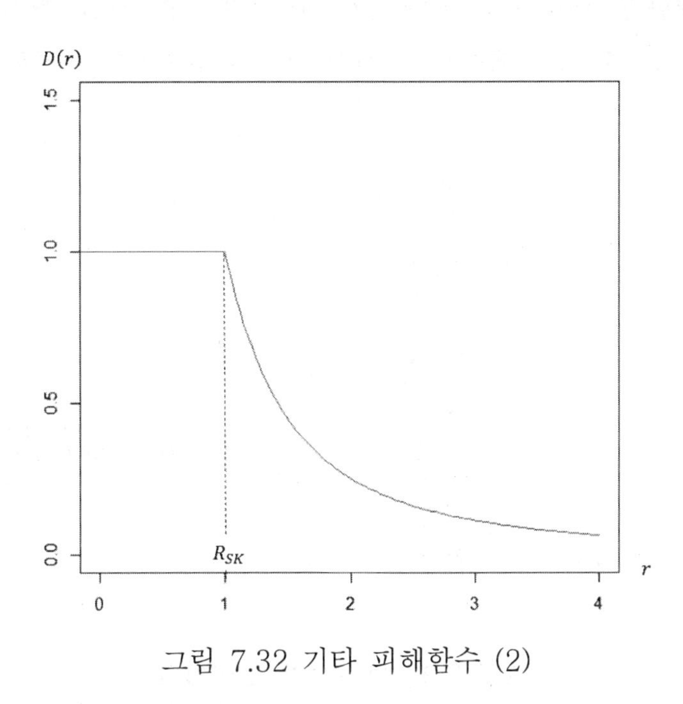

그림 7.32 기타 피해함수 (2)

7.4.6 치사반경 구하는 법

치사면적을 이용하여 치사반경은 원의 넓이의 공식을 이용하여 구한다. 치사면적을 A라 하고 치사반경을 R_L이라하면 치사반경은 식 (7-27)과 같다.

$$R_L = \sqrt{\frac{A}{\pi}} \qquad (7\text{-}27)$$

7.4.7 간접사격 모의 절차

그림 7.33 은 간접사격의 모의절차를 표현한 것이다. 사격이 이루어지면 먼저 탄착지점을 공산오차를 기반으로 계산하고 치사반경을 계산한다. 사거리를 고려하여 피해반경 내부인지 판단하고 피해반경 내부이면 특성자료, 사거리, 취약성 분류 상황, 환경, 피해평가 알고리즘으로 피해평가를 실시한다.

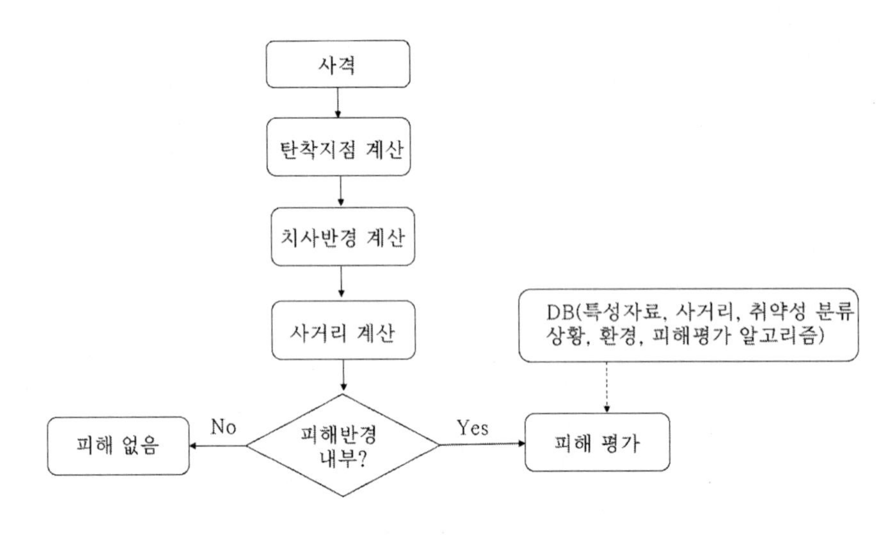

그림 7.33 간접사격 모의절차

예를 들어 아군의 81mm 박격포가 2.8km 떨어진 적 보병부대에 대해 사격을 한다. 아군의 81mm 박격포의 고폭탄의 특성은 표 7.16 과 같다. 적 AK-47 소총수는 개활지에서 노출상태라고 할 때, 적 AK-47 소총수의 살상확률을 구한다. 단 적 부대의 위치는 (2500, 3000)인데 이는 x축 방향으로 2,500m, y축 방향으로 3,000m 를 의미한다. 적 AK-47 소총수의 피해평가는 Carlton 피해평가함수를 적용한다고 가정한다.

표 7.16 81mm 박격포 고폭탄 특성

거리(m)	비과시간 (초)	낙탄각도 (도)	조준오차(m)		탄도오차(m)	
			편의	사거리	편의	사거리
2000	20	30	12	29	9	10
3000	30	60	14	33	11	22

표 7.17 81mm 박격포 치사면적 (m^2)

취약성	낙탄각도(30 도)			낙탄각도(60 도)			낙탄각도(90 도)		
	개활	산림	도심	개활	산림	도심	개활	산림	도심
1	360	180	180	380	190	190	400	200	200
2	230	100	119	200	100	119	119	200	100
3	200	90	100	180	90	100	100	180	90
4	180	80	90	160	80	90	90	160	80
...	...	...	...	...	...	...	...	...	...
27	180	90	180	90	180	90	180	90	90
28	170	70	160	80	170	70	160	80	80

1. 탄착지점 계산

아군의 81mm 박격포와 적 부대사이의 거리가 2.8km 이므로 표 7.18 과 같이 선형보간법으로 탄의 특성값을 구한다.

표 7.18 보간법에 의해 사거리 2800m 간접화기 특성값 산출출

구분	거리(m)	비과시간(초)	낙탄각도(도)	조준오차(m)		탄도오차(m)	
				편의	사거리	편의	사거리
보간법에 의한 산출	2000	20	30	12	29	9	10
	2800	**28**	**54**	**13.6**	**32.2**	**10.6**	**19.6**
	3000	30	50	14	33	11	22

2. 적 위치가 (2500, 3000) 이므로 이변량 정규분포표에서 추출된 확률변수로 탄착지점을 구한다.

$BN(\mu_x = 0, \mu_y = 0, \sigma_x = 13.6, \sigma_y = 32.2)$ 로부터 추출한 확률변수가 $x_1 = -1$ 과 $y_1 = 3$ 이라고 하고 $BN(\mu_x = 0, \mu_y = 0, \sigma_x = 10.6, \sigma_y = 19.6)$ 로부터 추출한 확률변수가 $x_2 = -2$ 과 $y_2 = 5$. 조준점을 UTM 좌표계로 $(2500, 3000)$ 라고 하면 탄착점은 $(2500 - 1 - 2, 3000 + 3 + 5) = (2497, 3008)$이 된다.

3. 치사면적 계산

적은 개활지에서 노출된 상태이므로 취약성 범주는 (1. 서있는 인원)이다. 낙탄각이 54 도이므로 선형보간법으로 치사면적 A를 구하면 다음과 같다.

$$\frac{A-360}{54-30}=\frac{380-360}{60-30}$$

$$A=376m^2$$

4. 치사반경의 계산

$$R_L=\sqrt{\frac{A}{\pi}}=\sqrt{\frac{376(m^2)}{\pi}}=10.94m$$

5. 탄착점과 표적 사이의 거리 계산

탄착점은 $(2497, 3008)$이고 적 AK-47 소총수는 $(2500, 3000)$에 위치하므로 거리 r는 다음과 같다.

$$r=\sqrt{(2500-2497)^2+(3000-3008)^2}=8.544\ m$$

6. 피해평가함수에 의한 살상확률 계산

Carlton 피해평가함수에 의한 살상확률은 다음과 같다.

$$D(\mathrm{r})=\begin{cases} exp(-\frac{r^2}{{R_L}^2}), & r\le R_{KW} \\ 0, & r>R_{KW} \end{cases}$$

$r(8.544)\le R_{KW}(10.94\times 4.47=48.9)$ 이므로 $D(\mathrm{r})=ex\,p\left(-\frac{r^2}{{R_L}^2}\right)=exp\left(-\frac{8.544^2}{10.94^2}\right)=0.5434$ 이다.

표 7.19 간접사격에 의한 장비 살상범주

취약성 범주	장비 살상 범주			
	M-Kill	F-Kill	M/F-Kill	K-Kill
5. 중형(中型) 전차	25	25	25	25
6. 중(重) 전차	20	30	25	25
7. 교량 전차	25	25	30	20
…	…	…	…	…
28. 중형(中型) 헬기 III	20	30	30	20

노출된 T-62 전차는 (6. 중(重) 전차) 취약성 범주에 속한다. T-62 전차가 Cookie Cutter 피해평가 함수에 의해 피해평가된다면 M-Kill 확률이 20%, F-Kill 확률이 30%, M/F-Kill 확률이 25%, K-Kill 확률 25%이다. 따라서 T-62 전차의 피해평가의 세부 피해평가는 난수를 발생시켜 어떤 기능이 파괴되었는지 평가한다. 난수를 u이라고 할 때 다음과 같은 범주로 구체적인 장비 피해평가를 한다.

- $0 \le u \le 0.20$: M-Kill
- $0.20 < u \le 0.50$: F-Kill
- $0.50 < u \le 0.75$: M/F-Kill
- $0.75 < u \le 1.0$: K-Kill

표 7.20 간접사격에 의한 인원살상범주

취약성 범주	인원 살상 범주			
	경상	중상	치명상	사망
1. 서있는 인원	25	25	25	25
2. 엎드린 인원	20	30	25	25
3. 부분 보호된 인원	25	25	30	20
4. 참호속의 인원	35	20	25	20

예를 들면 노출된 K-2 소총수는 (1. 서있는 인원)의 취약성 범주에 속한다. K-2 소총수가 Carlton 피해평가함수에 의해 살상된 것으로 판단되었다면 경상일 확률, 중상일 확률, 치명상일 확률, 사망일 확률이 각각 25%이다. 따라서 K-2

소총수의 피해평가의 세부 피해평가는 난수를 발생시켜 어떤 기능이 파괴되었는지 평가한다. 난수를 u 이라고 할 때 다음과 같은 범주로 구체적인 장비 피해평가를 한다

- $0 \le u \le 0.25$: 경상
- $0.25 < u \le 0.50$: 중상
- $0.50 < u \le 0.75$: 치명상
- $0.75 < u \le 1.0$: 사망

7.5 지상군 워게임에서 간접사격 모의방법

지상군 군단급 전투모델인 '창조 21'에서는 다음과 같은 논리로 간접사격 효과를 모의하고 있다. 기본적인 피해계산은 사거리 및 편의 공산오차를 적용한다. 탄착지점을 중심으로 폭파반경 이내의 모든 표적을 고려하되 피해여부 판단은 탄착점부터 표적까지의 거리, 폭발반경 및 전개반경을 고려하고 부대표적은 정지 또는 이동과 같은 부대상태에 따라 판단한다. 활주로, 격납고, 공병교량, 일반교량, 도로차단점, 차량호송대, 보급품저장소 등과 같은 고정표적은 표적유형별로 손실을 계산한다.

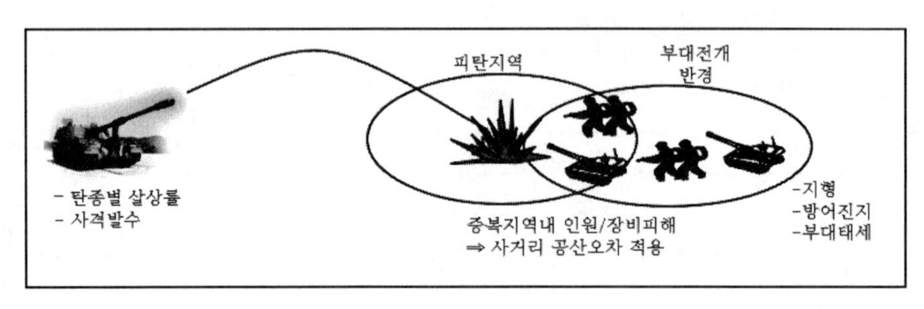

그림 7.34 창조 21 모델에서 간접사격 모의

부대표적 손실 계산은 정지, 이동, 전투회피 등 부대의 상태에 따라 판단한다. 정지 부대는 폭발반경내 위치시 피해를 입는다. 이동중인 부대는 이동속도와

전방 또는 측방 탄착을 고려하여 피해여부 판단한다. 전투회피 중인 부대는 전투부대들과 같은 반경범위내에 위치시 피해를 입는다. 이 때 손실장비수는 아래 공식으로 결정한다.

손실장비수 = 보유장비수 × 살상률 × 손실조정계수

이 때, 보유장비수는 표적부대가 보유한 인원과 장비의 수량이며 살상률은 이동과 정지 같은 부대의 상태, 탄착지점과 표적까지의 거리, 사격화기종류, 탄약종류 및 수량, 피격장비 유형에 의해 결정된다. 활주로, 항공기 격납고, 고정교량, 공병교량, 보급품 수집소, 차량호송대 등 고정표적에 대한 피해계산은 부대표적 손실계산후 고정표적 손실계산 수행하는데 피탄지점 기준, 각각의 표적에 대한 거리계산 후 반경내 표적을 계산한다. 단, 폭발반경이 표적으로부터 탄착지점까지의 거리보다 클 때 피해계산을 실시한다.

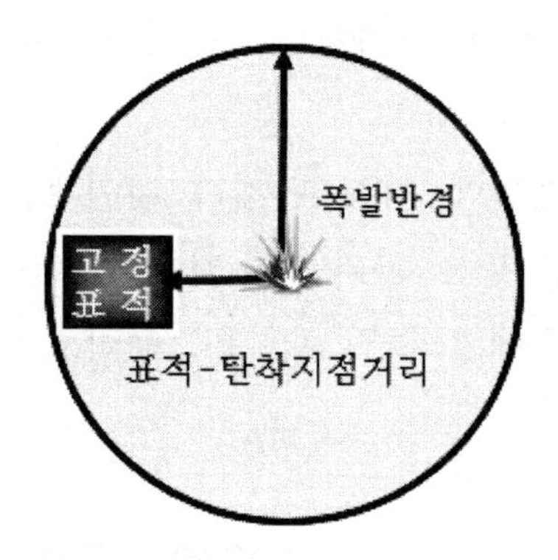

그림 7.35 폭발반경과 표적-탄착지점 거리 비교

간접사격시 손실조정 계수를 이용하여 피격부대의 전장환경에 따른 손실량 조정하는데 은폐정도, 공격, 방어, 철수 등 부대상태, 삼림, 도시 등 지형상태, 진지 방호도 등의 조정계수를 반영한다.

7.6 표적 명중 조건부 파괴확률

7.6.1 표적 피해효과

표적을 파괴하거나 손상시키는 피해효과는 폭풍(Balst), 파편(Fragmentation), 성형작약(Shaped Charge) 등에 의한 것이다. 탄약의 폭발시 발생하는 총에너지의 약 반정도가 공기를 압축하는데 사용되어 폭풍효과를 발생시킨다. 탄약의 폭풍효과는 근거리 효과와 원거리 효과로 구분되는데 근거리 효과는 충격파와 가스흐름(폭풍)의 복합 작용이고, 원거리 효과는 폭발에 의한 충격파 때문에 발생되고 공기나 물을 매개체로 하여 전달된다. 이 과정에서는 폭발에 의해 발생한 가스의 흐름은 포함되지 않는다.

탄약의 폭발 때 생긴 기체의 생성물은 급격히 팽창해서 주위 공기층을 압축하며 공기는 큰 압력을 받고 대단히 빠른 속도로 외부로 밀려 나간다. 밖으로 밀려나 가는 공기층은 충격전선이라고 하며 두께가 0.001 인치 정도로서 이 부분에서의 압력은 급격히 증가한다. 충격전선은 처음에는 음속보다 빠른 속도로 밀려가지만 급격히 감소한다.

탄의 파편효과는 탄의 폭발에 의해 탄체가 날카로운 파편으로 쪼개져 엄청난 속도로 인원과 장비를 살상 또는 파괴하는 것이다. 고폭탄의 효과는 주로 파편에 의해 발생하며 탄의 폭발에 의한 파편은 무작위적으로 발생하는 것이므로 예측하기가 대단히 어렵다.

그림 7.36　폭발효과와 파편효과

성형작약탄은 탄두의 작약을 오목한 모양으로 성형한 것으로 폭발력이 사방으로 퍼지는 일반적인 고폭탄과 달리, 폭발력을 특정한 방향으로 집중시키는 지향성 폭약의 일종이다. 물론 대인용으로도 사용이 가능하며, 작게는 박격포탄부터 크게는 대전차고폭탄이나 대전차미사일에도 다양하게 적용되는 탄이다. 성형작약은 폭발을 한 곳으로 집중시키는 효과가 있는데, 이는 깔때기 모양으로 파놓은 폭약뭉치는 폭발력이 깔때기 중앙에 집중되는 먼로-노이만 효과를 이용한 것이다. 해당 효과는 미국인 먼로가 발견하고 독일인 에곤 노이만이 완성한 효과로, 이 때문에 미국에선 '먼로 효과', 독일에선 '노이만 효과'라고 한다. 또한 성형작약효과, 중공작약효과 등으로 불린다. 특히 에곤 노이만은 오목한 부분에 구리 깔때기를 대어놓을 경우 구리 깔때기가 작약폭발과 함께 쥐어짜여져 바깥쪽으로 뒤집히며 메탈제트 송곳으로 변화, 두꺼운 철갑판도 관통할 수 있다는 사실을 발견했다.

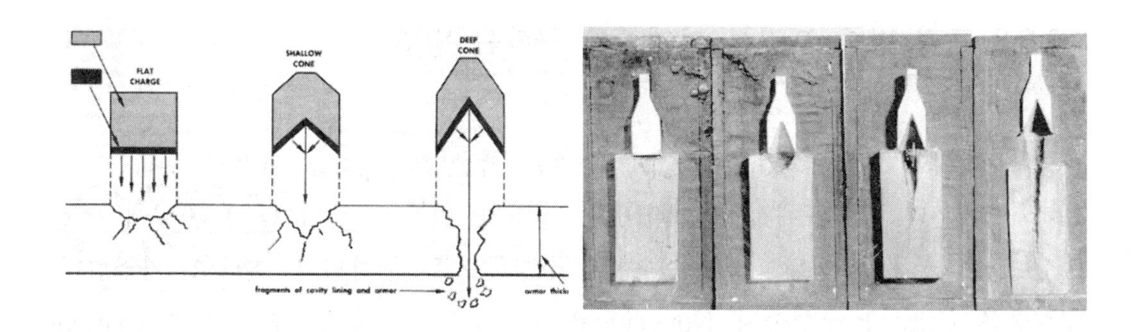

그림 7.37 성형작약탄 원리와 관통 모습

7.6.2 Kill 정의

인원과 장비의 Kill 을 정의하는 방법은 다양하며 여러가지로 개발되어 있는데 표 7.21 은 표적형태에 따른 Kill 을 정의하는 예를 보이고 있다.

표 7.21 Kill 형태

표적 형태	Kill 정의
지상 차량	· K-Kill (수리 불가) · M-Kill (이동 불가) · F-Kill (사격 불가)
지상에 있는 항공기	· PTO_0 (4 시간 이전 이륙 불가) · PTO_4 (최소 4 시간 이후 이륙 가능) · PTO_{24} (최소 24 시간 이후 이륙 가능) · PTO_{72} (최소 72 시간 이후 이륙 가능)
서있는 인원	· 30 초내 방어 불가 · 30 초내 공격 불가 · 5 분내 공격 불가 · 12 시간내 보급 불가

7.6.3 표적 명중 조건부 파괴확률 구하는 방법

이 절에서는 표적이 명중했을 때 파괴될 확률 $P_{kill/hit}$ 을 어떻게 구하는지에 대해 알아본다. 앞 표에서 정의한 Kill 정의가 먼저 선행되고 이 정의에 의한 $P_{kill/hit}$ 을 구해야 한다. 표적은 여러 구성품으로 구성되어 있다고 가정한다. 구성품은 Critical 구성품과 Noncritical 구성품으로 구분할 수 있는데 Critical 구성품은 이 구성품이 파괴될 시 표적이 파괴되는 구성품을 말한다. 반면 Noncritical 구성품은 이 구성품이 파괴된다고 해서 표적이 파괴되는 것이 아닌 구성품을 말한다. 또, 구성품은 Redundant 구성품과 Nonredundant 구성품으로 구분하는데 Redundant 구성품은 여러 개의 동일한 구성품이 병렬로 배치된 구성품을 말한다. 예를 들어 Redundant Critical 구성품은 모든 구성품이 $P_{kill/hit}$을 수학적으로 구하기 위해 아래와 같은 기호를 정의한다.

$P_{ki/hi}$: i번째 구성품이 명중되었을 때 i번째 구성품이 파괴될 확률

$P_{K/H}$: 표적이 명중되었을 때 표적이 파괴될 확률

$P_{si/H}$: 표적이 명중되었을 때 i번째 구성품이 생존할 확률

$P_{S/H}$: 표적이 명중되었을 때 표적이 생존할 확률

$P_{hi/H}$: 표적이 명중되었을 때 i번째 구성품이 명중될 확률

$P_{ki/H}$: 표적이 명중되었을 때 i번째 구성품이 파괴될 확률

A_{vi} : i번째 구성품의 취약 면적

A_V : 표적의 취약면적

A_{Pi} : i번째 구성품의 노출 면적

A_P : 표적의 노출면적

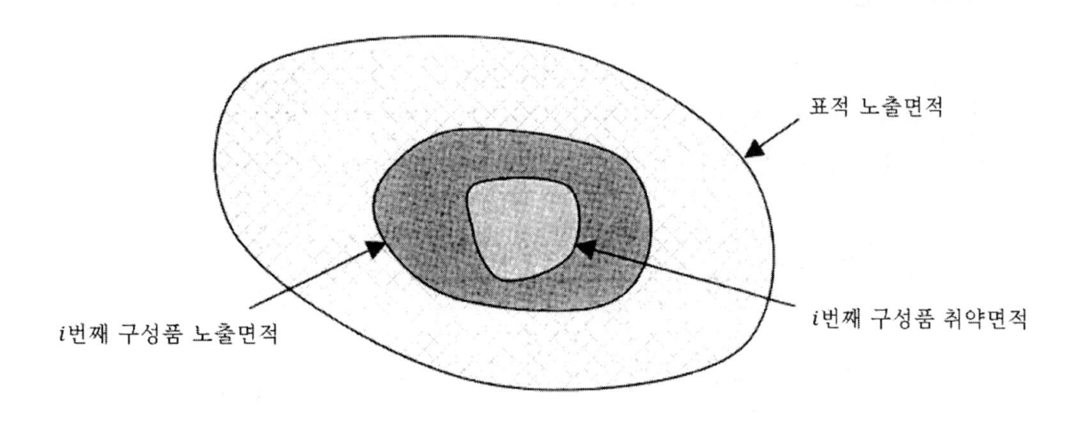

그림 7.38 취약면적과 노출면적

그러면 전체 확률이 파괴확률과 생존확률로만 구성되어 있다고 가정하면 다음과 같이 쓸 수 있다.

$$P_{S/H} = 1 - P_{K/H}$$

즉, 표적이 명중되었을 때 생존할 확률은 1 에서 표적이 명중되었을 때 파괴될 확률을 뺀 값이다.

$$A_V = A_P \times P_{K/H}$$

위 식이 의미하는 바는 표적의 취약면적은 표적의 노출면적과 표적이 명중되었을 때 파괴될 확률을 곱하는 것이다. 즉, 표적의 노출면적에서 표적이 명중되었을 때 파괴될 확률을 곱해 면적을 줄여준다. 만약 $P_{K/H} = 1$ 이면 $A_V = A_P$가 된다. 동일한 논리로 구성품에 대한 취약면적도 구할 수 있다.

$$A_{vi} = A_{Pi} \times P_{ki/hi}$$

7.6.4 단발 사격에 의한 표적 취약성 계산

만약 구성품이 N개의 Critical 부품으로 구성되어 있는 경우 표적이 명중되었을 때 생존할 확률은 모든 부품이 다 생존해야 하므로 식 (7-28)과 같다.

$$P_{S/H} = P_{S1/H} \times P_{S2/H} \times \ldots \times P_{SN/H} = \prod_{i=1}^{N} P_{Si/H} = \prod_{i=1}^{N}(1 - P_{ki/H}) \quad (7\text{-}28)$$

그러므로 표적이 명중했을 때 파괴확률은 식 (7-29)와 같다.

$$P_{K/H} = 1 - P_{S/H} = 1 - \prod_{i=1}^{N}(1 - P_{ki/H}) \quad (7\text{-}29)$$

표적이 명중하였을 때 i번째 구성품이 파괴될 확률은 표적이 명중하였을 때 i번째 구성품이 명중할 확률과 i번째 구성품이 명중했을 때 파괴될 확률을 곱한 것과 같다.

$$P_{ki/H} = P_{hi/H} \times P_{ki/hi}$$

여기서 $P_{hi/H}$를 구해보면 표적의 노출면적 대비 i번째 구성품의 노출면적이라고 할 수 있다.

$$P_{hi/H} = A_{Pi}/A_P$$

또, $P_{ki/hi}=A_{vi}/A_{Pi}$라고 할 수 있는데 그 이유는 i번째 구성품이 명중되었을 때 파괴될 확률은 i번째 구성품의 노출면적 대비 취약면적이기 때문이다. 따라서 식 (7-30)이 성립한다.

$$P_{ki/H} = \frac{A_{Pi} \times P_{hi/H}}{A_P} = \frac{A_{vi}}{A_P} \quad (7\text{-}30)$$

그러므로 표적명중시 파괴확률은 식 (7-31)과 같이 쓸 수 있다.

$$P_{K/H} = 1 - \prod_{i=1}^{N}(1 - \frac{A_{Pi} \times P_{ki/hi}}{A_P}) = 1 - \prod_{i=1}^{N}(1 - P_{hi/H} \times P_{ki/hi}) \ (7\text{-}31)$$

7.6.5 중복이 없는 Nonredundant Critical 구성품으로 구성된 경우

그림 7.39 와 같이 탄약통(Magazine), 엔진(Engine), 연료통(Fuel) 3 개의 중복이 없는 Critical 구성품으로 구성된 전차의 명중시 파괴확률을 구해 보자. 각 구성품은 Redundant 가 없다.

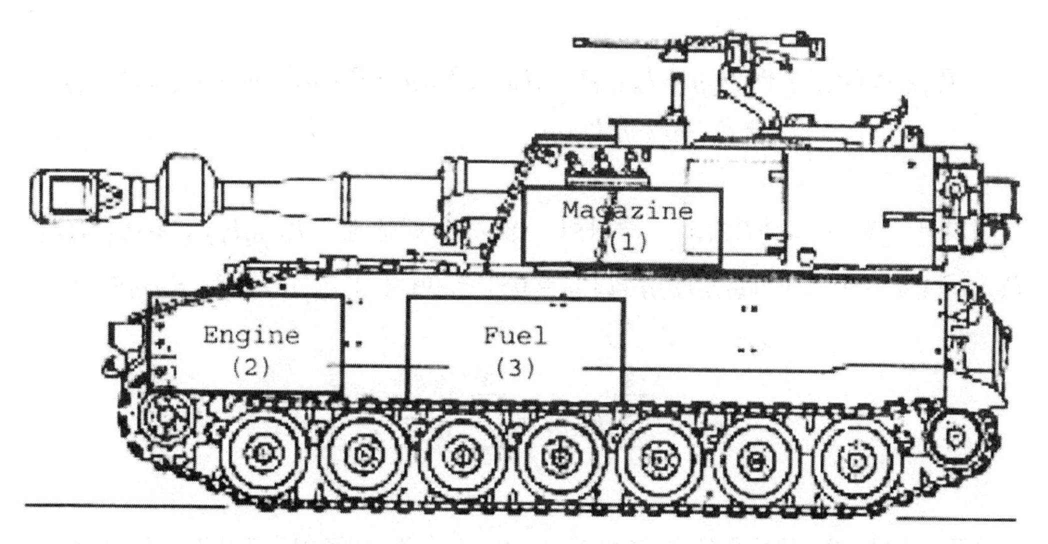

그림 7.39 중복이 없는 Nonredundant Critical 구성품으로 구성된 표적

표적의 Kill-Tree 를 표현해 보면 그림 7.40 과 같다. 엔진이 파괴되거나 연료통이 파괴되거나 탄약고가 파괴되면 표적은 파괴된다.

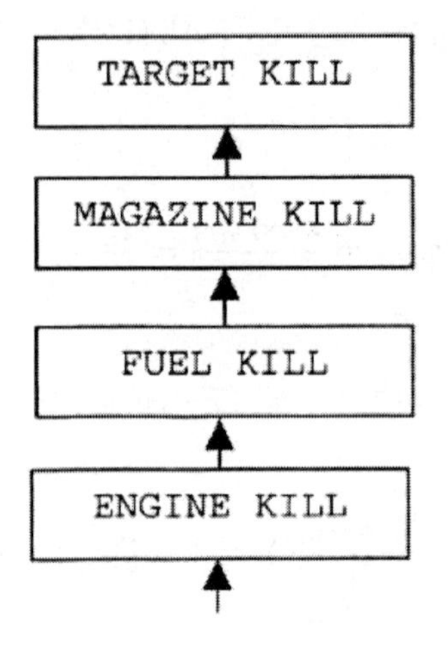

그림 7.40 Redundant 구성품이 없는 경우 Kill Tree

이를 수학적으로 표현해 보면 다음과 같다. 표적이 명중되었을 때 파괴될 확률은 각 구성품이 명중되었을 때 각 구성품이 파괴될 확률을 더하고 각각의 중복된 부분의 확률을 뺀 다음 각 구성품 모두가 명중되었을 때 파괴될 확률의 곱이 두번 제외되었으므로 한번을 더한 값이다.

$$P_{K/H} = (P_{k1/H} + P_{k2/H} + P_{k3/H}) - (P_{k1/H}P_{k2/H} + P_{k1/H}P_{k3/H} + P_{k2/H}P_{k3/H}) + P_{k1/H}P_{k2/H}P_{k3/H}$$

여기서 단일 사격이고 중복이 없기 때문에 $P_{k1/H}P_{k2/H} + P_{k1/H}P_{k3/H} + P_{k2/H}P_{k3/H} = 0$ 이고 $P_{k1/H}P_{k2/H}P_{k3/H} = 0$이다. 따라서 $P_{K/H} = \sum_{i=1}^{3} P_{ki/H}$이다.

$$P_{K/H} = \sum_{i=1}^{3} P_{ki/H} = \sum_{i=1}^{3} \frac{A_{vi}}{A_P} = \frac{1}{A_P}\sum_{i=1}^{3} A_{vi}$$

예를 들어 각 구성품의 노출면적과 각 구성품 명중시 구성품 파괴확률이 표 7.22 와 같이 주어진다면 $A_{vi} = A_{pi} \times P_{ki/hi}$로 구할 수 있고 $P_{ki/H} = \frac{A_{vi}}{A_P}$로 구할 수 있다. 그러므로 표적이 명중되었을 때 파괴 확률 $P_{K/H} = 0.2267$이라는 것을 알 수 있다.

표 7.22 표적파괴 확률 계산

구성품	$A_{pi}(ft^2)$	$P_{ki/hi}$	$A_{vi}(ft^2)$	$P_{ki/H}$
탄약통	20.0	1.0	20.0	0.0667
엔진	50.0	0.6	30.0	0.1000
연료통	60.0	0.3	18,0	0.0600
$A_P = 300.0ft^2$			$\sum A_{vi}$=68.0	$P_{K/H} = \sum_{i=1}^{3} P_{ki/H} = 0.2267$

7.6.6 중복이 있는 Nonredundant Critical 구성품으로 구성된 경우

그림 7.41 과 같이 엔진과 연료통의 중복이 있는 Nonredundant Critical 구성품으로 구성된 경우를 생각해 보자.

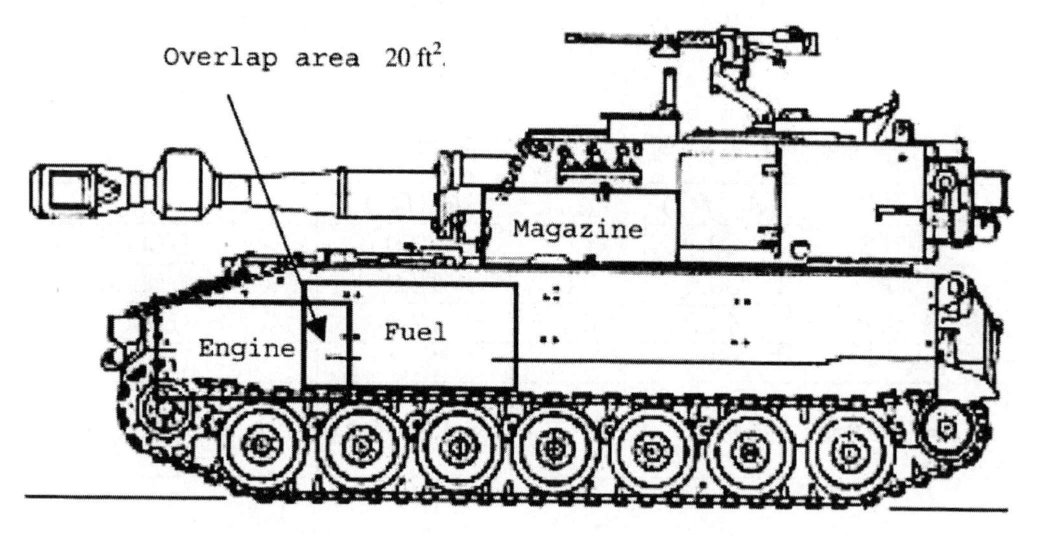

그림 7.41 중복이 있는 Nonredundant Critical 구성품으로 구성된 표적

만약 단발사격이 중복된 부분을 관통할 때 다음과 같은 경우가 발생할 수 있다.

1. 엔진은 파괴되나 연료통은 생존
2. 연료통은 파괴되나 엔진은 생존

3. 엔진과 연료통 둘 다 파괴
4. 엔진과 연료통 둘 다 생존

Magazine 을 1, Engine 을 2, Fuel 을 3 으로 구성품 번호로 정하면 다음과 같이 수학적으로 구성품의 생존과 파괴를 표현할 수 있다.

$$P(\text{엔진 생존}) = 1 - P_{k2/h2}$$
$$P(\text{연료통 생존}) = 1 - P_{k3/h3}$$
$$P(\text{중복된 부분에 명중되었을 때 엔진과 연료통 둘 다 생존}) = (1 - P_{k2/h2})(1 - P_{k3/h3})$$
$$P(\text{중복된 부분에 명중되었을 때 엔진이 파괴되거나 연료통이 파괴되거나 둘 다 파괴})$$
$$= 1 - (1 - P_{k2/h2})(1 - P_{k3/h3})$$

중복된 부분을 구성품 4 로 표현하면 $P_{k4/h4} = 1 - 0.7 \times 0.4 = 0.72$ 가 된다. 앞에서 계산한 논리와 동일하게 계산하면 표 7.23 과 같이 표적이 명중했을 때 표적이 파괴될 확률을 구할 수 있다.

표 7.23 중복부분이 있을 때 표적파괴 확률 계산

구성품	$A_{pi}(ft^2)$	$P_{ki/hi}$	$A_{vi}(ft^2)$	$P_{ki/H}$
탄약통	20.0	1.0	20.0	0.0667
엔진	30.0	0.6	18.0	0.0600
연료통	40.0	0.3	12,0	0.0400
중복 부분	20.0	0.72	14.4	0.0480
$A_P = 300.0ft^2$			$\sum A_{vi}$=64.4	$P_{K/H} = \sum_{i=1}^{3} P_{ki/H} = 0.2147$

7.6.7 중복이 없는 Redundant Critical 구성품으로 구성된 경우

그림 7.42 와 같이 연료통이 2 개로 Redundant 한 구성품으로 구성되어 있으나 중복된 부분은 없는 표적을 생각해 보자.

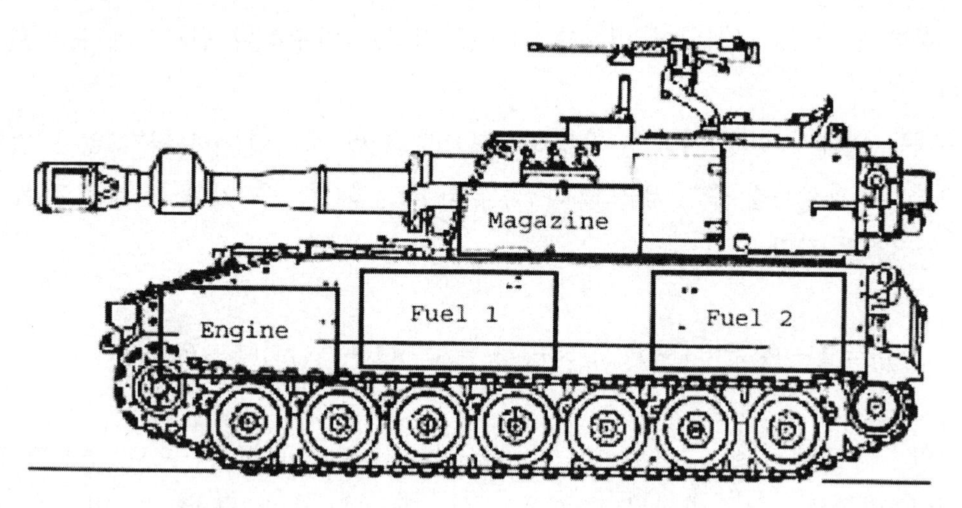

그림 7.42 중복이 없는 Redundant Critical 구성품으로 구성된 표적

이 경우 Kill Tree 는 그림 7.43 과 같이 변경된다. 즉, 엔진이 파괴되거나 연료통 2 개가 다 파괴되거나 탄약통이 파괴되면 표적이 파괴된다.

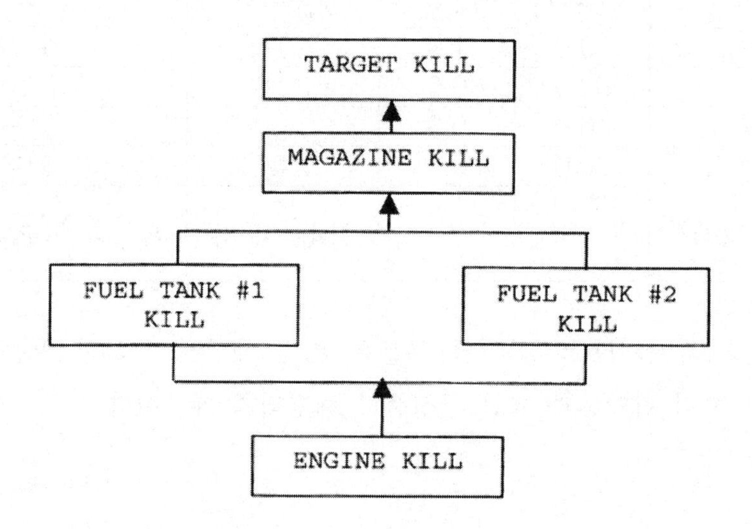

그림 7.43 Redundant 구성품이 있는 경우 Kill Tree

표적이 명중되었을 때 생존할 확률은 식 (7-32)와 같이 표현할 수 있다.

$$P_{S/H} = P_{S1/H} \times P_{S2/H} \times P_{SF/H} \quad (7-32)$$

여기서 $P_{SF/H}$ 는 표적이 명중되었을 때 연료체계가 생존하는 확률이다. 즉 연료통이 1, 2 로 구성되어 있으므로 이를 하나로 간주하여 연료체계라고 표현한 것이다.

우리는 앞에서 단발 사격을 가정하였으므로 단발 사격이 중복되지 않은 연료통 2 개를 다 파괴시킬 수는 없으므로 $P_{SF/H} = 1$로 생각할 수 있다. 그러므로 $P_{K/H}$는 식 (7-33)과 같다.

$$P_{K/H} = 1 - P_{S/H} = 1 - P_{S1/H} \times P_{S2/H} = 1 - (1 - P_{k1/H})(1 - P_{k2/H}) \quad (7-33)$$

그림 7.42 와 같이 중복이 없는 Redundant Critical 구성품으로 구성된 경우 표적이 명중했을 때 파괴될 확률은 표 7.24 와 같이 구할 수 있으며 값은 0.1667 이다.

표 7.24 Redundant 구성품이 있을 때 표적 파괴확률 계산

구성품	$A_{pi}(ft^2)$	$P_{ki/hi}$	$A_{vi}(ft^2)$	$P_{ki/H}$
탄약통	20.0	1.0	20.0	0.0667
엔진	50.0	0.6	30.0	0.1000
연료통 1	60.0	0.3	18,0	0.0600
연료통 2	60.0	0.4	24.0	0.0800
$A_P = 300.0ft^2$			$\sum A_{vi}$=50.0	$P_{K/H} = \sum_{i=1}^{3} P_{ki/H} = 0.1667$

표 7.24 에서 음영으로 처리된 부분은 $P_{K/H}$ 계산시 더하지 않는다. 왜냐하면 취약면적은 오직 탄약통과 엔진 구성품만 해당되기 때문이다.

7.6.8 중복이 있는 Redundant Critical 구성품으로 구성된 경우

그림 7.44 와 같이 연료통 1 과 2 가 Redundant 하지만 중복이 있는 경우이다. 중복 부분을 5 로 표현하면 중복부분이 명중하여 중복부분이 파괴될 확률 $P_{k5/h5}$는 다음과 같다.

$$P_{k5/h5} = P_{k3/h3} \times P_{k4/h4} = 0.4 \times 0.3 = 0.12$$

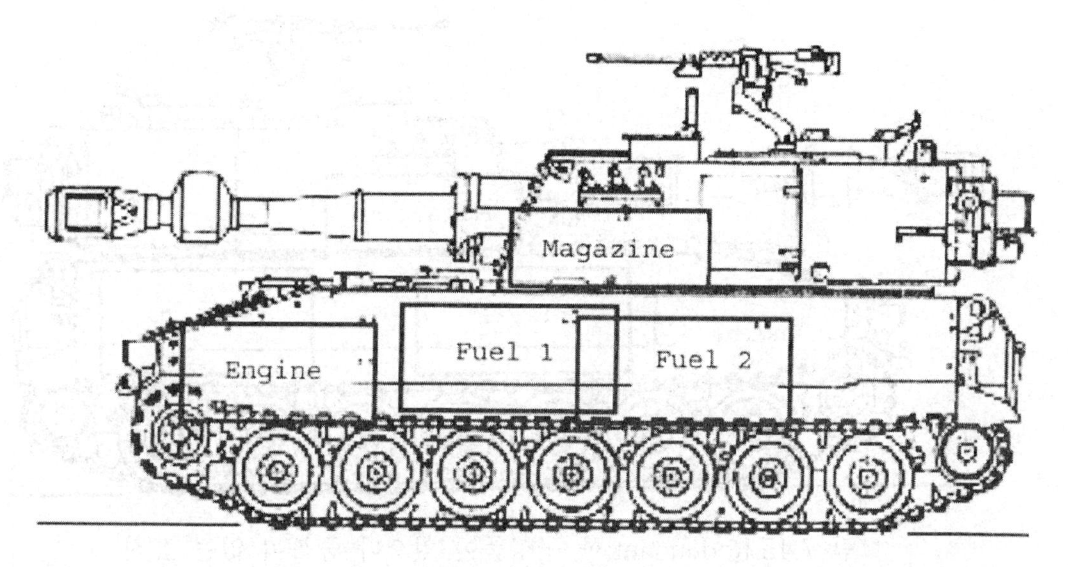

그림 7.44 중복이 있는 Redundant Critical 구성품으로 구성된 표적

표 7.25 Redundant 구성품이 중복되어 있을 때 표적 파괴확률 계산

구성품	$A_{pi}(ft^2)$	$P_{ki/hi}$	$A_{vi}(ft^2)$	$P_{ki/H}$
탄약통	20.0	1.0	20.0	0.0667
엔진	50.0	0.6	30.0	0.1000
연료통 1	40.0	0.3	12,0	0.0400
연료통 2	40.0	0.4	16.0	0.0533
중복 부분	20.0	0.12	2.4	0.0080
$A_P = 300.0ft^2$			$\sum A_{vi}$=52.4	$P_{K/H} = \sum_{i=1}^{3} P_{ki/H} = 0.1747$

표 7.25 에서 음영으로 처리된 부분은 $P_{K/H}$ 계산시 더하지 않는다. 왜냐하면 취약면적은 오직 탄약통과 엔진 구성품 그리고 중복 부분만 해당되기 때문이다.

7.6.9 여러 발 사격의 경우 취약성

앞에서 예를 든 중복이 없는 Redundant 구성품이 있는 경우를 들어 단발 사격이 아닌 여러 발 사격 시 취약성을 분석해 본다.

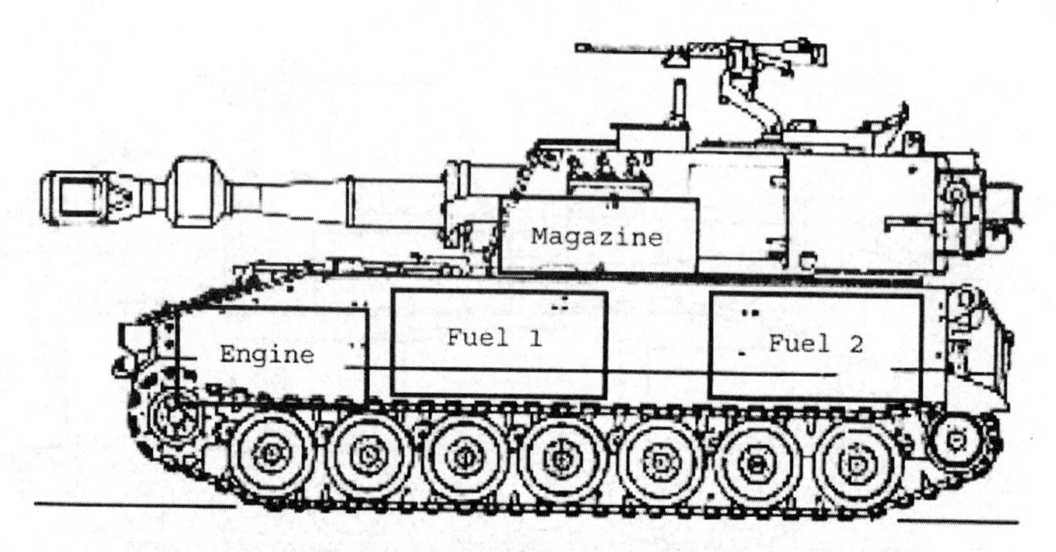

그림 7.45 Redundant 한 구성품이 있으나 중복이 없는 표적

표적이 명중되었을 때 생존할 확률은 식 (7-34)과 같이 표현할 수 있다.

$$P_{S/H} = P_{S1/H} \times P_{S2/H} \times P_{SF/H} \quad (7\text{-}34)$$

여기서 $P_{SF/H}$는 표적이 명중되었을 때 Fuel System 이 생존하는 확률이다. 즉 연료통이 1, 2 로 구성되어 있으므로 이를 하나로 간주하여 Fuel System 이라고 표현한 것이다.

단발 사격을 가정 시 단발 사격이 중복되지 않은 연료통 2 개를 다 파괴시킬 수는 없으므로 $P_{SF/H} = 1$로 생각할 수 있었다. 그러나 여러 발 사격시는 $P_{SF/H} \neq$

1 이다. 여러 발 사격시 표적에 명중했을 때 생존할 확률은 다음과 같다. 즉, 탄약통도 생존해야 하고 엔진도 생존해야 하고 연료통 체계도 생존해야 한다.

$$P_{S/H} = (1 - P_{k1/H})(1 - P_{k2/H})(1 - P_{kF1/H}P_{kF2/H})$$

$P_{ki/H}^{(n)}$ 를 표적이 n 발 피격당한 후 i 번째 구성품이 파괴될 확률이라고 정의하자. 그러면 $P_{S/H}^{(n)}$는 식 (7-35)와 같다.

$$P_{S/H}^{(n)} = (1 - P_{k1/H}^{(n)})(1 - P_{k2/H}^{(n)})(1 - P_{kF1/H}^{(n)}P_{kF2/H}^{(n)}) \quad (7\text{-}35)$$

$P_{ki/Hj}$ 를 n 발 사격시 j 번째 발에 의해 i 번째 구성품이 파괴될 확률이라고 정의하자.
1 발 사격시 $P_{S1/H} = 1 - P_{k1/H}$ 이고 n 발 사격시는 $P_{S1/H}^{(n)} = \prod_{j=1}^{n}(1 - P_{k1/Hj})$ 이다. $P_{k1/Hj}$은 동일한 단발 사격으로 j에는 독립적이라고 가정하면 n 발 피격 후 $k1$이 생존할 확률 $P_{S1/H}^{(n)}$은 식 (7-36)과 같다.

$$P_{S1/H}^{(n)} = (1 - P_{k1/H})^n \quad (7\text{-}36)$$

n 발 피격 후 $k1$이 파괴될 확률 $P_{k1/H}^{(n)}$은 다음과 같다.

$$P_{k1/H}^{(n)} = 1 - (1 - P_{k1/H})^n$$

n 발 피격 후 $k2$가 파괴될 확률 $P_{k2/H}^{(n)}$은 다음과 같다.

$$P_{k2/H}^{(n)} = 1 - (1 - P_{k2/H})^n$$

n 발 피격 후 $F1$ 과 $F2$가 파괴될 확률 $P_{kF1/H}^{(n)}P_{kF2/H}^{(n)}$은 다음과 같다.

$$P^{(n)}_{kF1/H}P^{(n)}_{kF2/H} = \{1-(1-P_{kF1/H})^n\}\{1-(1-P_{kF2/H})^n\}$$

그러므로 n 발 피격 후 표적이 파괴될 확률은 식 (7-37)과 같다.

$$P^{(n)}_{K/H} = 1 - P^{(n)}_{S/H} = 1-(1-P_{k1/H})^n(1-P_{k2/H})^n\{1-[1-(1-P_{kF1/H})^n(1-(1-P_{kF2/H})^n]\} \quad (7\text{-}37)$$

표 7.26 은 여러 발 피격시 각 구성품의 파괴확률이 명시되어 있으며 발수에 따른 표적 파괴확률이 명시되어 있다. 즉 2 발 피격시는 표적 파괴확률이 0.3071 이나 20 발 피격시에는 0.9870 으로 증가한다.

표 7.26 사격발수에 따른 표적 파괴확률의 변화

$P_{k1/H} = 0.0667$		$P_{k2/H} = 0.1000$		$P_{kF1/H} = 0.0600$		$P_{kF2/H} = 0.0800$	
n	2	3	4	5	10	20	30
$P^{(n)}_{K/H}$	0.3071	0.4296	0.5332	0.6198	0.8708	0.9870	0.9988

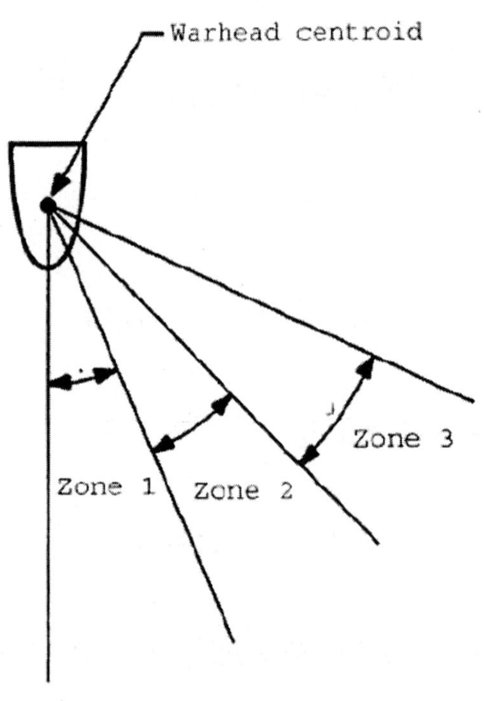

그림 7.46 탄두의 폭발과 피해 지대

탄두의 폭발은 중심점을 기준으로 10 도와 20 도로 2 등분하며 좌우 대칭적이다. 파편의 속도는 0 도에서 5,500 이며 20 도에서 4,770, 10 도에서는 5,010 이다. 파편의 무게은 5 개의 그룹으로 나눌 수 있는데 각 그룹의 무게는 동일한 것으로 간주하며 파편의 수는 마지막 행에 나타나 있다.

α's		
0.000	20.000	10.000

velocities		
5500	4770	5010

wts
5

frag weight ->	0.100	4.336	16.303	33.862	104.337
# of frags ->	2.927	52.692	40.128	34.273	16.709

그림 7.47 탄두 폭발 정보

여기서 Weight 단위는 grain 이며 7,000 grain 이 1 lb 이다. 여러 파편이 표적을 공격할 때 아래와 같이 가정한다.

1. 5 grain 보다 작은 파편은 표적을 통과하지 못하여 무시한다.
2. 표적을 포함하는 파편지대 안에 K=90 개의 파편이 존재한다.
3. 표적은 Nonredundant, nonoverlapping 이다.
4. 지대내에서 다른 무게의 파편을 가지지만 모든 파편은 같은 중량과 속도를 가진다고 가정한다.
5. 탄은 r=80ft 에서 폭발, 표적으로 향한다.

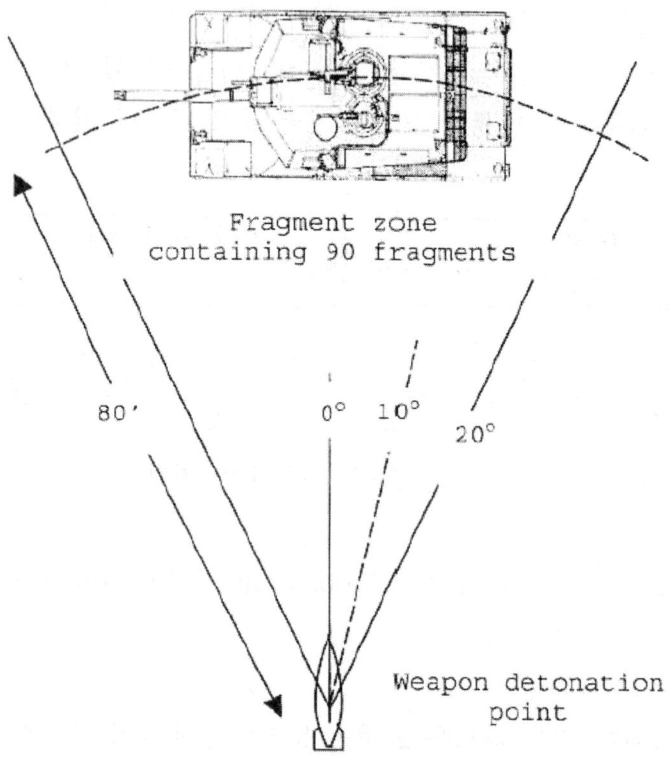

그림 7.48 무기폭발 지점과 파편 비산 지대

1. 40° Cone 안에 90 개의 파편이 존재
2. Solid Angle(입체각)로 변환하면 40/57.3=0.70 Steradians.

   1 Steradian 은 반지름 r인 구에서 표면적이 r^2이 되는 입체각을 말한다.

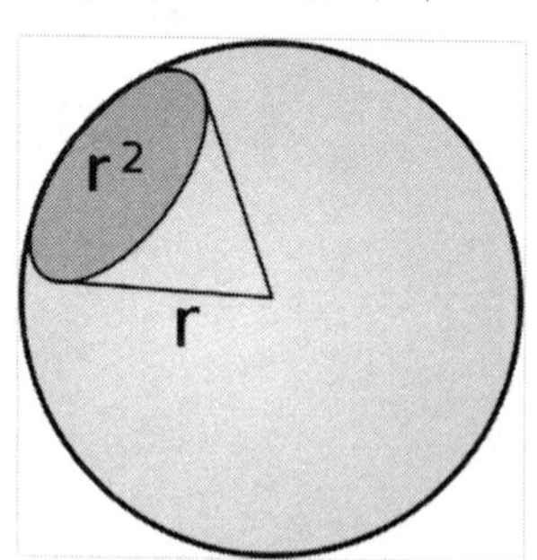

그림 7.49 1 Steradian 정의

3. 폭발지점으로부터 80ft 에 표적이 있으므로 입체각으로 투영된 면적 A_z 구한다.

$$A_z = r^2 \times \theta = 80^2 \times 0.70 = 4{,}468\ ft^2$$

4. Cone 내의 90 개의 파편이 모두 표적을 타격하는 것은 아니다.
타격 파편 수는 다음과 같다.

$$n = \frac{A_p}{A_z} \times \mathrm{K} = \frac{300}{4468} \times 90 = 6$$

$P_{K/D}$를 탄이 폭발했을 때 표적이 파괴될 확률이라고 하면 $P_{K/D}$는 식 (7-38)과 같다.

$$P_{K/D} = 1 - P_{S/D} = 1 - (1 - P_{K/H}^{(1)})(1 - P_{K/H}^{(2)}) \ldots . (1 - P_{K/H}^{(n)}) = 1 - \prod_{j=1}^{n}(1 - P_{K/H}^{(j)}) \quad (7\text{-}38)$$

$\prod_{j=1}^{n}(1 - x_j) \approx exp(-\sum_{j=1}^{n} x_j)$ 라는 Morse-Kimball 근사화에 의해 $P_{K/D}$ 는 식 (7-39)와 같이 근사 가능하다.

$$P_{K/D} = 1 - exp(-\sum_{j=1}^{n} P_{K/H}^{(j)}) \quad (7\text{-}39)$$

모든 파편이 표적을 타격하는 것을 동일하게 가정하였으므로 식 (7-40)이 성립한다.

$$P_{K/D} = 1 - exp(-\sum_{j=1}^{n} P_{K/H}^{(j)}) = 1 - exp(-nP_{K/H}) = 1 - exp(-n\frac{A_V}{A_P}) \quad (7\text{-}40)$$

표적을 타격한 파편의 수가 K개이고 $n = \frac{A_P}{A_z} \times K$, $A_z = r^2 \times \theta$이어서 $P_{K/D}$를 식 (7-41)과 같이 표현할 수 있다.

$$P_{K/D} = 1 - exp\left(-K\frac{A_P}{A_z} \times \frac{A_V}{A_P}\right) = 1 - exp\left(-\frac{KA_V}{r^2\theta}\right) = 1 - exp(-\rho A_V) \quad (7\text{-}41)$$

여기서 ρ 는 파편밀도로서 파편수/ ft^2 의 단위를 갖는다. $\theta = \frac{40}{57.3} = 0.70$ Steradians 이다. 그러므로 위의 예에서 $\rho = \frac{K}{r^2 \times \theta} = \frac{90}{80^2 \times 0.7} = 0.02$이며 $P_{K/D} = 1 - exp(-0.02 \times 68) = 0.743$ 이 된다. 표적을 타격하는 파편수로 계산해도 동일한 결과를 얻는다. 즉, $P_{K/D} = 1 - exp\left(-nP_{\frac{K}{H}}\right) = 1 - exp\left(-n\frac{A_V}{A_P}\right) = 1 - exp(-6 \times \frac{68}{300}) = 0.7433$이다.

7.6.10 합동탄약효과교범(JMEM: Joint Munition Effectiveness Manual)

단일 무기체계 간 교전 시 무기체계와 목표물간의 효과도를 실험 및 시뮬레이션을 통해 평가한 것으로, 무기체계와 탄종, 신관 등의 변수와 표적의 상태, 낙각, 사거리, 피해유형 등의 변수에 대하여 살상확률, 살상면적 등의 척도를 수치화한 자료와 무기추천방법론 등을 포함하는 자료체계이다. JMEM 은 전장에서 요망하는 수준으로 표적을 제압하기 위해 필요한 무기체계 및 탄약의 결정에 소요되는 여러 가지의 효과 데이터와 그 방법론을 포함하고 있다.

JMEM 은 M&S 모델 기초 입력자료로 활용 가능하고 M&S 의 충실도 향상시킬 수 있다. 작전계획 검증, 전력소요 분석에 대한 신뢰성 향상과 무기 및 탄약 소요 산출의 타당성 증진으로 전력 소요분석의 신뢰성을 제고시킨다. 작전수행 및 훈련분야에서는 타격목표별 최적의 무기 및 탄약을 추천하고 Pre-ATO, 포병 통합화력, 미사일 타격간 최적의 무기 및 소요를 추천하며 적 공격시 요망효과 대비 전투피해평가(BDA: Battle Damage Assessment) 판단을 지원한다.

무기체계로 표적을 공격할 시 예상되는 파괴확률을 알고 싶은 것이 군인들의 오랜 소망이었다. 실제 표적의 파괴확률은 표적의 명중확률을 명중했을 조건부 파괴확률과 곱해서 구한다.

$$P_{kill} = P_{hit} \times P_{kill/hit}$$

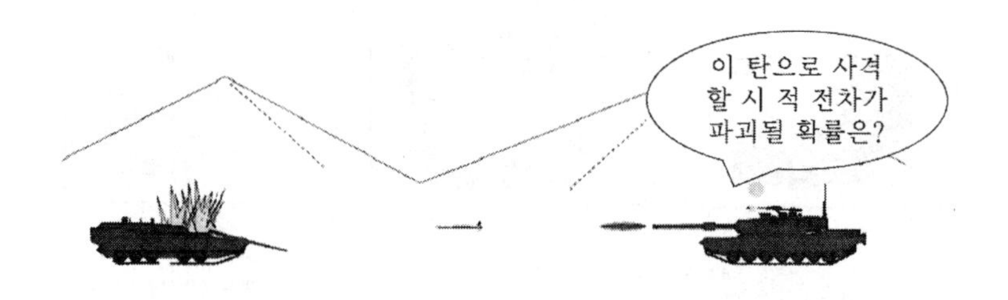

그림 7.50 무기체계의 표적공격시 파괴확률에 대한 질문

실제 무기체계가 표적을 공격할 때 무기와 표적의 여러 요소에 의해 명중확률과 파괴확률이 결정된다. 같은 무기와 표적이라고 하더라도 사거리에 따라 공산오차가 상이하여 명중률이 달라지고 탄종에 따라 표적의 파괴확률이 상이하다. 또한 표적의 자세, 크기, 이동여부에 따라 명중률과 파괴율이 변화한다.

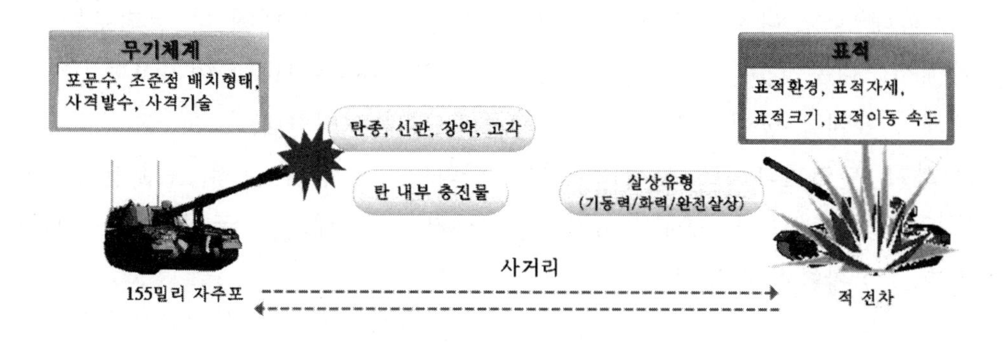

그림 7.51 표적파괴에 관련된 요소

무기의 효과는 무기특성, 표적 취약성, 운반정확도가 통합되어 발휘하게 된다. 명중확률은 무기특성과 운반정확도에 주로 관련이 되어 있고 명중시 파괴확률은 무기특성과 표적취약성에 주로 관련이 되어 있다.

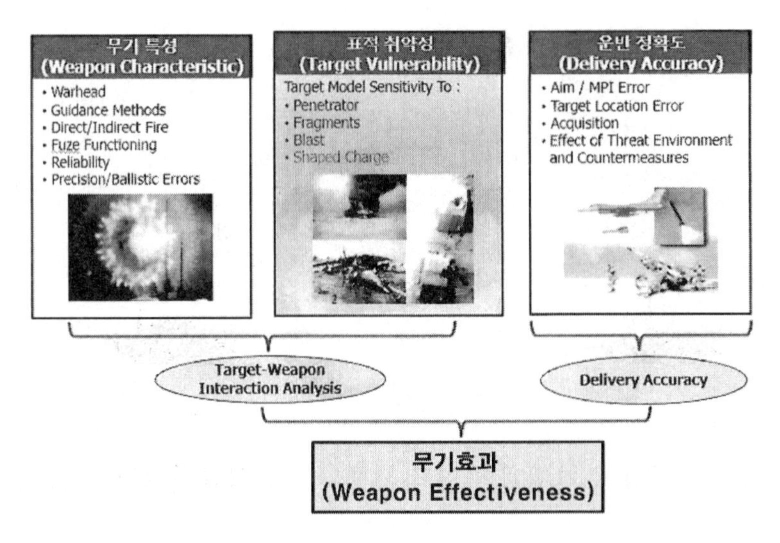

그림 7.52 무기효과 요소

명중률은 앞장에서 주로 설명을 했고 이 장에서는 명중시 파괴율을 어떻게 구하는지에 대해 알아본다. 지상무기는 직사화기, 곡사화기, 로켓, 미사일로 대별할 수 있고 공중무기는 공대공, 공대지, 공대함으로 해상무기는 함대함, 함대지, 함대공 등 다양한 부류가 있다. 이러한 무기들에 대해 다 살펴보는 것은 이 책에서 다루기는 너무나 방대한 분량의 내용이므로 여기서는 지대지 무기체계와 표적을 중심으로 명중시 파괴율에 대해 설명한다.

직사화기 탄약효과자료 포함내용에는 탄약명, 표적명, 표적 노출정도, 표적 이동속도, 거리측정 장치종류, 사격발수, 사거리, 피해기준 등이 있고 거리별, 방위각별 살상확률이 산출된다.

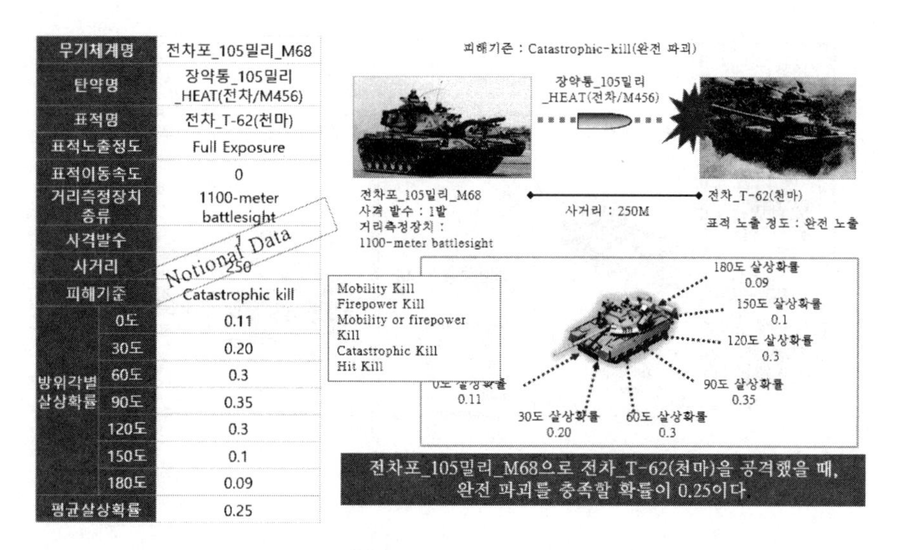

무기체계명		전차포_105밀리_M68
탄약명		장약통_105밀리_HEAT(전차/M456)
표적명		전차_T-62(천마)
표적노출정도		Full Exposure
표적이동속도		0
거리측정장치 종류		1100-meter battlesight
사격발수		1
사거리		250
피해기준		Catastrophic kill
방위각별 살상확률	0도	0.11
	30도	0.20
	60도	0.3
	90도	0.35
	120도	0.3
	150도	0.1
	180도	0.09
평균살상확률		0.25

그림 7.53 직사화기 탄약효과자료 포함 내용

JMEM 탄약효과는 실사격 시험과 시뮬레이션을 통합하여 산출한다. 제일 첫 단계는 표적의 정보를 수집하고 생산하는 것이다. 표적정보가 수집되면 표적자료를 개발하는데 표적형상 제작도구를 사용한다. 이를 바탕으로 표적 취약성 자료를 개발하고 효과지수와 취약면적을 산출하고 최종적으로 탄약효과를 산출한다. 탄약효과는 인원에 대한 살상확률과 무기와 장비에 대한 파괴확률을 산출하여 무기추천도구를 제작한다.

무기추천도구는 어떤 표적을 공격할 때 어느 정도의 요망 살상 또는 파괴효과를 달성하기 위해서는 어떤 무기와 탄종을 사용해야 하는가에 대한 추천을 해주는 도구이다. 무기추천도구는 가장 효과적인 무기를 선택할 수 있을뿐만 아니라 가장 경제적인 무기를 사용할 수 있는 장점이 있어 전장에서 적을 공격하는 것을 계획하는 군인들에게는 아주 유용한 도구라고 할 수 있다.

이러한 과학적인 접근법이 아니면 비효과적이고 비경제적이고 비적시적인 무기를 가지고 표적을 공격할 수 있는 위험성이 있다.

그림 7.54 JMEM 산출과정

표적정보 수집 및 생산은 각종 정보자료를 수집, 분석하여 표적자료 및 표적 취약성자료 개발을 위한 정보를 생산하는 것이다. 표적이 선정되면 실측장비를 가지고 실제 표적의 외관 및 내부를 측정하는 것이다. 아울러 사진촬영을 실시하고 필요시 스케치 및 메모를 병행한다. 또한 표적과 관련된 여러 참조자료를 분석하여 가능한 한 표적에 가까운 표적 정보를 획득한다.

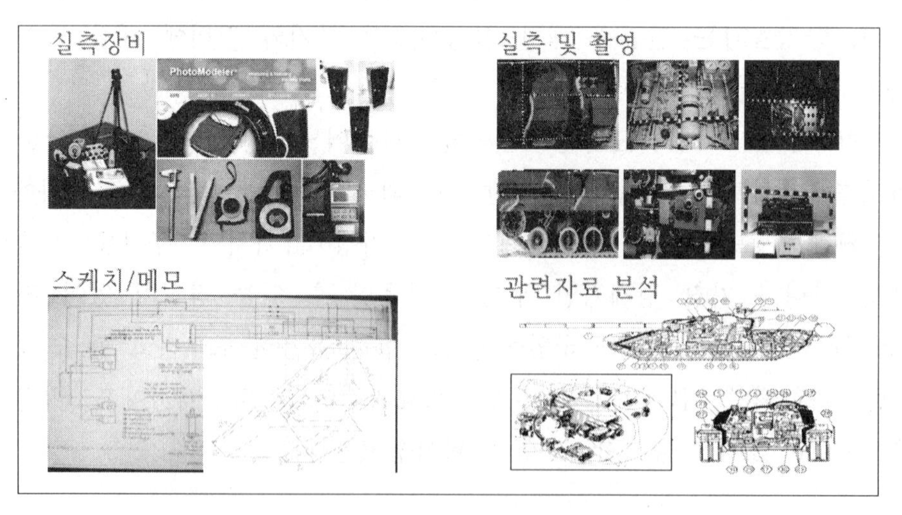

그림 7.55 표적정보 수집 및 생산

표적형상모델(TGM: Target Geometry Model) 개발

TGM 은 실측치, 도면, 개략도를 바탕으로 CAD 와 같은 도구로 제작된 전산화된 형상이다. 외부구조, 치명 및 비치명 부품의 형상과 배치를 모델링한다. TGM 은 탄과 상호작용 정량화에 필요한 물성, 두께 등의 물리적 특성을 포함한다.

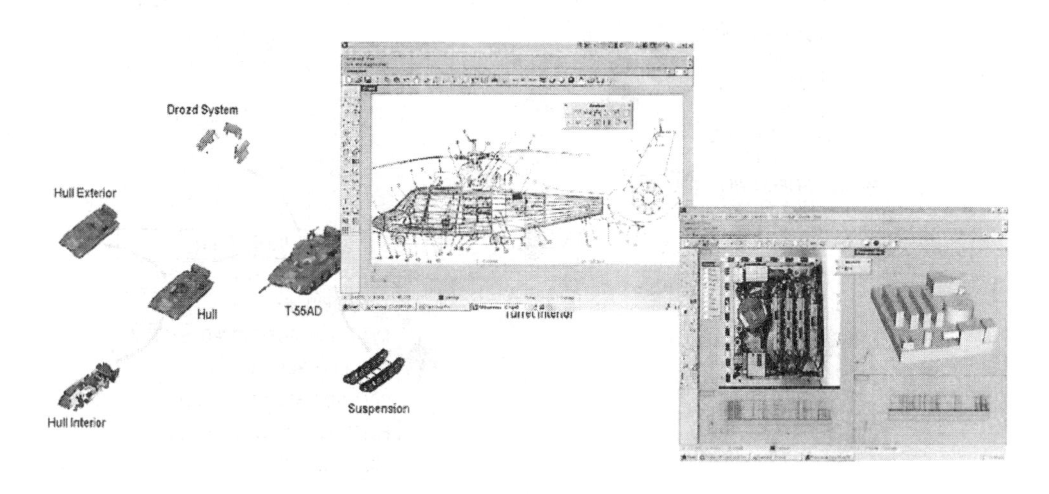

그림 7.56 표적형상모델개발

표적자료 개발에는 설계/제작사, 사용군, 효과분석 관련 전문가들이 참여하여야 정확한 표적자료를 개발할 수 있다. 이 과정은 임무분석 및 살상기준 설정, 임계기능 분석, 고장 유형/영향/치명도분석(FMECA), 고장계통도(FALT) 개발 등이 포함된다.

FMECA(Failure Mode, Effects and Criticality Analysis)는 시스템 분석기법 중 하나로 고장유형을 분석하고 하위 시스템의 고장율 데이터 및 치명도 평가점수 등을 정리하는 일련의 과정이다. FMEA(Failure Mode Effects Analysis)는 FMECA 의 첫 단계로 부품고장이 시스템에 미치는 영향과 결과에 대해 분석하고 잠재적 고장을 심각한 정도에 따라 분류하는 일련의 과정이다. CA(Criticality Analysis)는 FMEA 를 통해 확인된 잠재적 고장모드를 각각의 치명도와 발생빈도, 즉 고장율에 기초하여 분류하고 순위를 부여하는 과정이다. FMECA 의 결과물은 FALT(Failure Analysis Logic Tree)로 정리된다.

DMEA(Damage Mode Effects Analysis)는 시스템의 생존성 및 취약성 평가를 위한 선행단계로서 고장 모드들이 파손, 관통, 폭발, 연소, 변형 등 어떠한 피해 유형에 의해 발생가능한지를 파악하는 단계이다. FMEA 의 결과물에 기반하여 확장하는 방식으로 수행됨으로 FMEA 가 선행되어야 한다. DMEA 는 취약성 평가에 자료로 제공된다.

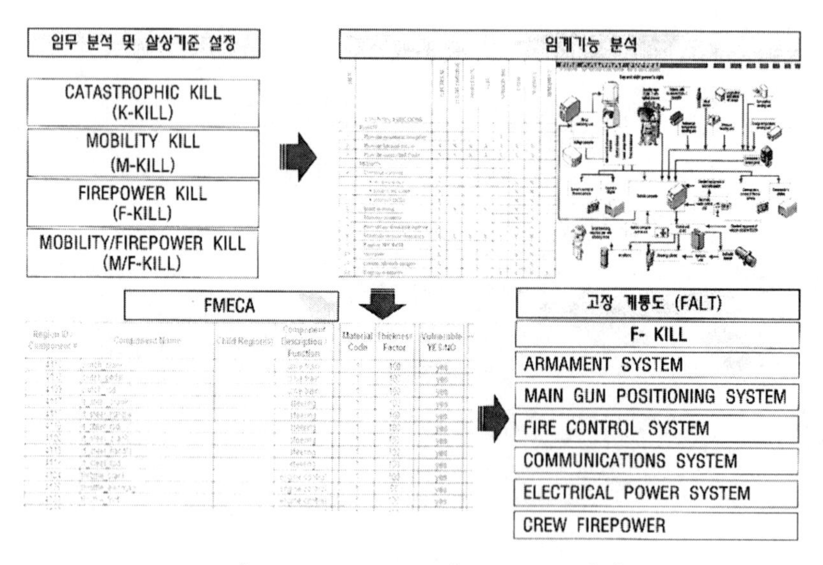

그림 7.57 FMECA 와 FALT 개발

치명부품 피해평가 및 피해함수 개발은 특정 탄약에 의해 피격시 치명부품의 기능장애 확률평가를 하고 탄약을 표현하는 변수와 치명부품의 기능장애 확률사이의 함수로 표현한다. 기존 치명부품 피해평가 데이터 베이스로부터 준용하거나 신규 평가하기도 한다.

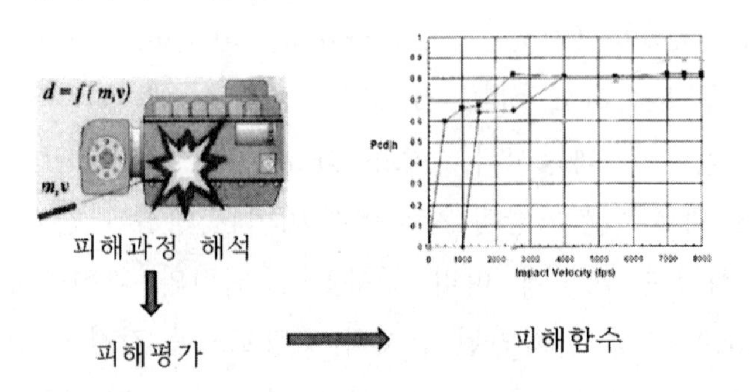

그림 7.58 치명부품 피해평가 및 피해함수 개발

치명부품 피해평가 및 피해함수 개발은 무기체계 효과분석 소요기술 중 가장 핵심적 기술로서 많은 시간과 노력, 비용이 소요된다. 실제 피해평가 및 피해함수 개발시는 전쟁 중 수집한 표적피해 자료나 표적에 대한 실사격 시험자료, 부품에 대한 다양한 실험자료, 컴퓨터 시뮬레이션 및 공학적 추정자료를 사용한다. 때로는 유사무기체계의 부품 피해함수를 대체해서 유추하기도 한다.

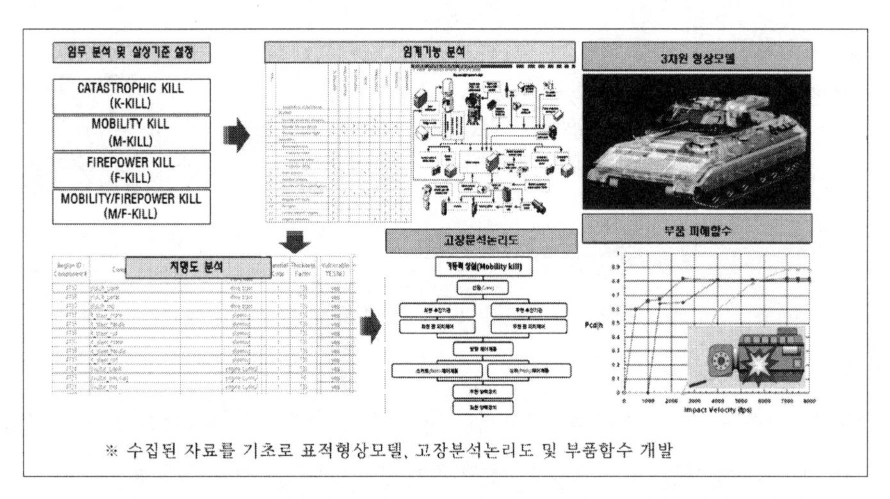

그림 7.59 표적형상모델, 고장분석논리도, 부품함수 개발

표적 취약성자료 개발은 표적을 격자단위로 분해하고 격자별로 방위각 및 고각별 사격선을 생성한 후 사격선별로 무기와 표적의 특성과 체계구조를 반영하여 격자별 피해를 평가한다.

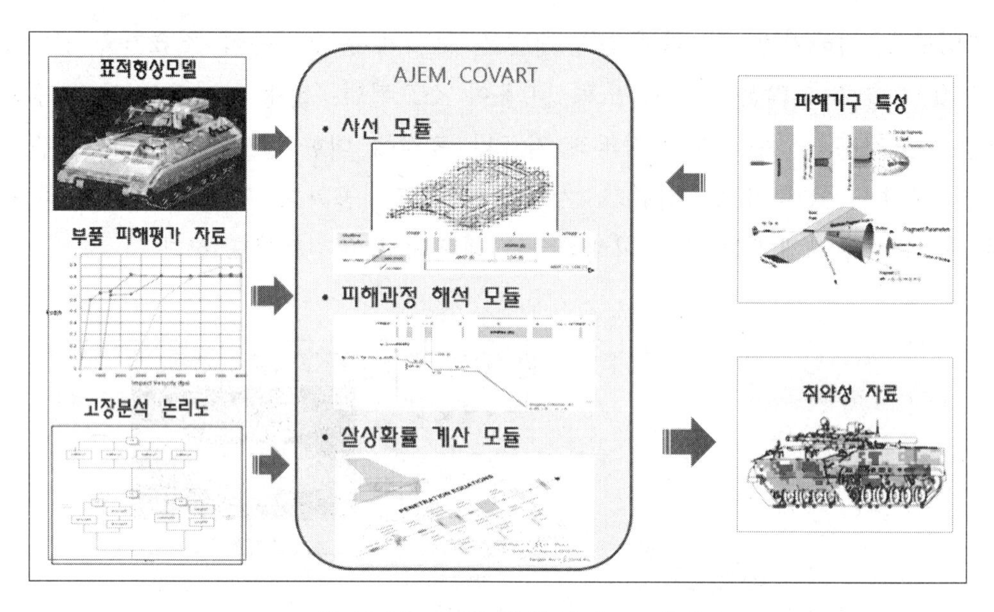

그림 7.60 표적 취약성자료 개발

표적취약성 해석의 결과물은 무기효과지수(EI: Effectiveness Index)로 나타나는데 이는 특정표적에 대해 특정무기로 인한 표적의 피해정도를 정량화한 것이다. 즉 EI 는 무기와 표적, 피해기준의 함수로 표현된다. JMEM 에서는 7 가지 효과지수를 제시하고 있다.

표 7.27 JMEM 효과지수

구분	효과지수	표기	관련된 주요 표적
1	취약면적	A_V	단일, 복합 표적
2	파편효과 평균면적	MAE_F	대인, 대물
3	폭풍효과 평균면적	MAE_B	대공, 터널, 발전소, 벙커
4	유효이격거리	EMD	대공, 지하시설물, 격납고
5	건물피해효과 평균면적	$MAE_{Building}$	지상건물
6	교량 효과지수	BEI	교량
7	폭파구 직경	D_C	활주로, 도로

효과지수와 취약면적 산출은 특정 무기와 표적을 상정하여 격자별 취약면적을 계산 후 합산하여 취약면적 산출하여 명중시 파괴확률 $P_{k/h}$ 산출한다.

◆ 취약성 자료

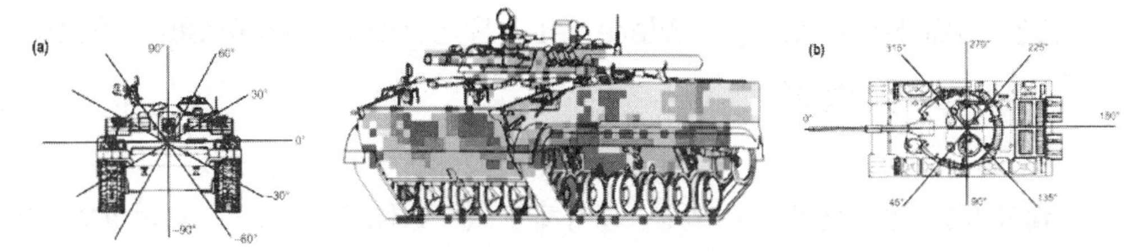

◆ 타격방향별 취약면적

Generic Shape Charge vs. Main Battle Tank											
Elevation Angle	Kill Level	Azimuth angle								Average	Probability Exposure
		0	45	90	135	180	225	270	315		
El 0	Presented Area	6.751	13.016	12.191	12.831	6.833	12.975	12.170	12.841	11.201	
	M	0.000	0.001	0.000	0.000	0.001	0.000	0.000	0.000	0.001	0.250
	F	0.000	0.000	0.000	0.000	0.001	0.000	0.000	0.000	0.001	0.125
	M/F	0.000	0.001	0.000	0.000	0.001	0.000	0.000	0.000	0.001	0.250
	K	0.000	0.000	0.000	0.000	0.001	0.000	0.000	0.000	0.001	0.125

그림 7.61 취약성 자료 개발

이러한 절차대로 무기효과 산출은 데이터 신뢰성 높은 장점이 있으나 소요시간이 과다하고 생산체계 구축에 고비용 발생하며 관련 데이터 확보 곤란한 단점이 있다. 따라서 여러 기관에서는 무기효과 산출을 직접하지 않고 기존 구축된 자료를 사용하여 살상확률 또는 파괴확률을 구하고자 하는 무기-표적 쌍에 대해 추정하는 방법을 많이 사용한다.

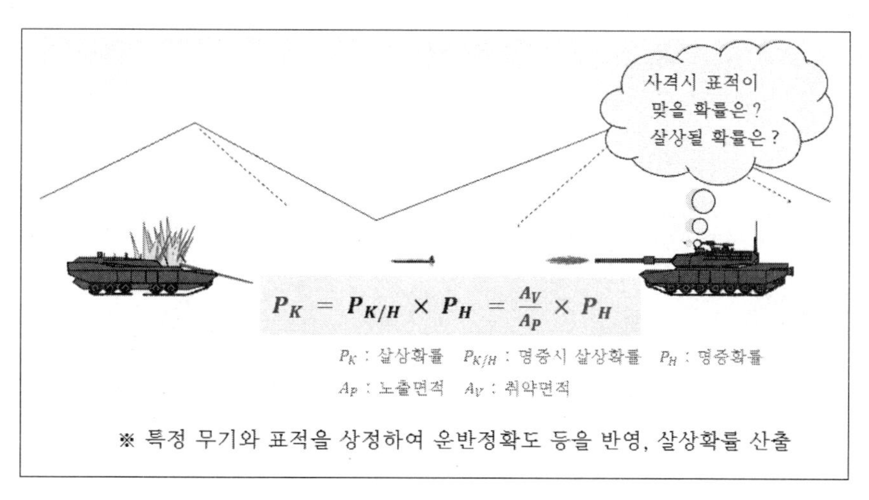

그림 7.62 살상확률 산출 요소

7.6.11 AMSAA(Army Materiel Systems Analysis Activity) 보정방법론

그 대표적인 방법론이 美 육군 물자체계 분석국(AMSAA)의 보정방법론이다. AMSAA 보정방법론은 다음과 같은 절차로 이루어진다.

준비(Preperation) 단계

- 단계 1: 분석되었거나 분석하고자 하는 표적의 최신 목록 수집
  - 1.1 분석된 표적들을'Donor'표적으로 설정
  - 1.2 분석하고자 하는 표적을'Unaddressed'표적으로 설정
- 단계 2: 표적들에 대한 특성자료들을 수집
  - 2.1 Donor 표적들의 보정(Surrogation)에 사용할 특성 수집
  - 2.2 Unaddressed 표적들의 보정대상이 되는 특성 수집
- 단계 3: 특성별로 값과 단위를 표준화하여 DB 화
  - 3.1 허용가능범위 내에서 특성들의 값과 단위 표준화 및 DB 화

그룹화 및 비교(Grouping & Comparing) 단계

- 단계 4: 각 표적에 대해서 각 특성별로 그룹번호(Group Number) 부여

Target	Characteristic	Value	Group
Donor	Engine Type	Turbojet	3
Donor	Fuel Capacity	5400	5
Donor	Hydraulic	Y	1
Donor	Length Overall	20.5	4
Donor	Num engines	2	2
Donor	Wing Span	9.3	2

Target	Characteristic	Value	Group
Unaddressed	Engine Type	Turbojet	3
Unaddressed	Fuel Capacity	6000	5
Unaddressed	Hydraulic	Y	1
Unaddressed	Length Overall	12	3
Unaddressed	Num engines	1	1
Unaddressed	Wing Span	10	2

- 단계 5: Unaddressed 표적과 모든 Donor 표적에 대해 특성끼리 데이터의

  일치여부를 판단

  5.1 일치가 되는 그룹들의 숫자를 계산

유사표적 결정(% Match Calculation) 단계

- 단계 6: Unaddressed 표적과 가장 유사성이 높은(The Highest % Match) Donor 표적을 선정

Characteristic	Donor	Unaddressed	Match	Char Weight
Engine Type	3	3	1	1
Fuel Capacity	5	5	1	3
Hydraulic	1	1	1	1
Length Overall	4	3	0	3
Num engines	2	1	0	2
Wing Span	2	2	1	2
Total			7	12
% Match				58%

6.1 각 특성별로 부여된 가중치를 고려하여 무기체계 유사성 정도(%) 판단

- $\% \text{ Match} = \sum(Match \times Weigh) / \sum Weight$

$$where, Match = \begin{cases} 1 & if\ Group\ matches \\ 0 & otherwise \end{cases}$$

% Match = (1×1 + 1×3 + 1×1 + 0×3 + 0×2 + 1×2) / 12 = 7/12 = 58%

모든 Unaddressed 표적들에 대하여 앞의 단계를 적용

- 단계 7: Unaddressed 표적에 대해 유사성 판단 결과 보고서 작성
  7.1 Unaddressed 표적: 명칭과 우선순위, 특성의 값과 그룹 등
  7.2 가용한 Donor 표적과 일치성 판단
  명칭, 특성의 값 및 그룹, Unaddressed 표적과 일치성(%)

Notional Example

Characteristic	Unaddressed Target 1	U	L	Missile model 1 28-jun-04 (Donor A)	U	0.83	Missile model 2 1-jan-00 (Donor B)	U	0.66	Missile model 3 30-apr-03 (Donor C)	U	0.72
Engine Type Location	Internal	U	1	Internal	U	1	N/A	U	0	N/A	U	0
Target Posture	Fire	U	1	Fire	U	1	Fire	U	1	Fire	U	1
ATGM Area	8855	U	2	11430	U	[illegible]	12192	U	2	10764	U	2
Suspension Type	N/A	U	3	N/A	[illegible]	3	Void	Void	0	Void	Void	0
Avg Hull Rhae(CE)	0	U	1	0	U	1	0	U	1	0	U	1
Avg Hull Rhae(KE)	0	U	1	0	U	1	0	U	1	0	U	1
Avg Turret Rhae(CE)	0	U	[illegible]	0	U	1	0	U	1	0	U	1
Avg Turret Rhae(KE)	0	U	1	0	U	1	0	U	1	0	U	1
Conveyance Type	Fixed	U	4	Void	Void	0	Void	Void	0	Void	Void	0
Engine Location	N/A	U	4	N/A	U	4	N/A	U	4	N/A	U	4
Engine Type	N/A	U	3	N/A	U	3	N/A	U	3	N/A	U	3
Has Reactive Armor	N/A	U	2	N/A	U	2	N/A	U	2	N/A	U	2
Individual Missile Enclose	N/A	U	2	N/A	U	2	N/A	U	2	N/A	U	2
Missiles Shielded	N/A	U	1	N/A	U	1	Void	Void	0	N/A	U	1
Num ATGM/Missile On Board	1	U	1	1	U	1	2	U	1	1	U	1
Num Wheels	0	U	1	2	U	0	4	U	0	0	U	1

<u>검토/승인(Surrogation Review) 단계</u>

- 단계 8: 3 군의 SWG(Surrogation Working Group) 검토자들에게
  Unaddressed 표적의 보고서와 제원 제공
- 단계 9: SWG 의 3 군 검토자들은 Surrogation 에 대한 승인여부 검토/승인
- 단계 10: 승인된 Surrogation 자료를 JMEM 에 탑재하여 운용

미군은 JWS 을 제작하여 군사작전 분석, 전력소요 분석 등에 사용하고 있다. JWS 는 미 합동무기 효과기술 조정단(JTCG/ME)에서 지난 40 여년 동안 개발한 공대지 및 지대지 무기체계의 효과자료와 효과분석도구를 수록한 통합 소프트웨어 패키지이다. JWS는 저비용으로 짧은 기간내에 결과를 도출할 수 있는 장점이 있는 반면 데이터 신뢰성이 미흡하여 이를 적용하기 위해서는 관련 분야 전문가그룹이 필요하다. 한국군도 2017 년 JWS 의 일부를 도입하여 사용하고 있다.

7.6.12 한국국방연구원의 보정방법론

한국국방연구원(KIDA: Korea Institute of Defense Analyses)의 보정 방법론 절차는 다음과 같다.

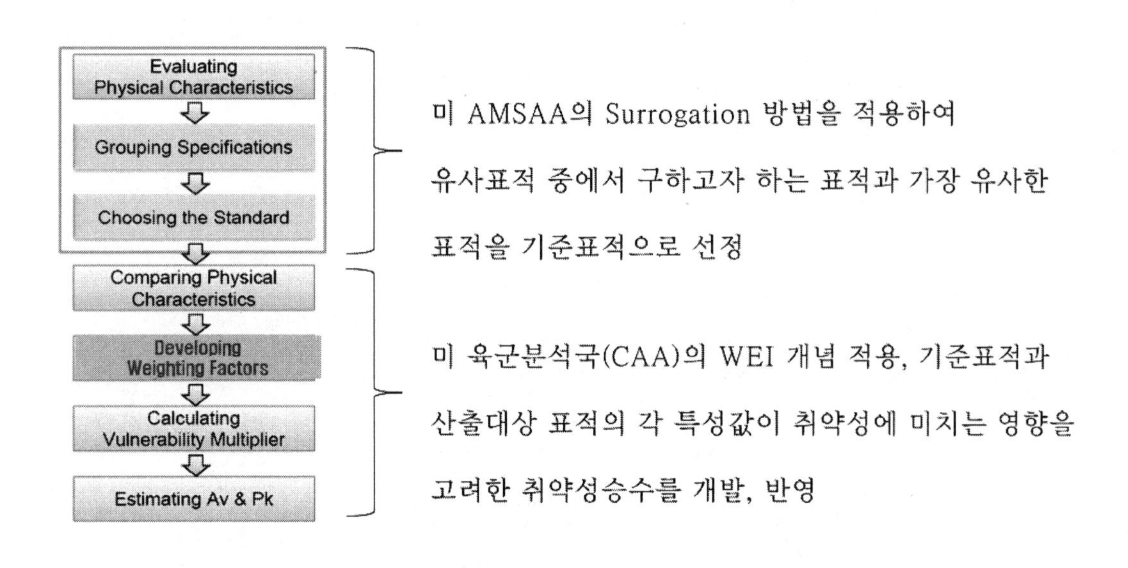

그림 7.63 KIDA 의 보정 방법론

그러나 이 방법은 미 AMSAA 의 방법론에 취약성승수를 추가 반영했으나, 적용이 어렵고 적용사례 없는 단점이 있으며 무기체계/탄약효과 산출 전문가그룹이 필요하며 산출 결과에 대한 신뢰성 평가가 제한된다.

7.6.13 기존 무기체계와 표적 데이터를 기반으로 추정하는 방법

최연호(2018)는 시뮬레이션 기반 탄약효과 예측방법론을 제시하였다. 이 방법은 JMEM 의 유사표적자료를 이용 새로운 무기가 표적에 대한 취약면적(A_V) 계산하고 사격시험평가자료를 이용하여 명중확률(P_H)을 계산한다.

최연호가 제시한 방법론의 예는 다음과 같다. 미 M-60 전차의 105mm AP 탄의 T-62 전차의 탄약효과는 JMEM 에 포함되어 있다. 새로 개발한 한국군

전차 3 의 120mm HEAT 탄의 T-62 전차에 대한 탄약효과를 알고자 한다. 앞에서 설명한 JMEM 방법론 과정으로 탄약효과를 산출하는 것은 많은 비용과 시간과 노력이 소요된다. 따라서 기존에 알고 있는 M-60 전차의 탄약효과 자료로 새로운 무기의 효과를 추정하는 방법이다.

최연호가 제시한 절차는 표적의 노출면적을 계산하고 알고 있는 JMEM 데이터를 이용하여 회귀분석으로 표적의 취약면적을 계산한다. 다음으로 회귀분석 방법으로 산출대상 무기에 의한 표적 취약면적으로 전환한 다음 국방과학연구소의 사격시험평가자료로 Monte Carlo 시뮬레이션 방법으로 살상확률과 명중확률을 구하는 것이다.

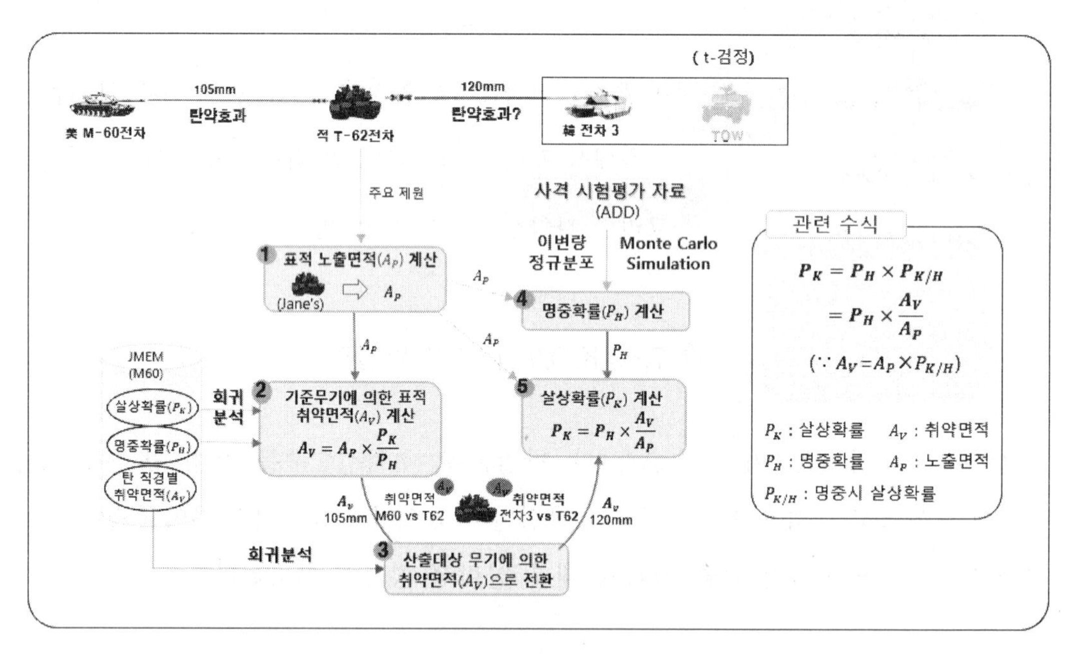

그림 7.64 최연호 방법

산정 방법 및 절차

단계 1: 노출면적(A_P) 계산: Jane's 연감의 주요 제원 활용 노출면적 계산

단계 1 은 ① 표적의 제원을 위한 자료 수집, ② 표적의 정면과 측면(00°, 90°) 면적 계산, ③ 정면과 측면 이외 방위각 면적 계산 순으로 이루어진다. 표적의 제원을 확인하기 위해 먼저 Jane's 연감의 도면 및 주요제원을 확인하고 정면과 측면의 면적을 도면 및 제원을 확용하여 계산한다. 이때 상용 소프트웨어인 포토샵의 픽셀 계산법을 적용한다. 이러한 계산을 통해 노출면적을 추정할 수 있다.

① 제원 자료 수집

: Jane's 연감의 도면(그림) 및 주요 제원

※ 참고 : Jane's Land Warfare Platforms(2014-2015)

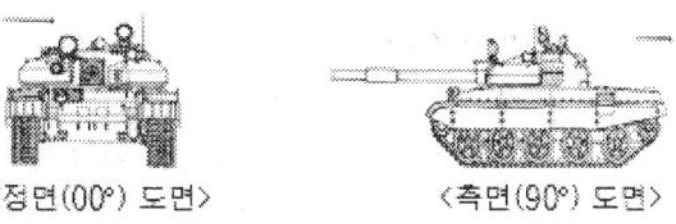

② 정면과 측면(00°, 90°) 면적 계산 : 도면 및 제원 활용(포토샵 픽셀 계산법)

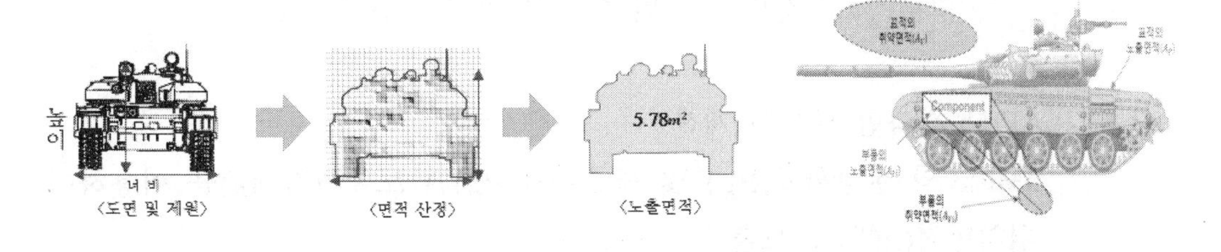

그림 7.65 표적 제원 수집과 정면·측면 면적계산

정면과 측면 이외의 각도는 30 도부터 30 도 간격으로 정면과 측면 면적의 투사면적을 이용하여 계산한다. 투사면적 계산시는 그림 7.66 에서 제시하는 것 같이 Cosine 공식을 이용하면 쉽게 해당 각도의 면적을 찾을 수 있다.

③ 정면과 측면 (00°, 90°) 이외 방위각(30°, 60°, 120°, 150° 등) 면적 계산
: 정면과 측면 면적의 투사면적 이용 계산

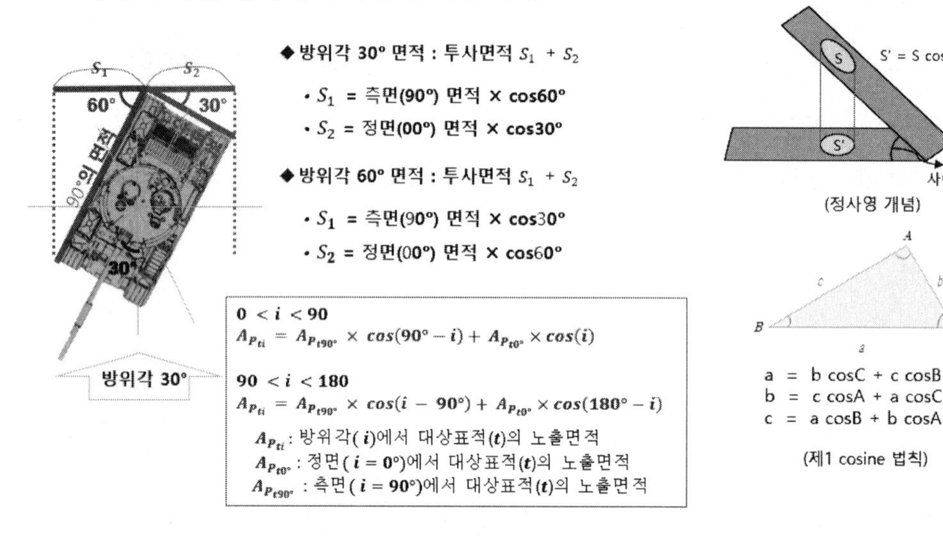

그림 7.66 정면과 측면 이외의 방위각 면적 산출

단계 2: AP 탄 취약면적(A_v^{AP}) 계산

JMEM 의 살상확률(P_K) 및 명중확률(P_H)과 노출면적(A_P)을 이용하여 취약면적(A_v^{AP})을 도출

단계 2 는 AP 탄의 취약면적을 계산하고 살상확률 및 명중확률과 노출면적을 이용하여 취약면적을 도출하는 단계이다. 단계 1 에서 계산된 노출면적을 기초로 JMEM 에 나와 있는 살상호가률과 명중확률로 취약면적 값을 산출한다.

① 단계 1 에서 계산된 표적의 노출면적(A_p)

② JMEM 자료 수집: 살상확률(P_K), 명중확률(P_H)

③ 탄약효과 관련 수식에 ①과 ②의 자료 대입하여 105mm AP 탄에 대한

취약면적(A_v^{AP}) 값 계산

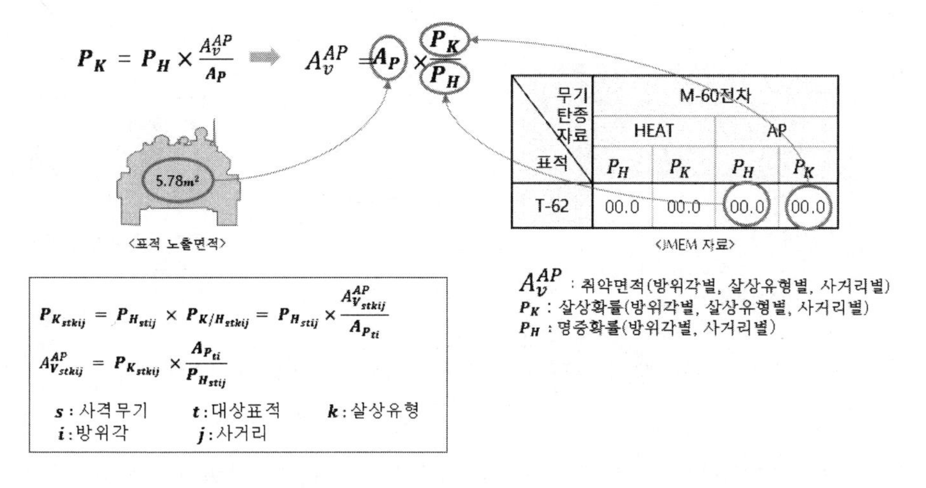

그림 7.67 AP 탄 취약면적(A_v^{AP}) 계산

HEAT 탄에 의한 취약면적(A_v^{HEAT}) 계산

① 취약면적(A_v^{AP})과 노출면적(A_p) 비율 β_1 설정

β_1은 취약면적과 노출면적이 거리에 무관하게 일정하다.

$$P_K = \frac{A_v^{AP}}{A_P} \times P_H \rightarrow P_K = \beta_1 \times P_H \rightarrow \beta_1 = \frac{P_K}{P_H} = \frac{A_v^{AP}}{A_P}$$

$$\beta_1 = \frac{P_{K_{stkij}}}{P_{H_{stij}}} = \frac{A_{V_{stkij}}^{AP}}{A_{P_{ti}}}$$

$$A_{V_{stkij}}^{AP} = \beta_1 \times A_{P_{ti}} \, (\beta_0 = 0)$$

$\boldsymbol{s}$(사격무기), t(대상표적), k(살상유형), i(방위각), j(사거리)

② JMEM의 살상확률(P_K)과 명중확률(P_H) 자료를 회귀분석하여 β_1값 계산 후 취약면적(A_v^{AP}) 계산

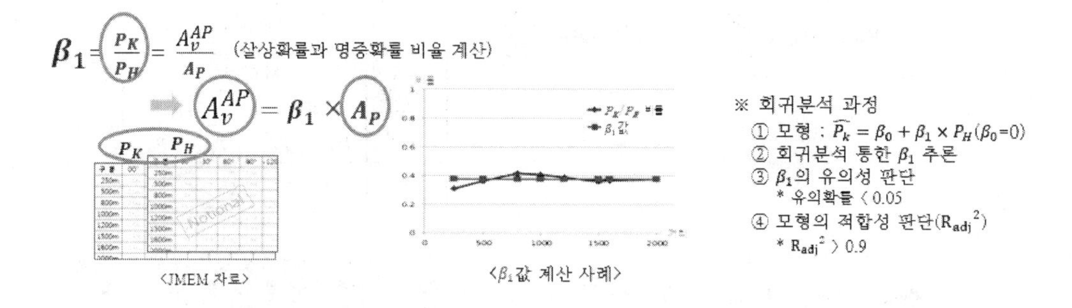

그림 7.68 HEAT 탄에 의한 취약면적(A_v^{HEAT}) 계산

살상확률과 명중확률의 산포도 및 추정식은 회귀분석기법으로 도출한다.

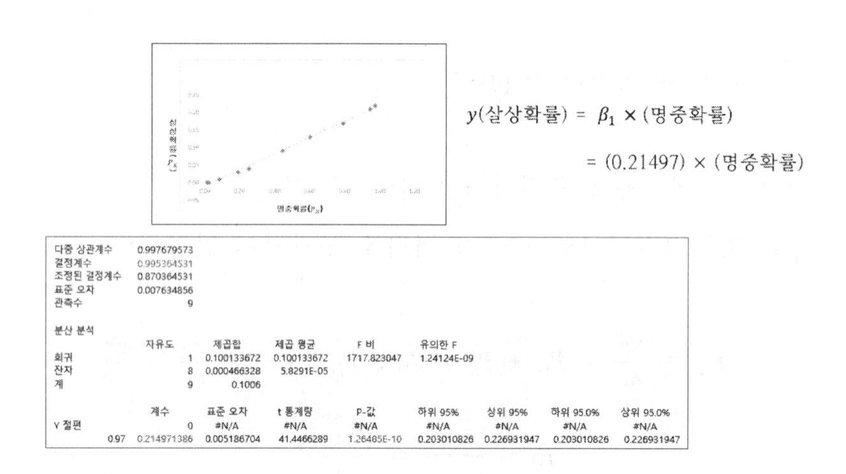

다중 상관계수	0.997679573
결정계수	0.995364531
조정된 결정계수	0.870364531
표준 오차	0.007634856
관측수	9

분산 분석

	자유도	제곱합	제곱 평균	F 비	유의한 F
회귀	1	0.100133672	0.100133672	1717.823047	1.24124E-09
잔차	8	0.000466328	5.8291E-05		
계	9	0.1006			

		계수	표준 오차	t 통계량	P-값	하위 95%	상위 95%	하위 95.0%	상위 95.0%
Y 절편		0	#N/A	#N/A	#N/A	#N/A	#N/A	#N/A	#N/A
	0.97	0.214971386	0.005186704	41.4466289	1.26485E-10	0.203010826	0.226931947	0.203010826	0.226931947

그림 7.69 살상확률과 명중확률의 산포도 및 추정식 도출

단계 3: 탄 직경별 전환비율을 적용하여 산출대상 무기체계 취약면적 (A_v^{HEAT})으로 전환

① Kill Type 및 탄 직경별 A_v^{HEAT}값 비율 획득

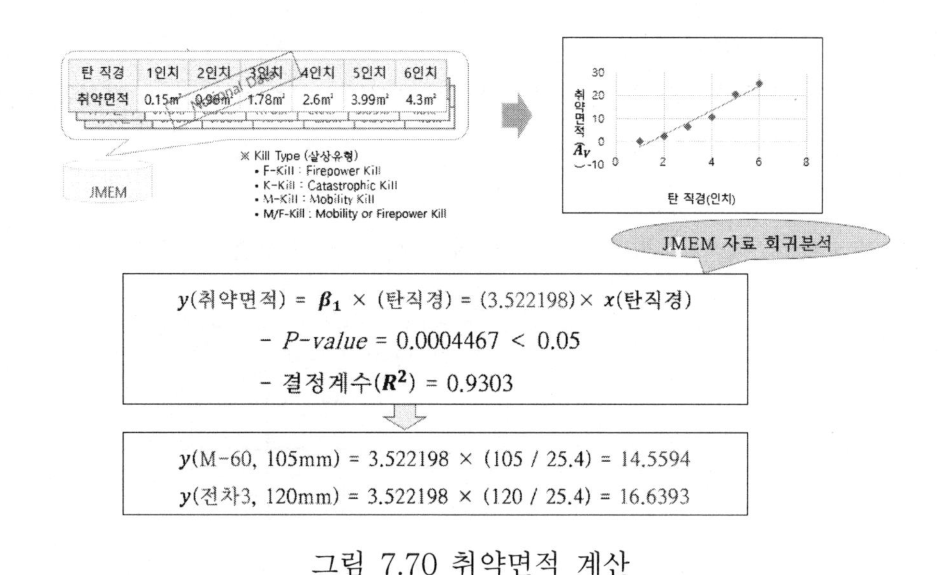

그림 7.70 취약면적 계산

② 105mm A_v^{AP}값에 비율 적용하여 120mm A_v^{HEAT}값 계산

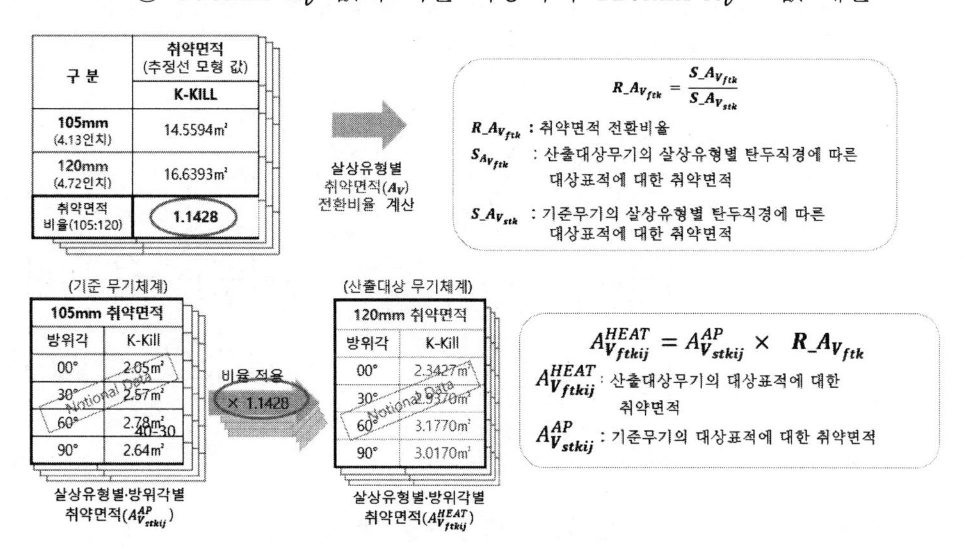

그림 7.71 산출대상 무기체계 취약면적 (A_v^{HEAT})으로 전환

단계 4: 명중확률(P_H) 계산

국방과학연구소의 탄약 분산도 시험평가 자료를 이변량 정규분포를 활용하여 명중확률 계산

① 명중확률 공식을 적용시키기 위해 직사각형 표적으로 변환

※ 너비(3.3m)와 높이(2.4m)를 고려한 비율(2.82 : 2.05) 적용
a(2.82m) × b(2.05m) = 5.78㎡

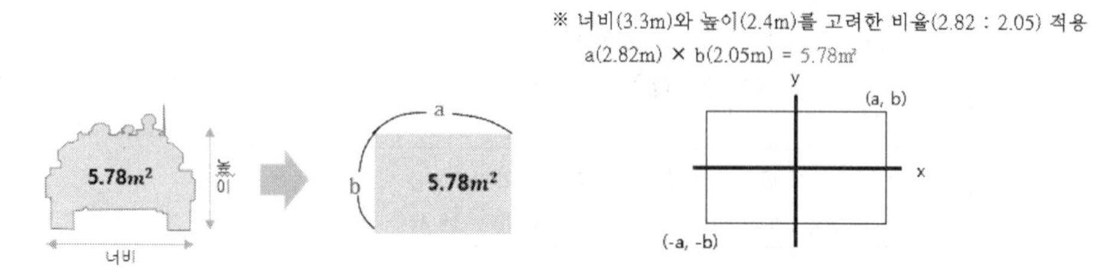

그림 7.72 표적을 직사각형으로 변환

② 직사각형 명중확률 공식에 a, b, σ값을 대입하여 명중확률 계산

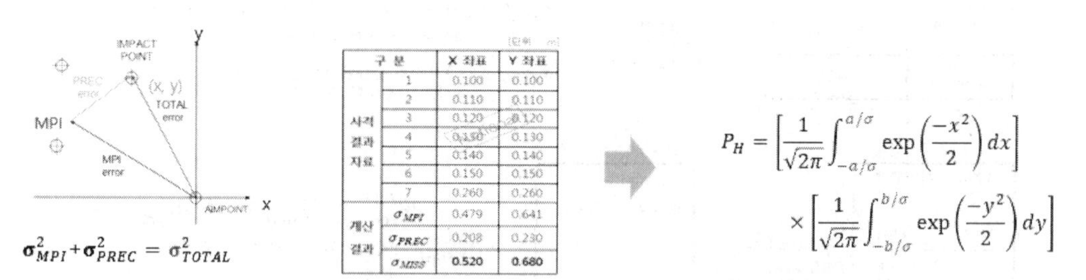

[단위 : m]

구 분		X 좌표	Y 좌표
사격 결과 자료	1	0.100	0.100
	2	0.110	0.110
	3	0.120	0.120
	4	0.130	0.130
	5	0.140	0.140
	6	0.150	0.150
	7	0.260	0.260
계산 결과	σ_{MPI}	0.479	0.641
	σ_{PREC}	0.208	0.230
	σ_{MISS}	**0.520**	**0.680**

$$P_H = \left[\frac{1}{\sqrt{2\pi}}\int_{-a/\sigma}^{a/\sigma}\exp\left(\frac{-x^2}{2}\right)dx\right] \times \left[\frac{1}{\sqrt{2\pi}}\int_{-b/\sigma}^{b/\sigma}\exp\left(\frac{-y^2}{2}\right)dy\right]$$

- MPI(Mean Point of Impact) error : 평균탄착중심점 오차
- PREC(PREcision) error : 평균탄착중심점으로부터의 탄 오차

그림 7.73 명중확률 계산

단계 5: 살상확률($P_{K_{ftkij}}$) 계산.

계산된 표적의 노출면적/취약면적을 이용하여 사격무기의 표적에 대한 명중확률을 계산

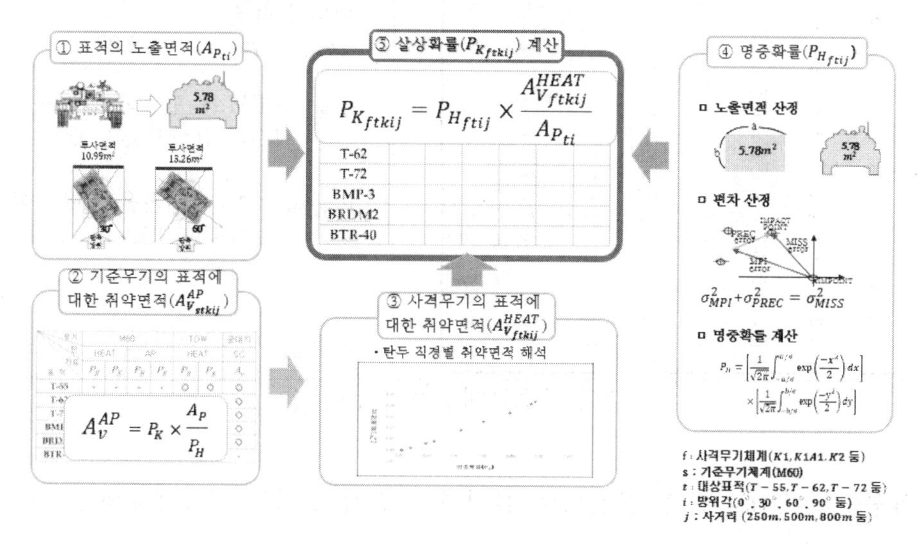

그림 7.74 살상확률($P_{K_{ftkij}}$) 계산

단계 6: **탄약효과 산출 및 검증**

제시한 방법론이 타당한지를 검증하는데 연구방법론에 따라 산출대상 무기체계의 탄약효과를 산출하고 이를 JMEM 의 실제 자료와 비교하는 것으로 하였다. 검증방법으로는 대응표본 t-검정을 사용하였고 두 표본의 평균차가 10% 범위 내에 있는 지를 검증하였다.

검증대상 무기체계와 표적은 JMEM 에 탄약효과자료가 있는 것으로 선정하였으며 다음과 같다.

표 7.28 검증대상 무기체계와 표적

무기체계(1종)		TOW(대전차 유도무기, 152mm)
표적(3종)	전 차(1종)	T-62
	장갑차(2종)	BMP-3, BRDM-2
탄 약(1종)		HEAT탄(성형작약탄)

구분	방위각	T-62 JMEM자료	T-62 산출결과	BMP-3 JMEM자료	BMP-3 산출결과	BRDM-2 JMEM자료	BRDM-2 산출결과
F-Kill	0°	0.22	0.21	0.1	0.14	0.2	0.21
	30°	0.28	0.36	0.11	0.17	0.22	0.23
	60°	0.27	0.36	0.09	0.14	0.22	0.23
	90°	0.27	0.34	0.11	0.16	0.21	0.23
	120°	0.26	0.13	0.11	0.16	0.21	0.23
	150°	0.24	0.12	0.11	0.15	0.19	0.21
	180°	0.12	0.13	0.15	0.16	0.12	0.11
K-Kill	0°	0.12	0.12	0.18	0.17	0.17	0.12
	30°	0.16	0.19	0.18	0.18	0.17	0.16
	60°	0.15	0.23	0.18	0.17	0.16	0.16
	90°	0.16	0.24	0.18	0.17	0.13	0.12
	120°	0.17	0.07	0.18	0.17	0.14	0.14
	150°	0.14	0.05	0.15	0.16	0.1	0.12
	180°	0.2	0.21	0.26	0.26	0.2	0.21
M-Kill	0°	0.23	0.26	0.29	0.29	0.22	0.23
	30°	0.26	0.35	0.28	0.29	0.22	0.23
	60°	0.26	0.36	0.27	0.28	0.22	0.23
	90°	0.25	0.36	0.28	0.29	0.21	0.23
	120°	0.26	0.29	0.29	0.29	0.22	0.23
	150°	0.26	0.36	0.26	0.26	0.2	0.21
	180°	0.18	0.18	0.17	0.19	0.17	0.18

Notional Data

○ 귀무가설(H_0)

$\mu_{Tow} - \mu_{152mm} \geq 0.02$

○ 대립가설(H_1)

$\mu_{Tow} - \mu_{152mm} < 0.02$

μ_{Tow}: JMEM에 수록되어 있는 TOW 살상확률의 평균

μ_{152mm}: 연구방법론을 적용하여 산출한 152mm 살상확률의 평균

* $\mu_{Tow} \times 0.1 = 0.02$

그림 7.75 대응표본 t-검정

유의수준 α=0.05, 단측 검정으로 실시한 t-검정 결과는 표 7.29와 같다.

표 7.29 t-검정 결과

구 분	T-62 JMEM data	T-62 산출 data	BMP-3 JMEM data	BMP-3 산출 data	BRDM-2 JMEM data	BRDM-2 산출 data
평 균()	0.212	0.234	0.187	0.202	0.186	0.191
자유도	20		20		20	
t 통계량	-2.53548		-6.97369		-7.36897	
P-value	0.00984		4.54E-07		2.02E-07	
t 기각치 (단측검정)	1.725		1.725		1.725	

t 통계량(-2.53548, -6.9769, -7.36897) < *t* 기각치(-1.725) 이고 *P-value* (0.00984, 4.54E-07, 2.02E-07) <유의수준(α= 0.05)이므로 귀무가설(H_0) 기각을 기각하고 대립가설(H_1)을 채택하게 된다. 따라서 연구방법론에 의한 탄약효과 산출결과는 JMEM에 있는 자료와 10% 오차 범위 내에 있다는 것을 알 수 있다.

7.7 지상전 워게임의 근접전투 모의논리

지상군 군단급 전투모델인 '창조 21'에는 다음과 같은 근접전투 모의논리로 모의가 이루어지고 있다. 먼저 부대가 이동하여 전투지역으로 진입해서 적을 찾는 탐지활동이 이루어진다. 적과 근접하여 피아간에 전투집합이 형성되면 화력을 할당하여 종심전투를 실시하고 전문가 시스템으로 근접전투를 실시한다. 교전 이후에는 손실을 계산하고 피해평가를 하며 전투력을 갱신한다. 만약 유린조건이 발생하면 한측이 다른 한측을 유린하여 적 전투력을 저하시킨다.

전투력 수준에 따라 부대의 태세 전환 여부를 검토해서 태세 전환점에 도달하면 부대 태세를 전환한다. 전투가 진행됨에 따라 인원, 장비, 탄약, 유류와 같은 자원이 손실과 소모가 발생하여 전투력이 저하되고 지속적인 전투지속능력 보장을 위해 보충을 실시한다.

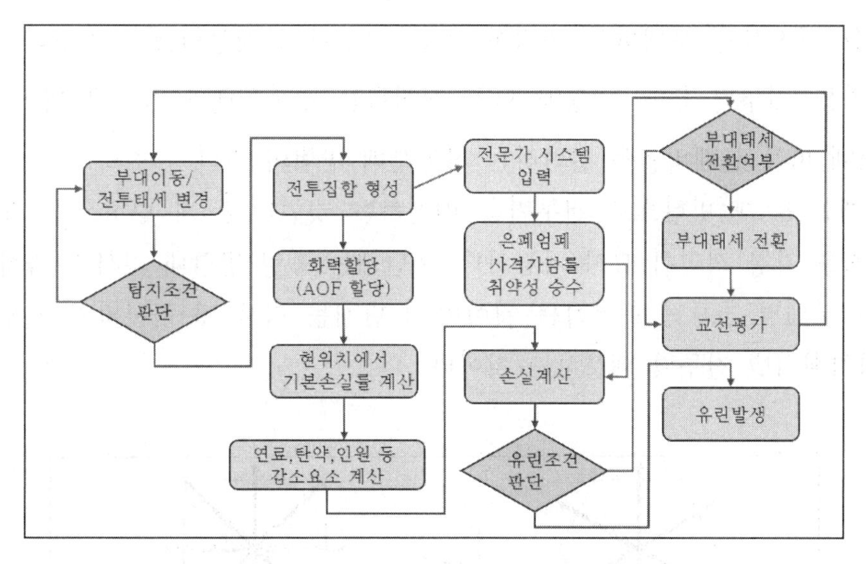

그림 7.76 창조 21 모델의 전투진행 절차

적대관계인 부대가 보유 직사화기 사거리내 근접시 자동교전이 되는 교전조건이 성립한다. 이 때 각 측의 전투력 지수는 부대보유 전투장비수와 전투장비별 전투력 지수를 곱해서 계산하며 전투력은 다음 식에 의해 계산한다.

$$전투력(\%) = (부대\ 현\ 전투력\ 지수/완편\ 전투력\ 지수) \times 100$$

하나의 전투집합은 적대부대가 최초 교전을 실시할때 생성되고 다른 부대가 교전에 참여하면 전투집합에 포함된다. 한 부대가 서로 다른 전투집합내에 적 부대와 교전시 전투집합은 하나로 통합되어 새로운 전투집합 형성하게 된다.

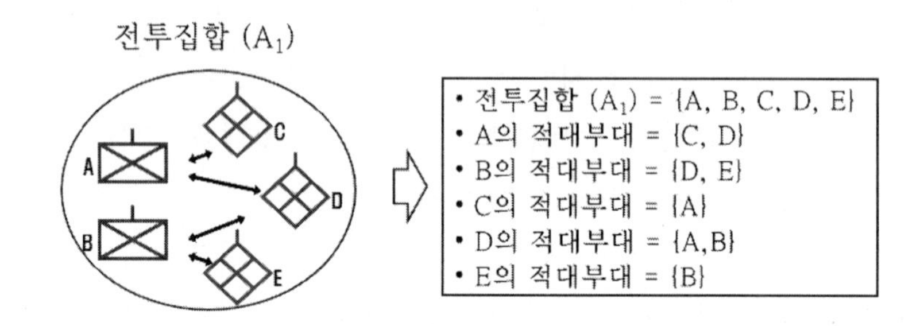

그림 7.77 근접전투 전투집합 형성

전투력 분배은 전술적 상황에 따라 적 방향 지향 전투력을 적용하는 것으로 전투손실 산정시와 부대방향 변경시 점검 전투력 분배상태를 점검한다. 전투력 분배방법은 '전투력 분배' 명령에 의거 실시하는 수동분배와 공격과 방어 명령시 적 위협에 따른 분배비율을 입력하는 자동분배 방법이 있다.

1 단계는 8 개 방향으로 전투력을 배분하는 것인데 8 개 방향은 전방, 측방, 후방배치를 가장 적절히 묘사 가능하다. 2 단계는 동일 방향내 직사와 곡사화기에 대해 적 부대별 전투력 배분하는 것이며 3 단계는 직사 및 곡사화기 전투장비에 대해 장착화기별 전투력 배분하는 것이다.

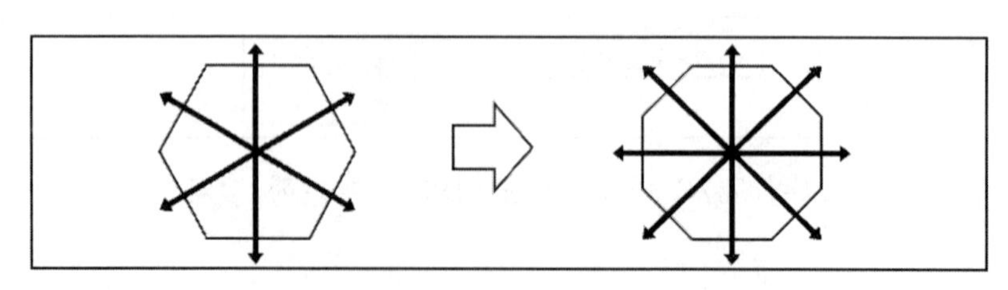

그림 7.78 전투력 지향 방향

전투력 자동분배 예시는 다음과 같다. 그림 7.79 와 같이 하나의 Blue Force 부대는 8 개 방향으로 전투력을 분배하고자 한다. Blue Force 부대의 정면에 주위협과 측면에 차위협이 5 와 3 으로 존재하는데 주위협에는 공격으로 차위협에는 엄호가 요구된다. 경위협은 6 개 방향으로 차장임무가 요구된다. Blue Force 부대의 전술적 임무별로 전투력을 할당하는데 공격에 72%, 주위협에 대비한 전투력을 17%, 차위협에 대한 전투력을 7%, 경위협에 대한 전투력을 4%로 할당하기로 한다.

2 단계로 적 위협별 전투력을 할당하는데 공격전력 비율(CP_a)은 72%로 정해져 있고 주위협에 대비한 전투력 비율(CP_p)는 전체 전투력에서 CP_a 를 제한 (1-0.72) 비율을 전체 위협 대비 주위협 비율을 곱해서 결정한다. 따라서 $CP_p = \left(\frac{17\times5}{17\times5+7\times3+4\times6}\right)\times(1-0.72)=0.183$ 이 된다. 동일한 방법으로 차위협에 대비한 전투력 비율 CP_c는 $\left(\frac{7\times3}{17\times5+7\times3+4\times6}\right)\times(1-0.72)=0.045$로 경위협에 대비한 전투력 비율 CP_s는 $\left(\frac{4\times6}{17\times5+7\times3+4\times6}\right)\times(1-0.72)=0.052$가 된다.

3 단계로 각 방향별 전투력을 조정하는데 공격방향 할당은 최초로 할당된 0.72 와 적 위협별 전투력 할당된 비율 0.183 이 주위협을 대비하는 능력과 주위협에 대한 비율을 더해 결정한다. 따라서 공격방향 할당 전투력 비율은 $0.72+\left(\frac{5}{5\times0.183}\right)=0.903$ 이 된다. 동일한 방법으로 엄호방향 할당은 $\left(\frac{3}{3\times0.045}\right)=0.045$이며 차장방향 할당은 $\left(\frac{1}{6\times0.052}\right)=0.0086$이 된다.

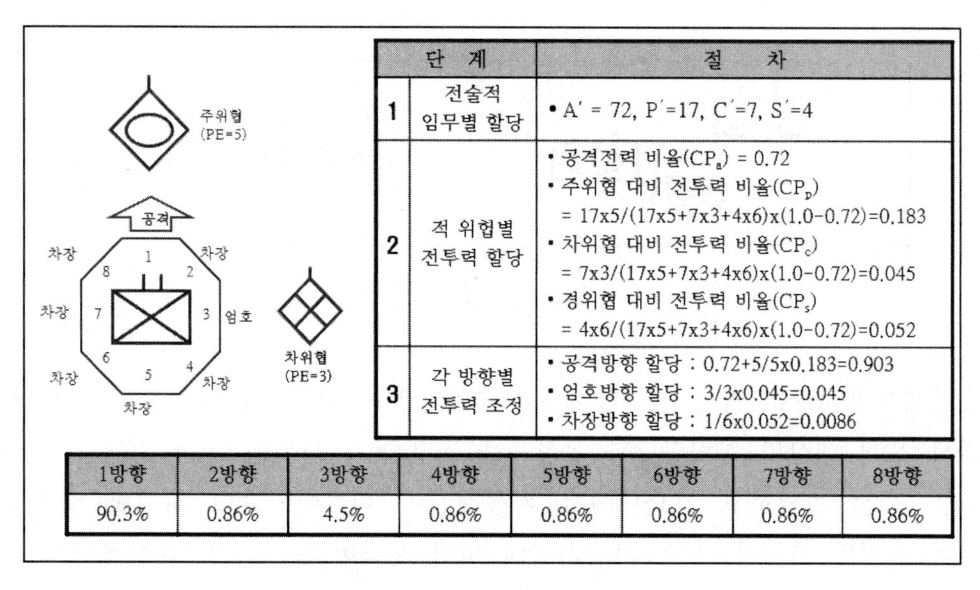

단 계		절 차
1	전술적 임무별 할당	• A′ = 72, P′=17, C′=7, S′=4
2	적 위협별 전투력 할당	• 공격전력 비율(CP_a) = 0.72 • 주위협 대비 전투력 비율(CP_p) = 17x5/(17x5+7x3+4x6)x(1.0-0.72)=0.183 • 차위협 대비 전투력 비율(CP_c) = 7x3/(17x5+7x3+4x6)x(1.0-0.72)=0.045 • 경위협 대비 전투력 비율(CP_s) = 4x6/(17x5+7x3+4x6)x(1.0-0.72)=0.052
3	각 방향별 전투력 조정	• 공격방향 할당 : 0.72+5/5x0.183=0.903 • 엄호방향 할당 : 3/3x0.045=0.045 • 차장방향 할당 : 1/6x0.052=0.0086

1방향	2방향	3방향	4방향	5방향	6방향	7방향	8방향
90.3%	0.86%	4.5%	0.86%	0.86%	0.86%	0.86%	0.86%

그림 7.79 전투력 지향방향으로 전투력 할당

임무 및 태세 전환기준은 다음과 같다. 먼저 임무는 부대가 최종적으로 지시받은 명령을 나타내는데 공격, 방어, 이동, 철수, 소멸이며 태세는 부대가 현재 무엇을 수행중인가를 나타내는 것인데 공격, 방어, 철수, 이동, 급편방어, 임무수행 불가, 접적이동, 소멸을 나타낸다. 전투태세 전환여부를 결정하는 것은 전투력 수준이고 태세 전환 기준은 다음과 같다. 먼저 공격에서 방어로 전화되는 전투력 수준은 30%이며 방어에서 철수로 태세가 전환되는 기준은 전투력이 20%이며 철수에서 무력화로 전환되는 기준은 11%이며 소멸은 10%이다. 공격에서 방어로 전환과 방어에서 철수로의 전환 기준은 조정이 가능하나 철수에서 무력화, 무력화에서 소멸 기준은 조정이 불가능하다.

유린은 한쪽 부대가 압도적인 전투력 보유시 교전평가를 종결하기 위해 사용한다. 월등한 전투력을 보유한 부대가 약한 방어부대와 비현실적으로 장기간 전투하는 것을 방지하기 위해 적용하는 정상유린이 있고 공격중인 부대가 공격기세를 유지하기 위해 적용하는 자동유린이 있다.

공자가 방자의 부대 반경내로 공격할 경우 유린을 시도하는데 유린 성공시는 적 부대가 소멸되고 실패시는 이동이 취소되어 재계획을 하여야 한다. 상대적 전투력 생존시간 비율이 25 배 이상 압도적으로 차이가 나야 유린의 조건이 성립한다.

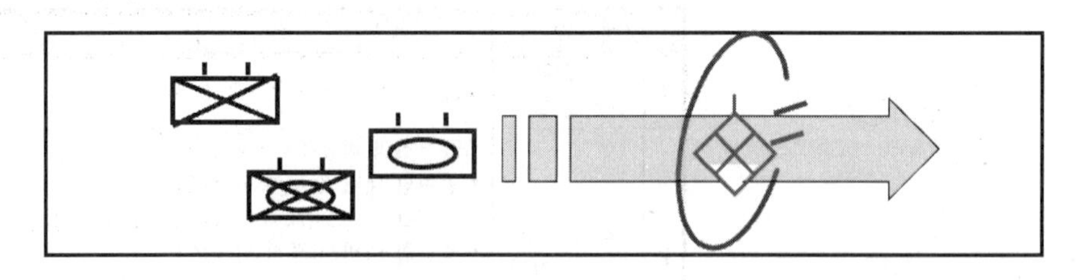

그림 7.80 유린 상황

손실계산의 묘사단위는 전투장비에 장착된 세부 무기체계 수준으로 묘사한다. 따라서 표적 대상별 화력할당과 살상률을 적용한다. 화기별 살상 가능한 표적에 화력을 우선 할당하고 모델내에서 자동계산이 이루어지는데 화기별 살상가능 표적과 표적별 가중치, 살상 가능거리에 의거 화력이 분배된다. 손실계산시 포함 요소는 표적의 취약성, 사격률, 장비 가동률, 부대형태, 방어진지, 은폐·엄폐 정도,

보병과 전차 협동승수, 지형 및 기상, 간접화력에 의한 제압정도, 연막, 전투효율 등이다.

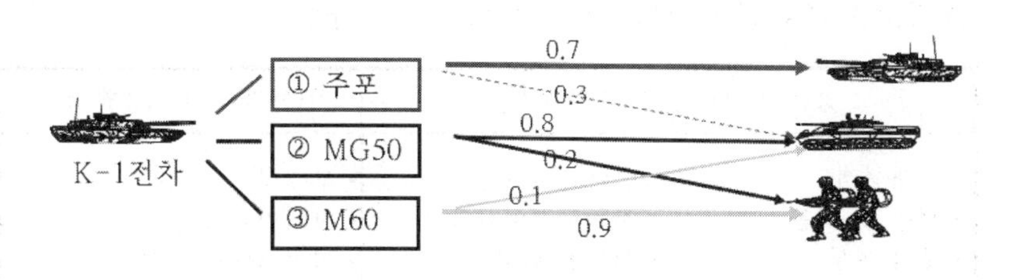

그림 7.81 손실계산 묘사 단위

창조 21 모델에서 사용하는 근접전투 피해평가 모듈은 근접전투 전문가 시스템 (COBRA: Combat Outcome Based on Rules for Attrition)이다. COBRA 는 직접사격에 의한 근접전투에 영향을 주는 다양한 정성적 요인들의 복잡한 상호종속성을 반영하기 위해 고안되었다. COBRA 는 전투능력, 적 전투력 지향방향, 전투환경, 차량연막및 연막 발사기 사용, 사기, 방어진지, 제병협동 승수값, 전투효율성, 부대제압정도, 은폐·엄폐, 표적획득 능력, 전술적 기동성 요소 12 가지 독립적인 규칙에 의해 처리되는데 전투집합 형성후 전투집합내의 각 부대에 대한 부대와 지형자료가 전문가 시스템에 입력되어 부대의 취약성과 사격가담 비율에 따라 교전 결과에 따른 손실 및 피해가 발생한다. 근접전투 손실 평가 방법의 절차는 그림 7.82 와 같다.

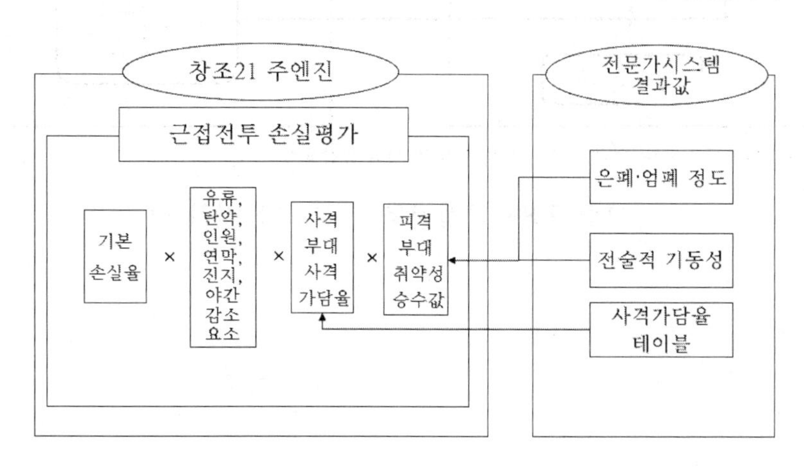

그림 7.82 근접전투 손실평가 절차

근접전투 전문가 시스템 입력 자료는 표 7.30과 같다.

표 7.30 근접전투 전문가 시스템 입력 자료

평가(피격) 부대(41개 항목)		적(사격) 부대(22개 항목)
• 부대형태 • 시간 및 기온 • 주야 여부 • 기동부대 여부 • 제대규모 • 소대상당수 • 보병과 기갑 혼합비율 • 부대의 승하차 여부 • 현 전투력 수준 • 부대전개 여부	• 방어진지 수준 • 지원사격실시여부 • 심리전 취약성 • 식량/유류 고갈여부 • 교전 지속시간 • 간접사격 피제압 정도 • 부대이동속도 • 부대전투태세 • 연막차장여부 • 지형 상태 및 도시화정도 등	• 부대명 • 방어진지 점령여부 • 피격부대의 위치 • 적의 사격하 이동 여부 • 하차보병 비율 • 전투 교전거리 • 피/아 부대간 교전거리 등

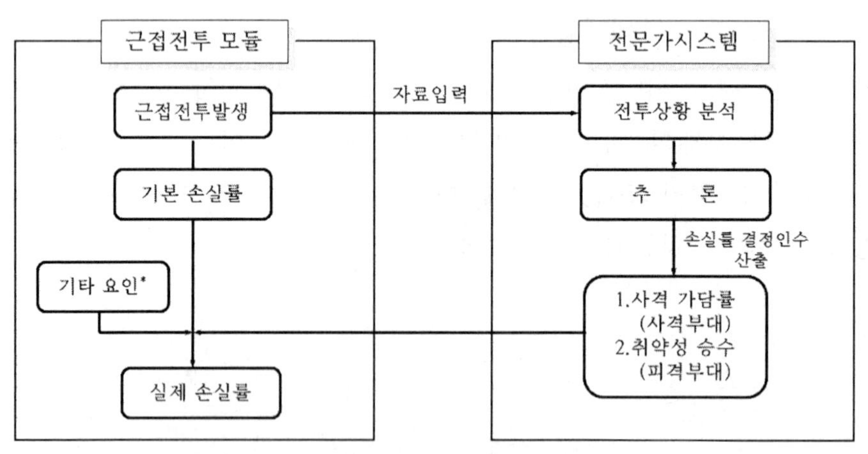

그림 7.83 근접전투 손실평가 절차(1)

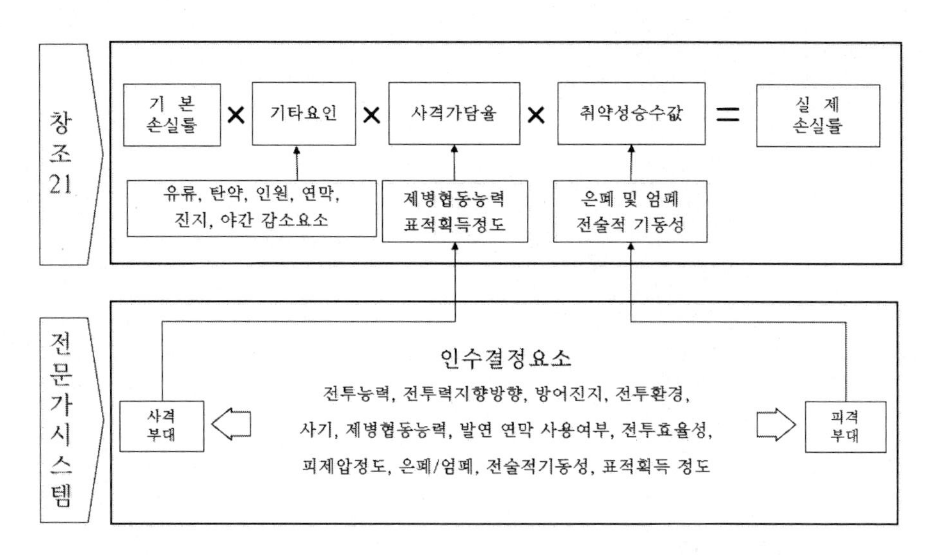

그림 7.84 근접전투 손실평가 절차(2)

제8장

전투개체 지상이동 모의

8.1 개체 이동 모델링

8.1.1 이동 모델링 개요

워게임에서 부대나 전투원 등 개체는 이동을 통해 전투지역으로 진입하거나 전투결과에 의해 후방으로 철수하는 이동을 하기도 한다. 또는, 강력한 전투력 집단을 구성하기 위해 집결하기도 한다. 나폴레옹은 적극적인 외선작전을 선호하여 각 부대가 어디에 있든지 결정적인 국면에서는 전투력을 집결하는 능력을 보였다. 한국전쟁의 낙동강 방어선에서는 미 8 군 사령관 워커 장군이 내선작전을 통한 전투력 집결을 도모하여 낙동강 방어선을 효과적으로 지탱하였다.

이렇듯 모든 부대나 전투원은 작전적 필요에 따라 해당 지역으로 이동한다. 워게임에서도 이러한 전술행위를 묘사하는데 지형과 기상, 전투준비 등 다양한 요소가 적용되어 이동경로와 시간이 결정된다.

부대나 전투원 같은 개체의 이동 모델링을 위한 구성요소는 다음과 같다.

1. 상태
   가. 진행상태(Go), 정지상태(Stop), 지연상태(Timed)
2. 이동결과 변수
   가, 위치(L), 시뮬레이션내의 시간(T)
3. 이동결과 산출을 위해 필요한 변수
   가, 이동속도(V), 이동거리(D), 이동시간(t)

전투 개체 이동 명령은 사용자의 입력에 의한 명령과 전투상황에 따라 자동적으로 생성되는 자동명령으로 구분된다. 사용자 명령은 전술적 및 행정적 부대이동과 공격명령, 방어 및 철수 명령으로 나누어지고 전투상황에 따른 명령은 강요에 의한 철수 명령, 공병부대 임무수행지역 이동명령 등이 있다.

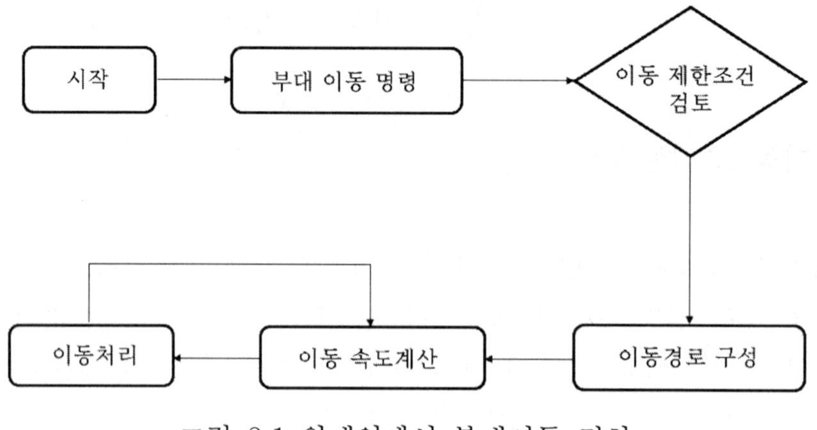

그림 8.1 워게임에서 부대이동 절차

8.1.2 정비상태와 지연상태

이동제한 조건은 다음과 같이 정지 상태 조건과 지연상태 조건이 있다. 정지 상태 조건은 다음과 같다.

1. 개체내의 무기체계가 기동력을 상실한 경우
   가. 개체가 병력인 경우는 중상, 치명상 등 부상을 입은 경우
   나. 개체가 기동력을 가진 장비인 경우는 기동력 상실 상태
   다. 개체가 사망하거나 완파 상태
2. 화학작용제에 의해 불능 상태에 있는 경우
3. 차량 개체는 연료가 모두 소모된 경우
4. 이동 경로 끝에 도달한 경우
5. 운용자에 의해 정지명령이 내려진 경우
6. 긴급사격 명령 하달된 경우
7. 부대가 방어상태로 전환시 또는 적과 교전을 개시할 경우
8. 통과불능 지역, 도섭불가한 하천장애물 또는 장애물 봉착시

지연 상태 조건은 다음과 같다.

1. 자연장애물 또는 인공구조물(건물, 장애물, 하천 등)에 봉착한 경우

2. 간접 사격 중이거나 임무를 마친 후 무기의 사격동작이 완전히 끝나지 않은 경우
3. 무기체계의 특성에 따라 직접사격을 수행중인 경우
4. 탄약 또는 유류가 재보급 중이거나 탑재, 하차 과정중인 경우
5. 근접 정비팀에 의해 무기 및 장비가 정비 또는 수리 중인 경우
6. 아군 부대에 의해 교통체증이 발생한 경우
7. 포병이나 방공부대가 진지 이탈시, 공중공격을 받고 있을 시

8.1.3 이동경로 구성

이동경로 구성은 사용자가 지정한 중간 및 목표지점, 이동하는 부대의 전투태세 및 이동방법 등의 항목에 의해 결정되며 소구간을 따라 연속적인 구간이동을 수행한다. 단위부대의 경우 출발점은 단대호의 중앙점이 되고 최단거리 경로구성 알고리즘을 사용하여 이동한다.

8.1.4 이동시간 계산

이동속도 계산은 모델에서 자동으로 계산한 이동속도에 의해 이동하는 방법과 사용자가 이동속도를 지정하여 지정된 속도로 이동하는 방법이 있다. 이동속도에 영향을 주는 요소는 부대태세 및 전투수행 여부, 부대의 화생방 보호태세 여부, 이동구간 산림, 경사도 등 지형형태, 탑승 및 하차 이동 여부, 이동구간 교통혼잡도 등이다. 묘사범위는 목적지에 도달한 때까지 지정된 경로를 따라 이동하며 지정된 경로 300m 내외의 구간단위로 이동하며 침투부대는 100m 단위로 이동한다. 구간이동시 최단거리 알고리즘을 적용하며 도로 및 야지이동을 묘사한다. 속도 제한 요소를 최대 이동속도에 곱해 부대의 이동속도를 계산한다.

표 8.1 에서 보는 것과 같이 속도제한 요소 및 감소인수는 직접사격의 경우 직접사격이 없는 경우는 1 을 곱해 속도를 그대로 유지하고 직접사격에 취약하면 0.3 을 곱해 속도를 30%로 감소한다. 이와 동일한 방법으로 간접사격, 임무형 보호태세, 부대태세 및 전투회피, 이동환경에 따라 감소인수를 곱해 부대속도에 제한을 가한다.

표 8.1 속도제한 요소 및 감소인수

명칭	내용
직접사격	없으면 (1), 양호(0.7), 보통(0.5), 취약(0.3)
간접사격	있으면(0.6), 없으면(1)
임무형 보호태세	부대활동 저하율(1.1~1.5)
부대태세 및 전투회피	부대태세(0.75~2.0) 전투회피 지정(1.5), 미지정(1.0)
이동환경	지형, 도로, 오염상태, 기상, 경사도

표 8.2 부대태세에 따른 지연인수

부대태세	행정적 이동	전술적 이동	공격	강요 철수	무능력
감소인수	1.0	1.5	1.0	0.75	2.0

시간지연 요소에는 장애물 지연, 포병전개/이동준비, 교통 혼잡지연 등이 있다. 지상이동 처리절차는 다음과 같다. 지상이동 모의개념은 중간 및 목표지점, 부대의 전투태세, 이동 방법 등에 의하여 결정된다. 300m 내외의 구간이동, 최단거리 알고리즘으로 경로를 생성하고 장애물 봉착, 새로운 지상이동 명령수령, 연료 고갈, 교전시 정지된다.

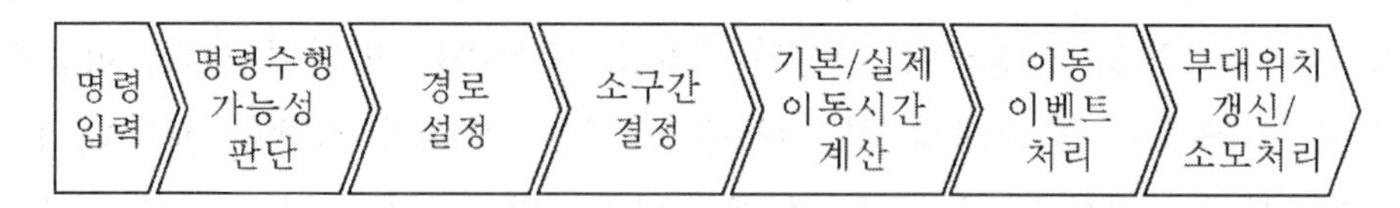

그림 8.2 지상이동 처리절차

지상이동의 개략적 알고리즘은 다음과 같다.

1. 개체는 이동거리를 추정
2. 이 거리만큼 이동하는데 있어서 방해되는 하천, 건물, 지뢰지대 등 정지 조건이 있는지 검사
3. 지형지물과 기타 요인을 고려하여 개체의 이동속도를 결정
4. 이동거리 및 속도를 이용하여 이동 소요시간을 결정
5. 이동 시간을 이용하여 개체의 다음 번 이동갱신 시간을 결정하고

이동거리를 이용하여 현재 위치 갱신

지상 이동거리 산출 알고리즘은 다음과 같다.

1. 개체의 무기체계 및 차륜차량, 궤도차량, 도보 등과 같은 이동유형과 주야간 여부 확인
2. 최대 이동가능거리 확인
3. 최대 이동거리내에 정지요소가 있으면 정지요소 이전까지를 이동거리로 설정

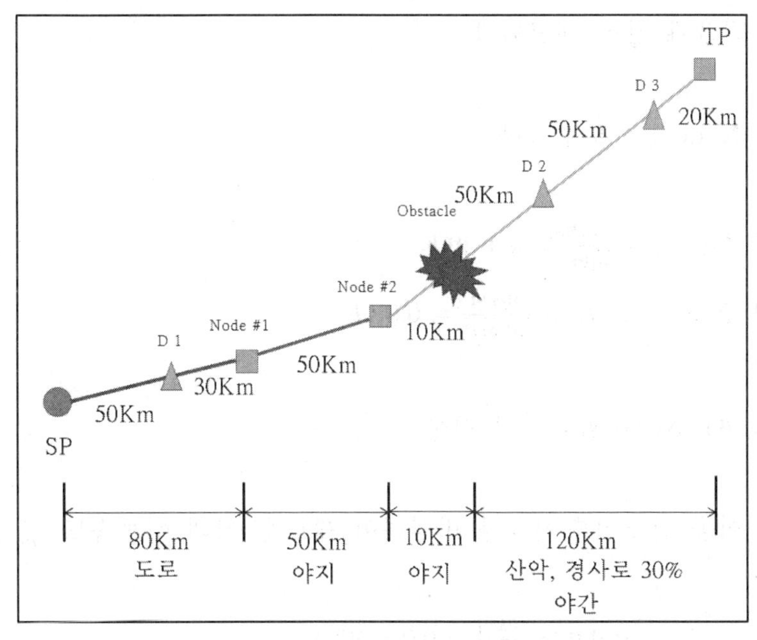

그림 8.3 최대 이동거리를 50km로 설정시

표 8.3 야지 및 야간상황 감소인수

구분	야지	야간상황
감소인수	0.9	0.6

그림 8.3 에 제시된 예를 가지고 이동속도를 산출하는 알고리즘을 설명한다. 먼저 개체별 최적조건하에서 최고이동속도(V_{max})를 확인한다. 그 다음, 각 상황에

따라 최대속도 V_{max} 에 감소인수를 곱하여 이동속도 V 를 산출한다. 야간상황과 지형속성, 경사로, 임무형 보호태세에 따라 감소인수를 곱한다.

- 야간상황: 야간속도 감소인수$(r_n) \times V_{max}$
- 지형속성(산림인수, 도시지역, 일반지역): 지형속도 감소인수 $(r_t) \times V_{max}$
- 경사로 이동: 경사로 이동속도 감소인수 $(r_s) \times V_{max}$

  $(r_s)=1-(0.01 \times \text{경사도})$
- 임무형 보호태세(MOPP) 상황: MOPP 이동속도 감소인수$(r_M) \times V_{max}$

전차의 최대속도가 $V_{max} = 36\,km/h$ 라고 가정하자. 그러면 각 구간별 이동시간은 다음과 같이 계산된다.

○ SP - Node 1: 도로 이동

SP-D1: $t_1 = \frac{50km}{36km/h} = 1.39\,h$

D1-Node #1: $t_2 = \frac{30km}{36km/h} = 0.83\,h$

○ Node #1-Node #2: 야지 이동

야지 이동 감소인수 0.9 를 반영하여 새로운 최대 이동속도 V'_{max} 산정

$V'_{max} = V_{max} \times 0.9 = \frac{36km}{h} \times 0.9 = 32.4$

$t_3 = \frac{50km}{32.4km/h} = 1.54h$

○ Node #2-장애물(Obstacle)

$t_4 = \frac{10km}{32.4km/h} = 0.3h$

○ 장애물(Obstacle) 개척시간

$t_5 = 2h$ (장애물 개척시간은 별도 알고리즘으로 계산하는데 여기서는 $2h$ 걸린다고 가정한다)

소구간 이동시 장애물 통과 지연시간은 다음과 같이 주로 표현한다.

장애물 통과지연시간=공병장애물 통과 지연시간 + 개척된 지역통과시 지연시간(차량 통과시 적용) + 도섭/도하 지연시간

공병장애물 통과 지연시간= 점장애물 통과 지연시간+ 대전차구 통과 지연시간+ 지뢰지대 통과 지연시간+ 지뢰지대 강행통과 지연계수 + 개척된 지역 통과시 지연시간

도섭/도하 지연시간은 다음과 같이 계산한다.

부대 이동간 하천에 봉착할 시에는 정면에 통과가능한 교량이 있다면 교량을 통과한다. 중하천 이상 하천이 전진로에 있을 시는 도하지원 가능거리 내에 도하지원부대가 존재하지 않으면 도섭/도하에 의한 지연시간을 데이터 베이스에 있는 값을 적용한다. 소하천, 중하천, 대하천 별 지연시간은 데이터베이스에 기록되어 있다.

도하지원 가능거리내에 도하부대가 있으면 도하장비 설치소요시간, 도하간 이동 소요시간을 더하여 도섭/도하 지연시간으로 계산한다. 하천 종류별 교절 설치 소요 및 소요시간은 데이터베이스에 기록되어 있다.

○ 장애물(Obstacle)-D2

야간 감소인수 0.6 과 산악 경사로 30% 반영한 새로운 최대 이동속도 V'_{max} 산정

$$V'_{max} = V_{max} \times 0.6 \times \left(1 - (0.01 \times 30)\right) = 15.1km/h$$

$$t_6 = \frac{50km}{15.1km/h} = 3.3h$$

○ D2-D3

야간과 산악 경사로 30% 반영한 최대 이동속도 반영

$$t_7 = \frac{50km}{15.1km/h} = 3.3h$$

○ D3-TP

야간과 산악 경사로 30% 반영한 최대 이동속도 반영

$$t_8 = \frac{20km}{15.1km/h} = 1.3h$$

○ 각 구간 이동후 연료보충 등 정비시간 고려하여 추가

8.2 지상군 전투모델 '창조 21'의 이동 알고리즘

군단급 지상군 전투모델인 '창조 2'1 에는 다음과 같은 추가요소가 부대 이동시간 산정시 적용된다. 이동경로 구성은 주변 적 상황에 의해 구간 길이가 조정된다. 적이 있을 때는 0.75 배, 적이 없을 때는 1.5 배로 적용하여 주변 위협을 고려하고 있다. 또한, 공격시는 야지이동을 적용하여 전장의 마찰요소를 반영하고 있다.

그림 8.4 에서 보는 것과 같이 경로를 지정시는 지정된 경로를 따라 이동하고 경로를 지정하지 않으면 최단거리 경로로 이동한다. 이런 경우 산악이나 통과불능 지형 등으로 부대 이동속도가 떨어지고 이동시간이 증가한다.

야지이동시 경로 구성은 최단거리 경로구성 알고리즘을 적용하고 이동간 장애물이나 통과불능 지형 봉착시 기본적으로 이동을 정지한다.

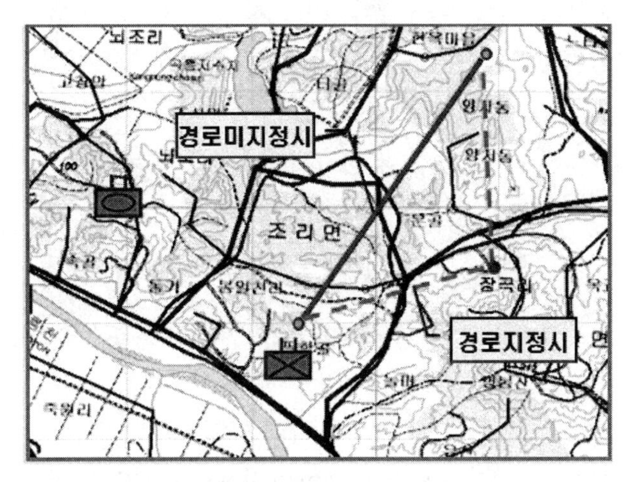

그림 8.4 경로지정시와 미지정시 경로선택

도로 이동시 경로 생성은 최단거리 경로구성 알고리즘을 적용하고 최초위치에서 도로이동을 위해 최단거리 도로지점까지는 야지이동을 실시한다. 도로로부터 일정범위를 벗어나 이동할 경우는 도로이동 명령은 취소되는데 경로지점 지정시는 도로로부터 300m 이내의 경우만 이동이 가능하다. 부대의 현재 위치에서 도로이동을 위해서 최단거리 도로지점까지 야지 이동을 수행한 후 지정된 경로점 및 도로 교차점을 이용한 경로를 생성한다. 도로이동을 위한 도로지점까지 최단거리가 도로이동 가능거리 1km 이상시 도로 이동이 불가능하다.

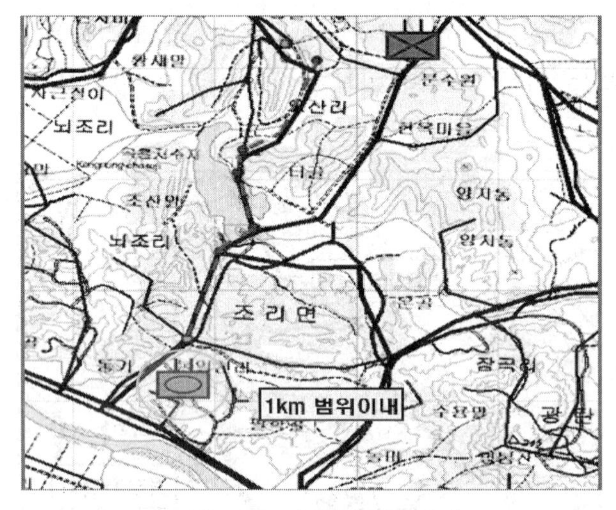

그림 8.5 이동경로 지정

강요에 의한 철수이동 경로 구성은 방어명령에 철수경로 지정시 주어진 경로로 이동하는데 철수경로 미지정시는 교전중인 적 전투력의 반대 방향으로 이동한다. 태세 전환점은 각개부대의 전투력 비율 고려하며 상대적 전투력은 미고려한다.

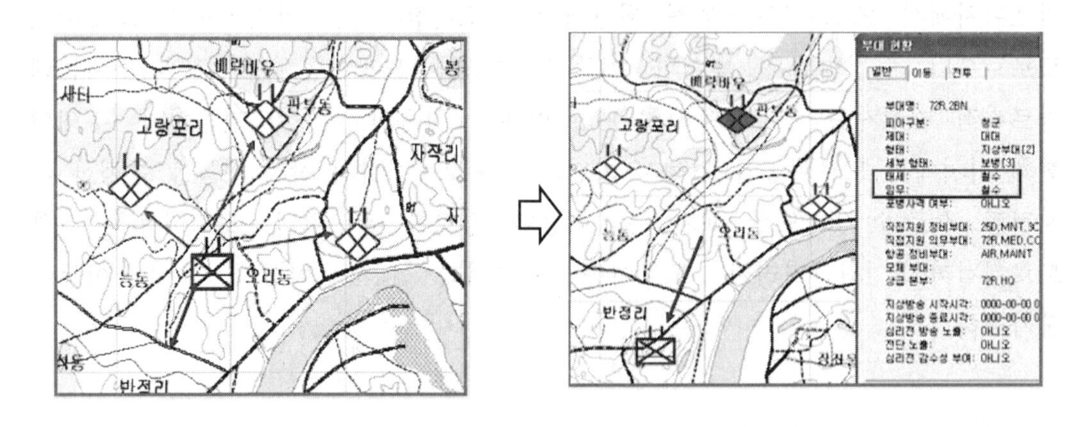

그림 8.6 강요에 의한 철수 이동경로 구성

8.1.4 에서 개략적으로 설명한 것과 같이 이동시간은 기본 이동속도, 이동 지연계수, 이동 지연시간을 고려하여 계산하는데 표 8.4~8.11 과 같이 최대 이동속도는 인원과 장비별로 상이하다.

표 8.4 도로 및 야지 최대 이동속도 * 가상 데이터임

구분	병력	5/4 톤 이하 차량	10 톤 트럭	2.5 톤 트럭	전차	K200 장갑차
도로 이동	8 km/h	100 km/h	80 km/h	90 km/h	60 km/h	60 km/h
야지 이동	5 km/h	80 km/h	50 km/h	30 km/h	40 km/h	20 km/h

표 8.5 부대태세와 전투회피에 의한 감소인수 * 가상 데이터임

부대태세 지연계수					전투회피 지연계수	
행정이동/철수	전술적 이동	공격	강요된 철수	무능력	지정	미지정
1.0	1.4	1.0	0.5	2.0	지정	1.0

표 8.6 지형에 의한 감소인수 * 가상 데이터임

구분	수면	통과불능	평지	구릉	산악	소택지
도로 이동	14	40	1.0	1.33	2.0	2.5
야지 이동	1.0	1.0	1.0	1.44	2.0	1.0

표 8.7 도로 형태에 대한 이동 감소인수 * 가상 데이터임

도로 없음	비포장 도로	포장도로	고속도로
2.0	1.55	1.39	1.0

표 8.8 화생방 오염시 이동 감소인수 * 가상 데이터임

오염	부분 오염	비오염	오염/비오염 중복
2.0	1.2	1.5	1.8

표 8.9 도하 지연시간 * 가상 데이터임

소하천	중하천	대하천
15 분	4 시간	4 일

표 8.10 특수부대의 도하 지연시간 * 가상 데이터임

소하천	중하천	대하천
50 분	90 분	1 시간 50 분

표 8.11 포병 및 대포병레이더 이동준비시간과 방열시간 * 가상 데이터임

60mm 박격포	81mm 박격포	4.2Inch 박격포	MLRS	대포병 레이더
9 분/3 분	12 분/2 분	11 분/2 분	4.3 분	10 분
155mm 견인포	155mm 자주포(K-9)	155mm 자주포(K-55)	105mm 견인포	다련장 (K-136)
16 분/7 분	2 분/1 분	2 분/4 분	10 분/4 분	3 분/5 분

전반적으로 부대 이동은 지형, 태세, 전투회피, 도로 형태, 화생방 오염, 도하시간, 포병 이동준비시간 및 방열시간 등을 모두 고려하여 이동시간을 산정한다. 부대이동 명령은 부대이동, 공격, 철수, 방어, 침투 이동, 자동 이동, 사격후 진지변환으로 구분된다. 부대이동 명령은 비교전 접적상태의 교전지역에서 이동하는 것으로 행정적 이동과 전술적 이동이 있다. 공격은 접적중인 적부대에 대한 공격 기동 명령이며 철수는 작전적 판단에 의해 수행하는 것인데 자발적 철수와 강요에 의한 철수가 있다. 방어는 적의 공격으로부터 아군의 전투력 및 지역을 확보하는 명령이며 침투 이동 명령은 적 후방으로 특작부대를 이동시킬 때 사용되는 명령이다.

자동 이동은 공병부대 임무부여시 임무수행지역으로 자동이동시킬 때 사용한다. 사격후 진지변환 명령은 포병 및 방공포 부대의 진지노출에 따른 피해방지를 위해 사용한다. 자동철수 명령은 전투 중인 부대의 전투력이 철수전환점인 45%보다 낮고 부대가 준비된 방어진지를 점령하고 있지 않을 때 사용한다. 철수명령을 하달할 때 경로 입력시는 입력된 철수경로 사용하고 경로 미입력시는 인접한 적 사이의 최대각을 양분하는 반대방향으로 철수한다.

침투는 적지종심작전 및 특수작전 수행을 위하여 은밀히 수행되는 이동 형태의 일종으로 침투시는 중대급이하 부대로 제한한다. 침투시는 중화기 휴대기 불가하고 경화기만 보유해야 침투명령이 작동된다. 침투부대원이 운반 가능한 휴대품 중량이 정해져 있고 휴대품 중량이 일정 무게 초과시 침투속도가 1/2 로 감소한다. 24 시간 이상 교전시 침투제한을 하고 있으며 24 시간 이동후 2 시간

휴식이 필요하다. 주간기준 이동속도와 화생방 보호장비를 착용한 상태에서는 침투가 불가하다. 이동형태에 따른 속도는 표 8.12 와 같다.

표 8.12 특수작전부대 이동형태별 속도 * 가상 데이터임

이동형태	은거	포복	보통걸음	뜀걸음
속도(km/h)	0	0.3	1.2	8

전투회피 기능을 적용시 이동간 지뢰지대 통과시 또는 화학 오염지역 진입시와 적부대가 위치한 지역 진입시 전투피해가 발생한다. 또한, 월등한 전투력을 보유한 부대와 조우시에는 부대가 소멸된다. 전투회피 부대는 적과 근접전투를 최대한 회피하여야 하며 의무 및 정비분야 지원 및 피지원 기능을 상실하게 된다. 전투피해를 입는 모든 인원은 전사로 완성장비는 완파로 처리하며 전투회피를 하지 않을 때보다 느린 속도로 이동한다. 전투회피 상태가 해제되는 경우는 지상 공격 명령 수행시 또는 직접 또는 지원 사격 임무 수령시와 전투회피 여부를 'NO'로 설정하고 방어, 지상이동, 철수 명령 수령시이다.

8.3 개체의 위치 갱신 알고리즘

부대나 전투원과 같은 개체가 이동하고 난 이후에는 개체의 위치를 갱신하여야 한다. 워게임에서 개체의 위치는 다음 행위의 시작점이 되어 적절한 시간 간격으로로 위치를 최신화하는 것이 필요하다. 개체의 위치 갱신 알고리즘은 다음과 같다. L_S를 시작 위치, L_E를 종료 위치라 하고 x_s, y_s를 각각 시작 위치의 x, y 좌표라 하고 x_E, y_E 를 각각 종료 위치의 좌표라고 하자. $Type_{obj}, Type_{env}$ 는 각각 개체의 형태와 환경의 형태, D_{max} 는 개체가 한번에 이동할 수 있는 최대거리, V_{max}는 개체의 최대 이동속도이다.

1. 개체의 직선 이동경로 내의 처음 시작점과 끝점 좌표 확인

$$L_S = (x_s, y_s),\quad L_E = (x_E, y_E)$$

2. θ 계산

$$\theta = tan^{-1}(\frac{|y_E - y_s|}{|x_E - x_s|})$$

3. 이동거리가 D 인 경우 개체 위치좌표(x_D, y_D) 갱신

$$x_D = x_s + D \times \cos(\theta), \quad y_D = y_s + D \times \sin(\theta)$$

이동 시뮬레이션 알고리즘

단계 1: 이동명령 입력: L_s, T_s, $Type_{obj}$, $Type_{env}$
단계 2: $i = 1$
단계 3: 이동거리 계산: $D_i = min(D_{max}, D_0)$
단계 4: 이동속도 감소인수 계산: γ
단계 5: 이동속도 계산: $V_i = V_{max} \times \gamma$
단계 6: 이동시간 계산: $t_i = D_i / V_i$
단계 7: 위치정보와 시간정보 갱신: $L_i = (x_i, y_i)$, T_i
$x_i = x_{i-1} + D_i \times \cos(\theta)$, $y_i = y_{i-1} + D_i \times \sin(\theta)$, $T_i = T_{i-1} + t_i$
단계 8: 상태변수 갱신: S_i
If 정지상태 조건이면
$S_i =$ 'Stop' → 단계 9
If 지연상태 조건이면
$S_i =$ 'Timed' → 지연 알고리즘 수행 후 단계 3
Else $S_i =$ 'Go' → 단계 3
단계 9: 이동명령 종료: $L_i = (x_i, y_i)$, T_i, S_i 출력

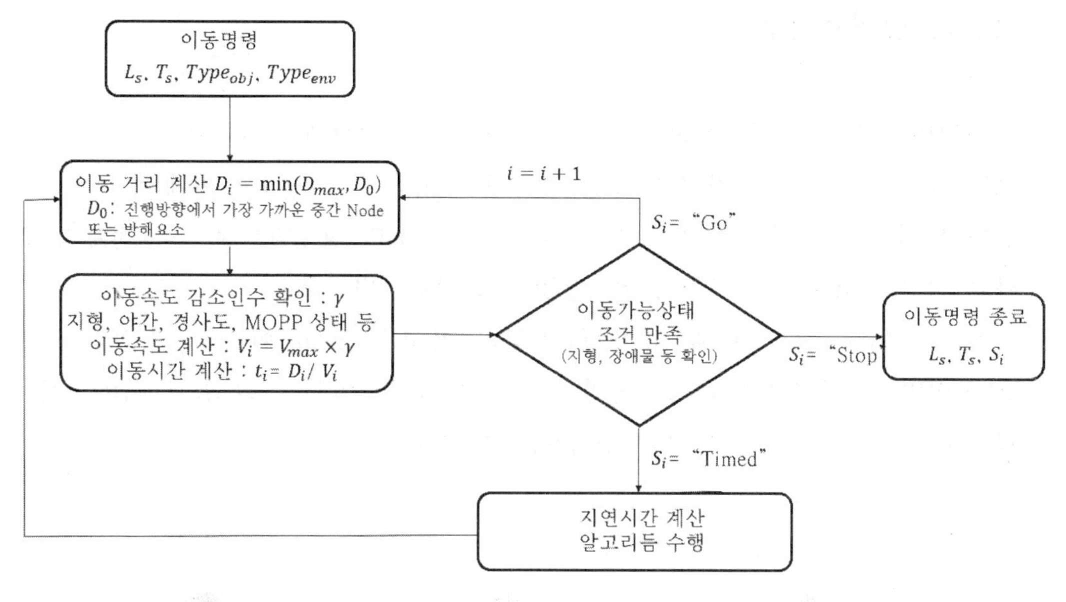

그림 8.7 개체 이동 알고리즘

8.4 가시선 분석

가시선 분석은 표적을 찾기 위한 활동의 일환으로 전방에 산악과 같은 지형지물로 가시선이 차단되었는지를 확인하는 절차이다. 만약 가시선이 차단되어 있으면 가시선 전방의 적을 확인할 수 없으며 전파는 직진하지 못한다.

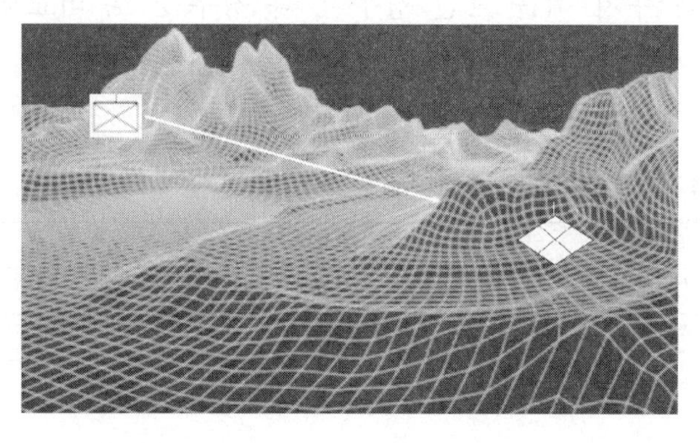

그림 8.8 가시선 분석

8.4.1 선형보간법

워게임에서 지도의 표고 정보는 격자선 위의 점에만 존재한다. 그 이유는 모든 표고정보를 다 가지고 있으면 엄청난 데이터가 필요하고 워게임 진행속도를 떨어 뜨리는 결과를 초래하므로 격자선 위의 표고 정보만으로 표고정보가 없는 다른 지점의 표고를 계산한다. 이 방법이 선형보간법이다.

예를 들어 그림 8.9 와 같이 L_1 지점의 표고가 30m 이고 L_2 지점의 표고가 50m 이면 그 가운데 있는 L지점의 표고는 L_1과 L사이의 거리 d_1과 L_2와 L사이의 거리 d_2를 가지고 다음과 같은 수식으로 산출한다.

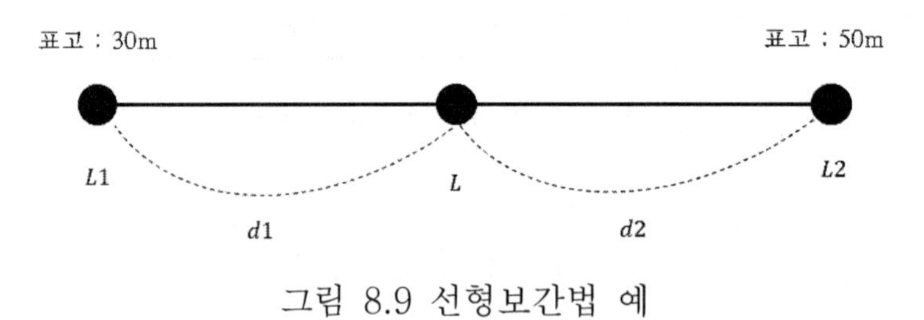

그림 8.9 선형보간법 예

$$f(L) = \frac{d_2}{d_1 + d_2} f(L_1) + \frac{d_1}{d_1 + d_2} f(L_2)$$

표 8.13 과 같은 수치 예를 보면 경우 1 과 경우 2 로 비교해 본다. 경우 1 은 L의 표고가 44m 가 되고 경우 2 는 L의 표고가 42m 가 된다.

표 8.13 선형보간법 수치 예

구분	d_1	d_2
경우 1	70	30
경우 2	300	200

경우 1: $f(L) = \frac{d_2}{d_1+d_2} f(L_1) + \frac{d_1}{d_1+d_2} f(L_2) = \frac{30}{70+30} \times 30 + \frac{70}{70+30} \times 50 = 44$

경우 2: $f(L)=\frac{d_2}{d_1+d_2}f(L_1)+\frac{d_1}{d_1+d_2}f(L_2)=\frac{200}{300+200}\times 30+\frac{300}{300+200}\times 50=42$

그림 8.10 과 같이 A, B, C, D 의 격자 표고는 알고 있는데 (x, y)지점의 표고는 모르고 있다. 이러한 경우 (x, y)점의 표고가 필요한데 어떻게 구하는지 알아본다. 이러한 경우도 역시 선형보간법으로 표고를 알 수 있다.

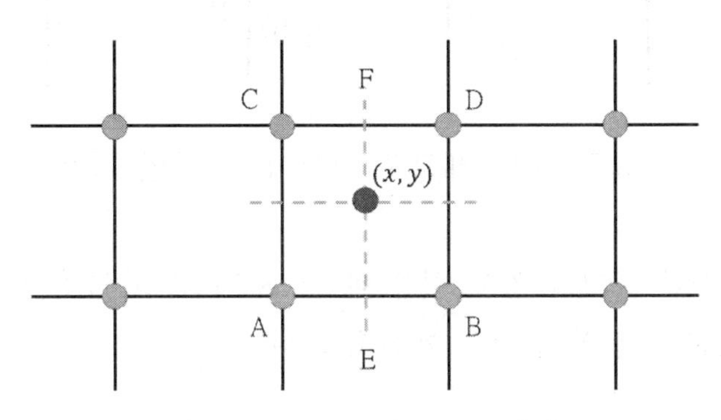

그림 8.10 (x, y)점 표고 확인

선형보간법의 절차에 따라 다음과 같은 절차대로 (x, y)점의 표고를 확인한다.

1. 점을 포함하는 격자 셀의 네 꼭지점 표고 확인
2. 선분 AB 를 따라 선형보간법으로 점 E 의 표고 확인
3. 선분 CD 를 따라 선형보간법으로 점 F 의 표고 확인
4. 선분 EF 를 따라 선형보간법을 통하여 (x, y) 표고를 산출

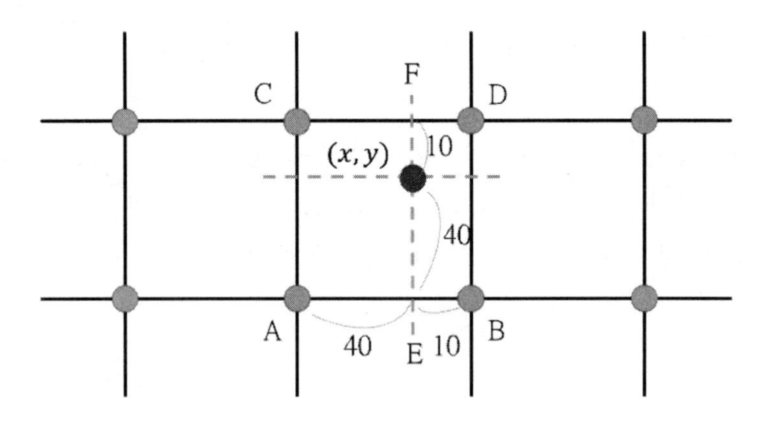

그림 8.11 새로운 지점 표고 확인 절차

(x, y)=(40, 40)의 표고를 알고 싶을 때 표 8.14 의 A, B, C, D 의 위치와 표고를 참고로 하여 (x, y) 지점의 표고를 계산해 본다.

표 8.14 미지의 지점 표고 확인 수치 예제

구분	위치	표고
A	(0, 0)	0
B	(0, 50)	20
C	(50, 0)	40
D	(50, 50)	60

(x, y) 지점의 표고를 계산하는 절차는 아래와 같다.

1. E 점에서와 F 점에서의 표고 H 계산

$$H(E) = \frac{10}{10+40} \times 0 + \frac{40}{10+40} \times 20 = 16$$
$$H(F) = \frac{10}{10+40} \times 40 + \frac{40}{10+40} \times 60 = 56$$

2. 점 (x, y) 표고 계산

$$H(x, y) = \frac{10}{10+40} \times 16 + \frac{40}{10+40} \times 56 = 48$$

8.4.2 가시선 분석 절차

가시선을 분석하는 절차는 관측자와 표적의 표고를 확인하고 그 사이의 여러 지점의 표고를 확인한다. 만약 관측자와 표적 사이의 여러 지점의 표고가 가시선을 차단하면 관측자는 표적을 관측할 수 없는 것이 된다. 워게임에서는 중간의 여러 지점을 격자선이 만나는 점으로 선정하는데 워게임이 대략적인 현실모의라는 측면에서는 타당한 접근법이라고 할 수 있다.

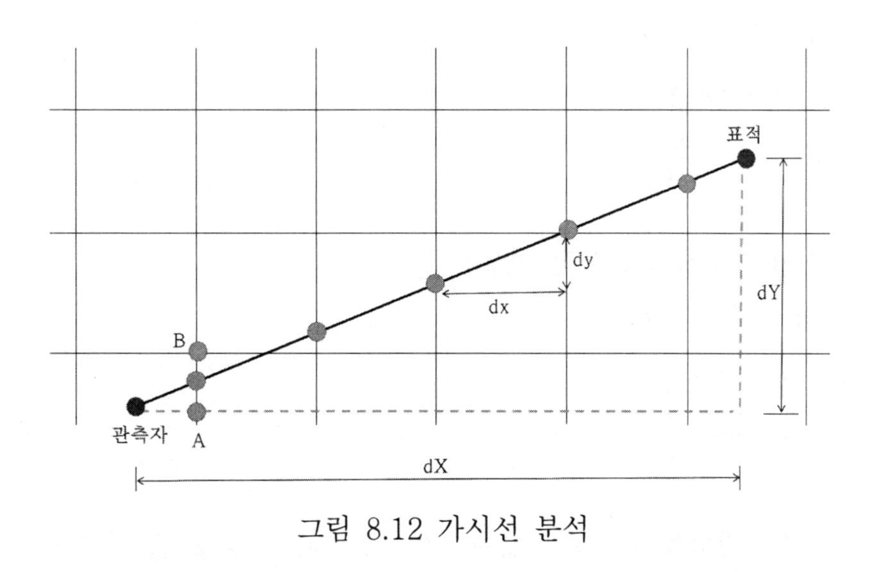

그림 8.12 가시선 분석

단계 1: 선형 보간법을 사용하여 관측자의 위치와 표적의 위치에서 표고 확인

단계 2: 관측자 좌표 (X_0, Y_0, Z_0)와 표적의 좌표 (X_T, Y_T, Z_T)를 이용하여 두 위치의 차이 (dX, dY, dZ) 계산

단계 3: $|dX| \geq |dY|$인 경우에는 가시선과 수직 격자선의 교차점을 계산점으로 사용

$|dX| < |dY|$인 경우에는 가시선과 수평 격자선의 교차점을 계산점으로 사용

- 계산점을 C_i로 표기

단계 4: 관측자 좌표 (X_0, Y_0, Z_0)와 표적의 좌표 (X_T, Y_T, Z_T), 두 위치의 차이 (dX, dY, dZ)를 이용하여 삼각형 비례법칙을 적용하여 계산점 C_i에서의 가시선의 좌표 $(X_{LC_i}, Y_{LC_i}, Z_{LC_i})$ 계산

$$X_{LC_i} = X_{LC_{i-1}} + dx,\ Y_{LC_i} = Y_{LC_{i-1}} + dy,\ Z_{LC_i} = Z_{LC_{i-1}} + dz$$
$$if\ \ i = 1,\ then\ \ X_{LC_0} = X_0,\ Y_{LC_0} = Y_0,\ Z_{LC_0} = Z_0$$

경우 1: 수직 교차선과 교차할 경우

$dx =$격자 셀의 크기

$dy = dx \times \frac{dY}{dX}$

$dz = dx \times \frac{dZ}{dX}$

경우 2: 수평 교차선과 교차할 경우

$dy =$격자 셀의 크기

$dx = dy \times \frac{dX}{dY}$

$dz = dy \times \frac{dZ}{dY}$

단계 5: 선형보간법을 사용하여 C_i에서의 좌표 $(X_{LC_i}, Y_{LC_i}, Z_{LC_i})$ 계산

단계 6: Z_{LC_i}와 Z_{C_i} 비교

만약 $Z_{LC_i} < Z_{C_i}$이면 가시선이 존재하지 않는다.
그렇지 않으면 C_i에서 가시선이 존재하므로
가시선이 차단될 때까지 또는 마지막 계산점까지 단계 4~6 반복

그림 8.13과 표 8.15의 수치를 가지고 가시선 분석을 해본다. 표 8.15에 제시된 데이터 (x, y, z)는 x축 위치, y축 위치, z(표고)를 나타낸다.

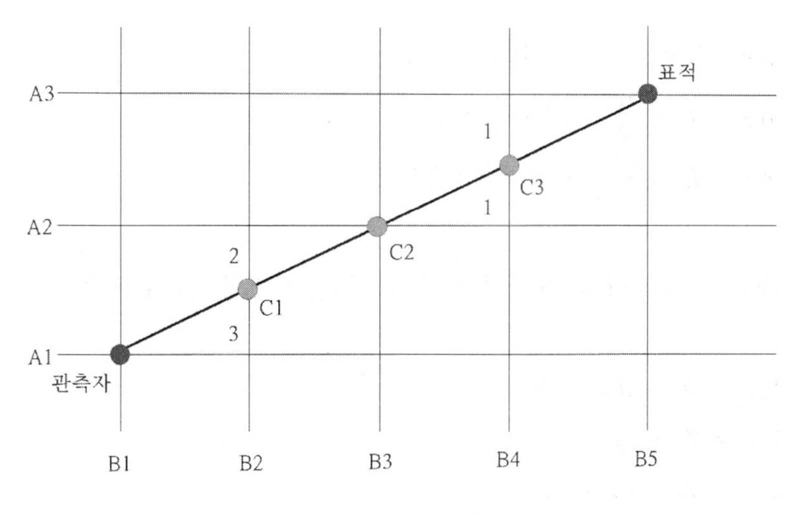

그림 8.13 가시선 분석 예

표 8.15 가시선 분석 데이터

구분	B1	B2	B3	B4	B5
A1	(0,0,0)	(10,0,0)	(20,0,30)	(30,0,80)	(40,0,80)
A2	(0,10,20)	(10,10,40)	(20,10,60)	(30,10,80)	(30,10,80)
A3	(0,20,40)	(10,20,60)	(20,20,80)	(30,20,140)	(40,20,100)

단계 1: 관측자와 표적의 위치가 격자에 위치하고 있음으로 선형보간법 생략

$$(X_0 = 0, Y_0 = 0, Z_0 = 0),\ (X_T = 40, Y_T = 20, Z_T = 100)$$

단계 2: (dX, dY, dZ) 계산

$$dX = X_T - X_0 = 40 - 0 = 40$$
$$dY = Y_T - Y_0 = 20 - 0 = 20$$
$$dZ = Z_T - Z_0 = 100 - 0 = 100$$

단계 3: $|dX| \geq |dY|$인 경우이므로

가시선과 수직 격자선의 교차점을 계산점으로 사용

단계 4-1:

$$dx = \text{격자 셀의 크기} = 10$$
$$dy = dx \times \frac{dY}{dX} = 10 \times \frac{20}{40} = 5$$
$$dz = dx \times \frac{dZ}{dX} = 10 \times \frac{100}{40} = 25$$

계산점 C_1에서의 가시선의 좌표 $(X_{LC_1}, Y_{LC_1}, Z_{LC_1})$ 구하기

$$X_{LC_1} = X_0 + dx = 10$$
$$Y_{LC_1} = Y_0 + dy = 5$$
$$Z_{LC_1} = Z_0 + dz = 25$$

단계 5-1: 계산점 C_1 좌표 $(X_{C_1}, Y_{C_1}, Z_{C_1})$ 구하기

$$Z_{C_1} = \frac{2}{2+3} \times 0 + \frac{3}{2+3} \times 40 = 24$$

단계 6-1: Z_{LC_1}과 Z_{C_1}비교

$Z_{LC_1} = 25 > Z_{C_1} = 24$이므로 C_1에서 가시선이 존재함.

단계 4-2: 계산점 C_2에서의 가시선의 좌표 $(X_{LC_2}, Y_{LC_2}, Z_{LC_2})$ 구하기

$$X_{LC_2} = 10 + 10 = 20$$
$$Y_{LC_2} = 5 + 5 = 10$$
$$Z_{LC_2} = 25 + 25 = 50$$

단계 5-2: 계산점 C_2의 좌표 $(X_{C_2}, Y_{C_2}, Z_{C_2})$는 격자 위에 있음으로 그 좌표 읽기

$$X_{C_2} = 20$$
$$Y_{C_2} = 10$$
$$Z_{C_2} = 60$$

단계 6: Z_{LC_2}과 Z_{C_2}비교

$Z_{LC_2} = 50 < Z_{C_2} = 60$이므로 C_2에서 가시선이 존재하지 않음.

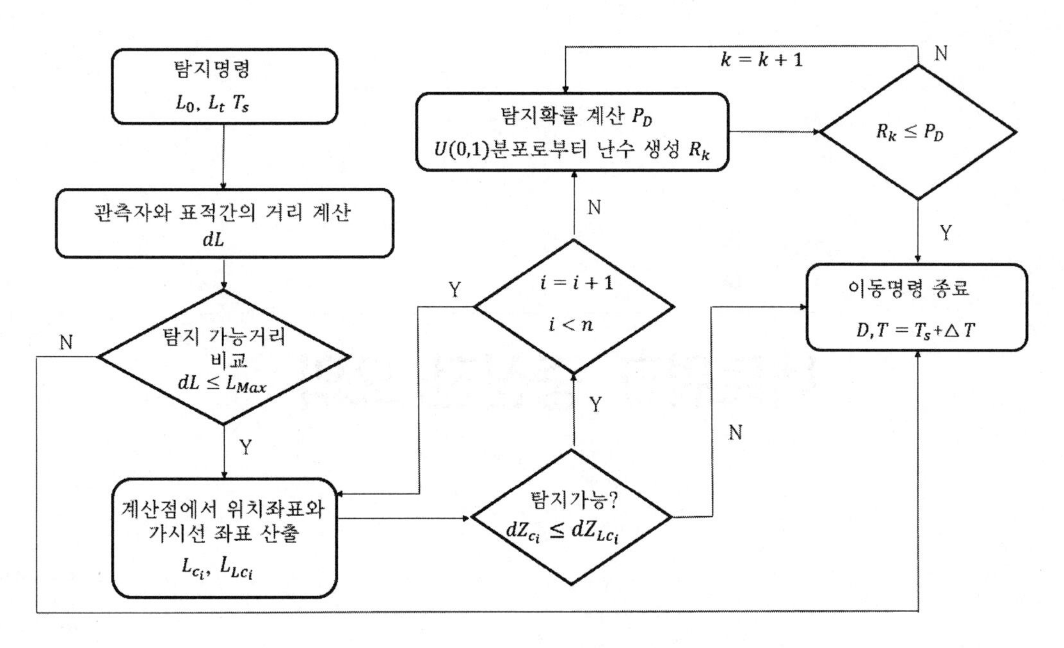

그림 8.14 가시선분석 및 표적 탐지 절차

제9장

네트워크 중심전 모의

9.1 네트워크 중심전(NCW: Network Centric Warfare)

NCW 는 미군이 군사혁신(RMA: Revolution in Military Affairs)를 추진하는 과정에서 정리되기 시작하였다. 1988 면 미 해군의 Arthur Cebroski 제독과 Jhon Garska 가 공동으로 작성한 논문 'NCW, 그 기원과 미래'라는 글을 통하여 본격적으로 소개되었다. 현대의 발전된 컴퓨터 기술을 군에 도입하여 모든 부대와 각개 전투원들과 같은 플랫폼(Platform)을 연결한다는 개념이다. 무기체계 면에서도 정밀타격능력의 발전으로 인하여 표적을 정확하게 탐지하기만 하면 즉시 공격이 가능하고 부대의 기동성이 증대되어 물리적 공간과 시간의 제한사항이 축소되고 있다. 따라서 NCW 는 기존 플랫폼 중심전에서 새로운 개념의 전장개념을 제시하였다.

NCW 는 컴퓨터의 자료처리 능력과 네트워크로 연결된 통신기술을 활용하여 정보의 공유를 보장함으로써 군사력의 효율성을 향상시킨다는 개념으로 목적은 C4ISR 네트워크를 통해 Sensor to Shooter 의 단절 없는 연결을 구현함으로써 전투공간 내의 모든 전투원들에게 정보공유 능력을 제공하고, 전투공간에 대한 공통상황인식과 자기 동기화 능력을 제공함으로써 정보우위를 기반으로 한 전투 프로세서의 효과적인 연결로 전투력의 상승효과를 유발하는 것이다. 네트워크에 의한 전투자산의 연결과 통합적 운용은 플랫폼 중심에서 네트워크 중심으로 패러다임의 전환을 유도하였으며, 소모중심에서 속도중심의 전략개념으로 변환을 유도하였다

미군은 네가지 기본원리로 NCW 을 설명한다. 첫째, 네트워크화된 군사력은 정보의 공유정도를 개선한다. 둘째, 정보의 공유는 정보의 질과 상황인식의 공유정도를 향상시킨다. 셋째, 상황인식의 공유는 공동노력과 자체 동시통합을 가능하게 하면서 지속성과 지휘속도를 향상시킨다. 마지막으로, 이러한 과정은 결과적으로 임무수행의 효과성를 극적일 정도로 증대시킨다.

NCW 는 전장의 제 전력요소들을 효과적으로 연결, 네트워킹 함으로써, 지리적으로 분산된 제 전력요소들이 전장의 상황을 상호공유 및 활용하여 지휘관 의도 중심의 자기 동기화와 속도지휘를 창출하는 지식정보 시대의 새로운 전쟁 및 작전개념이다.

NCW 는 정보우위(Information Superiority)를 바탕으로 지휘속도를 향상시킴으로써 정보우위를 달성하는 데 중점을 두고 있다. NCW 을 수행하면 전장에서 적보다 먼저 정확하게 제반 상황을 파악한다. 그리고 이것을 모든 전투원들이 공유함으로써 대응의 시간을 단축시키고 대응 조치의 정확성을 기하게 된다. 즉 NCW 는 산업화시대에서 정보화시대로 변화되면서 정보라는 새로운 힘의 근원을 식별하고 그것을 전쟁에 최대한 활용하는 개념으로서, 지금까지의 전쟁에서는 무기나 병력의 수를 중심으로 하는 투입에 관한 사항이 기준이었다면, NCW 에서는 정보우위를 가늠할 수 있는 속도, 최신화의 빈도, 혁신의 정도 등 산출에 관한 사항이 기준이 된다고 말한다.

이러한 정보우위 결과로써 NCW 는 의사결정 절차를 빠르게 순환시킴으로써 의사결정에 있어서 상대적 우위를 확보하게 한다. 충분하고 정확한 정보가 실시간에 제공되는 만큼 전장의 불확실성이 해소되고 명확한 의사결정이 가능해지기 때문이다. 현대전에서 가장 일반적으로 사용되고 있는 의사결정 순환고리인 John. R. Boyd 의 Observe(관측)-Orient(지향)-Decide(결정)-Act(행동)에 있어서 NCW 는 특히 관측과 지향의 단계를 단축시킴으로써 후속되는 결정과 행동의 질을 향상시키며 지휘의 속도를 높인다고 말한다.

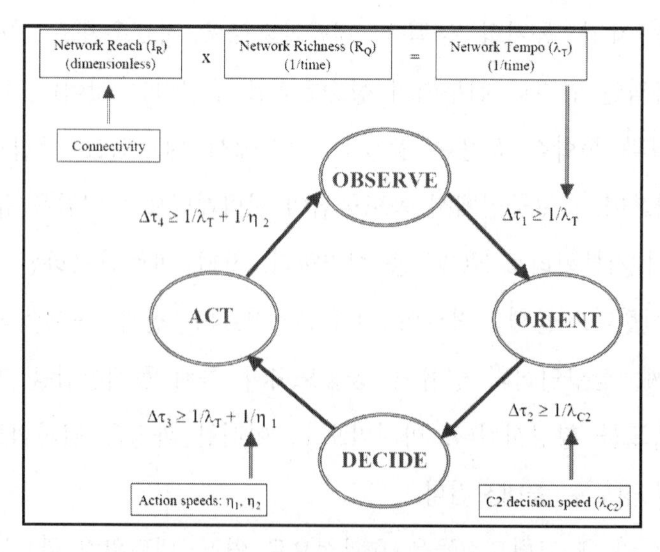

그림 9.1 OODA Cycle

9.2 NCW 적용 영역

NCW 는 전쟁의 물리, 정보, 인지, 사회의 4 가지 영역에 걸쳐있고 그 공통되는 부분을 핵심적인 대상으로 하여 전쟁의 모든 영역, 수준, 형태에 적용 가능하다. 즉 NCW 는 군사력의 시공간적 이동에 관한 물리적 영역(Physical Domain), 정보의 창출 활용과 전파에 관한 정보의 영역(Information Domain), 전투원들의 심리에 관한 인지적 영역(Cognitive Domain). 그리고 인간관계와 문화에 관한 사회적 영역(Social Domain)을 연결시키고, 그러한 4 가지 영역이 만나는 곳의 중심에 위치하고 있다.

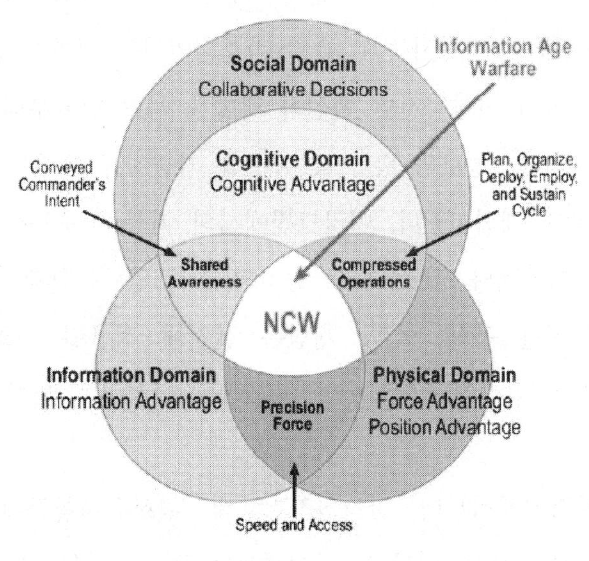

그림 9.2 NCW 수행을 위한 4 개 영역

NCW 는 최초에는 전술적인 측면에 치중하여 발전되었으나 현재에는 작전술적인 차원에 중점을 두고 있다. 나아가 미군들은 NCW 를 전략적인 수준까지도 충분히 확대되어 적용될 수 있다는 개념 하에 그 적용범위를 확대를 추진하고 있다. 그러나 영국을 비롯한 유럽의 국가들은 우선 전술적이거나 작전적인 수준에서 네트워크의 이점을 확실하게 경험한 이후에 전략적인 수준으로의 격상 여부를 검토한다는 입장이다.

미군은 2001년 아프카니스탄 전쟁과 2003년 이라크 전쟁을 통하여 NCW의 개념을 실전에 적용할 기회를 가졌으며 개념의 타당성을 검정하고 구현을 가속화하였다. NCW 이외에도 미군은 효과기반작전(EBO: Effects-Based Operations)과 신속결정작전(RDO: Rapid Decisive Operations) 등의 다양한 개념을 발전시켜 왔다.

미군은 이라크전을 통해 그동안 추구해 온 21세기 군사력 변혁의 중간성과를 실험하고 그 유용성을 입증하였다. 걸프전에서는 특정 목표를 확인하고 폭탄을 투하하는데 2일이 걸렸으나, 이라크전에서는 40분밖에 소요되지 않았다. 이라크전에서 수행된 지상작전은 개량된 Stryker 장갑차의 기동속도와 은밀성, 정보획득 능력을 활용하여 정보우위 및 결심속도의 단축을 달성할 수 있었으며, 전투효과를 극적으로 증폭시켰다. 개인에게 공유된 정보의 질은 8배, 전투효과는 10배가 증가했으며, 지휘 속도는 1/7로 단축되었고 사상자는 1/10로 감소되었다는 평가가 있다.

과거의 전쟁과는 달리 지상작전의 핵심적 역할을 하는 단위부대로서 여단급 부대가 운용될 수 있었던 이유는 정보의 획득 및 공유를 가능하게 해주는 고도의 네트워크를 토대로 한 부대구조의 개편이었다. 이라크전에서의 지상군 운용은 병력중심의 전력이 아닌 첨단화된 무기체계와 네트워크 중심의 시스템 복합체 기반전력을 이용한 운용이었다. 이라크전을 통해 NCW 개념은 실전에 적용될 기회를 가짐으로써 그 타당성이 검증되고 위력이 입증되었으며 공감대를 형성하게 되어 구현이 가속화되기 시작하였다.

NCW는 전투작전에서부터 안정화작전 및 평화유지활동에 이르기까지 모든 군사작전 영역에 적용된다. 이라크 전쟁에서는 주요 전투작전 위주로 NCW를 적용되고 실험되었지만 대테러전쟁과 같은 비정규전에서도 적용되고 오히려 더욱 효과적일 가능성이 크다. 다만 NCW을 추구하게 되면 병력규모가 축소될 가능성이 크기 때문에 미군들이 이라크에서의 안정화작전에서 기술이나 정보가 지상통제를 위한 적절한 병력의 보유를 대체하지 못한다는 것을 체험하였듯이 비정규전에서 지역과 주민을 통제하는 데 어려움이 발생할 수 있다.

최근 들어 전쟁 수행 패러다임은 네트워크를 핵심 기반으로 하여 필요로 하는 정보를 효과적으로 획득하고 효율적인 활용을 통해 전투 수행 능력을 극대화시킬 수 있는 정보 중심전(ICW: Information Centric Warfare), 지식중심전(KCW: Knowledge Centric Warfare)으로 진화해 가고 있다.

9.3 Schutzer 의 C2(Command and Control) 이론 적용

Schutzer 의 C2 이론을 적용한 방법은 Lanchester 전투모델을 이용하는 것이다. C2 이론에 의하면 아군의 자산 가치는 아군 i 형 단위부대가 적군의 각 단위부대와의 교전과 관련이 있음을 가정하며 지휘통제 시간과 정보의 정확도에 의해 생존확률, 할당비율, 교환비율의 3 가지 요인에 대한 변수를 계량화하여 최초 전투력 대비 교전 후 잔존 전투력의 비율을 상호 비교 분석함으로써 전투력 상승효과를 평가하는 방법이다.

생존확률은 지휘관의 관심지역 내에 위치한 적을 정확하게 분석할 수 있는 확률을 의미하며, 할당비율은 특정 교전지역에 투입되는 자산비율로 통제구역 중심의 개념이다. 교환비율은 각 자산별 적 손실 대비 아군 손실비율을 의미하며, 생존확률과 반비례한다. C2 이론 적용은 생존확률 증가·할당된 자산비율 증가·자산 개별효과 증가의 3 가지 효과 요소를 설정 후 지휘통제 과정상의 시간변수들과 Lanchester 전투모델을 이용하여 교전 전후 부대 전투력 상승효과(MOE: Measure of Effectiveness)를 상호 비교하여 최종 전투력 상승효과 평가를 하는 알고리즘으로 식 (9-1)과 같다.

$$MOE_i = \frac{<N_i^2> - <M_i^2>}{N^2} \qquad (9\text{-}1)$$

여기서 기호는 아래와 같은 의미를 가진다.

MOE_i: 교전 i에서의 전투력 상승효과

N_i: 교전 i에서의 아군의 자산

M_i: 교전 i에서의 적군의 자산

N: 아군의 전력지수

고전역학 이론을 적용한 지휘통제 시간이 기준이 되고 중요한 비중을 차지하는 Schutzer 의 C2 이론 및 Lanchester 전투 모델 적용에 의한 전투력 상승효과 평가 방법은 전투력을 구성하는 각 요소간의 상호작용에 의한 상승효과를 종합적으로 고려하지 못하는 한계가 있다. 이를 보완하기 위해 고전 역학 이론을 전투력 상승효과 평가에 적용한 것이다. 정보전에 대한 개념 연구에서 전투력에 대한 개념적 모델을 Newton 의 제 2 법칙을 적용하여 식 (9-2)와 같이 정의하였다.

$$F = ma = mvC \qquad (9-2)$$

여기서 기호의 의미는 아래와 같다.

F: 전투력
m: 타격력
a: 가속도
v: 기동력
C: 정보전력

위 식은 전투력은 타격력, 기동력 및 정보전력의 곱으로 표현되는데 이는 미래전에 있어 군사력을 극대화하기 위해서는 타격력과 기동력을 일정수준 이상 갖춘 상태에서 정보전력이 중요한 비중을 차지한다는 개념이다. 이는 전체 군사력에서 정보전력이 차지하는 비중에 대한 개념에는 공감하나 정보전력의 효과측정을 위한 구체적 방법을 제시하기에는 다소 한계가 있다.

이를 기반으로 노드(전투개체)간의 상호작용, 즉 네트워크 능력을 추가적으로 고려하여 전투력에 대한 개념적 모델을 식 (9-3)과 같이 정의하였다.

$$F = ma = m\left(\frac{\Delta v}{t}\right) \Rightarrow \frac{MvI}{T} = \frac{(n^2-n)vI}{T} \qquad (9-3)$$

여기서 기호의 의미는 아래와 같다.

F: 전투력

m: 질량 $\leftrightarrow$ M: Network 능력

t: 시간

v: 속도 $\leftrightarrow$ T: 지휘통제 시간

I: 정보의 정확도

9.4 NCW 의 네트워크 효과

Marshall 은 NCW 의 효과측정을 위해서 Metcalfe 법칙을 사용하였다. 사업 분야에서의 네트워크 특징을 설명하는 주요개념인 Metcalfe 법칙의 의미를 보면, 네트워크의 잠재적 가치 또는 효율성은 네트워크 내에 존재하는 n개 노드 수의 승수에 비례하여 증가하는데, 식 (9-4)와 같이 네트워크 상 n개 노드들이 다른 모든 노드와 연결된다는 가정을 적용하여 네트워크의 잠재적 가치를 노드 사이의 상호작용 함수로 나타낸다.

$$Network\ Power = n(n-1) = n^2 - n \qquad (9\text{-}4)$$
$$If\ n\ is\ large, Network\ Power\ \propto\ n^2$$

네트워크 능력은 Metcalfe 법칙을 적용하여 계산된다. Metcalfe 법칙은 상호관계가 존재하는 네트워크 상에서 노드 수가 증가할 때 네트워크의 가치는 노드 수의 승수에 비례하여 증가한다는 이론으로 그림 9.3 과 같다. 속도는 '전투가 진행되는 속도'라는 의미로 '전투 속도'는 전투 진도를 시간으로 나눈 개념으로 수식에 적용되었으며, 힘에 대한 표현을 나타내는 Newton 의 제 2 법칙에 정보의 정확도를 곱함으로써 기존 수식이 확장되었다. 시간은 고전역학과 전투이론에서 동일하게 사용되는 개념이다. 기동에 소요되는 시간, 공격개시 시간, 전투 지속 시간 등은 물리적 시간을 그대로 사용한다. 질량은 '물리적 전투력'에 해당하며 '전투 질량'이라는 용어를 사용한다. 이와

같이 고전역학 이론을 적용하여 전투력을 개념적으로 모델링하며 이를 기반으로 MOE는 식 (9-5)와 같이 평가된다.

$$MOE = \frac{F_{(a)}}{F_{(b)}} \qquad (9\text{-}5)$$

여기서 기호의 의미는 다음과 같다.
MOE: NCW 체계 구축에 따른 전투력 상승효과
$F_{(a)}$: NCW 체계 구축 이후 전투력
$F_{(b)}$: NCW 체계 구축 이전 전투력

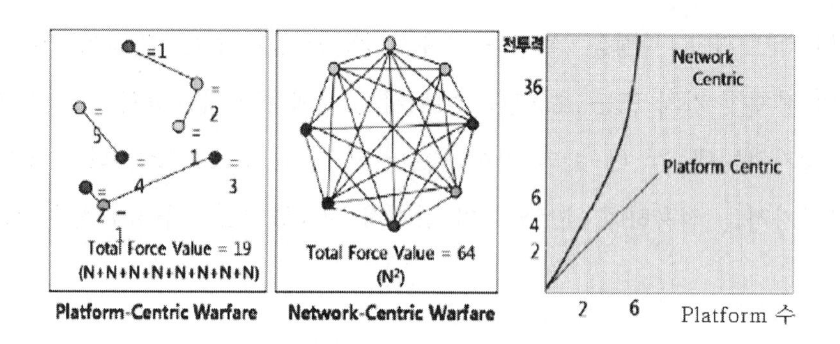

그림 9.3 Metcalfe 법칙에 의한 네트워크 파워 증가율

그림 9.3 에서 보는 것과 같이 Marshall 은 PCW(Platform Centric Warfare)에서의 전투력은 노드들이 가진 가치의 단순 합으로 나타나지만 NCW 에서의 전투력은 네트워크에 포함된 노드 수의 제곱으로 나타난다고 설명하였다. 플랫폼 중심전에서는 각 노드 간의 연결의 전투력만 발휘되기 때문에 전체 전투력이 19 로 표현되지만 네트워크 중심전에서는 각 노드들이 모두 연결되어 있어 전체 전투력은 64 로 증가한다. 그림 9.3 의 제일 오른쪽 그림은 플랫폼의 수에 따른 전투력이 네트워크 중심전에서는 기하급수적으로 늘어난다는 것을 알 수 있다.

반면, 전장에서의 네트워크 효과에 대한 연구는 아니지만 Metcalfe 법칙이 인터넷 기반 사업 분야의 특징을 설명하는 중요한 키워드임을 고려하여 사업 분야의 네트워크 효과를 수리적으로 모델링한 연구에서는 네트워크 내에서 사용자들이 동일한 가치를 갖고 있다는 Metcalfe 법칙의 가정에 무리가 있음을 지적하였다. 또한 전장에서의 네트워크 연결성 실험환경 구축에 관한 연구에서는 n 개의 노드가 나머지 $n-1$ 개의 노드와 연결을 맺고 있어야 한다는 가정은 전장에서 실질적으로 적용하는 것이 불가능하다고 지적하였다. 이에 C4I 체계 네트워크 효과를 반영하여 상승하는 전투력을 측정한 연구에서는 Metcalfe 법칙에서 각 노드의 가치를 고려하지 않는다는 점과 하나의 노드는 모든 노드와 상호작용을 한 다는 가정사항의 비현실성을 고려하여 새로운 네트워크 효과 산출방법으로 개선된 Metcalfe 법칙을 제시한 바 있다.

NCW 와 효과와 관련하여 Metcalfe 법칙을 적용한 해외연구는 Marshall 의 저서 외에 찾아보기 어렵다. 이는 Metcalfe 법칙에 따른 전투력 가치가 네트워크 효과로 인해 비선형으로 상승할 것이라는 의미는 어느 정도 수용될 수 있으나, Metcalfe 법칙의 두 가지 가정사항 즉, 전장에서의 모든 노드들의 가치는 모두 1 로 동일하고, 각 노드는 나머지 노드와 완벽하게 연결된다는 가정사항이 현실적으로 적용하기 어렵기 때문이라 판단되며, 또한 네트워킹으로 인한 잠재적 이득인 네트워크 효과와 전투력과의 개념상 연결이 논리적이지 못해 설득력이 상당히 떨어지기 때문이라 판단된다.

전장에 참가하는 노드 즉, 전장에서의 노드는 항공기, 함정, 전차, 병력, 기타 부대 등이다. 따라서 노드의 종류, 성능 및 역할 등에 따라 각 노드의 가치가 다를 수밖에 없다. 뿐만 아니라 NCW 가 구현되었다고 해서 지휘구조와 작전계통 등이 엄격한 전장에서 노드의 종류, 역할 및 작전절차와 상관없이 모든 노드들이 무조건 상호연결되는 것은 아니다. 따라서 이러한 사실에 바탕을 두고 NCW 묘사를 하여야 한다.

9.5 NCW 효과 측정 가능한 Metric 개발

NCW 를 모의하는 방법을 제시한 이영우, 이태식의 논문을 소개한다. 이 논문의 연구목표는 NCW 효과를 측정할 수 있는 Metric 을 개발하는 것으로서 전장상황의 전투개체간 네트워킹을 표현하고 전투결과와의 관계가 정의되어야 한다. 연구방법으로는 Lanchester 방정식이 많은 가정이 포함된 모델이지만 전투결과를 산출하는 단순한 모델로서 부대의 NCW 효과 변화에 대한 근본적인 원인을 찾는데 적합하다고 판단하였다.

따라서 이영우, 이태식는 NCW 효과에 대한 변화를 전투결과와 결합하고자 하였다. Lanchester 방정식의 Effectiveness 의 의미는 공격 성공의 횟수로 적에게 피해를 강요하는 비율이다. 네트워킹 상태에 따른 공격 성공의 횟수를 산출하는 구조모델을 제시하였다. 이를 위해 NCW 효과에 대한 구조모델의 수식화를 하였고 전장의 NCW 효과에 대한 수치화 작업을 수행하였다.

먼저 Lanchester Square Law 의 Effectiveness 의 의미를 다음과 같이 결정한다. Lanchester Square Law(이 책의 15 장 참조)에서 t 시간에서의 단위 시간당 Red Force 의 손실 $\frac{dR(t)}{dt}$은 식 (9-6)과 같다.

$$\frac{dR(t)}{dt} = -MB(t) \qquad (9\text{-}6)$$

여기에서 M은 Blue Force 의 Effectiveness 를, $B(t)$ 는 t 시간에서의 Blue Force 의 전투력을 의미한다.

Effectiveness(M)=Blue Force 1 명이 사살할 수 있는 적의 비율
=공격기회 × 공격성공확률
≒P(Detection) × P(Attrition) (∵ 공격기회=1)
= Blue Force 1 명이 Red Force 1 명을 사살할 수 있는 확률

t시간 당 전투개체 감소 수 ≒ 상대측 전투개체의 공격 성공률의 합
= 상대측 전투개체의 공격 횟수의 합
(∵ P(Detection) × P(Attrition) =1)

이 방법의 가정은 공격사거리와 탐지사거리에 한계가 있다는 것이다. 그림 9.4 에서 보는 것과 같이 손실을 끼칠 수 있는 공격능력과 탐지능력이 있는데 왼쪽 그림에서는 탐지와 공격이 다 가능한 상황이고 가운데 그림에서 왼쪽 전투개체는 탐지거리 밖에

위치하기 때문에 공격을 하지 못하고 오른쪽 개체는 탐지와 공격이 가능하다. 만약 왼쪽 전투개체가 표적 방향으로 이동하여 탐지거리와 공격거리내에 위치한다면 오른쪽 그림과 같이 전투개체는 표적 탐지가 가능하여 표적을 공격할 수 있다. 즉, 전투개체의 전장 배치에 따라 공격 횟수의 차이가 생긴다.

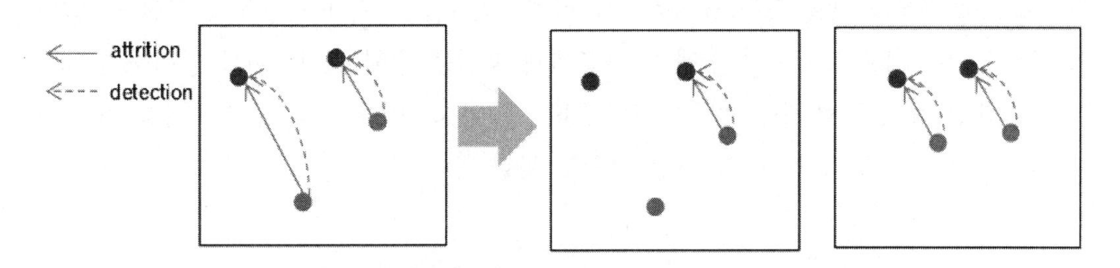

그림 9.4 전투개체의 위치에 따른 탐지 및 공격

Lanchester 방정식의 Effectiveness 의 의미는 전장 배치에 따른 공격 횟수 변화가 없다. 하지만, 전투개체의 공간적 개념이 추가된다면 공격 횟수는 t 시점에 따라 변화한다. 따라서 M(t)는 여러 전투 요인의 함수이다.

$$M(t) = f(\text{탐지, 공격, 통신거리, 성공확률, 위치,...})$$

M(t)에 대한 네트워크 표현을 다음과 같이 한다. 먼저 공격구조에 대한 표현은 다음과 같다.

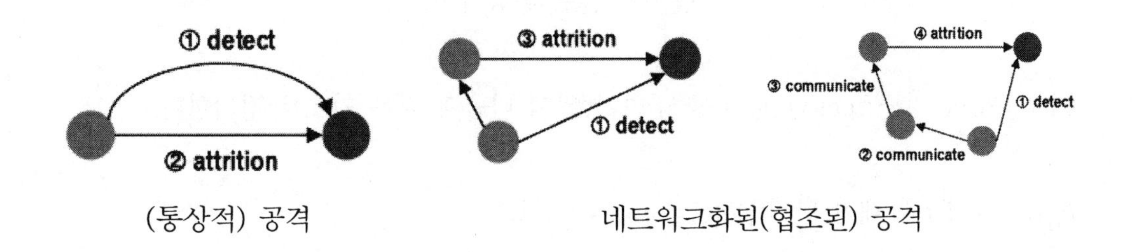

그림 9.5 통상적 공격과 네트워크화된 공격

네트워크화된(협조된) 공격은 네트워킹으로 발생하는 효과를 발생시킨다. 이를 측정하기 위해 먼저 NCW 효과 구조 모델을 결정한다. 전투개체가 한 개 이상의 공격 구조를 가진다면 이를 t시점에 공격 횟수로 추가한다.

M(t)에 대한 네트워크 표현의 예를 들면 그림 9.6 과 같다. t시점의 전장환경이 그림 9.6 과 같다면 Blue 5 는 Red 1 을 탐지 및 공격이 가능하다. Blue 3 이 Red 3 을 탐지한 후에 Blue 2에게 통신을 통해 표적위치를 알려주면 Blue 2가 Red 3을 공격할 수 있다. 또, Blue 3 이 Red 2 을 탐지한 후에 Blue 2 에게 통신을 통해 표적위치를 알려주면 Blue 2 가 Red 2 을 공격할 수 있다. 그러나 Blue 1 과 4 는 Red 의 전투개체를 탐지 및 공격할 수 없으므로 전장에서의 어떤 역할도 못한다.

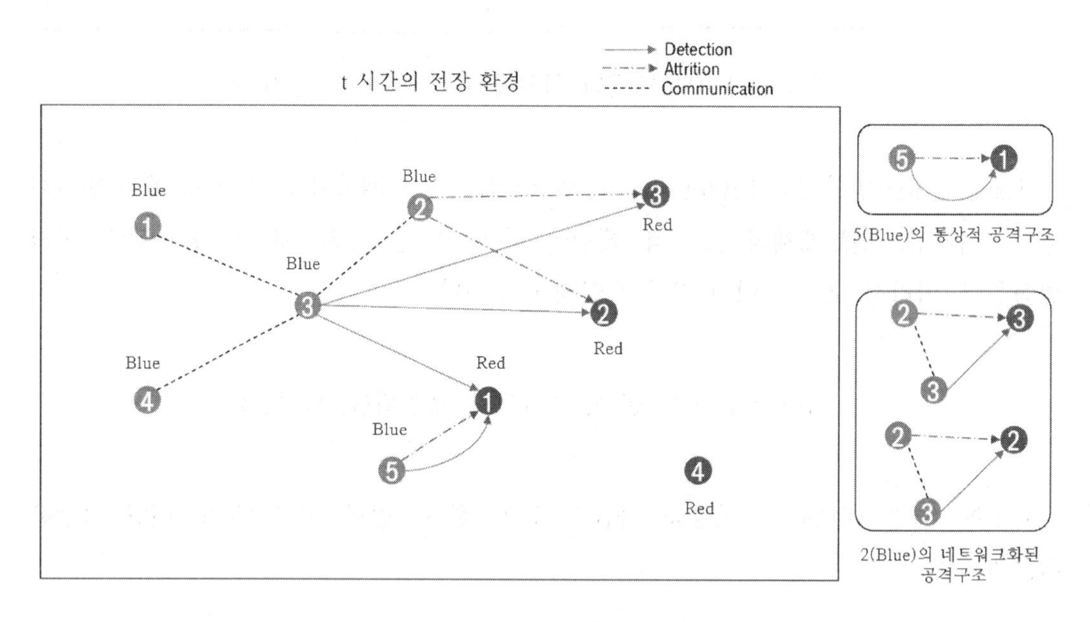

그림 9.6 전투 환경의 예

Blue Force 의 Effectiveness 를 구하기 위해 다음과 같은 기호를 정의한다.

$P_{ij}(d)$: i의 j에 대한 탐지(Detection) 성공확률

$P_{ij}(c)$: i의 j에 대한 통신(Communication) 성공확률

$P_{ij}(a)$: i의 j에 대한 공격(Attrition) 성공확률

$P_{ij}(decision)$: i가 j에 대해 공격할 확률

$$P_{ij}(decision) = \begin{cases} 1 & \text{공격구조가 생기면 무조건 공격} \\ 1/R(t) & \text{공격대상이 하나만 정해짐. 그것이 아니면 공격하지 않음} \\ 1/N(t) & \text{공격구조가 생긴 것 중 하나만 골라서 공격} \\ 1 \ or \ 0 & \text{공격구조 효과가 가장 높은 곳을 선택해서 공격(개인 의사결정 추가)} \end{cases}$$

공격구조를 수식화하면 다음과 같다. Blue Force 전투개체 i가 Red Force 전투개체 j 를 직접 탐지하거나 다른 Blue 개체가 탐지하여 알려주어 식별하여 공격을 결심하고 공격을 해서 성공할 확률 $M_{ij}(t)$는 식 (9-7)과 같다.

$$M_{ij}(t) \fallingdotseq \text{적을 찾아낼 확률} \times \text{적을 공격할 확률} \times \text{공격이 성공할 확률}$$
$$i \in B(t), j \in N(t)$$
$$= \left[P_{ij}(d) + \textstyle\sum_{k=1,k\neq i}^{B(t)}\{P_{kj}(d) \times P_{ki}(c)\}(1 - P_{ij}(d))\right] \times P_{ij}(decision) \times P_{ij}(a) \qquad (9\text{-}7)$$

Red Force 의 t 시점 손실량 $\frac{R(t)}{dt}$은 식 (9-8)과 같다.

$$\frac{R(t)}{dt} = -\textstyle\sum_{j=1}^{R(t)}\left\{1 - \prod_{i=1}^{B(t)}(1 - M_{ij}(t))\right\} \qquad (9\text{-}8)$$

따라서 t 시점의 Blue Force 의 Effectiveness $M(t)$는 식 (9-9)와 같다.

$$M(t) = \frac{\sum_{j=1}^{R(t)}\left\{1-\prod_{i=1}^{B(t)}(1-M_{ij}(t))\right\}}{B(t)} \qquad (9\text{-}9)$$

그러면 t 시점의 NCW 효과에 따른 Effectiveness 변화 $M_{ij}^{NCW}(t)$는 식 (9-10)과 같다.

$$M_{ij}^{NCW}(t) = \left[\textstyle\sum_{k=1,k\neq i}^{B(t)}\{P_{kj}(d) \times P_{ki}(c)\}(1 - P_{ij}(d))\right] \times P_{ij}(decision) \times P_{ij}(a) \quad (9\text{-}10)$$

수치를 적용을 통한 Effectiveness 를 계산하는 예를 들어 본다. t 시점에 그림 9.7 과 같은 공격구조가 만들어 지고 적을 찾아낼 확률과 공격이 성공할 확률이 각각 1 이라고 가정하자. P(decision)=1/N(t)라고 할 때 Blue 의 Effectiveness 는 Red Force 전투개체가 피해를 입는 확률의 합을 Blue Force 의 전투개체의 수로 나눈 평균을 구하는 것이다. 먼저 Red Force 1 은 Blue Force 전투개체 5 로부터만 탐지되고 공격을 받으므로 P_5(decision)=1/N(t)=1/1=1 이 되고 Red Force 1 이 파괴될 확률 $P_1(death)$=1× P_5(decision)=1×1=1 이 된다. 다음으로 Red Force 2 와 3 은 Blue Force 전투개체 2 로부터 공격을 받으므로 P_2(decision) = 1/N(t) = 1/2 = 0.5 , P_3(decision) = 1/N(t) = 1/2 = 0.5 이 되고 Red Force 2 가 파괴될 확률 $P_2(death)$=1×0.5=0.5, Red Force 3 이 파괴될 확률 $P_3(death)$= 1×0.5=0.5 이 된다. Red Force 4 는 어떤 Blue Force 로부터도 탐지되거나 공격받지 않으므로 피해를 받을 확률은 0 이다.

따라서 Blue Force 의 Effectiveness 는 (1+0.5+0.5+0)/B(t)=2/5=0.4 가 되고 Blue Force 의 NCW Effectiveness 는 순수하게 다른 전투개체가 탐지하여 전해준 표적을 공격해서 피해를 입히는 효과이므로 (0.5+0.5)/B(t)=1/5=0.2 가 된다.

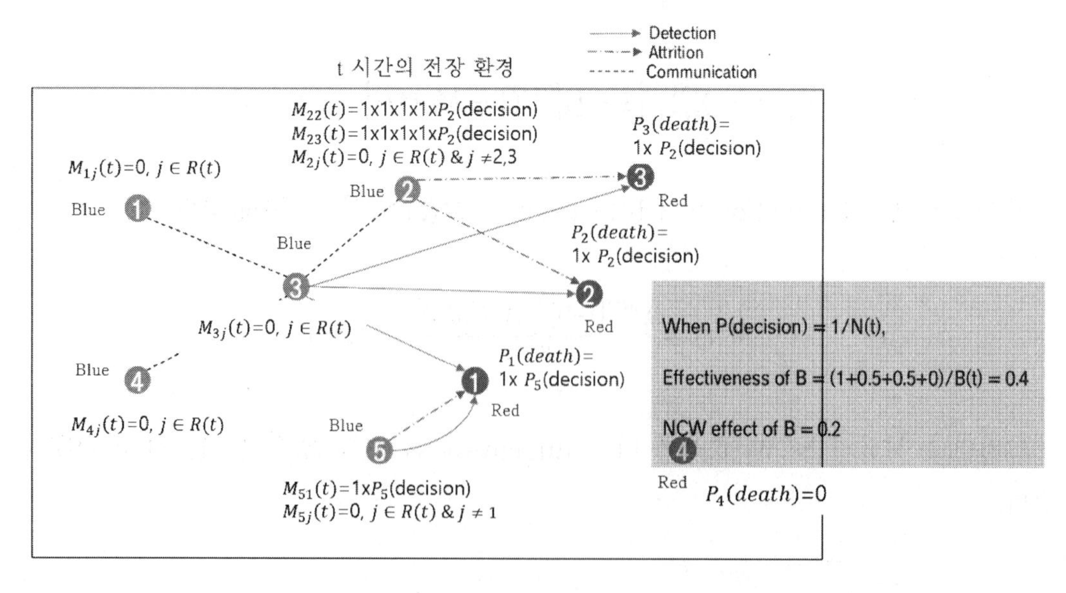

그림 9.7 NCW 전투 수치 예

다음은 그림 9.8 과 같이 각 전투개체가 탐지할 확률, 통신이 성공할 확률, 공격이 성공할 확률이 주어져 있을 때를 생각해 보자. $M_{23}(t)$=0.6×0.9×1×0.8× P_2(decision)이 되고 0.432× P_2(decision)가 된다. 왜냐하면 Blue Force 2 가 Red Force 3 을 공격해서 성공할 확률은 Blue Force 3 이 Red Force 3 을 탐지할 확률 0.6, Blue Force 3 이 Blue Force 2 에게 표적을 알려 주기 위해 통신을 성공할 확률 0.9, Blue Force 2 가 Red Force 3 을 공격해서 성공할 확률 0.8, Blue Force 2 의 의사결정 확률 등을 곱해서 결정한다. 이와 동일한 방법으로 Red Force 1, 2, 3, 4 의 피해확률을 모두 더해서 Blue Force 전투개체 수 5 로 나누면 Blue Force 의 Effectiveness 가 된다. 즉, (0.72+ 0.432/2+ 0.504/2+ 0)/B(t)= (0.72+ 0.432/2+ 0.504/2+ 0)/5=0.237 가 된다. 순수 NCW 효과는 (0.432/2+ 0.504/2)/5=0.093 이다.

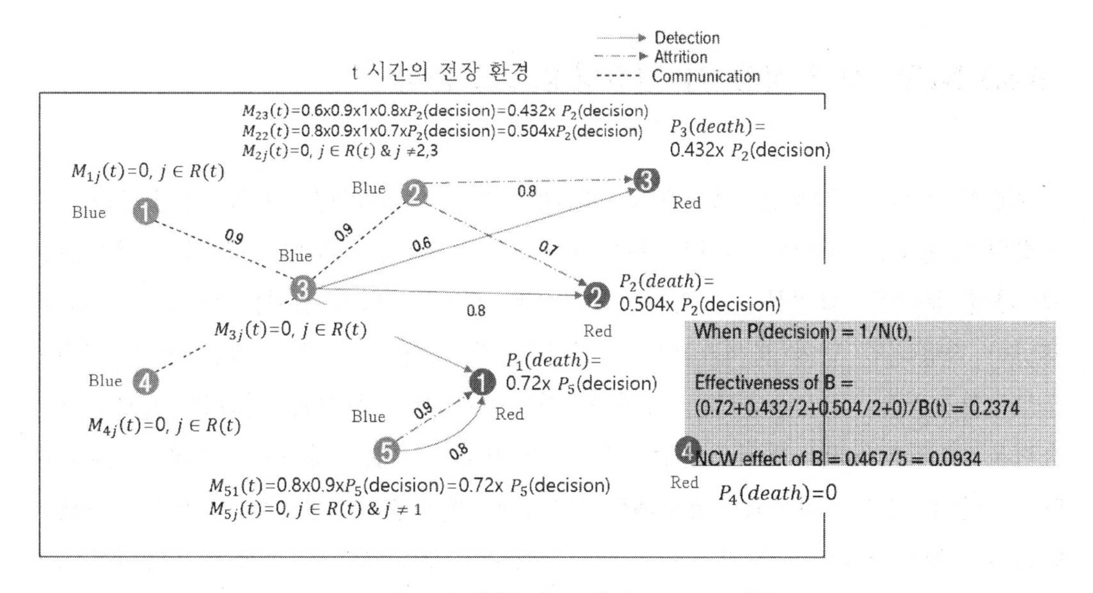

그림 9.8 확률이 포함된 NCW 전투

이영우, 이태식의 연구 내용을 요약하면 Lanchester 방정식의 Effectiveness 를 전투개체들의 공격횟수의 의미로 해석한 것이다. 전장 내 전투개체들의 네트워크 구조를 바탕으로 Effectiveness 를 구조화하여 NCW 효과 구조 모델을 제안하였다. t 시점에서 부대의 Effectiveness 를 상대방 소모에 대한 확률로 수식화하고 예시 상황에 대한 Effectiveness 의 수식을 적용하였다. 이 논문의 의의는 특정 시점에서 아군, 적군의 네트워크 구조와 전투결과간

관계를 정의하였고 네트워킹의 효과에 대한 새로운 표현으로 '네트워크화된 공격구조'라는 용어를 사용한 것이다.

9.6 창조 21 모델의 NCW 개념 발전

이기택, 조경익, 이철식은 지상군 전투모델인 '창조 21' 모델의 탐지/교전 논리 중심으로 한 NCW 개념을 적용한 워게임 모의논리 발전방향에 대해 연구하였다. 이 논문을 소개하면 다음과 같다.

9.6.1 NCW 개념 적용 시 전장영향요소 분석

NCW 개념을 적용한 모의논리 발전방향을 제시하려면 NCW 개념 적용 시 전장의 영향요소 분석이 선행되어야 한다. 표 9.1에서 보듯이 전장의 영향요소는 세 가지 분야로 살펴볼 수 있다. 첫 번째 요소는 탐지(센서) 분야이다. NCW 개념이 적용되면 탐지(센서) 분야의 향상은 각 부대들 간에 탐지된 정보에 대한 정보통합능력을 극대화시키는 효과를 가능하게 할 것이다. 이러한 정보통합의 능력은 다음의 세 가지 영향요소를 가지고 있다. 첫째는 부대가 보유한 탐지자산의 성능 향상과 정보네트워크상에 연결된 부대로부터 받는 정보로 인하여 탐지확률이 증가되어 탐지능력이 향상된다. 둘째는 해당부대의 탐지범위를 벗어나도 타 부대/체계로부터 받는 정보 및 다양한 정보체계에 의한 실시간 추적이 가능하여 연속추적 확률이 증가하고 추적에 따른 오차가 감소됨으로써 추적능력이 향상된다. 셋째는 다양한 적 부대 중에 아군에 가장 큰 영향을 미칠 수 있는 부대와 장비, 체계에 대한 표적분류 확률 및 식별능력이 향상된다.

전장영향요소 두 번째 요소는 지휘통제(C2) 분야이다. 정보네트워크상의 각 부대/체계들은 확인된 정보를 상호 실시간 전송이 가능하여 정보공유능력이 향상된다. 이러한 정보공유능력은 의사결정의 적시성을 증가시켜서 상황인지능력을 향상시키며, 작전템포 증가로 인한 자기동기화 능력을 향상시키게 된다. 또한 정보공유능력의 향상은 지휘통제의 적시성을 증가시켜서 지휘통제 측면의 정보통합능력을 향상시키며, 정확한 정보공유로 인하여 작전성공확률 증가가 가능하게 된다. 영향요소를 분석해야 할 세 번째 요소는 무기(타격)분야이다.

정밀타격체계의 향상과 타 군 및 타 부대와의 정보공유로 인하여 협동교전능력이 향상된다. 기존의 타격체계보다 NCW 체계하 정밀타격체계는 핵심표적을 선별 후 보다 정확한 타격이 가능하여 표적선택/조준능력이 향상된다. 타 부대 및 무기체계와 정보공유 및 협동교전이 가능하여 신속한 재공격 기회 및 임무전환 기회가 증대되고 결과 확인 능력이 향상된다. 이러한 NCW의 세 가지 분야의 영향요소는 전장에 지대한 영향을 미치게 된다.

표 9.1 NCW 적용 시 전장영향요소 분석

<table>
<tr><th>분야</th><th>이점</th><th>영향요소</th><th>세부 영향요소</th></tr>
<tr><td rowspan="3">센서
(탐지)</td><td rowspan="3">정보
통합
능력</td><td>탐지능력 향상</td><td>탐지확률 증가</td></tr>
<tr><td>추적능력 향상</td><td>연속추적확률 증가
추적오차 감소</td></tr>
<tr><td>식별능력 향상</td><td>표적분류확률 및
식별능력 향상</td></tr>
<tr><td rowspan="5">지휘
통제
(C2)</td><td rowspan="5">정보
공유
능력</td><td>상황인지 능력 향상</td><td>의사결정 적시성 증가</td></tr>
<tr><td>자기동기화 능력 향상</td><td>작전템포 증가</td></tr>
<tr><td>정보통합능력 향상</td><td>C2 적시성 증가</td></tr>
<tr><td>자원최적화능력 향상</td><td>자원소비 감소</td></tr>
<tr><td>임무연습능력 향상</td><td>작전성공확률 증가</td></tr>
<tr><td rowspan="2">무기
(타격)</td><td rowspan="2">협동
교전
능력</td><td>표적선택/조준능력
향상</td><td>명중률 증가 및
탄약소비 감소</td></tr>
<tr><td>결과확인능력 향상</td><td>재공격기회 증가 및
임무전환기회 증가</td></tr>
</table>

9.6.2 전투행위와 전투효과의 연관관계 분석

NCW의 전장영향요소에서 분석한 요소들은 궁극적으로 효과 중심의 전투를 가능하게 하는 핵심요소라고 할 수 있다. 각 행위의 특성은 특정효과에 영향을 미치게 되고 그 효과는 물리영역과 인지영역에 영향을 미치게 되고 그 결과 최종적인 효과가 반영되는 것이다. 여기서 중요한 현대전의 개념을 도출할 수 있다.

과거의 전쟁은 대칭전으로 물리영역과 인지영역의 중요성이 동등(작전성공확률 = 수단 × 의지)했으나 NCW 개념을 적용할 경우 인지영역의 중요성이 훨씬 증가(작전성공확률 = 수단 × 의지^2)한다는 것이다. 또한 물리영역과 인지영역이 완전히 독립된 개념이라고 볼 수 없으며, 물리영역이 부분적으로 인지영역에도 영향을 미치고, 인지영역도 역시 물리영역에 영향을 상호 복합적으로 미친다고 볼 수 있다.

9.6.3 NCW 개념을 적용한 탐지논리 발전방향

다중 정보통신 네트워크 구성 및 적용을 통한 정보공유/통합 효과 모의

표 9.2는 각 부대들 간의 다중 정보통신 네트워크 매트릭스의 예이다.B_i는 각 부대를 의미하고, N_{ij}는 i 부대와 j 부대 간 정보공유 정도를 나타내는 NCW 변수로서 1에 가까울수록 정보공유의 효과가 높아진다. 정보공유의 효과는 α~1 값이면 i 부대가 탐지한 적 부대에 대한 모든 정보를 공유하며, α 이하일 경우는 적 부대 단대호 화면전시가 불가하고, 단지 적 부대에 대한 보고서 내용만 공유하며, 보고서 내용도 NCW 변수 값의 정도에 따라 차등하게 부여한다.

NCW 변수는 네트워크 연결 여부 판단변수(E_{ij})와 통신신뢰도 변수(C_{ij})의 곱으로 계산된다. 네트워크 연결 여부 판단변수는 표 9.3에서 보듯이 통신장비를 보유하고 있어도 상호연결이 불필요한 부대가 있으므로 연결가능 여부를 표시한다. 통신신뢰도 변수(C_{ij})는 해당 부대별로 보유하고 있는 통신장비의 편제 대비 현보유량을 활용하여 정보전달의 신뢰도를 나타내는 변수이다.

표 9.2 다중 정보통신 네트워크 매트릭스(예)

구분	B_1	B_2	⋯	B_{n-1}	B_n
B_1	1	N_{12}	⋯	$N_{1,n-1}$	$N_{1,n}$
B_2	N_{21}	1	⋯	$N_{2,n-1}$	$N_{2,n}$
.	⋯	⋯	⋯	⋯	⋯
.	⋯	⋯	⋯	⋯	⋯
B_{n-1}	$N_{n-1,1}$	$N_{n-1,2}$	⋯	1	$N_{n-1,n}$
B_n	$N_{n,1}$	$N_{n,2}$	⋯	$N_{n,n-1}$	1

표 9.3 네트워크 연결여부 매트릭스(예)

구분	B_1	B_2	⋯	B_{n-1}	B_n
B_1	1	1	⋯	0	1
B_2	1	1	⋯	1	0
.	⋯	⋯	⋯	⋯	⋯
.	⋯	⋯	⋯	⋯	⋯
B_{n-1}	0	1	⋯	1	1
B_n	1	0	⋯	1	1

$$N_{ij} = E_{ij} \times C_{ij} \qquad (9\text{-}11)$$

N_{ij}: NCW 변수 $0 \leq N_{ij} \leq 1$

E_{ij}: 네트워크 연결여부 판단 변수(1: 연결, 0: 미연결)

C_{ij}: 통신신뢰도 변수(통신장비의 현보유량/편제량 × 통신가능장비량/현보유량)

$0 \leq C_{ij} \leq 1$

i, j: i, j 번째 부대, $0 \leq i \leq n$, $0 \leq j \leq n$

탐지거리 향상 모의

그림 9.9에서 보듯이 NCW 상황하에서는 다중 정보통신 네트워크에 연결된 부대들의 탐지거리가 증가한다. 즉, 기존에는 B_2부대의 경우 해당부대의 탐지거리 내에서만 탐지를 할 수 있었다. 그러나 다중 정보통신 네트워크상에서 B_1과 정보공유가 가능함으로써 탐지장비의 운용부대에 관계없이 탐지거리가 확대된다. 따라서 B_2는 탐지거리가 증가하게 되고 탐지가 불가능하였던 적 R_1부대를 탐지 가능하게 된다. NCW 개념 적용 시 탐지범위는 $S_3 = S_1 + S_2 - S_{12}$로 정의할 수

있다.

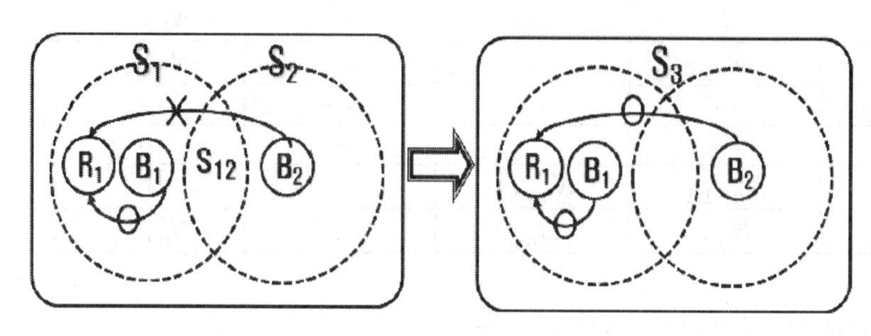

그림 9.9 탐지거리 증가 모형도

<u>탐지확률 향상 모의</u>

다중 정보통신 네트워크상에 연결되어 있는 부대의 탐지능력 모의 시에는 탐지반경 외 지역에 있는 타 부대에 의한 탐지 여부를 반영한다. 또한 다중부대 탐지 시 탐지가중치(P_i)를 부여하여 탐지효과를 반영한다. 기존에는 탐지반경 중첩 여부에 관계없이 동일한 탐지확률/정보내용을 제공하였으나 그림 9.10과 식 (9-12)에서 보듯이 탐지반경 중첩 여부에 따른 탐지 중첩 여부를 적용한다. 즉, P_1 지역보다 P_3 에서 탐지되는 적 부대의 정보가 보다 정확하게 제공되도록 모의한다.

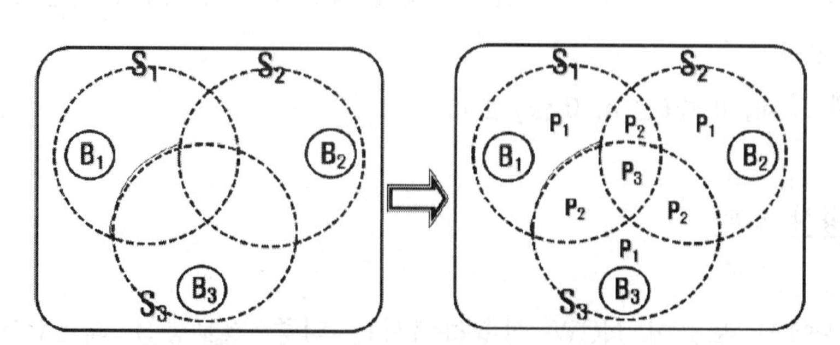

표 9.10 탐지확률 향상 모형도

$$탐지확률=(부대\ 일일탐지율) \times (1 + P_i) \quad (9-12)$$

- 탐지확률이 1 이상이면 1로 설정
- $0 = P_1 < P_2 < 1$
- P_i: 다중부대 탐지시 탐지 가중치, i: 탐지중복 부대 수

추적능력 향상 모의

다중 정보통신 네크워크상에 연결되어 있는 부대는 연속추적확률 증가/추적오차 감소가 적용되어 추적능력이 향상된다. 기존에는 타 부대가 탐지한 경험을 공유할 수 없었으나 NCW 개념을 적용 시 경험공유가 가능하도록 모의하는 것으로 이를 식으로 나타내면 식 (9-13), (9-14)와 같다.

$$\text{기존: 센서성능} = AF_{nomn} \times AF_{al\_de} \quad (9-13)$$

AF_{nomn}: 명목민감도($nomn: NOMIAL\ ACUITY$)
AF_{al_de}: 탐지경험 변수($al: already, de: detected$)

$$\text{변경: 센서성능} = AF_{nomn} \times AF_{al\_de\_new} \quad (9-14)$$

$$AF_{al\_de\_new} = max\{AF_{self\_al\_de},\ AF_{al\_de\_new} \times N_{ij}\}$$

$Where, AF_{self\_al\_de}$: 해당부대의 탐지경험 변수
$AF_{al\_de\_new}$: 다중 정보통신 네트워크 상의 타부대 탐지경험 변수
N_{ij}: NCW 변수

수식에서 보듯이 탐지경험 변수는 표준센서 성능에 2배의 성능 향상을 부여하고 있다. 수식에서 해당부대의 탐지경험 변수와 다중 네트워크상의 타 부대의 탐지경험 변수를 구분하여 탐지경험을 공유하도록 하는 것이다. 이때 새로운 탐지경험 변수 값은 해당부대의 탐지경험 변수와 타 부대의 탐지경험에 NCW 변수 값을 곱한 값과 비교하여 최대값을 적용한다. 즉, 다중 정보통신 네트워크상에 미연결된 부대의 탐지경험은 공유할 수 없으며, NCW 변수 값이 1미만일 경우 그만큼 감소가 적용되도록 모의한다.

표적분류 확률 및 식별능력 향상 모의

그림 9.11에서 보듯이 창조21모델에서는 거리별로 정보수준을 차등하게 부여하고 해당부대의 모의반에 동일 내용을 제공한다. 즉, 2.5~4km에서는 단대호 표시가 적 부대 병과 및 제대수준이 미전시되고 1~2.5km에서는 적 부대 병과만 제시하며 1km 이내일 경우에만 제대수준까지 제시하고 있다. 그러나 NCW 적용 시에는 그림 9.11에서 보듯이 다중 네트워크상 부대들은 탐지거리와 상관없이 최상의 부대 정보수준을 공유하여 표적분류 및 식별능력이 향상된다. 즉, B부대는 적 부대와 3.5km 이격되어서 1차 수준의 적 정보만 볼 수 있으나 적 부대와 근접거리(0.7km)에 위치한 A부대와 정보를 공유함으로써 1차 수준의 정보가 아닌 3차 수준의 정보를 공유하여 표적분류 및 식별능력을 향상시킬 수 있는 것이다.

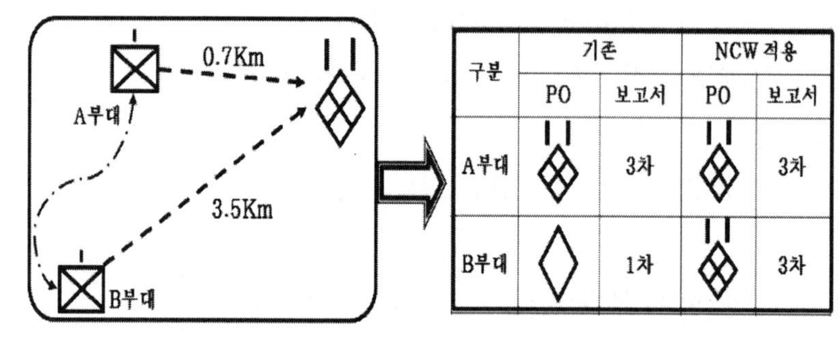

그림 9.11 NCW 적용 시 표적분류 및 식별능력 향상(예)

9.6.4. NCW 개념을 적용한 교전논리 발전방향

개요

NCW의 중요한 특징 중의 하나는 효과중심작전을 수행할 수 있다는 것이다. 그러나 기존모델의 교전논리는 앞에서 보았듯이 소모에 기반을 둔 교전논리가 대부분이었다. NCW 개념을 적용한 워게임 교전논리는 효과에 기반을 둔 교전논리라고 표현할 수 있다. 즉 기존의 모든 교전논리가 소모에 기반을 둔

PK(살상률, Probability of Kill)에 집중되어 있었다면, NCW 적용 시의 교전논리는 PK와 PO(Probability of Option: 특정대안이 제공하는 성공확률로서 행위/의지 영향척도) 중심의 영향을 모의하는 것이다. 특히 PO는 수식에서 보듯이 작전성공 확률의 제곱에 비례하는 효과를 가질 수 있도록 모의하기 때문에 PK보다 영향이 크다.

소모에 기반을 둔 교전논리(대칭전)
- 작전성공확률 = 수단 × 의지, PK중심의 영향 모의(핵심표적 타격/영향모의 제한)

· 효과에 기반을 둔 교전논리(비대칭전)
- 작전성공확률 = 수단 × 의지, PK/PO중심의 영향 모의(핵심표적 타격/영향모의 가능)

<u>핵심표적 교전논리</u>

핵심표적 교전논리는 효과에 기반을 둔 교전논리로, 수식에서 보듯이 탐지가 정확할 경우 핵심표적 식별/타격이 가능하다는 가정하에서 수립되었다. 교전조건을 충족하면서 표적 그룹별 식별계수($\alpha_1, \alpha_2, \alpha_3$)를 활용하여 탐지확률이 α_1 이상이면 핵심표적 교전논리를 적용하고 탐지확률 α_1 미만이면 기존 교전논리를 적용한다. 교전조건 충족 시 다중 정보통신 네트워크상에 연결된 부대는 네트워크에 연결된 타 부대의 탐지확률까지 적용 가능하므로 탐지확률은 max{해당부대의 탐지확률, 타 부대의 탐지확률 × NCW 변수 값(N_{ij})}가 된다. 교전방법은 1단계로 표적별 그룹을 지정한다. 표적별 그룹은 대그룹, 중그룹, 소그룹으로 구분하며, 대그룹은 탐지확률이 α_1보다 크거나 같고 α_2보다 작을 때, 중그룹은 탐지확률이 α_2 보다 크거나 같고 α_3 보다 작을 때, 소그룹은 α_3 보다 크거나 같고 1보다 작을 때 적용 가능하다. 예를 들어 대그룹에서는 인원, 전투장비, 전투지원장비, 보급품을 선별적으로 식별 가능하고, 중그룹에서는 인원 중에서 전투병, 본부/근무지원병, 장비조작병 등 전투임무별로 식별 가능하며, 소그룹에선 본부/근무지원병 중에서 지휘관, 참모, 행정병 등 직책별로 세부적인 식별이 가능하다.

· 대그룹(α_1 ≤탐지확률 < α_2): 인원, 전투장비, 전투지원장비, 보급품(시설부대) 식별 가능
· 중그룹(α_2 ≤탐지확률 < α_3): 인원(전투병, 본부/근무지원병, 장비조작병)의 전투임무별 식별 가능
· 소그룹(α_3 ≤탐지확률<1): 본부/근무지원병(지휘자/관, 참모, 행정병)의 직책별 세부적인 식별 가능
- $\alpha_1, \alpha_2, \alpha_3$: 표적 그룹별 식별계수

탐지에 따른 표적별 그룹 분류가 완료되면 핵심표적 타격이 가능하며, 핵심표적에 타격은 자동/수동교전이 구분 적용한다.

· 핵심표적 자동교전 논리

핵심표적 자동교전 논리는 그림 9.12와 식 (9-15)와 같다.

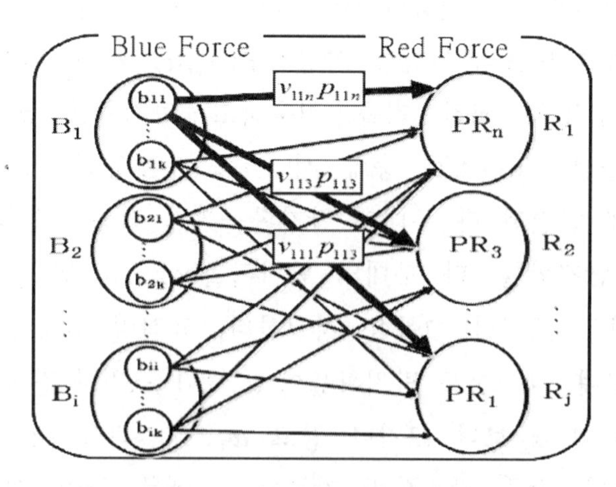

그림 9.12 핵심표적 자동 교전논리

$$\frac{dR}{dt} = -\sum_j \sum_k \sum_i V_{ikj} P_{ikj} B_i(t) \qquad (9\text{-}15)$$

$V_{ikj} = V_{ik} \times PW_j$

$PW_j = (a - j + 1) / \left(\frac{a(a+1)}{2}\right)$, a: $Red\ Force$ 표적수

α 개의 표적의 우선순위 지정조건

$P_{ikj} > 0$ 이고 $AOF_{ikj} > 0$만 가능, AOF: $Allocation\ Of\ Fire$

PR_j: Red Force의 j번째 우선순위 표적

PW_j: j번째 우선순위 표적의 가중치(PW: Weight of Priority)

V_{ik}: i번째 무기체계의 k번째 Sub 무기의 10분당 사격발수

그림 9.12에서 보듯이 Blue Force의 각 전투장비의 하위 무기들은 적 표적들에 대한 교전 우선순위가 지정된다. 지정된 우선순위에 따라 표적의 가중치가 수식에 의해서 자동 계산되고 화력이 할당된다. 이때 우선순위 할당이 가능한 표적은 기존의 그룹 화력 할당값인 AOF(Allocation Of Fire)값과 PK값이 0보다 큰 표적에 한하여 우선순위를 설정할 수 있다. 우선순위는 기존의 그룹별 화력 할당 개념이 아닌 표적별로 할당하며, 우선순위 표적을 최소 1개 이상 할당해야 한다. 우선순위는 공격의 목적에 따라 달라질 수 있게 된다. 예를 들면 차량화 보병부대의 이동을 저지하기 위해서 전투병 공격보다 2.5t트럭에 대한 우선순위를 가장 높게 설정할 수 있으며, TOD를 보유한 부대의 감시능력 저하를 위해서 TOD만 우선순위 표적에 할당할 수 있을 것이다. 이러한 표적우선순위는 10분 단위로 사용자가 설정가능하다. 이러한 핵심표적 자동교전 논리를 확장하면 전투집합이 형성되었을 때 우선순위 부대를 설정할 수 있다. 예를 들면 적 전차 1개 중대, 보병 2개 대대와 교전하는 아 전차 1개 대대는 적 전차 1개 대대만 우선순위에 설정하여 화력을 집중할 수 있다. 즉 핵심표적을 개별표적에서부터 부대까지 다양하게 확장하여 적용하는 개념이다.

· 핵심표적 수동교전 논리

핵심표적 수동교전 논리는 그림 9.13와 식 (9-16)과 같다.

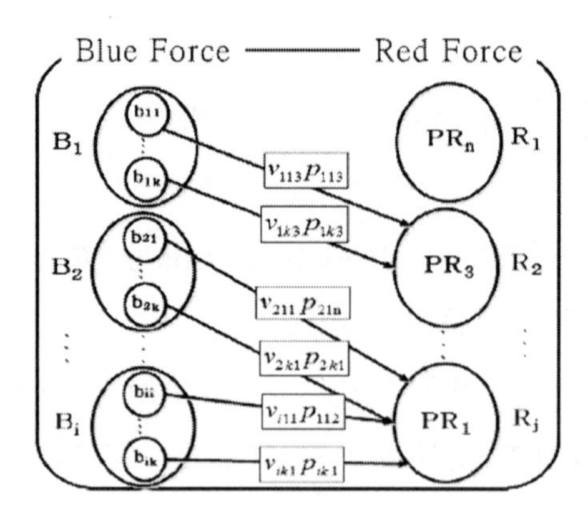

그림 9.13 핵심표적 수동 교전논리

$$\frac{dR}{dt} = -\sum_j \sum_k \sum_i V_{ikj} P_{ikj} B_i(t) \qquad (9\text{-}16)$$

$V_{ikj} = V_{ik} \times PW_j$

$PW_j = 1$

α 개의 표적의 우선순위 지정조건

$P_{ikj} > 0$ 이고 $AOF_{ikj} > 0$만 가능

식 (9-16)이 자동교전 논리 식 (9-15)와 다른 점은 그림 9.13에서 보듯이 i 번째 전투장비의 k 번째 서브무기가 j 번째 Red Force장비에 대하여 10분간 할당된 사격량을 모두 집중하는 것이다. 즉, 그림 9.13에서 $b_{11} - b_{1k}$ 서브무기는 우선순위 3번째인 R_2 에 모든 사격량을 할당한다. 그리고 $b_{21} - b_{2k}$ 와 $b_{i1} - b_{ik}$ 서브무기는 우선순위 1번째인 R_1 에 모든 사격량을 할당한다. 기타 Red Force 장비에 대해서는 사격량을 할당하지 않는다. 이러한 방식으로 수동교전 논리는 모든 화기의 사격량을 우선순위가 높은 핵심장비에 모두 할당하여 실제적인 사격집중효과를 얻을 수 있게 된다. 그러나 이러한 수동교전 논리는 적 장비에 대하여 살상률과 화력할당 값이 존재할 때만 가능하다.

· 핵심표적 교전에 의한 영향효과 모의

앞에서 살펴본 바와 같이 기존의 교전논리는 핵심표적을 타격하는 것도 제한이 되고 또한 그 영향효과 반영도 제한이 되었다. 그러나 NCW 상황하에서는 그림 9.14에서 보듯이 핵심표적 교전조건이 만족되면 핵심표적 교전논리가 적용되어 핵심표적 파괴를 통하여 적 부대에 심리적 소모/충격을 직접적으로 주는 것이다. 간접효과는 전문가 시스템을 통하여 PK(살상률)와 PO(Probability of Option: 특정대안이 제공하는 성공확률로서 행위/의지 영향척도)에 영향을 주는 것이다. 단순히 표적의 파괴로 모든 것이 종료되는 것이 아니라 심리적 소모 및 기타 충격에 따른 영향요소를 반영하는 것이다. 그림 9.15에서 보듯이 인원 중에서 지휘관/참모가 사망할 시에는 지휘/통제 지연(명령수행 지연, 보고 지연), 부대단결력 저하, 결심 지연으로 직접/간접 교전에 제한을 주게 되는 것이다. 또한 지휘/통신장비 파괴 시 지휘/통제 제한, 탐지 제한, 핵심표적 타격 제한, 직접/간접 교전 제한을 받게 되는 것이다. 이러한 다양한 효과를 반영함으로써 NCW하 교전의 영향을 반영할 수 있게 되는 것이다.

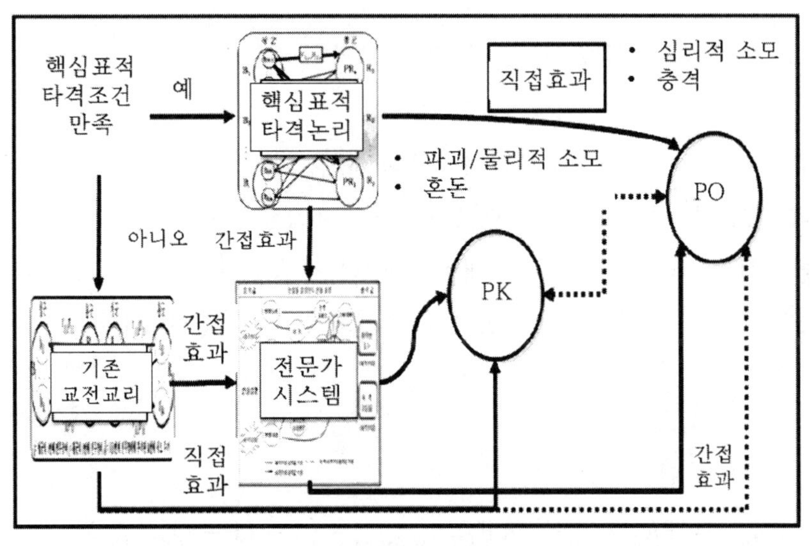

그림 9.14 핵심표적 교전에 의한 영향효과 적용 개념도

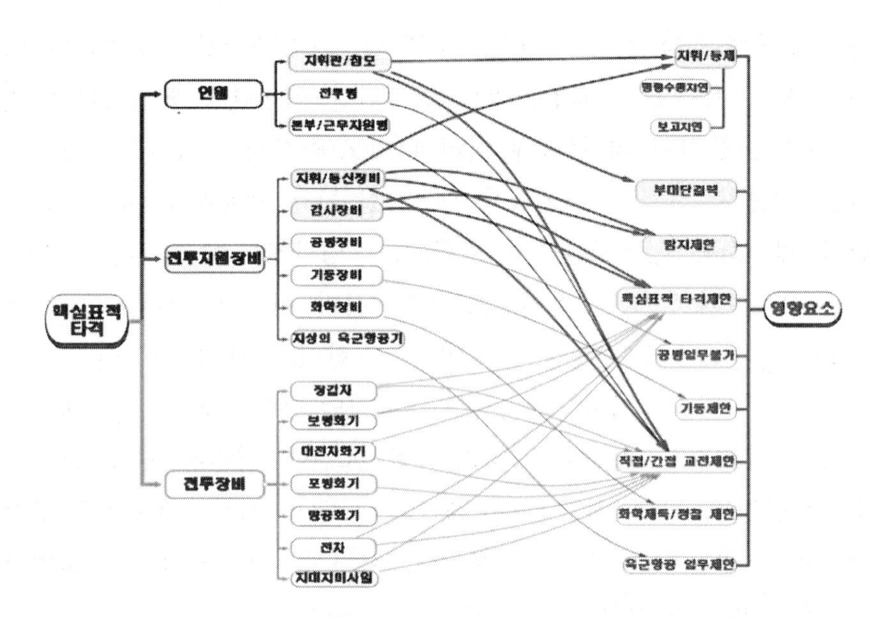

그림 9.15 핵심표적 교전에 의한 영향효과 적용 개념도

· 선 탐지에 따른 표적선택/조준능력 향상 모의

탐지 우선순위에 따른 교전능력 차이 반영의 기본개념은 선 탐지부대는 표적선택과 조준능력이 향상됨으로써 조준사격을 할 수 있는 반면에 후 탐지부대는 갑작스러운 사격에 대한 대응사격을 하게 됨으로써 지연사격을 한다는 것이다. 선 탐지에 따른 표적선택/조준능력 향상에 대한 수식은 다음과 같다.

$0 \le t_{detector} < 1$ 이면

$PK_{detector_{new}} = PK_{detector_{old}} \times F_{detector_{first}} \times \big(1 + (1 - t_{detector})\big)$

$PK_{detector_{new}} > PK_{detector_{old}}$ 이면 $PK_{detector_{new}} = PK_{detector_{old}}$로 설정

$t_{detector} = 1$이면

$PK_{detector_{new}} = PK_{detector_{old}} \times F_{detector_{first}}$

$F_{detector_{first}}(x) = 0.082e^{0.4287x}$ $where,\ x$: 전투거리

$$t_{detector} = t_{detector_{first}} / t_{detector_{firstbasetiem}}$$

$F_{detector_{first}}$: 전투거리대별 살상률 감소 변수

$t_{detector_{firstbasetiem}}$: 선 탐지부대 탐지기본 시간(4시간)

$t_{detector_{first}}$: 선 탐지부대 최초 탐지시간 후 탐지부대가 선 탐지부대를 탐지할 때까지의 시간

$PK_{detector_{old}}$: 후 탐지부대 Sub 무기의 기존 살상률

$PK_{detector_{new}}$: 후 탐지부대 Sub 무기의 변경된 살상률

선 탐지부대는 조준사격이 가능하므로 기존 살상률을 동일하게 적용하고, 후 탐지부대는 지역사격으로 인한 살상률 감소효과를 부여한다. 수식적용을 위한 기본시간은 4시간이며 선 탐지부대가 탐지 후에 후 탐지부대가 선 탐지부대를탐지할 때까지 소요시간을 계산하여 4시간 이상이면 후 탐지부대의 살상률 감소값이 그대로 적용되며, 4시간 미만이면 $t_{detector}$ 는 1 미만의 값을 가지게 되어 살상률은 $1+(1-t_{detector})$ 값만큼 증가하게 되고, 변경된 살상률이 기존 살상률보다 클 경우는 기존 살상률을 적용한다. 선 탐지에 따른 전투거리대별 감소율은 전투거리대가 가까워질수록 낮은 값을 가진다. 특히, 다중 네트워크상에서 연결된 아군부대의 선 탐지정보가 공유되어 $t_{detector_{first}}$ 값이 계산된다.

· 결과확인능력 향상 모의

결과확인능력 향상 모의란 근접전투 후 적의 피해에 대한 정보를 전투거리대별로 차별성 있게 제공하는 것이다. 기존에는 근접전투 후 피해정보를 제공하지 않았다. 그러나 NCW를 적용 시 근접전투 후 피해정보를 전투거리대별로 차별성 있게 제공하여 결과확인 능력을 향상시키는 것이다. 특히, 다중 네트워크에 연결된 부대는 NCW 변수(N_{ij})값에 의하여 영향을 받게 되는 피해정보를 동일하게 공유하도록 하며, 이러한 피아의 최신 정보공유로 재공격/임무전환 기회가 증가하게 된다. 기존에는 해당 부대의 아군 정보만 공유하였으나 NCW 적용 시 피아의 모든 정보공유가 가능하여 즉시적인 상황판단이 가능하고 재공격/신속한 임무전환이 가능하게 된다.

제 10장

C4ISR 모의

10.1 C4ISR 모의 개념

10.1.1 C4ISR 모의 개요

C4ISR(Command, Control, Communications, Computers, Intelligence, Surveillance and Reconnaissance) 전투기여효과는 C4ISR 각 체계별 개별 성능 혹은 양적인 변화가 장비 및 인원의 손실, 탄약소모와 같은 자산의 변화뿐만 아니라, 전투의 목적인 통제 범위, 실 점령지역의 크기와 같은 모든 전투결과에 미치는 효과를 말한다.

C4ISR 체계의 효과를 무엇으로 평가할 것인가에 대한 것은 아직 논란이 되고 있다. C4ISR 체계와 관련된 척도를 크게 물리적인 기능에 대한 성능척도(MOP: Measure Of Performance)와 전투기여도(MOFE: Measure Of Force Effectiveness)로 구분할 수 있다. 어떤 지휘통제체계가 도입될 때 참모계획수립과 수행주기가 감소하는지, 분산통제 계획수립과 집행의 지원에 있어서 협력 틀의 효과가 증가하는지 혹은 어느 정도의 부대 작전속도를 증가시키는지와 같은 것과 같은 질문이 야기되기도 한다. 또, 상호운용성은 부대의 치명성을 증대시키는지, C4ISR 체계의 정보공유가 가능한 조직의 수나 형태를 증가시키는가와 같은 질문을 제기한다.

이러한 질문에 답하는 방법 중 하나는 Lanchester 방정식을 수정하여 CRISR 체계 자체를 능력값으로 계량화하여 손실을 계산하는 방법이다. 이러한 방법은 계산을 빨리 할 수 있지만 체계의 세부적인 내용을 다룰 수 없고 입력값 자체가 상세모델에서의 결과자료나 전문가의 판단자료에 의존하게 되어 결과의 객관성에 취약하다.

NCW 개념의 검증방법은 기존의 전투실험을 확장한 전역전투실험(Campaign Experimentation)이다. 이는 소규모의 전투실험보다는 전체개념하에 실시하는 대규모의 실험으로 기존의 야전훈련이나 실제 C4ISR 체계의 훈련모드를 이용하여 실행된다. 그러나 실험의 반복이 어렵고 다양한 참여 요소로 인해 실험에 대한 통제의 어려움이 있다. 모델링하기 어려운 참모나 지휘관들의 행동에 관한 측정을 위해 세미나식 워게임 또한 C4ISR 효과 발생이나 확대체계의 계량화에 좋은 도구이다.

앞에서 설명한 것과 같이 미래 전쟁의 형태는 기존의 타격 자산 중심의 전투와 달리 NCW로 변화하고 있다. NCW는 여러 전투 요소들을 네트워크로 연결하여 전장 상황을 공유하고 통합적이고 효율적인 전투력을 창출하고자 하는 것으로, 이러한 NCW 환경에서는 정보의 유통을 위한 통신의 중요성이 그 어떤 요소보다도 중요하기 때문에 통신 효과를 반영하지 않을 경우 그 정확도와 현실성이 떨어질 수 있다. 이러한 중요성에도 불구하고 C4ISR 효과의 작전적인 효과를 측정하기는 어렵다.

실제 전장에서는 부대와 부대사이에서 통신을 하고 있고, 이러한 통신은 지형, 날씨 등의 환경에 많은 영향을 받는 통신 장비를 이용해서 이루어지고 있다. 하지만, 기존의 워게임에서는 통신 효과 보다는 다른 교전 효과들을 측정하는데 목적이 있는 경우가 많아서 대부분 많이 추상화되어서 표현되어 왔다.

첫 번째는 워게임 내부에서 통신 효과에 대한 반영을 고려하지 않는 방법이다. 예전의 플랫폼 중심의 전쟁에서는 전투 효과도를 나타낼 때, 통신의 영향이 크지 않았기 때문에 통신 효과를 거의 무시하였다. 하지만, 전장에서 통신의 역할이 점차 증대됨에 따라 워게임에도 통신 효과의 반영이 필요하게 되었다.

두 번째는 통신효과의 데이터를 데이터 베이스화하여 그 데이터를 워게임 내부의 모델들이 통신을 하는데 적용하는 방법이다. 이렇게 함으로써 모델간의 통신에 통신 효과를 어느 정도 모의할 수 있지만, 실제의 전장상황을 반영한 통신효과를 적용하는 데는 한계가 있다. 특히, 동적으로 변화하는 전장상황을 확률기반의 모델이 표현하는 것에는 한계가 있다.

세 번째 방법은 워게임 내부에 통신효과를 모의할 수 있는 모델을 삽입하는 방법이다. 이런 통신효과 모델은 여러 가지 확률 기반의 모델로 정의할 수 있다. 이러한 방법의 우 역시 실제 전장 상황을 적용하는 데는 한계가 있다. 또한, 워게임 내부에 통신모델을 사용하면, 동시간에 발생하는 전장과 통신 시스템의 상호작용을 표현하는데 한계가 나타날 수 있다. 예를 들어, 워게임에서 다수의 모델에서 동시에 통신을 요청할 경우에, 워게임 엔진의 순차적인 시간 관리 특성상 표현이 불가능하다. 예를 들어, 여러 부대가 같은 주파수의 통신자원을 사용할 경우, 실제상황에서는 한 개의 통신 요청만 처리되어야 하지만,

워게임에서는 다수의 통신 요청을 같은 시간에 순차적으로 처리하여 실제 상황과는 다른 결과가 도출될 것이다.

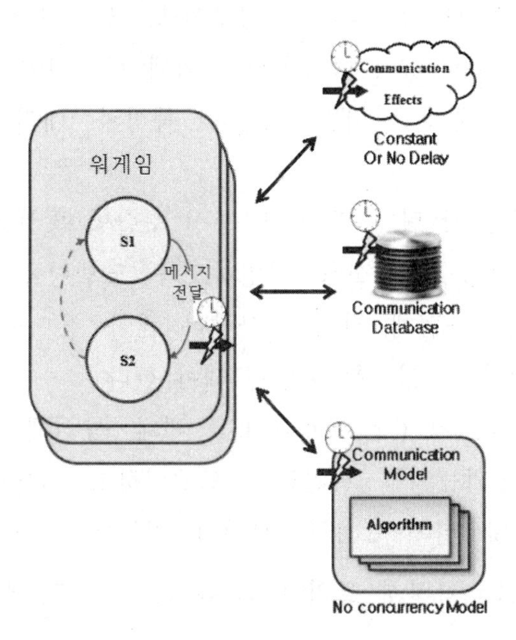

그림 10.1 워게임에서 통신효과를 모의하는 고전적 방법

10.1.2 C4ISR 모의 대상과 범위

C4ISR 모의 대상은 C4ISR 체계와 기능을 수행하는 모든 과정 및 체계에 대한 것이다. 인적자원과 장비에 의한 첩보수집, 정보의 융합, 방책선정, 탐지, 은폐, 통신 등과 같은 것이다.

특히, 장비 탐지에 대한 부분은 탐지 레이더, 추적 레이더, SAR 레이더, 다기능 위상배열 레이더, 대포병 레이더, 전자광학 탐지장비 레이더, 열상 탐지장비, SONAR, MAD 등 장비의 특성에 맞추어 모의를 해야 한다. 주로 이러한 장비들은 LOS(Line Of Sight)가 확보되어야 탐지를 할 수 있는 것으로 LOS 분석이 먼저 선행이 되어야 한다.

표적 정보융합은 다양한 탐지수단으로부터 탐지된 첩보를 정보로 생산하기 위한 절차이며 이 부분도 모의에 반영되어야 한다.

C4ISR 모의에서 또 중요한 것은 전자전에 대한 것이며 통신정보, 전자정보에 대한 내용도 간과해서는 안된다. 은폐는 열, 가시, 소리 관련한 은폐가 반영되어야 하고 ISR 자산의 이동과 피해 및 복구도 모의되어야 한다.

통신에 관해서는 통신망의 선택과 경로선택, 유선링크 연결성 판단 등도 고려되어야 하면 통신장비 파괴와 복구도 모의에 반영되어야 한다. 만약 모의에 위성통신에 대해 반영해야 한다면 위성의 특성과 대기의 상태를 반영하여 모의해야 한다.

따라서 C4ISR 모의는 각 탐지 및 정찰, 통신 수단별 특성을 파악하여 모델에서 간략화를 수행하여 현실을 적절히 반영하도록 모델링을 하여야 한다. 너무 상세한 기술은 모델을 무겁게 하여 계산량이 많아 짐으로써 지양하고 적절한 수준에서 현실을 반영할 수 있도록 모델링 해야 한다.

따라서 C4ISR 모의는 각 C2 체계와 ISR 체계, 통신체계별로 모의에 반영된 장비들이 어떻게 작동되는지를 확인하여 모델링하고 시뮬레이션에 반영하여야 한다. 이 장에서는 몇 가지 C4ISR 모의가 가능한 모델을 소개하고 지상군 모델인 '창조 21'에서는 어떻게 모의가 진행되는지와 몇 개의 ISR 자산의 모의 방법을 간략히 소개한다.

10.2 DNS 모델

통신 효과를 모의하는 워게임 모델은 그리 많지 않다. 통신효과를 모의하는 모델로는 독일 IABA 연구소에서 개발한 DNS(Die Neue Framework Simulation)와 영국 BAE Systems 에서 개발한 CES(Communication Effects Server)가 있다. DNS(Die Neue framework Simulation)모델은 독일군의 지상전투 훈련 및 분석 모델인 HORUS 모델에 지휘통제 통신을 모의하는 FIT 모델과 정찰기능을 모의하는 OSIRIS 모델을 통합하여 구축된 새로운 모델 연합체계이다. CES 모델은 미군의 Virtual 및 Constructive 모델인 OneSAF(One Semi-Automated Forces) 모델과 연동되어 OneSAF 안에서 전투에 참여하고 있는 부대 또는 무기체계 사이의 통신효과를 모의하는 모델이다.

DNS 모델은 지상전투위주의 모델이나 지상전력 외에도 헬기와 고정익 항공기를 모의할 수 있으며, 정보수집 자산으로는 무인항공기로부터 국가급 정보

수집자산인 첩보위성까지 모의할 수 있다. 각 장비별로 탐지와 공격 손실 및 이동 등의 독립적인 운용이 가능하므로 장비수준의 모의 상세도를 가진다고 할 수 았다. 그러나 개별 장비를 묘사하는 변수의 상세도에서는 상세모의 모델인 지상무기효과분석 모델인 AWAM(Army Wargme Model)과 비교해 볼 때 상세도는 떨어진다.

모의 규모면에서는 각 장비별 전투로부터 군단급 전투까지 가능하다. AWAM 모델이 최대 대대 규모까지 모의할 수 있는 것에 비하여 모의 규모면에서 상당한 유연성을 가지고 있다. 이것은 엔터티 수준인 개별 장비를 그룹으로 묶어서 모의할 수 있는 기능으로 인해 가능한 것이다. 개별 장비를 분대나 소대 규모의 장비그룹으로 묶어서 편성할 수 있는 기능이다. 이것은 과거의 소모중심 모델에서 동종의 자산을 모두 묶어서 모의하는 방식에서 발전하여 이종의 장비를 묶어서 모의하는 것이 가능하도록 발전시킨 기능이다.

또한 과거의 전술급 이상의 모의모델에서 사용한 장비의 통합모의와 달리 전투그룹내의 개별 장비 각각이 모델에서 엔터티로서 존재하여 타격과 손실의 주체가 된다는 점에서 더 발전된 기능이라 할 수 있다. 또한 장비그룹의 활용은 대규모의 부대운용시 운용자의 부담을 줄이고 컴퓨터의 계산시간을 줄일 수 있게 해준다. 따라서 사단급 규모의 시나리오 분석시에는 모의단위를 소대규모로 하고 운용단위는 중대로 하는 것이 바람직한 규모이다. 모의단위가 소대라는 의미는 이동시에 소대가 하나의 동일집단으로 이동하게 되며, 운용자의 화면에도 소대 단대호 1 개로 표시된다. 운용단위가 중대라는 것은 중대 예하의 각 부대에 운용명령을 입력하지 않고 중대에 이동이나 공격명령을 입력하면 예하부대의 부대나 장비가 적절한 배치와 경로를 따라 이동하거나 공격 명령을 수행하는 것이다.

예하부대가 상급부대로부터 주어진 임무를 수행할 시에 예하부대가 적절히 행동하도록 하는 것, 즉 상급부대로부터의 명령을 예하부대가 자신이 처한 상황을 고려하여 임무와 수행방법을 자동으로 결정하고 수행하는 것을 자동화된 모델이라 한다. 이러한 자동화 기능을 위해 DNS 모델은 예하부대 혹은 장비에 지휘통제기능을 부여하고 있다. 이러한 장비나 부대의 자동화된 기능모의를 위해 최근의 모델들은 에이전트 기능을 사용하고 있으며, DNS 모델 또한 에이전트 기능을 이용하여 모의하고 있다.

DNS 모델은 운용 중에 각 부대의 자산 및 정보와 같은 현황정보를 열람할 수 있으며 수시로 모든 부대별로 Killer-Victim Scoreboard 를 볼 수 있다. 또한 통신자산의 연결상태와 전달하지 못한 정보의 숫자, 성공 및 실패한 통신전달 통계 등 전력운용에 필요한 데이터들을 모델 운용 간에 확인할 수 있다. DNS 모델에서 발생하는 주요 사건은 출력자료에 텍스트 형태의 자료파일로 모두 기록된다. 분석자가 입력한 모든 명령까지 기록되므로 명령파일만 있으면 언제든 동일한 상황을 재현할 수 있다.

DNS 모델 중 HORUS 모델은 지상군 교전효과를 모의하는 기능을 가지고 있다. 정찰은 적 개체를 탐지, 미탐지, 분간, 식별으로 4 개 수준을 세분화하여 탐지하며 이동은 각 개체의 위치이동 및 자동경로를 설정한다. 교전은 각 개체가 보유한 직사화기와 곡사화기의 사격 및 피해평가를 실시한다. 지휘통제는 상위개체로부터의 명령하달 및 하위개체로부터의 보고수신을 담당하며 공병, 보급, 유지정비, 의료 및 운송 등의 기능을 수행한다. OSIRIS 모델에는 항공정찰 및 정찰 품질에 따른 효과를 모의한다.

DNS 모델에서의 지형은 일정크기의 격자로 모의한다. 지표유형을 표현하기 위해 각 격자내 특성 지정이 가능하며 무기체계의 특성 자료에 반영한다. 고도는 격자의 우측상단에서의 높이로 표현하고 도로는 벡터형태의 추가 레이어로 표현한다. 지형이 영향을 미치는 대상은 이동속도, 정찰 및 탐지에서의 피탐지율, 통신 감소계수, 손실 계산 등이다.

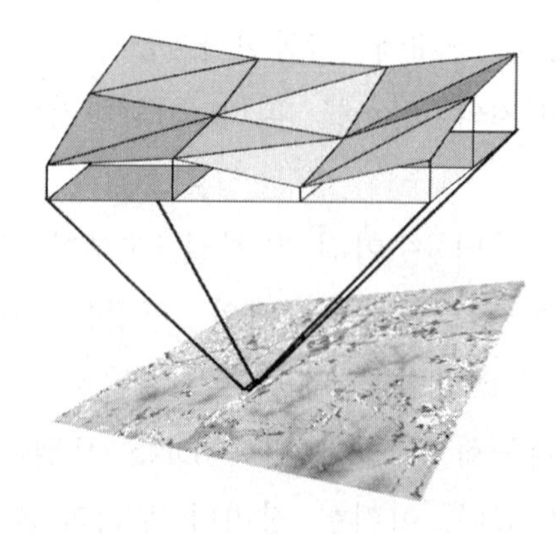

그림 10.2 DNS 모델의 지형묘사

지형은 개활지, 산림, 도시, 강 및 호수 등으로 분류하며 장애물은 도로, 교량, 통과불능 장벽 등이다. 전장상황에 영향을 미치는 기상 모의는 시뮬레이션 간 다양한 기상 변화 모의가 가능하며 기상에 따라 정찰 및 탐지에 영향을 준다.

지휘통제 모의를 위해서 각 개체간의 지휘통제관계와 관련된 명령하달 및 보고와 같은 업무를 시뮬레이션 상에 반영하며 정보유통모델을 이용하여 모의한다. 정보를 표현한 메시지, 정보를 처리하는 지휘통제 모델, 지휘처리 셀, 지휘부 모델, 지휘소, 통신으로 구성한다. 각 실의 임무수행 요구시간 및 처리인력을 기초로 정보처리, 지휘결심 등의 지연 및 향상을 모의한다. 이를 통해 아 상황 정보발생 보고량과 가상 처리요구정보를 이용한 정보처리 요구량 증대를 모의할 수 있다.

지휘소 운용을 위한 소요 항목은 지휘소 구조, 각 지휘소 셀의 임무, 활용 정보 종류, 가용 및 소요 인원, 처리 시간, 정보 전송 수단 등이다. DNS 모델의 활용분야는 정보의 전장정보분석, 정보 및 첩보의 전파 기능, 작전의 부대위치관리, 상황파악 및 조치, 종합상황도 관리, 화력의 표적분석 및 타격수단 운용, 본부의 지휘결심기능 모의 등이다. 메시지는 적정보, 아정보, 명령, 군수요구 등이고 메시지 형태는 음성, 팩스, 데이터 등이며 메시지의 크기는 음성 및 팩스는 초 단위로 데이터는 kb 단위로 표현한다.

DNS 모델의 지휘통제 부분모델은 지휘소내의 정보실과 작전실의 역할을 모의하는 것으로 지휘통제유형을 부대의 종류와 제대에 따라 구분하고 적절한 형태의 지휘통제 유형모델을 정의한다. 물론 각 부대별로 부대 상황에 따라 정보의 처리인원이나 소요시간 같은 입력데이터를 다르게 모델링할 수 있다. 지휘통제 유형모델의 하나인 그림 10.3 은 지휘소 구성과 각 아군정보, 적정보 및 명령을 처리하는 체계와 노드별로 임무수행에 필요한 인원과 시간을 정의하는 예제 화면이다.

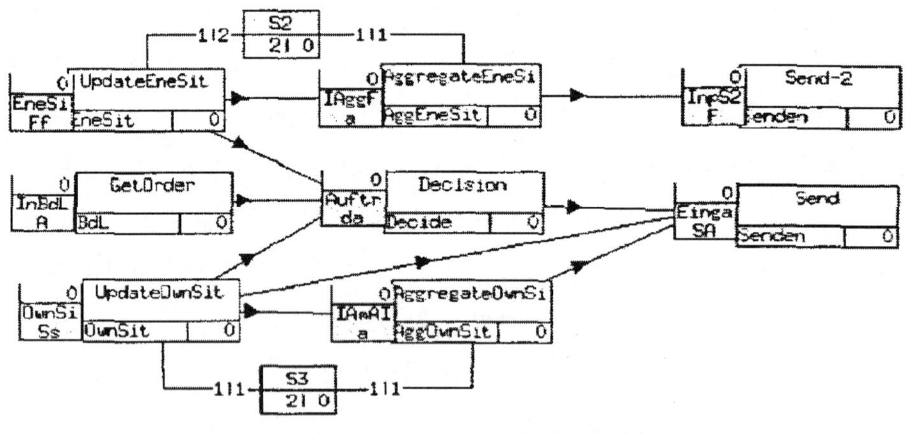

그림 10.3 보병 대대의 지휘통제 유형

DNS 는 모델의 복잡한 정도에 따라 단일 전투체계를 위한 모델과 부대를 위한 정보처리모델로 구분하는데 정보노드, 작업노드, 자원노드와 각 노드간의 정보 흐름을 표시하는 방향을 가진 연결선으로 구성한다. 정보노드는 입력으로 받아들일 수 있는 메시지 종류를 입력하고 자원노드에서 작업노드의 연결선에는 작업처리에 필요한 요구능력과 소요시간 자료를 정의한다. 정보처리셀은 정보처리모델에 통신종류 정보를 추가하여 정의한다.

통신은 부대간의 유무선 통신을 모의하는데 지정된 통신망을 통해 상위부대로부터 명령 접수하고 자신의 정보 및 보고 전달한다. 통신수단은 음성, 팩스, 데이터 등이고 유통정보는 피아 정보, 명령 등이다. 통신모의 기능은 전술 및 후방 지휘소간의 통신, 지휘소간 유선통신 케이블 설치 및 제거, 무선통신 재밍 등이다. 통신모의의 활용분야는 통신체계 구성에 따른 전송능력 적합성 검토, 전투에 미치는 정보전달 효과, 재밍에 따른 효과 등이다.

DNS 모델의 통신모의는 2 가지 형태가 있다. 각 부대나 장비가 보유한 실제 통신자산과 실제 지형의 영향 등을 고려한 물리적인 통신 모의방법과 모든 부대가 통신 가능하며 단지 부대 간의 통신시 시간지연만을 모의하는 가상통신 모의방법이다. 물리적 통신분야에서는 송수신 주파수의 일치, 출력 및 수신강도, 가용 채널 수, 통신장비의 대역폭, 통신반경 등이며 통신연결 여부, 거리 및 지형특성이 통신에 미치는 영향력 반영을 판단할 수 있으며 이 때 주파수가 통과하게 되는 경로상의 장애물과 지형특성을 고려한다. 가상 통신분야에서는 거리, 지형특성 등의 영향을 받지 않고 통신이 가능하다고 가정하고 통신 소요시간으로 효과를 반영한다.

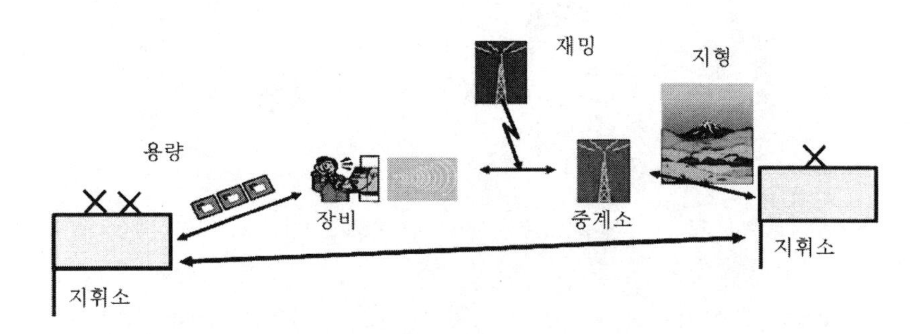

그림 10.4 DNS 모델에서의 통신과 재밍

빌딩이나 산과 같은 장애물이 있는 경우에는 통신이 전혀 불가능하게 모의하는 방법과 장애물 크기와 종류에 따라 주파수의 출력을 감소하여 수신가능 여부를 결정하는 방법이 있다. 전자는 탐지에서 사용하는 가시선 방법을 적용한 것이고, 후자는 가시선 방법을 확장한 일반화 가시선 방법이다. 일반화 가시선 알고리즘을 적용하기 위해서는 각 주파수 범주에 대해 지형특성별로 감소계수 γ_{ic}를 입력해야 하며 식 (10-1)을 이용하여 두 부대 간에 존재하는 지형 특성별 거리 $(d_1, d_2, \ldots, d_n)$ 로 감소 계수를 계산한다.

$$\gamma = exp\left(\frac{log(0.1)}{\gamma_{1c}} \times d_1\right) \ldots exp\left(\frac{log(0.1)}{\gamma_{nc}} \times d_n\right) \qquad (10\text{-}1)$$

수신가능 여부는 송신부대의 장비 주파수 출력에 위와 같은 감소계수를 곱한 값을 수신부대 장비의 최소 수신강도 값과 비교하여 최소 수신강도보다 큰 경우에 통신이 가능하다고 판단한다. 실제 지형과 장애물을 고려한 통신모의는 부대 간에 발생하는 모든 통신에 대해서 통신가능 유무를 계산하게 되므로 막대한 계산을 요한다. 따라서 신속하게 모델을 운용해야 하는 경우는 가상 통신망을 이용하는 방식을 사용해야 하며, 통신 분석이 주 대상이 되는 경우는 이러한 계산시간을 고려하여 소규모의 전투에 한하여 사용하는 것이 바람직하다.

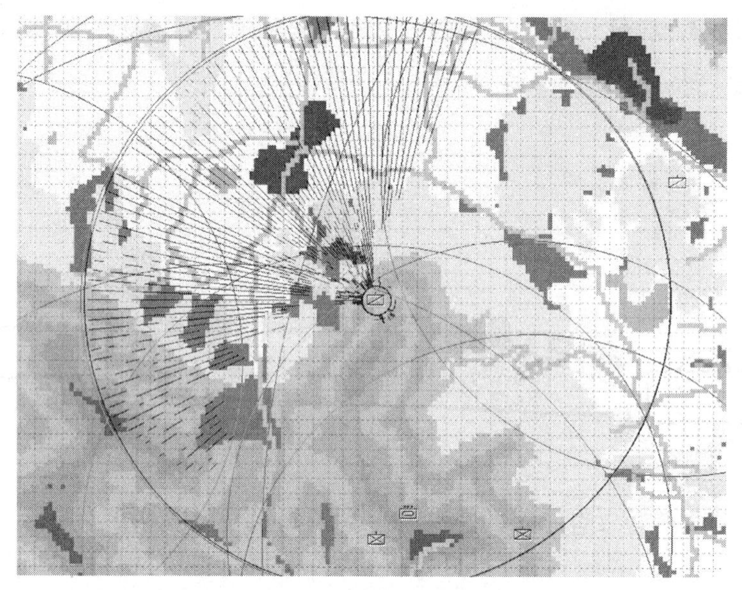

그림 10.5 통신 가시선 분석

그림 10.6 단일 부대 무전기 통달거리

그림 10.7 부대배치와 각 부대 무전기 통달거리

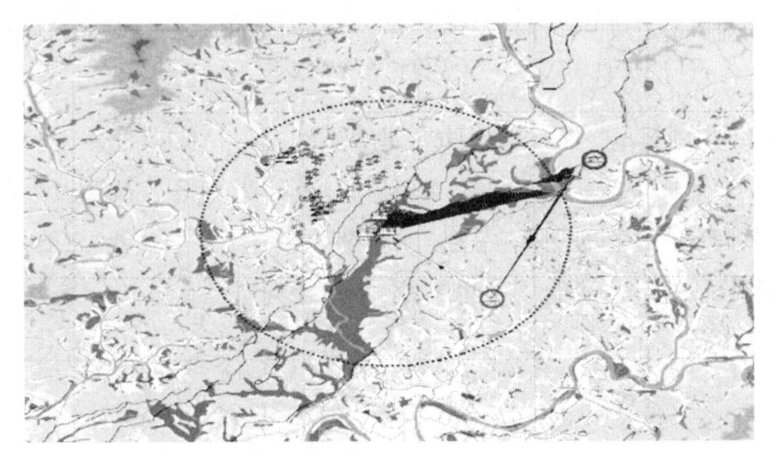

그림 10.8 중계소 운용으로 무전기 통달거리 외 부대와 통신

10.3 지상전 전투모델 '창조 21'에서 통신 모의

DNS 모델 외에도 육군의 기본 지상군 전투모델인 '창조 21'에서도 통신기능을 일부 모의하려고 노력하고 있다. '창조 21'에서는 통신 가시선에 대한 모의가 되지 않고 통신 중계소 피해 모의가 수동모의로 진행되어 전장에서의 지휘통신에 대한

모의가 실제적으로 이루어 지지 않고 있다. 이로 인해 모든 전투력의 통합노력과 작전수행을 위한 상황조성이 일부 미흡한 실정이다. 따라서 지형, 기상, 적 등의 전장마찰요소에 의한 부대간 통신두절 상황을 모의하고 통신가시선 미성립시 지휘통제 제한상황이 발생하는 것을 모의에 반영을 추진하고 있다.

지휘통신망 두절 상황은 상급부대 통신장비의 전파출력을 요구수준 이상 미수신시, 지형·전파특성·장비별 통달거리 등을 고려하여 부대간 통신가시선 미확보를 모의한다. 또 하나의 지휘통신망 두절상태는 부대의 통신장비 피해시 또는 통신장비를 보유하고 있지 않을 때 발생한다. 이러한 경우는 동일 통신장비 교체 또는 타기종이지만 대체 가능시 통신을 유지시켜 주는 것이다. 그러나 부대간 거리가 1km 이내에 있을 때는 통신 가시선 논리는 미적용한다.

또한, 육군의 기간 통신망인 SPIDER 나 TICN(Tactical Information Communication Network)의 운용적 특성을 반영하여 부대 및 노드통신소 이동 간, 장비전개 간, 운용을 위해 설치 간에는 기능발휘가 제한되므로 이런 경우도 기능발휘를 제한시키되 부대통신소와 노드통신소에 상이한 기능발휘 시간을 부여한다.

훈련용 워게임에서 통신 두절시는 모델에서 모의된 상황을 전투참모단에게 제공하지 않고 정보유통, 표적획득, 작전명령 하달과 같은 기능을 일부 제한한다. 이렇듯 전장에서의 지휘통신은 부대의 신경망과 같은 중요한 요소이면서 NCW 모의를 위해서도 실전감있게 적용되어야 할 요소이다.

10.4 C4ISR 장비에 의한 탐지

10.4.1 SAR(Synthetic Aperture Radar) 레이더 모의

SAR 는 여러 위치에서 수신된 레이더 신호를 위상이 일치되도록 합성하는 영상 시스템이다. SAR 는 Microwave 를 이용하여 관측대상의 영상을 형성하는 능동형 센서로 기상현상과 일조현상에 관계없이 주야간 전천후로 고해상의 영상정보를 수집할 수 있다.

SAR 는 유무인 항공기 또는 인공위성에 탑재되어 여러 임무를 수행한다. 성공적인 임무 수행을 위해서는 SAR 는 고도 및 속도를 유지하는 것이 중요하다. 그림 10.9 의 오른쪽 그림에서 보는 것과 같이 SAR 는 레이더의 정보를 합성하여 표적의 이미지를 찾아 낸다.

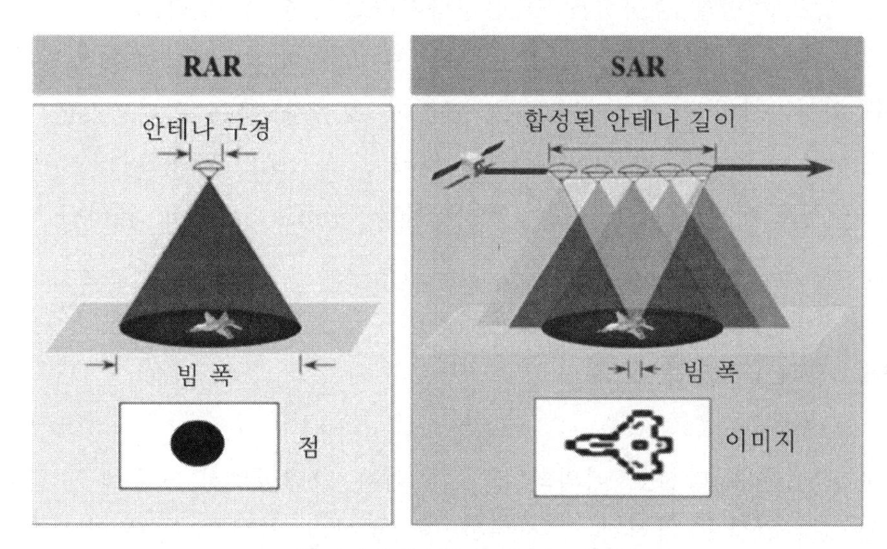

그림 10.9 RAR 와 SAR 비교

SAR 를 모의하기 위해서는 제 5 장 표적탐지 모의에서 기술한 대로 고고도에서 탐지하는 수단이므로 Inverse Law of Detection 방법을 모델링해야 한다.

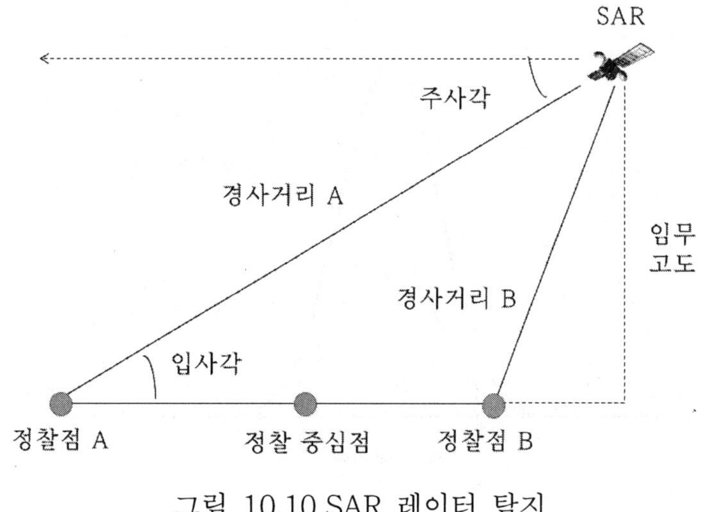

그림 10.10 SAR 레이터 탐지

경사거리 A 는 임무고도를 sin(입사각)으로 나누면 구할 수 있다. 탐지폭은 SAR의 제원으로 주어져 경사거리 B도 구할 수 있다. a를 경사거리, b를 탐지폭, θ를 입사각이라 할 때 경사거리 B 는 $\sqrt{a^2+b^2-2abcos\theta}$로 구할 수 있다. 동일한 방법으로 정찰 중심점과 SAR 경사거리도 구할 수 있다.

SAR 는 레이더 탐지 알고리즘을 적용할 수 있으며 각 정찰점마다 탐지확률을 구할 수 있다. 최대 탐지거리는 SAR 센서가 보유한 고유 탐지거리를 적용하고 입사각은 SAR 특성에 따른다. 이러한 원리로 각 SAR 탑재 장비별 탐지거리, 탐지폭, 해상도와 입사각에 따른 탐지확률을 구하여 행렬로 데이터 베이스에 저장해 두고 필요시 보간법을 사용하여 탐지확률을 구해 모의한다.

10.4.2 주파수 간섭 모의

주파수 간섭은 희망신호 이외의 신호가 외부 방해파로서 신호에 중첩이 되어 나타나는 교란현상을 말한다. 무선통신 전송분야의 간섭은 크게 부호간 간섭과 주파수 간섭으로 나눌 수 있다. 군에서는 부대별로 주파수를 할당받아 무선통신을 하게 되는데 부대간 거리가 근접하여 할당된 주파수가 중복되면 간섭이 발생한다. 주파수 간섭이 발생하면 잡음이 증가하고 심할 때는 음성과 데이터가 정상적으로 통하기 어렵다.

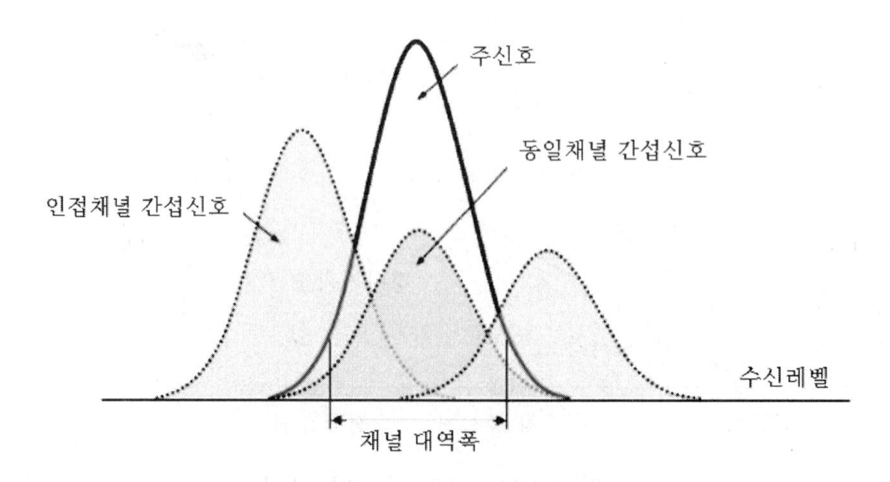

그림 10.11 주파수 간섭신호

주파수 간섭이 발생하면 간섭에 의한 오류율 증가를 모의하기 위해 통신장비의 BER(Bit Error Rate)을 증가시킨다. 예를 들어 그림 10.12 와 같이 인접부대가 근접하여 주파수 할당폭을 일부 중복하게 되면 기본 BER 이 10^{-6} 인 장비의 BER 을 10^{-5} 으로 증가시킨다. 이렇게 함으로써 패킷 오류율이 증가하게 되어 통신의 품질을 떨어뜨리게 되는 모의를 한다.

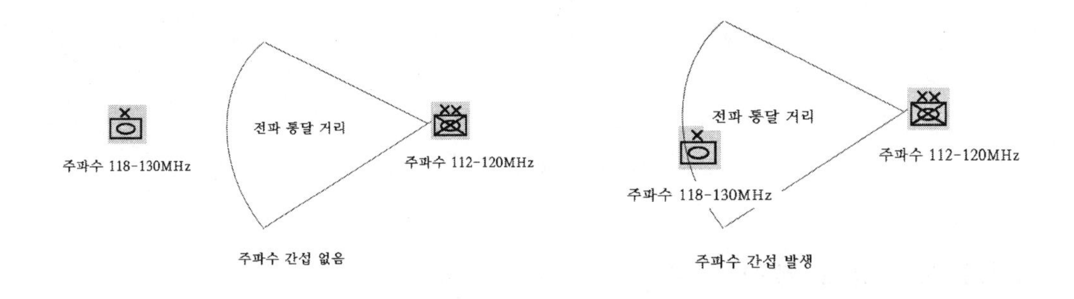

그림 10.12 주파수 간섭 현상

10.4.3 전자전 모의

그림 10.13 과 같이 전자공격을 하게 되면 전자공격 장비의 방탐각 및 탐지거리 내에 위치한 적부대가 선정되고 선정된 부대에 대해서 통신과 비통신 장비보유 유무와 장비 가동엽가 난수로 판단되며 전자공격 부대와 피공격부대의 사용주파수 일치 여부가 확인된다. 이러한 정보를 바탕으로 전자공격 성공여부를 판단한다.

전자공격의 성공여부는 공격률, 방해율, 지상 감소요소, 지형 감소요소를 고려해서 결정한다. (0,1)사이의 난수를 발생시켜 (공격률 × 방해율 × 기상 감소요소 × 지형감소요소)가 난수보다 크면 전자공격이 성공한 것으로 한다. 여기서 공격률, 방해율은 광대역 전파방해, 점 전파방해, 전자전 지원으로 구분하여 행렬로 정리하여 데이터 베이스에 저장해 놓았다가 필요시 불러서 적용한다. 전자전 공격이 성공하면 피해부대명과 피해 장비, 피해 부대 위치 등을 실시단에 보고한다.

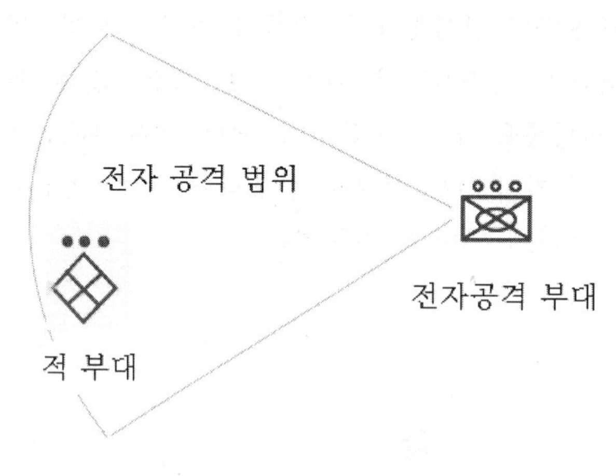

그림 10.13 전자공격 모의

10.4.4 통신정보 탐지 모의

통신정보 탐지 모의는 전자전과 동일한 원리로 모의하는데 여기서도 난수로 탐지여부를 모의한다. 그림 10.14 와 같이 통신정보를 탐지하기 위해서는 먼저 통신정보 탐지 장비가 정상 작동되어야 한다. 또, 전파 방사 범위 내 적부대가 존재해야 하며 적이 통신 장비를 보유해야 하며 적의 전자 장비가 아군의 전자전 지원 장비의 주파수 범위내에 있어야 한다.

만약 적 부대가 전자보호를 받는 경우라면 감청확률을 작게 하고 전자보호를 받지 않는 상태라면 감청확률을 크게 한다.

만약 (탐지확률 × 기상 감소요 소 × 지형 감소요소)가 난수보다 크면 감청이 이루어진 것으로 판단한다, 이 때 탐지확률과 기상 감소요소, 지형 감소요소는 데이터 베이스에 저장된 값이다.

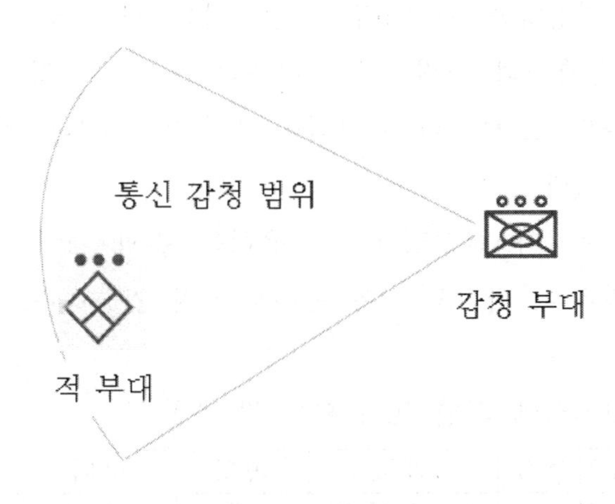

그림 10.14 통신정보 탐지 모의

10.4.5 정보 융합 모의

다수의 정보자산에서 확인된 하나의 표적에 대해 정보를 융합하는 것은 여러가지가 있을 수 있는데 일반적으로 확인된 정보의 산술평균을 사용한다. 정보자산의 중요도를 고려한 가중평균을 사용해도 된다.

산술평균을 사용하는 경우에는 동일한 표적에 대해 여러 정보자산에서 구한 위치, 속도, 방위, 거리와 같은 정보를 더하여 정보자산의 수로 나누는 것이다. 이러한 경우 정보자산의 신뢰도나 중요성 같은 정보를 반영할 수 없는 단점이 있다. 가중 평균을 구할 때는 정보자산의 중요도를 먼저 구해야 하는데 AHP(Anlaytic Hierarchy Process), Delphi Method, Brainstorming, Rank Sum, Rank Reciprocal, Rank Order Centroid, Rank Order Distribution, Rank Exponent, Churchman-Ackoff Method, Revised Churchman-Ackoff Method, Scoring Method, Resistence to Change Method, Swing Method, SMART, Simos Procedure, Entrophy Method, Standard Deviation Method, LINMAP 등을 사용한다. 이와 관련된 자세한 내용은 '다기준 의사결정 방법론 이론과 실제(권오정, 2018. 7)'을 참조하라.

정보자산 1, 2, 3 이 동일한 표적을 획득했을 때 주어진 정보가 표 10.1 과 같다면 어떻게 하나의 정보로 융합할 것인가에 대한 결정을 해야 한다. 표적성질이 정보자산 1 과 3 은 전차라 하고 정보자산 2 는 자주포라고 했을 때 다수 정보자산이 지정하는 표적성질을 선택하는 것도 하나의 방법이다. 그러나 만약 정보자산의 중요도와 신뢰도를 나타내는 가중치가 정보자산 3 이 정보자산 1, 2 를 합친 것보다 크다면 다른 선택을 해야 할 것이다. 제대의 경우도 동일한 논리가 적용될 수 있다.

위치는 동거와 북거의 산술평균을 사용하는 것과 가중평균을 사용하는 것이 가능하다. 속도, 방위각, 거리도 같은 논리로 적용 가능하다.

표 10.1 다중 정보자산에 의한 표적 획득 및 융합

정보자산	표적성질	위치	속도	방위	거리	제대
정보자산 1	전차	(200,300)	50	1500	10	소대
정보자산 2	자주포	(250, 310)	55	1700	11	소대(+)
정보자산 3	전차	(210, 300)	60	1600	10.5	분대

10.5 C4ISR 체계의 MOP, MOE, MOO

C4ISR 장비가 전장에 도입됨으로써 C4ISR 장비가 없을 때와 비교하여 어느 정도 효과와 기여가 있는 것인가 하는 것이 C4ISR 모의의 핵심이다. 따라서 C4ISR 장비의 MOP(Measure Of Performance), MOE(Measure Of Effectiveness), MOO(Measure Of Outcome)에 대해 알아본다.

C2 체계의 MOP 로는 지휘소의 정보처리 시간, 지휘관의 의사결정 시간, 지휘소의 명령작성 시간 등이 될 수 있으며 MOE 는 상황인식 효과, 지휘관의 의사결정시간 단축비율, 최종수집 정보 갱신 주기, 신뢰 등급별 정보 수와 비율, 전장예측 개선비율, 전황파악 소요시간, 정보증가 비율, 전황 변화시 새로운 의사결정 소요시간, 우발상황 예측율, 관심지역 통제비율, 판단 오류율, 전투준비태세 증가율 등이 될 수 있다. MOO 으로는 C2 체계로 인한 피아 무기체계 손실율과 교환비, C2 체계로 인한 살상 감소, 총 표적 파괴 대비 의도하지 않은 표적의 파괴, 기본상황 대비 아군의 사상자 수 비율, 아군이 통제가능한 지역의 크기 및 비율, 방책실행 성공률 등이다.

ISR 체계의 MOP 는 센서의 상대적 능력, 센서의 상대적 표적 획득 범위, 센서의 상대적 차별성, 적의 방해책에 대한 취약성 등이며 MOE 는 ISR

자산으로부터 획득한 정보의 총 탐지량, 표적탐지 최초 소요시간, 관심표적지역 준비태세, 센서 운용시간, 센서 임무수행 능력, 탐지 후 표적공격 정확도, 아군 시스템에 의한 적 탐지 횟수, 지휘관 중요정보요구에 대한 센서의 충족률이 될 수 있다. MOO 는 아군의 임무수행 성공 여부, ISR 체계로 인한 손실교환비, 임무완수 소요시간, 피아 사상자 및 시스템 손실량, 아군부대 잔존 전투력, 최초 대비 교환 손실비 등이 될 수 있다.

통신 체계의 MOP 는 트래픽 처리량, 트래픽 손신량, 트래픽 수신량, 트래픽 중계량, 트래픽 폐기량, 재전송 발송 횟수, 메시지 발생량, 메시지 접수량, 트래픽 송수신 지연, 트래픽 송수신 성공률, 자원 사용률이 될 수 있으며 MOE 는 통신 전송률, 병목현상 발생 비율이 될 수 있다. MOO 는 통신으로 인한 피아 무기체계 손실비, 통신으로 인한 피아 무기체계 교환비가 될 수 있다.

제11장

민군작전 모의

11.1 민군작전

현대전은 단순히 군사력의 우열로만 승패가 결정되지는 않는다. 전장 영향요소를 METT-TC(Mission Enemy Terrain Troops available-Time Civilian considerations) 로 표현하는 것과 같이 민간요소는 현대전에 있어서 하나의 중요한 변수로 고려되고 있다. 실제로 전장내 민간인은 고대전부터 현대전까지 전장의 한 요소로서 다양한 방법으로 전투의 승패에 영향을 미쳐왔다. 전장내에서 활동하는 민간인은 단순히 우호적이나 적대적 성향으로 심정적 지지 내지는 비호의적인 소극적 행동을 하기도 하고 반군에게 첩보를 제공하거나 게릴라 활동과 같은 적극적인 행동도 해왔다. 위대한 군사 사상가들은 전장에서 민간요소를 군사력 운영 이상으로 중요하게 생각해 왔고 그들의 생각은 한국전, 베트남전, 이라크전 등에서 옳은 것으로 판명되었다.

민군작전은 민간요소가 군사작전에 끼치는 영향에 대해 실시하는 작전이다. 고대전부터 현대전까지 민군작전이 비록 민군작전으로 불리지 않았어도 실제로 다양한 민군작전이 실시되어 왔다. 민군작전의 내용은 점령지역 총선지원, 전장내 주민에 대한 통제, 피난민 구호활동, 파괴된 시설복구로부터 식수제공, 자립기반 기술전수 등 그 분야가 광범위하다. 민군작전의 목표는 작전지역내 민간인을 우호적으로 만들어 적에 대한 첩보를 획득하고 민간요소가 군사작전에 끼치는 부정적인 영향을 최소화하기 위함이다.

현대전에서의 민군작전의 중요성은 더욱 더 증대되고 있다. 2003 년 3 월 17 일 미국의 최후통첩으로부터 시작되어 2003 년 4 월 9 일 미국 부시대통령에 의해 사실상 종전선언이 된 이라크전은 전쟁이 종료될 때가지 미군이 이라크 전역을 통제 못하고 많은 군사적 실패를 겪었다. 이는 이라크 내 다양한 종족과 부족을 통제하지 못하는 민군작전의 실패의 사례로까지 여겨지고 었다. 반면, 이라크 아르빌에 주둔했던 한국군 자이툰사단은 효과적인 민군작전 수행으로 각국으로부터 가장 모범적인 민군작전수행을 하는 부대로 평가받은 바 있다. 이처럼 전장에서의 민간인 요소의 성공적인 통제는 전쟁과 전투에 승패를 결정지울 수 있는 아주 중요한 하나의 작전요소이다.

이처럼 민군작전이 중요함에도 불구하고 이제까지의 시뮬레이션 기반 전투지휘훈련에서는 민군작전을 모의할 적절한 모의모델이 존재하지 않았다.

따라서 전투지휘훈련에서는 주로 민군작전을 묘사하기 위해 주요사태목록(MSEL: Master Scenario Event List)을 활용하여 왔다. MSEL 은 모의모델에서 묘사가 제한되나 군사상황에 영향을 미치는 정치외교 상황의 변화, 국가 기반시설의 파괴, 민군작전 상황 등을 수동적으로 묘사하여 모의모델에서 묘사되는 역동적인 전투행위와 더불어 시뮬레이션 기반 전투지휘훈련을 좀 더 실전적으로 묘사하기 위한 보조 수단이다.

시뮬레이션 기반연습에서 주로 묘사되는 전장상황은 지상전, 공중전, 해상전, 정보전, 전투근무지원 등 각종 모의모델을 연동시켜 정보획득, 교전, 피해산출, 전투근무지원 등 주로 정량적으로 묘사가 가능한 부대나 무기체계의 행위와 파괴를 묘사하였다. 그러나, 전장요소 중에서 부대를 제외한 민간인, 비정부기구, 정부후원(통제) 기구, 군 고용인, 종군 인원 등 비군사적인 전장요소가 전투에 미치는 영향은 정성적인 분야로서 모의모델로 묘사하기가 상당히 제한되었기 때문이다.

세계에서 가장 선진화되고 복잡한 시뮬레이션 기반 전투지휘훈련인 UFG, KR/FE 과 같은 한미 연합연습 모의지원체계인 JTTI+K(Joint Training Transformation lnitiative+KSIMS)나 미 BCTP 훈련과 임무예행연습 실시를 주목적으로 하는 미 JNTC(Joint National Training Capability) 와 같은 모의체계에서도 민간인 집단의 행위와 정성적 요소에 대한 모의는 제한되어 주로 MSEL 을 이용하여 왔다. 이러한 점을 보완하기 위해 미 국립모의센터 (NSC: National Simulation Center) 에서는 MSEL 만으로 상황조성되던 민군작전의 많은 부분을 모의모델로 처리하기 위해 2006 년에 JNEM(Joint Non-Kinetic Effects Model)을 개발하였다.

모델을 개발한 배경은 이미 앞에서 설명한 것과 같이 좀 더 실전감 있는 전장상황을 묘사하기 위해 이제까지 모의모델에서 묘사가 제한되던 정성적 분야인 비군사적인 전장요소가 전장에 미치는 영향을 연습실시자들이 조치할 수 있도록 하는데 있었다. JNEM 을 사용하게 됨으로써 인해 MSEL 로 묘사되던 많은 사항들이 모의모델로 묘사됨에 따라 훨씬 실전감있게 상황을 묘사할 수 있게 되었고, 연습간 MSEL 을 통제관이 검토하여 실시부대에 하달하는 번거로움이 감소되게 되었으며 MSEL 준비를 위해 많은 인원과 시간이 소요되었던 여러 가지 문제점을 다소 극복할 수 있게 되었다.

11.2 JMEM 모델 개관

11.2.1 JMEM 모델 개념

JNEM 은 작전지역내에서 활동하는 주민과 민간기구들을 모의함으로써 이들이 군사작전에 미치는 영향을 확인하여 연습실시자들이 이러한 민간 요소를 적절히 통제하여 군사작전에 유리한 방향으로 이끌기 위한 참모판단과 지휘결심을 경험할 수 있도록 하기 위해 운용된다. 종전까지는 민간 요소들의 활동은 CBS(Corps Battle Simulation) 모델이나 JCATS(Joint Conflict and Tactical Simulation) 모델 내에서 모의되든지 또는 모의모델에서 모의가 제한되는 내용을 MSEL 로 작성해서 통제관이 별도의 모듈을 통해 수동적으로 상황을 발생시키는 두가지 방법으로 묘사해 왔다.

반면 JNEM 에서는 JNEM 에 입력된 사건이나 상황은 JNEM 의 하위 모듈에서 전장내 민간집단의 관심사항으로 전환되어 주민과 민간 기구들의 Blue Force 에 대한 태도나 성향이 결정되고 이 성향의 우호정도에 따라 Blue Force 에 대한 직접적인 공격이나 첩보제공과 같은 적대적이거나 우호적인 행동을 유발시킨다. 물론 Blue Force 에 대한 적대 의식이나 우호도에 따라 공격이나 첩보제공의 빈도가 달라지게 되고 연습실시자들이 사용하는 지정된 C4I 체계로 첩보내용이 전달됨으로써 연습실시자들이 적절한 조치를 할 수 있도록 되어 있다.

11.2.2 모델 구조

그림 11.1 에서 보는 것과 같이 JNEM 은 JLCCTC(Joint Land Component Combat Training Capability) 내의 하나의 Federate 이다. JLCCTC 는 미 지상전 모의체계로서 기존에 사용하던 ACTF(Army Constructive Training Federation)를 2005 년에 합동성이 강조된 JLCCTC 로 명칭을 변경하여 사용하고 있다. JLCCTC 에 참여하고 있는 Federate 는 CBS, LOGFED(Logistics Federation), TACSIM(Tactical Simulation), JCATS, WARSIM(Warfighter's Simulation) 등이고 이 가운데 JNEM 과 직접적인 관련이 있는 모델은 CBS 와

JCATS 이다. CBS 는 지상전을 개략 모의하는 모델이며 JCATS 는 지상전을 상세 모의하는 모델이다. CBS 나 JCATS 에서 모의된 사건(Event)과 상황(Situation)은 JNEM 으로 전달되고 JNEM 에서 처리된 결과는 ISM(Independent Simulation Module)을 거쳐 C41 체계나 연습실시자의 E-Mail 로 전파되어 연습실시자들이 민군작전을 연습할 수 있도록 한다.

ISM 은 CBS 나 JCATS 모델과 C41 체계 사이의 정보 유통을 관리하는 Web 기반 시스템이다. 모의모델에서 모의된 상황을 ISM 이 C41 체계로 전달함으로써 모의된 부대와 연습 실시부대를 연결한다. 정보의 유통은 부대 운영예규와 특정요구에 부합하도록 맞추어져 있다. 또, ISM은 연습시 통제관명령으로 필요한 상황을 조성해서 연습실시자들이 C41 체계를 이용하여 실제상황과 통일하게 정상적인 의사결정절차를 연습할 수 있도록 지원한다. 그 뿐만 아니라 ISM 은 모의와 MSEL 그리고 C41 체계 정보를 일치시키기 위한 환경조성을 보장하며 사건의 결과를 연습실시자에게 보고하기 위한 보고서 Library 를 가지고 있다.

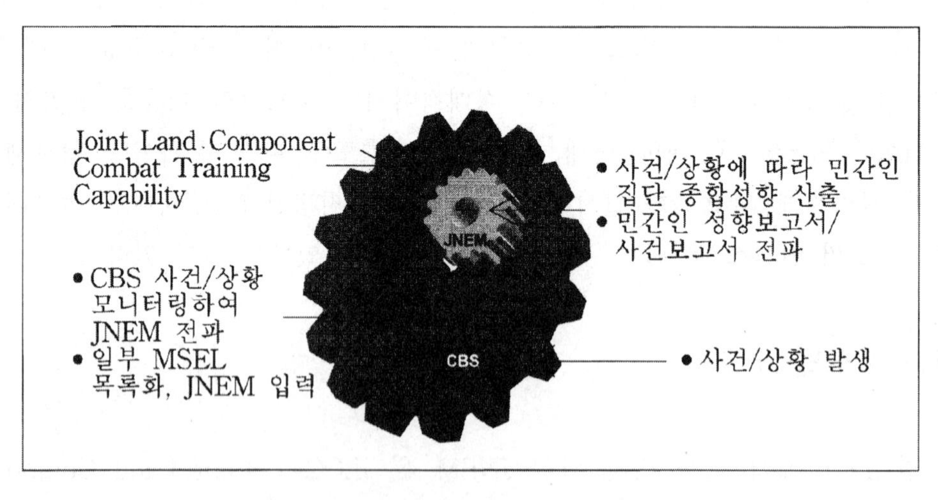

그림 11.1 JLCCTC Federation 내 각 모델 역할

그림 11.2 는 JNEM 의 3 가지 하위 모듈과 정보의 대략적인 흐름을 나타낸다. 먼저 CBS 또는 JCATS 상황이나 모델에서 모의된 결과나 연습통제관이 ISM 을 통해 수동으로 발생시킨 실시자가 C41 체계를 통해 JNEM 으로 자동적으로 전송되는 상황이 JIN(JNEM Input component)으로 입력된다. JIN 에서는 모의된

사건이나 상황을 관찰하고 민간인과 비정부기구 등 전장에서 활동하는 민간집단의 관심사항에 영향을 끼치는 요소를 결정한다. JIN 은 Rule Set 으로 구성되어 있어 JIN 에서 결정된 데이터는 JRAM(JNEM Regional Assessment Model)으로 입력되어 민간집단의 관심사항의 상태를 변경시키고 집단간 우호관계를 고려하여 집단의 종합적인 성향을 평가한다. 이러한 결과는 JOUT(JNEM Output component)으로 입력되어 민간인 집단의 행동보고서로 작성되어 민간인 집단의 적대 행위 요소와 특정 반응 사건을 실시자에게 C41 체계나 지정된 E-Mail 로 전파한다. 연습 실시자들은 전파된 상황을 파악하고 조치하는 연습을 실시한다.

여기서 중요한 것은 JOUT 의 결과가 CBS 또는 JCATS 모델에 전파되어 모델 내에서 자동적으로 반응하는 것이 아니라 연습 실시자들이나 통제관에게 전파되어 조치할 수 있는 여건을 조성하는 수준에 머문다는 것이다. 이것은 JNEM 이 CBS 또는 JCATS 모델과는 상당히 느슨하게 연결되어 있다는 것을 의미한다. 즉, JNEM 에서 조치한 내용이 CBS 또는 JCATS 모델에 직접 전파되어 모델논리에 따라 상황이 변경되고 다시 JNEM 으로 전파되는 수준은 아니라는 것이다.

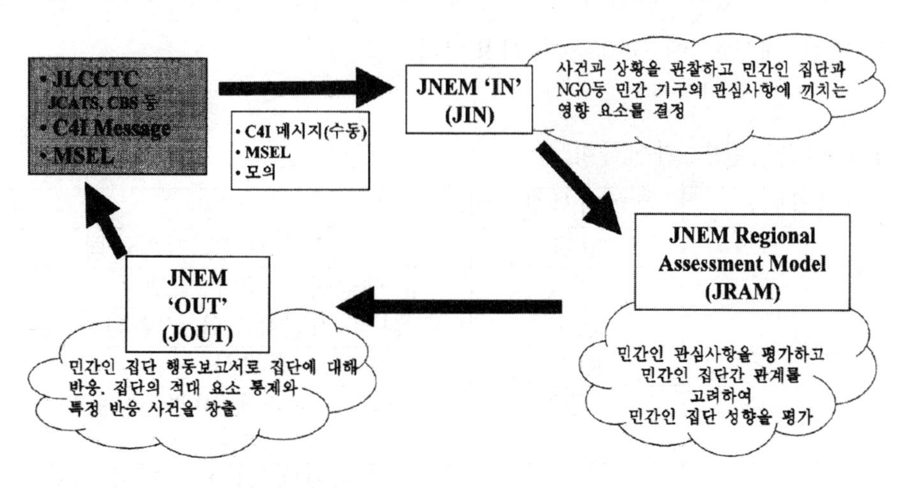

그림 11.2 JNEM 하위 모듈 및 정보 유통

11.3 모델 논리

11.3.1 민간인 집단 구성

JNEM 에서 고려하는 민간인 집단 구성은 전장지역 주민(CIV: Civilian), 비정부기구(NGO: Non-Govemmental Organization), 정부후원(통제) 기구(IGO: Inter-Governrnental Organization), 고용인(CTR: Contractors) 등 4 가지 범주로 나누고 있다. JNEM 에서는 이러한 민간집단별 성향이 전장에 끼치는 영향을 모의한다.

이들 집단들은 그들의 특정 관심사항을 가지는데 전장지역 주민 (CIV) 은 5 가지, 기타 집단(기구)은 2 가지 관심사항으로 분류한다. 전장지역 주민(CIV)의 관심사항은 자치(AUT: Autonomy), 동맹국군 행동(CFA: Coalition Forces Activity), 삶의 질(QOL: Qua1ity Of Life), 종교적 현안(REL: Religious Issue), 신체적 안전 (SEC: Physica1 Security)으로 분류한다. 반면 CIV 를 제외한 집단의 관심은 2 가지로 안전 (CAS) 과 서비스 (SVC) 이다. 이를 정리하면 표 11.1 과 같다.

이들 관심사항은 100 에서 100 까지 범위의 만족도로 표시되며 시간경과에 따라 변화되는 일일 변화율을 적용한다. 또한, 각 관심사항은 0 에서 1 사이의 중요도를 가지고 있어 관심사항을 종합하여 실제로 집단의 종합적인 성향을 표시하기 위한 계산시 이 중요도가 사용된다.

표 11.1 민간집단별 관심사항

민간집단	관심사항	내용
CIV	AUT	질서유지 및 자치능력
	CFA	지역내 동맹국군 행동 지지
	QOL	삶의 기반요소와 관련된 사항
	REL	종교적 현안
	SEC	적대적 행위에 따른 피해 받을 두려움
NGO/IGO/CTR	CAS	직장에 나가기 두려움
	SVC	적절한 서비스 제공에 대한 긍지

11.3.2 규칙 집합

JNEM 은 Rule Set 을 이용하여 사건이나 상황이 민간인 집단의 관심사항에 미치는 영향을 모델링한다. JNEM 규칙들은 JIN 에서 민간인 집단의 관심사항을 표현할 때 적용되고 그러한 관심사항이 종합된 집단의 성향으로 통합될 때 사용된다. 다시 말하면 집단의 성향은 집단의 전반적인 만족수준이라고 할 수 있다. 이러한 관심사항에 대한 규칙의 적용은 바로 JRAM 에서 집단의 전반적인 성향 평가에 영향을 끼친다.

또, 집단 성향의 변화는 바로 JOUT 에서 실시자에게 첩보를 제공하거나 Blue Force 에 대한 직접적인 공격빈도를 변화시킨다. 표 11.2 에서 보는 것과 같이 규칙값의 크기는 미미한 효과로부터 매우 큰 효과까지 9 가지 종류로 나누고 있다. 또한 규칙의 크기는 상황이 막 발생했을 때 효과, 상황이 지속될 때 효과, 상황의 종료되었을 때 효과를 표현할 수 있다.

표 11.2 규칙값 크기

XXXL	XXL	XL	L	M	S	XS	XXS	XXXS
20	15	10	7.5	5	3	2	1.5	1

표 11.3 과 표 11.4 는 규칙의 예를 보여준다. 표 11.3 의 경우는 전장지역 주민에 대해 TV, 라디오, 휴대폰 등 통신이 단절되었을 때의 자치 (AUT), 동맹국 행동 지지(CFA), 신체적 안전 (SEC), 삶의 질 (QOL) 과 같은 관심사항에 미치는 영향의 규칙값이다. 표 11.3 에서 보는 것과 같이 통신두절의 영향은 자치와 동맹국 행동 지지, 신체적 안전, 삶의 질에는 영향을 미치지만 종교적 현안과는 영향이 없다는 것을 알 수 있다.

내용적인 측면에서는 통신 단절 상황이 발생했을 때 삶의 질(QOL)은 매우 큰 부정적인 (XL-) 영향을 끼친다. 상황진행간 그 영향이 상대적으로 줄어 들고 (L-) Blue Force 이나 지역민이 상황을 복구하게 되면 매우 심대히 긍정적인 (XXL+) 영향으로 바뀌게 된다.

표 11.3 전장지역 주민에 대한 통신단절 영향 +: 긍정적, -: 부정적

구분	AUT	CFA	SEC	QOL
상황발생시 영향	M-	S-	S-	XL-
상황진행간 일일 영향	M-	S-	S-	L-
Blue Force 가 상황복구시 영향	L+	XL+	XL+	XXL+
지역민이 상황복구시 영향	XXL+	XL+	XL+	XXL+

표 11.4 는 민사부대가 전장지역 주민과 이격된 거리에 따른 자치(AUT), 신체적 안전(SEC), 삶의 질(QOL) 관심사항에 영향을 미치는 규칙값을 표시하고 있다. 표 11.4 에서 보는 것과 같이 민사부대가 전장지역내 주민과 이격된 거리에 따라 자치(AUT), 신체적 안전(SEC), 삶의 질(QOL)의 만족도가 표시되어 었다.

표 11.4 민사부대가 전장지역 주민과 이격거리에 따른 영향

민사 부대	전장지역 주민과 거리	AUT	SEC	QOL
소대	1 km 이하	XS+	S+	S+
	1~3 km	S+	M+	M+
	3 km 이상	M+	L+	L+

표 11.3 과 표 11.4 이외에도 민간인 피해, 적성 민간인 피해, 적성 민간인 체포, 민간기구 피해, 심리전부대 주둔, NGO 지역내 활동, 대항군 특수전 부대 지역내 활동, 오염물질 누출, 상한 음식물 제공, 음식물 부족, 정유시설 파괴, 정전 등 다양한 상황별로 관심사항에 대한 영향을 미치는 규칙값이 정의되어 규칙집합을 이루고 있다.

11.3.3 민간인 집단 성향

민간집단의 종합 성향은 그림 11.3 에 제시되어 있는 것과 같이 전장지역내 주민이나 NGO, IGO 등 민간인 집단의 관심사항으로부터 계산해 낼 수 있다.

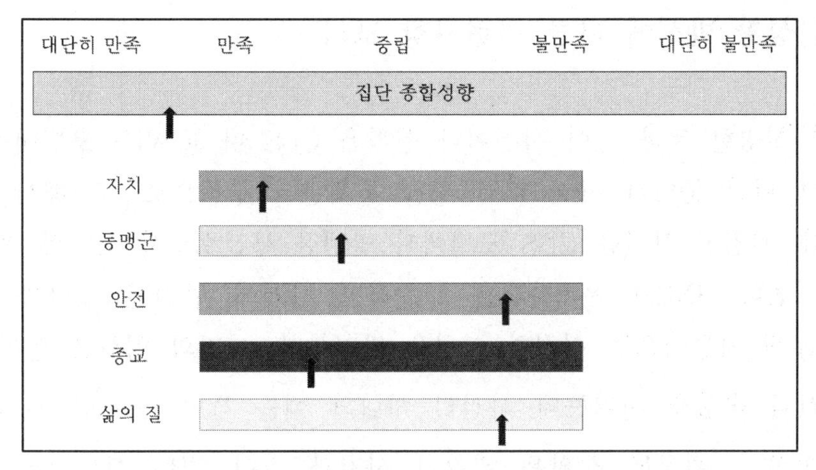

그림 11.3 관심사항으로부터 집단 종합성향 계산

표 11.5 는 관심사항으로부터 집단 종합 성향을 산출해 내는 과정을 설명하고 있다. 관심사항별 만족수준은 규칙집합에 의해 결정이 되고 관심사항별 중요도는 데이터베 이스에 사전 결정되어 있다. 관심사항별 중요도로부터 관심사항별 가중치를 산출해 내는데 그 방법은 아래와 같다.

가중치 = 만족수준 × 중요도 + (중요도 합계)

이렇게 관심사항별 가중치가 결정되면 표 11.5 의 마지막 열에 표시된 가중 만족수준은 만족수준과 가중치를 곱한 값이며 가중 만족수준을 합하면 전장지역 주민의 집단 종합 성향을 구할 수 있다.

표 11.5 종합적 주민 성향 계산

관심사항	만족수준	중요도	가중치	가중 만족수준
AUT	-61.00	1.000	0.26	-16.053
CFA	-61.00	1.000	0.26	-16.053
SEC	-40.00	0.400	0.11	-4.211
REL	0.00	0.550	0.14	0.000
QOL	-61.00	0.850	0.22	-13.645
	합계	3.800	1.00	-49.961 (집단 종합성향)

11.3.4 상황 발생에 따른 관련사항 모의

앞에서 설명한 것과 같이 사건이나 상황은 CBS 나 JCATS 모델에서 발생할 수도 있고 미리 준비된 사건 및 상황을 통제관이 수동으로 입력해서 발생시킬 수도 있다. 관찰된 사건은 CBS 모델에서 발생한 사건으로서 집단의 만족수준에 영향을 미친다. JNEM 은 사건을 관찰하고 사건에 관련된 집단에 규칙값을 적용함으로써 자동적으로 적절한 영향을 반영한다. 사건의 영향은 연속적이지는 않고 이산적 속성을 지니는데 사건의 하나의 예를 들면 '민간인 피해'와 같은 것이다. 반면, 관찰된 상황은 관찰된 사건과 같이 CBS 모델에서 발생하여 집단의 만족 수준에 영향을 끼치지만 관찰된 상황은 상황이 변화될 때까지 지속되며 상황이 종료되면 이와 관련된 집단의 만족수준 변화와 같은 사항도 종료된다.

요약된 상황의 예를 들면 그림 11.4 에서 보는 것과 같이 하수처리 종말장이 파괴되어 오염물질이 누출되었다고 하면 오염물질 누출 상황 영향 범위내에 있는 민간집단의 관심사항 값이 변경되고 종합적 성향도 변경된다. 물론 하나의 민간집단이 영향을 받는 것은 오염물질 누출뿐만 아니라 인접한 민간집단의 피해라든지 지역내 활동하는 NGO 의 활동에 따라서도 동시에 영향을 받는다. 간접영향은 각 민간집단간 우호 관계를 직접 영향에 적용해서 계산한다. 오염물질 누출에 직접적인 영향을 받은 민간집단의 경우 적대성을 기준으로 민간인 행동보고서(CAR: Civilian Activity Report)를 보고하여 C41 체계나 지정된 E-Mail 로 전송함으로써 연습실시자가 상황을 파악하고 조치를 할 수 있도록 하고 있다. 하수처리 종말장이 수리가 되어 복구가 되면 통제관은 상황을 수동적으로 종료시 키며 누출이 지속되면 민간집단의 관심사항에 일일 변화율을 고려하여 종합적인 성향을 계속 변화시킨다. 만약 상황발생에 따른 조치가 없으면 상황이 지속되기도 하고 또다른 상황을 발생시키기도 한다. 예를 들어 하수 오염 상황시 별다른 조치가 없으면 물 부족 상황이 발생하고 물 부족 상황에 대한 조치가 취해지지 않으면 오염된 물이 공급되는 상황이 발생할 수도 있다.

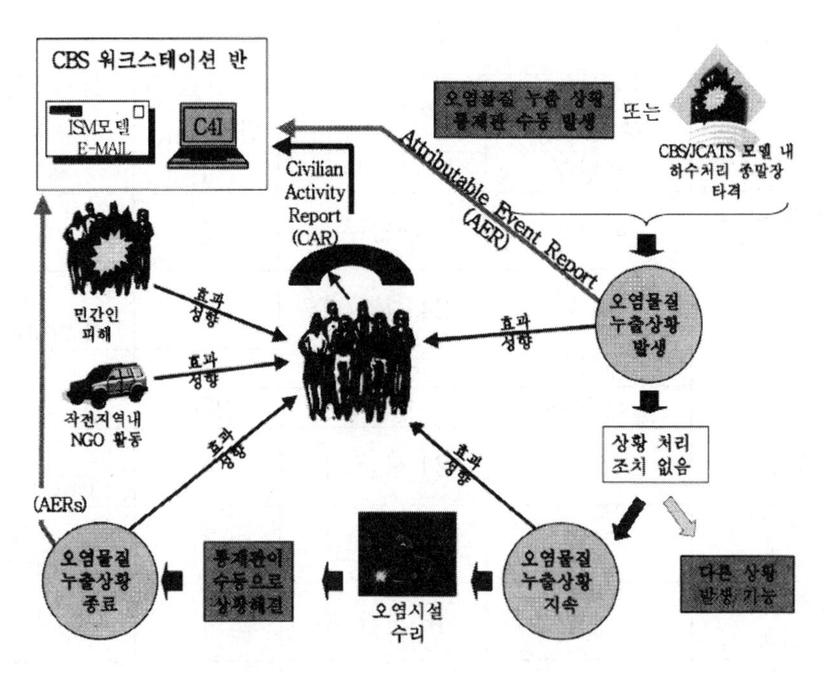

그림 11.4 상황발생에 따른 관련사항 흐름도

그러면 상황이 발생한다면 언제부터 관련 요소에 영향을 끼치고 상황이 발생한 지점으로부터 얼마만큼 가까이 있어야 직접적인 영향을 받는지, 또 어떤 조치가 있으면 이러한 문제가 완화되며 해결되는지를 알아야 하는데 그 내용은 표 11.6 에 나타나 있다.

표 11.6 에서 제시된 것은 미군이 이라크 지역을 대상으로 파병전 실시한 UE 06- 2 연습시 적용한 데이터 베이스로 연습목적과 중점에 따라 변경될 수 있다.

표 11.6 상황효과 반경

상황	발생가능한 추가상황	상황발생시기	영향 반경(km)	영향 완화가 가능한 행동
회교사원파괴	해당무	해당무	4	해당무
거리에 있는 오염물질	해당무	해당무	3	지원
오염물질 누출	질병	24 시간 후	2	지원, Engineer
질병	해당무	해당무	3	의료
전염병	해당무	해당무	250	의료
상한 음식제공	질병	24 시간 후	4	지원, Engineer,
오염된 식수 제공	질병	12 시간 후	4	지원, Engineer
휴대용 식수 미제공	질병	48 시간 후	4	지원
산업물질 누출	질병	24 시간 후	1.5	지원, Engineer
정유시설 화재	해당무	해당무	5	의료 Engineer
연료 부족	해당무	해당무	4	지원, Engineer
기아	해당무	해당무	10	지원
음식물 부족	해당무	해당무	2	지원
불발탄	해당무	해당무	3	Engineer
정전	해당무	해당무	10	지원, Engineer
통신 단절	해당무	해당무	4	Engineer

상황이 발생하면 그림 11.5 에서 나타난 바와 같이 각 상황별 유효 거리내에 위치한 민간인 집단은 직접적인 영향을 받게 되고 유효거리 외부에 위치한 민간인 집단은 직접적인 영향을 받은 민간인 집단과의 우호 관계에 따라 간접적인 영향을 받게 된다. JNEM 에서는 각 집단별로 우호 관계를 수치로 표시하고 있다. 이와 관련된 사항은 그림 11.6 에 잘 나타나 있다. 그림 11.6 은 각 민간인 집단별 우호 관계를 개념화한 그림과 실제로 모델상에서 구축된 DB 를 나타내고 있다. 각 집단간 우호도 행열을 살펴보면 각 민간인 집단별 우호도를 표시하고 있는데 예를 들면 SUNB 라는 민간인 집단은 SUNM 이라는 민간인

집단에 대해 0.30의 값을 가져 우호적인 관계를 표시하고 있다. 반면 KURD라는 민간인 집단은 SHIR 이라는 민간인 집단에 -0.60 값을 가져 대단히 비우호적인 값을 가지고 있다. 여기에 표시된 값은 DB의 하나의 예이며 실제 연습에 적용한 값은 아니다.

민간인 집단의 간접 영향은 직접 영향을 받은 민간인 집단의 직접 영향값에 집단간 우호 관계값을 곱해서 계산하고 있다. 예를 들어 사건이 발생한 영향지역내에 위치한 민간인 집단 3 이 0.40 이라는 효과를 가진다면 영향지역 밖에 위치한 민간인 집단 4 는 민간인 집단 3 과의 우호관계값(예: 0.3)을 고려하여 0.40 x 0.30 = 0.12 만큼의 영향을 받게 된다.

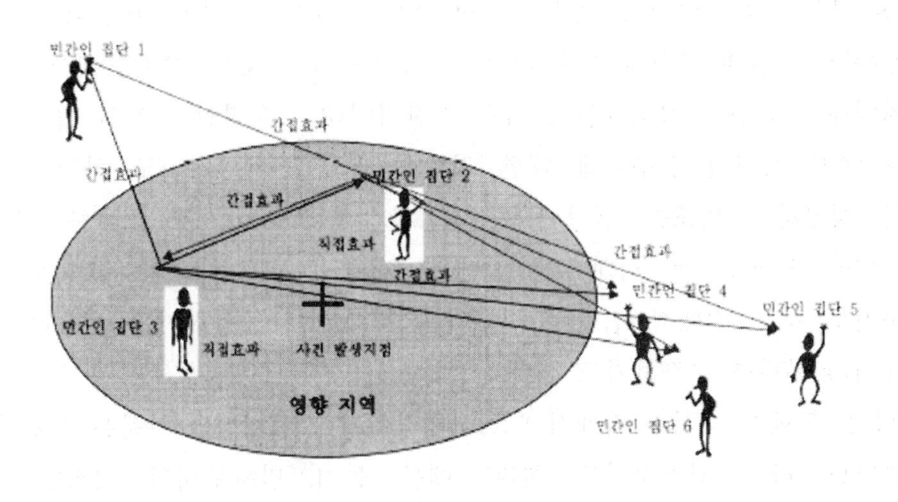

그림 11.5 직간접 영향 개념도

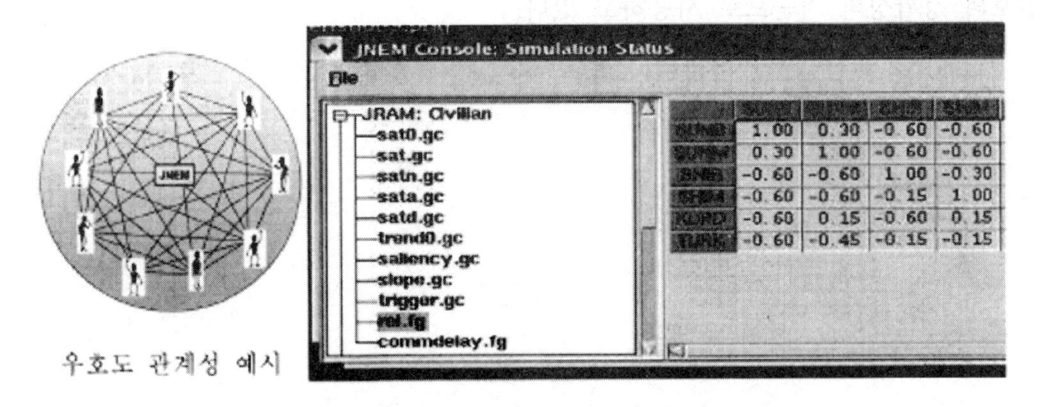

그림 11.6 민간집단별 우호도 관계 행렬

11.3.5 민간인 활동

전장지역 민간인은 내부적으로 2 가지 집단으로 나누는데 Blue Force 부대에 비적대적인 집단과 적대적이거나 잠재적으로 적대적인 성향을 가질 수 있는 집단으로 나눈다. 적대적이거나 잠재적으로 적대적인 성향을 가질 수 있는 집단은 최초의 적대 성향에서 적대성 값이 증가할 수도 있고 감소할 수도 있다. 물론 비적대적인 집단과 적대적인 집단의 비율도 변화할 수 있다. 적대적인 집단에서는 직접적으로 Blue Force 부대와 교전하는 전투원과 Blue Force 부대와 교전은 하지 않지만 적대적인 세력을 지지하는 지지자 집단으로 나눠진다.

그림 11.7 은 앞에서 설명한 전장내 민간인의 성향 비율과 적대적인 전투원/지지자 들의 구성에 대해 개념적으로 보여주고 있다. JNEM 에서는 이러한 전장지역내 민간인 성향비율을 근거로 전장지역내 우호적인 민간인 집단은 Blue Force 에게 적대적 전투원에 대한 정확한 첩보를 제공하기도 하고 불명확한 첩보를 제공하는 빈도를 결정해서 C4I 체계나 E-Mail 로 첩보를 제공한다. 반면, Blue Force 에 적대적인 집단은 Blue Force 의 정보를 대항군에게 전파하기도 하고 적대적 집단내 전투원은 소화기와 공용화기를 이용하여 직접 Blue Force 부대를 공격하기도 한다.

그림 11.7 에서 제시한 잠재적으로 적대적이거나 적대적인 부분은 상황에 따라 증가하기도 하고 감소하기도 한다. 예를 들어, 민사부대의 적절한 조치나 적대적인 민간인 집단의 관심사항에 대한 우호적인 활동으로 적대성을 감소시킬 수도 있다. JNEM 에서는 이러한 적대성을 기초로 하여 교전, 첩보제공 빈도와 첩보의 정확성의 기준으로 사용하고 있다.

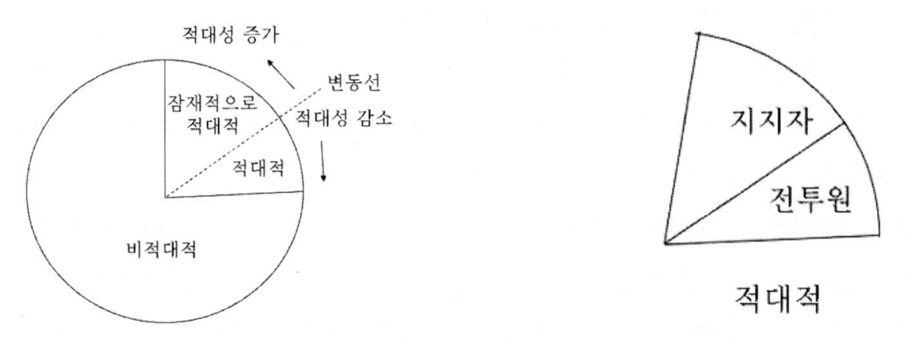

그림 11.7 전장지역 주민 분류

그림 11.8 은 집단의 종합 성향에 따라 적대성 비율이 변화하는 것을 나타낸다. 보는 것과 같이 집단 종합성향이 '대단히 만족' 방향으로 이동하면 적대성 비율이 감소되고 '불만족' 방향으로 이동하면 적대성 비율이 증가한다.

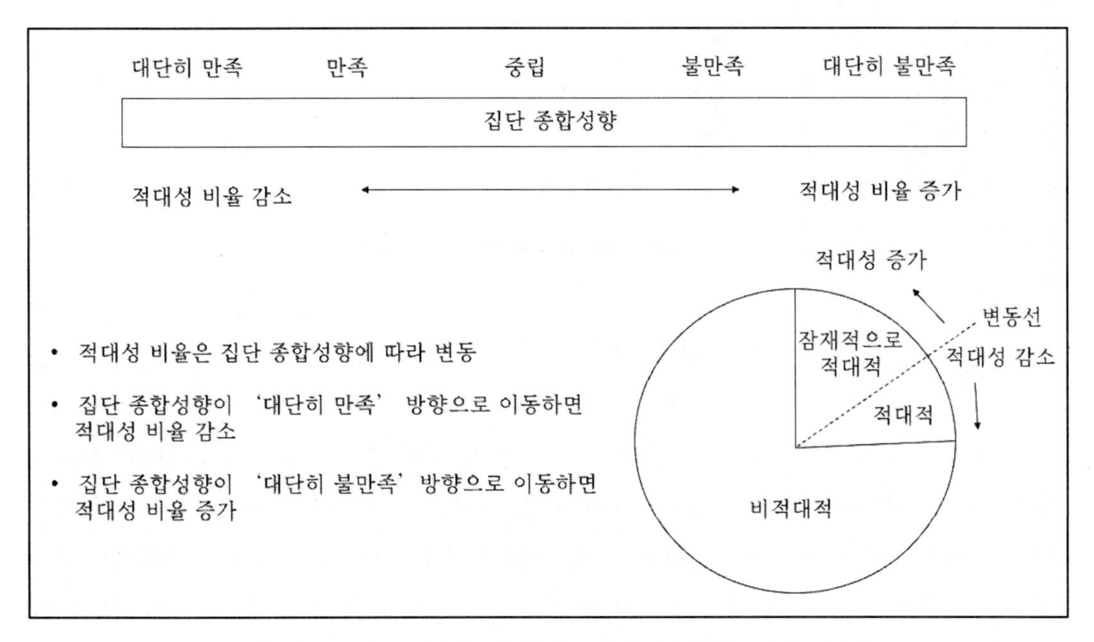

그림 11.8 집단 종합 성향에 따른 적대성 비율 증감

그림 11.9 는 전장내 민간인 집단에 대한 보고서를 보여주고 있다. 전체 집단은 1,5777 개이고 대규모 단위(Large Unit) 집단과 소규모 단위(Small Unit) 집단으로 구분한다. 대규모 단위 집단은 전장내 생활하는 주민으로서 주로

군사작전에는 영향이 없는 주민을 묘사하기 위해 표시하며 실제로 군사작전에 영향이 있는 집단은 소규모 단위 집단이다. 소규모 단위 집단은 다시 비적대적인(Non-Hostile) 집단과 적대적(Hostile) 집단으로 나뉘고 적대적 집단은 대항군을 지지하나 적극적으로 Blue Force 과 전투를 하지 않는 지지자(Supporter)와 적극적으로 Blue Force과 교전하는 전투원(Combatant)으로 나눈다. 전투원은 임무가 부여되지 않은(Untasked) 집단과 공격 교전규칙을 받아(Agg. ROE) 대항군 역할을 준비하는 집단과 대항군으로 역할 임무를 부여받은(OPFOR-Tasked) 집단으로 나누고 있다.

Report Text

Time: 101859ZJUN06 ID: 26416
Type: STATUS Subtype: CIVPOP
Title: Civilian Population: All Groups

All Groups

	Units	Personnel	
Total in Group	1577	68729	Excludes dead or captured units
Large Units	965	63897	
Small Units	612	4832	
Non-Hostile	409	3025	
Hostile	203	1807	
Supporter	180	1621	
Combatant	23	186	
Untasked	13	105	
Agg. ROE	0	0	
OPFOR-Tasked	10	81	
Captured	0	0	
Dead	32	0	Pers. remaining in wiped-out units

그림 11.9 모델내 보고서 형식

이렇게 분류된 집단을 근거로 해서 사건 발생에 따른 보고서를 Blue Force 통제반이나 사전 선정된 연습실시자에게 보고서를 보내도록 한다. 앞에서 설명한 대로 JNEM 에서 처리된 결과를 ISM 에게 보고서를 보내도록 지시하면 사건 발생지역 500m 이내에 위치한 Blue Force 부대가 있으면 군사 CAR(Civilian Action Report)이나 군사 AER(Attributable Event Report)를 전송하고 Blue Force 부대가 없으면 민간 CAR 나 민간 AER 을 전송한다.

CAR 은 민간인 집단의 성향에 대해 통보하는 것을 말하며 AER 은 사건이나 상황에 대해 보고하는 것을 말한다. CAR 를 접수한 연습실시자들은 민간집단의 성향을 근거로 향후 조치해야 할 사항에 대해 미리 준비하는 과정을 거친다.

AER 을 접수받으면 일어난 사건이나 상황을 판단해서 적절한 조치를 수행하는 연습을 실시하게 된다. 예를 들어 정유시설이 파괴되었을 때 화재진화를 위한 조치와 복구가 되어야 모델상에서도 추가적인 민간인 집단의 성향변화를 종료시킬 수가 있는 것이다.

CAR(AER)의 구성요소는 보고 일시, 보고 위치, 보고자 민간인 집단의 종합 성향(사건이나 상황 요약) 등이며 내용을 쉽게 보고하도록 라이브러리를 구성해 놓고 필요한 내용만 적어서 발송한다. 그림 11.10 은 사건 발생 이후 JNEM 이 1SM 에게 AER 을 발송할 것을 지시한 다음 C41 체계로 자료가 전송되는 절차를 표시한 것이다.

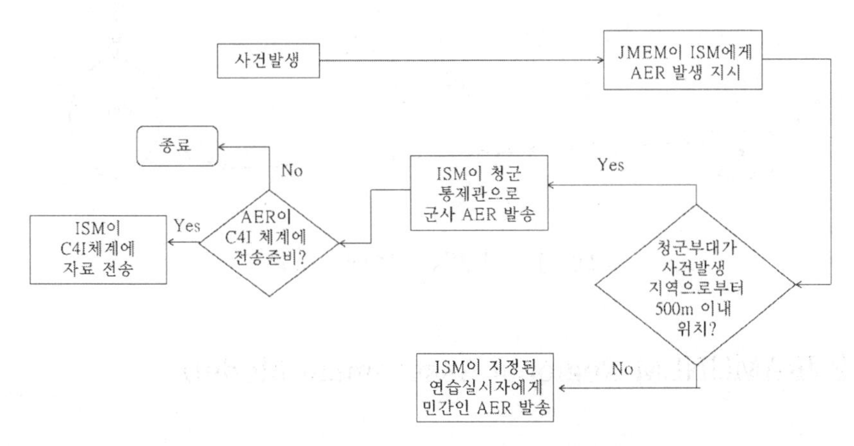

그림 11.10 모델내 보고서 흐름도

11.4 세부 구조 및 데이터 흐름

11.4.1 JIN(JNEM Input Component)

그림 11.4 에서 보는 것과 같이 JIN 은 규칙으로 구성되어 있으며 JIN 의 입력요소는 사건이나 상황요약이 수동으로 입력되든지 모의모델에서 모의된 사건이나 상황이 자동적으로 입력된다. 또한 민간인 집단의 활동 상태나 적대적 행동 성향 그리고 기타 출처로부터 데이터가 입력되어 JIN 에서 처리된 결과는 JRAM 의 입력요소로 사용된다. 이처럼 JIN 은 JNEM 구성 요소 중 입력부분에

해당하는 요소로서 각종 입력자료가 규칙집합에서 정의된 값으로 변환되어 JRAM 의 입력데이터로 활용되는 것이다.

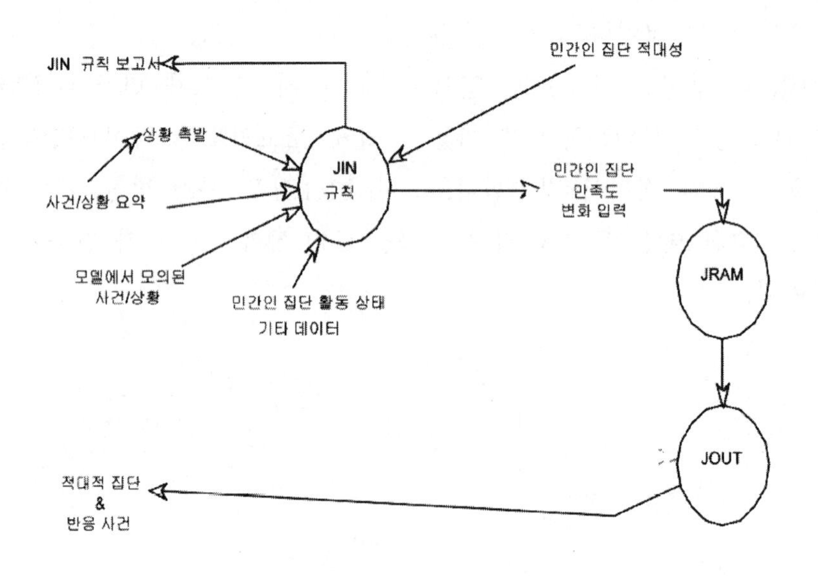

그림 11.11 JIN 데이터 흐름도

11.4.2 JRAM(JNEM Regional Assessment Model)

그림 11.12 는 JRAM 의 데이터 흐름을 나타낸다. 그림에서 보는 것과 같이 JRAM 은 JIN 으로부터 특정 민간인 집단의 관심사항의 만족수준과 관심사항에 대한 일일 변화율을 입력받는다. 만족도 수준의 간접적인 영향를 계산하기 위해 집단간 우호 관계값을 직접 변화량에 곱한다. 또한 민간인 집단의 만족도 수준과 관심사항의 변화율을 계산하여 그 결과를 JOUT 의 입력자료로 전송한다.

그러므로 JRAM 은 실제로 JNEM 의 가장 중요한 요소로서 집단의 관심사항으로부터 집단의 종합적 성향을 계산해 내며 집단간의 우호 관계를 고려하여 상황이 발생한 지역에 위치하여 직접적인 영향을 받는 집단으로부터 영향지역 외부에 위치한 민간인 집단의 간접적 영향을 산출한다. 집단간 종합적 성향을 계산해 내기 위해서는 앞에서 설명한 관심사항의 가중치와 각종 매개변수 값이 적용된다. 또한 시간의 흐름에 따라 변동되는 집단 성향 변화량을 외부 데이터베이스로부터 받아 적용한다. 이러한 외부 데이터베이스는 연습 이전에 미리 구축이 되어 있으며 연습통제관이 필요시 ISM 에서 통제관명령으로 변화시킬 수 있다.

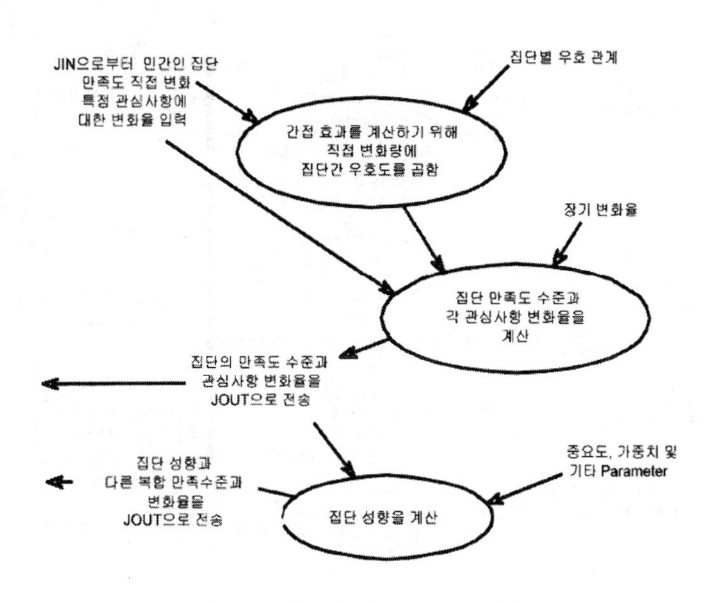

그림 11.12 JRAM 데이터 흐름도

11.4 .3 JOUT(JNEM Output Component)

그림 11.13 은 JOUT 의 전장지역 데이터 흐름을 나타낸다. 그림 11.13 에서 보는 것과 같이 JOUT 은 JRAM 으로부터 민간집단의 만족도별 적대성 반응사건을 수준과 변화율을 입력받아 민간인 집단비율을 계산한다. 또한 민간인 집단별로 Blue Force 에 정보제공과 같은 우호적인 반응사건을 계산하고 Blue Force 에 비우호적인 반응사건도 같이 계산한다. 민간인 집단별로 적대성이 계산되면 적대적 집단과 활성화시켜 비적대적인 집단을 선정하여 적대적 집단의 기능을 정지시키거나 적대성을 활성화시켜 모의모델에서 상황을 유발시키도록 한다. 우호적인 집단들은 모의모델 내에서 Blue Force 에게 적대적인 집단들에 대한 첩보를 제공하고 우호적이며 명확한 민간인 보고서를 제공한다.

반대로 비우호적인 집단들은 불명확한 민간인 보고서를 보내주고 공격적인 집단들은 적대적인 행위를 하도록 준비시키거나 실제로 군사행동을 유발시켜 Blue Force 과 교전하도록 한다.

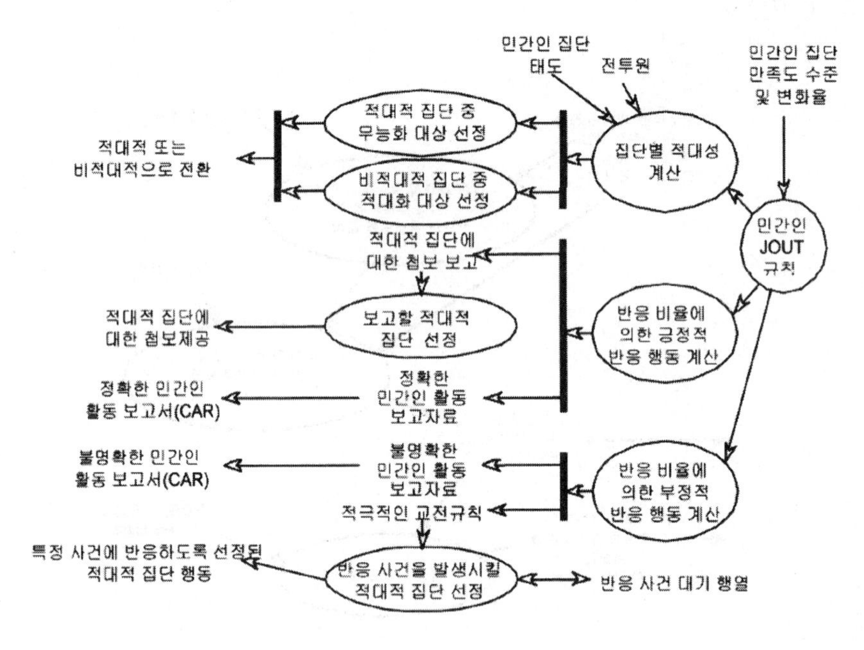

그림 11.13 JOUT 데이터 흐름도

그림 11.14 는 JOUT 의 발생하는 CAR 와 AER 를 보여주고 있다. 그림 11.14 에서 보는 것과 같이 CAR 는 민간인 집단의 종합적인 성향을 보여주고 AER 은 상황이 발생한 장소와 시간과 보고부대 그리고 상황의 내용을 나타내고 있다. 군사 AER 은 군부대에서 보고한 것이며 민간 AER 은 민간인 기구나 주민이 보고한 것이다.

Time	161435ZJUN06	ID:	102032
Type	RE	Subtype:	POSCIV
Title:	Positive Civilian Activity Report:		TURK
CAR #:	3169		
Pgroup:	Turk: Turkmen		
Location:	38TKQ973344		
Mood:	Satisfied		

Military AER
At 091700ZJUN06 A/6-37 IN reports visible damage to the mosque at 38SLD786293.

Civilian AER
At 091700ZJUN06 local civilians report visible damage to the mosque at 38SLD786293

<CAR> <AER>

그림 11.14 CAR/AER 형태

11.5 CBS 모델과 연동 관계

11.5.1 CBS 모델의 민사부대 모의

CBS 모델의 민사부대는 자동으로 민간인에 대한 인간정보(HUMINT)를 수집한다. 민사부대의 인간정보는 표 11.7 에서 보는 바와 같이 민간인과의 거리에 의해 정보수집 여부가 결정되며 민간인 접촉시간에 따라 정보의 양이 달라진다.

표 11.7 인간정보 수집거리

구분	미정착 (No Settlement)	마을(Village)	읍(Town)	시(City)
거리(km)	0	3	6	9

민사부대와 민간인 접촉시간이 1 시간이면 민간인 위치와 활동 상태에 대한 정보가 수집되어 보고되며 2 시간이면 민간인의 형태와 민간인에 대한 세부 정보가 제공된다. 만약 민사부대가 민간인 혼잡해소 작전을 동시에 수행하면 정보수집 시간은 2 배로 증가된다.

11.5.2 CBS 모델의 민사부대 활동

CBS 모델의 민사부대는 피난민에 의한 도로 혼잡해소, 심리전 방송, 심리전 전단살포 등의 활동을 수행한다. 피난민에 의해 발생된 도로의 혼잡해소는 민사부대가 피난민 집단으로부터 500m 이내에 20 분 이상 위치하면 혼잡해소가 가능하다. 심리전 지상방송은 확성기를 보유한 부대가 지상 3km, 공중 6km 에서 최소 30 분간 심리전 방송을 수행하면 적성에 대한 효과가 발생된다. 심리전 전단은 심리전 방송과 같은 거리 내에 있는 부대나 민간인에 대해 전단을 살포시 전향, 귀순자, 투항자 등이 발생한다.

또한 민사부대가 아니어도 JNEM 모델에 의해 발생되어진 사건을 해결할 수 있는 부대가 활동시 민군작전에 영향을 미친다. 예를 들어 교량이 파괴되었을 경우 CBS 모델에서 운영되는 공병이 이동하여 공병작전을 수행하면 JNEM 모델에서 발생하는 교량파괴에 따른 추가적인 사건은 발생되지 않는다. 연합연습시 CBS 모델의 민사부대 기능모의는 제한적이었다. 민간인을 DB 로 구축하기에는 CBS 모델의 ICON 제한이 있었으며 민군작전에 영향을 주는 기반시설을 모의할 수 없었다. 그러나 CBS 모델 1.8.3 버전이 사용되면서 JNEM 모델에서 민간인을 모의하고 이와 연관된 시설물을 CBS 모델에 반영하게 되어 민군작전 모의가 가능하게 되었다.

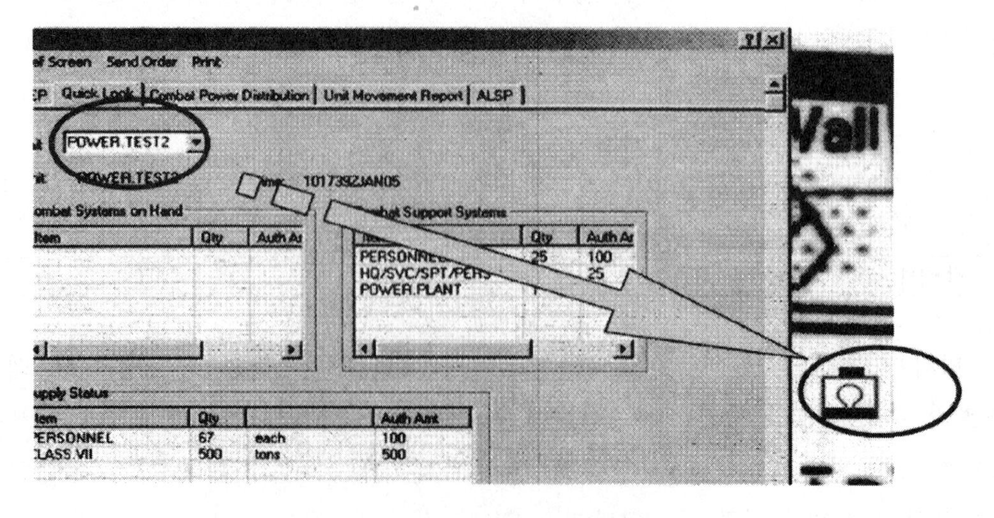

그림 11.15 CBS 모델의 발전시설 ICON

11.5.3 CBS 모델 내 JNEM 모의 구현

CBS 모델은 JNEM 모델의 민간인을 단대호로 표시하며 사태 또는 상황 발생을 깃발 형태로 표시한다. 적색 깃발은 민간인 관련 부정적 사건이 발생이 되었음을 표시하며 깃발을 클릭시 위치, 시간, 규모, 민간인 종류, 중요도, 기간, 관심사항, 주요내용이 표시된다. 이것은 민간인 관련 수시 보고서(AER)로도 제공된다. CBS 모델에서 민군작전 사건이 발생했음을 확인하고 게임 실시자를 통해 적절한 민군작전을 수행하면 청색 깃발이 추가로 나타나 만족도가 높아졌음을 나타낸다. 또한 민군작전과 관련된 시설물도 시설물 아이콘내 가동율을 표시하여 민군작전 효과를 표현한다. 그림 11.16 은 CBS 모델의 민간인 및 만족도 ICON 이다.

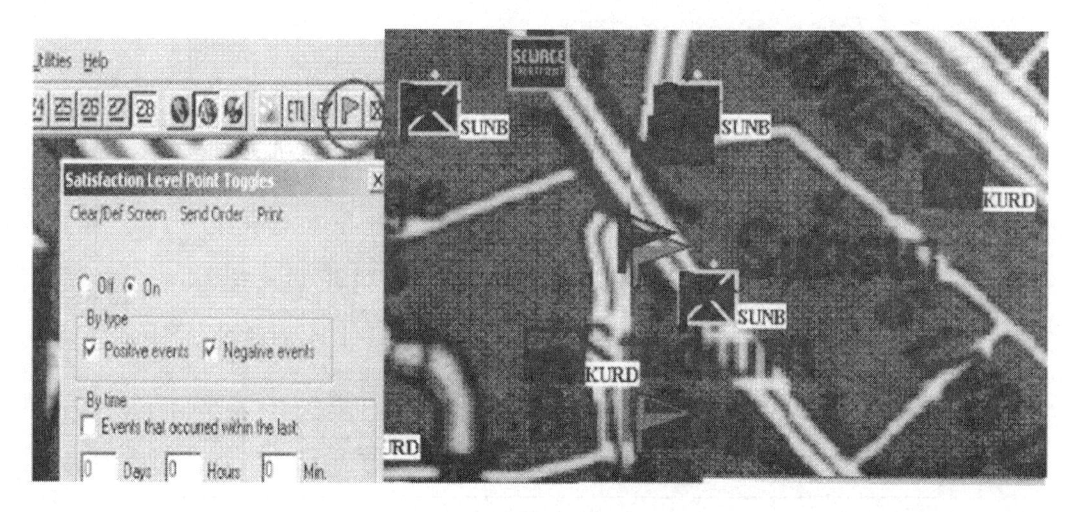

그림 11.16 CBS 모델의 민간인과 만족도 ICON

적용 사례

UE 06-2 MRX(Mission Rehearsal Exercise) 은 미 JFCOM(Joint Forces Command)의 주관하에 이라크 파병을 위해 미 3 군단 병력을 대상으로 미 본토에서 2006 년에 실시한 임무예행연습이다. JFCOM 에서는 JNTC(Joint

National Training Capability)를 근간으로 하여 UE MRX 를 매년 실시하고 있으며 JFCOM 에서 실시하는 각종 훈련 중 가장 우선순위가 높은 전투지휘훈련이다. JNTC 는 JTLS 모델과 JCATS 모델을 근간으로 한 개략모의 체계와 상세 모의체계가 혼합된 다해상도(Multi-resolution) 모의체계이다.

민간인 집단 구성

UE 06-2 MRX 에서는 정부후원(통제) 기구(IGO) 고용인(CTR) 은 고려하지 않았으며 전장내 민간인 집단과 일부 비정부기구(NGO) 만 고려하였다. 전장내 민간인 집단은 표 11.8 과 같이 시아파 급진주의, 시아파 온건주의, 수니파 Baathists, 수니파 온건주의, 쿠르드, 투르크멘 6 가지로 분류하였다.

표 11.8 전장내 민간인 집단 구분

구분	비고
Shia Radicals(SHIR)	시아파 급진주의
Shia Moderate(SHIM)	시아파 온건주의
Sunni Baathists(SUNB)	수니파 바스당
Sunni Moderates(SUNM)	수니파 온건주의
Kurds(KURD)	쿠르드 족
Turkmen(TURK)	투르크 족

데이터베이스 설정

민간인 집단의 구성은 그림 11.17 과 같이 표 11.8 에서 설정된 민간인 집단이 거주하는 지역별로 비율을 설정해 놓았다. 이러한 비율은 실제 연습각본과 데이터베이스에 반영되어 JCATS 모델에 적용되었다.

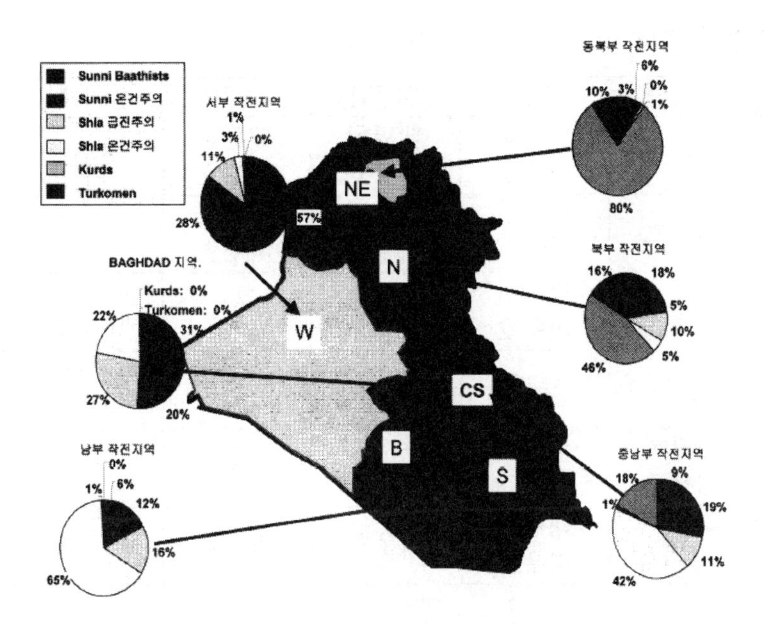

그림 11.17 전장내 민간인 집단 분포

각 민간인 집단별 관심사항과 우호 및 비우호 관계는 표 11.9, 표 11.10 과 같이 구성하였다. 이러한 최초 데이터 베이스 입력 값은 각 정보기관에서 획득된 자료를 면밀히 검토하여 작성되었는데 이러한 데이터 베이스를 구축하는 것은 연습결과에 영향을 미치는 대단히 중요한 요소라고 할 수 있다.

표 11.9 민간인 집단별 관심사항 수준

집단	관심사항					
	성향	AUT	CFA	QOL	REL	SEC
SUNB	불만족	대단히 불만족	대단히 불만족	불만족	중간	대단히 불만족
SUNM	불만족	대단히 불만족	불만족	불만족	중간	불만족
SHIR	불만족	대단히 불만족	대단히 불만족	불만족	불만족	불만족
SHIM	불만족	불만족	불만족	불만족	중간	불만족
KURD	만족	만족	만족	만족	중간	만족
TURK	중간	불만족	대단히 만족	중간	중간	불만족

표 11.10 민간인 집단 우호 및 비우호 관계

집단	TURK	KURD	SHIM	SHIR	SUNM	SUNB
SUNB	비우호	대단히 비우호	대단히 비우호	대단히 비우호	비우호	-
SUNM	비우호	비우호	대단히 비우호	대단히 비우호	-	비우호
SHIR	비우호	대단히 비우호	비우호	-	대단히 비우호	대단히 비우호
SHIM	중립	중립	-		대단히 비우호	대단히 비우호
KURD	대단히 비우호	-	우호	비우호	우호	비우호
TURK	-	대단히 비우호	비우호	비우호	비우호	대단히 비우호

특히, 일부 비정부기구(NGO) 가 고려되어 JNEM 에서 모의되었는데 모의된 NGO 는 의료 서비스 제공 기관학교와 청소년센터 지원기구, 사회 경제적 안정화 프로그램 기구, NGO 정보교환 기구, 건설지원 기구 등 다양하게 구성되었다. UE 06-2 MRX 에 반영된 비정부 기구 목록은 <표 11> 과 같다.

표 11.11 UE 06-2 MRX 에 반영된 비정부기구

NGO(비정부기구)	역 할	위 치
International Medical Corps(IMC)	Medical Service	Baghdad
Mercy Corps(MC)	Logistic Support to Schools and Youth Center	Baghdad
International Relief and Development(IRD)	Social and Economic Stabilization Programs	Baghdad
Creative Associate Committee (CAII)	School Rehabilitation	Baghdad
NGO Coordination Commitee in Iraq(NCCIRAQ)	NGO Info Exchange Organization	Baghdad, Erbil, AL Anbar, Basrah
Comite' D Aide Medicale(CAM)	Health, Water and Sanitation Services	Dohuk
Relief Interantional(RI)	Financial Aid to Local Communities	Suleynaniyah & Diyala
International Relief and Development(IRD2)	Engineer and Logistic Services	Kirkuk & Taji
Mines Advisor Group(MAG)	Engineer and Logistic Services	Kirkuk, Mosul, Dohuk

민간인 집단 적대성의 최초 입력값은 표 11.12 와 같다. 이러한 값은 상황발생에 따라 각 집단이 위치한 지역이나 민사부대 위치 심리전 부대 위치 등에 따라 일일 계속 변화하며 Blue Force 의 조치에 따라 변화하는 값이지만 연습개시상황을 입력하기 위해 준비된 것이다. 연습개시 상황에 맞는 데이터를 구축하기 위해서는 검증된 값이 되어야 하며 연습의 목표와 중점에 맞는 값을 입력하여야 한다.

표 11.12 민간인 집단 적대성

합계		잠재적 적대	연습개시 적대성(%)
SHIR	204	136	86
SHIM	316	64	28
SUNB	325	254	90
SUNM	190	38	35
KURD	219	39	2
TURK	40	17	0.2
계	1,294	548	-

아이콘 표현

모의모델에서 각 집단 아이콘 표현은 표 11.13 에 요약되어 있다. 각 아이콘은 색깔별로 구분하도록 하였고 모두 사각형 아이콘으로 표시하였다. 아이콘의 정보는 개략적인 통합정보를 제공하도록 하였으며 정부기구(IGO) 고용인(CTR) 은 UE 06-2 에서는 적용되지 않았지만 예비를 위해 적용할 기준은 표에서와 같이 설정하였다.

아이콘 명명법을 위해 몇 가지 기준을 설정하였다. 명명법은 세가지 부분으로 나누어 첫 번째 부분은 집단이 위치한 지역을 표시하며, 두 번째 부분은 집단 분류를, 세 번째 부분은 집단의 순서를 표시한다. 예를 들어 BAG_SUNB1 에서 BAG 는 집단이 위치한 Bagdad 를 나타낸 것이며, SUNB 는 Sunni Baathists 를, 1 은 첫 번째 집단을 나타낸 것이다.

집단의 크기는 30 명, 10 명, 5 명으로 표현하였으며 도시지역 주민을 표현하였다. 30 명 크기의 집단은 통상적으로 버스로 이동하는 집단이나 휴대폰을 휴대하고 도보로 이동하는 집단으로 비적대적인 집단으로 고려하였다. 10 명 크기의 집단은 8 명의 도보인원과 RPG-7 을 보유한 집단으로 적대성향을 가질 수 있는 집단으로 묘사하였으며, 5 명 크기의 집단은 승용차로 이동하는 집단으로 적대적으로 전환될 수 있는 집단으로 적극적인 적대행위를 하려면 탄약보충이 필수적이다. 연습시 집단에 표시된 1 명이 실제로 100 명을 표시할 수도 있고 연습목표와 중점에 맞게 그 표현방법을 다르게 할 수 있다. JNEM 에서 정의된 아이콘은 CBS 나 JCATS 모델 데이터베이스에 통일하게 부대구조로 반영되어 있어야 한다.

표 11.13 집단별 아이콘 표시

구분	아이콘	아이콘 모양	아이콘 색	아이콘 정보
NGO, IGO, CTR		사각형	흰색	상세
SUNB		사각형	라벤더색	통합
SUNM		사각형	박하색	통합
SHIR		사각형	분홍색	통합
SHIM		사각형	주황색	통합
KURD		사각형	자주색	통합
TURK		사각형	보라색	통합

11.6 JNEM 모의논리

11.6.1 성향곡선(Attitude Curves)

집단의 만족도 및 협조도 수준은 전체적으로 집단의 성향으로 표현되는데 성향은 시간 경과에 따라 변화하며 집단에게 발생하는 사건에 의해 좌우된다. 집단의 성향에 영향을 미치는 사건과 상황을 변화요인이라고 한다. 시간경과에 따라 i 시점의 성향은 성향곡선 $A(t_i)$를 따라 변화하며 0 시점에서의 성향값은 $A(t_0)$로 표현하고 적용하는 시간단위는 1일 단위이다. $A(t_i)$에서 만족도는 -100.0에서 +100.0, 협조도는 0.0에서 100.0 사이의 값을 가진다.

i 시점에서 관심사항 (c) 에 따른 행정구역 (n) 내 집단 (g) 의 만족도 $S_{ngc}(t_i)$ 로 표시하고 i 시점에서 부대(f)에 대한 행정구역내 집단(ng)의 협조도는 $\Omega_{ngf}(t_i)$ 로 표시한다. 초기만족도는 $S_{ngc}(t_0)$이며 초기협조도는 $\Omega_{ngc}(t_0)$이다.

성향곡선은 주요시점 $t_1, t_2, t_3, ...$마다 재계산되며 계산방법은 다음과 같다.

$$A(t_1) = A(t_0) + (Contributions\ from\ o\ to\ t_1)$$
$$A(t_2) = A(t_1) + (Contributions\ from\ o\ to\ t_1)$$

기호상의 간결성을 위해 현재시점을 t_1, 이전시점을 t_0 로 표시하며 일반적으로 시간간격 $(t_1 - t_0)$ 은 시점의 정수배가 된다. 각 시점당 기여(Contribution)는 성향 변화요인에 기인하며 다음 3 종류로 분류된다.

(a) 수준효과의 기여

(b) 기울기 효과의 기여

(c) 장기적 추세의 효과

11.6.2 수준효과(Level Effect)

수준효과와 관련된 기호를 아래와 같이 정의한다.

ngc 및 nfg: 영향받는 성향 곡선 색인들(만족도 곡선, 협조도 곡선)

d: 효과를 야기한 변화요인의 Index

k: 효과의 원인을 지칭하는 지표

$limit$: 변화의 명목상 크기

$days$: 효과가 인지되기까지의 일수로 표시된 시간간격

t_s: 효과의 시작시점

t_e: 효과의 종료시점

τ: 인지 곡선의 형태를 통제하는 매개변수

수준효과를 적용할 경우 이러한 매개변수들을 효과지표 i로 표현되며 $limit_i$는 i번째 효과의 한계값을 의미한다. 수준효과를 위한 인지곡선은 식 (11-1)의 $E(t)$로 정의할 수 있다.

$$E(t) = \begin{cases} 0 & t \le t_s \\ limit \cdot \left(1.0 - e^{\frac{-(t-t_s)}{\tau}}\right) & t_s < t < t_e \\ limit & t_e \le t \end{cases} \qquad (11\text{-}1)$$

위의 인지곡선은 $limit$에 접근하지만 $limit$에 도달하지는 않는다. 결과적으로 τ는 해당곡선이 t_e시간에 $limit$으로부터 정호가히 ϵ에 위치시키는 값이 된다.

$$\tau = \frac{days}{-ln\left(\frac{\epsilon}{|limit|}\right)}$$

$E_i(t)$는 특정 수준효과 i를 위한 인지함수를 표시한다. 따라서 t_1에서 수준효과 i의 명목상 기여는 식 (11-2)와 같다.

$$\delta_i(t_1, t_0) = E_i(t_1) - E_i(t_0) \qquad (11\text{-}2)$$

$t_e < t_0$ 또는 $t_s > t_1$일 경우 수준효과는 시간진행간 만족도에 대해 기여도가 0 이다. 이러한 효과는 $\delta_i(t_1, t_0) = 0$이다. 명목상 기여 $\delta_i(t_1, t_0)$는 해당 시간 진행동안 효과 i 의 실제기여를 계산하기 위해 사용한다. 추가적으로 모의는 시간진행을 따라 구동되므로 현재까지의 명목상 기여를 각 수준효과 i에 축적하게 되고 이는 다음의 $ncontirb_i(t)$가 된다.

$$ncontirb_i(t_1) = ncontirb_i(t_0) + \delta_i(t_1, t_0) \qquad (11\text{-}3)$$

수준효과를 위해 현재까지의 명목상 기여를 축적하는 것은 원래 입력자료로 진행되는 모델에서 수준효과 진행상황을 추적할 수 있도록 해주기 때문에 유용한 방법이 된다.

JRAM 은 다음 2 가지 방식으로 ϵ값이 수준효과에 대해 영향을 미치도록 활용하고 있으며 명목상 값은 0.1 을 사용하고 있다. ϵ은 효과 종료시간인 t_e에 $limit$값이 ϵ에 도달할 수 있도록 계산하는데 사용된다. $limit < \epsilon$ 인 효과를 가지는 인지시간은 무시하되 이 효과가 다음 시간에서 기여할 수 있도록 $t_e = t_s, day = 0$으로 설정한다.

11.6.3 기울기 효과(Slope Effects)

JRAM 입력자료는 기울기 영향을 생성할 수 있다. 기울기 효과는 특정 명목상 기울기(변화/일)를 포함하는 성향 변화이다. 해당 효과는 종료시간에 도달하거나 현재까지 명목상 기여가 특정 $limit$ 에 도달했을 때까지 동일한 명목상의 비율로 성향변화를 유발하게 된다.

기울기 효과를 정의하기 위해 다음과 같은 기호를 정의한다.

ngc 및 nfg: 영향받는 성향 곡선 색인들(만족도 곡선, 협조도 곡선)
d: 효과를 야기한 변화요인의 Index
k: 효과의 원인을 지칭하는 지표
$slope$: 일일 명목상 변화
$limit$: 변화의 명목상 크기
t_s: 효과의 시작시점
t_e: 효과의 종료시점

기울기 효과집합으로 작업을 수행할 경우 이러한 매개변수들은 효과색인 i로 표기될 수 있으며, 즉 $limit_i$는 i번째 효과의 한계값이다. 시점 t_1에서 기울기 효과 i의 명목상 기여는 $slope$에 시간간격을 곱한 것으로 볼 수 있다.

$$\delta_i(t_1, t_0) = slope \cdot (t_1 - t_0) \quad (11\text{-}4)$$

그러나 식 (11-4)는 시간간격 종료 이전에 효과가 $limit$ 값에 도달할 수 있고 시간간격 전체에 효과가 적용되지 않을 수 있다는 현실적인 문제를 반영하지 못함으로 수준효과와 같이 t_1 시점의 명목상 기여는 t_0 시점의 명목상 기여에 t_0에서 t_1사이에 만들어진 명목상 기여를 더하도록 하여 식 (11-5)와 같이 보완하였다.

$$ncontirb_i(t_1) = ncontirb_i(t_0) + \delta_i(t_1, t_0) \quad (11\text{-}5)$$

여기서 $ncontirb_i(t_1)$이 $t_0 \sim t_1$ 사이에서 $limit$값을 초과하지 않도록 하기 위해 식 (11-6)과 같이 수정할 수 있다.

$$\delta_i(t_1, t_0) = \min\{limit - ncontirb_i(t_0), slope \cdot (t_1 - t_0)\} \quad (11\text{-}6)$$

다음으로 해당효과는 전체 시간간격에 적용되지 않을 수 있으므로 각 경우의 수를 나열하면 아래와 같다.

(1) $t_1 \le t_s$, 이러한 경우 해당 효과는 만족도에 기여를 시작하지 않음.
(2) $t_e \le t_0$, 이러한 경우 해당 효과는 더 이상 만족도에 기여하지 않음.
(3) $t_s < t_1$과 $t_e > t_0$, 이러한 경우 해당 효과는 시간간격 전체 또는 일부에 기여함.

이 때 (3)의 경우를 정의하면 t_0'는 식 (11-7)과 같다.

$$t_0' = max(t_s, t_0),\ t_1' = min(t_e, t_1) \quad (11\text{-}7)$$

따라서 위의 제약조건을 고려하여 각 시간에서 기여는 식 (11-8)과 같다.

$$\delta_i(t_1, t_0) = \begin{cases} \min\{limit - ncontirb_i(t_0),\ \ slopeslope \cdot (t_1 - t_0)\} & t_s < t_1, t_0 < \ t_e \\ 0 & Otherwise \end{cases} \quad (11\text{-}8)$$

시간진행에 따라 모의가 구동되므로 수준효과에서처럼 현재까지의 명목상 기여를 식 (11-9)와 같이 각 기울기 효과에 축적할 수 있다.

$$ncontirb_i(t_1) = ncontirb_i(t_0) + \delta_i(t_1, t_0) \quad (11\text{-}9)$$

추가로 기울기 연속(Slope Chain)도 고려되어야 한다. 기울기 연속은 보통 동일한 성향곡선이 적용되는 상황에서 단일 변화요인과 관련된 기울기 효과들의 순서를 말하며 이는 시간경과에 따라 상황이 발전하고 그 결과적 변화가 다음 상황에 반영될 때 생성된다. 연속은 전체시간 변화에서 발생하는 단일 효과를 나타내기 때문에 시간이 경과하더라도 그 효과가 겹치지 않는다.

표 11.14 는 일부 특정상황인 d에서의 기울기 연속을 나타낸다. 연속에서의 모든 효과는 같은 d와 곡선 색인 k를 가지므로 이러한 값들은 표에서 생략되었다.

표 11.14 기울기 연속

t_s	t_e	$slope$	$limit$
t_A	t_B	5.0	100.0
t_B	t_C	0.0	0.0
t_C	t_D	2.0	100.0
t_D		7.0	100.0

상황은 t_A 에서 시작되고 기울기는 5.0 이다. 일정 시간 이후인 t_B 에 상황이 비활성화되고 기울기는 0.0 으로 떨어진다. t_C 에 상황은 다시 활성화되며 기울기는 2.0 으로 올라가 t_D 에는 7.0 까지 증가한다. 연속에서 마지막 효과를 위한 t_e 가 지정되지 않았으므로 이는 명목상 기여가 $limit$ 에 도달하거나 새로운 효과가 연속에 포함되어 상황이 종료될 때까지 7.0/일의 명목상 비율로 만족도 수준에 지속적으로 영향을 미친다. 상황을 종료하는 통상적인 방법은 $slope$ 및 $limit$ 는 0 으로 입력을 하는 것이다. 이러한 입력을 통해 계획된 직접 및 간접적인 효과는 관계된 연속 내 모든 이전의 효과를 종료시킨다. 그리고 해당 상황 연속의 모든 $limit$ 가 0 이므로 해당상황은 결국 종료된다.

수준 효과 계획 및 산출에서 사용되는 것과 같은 ϵ은 다른 방식으로 기울기 효과에 적용된다. 만약 기울기 효과가 계획될 때 $slope < \epsilon$이면 임의적으로 $slope = 0$이 된다. 이는 사소한 기울기 효과가 모의진행에 영향을 주는 것을 방지하기 위한 것이다.

11.6.4 기여도 측정

최대값으로 근접함에 따라 모든 성향곡선 $A(t_i)$에 대한 실제 기여는 점점 감소하는 한계효용의 모습을 나타낸다. 긍정적 기여는 $A(t_i)$ 가 A_{min} 인근에 있을 때 더 강한 영향을 A_{max} 인근에 있을 때는 약한 영향을 보여야 한다. 부정적 기여는 $A(t_i)$ 가 A_{max} 인근에 있을 때 더 강한 영향을 A_{min} 인근에 있을 때 더 약한 영향을 보여야 한다. $A(t_i)$
는 A_{min}에서 A_{max} 범위내에 존재해야 한다. 이를 달성하기 위해 $A(t_0)$값이 주어진 $A(t_1)$ 에 대한 각각의 명목상 기여를 수치화하여야 한다. 다음 식은 각 시간단계에서 총기여가 $A_{max} - A_{min}$ 보다 작아야 한다는 특성을 반영하고 있다. 간단히 말하면 각각의 명목상 기여인 $ncontirb$ 은 만족도 곡선 $S(t_0)$으로 식 (11-10)과 같이 나타낼 수 있다.

$$Scale(ncontirb) = \begin{cases} \frac{100-S(t_0)}{100} \cdot ncontirb & ncontirb \geq 0 \\ \frac{100+S(t_0)}{100} \cdot ncontirb & ncontirb < 0 \end{cases} \quad (11\text{-}10)$$

해당 공식으로 10 포인트의 명목상 기여가 만족도 수준을 상위한계값인 +100 으로 10% 이동하게 한다. 비슷하게 -10 포인트의 명목상 기여는 만족도 수준이 하위 한계값인 -100 으로 10% 이동하게 한다. 결과적으로 명목상 기여는 현재값과 최종값 사이의 차이에서 점수 또는 백분율에 의한 변화로 생각할 수 있다. 유사하게 각 명목상 기여인 $ncontirb$는 협조도 곡선 $\Omega(t_0)$으로 식 (11-11)과 같이 나타난다.

$$Scale(ncontirb) = \begin{cases} \frac{100-\Omega(t_0)}{100} \cdot ncontirb & ncontirb \geq 0 \\ \frac{100+\Omega(t_0)}{100} \cdot ncontirb & ncontirb < 0 \end{cases} \quad (11\text{-}11)$$

여기에서 $Scale(x)$는 x가 이러한 방법으로 수치화되었음을 표현한다.

앞에서 주어진 시간단계에서 각 수준의 명목상 기여와 기울기 영향이 어떻게 되었는지와 성향수준이 최소 또는 최대값에서 고정되지 않게 하기 위해 기여가 어떻게 측정되어야 하는지를 보았다. 시간단계 t_0 에서 t_1 까지의 실제기여를 식 (11-12)와 같이 간단히 계산할 수 있다.

$$acontrib(t_1) = scale(\textstyle\sum_i \delta_i(t_1, t_0)) \quad (11\text{-}12)$$

그러나 이는 주어진 시간에 활성화된 수준 및 기울기 효과는 각각에 대하여 독립적이며 각각은 측정된 크기 전부를 항상 기여해야 한다고 가정한다. 그러나 항상 그런 것은 아니다. 예를 들면 한번의 폭격으로 이루어지는 행정구역과 몇 분 동안 3 회의 폭격이 지리적으로 다른 곳에 이루어지고 있는 행정구역이 있는데 이 두 행정구역 모두 같은 수의 민간인 사망자가 발생하였다고 가정하고 비교해 보면 후자의 행정구역에 있는 민간인들은 3 회의 폭격에 대해 1 회의 폭격이 이루어진 행정구역 주민들이 보이는 것과 같은 반응을 보일 것이므로 이들은 3 회의 폭격을 개별적

변화요인으로 처리하여 JRAM 으로 3 회에 걸쳐 자료를 입력하지만 JRAM 은 하나의 원인을 공유하는 효과들로 판단하여 이들 중 가장 큰 효과의 기여를 총기여로 적용한다.

즉, 사건과 상황에 대처하는 사람들의 역량, 공포와 슬픔 혹은 기쁨과 환희를 느끼는 능력은 포화될 수 있으므로, 특정 종류의 변화요인으로 인해 이들 능력이 포화되면 이러한 종류의 추가 사건이 곧 일어나도 많은 추가효과를 불러오지는 않는 점을 고려하여 JRAM 은 각 입력자료를 하나의 원인으로 지정할 수 있다. 이것은 폭격과 같은 유사한 변화요인으로 인해 입력자료들은 동일한 원인을 갖기 때문에 단일 입력자료에서 기인하는 모든 효과들은 하나의 원인으로 지정하게 된다. 효과가 단일 원인을 공유할 때 이들의 총기여는 가장 큰 효과의 기여와 같다.

I_k^+: 원인 k를 가지는 효과 i의 집합, $\delta_i(t_1, t_0) > 0$

I_k^-: 원인 k를 가지는 효과 i의 집합, $\delta_i(t_1, t_0) < 0$

으로 정의하면 원인 k를 포함하는 효과의 명목상 기여는 식 (11-13)과 같다.

$$\max_{i \in I_k^+} \delta_i(t_1, t_0) + \min_{i \in I_k^-} \delta_i(t_1, t_0) \qquad (11\text{-}13)$$

만약에 우리가 특정한 원인이 없는 JRAM 입력자료를 고유의 원인 k를 보유한 것처럼 다룬다면 시간단계 t_1에서의 성향수준은 식 (11-14)와 같다.

$$A(t_1) = A(t_0) + scale\left(\sum_k \left(\max_{i \in I_k^+} \delta_i(t_1, t_0) + \min_{i \in I_k^-} \delta_i(t_1, t_0)\right)\right) \qquad (11\text{-}14)$$

원인 k를 포함한 수준효과 i에서 측정된 기여는 해당 시간단계에서 원인 k를 포함한 다른 효과에게 공유된다. 따라서 최종결과에 기여한 각 효과의 실제기여를 계산해 보면 식 (11-15), (11-16)과 같다.

$$acontrib(t_1) = acontrib(t_0) + scale\left(\frac{\delta_i(t_1,t_0)}{\sum_{i\in I_k^+}\delta_i(t_1,t_0)}\cdot \max_{i\in I_k^+}\delta_i(t_1,t_0)\right)\ if\ i \in I_k^+$$

(11-15)

$$acontrib(t_1) = acontrib(t_0) + scale\left(\frac{\delta_i(t_1,t_0)}{\sum_{i\in I_k^-}\delta_i(t_1,t_0)}\cdot \min_{i\in I_k^+}\delta_i(t_1,t_0)\right)\ if\ i \in I_k^-$$

(11-16)

11.6.5 만족도

JRAM 은 행정구역 내 각 집단의 관심사앟에 대한 민간인과 조직집단의 만족도를 추적한다. 요약통계는 행정구역이나 연습지역 기준으로 산출된다. 어떤 사항에 대한 집단의 만족도가 어느 정도인지는 만족도 값으로 기술된다. 만족도 값 S는 $-100.0 \le S \le +100.0$에서 십진수로 나타낸다. $+100.0$은 완벽한 만족도를 나타내며 -100.0`은 완벽한 불만족도를 나타낸다. 다음의 척도는 빈번히 사용된다.

표 11.15 만족도 수준

기호	의미	중간점	범위
VS	매우 만족	80.0	$60.0 \le S \le 100.0$
S	만족	40.0	$20.0 \le S < 60.0$
A	모호	0.0	$-20.0 \le S < 20.0$
D	불만족	-40.0	$-60.0 \le S < -20.0$
VD	매우 불만족	-80.0	$-100.0 \le S < -60.0$

이는 상대적 척도이다. 만족도는 몇 개의 관심사항에 대해 측정하고 서로 다른 집단들은 각기 다른 관심사항에 중점을 둔다. 그러므로 만족도 값은 일반적으로 비교가능하도록 가중치를 두어야 한다.

11.6.6 관심사항

집단은 개인의 안전, 삶의 질 등 몇 개의 관심사항에 따라 만족 또는 불만족을 느낀다. 이들을 관심사항이라고 하고 JRAM 은 행정구역 내 집단의 관심사항에 대한 만족도를 추적한다. 민간인 집단의 관심사항은 자치, 안전, 문화, 삶의 질 등이다. 자치는 해당 조직이 스스로 안정적인 정부와 발전 가능한 경제로 질서를 유지하고 자치를 할 수 있다고 느끼는 것이다. 안전은 집단 구성원이 적공격이나 연합군 활동에 수반되는 피해로 인해 생명의 위협을 느끼는 것이다. 이러한 공포는 생명에 위협이 되는 질병이나 기근, 식수부족 등의 자연적 요소를 포함한다. 문화는 집단이 유적지나 종교적 중요지, 유물을 포함하여 문화적, 종교적으로 존중받거나 모욕당한다고 느끼는 것이다. 삶의 질은 수도, 전력, 대중교통, 시장, 병원 등을 제공하는 시설이 포함되며 이러한 것들은 위생, 보건, 교육, 고용, 의식주 등의 서비스와 연관된다.

조직 집단의 관심사항은 사상자와 서비스이다. 사상자는 일을 하기 위해 목숨을 걸 혹은 계속 위험을 감수할 의지와 관련하여 조직 집단이 처한 환경을 얼마나 위험하게 보는가 하는 것이다. 서비스는 민간인에게 제공하는 서비스에 대한 해당 집단의 만족도이다. 조직 집단은 일이 많을 때 높은 만족도를 보이며 한가할 때는 낮은 만족도를 보인다.

11.6.7 종합만족도, 중요도, 집단 특성

행정구역 (n)에 있는 집단(g)의 관심사항(c) 관련 만족도는 S_{ngc}로 표시되고 종합 만족도라 불리는 가중치를 사용하여 완전한 S_{ngc} 행렬을 요약하여 작성한다. 종종 행정구역 (n) 에 있는 집단 (g) 의 종합 만족도를 계산하는데 이는 행정구역의 집단 성향(Mood)라고 부르며 S_{ng}라고 표시된다.

단순 평균을 통해 종합 만족도를 계산하는 것은 두가지 문제점을 내포하고 있다. 첫째로, 집단은 항상 특정 고나심사항을 더 중요시하며 집단마다 그 관심사항에 대한 중요도가 다를 수 있다. 따라서 한 집단이 특정 관심사항에 두는 중요도를 집단의 특성 (L_{ngc}) 이라 부르고 $0.0 \leq L_{ngc} < 1.0$ 범위에서 다음의 평가척도를 사용하여 종합만족도를 계산한다.

표 11.16 종합만족도

기호	의미	값
CR	중대	1.00
VI	매우 중요	0.85
I	중요	0.70
LI	덜 중요	0.55
UN	중요하지 않음	0.40
NG	무시 가능	0.00

둘째로, 각각의 집단들은 규모가 다르고 일부 집단은 다른 집단보다 좀 더 광범위한 공동체에 중요도를 둔다. 이는 행정구역 (n) 집단(g)의 합산 가중치로 불리는 W_{ng}를 JRAM 에 입력하여 산출한다. 해당 가중치는 명목상 1.0 이며 전형적으로 0.5 에서 2.0 사이의 값을 가진다. 집단간 혹은 행정구역간 평균화 시에는 합산 가중치를 고려해야 한다. W_{ng}는 보통 $Population_{ng}$와 상호 연관되어 있고 행정구역 집단의 규모는 전체 집단의 중요성에 영향을 미친다. 그러나 소규모 엘리트 집단은 대규모 하층 집단보다 더 높은 가중치를 가질 수 있다. 그러므로 집단의 고려사항에 걸친 만족도를 비교하거나 JOUT 규칙 입력자료로 만족도 수준을 사용할 때에는 식 (11-17)에서 보는 것과 같이 만족도 값에 가중치를 적용한다.

$$S_{ngc} = L_{ngc} \times W_{ng} \qquad (11\text{-}17)$$

집단 간 혹은 행정구역 간 비교시에도 합산 가중치가 적용된다. 행정구역과 집단, 관심사항 집단(A)에 대한 만족도 계산식은 식 (11-18)과 같다.

$$S_A = \frac{\sum_A W_{ng} \cdot L_{ngc} \cdot S_{ngc}}{\sum_A W_{ng} \cdot L_{ngc}} \qquad (11\text{-}18)$$

이를 고려하여 유요한 종합 만족도를 아래와 같이 계산할 수 있다. 행정구역 (n) 내의 각 집단(g) 의 성향(Mood)는 식 (11-19)와 같다.

$$S_{ng} = \frac{\sum_c W_{ng} \cdot L_{ngc} \cdot S_{ngc}}{\sum_c W_{ng} \cdot L_{ngc}} \qquad (11\text{-}19)$$

각 관심사항(c) 관련 각 집단(g)의 최상위 수준 혹은 연습지역 만족도는 식 (11-20)과 같다.

$$S_{gc} = \frac{\sum_n W_{ng} \cdot L_{ngc} \cdot S_{ngc}}{\sum_n W_{ng} \cdot L_{ngc}} \qquad (11\text{-}20)$$

집단(g)의 최상위 수준 혹은 연습지역 성향 (Mood)는 식 (11-21)과 같다.

$$S_g = \frac{\sum_n \sum_c W_{ng} \cdot L_{ngc} \cdot S_{ngc}}{\sum_n \sum_c W_{ng} \cdot L_{ngc}} \qquad (11\text{-}21)$$

11.6.8 장기적 추세

$\sigma_{ngc}(0)$ 으로 표시되는 장기적 추세는 시간 흐름에 따라 만족도 곡선에서 점진적 증가나 감소를 만드는 상수이다. 이는 일일 만족도 수준에서의 백분율 변화로 나타나며 행정구역이나 집단, 관심사항에 따라 다양할 수 있다. JNEM 은 장기적 추세가 시간 경과에 따라 다양할 수 있으므로 시간 0 에서 초기 상태로 표시한다.

장기적 추세는 추세(TREND)로 불리는 의사 변화요인(Pseudo Driver)을 위한 각 만족도 곡선 S_{ngc} 에서의 기울기 효과로 적용된다. 의사 변화요인은 명목상 크기 $\sigma_{ngc}(0)$로 각 곡선에 직접 영향을 미치며 간접 영향은 없다.

제12장

지뢰 및 기뢰 모의

12.1 지뢰 및 기뢰

지뢰나 기뢰는 각각 지상과 해상에서 적의 기동을 차단하고 인원과 장비, 함정에 대해 피해를 강요하는 무기체계이다. 지뢰는 한번 설치되면 움직이지 않고 정지되어 있으며 설치위치는 은폐된다. 지뢰는 설치장소도 불명확할 뿐아니라 지뢰의 분포 역시 불규칙하다. 지뢰는 공격하는 적에 대해 압력, 전자기, 지뢰제거시 지뢰를 기울림 등으로 폭발하여 피해를 입히는 특징을 가지고 있어서 지뢰제거가 되기 전에는 공격부대의 기동을 저지하는 역할을 한다. 그러므로 지뢰 및 기뢰의 특성은 은밀성과 불규칙성이다.

기뢰의 경우는 1950 년 한국전쟁 기간중 북한군이 설치한 원산항 기뢰로 인해 원산상륙작전이 며칠 지연되었다. 소해작전간 미해군 소해함 4 척이 손실되었고 몇몇의 함정이 격침되거나 피해를 입었다. 최초로 기뢰를 효과적으로 사용한 것은 1904 년 러일전쟁이었다.

12.2 기뢰 및 지뢰 모의 방법

12.2.1 난수에 의한 방법

워게임에서 가장 간단한 지뢰(기뢰) 지대 설치모형은 다음과 같다. 지뢰(기뢰) 설치지대로 지정된 지역에 진입하는 인원이나 장비, 함정 등 개체는 자동적으로 살상되거나 피해를 입히는 것이다.

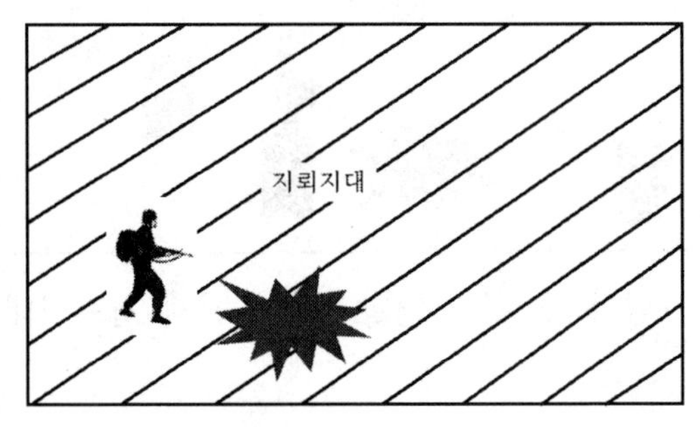

그림 12.1 지뢰지대 진입 개체에 자동적 피해 부여

이것보다 좀 더 개선된 지뢰지대 모의 방법은 지뢰(기뢰) 지대로 진입하는 개체에 대해 확률적으로 피해를 입히는 것이다. 예를 들면 지뢰(기뢰) 지대에 진입하는 개체에 대한 피해확률을 0.6 으로 정해 놓고 난수를 발생시켜 0.0~0.6 이면 피해를 입히고 0.6~1.0 이면 피해를 입히지 않는 것이다. 범위에서 0.6 이 겹치는 것 같지만 난수발생에서 이는 문제가 되지 않는다. 자세한 내용은 4.7.3 절을 참고하라.

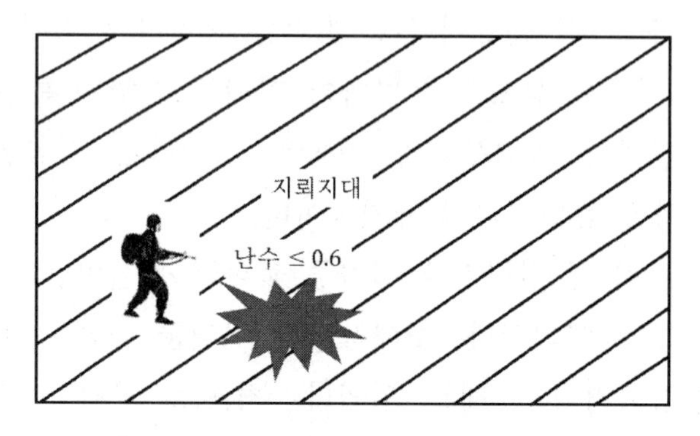

그림 12.2 난수에 의한 확률적 피해부여

그러나 실제 전장에서 지뢰(기뢰) 설치 지역이 광범위하고 설치된 개별 지뢰(기뢰)는 불규칙하게 산포되어 있어 지뢰(기뢰)지대에 진입하는 개체가 모두 다 피해를 입는 것은 아니다. 따라서 이러한 방법의 지뢰(기뢰) 지대 묘사는 비현실적이다. 더욱이 각 지뢰(기뢰)가 영향을 미치는 효과범위는 설치지대 전체 면적에 비해서는 굉장히 작은 지역으로 제한적인 영향만 발휘한다.

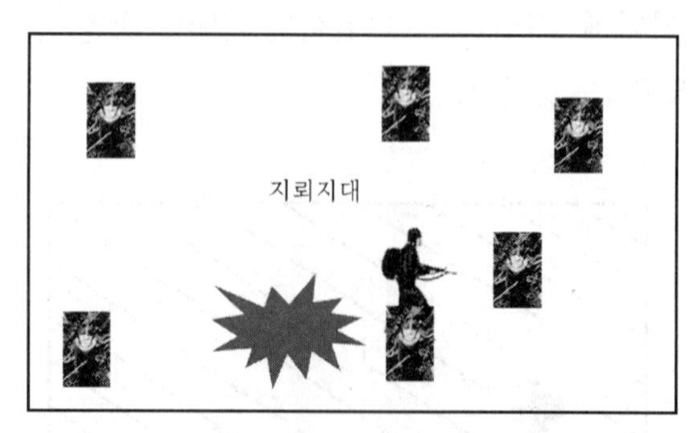

그림 12.3 지뢰 영향지역과 전체 지뢰지대

12.2.2 ENWGS(Enhanced Naval WarGaming System)

조금 더 복잡한 모형을 살펴보면 다음과 같다. A 지역내에 살상범위가 R 인 N개의 지뢰(기뢰)가 불규칙하고 독립적으로 분포되어 있다고 하자. 살상범위 내에 진입하는 개체는 피해를 입는다고 가정한다. 지뢰(기뢰)설치 지역에 진입한 개체가 피해를 입지 않았고 D 거리만큼 이동하였다면 지뢰(기뢰)가 없는 지역은 $2RD$ 라고 할 수 있다. 왜냐하면 이동거리가 D이고 최소한 좌우측으로 R만큼은 이격되어 있어야 지뢰(기뢰)를 회피할 수 있기 때문이다.

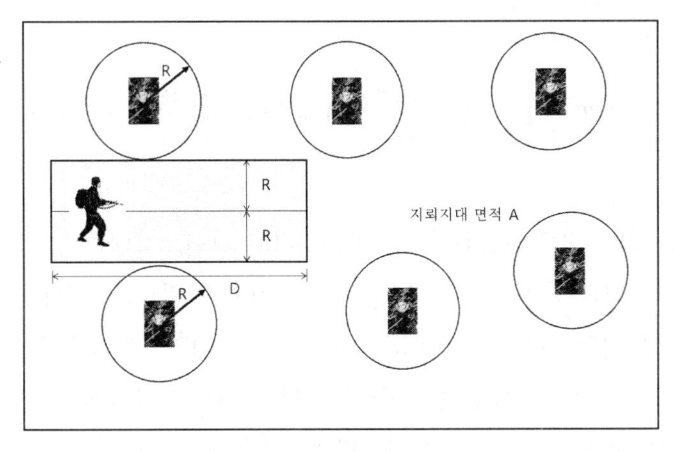

그림 12.4 ENWGS 개념

어떤 특정 지뢰(기뢰)가 이 지역내에 있을 확률 t 는 $2RD/A$ 이다. 즉, t 는 각 지뢰(기뢰)의 위협이다. 지역내에 N개의 지뢰(기뢰)가 불규칙하고 독립적으로 설치되어 있다면 지뢰(기뢰) 지대 전체의 위협 T는 $1-(1-t)^N$ 이 된다. 즉, $(1-t)^N$ 는 N개의 지뢰(기뢰) 모두의 위협이 없을 확률이고 $1-(1-t)^N$ 는 적어도 하나 이상의 지뢰(기뢰)의 위협이 있을 확률이 된다. T의 확률로 지뢰(기뢰) 지대로 진입한 개체가 피해를 입으면 N은 1 씩 감소한다. 지뢰(기뢰) 지대로 진입한 개체가 피해를 입지 않으면 N은 변하지 않으나 N은 1 이상씩 감소하지는 않는다. 왜냐하면 피해를 입은 진입 개체는 더 이상 다른 지뢰(기뢰)를 폭발시킬 수 없기 때문이다.

이러한 모델을 ENWGS 이라고 부른다. ENWGS 모델은 과도한 복잡성 없이 지뢰(기뢰)지대에 진입만 하면 피해를 입는 모델의 결점을 개선한 것이다. 실제 전장에서의 t와 N를 적용하면 T는 실제적으로 매우 작은 숫자가 된다. 워게임 진행상 추가적인 지뢰(기뢰)의 설치를 제한하면 시간에 따라 N이 감소함에 따라 T도 감소한다.

지뢰(기뢰) 설치 계획시 ENWGS 모델을 약간 일반화하면 이 수식을 사용할 수 있다. 지뢰(기뢰) 설치계획시의 주된 관심사는 "지뢰(기뢰)지대의 위협을 충분히 크게 하려면 얼마나 많은 지뢰(기뢰)를 설치해야 하는가?" 하는 것이다. 일반화를 하는 방법은 $2R$을 진입개체의 탐색폭 W로 대체하는 것이다. 지뢰(기뢰) 지대가 W보다 충분히 큰 폭 B를 가지는 사각형이라고 가정하자. 지뢰(기뢰) 지대 진입 각 개체는 길이 L인 지뢰(기뢰) 지대를 통과한다면 $t = W/B$ 가 된다. 그러면 간략한 초기위협(SIT: Simple Initial Threat)는 식 (12-1)과 같다.

$$SIT = 1 - \left(1 - \frac{W}{B}\right)^N = 1 - \left(1 - \frac{WL}{A}\right)^N \qquad (12\text{-}1)$$

여기에서 N은 최초 지뢰(기뢰)의 개수이고 지뢰(기뢰) 지대의 넓이는 $A = BL$ 이다. 이 식을 사용하여 SIT가 적어도 0.1 이 되는 지뢰(기뢰)의 개수를 결정할 수 있다. ENWGS 모델은 상태가 잔여 지뢰(기뢰) 개수이고 전이가 개척(소해) 시도에 상응하는 Markov Chain 으로 설명할 수 있다. 각 전이에서 상태는 동일한 상태(지뢰개척/기뢰소해 성공) 또는 1 만큼 감소한 상태(지뢰개척 또는 기뢰소해 실패)에 머문다.

12.2.3 The Uncountered Minefield Planning Model (UMPM)

지뢰(기뢰)지대 설치 계획자의 주된 관심사는 지뢰(기뢰)의 형태와 설치 개수이다. 지뢰(기뢰)지대 진입 개체를 생각하면 다양한 지뢰(기뢰)를 설치하는 것이 좋다. 그러나 여기서는 단일형태 지뢰(기뢰)만 고려한다. 그러면 남은 관심사는 지뢰(기뢰)의 설치 개수이다.

비록 SIT가 적절한 것 같지만 지뢰(기뢰) 지대 설치 계획자는 다른 요소를 고려해야 하는데 첫 진입 개체 뒤에 따라오는 개체들이다. 위협 그래프는 SIT를 초기위협으로 하는 지뢰(기뢰)지대를 통과하는 진입개체 1, 2, 3, ...에 대한 위협이다. 위협함수는 일반적으로 지뢰(기뢰)가 추가로 보충되지 않은 한 감소함수이다. 지뢰(기뢰) 지대 진입개체가 집단일 경우를 생각할 수가 있다. X를 지뢰(기뢰) 지대 통과시 손실수라고 하자. X의 확률질량함수를 피해분포로 그릴 수 있고 기대치 $E(X)$에 의해 요약가능하다. ENWGS 모델은 피해분포 또는 위협함수를 예측할 수 있다.

ENWGS 모델은 단순진입이 피해를 유발하는 모델을 개선했지만 지뢰(기뢰)지대 설치 계획자들에게는 크게 매력적이지 않은 특징이 있다. 이러한 문제의 가장 주된 요소는 통로화를 실질적으로 반영하고 있지 않다는 점이다. 지뢰(기뢰)지대는 주로 진입자가 이동하는 불확실성을 고려해서 설치한다. 진입자의 입장에서 합리적인 대응은 지뢰(기뢰) 지대 통과시 후속 진입자는 최초 진입자가 이동한 통로를 따라 이동하는 것이다. 이 통로는 지뢰지대에 비해서는 상대적으로 매우 좁다. 통로 외부에 있는 지뢰(기뢰)는 실질적으로 진입자에게 영향을 끼치지 못한다. 이러한 전술은 첫 지뢰(기뢰) 지대 진입자에게는 영향을 끼치지 못하지만 ENWGS 모델은 첫 진입자 뒤에 후속하는 진입자에 대한 위협을 예측한다. ENWGS 모델의 문제는 통로화에 의해 조작된 독립성 가정을 만들어 지는 것이다.

예를 들어 Cookie-Cutter 피해함수를 가지는 지뢰(기뢰)지대에서 진입개체가 서로 통로를 통해 따라 들어오는 경우를 생각해 보자. 만약, 첫 진입개체가 안전하게 지뢰(기뢰)지대를 통과한다면 후속하는 진입개체에 대한 지뢰제거(기뢰소해) 역할을 해서 후속하는 진입개체는 안전하게 이동할 수 있다. 이 경우 두 번째 진입개체에 대한 위협은 0 이다. 한편 ENWGS 모델은 첫 번째 진입개체가 안전하게 통과하더라도 N의 변화가 없으므로 두 번째 진입개체에 대한 위협도 여전히 SIT라고 예측한다. 명확하게 만약 통로화 측면의 위협함수를 실질적으로 추정하기 위해서는 ENWGS 모델은 수정되어야 한다. 극단적인 경우 ENWGS 모델 예측은 심각하게 잘못될 수 있다.

ENWGS 모델의 문제점은 독립적인 가정을 함으로써 통로화에 의해 왜곡된다. 지뢰(기뢰)가 독립적으로 작동하기 위해서는 진입개체가 지뢰(기뢰) 위치와 상대적으로 독립적인 위치에 있어야 하거나 지뢰(기뢰)가 진입개체 사이의 주위에서 이동해야만 한다. 첫 번째 가능성의 잘못된 점은 통로화에 있고 두 번째 가능성은 기본적인 지뢰(기뢰) 특성이 정적인 것이어서 틀린 것이다. 미 해군의 UMPM(Uncountered Minefield Planning Model)에서는 독립성 가정이 조건부 독립성의 하나로 대체되었다. 특별히 UMPM 에서는 연속된 진입자에 대한 주어진 지뢰(기뢰)의 효과가 통로 중앙선과 관련있는 지뢰(기뢰)의 주어진 위치와 독립적이라는 가정을 한다.

x를 항법 오류확률을 무시한 가정하에서 진입개체가 지뢰(기뢰)지대 중앙선을 따라 들어올 때 지뢰(기뢰)가 폭발할 확률이라고 하자. 여기서는 5 장 표적 탐지이론에서

정의한 측면거리곡선을 $A(x)$ 로 대체하고 지뢰(기뢰) 작용확률로 정의한다. 작용확률곡선 예하의 면적은 탐색폭 W 와 같다. 그림 12.5 는 전형적인 작용확률의 절반을 보여주고 있다. 중앙선의 좌측 측면거리에 따른 작용확률은 그림 12.5 와 대칭적인 모습이다.

여기서 주목할 만한 중요한 점은 지뢰(기뢰)지대 계획자 관점에서 작용곡선은 유감스럽게도 어떤 의미에서는 엉성해서 Cookie-Cutter 곡선과 비교했을 때 예측하기가 어렵다는 것이다. 지뢰(기뢰)의 살상반경이 40 이라고 생각해 보자. 때로는 지뢰(기뢰)는 40 보다 먼 거리에서 폭발하여 폭발력이 의미가 없게 되고 때로는 40 보다 짧은 거리에서 폭발하지 않아서 기회를 상실하는 경우도 있다. ENWGS 모델은 폭발력 상실이나 기회상실과 같은 묘사하지는 못하지만 탐색폭 W 보다는 계산을 통해 전체적인 작용곡선을 사용하여 폭발력 상실과 기회상실을 다룬다.

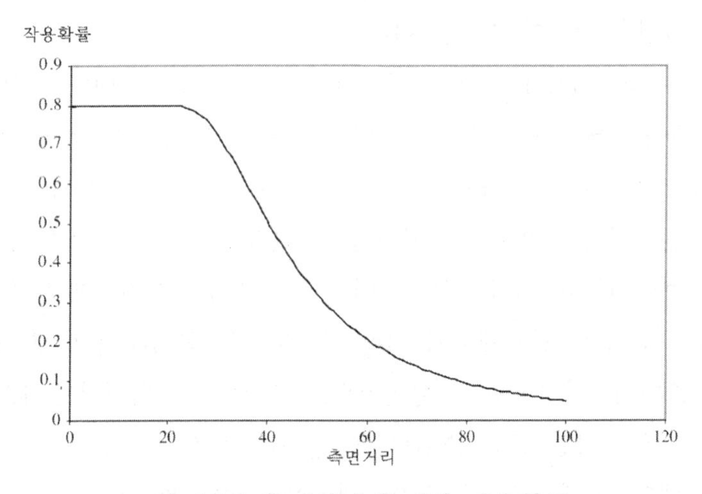

그림 12.5 측면거리에 대한 작용확률

*오른쪽 측면거리에 대한 작용확률(왼쪽 측면거리에 대한 확률은 대칭적이다)

조건부 독립성 가정하에서 동일한 통로 중앙선을 따라 지뢰(기뢰)지대에 진입하는 n 개의 진입개체 중 하나가 측면거리 x 에서 지뢰(기뢰)를 폭발시킬 확률 $R_n(x)$ 은 식 (12-2)와 같다.

$$R_n(x) = 1 - (1 - A(x))^n \qquad (12\text{-}2)$$

지뢰(기뢰)지대 계획자 역시 작동보다 폭발의 효과에 대해 잘 알지 못한다. 간단히, 만약 지뢰(기뢰)가 폭발시 측면거리가 R 보다 작으면 치명적 거리 R을 가정해 보자. 만약 지뢰(기뢰)지대가 폭 B 를 가지고 있고 통로가 이 차원에 대해 수직이고 지뢰(기뢰)지대 내의 지뢰(기뢰)가 불규칙하게 위치되어 있다면 지뢰(기뢰)지대에 진입하는 n 개의 진입개체 중 하나가 희생될 확률 R_n^*은 식 (12-3)과 같다.

$$R_n^* = (\frac{1}{B}) \int_{-R}^{R} R_n(x)dx, \; n > 0 \quad (12\text{-}3)$$

위식에서 B로 나누는 이유는 x가 지뢰(기뢰)지대의 폭에 대해 균등하게 분포되어 있다고 가정하고 있기 때문이다. 위 식은 통로의 중앙선이 기뢰(지뢰)지대의 중앙에 위치하고 있는 것처럼 작성되어 있다. 그러나 R 또는 W는 B와 비교시 작은 한 어떤 중앙선에 대해서도 이 가정은 명백히 타당하다. UMPM의 첫 단계는 위 식을 이용하여 1부터 최대 기대 전이수 S까지의 n에 대한 확률 R_n^*을 구하는 것이다.

R_n^* 을 알면 우리는 위협과 피해분포를 생성할 수 있다. S 개의 진입개체가 지뢰(기뢰)지대를 통과한다고 가정하자. 일반성 결여 없이 모든 개체가 동시에 통과를 시도한다고 하면 집단의 잔여 진입개체의 수는 Markov Chain 의 상태로 간주할 수 있다. 만약 지뢰(기뢰)에 봉착할 때 잔여 진입개체가 n개이면 R_n^*의 확률로 손실된다. 하나의 지뢰(기뢰)는 다수의 진입개체를 손실시킬 수 없기 때문에 하나 보다 더 많은 개체에 대해 피해를 줄 수는 없다. 그러므로 또 발생가능한 다른 확률은 개체의 수가 변화하지 않을 확률이다. 초기에 S개의 개체가 진입한다면 추이확률은 각 행에 많아야 2 개의 양의 확률을 갖는 $(S+1) \times (S+1)$ 행렬이 된다. 예를 들어 $S = 3$ 이면 추이확률 P는 다음과 같다.

$$P = \begin{bmatrix} 1 & 0 & 0 & 0 \\ R_1* & 1-R_1* & 0 & 0 \\ 0 & R_2* & 1-R_2* & 0 \\ 0 & 0 & R_3* & 1-R_3* \end{bmatrix}.$$

P의 m 승 행렬 P^m의 마지막 행은 진입개체들의 m 개 지뢰(기뢰)를 통과한 이후의 다양한 상태의 확률을 보여준다. 이 행은 피해분포를 효과적으로 보여준다. 위협은 다음 예에서 제시된 것과 같이 동일한 행렬로부터 구할 수 있다.

$R_n^* = 0.5, 0.6, 0.8\ for\ n = 1,2,3$ 이라고 하자. 그리고 지뢰(기뢰)지대에는 초기에 4 개의 지뢰(기뢰)가 설치되어 있다. 3 개의 진입개체가 지뢰(기뢰)지대 통과를 시도할 때 피해분포는 어떻게 되는가? 4 차 추이행렬을 구하는 것으로부터 시작한다.

$$P^4 = \begin{bmatrix} 1 & 0 & 0 & 0 \\ 0.9375 & 0.0625 & 0 & 0 \\ 0.7530 & 0.2214 & 0.0256 & 0 \\ 0.5040 & 0.3894 & 0.0960 & 0.0016 \end{bmatrix}.$$

마지막 행은 0, 1, 2, 3 개 진입개체가 생존할 확률을 나타낸다. 이것은 역순으로 요망피해분포를 나타낸다. 3 개의 개체가 피해가 없을 확률은 0.0016 이며 3 개의 개체 모두 피해를 입을 확률은 0.5040 이다. 다른 정보는 약간의 노력을 통해 얻을 수 있다. 3 개의 진입개체 중에서 평균 피해 수 μ_3 는 확률에 가중치를 주고 더한 다음 3 으로부터 빼서 구할 수 있다. 이 예에서 $\mu_3 = 2.4048$이다. 두 번째와 세 번째 행은 초기에 진입개체가 1 과 2 일 때 피해분포를 표현한다. 동일하게 $\mu_1 = 0.9375$이고 $\mu_2 = 1.7274$ 이다. 일반적으로 i 번째 진입개체의 위협 $t_i = \mu_i - \mu_{i-1},\ i \geq 1$ 이다. 이 예에서는 $t_1 = 0.9375, t_2 = 0.7899, t_3 = 0.6774$이다.

UMPM 에서 주 계산 과정은 R_n^*을 계산하고 P 를 적절한 승수 m 을 선택하여 P^m을 구하는 것이다. 이 과정이 끝나면 피해분포와 위협을 찾고 약간의 추가 계산을 통해 모든 가능한 피해 수의 평균을 구하는 것이다.

12.3 지뢰 제거 및 기뢰 소해

지뢰 제거 및 기뢰 소해에는 상당히 많은 시간이 소요된다. 특별히, 지뢰(기뢰)지대가 처음 설치된 지역에서 제거 및 소해를 어렵게 하도록 계획되었으면 제거(소해)에 더 많은 시간이 걸린다. 제거(소해)의 어려움의 하나는 제거(소해) 부대가 설치자가 숨겨놓은 지뢰(기뢰)지대의 특징을 모른다는 것이다. 이러한 특징에는 지뢰(기뢰)지대의 위치와 차원, 지뢰(기뢰) 수와 형태, 민감성, 다른 형태의 지뢰(기뢰)의 동시 설치 여부 등이다. 이러한 불확실성의 결과로서 지뢰(기뢰)지대의 제거(소해)는 위험한 작업이다. 또 다른 어려움은 지뢰(기뢰)지대가 제거(소해) 되었다고 선언하는 것과 제거(소해)를 언제 종료하는가 하는 것이다.

기본적으로 지뢰(기뢰)지대의 제거(소해)에는 Destruction, Hunting, Sweeping 등 3가지 방법이 있다. Destruction 은 간단히 지뢰(기뢰)의 형태와 설정에 상관없이 모든 지뢰(기뢰)를 파괴하기 위해 충분한 부대를 운용하는 것이다. 이 방법은 개념적으로는 간단하나 파괴부대를 모든 지뢰(기뢰) 지역에 투입해야 하므로 때로는 비용적인 측면이나 환경적 문제를 야기할 수 있다. 그러므로 여기서는 더 이상 고려하지 않는다.

지뢰(기뢰) 폭발로 인한 피해가 없는 환경하에서 지뢰(기뢰) 센서가 폭발을 일으키도록 Sweep 을 실시한다. 만약 지뢰(기뢰)가 센서가 아닌 방법에 의해 매설(설치)되어 있다면 파괴시키든지 회피하든지 하는데 이 경우 Hunting 을 한다.

Sweeping 과 Hunting 두가지 방법은 실제로 사용되고 있다. Sweeping 은 작동이 잘 되면 매우 효율적이다. 왜냐하면 허위 경고에 따르지 않고 지뢰(기뢰)가 자동적으로 제거되기 때문이다. 그러나 Sweeping 은 민감도 조정, 다중 센서, 확률 작동자, 실제 표적으로부터 발생하는 신호로부터 Sweeping 신호를 구별가능한 세밀한 신호처리 알고리즘과 같은 대응체계에 따라 효과가 변화된다. Hunting 은 이러한 것들로부터는 취약하지 않다. 그러나 허위 경고, 허위 표적, 신호감소에 의해 영향을 받을 수 있다. 이러한 예는 가끔씩 해저에 설치된 기뢰이다. 이러한 기뢰는 위장을 유지하는 한 Sonar 로부터 효과적으로 생존한다. Hunting 역시 파괴를 필요로 하며 그렇지 않으면 발견된 지뢰(기뢰)에 비효과적이다.

Sweeping 과 Hunting 둘 다 어떤 의미에서는 근본적으로 하나의 방법 또는 다른 방법으로 모든 지뢰(기뢰)를 찾는 목적을 가진 탐색문제이다. 지뢰(기뢰) 제거(소해)는 완전한 탐색문제로 간주될 수 있다. 지뢰(기뢰)지대를 조심스럽게 통과하면 이 지뢰(기뢰)지대는 제거(소해)되었다고 선언할 수 있다. 그러나 완전한 탐색이 불가능할 수 있다는 데에 많은 이유가 있다. Sweeping 을 얼마나 했느냐에 관계없이 항상 지뢰(기뢰)지대에는 확률 작동자가 잔존할 수 있고 실제 작동할 수 있다. 이러한 결과로 지뢰(기뢰)지대 제거(소해) 모델은 일반적으로 완전한 제거(소해)를 말하지 않고 대신 제거(소해) 수준으로 말한다.

지뢰(기뢰)지대 제거(소해) 수준은 전형적 지뢰(기뢰)가 제거(소해)된 확률을 말한다. 동일하게 지뢰(기뢰)가 제거(소해)된 평균비율을 의미한다. 만약 다수의 형태 지뢰(기뢰)가 설치되어 있으면 여러 개의 제거(소해) 수준이 있을 수 있다.

역사적으로 미 해군은 NUCEVL(Non Uniform Coverage EVaLuator)와 UCPLN(Uniform Coverage PLaNner)를 사용해 오고 있다. NUCEVL 은 Sweeping 계획을 입력하면 제거(소해) 수준이 출력으로 나오고 UCPLN 은 요망 제거(소해) 수준을 입력하면 최적 지뢰(기뢰) 설치계획이 출력으로 나온다. 두가지 방법 모두 MEDAL(Mine warfare and Enviromental Decision Aids Library)과 협력하고 있다. 이 방법들은 북대서양 조약기구 NATO 의 의사지원도구 MCM EXPERT 와 함께 활용되고 있다. 많은 지뢰(기뢰) 제거(소해) 모델이 제안되었는데 그 중 두개의 방법은 COGNIT 과 MIXER 이다. 이러한 방법들의 몇 가지는 제거(소해) 수준 외 개념을 다루고 있고 목표에 대해 불일치하는 여지가 있을 때는 많은 논의 주제가 있었다.

12.4 기뢰 소해부대의 취약성

앞에서 언급한 원산항의 기뢰 소해작전에는 흔치 않은 소해정의 피해가 발생하였다. 기뢰소해 과정에서 소해 부대가 전혀 피해를 입지 않는 것은 특별한 일은 아니다. 이것은 기뢰소해 모델에 소해 부대의 피해를 포함하지 않은 하나의 중요한 이유이다. 이러한 기뢰소해를 하려는 어떤 시도에도 기뢰 소해부대 취약성을 지원하기 위한 데이터가 필요하고 기뢰제거 부대의 피해를 피하기 위한 추가적인 목표를 고려해야만 한다. 그러므로 기뢰제거 부대의 피해가 표현되지 않은 모델에 대해서 약간의 논쟁이 있다.

한편으로, 실제로 전형적인 기뢰소해 부대의 피해가 없는 것은 잘못된 것이 아니고 기뢰지대를 안전하게 소해하는 과정이 신중하게 고려된 결과이다. 만약 기뢰소해 모델이 기뢰소해 부대 피해를 전혀 표현하지 않는다면 전술을 최적화하기 위한 어떤 시도도, 시간과 소해수준 측면에서 효과적인 한, 기뢰 소해부대에 위험이 될 전술을 계획할 것이다. 모델링의 난제는 출력결과가 입력자료에 의존한다는 것이다. 앞에서 언급된 모델 NUVEVL, UCPLN, MCM EXPERT 는 기뢰 소해부대의 피해를 포함하고 있지 않는 반면 COGNIT 와 MIXER 는 기뢰소해 부대의 피해를 포함하고 있다.

만약 기뢰 소해부대의 피해를 모델에 포함한다면 하나의 추가적인 문제가 있는데 그것은 계획을 실행하는 기뢰 소해부대의 능력에 어떻게 피해를 부여하는가 하는 것이다. 가장 간단한 가정은 모든 기뢰소해 부대의 피해를 순간적으로 Magic 방법으로 부여하는 것이다. 이 가정하에서 기뢰소해 부대의 피해 수는 계산되고 최적화 목적함수에 포함되지만 기뢰소해 계획은 피해를 고려하지 않고 실행된다. 이러한 간단한 방법의 장점은 분석적 모델들은 여전히 가능하고 전술의 최적화를 허용하는데 간단하지만 충분하다. COGNIT 은 이러한 가정을 가지고 있고 MIXER 의 최적화 부분에도 이러한 개념이 반영되어 있다.

다른 대안은 기뢰소해 계획에 장비의 부족에 따른 미리 종료될 수 있는 계획의 확률을 포함하여 기뢰소해 부대의 피해효과를 포함하는 것이다. 이러한 추가적인 현실적 모델은 명시적인 것보다는 기술적인 것 같다. MIXER 은 이 유형에서 Monte Carlo 시뮬레이션을 포함하고 있다. 그러므로 모델에는 기뢰 소해부대의 피해에 대해 가질 수 있는 3 가지 합리적인 관점을 가지고 있다.

1. NUVEL, UCPLN, MCM EXPERT 와 같이 소해부대의 피해를 미고려
2. COGNIT, MIXER 의 최적화 부분과 같이 소해부대의 피해가 순간적으로 반영
3. MIXER 의 Monte Carlo 시뮬레이션처럼 소해부대의 피해가 소해에 영향을 미치는 것으로 하는 것

12.5 소해 수준의 충분성

소해작전 이후에 잠재적인 기뢰지대 진입개체는 소해수준만을 아는 것으로 만족하지 못할 것이다. 대신 위협과 기뢰지대 통과를 시도할 시 피해가 얼마나 되는지 알고 싶을 것이다. 위협에 대한 설명은 잔여 기뢰의 개수를 아는 것인데 처음에 설치된 기뢰 개수 M을 알기를 원한다. 문제는 소해부대는 일반적으로 M을 알지 못할 뿐만 아니라 소해가 완료되고 난 이후에도 알기가 어렵다는 것이다.

그러므로 이것은 모델링을 하는 사람들에게 또 다른 난제이다. 소해수준에 대한 효과도 측정을 제한하는 장점은 M에 대한 정보가 필요없다는 것이며 단점은 오히려 잠재적인 진입개체가 위협에 대해 알 수 있다는 것이다. 이 난제는 M이 알려져 있고

위협함수가 관례적인 산출물 측정일 때 기뢰지대 계획에서는 존재하지 않는다. 그러나 기뢰지대 소해에서는 매우 많이 존재한다.

COGNIT 와 MIXER 는 각각 확률분포의 형태에서 M을 추정해야 한다. 이러한 분포의 필요성은 얼마나 많은 기뢰가 존재하는지를 모르는 소해계획 수립자에게는 환영받는 일은 아니다. 사용자 입력을 필요로 하는 또 다른 대안은 사용자에 의해 통제되지 않는 분포를 만드는 것이다. MEDAL 과 DARE 는 모든 기뢰의 수가 균등하다는 가정하에 위협을 추정한다. NUCEVL 과 UCPLN 은 소해수준을 스스로 제한하여 M에 대한 어떤 가정도 필요없다.

12.6 소해의 순차적 과정 여부

기뢰지대에 대한 정보는 소해를 하는 과정에서 획득된다. '소해를 계속할 것인가? 종료할 것인가?'는 그때까지 얻은 결과에 따라 결정된다. 예를 들어 몇일 간 소해를 실시했는데도 기뢰를 발견하지 못했다면 조기에 소해작전을 종료할 수 있는 근거가 된다. 이러한 문제에 적용할 수 있는 최적 종료를 결정하는 이론이 있지만 기뢰소해에는 적용된 적이 없다. 위에서 언급된 전술적 의사결정 지원의 모든 것은, 어떤 의미에서, 고정된 기간 동안 최적화된 소해 노력이 하나뿐인 예이다. 중도적인 방법은 고정기간 소해작전을 계획하는 것이지만 최소한 고정기간 말에 기뢰지대 상태에 대한 요약을 제공하고 결과에 따라 때로 추가적인 고정기간 작전이 필요한 것을 결정하는 것이다. MIXER, MEDAL, DARE 은 소해기간 말에 잔여 기뢰 수의 분포를 제공하는 방법을 택하고 있다.

12.7 기뢰 형태의 다양성

어떤 모델은 단일 기뢰형태를 다수 형태의 기뢰모델로 쉽게 조정할 수 있는 능력이 있다. NUCEVL 과 같은 소해수준모델에서는 각 기뢰 형태별로 분리된 계산을 수행하여 각각의 소해수준을 보고하는 것은 아주 단순한 문제이다. 각 형태의 기뢰의 수가 독립적인 한, 전체 기뢰지대 SIT 는 각 기뢰지대 SIT 를 단순히 멱승함으로서 얻을 수 있다. MIXER 는 하나의 형태의 기뢰소해가 다른 기뢰 형태에 어떤 영향을 끼치는지 Monte Carlo 시뮬레이션에서 확률을 포함하여 다수 기뢰 형태를 다룰 수 있다. DARE 은 기뢰 형태를 나타냄 없이 소해가 될 수 있는 확률을 다루지만 위에서 언급된 다른 모델은 그렇지 않다.

12.8 다수 형태 Sweep 자산 존재 시

많은 경우에 기뢰지대 소해 가능한 다양한 자산이 있다. 역사적으로 해양에 설치된 기뢰지대 소해에는 유인 함정에 의해 주로 수행되어졌다. 그러나 몇몇 국가에서는 최근 원격조정 함정에 의해 수행되고 있고 미 해군은 헬리콥터를 사용하기도 한다. 이러한 다른 자산들은 하나의 기뢰지대에 동시에 적용되지는 않는다. 왜냐하면 하나의 자산이 기뢰를 작동시켜 다른 자산에 피해를 줄 수 있기 때문이다.

그러므로 몇 가지 질문이 있을 수 있다. 기뢰 소해 노력의 분할 문제, 즉, 소해의 가용한 제한 시간으로 다양한 자산을 어떻게 분리해야 하는가 하는 것이다. 만약 소해장비들의 취약성이 다르다면 소해장비들의 기뢰지대 진입순서와 같은 문제도 있다. 만약 헬리콥터가 가용하다면 헬리콥터를 먼저 투입하는데 이는 가장 취약성이 작기 때문이다. 그러나 소해장비가 취약하지 않다면 가장 좋은 진입 순서는 명확하지 않다. 이러한 추가적인 고려사항들이 최적의 기뢰소해 계획을 입안하는데 복잡한 문제이다. MIXER 가 유일하게 이러한 문제를 다룬다.

12.9 추가적 질문

기뢰지대가 사각형인가? 만약 그렇다면 모든 소해 활동은 평행하게 수행될 것이다. 만약 초기 피해가 너무 크다면 기뢰지대 통과시도를 포기하는 것이 가능한가? 만약 대응체계에 대한 대응체계를 고려한다면 상황은 게임의 하나로서 간주될 수 있는가? 이러한 질문들은 다양한 기뢰지대 소해모델에 의해 다른 방법으로 설명되고 있다. 이런 질문에 대한 답변을 추구하는 것보다 하나의 가능한 새로운 모델을 구성하는 것에 대해 알아본다.

12.9.1 기뢰 Sweep 최적화 모델 원형: OptSweep

이 절에서는 위에서 언급된 질문들에 대한 구체적 답변을 제공하고자 하고 암시적인 모델을 발전시키고자 한다. 구체적으로 다음과 같은 사항을 가정한다.

- 기뢰소해 부대 피해는 없다.
- 목적함수는 처음 진입개체에 대한 위협 SIT 를 최소화하는 것이다.
- 소해는 순차적인 것이라기보다는 일회성이다.
- 다수 형태의 기뢰와 다수의 소해형태가 있다.

목표는 SIT 를 최소화하는 것이기 때문에 i 형태 기뢰의 수에 대한 어떤 가정이 미리 설정하는 것이 필요하다. 존재하는 m 개의 형태 기뢰에 대해 대해 존재하는 각 기뢰의 수를 평균 α_i 를 갖는 Poisson 확률변수라고 가정한다. i 형태 기뢰의 잔존 기뢰가 첫 진입개체에 대한 알고 있는 위협 t_i를 제공한다고 가정한다. 그러므로 고려 대상 각 형태의 기뢰에 대해 α_i와 t_i를 제공하여야 한다.

기뢰지대 소해에 있어서 사용자는 j 형태 설정으로 x_j Sweep 을 실행한다. 여기서 x_j는 결정변수가 된다. 설정은 헬리콥터가 소해장비를 끌어 자기 기뢰를 작동시키거나 함정이 계류된 기뢰의 계류 케이블을 절단하는 수중 장비를 끄는 것과 같은 것이다. 만약 지뢰지대가 지상에 설치되어 있다면 염소무리를 4 시간 동안 방목하는 것과 같다. j 형태 Sweep 이 i 형태 기뢰를 제거하는 확률은 독립적인 작은 확률 W_{ij}를 가정한다. 그리고 n 개의 형태 Sweep 이 가능하다고 가정한다. i 형태 기뢰가 소해되는 평균시간 y_j는 $y_j \equiv \sum_{j=1}^{n} W_{ij}\,x_j$ 이다. 소해에는 많은 시도가 있으므로 아주 작은 확률로 각 시도가 성공하며 모든 시도 이후에 기뢰가 잔류할 확률은 소해의 수가 0 인 Poisson 확률 $exp(-y_i)$로 간주할 수 있다. 그러므로 모든 소해 시도 이후 잔류하는 기뢰의 평균 수는 $\alpha_i exp(-y_i)$이고 첫 진입개체에 의해 보여지는 평균 치명적 기뢰의 수 z 는 식 (12-4)와 같다.

$$z = \alpha_1 t_1 exp(-y_1) + \cdots + \alpha_m t_m exp(-y_m) \quad (12\text{-}4)$$

독립적인 Poisson 확률변수의 합은 Poisson 확률변수이기 대문에 첫 진입개체에 의해 보여지는 치명적 기뢰의 수는 Poisson 확률변수이며 SIT는 $1 - exp(-z)$이다. 이것이 최소화되어야 할 목적함수이지만 $1 - exp(-z)$가 z 에 대한 증가함수이기 때문에 z는 직접적으로 최소화할 수 있다.

SIT 는 모든 x_j를 매우 크게 함으로써 요망하는 작은 수준까지 만들 수 있다. 그러나 자원의 제약 때문에 이러한 것에 제한을 받는다. 예를 들어, 각 헬리콥터에 의한 Sweep 은 헬리콥터 운용시간이 필요하고 소해를 위한 할당된 시간내에 헬리콥터 운용시간은 제약을 받는다. 최소화 문제로 모형을 만들기 위해서 수학적으로 제약사항을 묘사해야 한다.

h_{jk}를 j 형태의 한번 Sweep 에 의해 소모되는 자원 k의 양이라고 정의하자. H_k 를 기뢰소해 기간동안 가용한 자원 k 의 양이라고 하자. 만약 K 형태의 가용자원이 있다면 $(x_1, x_2, x_3, \ldots, x_n)$을 선택하는 최적 문제는 다음과 같은 최적화 문제로 귀결된다.

$$Min\ z = \sum_{i=1}^{m} \alpha_i t_i exp(-y_i)$$

$$Subject\ to \qquad y_i = \sum_{j=1}^{n} W_{ij} x_j, \qquad i = 1, \ldots, m$$

$$\sum_{j=1}^{n} h_{jk} x_j \le H_k\ ,\ k = 1, \ldots, K$$

$$x_j \ge 0,\ j = 1, \ldots, n$$

이 문제는 선형 제약사항들과 비선형 Convex 목적함수를 가지고 있다. **X** 와 **Y** 를 정수로 제한하지 않는 한 이것은 비교적 간단한 최소화 문제이다.

12.9.2 지뢰(기뢰) 게임

지뢰(기뢰)를 생산하고 운용하는 사람들은 그들이 설치한 지뢰(기뢰)지대를 제거(소해)하는 시도가 있을 것이라는 것을 잘 알고 있다. 따라서 지뢰(기뢰) 제거(소해)를 어렵게 하도록 계획된 다양한 방해방어책을 개발하였다. 금속물체를 찾는 지뢰탐지자들은 비금속지뢰나 값싼 금속성 유인체에 속기 쉽다. 감지장치들은 동시작용을 어렵게 하기 위해 집단적으로 사용된다. 대전차지뢰는 각개 병사들에게는 위협이 되지 않지만 대인지뢰를 대전차지뢰의 위치를 파악하는데 어렵게 하기 위해 같이 운용되기도 한다. 지뢰는 예상되는 제거작전이 종료된 후에 폭발이 되도록 작동을 지연하기 위해 지뢰에 타이머(Timer)와 카운터(Counter)가 적용되기도 한다. 모든 이러한 행동은 대응하는 적의 행동을 예상하여 취해지는 것이며 TPZS 게임이론을 적용하는 것이 자연스럽다. 이 절에서는 많은 가능성 중 3가지를 검토한다.

<u>The Analytical Countered Minefield Planning Model(ACMPM)</u>

지뢰(기뢰)지대는 개척과 지뢰지대 진입개체의 통과 때문에 시간이 흐름에 따라 효과가 떨어지는 것이 자연스러운 것이다. 지뢰(기뢰) 카운터는 이러한 경향을 감소시키는 하나의 가능한 방법이다. 카운터 j 지뢰(기뢰)는 $j = 1$일 때만 폭발하며 $j = 1$ 이 아닐 때는 $j = 1$ 이 될 때까지 j 를 1 만큼 감소시킨다. 지뢰(기뢰)지대에 지뢰 카운터를 혼합 배치함으로써 지뢰(기뢰)계획자들은 지뢰(기뢰)지대의 초기 진입개체 뿐만 아니라 후속 진입개체에 대해서도 지속적으로 위협을 유지할 수 있다. 이상적인 카운터 혼합을 결정하는 문제는 컴퓨터 지원을 받는 전술결정지원의 좋은 후보라고 할 수 있다. 단일 형태 지뢰(기뢰)지대에 대해 구체적인 계획문제를 설명한다.

지뢰(기뢰)를 폭발시키는 관점에서 모든 진입개체가 똑같다고 가정하지만 N 개의 진입개체 중 하나가 다른 것들보다 더 중요하다고 가정하자. 통상적으로 가장 중요한 개체는 가장 나중에 진입시킨다. 그러나 지뢰(기뢰)계획자의 목표는 순서상 가장 중요한 개체가 어디에 나타나느냐에 상관없이 이를 위협하고자 하는 것이다. 만약 t_n 을 n 번째 진입개체에 대한 위협이라고 하면 t 를 모든 이러한 숫자의 가장 작은 것이라고 하자. 가장 중요한 개체는 순서상 어느 곳에도 나타날 수 있으므로 목적은 지뢰(기뢰)의 카운트를 교묘하게 설정함으로써 t를 가능한한 크게 하는 것이다. 진입개체들은 카운트 분포를 알고 있다고 가정함으로써 어디에 진입개체가 가장 나중에 이동하느냐하는 게임을 효과적으로 생각한다.

추가적으로 확률 A를 가진 각 지뢰(기뢰)가 독립적으로 모든 진입개체에 대해 작동하고 가장 중요한 진입개체는 지뢰(기뢰)를 작동시키는 조건하에 확률 D로 피해를 입는다고 가정한다. 최초 카운트 j로 설정된 지뢰는 처음 $n-1$번째 진입개체가 정확하게 $j-1$번 작동시키는 필요충분조건하에서 n번째 통과직전 이항분포확률로 작동준비가 된다.

만약 P_{jn}을 이 확률이라고 하면 식 (12-5)와 같다.

$$P_{jn} = \binom{n-1}{j-1} A^{j-1}(1-A)^{n-j} \ for\ 1 \leq j \leq n \leq N \qquad (12\text{-}5)$$

정의에 의해 $\binom{0}{0}A^0(1-A)^0 = 1$ 이므로 $P_{11} = 1$ 이라는 것에 주목하라. 만약 n번째 진입개체가 가장 중요한 진입개체라면 이것은 이 지뢰(기뢰)가 작동준비가 될 때 이 지뢰(기뢰)에 의해 피해를 입는다. 이 확률은 ADP_{jn}이다. 만약 x_j를 카운트 j로 설정된 지뢰의 수라고 하고 모든 지뢰(기뢰)는 독립적이고 중요한 개체의 생존확률은 식 (12-6)과 같다.

$$1 - t_n = \prod_{j=1}^{n}(1 - ADP_{jn})^{x_j} \ \ for\ 1 \leq n \leq N \qquad (12\text{-}6)$$

초기에 n 을 초과하는 카운트는 n 번째 진입개체를 위협하지 못하기 때문에 위 식의 상한은 n이다. 만약 총 M개의 지뢰(기뢰)가 가용하다면 위 식은 기껏해야 M 개 요소의 곱이고 이것들의 각개는 생존한 하나의 지뢰(기뢰)의 확률이다.

x_j 의 합이 M보다 크기 않다는 제약하에 t를 최대화하고 t_n을 최소화하는 문제를 생각해 본다. 이 문제의 해를 보면 어떤 사람들은 순서에 가장 중요한 개체가 나중에 있을 것에 대해 대응하기 위해 초기에 높은 카운트를 가진 어떤 지뢰(기뢰)들이 있어야 한다고 생각할 수도 있다. 그러나 A가 1 보다 상당히 적을 때는 이것이 사실이 아니라는 것이다. 예를 들어 만약 A가 0.2 라면 초기에

카운트가 `10 인 지뢰(기뢰)가 몇 개의 개체가 통과 이후에 카운트가 10 으로 남아 있을 경우는 특이한 경우가 아니다. 만약 실제로 A 가 충분히 작다면 기본적인 전술은 몇 개의 개체 통과 이후에 카운트를 10 으로 유지하는 것이다. 이것은 대부분 진입개체가 실제적으로 제거부대(소해정)이기 때문에 작동이 가능한 것 같은 상황에서만 가능하여 진행된 카운트는 매력적이 된다.

여기에서는 개척을 제외한 모든 대응수단을 제외한다. 지뢰(기뢰)지대가 발견되고 난 이후 지뢰(기뢰)제거 부대는 무작위적으로 통로를 선택한다. 선택된 통로만 개척에 확보되지만 통로에서조차 추측하는 게임이 진행된다. 충분히 개척된 지뢰(기뢰)도 가끔씩은 헛되이 폭발하기도 한다. 그러나 만약 지뢰(기뢰)가 완전히 개척된 것이 아니라면 모든 진입개체가 통과할 때까지 작동상태가 되지 않기 때문에 높은 카운트를 가진 지뢰(기뢰) 역시 쓸모없다. 위험한 지뢰(기뢰)는 초기 카운트가 개척 조우 숫자보다 약간 큰 것들이다.

지뢰(기뢰)설치자는 지뢰(기뢰) 카운트를 그것보다 약간 더 크게 설정하고 싶기 때문에 추측 게임과 같은 종류가 뒤따른다. 추측을 어렵게 하기 위해 개척자는 그의 개척 동안 예측 불가능해야 한다. 이렇게 하는 하나의 방법은 부분영역에 따라 개척 번호를 가지는 기뢰지대를 동일한 크기로 나누어 분할하는 것이다. 만약 부분영역을 0,1,2,...으로 번호를 부여하고 각 부분영역에서 개척의 번호가 그것의 지표와 같다면 삼각형 모양의 기뢰 개척을 가진다. 그림 12.6 은 통로가 4 개의 부분영역으로 나누어져 있을 때 모든 부분영역이 어떤 진입개체에 의해 횡단되는 것을 보여준다. 어떤 의미에서는 삼각 기뢰개척은 정확하게 개척하는 최적방안이다.

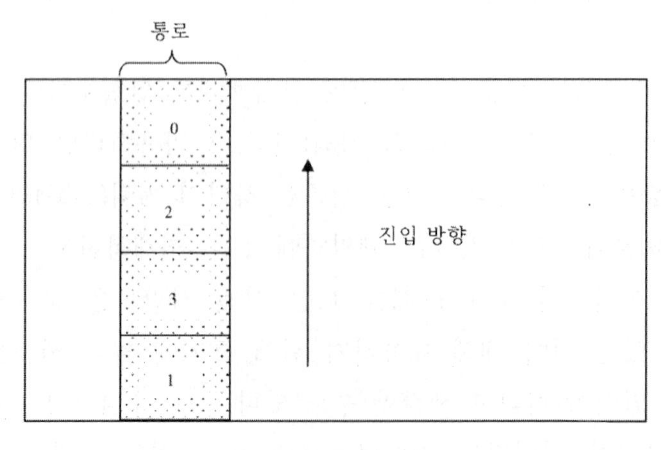

그림 12.6 지뢰지대 통로로

무작위적으로 선택된 통로를 4 개의 동일한 크기로 부분영역으로 나누고 무작위하게 순서(0,1,2,3)를 부여한 지뢰(기뢰)지대. 각 부분영역은 그 지표 수만큼 개척하게 된다.

임시로 카운터가 1 이라기 보다 0 일 때 기뢰가 작동준비가 된다고 작동준비 정의를 변경하는 것이 편리하다. x_i를 초기에 i로 카운트 설정된 지뢰(기뢰)의 비율이라고 하고 y_i를 지뢰(기뢰)지대가 i번 개척된 비율이라고 하자. 이 경우 둘다 $i \geq 0$에서 정의된다. 지뢰(기뢰) 카운트와 개척이 독립적으로 결정되므로 만약 카운트가 개척의 수와 정확히 일치할 경우에 개척 이후에 작동준비가 되므로 무작위적으로 선택된 지뢰(기뢰)가 개척 이후에 작동준비될 확률 p 는 식 (12-7)과 같다.

$$p = \sum_{i=0}^{\infty} x_i y_i \qquad (12\text{-}7)$$

개척자는 **y** 로 p 를 최소화시키기 원하며 지뢰(기뢰)설치자는 **x** 로 p 를 최대화시키기 원한다. 여기서 부분영역에 대한 평균 Sweep 숫자는 Sweeping 을 위해 가용한 시간에 의해 허락된 담당비율 **y**에 제한을 받는다는 것과 양측이 모두 **y**를 알고 있다고 가정한다. 그러므로 개척자의 전략 y 는 $\sum_{i=0}^{\infty} i\, y_i \leq \mathrm{y}$ 식과 비음수 조건과 합이 1 이라는 제약을 받는다.

간단히, y를 0.5 의 배수라고 하자. 그러면 2y는 정수 N이다. 이러한 추정하에 게임의 안장점(Saddle Point)을 찾을 수 있다. 지뢰개척의 최적 전략은 $N+1$개의 부분영역을 구축하는 것이고 $y_i = \frac{1}{N+1}\ for\ i = 0, \ldots, N$으로 만드는 것이다. 이렇게 하면 부분영역에 대한 개척의 평균횟수는 정확하게 $N/2$가 되고 이것은 y가 되며 전략 **y** 는 실행가능하다. 더욱이 **x**에 상관없이 **x**가 확률분포인 한 p는 식 (12-8)과 같다.

$$p = \sum_{i=0}^{\infty} x_i y_i = \sum_{i=0}^{\mathrm{N}} x_i/(N+1) = 1/(N+1) \qquad (12\text{-}8)$$

따라서 개척자는 카운트가 어떻게 설정되어 있는가에 상관없이 p를 정확히 $1/(N+1)$이 되는 것을 보장할 수 있다.

지뢰(기뢰) 설치자의 최적 전략은 $x_i = \frac{2(N-i)}{N(N+1)}\ for\ i = 0, \ldots, N-1$ 과 $x_i = 0\ for\ i \geq N$ 이다. 지뢰(기뢰)는 지뢰(기뢰)지대에 무작위적으로 산포시키기 위해 하위영역에 대해 아무것도 알 필요가 없다. 지뢰(기뢰)설치자가 Count 를 $\mathbf{x}$에 따라 설정한다면 $\mathbf{y}$에 상관없이 $\mathbf{y}$가 $N/2$를 초과하지 않은 평균을 가진 확률인 한 p는 식 (12-9)와 같다.

$$p = \sum_{i=0}^{\infty} x_i y_i \geq \sum_{i=0}^{\infty} \frac{2(N-i)}{N(N+1)} y_i = \frac{2}{N(N+1)} (N - \sum_{i=0}^{\infty} i y_i) \geq \frac{1}{N+1} \qquad (12\text{-}9)$$

그러므로 지뢰설치자는 p가 적어도 $\frac{1}{N+1}$이라는 것을 보장한다. 양측이 같은 값을 보장하므로 게임값은 $\frac{1}{N+1}$이다.

예를 들어 통로는 한변이 10 km인 정사각형이고 지뢰(기뢰)지대 면적 $A = 100\ km^2$이다. 개척자는 2 대의 지뢰(기뢰) 개척 장비를 가지고 있고 $T = 5$일간 가용시간이 있으며 하루 15 시간 동안 개척할 수 있다. 개척 장비의 속도 $V = 10km/h$ 이며 개척폭 $W = 100m$이다. 2 대의 개척장비가 있으므로 담당 비율 $y = \frac{2VWT}{A} = 1.5$ 이고 $N = 3$ 이다. 개척자는 지뢰(기뢰)지대를 4 개의 동일한 영역으로 나누고 앞의 그림과 같이 무작위하게 비밀리에 0,1,2,3 으로 번호를 부여하고 부분영역 i에 i번 개척한다. 지뢰(기뢰) 설치자는 Count (0, 1,2)를 (3/6, 2/6, 1/6) 확률로 설정한다. 게임값은 0.25 이므로 개척 이후 25%의 지뢰(기뢰)가 작동준비 상태가 된다. 물론, 지뢰(기뢰)지대의 결과적인 위협은 사용된 지뢰(기뢰)의 수에 달려 있지만 개척계획과 지뢰(기뢰) Count 설정은 사용된 지뢰(기뢰)의 수와는 상관없다.

지뢰(기뢰)지대 개척자는 지뢰(기뢰) 개척에 5 일만 가용한데 모든 4 개의 부분영역을 3 번씩 개척하여 모든 지뢰(기뢰)를 제거할 수 있지만 10 일이 소요된다.

게임값은 개척자가 대응책으로서 개척에 대해 2번째 생각을 할 수 있기 때문에 N에 따라 충분히 천천히 감소한다. 대신 Hunting 은 지뢰(기뢰) 카운트에 영향을 받지 않기 때문에 Hunting 을 적용할 생각을 할 수도 있다. Hunting 을 채택하면 개척계획자는 명확하게 균일한 지뢰(기뢰)지대를 부분영역으로 나누고 각 영역을 다르게 취급하는지에 대해 설명하지 않아도 되는 장점이 있다.

지뢰(기뢰) 계획자들이 **x**를 사용할 때 i 작동 이후에 지뢰(기뢰)가 작동준비가 되는 확률은 N 작동 이후에 0 가 되는 때까지 선형적으로 감소한다. 만약 대신 각 지뢰(기뢰)가 각 작동 이후 확률 A 로 폭발하는 확률적 작동기를 포함하고 있다면 x_i는 역시 점근적으로 0 로 감소하는 기하분포인 $A(1-A)^i \; for \; i \geq 0$가 될 것이다. 기하분포가 최적이라는 것이 알려져 있지 않은 한 이러한 모습에 대해서는 여전히 약간의 논쟁이 있을 수 있다. 필요한 모든 것이 작동기 확률만이므로 실행하기는 쉽다. 지뢰(기뢰) 계획자가 N을 안다는 위의 가정은 잘못된 것처럼 보인다. 만약 N이 지뢰(기뢰) 계획자에게 실제로 알려져 있다면 효과는 더 기하분포처럼 보이며 선형적으로 더 감소할 것이다.

12.10 급조폭발물(IED: Improvised Explosive Device)

지뢰는 종종 일시적으로만 전장의 통제를 상실한 것 같은 측에서 사용된다. 지뢰 계획자는 전장의 통제를 잃을 것 같은 측이며 개척자는 지뢰를 개척한 후 최종적으로 지뢰지대로 진입한다.

이것이 12 장의 앞부분에서 채택된 단 하나의 관점이다. 여기에서는 지뢰지대의 생성과 파괴가 한 측의 정지에 의해 상대측의 행동의 연장에 대한 전장통제가 이루어 지지 않는 무한정 긴 기간동안 동시에 진행된다는 다른 관점을 생각해 본다.

이러한 관점의 동기는 2000 년 첫 5 년간 이라크의 도로망에서 진행된 전투에서 시작되었다. 따라서 이러한 곳에 적용 적합한 용어를 채택한다. 이 문제의 본질은 도로망의 매우 많은 가능한 장소에 지뢰를 설치할 수 있고 양측이 모두 이런 도로구간에 대한 자원을 할당할 수 있다는 것이다. 도로 구간에 설치된 각개 지뢰는 지뢰설치자의 의도에 의해 폭발되거나 폭발전 발견되어 제거될 수도 있다.

또 하나의 관점은 이러한 사건이 발생하지 않을 가능성도 있지만 진입개체들이 모두 통과하고 난 이후 지뢰가 그대로 남아 있을 가능성도 있다. 아주 긴 기간을 고려한다면 이러한 세 번째 가능성은 생략한다. 이러한 전투에서 진입개체는 일반적으로 수송대라고 불리는 밀집된 차량 행렬이다.

i를 도로구간의 지표라고 하고 b_i를 i구간의 수송대 이동에서 시간당 비율을 표현하는 도로 수준이라고 하자. i구간에서 어떤 수송대에 지뢰가 작동될 확률을 1 보다 작은 a_i라고 하자. 왜냐하면 수송대에서는 다양한 대응책을 수행하기 때문에 1 보다 작은 확률이 된다. 지뢰하여 수송대에 심각한 피해를 끼치는 폭발 성공할 확률을 c_i라고 하자. a_i, b_i, c_i와 같은 모든 값은 모든 구간에 대해 양측에 알려져 있다고 가정한다.

지뢰지대를 개척하는 측은 y 개의 개척팀을 보유하고 있으며 도로구간별로 이를 할당하는데 i 구간에 y_i를 할당한다. i 구간에 할당된 개척팀은 β_i 비율로 다른 개척팀이나 지뢰에 독립적으로 구간의 지뢰를 제거한다. β_i 비율로 개척하는 개척효과도는 개척팀의 속도와 도로 구간의 길이와 우리가 고려할 필요가 없는 것에 따라 다르다. 주된 사항은 제거율은 β_i라는 비례 상수를 가진 할당된 팀에 대해 비례적이라는 것이다. 지뢰들은 폭발한 지뢰가 성공적이든 성공적이지 않든 간에 수송대 때문에 제거된다고 생각할 수 있다. 그러나 우리는 그석이 발생하는 비율에 대해 언급하지 않았다.

개척과 수송대 교통량은 독립적인 Poisson 과정이라고 가정한다. 그러므로 차후 수송대나 개척팀이 지나갈 때 지뢰설치자가 예측할 방법이 없다. 특별히, 개척팀이 지나갈 때까지 지뢰설치자는 대기할 수 없고 바로 후속하는 수송대가 도착하기 전 신속히 도로에 지뢰를 설치해야만 한다.

이 시점에서 약간 주제에서 벗어나는 것도 적절한 것 같다. 지뢰지대 개척자 입장에서 작전을 수행하는데 더 좋은 방법은 개척팀에 의해 각 수송을 직접적으로 수행하게 하는 것이라고 말할 수도 있다. 이것은 개척팀이 호위하게 하는 것이다. 이것은 수송대는 개척된 통로를 통해 도로구간을 이동하는 것과 같다. 사실, 수송 교통과 제거사이의 독립성을 가정은 다음과 같다.

개척팀은 수송대보다 더 느리다. 물론 수송대 전에 개척팀이 항상 가능하지만 이 둘 사이에는 이용할 수 있는 간격이 있다. 충분한 개척팀이 있거나 수송대가 출발하는 곳과 다른 곳에 주둔할 수 있다. 개척팀은 이동하는 도로 구간내 모든 지뢰를 제거하지 않는다. 개척팀이 이동하는 부대 전에 개척하지만 안전을 보장하는 것은 아니다.

2 차 세계대전의 대서양 전투에서 수송대를 호송하는 데 비슷한 문제가 야기되었다. 연합군의 함대는 수송대를 호송하거나 잠수함을 격침시기기 위해 대양을 수색하면서 독립적으로 작전을 수행할 수 있었다. 두가지 형태의 전술이

전투에서 다른 시점에서 유용한 것으로 발견되었다. 호송의 가능성을 무시하면 수송대와 개척팀이 독립적으로 작전을 수행할 수 있다.

독립성 가정하 분석을 해 보자. i 구간의 지뢰가 제거되는 총비율은 $a_i b_i + \beta_i y_i$이며 이는 교통과 개척에 의한 제거율의 합이라고 할 수 있다. 수송으로 인한 비율은 $a_i b_i/(a_i b_i + \beta_i y_i)$ 이다. 이 비율은 또한 개척팀에 의해 제거되기전 i 구간의 지뢰가 수송대에 의해 폭발할 확률이다. c_i 를 곱하면 이것은 i 구간 지뢰의 성공확률이 된다.

x_i 를 i 구간에 설치될 지뢰의 확률이라고 하자. 그러므로 종합적인 지뢰의 성공확률은 식 (12-10)과 같다.

$$A(\mathbf{x}, \mathbf{y}) = \sum_i \frac{a_i b_i c_i x_i}{a_i b_i + \beta_i y_i} \qquad (12\text{-}10)$$

지뢰계획자는 이 확률을 최대화하는 $\mathbf{x}$ 를 선택하기를 원하고 개척팀은 이 확률을 최소화하는 $\mathbf{y}$를 선택하기를 원한다. 이것은 군수게임이며 최소화 문제를 풀어 발견하는 값을 안장점을 가진다.

$A(\mathbf{x}, \mathbf{y})$는 각 지뢰별 확률이라는 것을 주목하라. 수송대의 피해는 제거부대가 무엇을 하든가에 상관없이 도로상 설치된 지뢰의 수에 비례한다. 위에서 설정한 주어진 가정이라면 제거부대는 단지 비례상수를 최소화할 수 있다. 이 분석은 여러가지 방법으로 일반화 가능하다. 예를 들어, 구간 교통수준 보다는 출발-도착 교통수준을 취할 수 있고 수송 경로를 개척팀의 문제의 일부로 간주할 수 있다.

제13장

UAV 모의

13.1 무인기(Unmanned Aerial Vehicles)

13 장에서는 무인기에 대해 다룬다. 무인기는 원격조종되거나 자율조종되어 카메라, 센서, 통신장비, 전자전 장비 등 탑재중량을 옮길 수 있는 항공기이다. 무인기는 또한 무기를 장착할 수도 있는데 이런 경우 UCAV(Unmanned Combat Aerial Vehicle)이라고 부른다. UCAV 는 효과적인 공격무기이다. UAV 의 전형적인 임무는 수색, 정찰, 표적 교전과 다른 장거리 무기의 사격통제 등이다.

UAV 는 디자인과 크기, 능력, 내구성에서 아주 다양하다. 소규모 경량 UAV 는 제한된 내구성과 비행거리를 가져서 보병대대나 특수작전팀과 같은 전술적 부대에 의해 근접거리 수색과 정찰에 사용된다. UAV 의 극단에는 몇 톤의 무게를 가진 아주 큰 기체와 24 시간 이상의 지속적인 임무를 견딜 수 있으며 20 km 이상의 높은 고도에서 비행할 수 있는 UAV 도 있다. 이러한 UAV 의 비행거리는 수천 km 이며 주된 용도는 광범위 지역에 대한 전략정보를 수집하는 임무를 담당하고 있다.

여기에서는 2 가지 형태의 UAV 문제를 다룬다. 정찰과 수색임무시 UAV 이동경로문제와 공격임무에서 UCAV 의 효과를 평가하는 것이다. 여기에서는 이 2 가지 형태 임무에 대해 최적화 이동경로 모델을 제시하고 UCAV 의 효과를 평가하는 확률모델을 설명한다.

13.2 UAV 이동경로 문제

UAV 임무계획은 3 가지 주요 문제를 다룬다. UAV 지상통제소의 전개위치 결정, 관심지역에서 기체 이동경로, 비행일정 문제이다. UAV 임무계획에 3 가지 요소가 영향을 미친다.

UAV 이동경로 문제의 목표는 효과도를 측정하는 것인데 작전적, 기술적, 군수적 제한사항을 둔다. UAV 임무 목표는 작전적 설정 및 요구사항에 따른다. 예를 들면 저해상도 단거리 전자광학센서 경탑재중량을 가진 단거리 소규모 UAV 는 언덕 너머에 있는 적부대에 대해 전술적 정보를 획득하기 위해 보병대대에 의해 운용될 수 있다. 또 다른 가능성 있는 시나리오는 특수작전부대가 산악지대에 있는 테러리스트나 반군을 탐지하고 수색하기 위해 UAV 를 사용한다. 대규모, 고내구성 UAV 는 장기간동안에 걸쳐 연안과 지속적인 해양정찰을 위해 사용된다. 목표를 획득 성공하는 특정지표 MOE 는 작전적인 설정에 따른다. 특수작전 시나리오에서 합리적인 MOE 는 표적(테러리스트)를 탐지하는 확률이다. 적대적 지역에 대한 지속적인 정찰 시나리오에서 MOE 는 정찰임무 기대 기간이나 피해없이 임무를 완료하는 UAV 의 확률과 같은 것이 될 수 있다.

UAV 임무를 계획할 때 몇몇 작전적, 물리적, 군수적 제약사항들을 고려해야 한다. 작전적 제약은 비행금지 구역(고위험 구역), 비행제한 시간대, 동일한 공역을 사용하는 UAV 사이의 충돌회피(이것은 다수의 UAV 가 공중에서 충돌하지 않게 만드는 것), UAV 비행을 통제하는 지상통제소(GCU)의 제한된 가용장소 등이다. 물리적인 제약은 제한된 UAV-GCU 사이의 통신거리, 가시선 요구사항, 다양한 UAV-GCU 통신채널 사이의 가능한 간섭, UAV 센서의 제한된 가시범위 등이다. 군수적 제약은 연료능력, 정비 요구사항 등으로 UAV 의 내구성을 결정한다. 여기에서는 2 가지 형태의 임무를 고려한다.

- 정보: 특정 장소에서 특정 목표를 조사하기 위해 UAV 를 보내는 것
- 정찰: 표적을 찾는 정찰 임무를 위해 UAV 를 보내는 것

정보는 목표물을 찾는 것이다. 정보를 목적으로 하는 UAV 의 임무는 특정한 목적지로 비행하여 무기체계 또는 시설과 같은 특정 목표를 찾고 목표물의 동영상을 전송하는 것이다. 이러한 경우 문제는 UAV 가 적성 영공 상공을 비행하므로 적의 방공무기에 의해 차단당할 수도 있다는 것이다. 관심을 둔 목표가 사라지거나 적이 숨길 수도 있어서 임무에는 시간이 민감한 요소이다. 이러한 두가지 작전적 측면을 보면 다음과 같은 두가지 MOE 를 고려한다.

- 시간: UAV 가 목적지에 도달하는 데 걸리는 시간
- 생존성: UAV 가 목적지에 피해없이 도착하여 임무수행이 가능할 확률

목표는 시간을 최소화하고 생존성을 최대화하는 것이며 문제는 UAV 가 기지로부터 목적지까지 이러한 두가지 목표를 만족하면서 비행하는는 경로를 어떻게 결정하는가 하는 것이다.

UAV 경로를 결정하는 일반적이 비교적 용이한 방법은 UAV 가 따라야 할 중간지점 집합을 구체화하는 것이다. 이러한 중간지점은 위성기반 GPS(Global Positioning System)같은 항법장비를 사용하여 UAV 통제부대와 UAV 에 입력하는 것이다.

첫 중간지점은 이륙 기지이고 마지막 중간지점은 목적지이다. 가능한 중간에 위치한 중간지점들은 가시선과 같은 기술적 요소와 위협지대와 같은 작전적 요소를 고려한다. 기지, 목적지, 가능한 중간에 위치한 중간지점들은 그림 13.1 과 같이 선분으로 연결한다. 그림 13.1 의 그래프는 11 개의 노드(기지, 목적지, 중간지점)을 가지고 있고 작전적으로 실행가능한 비행 선분에 대응하는 18 개의 선분을 가지고 있다.

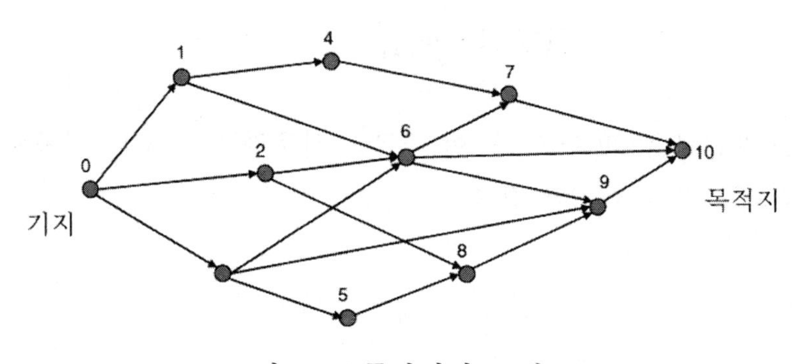

그림 13.1 중간지점 그래프

예를 들어 UAV 은 노드 2(중간지점)으로부터 노드 6 까지 비행할 수 있지만 노드 4 로는 비행할 수 없다. 문제는 UAV 경로를 위한 가장 좋은 중간지점들의 집합을 찾는 것이다. 여기서 가장 좋다는 것은 앞에서 언급한 두가지 목적을 달성하는 것을 말한다. 여기와 차후 모델에서는 GCU-UAV 연결과 관련하여 제한사항이 없다는 가정한다.

UAV 의 GCU 는 기지 노드에 위치하고 다른 모든 노드들과 가시선이 확보되고 통제가능한 거리에 있다. 또한 UAV 는 경로선택이 연료소모와 같은 것에 영향을 받지 않는다는 것과 같이 논리적 제약사항이 없다.

모델을 설정하기 위해 가능한 중간지점이 W 개 있다고 가정하자. 그리고 기지 노드는 0 로 표시하고 목적지는 $W+1$로 표시한다. 노드 i에서 노드 j까지 일방향 Edge 를 (i,j) 로 표시한다. 더 일반적으로 노드 i_1 으로부터 $i_2,\ldots,$ i_n 으로 가는 경로를 $(i_1,i_2,\ldots,i_n)$로 표현한다. 예를 들어 그림 13.1 에서 (2,6,9)는 노드 2 로부터 노드 9 로 가는 것이다. 위 그래프에서 각 Edge (i,j)는 두개의 연결된 숫자를 가지고 있는데 선분에 대응하는 비행시간 t_{ij}와 Edge 를 비행할 때 적에 의해 UAV 가 차단될 확률 p_{ij} 이다. t_{ij} 는 거리, 바람 조건, UAV 의 정상속도에 의해 결정되고 p_{ij}는 위치와 적성 차단부대의 능력에 의해 결정된다.

여기서 후자의 공간적 독립성을 가정한다. 즉, 한 선분에서 차단당할 확률은 다른 선분에서 차단당할 확률과 독립적이다. 이 독립성 가정은 적의 방공부대가 제한된 담당 능력을 가지고 있어서 단지 하나의 선분에서만 효과적이라고 하는 특별한 경우에 합리적이다. 그러므로 UAV 가 경로 $(i_1,i_2,\ldots,i_n)$ 를 비행해서 목적지에 도착할 확률은 식 (13-1)과 같다.

$$\prod_{k=1}^{n-1}(1-p_{i_k i_{k+1}}) \qquad (13\text{-}1)$$

이 확률은 생존성 MOE 가 된다. 이 경로를 사용하는 UAV 의 임무시간 MOE 는 총 비행시간으로 식 (13-2)와 같다.

$$\sum_{k=1}^{n-1} t_{i_k i_{k+1}} \qquad (13\text{-}2)$$

각 선분 (i,j) 에 대하여 $p_{ij}<1$ 라는 의미에서 모든 선분은 실행가능하다고 가정한다.

다음으로 UAV 의 최적 중간지점 집합인 최적 경로를 결정하기 위한 정수 선형 최적화 모델을 개발한다. 이 모델은 앞에서 설명한 생존성과 시간 두개의 MOE 를 표현하고 있다. 최적화 문제는 잘 알려진 최단경로문제의 일종이다.

이 문제에서 결정변수 x_{ij}들은 이진변수이다.

$$x_{ij}=\begin{cases}1 & \text{만약 UAV 가 } Edge\ (i,j)\text{를 비행한다면}\\ 0 & \text{그 외의 경우}\end{cases}$$

이 최적화 문제에서 MOE 를 모델링하는 것은 두가지 가능한 방법이 있다. 하나는 시간지향 모델이고 다른 하나는 생존성지향 모델이다. 시간지향 모델에서 목적함수는 최소 생존성 임계치를 만족하면서 목적지까지 비행시간을 최소화하는 것이다. 그러므로 시간지향 모델에서 목적함수는 최소확률을 만족하는 범위에서 총 임무시간인 $\sum_{i=0}^{W}\sum_{j=1}^{W+1} t_{ij}x_{ij}$를 최소화하는 것이다.

이중합은 실제 비행된 모든 선분의 비행시간을 포함하고 다른 선분의 시간은 포함하지 않기 때문에 위에서 정의된 임무시간 MOE 를 사용한 단일합과 같은 값을 가진다. 생존성지향 모델에서는 임무시간은 제약을 받고 목적함수는 이러한 제약사항 하에서 생존성을 최대화하는 것이다. 생존성지향 모델에서 목적함수는 $\prod_{i=0}^{W}\prod_{j=1}^{W+1}(1-p_{ij})^{x_{ij}}$ 이다. 이 목적함수는 Logarithm 이 증가함수이기 때문에 Logarithm 을 취해도 된다. 곱보다는 합이 해석적으로 훨씬 편리하기 때문에 목적함수를 식 (13-3)과 같이 변경시켜 최대화한다.

$$\sum_{i=0}^{W}\sum_{j=1}^{W+1}\left[ln(1-p_{ij})\right]x_{ij} \qquad (13\text{-}3)$$

제약사항 측면에서는 시간지향과 생존성지향 모델 둘 다 실행가능한 비행경로를 결정하는 동일한 제약사항을 공유한다.

$$\sum_{j=1}^{W+1} a_{oj}x_{oj} = 1 \qquad (13\text{-}4)$$

$$\sum_{k=0}^{W} a_{ki}x_{ki} - \sum_{j=1}^{W+1} a_{ij}x_{ij} = 0, \quad i = 1, \dots, W \qquad (13\text{-}5)$$

$$x_{ij} \in \{0,1\} \qquad (13\text{-}6)$$

$$where, \qquad a_{ij} = \begin{cases} 1 & \text{만약 UAV 가 선분 } (i,j)\text{를 비행할 수 있다면} \\ 0 & \text{그 외의 경우} \end{cases}$$

첫 번째 제약사항은 기지를 출발하는($a_{oj} = 1$ 인 선분 $(0,j)$) 가능한 비행구간 중 적어도 하나는 실제 비행구간이 되어야 한다는 것이다. 두 번째 제약사항은 지속적인 비행경로를 보장하는 제약식인데 만약 i 노드로 들어오는 선분 중 하나가 UAV 에 의해 사용되었다면 i 노드로부터 나가는 선분 중 하나는 반드시 사용되어야 한다는 것이다. 추가적인 제약사항은 모델지향에 따른 것이다. 시간지향 모델에서 요구사항은 생존성의 최소수준 α를 유지하는 것이다 이것은 다음과 같다.

$$\sum_{i=0}^{W}\sum_{j=1}^{W+1}[ln(1-p_{ij})]\,x_{ij} \geq ln\alpha \qquad (13\text{-}7)$$

생존성지향 모델에서 이동기간에 대한 시간제한 T_0를 설정한다.

$$\sum_{i=0}^{W}\sum_{j=1}^{W+1} t_{ij}\,x_{ij} \leq T_0 \qquad (13\text{-}8)$$

그러므로 시간지향 모델은 식 (13-4), (13-5), (13-6), (13-7) 제약하에 $\sum_{i=0}^{W}\sum_{j=1}^{W+1} t_{ij}\,x_{ij}$ 을 최소화하는 것이며 생존성지향 모델은 식 (13-4), (13-5), (13-6), (13-8) 제약하에 $\sum_{i=0}^{W}\sum_{j=1}^{W+1}[ln(1-p_{ij})]\,x_{ij}$을 최대화하는 것이다.

예를 들어 UAV 가 그림 13.2 에서 보이는 것과 같이 9 개의 가능한 중간지점을 사용하여 기지로부터 주어진 목적지까지 비행하는 임무를 부여받았다. 각 선분의 비행시간과 차단확률은 표 13.1 과 같다.

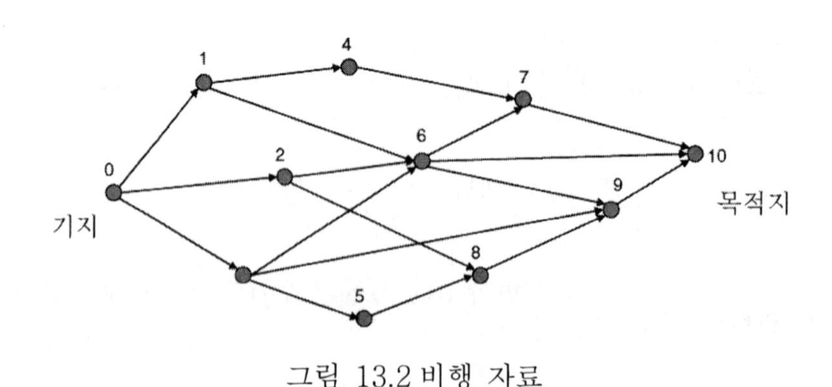

그림 13.2 비행 자료

표 13.1 각 선분(Edge)의 비행시간과 차단확률

Edge	비행시간(분)	차단확률
0,1	2	0.1
0,2	1	0.2
0,3	3	0.1
1,4	3	0
1,6	2	0.3
2,6	3	0.3
2,8	4	0.1
3,5	1	0.2
3,6	2	0.2
3,9	5	0.1
4,7	3	0.1
5,8	2	0.2
6,7	2	0.1
6,9	2	0.1
6,10	2	0.5
7,10	2	0.1
8,9	3	0.1
9,10	1	0.3

임무가 시간이 아주 중요한 요소이고 UAV는 목적지에 6분 이내에 도착해야만 한다고 가정해 보자. $T_0 = 6$으로 하여 생존성지향 문제를 풀면 생존성 확률이 0.32가 되는 최적 경로는 그림 13.3과 같다.

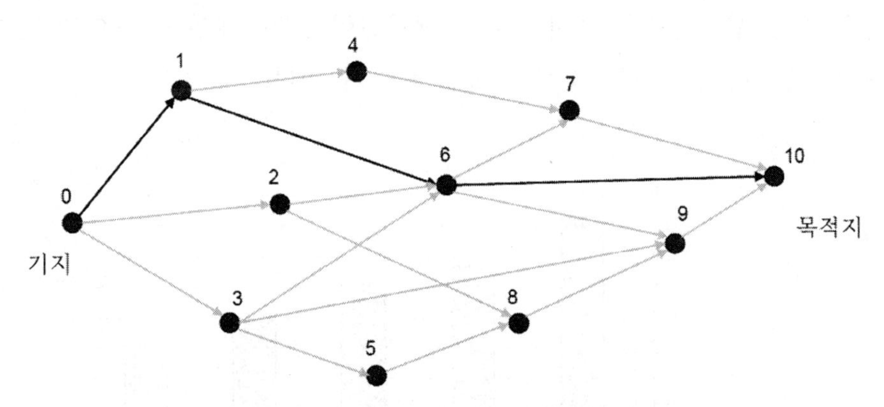

그림 13.3 생존성 지향문제 최적경로

$T_0 = 6$ 인 생존성지향 모델의 최적 경로의 답은 비행시간 6 분, 생존성 확률 0.32이다.

그러나 임무가 시간이 최고로 중요한 요소가 아니지만 최소임무완료 확률이 0.7 이라면 시간지향 문제를 푼다. 여기에서는 생존성확률이 제약이고 완료시간이 목적이 되며 최적 경로는 그림 13.4 에서 보는 것과 같다.

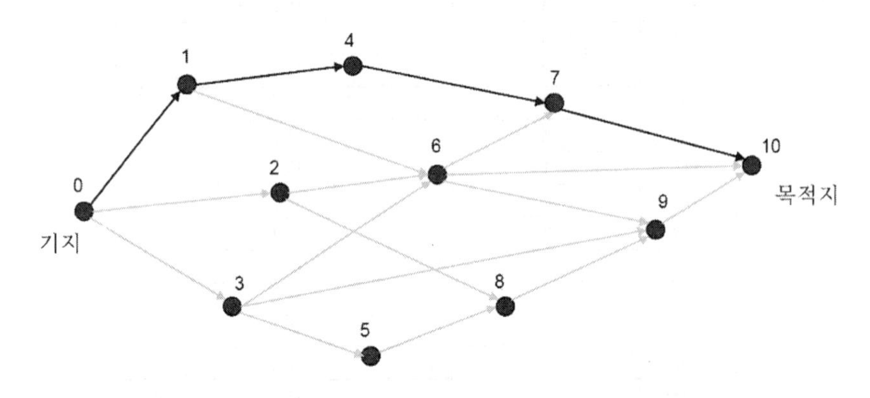

그림 13.4 시간지향 문제 최적 경로

$\alpha = 0.7$ 인 시간지향 모델의 최적 경로의 답은 비행시간은 10 분이고 생존확률은 0.73 이다. 이 경로의 완료시간은 10 분이고 생존확률은 0.73 이어서 최소 임계치 0.7 보다 약간 높다. 생존확률 0.73 은 모든 가능한 경로상 가장 높은 수치이다.

그림 13.5 는 생존성지향 문제를 연속하여 풀어 얻은 주어진 비행시간에 대한 가장 높은 가능 생존확률을 표시한다. 비행시간이 10 분에서 9 분으로 변경될 때 생존확률이 급격히 떨어지는 것에 주목할 필요가 있다.

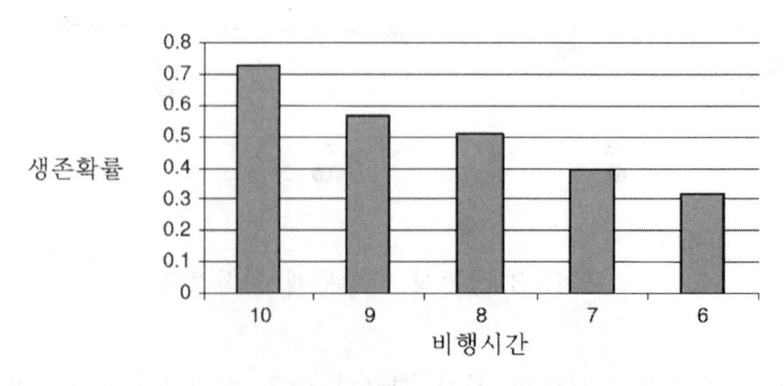

그림 13.5 비행시간 대 생존확률

위에서 언급한 것과 같이 어떤 비행시간에 대해서 최대 가능생존확률은 0.73 이다. 비행시간이 6 분보다 짧은 것은 실행가능 하지 않다. 표 13.5 는 정보임무를 위한 UAV 경로를 결정하는데 있어서 야전 지휘관에게 도움을 줄 수 있다. 위험과 임무완료시간 사이의 효과에서 Trade-off 를 입증한다.

13.3 정찰-이동표적 탐지

예를 들면 테러리스트와 같이 의심스럼 인원을 체포하기 위해 아주 멀리 이격되어 황량한 국경지대에 전개된 특수작전부대의 팀을 생각해 보자. 통신차단과 인적정보에 기반한 정보보고에 따르면 표적은 지역으로 진입하려고 하고 지역을 가로 질러 적대적 행동을 실행하기 위해 인구가 밀집된 지역으로 침투하려고 한다. 특수작전팀은 소형 UAV 를 지원받을 수 있는데 정보보고를 받기 위해 즉시 발사된다. UAV 는 그 지역 상공을 비행하고 지상통제소에 센서 시야에서 획득한 실시간 동영상을 전송한다. UAV 는 GCU 로부터 발사된다.

문제는 UAV 의 임무를 찾는 것인데 표적이 국경지역을 출발하여 인구밀집 지역으로 진입하기 이전 표적을 탐지하는 것이다. 국경지역이 근본적으로 아주 황량한 곳이고 UAV 가 매우 작은 특징을 가지고 있어서 차단당하지는 않는다고 가정한다. 같은 이유로 허위 양성 탐지확률은 무시한다고 가정한다. 동영상을 전송 가능하기 위해서는 UAV 는 GCU 와 지속적으로 가시선을 유지하면서 비행해야 한다. UAV 의 내구성은 제한적이지만 표적을 확보하기 위해 지역을 가로지르고 지역에서 사라질 시간보다는 더 길다고 가정한다.

표적과 관련된 정보첩보는 실행가능한 경로의 집합과 속도를 포함한다. 표적의 평균 속도는 도보, 승마, 차량 등과 같은 표적의 이동형태에 기반하여 합리적으로 추정가능한 반면 표적이 이동하는 특정 경로에 대해서는 모른다. 특수작전팀의 목표는 이동표적을 참지하는 확률을 최대화하는 UAV 의 수색형태를 결정하는 것이다. 표적은 UAV 에 의해 수색되고 있다는 것을 인지하여 UAV 를 최대한 교란하는 경로를 선택한다고 가정한다.

그림 13.6 은 국경지역으로 가능한 진입지점과 표적이 취할 수 있는 경로를 보여준다. 국경지역으로 진입하는 3 개의 가능 진입지점 E1, E2, E3가 있다. 각 진입지점은 표적이 취할 수 있는 하나 또는 두개의 가능한 경로와 연결되어 있다.

예를 들어 만약 표적이 E1 을 통하여 지역으로 진입한다면 가능한 두개의 경로는 (E1, a D1) 와 (E1, a, c D2) 이다. 진입지점 E2 는 두개의 경로와 연결되어 있고 E3 는 하나의 경로와 연결되어 있다. 따라서 모두 2+ 2+ 1=5 개의 가능한 경로가 있다. (E1, E2, E3) 3 개의 진입지점에 추가하여 출발지점 (D1, D2, D3) 와 4 개의 중간지점 a, b, c, d 가 있다.

진입지점, 출발지점, 중간지점과 같은 노드들로 경로를 구성하며 그림 13.6 에서는 10 개의 노드가 있다. 선분은 2 개의 인접 노드를 연결하는 경로구간이 된다. 1-4 로 표시된 작은 원이 가능한 GCU 의 위치이다. $r = 1, \ldots, R$을 그래프에서 경로라고 하면 그림 13.6 에서 $R = 5$ 이다. $i = 1, \ldots, I$를 선분이라고 하면 그림 13.6 에서 $I = 9$ 이다. 각 선분은 하나 이상의 경로에 속한다. $l = 1, \ldots, L$을 가능한 GCU 의 위치라고 하면 그림 13.6 에서 $l = 4$가 된다.

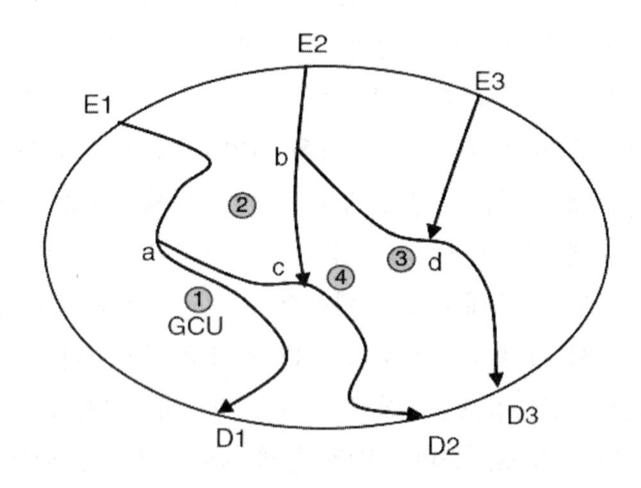

그림 13.6 진입지점, 경로, 국경지역에서 가능한 GCU 위치

각 선분의 표적 속도는 알려져 있다고 가정한다. 그러므로 표적이 국경지역으로 진입하는 정보를 받고 표적의 경로를 알고 있다면 특수작전팀은 시간대별로 어떤 지점에 표적이 정확히 있는가 하는 것을 예상할 수 있다.

문제는 표적의 경로를 모른다는 데 있다. 시간이 이산적이고 특수작전은 $t = 0,1,\dots,T_0$ 인 시간단계로 진행된다고 가정한다. 여기서 T_0는 작전기간으로 국경지역에서 표적이 보내는 최대가능시간으로 한다.

이러한 문제를 모델화 해 본다. c_{it}^{r}를 아래와 같이 결정변수로 정한다.

$$c_{it}^{r} = \begin{cases} 1 & \text{만약 표적이 } t \text{ 시간 단계에서 주어진 경로 } r\text{의 } i \text{ 선분에 있다면} \\ 0 & \text{그 외의 경우} \end{cases}$$

3 차원 배열 $\{c_{it}^{r}\}$은 임무계획의 입력자료이며 이것은 지형과 다양한 가능한 경로의 거리를 분석하여 획득할 수 있다. UAV를 생각해 보자. 2개의 연속된 시간 단계에서 UAV 는 현재 선분 또는 인접한 선분에 있을 수 있다고 가정한다. 이 가정은 구속하는 가정이 아니다. 필요시 UAV 가 한 시간 단계에 이동할 수 있는 가능한 선분 집합은 확장될 수 있다. 주어진 선분 i에서 J_i를 선분 i와 다음 시간 기간동안 UAV가 비행할 수 있는 모든 선분을 포함하는 집합이라고 하자. 우리의 가정에 따르면 이것은 선분 i와 i에서 나가는 모든 선분의 집합이다. 예를 들어

$$J_{(E2,b)} = \{(E2,b),(b,c)(b,d)\}$$

D_i를 첫 시간 단계에서 GCU 에서 발사된 UAV 가 선분 i에 도달할 수 있는 GCU 위치의 집합이라고 정의하자. 또한 A_i를 선분 i 위를 비행하는 UAV 와 지속적인 통신을 유지할 수 있는 GCU의 집합이라고 하자. 동일한 시간 단계에서 선분 i에 주어진 UAV 와 표적이 존재할 때 1 개의 시간 단계 동안 UAV 과 표적을 탐지할 확률은 q_i 이다. 확률 q_i, $i = 1,\dots,I$ 은 UAV 센서의 가시범위, 해상도, 배경의 선명도 등에 종속된다. 예를 들어 만약 UAV 와 표적이 T_i 시간단계 동안 선분 i에 있고 T_j 시간 단계 동안 선분 j에 있다면 탐지확률은 $1 - (1-q_i)^{T_i}(1-q_j)^{T_j}$가 될 것이다.

이 문제의 변수는 아래와 같이 이진변수이다.

$$x_{it} = \begin{cases} 1 & \text{만약 UAV 가 } t \text{ 시간 단계 동안 } i \text{ 선분에서 활동을 하면} \\ 0 & \text{그 외의 경우} \end{cases}$$

$$z_l = \begin{cases} 1 & \text{만약 GCU 가 } l \text{ 위치에 전개되어 있으면} \\ 0 & \text{그 외의 경우} \end{cases}$$

목적함수를 결정해야 하는데 이 문제의 자연스러운 MOE 는 표적이 탐지되는 확률이다. 그러나, MOE 를 최대화하기 위하여 우리는 표적이 취하는 경로의 확률적 분포를 알 필요가 있다. 이러한 자료는 가용하지 않을 수 있고 가용하다 하더라도 이 문제는 뒤에서 보이는 것과 같이 비선형 최적화 문제가 된다. 대신, 우리는 최악의 경우 탐지 시나리오를 대비하는 MOE 를 고려한다. 표적이 경로 r 을 선택했다고 주어지면 수색지역을 떠나기 전 탐지되지 않을 확률은 $\prod_{t=1}^{T_0}\prod_{i=1}^{I}(1-q_i)^{c_{it}^r x_{it}}$ 이다. 목표는 최악의 경우의 시나리오에서 이 확률을 최소화시키는 UAV 탐색과 GCU 전개계획을 찾는 것이다. 그러므로 목적함수는 식 (13-10)과 같다.

$$\min_{x_{it}\, z_l} \max_{r} \prod_{t=1}^{T_0}\prod_{i=1}^{I}(1-q_i)^{c_{it}^r x_{it}} \qquad (13\text{-}10)$$

이 목적함수는 꽤 보수적이다. 왜냐하면 효과에서 목적함수가 침투하는 인원은 그의 생존확률을 최대화하는 경로를 선택하고 UAV 의 탐색계획을 완전히 알고 있다고 가정하기 때문이다. 하나의 대안은 이 문제를 상대측이 선택될 때 표적의 경로와 탐색자의 탐색계획을 각각 모른다는 가정을 하는 것이다. 이 게임의 관점에서 게임의 상한값을 계산할 수 있다. 위에서 언급한 것과 같이 가능성 있는 경로 r의 확률의 형태의 약간의 사전정보 α_r, $(\sum_{r=1}^{R}\alpha_r = 1)$가 있다면 또 다른 대안은 탐지못할 전체 확률을 최소화하는 것이다. 탐지못할 전체 확률은 식 (13-11)과 같다.

$$\sum_{r=1}^{R}\alpha_r \prod_{t=1}^{T_0}\prod_{i=1}^{I}(1-q_i)^{c_{it}^r x_{it}} \qquad (13\text{-}11)$$

(13-10)에 있는 비선형 목적함수는 선형형태로 변환가능한 반면 (13-11)의 목적함수는 선형형태로 변환이 불가능하다. (13-10)의 목적함수의 Logarithm 을 취한 것을 Y라 하면 (13-10)은 식 (13-12)와 같다.

$$\min_{x_{it}\, z_l} Y$$
$$s.t \quad \sum_{t=1}^{T_0} \sum_{i=1}^{I} ln(1-q_i)\, c_{it}^r x_{it} - Y \le 0,\ r = 1, \dots, R \tag{13-12}$$

$ln(1-q_i) < 0$ 이므로 (13-12)를 식 (13-13)과 같은 동일한 형태로 쓸 수 있다.

$$\max_{x_{it}\, z_l} W$$
$$s.t \quad -\sum_{t=1}^{T_0} \sum_{i=1}^{I} ln(1-q_i)\, c_{it}^r x_{it} - W \ge 0, \qquad r = 1, \dots, R \tag{13-13}$$
$$W \ge 0$$

제약사항

$$x_{i1} - \sum_{l \in D_i} Z_l \le 0,\ i = 1, \dots, I \tag{13-14}$$

$$x_{it} - \sum_{j \in J_i} x_{j,t+1} \le 0, \quad t = 1, \dots, T_0 - 1,\ i = 1, \dots, I \tag{13-15}$$

$$\sum_{i=1}^{I} x_{it} \le 1,\ t = 1, \dots, T_0 \tag{13-16}$$

$$M \sum_{l \in A_i} z_l - \sum_{t=1}^{T_0} x_{it} \ge 0,\ i = 1, \dots, I \tag{13-17}$$

$$\sum_{l=1}^{L} z_l \le 1 \tag{13-18}$$

제약사항 (13-14)과 (13-15)는 UAV의 실행가능한 탐색계획을 보장한다. (13-14)는 발사위치로부터 시간안에 선분이 도달할 수 있을 경우에만 처음 시간단계 동안 UAV 가 탐색할 수 있다는 것을 표현하고 있다. 유사하게 (13-8)와 (13-15)는 실행가능한 지속적 탐색형태를 보장한다.

UAV 시간 $t-1$에 선분 i를 탐색하거나 선분 i의 인접 선분중의 하나를 탐색할 경우에만 t시간 단계 동안 선분 i를 탐색할 수 있다($x_{it}=1$). (13-13)은 UAV 는 어떤 주어진 시간 단계에서 기껏해야 하나의 선분에만 존재한다는 제한을 가하고 있다. (13-17)는 탐색된 선분은 GCU 와 가시선과 범위내에 있는 선분만이라는 것에 제한한다. M 은 아주 큰 수이다. (13-18)식은 GCU 는 많아봐야 하나의 위치에만 전개된다는 것을 보장한다. 그러므로 최적화문제는 $x_{it}, z_l \in \{0,1\}$ 인 (13-13)~(13-18)이며 선형 혼합정수(0-1) 계획문제이다.

그림 13.6의 시나리오와 표 13.2를 기본 자료로 가정한다. 각 선분 i에 대하여 표적의 이동시간과 첫 시간 단계 동안 선분 i에 도달할 수 있는 GCU 위치 집합 D_i, 선분 i 상공을 비행하는 UAV 와 지속적인 통신을 유지할 수 있는 GCU 위치 집합 A_i를 나타내고 있다.

표 13.2 선분-기지 이동시간 및 접속가능 자료

Edge	(E1,a)	(a,D1)	(a,c)	(E2,b)	(b,c)	(c,D2)	(b,d)	(E3,d)	(d,D3)
이동시간	3	4	3	2	4	4	4	5	3
D_i	1,2,4	1,2,4	1,2,3,4	2,3,4	1,2,3,4	1,2,3,4	2,3,4	3,4	1,3,4
A_i	1,2,3,4	1,2,3,4	1,2,3,4	2,3,4	1,2,3,4	1,2,3,4	1,2,3,4	2,3,4	1,2,3,4

시간대역 $T_0 = 10$이라는 것을 쉽게 검증할 수 있다. 각 선분 위에서 순간적인 탐지확률 q 는 동일하게 0.7이라고 가정한다. (9.13)~(9.18) 최적화문제를 풀면 위의 자료에 대해 다음과 같은 UAV 최적탐색 형태를 얻는다.

표 13.3 UAV 최적탐색 형태

Edge	(E1,a)	(a,D1)	(a,c)	(E2,b)	(b,c)	(c,D2)	(b,d)	(E3,d)	(d,D3)
시간단계	1,2	-	3	-	4,5	-	6	-	7,8,9,10

GCU 는 위치 1 에 전개된다. 위치 2 에서 발사되고 나면 UAV 는 첫 시간 단계동안 선분(E1, a)를 탐색한다. 그러면 한 시간단계 동안 (a, c) 위를 비행하고 두 시간단계 동안 (b, c), 한 시간단계 동안 (b, d), 마지막 네 시간단계 동안 (d, D3)를 수색하는데 시간을 소비한다. 최악의 시나리오에서 표적을 탐지할 확률은

0.91 이다. 이것은 만약 표적이 그 경로를 선택한다면 5 개의 가능한 각 경로에서 적어도 2 번의 탐지 기회를 가진다는 것을 의미한다.

표 13.4 와 같이 국경지역의 지형이 더 험준하고 GCU 와 많은 선분들 사이의 통신 가능성이 더 제한적인 상황을 생각해 보자. GCU 를 위한 새롭게 갱신된 위치는 3 이다. 새로운 최적 탐색형태 역시 표 13.4 에 나타나 있다. 최악의 시나리오에서 탐지확률은 0.7 이다. 이것은 적어도 하나의 경로에서 오직 하나의 탐지기회를 가진다는 것을 의미한다.

표 13.4 제한된 비행지대를 위한 최적 탐색형태

Edge	(E1,a)	(a,D1)	(a,c)	(E2,b)	(b,c)	(c,D2)	(b,d)	(E3,d)	(d,D3)
A_i	2,3	1,2,3	1,2,3,4	2,3,4	1,3,4	1,2,4	1,2,3,4	2,3,4	1,2,3,4
시간단계	2,3	-	1,4	-	5	-	6	-	7,8,9,1 0

13.4 무인 전투항공기(UCAV)

UCAV(Unmanned Combat Aerial Vehicles)는 전형적으로 표적상공을 선회하면서 표적을 찾는 자율추진 항공기이다. UAV 의 기능 외에 UCAV 는 해상 또는 지상 표적을 공격할 수 있는 무기이기도 하다. UCAV 회수가능하기도 하고 일회용이기도 하다. 회수가능한 UCAV 는 하나 이상의 폭탄과 미사일 등을 탑재한 비교적 대형 무인기이다. 이 UCAV 들은 통제된 비행궤도에서 표적지역을 향하여 발사되고 탑재된 무기로 공격할 표적을 찾기 시작한다. 폭탄이 사용된다면 UCAV 는 기지로 복귀하여 폭탄을 재장전하고 수리를 한다. 일회용 UCAV 는 근본적으로 정밀유도무기이며 탄두가 비행체와 통합되어 있다. 일회용 UCAV 는 자명하게 최대 한번 하나의 표적을 공격할 수 있다. 여기에서는 일회용과 회수가능한 2 가지 종류의 UCAV 모델을 설명한다.

표적지역에는 가치표적(VT: Valuable Target)과 무가치표적(NVT: Non-valuable Target), 2 가지 종류의 표적이 있다고 가정한다. 가치표적의 정의는 시나리오와 임무목표로부터 유도된다. 예를 들어 어떤 상황에서는 기갑차량은 가치표적으로 간주될 수 있다. 반면, 다른 상황에서는 지대공미사일 포대가 가치표적으로 간주된다. 가치표적 외 표적지역에서 UCAV 에 의해 고려되는 모든 다른 표적들은 모두 무가치표적으로 간주된다. 파괴된 가치표적은 무가치표적이 된다.

우리가 고려하는 상황은 UCAV 가 가치표적을 찾기 위해 표적지역 위를 선회하는 것이다. UCAV 가 목표를 탐지하고 난 후 목표를 조사하고 그것이 가치표적인지 무가치표적인지 결정한다. 표적의 분류에 따라 UCAV 는 표적과 교전하든지 표적을 지나치고 다른 표적을 찾는 활동을 계속하게 된다. 만약 UCAV 가 표적과 교전하면 공격을 하고 어떤 확률로써 파괴를 하게 된다. UCAV 의 센서는 완벽하지 않다. 센서는 가치표적을 무가치표적으로 잘못 확인할 수도 있고(False-negative Error) 무가치표적을 가치표적으로 확인하기도 한다(False-positive Error).

하나의 일회용 UCAV 가 어떤 지역에 있는 가치표적을 공격하기 위해 발사된다. 이 지역은 무가치표적도 포함하고 있다. 처음에는 UCAV 가 이전의 비교전 결정을 기억하지 않아 이전 탐지한 목표를 다시 찾아 다시 조사하는 무기억성을 가지고 있다고 가정한다.

문제는 어떤 주어진 시간대안에 UCAV 가 가치표적을 성공적으로 공격하는 확률을 계산하기를 원한다. 문제의 입력은 (1) 표적지역내 가치표적과 무가치표적의 개수 (2) UCAV 가 하나의 표적으로부터 다른 표적으로 옮겨가는 시간, 즉 UCAV 의 평균 탐지시간 간격 (3) UCAV 의 파괴확률 (4) 가치표적을 무가치표적으로 잘못 확인할 확률과 무가치표적을 가치표적으로 잘못 확인할 확률 등이다.

이 문제에 대한 모델을 수립해 보자. 표적지역 내에 T개의 표적이 있다. 이중 K 개의 표적은 가치표적이고 $T-K$ 개의 표적은 무가치표적이다. UCAV 는 표적지역 위를 선회하면서 λ비율로 표적을 탐지한다. 탐지에 따라 UCAV 는 즉시 표적을 조사하고 교전할 것인지 지나칠 것인지 결정하고 다음 표적으로 이동한다. 평균 탐지시간 간격은 평균을 $1/\lambda$ 로 하는 지수분포를 따른다. 이것은 어떤 시간간격 Δt 동안 탐지의 수는 $\lambda\Delta t$를 갖는 Poisson 확률변수라는 것을 의미한다. UCAV 에 의해 정확한 발견확률은 가치표적과 무가치표적에 대해 각각 q 와 r 이다. q 는 UCAV 센서의 민감도를 나타내며 $1-q$ 는 가치표적을 무가치표적으로 잘못 확인할 확률이다. 반면 r은 특수한 능력을 나타내며 $1-r$은 무가치표적을 가치표적으로 잘못 확인할 확률이다. UCAV 가 무기억성 특징을 가지고 있다는 가정하에 UCAV 는 이전에 탐지된 표적과 확인되지 않은 무가치표적을 다시 방문할 수도 있고 그 표적들과 교전할 수도 있다. 표적과 교전한다는 조건하에서 가치표적을 파괴할 확률은 p이다. τ 기간 임무시간대에 UCAV 가 가치표적을 파괴할 확률을 계산한다.

3 개의 가능한 결과가 다음 탐지사건에 발생할 수 있다.

- $\varphi_1 = \frac{K}{T}q$ 확률로 가치표적과 정확한 교전
- $\varphi_2 = \frac{T-K}{T}(1-r)$ 확률로 무가치표적과 잘못된 교전
- $\varphi_3 = \frac{K}{T}(1-q) + \frac{T-K}{T}r = 1 - \varphi_1 - \varphi_2$ 확률로 교전하지 않음

이 확률들은 가치표적과 무가치표적의 수 사이의 비율에 따르며 수의 절대적 값은 관련이 없다. 시간대 동안 주어진 n 탐지기회 조건하 UCAV 가 가치표적과 교전할 확률 $P_n(VT)$은 식 (13-19)와 같다.

$$P_n(VT) = \sum_{i=1}^{n} {\varphi_3}^{i-1}\varphi_1 = \frac{1-{\varphi_3}^n}{1-\varphi_3}\varphi_1 \qquad (13\text{-}19)$$

식 (13-19)의 합으로 표현된 식에서 i 번째 항은 i 번째 탐지가 정확하게 가치표적과 교전할 확률이며 처음 $i-1$ 탐지는 비교전이 되어야 한다는 전제조건을 필요로 한다. 위 식의 두 번째 등식은 합 때문에 기하수열이다. $n \to \infty$일 때 (다시 말하면 임무에 시간적 제약이 없고 UCAV 가 무제한의 내구성을 가지고 있을 때) $P_n(VT) = \frac{\varphi_1}{1-\varphi_3} = \frac{\rho q}{1+\rho q-r}$, 여기서 $\rho = \frac{K}{T-K}$가 되며 표적지역 내 가치표적과 무가치표적의 개수 사이의 비율이다. 탐지의 수가 Poisson 분포를 따른 다는 것을 기억하면 주어진 τ 시간 동안 비교전 상황하 n번 탐지 확률 $P_n(N=n)$은 식 (13-20)과 같다.

$$P_n(N=n) = \frac{(\lambda\tau)^n e^{-\lambda\tau}}{n!} \qquad (13\text{-}20)$$

(13-19)과 (13-20)으로부터 UCAV 가 가치표적과 교전할 조건부 확률을 식 (13-21)과 같이 구할 수 있다.

$$P_\tau(VT) = \sum_{n=0}^{\infty} \frac{1-\varphi_3^n}{1-\varphi_3}\varphi_1 \frac{(\lambda\tau)^n e^{-\lambda\tau}}{n!} = \frac{\varphi_1}{1-\varphi_3}\left(1 - e^{-\lambda\tau(1-\varphi_3)}\right) = \frac{\rho q}{1+\rho q-r}\left(1 - e^{-\lambda\tau\left(1-\frac{\rho}{1+\rho}(1-q)-\frac{1}{1+\rho}r\right)}\right) \qquad (13\text{-}21)$$

가치표적이 파괴될 확률은 $pP_\tau(VT)$ 이다. 위 식으로부터 표적이 교전될 때까지의 시간은 평균을 $1/(\lambda(1-\varphi_3))$ 로 하는 지수확률분포라는 것을 알 수 있다.

예를 들어 표적지역 내에 있는 가치표적과 무가치표적의 수 비율 $\rho = 1$ 이다. 분당 탐지율 $\lambda = 1$ 이고 각 확률 $q = 0.7$, $r = 0.8$, $p = 0.5$ 이다. 파괴확률은 $pP_{10}(VT) = 0.5 \times 0.77 = 0.385$ 이다. 다음 그림은 UCAV 가 가치표적과 교전하는 확률에서 q와 r의 효과를 나타낸다.

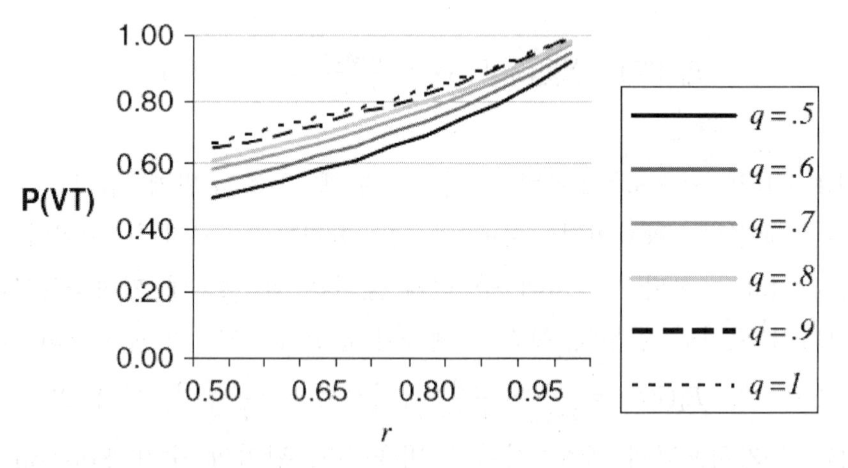

그림 13.7 r 과 q 에 따라 가치표적과 교전하는 확률

2개의 오류확률의 효과가 대칭적이지 않다는 것에 주목할 필요가 있다. $r = 0.5$, $q = 1$ 이라면 $P_{10}(VT) = 0.67$이다. 반대로 $r = 1$, $q = 0.5$이면 $P_{10}(VT) = 0.92$이다. 그림 13.7 에서 UCAV 의 성과는 q 보다 r 이 더 큰 효과를 가진다고 결론 내릴 수 있다. 임무에서 가치표적을 무가치표적으로 잘못 판단하는 오류는 이후에 바로잡을 수 있는 것이고 무가치표적을 가치표적으로 잘못 판단하는 오류는 이후에 바로잡을 수 없으므로 놀랄 만한 사실은 아니다. 왜냐하면 UCAV 가 무가치표적인 잘못된 표적과 교전하는 것은 임무실패로 간주되기 때문이다. 그림 13.8 은 3 개의 탐지율 λ에서 가치표적과 교전하는 확률에서 표적비율 ρ의 효과를 보여주고 있다.

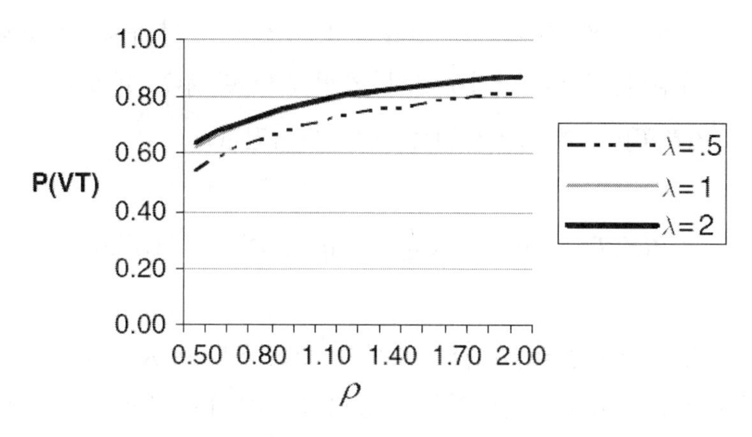

그림 13.8 ρ와 λ에 따른 가치표적과 교전할 확률

1 보다 큰 탐지율은 가치표적 교전 확률에 영향을 끼치지 않는다는 것을 그림 13.8 에서 알 수 있다. 이 확률은 매우 빠르게 $\frac{\varphi_1}{1-\varphi_3}$으로 수렴한다. UCAV 가 완벽한 기억능력을 가지고 있어서 이전에 탐지된 표적과 무가치표적으로 확인된 표적은 다시 방문하지 않는다고 가정해 보자. UCAV 는 이제까지 탐지되지 않은 표적집합으로부터 무작위하게 표적을 선택한다.

이 경우 최대 가능한 탐지수는 T이다. 임무를 위한 시간대는 이러한 최대수를 획득할 수 있다고 가정한다. 만약 K 개의 가치표적들이 UCAV 에 의해 무가치표적으로 잘못 분류되어 있고 $T-K$ 개의 무가치표적이 정확하게 확인된다면 T개의 탐지는 어떠한 교전도 하지 않는 결과를 초래할 수도 있다. 이러한 경우, 이것은 $(1-q)^K r^{T-K}$ 확률로 발생할 수 있다. UCAV 는 무작위하게 표적을 선택하고 교전한다고 가정한다. 무기억성 경우와 다르게 가치표적과 무가치표적의 개수 사이의 비율에만 종속되어 가치표적과 교전하는 확률은 이 확률은 가치표적과 무가치표적의 절대적 개수에 종속되는데 $P(VT) = P(K,T)$이다. $Q(K,T)$를 탐색이 종료되기 전에 성공적인 교전의 확률이라고 하자. 이 확률은 식 (13-22)와 같이 재귀적으로 얻어진다.

$$Q(K,T) = \frac{K}{T}(q + (1-q)Q(k-1,T-1) + \frac{T-K}{T}rQ(K,T-1) \qquad (13\text{-}22)$$

식 (13-22)에서 경계조건은 $Q(0,t) = 0, t = 0, \ldots, T$와 $Q(1,1) = q$이다. 식 (13-12)의 우측 첫 번째 항은 가치표적이 탐지되었지만 무가치표적으로 잘못 확인된 상황을 표현한다. 두 번째 항은 무가치표적이 탐지되고 무가치표적으로 정확하게 확인된 것을 나타낸다. 두가지 경우에서 가치표적 탐색은 계속된다. 가치표적과 교전하는 확률 $P(K,T)$는 식 (13-23)과 같이 주어진다.

$$P(K,T) = Q(K,T) + \frac{K}{T}(1-q)^K r^{T-K} \qquad (13\text{-}23)$$

예를 들어 표적지역에 $T = 10$개의 표적이 있고 이 중 $K = 5$는 가치표적이다. 가치표적을 가치표적으로 확인하는 능력과 무가치표적을 무가치표적으로 확인하는 능력은 각각 $q = r = 0.75$이다. 가치표적과 교전하는 확률은 0.769 이다. $P_n(VT) = \sum_{i=1}^{n} {\varphi_3}^{i-1}\varphi_1 = \frac{1-{\varphi_3}^n}{1-\varphi_3}\varphi_1$ 으로부터 무기억성 UCAV 의 최대 가능 교전확률($n \to \infty$)은 0.75 이다. 그림 13.9 는 가치표적의 수와 무가치표적의 수가 동일하고 표적의 개수가 2 에서 20 일 때 $P(VT)$ 값을 나타낸다. 명확하게 완전기억 UCAV 는 무기억성보다 성과가 더 우수하나 0.75 값으로 점근적으로 접근한다. 표적의 수가 4 일 때 완전기억 UCAV 가 가장 좋은 결과를 나타낸다.

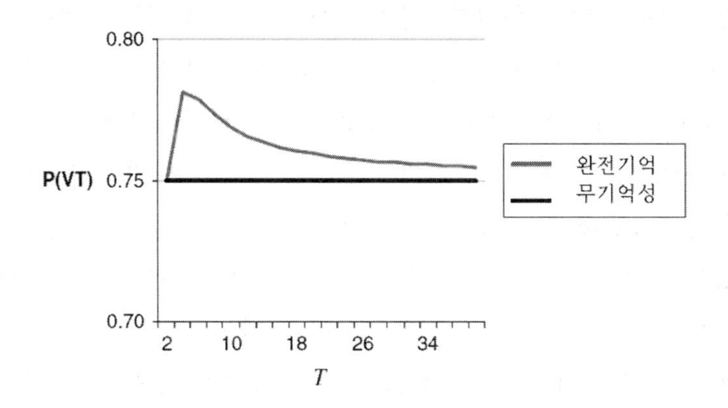

그림 13.9 $q = r = 0.75$일 때 두가지 형태의 UCAV 의 가치표적 교전 확률

그림 13.10 은 각각 $q = 1, r = 0.5$와 $q = 0.5,\ r = 1$인 경우 UCAV 의 가치표적 교전 확률을 나타낸다. 무가치표적을 무가치표적으로 확인하는 능력이 완벽한 경우 $(r = 1)$와 가치표적을 가치표적을 확인하는 능력이 열악한 경우$(q = 0.5)$가 반대의 경우 $(r = 0.5, q = 1)$ 인 경우를 완전히 압도한다. 이러한 사실로부터 가치표적을 무가치표적으로 잘못 확인할 수도 있는 오류를 감소시키는데 투자하기보다는 무가치표적을 가치표적으로 확인하는 오류를 감소시키는데 투자하는 것이 훨씬 더 효과적이라는 결론을 내릴 수 있다. 더욱이, 그림 13.10 의 왼쪽에서 완전기억 UCAV 는 무기억성 UCAV 을 압도하며 반대의 경우 오른쪽 그림과 같이 무가치표적을 무가치표적으로 확인하는 능력이 완벽할 때$(r = 1)$ 무기억성이 완전기억보다 더 낫다. 만약 UCAV 가 항상 무가치표적을 탐지가능하고 결국 가치표적을 획득한다면 놀랄 일은 아니다.

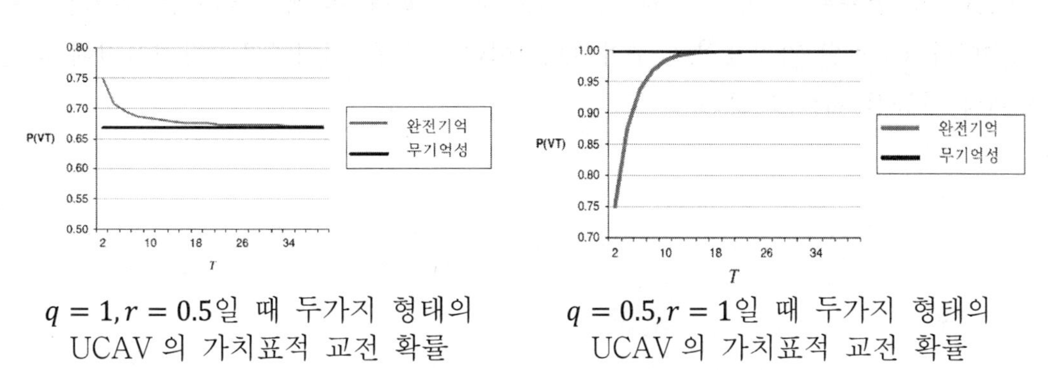

$q = 1, r = 0.5$일 때 두가지 형태의 UCAV 의 가치표적 교전 확률

$q = 0.5, r = 1$일 때 두가지 형태의 UCAV 의 가치표적 교전 확률

그림 13.10 $q = 1, r = 0.5$ 과 $q = 0.5, r = 1$일 때 교전확률

회수가능한 여러 개의 무기를 장착한 UCAV 에 대해 알아본다. 몇 개의 폭탄을 탑재한 회수가능한 UCAV 는 가치표적을 탐색하기 위해 표적상공에서 선회한다. UCAV 가 표적을 탐지하고 그것이 가치표적이라고 확인하면 UCAV 는 폭탄 중 하나로 표적과 교전한다. UCAV 는 무기억성 성질을 가지고 무작위적(일양분포) 형태로 표적을 탐지한다.

문제는 표적지역에 가치표적과 무가치표적의 수와 UCAV 에 탑재된 폭탄의 수가 주어져 있는 조건하에서 목적은 파괴된 가치표적의 수의 확률분포함수와 작전의 기대 기간을 계산하는 것이다. 전형적인 임무의 기간과 비교해서 UCAV 의 긴 내구성을 가정하면 마지막 폭탄이 투하될 때 작전은 종료된다.

이 문제의 모델을 설정해 보자. T 를 표적지역의 가치표적과 무가치표적의 총개수라고 하고 K를 가치표적의 개수라고 하면 최초 무가치표적의 개수는 $T - K$ 이다. 작전초기 UCAV 는 N 개의 폭탄을 장착하고 있고 UCAV 에 의해 가치표적과 무가치표적을 정확히 확인할 확률은 각각 q와 r이다. 평균 탐지시간 간격인 두개의 연속된 탐지 사이의 시간은 E_D이고 탐지로부터 폭탄투발까지 평균 공격시간은 E_A이다. 파괴확률은 p이다.

파괴된 가치표적의 수의 확률분포와, 특별히 기대값, 기대 작전기간을 얻는 모델을 발전시킨다. 교전의 어떤 단계에서 $k(k \leq K)$ 개의 가치표적과 $T - k$ 개의 무가치표적이 있다고 가정한다. UCAV 가 탐지된 가치표적과 교전할 확률은 $\frac{k}{T}q$이고 무가치표적과 교전할 확률은 $\frac{T-k}{T}(1 - r)$이다.

다음은 UCAV 의 작전을 묘사하는 Markov Chain 을 정의한다. Markov Chain 에서 하나의 단계는 탐지사건이고 상태는 (n, k) 쌍이다. 여기서 n 은 UCAV 에 탑재된 잔여 폭탄의 개수이고 k는 표적지역에 남아있는 가치표적의 개수이다. (파괴된 가치표적은 무가치표적이라는 것을 기억하라). 탐지사건에 따른 3 개의 가능한 전이가 있다.

$$(n,k) \rightarrow \underbrace{(n-1,k-1)}_{\text{UCAV가 가치표적 파괴}} \quad \text{with probability } \frac{k}{T}qp, \tag{13-24}$$

$$(n,k) \rightarrow \underbrace{(n-1,k)}_{\substack{\text{UCAV가 가치표적 획득했으나} \\ \text{놓치거나 무가치표적 획득}}} \quad \text{with probability } \frac{k}{T}q(1-p)+\frac{T-k}{T}(1-r), \tag{13-25}$$

$$(n,k) \rightarrow \underbrace{(n,k)}_{\text{UCAV가 표적을 획득 못함}} \quad \text{with probability } \frac{k}{T}(1-q)+\frac{T-k}{T}r. \tag{13-26}$$

최초 상태는 (N,K) 이고 흡수상태는 $(0,k), k = Max\{0, K-N\}, \dots, K$ 이다. 만약 UCAV 가 가치표적을 가치표적으로, 무가치표적을 무가치표적으로 확인하는 능력이 완벽하다면, 즉 $q = r = 1$, $N > K$ 이고, 가치표적의 수 K를 UCAV 가 알고 있다면 상태 $(n,0)$, $n = 1, \dots, N-K$는 UCAV 는 모든 가치표적이 파괴되고 난 후 표적지역을 이탈하기 때문에 흡수상태가 된다. 가능한 상태는 식 (13-27)과 같다.

$$\begin{gathered}(N,K) \\ (N-1,K),(N-1,K-1) \\ (N-2,K),(N-2,K-1)(N-2,K-2) \\ \cdot \\ \cdot \\ (0,K),(0,K-1),\dots,(0,Max\{0,K-N\})\end{gathered} \tag{13-27}$$

그리고 상태의 개수는 식 (13-28)과 같다.

$$S = \begin{cases}(K+1)\left(\frac{K+2}{2}+N-K\right), & if\ N > K \\ \binom{N+2}{2}, & if\ N \le K\end{cases} \tag{13-28}$$

지금부터 UCAV 에 장착된 폭탄의 개수가 표적지역의 가치표적의 최초 개수보다 크기 않다고, $N \le K$ 라고 가정한다. 이 경우 흡수상태의 개수는 $N + 1$이고 전이상태의 개수는 $\binom{N+1}{2}$이다.

Markov 전이 행렬 M은 다음과 같이 쓸 수 있다.

$$M = \begin{bmatrix} I_{N+1} & 0 \\ R & Q \end{bmatrix}$$

여기에서 I_{N+1}은 $(N+1) \times (N+1)$ 흡수상태에 대응하는 단위행렬이고 Q는 전이행렬에 대응되는 $\binom{N+1}{2} \times \binom{N+1}{2}$ 행렬이며 R은 전이상태로부터 흡수상태까지 전이를 표현하는 $\binom{N+1}{2} \times (N+1)$ 행렬이다. $(I-Q)^{-1}R$의 첫 행에서 파괴된 가치표적의 수의 확률분포가 주어진다. 여기서 I는 $\binom{N+1}{2} \times \binom{N+1}{2}$ 단위행렬이다. $(I-Q)^{-1}R$의 첫 행은 첫 번째 폭탄이 투하되기 전 임무의 최초상태에 대응된다. 전이상태 (n,k)로 방문하는 기대수는 $\mu_{(n,k)}$는 $(I-Q)^{-1}$의 첫 번째 행의 (n,k)번째 요소이다. 그러므로 임무의 기대기간 $E(Time)$은 식 (13-29)과 같다.

$$E(Time) = E_D \sum_{(n,k) transient} \mu_{(n,k)} + NE_A \quad (13\text{-}29)$$

예를 들어 UCAV 는 $N = 3$개의 폭탄을 가지고 $T = 12$개의 표적이 있는 표적지역으로 투입되었다. 이 중 가치표적은 $K = 6$개이다. 가치표적을 확인하는 확률은 $q = 0.7$이고 무가치표적을 확인하는 확률은 $r = 0.8$이다. 파괴확률은 $p = 0.5$이다. 평균 탐지시간 간격은 $E_D = 3$분이고 평균 공격시간 $E_A = 0.5$분이다. 상태의 개수는 10개이고 이 중 4개는 흡수상태이다.

표 13.5 Markov 전이 행렬

$M =$

States	(0,6)	(0,5)	(0,4)	(0,3)	(3,6)	(2,6)	(2,5)	(1,6)	(1,5)	(1,4)
(0,6)	1	0	0	0	0	0	0	0	0	0
(0,5)	0	1	0	0	0	0	0	0	0	0
(0,4)	0	0	1	0	0	0	0	0	0	0
(0,3)	0	0	0	1	0	0	0	0	0	0
(3,6)	0	0	0	0	0.55	0.28	0.18	0	0	0
(2,6)	0	0	0	0	0	0.55	0	0.28	0.18	0
(2,5)	0	0	0	0	0	0	0.59	0	0.26	0.15
(1,6)	0.28	0.18	0	0	0	0	0	0.55	0	0
(1,5)	0	0.26	0.15	0	0	0	0	0	0.59	0
(1,4)	0	0	0.25	0.12	0	0	0	0	0	0.63

행렬 M에서 강조된 부분이 부분행렬 Q이다. $(I-Q)$ 행렬은 표 13.6 과 같다.

표 13.6 $(I-Q)$ 행렬

0.45	−0.3	−0.2	0	0	0
0	0.45	0	−0.3	−0.18	0
0	0	0.41	0	−0.26	−0.15
0	0	0	0.45	0	0
0	0	0	0	0.41	0
0	0	0	0	0	0.37

$(I-Q)$ 행렬의 역행렬 $(I-Q)^{-1}$은 다음과 같다.

표 13.7 $(I-Q)^{-1}$ 행렬

2.22	1.36	0.95	0.83	1.19	0.38
0	2.22	0	1.36	0.95	0
0	0	2.45	0	1.57	0.97
0	0	0	2.22	0	0
0	0	0	0	2.45	0
0	0	0	0	0	2.73

기대 작전기간을 다음과 같이 구할 수 있다.

$$E(Time) = 3 \times (2.22 + 1.36 + 0.95 + 0.83 + 1.19 + 0.38) + 3 \times 0.5 = 22.3\text{분}$$

$(I-Q)^{-1}R$의 첫 번째 행으로부터 확률분포를 얻을 수 있다.

표 13.8 폭탄이 가치표적을 파괴할 확률

States (0,6)	(0,5)	(0,4)	(0,3)
0.23	0.46	0.27	0.04
0.37	0.49	0.14	0.00
0.00	0.41	0.47	0.11
0.61	0.39	0.00	0.00
0.00	0.64	0.36	0.00
0.00	0.00	0.68	0.32

UCAV 의 3 개의 폭탄이 모두 가치표적을 파괴할 확률(상태 (0,3))은 0.04 이다. 반면 하나의 UCAV 도 성공못할 확률(상태 (0,6))은 0.23 이다.

제14장

대테러와 대반군 모의

14.1 테러와 반군

지금까지 전통적 관점에서 군사상황은 지대공 미사일 발사대, 보병 대대, 공군 편대, 해군 함정 같은 순수 군사적 개체들로 교전 및 전투 상황을 묘사했다면 이 장에서는 범위를 더 넓혀 테러리스트 집단과 게릴라 그리고 반군과 같은 상황을 묘사한다.

테러리스트는 민간인 집단에 대해 행동하고 반군들은 국가에 대항하는 무국적 개인 또는 조직이다. 지구에서 살기에 적합한 지역은 특정 국가에 속해 있기 때문에 반군들은 반드시 특정 국가에 거주해야 한다. 그 국가가 반군의 표적이라면 무국적 세력들은 그 국가의 경찰 또는 군으로부터 보호를 받기 위해 위장을 하는 등 조심스럽게 행동해야 하고 지원을 위해 주민에 의지해야 한다. 그러므로 반군의 무기는 비교적 간단하고 작아야 하고, 생존하여 작전을 하기 위해서 작은 특징을 유지해야만 한다. 반군은 많은 국가들처럼 항공기, 전차, 함정을 보유할 수 없다. 그러나 소화기와 급조폭발물, 생물학 작용제, 독극물 등과 같이 지속적인 노출을 필요하지 않으면서 대혼란을 야기시키는 수단에 의존한다.

정상적인 정부군으로 반군에 대응하는 것은 비대칭전이나 비정규전이다. 비대칭성은 병력 크기, 군사적 능력과 정보의 3 개의 주요 차원으로 나타난다. 순수 물리적 평가의 차원으로 보면 반군은 정부군과 맞설 수 없는 능력을 보유하고 있다. 전형적으로 정부군의 전투원 수는 적어도 활동하는 반군의 수보다 한자리수가 더 많다. 2007 년 7 월 기준으로 이라크에서 작전하는 동맹군과 이라크 보안군의 수는 50 만명 이상인데 비해 반군의 수는 1.5 만에서 7 만명 수준이었다. 정부군은 일반적으로 반군보다 더 좋은 장비를 가지고 있고 더 잘 훈련되어 있으며 더 첨단화되고 효과적인 무기체계로 작전한다.

반군의 유일한 장점은 잡기 어렵고 발견하기 어렵다. 정부군은 반군과 교전하는 효과적인 군사적 수단과 능력을 가지고 있으나 반군을 쉽게 발견할 수 없다. 다른 말로 하면 정부군은 상황인식이 부족하다. 한편 반군은 노출된 민간인과 군사적 표적이 많아 반군의 상황인식은 거의 완벽하다.

이 장에서는 테러리즘과 반란에 대하여 3 개의 전형적인 문제를 다룬다. 첫 번째는 인구밀집지역에서 자살폭탄 효과를 추정하는 모델을 다룬다. 특별히 군중차단 효과가 모델링되고 평가된다. 두 번째 문제는 전염병 작용제의 의도적 살포의 형태에서 생물학적 작용제 테러리즘을 다룬다. 마지막으로 고전적인 민감-감염-회복 모델기반으로 하는 천연두와 전염병 모델을 소개한다. 전염병 모델은 대규모 백신접종 절차와 피해 수를 평가하고 요구되는 격리 능력뿐만 아니라 백신접종 능력과 다른 매개변수를 다룬다. 마지막으로 반군의 변화와 정부군의 대반군 작전에 있어서 국민들의 태도에 대한 Lanchester 기반 동적모델을 소개한다.

14.2 자살 폭탄 효과

자살 폭탄 테러리스트(SB: Suicide Bombers)을 포함하는 테러사건은 국민에 대한 심리적 효과 때문에 정권의 주된 관심사이다. 이것은 언론에 보도됨으로써 증폭될 수 있다. 전형적인 자살폭탄은 비교적 작은 인구밀집 지역에서 발생한다. 지금부터 Arena 라고 불리는 식당, 버스, 버스 정류장과 같은 곳을 Arena 라고 부른다. SB 는 Arena 에 들어와 피해자의 수를 최대화하기 위해 휴대한 폭탄물을 폭발시킨다.

여기에서는 특별히 Arena 에서 군중의 밀도와 같은 여러가지 관련된 매개변수의 함수로서 폭탄의 효과를 탐색하는 모델을 구성한다.

자살폭탄 테러에서 피해자의 수는 군중의 밀도에 따라 증가한다. 또한 사람들의 수가 고정된다면 Arena 가 크면 피해자 수는 감소할 수도 있다. 첫 번째 주장은 사람들의 높은 밀도는 폭탄의 불규칙한 파편의 확률이 크지고 기대 피해자수가 증가한다는 것이다. 두 번째 주장은 사람의 수가 고정된 경우 더 큰 장소는 낮은 밀도를 의미한다.

여기에서 이것이 반드시 사실이 아니라는 것을 보인다. 군중차단(Crowd Blocking)은 기대 피해자 수에 아주 중요한 효과를 미친다. 군중차단은 어떤 사람들이 SB 와 그들 사이에 있는 다른 사람들에 의해 폭탄의 파편으로부터 보호를 받는 경우를 말한다.

14.2.1 파편의 비산

전형적인 SB 는 폭발물을 외투나 큰 셔츠 밑에 숨긴 허리띠에 달고 옮긴다. 폭발물은 폭약과 더불어 작은 나사, 못같은 금속조각을 포함하고 있다. SB 는 가능한한 군중의 중앙 근접 이동을 시도하여 폭탄을 폭발시킨다. 폭탄의 금속파편은 SB 주위에 있는 사람들을 명중하는 파형으로 비산한다. 3~4kg 의 비교적 소규모의 폭발물의 파편 에너지는 작은 확률로 노출된 인원 또는 노출된 인원 바로 뒤에 서있는 사람을 손상시킬 수 있다. 잠재적으로 효과적인 파편의 수는 대략적으로 허리띠에 있는 파편수의 1/2 정도이다. 나머지 1/2 은 SB 본인에게 피해를 끼친다. SB 의 허리띠에 있는 폭발물과 파편은 그림 14.1 에서 완전한 원으로 표현된 것과 같이 균등하게 분포하고 있다고 가정한다.

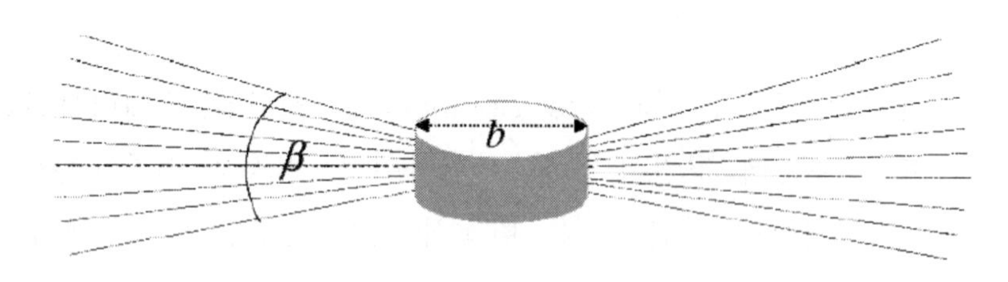

그림 14.1 자살 허리띠와 파편 비산

다음과 같은 기호를 정의한다.

N: 파편방사에서 효과적인 파편 수

R: SB 의 허리띠로부터 거리

b: SB 허리띠 직경(평균 직경은 SB 의 직경)

β: 효과적인 파편방사의 비산 각도

$P_H(R)$: 거리 R에 노출된 사람이 파편을 맞을 확률

첫째, SB로부터 R 거리에서 파편의 밀도를 계산한다. 그림 14.2에서 보는 것과 같이 파편비산은 폭발지점에서 수평적으로 $-\frac{\beta}{2} \sim \frac{\beta}{2}$ 각도, 수직적으로 α 각도로 분산된다. 이것은 그림 14.2 에서 구의 중심이다. 거리 R에서 호의 거리는 $ds = Rd\alpha$ 이다. 각 α 에서 완전한 원주 띠의 표면면적은 $2\pi Rcos\alpha Rd\alpha = 2\pi R^2 cos\alpha d\alpha$이다. 그러므로 거리 R에서 총 비산면적은 다음과 같다.

$$2\int_0^{\frac{\beta}{2}} 2\pi R^2 \cos\alpha d\alpha = 4\pi R^2 \int_0^{\frac{\beta}{2}} \cos\alpha d\alpha = 4\pi R^2 [\sin\alpha]_0^{\frac{\beta}{2}} = 4\pi R^2 \sin\frac{\beta}{2}$$

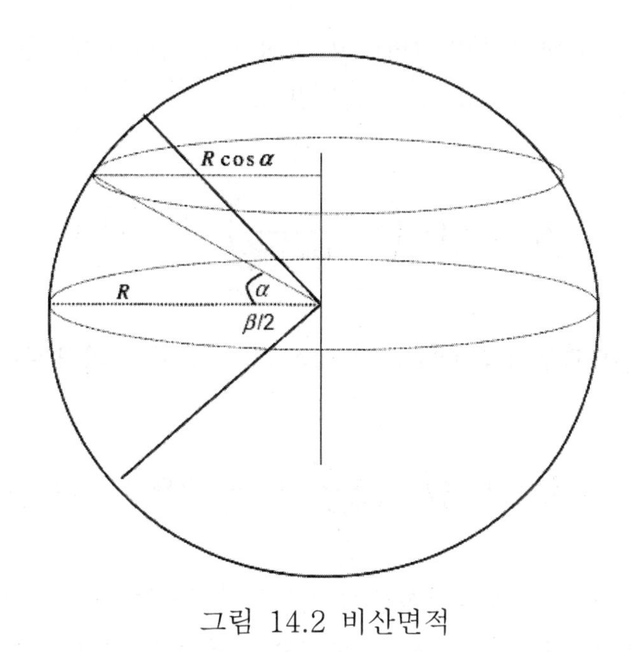

그림 14.2 비산면적

거리 R에서 파편의 밀도는 식 (14-1)과 같다.

$$\sigma_R = \frac{N}{4\pi R^2 \sin(\beta/2)} \qquad (14\text{-}1)$$

그림 14.3 에서와 같이 모델에서 한 사람이 직경 b와 높이 cb의 원기둥으로 표현되어 있다. 여기에서 $c > 1$이다. 파편 A에게 원기둥의 노출면적은 근사적으로

폭 b와 비산각도 β에 의해 결정되는 높이의 직사각형이다. 즉, $A = bMin\{2R \cdot tan\left(\frac{\beta}{2}\right), cb\}$이다.

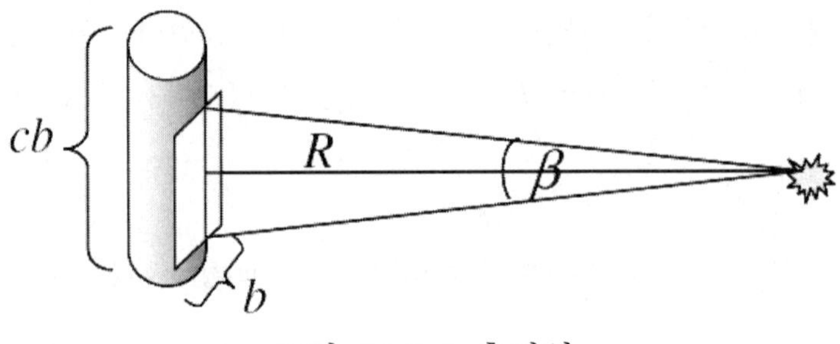

그림 14.3 노출지역

파편의 비산이 균등하고 독립적이라고 가정하면 거리 R에 있는 사람이 적어도 하나의 파편을 맞을 확률은 식 (14-2)와 같다.

$$P_H(R) = 1 - \left(1 - \frac{A}{4\pi R^2 sin\frac{\beta}{2}}\right)^N \qquad (14\text{-}2)$$

$\sigma_R = \frac{N}{4\pi R^2 \sin(\beta/2)}$으로부터 $P_H(R)$을 식 (14-3)과 같이 정리할 수 있다.

$$P_H(R) = 1 - \left(1 - \frac{A}{N/\sigma_R}\right)^N \cong 1 - e^{-A\sigma_R} \qquad (14\text{-}3)$$

폭발과 Arena 의 크기의 효과성은 공기저항과 중력이 파편의 에너지와 궤도에 특별히 중요한 것은 아니라는 것을 가정한다. 파편은 거리가 따라 피해가 전혀 없는 것은 아니다.

14.2.2 Arena 모델링

어떤 전형적인 Arena, 예를 들면 식당, SB 주위의 원형지역으로 표현할 수 있다. R_0 를 SB 허리띠와 Arena 의 경계 사이의 거리라고 하자. 사람들은 Arena 내에서 무작위적이고 균등하게 분포되어 있다고 가정한다. 모델링 목적상폭 b만큼 커지는 M개의 동심원을 가지는 원형지역으로 보는 것이 편리하다. 각 사람들은 어떤 원의 직경 b로하는 Slot 으로 표현하고 위치시킨다. 특별히 SB 는 그림 14.4 a 에서 보는 것과 같이 중앙 원의 중심에 위치한다.

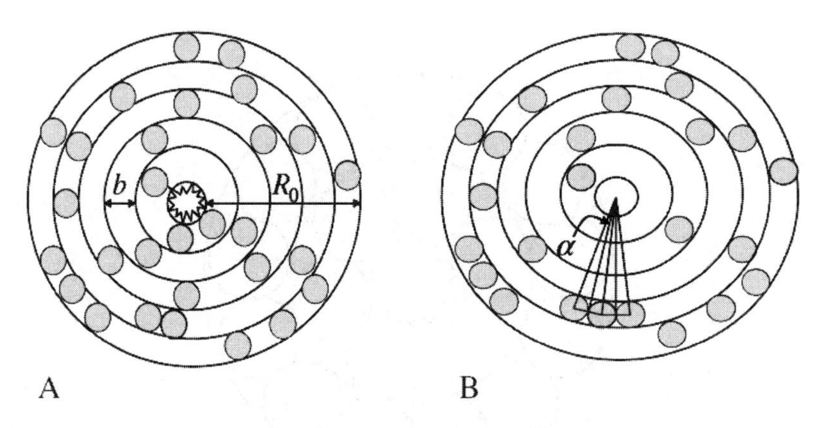

그림 14.4 Arena 표현

그림 14.4 의 b 에서 보는 것과 같이 m번째 동심원에 꼭 끼울 수 있는 Slot 의 수는 m 원내의 원중심에서 폭발지점과 연결하는 선과 폭발지점을 통과하여 지나는 원에 대한 Tangent 사이의 각 α_m 에 의해 결정된다. $a_m = (2\pi)/(2\alpha_m)$ 이다. 그러나 $sin(\alpha_m) = \frac{b/2}{mb} = \frac{1}{2m}$ 이므로 $\alpha_m = arcsin(\frac{1}{2m})$, $a_m = \frac{\pi}{arcsin(\frac{1}{2m})}, m = 1, \ldots, M$ 이다. a_m은 명백하게 b에 독립적이다. 지금부터 $b = 1$로 간주한다.

적어도 $M \leq 200$ 인데 이것은 SB 시나리오에서 필요한 것보다 훨씬 많은 숫자이다. a_m은 $m = 1$ 일 때만 $a_1 = 6$이 되어 정수가 된다는 것은 증명되었다. 둘러싼 각 Slot 은 작은 중첩이 발생가능하여 개수는 $k_m = \lceil a_m \rceil$ 이 된다. 여기서 k_m은 a_m을 소수점 올림으로 한 것이다. 원 m의 중첩요소는 식 (14-4)와 같이 정의한다.

$$d_m = \frac{k_m - a_m}{k_m} \qquad (14\text{-}4)$$

예를 들어 $m = 1,2,3,4,5,6$ 에 대한 중첩요소는 각각 0.04, 0.01, 0.04, 0.02, 0.01 이다. 더 큰 값 M에 대해서는 $a_m = \frac{\pi}{arcsin(\frac{1}{2m})}$의 분자가 1 로 제한되고 분모는

m내에서 엄격하게 단조적으로 증가하기 때문에 d_m은 더 작은 값을 갖는다. $m = 1,2$인 그림 14.5 에서 두 번째 동심원에 Slot 들이 약간 중첩되는 것에 주목할 필요가 있다.

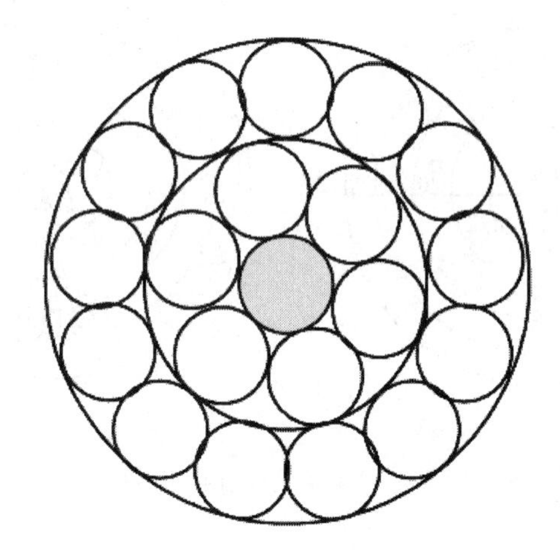

그림 14.5 Slot 의 수($k_1 = 6, k_2 = 13$)

그러므로, 중첩은 미미하고 이 중첩은 동심원의 폭을 약간 증가시킴으로서 해소 가능하다. 지금부터 테러 장소의 m번째 동심원이 k_m개의 Slot 을 가진다고 가정한다. $K(m)$을 식 (14-5)와 같이 표현한다.

$$K(m) = \sum_{n=1}^{m} k_n,\ m = 1, \dots, M \qquad (14\text{-}5)$$

$K(M)$은 Arena 에서 SB 를 제외한 최대 가능한 인원수이다. 예를 들어 $M = 10$ 이면 $K(M) = 6 + 13 + 19 + 26 + 32 + 38 + 44 + 51 + 57 + 63 = 349$ 이다. Arena 에서는 무작위적인 동질한 혼합을 가정하고 있기 때문에 m번째 동심원에 기대 인원수는 식 (14-6)과 같다.

$$\mu_m = \frac{k_m}{K(M)} L \qquad (14\text{-}6)$$

여기서 L은 테러 장소에 있는 사람들의 수이다.

14.2.3 군중에 의한 차단 효과

피해자의 수는 Arena 에 있는 사람들의 공간적 분포에 따른다. 어떤 사람들은 파편을 막아 섬으로써 다른 사람들에 대한 인간방패가 되기도 한다. 그림 14.6 에서 보는 것과 같이 B1 은 표적(Target)에 대해 완벽한 방패막이 역할을 하고 B2 는 표적에 대해 부분적으로 방패막이 역할을 한다.

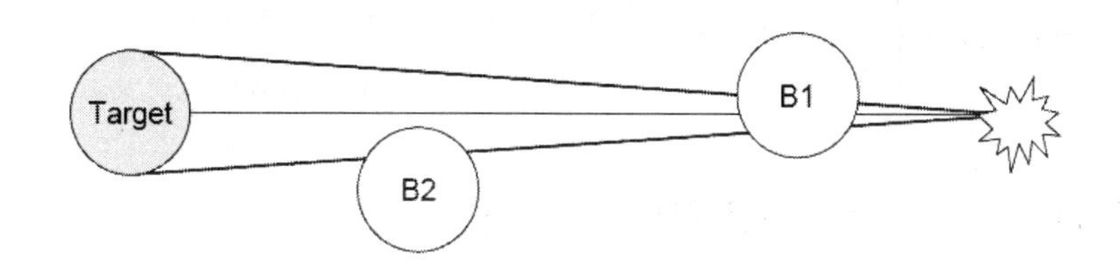

그림 14.6 부분/완전 방패막이 역할

표적(인원)은 표적의 중심이 파편비산으로부터 방패로 보호를 받는다면 표적으로 비산하는 파편에 대하여 방호가 된다고 가정한다. 다른 말로 표현하면 적어도 한명의 인원이 테러리스트의 폭발지점의 중심으로부터 표적의 중심까지 가시선을 차단하면 표적은 안전하다. 그림 14.6 에서 B1 은 표적을 보호하지만 B2 는 그렇지 않다. 사람의 관점에서 상황을 묘사하는 대신 다양한 동심원에 있는 Slot 을 살펴봄으로써 해석하고자 한다. 그러므로 테러리스트와 표적 사이의 가시선과 만나는 동심원 $1, \ldots, m-1$에 적어도 하나의 Slot 이 자리잡고 있으면 m번째 동심원에 있는 표적(Target)은 보호를 받는다.

각 동심원에 있는 Slot 들은 꽉 차 있기 때문에 각 동심원 $1, \ldots, m-1$에는 정확하게 SB 와 표적 사이의 가시선과 교차하는 하나의 Slot 이 있다. 이러한 $m-1$개의 Slot 중 적어도 하나의 Slot 이 Arena 에 있는 다른 $L-1$명의 사람들 중 한 사람에 의해 가려져 있으면 표적은 안전하다는 것이다. 이 사건의 여집합 확률을 Arena 에 L명의 사람들이 있고 m 동심원 안의 표적이 노출되어 있고 폭발에 취약한 확률이라 하고 $\pi(L,m)$이라고 표기한다. m 동심원 내에 있는 어떤 사람을 생각해 보자. Arena 에 사람들은 균등하고 독립적으로 분포되어 있기 때문에 다른 $L-1$명의 사람들 중 첫 번째 사람이 차단하는 Slot 에 위치하지 않을 확률은 가용한 $K(M)-1$ 중에서 $K(M)-m$ 개의 빈 Slot 을 선택하는 것이다. 두 번째 사람은 가용한 $K(M)-2$ 중에서 $K(M)-m-1$ 개의 빈 Slot 을 선택하는 것이다. 세 번째 이후 사람은 동일한 논리로 반복된다. 그러므로 $\pi(L,m)$은 식 (14-7)과 같다.

$$\pi(L,m)=\begin{cases}\prod_{l=1}^{L-1}\left(1-\frac{m-1}{K(M)-l}\right) & if\ L<K(M)-m+2 \\ 0 & otherwise\end{cases} \qquad (14\text{-}7)$$

$1=\pi(L,1)\geq\pi(L,2)\geq,\ldots,\pi(L,M)$은 쉽게 보일 수 있다.

파편에 의해 직접 타격되는 피해를 1 차 피해라고 부른다. m 동심원 내의 1 차 피해의 기대수 $E_{L,m}$는 식 (14-8)과 같다.

$$E_{L,m}=\mu_m\times\pi(L,m)\times P_H(m) \qquad (14\text{-}8)$$

여기서 $P_H(m)$는 식 (14-9)와 같다.

$$P_H(m)=1-e^{-A\sigma_m}=1-e^{-\frac{NMin\{2mtan\left(\frac{\beta}{2}\right),c\}}{4\pi sin\frac{\beta}{2}m^2}} \qquad (14\text{-}9)$$

기대 총 1 차 피해 $E_L(M)$는 식 (14-10)과 같다.

$$E_L(M)=\sum_{m=1}^{M}E_{L,m} \qquad (14\text{-}10)$$

2 차 피해는 노출된 사람 바로 뒤에 위치하고 있는 사람이 파편에 맞는 것을 말한다. 모델의 관점에서 SB 와 사람 B 사이의 가시선을 차단하는 하나의 Slot A 만 있을 때이면서 Slot B 가 A 와 접선할 때 사람 B(Slot B)는 2 차적 피해가 될 수 있다. 다른 말로 말하면 $m+1$ 동심원에 있는 사람은 SB 와 그 사이에 서 있는 m 동심원 내에 한 사람이 있다면 2 차 피해가 될 수 있다. 만약 바로

즉각적인 방패가 파편에 맞으면 2 차 부상은 확률 q로 독립적으로 발생한다고 가정한다.

$m-1$과 m 동심원 내의 Slot 의 가시선이 미확보되고 $1,\ldots,m-2$ 동심원의 가시선이 확보될 때 m 동심원의 2 차 피해가 발생할 수 있는 상황이 가능하다. 사건 $A=\{Slots\ 1,\ldots,m-2$ 따라 가시선이 확보$\}$은 다음 두 서로소 사건의 합집합이다: $B=\{Slots\ 1,\ldots,m-1$ 에 따라 가시선 확보$\}$ $C=\{Slots\ 1,\ldots,m-2$ 에 따라 따라 가시선 확보 '그리고' $Slot\ m-1$ 가시선 미확보 $\}$. C 는 관심사건이고 $\mathrm{P}(C)=P(A)-P(B)=\pi(L,m-1)-\pi(L,m)$ 이다. 명확하게 이 사건은 두 번째 동심원으로부터 가능하다. 그러므로 m 동심원에 있는 사람은 $\pi(L,m)$ 확률로 1 차 타격을 $\pi(L,m-1)-\pi(L,m)$ 확률로 2 차 타격을 받기 쉽다. 이 사람이 파편으로부터 타격을 입을 확률은 $\pi(L,m)P_H(m)+q(\pi(L,m-1)-\pi(L,m))P_H(m-1)$이다.

m 동심원에 있는 사람의 1 차 및 2 차 피해의 기대수 $\hat{E}_{L,m}$은 식 (14-11)과 같다.

$$\hat{E}_{L,m}=\begin{cases}E_{L,m}, & m=1\\ \mu_m\left[\pi(L,m)P_H(m)+q\big(\pi(L,m-1)-\pi(L,m)\big)P_H(m-1)\right], & otherwise\end{cases}$$

(14-11)

그림 14.7~14.8 은 완전차단($q=0$)과 부분차단($q=0.5$)의 경우에 군중 크기 L의 함수로서 $E_L(M)$을 그린 것이다. 2 개의 Arena 크기 $M=10,20$과 2 개의 파편비산 각도 $\beta=10°$, $60°$를 검토한다. $N=100$ 파편을 가정하고 사람의 키를 그의 폭($c=3.5$)의 3.5 배라고 가정한다.

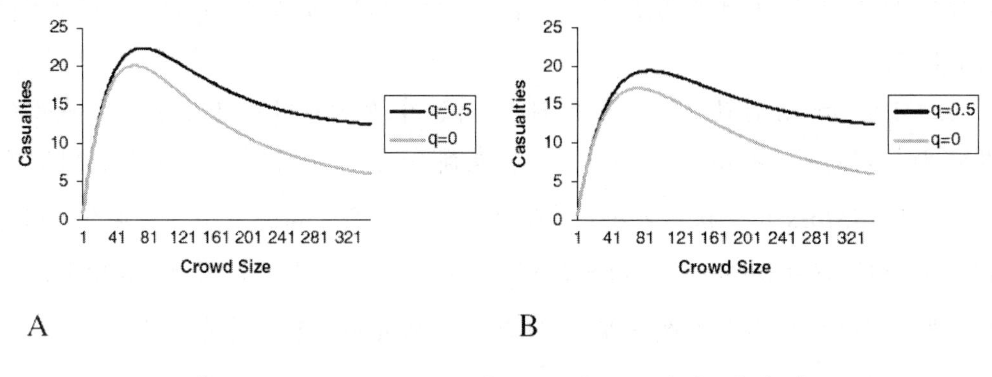

그림 14.7 $M = 10, \beta = 10°(A), 60°(B)$ 기대 피해 수

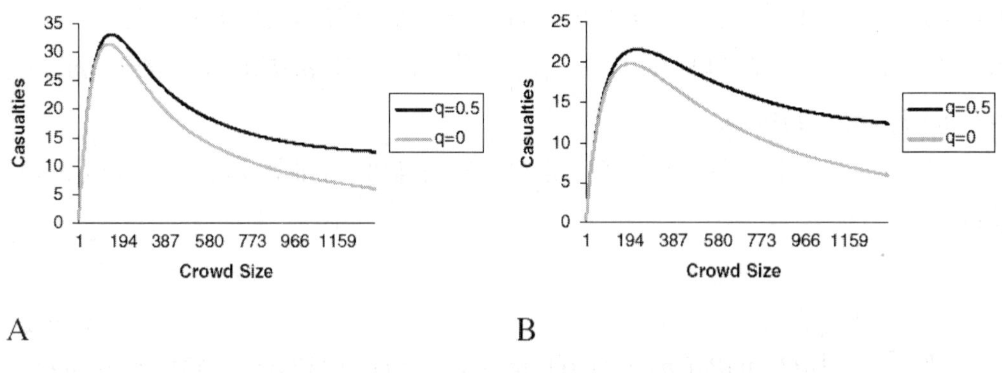

그림 14.8 $M = 20, \beta = 10°(A), 60°(B)$ 기대 피해 수

그림 14.7 과 14.8 2 개의 그림은 자살폭탄의 효과는 반드시 Arena 에 있는 사람의 규모에 따라 증가한다는 것은 아니라는 것을 보여준다. 어떤 임계치 너머, 기대 피해자 수는 더 작아진다. 이러한 현상은 군중에 의한 차단에 의해 발생하는 것이고 군중의 밀도가 증가됨에 따라 더 중요한 사실이 된다. 완전 차단($q = 0$, 1 차 피해만)의 경우 기대 피해자 수는 6 명으로 감소한다. 이것은 Arena 가 군중이 꽉 차 있을 때는 폭발의 효과가 첫 번째 동심원($k_1 = 6$)에 제한되기 때문에 일반적으로는 사실이다. 폭발의 효과 또한 파편 비산각도의 크기에 종속된다. 효과는 비산 각도가 좁을 때가 넓을 때보다 더 크다. 또한 Arena 가 번잡할 때 2 차 피해가 더 심각하다. 낮은 밀도의 Arena 는 단지 직접적인 파편의 명중이 피해자 수에 영향을 끼친다. 그림 14.9 는 기대 피해자 수와 Arena 크기의 효과를 표현한 것이다. 군중은 $L = 100$ 명으로 가정하고

Arena 는 $M = 6$(100 명을 수용할 수 있는 최소 Arena)와 $M = 50$ 사이의 크기를 변화시켰다. 완전차단($q = 0$)을 가정한다.

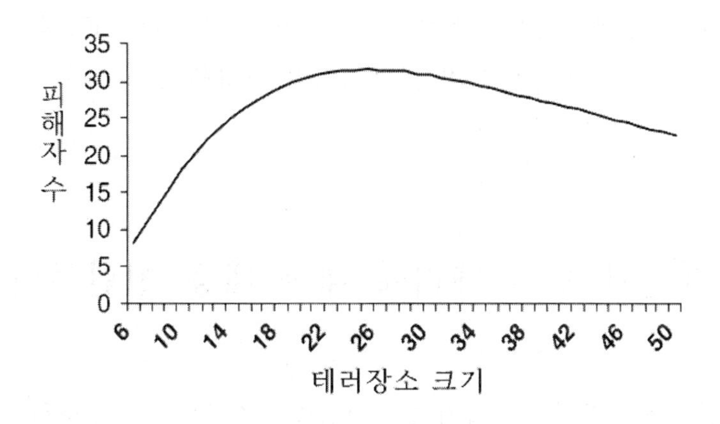

그림 14.9 Arena 크기와 기대 피해자수($\beta = 10°$)

그림 14.9 로부터 Arena 의 크기는 피해에 대해 비단조적인 것이라는 것을 알 수 있다. 특정 군중(예에서는 $L = 100$)에서 장소크기가 $M = 25$일 때 피해가 가장 크다. 위의 3 가지 그림은 실제 SB 사건에 대한 데이터와 일치하는 것처럼 보인다. 모델의 수치적 결과를 확인하는 철저한 통계적 분석은 어렵다.

첫째로, 실제 사건발생 시간에 Arena 의 군중 수 L의 크기에 대한 신뢰할 만한 기록이 없다. 기껏해야 목격자의 인터뷰에 기반하여 군중수는 추정할 수밖에 없다. 둘째로 자살폭탄 테러사건에서 치명적 피해를 끼치는 주요인은 파편이기는 하지만 어떤 희생자들은 폭발효과에 의해 사망하기도 한다. 물론, 기록된 부상은 잔해로부터 찰과상과 타박상과 같은 정신적 충격과 2 차 피해와 관련이 있지만 많은 희생자들은 파편에 의해 직접적으로 피해를 입은 것이다. 세 번째로 자살허리띠의 효과적인 파편수는 단지 추정만 될 뿐이다. 네 번째로 Arena 의 SB 위치가 결과에도 영향을 미친다. 비교적 피해가 없는 사건은 경비요원이 입구에서 SB 를 확인하여 SB 가 Arena 로 선정된 장소 밖에서 폭탄을 터트리는 등 전형적으로 테러리스트의 활동을 사전에 부분적으로 성공적인 차단을 한 경우이다.

이 모델로부터 취할 수 있는 교훈은, 당연한 말이지만 SB 의 임박한 위협의 경우에는 도망가는 것이다. 물론 이것은 사회 복지적 관점으로 보면 가장 좋은 전략이 아닐 수 있다. 어떤 실제상황에서 이러한 반응은 기대 피해자 수를 실제적으로 증가시키기도 했다. 동료를 보호하기 위해 군인이 그의 몸을 즉각적으로 수류탄 위에 던지는 것이 바른 일이다. 또 다른 교훈은 이런 모델과 분석은 우리에게 테러리스트에게 가장 매력적인 상황을 인식시키는 것과 더 좋은 보호방책을 취하는 것이다.

14.3 생물학 무기 테러에 대한 대응-천연두의 경우

테러와의 전쟁에 있어서 국가는 전염병 작용제를 포함한 생물학무기 테러사건에 대응하는 것이 주된 관심사이다. 그러한 위협에 효과적으로 대응하기 위하여 많은 작전적이고 군수적 결정을 해야만 한다. 이러한 결정은 대략적으로 2 가지 수준으로 분류되는데 가능한 생물학무기 공격 이전 미리 결심해야 할 전략적(구조적) 결정과 생물학 무기 공격이 발생된 이후 결심되는 작전적(실시간) 결정이다.

전략적 문제의 몇 가지는 아래와 같다.

○얼마나 많은 백신(Vaccine)을 생산하고 비축해야 하는가에 대한 결정
○백신의 양과 이와 관련된 보급품을 할당하고, 보급하고 통제하는 관리정책의 선택
○백신보급소, 검역시설, 수송능력 등 기반시설의 구축
○백신접종 절차 선택(예를 들어 접종만 실시, 특정 약물 사용금지사유를 검사하기 위한 사전 백신접종)
○인력요구와 인원할당 결정

작전적(실시간) 문제는 다음을 포함한다.

○생물학 작용제 테러사건의 형태를 탐지하고 확인
○만약 테러가 발생되었다면 접촉 및 추적절차 관리

○감시, 격리, 검역, 추적, 백신접종과 관련하여 노력의 우선순위 결정
○백신과 관련 보급품의 보급망 협조
○대응절차의 애로와 잠재적 혼잡 확인
○서비스 능력을 결정하고 서비스율을 설정

전략적 및 작전적 의미 둘 다 가지는 가장 중요한 결정 중 하나는 채택하는 백신접종 정책이다. 백신접종 정책은 2 가지 수준을 가진다. 첫 번째 수준에서 정책결정자는 근본적으로 2 가지 선택 중에서 결정해야만 한다: 하나는 모든 인구를 사전 백신접종시키는 선제적 접근이고 다른 하나는 전염병이 발생한 적의 공격 이후 백신접종, 통행금지, 격리 등과 같은 응급대응을 시작하는 '대기-관찰' 하는 접근법이다.

2 가지 선택의 혼합도 가능하다. 예를 들어 보건요원과 치안유지 인원 등 1 차 대응인원들을 사전에 백신접종을 시키는 것이다. 백신접종의 두려움 등 부수효과적 의료적 고려사항과 '실제 위협이 있느냐? 또는 단지 인지된 것인가?'와 같이 관련된 사회학적이고 심리학적인 고려사항은 의사결정자가 종종 아주 중요한 선제적 행동을 취하는 것을 방해한다.

만약 아주 중요하지 않은 선제적 방책이 채택된다면 두 번째 수준의 질문은 어떤 사후 백신접종 정책이 채택될 것인가 하는 것이다. 2 개의 주요 정책은 집단 백신접종과 백신접종 추적이다. 집단 백신접종에서 최대 백신접종 능력은 전인구를 균등하게 백신접종이 가능해야 한다. 백신접종 추적에서는 감염 증상이 나타난 인원들과 의심스러운 접촉자에 대해 제한적으로 백신접종한다. 여기에서는 높은 전염성 천연두 확산에 대하여 집단 백신접종의 효과를 분석하는 기술적 모델을 발전시킨다.

14.3.1 전염병과 가능한 해결책

테러리스트가 공공지역에 천연두 바이러스를 살포했다고 가정하자. 당국은 몇몇 환자들의 증상이 보고되고 진단될 때까지는 이 사실을 알지 못한다.

전염병이 탐지되고 확인된다면 격리, 검역, 감염과 진단된 사람과 접촉한 사람을 추적하고 부분적이거나 전인구에 대한 접종을 하는 대응이 시작된다.

천연두는 감염된 사람이 증상이 없고 전염되지 않는 잠복기를 가진다. 잠복기는 2 개의 기간으로 나누어진다. 백신접종이 면역가능 기간과 면역불가능 기간이다. 백신접종은 면역가능 기간동안 비감염자에게 완벽한 효과를 발한다. 면역불가능 기간 동안, 백신접종은 효과적이지 않다. 그러므로 감염된 사람은 결국 발병하게 된다. 잠복기가 끝나면 감염된 사람은 증상을 나타내고 증세가 지속되는 한 다른 사람을 전염시킨다. 병을 회복한 환자는 면역체계을 갖게되고 다른 사람을 전염시키지 않는다.

그림 14.10 은 전염병의 단계와 진행을 나타낸다. 주어진 시간 t에서 비접종 인원들은 6 개의 가능한 단계로 구분된다. 전염병에 노출되기 쉬움(S), 감염·비전염·면역가능(A), 감염·비전염·비면역(B), 감염·전염·비격리(I), 감염·전염·격리(Q), 회복·접종·사망(R).

그림 14.10 은 단계 사이의 전이를 나타낸다. 전염병이 확인되고 증상이 탐지되면 감염된 사람들은(I 단계)는 격리되고(Q 단계로 이동하고) 접종절차가 시작된다. 단 S , A , B 단계의 증상이 없은 사람들은 백신접종을 실시한다. 백신접종이 S , A 단계에 있는 사람들에게 효과적이고 B 단계에 있는 사람들에게는 비효과적이다. I 단계에 있는 증상이 있는 것으로 탐지된 사람들은 즉시 격리된다.

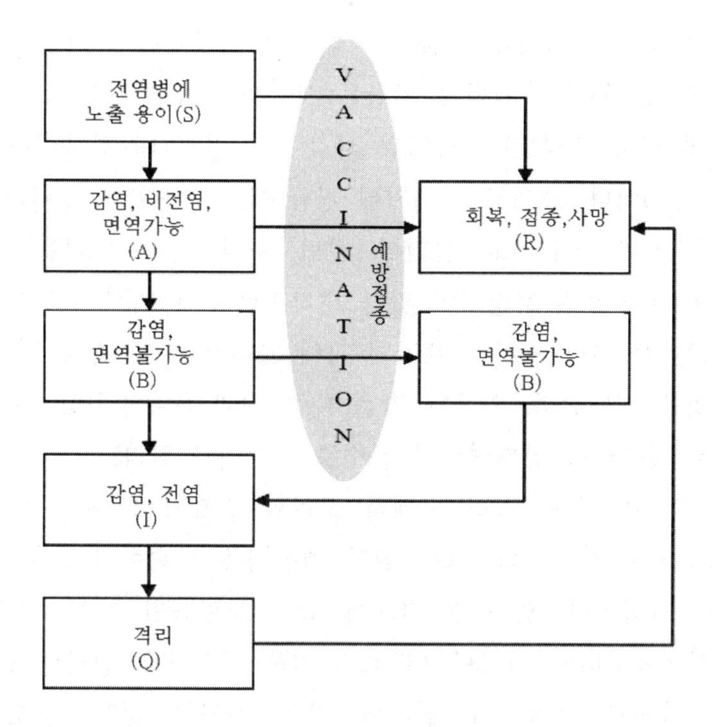

그림 14.10 전염병 단계와 진행

14.3.2 집단 백신접종 모델

집단 백신접종 모델은 S, I 그리고 R 만 고려된 전염병 모델인 일반적인 SIR 모델에 기반한다. 지금부터 우리는 단계의 명칭과 그 단계에서 사람들의 집합을 지정하기 위해 같은 명칭을 사용한다. SIR 모델은 결정적 Lanchester 모델과 유사한 상미분방정식 집합이다. 이 형태는 천연두 집단백신접종 절차의 전형적인 일일 시간 해상도로 조율되어 있어 계산적으로 더 관리하기 용이하다.

$$
\begin{aligned}
S(t+1) &= S(t)\big(1 - rI(t)\big) \\
I(t+1) &= I(t)(1 + rS(t) - \rho) \qquad (14\text{-}12) \\
R(t+1) &= R(t) + \rho I(t)
\end{aligned}
$$

여기서 t는 시간으로 단위는 일(Day)이다.

새로 감염된 수는 전염병에 노출되기 쉬운 S(지금부터 인자값 t는 강조를 할 때를 제외하고는 생략)와 감염된 I 사람들 사이의 상호작용에 따른다. 이것은 이 두 변수의 곱에 의해 측정된다. 감염된 사람이 1 일 이내 회복이나 사망과 같이 제거되는 확률은 ρ이다. 그러므로 제거된 평균수는 ρI이다. 노출되기 쉬운 사람들 수 중에서 감소율은 rSI 이고 감염된 사람 수의 순수 변화는 $rSI - \rho I$ 이다. 총인구는 $S + I + R = P$로 고정되어 있다고 가정한다. 여기서 관련된 인구가 가장 큰 정당성의 근거가 된다는 것을 보이기 위해 기대값 분석(EVA: Expected Value Analysis) 방법을 채택한다. 인구가 작을 때는 결과가 부정확할 수도 있다. 사실 (14.12)는 어떤 경우에는 상태변수가 음수를 가지기도 한다.

천연두의 경우 잠복기와 격리 단계를 고려할 필요가 있다. 그러므로 $S + A + B + I + Q + R = P$로 가정한다. ω를 일일 백신접종 능력이라고 하고 백신접종의 완전한 효과를 가정한다. S, A, B 단계에 있는 사람들만 백신접종을 받는 것을 기억하라. 백신접종센터에 나타난 I단계에 있는 사람들은 진단받고 격리된 다른 사람들과 마찬가지로 등록이나 검사와 같은 절차를 밟는 것으로 가정한다. 백신접종을 받지 않음에도 불구하고 이러한 사람들은 백신접종을 위한 능력을 소비한다. 백신접종 능력이 ω로 고정되어 있지만 S, A, B, I 단계의 값은 시간에 따라 변한다. 백신접종 대기행렬은 어떤 의미에서 동질적이기 때문에 아직 격리되거나 제거되지 않은 주민의 단계분포를 반영한다. 주어진 일자 t 에서 전체주민의 어떤 사람이 백신접종센터를 통과할 확률은 $V(t) = Min(1, \omega/(S(t) + A(t) + B(t) + I(t))$이다.

그러므로 백신접종센터에 격리된 I 단계에서 사람의 수는 IV 이다. 비율 λ는 어떤 날에 백신센터에 오기로 계획되지 않은 사람이 백신센터(가족 주치의 사무소, 응급실)가 아닌 의료시설에 자발적으로 와서 진단되고 격리되는 I 단계의 사람의 비율이다. 이것은 Off-line 격리절차인데 백신센터에 도착하기 전 $\lambda I(1 - V)$ 감염된 사람들이 진단되고 격리된다. 격리된 사람들은 ρ 비율로 사망하거나 회복되어 제거된다. α 와 β를 각각 A 단계에서 B 단계로, B 단계에서 I 단계로 전이되는 일일 비율이라고 하자. 천연두 집단백신절차의 변화를 설명하는 차분방정식은 다음과 같다.

$$S(t+1)=S(t)-\underbrace{\gamma S(t)I(t)}_{\text{감염된 노출인원}}-\underbrace{S(t)V(t)}_{\text{백신접종된 노출인원}}, \tag{14-13}$$

$$A(t+1)=\underbrace{\gamma S(t)I(t)}_{\text{신규 감염}}-\underbrace{\alpha A(t)}_{\text{A단계에서 B 단계로 이동하는 사람}}-\underbrace{A(t)V(t)}_{\text{백신접종한 A단계 사람}}, \tag{14-14}$$

$$B(t+1)=\underbrace{\alpha A(t)}_{\text{B단계 신규인원}}-\underbrace{\beta B(t)}_{\text{I단계로 이동하는 사람}}, \tag{14-15}$$

$$I(t+1)=\underbrace{\beta B(t)}_{\text{I단계 신규인원}}-\underbrace{I(t)V(t)}_{\text{백신접종절차를 경유하여 격리된 감염자}}-\underbrace{\lambda I\left(1-V(t)\right)}_{\text{백신접종센터에 오기전 격리된 감염자}}, \tag{14-16}$$

$$Q(t+1)=\underbrace{I(t)V(t)}_{\text{백신접종센터로부터 신규 격리자}}+\underbrace{\lambda I(t)\left(1-V(t)\right)}_{\text{백신접종센터로부터가 아닌 신규 격리자}}-\underbrace{\rho Q(t)}_{\text{격리로부터 제거된 사람}}, \tag{14-17}$$

$$R(t+1)=\underbrace{\rho Q(t)}_{\text{격리로부터 제거된 사람}}+\underbrace{(S(t)+A(t))V(t)}_{\text{효과적인 백신접종 인원}}. \tag{14-18}$$

식 (14.13)의 부분모집단 S는 전염병과 백신접종의 모순으로 인해 시간이 지나감에 따라 감소한다. 잠복기의 첫 단계의 사람의 수 (식 (14.14)의 A)는 감염에 의해 증가하고 백신접종으로 인해 B 단계 또는 R 단계로 전이함에 따라 감소한다. 식 (14.15)은 B 단계의 역학을 보여준다. B 단계에서 사람들은 A단계로부터 오고 감염되어 증상이 있는 사람들은 I 단계로 보낸다. I 단계에서 감염되어 증상이 발생하고 전염성이 있는 사람들의 변화는 식 (14.16)에 나타나 있다. 새로운 증상과 전염성이 있는 사람들은 B 단계에서 생성되고 기존에 있던 그런 사람들은 백신센터 또는 의료시설에 보고함으로써 제거된다. 식 (14.17)의 격리된 사람들은 격리율에 의해 증가되고(식 (14.16)를 보라) 회복되거나 사망한 사람들에 의해 감소된다. 마지막으로 "흡수상태" R은 격리로부터 제거된 사람들과 백신 효험이 있는 사람들의 흐름에 의해 입력된다

인구가 10^7명이라고 생각해 보자. 생물학적 테러공격에 의해 최초에 감염된 인구수는 $A(0) = 1{,}000$명이다. 전염병 매개변수는 표 14.1 에 나타나 있다. 식 (14.13)~(14.18)의 차분방정식을 풀면 그림 14.12 와 같이 다양한 백신접종율과 시간에 따른 전염병의 상태를 알 수 있다. 그림 14.12 는 I 단계의 감염과 전염성

있는 사람들의 수를 표현하고 그림 14.13 은 Q 단계의 격리된 감염자 수를 표현한다.

첫째로, 당국이 생물학 작용제 공격을 즉각 안다는 낙관적인 가정을 하는데 이 경우 공격 이후에 백신절차가 즉시 시행된다. 실제로는 생물학 작용제 테러는 가장 은밀하여 첫 증상을 나타내는 환자가 나타나 탐지될 때까지 시간이 어느 정도 걸린다(I 단계). (이 상황은 차후에 생각한다.)

표 14.1 전염병 매개변수 값(모든 비율은 일일 기준)

값	정의	기호
10^{-7}	감염율	γ
0.33	A 단계에서 B 단계로 전이율	α
0.087	B 단계에서 I 단계로 전이율	β
0.33	I 단계에서 Q 단계로 전이율	λ
0.083	Q 단계에서 R 단계로 전이율	ρ

I 단계의 새로운 감염에 의한 피해는 βB 이다. 그림 14.12 은 I 단계에서 새롭게 감염되고 증상을 나타내는 사람들이고, 지금부터 피해자들이라고 부른다. 3 가지 백신접종 능력은 $\omega = 500K, 300K, 100K$이다.

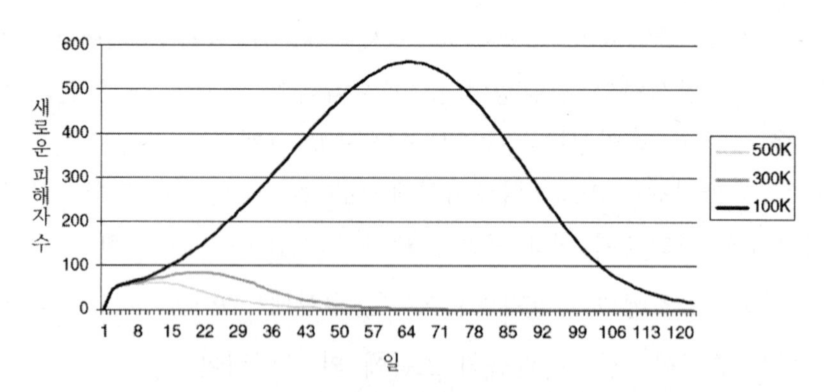

그림 14.12 3 가지 백신접종능력에 따른 새로운 감염 피해자 수

총 피해자 수는 백신접종 능력 $500K$(50 만명), $300K$(30 만명), $100K$(10 만명)에 따라 각각 1,508 명, 2,823 명, 33,576 명이다. 효과는 명백히 비선형적이다. 예를 들어 일일 백신접종능력이 $500K$에서 $100K$로 감소하면 피해자 수는 22 배

이상 증가한다. 백신접종능력이 $500K$, $300K$, $100K$ 일 때 전염병의 가장 높은 정점은 각각 12 일차(60 명의 새로운 피해자) 이고 21 일차는 (85 명의 새로운 피해자)이며 65 일차(563 명의 새로운 피해자)이다. 또한 전염병은 3 가지 백신접종 능력에 따라 각각 63 일, 78 일, 156 일에 소멸된다. 이 모델과 분석으로부터 얻는 중요한 영감은 군수적인 것인데 얼마나 큰 격리능력이 있어야 하는가 하는 질문과 연관된 것이다.

그림 14.13 은 그림 14.12 와 매우 유사한 것처럼 보이는 격리에서 피해자 수를 나타낸다. 요구되는 격리능력은 이 그래프의 정점에 의해 결정된다. 만약 일일 백신접종능력이 $500K$ 이면 필요한 격리시설은 589 병상이다. 만약 백신접종능력이 일일 $300K$ 명이면 필요한 격리능력은 913 병상이다. 그러나 백신접종능력이 일일 $100K$명이면 필요한 격리능력은 6,266 병상이다

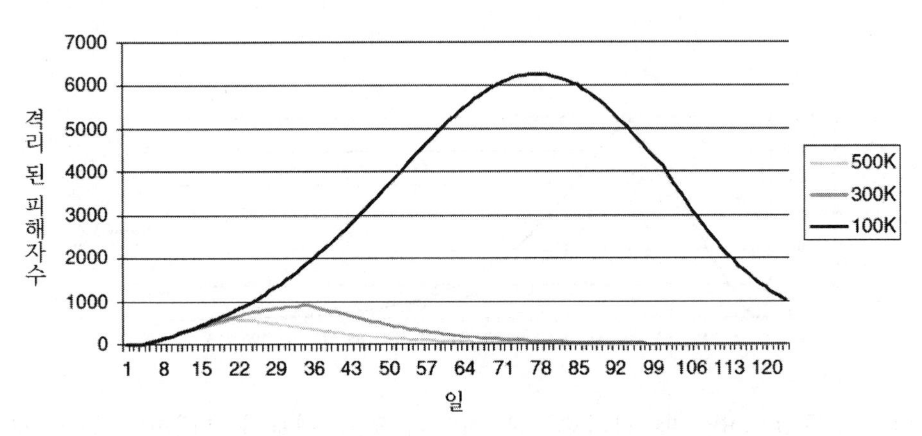

그림 14.13 3 가지 백신접종능력과 격리(Q 단계)에서 피해자수

실제적으로 백신접종절차는 공격 몇일 후 첫 번째 증상을 나타내는 사람이 의료시설에 나타나 당국이 백신접종절차를 설치할 때 시작된다. d 를 공격일자로부터 백신접종절차가 시작되는 날까지 지난 시간이라고 하자. 그림 14.14 는 3 가지 지연 시나리오(지연 없음, 4 일 지연, 8 일 지연)의 새로 감염된 수를 나타낸다. 일일 백신접종 능력은 $500K$라고 가정한다. $d = 0$, 4, 8일 때 총피해자 수는 각각 1,508 명과 2,281 명, 3,289 명이다.

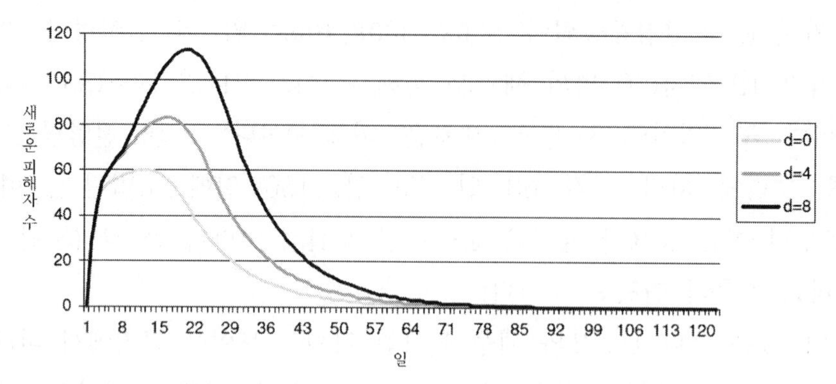

그림 14.14 3 가지 탐지지연 시나리오에 대한 새로운 피해자 수

전염병 탐지에서 지연은 전염병의 기간에 영향이 거의 없다는 것을 주의할 필요가 있다. 그림 14.15 은 격리에서 시간종속적 피해자 수를 나타낸다.

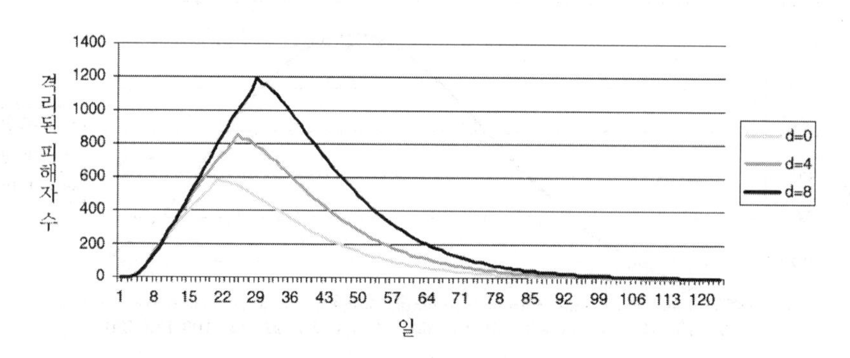

그림 14.15 $d = 8$일 때 격리능력은 지연이 없을 때보다 2 배의 능력이 필요

14.4 대반군전

반군은 정권에 대항하여 공격을 실시하는데 있어서 아주 작은 특징만을 가지고 있어 체포하기 힘든 장점을 가지고 있다. 반군의 생존과 작전효과도와 능력은 일반 주민들과 연대에 있다. 반군은 주민들로부터 새로운 신병을 얻고 보급이나 안전을 위한 대중들의 지원에 의존한다. 앞에서 언급한대로 반군의 핵심적인 장점은 체포하기 힘든 것과 눈에 잘 띄지 않은 것이다. 정부군은 화력과 기술의 관점에서 아주 큰 장점을 가지고 있는 반면 반군 표적을 간단히 찾을 수는 없다.

이 결과로서 이러한 표적들은 정부군의 공격을 피하면서 반란활동을 계속할 수 있을 뿐만 아니라 정부군의 표적 확인이 어렵기 때문에 일반적 주민들에 대한 부수적 피해가 발생하는 것은 정권에 대항하는 부정적인 반응과 반군에 대한 주민의 지원을 초래한다.

이러한 주민의 지원은 반군 모집의 핵심요소가 된다. 한편, 정부군은 현저한 특징과 노출되어 반군은 완벽한 상황인식을 할 수 있어 반군의 정부군에 대한 공격은 집중할 수 있고 효과적이다. 반군은 주민에 대항하여 주민들이 반군의 편에 서도록 강요하는 자살폭탄 공격이나 차량폭탄과 같은 강압적인 행동을 실행에 옮길 수 있다. 그러나 이러한 행동은 혼합적인 효과를 초래할 수도 있다. 반군의 운명에 대하여 심대한 영향을 끼칠 수 있는 주민들의 태도는 얼마나 안전한가에 의해 크게 영향을 받는다.

주민들은 자신들을 더 잘 보호해주리라 생각하는 편에 서거나 최소한 위협이 적은 편에 설 것이다. 그러므로 반군들에 의한 주민들에 대한 강압적인 행동은 양날의 칼이 될 것이다. 한편 반군의 편에 서는 것이 반군들의 폭력적 행동에 대하여 보호를 받는다고 유도할 수 있으나 다른 한편으로는 반군에 저항하도록 선동할 수도 있으며 반군과 전투하는 정부군을 지원하는 결과를 낳을 수도 있다. 이 모델에서는 반군들에 의한 그러한 강압적인 행동은 없다고 가정한다. 정부군의 주요 목표는 반란을 제거하는 것이다.

다음에는 '반군-대반군' 작전의 결과에 열향을 미치는 병력 크기, 손실율, 신병보충율, 주민 지원과 정보 등 여러 매개변수들 중의 '원인-효과' 관계를 조사하는 결정적 Lachester 시스템의 하나인 동적 모델을 소개한다.

14.4.1 대반군전 모델

대반군전 모델은 반군 I, 주민 중 정부에 협조자 S, 주민 중 정부군에 반대(반군 지지자) C, 3 개의 집단으로 구성된다. 4 번째 집단인 정부군 G는 반란 동안 고정값으로 가정한다. 왜냐하면 반군을 손실시키기 위해 정부군의 크기나 능력에는 아주 큰 감소가 되지 않기 때문이다. 그러므로 반란 동안 정부군 G는 증원없이 그대로 상수로 남는다. 유사한 가정이 주민에 적용되는데 반군과 일반 부수적인 피해의 결과로서 주민의 손실은 주민의 크기에 크게 영향을 끼치지 않는다. 이것은 전형적으로 총주민수 P에 대한 손실보다 몇 자리수 만큼 더 크다. 그러므로 총주민수 $P = S + C + I$는 상수로 남는다고 가정한다.

반군은 주민들 사이에 분산되어 있으므로 정부군에게는 정보가 없고 표적으로서 중요한 특징의 측정은 I/P 이다. 이것은 무작위로 선택된 표적이 반군이라고 해석을 할 수 있다. 정부군의 손실계수가 γ 라면 정부군에 의해 손실되는 수는 γG이다. 비율 I/P는 반군에 영향을 미치고 비율 $(S + C)/P$는 일반 주민들에 영향을 미친다. 따라서 반군의 손실은 G와 I 두 요소 모두에 종속된다. 반정부 주민들로부터 반군은 ρC 비율로 새로운 인원을 보충한다. 반군의 동적 역학은 식 (14-19)의 상미분방정식에 의해 표현된다. (다음에서 $\dot{X}$은 시간에 따른 X의 미분을 나타낸다.)

$$\dot{I} = -\frac{\gamma G I}{P} + \rho C \qquad (14\text{-}19)$$

위 식은 정부군이 정보를 가지고 있지 않다는 것을 의미한다. 정부군은 어둠 속에서 사격을 하여 I/P 확률로 반군을 명중시킨다. 실제로 정부군은 상황인식을 향상시키기 위해 정보수집을 위한 노력에 투자한다. 정보수준을 $\mu, (0 \le \mu \le 1)$라 하자. 이 매개변수는 정부군이 좋은 정보를 가지고 있어 효과적인 표적획득을 용이하게 할 수 있는 확률이라고 해석할 수 있다. 그러므로 정부군의 노력 μ은 반군표적에 초점이 맞추어져 있고 Lanchester Square Law 가 된다. $1 - \mu$ 확률로 정부군의 노력이 분산되고 앞에서 언급된 Deitchman 의 게릴라 모델이 된다. 결과적으로 부분적 정보가 있으면 식 (14-19)는 식 (14-20)과 같이 된다.

$$\dot{I} = -\gamma G(\mu + (1 - \mu)\frac{I}{P}) + \rho C \qquad (14\text{-}20)$$

그리고 주민들의 부수적 피해는 식 (14-21)과 같다.

$$\gamma G(1 - \mu)(1 - \frac{I}{P}) \qquad (14\text{-}21)$$

경제상황, 시민의 자료, 정치적 리더쉽 등과 같이 정권에 대하여 주민들의 태도에 영향을 끼치는 몇 개의 요소가 있다. 그러나 앞에서 언급한대로 가장 중요한 요소는 안전에 대한 의식이다. 이 모델은 안전요인에 중점을 두고 있다. 반군에 가하는 손실과 정권이 반군에 취하는 행동 중에 발생된 주민들의 부수적 피해 사이에서 가중치를 매긴 차이를 표현하는 간단한 방법을 설명한다. 가중치를 매긴 손실 균형은 β로 하고 식 (14-22)와 같다.

$$\begin{aligned}\beta &= \gamma G(\mu + (1-\mu)I/P) - \nu\gamma G(1-\mu)(1-I/P) \\ &= \gamma G(\mu + (1-\mu)((1+\nu)I/P - \nu)) \quad (14\text{-}22)\end{aligned}$$

가중 매개변수 ν는 반군 피해와 부수적인 선량한 주민피해 사이에서 주민들의 인지적 균형이다. 큰 값 ν은 주민들의 자신들의 피해에 더 민감하다는 것을 의미한다. 만약 $\beta > 0$이면 태도의 변화는 반정부로부터 정부지지로 바뀐다. 만약 $\beta < 0$ 이면 그 반대이다. 만약 $\mu/(1-\mu) > \nu - (1+\nu)I/P$ 이면 $\beta > 0$ 이 필요충분조건이라는 것에 주목하라. 손실균형에서 1 차 종속이라고 가정하고 $S = P - C - I$ 라고 적는다. 주민들의 지지-반대 동적역학은 식 (14-23)과 같다는 것을 알 수 있다.

$$\dot{C} = -Min\{\beta, 0\}\eta_S(P - C - I) - Max\{\beta, 0\}\eta_C + \rho)C \quad (14\text{-}23)$$

여기에서 η_C, η_S는 전이 계수이다. (10.25)의 첫 번째 항은 $\beta < 0$일 때 S에서 C로 가는 흐름이다. 두 번째 항은 C에서 S로 나가는 흐름이다. (14.20)과 (14.23)의 식들은 반군의 변화를 설명한다. 총주민 P가 상수로 남는다는 가정으로부터 변수 S는 제거되었다.

14.4.2 수치 예제

반란이 최초 $I_0 = 2{,}000$명의 반군으로 시작된다고 생각해 보자. 정부군은 $G = 100{,}000$명이다. 주민은 $P = 10^7$명이고 최초 20%은 정부에 적대적이며 80%는 정부를 지지한다. 다른 매개변수의 값들은 표 14.2 에 요약되어 있다. 시간에 따른 모델의 해는 일일 단위이며 미분방정식은 식 (14-20)과 (14-23)이다. 이를 미분방정식으로 푼다.

표 14.2 반란 매개변수

값	정의	기호
1.5×10^{-4}	정부군 손실율	γ
0.5×10^{-4}	반군 신병보충율	ρ
2	주민 손실균형	ν
57	정보수준	μ
0.001	S에서 C로 전이율	η_S
0.001	C에서 S로 전이율	η_C

$\gamma, \rho, \eta_S, \eta_C$ 의 단위는 1/일이며 ν 와 μ 의 단위는 무차원이다. 반란초기에는 $2.33 = \mu/(1-\mu) > \nu - (1+\nu)I/P = 2 - 3 \times 2000/10^7 = 1.9994$ 로서 $\beta > 0$ 이다. 그러므로, 반란이 막 시작할 때에는 주민들 중 정권에 대해 반대하고 저항하는 사람들이 사라지는 것이라기 보다는 더많은 정부비판자들이 지지자가 된다. 다음 그림들은 0.7(기본 정보수준), 0.5(열악한 정보수준), 0.9(양호한 정보수준)로 하는 3 개의 정보수준으로 7 년 기간을 거쳐 반군의 변화를 그린 것이다.

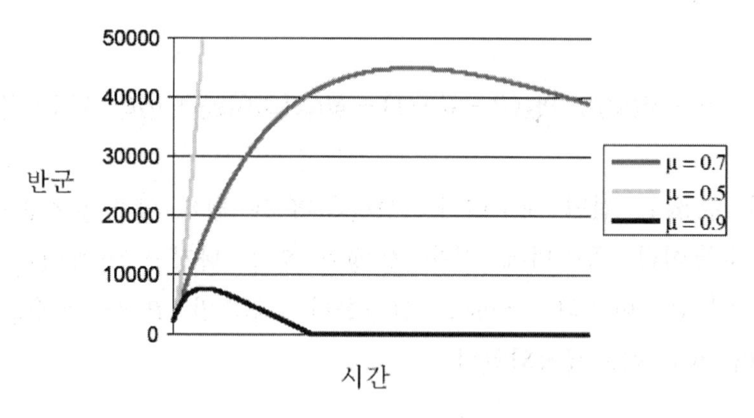

그림 14.16 3 가지 정보수준에 따른 반군 규모

반군의 규모는 정보수준에 따라 매우 민감하다는 것을 알 수 있다. 정보수준이 열악할 때 $(\mu = 0.5)$ 는 $\beta < 0$ 이며 반군은 반군이 정권을 획득할 때까지 단조적으로 증가한다. $\mu = 0.7$ 일 때 반군은 거의 4 년동안 증가하고 40,000 명 규모에 이르다가 감소하기 시작한다. $\mu = 0.9$ 로 정보수준이 매우

양호할 때는 190일 이후 반군은 최대 7,500명을 막 초과하지만 2.5년이 지나지 않아 소멸된다.

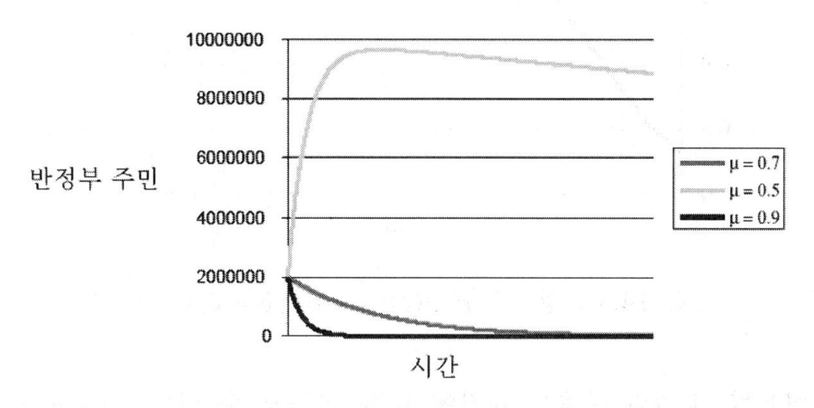

그림 14.17 3가지 정보수준에 따른 반정부주민 수

주민들 중 반정부주민 수에 대하여 살펴보면 유사한 결과를 얻을 수 있다. $\beta < 0$일 때 C는 주민들 중에 지지자가 남아 있지 않을 때까지 증가한다. 정점에 도달한 후 C는 반군의 신병보충이 진행됨에 따라 약간 감소한다. 만약 $\mu \geq 0.7$이면 $\beta > 0$가 되며 주민들이 정권에 대한 저항은 감소한다. 그러나 $\mu = 0.7$일 때 반정부주민의 수의 감소가 아주 빠르지는 않다. 그러므로 반군은 40,000 명 이상 증가 가능하다. 우리의 모델에서 고정된 반군 신병보충 계수 ρ도 역시 변동가능하다. ρ는 $\beta > 0$일 때 감소할 수 있다.

지금까지 정보수준 μ는 고정되어 있었다. 실제로 정보수준도 시간에 따라 변동 가능하고 정권이 반군에 침투하여 더 많은 정보를 수집하는 것이 성공되면 정보수준은 개선될 수 있다. 정보수준이 처음에는 완만하게 증가하다가 정권이 최대정보수집 능력에 도달해서 서서히 감소할 때까지 급격히 증가하는 시간에 대한 Sigmoid 함수라고 가정하자. $\mu(t) = a/(1 + be^{-kt})$ 라고 하자. $\mu(0) = a/(1 + b)$는 최초 정보수준이며 a는 최대 가능 정보수준이며 그림 14.18 에서 보는 것과 같이 k는 2 개의 극단사이에서 $\mu(t)$의 변화를 결정하는 규모 매개변수이다.

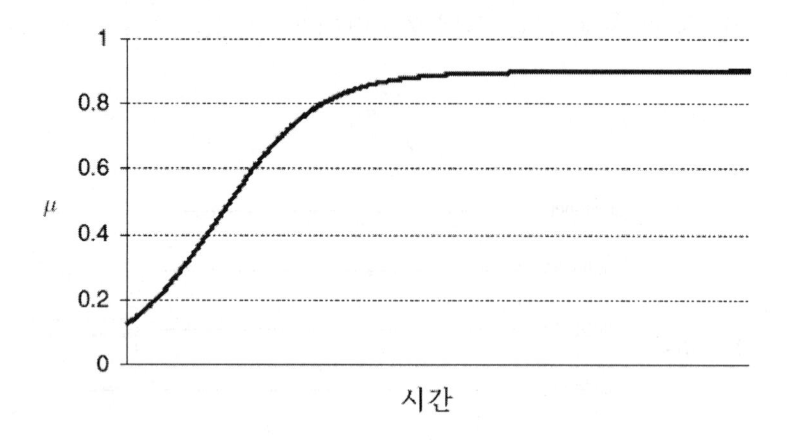

그림 14.18 정보수준 $\mu(t): a = 0.9, b = 6, k = 0.02$

μ 가 변동될 때 β의 부호는 시간에 따라 변동될 수 있다. 최초에 반군은 μ의 작은 값에 대하여 증가하다가 μ가 크짐에 따라 이후에 감소를 시작한다. 그림 18 과 19 는 μ의 변동에 따른 반군의 변화와 반정부 주민의 수를 각각 표현하고 있다.

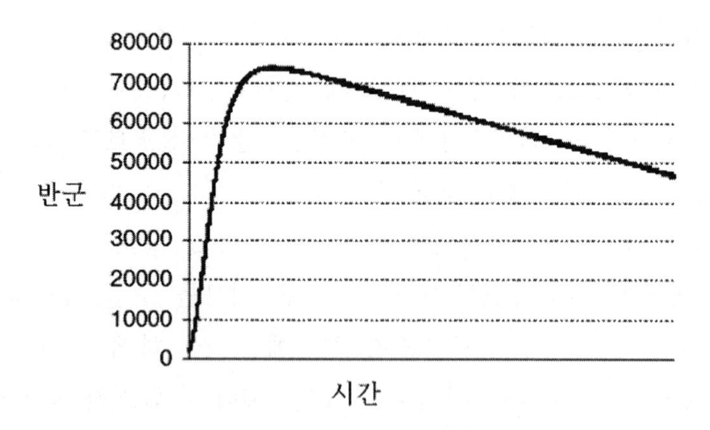

그림 14.19 정보수준의 변동에 따른 반군의 규모

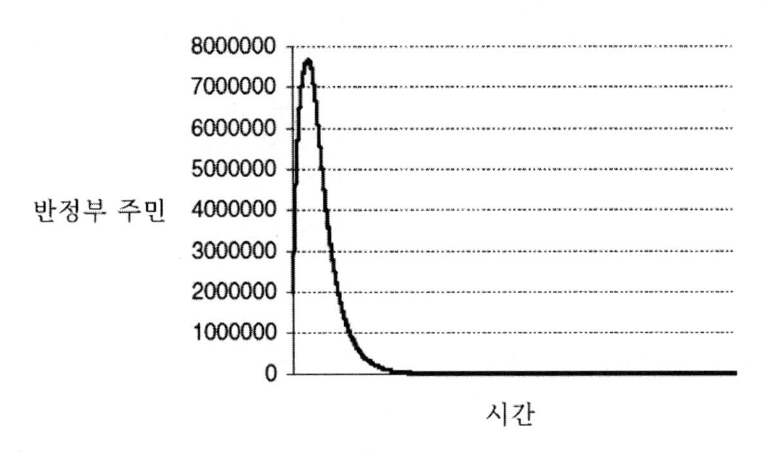

그림 14.20 정보수준의 변동에 따른 반정부 주민의 규모

반정부 주민의 초기 급격한 증가는 초기 열악한 정보수준($\mu(0) = 0.3$) 으로 반군의 증가에 따른 것이다. 이러한 경향은 정보수준이 시간에 따라 개선될 때 역전된다. C의 감소는 I의 감소보다 매우 급격하다. 왜냐하면 우리 모델에 따르면 반군은 정부군에 의해 손실이 발생할 때만 감소한다. 반군은 주민의 지지로 인해 증가할 수 있으나 단지 반군의 부족에 의해서만으로는 감소하지 않기 때문이다.

제 15장

DETERMINISTIC LANCHESTER 전투모형

20 세기에 들어와서 전쟁을 수학적으로 해석하고자 하는 시도가 시작되었다. 수학적 전투모형은 수학적인 방법으로 전투현상을 Modeling 하고 해석하는 학문이다. 전쟁은 이 세상에서 가장 해석하기 어려운 인간의 행위이다. 전투는 2 개 집단이 쌍방간 적대행위를 하는 행동으로 부대의 규모가 클수록, 제대가 복잡할수록 해석하는 것이 어려워진다. 전쟁 및 전투는 전략, 전술, 부대 규모, 부대 편제, 무기체계의 양과 질, 지형, 기상, C4I 의 능력, 정보수집 능력, 작전계획의 유효성, 적의 의도, 전투원의 의지, 사기, 군기, 단결력, 정신력 등 수많은 요소들이 반영되어 승패가 결정된다. 따라서 이러한 요소들을 수학적으로 모델링하고 해석하는 것은 현대의 수학적 성과로도 상당히 어려운 일이다.

그러나 전투의 핵심요소를 잘 선정하고 통제가능한 요소로 구분해 낸 다음 적절한 모습으로 모델링하여 해석하고 점차 확대시켜 나간다면 궁극적으로 전투행위 자체를 해석할 수 있고 전투결과를 예측할 수 있다. 모델링이라는 것이 현실을 적절한 수준에서 흉내내어 그리는 것이며 모델을 기초로 시간적 흐름속에서 사건을 진행시켜 나가서 요망하는 결과를 예측하는 것이 시뮬레이션이다. 이러한 시도는 많은 수학자들과 공학자들의 관심사였고 많은 성공을 거두었다. 전투를 예측할 수 있어야 예측된 결과를 바탕으로 작전계획을 수립하고 평시 군사력 건설을 할 수 있는 것이다. 전투결과를 모르는 상태에서 경험과 직관 만으로 부대를 운영하고 군사력을 건설하는 것은 상당한 위험을 초래할 가능성이 많은 것이다.

수학적 전투모형에서 우리가 알고 싶은 것은 Blue Force 와 Red Force 중 어느 측이 승리할 것인가? 한측이 승리했을 때 나머지 한측의 잔여 전투력은 얼마인가? 전투력의 지속 시간은 얼마인가? 한측이 다른 한측의 전투력의 몇 배가 되는 시간은 언제인가 등이다. 또한, 이를 바탕으로 어떻게 전투력을 운용했을 때 승리를 할 수 있는가 하는 전법 개발이다. 동일한 부대와 전투장비, 탄약, 지형, 기상을 가지고 동일한 규모의 적을 상대로 하더라도 어떻게 작전계획을 수립하고 작전을 진행시키는 것이 승리할 수 있는 것인가는 많은 군사가들의 궁극적 관심사이다. 이러한 질문에 수학적 분석과 해석은 군사가들에게 많은 직관과 합리적 선택을 하게 할 것이다.

15.1 개요

1 차 세계대전은 항공기가 전장에 처음으로 등장한 전쟁이다. 1914 년 영국의 항공공학자인 Frederick William Lanchester 는 1 차 세계대전의 공중전 결과를 분석하여 Lanchester 법칙을 발표하였다. Lanchester 는 과학자, 발명가, 항공이론가이며 항공기 엔진 설계에 참여했으므로 특별히 공중전의 결과를 예측하는데 관심이 많았다. 1914 년 1 차 세계대전 이전에 공학저널에 공중전에 관련된 몇 편의 논문을 발표하였다. 1916 년에는 이러한 논문을 모아'Aircraft in Warfare: the Dawn of the Fourth Arm'이라는 제목으로 책으로 발간하기도 했다. 이 책에는 Lanchester Square Law 라고 알려진 미분방정식을 묘사한 부분이 포함되어 있다.

Lanchester 의 관심은 피아 생존율과 손실에 관한 것이었다. 공중전 사례를 분석하던 Lanchester 는 아주 특이한 사실 하나를 발견했는데 잔여 생존 전력의 문제였다. Dover 해협을 사이에 두고 영국군 전투기와 독일군 전투기 사이의 공중전에서 상식에 어긋나는 전투결과를 보고 그는 새로운 직관에 눈을 떴다. 예를 들어 같은 성능을 가진 영국군 전투기 10 대와 독일군 전투기 8 대가 끝까지 전투를 한다면 상식적으로는 영국군 전투기 2 대가 생존해야 한다고 생각된다. 그러나 1 차 세계대전의 공중전 결과는 더 많은 영국군 전투기가 생존했다. 처음에는 조종사 개개인의 능력이나 전투기량의 결과가 아닐까 하는 생각을 하기도 했으나 그렇게 단정하기는 너무 많은 사례들이 상식의 밖에 있었다. 수학과 확률이론에 해박했던 Lanchester 는 새로운 직관을 동원하여 그의 이론을 펼치기 시작했다.

그림 15.1 은 Lanchester 이론을 개발한 F. W. Lanchester 와 Lanchester 전투모형의 시발점인 1 차 세계대전 공중전을 나타낸다. Lanchester 가 주장한 Square Law 에서는 현대전의 장거리를 운용하는 무기는 전투의 본질을 극적으로 변화시킬 수 있는 능력이 있다고 제시하였다. Lanchester 법칙은 전투에 대한 해석뿐만 아니라 1960 년대 경영학의 주요 원리로 부각되어 한정된 자본을 어디에 투자하여 경쟁사보다 효율적인 수익을 창출할 것인가? 라는 문제에 적용되었다.

Lanchester 법칙의 한계는 실제 전투에서 중요시되는 지형, 기상, 전술, 전략, 지휘관 의도, 사기, 군기, 정신력 등은 묘사되지 않는다. 그러나 전투력을 평가하고 전투결과를 과학적으로 분석하는 데는 아주 우수한 직관력과 영감을 줄 수 있는 유용한 수단이며 무형의 요소들도 Lanchester 법칙에 포함하고자 하는 노력들이 진행되고 있다.

그림 15.1 F. W. Lanchester 와 Lanchester 전투모형의 시발점 1 차 세계대전 공중전

Lanchester 모형은 Homogeneous 모형과 Heterogeneous 모형으로 구분한다. 두 모형 모두 손실률, 소모율, 피해율, 전투효율 등을 기본으로 한다. Homogenous 모형은 부대의 전투력을 단일 Scalar 로 표현한다. 교전하는 부대들이 같은 무기효과를 가지고 있다고 간주한다. 반면 Heterogeneous 모형은 손실률은 무기와 표적 형태, 그리고 다른 변동 요인들로 평가된다.

그림 15.2 는 전투의 절차와 전투소모 판단 절차를 도식화한 것이다. 전투는 적을 탐지하고 식별하여 표적을 타격하는 것을 결심하고 부대를 이동시키거나 화력으로 표적을 공격한다. 이러한 일련의 절차의 가운데 표적획득과 교전결심, 표적 선정을 한 다음, 공격하고 피해평가를 한 다음 표적을 적절한 수준에서 파괴하였으면 공격을 종결하고 추가적 타격이 필요시 다시 재타격하는 절차를 반복함으로써 소모와 피해가 발생하게 된다.

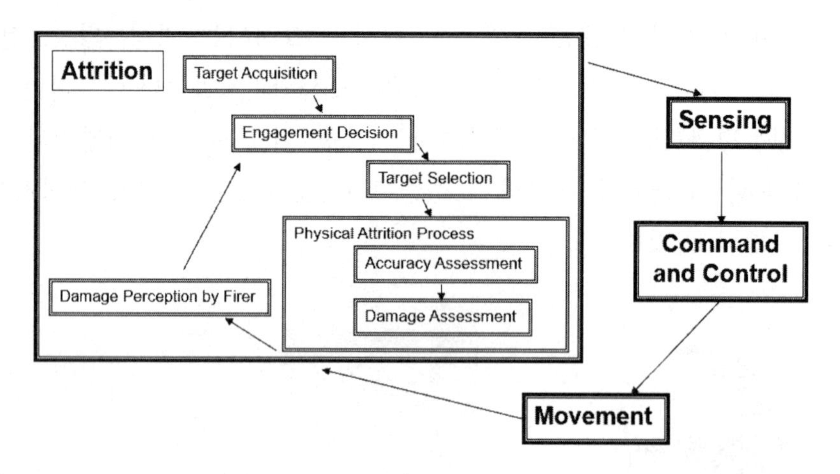

그림 15.2 전투의 절차와 전투소모 판단 절차

15.1.1 Homogenous Lanchester 모형

Homogenous Lanchester는 부대가 가진 무기체계가 동질적인 것을 의미한다. 즉, 소총만으로 편성되어 있다든지 전차로만 구성되어 있다든지 하는 형태이다. Homogenous Lanchester 모형은 학문적 모형이며 고대 전투를 검토하는데 유용하고 현대전에는 적합한 모형이 아니다. 이러한 Homogenous Lanchester 모형은 현실적으로는 소규모 부대에 대해 적용할 수 있지만 여러 무기체계 형태를 다 보유하고 있는 부대에 대해서는 비현실적이다. 그러나 계산상 편의를 위해 여러 무기체계를 보유하고 있는 부대를 무기체계 지수 방법 등 Weapon Scoring 방법을 사용하여 Homogenous Lanchester 모형으로 간주하여 분석하는 방법도 많이 사용하고 있다. Weapon Scoring 방법은 각 무기체계가 가지고 있는 가중치와 수량을 근거로 점수화하여 Heterogenous 부대를 Homogenous 한 부대로 표현하는 것을 의미한다.

15.1.2 Heterogenous Lanchester 모형

Heterogenous Lanchester 모형은 여러 가지 형태의 무기체계를 보유하고 있는 여러 부대가 하나의 전투 단위를 구성하고 있을 때 전투를 모형화하기 위해 사용하는 방법이다. 이러한 형태의 모형은 Homogenous Lanchester 모형에 비해 복잡한 계산을 요구한다.

Heterogeneous 모형에서 살상률은 공격하는 모든 체계의 살상의 Summation Function 으로 묘사한다. 여기서 가정하는 것은 여러 체계들의 공격의 Synergy 효과는 없다는 것이다. Synergy 효과를 묘사하는 것은 상당히 어려운 문제이어서 별도의 다른 방법론을 적용해야 한다. 또 다른 가정은 다수의 체계로부터 공격을 당해 살상 또는 피해를 입는 체계는 여러 공격을 하는 무기체계의 수에 비례하는 손실률 또는 살상률을 적용한다. Heterogenous 모형을 해결하는 특별한 공식이 없고 여러 가지 수학적 방법을 동원하여 해결하여야 한다. Heterogeneous 모형은 현대전에 더 적합하며 직접사격, 간접사격, 공대지 사격, 지대공 사격, 공대공 사격, 지뢰지대 등 분리된 알고리즘에 의해 모형화 되고 결합되기도 한다. Heterogeneous 모형안에서는 상대방 전력의 강도, FEBA(Forward Edge of Battle Area: 전투지역전단), 지휘부의 의사결정, 훈련, 군기, 지휘 통솔력, 사기, 지형, 무기체계 능력, 기갑부대 능력 등을 고려하는 직간접적 절차를 가지고 있어야 한다.

15.1.3 전투의 수학적 해석

Lanchester 법칙을 설명하기 전에 아주 간단한 전투 상황을 살펴보자. 50척의 함정과 200 대의 항공기가 교전한다고 가정한다. 함정이 항공기를 요격할 확률은 50%이며 항공기가 함정을 격침시킬 확률은 5%이다. 이 때 1 차 교전 후 잔여 함정과 항공기 수는 다음과 같다.

함정: 50 척 – (200 기 × 0.05) 척 = 40 척

항공기: 200 기 – (50 척 × 0.5) 기= 175 기

2 차 교전 후 잔여 함정과 항공기 수는 다음과 같이 계산할 수 있다.

함정: 40 척 – (175 기 × 0.05) 척 = 31.25 척

항공기: 175 기- (40 척 × 0.5) 기 = 155 기

이런 식으로 함정이나 항공기가 소멸될 때까지 진행시켜 보면 어느 측이 승리하는지 알 수 있다. 표 15.1 과 같이 7 차 교전 후 함정은 소멸되는 것을 알 수 있고 항공기는 112.19 기가 살아 남는다는 것을 알 수 있다. 이러한 예는 지극히 단순한 전투의 수학적 Modeling 이다. 그러나 이 예는 앞으로 설명할 수학적 전투 Modeling 을 설명하는 가장 기본적인 바탕이 된다.

표 15.1 교전 후 잔여 함정 및 항공기 수

피해율	0.50	0.05
전투 수행 주체	함정	항공기
최초 수량	50.00	200.00
1 차 교전후 수량	40.00	175.00
2 차 교전후 수량	31.25	155.00
3 차 교전후 수량	23.50	139.38
4 차 교전후 수량	16.53	127.63
5 차 교전후 수량	10.15	119.36
6 차 교전후 수량	4.18	114.28
7 차 교전후 수량	-1.53	112.19

전투행위를 묘사하는 또 다른 가정을 세워 전투행위를 묘사해 보자. Blue Force 는 100 명의 전투원으로 구성되어 있고 Red Force 는 90 명으로 구성되어 있다. 양측이 전투를 하는데 전투역량은 동일하며 1 분당 10 명이 1 명을 살상할 수 있다. 이러한 경우 양측의 병력이 시간이 진행됨에 따라 어떻게 감소하는지 살펴보면 표 15.2 와 같다. 최초 100 명의 병력과 90 명의 병력은 10 명의 차이 밖에 나지 않지만 15 분 후에는 Blue Force 는 40.45 명이 생존하지만 Red Force 는 1.33 명만 생존하여 극명한 차이가 발생한다.

표 15.2 동일한 살상률과 최초 병력수에 따른 잔여 인원

시간(분)	Blue Force 잔여인원	Red Force 잔여인원
0	100.00	90.00
1	91.00	80.00
2	83.00	70.90
3	75.91	62.60
4	69.65	55.01
5	64.15	48.04
6	59.34	41.63
7	55.18	35.69
8	51.61	30.18
9	48.59	25.02
10	46.09	20.16
11	44.08	15.55
12	42.52	11.14
13	41.41	6.89
14	40.72	2.75
15	40.45	1.33

전투력의 질적인 차이를 비교하기 위해선 수많은 질적 요소들을 추출하고 이를 표준화 혹은 계층화해서 일괄된 기준으로 통합한 하나의 평가 체계가 요구된다. 보통 군사력을 비교할 때 최소 4 가지 이상, 가능한 한 많은 조건의 수를 가정한 평가 방식, 최근 미국의 LAND 연구소 같은 곳에선 정성적 비교를 위해 중국군의 전력을 20 여 가지 정도의 질적 평가 대상을 추출함으로써 판단 요소의 누락을 막으려고 노력하는 중이다.

균형 모형 중의 하나인 비교정태 모형으로서 전력지수 비교론은 시간개념이 누락된 상태비교 방식이다. 여기에 시간이라는 도함수를 포함하면 바로 시뮬레이션, 정성적 비교 방식이 된다. 보통 시뮬레이션이라고 워게임을 통해 구현되는 연산 결과들이다.

15.2 Lanchester Square Law

Lanchester Square 법칙은 Lanchester Power 법칙이라고도 불리는데 전투력의 집중 효과를 설명하는 법칙으로 해석된다. Lanchester Square 법칙은 직사화기 교전사항을 묘사한다. 피아 전투부대가 화기의 사정거리에 위치하고 상대방의 위치와 사격 후 표적의 생존여부 관측이 가능하며 표적이 무력화되면 다른 생존 표적으로 전환하여 사격하는 것으로 가정한다.

그림 15.3 과 같이 Red Force 는 2 개의 Blue Force 에 대해 사격을 집중할 수 있다. 이 의미는 Red Force 들은 같은 Blue Force 표적에 사격을 할 수 있다. 그림 15.4 는 현대전에서 사용하는 총포류, 화포류, 항공기 등이 화력의 집중 및 분배가 용이하다는 것을 나타내고 있다.

Square Law 의 점사격과 지역사격에 대해 다음과 같이 해석할 수 있다.

1. 점사격: 표적이 충분히 많거나 공격하는 전투원이 일정한 비율로 표적의 정확한 위치 확인이 아주 쉽다.
2. 지역사격: 공격하는 각 전투원이 단위 시간 동안 특정 지역 내의 모든 표적과 교전한다. 표적은 일정한 밀도를 유지하는 지역에 분산되어 있어서 표적 수를 감소시키는 것이 확보하고 있는 지역을 감소시킨다. Lanchester 법칙을 수학적으로 모델링하기 위해 다음과 같은 기호를 정의하자.

B: Blue Force 의 전투력

R: Red Force 의 전투력

$\frac{dB}{dt}$: 단위 시간 당 Blue Force 의 전투력 손실량

$\frac{dR}{dt}$: 단위 시간 당 Red Force 의 전투력 손실량

α : 단위 시간당 Red Force 의 단위 전투력에 의한 Blue Force 의 손실량으로 일반적으로 손실률로 표현

β : 단위 시간당 Blue Force 의 단위 전투력에 의한 Red Force 의 손실량으로 일반적으로 손실률로 표현

t : 단위 시간

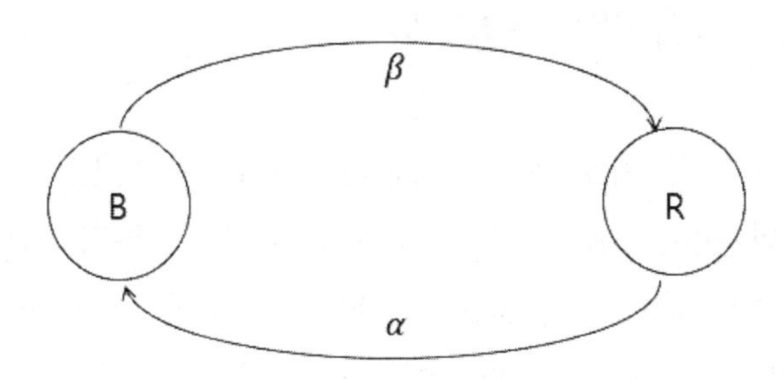

그림 15.5 Lanchester Square Law Concept Diagram

일반적으로 손실률은 소모율, 살상률, 전투효율과 같은 의미로 사용된다. 실제 이 매개변수는 무기체계, 병력, 훈련수준, 전투근무지원, 지형, 기상, 지휘통솔력, 사기, 군기 등 제 요소가 입력변수가 되는 함수이다. 그러나 여기서는 단순히 이를 종합하여 결정된 매개변수로 가정한다. 그러면 식 (15-1), (15-2)와 같은 미분방정식을 수립할 수 있다.

$$\frac{dB}{dt} = -\alpha R \qquad (15\text{-}1)$$

$$\frac{dR}{dt} = -\beta B \qquad (15\text{-}2)$$

식 (15-1), (15-2)는 Blue Force 전투력의 시간당 감소량은 Red Force 의 규모와 단위 시간당 Red Force 의 단위 전투력에 의한 Blue Force 의 손실률의 곱에 비례한다는 것을 나타내고 있다. 반대로 Red Force 전투력의 시간당 감소량은 Blue Force 의 규모와 단위 시간당 Blue Force 의 단위 전투력에 의한 Red Force 의 손실률의 곱에 비례한다는 것을 의미한다.

두 식의 양변을 나누면 식 (15-3)과 같다.

$$\frac{dB}{dt} / \frac{dR}{dt} = -\alpha R / -\beta B \quad \rightarrow \frac{dB}{dR} = \frac{\alpha R}{\beta B} \qquad (15\text{-}3)$$

양변을 시간에 대해 적분하면 식 (15-4)와 같다.

$$\int_{B_0}^{B} \beta B dB = \int_{R_0}^{R} \alpha R dR \qquad (15\text{-}4)$$

여기서 B_0, R_0는 각각 최초 시점의 Blue Force 와 Red Force 의 전투력이며 B, R은 특정 t 시점의 Blue Force 와 Red Force 의 전투력이다. 식 (15-4)를 풀어 보면 식 (15-5)와 같은 Square 형태의 수식이 성립한다. 따라서 이러한 전투모형을 Lanchester Square 법칙이라고 한다.

$$\beta(B_0^2 - B^2) = \alpha(R_0^2 - R^2) \qquad (15\text{-}5)$$

손실 교환율(Casualty Exchange Rate) $\frac{dB}{dR}$는 식 (15-7)과 같다.

$$\frac{dB}{dt} \Big/ \frac{dR}{dt} = -\alpha R(t) / -\beta B(t) \qquad (15\text{-}6)$$

$$\frac{dB}{dR} = \frac{\alpha R}{\beta B} \qquad (15\text{-}7)$$

소모계수율(Ratio of Attrition Coefficient)는 식 (15-8)과 같이 정의 가능하다.

$$\frac{\alpha}{\beta} = \frac{(B_0^2 - B^2)}{(R_0^2 - R^2)} \qquad (15\text{-}8)$$

15.2.1 어느 측이 승리할 것인가?

Blue Force 가 최종적으로 승리하려면 식 (15-12)와 같은 조건을 만족해야 한다. 식 (15-9)~(15-11)은 식 (15-12)를 유도하는 과정이다. 왜냐하면 최종적으로 $R = 0$ 이 되어야 하므로 식 $\frac{\alpha}{\beta} = \frac{(B_0^2 - B^2)}{(R_0^2 - 0)}$ 을 전개하면 $\alpha/\beta = (B_0^2 - B^2)/(R_0^2 - 0)$이 되고 $\frac{B_0}{R_0} > \sqrt{\frac{\alpha}{\beta}}$ 조건이 나온다.

$$\alpha R_0^2 = \beta(B_0^2 - B^2) \qquad (15\text{-}9)$$

$$\beta B_0^2 - \alpha R_0^2 = \beta B^2 \qquad (15\text{-}10)$$

$$B^2 > 0 \rightarrow \beta B_0^2 - \alpha R_0^2 > 0 \qquad (15\text{-}11)$$

$$\frac{B_0}{R_0} > \sqrt{\frac{\alpha}{\beta}} \qquad (15\text{-}12)$$

이 때 Blue Force 의 잔존 전투력 B_e는 식 (15-13)과 같다.

$$B_e{}^2 = B_0^2 - \frac{\alpha}{\beta} R_0^2 \qquad (15\text{-}13)$$

양측의 승패의 원인은 초기 전투력 비율과 상대적 손실률에 의해 결정된다는 것을 알 수 있다. 동일한 방법으로 Red Force 가 최종적으로 승리하려면 최종적으로 $B = 0$이 되어야 하므로 $\frac{B_0}{R_0} < \sqrt{\frac{\alpha}{\beta}}$ 조건이 나온다. 이 때 Red Force 의 잔존 전투력 R_e은 식 (15-14)와 같다.

$$R_e{}^2 = R_0^2 - \frac{\beta}{\alpha} B_0^2 \qquad (15\text{-}14)$$

만약 $\beta B_0^2 = \alpha R_0^2$ 이면 t 시간의 양측 전투력 규모는 동일하며 $B\sqrt{\beta} = R\sqrt{\alpha}$ 가 성립한다.

특정 시간 t 에서 Blue Force 와 Red Force 의 전투력 차이를 살펴보자. Lanchester Square 법칙의 공식은 앞에서 설명한 것과 같이 식 (15-15), (15-16)과 같다.

$$\beta(B_0^2 - B^2) = \alpha(R_0^2 - R^2) \qquad (15\text{-}15)$$

$$\beta B_0^2 - \beta B^2 = \alpha R_0^2 - \alpha R^2 \qquad (15\text{-}16)$$

$t > 0$ 에서 $B(t) = \beta B^2$, $R(t) = \alpha R^2$ 이므로 양측의 전투력 차이는 $\beta B^2 - \alpha R^2$이다. 이 전투력 차이를 시간에 대한 변화율을 구해 보면 식 (15-17)과 같다.

$$\frac{d(\beta B^2 - \alpha R^2)}{dt} = 2\beta B \frac{dB}{dt} - 2\alpha R \frac{dR}{dt} = 2\beta B(-\alpha R) - 2\alpha R(-\beta B) = 0 \qquad (15\text{-}17)$$

즉, Lanchester Square 법칙에서 전투력 차이의 변화율은 0 이므로 전투력 차이는 항상 일정하다. 이 일정한 값을 C 라 하면 $\beta B^2 - \alpha R^2 = C$가 된다. 만약 $C = 0$ 이면 $\beta B^2 = \alpha R^2$, $\sqrt{\beta}B = \sqrt{\alpha}R$ 가 된다. 그림 15.6 에서 Stand off line 에 양측의 전투력이 위치하게 되면 전투결과는 어느 측도 승리하거나 패배하지 않고 비기게 된다. 만약 $C \neq 0$ 이면 Blue Force 또는 Red Force 의 유리점에 따라 쌍곡선 형태의 곡선으로 전투가 진행되고 한측이 승리하게 된다.

앞에서는 시간 t 가 연속형 변수(Continuous Variable)일 때를 가정해서 Lanchester Square 법칙을 설명했는데 t가 이산형 변수(Discrete Variable)일 때는 어떻게 해석할 수 있는지에 대해 살펴보자. t가 이산형 변수인 경우에는 식 (15-18), (15-19)와 같이 생각할 수 있다.

$$\frac{\Delta B}{\Delta t} = -\alpha R \text{ 또는 } (B_{i+1} - B_i)/(t_{i+1} - t_i) = -\alpha R \quad (15\text{-}18)$$

$$\frac{\Delta R}{\Delta t} = -\beta B \text{ 또는 } (R_{i+1} - R_i)/(t_{i+1} - t_i) = -\beta B \quad (15\text{-}19)$$

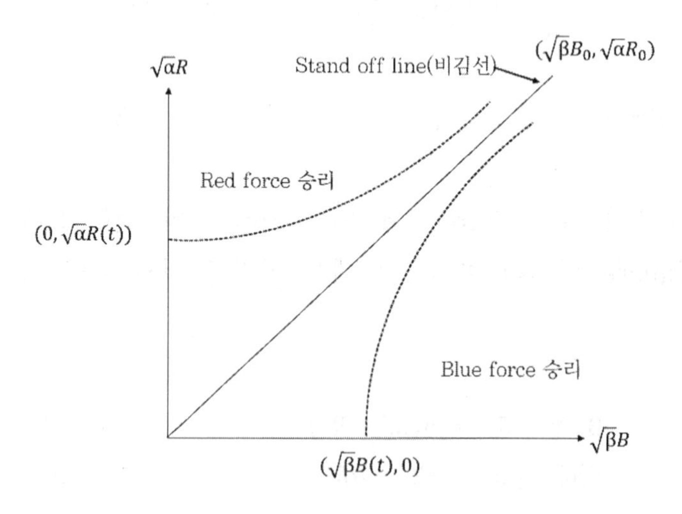

그림 15.6 Lanchester Square Law 승리 조건

여기서 $t_{i+1} - t_i = 1$로 놓아 단위 시간 구간이라고 하면 식 (15-20), (15-21)과 같은 식이 성립한다.

$$B_{i+1} = B_i - \alpha R \quad i = 0,1,2,\ldots \quad (15\text{-}20)$$

$$R_{i+1} = R_i - \beta B \quad i = 0,1,2, \ldots \qquad (15\text{-}21)$$

이 식을 시간에 따라 정리하면 표 15.3 으로 생각할 수 있다.

표 15.3 이산적 시간에 따른 전투력 변화

i	t	B_i	R_i
0	t_0	B_0	R_0
1	t_1	$B_1 = B_0 - \alpha R_0$	$R_1 = R_0 - \beta B_0$
2	t_2	$B_2 = B_1 - \alpha R_1 = B_0 - \alpha R_0 - \alpha R_0 + \alpha\beta B_0 = B_0 - 2\alpha R_0 + \alpha\beta B_0$	$R_2 = R_1 - \beta B_1 = R_0 - \beta B_0 - \beta B_0 + \beta\alpha R_0 = R_0 - 2\beta B_0 + \beta\alpha R_0$
3	t_3	$B_3 = B_2 - \alpha R_2 = B_0 - 2\alpha R_0 + \alpha\beta B_0 - \alpha R_0 + \alpha 2\beta B_0 - \alpha\beta\alpha R_0 = B_0 - 3\alpha R_0 + 3\alpha\beta B_0 - \alpha^2\beta R_0$	$R_3 = R_2 - \beta B_2 = R_0 - 2\beta B_0 + \beta\alpha R_0 - \beta B_0 + \beta 2\alpha R_0 - \beta\alpha\beta B_0 = R_0 - 3\beta B_0 + 3\beta\alpha R_0 - \alpha\beta^2 B_0$
4	t_4	....	....

식 (15-20), (15-21)을 이용하여 $B_0 = 100$, $R_0 = 50, \alpha = 0.1,\ \beta = 0.05$인 경우 12 시간 이후의 전투력 규모를 살펴보면 $B_{12} = 68.65$, $R_{12} = 1.52$ 가 되고 $\frac{B_{12}}{R_{12}} = 45.2$가 된다.

표 15.4 전투력 변화 ($B_0 = 100$, $R_0 = 50, \alpha = 0.1$, $\beta = 0.05$)

i	t	B_i	R_i	B_i/R_i	$B_i - R_i$	$B_i + R_i$
0	t_0	100.00	50.00	2.00	50.00	150.00
1	t_1	95.00	45.00	2.11	50.00	140.00
2	t_2	90.50	40.25	2.24	50.25	130.75
3	t_3	86.43	35.78	2.42	50.75	122.21
4	t_4	83.91	31.41	2.64	51.50	114.32
…	…	…	…	…	…	…
12	t_{12}	68.65	1.52	45.20	67.13	70.17

만약 $B_0 = 100$, $R_0 = 50$, $\alpha = 0.2$, $\beta = 0.05$ 인 경우는 표 15.5 와 같다. 표 15.5 를 보면 $\frac{B_i}{R_i} = 2$ 로서 일정한 값을 가진다는 것을 알 수 있다. $\beta B_0^2 = \alpha R_0^2$ 인 경우이므로 어느 측도 승리할 수 없다.

표 15.5 전투력 변화 ($B_0 = 100$, $R_0 = 50$, $\alpha = 0.2$, $\beta = 0.05$)

i	t	B_i	R_i	B_i/R_i	$B_i - R_i$	$B_i + R_i$
0	t_0	100	50	2	50	150
1	t_1	92	45	2	45	135
2	t_2	81	45.5	2	40.5	121
3	t_3	72.9	36.45	2	36.5	109.3
4	t_4	65.61	32.8	2	32.8	98.4
…	…	…	…	…	…	…
12	t_{12}	…	…	…	…	…

전투손실 계수 비율을 식 (3-22)와 같이 정의하자.

$$\mu^2 = \frac{\alpha}{\beta} = \frac{B_0^2 - B^2}{R_0^2 - R^2} \qquad (15\text{-}22)$$

만약 $\mu<1$ 이면 $\alpha<\beta$ 가 되고 R의 손실이 B의 손실보다 크기 때문에 B보다 R이 먼저 전투력을 상실한다. 반대로 만약 $\mu>1$ 이면 $\alpha>\beta$ 가 되고 B의 손실이 R의 손실보다 크기 때문에 R보다 B가 먼저 전투력을 상실한다.

동일한 개념으로 식 (15-22)의 양변을 Log 를 취하면 식 (15-23)과 같다. 식 (15-23)에서 $ln\,\mu$를 우월 매개변수(Advantage Parameter)라고 한다.

$$ln\,\mu=\frac{1}{2}(ln\alpha-ln\beta)=\frac{1}{2}ln(\frac{B_0^2-B^2}{R_0^2-R^2}) \qquad (15\text{-}23)$$

만약 $ln\,\mu<0$ 이면 R의 손실이 B의 손실보다 크기 때문에 B보다 R이 먼저 전투력을 상실한다. 반대로 $ln\,\mu>0$ 이면 B의 손실이 R의 손실보다 크기 때문에 R보다 B가 먼저 전투력을 상실한다.

15.2.2 t 시점에서 전투력 수준은?

Lanchester Square 법칙의 방정식은 다음과 같다.

$$\beta(B_0^2-B^2)=\alpha(R_0^2-R^2)$$

위 식을 다시 정리하면 다음과 같다.

$$B=\sqrt{B_0^2-\frac{\alpha}{\beta}(R_0^2-R^2)}$$

위 식을 $\frac{dR}{dt}=-\beta B$에 대입한다.

$$\frac{dR}{dt}=-\beta\sqrt{B_0^2-\frac{\alpha}{\beta}(R_0^2-R^2)}\;=-\sqrt{\alpha\beta}\sqrt{(\frac{\beta}{\alpha})B_0^2-(R_0^2-R^2)}$$

$$\int_R^{R_0}dR\Big/\sqrt{R^2+(\frac{\beta}{\alpha})B_0^2-R_0^2}=\int_0^t-\sqrt{\alpha\beta}\,dt$$

위 적분을 풀기 위해 다음과 같은 부정적분 공식을 이용한다.

$$\int dx \Big/ \sqrt{x^2+y^2} = ln(x+\sqrt{x^2+y^2})+C$$

$x^2 = R^2$, $y^2 = (\frac{\beta}{\alpha})B_0^2 - R_0^2$ 로 놓으면 다음과 같이 풀 수 있다.

$$ln\left(\mathrm{R}+\sqrt{R^2+\left(\frac{\beta}{\alpha}\right)B_0^2-R_0^2}\right)-ln(R_0+\sqrt{\left(\frac{\beta}{\alpha}\right)B_0^2})=-\sqrt{\alpha\beta}\ t$$

$$\frac{\left(R+\sqrt{R^2+\left(\frac{\beta}{\alpha}\right)B_0^2-R_0^2}\right)}{(R_0+\sqrt{\left(\frac{\beta}{\alpha}\right)B_0^2})}=e^{-\sqrt{\alpha\beta}t}$$

$$\left(\sqrt{R^2+\left(\frac{\beta}{\alpha}\right)B_0^2-R_0^2}\right)=(R_0+\sqrt{\left(\frac{\beta}{\alpha}\right)B_0^2})\ e^{-\sqrt{\alpha\beta}t}-R$$

양변을 제곱하고 R 로 정리하면 다음과 같다.

$$R^2+\left(\frac{\beta}{\alpha}\right)B_0^2-R_0^2=(R_0+\sqrt{\left(\frac{\beta}{\alpha}\right)B_0^2})^2\ e^{-2\sqrt{\alpha\beta}t}+R^2-2R(R_0+\sqrt{\left(\frac{\beta}{\alpha}\right)B_0^2})\ e^{-\sqrt{\alpha\beta}t}$$

$$R=\frac{1}{2}\{\left(R_0+\frac{\beta}{\alpha}B_0\right)e^{-\sqrt{\alpha\beta}t}+\frac{\left(R_0^2-\frac{\beta}{\alpha}B_0^2\right)e^{\sqrt{\alpha\beta}t}}{R_0+\sqrt{\frac{\beta}{\alpha}}B_0}\}$$

$$=\frac{1}{2}\{\left(R_0+\frac{\beta}{\alpha}B_0\right)e^{-\sqrt{\alpha\beta}t}+\frac{(R_0+\sqrt{\frac{\beta}{\alpha}}B_0)(R_0-\sqrt{\frac{\beta}{\alpha}}B_0)e^{\sqrt{\alpha\beta}t}}{R_0+\sqrt{\frac{\beta}{\alpha}}B_0}\}$$

$$=\frac{1}{2}\{\left(R_0+\sqrt{\frac{\beta}{\alpha}}B_0\right)e^{-\sqrt{\alpha\beta}t}+\left(R_0-\sqrt{\frac{\beta}{\alpha}}B_0\right)e^{\sqrt{\alpha\beta}t}\}$$

$$=\frac{1}{2}\{R_0(e^{\sqrt{\alpha\beta}t}-e^{-\sqrt{\alpha\beta}t})-\sqrt{\frac{\beta}{\alpha}}B_0(e^{\sqrt{\alpha\beta}t}-e^{-\sqrt{\alpha\beta}t})\}$$

$$=R_0(\frac{1}{2})(e^{\sqrt{\alpha\beta}t} - e^{-\sqrt{\alpha\beta}t}) - \sqrt{\frac{\beta}{\alpha}}B_0(\frac{1}{2})(e^{\sqrt{\alpha\beta}t} - e^{-\sqrt{\alpha\beta}t})$$

여기서 $cosh\theta = \frac{1}{2}(e^{\theta} + e^{-\theta})$, $sinh\theta = \frac{1}{2}(e^{\theta} - e^{-\theta})$ 공식을 사용하면 t 시간의 Red Force 의 전투력 수준 $R(t)$는 식 (15-25)와 같다.

$$R(t) = R_0\,cosh(\sqrt{\alpha\beta}t) - \sqrt{\frac{\beta}{\alpha}}B_0 sinh(\sqrt{\alpha\beta}t) \qquad (15\text{-}25)$$

동일한 방법으로 유도해 보면 t 시간의 Blue Force 의 전투력 수준 $B(t)$는 식 (15-26)과 같다.

$$B(t) = B_0\,cosh(\sqrt{\alpha\beta}t) - \sqrt{\frac{\alpha}{\beta}}R_0 sinh(\sqrt{\alpha\beta}t) \qquad (15\text{-}26)$$

15.2.3 전투는 언제 종결될 것인가?

전투가 종결되는 시점은 $R(t) = 0$ 이거나 $B(t) = 0$가 되는 시점 t 이다. $B(t) = 0$가 되는 시점 t를 t_B라고 하고 $R(t) = 0$ 가 되는 시점 t를 t_R이라고 하자. 먼저 t_R을 구해보면 식 (15-31)과 같다.

$$R(t) = \frac{1}{2}\left(R_0 + \sqrt{\frac{\beta}{\alpha}}B_0\right)e^{-\sqrt{\alpha\beta}t} + \frac{1}{2}\left(R_0 - \sqrt{\frac{\beta}{\alpha}}B_0\right)e^{\sqrt{\alpha\beta}t} = 0 \qquad (15\text{-}27)$$

$$\left(R_0 + \sqrt{\frac{\beta}{\alpha}}B_0\right)e^{-\sqrt{\alpha\beta}t} = -\left(R_0 - \sqrt{\frac{\beta}{\alpha}}B_0\right)e^{\sqrt{\alpha\beta}t} \qquad (15\text{-}28)$$

양변에 ln를 취하고 정리하면 식 (15-29), (15-30)과 같다.

$$-\sqrt{\alpha\beta}t + ln\left(R_0 + \sqrt{\frac{\beta}{\alpha}}B_0\right) = \sqrt{\alpha\beta}t - ln\left(R_0 - \sqrt{\frac{\beta}{\alpha}}B_0\right) = \sqrt{\alpha\beta}t + ln\left(\sqrt{\frac{\beta}{\alpha}}B_0 - R_0\right)$$ (3-29)

$$2\sqrt{\alpha\beta}t = ln\left(R_0 + \sqrt{\frac{\beta}{\alpha}}B_0\right) - ln\left(\sqrt{\frac{\beta}{\alpha}}B_0 - R_0\right) = ln\left\{\left(R_0 + \sqrt{\frac{\beta}{\alpha}}B_0\right)/\left(\sqrt{\frac{\beta}{\alpha}}B_0 - R_0\right)\right\}$$

$$= ln\left(\frac{\sqrt{\beta}B_0+\sqrt{\alpha}R_0}{\sqrt{\beta}B_0-\sqrt{\alpha}R_0}\right) \qquad (15\text{-}30)$$

그러므로 t를 t_R로 대체하면 t_R은 식 (3-31)과 같다.

$$t_R = \frac{1}{2\sqrt{\alpha\beta}}\,ln\left(\frac{\sqrt{\beta}B_0+\sqrt{\alpha}R_0}{\sqrt{\beta}B_0-\sqrt{\alpha}R_0}\right) \qquad (15\text{-}31)$$

위와 동일한 방법으로 t_B를 구해 보면 식 (15-32)와 같다.

$$t_B = \frac{1}{2\sqrt{\alpha\beta}}\,ln\left(\frac{\sqrt{\beta}B_0+\sqrt{\alpha}R_0}{\sqrt{\alpha}R_0-\sqrt{\beta}B_0}\right) \qquad (15\text{-}32)$$

15.3 Lanchester 1st Linear Law

현대전 이전의 창, 칼과 같이 직접 교전을 하는 집단간의 전투상황은 Lanchester 제 1 선형 법칙으로 설명된다. Lanchester 제 1 선형법칙에서는 Square 법칙에서 설명되는 전투력의 집중은 발생하지 않으며 개인과 개인, 무기와 무기가 교전하는 상황을 묘사한다. 그러므로 Blue Force 와 Red Force 양측의 전투시간에 따른 손실률은 일정하다.

Lanchester 가 고대 전투라고 부른 Linear Law 에서는 Red Force 는 Blue Force 에 집중하여 공격할 수 없다. 한 시점에서 Red Force 는 한 개의 Blue 표적과 교전할 수 있다. 그 반대도 마찬가지이다. Linear Law 의 점사격과 지역사격에 대한 해석은 다음과 같다.

1. 점사격: 표적 수가 충분히 작거나 공격하는 측이 표적의 정확한 위치 확인과 공격이 아주 어려워서 공격하는 각 전투원이 주어진 표적의 수에 비례하는 비율로 표적의 정확한 위치를 확인한다.

2. 지역사격: 공격하는 각 전투원이 단위 시간 동안 특정 지역의 모든 표적과 교전한다. 표적은 일정한 밀도를 유지하며 확보된 지역에 분산되어 있어서 표적 수를 감소시키는 것이 표적 밀도를 감소시킨다.

이러한 Lanchester 제 1 선형법칙은 식 (15-33), (15-34)와 같이 표현할 수 있다.

$$\frac{dB}{dt} = -\alpha \qquad (15\text{-}33)$$

$$\frac{dR}{dt} = -\beta \qquad (15\text{-}34)$$

식 (3-33), (3-34)의 양변을 나누면 식 (15-35)와 같다.

$$\frac{dB}{dt} / \frac{dR}{dt} = \alpha/\beta \ \rightarrow \ \frac{dB}{dR} = \frac{\alpha}{\beta} \qquad (15\text{-}35)$$

양변을 시간에 대해 적분하면 식 (3-36), (3-37)과 같다.

$$\int_{B_0}^{B} \beta dB = \int_{R_0}^{R} \alpha dR \qquad (15\text{-}36)$$

$$\beta(B - B_0) = \alpha(R - R_0) \ \rightarrow \ \beta(B_0 - B) = \alpha(R_0 - R) \qquad (15\text{-}37)$$

식 (15-36), (15-37)과 같이 선형 형태의 전투모형이 성립한다.

15.3.1 승리의 조건

만약 Blue Force 가 승리한다면 $R = 0,\ B > 0$ 가 되므로 승리의 조건은 식 (15-39)와 같다.

$$B = \frac{\beta B_0 - \alpha R_0}{\beta} = B_0 - \frac{\alpha R_0}{\beta} > 0 \qquad (15\text{-}38)$$

$$\beta B_0 > \alpha R_0 \qquad (15\text{-}39)$$

동일하게 Red Force 가 승리한다면 $B = 0,\ R > 0$ 가 되므로 승리의 조건은 식 (15-40)과 같다.

$$\beta B_0 < \alpha R_0 \qquad (15\text{-}40)$$

Lanchester 제 1 선형법칙에서는 전투력의 집중 효과가 발생하는 Square 항이 없으므로 전투력 집중이 발생하지 않을 뿐만 아니라 전선이 돌파되는 현상도 발생하지 않는다.

15.3.2 전투 지속시간

Lanchester 제 1 선형법칙의 공식은 식 (15-41), (15-42)와 같다.

$$\frac{dB}{dt} = -\alpha \qquad (15\text{-}41)$$

$$\frac{dR}{dt} = -\beta \qquad (15\text{-}42)$$

식 (15-41), (15-42)를 다시 정리하면 식 (15-43), (15-44)와 같다.

$$dB = -\alpha dt \qquad (15\text{-}43)$$

$$dR = -\beta dt \qquad (15\text{-}44)$$

양변을 시간에 대해 적분하면 식 (15-45), (15-46)과 같다.

$$\int_{B_0}^{B} dB = \int_0^t -\alpha dt \qquad (15\text{-}45)$$

$$\int_{R_0}^{R} dR = \int_0^t -\beta dt \qquad (15\text{-}46)$$

식 (15-45), (15-46)을 풀면 식 (15-47), (15-48)과 같이 전투 종료시간을 구할 수 있다.

$$B = B_0 - \alpha t \ \rightarrow\ t = \frac{B_0 - B}{\alpha} \qquad (15\text{-}47)$$

$$R = R_0 - \beta t \rightarrow t = \frac{R_0 - R}{\beta} \qquad (15\text{-}48)$$

15.4 Lanchester 2nd Linear Law

Blue Force 와 Red Force 양측이 포병사격과 같은 조준사격이 아닌 지역에 대해 실시하는 지역사격의 경우를 생각해 보자. 지역사격이 경우 쌍방이 존재하는 일반적인 위치는 알 수 있으나 정확한 장소와 화력의 결과를 알 수 없어 화력집중이 불가능하다. 이러한 경우 한측의 시간경과에 따른 전력 손실률은 상대방의 전투력에도 비례하고 자신의 전투력에도 비례하게 된다. 왜냐하면 상대방이 지역사격을 하기 때문에 자신의 전투력이 크면 클수록 피해가 더 커지게 되기 때문이다. 이러한 전투조건에 해당되는 전투 모델링이 Lanchester 제 2 선형법칙이다.

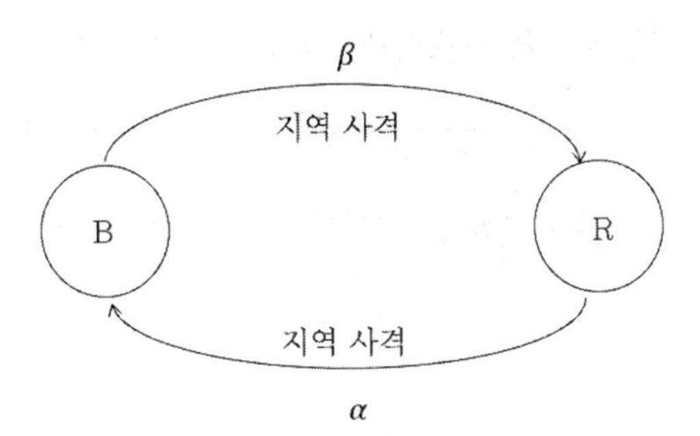

그림 15.24 Lanchester 2nd Linear Law Concept Diagram

Lanchester 제 2 선형법칙의 전투모형은 식 (15-49), (15-50)과 같이 구성할 수 있다.

$$\frac{dB}{dt} = -\alpha RB \qquad (15\text{-}49)$$

$$\frac{dR}{dt} = -\beta BR \qquad (15\text{-}50)$$

15.4.1 승리의 조건

식 (15-49), (15-50)을 양변을 나누면 식 (15-51)~(15-53)을 거쳐 식 (15-54)를 얻는다.

$$\frac{dB}{dR} = \frac{-\alpha RB}{-\beta BR} = \frac{\alpha}{\beta} \qquad (15\text{-}51)$$

$$\beta dB = \alpha dR \qquad (15\text{-}52)$$

$$\int_{B_0}^{B} \beta dB = \int_{R_0}^{R} \alpha dR \qquad (15\text{-}53)$$

$$\beta(B_0 - B) = \alpha(R_0 - R) \qquad (15\text{-}54)$$

$\beta B = \beta B_0 - \alpha(R_0 - R)$을 $\frac{dR}{dt} = -\beta BR$에 대입하여 식 (15-55)~(15-58)과 같이 전개한다.

$$-\frac{dR}{dt} = \{\beta B_0 - \alpha(R_0 - R)\}R = (\beta B_0 - \alpha R_0 + \alpha R)R = \beta B_0 R - \alpha R_0 R + \alpha R^2 \qquad (15\text{-}55)$$

$$\frac{dR}{dt} = (\alpha R_0 - \beta B_0)R - \alpha R^2 \qquad (15\text{-}56)$$

$$\frac{dR}{(\alpha R_0 - \beta B_0)R - \alpha R^2} = dt \qquad (15\text{-}57)$$

$$\frac{dR}{R^2 - \frac{\alpha R_0 - \beta B_0}{\alpha} R} = -\alpha dt \qquad (15\text{-}58)$$

$\frac{\alpha R_0 - \beta B_0}{\alpha} = 2K$ 라고 두면 식 (15-58)은 식 (15-59)로 전환된다.

$$\frac{dR}{R^2 - 2KR} = -\alpha dt \qquad (15\text{-}59)$$

좌변을 부분분수 후 R은 $[R_0, R]$ 구간에서 t는 $[0, t]$ 구간에서 적분하면 식 (15-60)~(15-64)로 진행된다.

$$\frac{1}{2K}\int_{R_0}^{R} \left(\frac{1}{2K - R} + \frac{1}{R}\right) dR = \int_0^t \alpha\, dt \qquad (15\text{-}60)$$

$$\frac{1}{2K}\left[-ln|2K - R| + ln|R|\right]_{R_0}^{R} = [\alpha t]_0^t \qquad (15\text{-}61)$$

$$ln\frac{|R||2K-R_0|}{|R_0||2K-R|} = 2K\alpha t \qquad (15-62)$$

$$\frac{R(2K-R_0)}{R_0(2K-R)} = e^{2K\alpha t} \qquad (15-63)$$

$$R = \frac{2KR_0}{(2K-R_0)e^{-2K\alpha t}+R_0} \qquad (15-64)$$

$2K = \frac{\alpha R_0-\beta B_0}{\alpha}$ 을 대입 후 α 를 양변에 곱하면 식 (15-65)와 같다.

$$R = \frac{(\alpha R_0-\beta B_0)R_0}{-\beta B_0 e^{-(\alpha R_0-\beta B_0)t}+\alpha R_0} \qquad (15-65)$$

$y = \frac{\alpha R_0}{\beta B_0}$ 로 놓고 정리하면 Blue Force 와 Red Force 의 전투력은 각각 식 (15-66), (15-67)과 같다.

$$B = \frac{-B_0(y-1)e^{(-\beta B_0(y-1))t)}}{e^{(-\beta B_0(y-1))t}-y} \qquad (15-66)$$

$$R = \frac{-R_0(y-1)}{e^{-\beta B_0(y-1)t}-y} \qquad (15-67)$$

Lanchester 제 2 선형법칙의 승리 조건은 다음과 같다. Blue Force 와 Red Force 의 비율은 식 (15-68)과 같다.

$$\frac{B}{R} = \frac{B_0}{R_0}e^{-\beta B_0(y-1)t} \qquad (15-68)$$

만약 $y < 1$ 이면 t 가 증가할수록 $\frac{B}{R}$ 가 커진다. 따라서 Blue Force 가 승리하거나 더 큰 전투력을 갖게 된다. 반대로 만약 $y > 1$ 이면 t 가 증가할수록 $\frac{B}{R}$ 가 작아진다. 따라서 Red Force 가 승리하거나 더 큰 전투력을 갖게 된다.

15.4.2 t 시점에서의 전투력 비율

t시점에서의 Red Force 와 Blue Force 의 전투력 비율은 15.4.1 에서 설명한 것과 같이 식 (15-68)과 같다. Blue Force 와 Red Force 의 전투력 비율이 식 (15-69)와 같이 동일한 경우는 Blue Force 와 Red Force 의 전투력이 전투중에는 변동되지만 제 1 선형법칙에서와 같이 제 2 선형법칙에서 전투동안에 전투력 비율이 일정하다는 것을 의미한다.

$$\frac{B}{R} = \frac{B_0}{R_0} = \frac{\alpha}{\beta} \qquad (15\text{-}69)$$

15.5 Lanchester Mixed Law

15.5.1 소규모 부대간 전투

만약 Blue Force 와 Red Force 를 각각 m_1, m_2개로 모두 동일하게 작은 집단으로 분할하고 상대방과 교전한다면 Lanchester Square Law 에 의한 단위 시간당 소모율은 식 (15-70), (15-71)과 같다.

$$\frac{dB}{dt} = -\alpha R\left(\frac{B}{m_1}\right) \qquad (15\text{-}70)$$

$$\frac{dR}{dt} = -\beta B\left(\frac{R}{m_2}\right) \qquad (15\text{-}71)$$

그러면 양측의 전투력이 동일할 조건은 식 (15-72)와 같다.

$$\beta B_0 m_1 = \alpha R_0 m_2 \qquad (15\text{-}72)$$

상대적인 집단 규모의 함수로서 전투력 비의 비김선은 그림 15.26 에 나타난 것처럼 $\frac{\beta}{\alpha}$ 값에 따라 상이하다. 그림 15.26 은 만약 모든 각 전투에서 그것의 집단들이 충분히 다른 측보다 수가 많거나 손실 교환비율이 유리하게 충분히 크면 전반적으로 아주 수가 적은 측이 상대방을 이길 수 있다. 게릴라 전의 본질은 게릴라 공격에 취약한 매우 많은 지점을 방어하기 위해 정규군은 분산되어야 한다는 것이다.

정규군은 많은 소규모 게릴라 집단을 소멸시켜야 한다. 그러므로 수적으로 열세한 게릴라는 정규군과의 전투에서 국부적인 수적 우세를 달성한다면 정규군을 이길 수 있다. Deitchman 이 연구한 바에 의하면 정규군이 게릴라를 상대하여 승리하려면 10 배의 병력이 있어야 한다. 통상적으로 게릴라는 수준이 낮거나 적으로부터 획득한 제한된 수의 무기를 가지고 있다고 생각할 수 있고 방어를 하는 정규군은 가용한 모든 무기들의 조합으로 무장되어 있다. 따라서 정규군은 국부적 병력비 $\frac{m_1}{m_2}$ 을 크게 함으로써 손실 교환율을 정규군에게 더 유리하게 할 수 있다. 그러면 게릴라가 국부적 교전에서 동일하거나 열세한 수로 이기기 위하여 반대 방향으로 국부적 병력비에 영향을 미치는 전술을 사용할 수 있는가 하는 문제가 제기된다.

방어를 하는 정규군이 게릴라를 찾기 위해 지역 탐색을 하거나 게릴라 기지를 공격할 목적을 가지고 이동하고 있다고 생각해 보자. 게릴라는 정규군이 접근하는 것을 매복을 통해 대응한다. 전투가 시작되면 게릴라는 매복하여 정규군을 볼 수 있기 때문에 정규군에 대해 충분한 시야를 확보한 가운데 조준사격을 하게 되고 정규군의 피해는 게릴라의 수에 비례해서 증가할 것이다. 게릴라는 은거하고 있어 정확한 위치를 식별하기 힘들기 때문에 정규군은 게릴라에 대해 조준사격을 할 수 없고 대략적인 지역에 대해 무차별 사격을 하게 될 것이다.

게릴라의 손실은 사격하는 정규군의 수와 그 지역에 있는 게릴라의 수에 비례할 것이다. 왜냐하면 정규군이 게릴라에 대해 무차별 지역사격을 하기 때문에 게릴라의 수가 많으면 많을수록 게릴라의 피해도 많아진다. 따라서 이런 관계하 정규군과 게릴라의 전투는 식 (15-73), (15-74)와 같이 모형화 가능하다. Blue Force 를 정규군 Red Force 를 게릴라라고 정의한다. Deitchman 는 1962 년 매복을 중심으로 작전을 하는 비정규전 모형을 개발하였다. Lanchester Mixed Law 는 비정규전 모델 또는 게릴라 모델이라고 한다.

15.5.2 비정규전 부대와 정규전부대의 교전 전투 Modeling

Lanchester Mixed Law 에서는 식 (15-73), (15-74)와 같은 미분방정식이 수립한다.

$$\frac{dB}{dt} = -\alpha R \qquad (15\text{-}73)$$

$$\frac{dR}{dt} = -\beta BR \qquad (15\text{-}74)$$

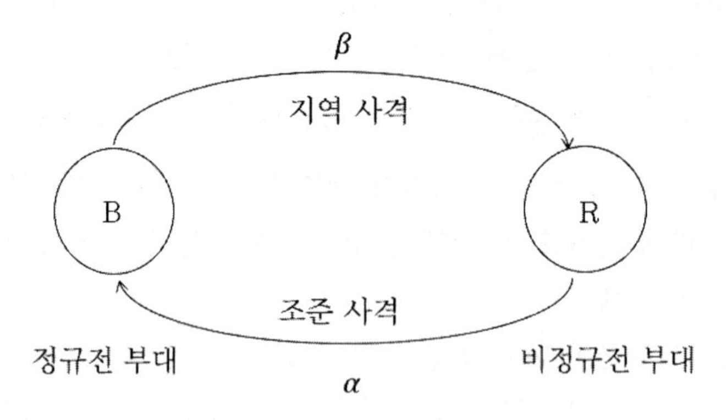

그림 15.28 Lanchester Mixed Law Concept Diagram

식 (15-73), (15-74)의 의미는 정규군인 Blue Force 의 손실은 Red Force 의 전투력에 비례하고 비정규군 게릴라인 Red Force 의 손실은 Blue Force 가 지역사격을 하기 때문에 Lanchester 제 2 선형법칙과 같이 Blue Force 의 전투력 규모뿐만 아니라 Red Force 의 전투력 규모에도 비례한다.

두 식의 양변을 나누면 식 (15-75)와 같다.

$$\frac{dB}{dt}/\frac{dR}{dt} = -\alpha R/-\beta BR \rightarrow \frac{dB}{dR} = \frac{\alpha}{\beta B} \qquad (15\text{-}75)$$

식 (15-75)의 양변을 시간에 대해 적분하면 식 (15-76)과 같다.

$$\int_{B_0}^{B} \beta B dB = \int_{R_0}^{R} \alpha dR \qquad (15\text{-}76)$$

식 (15-76)을 풀어 보면 식 (15-77), (15-78)과 같은 Square 법칙과 Linear 법칙이 혼합된 수식이 성립한다. 따라서 이러한 전투모형을 Lanchester Mixed Law 라고 한다.

$$\beta(B_0^2 - B^2) = 2\alpha(R_0 - R) \qquad (15\text{-}77)$$

$$\beta B_0^2 - \beta B^2 = 2\alpha R_0 - 2\alpha R \qquad (15\text{-}78)$$

만약 $\beta B_0^2 = 2\alpha R_0$ 이면 $\beta B^2 = 2\alpha R$이 되는 것은 자명하다.

15.5.3 승리의 조건

Blue Force 가 승리하려면 $R = 0$이 되어야 하고 이 때 Blue Force 의 잔여 전투력 B_e는 식 (15-79)와 같다.

$$B_e = \sqrt{\frac{\beta B_0^2 - 2\alpha R_0}{\beta}} \qquad (15\text{-}79)$$

$B_e > 0$ 의 조건을 보면 $\beta B_0^2 - 2\alpha R_0 > 0$ 이어야 하고 $\beta B_0^2 > 2\alpha R_0$ 이다. 동일한 방법으로 Red Force 의 승리 조건은 $\beta B_0^2 < 2\alpha R_0$이다. 만약 $\beta B_0^2 = 2\alpha R_0$이면 양측 전투력이 동일하게 되어 전투가 계속 지속되면 모두 소멸된다.

한측이 승리하게 되면 승자의 잔여 전투력은 어떻게 되는지 유도해 보면 식 (15-80)~(15-82)와 같다.

$$\beta B_0^2 - \beta B^2 = 2\alpha R_0 - 2\alpha R \qquad (15\text{-}80)$$

$$B = \sqrt{B_0^2 + \frac{2\alpha}{\beta}(R - R_0)} \qquad (15\text{-}81)$$

$$R = R_0 + \frac{\beta}{2\alpha}(B^2 - B_0^2) \qquad (15\text{-}82)$$

$\frac{dR}{dt} = -\beta BR$ 에 B 와 R 을 대입하고 $\frac{dB}{dt} = -\alpha R$ 에 R 을 대입하면 식 (15-83)~(15-84)와 같다.

$$\frac{dR}{dt} = -\beta\sqrt{B_0^2 + \frac{2\alpha}{\beta}(R - R_0)}\, R \qquad (15\text{-}83)$$

$$\frac{dB}{dt} = -\alpha R_0 - \frac{\beta}{2}(B^2 - B_0^2) \qquad (15\text{-}84)$$

① Red Force 승리의 경우

Red Force 가 승리하기 위해서는 $\beta B_0^2 < 2\alpha R_0$의 조건을 만족해야 한다. 먼저 식 (15-84)를 식 (15-85)로 두고 양변을 약간 조정하여 식 (15-86)을 얻는다.

$$\frac{dB}{dt} = -\alpha R_0 - \frac{\beta}{2}(B^2 - B_0^2) \qquad (15\text{-}85)$$

$$\frac{1}{\left(\frac{2\alpha}{\beta}R_0 - B_0^2\right) + B^2} dB = -\frac{\beta}{2} dt \qquad (15\text{-}86)$$

식 (15-85)~(15-86)을 적분하기 위해 식 (15-87)과 같은 부정적분 공식을 이용한다.

$$\int \frac{1}{a^2 + u^2} du = \frac{1}{a} tan^{-1} \frac{u}{a} + C \qquad (15\text{-}87)$$

식 (15-87)에서 $\left(\frac{2\alpha}{\beta}R_0 - B_0^2\right) = a^2$, $B^2 = b^2$ 으로 두면 식 (15-88)~(15-93)과 같이 적분 가능하다.

$$\int_B^{B_0} \frac{1}{\left(\frac{2\alpha}{\beta}R_0 - B_0^2\right) + B^2} dB = \int_t^0 -\frac{\beta}{2} dt \qquad (15\text{-}88)$$

$$\frac{1}{\sqrt{\frac{2\alpha}{\beta}R_0 - B_0^2}} tan^{-1} \frac{B}{\sqrt{\frac{2\alpha}{\beta}R_0 - B_0^2}}\Bigg]_B^{B_0} = -\frac{\beta}{2} t\Big]_t^0 \qquad (15\text{-}89)$$

$$\frac{1}{\sqrt{\frac{2\alpha}{\beta}R_0 - B_0^2}}\left[tan^{-1} \frac{B_0}{\sqrt{\frac{2\alpha}{\beta}R_0 - B_0^2}} - tan^{-1} \frac{B}{\sqrt{\frac{2\alpha}{\beta}R_0 - B_0^2}}\right] = \frac{\beta}{2} t \qquad (15\text{-}90)$$

$$tan^{-1}\frac{B_0}{\sqrt{\frac{2\alpha}{\beta}R_0-B_0^2}}-tan^{-1}\frac{B}{\sqrt{\frac{2\alpha}{\beta}R_0-B_0^2}}=\frac{\beta}{2}t\sqrt{\frac{2\alpha}{\beta}R_0-B_0^2} \quad (15\text{-}91)$$

$$tan^{-1}\frac{B}{\sqrt{\frac{2\alpha}{\beta}R_0-B_0^2}}=tan^{-1}\frac{B_0}{\sqrt{\frac{2\alpha}{\beta}R_0-B_0^2}}-\frac{\beta}{2}t\sqrt{\frac{2\alpha}{\beta}R_0-B_0^2} \quad (15\text{-}92)$$

$$\frac{B}{\sqrt{\frac{2\alpha}{\beta}R_0-B_0^2}}=tan\left(tan^{-1}\frac{B_0}{\sqrt{\frac{2\alpha}{\beta}R_0-B_0^2}}-\frac{\beta}{2}t\sqrt{\frac{2\alpha}{\beta}R_0-B_0^2}\right) \quad (15\text{-}93)$$

여기에서 $tan(a-b)=\frac{tan\,a-tan\,b}{1+tana\times tanb}$ 공식을 사용하여 정리해 보며 식 (15-94)와 같다.

$$\frac{B}{\sqrt{\frac{2\alpha}{\beta}R_0-B_0^2}}=\frac{\frac{B_0}{\sqrt{\frac{2\alpha}{\beta}R_0-B_0^2}}-tan\left(\frac{\beta}{2}t\sqrt{\frac{2\alpha}{\beta}R_0-B_0^2}\right)}{1+\frac{B_0}{\sqrt{\frac{2\alpha}{\beta}R_0-B_0^2}}\times tan\left(\frac{\beta}{2}t\sqrt{\frac{2\alpha}{\beta}R_0-B_0^2}\right)} \quad (15\text{-}94)$$

그러면 t시점에서의 Blue Force 의 전투력은 식 (15-95)와 같다.

$$B=\left(\frac{\frac{B_0}{\sqrt{\frac{2\alpha}{\beta}R_0-B_0^2}}-tan\left(\frac{\beta}{2}t\sqrt{\frac{2\alpha}{\beta}R_0-B_0^2}\right)}{1+\frac{B_0}{\sqrt{\frac{2\alpha}{\beta}R_0-B_0^2}}\times tan\left(\frac{\beta}{2}t\sqrt{\frac{2\alpha}{\beta}R_0-B_0^2}\right)}\right)\left(\sqrt{\frac{2\alpha}{\beta}R_0-B_0^2}\right) \quad (15\text{-}95)$$

여기에서 $C_1=R_0-\frac{\beta}{2\alpha}B_0^2$, $K_1=\sqrt{\frac{2\alpha C_1}{\beta}}$. $\alpha_1=\frac{\beta K_1}{2}$, $\alpha_1 t<\frac{\pi}{2}$ 라고 두면 식 (15-96)과 같이 정리할 수 있다.

$$B=K_1\left(\frac{\frac{B_0}{K_1}-tan(\alpha_1 t)}{1+\frac{B_0}{K_1}\times tan(\alpha_1 t)}\right)=K_1\left(\frac{B_0-K_1tan(\alpha_1 t)}{K_1+B_0tan(\alpha_1 t)}\right) \quad (15\text{-}96)$$

t시점에서의 Red Force 의 전투력에 대해 알아보자. Lanchester 혼합 법칙 공식 $\beta B_0^2-\beta B^2=2\alpha R_0-2\alpha R$ 에서 Red Force 의 전투력을 앞에서 정의한 $C_1=$

$R_0 - \frac{\beta}{2\alpha}B_0^2$, $K_1 = \sqrt{\frac{2\alpha C_1}{\beta}}$. $\alpha_1 = \frac{\beta K_1}{2}$, $\alpha_1 t < \frac{\pi}{2}$ 을 이용하여 정리해 보면 식 (15-97)과 같다.

$$R = R_0 + \frac{\beta}{2\alpha}(B^2 - B_0^2) \qquad (15\text{-}97)$$

식 (15-97)은 식 (15-98)이 된다.

$$R_0 = C_1 + \frac{\beta}{2\alpha}B_0^2 = \frac{\beta}{2\alpha}({K_1}^2 + B_0^2) \qquad (15\text{-}98)$$

왜냐하면 $C_1 + \frac{\beta}{2\alpha}B_0^2 = (R_0 - \frac{\beta}{2\alpha}B_0^2) + \frac{\beta}{2\alpha}B_0^2 = R_0$ 이 되기 때문이다. 식 (15-99)~(15-101)과 같이 다른 방법으로 정리해도 동일한 결과를 얻는다.

$$\frac{\beta}{2\alpha}\left({K_1}^2 + B_0^2\right) = \frac{\beta}{2\alpha}\left(\frac{2\alpha C_1}{\beta} + B_0^2\right) = C_1 + B_0^2\left(\frac{\beta}{2\alpha}\right)$$
$$= R_0 - \left(\frac{\beta}{2\alpha}\right)B_0^2 + B_0^2\left(\frac{\beta}{2\alpha}\right) = R_0 \qquad (3\text{-}99)$$

$$R = R_0 + \frac{\beta}{2\alpha}(B^2 - B_0^2) = \left(\frac{\beta}{2\alpha}\left({K_1}^2 + B_0^2\right)\right) + \left(\frac{\beta}{2\alpha}(B^2 - B_0^2)\right) = \frac{\beta}{2\alpha}\left({K_1}^2 + B^2\right)$$
$$= \frac{\beta}{2\alpha}\left({K_1}^2 + \left(K_1\left(\frac{B_0 - K_1 tan(\alpha_1 t)}{K_1 + B_0 tan(\alpha_1 t)}\right)\right)^2\right) = \frac{\beta}{2\alpha}\left({K_1}^2 + {K_1}^2\left(\frac{(B_0 - K_1 tan(\alpha_1 t))^2}{(K_1 + B_0 tan(\alpha_1 t))^2}\right)\right) \qquad (15\text{-}100)$$

식 (15-100)을 정리해 보면 식 (15-101)과 같다.

$$R = C_1\left(1 + \frac{(B_0 - K_1 tan(\alpha_1 t))^2}{(K_1 + B_0 tan(\alpha_1 t))^2}\right) \qquad (15\text{-}101)$$

② Blue Force 승리의 경우

앞에서 설명한 대로 Blue Force 가 승리하기 위해서는 $\beta B_0^2 > 2\alpha R_0$의 조건을 만족해야 한다. 식 (15-102)를 기반으로 식 (15-103)을 얻는다.

$$\beta B_0^2 - \beta B^2 = 2\alpha R_0 - 2\alpha R \qquad (15\text{-}102)$$

$$R = R_0 + \frac{\beta}{2\alpha}(B^2 - B_0^2) \qquad (15\text{-}103)$$

$\frac{dB}{dt} = -\alpha R$ 에 $R = R_0 + \frac{\beta}{2\alpha}(B^2 - B_0^2)$을 대입하면 식 (15-104), (15-105)와 같다.

$$\frac{dB}{dt} = -\alpha R = -\alpha\left(R_0 + \frac{\beta}{2\alpha}(B^2 - B_0^2)\right) = -\alpha R_0 - \frac{\beta}{2}(B^2 - B_0^2) \qquad (15\text{-}104)$$

$$\frac{1}{\left(B_0^2 - \frac{2}{\beta}\alpha R_0\right) - B^2} dB = \frac{\beta}{2} dt \qquad (15\text{-}105)$$

양변을 적분하기 위해 식 (3-106)과 같은 부정적분 공식을 사용한다.

$$\int \frac{1}{a^2 - u^2} du = \frac{1}{2a} ln \left|\frac{a+u}{a-u}\right| + C \qquad (15\text{-}106)$$

$a^2 = \left(B_0^2 - \frac{2}{\beta}\alpha R_0\right), u^2 = B^2$ 로 대체하면 식 (15-107)~(15-112)와 같이 적분 가능하다.

$$\int_B^{B_0} \frac{1}{\left(B_0^2 - \frac{2}{\beta}\alpha R_0\right) - B^2} dB = \int_t^0 \frac{\beta}{2} dt \qquad (15\text{-}107)$$

$$\left(\frac{1}{2\sqrt{B_0^2 - \frac{2}{\beta}\alpha R_0}}\right) ln \frac{\sqrt{B_0^2 - \frac{2}{\beta}\alpha R_0} + B}{B - \sqrt{B_0^2 - \frac{2}{\beta}\alpha R_0}}\Bigg]_B^{B_0} = \frac{\beta}{2} t\Big]_t^0 \qquad (15\text{-}108)$$

$$\frac{1}{2\sqrt{B_0^2 - \frac{2}{\beta}\alpha R_0}}\left(ln \frac{\sqrt{B_0^2 - \frac{2}{\beta}\alpha R_0} + B_0}{B_0 - \sqrt{B_0^2 - \frac{2}{\beta}\alpha R_0}} - ln \frac{\sqrt{B_0^2 - \frac{2}{\beta}\alpha R_0} + B}{B - \sqrt{B_0^2 - \frac{2}{\beta}\alpha R_0}}\right) = -\frac{\beta}{2} t \qquad (15\text{-}109)$$

$$ln \frac{\sqrt{B_0^2 - \frac{2}{\beta}\alpha R_0} + B_0}{B_0 - \sqrt{B_0^2 - \frac{2}{\beta}\alpha R_0}} - ln \frac{\sqrt{B_0^2 - \frac{2}{\beta}\alpha R_0} + B}{B - \sqrt{B_0^2 - \frac{2}{\beta}\alpha R_0}} = -\beta\sqrt{B_0^2 - \frac{2}{\beta}\alpha R_0}\, t \qquad (15\text{-}110)$$

$$ln\left(\left(\frac{\sqrt{B_0^2 - \frac{2}{\beta}\alpha R_0} + B_0}{B_0 - \sqrt{B_0^2 - \frac{2}{\beta}\alpha R_0}}\right)\left(\frac{B - \sqrt{B_0^2 - \frac{2}{\beta}\alpha R_0}}{\sqrt{B_0^2 - \frac{2}{\beta}\alpha R_0} + B}\right)\right) = -\beta\sqrt{B_0^2 - \frac{2}{\beta}\alpha R_0}\, t \qquad (15\text{-}111)$$

$$\left(\frac{B-\sqrt{B_0^2-\frac{2}{\beta}\alpha R_0}}{\sqrt{B_0^2-\frac{2}{\beta}\alpha R_0}+B}\right)=\left(\frac{B_0-\sqrt{B_0^2-\frac{2}{\beta}\alpha R_0}}{\sqrt{B_0^2-\frac{2}{\beta}\alpha R_0}+B_0}\right)e^{-\beta\sqrt{B_0^2-\frac{2}{\beta}\alpha R_0}\,t} \qquad (15\text{-}112)$$

여기에서 $C_2=\frac{\beta}{2\alpha}B_0^2-R_0$, $K_2=\sqrt{\frac{2\alpha C_2}{\beta}}$, $\alpha_2=\frac{\beta K_2}{2}$, $\alpha_2 t<\frac{\pi}{2}$ 라고 두면 식 (15-113)~(15-116)과 같이 정리할 수 있다.

$$\frac{B-K_2}{K_2+B}=\frac{B_0-K_2}{K_2+B_0}e^{-2\alpha_2 t} \qquad (15\text{-}113)$$

$$B-K_2=(K_2+B)\left(\frac{B_0-K_2}{K_2+B_0}\right)e^{-2\alpha_2 t} \qquad (15\text{-}114)$$

$$\left(1-\frac{B_0-K_2}{K_2+B_0}e^{-2\alpha_2 t}\right)B=\left(1+\frac{B_0-K_2}{K_2+B_0}e^{-2\alpha_2 t}\right)K_2 \qquad (15\text{-}115)$$

$$B=\frac{\left(1+\frac{B_0-K_2}{K_2+B_0}e^{-2\alpha_2 t}\right)K_2}{\left(1-\frac{B_0-K_2}{K_2+B_0}e^{-2\alpha_2 t}\right)} \qquad (15\text{-}116)$$

식 (15-116)의 분모와 분자에 $e^{\alpha_2 t}$를 곱하고 정리하면 식 (15-117)을 얻는다.

$$B=\frac{(K_2+B_0)e^{\alpha_2 t}+(B_0-K_2)e^{-\alpha_2 t}}{(K_2+B_0)e^{\alpha_2 t}-(B_0-K_2)e^{-\alpha_2 t}}K_2=\frac{B_0(e^{\alpha_2 t}+e^{-\alpha_2 t})+K_2(e^{\alpha_2 t}-e^{-\alpha_2 t})}{B_0(e^{\alpha_2 t}-e^{-\alpha_2 t})+K_2(e^{\alpha_2 t}+e^{-\alpha_2 t})}K_2$$

$$=K_2\frac{B_0+K_2 tanh(\alpha_2 t)}{K_2+B_0 tanh(\alpha_2 t)} \qquad (15\text{-}117)$$

$R=R_0+\frac{\beta}{2\alpha}(B^2-B_0^2)$ 에서 $C_2=\frac{\beta}{2\alpha}B_0^2-R_0$, $K_2=\sqrt{\frac{2\alpha C_2}{\beta}}$. $\alpha_2=\frac{\beta K_2}{2}$ 이라고 하면 $R_0=\frac{\beta}{2\alpha}(B_0^2-{K_2}^2)$이 되며 R은 식 (15-118)이 된다.

$$R=\frac{\beta}{2\alpha}\left(B^2-{K_2}^2\right)=\frac{\beta}{2\alpha}\left[\frac{{K_2}^2(B_0+K_2 tanh(\alpha_2 t))^2}{(K_2+B_0 tanh(\alpha_2 t))^2}-{K_2}^2\right]$$

$$=C_2\left[\frac{(B_0+K_2 tanh(\alpha_2 t))^2}{(K_2+B_0 tanh(\alpha_2 t))^2}-1\right] \qquad (15\text{-}118)$$

15.5.4 Mixed Law 에서의 전투에서 승리하는 요인

Blue Force 가 정규전 부대이고 Red Force 를 비정규전 부대라고 하자. 이 때 Blue Force 의 승리 조건은 $\beta B_0^2 > 2\alpha R_0$ ($B_0 > \sqrt{\frac{2\alpha}{\beta} R_0}$) 이고 Red Force 승리 조건은 $\beta B_0^2 < 2\alpha R_0$ ($R_0 > \frac{\beta}{2\alpha} B_0^2$) 이다. 따라서 $\frac{\beta}{2\alpha}$ 또는 $\frac{2\alpha}{\beta}$는 관심의 대상이 된다. Red Force 의 손실계수 β는 Blue Force 의 무기체계 사격율 r_B, Red Force 의 취약면적 A_{VR}, Red Force 의 점유 면적 A_R에 의해 식 (15-119)와 같이 계산할 수 있다고 생각할 수 있다. 여기에서 취약면적 A_{VR} 은 실제 비정규전 부대가 위치하고 있는 면적을 말하고 점유 면적 A_R 은 여러 비정규전 부대가 분산하여 있는 전체 면적을 말한다.

$$\beta = \frac{r_B A_{VR}}{A_R} \qquad (15\text{-}119)$$

식 (15-119)의 의미는 Red Force 의 손실계수 β는 Blue Force 의 무기체계 사격율 r_B, Red Force 의 취약면적 A_{VR}에 비례하고 Red Force 의 점유 면적 A_R에는 반비례한다는 것이다. 여기에서 $\frac{A_{VR}}{A_R}$을 Red Force 에 대한 Blue Force 의 단발 살상 확률로 생각할 수 있다.

또 Blue Force 의 손실계수 α는 Red Force 의 무기체계 사격율 r_R, Blue Force 에 대한 Red Force 무기체계 발당 평균 살상 확률 P_{KR}에 의해 식 (15-120)과 같이 결정 가능하다.

$$\alpha = r_R P_{KR} \qquad (15\text{-}120)$$

식 (15-120)의 의미는 Blue Force 의 손실계수 α는 Red Force 의 무기체계 사격율 r_R, Blue Force 에 대한 Red Force 무기체계 발당 평균 살상 확률 P_{KR}에 비례한다. 따라서 $\frac{\beta}{2\alpha}$를 위에서 정의한 대로 대입하여 정리하면 식 (15-121)과 같다.

$$\frac{\beta}{2\alpha} = \frac{\frac{r_B A_{VR}}{A_R}}{2r_R P_{KR}} = \frac{A_{VR} r_B}{2r_R A_R P_{KR}} \qquad (15\text{-}121)$$

만약 Blue Force 의 사격율 r_B와 Red Force 의 사격율 r_R이 동일하다면 식 (15-122)와 같이 정리 가능하다.

$$\frac{\beta}{2\alpha} = \frac{A_{VR}}{2A_R P_{KR}} \qquad (15\text{-}122)$$

식 (15-122)의 해석은 Red Force 는 A_R을 증가시킴으로써 β 를 감소시킬 수 있다. 즉 비정규전 부대는 넓은 지역에 분산시킴으로써 Blue Force 의 지역사격에 의한 손실을 줄일 수 있다. Blue Force 는 r_B를 증가시킴으로써 β를 증가시킬 수 있는데 r_B를 증가시키려면 더 살상력이 높은 무기를 사용해야 한다.

Lanchester Square 법칙과 혼합 법칙을 비교해 보자. Lanchester Square 법칙은 다음과 같이 표현된다.

$$\beta(B_0^2 - B^2) = \alpha(R_0^2 - R^2) \qquad (15\text{-}123)$$

Blue Force 와 Red Force 의 양측 전투력이 동일하기 위한 조건은 $\beta B_0^2 = \alpha R_0^2$ 이다. 즉 $\beta B_0^2 - \alpha R_0^2 = 0$ 이어야 한다. 식 (3-123)을 전개해 보면 $\beta B_0^2 - \alpha R_0^2 = \beta B^2 - \alpha R^2 = 0$ 이고 $\frac{dB}{dt} = -\alpha R$, $\frac{dR}{dt} = -\beta B$ 이다.

$$\beta B^2 - \alpha R^2 = -BR\left(\alpha\frac{R}{B} - \beta\frac{B}{R}\right) = BR\left(\frac{1}{B}\times\frac{dB}{dt} - \frac{1}{R}\times\frac{dR}{dt}\right) = 0 \qquad (15\text{-}124)$$

식 (15-124)을 만족하기 위해서는 다음과 같은 조건이 만족해야 한다.

$$\frac{1}{B}\times\frac{dB}{dt} = \frac{1}{R}\times\frac{dR}{dt} \qquad (15\text{-}125)$$

$$\frac{\frac{dB}{B}}{dt} = \frac{\frac{dR}{R}}{dt} \qquad (15\text{-}126)$$

즉, 시간 당 전투 손실률이 동일한 비율로 진행되는 것을 알 수 있다. Lanchester 혼합 법칙에서 양측의 전투력이 동일하기 위한 조건을 찾아보면 다음과 같다. Lanchester Square 법칙의 양측이 동일한 전투력을 가지기 위한 조건 $\frac{1}{B}\times\frac{dB}{dt}=\frac{1}{R}\times\frac{dR}{dt}$ 에서 Lanchester 혼합 법칙의 양측 손실률 미분 방정식 $\frac{dB}{dt}=-\alpha R$, $\frac{dR}{dt}=-\beta BR$을 대입해 보자.

$$\frac{1}{B}\times\frac{dB}{dt}=\frac{1}{R}\times\frac{dR}{dt} \qquad (15\text{-}127)$$

$$\frac{1}{\mathrm{B}}\times(-\alpha R)=\frac{1}{\mathrm{R}}\times(-\beta BR) \qquad (15\text{-}128)$$

$$\frac{\alpha R}{B}=\beta B \qquad (15\text{-}129)$$

$$\alpha R=\beta B^2 \qquad (15\text{-}130)$$

즉, Square 법칙에서는 양측 전투력이 동일하기 위한 조건은 $\beta B^2=\alpha R^2$ 인데 비해서 혼합 법칙에서는 $\beta B^2=\alpha R$ 이다. 이러한 사실은 비정규전에서 Red Force 의 전투력은 정규전보다 작게 필요하고 적은 전투력으로 더 효율적으로 전투를 할 수 있다는 것을 의미한다. $\alpha R<\alpha R^2$ 은 정규전에서 Red Force 는 전투력이 R 배가 더 필요하다는 것을 의미한다.

15.6 Lanchester Logarithm Law

15.6.1 Logarithm Law 개요

H. K. Wiess 는 1966 년에 15,000 명 이상 참가한 미국 남북전쟁의 전투를 분석해 본 결과 이러한 규모의 전투에서는 Linear 법칙과 Square 법칙이 잘 적용되지 않는 것을 발견하였다. 경계부대 전투와 같은 소부대 접적 전투와 같은 초기 단계의 전투에서는 손실률이 자측 전투력 규모에 비례하는 것을 발견하였다. 이러한 현상은 전투초기 상대방의 표적을 획득하기 곤란하고 오히려 상대방에게 가장 취약한 시기라 자측 손실률은 자측 전투력 규모에 상대방의 손실률은 상대방 측의 전투력 규모에 비례하는 것을 발견하였다. 소규모 부대의 전투가

실시된 이후 주력 전투부대가 사거리 내에 위치하게 되면 자동으로 사격을 개시하는 전투상황이라면 이러한 현상은 더 잘 설명된다.

R. H. Peterson 은 1967 년에 2 차 세계대전 전차전을 연구해서 첫 번째 경계부대 전투에서는 자측 전차수량에 비례하는 손실률을, 주력부대간 전투시에는 Square 법칙을 따르는 것을 발견하였다.

Weiss 와 Peterson 은 식 (15-131), (15-132)와 같은 전투 모델링 미분 방정식을 제안하였다.

$$\frac{dB}{dt} = -\alpha B lnR \qquad (15\text{-}131)$$

$$\frac{dR}{dt} = -\beta R lnB \qquad (15\text{-}132)$$

Peterson 은 이를 단순화하여 식 (15-133), (15-134)와 같은 미분 방정식으로 수정하였다.

$$\frac{dB}{dt} = -\alpha B \qquad (15\text{-}133)$$

$$\frac{dR}{dt} = -\beta R \qquad (15\text{-}134)$$

앞의 Square, Linear, Mixed 법칙처럼 식 (15-133), (15-134)를 양변을 나누어 전투결과를 예측하지 않고 Logarithm 법칙에서는 각 식으로부터 전투결과를 예측하는데 전개과정은 식 (15-135)~(15-140)과 같다.

$$\frac{1}{B}dB = -\alpha dt \qquad (15\text{-}135)$$

$$\int_{B_0}^{B} \frac{1}{B}dB = \int_0^t -\alpha dt \qquad (15\text{-}136)$$

$$lnB - lnB_0 = -\alpha t \qquad (15\text{-}137)$$

$$ln\frac{B}{B_0} = -\alpha t \qquad (15\text{-}138)$$

$$\frac{B}{B_0} = e^{-\alpha t} \qquad (15\text{-}139)$$

$$B = B_0 e^{-\alpha t} \qquad (15\text{-}140)$$

동일한 방법으로 식 (15-141)과 같이 $R = R_0 e^{-\beta t}$를 유도할 수 있다.

$$\frac{B}{R} = \frac{B_0}{R_0} e^{-(\alpha-\beta)t} \qquad (15-141)$$

시간이 경과함에 따라 $\beta > \alpha$이면 $\frac{B}{R}$가 커지고 $\beta < \alpha$이면 $\frac{B}{R}$가 작아진다. 따라서 Blue Force 가 승리하기 위해서는 $\beta > \alpha$ 이어야 하고 Red Force 가 승리하기 위해서는 $\beta < \alpha$의 조건을 만족하여야 한다.

즉, Logarithm 법칙에서는 특정시간에서의 자측 전투력 규모는 상대 측의 전투력 규모와는 어느 정도 독립적이며 전투손실은 자측 초기 전투력 규모와 손실계수에 의존한다는 것을 알 수 있다.

15.6.2 t 시점에서의 전투력 비율

t 시점에서 Blue Force 와 Red Force 의 전투력 비율을 구해 보면 식 (15-142)~(3-145)와 같다.

$\frac{dB}{dt} = -\alpha B,\ \frac{dR}{dt} = -\beta R$ 의 양변을 나누면 $\frac{dB}{dR} = \frac{\alpha B}{\beta R}$ 이다.

$$\int_{B_0}^{B} \beta \frac{1}{B} dB = \int_{R_0}^{R} \alpha \frac{1}{R} dR \qquad (15-142)$$

$$\beta(lnB - lnB_0) = \alpha(lnR - lnR_0) \qquad (15-143)$$

$$\beta ln\frac{B}{B_0} = \alpha ln\frac{R}{R_0} \qquad (15-144)$$

$$\beta ln\frac{B_0}{B} = \alpha ln\frac{R_0}{R} \qquad (15-145)$$

t 시점에서 Blue Force 와 Red Force 의 전투력 비율은 식 (15-146)과 같다.

$$\frac{B}{R} = \frac{B_0}{R_0} exp(\beta - \alpha)t \qquad (15-146)$$

만약 $\beta > \alpha$이면 t가 증가할수록 $\frac{B}{R}$이 커지고 Blue Force 가 승리한다. 반대로 $\beta < \alpha$이면 t가 증가할수록 $\frac{B}{R}$이 작아지고 Red Force 가 승리한다. $\beta = \alpha$이면 어느 측도 승리할 수 없으며 전투 종료시에는 양측 모두 소멸된다.

15.6.3 승리한 측의 잔여 전투력

Blue Force 가 승리시 잔여 전투력을 분석해 보면 식 (15-147)~(15-152)와 같다.

$$\frac{dR}{dB} = \frac{\beta R}{\alpha B} \qquad (15\text{-}147)$$

$$\frac{1}{\alpha} \times \frac{1}{B}\, dB = \frac{1}{\beta} \times \frac{1}{R}\, dR \qquad (15\text{-}148)$$

$$\frac{1}{\alpha}\int_{B}^{B_0} \frac{1}{B}\, dB = \frac{1}{\beta}\int_{R}^{R_0} \frac{1}{R}\, dR \qquad (15\text{-}149)$$

$$\frac{1}{\alpha} ln \frac{B}{B_0} = \frac{1}{\beta} ln \frac{R}{R_0} \qquad (15\text{-}150)$$

$$\left(\frac{B}{B_0}\right)^{\frac{1}{\alpha}} = \left(\frac{R}{R_0}\right)^{\frac{1}{\beta}} \qquad (15\text{-}151)$$

$$B = B_0 \left(\frac{R}{R_0}\right)^{\frac{\alpha}{\beta}} \qquad (15\text{-}152)$$

동일한 방법으로 Red Force 승리시 잔여 전투력을 유도하면 $R = R_0 \left(\frac{B}{B_0}\right)^{\frac{\beta}{\alpha}}$이다.

여기서 B_0, R_0, α, β는 알려진 값이며 R을 안다면 B를 알 수 있다. 즉, 쌍방의 전투력 감소는 지수 형태를 따른다. 이러한 이유로 Lanchester Logarithm 법칙은 Exponential 법칙이라고도 한다.

15.7 Lanchester Geometric Mean Law

Blue Force 와 Red Force 의 전투력 소모율이 각각 자측 전투력과 상대측 전투력의 기하평균에 비례한다고 가정해 보자. 이런 상황은 식 (15-153), (15-154)와 같은 Lanchester 방정식으로 표현 가능하다.

$$\frac{dB}{dt} = -\alpha\sqrt{BR} \qquad (15-153)$$
$$\frac{dR}{dt} = -\beta\sqrt{BR} \qquad (15-154)$$

$u = \sqrt{B}$, $v = \sqrt{R}$로 놓으면 식 (15-155), (15-156)과 같다.

$$\frac{du}{dt} = \frac{1}{2}B^{-\frac{1}{2}}\frac{dB}{dt} = -\frac{1}{2}\alpha v \qquad (15-155)$$
$$\frac{dv}{dt} = \frac{1}{2}R^{-\frac{1}{2}}\frac{dR}{dt} = -\frac{1}{2}\beta u \qquad (15-156)$$

위 미분방정식의 형태는 Lanchester Square 법칙과 같다. Square 법칙에서 해를 구하는 방법과 같은 방법으로 해를 구하면 식 (15-157), (15-158)과 같다.

$$u(t) = u_0\, cosh\left(\frac{1}{2}\sqrt{\alpha\beta}t\right) - v_0\sqrt{\frac{\alpha}{\beta}}sinh(\frac{1}{2}\sqrt{\alpha\beta}t) \qquad (15-157)$$

$$v(t) = v_0\, cosh\left(\frac{1}{2}\sqrt{\alpha\beta}t\right) - u_0\sqrt{\frac{\beta}{\alpha}}sinh(\frac{1}{2}\sqrt{\alpha\beta}t) \qquad (15-158)$$

여기서 $u_0 = \sqrt{B_0}$, $v_0 = \sqrt{R_0}$이므로 식 (15-159), (15-160)과 같다.

$$B(t) = \left[\sqrt{B_0}\, cosh\left(\frac{1}{2}\sqrt{\alpha\beta}t\right) - \sqrt{\frac{R_0\alpha}{\beta}}sinh(\frac{1}{2}\sqrt{\alpha\beta}t)\right]^2 \qquad (15-159)$$

$$R(t) = \left[\sqrt{R_0}\, cosh\left(\frac{1}{2}\sqrt{\alpha\beta}t\right) - \sqrt{\frac{B_0\beta}{\alpha}}sinh(\frac{1}{2}\sqrt{\alpha\beta}t)\right]^2 \qquad (15-160)$$

좀 더 간단히 정리하기 위해서 식 (15-161)과 같이 정의한다.

$$\tau = \sqrt{\alpha\beta}t \ , \ \psi_0 = \frac{B_0\beta}{R_0\alpha} \qquad (15-161)$$

그러면 $B(\tau)$, $R(\tau)$는 각각 식 (15-162), (15-163)이 된다.

$$B(\tau) = B_0\left[cosh\left(\frac{1}{2}\tau\right) - \psi_0{}^{-\frac{1}{2}}sinh(\frac{1}{2}\tau)\right]^2 \qquad (15\text{-}162)$$

$$R(\tau) = R_0\left[cosh\left(\frac{1}{2}\tau\right) - \psi_0{}^{\frac{1}{2}}sinh(\frac{1}{2}\tau)\right]^2 \qquad (15\text{-}163)$$

식 (15-162), (15-163)에서 τ를 소거하면 식 (15-164)와 같다.

$$\psi_0\frac{B(\tau)}{B_0} - \frac{R(\tau)}{R_0} = \psi_0 - 1 \qquad (15\text{-}164)$$

식 (15-164)는 $B(\tau)$ 와 $R(\tau)$ 사이에 선형관계를 보여준다. 특히 $\psi_0 = 1$ 인 경우 즉, $\frac{B_0\beta}{R_0\alpha} = 1$인 경우는 식 (15-165)가 성립한다.

$$\frac{B(\tau)}{B_0} = \frac{R(\tau)}{R_0} = \left(cosh\left(\frac{1}{2}\tau\right) - \psi_0{}^{-\frac{1}{2}}sinh(\frac{1}{2}\tau)\right)^2 = e^{-\tau} \qquad (15\text{-}165)$$

이 결과는 Square 법칙과 동일하다.

15.8 Automatous Firing and Aiming Firing Law

15.8.1 자동사격과 조준사격 개요

또 다른 Lanchester 모형은 Blue Force 의 손실은 Red Force 의 조준사격에 의해 발생하고 Red Force 의 손실은 Blue Force 의 자동사격으로 Logarithm 법칙에 의해 발생하는 경우이다. 이러한 경우의 모형은 식 (15-166), (15-167)과 같이 수립할 수 있다.

$$\frac{dB}{dt} = -\alpha R \qquad (15\text{-}166)$$

$$\frac{dR}{dt} = -\beta R \qquad (15\text{-}167)$$

식 (15-166), (15-167)의 양변을 나누면 $\frac{dB}{dR} = \frac{\alpha}{\beta}$ 이고 적분하면 식 (15-168), (15-169)를 얻는다.

$$\int_{B_0}^{B} \beta \, dB = \int_{R_0}^{R} \alpha \, dR \qquad (15\text{-}168)$$

$$\beta(B - B_0) = \alpha(R - R_0) \qquad (15\text{-}169)$$

승리의 조건을 찾아보면 식 (15-170)~(15-172)와 같다. 먼저 $B = 0$ 인 경우 $R > 0$ 이면 Red Force 가 승리한다.

$$-\beta B_0 = \alpha(R - R_0) \qquad (15\text{-}170)$$

$$R = R_0 - \frac{\beta}{\alpha} B_0 > 0 \qquad (15\text{-}171)$$

$$\alpha R_0 > \beta B_0 \qquad (15\text{-}172)$$

같은 방법으로 Blue Force 가 승리하는 조건을 찾아보면 $\alpha R_0 < \beta B_0$이다.

15.8.2 승리한 측의 잔여 전투력

승리한 측의 잔여 전투력을 찾아보면 다음과 같다. $\beta(B - B_0) = \alpha(R - R_0)$ 에 R과 B에 각각 0 을 대입하면 Red Force 가 승리하는 경우 잔여병력은 $R = R_0 - \frac{\beta}{\alpha} B_0$이 되고 Blue Force 가 승리하는 경우 잔여병력은 $B = B_0 - \frac{\alpha}{\beta} R_0$ 가 된다.

15.8.3 전투 종료시점

다음으로 전투 종료시점 t 를 찾아보면 식 (15-173)~(15-180)과 같다.

$$\beta(B - B_0) = \alpha(R - R_0) \qquad (15\text{-}173)$$

$$R = R_0 + \frac{\beta}{\alpha}(B - B_0) \qquad (15\text{-}174)$$

$$\frac{dB}{dt} = -\alpha R = -\alpha\left(R_0 + \frac{\beta}{\alpha}(B - B_0)\right) = -\alpha R_0 - \beta(B - B_0) \qquad (15\text{-}175)$$

$$\int_{B_0}^{B} \frac{1}{\alpha R_0 + \beta(B - B_0)} dB = \int_0^t -1 dt \qquad (15\text{-}176)$$

$$\frac{1}{\beta}ln(\alpha R_0 + \beta(B - B_0)\Big]_{B_0}^{B} = -t \qquad (15\text{-}177)$$

$$ln\left(\frac{\alpha R_0+\beta(B-B_0)}{\alpha R_0}\right) = -\beta t \qquad (15\text{-}178)$$

$$\alpha R_0 + \beta(B - B_0) = \alpha R_0 e^{-\beta t} \qquad (15\text{-}179)$$

$$B = \frac{1}{\beta}\left(\alpha R_0\left(e^{-\beta t} - 1\right)\right) + B_0 = B_0 + \frac{\alpha}{\beta}R_0\left(e^{-\beta t} - 1\right) \qquad (15\text{-}180)$$

B가 0 이 될 때 Red Force 승리한다. 따라서 Red Force 가 승리하는 시간 t 는 식 (15-181)~(15-185)와 같다.

$$B_0 + \frac{\alpha}{\beta}R_0\left(e^{-\beta t} - 1\right) = 0 \qquad (15\text{-}181)$$

$$e^{-\beta t} - 1 = -\frac{\beta B_0}{\alpha R_0} \qquad (15\text{-}182)$$

$$e^{-\beta t} = 1 - \frac{\beta B_0}{\alpha R_0} \qquad (15\text{-}183)$$

$$-\beta t = ln(1 - \frac{\beta B_0}{\alpha R_0}) \qquad (15\text{-}184)$$

$$t = -\frac{1}{\beta}ln(1 - \frac{\beta B_0}{\alpha R_0}) \qquad (15\text{-}185)$$

다음으로 Blue Force 가 승리하는 시간을 찾아보자. 식 (15-186)~(15-191)로 전개한다.

$$\frac{dR}{dt} = -\beta R \qquad (15\text{-}186)$$

$$\int_{R_0}^{R}\frac{1}{R}dR = \int_0^t -\beta dt \qquad (15\text{-}187)$$

$$lnR]_{R_0}^{R} = -\beta t \qquad (15\text{-}188)$$

$$ln\frac{R}{R_0} = -\beta t \qquad (15\text{-}189)$$

$$\frac{R}{R_0} = e^{-\beta t} \qquad (15\text{-}190)$$

$$R = R_0 e^{-\beta t} \qquad (15\text{-}191)$$

$R = 0$일 때 Blue Force 가 승리하므로 Blue Force 가 승리하는 시간은 식 (15-192)와 같다.

$$R_0e^{-\beta t} = 0 \qquad (15\text{-}192)$$

식 (15-187)을 적분하면 식 (15-191)과 같은 결과를 얻는다. 식 (15-191)을 식 (15-193)으로 다시 쓴다.

$$R = R_0e^{-\beta t} \qquad (15\text{-}193)$$

$t = -\frac{1}{\beta}ln(\frac{1}{R_0})$일 때 Red Force 의 전투력이 1 이 된다. 최소한 $t > -\frac{1}{\beta}ln(\frac{1}{R_0})$의 시간이 흐르면 Red Force 의 전투력이 1 미만이 된다.

15.8.4 t 시점에서 전투력 비율

다음으로 t시점에서 Blue Force 와 Red Force 의 전투력 비를 구하면 다음과 같다. 앞에서 t시점에서의 Blue Force 와 Red Force 의 전투력을 대입하면 식 (15-194)와 같다.

$$\frac{B}{R} = \frac{B_0 + \frac{\alpha}{\beta}R_0(e^{-\beta t} - 1)}{R_0e^{-\beta t}} \qquad (15\text{-}194)$$

마지막으로, 이 모형과 Geometric Mean 모형과 비교해 보자. 앞에서 유도한 것과 동일하게 $R = R_0e^{-\beta t}$ 을 $\frac{dB}{dt} = -\alpha R$에 대입하면 식 (15-195)와 같은 결과를 얻는다.

$$B = \frac{\alpha}{\beta}R_0e^{-\beta t} + B_0 - \frac{\alpha}{\beta}R_0 \qquad (15\text{-}195)$$

$\tau = \sqrt{\alpha\beta}t,\ \psi_0 = \frac{B_0\beta}{R_0\alpha}$ 라고 정의하면 식 (15-196), (15-197)과 같이 정리할 수 있다.

$$\frac{B(\tau)}{B_0} = {\psi_0}^{-1}\,exp\left(-\sqrt{\frac{\beta}{\alpha}}\,\tau\right) + 1 - {\psi_0}^{-1} \qquad (15\text{-}196)$$

$$\frac{R(\tau)}{R_0} = exp\left(-\sqrt{\frac{\beta}{\alpha}}\,\tau\right) \qquad (15\text{-}197)$$

식 (15-196), (15-197)으로부터 식 (15-198)과 같은 관계를 유도할 수 있다.

$$\psi_0\left(\frac{B(\tau)}{B_0}\right) - \frac{R(\tau)}{R_0} = \psi_0 - 1 \qquad (15\text{-}198)$$

이는 Geometric Mean 모형의 형태와 같다.

15.9 Lanchester Law 전환 확률

15.9.1 Square Law

Square 법칙에서 Blue Force 가 패배할 확률은 (B, R)에서 (B-1, R)이 되는 경우이다. 여기서 (B, R)은 어떤 시점에서 Blue Force 는 B 의 전투력을 가지고 Red Force 는 R 의 전투력을 가지는 경우이다. 전투력을 병력이나 장비 등 이산적인 것으로 가정하면 (B, R)에서 (B-1, R)이 되는 것은 쉽게 이해가 된다. (B, R)에서 (B-1, R)이 되는 확률을 P_{B_1}이라고 하면 식 (15-199)와 같다.

$$P_{B_1} = \frac{\frac{dB}{dt}}{\frac{dB}{dt}+\frac{dR}{dt}} = \frac{\alpha R}{\alpha R+\beta B} = (1+\frac{\beta B}{\alpha R})^{-1} \qquad (15\text{-}199)$$

동일한 방법에서 (B, R)에서 (B, R-1)이 되는 확률을 P_{R_1}이라고 하면 식 (15-200)과 같다.

$$P_{R_1} = \frac{\frac{dR}{dt}}{\frac{dB}{dt}+\frac{dR}{dt}} = \frac{\beta B}{\alpha R+\beta B} = (1+\frac{\alpha R}{\beta B})^{-1} \qquad (15\text{-}200)$$

15.9.2 1st Linear Law

Square 법칙과 동일한 방법으로 P_{B_1}과 P_{R_1}을 구해 보면 식 (15-201), (15-202)와 같다.

$$P_{B_1} = \frac{\frac{dB}{dt}}{\frac{dB}{dt}+\frac{dR}{dt}} = \frac{-\alpha}{-\alpha-\beta} = (1+\frac{\beta}{\alpha})^{-1} \qquad (15\text{-}201)$$

$$P_{R_1} = \frac{\frac{dR}{dt}}{\frac{dB}{dt}+\frac{dR}{dt}} = \frac{-\beta}{-\alpha-\beta} = (1+\frac{\alpha}{\beta})^{-1} \qquad (15\text{-}202)$$

15.9.3 Logarithm Law

Square 법칙과 동일한 방법으로 P_{B_1}와 P_{R_1}을 구해 보면 식 (15-203), (15-204)와 같다.

$$P_{B_1} = \frac{\frac{dB}{dt}}{\frac{dB}{dt}+\frac{dR}{dt}} = \frac{-\alpha B}{-\alpha B-\beta R} = (1+\frac{\beta R}{\alpha B})^{-1} \qquad (15\text{-}203)$$

$$P_{R_1} = \frac{\frac{dR}{dt}}{\frac{dB}{dt}+\frac{dR}{dt}} = \frac{-\beta R}{-\alpha B-\beta R} = (1+\frac{\alpha B}{\beta R})^{-1} \qquad (15\text{-}204)$$

Square Law, 1st Linear Law, Logarithm Law 의 P_{B_1}, P_{R_1}을 일반화하면 식 (15-205), (15-206)과 같다.

$$P_{B_1}(k) = \left(1+\frac{\beta}{\alpha}\left(\frac{B}{R}\right)^k\right)^{-1} \qquad (15\text{-}205)$$

$$P_{R_1}(k) = \left(1+\frac{\alpha}{\beta}\left(\frac{R}{B}\right)^k\right)^{-1} \qquad (15\text{-}206)$$

$k=0$ 인 경우는 1st Linear Law 가 되고 $k=1$인 경우는 Square Law, $k=-1$인 경우는 Logarithm Law 가 된다. 따라서 전투에 대한 실제 통계자료나

모의실험 자료로 k를 추정하면 어떤 전투 모델을 따르는 지 알 수 있다. 식 (15-205)을 전개하여 정리하면 식 (15-207)~(15-210)과 같다.

$$P_{B_1}(k) = \left(1 + \frac{\beta}{\alpha}\left(\frac{B}{R}\right)^k\right)^{-1} \qquad (15\text{-}207)$$

$$1 - P_{B_1}(k) = 1 - \left(1 + \frac{\beta}{\alpha}\left(\frac{B}{R}\right)^k\right)^{-1} = \frac{\left(1 + \frac{\beta}{\alpha}\left(\frac{B}{R}\right)^k\right) - 1}{\left(1 + \frac{\beta}{\alpha}\left(\frac{B}{R}\right)^k\right)} = \frac{\frac{\beta}{\alpha}\left(\frac{B}{R}\right)^k}{\left(1 + \frac{\beta}{\alpha}\left(\frac{B}{R}\right)^k\right)}$$

$$= \frac{\beta}{\alpha}\left(\frac{B}{R}\right)^k \left(1 + \frac{\beta}{\alpha}\left(\frac{B}{R}\right)^k\right)^{-1} \qquad (15\text{-}208)$$

$$ln\left(1 - P_{B_1}(k)\right) = ln\left(\frac{\beta}{\alpha}\right) + kln\left(\frac{B}{R}\right) + lnP_{B_1}(k) \qquad (15\text{-}209)$$

$$ln\left(P_{B_1}(k)/(1 - P_{B_1}(k))\right) = ln\left(\frac{\alpha}{\beta}\right) + kln\left(\frac{R}{B}\right) \qquad (15\text{-}210)$$

동일한 방법으로 $P_{R_1}(k)$에 대해서도 정리하면 식 (15-211)과 같다.

$$ln\left(P_{R_1}(k)/(1 - P_{R_1}(k))\right) = ln\left(\frac{\beta}{\alpha}\right) + kln\left(\frac{B}{R}\right) \qquad (15\text{-}211)$$

식 (15-210), (15-211)로부터 전투의 어떤 시점에서 Blue Force 와 Red Force 의 전투력을 알고 또 다른 자료에서 전환확률의 추정치를 가지고 있다면 정확한 k의 추정이 가능하여 어떤 전투 법칙을 따르는 지 알 수 있다. 또는, 어떤 전투 법칙을 따르는지 알고 전환확률의 추정치를 가지고 있다면 위 두 식의 교점은 전투 손실률의 비율 $\frac{\beta}{\alpha}$가 된다.

$P_{B_1}(k), P_{R_1}(k)$는 $\frac{R}{B}$ 값으로 알 수 있으며 k는 Linear Least Square 적합 방법으로 결정할 수 있다. 1 대 n 교전에서 전환확률은 시작과 종료 상태로부터 직접적으로 추정 가능하다. 단독으로 다수 n과 교전하는 전투원은 상대방을 죽이든지 자신이 죽든지 할 수 있다. 첫 번째 전투에서 생존한다면 다음 전투에서 n 중 두 번째 상대방을 죽이든지 자신이 죽든지 할 수 있다. 이런 방식으로 계속해 나가면 n이 얼마이든 첫 번째 살상 k은 음수인 -0.95 로 판단되어 Logarithm Law 를 적용할 수 있다고 판단된다. 그러나 두 번째 살상 k는 +1 에 가깝고 전투의 속성의 빠른 변화를 암시한다. 그 다음 번째의 살상의

데이터는 통계적 의미가 너무 약하다. 이것은 Logarithm Law 가 전차 전투와 관련되어 있다는 확장이다. 전차 부대와의 최초 접촉, 반응 시간, 전개, 주포와 장갑의 관계는 전장에서 너무 복잡하게 작용한다.

15.10 증원과 비전투 손실이 있는 Lanchester 전투모형

전투효과는 전투력, 무기 수, 사거리, 전술, 교리, 정보, 지형 및 기상, 전투근무 지원, 산업 능력 등의 함수로 표현된다. 이러한 관점에서 Lanchester Square 법칙을 확대해 본다. 식 (15-212), (15-213)은 일반적인 Lanchester Square 법칙의 미분 방정식이다.

$$\frac{dB}{dt} = -\alpha R \qquad (15\text{-}212)$$

$$\frac{dR}{dt} = -\beta B \qquad (15\text{-}213)$$

여기에서 γ와 δ를 각각 사고, 질병, 탈영 등 Blue Force 와 Red Force 의 비전투 손실률이라고 정의하고 K와 L을 각각 Blue Force 와 Red Force 의 전투력 보충이라고 정의한다. 그러면 비전투 손실과 전투력 보충을 고려한 Square 법칙은 식 (15-214), (15-215)와 같이 수정 가능하다.

$$\frac{dB}{dt} = -\alpha R - \gamma B + K \qquad (15\text{-}214)$$

$$\frac{dR}{dt} = -\beta B - \delta R + L \qquad (15\text{-}215)$$

① 만약 $\alpha = \beta, \gamma = \delta, K \neq L$ 이라면 특정시간 t에서 Blue Force 와 Red Force 전투력 $B(t)$와 $R(t)$는 식 (15-216), (15-217)과 같다.

$$B(t) = \frac{L\beta - K\gamma}{\beta^2 - \gamma^2} + E \cdot exp\big((\beta - r)t\big) + F \cdot exp(-(\beta - r)t) \qquad (15\text{-}216)$$

$$R(t) = \frac{K\beta - L\gamma}{\beta^2 - \gamma^2} + E \cdot exp\big((\beta - r)t\big) + F \cdot exp(-(\beta - r)t) \qquad (15\text{-}217)$$

여기서 $E=\frac{1}{2}\left(\left(B_0+\frac{K}{\beta-\gamma}\right)-\left(R_0+\frac{L}{\beta-\gamma}\right)\right)$, $F=\frac{1}{2}\left(\left(B_0+\frac{K}{\beta+\gamma}\right)-\left(R_0+\frac{L}{\beta+\gamma}\right)\right)$ 이다.

② 만약 $\gamma=\delta=L=0$ 이라면, 즉 Blue Force 만 전투력 보충이 있고 Red Force 는 전투력 보충이 없는 경우 특정시간 t에서 Blue Force 와 Red Force 전투력 $B(t)$와 $R(t)$는 식 (15-218), (15-219)와 같이 유도할 수 있다.

$$\frac{dB}{dt}=-\alpha R+K=-\sqrt{\alpha}\left(\sqrt{\alpha}R-\frac{K}{\sqrt{\alpha}}\right)=-M\cdot G/\sqrt{\beta} \qquad (15\text{-}218)$$

$$\frac{dR}{dt}=-\beta B=-\sqrt{\beta}\left(\sqrt{\beta}B\right)=-M\cdot H/\sqrt{\alpha} \qquad (15\text{-}219)$$

여기서 $M=\sqrt{\alpha\beta}$, $G=\sqrt{\alpha}R-\frac{K}{\sqrt{\alpha}}$, $H=\sqrt{\beta}B$ 이다. $\frac{dH}{dt}$와 $\frac{dG}{dt}$는 각각 식 (15-220), (15-221)과 같다.

$$\frac{dH}{dt}=\sqrt{\beta}\frac{dB}{dt}=\sqrt{\beta}\left(-\frac{M\cdot G}{\sqrt{\beta}}\right)=-M\cdot G \qquad (15\text{-}220)$$

$$\frac{dG}{dt}=\sqrt{\alpha}\frac{dR}{dt}=\sqrt{\alpha}\left(-\frac{M\cdot H}{\sqrt{\alpha}}\right)=-M\cdot H \qquad (15\text{-}221)$$

식 (15-220), (15-221)은 Square 법칙의 $\frac{dB}{dt}=-\alpha R$, $\frac{dR}{dt}=-\beta B$ 식과 동일한 형태이다. Square 법칙에서 구한 동일한 방법으로 잔여 전투력을 구하면 식 (15-222), (15-223)과 같다.

$$H(t)=\sqrt{\beta}B=\sqrt{\beta}\left(B_0\cosh\left(\sqrt{\beta\alpha}t\right)-\sqrt{\frac{\alpha}{\beta}}R_0\sinh\left(\sqrt{\alpha\beta}t\right)\right)$$

$$=\sqrt{\beta}B_0\cosh\left(\sqrt{\beta\alpha}t\right)-\sqrt{\alpha}R_0\sinh\left(\sqrt{\alpha\beta}t\right) \qquad (15\text{-}222)$$

$$G(t)=\sqrt{\alpha}R-\frac{K}{\sqrt{\alpha}}=\sqrt{\alpha}\left(R_0\cosh\left(\sqrt{\beta\alpha}t\right)-\sqrt{\frac{\beta}{\alpha}}B_0\sinh\left(\sqrt{\alpha\beta}t\right)\right)-\frac{K}{\sqrt{\alpha}}$$

$$=\sqrt{\alpha}R_0\cosh\left(\sqrt{\beta\alpha}t\right)-\sqrt{\beta}B_0\sinh\left(\sqrt{\alpha\beta}t\right)-\frac{K}{\sqrt{\alpha}} \qquad (15\text{-}223)$$

Square 법칙에서 Blue Force 가 승리하려면 $\beta {B_0}^2 > \alpha {R_0}^2$ 조건을 만족해야 하듯이 $\frac{dH}{dt} = -M \cdot G$, $\frac{dG}{dt} = -M \cdot H$ 식에서 Blue Force 가 승리하려면 식 (15-224), (15-225)의 조건을 만족해야 한다.

$$MH_0^2 > MG_0^2 \qquad (15\text{-}224)$$

$$H_0 > G_0 \rightarrow \sqrt{\beta} B_0 > \sqrt{\alpha} R_0 - K/\sqrt{\alpha} \qquad (15\text{-}225)$$

$t = 0$ 에서 $H_0 = G_0$ 이면 H 와 G 는 비대칭적으로 전투력이 0 으로 접근한다. Blue Force 전투력이 0 으로 접근하면 Red Force 전투력은 $K/\sqrt{\alpha}$로 접근한다.

위와 같이 특수한 조건을 부여하지 않고 일반적인 경우에 이 문제를 어떻게 해결하는지 알아보자. 앞에서 말한 대로 Blue Force 와 Red Force 의 전투손실 및 보충 미분 방정식은 식 (15-226), (15-227)과 같다.

$$\frac{dB}{dt} = -\alpha R - \gamma B + K \qquad (15\text{-}226)$$

$$\frac{dR}{dt} = -\beta B - \delta R + L \qquad (15\text{-}227)$$

식 (15-226), (15-227)은 식 (15-228)과 같이 표현 가능하다.

$$\begin{bmatrix} \frac{dB}{dt} \\ \frac{dR}{dt} \end{bmatrix} = \begin{bmatrix} -\gamma & -\alpha \\ -\beta & -\delta \end{bmatrix} \begin{bmatrix} B \\ R \end{bmatrix} + \begin{bmatrix} K \\ L \end{bmatrix} \qquad (15\text{-}228)$$

$X' = AX$ 의 형태 식에서 X 는 $Ke^{-\lambda t}$ 형태로 나타난다. 여기서 λ 는 Eigen Value 이고 K는 Eigen Vector 이며 A는 $\begin{bmatrix} -\gamma & -\alpha \\ -\beta & -\delta \end{bmatrix}$이다. 식 (15-228)을 전개하면 식 (15-229)가 되고 식 (15-229)의 해 λ는 식 (15-230)이며 각각 분리하면 식 (15-231), (15-232)가 된다.

$$|\lambda I - A| = (\lambda + \gamma)(\gamma + \delta) - \alpha\beta = \lambda^2 + (\gamma + \delta)\lambda + \gamma\delta - \alpha\beta = 0 \qquad (15\text{-}229)$$

$$\lambda = \frac{-(\gamma+\delta) \pm \sqrt{(\gamma+\delta)^2 - 4(\gamma\delta - \alpha\beta)}}{2} \qquad (15\text{-}230)$$

$$\lambda_1 = \frac{-(\gamma+\delta)+\sqrt{(\gamma+\delta)^2-4(\gamma\delta-\alpha\beta)}}{2} \qquad (15\text{-}231)$$

$$\lambda_2 = \frac{-(\gamma+\delta)-\sqrt{(\gamma+\delta)^2-4(\gamma\delta-\alpha\beta)}}{2} \qquad (15\text{-}232)$$

그러므로 Eigen Vector는 식 (15-233), (15-234)와 같다.

$$K_1 = \begin{bmatrix} \frac{\gamma-\delta-\sqrt{(\gamma+\delta)^2-4(\gamma\delta-\alpha\beta)}}{2} \\ \beta \end{bmatrix} \qquad (15\text{-}233)$$

$$K_2 = \begin{bmatrix} \frac{\gamma-\delta+\sqrt{(\gamma+\delta)^2-4(\gamma\delta-\alpha\beta)}}{2} \\ \beta \end{bmatrix} \qquad (15\text{-}234)$$

$\begin{bmatrix} \frac{dB}{dt} \\ \frac{dR}{dt} \end{bmatrix} = \begin{bmatrix} -\gamma & -\alpha \\ -\beta & -\delta \end{bmatrix} \begin{bmatrix} B \\ R \end{bmatrix}$ 식에서 $\begin{bmatrix} B \\ R \end{bmatrix}$은 식 (15-235), (15-236)과 같다.

$$\begin{bmatrix} B \\ R \end{bmatrix} = C_1 \begin{bmatrix} \frac{\gamma-\delta-\sqrt{(\gamma+\delta)^2-4(\gamma\delta-\alpha\beta)}}{2} \\ \beta \end{bmatrix} e^{\frac{-(\gamma+\delta)+\sqrt{(\gamma+\delta)^2-4(\gamma\delta-\alpha\beta)}}{2}t} \qquad (15\text{-}235)$$

$$+C_2 \begin{bmatrix} \frac{\gamma-\delta+\sqrt{(\gamma+\delta)^2-4(\gamma\delta-\alpha\beta)}}{2} \\ \beta \end{bmatrix} e^{\frac{-(\gamma+\delta)-\sqrt{(\gamma+\delta)^2-4(\gamma\delta-\alpha\beta)}}{2}t} \qquad (15\text{-}236)$$

그러므로 B와 R은 식 (15-237), (15-238)과 같다.

$$B = C_1(\lambda_2+\gamma)e^{-\lambda_1 t} + C_2(\lambda_1+\gamma)e^{-\lambda_2 t} \qquad (15\text{-}237)$$

$$R = C_1\beta e^{-\lambda_1 t} + C_2\beta e^{-\lambda_2 t} \qquad (15\text{-}238)$$

Homogenous Solution에서 C_1, C_2는 상수이다.

$\begin{bmatrix} K \\ L \end{bmatrix}$의 Particular Solution을 구하기 위해 식 (15-239), (15-240)으로 놓고 원래의 식을 전개하면 식 (15-241)과 같다.

$$B = C_1(\lambda_2+\gamma)e^{-\lambda_1 t} + C_2(\lambda_1+\gamma)e^{-\lambda_2 t} + C_3 \qquad (15\text{-}239)$$

$$R = C_1\beta e^{-\lambda_1 t} + C_2\beta e^{-\lambda_2 t} + C_4 \qquad (15\text{-}240)$$

$$\begin{bmatrix} \frac{dB}{dt} \\ \frac{dR}{dt} \end{bmatrix} = \begin{bmatrix} -\gamma & -\alpha \\ -\beta & -\delta \end{bmatrix} \begin{bmatrix} B \\ R \end{bmatrix} + \begin{bmatrix} K \\ L \end{bmatrix} \qquad (15\text{-}241)$$

$\frac{dB}{dt}$는 식 (15-242)가 된다.

$$\frac{dB}{dt} = C_1\lambda_1(\lambda_2+\gamma)e^{\lambda_1 t} + C_2\lambda_2(\lambda_1+\gamma)e^{\lambda_2 t} = -C_1\gamma(\lambda_2+\gamma)e^{\lambda_1 t} - C_2\gamma(\lambda_1+\gamma)e^{\lambda_2 t} - C_3\gamma - C_1\alpha\beta e^{\lambda_1 t} - C_2\alpha\beta e^{\lambda_2 t} - C_4\alpha + K \qquad (15\text{-}242)$$

여기에서 K는 상수항끼리 비교하면 식 (15-243)과 같다.

$$K = C_3\gamma + C_4\alpha \qquad (15\text{-}243)$$

$\frac{dR}{dt}$ 는 식 (15-244)가 된다.

$$\frac{dR}{dt} = C_1\lambda_1\beta e^{\lambda_1 t} + C_2\lambda_2\beta e^{\lambda_2 t}$$
$$= -C_1\beta(\lambda_2+\gamma)e^{\lambda_1 t} - C_2\beta(\lambda_1+\gamma)e^{\lambda_2 t} - C_3\beta - C_1\delta\beta e^{\lambda_1 t} - C_2\delta\beta e^{\lambda_2 t} - C_4\delta + L \qquad (15\text{-}244)$$

여기에서 L는 상수항끼리 비교하면 식 (15-245)와 같다.

$$L = C_3\beta + C_4\delta \qquad (15\text{-}245)$$

그러면 식 (15-246)으로 재정리할 수 있고 $\begin{bmatrix} C_3 \\ C_4 \end{bmatrix}$는 식 (15-247)로 $\begin{bmatrix} B \\ R \end{bmatrix}$은 식 (15-248)이 된다.

$$\begin{bmatrix} \gamma & \alpha \\ \beta & \delta \end{bmatrix} \begin{bmatrix} C_3 \\ C_4 \end{bmatrix} = \begin{bmatrix} K \\ L \end{bmatrix} \qquad (15\text{-}246)$$

$$\begin{bmatrix} C_3 \\ C_4 \end{bmatrix} = \frac{1}{\gamma\delta-\alpha\beta} \begin{bmatrix} \gamma & -\alpha \\ -\beta & \delta \end{bmatrix} \begin{bmatrix} K \\ L \end{bmatrix} = \frac{1}{\gamma\delta-\alpha\beta} \begin{bmatrix} \delta K - \alpha L \\ -\beta K + \gamma L \end{bmatrix} \qquad (15\text{-}247)$$

$$\begin{bmatrix} B \\ R \end{bmatrix} = C_1K_1e^{-\lambda_1 t} + C_2K_2e^{-\lambda_2 t} + \frac{1}{\gamma\delta-\alpha\beta} \begin{bmatrix} \delta K - \alpha L \\ -\beta K + \gamma L \end{bmatrix} \qquad (15\text{-}248)$$

여기서 $\lambda_1, \lambda_2, K_1, K_2$는 다음과 같다.

$\lambda_1 = \frac{-(\gamma+\delta)+\sqrt{(\gamma+\delta)^2-4(\gamma\delta-\alpha\beta)}}{2}$, $\lambda_2 = \frac{-(\gamma+\delta)-\sqrt{(\gamma+\delta)^2-4(\gamma\delta-\alpha\beta)}}{2}$, $K_1 = \begin{bmatrix} \lambda_2 + \gamma \\ \beta \end{bmatrix}$, $K_2 = \begin{bmatrix} \lambda_1 + \gamma \\ \beta \end{bmatrix}$ 이다.

15.11 Lanchester 전투모형의 확장

15.11.1 Helmbold 전투모형

Helmbold 전투모형은 어떤 전투 단계에서 Square 법칙, Linear 법칙, Logarithm 법칙이 선별적으로 지배되는 경우 계수를 적절히 조정하여 융통성 있게 사용 가능한 전투모형이다. 아래와 같은 $h(z)$ 함수를 생각해 보자. 이 함수의 성질은 다음과 같은 2 가지를 만족한다.

① $h(z)$: 독립 변수 z 의 완전 증가 함수이다.
② $h(1) = 1$

$h_R(\bullet)$, $h_B(\bullet)$ 함수는 $h(z)$의 하나라고 가정한다. 그러면 Helmbold 전투모형은 식 (15-249), (15-250)과 같은 형태의 미분방정식으로 정의한다.

$$\frac{dB}{dt} = -\alpha \cdot h_R\left(\frac{B}{R}\right) \cdot R \qquad (15\text{-}249)$$

$$\frac{dR}{dt} = -\beta \cdot h_B\left(\frac{R}{B}\right) \cdot B \qquad (15\text{-}250)$$

$\frac{B}{R} > 1$ 이면 Red Force 가 선택할 수 있는 Blue Force 의 표적이 증가한다. $\frac{dB}{dt}$는 $\frac{B}{R}$ 비율보다 더 증가한다.

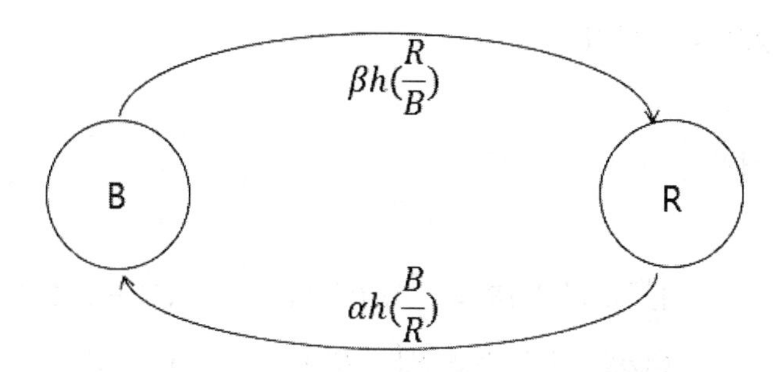

그림 15.32 Helmbold 전투모형 개념도

만약 $h(z)$가 Power Function 이면 $\frac{dB}{dt}$와 $\frac{dR}{dt}$은 식 (15-251), (15-252)와 같이 표현할 수 있다.

$$\frac{dB}{dt} = -\alpha\left(\frac{B}{R}\right)^{c} R = -\alpha B^{c} R^{1-c} \qquad (15\text{-}251)$$

$$\frac{dR}{dt} = -\beta\left(\frac{R}{B}\right)^{c} B = -\beta R^{c} B^{1-c} \qquad (15\text{-}252)$$

여기서 $c \in (0,1)$ 이다.

이러한 형태의 전투모형을 Helmbold 전투모형이라고 한다. 이는 규모의 비효율성을 의미하는데 대부대와 소부대가 전투를 할 때 전투지역이 협소하거나, 기상, 시간과 공간적 제약으로 인해 대부대의 모든 부대들이 전투에 참가하는 것은 아닌 것으로 설명 가능하다. 즉, 대부대의 전투력이 전부 다 전투에 기여하는 것이 아닐 경우 Helmbold 모형은 의미가 있고 현실적인 현상과 부합한다.

반면, 고전적 Lanchester 전투모형은 적대 전투력이 아무리 불균형일지라도 적에 대한 전반적 파괴능력은 불체감 효과를 갖는다는 가정을 하고 있다. 그러나 가용한 공간의 제한은 지형의 차폐효과 및 반응시간 효과는 말할 것도 없이 전투력의 전반적 파괴능력의 이용을 상당히 제한할 것이다. 식 (15-251), (15-252)의 양변을 나누어 보면 식 (15-253)과 같다.

$$\frac{dB}{dR} = \left(\frac{\alpha}{\beta}\right)\left(\frac{B}{R}\right)^{2c-1} = \left(\frac{\alpha}{\beta}\right)\left(\frac{R}{B}\right)^{d-1} \qquad (15\text{-}253)$$

여기서 $d = 2(1-c)$이다.

① $d \neq 0$ 인 경우

$$\int_B^{B_0} \beta B^{d-1}\, dB = \int_R^{R_0} \alpha R^{d-1}\, dR \qquad (15\text{-}254)$$

$$\beta(B_0^d - B^d) = \alpha(R_0^d - R^d) \qquad (15\text{-}255)$$

② $d = 0$ 인 경우

$$\int_B^{B_0} \beta \frac{1}{B} dB = \int_R^{R_0} \alpha \frac{1}{R} dR \qquad (15\text{-}256)$$

$$\beta ln\left(\frac{B_0}{B}\right) = \alpha ln\left(\frac{R_0}{R}\right) \qquad (15\text{-}257)$$

즉, $c = 0(d = 2)$ 인 경우는 Square 법칙이 되고 $c = \frac{1}{2}(d = 1)$ 인 경우는 Linear 법칙이 되고 $c = 1(d = 0)$ 인 경우는 Logarithm 법칙이 되며 $c = \frac{3}{4}(d = \frac{1}{2})$인 경우는 Square Root 법칙이 된다.

Weiss 계수 w를 $w = \frac{d}{2} = 1 - c$, $w \in (0,1)$로 정의하면 $\frac{dB}{dt} = -\alpha\left(\frac{B}{R}\right)^c R$, $\frac{dR}{dt} = -\beta\left(\frac{R}{B}\right)^c B$ 는 식 (15-258), (15-259)와 같이 전환 가능하다.

$$\frac{dB}{dt} = -\alpha\left(\frac{B}{R}\right)^{1-w} R \qquad (15\text{-}258)$$

$$\frac{dR}{dt} = -\beta\left(\frac{R}{B}\right)^{1-w} B \qquad (15\text{-}259)$$

식 (15-258), (15-259)를 나누어 보면 식 (15-260)과 같은 손실교환율을 얻는다. 식 (15-260)을 정리하여 적분하는 절차는 식 (15-261)~(15-263)과 같다.

$$\frac{dB}{dR} = (\alpha/\beta)(\frac{B}{R})^{1-2w} = (\alpha/\beta)(\frac{R}{B})^{2w-1} \qquad (15\text{-}260)$$

$$\beta B^{2w-1} dB = \alpha R^{2w-1} dR \qquad (15\text{-}261)$$

$$\int_B^{B_0} \beta B^{2w-1}\, dB = \int_R^{R_0} \alpha R^{2w-1}\, dR \qquad (15\text{-}262)$$

$$\beta(B_0^{2w} - B^{2w}) = \alpha(R_0^{2w} - R^{2w}) \qquad (15\text{-}263)$$

$w = 0$인 경우는 Logarithm Law 가 되고 $w = \frac{1}{2}$ 인 경우는 Geometric Mean (Linear) Law 가 되고 $w = 1$ 인 경우는 Square Law 가 된다. Geometric Mean Law 가 Linear Law 로 불리는 이유는 변수변환을 통해 Linear Law 가 되기 때문이다.

$u = \frac{B}{R}$로 두면 $\frac{du}{dt}$은 식 (15-264)가 된다.

$$\frac{du}{dt} = \frac{1}{R}\frac{dB}{dt} - BR^{-2}\frac{dR}{dt} = \frac{1}{R}\left[-\alpha\left(\frac{B}{R}\right)^{1-w} R\right] - BR^{-2}\left[-\beta\left(\frac{R}{B}\right)^{1-w} B\right]$$

$$= \frac{1}{R}[-\alpha(u)^{1-w}R] - BR^{-2}[-\beta(u)^{w-1}B] = u^{1-w}(\beta u^{2w} - \alpha) \qquad (15\text{-}264)$$

여기서 $v = u^w$ 이라고 두면 $\frac{dv}{dt}$는 식 (15-265)이 된다.

$$\frac{dv}{dt} = \frac{dv}{du}\cdot\frac{du}{dt} \qquad (15\text{-}265)$$

$\frac{dv}{dt}$를 구하기 위해 먼저 $\frac{dv}{du}$ 를 구하면 식 (15-266)과 같다.

$$\frac{dv}{du} = wu^{w-1} \qquad (15\text{-}266)$$

다음으로 $\frac{du}{dt}$ 는 앞에서 구한 $\frac{du}{dt} = u^{1-w}(\beta u^{2w} - \alpha)$를 $\frac{dv}{dt}$ 에 적용하면 식 (15-267)과 같다.

$$\frac{dv}{dt} = \frac{dv}{du}\cdot\frac{du}{dt} = (wu^{w-1})[u^{1-w}(\beta u^{2w} - \alpha)] = w(\beta v^2 - \alpha) \qquad (15\text{-}267)$$

여기서 $v_0 = \frac{{B_0}^w}{{R_0}^w}$, $v = \frac{B^w}{R^w}$ 이므로 $p = B^w, q = R^w$ 로 놓으면 식 (15-268), (15-269)와 같다.

$$\frac{dp}{dt} = \frac{dp}{dB} \cdot \frac{dB}{dt} = (wB^{w-1})(-\alpha u^{1-w}R) = (wB^{w-1})\left(-\alpha u^{1-w} q^{\frac{1}{w}}\right) = (wB^{w-1})\left(-\alpha \left(\frac{B}{R}\right)^{1-w} q^{\frac{1}{w}}\right) \qquad (15\text{-}268)$$

$$\frac{dp}{dt} = -w\alpha q,\ p_0 = {B_0}^w \qquad (15\text{-}269)$$

동일한 방법으로 $\frac{dq}{dt} = -w\beta p,\ q_0 = {R_0}^w$ 가 된다.

위 미분방정식은 Linear 법칙의 형태와 같다.

식 (15-270)~(15-275)은 위에서 푼 미분 방정식을 해결하는데 참고하는 부분이다.

$$\frac{d}{dx}\left(\frac{u}{v}\right) = \frac{v\frac{du}{dx} - u\frac{dv}{dx}}{v^2} \qquad (15\text{-}270)$$

$$\frac{d}{dt}\left(\frac{B}{R}\right) = \frac{R\frac{dB}{dt} - B\frac{dR}{dt}}{R^2} \qquad (15\text{-}271)$$

$$R\frac{dB}{dt} = R\left(-\alpha\left(\frac{B}{R}\right)^{1-w} R\right) = -\alpha R^2\left(\frac{B}{R}\right)^{1-w} \qquad (15\text{-}272)$$

$$B\frac{dR}{dt} = B\left(-\beta\left(\frac{B}{R}\right)^{1-w} B\right) = -\beta B^2\left(\frac{B}{R}\right)^{w-1} \qquad (15\text{-}273)$$

$$\frac{R\frac{dB}{dt}}{R^2} = \frac{-\alpha R^2\left(\frac{B}{R}\right)^{1-w}}{R^2} = \frac{-\alpha R^2 u^{1-w}}{R^2} = -\alpha u^{1-w} \qquad (15\text{-}274)$$

$$\frac{B\frac{dR}{dt}}{R^2} = \frac{-\beta B^2\left(\frac{B}{R}\right)^{w-1}}{R^2} = -\beta\left(\frac{B}{R}\right)^{w+1} = -\beta u^{w+1} \qquad (15\text{-}275)$$

15.11.2 Bracken 전투모형

Bracken 전투모형은 공격과 방어의 유리한 점을 묘사하는 계수를 추가하였으며 Red Force 전투력과 Blue Force 전투력에 지수를 추가하여 모든 전투모형을 일반화하는 모형이다. Bracken 전투모형은 식 (15-276), (15-277)과 같다.

$$\frac{dB}{dt} = -\alpha \cdot \left(\frac{d^2 I\{\overline{BA}\} + I\{BA\}}{d}\right) R^p B^q \qquad (15\text{-}276)$$

$$\frac{dR}{dt} = -\beta \cdot \left(\frac{d^2 I\{BA\} + I\{\overline{BA}\}}{d}\right) B^p R^q \qquad (15\text{-}277)$$

여기서 각 기호는 다음을 의미한다.

$\overline{BA}$: Blue Force 공격

BA : Red Force 공격

$$I\{\bullet\} = \begin{cases} I\{x\} = 1 \ if \ x \ is \ true \\ I\{x\} = 0 \ if \ x \ is \ false \end{cases}$$

만약 Blue Force 가 방어를 하면 전술 매개변수 $d < 1$이고 Blue Force 가 유리한 점 승수 d를 가지고 Red Force 는 반대로 불리한 것을 묘사하기 위해 d의 역수인 $1/d$을 가진다.

15.11.3 Scheiber 전투모형

T. S. Scheiber 가 수립한 전투모형은 전투지휘의 효율성에 관한 모형이다. Scheiber 전투모형은 식 (15-278), (15-279)와 같으며 여기서 $e_R, e_R \in (0,1)$로서 전투지휘의 효율성이며 완전한 전투지휘가 달성될 때 1 로 둔다.

$$\frac{dB}{dt} = -\alpha\left(\frac{BR}{B_0 - e_R(B_0 - B)}\right) \qquad (15\text{-}278)$$

$$\frac{dR}{dt} = -\beta\left(\frac{BR}{R_0 - e_R(R_0 - R)}\right) \qquad (15\text{-}279)$$

15.11.4 Hartly 전투모형

Hartly 는 수 많은 전쟁사를 분석하여 식 (15-280), (15-281)과 같은 전투모형을 수립하였다.

$$\frac{dB}{dt} = -e^C \cdot B^D \cdot R^E \qquad (15\text{-}280)$$

$$\frac{dR}{dt} = -e^F \cdot B^G \cdot R^H \qquad (15\text{-}281)$$

여기서 C, D, E, F, G, H는 상수로서 회귀분석으로 도출한다. C, F는 전사로부터 획득 가능하고 전투별로 상이하다. 그러나 $D - G = H - E$ 관계는 모든 전투에서 타당한 상수 관계라고 주장하였다.

15.12 다양한 상황에서의 Lanchester 전투모형

15.12.1 Square 법칙에서 전투 중 전투력 증원이 있는 경우

$$\frac{dB}{dt} = -\alpha R + C \qquad (15\text{-}282)$$

$$\frac{dR}{dt} = -\beta B + D \qquad (15\text{-}283)$$

여기서 C, D 는 각각 Blue Force와 Red Force의 전투력 증원 규모이다.

15.12.2 Square 법칙에서 Blue Force의 항공지원이 있는 경우

$$\frac{dB}{dt} = -\alpha R \qquad (15\text{-}284)$$

$$\frac{dR}{dt} = -\beta B - S \cdot G \cdot H \cdot K \qquad (15\text{-}285)$$

여기서 S는 Blue Force 의 단위 시간당 항공기 출격수, G는 출격 항공기 생존율, H는 장착 무장의 투하 성공률, K는 Blue Force 항공기에 의한 Red Force 손실률이다.

15.12.3 Square 법칙에서 양측 모두 화력지원이 가용시

$$\frac{dB}{dt} = -\alpha R - E(B) \qquad (15\text{-}286)$$

$$\frac{dR}{dt} = -\beta B - E(R) \qquad (15\text{-}287)$$

여기서 $E(B)$는 단위시간 당 Red Force 화력지원 부대 사격에 의한 Blue Force 의 손실률이며 $E(R)$은 단위시간 당 Blue Force 화력지원 부대 사격에 의한 Red Force 의 손실률이다.

15.12.4 다양한 형태의 전투모형 Diagram

<u>기타 전투모형 1</u>

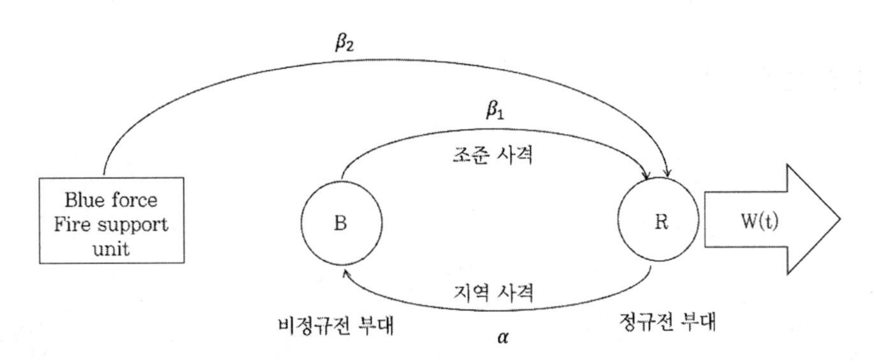

그림 15.33 정규전 부대와 비정규전 부대 전투.
비정규전부대의 화력지원과 정규전부대 철수가 있는 경우

기타 전투모형 2

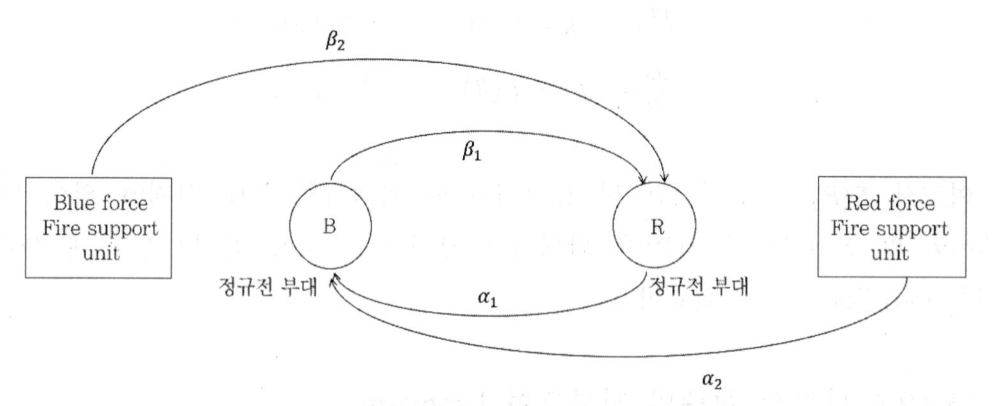

그림 15.34 정규전 부대와 정규전 부대 전투.
양측 모두 화력지원이 있는 경우

기타 전투모형 3

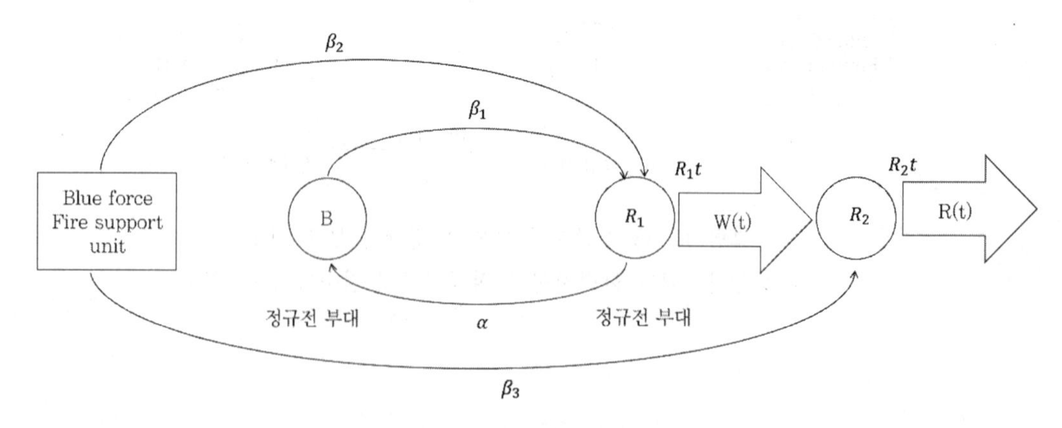

그림 15.35 정규전 부대와 정규전 부대 전투,
Blue Force 의 화력지원과 Red Force 의 2 단계 철수가 있는 경우

기타 전투모형 4

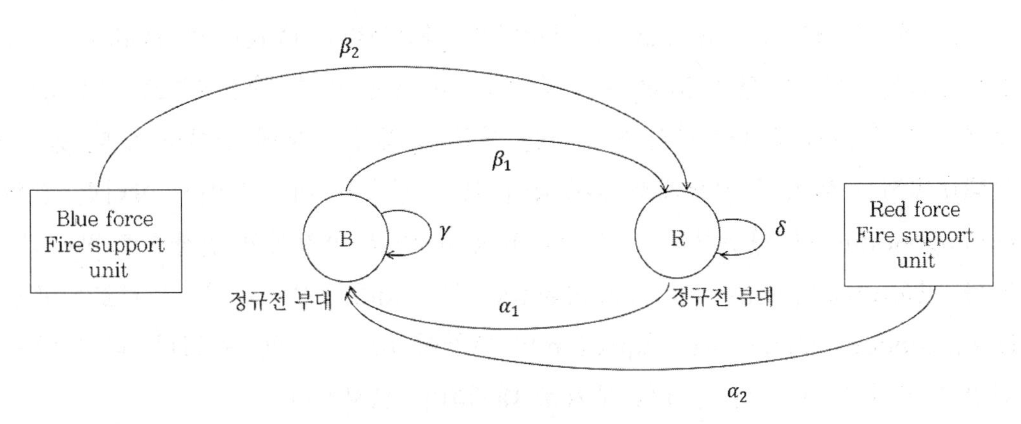

그림 15.36 정규전 부대와 정규전 부대 전투.
양측 모두 화력지원이 가능하며 비전투 손실이 있는 경우

기타 전투모형 5

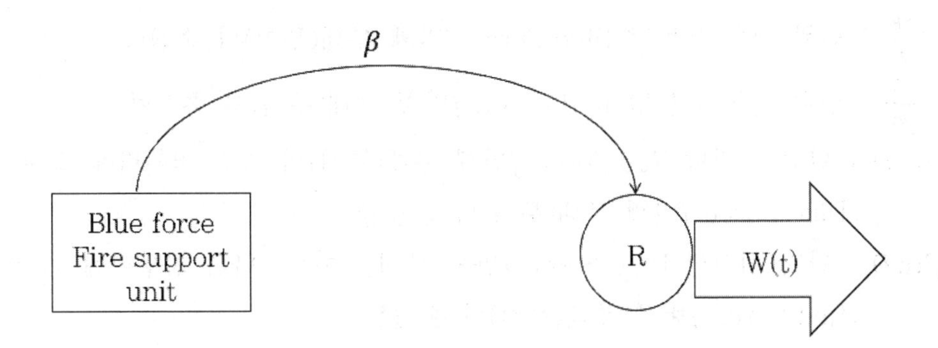

그림 15.37 Blue Force 화력지원부대에 의해 Red Force 가 일방적으로 공격을 당하며,
Red Force 는 철수가 가능한 경우

15.13 Heterogeneous Lanchester 전투모형

이제까지는 Homogeneous 한 전투력을 가진 Blue Force 와 Red Force 간 전투행위를 수학적 전투 Modeling 을 Lanchester 미분 방정식으로 구성하였다. 그러나 실제 전투에서는 다양한 성질을 가진 부대가 전투에 참여할 수도 있고 한 부대내에서도 여러 무기체계가 혼합되어 있는 경우가 대부분이다. 이러한 경우는 Homogeneous 한 전투력을 가진 Lanchester 미분 방정식의 연장으로 생각할 수 있다. Heterogeneous 한 Lanchester Equation 은 단일 무기로 구성된 Homogeneous Lanchester Equation 의 연장이라고 생각할 수 있다. 다만 양측의 단일 무기가 여러 개의 종류의 무기로 대체되어 묘사한다.

Heterogeneous 한 전투력을 가진 전투모형을 구성하기 위해 다음과 같은 기호를 정의하자.

B_i: Blue Force i번째 부대(무기)의 전투력
R_j: Red Force 의 j번째 부대(무기)의 전투력
$\frac{dB_i}{dt}$: 단위 전투시간 당 Blue Force i번째 부대(무기)의 손실량
$\frac{dR_j}{dt}$: 단위 전투시간 당 Red Force j번째 부대(무기)의 손실량
$\alpha(i,j)$: 단위 시간당 Red Force j번째 부대(무기)의 단위 전투력에 의한 Blue Force i번째 부대(무기)의 손실률
$\beta(i,j)$: 단위 시간당 Blue Force i번째 부대(무기)의 단위 전투력에 의한 Red Force j번째 부대(무기)의 손실률

그러면 식 (15-346), (15-347)과 같은 이질 전투력 부대간 전투에 대한 미분 방정식을 구성할 수 있다.

$$\frac{dB_i}{dt} = -\sum_{j=1}^{n} \alpha(i,j)\, R_j, \;\; i = 1,2,\ldots,m \qquad (15\text{-}346)$$

$$\frac{dR_j}{dt} = -\sum_{i=1}^{n} \beta(i,j)\, B_i, \;\; j = 1,2,\ldots,n \qquad (15\text{-}347)$$

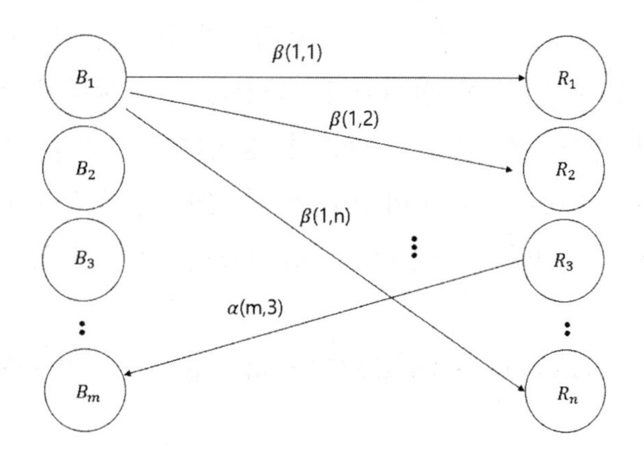

그림 15.47 Heterogeneous Lanchester 전투 개념

모든 Lanchester Equation 을 만족시키는 일반적인 상태 방정식은 존재하지 않는다. Square Law 와 유사한 식이 Linear Law, Logarithm Law, Geometric Law 를 위해서 개발될 수 있다. 이것은 소모 절차를 묘사하는데 복잡성을 아주 상당히 증가시키고 모형의 유용성 차원에서 결과를 사용하는데 제한된다. 대안적으로 이질적 전투력을 하나의 전투력으로 지수화 하여 표현하는 Force Scoring 방법에 의해 통합하여 이질적 전투력을 동질적 전투력으로 묘사하는 방정식으로 대체할 수 있다. Force Scoring 방법은 모든 형태의 무기와 가용 수를 고려해서 상대적 지수로 평가하여 하나의 점수로 표현하는 방법이다. 이러한 Force Scoring 방법은 오랫동안 다양하게 발전되어 왔으며 여러 Force Scoring 방법이 개발되었다. 상황에 따라 다른 전력 점수를 표현하는 방법은 제 20 장 Situational Force Scoring 방법에 자세히 설명되어 있다.

15.14 전투종료 조건 묘사

Lanchester 모형에서는 한측이 전멸될 때가 되어서야 전투가 종료된다. 이것은 현실적으로는 발생하기 대단히 어려운 것이다. 어떻게 왜 전투가 종료되는가 하는 보다 현실적인 모형이 요구된다. Helmbold 는 이러한 전투 종료에 대한 이론적 연구를 해 왔고 가장 영향력 있는 결과를 도출하였다. Helmbold 는 세부적인 이론을 구성했는데 결정적이거나 확률적으로 양측 모두 적용할 수 있다. 그의 전투 종료 이론의 결정적 가정은 전투력이 특정 수준이하로 떨어지면 효과적인 전투는 종료될 것이라는 것이다. 전투력 수준은 부대의 형태, 규모와 임무에 달려있다. 간결하게 표현하여 보면 다음 3 개의 조건이 만족해야 한다. T 시간에 한측이 승리하는 경우를 고려해 보자. 먼저, B_f, R_f를 각각 Blue Force 와 Red Force 의 잔여 전투력이라고 정의한다. Blue Force 가 T 시간에 승리하는 경우는 식 (3-388)을 만족한다.

$$B(T) = B_f > 0 \; and \; R(T) = R_f = 0 \qquad (3\text{-}388)$$

Red Force 가 T 시간에 승리하는 경우는 반대로 식 (3-389)를 만족한다.

$$R(T) = R_f > 0 \; and \; B(T) = B_f = 0 \qquad (3\text{-}389)$$

식 (3-388), (3-389) 두가지 경우가 아니면 한측이 이긴다고 할 수 없고 비기는 경우, 양측 다 전멸하는 경우이다. 즉 $B_f = R_f = 0$ 이 된다. 이를 좀 더 확장해서 다음과 같이 정의 해 보자. B_{BP}를 Blue Force 의 미리 설정한 전투종료 전투력 수준이라고 하자. 그러면 최초의 전투력 B_0에서 비율 f_{BP}^B을 곱해 B_{BP}을 결정할 수 있다. 예를 들면 Blue Force 는 최초 전투력의 70%가 되면 전투를 종료하고 철수를 하기로 결정했다고 하자. 그러면 $B_{BP} = 0.7B_0$이 될 것이다.

Red Force 가 T 시간에 승리하는 경우를 고려해 보자. 그러면 $B(T)$와 $R(T)$는 식 (3-390), (3-391)을 만족한다. 전투 종료시점 T 이전에는 $B(t) > B_f \; and \; R(t) > R_f \;\; for \; 0 < t < T$를 만족하는 것은 자명하다. 또한 Red Force 가 승리한 경우이므로 $R_f > R_{BP}$ 인 것도 자명하다.

$$B(T) = B_f = B_{BP} = f_{BP}^B B_0 \qquad (3\text{-}390)$$
$$R(T) = R_f > R_{BP} = f_{BP}^R R \qquad (3\text{-}391)$$

Helmbold 의 이론은 전투방정식에서 전투 종료시점 f를 결정하는 절차를 제공한다. 간단하게, 이러한 조치의 나머지는 Lanchester Square Law 경우에 대해 고정된 전투 종료시점을 사용하는 결정적인 적용만 하면 된다. Lanchester Square Law 의 승패를 결정짓는 조건은 앞에서 설명한 것과 같이 다음과 같다.

$$만약\ \frac{B_0}{R_0} > \sqrt{\frac{\alpha}{\beta}}\ 이면\ Blue\ Force\ 승리$$

$$만약\ \frac{B_0}{R_0} < \sqrt{\frac{\alpha}{\beta}}\ 이면\ Red\ Force\ 승리$$

$$만약\ \frac{B_0}{R_0} = \sqrt{\frac{\alpha}{\beta}}\ 이면\ 어느\ 측도\ 승리하지\ 못함$$

그러면 Red Force 가 승리하는 시점 T 는 식 (3-392)와 같다.

$$T = \frac{1}{2\sqrt{\alpha\beta}} ln\left(\frac{\sqrt{\frac{\alpha}{\beta}}+\frac{B_0}{R_0}}{\sqrt{\frac{\alpha}{\beta}}-\frac{B_0}{R_0}}\right) = \frac{1}{\sqrt{\alpha\beta}} tanh^{-1}\frac{B_0}{\sqrt{\frac{\alpha}{\beta}}R_0} \qquad (3\text{-}392)$$

이 때 Red Force 의 잔여 병력 R_f는 식 (3-393), (3-394)와 같다.

$$\frac{R_f}{R_0} = \sqrt{1 - \frac{\beta}{\alpha}\cdot\left(\frac{B_0}{R_0}\right)^2} \qquad (3\text{-}393)$$

$$R_f = R_0\sqrt{1 - \frac{\beta}{\alpha}\cdot\left(\frac{B_0}{R_0}\right)^2} \qquad (3\text{-}394)$$

일반적인 결과는 식 (3-395)와 같다.

$$\frac{R}{R_0} = \sqrt{1 - \frac{\beta}{\alpha}\cdot\left\{\left(\frac{B_0}{R_0}\right)^2 - \left(\frac{B}{R_0}\right)^2\right\}} \qquad (3\text{-}395)$$

Helmbold 의 이론을 여기에 적용하면 다음과 같다. Red Force 가 승리하는 경우를 살펴보자. 기본 Lanchester 법칙에서는 Red Force 가 승리하는 조건이 $B_0/R_0 < \sqrt{\alpha/\beta}$ 이지만 Helmbold 의 이론을 적용하면 식 (3-396)과 같이 변경된다.

$$\frac{B_0}{R_0} < \sqrt{\frac{\alpha}{\beta} \times \frac{1-(f_{BP}^R)^2}{1-(f_{BP}^B)^2}} \qquad (3\text{-}396)$$

전투 종료 시점 T 는 식 (3-397)과 같다.

$$T = \begin{cases} \frac{-1}{\sqrt{\alpha\beta}} ln(1 - f_{BP}^{B}) & if\ \frac{B_0}{R_0} = \sqrt{\frac{\alpha}{\beta}} \\ \frac{1}{\sqrt{\alpha\beta}} ln\left[\frac{-\left(\frac{B_0}{R_0}\right)f_{BP}^{B} + \sqrt{\frac{\alpha}{\beta} - \left(\frac{B_0}{R_0}\right)^2 \left(1-\left(f_{BP}^{B}\right)^2\right)}}{\frac{\alpha}{\beta} - \frac{B_0}{R_0}}\right] & if\ \frac{B_0}{R_0} \neq \sqrt{\frac{\alpha}{\beta}} \end{cases} \quad (3\text{-}397)$$

T 시점에서 양측의 잔여 병력은 식 (3-398), (3-399)와 같다.

$$\frac{R_f}{R_0} = \sqrt{1 - \frac{\beta}{\alpha}\left(\frac{B_0}{R_0}\right)^2 (1 - (f_{BP}^{s})^2)} \quad (3\text{-}398)$$

$$\frac{B_f}{B_0} = f_{BP}^{B} \quad (3\text{-}399)$$

불행하게도 Helmbold 자신은 간단한 결정적 모형의 결과와 더 정교한 확률적 응용을 제시했으나 가용한 역사적 전투 데이터와는 좋은 일치를 볼 수 없었다. 이런 사실로 전투 종료에 대한 더 정교한 연구들이 촉발되었다. 그럼에도 불구하고 간단한 모형은 현재까지 Lanchester Equation 과 연계하여 전투 종료 모형으로서 아주 광범위하게 사용되고 있다. Hawkins 는 Helmbold 이후 전투 종료조건에 대한 가장 중요한 연구를 수행했는데 전투종료를 촉발하는데 손실요소 대신 다른 요소들을 포함하고 있다. Hawkins 는 Simulation 기반 컴퓨터로 실행하는데 적합하나 분석적 수식이 포함되어 있어 수용하기가 곤란하다. Jaiswal 은 소모를 적용한 다른 주요 전투종료 촉발 조건들을 내포하는 것을 조사하였다. 그러나 Hawkins 공간적 효과를 명쾌히 모형화가 없어 모형의 완전한 분석적 연구는 불가능하였다.

15.15 Lanchester 법칙의 제한사항

Lanchester 전투모형은 전투를 해석하는 유용한 방법임에는 틀림이 없으나 동시에 많은 제한점을 내포하고 있다. Lanchester 전투모형의 제한사항은 다음과 같다.

1. Lanchester 법칙에서는 일정한 살상률, 손실률을 적용하고 있다. 실제 살상률 또는 손실률은 표적의 성질, 사격 주체, 표적의 상태, 사격률, 표적 취약성 등에 따라 변동된다. Lanchester 법칙에서는 이러한 상황을 묘사하지 못한다.
2. Lanchester 법칙에서는 전진, 후퇴, 이동, 우회와 같은 전투병력의 기동이 묘사되지 않는다.
3. 실제 전투에서는 보병, 전차, 포병, 박격포, 항공 등 다양한 전투력이 혼합되어 전투력 발휘가 되나 Lanchester 법칙에서는 동질의 전투력만 고려하고 있다.
4. Lanchester 법칙에서는 작전지대 특성, 지뢰, 엄폐, 요새, 장애물, 연막과 같은 요소 반영이 제한적이다.
5. 전투의 종결이 모형화 되어 있지 않다. 실제 전투에서는 한측이 소멸되는 전투는 거의 없고 사상자가 10% 발생하면 후퇴가 시작된다. Lanchester 법칙에서는 한측이 완전히 소멸될 때까지 전투가 지속된다.
6. Lanchester 법칙에서는 모형 방정식이 결정적 모형이며 확률적 모형은 아니다.
7. Lanchester 법칙에서는 전쟁사를 Lanchester 법칙을 적용해서 연구한 논문은 연구되고 있으나 검증된 것은 아니다.
8. 전투손실 예측 방법이 제한적이다.
9. 전술적 의사결정 과정을 미고려한다. 전투시작, 주공, 예비대 구분, 화력의 할당, 표적 탐지의 노력 등이 미 반영되어 있다.
10. 전장정보가 미고려되어 있다. 표적 위치 확인 노력과 파괴된 표적의 인식 등이 미고려 되어 있다.
11. 지휘, 통제, 통신 등이 미 반영되어 있다.
12. 군수, 무기체계 억제 효과, 전투력의 대체 및 철수, 비전투 손실 등이 제한적으로 고려되어 있다.

제 16장

STOCHASTIC LANCHESTER 전투모형

16.1 확률과정

Stochastic Lanchester 전투모형을 설명하기 전에 기본적인 확률과정에 대한 설명을 먼저 한다. $\lim_{h\to 0}\frac{f(h)}{h}=0$ 일 때 함수 f 를 $o(h)$라고 정의한다. 시간 t에서의 사건 발생 수 $N(t)$가 모수 (λt) 를 갖는 Poisson 분포를 따르는 확률과정을 Poisson 과정이라고 한다. 즉, Counting Process $\{N(t), t \geq 0\}$ 는 다음 ①~④ 조건을 가질 때 모수 $\lambda(\lambda > 0)$를 가지는 Poisson 과정이라고 한다.

① $N(0) = 0$
② The process has stationary and independent increments
③ $P\{N(h) = 1\} = \lambda h + o(h)$
④ $P\{N(h) \geq 2\} = o(h)$

①~④의 의미는 다음과 같다. ①의 의미는' 0 시점에서는 사건이 하나도 일어나지 않는다.'라는 것이다. ②의 의미는' $t_1 < t_2$, $s > 0$ 에 대하여 $N(t_2) - N(t_1)$과 $N(t_2 + s) - N(t_1 + s)$는 같은 분포를 가진다'라는 것과'서로 겹치지 않는 시간 구간에서 일어나는 사건 발생수가 독립적이다'라는 것이다. ③의 의미는'$(t, t + \Delta t)$ 사건이 일어날 확률은 $\lambda\Delta t$이다.'라는 것이다. ④의 의미는'아주 짧은 시간 h에서 2 개 이상의 사건이 일어날 확률은 없다.'라는 것이다.

16.2 Poisson 과정 기반 전투모형화

Poisson 분포는 단위 시간 안에 어떤 사건이 몇 번 발생할 것인지를 표현하는 이산 확률 분포이다. 정해진 시간 안에 어떤 사건이 일어날 횟수에 대한 기댓값을 λ라고 했을 때 그 사건이 n회 일어날 확률은 식 (16-1)과 같다.

$$f(n; \lambda) = \frac{\lambda^n e^{-\lambda}}{n!} \qquad (16\text{-}1)$$

Poisson 분포는 이항 분포의 특수한 형태로 볼 수 있다.

$$X \sim B(n, p)$$

이항 분포를 따르는 위와 같은 확률변수 X 에서 n 이 대단히 크고 p가 대단히 작을 경우, 이 확률변수 X 는 $\lambda = np$인 Poisson 분포로 근사할 수 있다. 예를 들어 DNA 에 방사선을 쬐었을 때, 각 염기쌍이 돌연변이를 일으킬 확률은 각각 매우 작고 서로 독립적이다. 또한 하나의 DNA 에는 많은 염기쌍이 있다. 따라서 DNA 에 방사선을 쬐었을 때 발생하는 돌연변이의 개수는 Poisson 분포로 나타낼 수 있다. 다른 예로는 일정 주어진 시간 동안에 도착한 고객의 수, 1km 도로에 있는 흠집의 수, 일정 주어진 생산시간 동안 발생하는 불량 수, 하룻동안 발생하는 출생자 수, 어떤 시간 동안 톨게이트를 통과하는 차량의 수, 어떤 페이지 하나를 완성하는 데 발생하는 오타의 발생률, 어떤 특정 면적의 다양한 종류의 나무가 섞여 자라는 삼림에서 소나무의 수, 어떤 특정 진도 이상의 지진이 발생하는 수 등이다.

$$X \sim Pois(np)$$

Poisson 과정은 시간 t에서의 사건 발생 수 $N(t)$가 모수 λt를 갖는 Poisson 분포를 따르는 확률과정이다. Poisson 확률과정에서 시간 t에서 사건 발생수 n에 대한 확률값 표현은 식 (16-2)와 같다.

$$P[N(t) = n] = e^{-\lambda t}\frac{(\lambda t)^n}{n!},\ t \geq 0,\ n = 0,1,2,\ldots \qquad (16\text{-}2)$$

여기서 $N(t)$는 시간 t에서 사건 발생수, λ는 평균 사건수 또는 사건발생율, 즉 단위시간 또는 단위공간당 평균적으로 발생하는 사건횟수이며 λt는 Poisson 평균으로 정의한다.

16.3 지수형 Lanchester 방정식

$\{x_t : t \in T\}$는 모든 t에 대하여 x_t가 확률변수이며 t시점에서의 시스템 상태를 표현한다. Markov Process 는 현재의 상태가 정확히 알려져 있을 때 미래의 확률법칙이 과거의 이력에 영향을 받지 않는다는 Markov Property 전제하 진행되는 과정을 말하며 Markov Property 는 식 (16-3)을 만족한다.

$\{x_t : t \in T\}$ $t_1 < t_2 < t_3 < t_4 < \cdots < t_n < t$ 에 대하여

$$\mathrm{P}(x_t = x \mid x(t_1) = x_1, x(t_2) = x_2, \ldots, x(t_n) = x_n\} = \mathrm{P}(x_t = x \mid x(t_n) = x_n\} \quad (16\text{-}3)$$

Markov Process 의 가정 사항은 다음과 같다.

① t 에 관한 x_t는 특정 사건이 일어날 때만 상태가 1 씩 증가한다.

② $x(t+s)$ 는 시간 $t+s$ 까지의 사건 발생수이고 $x(t)$ 는 시간 t 까지의 사건수라고 할 때 $x(t+s) - x(t)$ 는 t 와는 무관하며 오직 s에만 영향을 받는다.

지수형 Lanchester 모델의 가정은 다음과 같다.

① 손실과정은 Poisson 과정을 따른다.

② Blue Force 와 Red Force 양측은 상대 표적이 파괴될 때까지 사격을 실시하고 파괴된 표적에 대해서는 사격을 실시하지 않는다.

③ 표적이 파괴되면 지체없이 새로운 표적에 대해 사격을 실시한다.

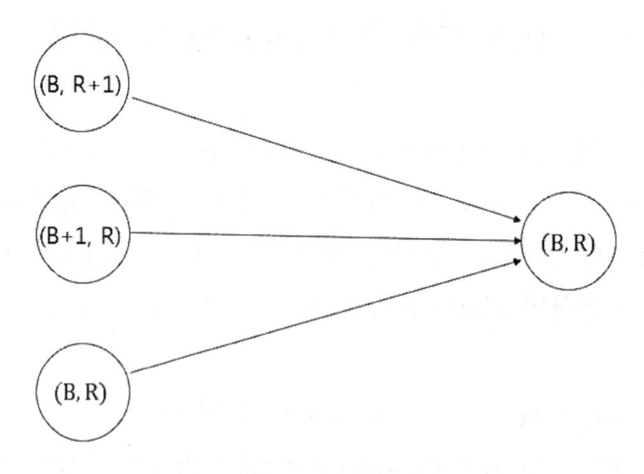

그림 16.1 $t+\Delta t$시간 이후 상태변화

전투 상황 t시점에서 $t+\Delta t$시간이 지났을 때 Blue Force 와 Red Force 의 전투력이 (B, R)이 되는 상태변화에 대한 평균 전이시간이 얼마인지 분석해 본다. $t+\Delta t$에 (B, R)이 되는 경우는 t에서 (B, R+1)에서 Red Force 가 1 손실 당하거나 (B+1, R)에서 Blue Force 가 1 손실 당하거나 (B, R)에서 양측 다 손실이 없는 경우 3 가지 중 하나라고 생각할 수 있다. 이를 확률로 표현해 보면 식 (16-4)~(16-7)과 같다.

$$P(B,R,t+\Delta t) = P(B,R+1,t)(\beta B\Delta t) + P(B+1,R,t)(\alpha R\Delta t)$$
$$+P(B,R,t)(1-\beta B\Delta t)(1-\alpha R\Delta t) \qquad (16\text{-}4)$$

$$P(B,R,t+\Delta t) - P(B,R,t) = -P(B,R,t)(\beta B\Delta t + \alpha R\Delta t)$$
$$+P(B,R+1,t)(\beta B\Delta t) + P(B+1,R,t)(\alpha R\Delta t) + O(\Delta t^2) \qquad (16\text{-}5)$$

$$\frac{P(B,R,t+\Delta t) - P(B,R,t)}{\Delta t} = -P(B,R,t)(\beta B + \alpha R) + P(B,R+1,t)(\beta B)$$
$$+P(B+1,R,t)(\alpha R) + O(\Delta t) \qquad (16\text{-}6)$$

$$\lim_{\Delta t\to 0}\frac{P(B,R,t+\Delta t) - P(B,R,t)}{\Delta t} = \frac{dP(B,R,t)}{dt} = -P(B,R,t)(\beta B + \alpha R)$$
$$+P(B,R+1,t)(\beta B) + P(B+1,R,t)(\alpha R) \qquad (16\text{-}7)$$

경계조건은 다음과 같다.

① (B, 0), (0, R) 일 때를 경계조건을 살펴보면 다음과 같다.

$B \neq 0$이고 $R \neq 0$이라는 가정하에, $t + \Delta t$ 시점에서의 전투력이 (B, R)이 되는 세 가지의 경우가 있다. $R = 0$일 때의 경계조건을 유도한다. t에서 $t + \Delta t$가 되었을 때 전투력이 $(B, 0)$이 되는 경우는 두 가지가 존재한다.

1. $(B, 1)$에서 Red Force 가 1 감소한 경우
2. t에서 전투력이 이미 $(B, 0)$인 경우
3. $(B + 1, 0)$에서 Blue Force 가 1 감소한 경우

여기에서 3 의 경우를 고려하지 않는 이유는 Red Force 의 전투력이 0이기 때문에 전투후 $t + \Delta t$ 시간에서 Blue Force 의 전투력이 줄어들 수 없기 때문이다. 위의 1 과 2 경우를 식으로 표현하면 식 (16-8)~(16-11)과 같다.

$$P(B, 0, t + \Delta t) = P(B, 1, t)\beta B \Delta t + P(B, 0, t) \cdot 1 \qquad (16\text{-}8)$$

$$P(B, 0, t + \Delta t) - P(B, 0, t) = P(B, 1, t)\beta B \Delta t \qquad (16\text{-}9)$$

$$\frac{P(B,0,t+\Delta t) - P(B,0,t)}{\Delta t} = P(B, 1, t)\beta B \qquad (16\text{-}10)$$

$$\lim_{\Delta t \to 0} \frac{P(B,0,t+\Delta t) - P(B,0,t)}{\Delta t} = \frac{dP(B,0,t)}{dt} = P(B, 1, t)\beta B \qquad (16\text{-}11)$$

Δt를 0으로 보내면 식 (16-12)의 경계조건을 얻을 수 있다.

$$\frac{dP(B,0,t)}{dt} = P(B, 1, t)\beta B \qquad (16\text{-}12)$$

$(0, R)$의 경우도 동일한 방법으로 유도할 수 있다.

$$\frac{dP(0,R,t)}{dt} = P(1, R, t)(\alpha R) \qquad (16\text{-}13)$$

② 0 시점에서 초기 전투력 (B_0, R_0)가 존재할 확률은 1 이다.

$$P(B_0, R_0, 0) = 1 \qquad (16\text{-}14)$$

③ 0 시점에서 (B, R) 전투력이 초기 전투력 (B_0, R_0)이지 않을 확률은 0 이다.

$$P(B, R, 0) = 0 \; for \; (B, R) \neq (B_0, R_0) \qquad (16\text{-}15)$$

④ t 시점에서 최초 전투력 B_0, R_0보다 큰 전투력이 있을 확률은 0 이다.

$$P(B, R, t) = 0 \;\; for \; B > B_0, R > R_0 \qquad (16\text{-}16)$$

상태 (B, R, t) 에서 시간 $t + \Delta t$ 까지 Blue Force 와 Red Force 양측 모두 손실없이 지속될 확률은 식 (16-17)~(16-21)과 같다.

$$P(B, R, t + \Delta t) = P(B, R, t)(1 - \beta B \Delta t)(1 - \alpha R \Delta t) \qquad (16\text{-}17)$$

$$P(B, R, t + \Delta t) - P(B, R, t) = -P(B, R, t)(\beta B \Delta t + \alpha R \Delta t) + O(\Delta t^2) \qquad (16\text{-}18)$$

$$\frac{P(B,R,t+\Delta t) - P(B,R,t)}{\Delta t} = -P(B, R, t)(\beta B + \alpha R) + O(\Delta t) \qquad (16\text{-}19)$$

$$\lim_{\Delta t \to 0} \frac{P(B,R,t+\Delta t) - P(B,R,t)}{\Delta t} = \frac{dP(B,R,t)}{dt} = -P(B, R, t)(\beta B + \alpha R) \qquad (16\text{-}20)$$

$$\frac{1}{P(B,R,t)} dP(B, R, t) = -(\beta B + \alpha R) dt \qquad (16\text{-}21)$$

양변을 적분을 하고 Exponential 을 취하면 식 (16-22)~(16-24)와 같다.

$$\int \frac{1}{P(B,R,t)} dP(B, R, t) = \int -(\beta B + \alpha R) \, dt \qquad (16\text{-}22)$$

$$lnP(B, R, t) = -(\beta B + \alpha R)t \qquad (16\text{-}23)$$

$$P(B, R, t) = e^{-(\beta B + \alpha R)t} \qquad (16\text{-}24)$$

그러므로 상태 (B, R, t) 에서 시간 $t + \Delta t$ 까지 손실이 있을 확률은 $1 - P(B, R, t) = 1 - e^{-(\beta B + \alpha R)t}$가 된다. Blue Force, Red Force 가 손실이 발생하는 시간 t는 지수분포를 따르고 평균은 $1/(\beta B + \alpha R)$ 이다. Blue Force 의 손실 확률은 $\alpha R/(\beta B + \alpha R)$ 이고 Red Force 의 손실 확률은 $\beta B/(\beta B + \alpha R)$ 이다.

16.4 확률적 결투

16.4.1 기본 결투 모델링

그림 16.2 와 같은 Blue Force 단일 전투원과 Red Force 의 단일 전투원 대결을 생각해 보자. 그림 16.2 에서 보는 것과 같이 먼저 Blue Force 가 Red Force 에게 사격을 실시한다. Blue Force 가 Red Force 를 살상할 확률은 P_B이다. 만약, Blue Force 가 Red Force 를 살상하지 못한다면 Red Force 가 Blue Force 를 공격한다. 이 때 Red Force 가 Blue Force 를 살상할 확률은 P_R이다. 이러한 절차가 반복된다고 가정할 때 이런 형태의 대결을 계속해 나간다면 Blue Force 와 Red Force 가 각각 상대방을 살상할 확률은 다음과 같이 계산할 수 있다.

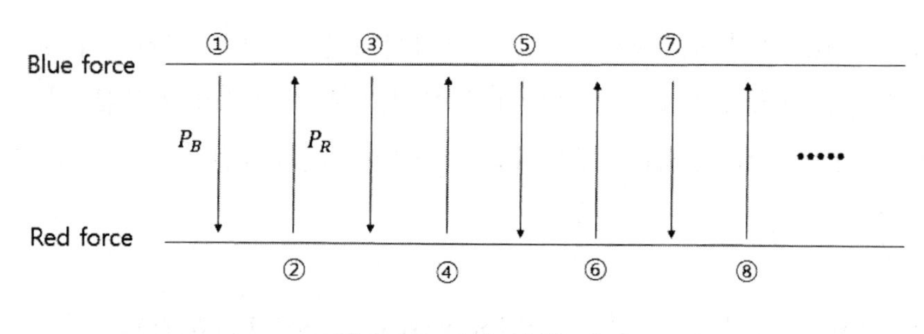

그림 16.2 기본 결투 과정

Blue Force 단일 전투원이 Red Force 단일 전투원을 살상시킬 확률을 먼저 계산해 보면 다음과 같다.

1 발로 살상할 확률은 P_B 이다. 2 발로 살상할 확률은 첫 번째 사격에 의해 Blue Force 가 Red Force 를 살상시키지 못하고 Red Force 의 첫 번째

사격에서도 Red Force 가 Blue Force 를 살상시키지 못한 다음 Blue Force 의 두 번째 사격에서 Red Force 를 살상시켜야 하므로 $(1-P_B)(1-P_R)P_B$ 이다. 이런 방식으로 계속 전개해 나가면 Blue Force 가 Red Force 를 살상시킬 확률은 식 (16-25)와 같다. $Q_B = 1 - P_B$, $Q_R = 1 - P_R$이라고 하자.

$$P(\text{B 가 R 을 살상}) = P_B + Q_B Q_R P_B + {Q_B}^2 {Q_R}^2 P_B + {Q_B}^3 {Q_R}^3 P_B + \cdots$$
$$= P_B\left(1 + Q_B Q_R + {Q_B}^2 {Q_R}^2 + {Q_B}^3 {Q_R}^3 + \cdots\right) = P_B/(1 - Q_B Q_R) \qquad (16\text{-}25)$$

동일한 방법으로 Red Force 가 Blue Force 를 살상시킬 확률은 식 (16-26)과 같다.

$$P(\text{R 이 B 를 살상}) = Q_B P_R + {Q_B}^2 Q_R P_R + {Q_B}^3 {Q_R}^2 P_R + \cdots$$
$$= Q_B P_R(1 + Q_B Q_R + Q_B Q_R + Q_B Q_R + \cdots) = Q_B P_R/(1 - Q_B P_R) \qquad (16\text{-}26)$$

16.4.2 일반 결투 모델링

일반 결투 Modeling 의 가정사항은 다음과 같다.

① Blue Force 와 Red Force 단일 전투원이 1:1 로 상호 교전한다. 교전 과정은 기본 전투과정과 달리 교차 사격이 아니고 사격시간이 확률분포를 따른다.
② 이 과정은 Blue Force 또는 Red Force 가 제압될 때까지 지속되면 탄의 제한은
없다.
③ Blue Force 살상간 시간 (IKP: Inter-Kill Time) $T_B \sim h_B(t)$를 따르고
누적확률분포 함수는 $H_B(t)$ 이고 Red Force 살상간 시간 $T_R \sim h_R(t)$ 을 따르고
누적확률분포 함수는 $H_R(t)$이다.

일반 결투과정은 그림 16.3 에서 보는 것과 같이 최초 (B, R)=(1,1) 상태로 있다가 교전 이후에는 (1,0), (01,) (1,1) 상태가 있는 데 이 3 가지 중 한가지 상태로 전이한다. Blue Force 와 Red Force 의 살상 확률은 다음과 같이 구할 수 있다. 먼저, $H_R^C(t) = 1 - H_R(t) = \int_t^{\infty} h_R(\varepsilon)\, d\varepsilon,\ H_B^C(t) = 1 - H_B(t) = \int_t^{\infty} h_B(\varepsilon)\, d\varepsilon$ 라고 정의한다.

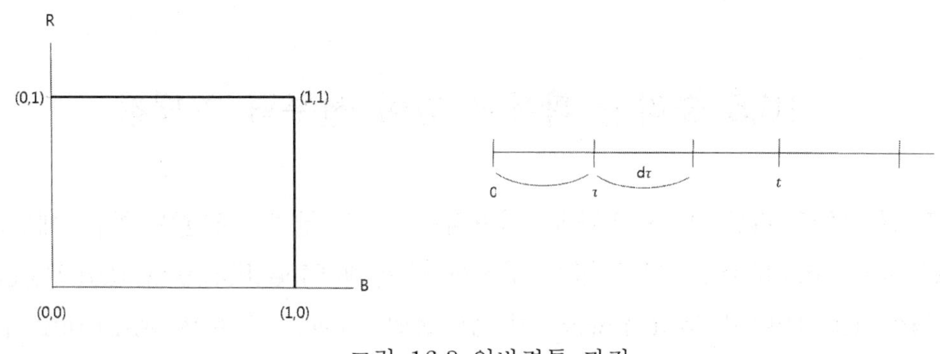

그림 16.3 일반결투 과정

① (1,1) → (1,0)

Blue Force 가 승리하는 경우이고 식 (16-27)과 같이 Modeling 한다.

$$P_{10}(t) = \int_0^t h_B(\tau)\, d\tau \cdot H_R^C(t) = \int_0^t h_B(\tau) \cdot H_R^C(t) d\tau = \int_0^t h_B(\tau) \left[\int_t^{\infty} h_R(\varepsilon)\, d\varepsilon\right] d\tau \quad (16\text{-}27)$$

② (1,1) → (0,1)

Red Force 가 승리하는 경우이고 식 (16-28)과 같이 Modeling 한다.

$$P_{01}(t) = \int_0^t h_R(\tau)\, d\tau \cdot H_B^C(t) = \int_0^t h_R(\tau) \cdot H_B^C(t) d\tau = \int_0^t h_R(\tau) \left[\int_t^{\infty} h_B(\varepsilon)\, d\varepsilon\right] d\tau \quad (16\text{-}28)$$

③ (1,1) → (1,1)

양측이 비기는 경우이고 식 (16-29)와 같이 Modeling 한다.

$$P_{11}(t) = H_B^C(t)H_R^C(t) = \int_t^\infty h_B(t)\,dt \int_t^\infty h_R(t)\,dt \qquad (16\text{-}29)$$

그러면 Blue Force 의 승리확률은 $\lim_{t\to\infty} P_{10}(t)$ 이고 Red Force 의 승리확률은 $\lim_{t\to\infty} P_{01}(t)$ 이다.

16.5 승리할 확률과 잔여 전투력 기댓값

한 전투에서 다른 전투 상태로 전환하는 확률 구성, 조건부 확률 개념으로 Lanchester Stochastic 전투모형을 구성한다. 현재 Blue Force 와 Red Force 의 전투력이 (B, R)이며 Red Force 가 Δt 동안 파괴될 확률은 $\beta B \Delta t$ 이고 Blue Force 가 Δt 동안 파괴될 확률은 $\alpha R \Delta t$ 이다. 전투 상태변화가 일어났다는 조건하에서 Blue Force 의 전투력에 변화가 일어날 확률은 식 (16-30)과 같다.

$$\frac{\alpha R \Delta t}{\alpha R \Delta t + \beta B \Delta t} = \frac{\alpha R}{\alpha R + \beta B} \qquad (16\text{-}30)$$

동일한 개념으로 전투 상태변화가 일어났다는 조건하에서 Red Force 의 전투력에 변화가 일어날 확률은 식 (16-31)과 같다.

$$\frac{\beta B \Delta t}{\beta B \Delta t + \alpha R \Delta t} = \frac{\beta B}{\alpha R + \beta B} \qquad (16\text{-}31)$$

그림 16.4 와 같은 전투 상태를 분석해 본다. Blue Force 와 Red Force 의 최초 전투력은 2 이며 Δt 동안 전투로 인한 손실이 발생하여 Blue Force 와 Red Force 의 상태변화를 전부 나열하면 그림 16.4 와 같다. $\alpha = 0.2$, $\beta = 0.3$ 일 때 전투 상태를 분석해 본다. 참고로 Blue Force 가 m 이고 Red Force 가 n 이라면 상태변화를 전부 나열했을 때 전체 노드 수는 $(m+1)(n+1)-1$ 이며 Path 수는 $(m+n)!/(m!\,n!)$ 이다.

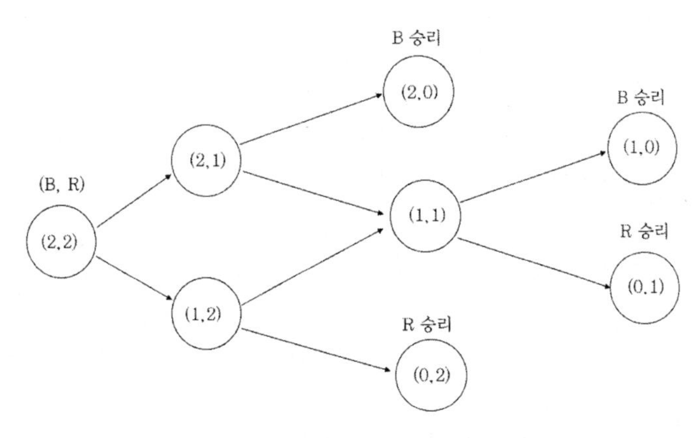

그림 16.4 최초 전투력 (2, 2)에서 상태변화 가능한 그래프 (I)

Blue Force 와 Red Force 전투력에 변화가 일어날 날 확률은 각각 표 16.1, 16.2 와 같다.

표 16.1 Blue Force 의 전투력에 변화가 일어날 확률 ($\frac{\alpha R}{\alpha R+\beta B}$, $\alpha = 0.2$, $\beta = 0.3$)

B / R	2	1
2	$\frac{0.2\times 2}{0.2\times 2+0.3\times 2}=0.4$	$\frac{0.2\times 1}{0.2\times 1+0.3\times 2}=0.25$
1	$\frac{0.2\times 2}{0.2\times 2+0.3\times 1}=0.57$	$\frac{0.2\times 1}{0.2\times 1+0.3\times 1}=0.4$

표 16.2 Red Force 의 전투력에 변화가 일어날 확률 ($\frac{\beta B}{\alpha R+\beta B}$, $\alpha = 0.2, \beta = 0.3$)

B / R	2	1
2	$\frac{0.3\times 2}{0.2\times 2+0.3\times 2}=0.6$	$\frac{0.3\times 2}{0.2\times 1+0.3\times 2}=0.75$
1	$\frac{0.3\times 1}{0.2\times 2+0.3\times 1}=0.43$	$\frac{0.3\times 1}{0.2\times 1+0.3\times 1}=0.6$

표 16.1 과 표 16.2 에서 계산한 Blue Force 와 Red Force 의 손실 확률을 표시한 그래프는 그림 16.5 와 같다. 그림 16.5 에서 보는 것과 같이 한 상태에서 변화가능한 두 상태의 확률의 합은 1 이다.

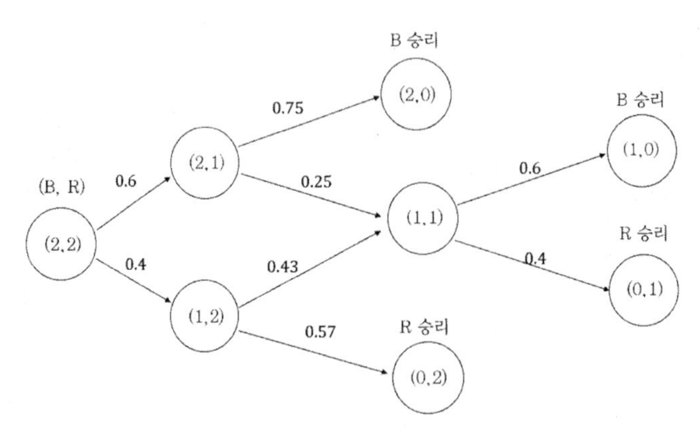

그림 16.5 상태변화 확률

그림 16.5 에서 보면 전투 종결이 가능한 상태는 (B,R) 이 (2,0), (1,0), (0,1), (0,2)이다. (2,0), (1,0)인 경우는 Blue Force 가 승리하는 경우이며 (0,1), (0,2)인 경우에는 Red Force 가 승리하는 경우이다. (2,0)로 가는 경로를 보면 (2,2)→(2,1)→(2,0)이며 (1,0)로 가는 경로는 (2,2)→(2,1)→(1,1)→(1,0)과 (2,2)→(1,2)→(1,1)→(1,0)이다. 경로의 확률은 상태 발생의 확률을 다 곱한 것이다. (2,2)→(2,1)→(2,0)가 발생할 확률은 0.6 × 0.75=0.45 가 된다. 즉, 발생할 확률을 곱하는 것이다. 최종 상태 확률은 최종 상태가 발생할 수 있는 모든 경로의 확률을 더한 값이다. 이러한 모든 경로와 발생할 확률, 최종 상태 확률, 승리할 확률은 표 16.3 과 같다.

표 16.3 Blue Force 와 Red Force 의 승리할 확률

구분	전투 종결상태	경로 번호	경로	발생할 확률	최종 상태 확률	승리할 확률
B 승리	(2,0)	①	(2,2)→(2,1)→(2,0)	0.450	0.450	0.643
	(1,0)	②	(2,2)→(2,1)→(1,1)→(1,0)	0.090	0.193	
		③	(2,2)→(1,2)→(1,1)→(1,0)	0.103		
R 승리	(0,1)	④	(2,2)→(2,1)→(1,1)→(0,1)	0.060	0.129	0.357
		⑤	(2,2)→(1,2)→(1,1)→(0,1)	0.069		
	(0,2)	⑥	(2,2)→(1,2)→(0,2)	0.228	0.228	

표 16.3 을 보면 Blue Force 가 승리할 확률은 0.643 이며 Red Force 가 승리할 확률은 0.357 이다. 그러면 Blue Force 와 Red Force 가 각각 승리할 경우

예상 잔여 전투력은 어떻게 되는지 분석해 본다. 먼저 Blue Force 승리시 잔여 전투력은 다음과 같은 조건부 확률로 구할 수 있다.

$$P\,(\text{B 잔여 전투력 2} \,/\, \text{B 승리}) = \frac{0.45}{0.643} = 0.7$$
$$P\,(\text{B 잔여 전투력 1} \,/\, \text{B 승리}) = \frac{0.193}{0.643} = 0.3$$

따라서 Blue Force 의 잔여 전투력의 기댓값은 다음과 같다. 기댓값은 잔여 전투력 수와 확률을 곱해 더하는 방식으로 구한다.

$$2 \times 0.7 + 1 \times 0.3 = 1.7$$

동일한 방법으로 Red Force 승리시 잔여 전투력은 다음과 같은 조건부 확률로 구할 수 있다.

$$P\,(\text{R 잔여 전투력 2} \,/\, \text{R 승리}) = \frac{0.228}{0.357} = 0.639$$
$$P\,(\text{R 잔여 전투력 1} \,/\, \text{R 승리}) = \frac{0.129}{0.357} = 0.361$$

따라서 Red Force 의 잔여 전투력의 기댓값은 다음과 같다.

$$2 \times 0.639 + 1 \times 0.361 = 1.639$$

16.6 전투 지속시간 기댓값

다음은 Stochastic Lanchester 전투모형에서 전투지속시간에 대해 설명한다. 전투 상태에서 상태 변화에 대한 평균 전이 시간에 대해 분석하기 위해 다음과 같은 기호를 정의한다.

$P(B,R,t)$: t 시간에 상태 (B,R)일 확률

그러면 $t+\Delta t$ 시점에서 Blue Force 와 Red Force 가 상태 변화없이 동일한 (B,R) 상태가 될 확률은 Blue Force 와 Red Force 양측 모두 손실이 없을 확률이며 식 (16-32)와 같다.

$$P(B,R,t+\Delta t)=P(B,R,t)(1-\beta B\Delta t)(1-\alpha R\Delta t) \qquad (16\text{-}32)$$

식 (16-32)을 정리하면 식 (16-33)~(16-36)과 같다.

$$P(B,R,t+\Delta t)-P(B,R,t)=-P(B,R,t)(\beta B\Delta t+\alpha R\Delta t)+O(\Delta t^2) \quad (16\text{-}33)$$

$$\frac{P(B,R,t+\Delta t)-P(B,R,t)}{\Delta t}=-P(B,R,t)(\beta B+\alpha R)+O(\Delta t) \qquad (16\text{-}34)$$

$$\lim_{\Delta t\to 0}\frac{P(B,R,t+\Delta t)-P(B,R,t)}{\Delta t}=\frac{dP(B,R,t)}{dt}=-P(B,R,t)(\beta B+\alpha R) \qquad (16\text{-}35)$$

$$\frac{1}{P(B,R,t)}dP(B,R,t)=-(\beta B+\alpha R)dt \qquad (16\text{-}36)$$

양변을 적분을 하고 Exponential 을 취하면 식 (16-37)~(16-39)와 같다.

$$\int\frac{1}{P(B,R,t)}dP(B,R,t)=\int-(\beta B+\alpha R)\,dt \qquad (16\text{-}37)$$

$$lnP(B,R,t)=-(\beta B+\alpha R)t \qquad (16\text{-}38)$$

$$P(B,R,t)=e^{-(\beta B+\alpha R)t} \qquad (16\text{-}39)$$

식 (16-39)은 전투시작 후 t 시간 동안 양측 모두 손실이 없을 확률이다. 그러므로 전투시작 후 t 시간 동안 손실이 발생할 확률은 $1-e^{-(\beta B+\alpha R)t}$가 되고 $\lambda=\beta B+\alpha R$ 인 지수함수의 누적분포와 동일하다. 따라서 다음 손실이 일어날 시간, 즉 평균 상태 전이 시간은 $1/(\beta B+\alpha R)$이 된다.

그림 16.6 과 같이 Blue Force 와 Red Force 의 최초 전투력이 (2,2)일 때 전투 상태 변화 예상 전이 시간은 표 16.4 와 같이 구할 수 있다.

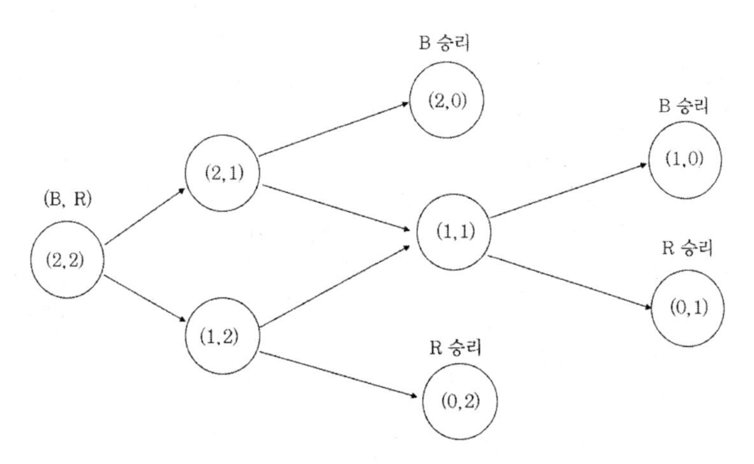

그림 16.6 최초 전투력 (2, 2)에서 상태변화 가능한 그래프 (II)

표 16.4 상태 전이시간($\frac{1}{\alpha R+\beta B}, \alpha = 0.2, \beta = 0.3$)

B \ R	2	1
2	$\frac{1}{0.2 \times 2 + 0.3 \times 2} = 1$	$\frac{1}{0.2 \times 1 + 0.3 \times 2} = 1.25$
1	$\frac{1}{0.2 \times 2 + 0.3 \times 1} = 1.43$	$\frac{1}{0.2 \times 1 + 0.3 \times 1} = 2$

각 전투 상태에서 전이 시간을 전투 상태 위에 표시하였다. 예를 들어 (2,2)→(2,1)→(2,0)이며 (1,0)로 가는 경로의 전이 시간은 1.0+ 1.25=2.25 로 각 전이 시간을 다 더해서 구한다. (2,2)→(2,1)→(1,1)→(1,0)의 전이시간은 1.0+ 1.25+ 2.0=4.25 이다.

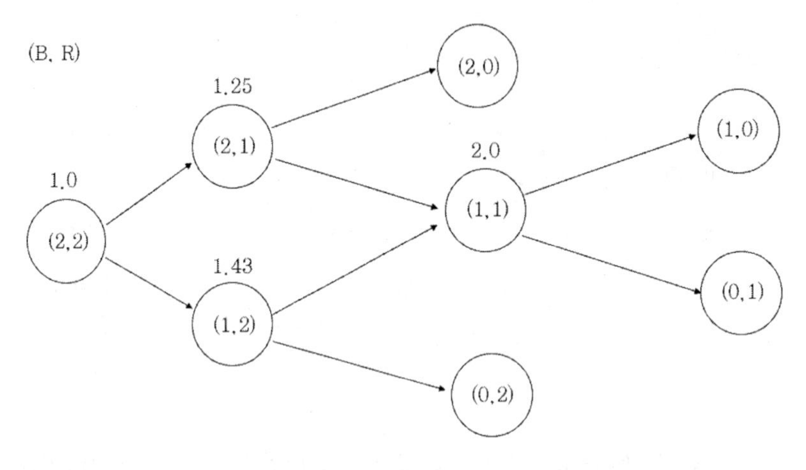

그림 16.7 상태전이 시간

이러한 식으로 전이 시간을 다 구해 보면 표 16.5 와 같다. 조건부 확률은 발생할 확률을 승리할 확률로 나눈 값이다.

표 16.5 전이시간과 발생할 확률, 조건부 확률

구분	전투 종결상태	경로 번호	경로	전이 시간	발생할 확률	조건부 확률
B 승리	(2,0)	①	(2,2)→(2,1)→(2,0)	2.25	0.450	0.700
	(1,0)	②	(2,2)→(2,1)→(1,1)→(1,0)	4.25	0.090	0.140
		③	(2,2)→(1,2)→(1,1)→(1,0)	4.43	0.103	0.160
R 승리	(0,1)	④	(2,2)→(2,1)→(1,1)→(0,1)	4.25	0.060	0.168
		⑤	(2,2)→(1,2)→(1,1)→(0,1)	4.43	0.069	0.193
	(0,2)	⑥	(2,2)→(1,2)→(0,2)	2.43	0.228	0.639

그러므로 예상 전투 지속시간은 각 경로의 전이 시간을 발생할 확률을 곱해 더해서 기댓값 개념으로 구한다.

전투지속시간: $2.25 \times 0.45 + 4.25 \times 0.09 + \cdots\cdots + 2.43 \times 0.228 = 2.966$

Blue Force 가 승리한다는 가정하에 전투지속시간은 다음과 같다.

전투지속시간 / Blue 승리: $2.25 \times 0.70 + 4.25 \times 0.14 + 4.43 \times 0.160 = 2.88$

동일한 방법으로 Red Force 가 승리한다는 가정하에 전투지속시간은 다음과 같다.

전투지속시간 / Red 승리: 4.25 × 0.168 + 4.43 × 0.193 + 2.43 × 0.639 = 3.12

[예제]

그림 16.8 에서 (2,2)→(2,1)→(2,0)로 가는 경로에 대한 예상 전투 지속시간을 구해 본다. 여기서 $\alpha = 0.2,\ \beta = 0.3$ 이다.

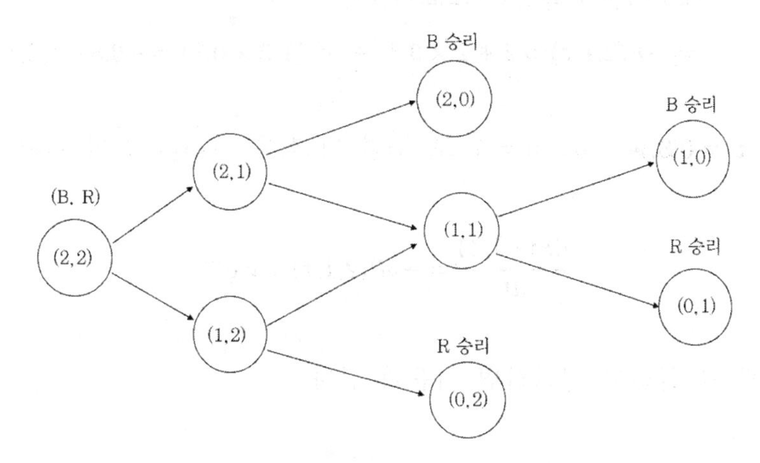

그림 16.8 최초 전투력 (2, 2)에서 상태변화 가능한 그래프 (III)

① $P(2,2,t)$

$$\frac{dP(2,2,t)}{dt} = -P(2,2,t)(2\alpha + 2\beta) + P(2,3,t)(2\beta) + P(3,2,t)(2\alpha)$$

여기서 경계조건을 위반하는 $P(2,3,t) = 0$, $P(3,2,t) = 0$ 이다. 왜냐하면 Blue Force 와 Red Force 의 초기 전투력이 2 인데 이보다 큰 3 이 될 수 없기 때문이다. 따라서 위 식은 $\frac{dP(2,2,t)}{dt} = -P(2,2,t)(2 \times 0.2 + 2 \times 0.3)$ 이고 $P(2,2,t) =$

e^{-t}가 된다. 왜냐하면 $\int \frac{dP(2,2,t)}{P(2,2,t)} = -\int dt$ 는 $lnP(2,2,t) = -t$가 되고 $P(2,2,t) = e^{-t}$가 되기 때문이다.

② $P(2,1,t)$

$$\frac{dP(2,1,t)}{dt} = -P(2,1,t)(\alpha + 2\beta) + P(2,2,t)(2\beta) + P(3,1,t)(\alpha)$$

여기에서 경계 조건에 의해 $P(3,1,t) = 0$가 된다.

$$\begin{aligned}\frac{dP(2,1,t)}{dt} &= -P(2,1,t)(\alpha + 2\beta) + P(2,2,t)(2\beta) \\ &= -P(2,1,t)(0.2 + 2 \times 0.3) + (e^{-t})(2 \times 0.3) = -0.8 \cdot P(2,1,t) + 0.6e^{-t}\end{aligned}$$

여기에서 $v = 0.8, w = 0.6, u = 1$ 로 두면 위 식은 아래와 같이 치환 가능하다.

$$\frac{dP(2,1,t)}{dt} = -vP(2,1,t) + we^{-ut}$$

양변에 e^{vt} 를 곱하고 정리하면 다음과 같다.

$$\frac{dP(2,1,t)e^{vt}}{dt} + vP(2,1,t)e^{vt} = we^{-ut}e^{vt}$$
$$\frac{dP(2,1,t)e^{vt}}{dt} + P(2,1,t)\frac{de^{vt}}{dt} = we^{(v-u)t}$$
$$\frac{d[P(2,1,t)e^{vt}]}{dt} = we^{(v-u)t}$$

다시 적분하면 다음과 같다.

$$P(2,1,t)e^{vt} = \frac{w}{v-u}e^{(v-u)t} + N$$

여기서 N 은 상수이다. $t = 0$ 를 대입해 보면 경계조건에 의해 $P(2,1,0) = 0$이고 $0 \times e^{v \times 0} = \frac{w}{v-u} e^{(v-u) \times 0} + N$이 되어 $N = -\frac{w}{v-u} = -\frac{0.6}{0.8-1} = 3$ 이 된다.

$$P(2,1,t) = \frac{\left(\frac{w}{v-u} e^{(v-u)t} + N\right)}{e^{vt}} = \frac{w}{v-u}(e^{-ut}) + \frac{3}{e^{vt}} = -3e^{-t} + \frac{3}{e^{0.8t}} = -3(e^{-t} - e^{-0.8t})$$

③ $P(2,0,t)$

경계조건 ①을 보면 다음과 같다.

$$\frac{dP(B,0,t)}{dt} = P(B,1,t)(\beta B)$$
$$\frac{dP(0,R,t)}{dt} = P(1,R,t)(\alpha R)$$

그러므로

$$\frac{dP(2,0,t)}{dt} = P(2,1,t)(2\beta) = [-3(e^{-t} - e^{-0.8t})](2 \times 0.3) = -1.8(e^{-t} - e^{-0.8t})$$
$$= 1.8(e^{-0.8t} - e^{-t})$$

$\int e^{ax}\, dx = \frac{e^{ax}}{a}$ 적분공식을 적용하여 양변을 적분하면 다음과 같다.

$$P(2,0,t) = -\frac{1.8}{0.8} e^{-0.7t} + \frac{1.8}{1} e^{-t} + M$$

여기서 M은 상수이다. $t = 0$을 대입하면 경계조건에 의해 $P(2,0,0) = 0$이 되고 $0 = -2.25 + 1.8 + M$ 이다. 따라서 $M = 0.45$ 이다.

$$P(2,0,t) = -2.57e^{-0.7t} + 1.8e^{-t} + 0.45$$

상태 $(2,0)$에서 전투가 종료될 확률은 $t \rightarrow \infty$가 되는 확률이다.

$t \to \infty$ 일 때 $P(2,0,t) = 0.45$

이 결과는 표 16.5의 결과와 정확히 일치한다. 전투 상태 (2,0)의 평균시간 τ를 결정하기 위한 $P(2,0,t)$의 평균분포를 구하면 다음과 같다. 평균시간 τ는 시간 t와 $P(2,0,t)$의 확률로 기댓값을 구한다.

$$\tau = \int_0^\infty t\frac{dP(2,0,t)}{dt}dt = \int_0^\infty 1.8t\,(e^{-0.8t} - e^{-t})dt = 1.8\int_0^\infty t\,(e^{-0.8t} - e^{-t})dt$$

τ 를 구하기 위해 $f(t) = t$, $g'(t) = e^{-0.8t} - e^{-t}$ 라 하자. 그러면 $g(t) = \frac{1}{-0.8}e^{-0.8t} + e^{-t}$이다. 치환하여 다시 정리하면 다음과 같다.

$$\int_0^\infty f(t)g'(t)dt = [f(t)g(t)]_0^\infty - \int_0^\infty f'(t)g(t)dt$$

$$\int_0^\infty t(e^{-0.8t} - e^{-t})dt = \left[t\left(\frac{1}{-0.8}e^{-0.8t} + e^{-t}\right)\right]_0^\infty - \int_0^\infty \left(\frac{1}{-0.8}e^{-0.8t} + e^{-t}\right)dt$$

$$= \left[t\left(\frac{1}{-0.8}e^{-0.8t} + e^{-t}\right)\right]_0^\infty - \left[\frac{1}{0.64}e^{-0.8t} - e^{-t}\right]_0^\infty = 0 + \frac{1}{0.64} - 1 = 0.5625$$

그러므로 $\tau = 1.8 \times 0.5625 = 1.0125$ 이다. 그러므로 예상 전투 지속시간은 $\frac{1.0125}{0.45} = 2.25$ 이다. 이 결과는 표 16.5에 있는 결과와 동일하다.

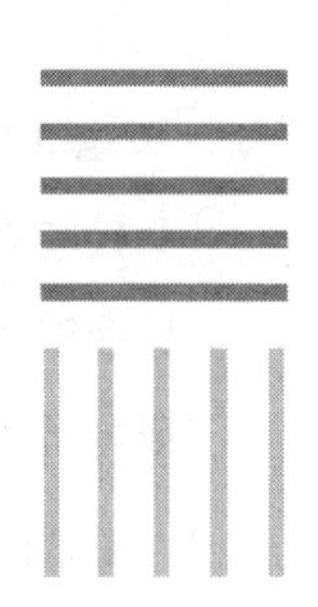

제17장

AGENT BASED MODELING

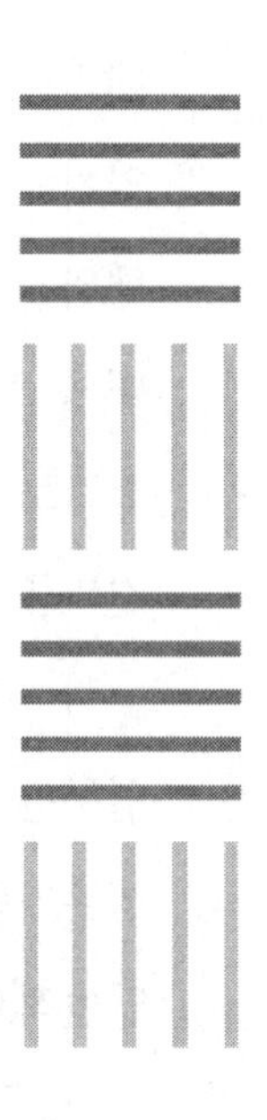

17.1 Agent Based Model (ABM)

Agent(에이전트) 기반 모의는 자율성, 통신능력, 협동능력, 적응적인 행동, 신뢰성, 추론능력 및 기동성의 속성이 있는 개별 개체들, 즉 에이전트의 행동을 명시적으로 모델링하여 모의하는 것이다. 그리고 각 에이전트 들은 한정된 범위내에서 자율적으로 행동하며, 다른 에이전트들과 상호작용이 발생되는 규칙기반 확률적 M&S이다.

ABM은 많은 생물학적, 사회과학적 그리고 행동적 문제들, 즉 전염병의 확산, 인력관리, 그리고 최근 소비자의 패턴 모델링 등에 성공적으로 답안을 제시하는 비교적 새로운 방법이다. 이들은 게임이론과 그 개념의 바탕을 공유하고 있고, 이런 종류의 모델링을 의사결정이 필요한 공학적 문제에 적용할 때 전에는 불가능했던 방법으로 일상 문제에 대한 해답을 줄 수 있다

ABM은 그룹 또는 조직과 같은 개별 또는 집합 개체로 표현되는 자율 에이전트의 행동과 상호작용에 대한 묘사를 위한 계산모델의 한 부류이다. ABM은 복잡한 시스템을 연구하는 새로운 컴퓨터 시뮬레이션 도구로 시스템 구성요소를 인공지능 소프트웨어 로봇인 에이전트로 표현한다. 에이전트라고 부르는 이유는 사용자를 대리하여 특정임무를 수행하는, 자율성, 반응성, 추리력의 지능적인 프로세스를 갖고 있기 때문이며 에이전트는 시스템 내에서 구성 요소 간의 상호작용을 실행한다. 행위자로서 에이전트는 자신의 센서를 통해 환경을 인지하여 반응기를 통해 환경에 대해 반응한다. 프로세스로서 에이전트는 특정한 목적을 위해서 사용자를 대신해 스스로 판단하며 작업을 수행하는 자율적인 절차이며 추론 및 규칙에 의해 처리한 결과를 제공한다.

각 에이전트는 자체의 규칙을 갖고 행동하며 사용자는 시나리오로 에이전트의 임무만 제어한다. 에이전트는 이론적으로는 자율적인 행위를 할 수 있는 개체이나 현존기술로 충분한 자율성 구현이 제한되어 현재 반자동(Semi Automated)라는 용어를 일반적으로 사용한다.

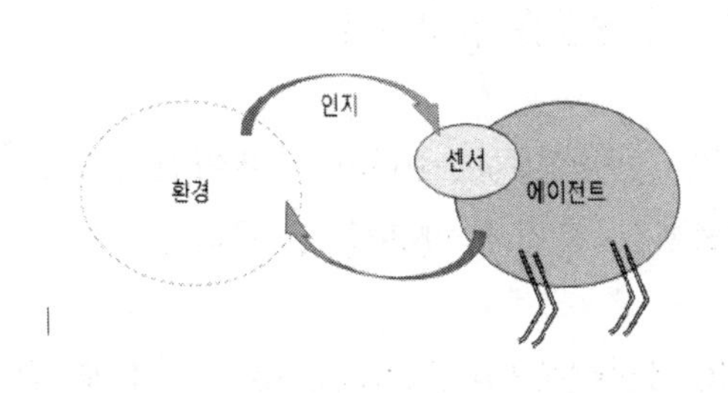

그림 17.1 에이전트

ABM은 기존의 시스템 수준에서의 모델링을 기반으로 한 시뮬레이션이 표현할 수 없는 에이전트들의 세밀한 행동과 상호작용을 구현할 수 있기 때문에 다양한 분야의 모델링을 위한 방법론으로써 활용되고 있다. 대표적인 예로 Smart Grid를 에이전트 기반으로 시뮬레이션 하거나, 국방 분야에서의 지휘통제 또는 전투 시뮬레이션 사례가 있다.

일반적으로 ABS는 다중 에이전트 시스템(MAS: Multi Agent System)에 근본을 두고 있어, 합리성의 원칙을 기반으로 에이전트의 문제 해결을 위한 행동을 모델링 한다. 이는 개개의 에이전트가 가진 목표의 달성을 위해 행동을 선택하며, 이 때 발생하는 결과가 집단 또는 개인의 이익을 극대화하는 동시에 손실을 최소화하는 것을 궁극적인 목표로 한다. MAS는 개별문제 해결자들의 지식 또는 개별적인 역량을 넘어서는 문제를 해결하기 위해 상호작용하는 문제해결자들의 느슨하게 연결된 네트워크 능력이 제한되거나 정보가 부족한 다수의 에이전트들이 협력하여 하나의 문제를 해결하는 시스템이다.

ABM은 조직이나 단체와 같은 개인적이거나 집합적인 개체들인 자율적인 에이전트들 사이의 상호작용과 행동을 시스템 전체에 미치는 효과를 평가하는 관점에서 시뮬레이션하기 위한 계산적 모델의 계층에 속한다. ABM은 게임이론, 복잡계 시스템, 창발성, 계산적인 사회학, MAS, 진화적 프로그램의 요소를 결합한다. 무작위성을 적용하기 위해 Monte Carlo 시뮬레이션이 사용된다.

이러한 에이전트의 성질은 다음의 네 가지로 분류할 수 있다.

1. 자율성(Autonomy): 에이전트는 사람의 개입 없는 상태(환경)에 의해 독립적으로 자신의 행동을 결정한다.

2. 반응성(Reactivity): 에이전트는 어떠한 환경에 위치하여 환경을 지각하고 변화하는 환경에 반응할 수 있다.

3. 선행성(Pro-Activeness): 환경에 단순히 반응하지 않고 목적 지향적인 행동을 한다.

4. 사회성(Social Ability): 에이전트는 자신의 목표를 이루기 위해 다른 에이전트와도 상호 작용한다

생태학 안에서 특별히 ABM은 IBM(Individual Based Models)라고 불리며 IBM 내의 개별 개체들은 ABM 내의 완전히 자율적인 에이전트 보다 더 간단할 수가 있다. IBM, ABM MAS에 대한 최근의 문헌을 검토해 보면 ABM은 생물학, 생태학, 사회과학을 포함하는 과학적 영역이지만 비계산적인 분야에서 사용되고 있다. ABM이 특정한 실제적이거나 공학적 문제들을 풀거나 에이전트를 계획하는 것 보다는, 전형적으로 자연적인 체계에서 간단한 규칙을 준수하는 에이전트의 집단적 행동으로 설명할 수 있는 통찰력을 찾는 목적에서 보면 MAS 시뮬레이션의 개념과 분명히 다르지만 이와 관련되어 있다. ABM은 복잡한 현상의 결과를 예측하거나 재창조를 위한 시도에서 다수 에이전트들의 상호작용과 종시적 작동을 시뮬레이션하는 미소 규모의 모델의 종류이다.

절차는 낮은 수준으로부터 높은 수준의 체계로의 창발이다. 핵심개념은 간단한 행동규칙이 복잡한 행동을 생성한다는 것이다. 이 원칙은 K.I.S.S("Keep it Simple, Stupid")으로 알려져 있고 모델링 공동체에서는 광범위하게 채택되고 있다. 또 다른 중심 사상은 전체는 부분의 합도다 더 크다는 것이다. 개별 에이전트들은 생식이나 경제적 혜택, 사회적 지위와 같은 그들의 이익을 인식하고 행동한다고 가정되어 발견적 발법이나 간단한 의사결정 규칙을 이용하기 때문에 전형적으로 유한한 합리성으로 특징되어 있다.

ABM 에이전트들은 학습, 적응, 재생을 경험할 수도 있다. 대부분의 ABM은 다양한 규모에서 수많은 에이전트들이 구체화되어 있고 의사결정을 최적화 방법이 아닌

발견적 방법으로 수행하며 적응 절차 또는 규칙을 학습하고 위상학과 환경에 상호작용한다. ABM은 사용자 소프트웨어 또는 ABM 도구로 주로 실행되는데 이러한 소프트웨어들은 개별 행동이 전체 시스템, 일반적으로 각 에이전트기반 모델링의 주요소들은 설계자에 의해 정의되는 독립적 에이전트들과 에이전트들이 움직일 수 있는 환경, 그리고 에이전트들의 움직임, 연관, 그리고 서로 간의 상호작용, 환경과의 상호작용을 모사하기 위한 작업들로 구성된다.

에이전트기반 모델을 준비하기 위해서는 설계자는 이와 같은 종류의 모델링이 작동할 수 있도록 설계된 가능 플랫폼 중 하나의 내부에서 에이전트들이 임의적으로 반응하고 움직일 수 있는 가상의 세계를 개발해야 한다. 일련의 특성들과 행동들 또한 에이전트에게 부여되어야 하는데, 예를 들면, 크기와 에너지 수준 등이다. 틱스(Ticks)는 일반적으로 시간을 대표하고, 각 틱스 이후에 에이전트들의 움직임과 반응은 갱신된다.

시뮬레이션은 일정 시간 동안 지속되고, 최종결과는 시뮬레이션이 종료된 이후 각 에이전트들과 환경들의 내부 변화를 말한다. 물론, 소프트웨어는 시뮬레이션을 여러 번 반복할 수 있고 각각의 결과는 설계자에 의해 분석되거나 연구되기 위해 스프레드시트 형태로 데이터의 저장이 가능하다템의 행동에 어떤 효과로 나타나는지를 시험하는데 사용된다.

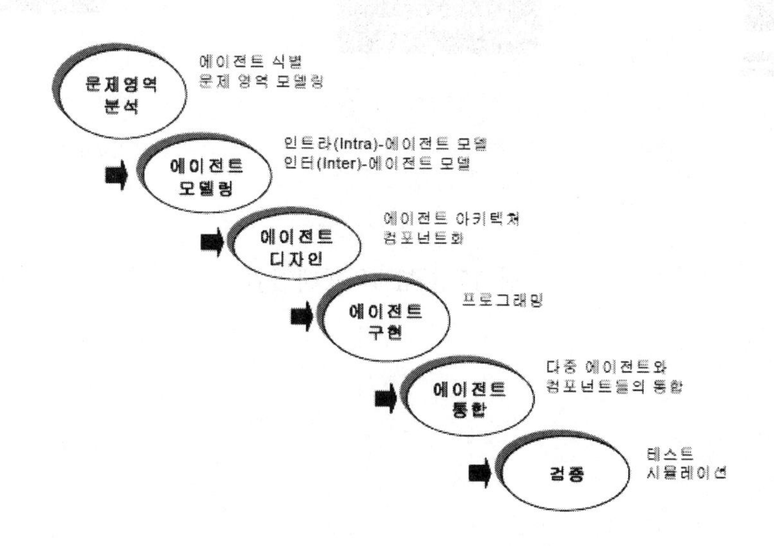

그림 17.2 에이전트 지향의 소프트웨어 개발 공정을 나타낸 폭포수 모델

17.2 ABM 활용분야

ABM 은 정치학, 경제학, 경영학, 공학 등 제분야에서 국방, 재난 상황 예측, 질병 확산 예측, 여론 조사, 소비자 행동 예측, 선거 예측, 주식시장 예측 등 다양에서 활용되고 있다. 국방분야에서는 전투발전, 작전계획분석, 주요 의사결정 등에 다양하게 활용되고 있고 연구가 진행되고 있다. ABM 을 구현하기 위해서는 툴킷을 주로 사용한다. ABM 을 위한 툴킷으로는 EINStein, Pythagoras, CROCADILE, WISDOM, MANA 등이 있다.

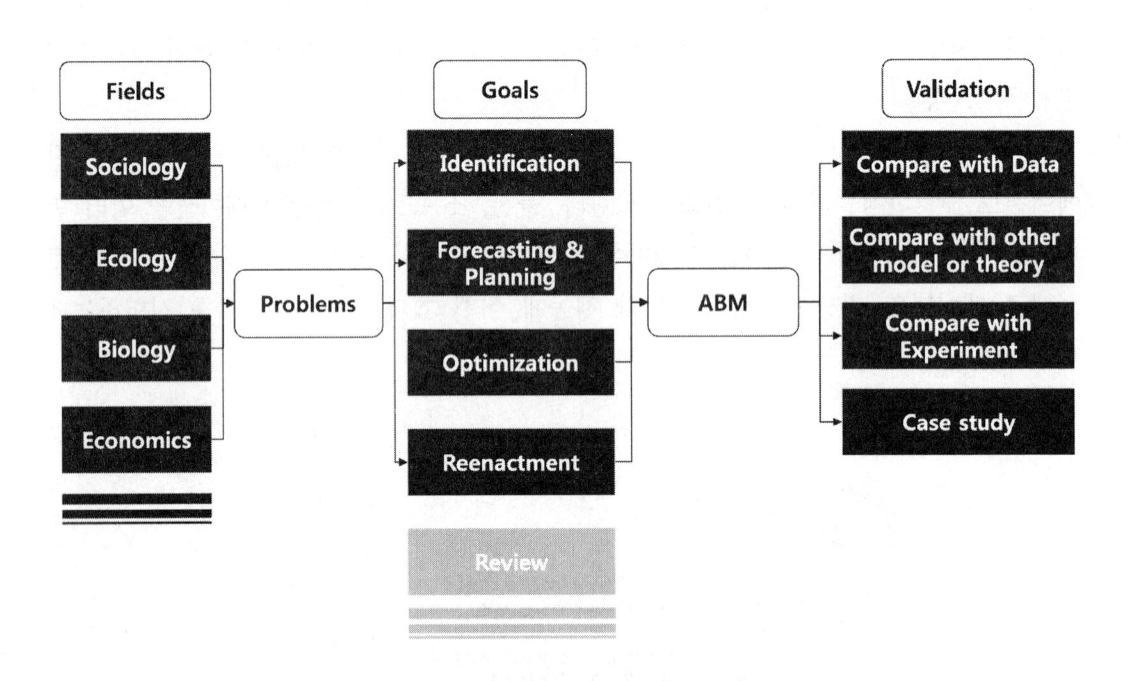

그림 17.3 ABM 프레임워크

17.3 ABM 기반 모델링 및 시뮬레이션

17.3.1 에이전트 기반의 NCW 전투모델링 시스템 설계

박세연, 신하용, 이태식, 최봉완은 '에이전트 기반의 NCW 전투모델링 시스템 설계'에 관한 연구를 하였다. 이들이 주목한 것은 미래전쟁에 대한 것이다. 이 논문을 소개하면 다음과 같다.

미래 전쟁은 네트워크중심전, 효과중심전, 동시통합전의 양상으로 전개될 것으로 예상된다. 그러나 현존하는 M&S 시스템은 과거의 플랫폼 중심전 모델에 맞는 단위 무기체계별 행동과 한정된 상호작용에 대한 모델만을 고려하고 있어, 분산된 센서, 통신자원, 슈터들이 네트워크를 통해 결합되어 상황을 공유/인식하고 유기적으로 운영되는 모습을 모델링하기에는 한계가 있다. 이에 따라 이 연구에서는 근래에 전투모델링 방법으로 그 실효성이 어느정도 인정되고 있는 에이전트 기반 모델링 및 시뮬레이션 방법을 이용하여 NCW 환경 하에서의 전투모델링 시스템을 설계 및 개발하였다. 기본 ABMS(Agent-Based Modeling & Simulation) 방법론에서 NCW 효과분석을 위한 개별 전투요소를 모델링하는 방법, 환경에 표현해야 하는 요소, 그리고 마지막으로 네트워크를 모델링하는 방법을 소개하였다.

'에이전트 기반의 NCW 전투모델링 시스템 설계'의 ABMS 프레임워크는 그림 17.4와 같다. 이를 통해 간단한 요소들의 자율적 행위를 묘사하는 기본 개념으로는 적합하나 이 연구에서 목표로 하는 NCW 개념을 적용한 전투모의 시스템을 모델링하기에는 좀 더 구체화 되어야하는 부분들이 많이 있다.

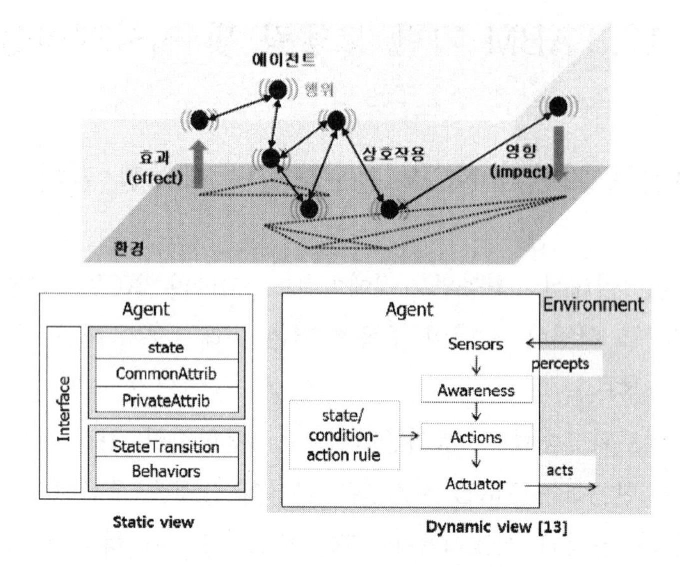

그림 17.4 ABMS 프레임워크

ABMS 프레임워크를 간략히 정리하면 다음 3 가지로 요약된다.

- Component Based Agent

효율적인 전투분석실험을 위한 시스템은 전투요소들을 손쉽게 구성하여 사용할 수 있어야 하며, 이를 위해 재사용 가능한 컴포넌트들을 정의해두고 개별 무기체계 및 플랫폼은 이를 조합하여 모델링 함으로써 더 복잡한 행위를 손쉽게 나타낼 수 있다. 이를 가능하게 하기 위해서는 OOP(Object Oriented Programming)를 지원하는 언어나 ABMS 툴킷을 사용할 필요가 있으며, 박세연 등의 연구에서는 향후 설명될 System Dynamics 를 사용하기 위해 XjTechnologies 사의 AnyLogic 을 사용하여 개발하였다. 그러나 박세연 등의 논문에서 제안하는 전반적인 프레임워크는 OOP 를 지원하는 어느 툴킷을 사용하여도 무관하며, 다만 System Dynamics 를 손쉽게 사용하고자 한다면 Discrete Event 기반이 아닌 연속시간 기반으로 시뮬레이션이 진행된다는 가정이 필요하다.

• Network Modeling

네트워크는 NCW 의 가장 핵심적인 역할을 하는 Backbone 구조로써 전장요소를 하나의 유기적인 조직으로 묶는 역할을 하며 이를 묘사하기 위한 구조를 제안한다.

• ABMS + System Dynamics 의 Composite Modeling

모델링하고자 하는 해상도에 따라 때로는 개별 무기체계의 물리적인 움직임까지를 필요로 할 때가 있고, 좀 더 Coarse Level 에서 모델링하고자 할 때가 있다. System Dyamics 를 함께 사용하면 원하는 경우 함포가 운동방정식을 따라 움직이는 모습까지 묘사하거나, 함포 하나하나는 모델링하지 않고 시간에 따른 소모량 만을 묘사하는데에 손쉽게 사용될 수 있다.

전투요소 모델링

전투요소는 전장환경 하에서 행위를 하는 개체로 ABMS 에서 에이전트로 표현되는 단위이다. 작은 단위로는 살상/비살상 무기체계부터 사람, 소프트웨어 컴포넌트, 플랫폼 그리고 분대단위 등 모델링하고자 하는 해상도에 따라 다양하게 정의될 수 있다. 실제 전장에서는 사람의 명령을 통해서만 움직이는 수동적인 개체도 있으나, 사람의 개입이 없이 자동으로 진행되는 전투상황을 묘사하기 위해서는 이러한 경우도 사람이 해주는 기능과 함께 묶어 하나의 에이전트로 묘사할 필요가 있다. 박세연 등의 연구에서는 교전급 전투모델을 대상으로 하고 있으며, 그림 17.5 에서는 모델링 대상 전투요소와 이를 담당하는 에이전트에 해당되는 클래스의 다이어그램을 보여주고 있다.

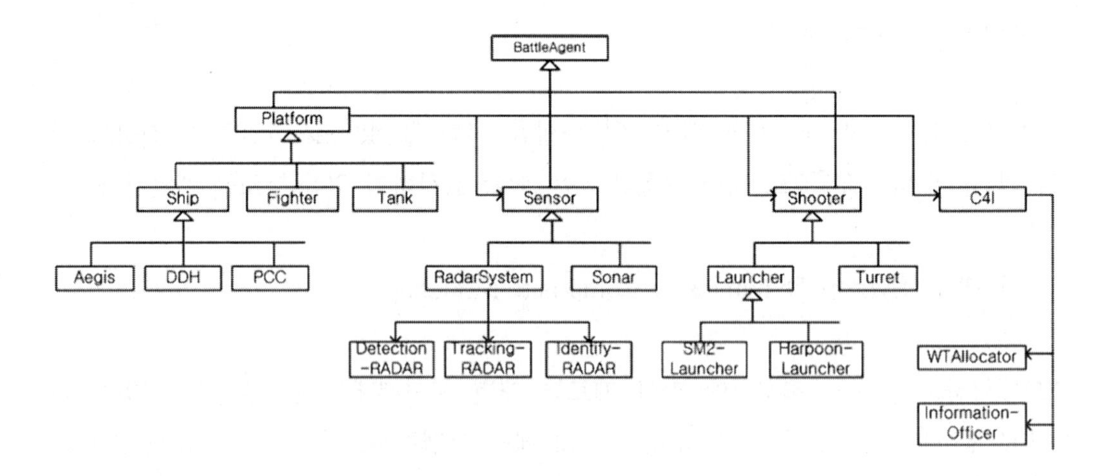

그림 17.5 전투요소 에이전트 구조

센서(Sensor) 에이전트

박세연 등의 연구에서는 센서는 레이더로 한정하였으며 기능은 크게 탐지와 식별, 그리고 추적 3 가지로 나누어진다. 탐지는 탐지 가능한 범위 내에 물체의 존재 여부를 찾아내는 역할로 물체가 탐지범위 R 내에 있을 때 이를 식 (17-1)과 같이 확률적으로 모델링할 수 있다.

$$P(x) = \begin{cases} \left(1 + \frac{r(x)}{2R}\right)^{-\frac{-r(x)}{2R}} & , r(x) < R \\ 0 & , r(x) \geq R \end{cases} \qquad (17\text{-}1)$$

이 때 $P(x)$는 탐지 확률, $r(x)$는 센서로부터 물체까지의 거리를 나타낸다. 물체가 단순히 탐지거리 내에 있다고 하여도 현재 Radar가 관측하는 방향과 다르거나 지형 및 기상조건에 의해 가려져 관측되지 않을 수 있다. 이러한 경우의 모델링을 위해서 Line-Of-Sight 모델을 적용할 필요가 있으며, 이는 그림 17.6 에서 보는 바와 같이 Frustum(절두체) Culling 과 Ray Casting 을 조합하여 빠르게 계산할 수 있다.

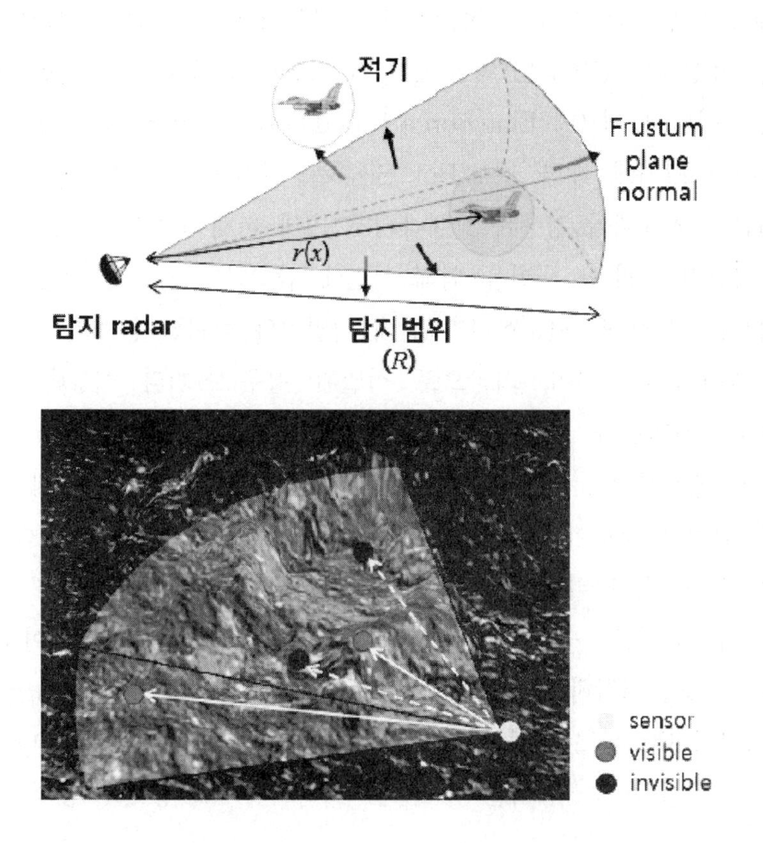

그림 17.6 절두체(상)와 Ray Casting(하)을 이용한 탐지 모델

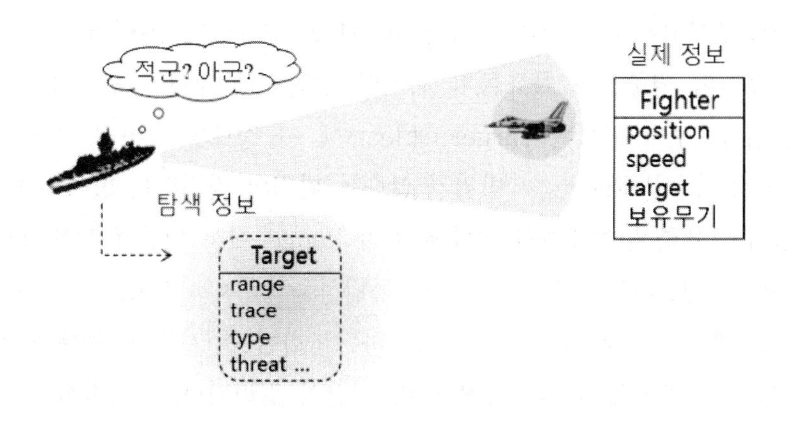

그림 17.7 Target 클래스 속성

식별은 새롭게 탐지된 물체가 적군인지 아군인지를 판별하고, 적군의 경우 어떤 종류의 무기체계인지를 판별하는 역할로, 이를 가능하게 위해 각 에이전트는 속성으로 자기가 속한 부대의 ID 와 (예: Blue Force 1, Red Force 2) 적의 탐지 Radar 화면 상에 보여 질 자신의 크기에 대한 정보(Dot Size)를 가지도록 한다. 예를 들어 스텔스 기능을 가지는 무기체계의 경우에는 본래의 크기에 비해 훨씬 작은 크기를 가지도록 한다. 실제 식별기는 피·아 구별을 위해 사전에 암호화된 코드를 이용하지만 박세연 등의 연구에서는 모델링을 단순화하기 위해 식별기와 탐지된 물체의 ID 를 비교하여 확률적으로 피아식별을 하며, 적군으로 식별된 경우 크기와 이동속도를 이용하여 무기체계 종류를 판별한다.

만약 식별된 물체가 적군이면 Target 을 저장하는 List 에 추가하게 되는데, 이는 탐지를 통해 얻어진 정보이므로 실제 적군 에이전트의 위치와 종류, 속도와 오차를 가지고 있을 수 있다. 따라서 탐색된 정보를 저장하는 Target Class 를 정의하고, 여기에 적군이 위치할 수 있는 범위(Range)와 종류, 그리고 아군이 느끼는 위협도(Threat) 등을 저장하도록 한다. 그리고 향후 네트워크를 통해 Target 의 정보를 공유 및 융합하여 네트워크에 의한 전투효과 변화를 보는 데에 사용한다. 마지막으로 추적 에이전트는 움직이는 궤적을 추적 및 저장하여 그 정보를 공격 및 방어시에 활용한다.

<u>슈터(Shooter) 에이전트</u>

슈터는 살상무기체계를 포함하는 타격시스템에 해당되는 에이전트로, 일반적으로 미사일이나 포탄의 명중률은 목표물의 위치의 정확도에 영향을 받는데, 박세연 등의 연구에서는 센서로부터 생성된 Target Object 에 이 정보를 담아서 슈터로 전달된다. Target 이 존재 가능한 Range 의 범위가 클수록 타격의 정밀도는 떨어지게 되며, 슈터 쪽에서 자신이 보유한 무기체계의 종류에 따라 Range 에서 명중률로 변환하는 함수를 가지고 있으면 센서와 슈터간 구조의 독립성을 유지하면서도 센서에서 슈터로 연결되는 프로세스의 연관성이 표현 가능하다. 한편 무기체계 종류에 따라, 타격 명령이 들어온 시점으로부터 발사까지 준비 시간이 걸리거나, 동시발사가 가능/불가능한 경우 등의 다양한 상황이 가능하며, 박세연 등의 연구에서는 효율적이고 사실적인 모델링을 위해 발사대와 실제 살상무기를 분리하여 모델링함으로써 무장할당시 고려해야 하는 요소들을 손쉽게 표현할 수 있게 하였다.

발사대는 그림 17.8 에서 보이는 바와 같이 발사 가능한 무기체계를 직접 구성요소로 가지고 있으며, 보유 무기 개수와 발사시간 간격 등의 속성을 가진다.

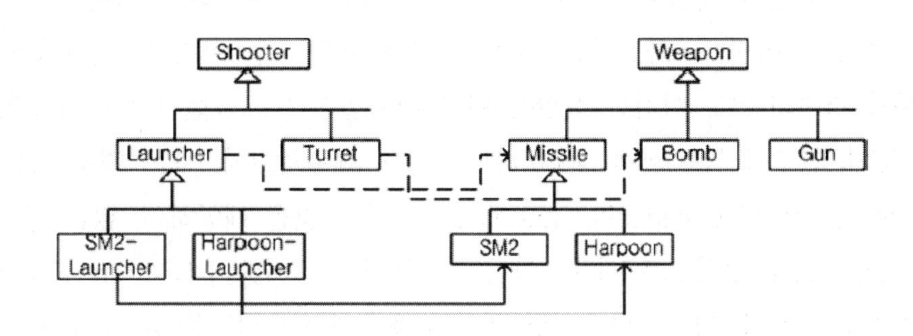

그림 17.8 슈터 클래스 다이어그램

발사가 가능한 시점에는 *Ready* 상태에 있다가 미사일이나 포탄을 발사하고 나면 다시 *Ready* 상태로 가기까지 일정 시간이 걸리도록 그림 17.9 와 같이 상태전이 다이어그램으로 모델링하면 실제적인 전투상황을 개념적으로 손쉽게 묘사할 수 있다.

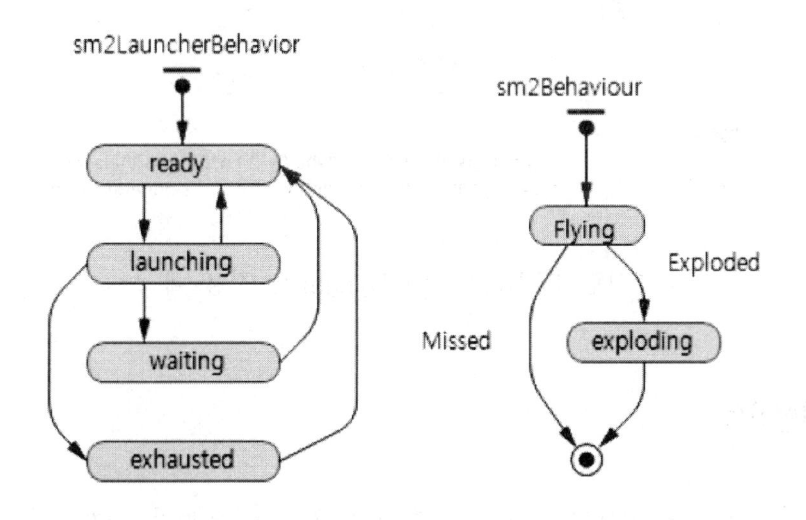

그림 17.9 상태전이 다이어그램; 발사대(좌) 및 미사일(우)

또한 플랫폼에서 무기체계의 속성을 직접 다루지 않고 슈터라는 추상클래스를 통해 공격하게 함으로써 무기체계와 플랫폼을 독립적으로 모델링 할 후 있게 하였다.

살상무기체계의 경우 공격의 성공여부를 단순히 확률변수를 생성하여 판단할 수도 있으나, 표현하고자 하는 모델의 상황과 해상도에 따라 실제 물리적 특성이 반영되어야만 정확한 모델링이 가능한 경우도 있다.

예를 들어 함정이 함포나 어뢰 등에 대해 회피기동을 하는 상황을 묘사하고자 한다면 함포나 어뢰가 목표하는 위치에 도달했을 때 함정과 만나야만 공격의 성공여부가 결정되는데, 이러한 상황은 단순 확률변수로는 표현하기가 어렵다. 따라서 박세연 등의 연구에서는 실제 물리적인 속성을 표현하고자 하는 경우에는 System Dynamics 를 결합한 Composite Modeling 을 하는 것을 제안하며, 많은 경우 ABMS 툴킷은 Timebased 방식으로 시뮬레이션이 진행되므로 기존의 Discrete Event 방식에 비해 손쉽게 적용이 가능하다. 그림 17.10 은 함포의 움직임을 표준탄도방정식을 적용한 예를 보여준다.

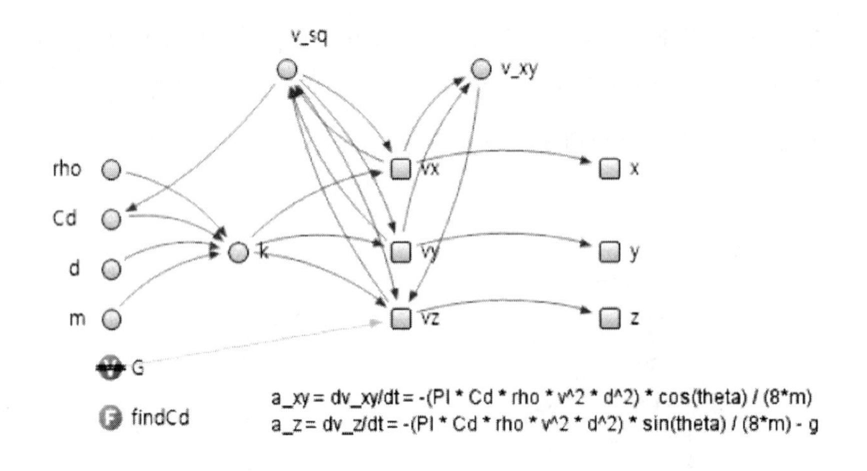

그림 17.10 System Dynamics 적용 예

통신 에이전트

센서에서 들어오는 정보는 센서를 포함하고 있는 플랫폼의 통제센터로 전달되어 외부로 전달될 필요가 있는 정보의 경우 통신 에이전트를 통해 전달한다. 통신 에이전트는 자신이 속한 네트워크에게 정보 전달을 요청하거나, 또한 외부에서 전달되는 정보를 내부 에이전트에게 전달해 주는 역할을 하는 데, 이렇게 통신을 담당하는 에이전트를 분리한 이유는, 하나의 에이전트가 여러 다른 종류의 네트워크에 연결되어 있을 수 있는 상황에서 센서나 슈터 등을 네트워크 종류와 무관하게 독립적으로 모델링할 수 있게 하기 위함이다.

컴포넌트 기반 에이전트 모델링

일반적으로 플랫폼은 다양한 센서와 슈터 그리고 다른 종류의 플랫폼이 조합되어 하나의 플랫폼을 구성하게 되고, 경우에 따라 플랫폼들이 모여 부대를 이루어 전투를 수행하게 된다. 전투요소는 이러한 계층적 모습을 가지는 경우가 일반적이며 이때마다 상위계층부터 새롭게 하나 하나 설계 및 구현해 나가기에는 분석시스템의 목적에 맞지 않다. 따라서 독립적으로 분리 가능한 요소별로 컴포넌트화 하여, 이를 조합함으로써 상위 레벨의 에이전트를 손쉽게 구성할 수 있도록 하여야 한다. 이를 위해서는 독립적인 단위로 하위 에이전트를 잘 나누고 인터페이스가 잘 정의되어 있어야 하는데, 대부분의 경우 실제 전투에 참여하는 요소단위로 나누거나 조합하여 모델링하면 직관적인 모델링이 가능하다. 그림 17.11 은 하나의 함정을 구성하는 하위 에이전트를 보여준다.

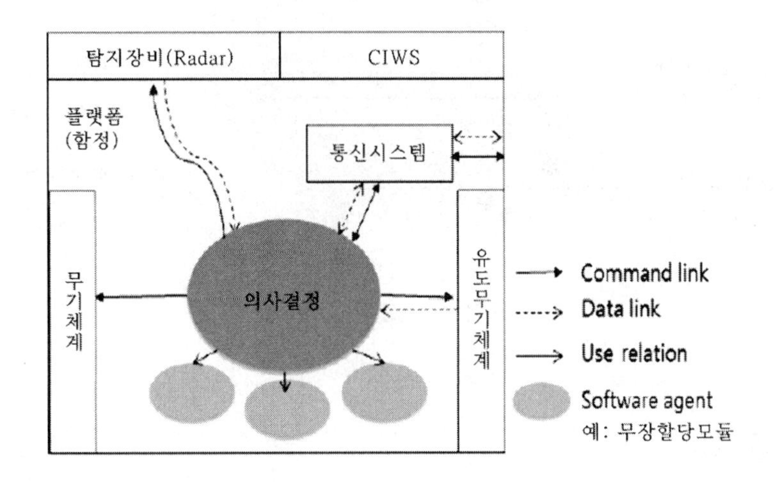

그림 17.11 Component Based Agent

컴포넌트 기반 에이전트를 구성함으로써 가질 수 있는 또 하나의 장점은, 일반적인 컴포넌트 기반 모델링과 같이 복잡한 전투 프로세스의 내용을 하나의 에이전트에 모두 표현하지 않고 독립적인 기능을 수행하는 에이전트들끼리의 상호작용으로 좀 더 손쉽게 표현할 수 있다는 점이다.

환경요소 모델링

환경은 에이전트가 놓여있는 배경이 되는 수동적인 요소로 전투모의 모델링에서는 지형과 같은 물리적인 환경에 주로 영향을 받게 된다. 먼저 탐지 및 뒤에서 설명될 무선통신망을 통한 통신, 공격가능여부 등은 에이전트간 거리에 의해 영향을 받게 되므로 가장 기본적으로 에이전트가 놓일 있는 공간적 환경이 필요하며, 효율적 계산을 위해 기본 2D Continuous Space 와 지형 및 해상을 표현가능하도록 Uniform Grid 에 높이 정보를 포함하는 Z-map 을 사용하였다. 그림 17.12 는 박세연 등의 연구에서 사용된 환경요소의 개념을 보여준다.

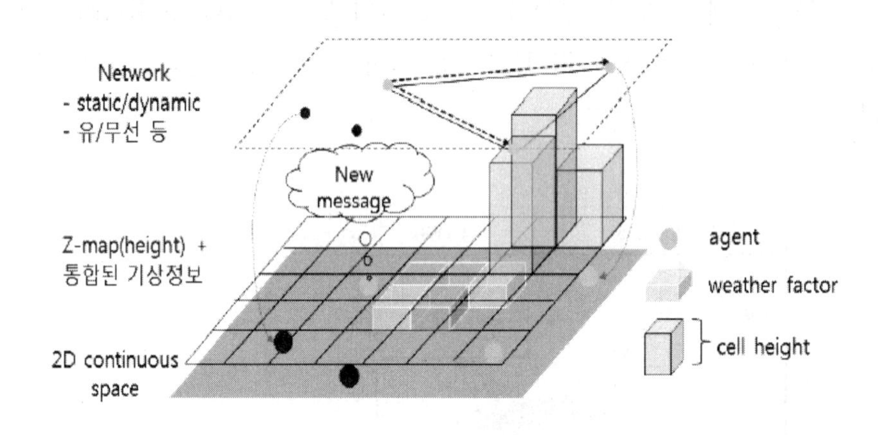

그림 17.12 환경요소

네트워크 모델링

네트워크는 환경의 일부로써 에이전트간의 관계를 나타내거나 직접적인 상호작용을 가능하기 하기 위해 사용한다. 거의 대부분의 ABMS 툴킷에서는 네트워크를 환경요소로 생성하여 사용할 수 있도록 기능을 제공하고 있으나, 이 네트워크는 노드들을 연결하는 데이터구조로써의 기본적인 역할만을 가지고 있다.

NCW 에서의 네트워크는 주로 명령이나 데이터를 전달할 수 있는 물리적인 통신망에 해당이 되며, 통신망의 종류 및 성능에 따른 전투효과의 모델링을 하고자 할 때에는 네트워크 자체에 특성 및 기능을 부여하는 것이 필요하며, 따라서 네트워크를 다음과 같은 방식으로 명시적으로 분리하여 모델링 하여 사용할 것을 제안한다.

네트워크의 종류는 크게 전투실험 중 그 구조가 변하는지 변하지 않는지에 따라 동적/정적 네트워크로 나누어 생각할 수 있다. 정적 네트워크는 명시적으로 시뮬레이션 초기에 연결관계를 가지고 한 노드로부터 메시지 전달요청이 들어오면 전달 가능한 모든 노드로 메시지를 전달한다. 동적 네트워크는 노드간 연결관계가 수시로 변할 수 있으므로 명시적으로 가지고 있는 것은 비효율적이며 메시지 전달시 Query 를 통하여 전달 가능한 노드를 찾아 전달하도록 한다. 이 때 Query 를 통해 어떤 노드를 찾는지는 네트워크의 속성에 따라 다를 수 있다. 그림 17.13 에서는 박세연 등의 연구에서 사용한 네트워크의 클래스 다이어그램을 보여준다.

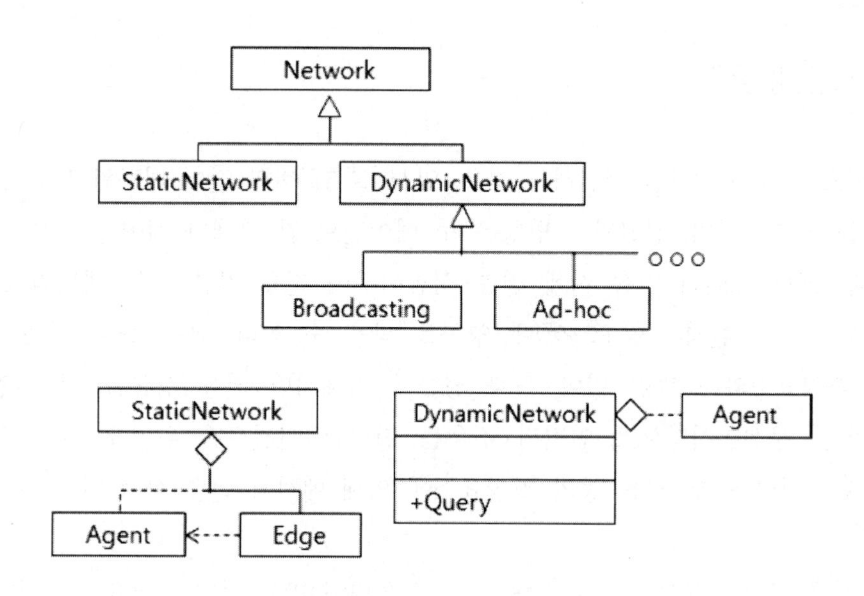

그림 17.13 네트워크 데이터구조

실제 통신의 경우 그림 17.14 에서 보이는 바와 같이 전송망의 특성에 따라 정보전달의 종류 및 전송속도 등이 달라질 수 있는데, 이러한 특성을 네트워크에 반영을 하고, 정보전달 시에 사용하도록 한다.

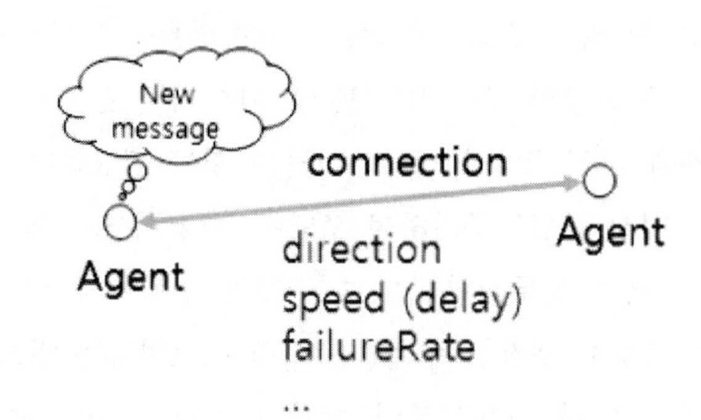

그림 17.14 정보 전달

또한 에이전트간 관계와 정보의 종류에 따라서도 전달 가능 방향이 달라질 수 있는데, 간단한 경우에는 물리적 네트워크 내에 저장이 가 능하나, 관계 자체의 복잡도가 커지는 경우는 Relation 을 나타내는 Logical Network 의 추가 설계가 필요할 수도 있다.

<u>정보 전달 및 공유</u>

네트워크를 통해 정보를 전달하는 경우, 앞서 설명한바와 같이 네트워크 속성에 따라 전송 속도가 결정되며, 전달가능 방향은 두 에이전트 간 관계나 에이전트 속성에 따라 결정된다. 또한 데이터 전송 시에 전송 성공여부나 전송 지연 등은 네트워크 속성과 네트워크가 놓인 환경(지형+기상)에 영향을 받을 수 있다. 예를 들어, 유선통신망의 경우는 환경요소와는 관련 없이 자체 성능에 의해서만 전송 성공률 및 지연시간이 결정되지만, 무선통신망으로 연결된 경우는 전달 에이전트간 위치에 따라 차폐물에 의해 차단되거나 안개, 구름 등의 기상요소에 의해 메시지 전송 실패 가능성이 높아질 수 있다.

이와 같은 상황을 모델링하기 위해, 앞에서 설명된 바와 같이 환경요소 중 Z-map 에 필요에 따라 지형과 기상요소에 대한 정보를 저장하고, 그림 17.12 의 최상위층에서 보이는 바와 같이 Ray Casting 을 통해 두 에이전트 사이의 셀을 Scan 하여 차폐물 및 기상요소에 의한 전송차단여부를 빠르게 결정할 수 있다.

정보의 공유는 네트워크 모델이 주어지면 메시지 전송을 통하여 손쉽게 가능하며, 뒤에서 실험한 예제 시나리오에서는 Target 의 위치정보, 그리고 각 플랫폼의 무장할당 정보를 공유하였다.

정보 융합

전투요소 간에 정보를 공유하는 것만으로도 전투효과가 상승되는 측면이 있을 수도 있으나, 정보 공유의 효과를 극대화하기 위해서는 이를 통합하여 더 질이 높은 정보로 가공하고, 적합한 곳에 필요한 시간에 전달하는 일이 필요하다. 이를 위해서는 네트워크 구조 자체만으로는 부족하고, 전달된 정보를 융합하는 역할을 하는 에이전트가 필요하다.

예를 들어 미 해군의 대표적인 네트워크 전장관리체계인 협동교전능력(CEC: Cooperative Engagement Capability)의 경우 크게 3 가지 융합 기능을 사용하고 있는데, 탐지 및 식별확률 증대, 추적 정밀도 향상, 그리고 공동협동교전(Coordinated Cooperative Engagement)이다. 여러 센서에서 측정된 데이터를 하나로 융합하여 가장 적합한 슈터를 통해 공격함으로써 빠르고 정확한 공격을 가능하게 하는 개념이다. 그림 17.15 에서는 두 군데 이상에서 추적한 범위 공통영역을 추출함으로써 추적 정밀도가 향상되는 모습을 보여준다.

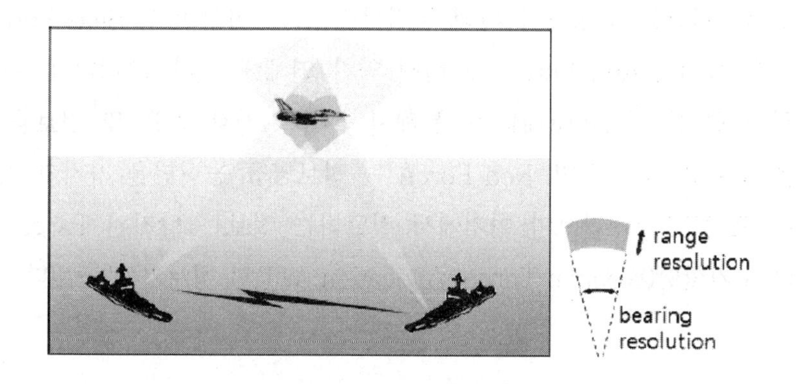

그림 17.15 추적 정밀도 향상

위와 같은 개념이 가능하게 하기 위해서는 한 센서노드에서 메시지가 발생하면 이를 받아서 융합하고 필요한 경우 무장할당을 하여 다시 전체 네트워크에 연결된 노드로 전달해주는(Data Distribution) 에이전트가 필요하며, 그림 17.16 은 이를 담당하는 에이전트의 구조를 보여준다.

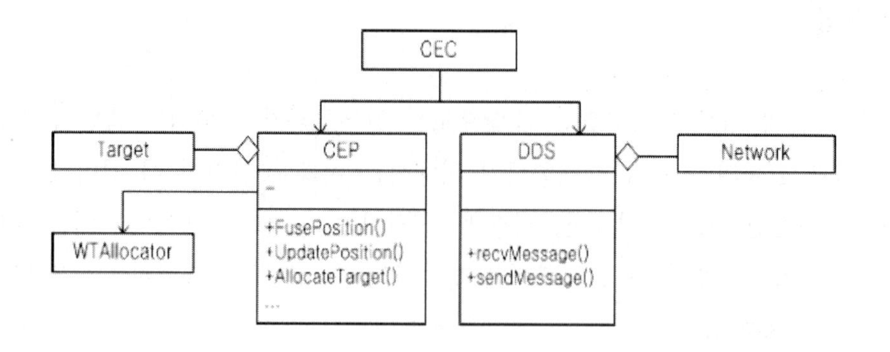

그림 17.16 CEC 클래스 구조: CEP(CE Processor), DDS(Data Distribution System)

예제 시나리오

네트워크를 통한 정보공유 및 정보융합에 의한 전투효과를 측정하기 위해 박세연 등의 연구에서는 다음과 같은 예제를 실험하였다. 먼저 실험하고자 하는 상황은 3:3 함대함전으로, Blue Force 는 자산을 지키며 정찰업무를 수행하고 있고, Red Force 는 Blue Force 의 자산을 점령하기 위해 공격하러 오는 상황이다. Blue Force 의 단순 전투력의 단순 합계는 Red Force 에 비해 약간 열세에 있다. 그러나 Blue Force 는 기능이 특화된 함정들이 Network 를 통해서 실시간 정보 공유 및 정보융합을 할 수 있는 능력을 갖추고 있는 반면, Red Force 는 정보공유 능력만을 가지고 있다. 실험의 초기 조건은 표 17.1 과 같으며 여기에서 전달되는 정보는 탐지된 Target 의 정보와 각 플랫폼의 무기할당(Weapon Target Allocation, WTA) 정보가 해당된다.

표 17.1 실험의 초기 조건

Blue Force 초기 조건	
Aegis 1척 - Radar range - 함대함 미사일 범위	 200km 150km
구축함 (DDH) 2척 - Radar range - 함대함 미사일 범위	 50km / 200km 150km / 50km
네트워크	- 전 함정간 실시간 정보공유 및 CEC를 통한 정보융합 - Centralized WTA
Red Force 초기 조건	
Aegis 1척 - Radar range - 함대함 미사일 범위	 200km 150km
구축함 (DDH) 2척 - Radar range - 함대함 미사일 범위	 150km 120km
네트워크	- 전 함정간 실시간 정보공유 (정보융합 없음)

양측 모두 함정으로 이루어져 있다고 하더라도 Blue Force와 Red Force의 상황에 따른 움직임은 다를 수 있으며, Blue Force 내에서도 어느 부대에 소속되어 있는 지에 따라 같은 종류의 에이전트라 하더라도 다르게 행동할 수 있다. 또한 동일한 종류와 수의 에이전트에 대해 시나리오만 바꾸어 실험하고자 하는 요구가 많이 있을 수 있다.

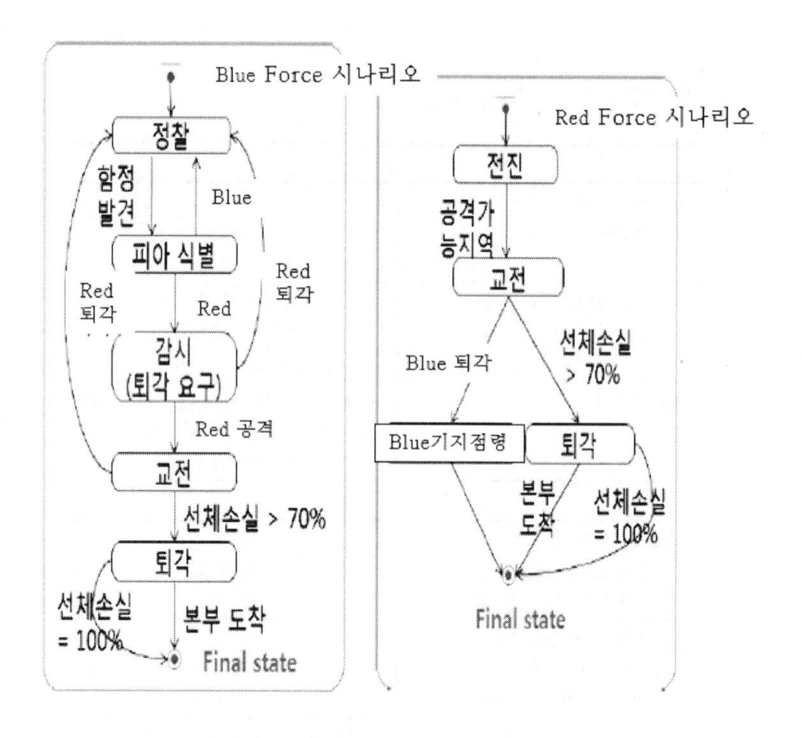

그림 17.17 함대함전 시나리오

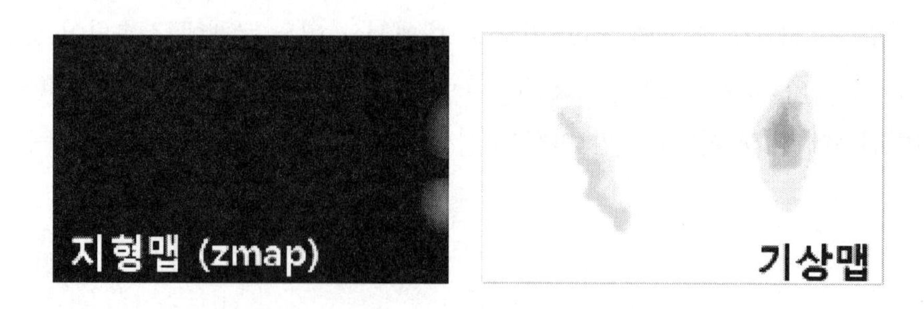

그림 17.18 환경요소 데이터

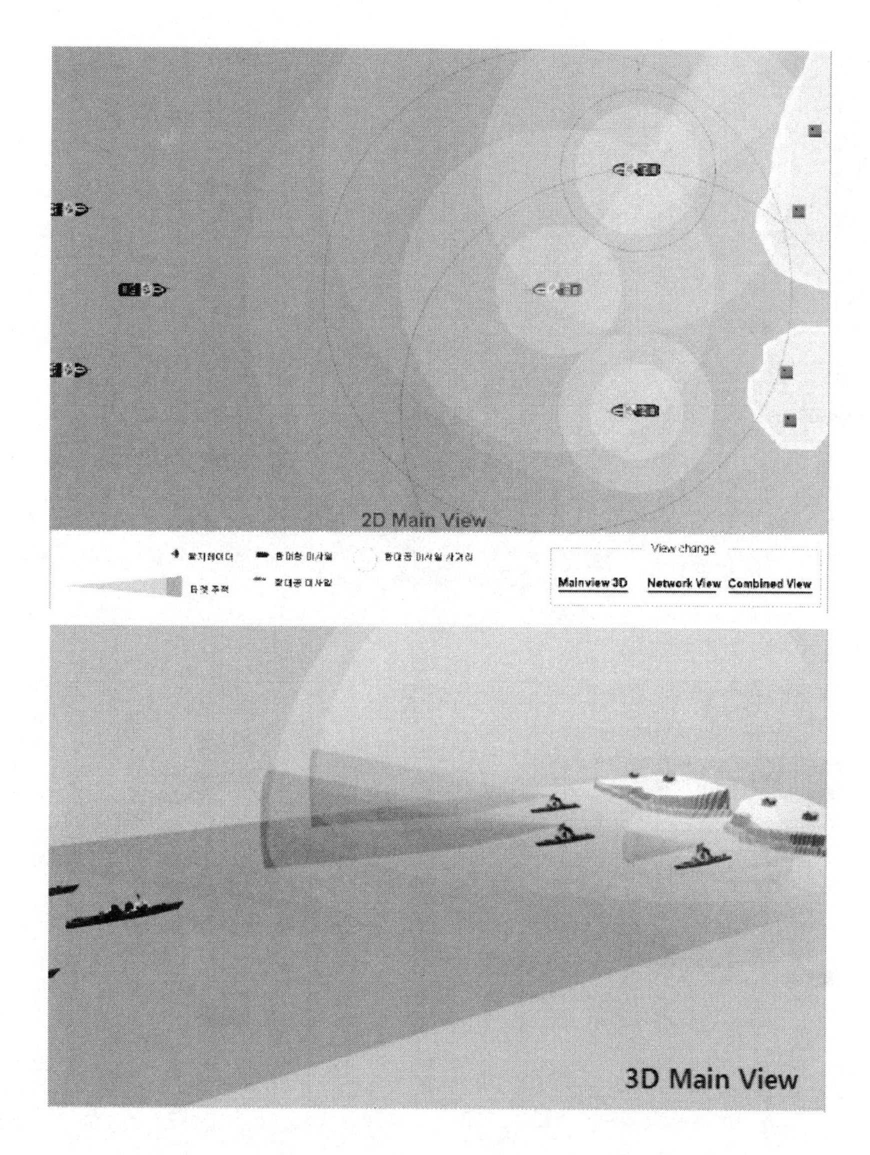

그림 17.19 시뮬레이션 초기화면: 2D(상), 3D(하)

이를 위해 박세연 등의 연구에서는 'Blue Force'와 'Red Force' 상위 에이전트를 생성하여 그림 17.17 과과 같이 시나리오를 각 군의 상태전이 다이어그램으로 표현하고 상태 변화에 따라 하위 에이전트에게 메시지를 전달하거나, 하위 에이전트들의 상태를 조합하여 시나리오 진행상황을 변화하도록 하였다

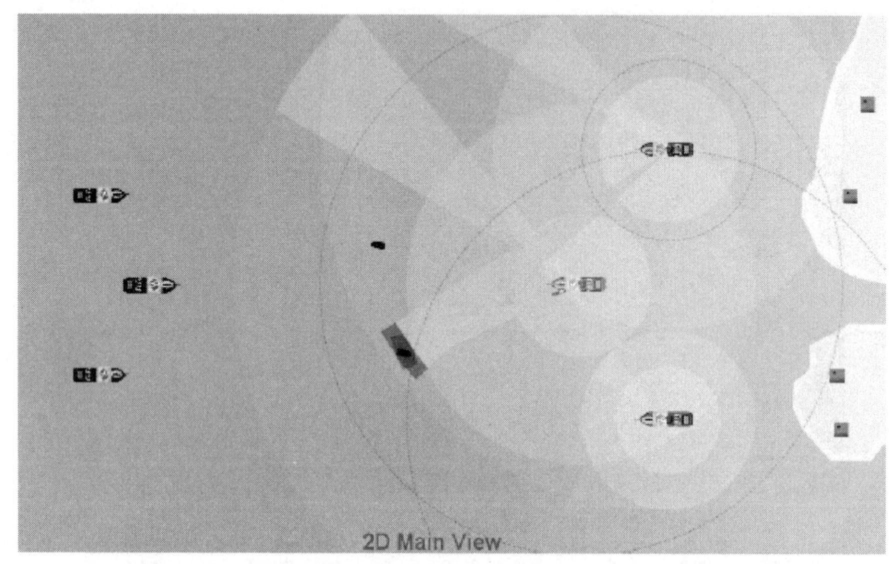

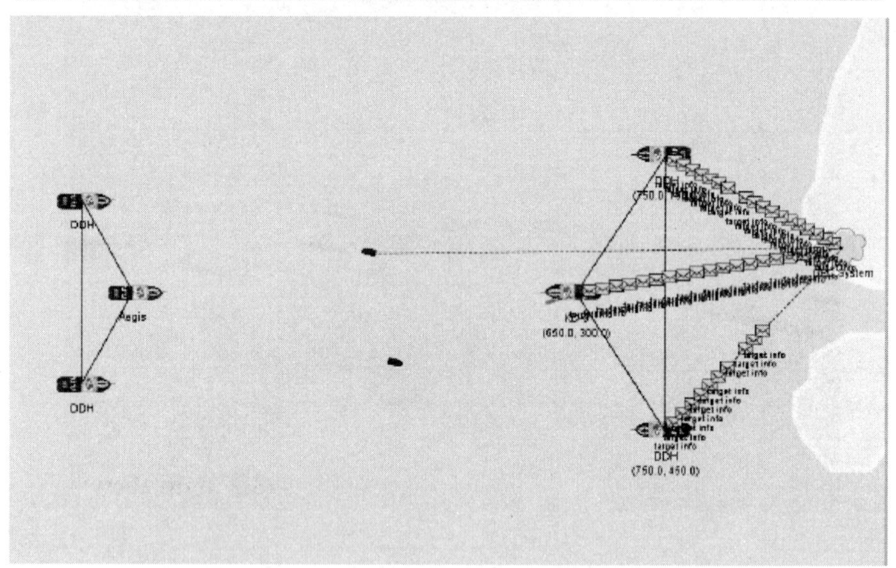

그림 17.20 교전 상황: 적군 미사일 탐지(상) 및 정보전달(하)

표 17.2 함대함전 실험 결과

실험	미션 성공 여부	교전 시뮬레이션 시간		Red 손실 대비 Blue 손실	
		평균	표준편차	평균	표준편차
CEC미적용	1회 성공	1403.09	12.8	160%	4.3%
CEC적용	성공	1487.40	24.3	0%	0

즉 모델과 시뮬레이션 실험을 분리함으로써, 모델에 해당되는 에이전트들은 재사용하고, 시나리오만 재정의 함으로써 손쉽게 새로운 실험을 구성할 수 있다. 환경요소를 위한 지형과 기상 데이터는 그림 17.18 과 같으며, 표 17.1 의 정보와 그림 17.18 의 데이터를 이용하여 구성한 시뮬레이션 초기 화면이 그림 17.19 에 나타나 있다. 화면의 좌측은 Red Force, 우측은 Blue Force 로 구성되어 있으며, Blue Force 의 경우에는 Radar Range 등와 같은 정보를 화면에 보여주고 있다. 또한 그림 17.20 은 교전 도중의 Red Force 의 미사일을 탐지하여 추적하면서, 수정되는 정보를 CEC 를 통해 융합하여 지속적으로 전달하고 있는 모습을 보여준다.

동일한 부대 구성에 대해 아군의 경우 CEC 를 적용하여 정보융합 및 Centralized WTA 를 적용한 경우와, 그렇지 않고 정보공유만 한 경우 두 가지에 대해 각각 5 번씩 실험한 결과를 비교하여 표 17.3 에서 보여주고 있다. 결과에서 보여주는 바와 같이 CEC 를 적용한 경우에는 결과 측면에서 열세의 전력을 이용해서도 손실이 전혀 없이 전투에 승리하는 큰 차이를 보여주고 있다.

표 17.3 ABMS 기반 전투분석 시스템 비교

	EINStein	CROCADILE	WISDOM	개발시스템
NCW지원	×	×	○	○
계층적 모델링	×	×	×	○
에이전트 모델	parametric	parametric	User-defined class	User-defined class
환경의 확장성	Block형태의 predefined region	Heightmap지원(2.5D)	Block형태의 predefined region	Heightmap+GIS format 지원예정
사용자지정 Scenario사용	미리 정해진 agent의 속성으로 전투 전개 (유연성/확장성 떨어짐)			script 형태의 시나리오 사용 가능

17.3.2 에이전트 기반모의를 통한 갱도포병 타격방안 연구

다음은 김세용이 연구한 '에이전트 기반모의를 통한 갱도포병 타격방안 연구'를 소개한다. 김세용은 이 연구에서 ABMS 모델인 MANA 를 활용하여 미래 사단급 전장에서 갱도포병 타격방안에 대하여 연구했다. 화포로 표적을 타격시에 생기는 오차를 최소화하는 방안으로 화포별 최적 명중확률을 산출하였으며, 제대별 UAV 도입시 그 효과에 대하여 검증하였다.

에이전트의 특성

김세용의 연구에서 사용된 모델인 MANA 의 경우 에이전트는 지도인식(Map Aware), 비일양적(Non-Uniform) 자동자(Automata)의 특성을 가지고 있다. 지도인식은 자신의 활동영역내의 지형뿐만 아니라 피아를 식별하여 행동하며, 비 일률적 특성은 에이전트가 개별적인 파라미터와 능력을 가지고 행동한다는 것이다. 자동자는 디지털 컴퓨터의 수학적 모델로 입력장치, 출력장치, 저장장치, 제어장치를 가지고 있는 자동기계장치를 의미하며, 이것은 에이전트들이 각자의 상황인식 및 성향에 따라 독립적으로 행동하게 한다.

파라미터

에이전트의 파라미터로는 조직구성, 지형, 접근성향, 무기, 탐지 및 식별, 의사결정, 이동 등이 있으며, 사전에 입력된 파라미터 값에 의하여 행동을 하고 결과를 모델 사용자에게 알려준다. 파라미터의 조직구성은 Squad 와 Agent 로 구분된다. Squad 를 분대(포병대대), Agent 를 소총수(화포)라 할 수 있다. Agent 를 Squad 와 Agent 로 구분하는 것은 단순한 조직구성을 위한 것이며, Squad 와 Agent 의 특성은 동일하다. 파라미터는 정해져 있는 것이 아니고 모델 사용자의 목적과 용도에 따라 다르게 정의할 수 있다.

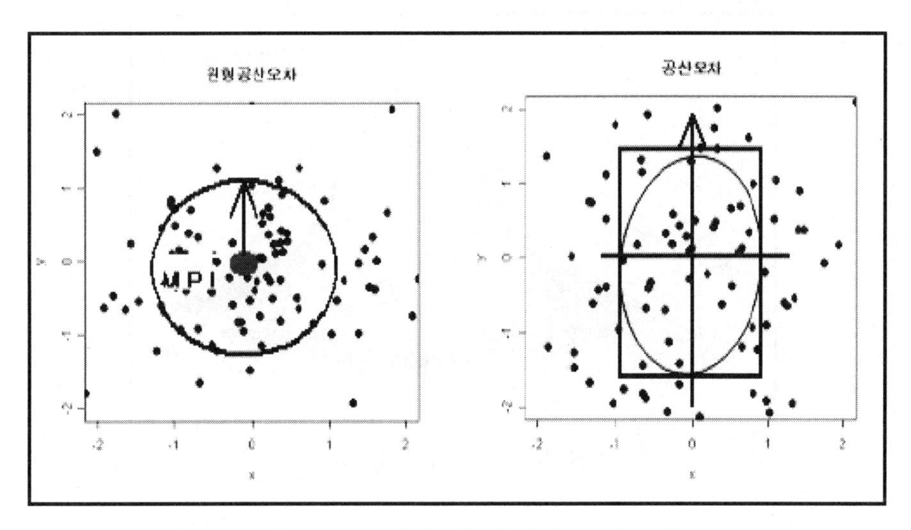

그림 17.21 원형 및 비원형 공산오차

화포별 명중확률

원형공산오차

원형오차(CEP: Circular Error Probability)는 무기 체계 성능을 설명하는데 많이 사용되고 있다. 일반적으로 원형오차는 탄착중심 혹은 조준점을 원의 반경으로 대신하여 안정된 사격조건하에서 표적지역에 낙하되는 탄의 50%를 포함한다는 것이다. 그림 17.21 에서 탄착중심을 기준으로 원을 표시하였는데 그 안에 50%의 탄두가 낙하된다는 것이다. 동일한 조건하에서 표적에 동일한 사격을 실시하였을때 탄착중심을 기준으로 탄착점들이 50%를 포함하는 확률을 반경 $R_{0.5}$ 으로 정의되며 분포는 이변량 분포를 따르게 된다.

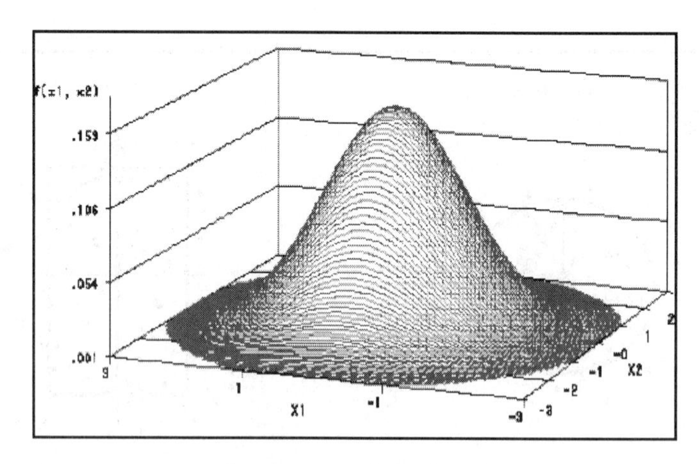

그림 17.22 2 변량 정규분포

탄착군과 2 변량 정규분포

탄착군의 분포는 일반적으로 중앙점을 기준하여 사거리 및 좌우 방향 상으로 서로 대칭이며 중앙점에서 가장 높은 빈도를 나타낸다. 또한 탄착점들이 분포된 전체적인 모양을 파악함에 있어서 낱개의 점들로만 보지 않고 연속적인 의미로 연장하여 생각해 보면 탄착군 분포는 그림 17.22 에서 보는 바와 같이 종모양의 분포를 이루는 것으로 볼 수 있다.

명중확률 모형

일정한 반경의 포상내에 1 발의 포탄이 탄착할 확률을 산출하는 문제는 2 변량 정규분포를 따르는 1 발의 탄착군이 탄착군의 중앙점으로부터 X 축과 Y 축 상으로 반경의 크기가 R_a인 원안에 형성되는 확률을 구하는 문제로 생각할 수 있다.

이를 수학적 모델식으로 표현하면 다음과 같다. 2 변량 정규분포의 x, y 성분을 $f(x), f(y)$라 할 때 반경이 R_a인 원안에 탄착이 형성될 확률은 식 (17-2)와 같다.

$$
\begin{aligned}
P(hit) &= \iint_{x^2+y^2 \le R_a^2} f(x,y)\,dx\,dy \\
&= \left(\frac{1}{2\Pi\sigma_x\sigma_y}\right)\iint_{x^2+y^2 \le R_a^2} \exp-\left(\frac{x^2}{2\sigma_x^2}+\frac{y^2}{2\sigma_y^2}\right)dx\,dy
\end{aligned}
\quad (17\text{-}2)
$$

식 (17-2) 명중확률을 구할 수 있으나 Polly-William 은 지수분포를 활용하여 식을 간결화하고 제원을 쉽게 산출할 수 있도록 극좌표 변환을 하면 식 (17-3)과 같이 된다.

r_e: 1 사거리 공산오차
d_e: 1 편의 공산오차
R_a: 갱도포병진지의 반경
$P(hit)$: 화포의 명중확률

$$P(hit) \cong \left(1 - exp\frac{-R_a^2 Z_{0.5}^2}{2r_e^2}\right)^{\frac{1}{2}} \left(1 - exp\frac{-R_a^2 Z_{0.5}^2}{2d_e^2}\right)^{\frac{1}{2}} \qquad (17\text{-}3)$$

화포별 명중확률

화포별 명중확률 모형에 각 화기별 사표에 나와 있는 공산오차(사거리, 편의)를 활용하여 사거리별, 탄종별, 장약별로 명중확률을 산출하였다. 또한 포병 자동화 사격지휘 체계인 BTCS 제원과 명중확률 모형에 의한 제원과의 비교 분석을 실시하였다. 명중확률모형을 적용한 화포별 사격제원 산출은 각 부대가 가지고 있는 기본휴대량(B/L: Basic Load)과 한반도 지형의 특성을 고려 도상고각이 300 밀 이상인 제원을 고려하였으며, 표적에 1 발의 탄착 효과를 얻기 위한 기대발수를 기준으로 비용 대 효과를 고려하여 산출하였다. 화포별 명중확률은 표 17.4 와 같다.

표 17.4 화포별 명중확률(%)

사거리	K-55		K-9	
	명중확률 모형	BTCS	명중확률 모형	BTCS
10	4.2929	3.3697	4.1285	4.1285
11	3.9762	2.7175	3.8347	3.8347
12	3.1381	3.1381	3.0338	3.0338
13	2.4635	2.4635	2.4635	2.4635
14	2.0427	1.4773	2.0427	1.4773
15	1.2734	1.2734	1.6765	1.2451
16	1.1101	1.1101	1.0865	1.0865
17	0.9571	0.9571	0.9571	0.9571
18	1.1935	1.1935	1.0645	1.0645
19	1.0190	1.0190	0.9265	0.9265
20	1.5173	0.8961	0.8008	0.8008
21	1.4611	0.7950	0.7895	0.6903
22	1.2194	1.2194	0.6811	0.6015
23	1.0345	1.0345	0.6015	0.6015
24	0.8897	0.8897	0.5289	0.5289
25	0.7739	0.7739	0.4688	0.4688
26	0.6702	0.6702	0.4800	0.4185
27	0.5783	0.5783	0.4062	0.3760
28	0.5040	0.5040	0.3698	0.3242
29	0.3971	0.3971	0.3382	0.2951
30	0.3042	0.3042	0.3105	0.2698

위에서 산출한 화포별 명중확률을 적용하여 다음에서 MANA 를 활용하여 분석하였다.

MANA 를 통한 갱도포병 타격방안연구

시나리오 구성

장차 사단급 전장에서 초전 대화력전을 수행함에 있어서 앞서 연구한 명중확률을 통한 최적 사격제원 산출에 의한 방법과 미래전장에서 사단급 UAV 의 운용여부에 따른 효과를 분석하였다. 시나리오는 화포별 명중확률적용방안과 UAV 의 운용여부에 따라 4 가지로 구성하였다. 세부 시나리오는 표 17.5 와 같다.

표 17.5 시나리오 구성

시나리오	내용
1	BTCS 제원+ UAV 미운용
2	명중확률모형 제원+ UAV 미운용
3	BTCS 제원+ UAV 운용
4	명중확률모형 제원+ UAV 운용

효과 검증은 개전 초 1 일간(10H) 작전수행 후에 피아 전투력 지수의 변화를 통하여 분석하였다. 참고로 시나리오 2 의 구성화면은 그림 17.23 과 같다.

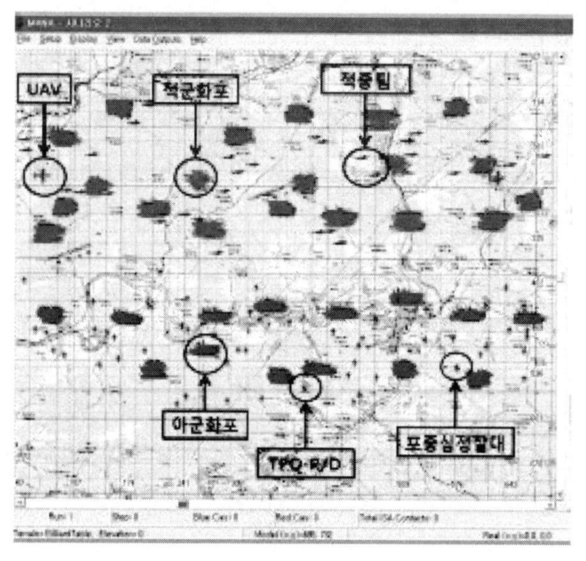

그림 17.23 시나리오 2 구성 화면

데이터 입력 및 조정

초기 피아 포병자산 및 표적 획득 자산은 Squad 로 구성하였고 각 Squad 별로 별도의 명칭을 붙였다. 또한 Squad 에 대한 Agent 는 포병부대는 1 Squad = 18 Agent 로 하였으며 인간정보 자산은 1 Squad = 3 Agent 로 TPQ-R/D 및 UAV 는 1 Squad = 1 Agent 로 구성하였다. 미래 사단 전장 지역을 고려하여 전장 지역은 60km×80km 로 하였다. MANA 에서는 1 cell=100 m 로 가정하여 800 cell × 800 cell 로 입력하였다. 인간정보 자산(포종심 정찰대, 적지종심 작전부대)의 이동속도는 4 km/h =0.0011 km/sec = 0.1 km/100step = 1 cell/100 step 이며, UAV 비행속도는 160 km/h = 0.044 km/sec = 4.4 km/100 step = 44 cell/100 step 으로 이동하는 것으로 입력하였다.

모의결과 분석

모의분석은 시나리오별로 각 50 회씩 실시하였다. MANA 에 의한 모의 분석 결과, 미래 사단급 전장에서 초전 대화력전 수행시 피아 포병 부대의 전투력 지수는 표 17.6 과 같이 변화하였다.

표 17.6 시나리오별 모의 결과

시나리오	전투력 지수(%)	
	아군	적군
1	74	86
2	77	77
3	77	85
4	78	73

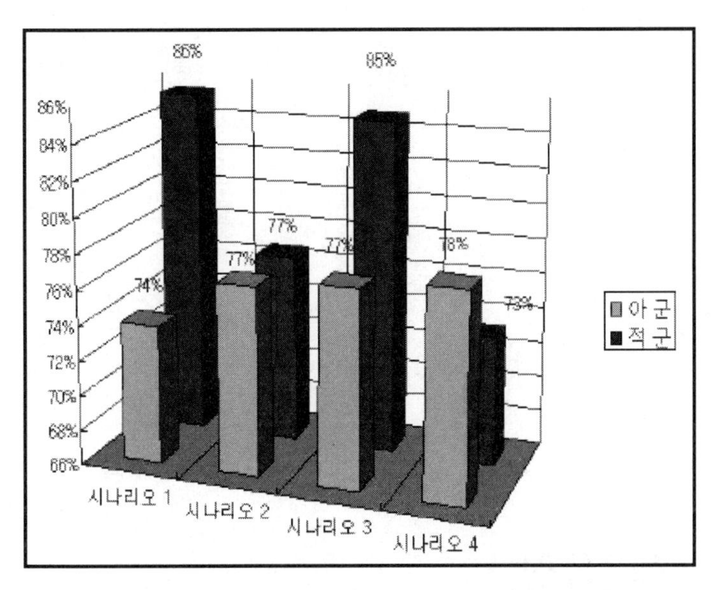

그림 17.24 시나리오별 전투력 지수 결과

워게임을 통한 시나리오별 전투력 지수 결과에 대한 데이터를 통해 다음과 같은 결론을 얻을 수 있었다. 첫째, 명중확률 모델을 적용한 포병 사격이 BTCS 사격제원을 적용한 포병사격보다 더 효율적이다.

시나리오 1 과 3 을 비교 분석해 보면 시나리오 3 은 시나리오 1 에 비해 아군의 전투력지수는 3% 증가하고 적의 전투력지수는 1% 감소하였다. 둘째, 미래 사단급 전장에서 UAV 를 운용했을때 그 효과는 증대된다. 시나리오 4 는 시나리오 2 에 비해 아군의 전투력 지수는 4% 증가하고 적군의 전투력 지수는 12%가 감소하였다. 셋째, 포병탄의 명중률을 높이는 방안보다 포병부대와 UAV 를 연계한 대화력전 수행의 효과가 더 높다는 사실을 알 수 있다.

명중률을 높이는 방안 선택시 평균적으로 아군의 전투력 지수는 2% 증가하고 적군의 전투력은 2.5% 감소하는 반면 UAV 를 운용하는 방안은 아군의 전투력 지수는 평균 2% 증가하고, 적군의 전투력 지수는 평균 10.5% 감소함을 알수가 있었다. 이러한 분석 결과를 종합해 보면 명중확률 모델을 적용한 사격제원 적용과 UAV 를 활용한 표적 획득을 통해서 초전 대화력전 수행시 전투력 우위를 달성할 수 있다는 것이다.

제 18장

분산 시뮬레이션

18.1 분산 시뮬레이션(Distributed Simulation)

분산 시뮬레이션은 개별 시뮬레이션을 탑재한 컴퓨터를 네트워크로 연결하여 하나의 시뮬레이션으로 실행시키는 기술이며 분산 시뮬레이션의 핵심 기술은 상호연동 기술이다. LVC(Live Virtual Constructive) 연동을 위하거나 C-C 연동을 위한 기술도 분산 시뮬레이션 기술에 기반한다. 대규모 부대가 참여하는 지휘관 및 참모의 전투지휘절차 연습은 주로 C-C 연동에 의해 이루어지는데 이는 모든 제대별, 기능별 모델의 개발기관이 상이하고 구현된 소프트웨어 언어가 다양하며 운용기관이 전세계적으로 분산되어 있어 이를 가상공간에서 통합하여 하나의 공통의 전장환경을 구성하기 위해서는 분산 시뮬레이션이 필수적이다.

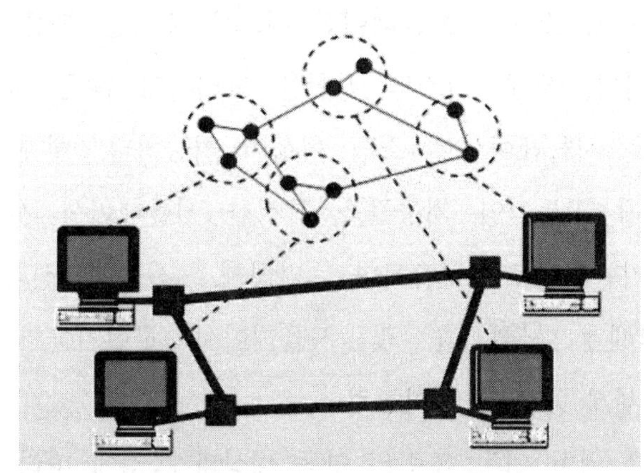

그림 18.1 분산 시뮬레이션

워게임 모델을 연동하지 않고 단일 시스템 시뮬레이션으로 상황을 묘사하면 다음과 같은 제한사항이 발생한다. 첫째 단일 시뮬레이션 시스템은 모든 작전 요구사항을 충족하는 것이 제한된다. 작전요구는 특정 부대가 부대활동, 무기체계, 장비운용, 전투수행능력, 지원관계 및 활용성, 파괴력 등을 수행해야 할 능력을 말한다. 현대전에서 요구되는 작전요구사항은 너무나도 다양하고 복잡해서 하나의 시스템으로 모든 작전 요구를 충족하는 것이 제한되는 것이다.

현대전에서 요구되는 작전요구는 지상전, 해상전, 공중전뿐만 아니라 우주전, 사이버전, 민군작전, 전쟁지속지원 등 다양하게 발전하고 있어 만약 단일 시스템으로

이 모든 상황을 묘사하면 시스템의 크기가 너무나 비대해 지고 다양한 모델 개발기관이 참여하는 다양한 작전요구를 즉각 반영하는 것은 원천적으로 차단된다. 둘째, 사용자간 관심 및 충실도에 대한 요구수준이 상이하여 시뮬레이션을 단일 시스템으로 묘사하는 것은 제한된다. 셋째 시뮬레이션 개발자의 모의영역 지식이 다양하여 모든 모의영역 전문지식을 단일 개발자 집단으로 해결이 불가하다. 넷째, 단일 시스템은 미래 수요에 의한 유용한 결합 방법의 예측이 불가하기 때문이다. 다섯째, 단일 시스템은 미래의 유용한 시뮬레이션 기술과 도구 발전에 대한 지속적인 통합이 제한된다.

이러한 단일 시스템으로 다양한 작전요구를 충족시키는 것이 제한됨으로 인해 시뮬레이션의 연동시스템이 필요하다. 시뮬레이션 연동의 장점으로는 첫째, 대규모 시뮬레이션 문제를 소규모 다수 문제로 분할 가능하고 소규모 문제는 정의, 구축 및 검증이 용이하다. 둘째, 소규모 시뮬레이션 시스템 결합을 통한 대규모 시뮬레이션 시스템 구축 가능하다. 셋째, 시스템 결합을 고려하지 않은 시뮬레이션 시스템의 결합을 통한 새로운 시뮬레이션 시스템 형성이 가능하다. 넷째, Component 기반 시뮬레이션 시스템에 공통적인 기능들을 특정한 시뮬레이션 시스템에서 분리하여 재사용 가능한 기반체계로 구축하다. 다섯째, 시뮬레이션과 기반체계 간의 인터페이스는 기반체계 구현기술 및 시뮬레이션 구현기술의 변화로부터 각각 시뮬레이션 및 기반체계 등을 분리 가능하다.

분산 시뮬레이션을 위한 연동 표준은 연동 대상과 목적에 따라 다양하게 발전되어 왔다. 그림 18.2 에서 보는 것과 같이 DIS, HLA, TENA, CTIA 등 다양한 연동체계들이 있다. 이들 연동체계 중 DIS 는 공용기술로 간주되고 있고 HLA/DIS 가 연동체계의 70%를 점유하고 있다. Live 시뮬레이션 영역에 대한 보완기술로 TENA 또는 CTIA 가 적용되고 있다.

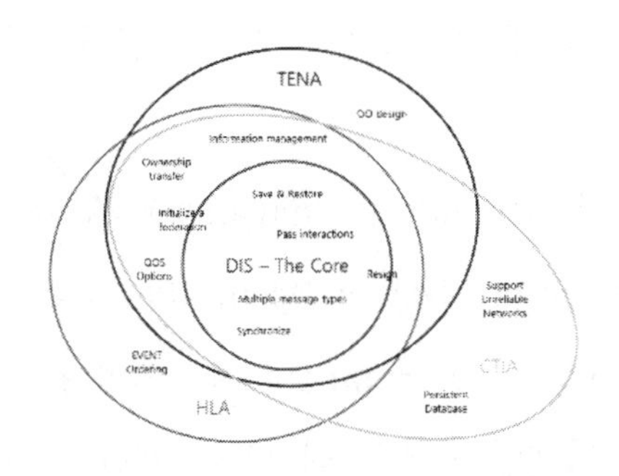

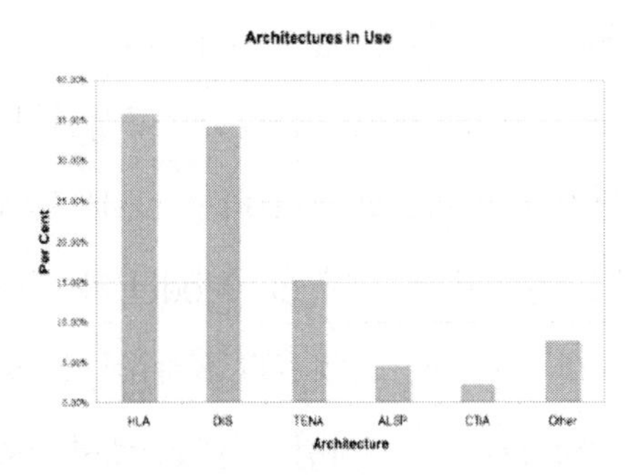

그림 18.2 시뮬레이션 시스템 연동

2001 년부터 2018 년까지 진행되었던 KR(Key Resolve)와 UFG(Ulchi Freedom Guidian) 연습은 전 세계에서 가장 큰 시뮬레이션 기반 군사연습이었다. 전장 상황을 시뮬레이션으로 모의하는데 여기에는 한미 워게임 모델과 일부 시뮬레이터들이 참여한다. 한미 워게임 모델은 미 본토와 하와이, 일본, 오키나와 등 국외와 한반도 내부에서도 서울, 대전, 오산, 진해, 발안, 동두천 등 여러 곳에서 운용된다.

이렇게 물리적으로 떨어진 지역에서 운용되는 모델들이 연동체계를 통해 하나의 모델인 것처럼 공동의 전장환경을 구성하고 서로가 가진 부대들이 이동, 기동, 교전하고 공통의 전투력을 가지고 있다. 이러한 연동을 가능하게끔 하는 것이 연동의 기술이다. 실제 워게임 모델들은 개발기관이 상이하고 개발 언어도 다르며 운용체계도 다를 뿐만 아니라 기능도 상이하다.

이러한 다양한 환경속에서 개발되고 발전된 워게임 모델들이 마치 하나의 워게임 모델인 것처럼 운용되는 것은 HLA/RTI 라고 하는 국제 연동표준을 준수하기 때문에 가능하다. 그림 18.3 을 보면 한국군에서 만든 워게임 연동체계의 개념을 나타내어 주고 있다. 모델들은 지상전, 해상전, 공중전, 상륙전, 전투근무지원, 정보, 민군작전 모델 등 다양하게 기능별 모델이 있고 이들은 국제 연동표준 HLA 를 준수하는 모델이다.

워게임 모델들을 연동가능하게 하는 것이 RTI(Run Time Infrastructure)라는 Middleware 이다. 기반체계는 이 연동을 가능하게 연동관리도구 KFMT(Korea Federation Management Tool)와 RTI, 한국군 C4I 체계와 연동시키는 인터페이스인

KEI(Korea External Interface), 미측 체계와 연동시키는 인터페이스인 CI(Confederation Interface)로 구성되어 있다.

지원체계는 이들을 지원하는 DM&S(Defense Modeling & Simulation) Website 와 FOM(Federation Object Model)과 SOM(Simulation Object Model)의 개발과정을 자동화한 도구인 KOMDT(Korea Object Model Development Tool)이다. 또한, SAFE/SimTest 는 시험지원도구로서 미완성된 워게임 모델을 대신하여 제한된 기능과 시험환경을 제공하는 시스템이다. FEPW(Federation Exercise Planning Workbook)은 Federation 연습계획 작업일지이며 FVT(Federate Verification Tool)는 Federation 검증 도구이다.

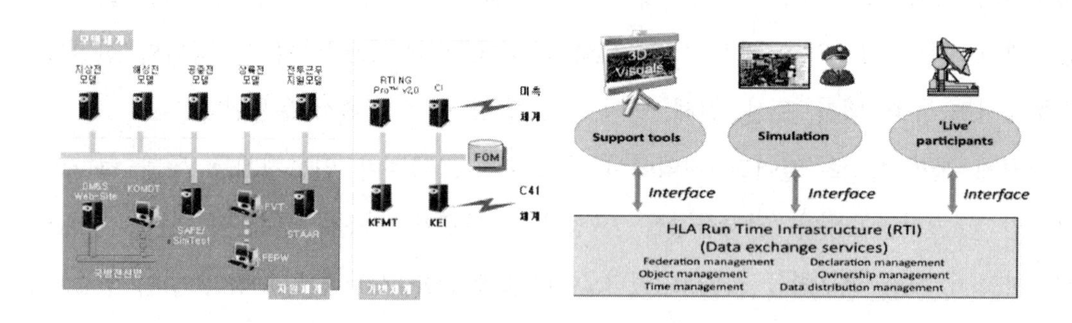

그림 18.3 KSIMS(Korea Simulation System) 구조

18.2 분산 시뮬레이션을 위한 기술

분산 시뮬레이션은 소규모의 기능별로 구축된 다수의 시뮬레이션 모델을 활용하여 대규모의 복잡한 시뮬레이션 시스템을 구현하는 기술로서 미 국방부와 국제전기전자공학회(IEEE)는 분산 시뮬레이션의 표준으로 HLA/RTI 를 채택하였다. HLA(High Level Architecture)/RTI(Run Time Infrastructure)는 시뮬레이터 간 또는 시뮬레이터와 Training System 또는 C2 DSS(Command and Control Decision Support System) 체계 등을 하나의 Federation 으로 구성하여 상호운용성(Interoperability)을 제공하기 위한 기반기술이다.

그러나 소규모의 기능별로 기구축된 시뮬레이션 모델은 해상도의 차이로 인하여 상호운용성 및 재사용성에 제한이 있는 것이 사실이다. 이러한 제한사항을 극복하기 위해 Multi-resolution Model, Gateway, Bridge 등이 발전되고 있다.

18.3 Federation

Federation 은 특정 목적을 위해 구성요소 시뮬레이션 모델들로 결합된 시뮬레이션 시스템이다. 즉 Federation 은 Federate 들의 집합체라고 할 수 있다. Federate 는 Federation 구성을 위해 결합된 개별 시뮬레이션 시스템으로서 HLA 규격을 만족하는 워게임 모델, 시뮬레이터, 사후검토체계, 연동 통제체계 등과 같은 단독 시뮬레이션 모델이다

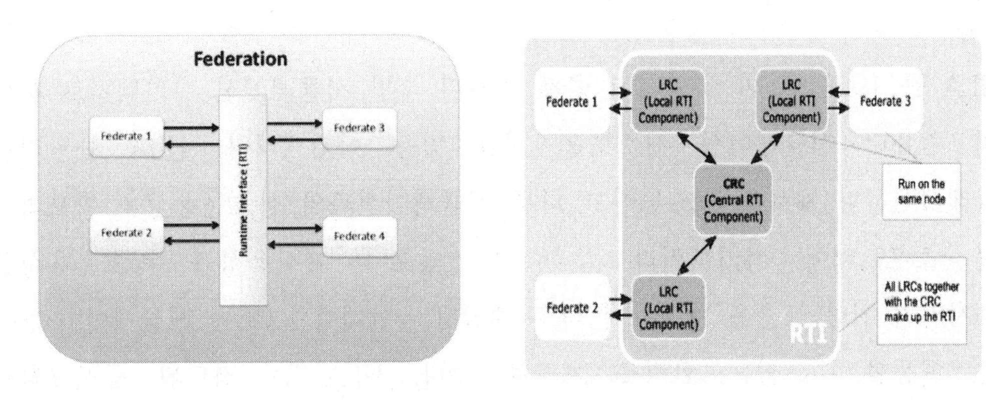

그림 18.4 Federation, Federate, RTI

그림 18.5 는 설계단계와 실행단계의 Federation 의 구성요소를 나타내고 있고 세부 내용은 다음 단계에서 설명한다.

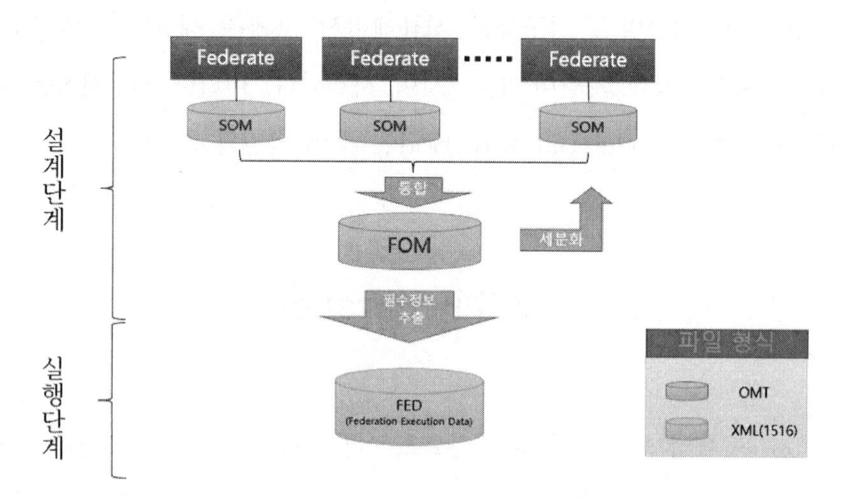

그림 18.5 설계단계와 실행단계의 Federation 정보

18.4 HLA (High Level Architecture)

HLA 는 1995 년 미 국방성에 의해 추진된 국방 시뮬레이션 아키텍처로 분산 처리 컴퓨터 시뮬레이션 시스템을 위한 범용 아키텍처다. HLA 는 기존 시뮬레이션들의 재사용성을 높이고 다른 시뮬레이션과의 상호운용성을 확보하기 위한 소프트웨어 아키텍처라고 할 수 있으며 재사용성과 상호운용성을 증대시키기 위한 표준을 제공하여 차후 개발될 시뮬레이션 (또는 시뮬레이터)들이 상호 연동할 수 있는 환경을 제공해 준다. HLA 는 정의된 통신규약과 Formalism 에 의해 구축된 연동 데이터를 제공하며 기존 모델의 재사용과 시뮬레이션 체계간의 통합 상호운용성 보장한다.

HLA 의 특징은 규격화와 연동 설계 단계부터 운영 단계까지 정형화된 방법을 제공하며 이기종 시뮬레이션 및 시뮬레이터를 위한 공용 데이터 교환 방식을 제공한다. 또 시간관리, 저장, 복구 등 분산 시뮬레이션을 위한 서비스 제공한다. 개발자 관점의 HLA 특징은 고수준(Application Layer 단계의 고수준 통신) 통신 기반 제공과 Call-Callback 아키텍처 제공, 연동 Packet 및 통신 Protocol

수준의 구현 불필요, 데이터 교환을 위한 Data Structure Template 제공 등을 들 수 있다.

HLA 에서는 하나의 분산 시뮬레이션 체계를 하나의 Federation 으로 구성하고 각각의 개별 워게임 및 시뮬레이터 등을 Federate 로 구성하는데 규칙에서는 Federation 과 Federate 가 준수해야 할 규칙을 기술한다. 그리고 인터페이스 규격에서는 Federate 와 RTI 사이에서 인터페이스를 정의하여 제공되는 HLA 서비스를 사용할 수 있도록 해 준다. 마지막으로 OMT(Object Model Template)에서는 Federate 사이에서 사용할 객체(Object) 및 상호작용(Interaction) 정보를 문서화하는 방법을 규정하여 누구나가 쉽게 이해할 수 있도록 하고 있다.

HLA 은 국방분야 뿐만 아니라 우주 개발, 항공 관제, 에너지 관리, 연안 관리, 철도 및 자동차 산업, 제조업, 보건 등 광범위한 분야에서도 활용되고 있다. 그림 18.6 과 표 18.1 은 HLA 의 적용 영역과 연동관련 기술의 발전을 보여주고 있다.

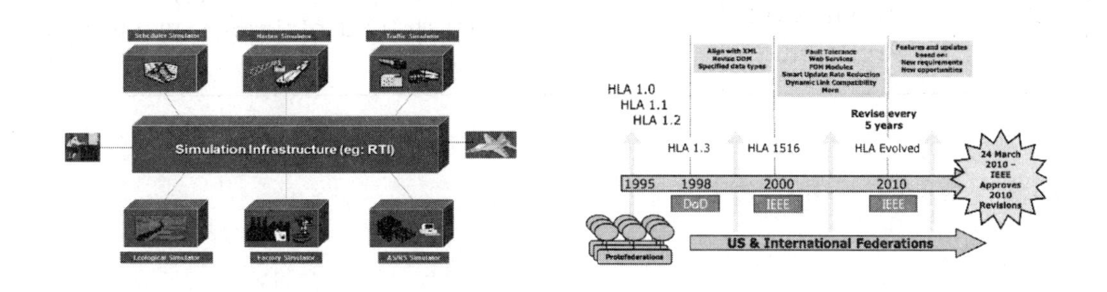

그림 18.6 Simulation Infrastructure 와 발전 과정

표 18.1 연동 관련 기술 발전

기 간	연동구조	표 준	특 징
1983 ~ 1990	SIMNET (SIMulator NETworking)		• 소부대 훈련용 시뮬레이터 연동 (전차 시뮬레이터)
1989 ~	ALSP (Aggregate Level Simulation Protocol)	IEEE 1278	• AIS(ALSP Infrastructure Software)에 의한 분산시뮬레이션 환경 제공 • 메시지 기반 프로토콜 • 이기종 시뮬레이션 연동
1990 ~	DIS (Distributed Interactive Simulation)	DMSO v1.3 IEEE 1516 IEEE 1516-2010	• 실시간 시뮬레이션을 위한 UDP 기반의 통신 프로토콜 • 확장성 문제 • 비효율적 네트워크 자원 사용 (전체 데이터의 Broadcasting)
1995 ~	HLA (High Level Architecture)		• 가능한 모든 종류의 시뮬레이션 연동을 위한 공통기반 구조 • 시뮬레이터의 인터페이스 및 데이터 모델 규약

HLA 구성요소는 다음과 같다.

1. HLA 규칙 (10 개): Federation (5 개), Federate (5 개)
2. Object Model Template (OMT): SOM, FOM, MOM
3. RTI Interface Spec: HLA v1.3 108 개

18.5 Federation/Federate 규칙

먼저, HLA 의 10 대 규칙은 Federation 규칙 5 개와 Federate 규칙 5 개로 구성되어 있는데 이것들은 Federation 과 Federate 가 준수해야 할 규칙이다.

Federation 규칙은 다음과 같다.

1. Federation 은 HLA 객체모델형판(OMT)에 의해 문서화된 하나의 HLA FOM 을 가진다.
2. 객체 인스턴스는 RTI 가 아닌 Federate 에 있다. 즉, RTI 가 속성의 상태값을 보유하지 않는다.
3. Federation 실행 동안 Federate 간 FOM Data 의 교환은 RTI 를 통해서만 일어난다.
4. Federation 실행 동안 Federate 는 HLA Interface 명세에 따라 RTI 와 상호작용한다.
5. Federation 실행 동안 모든 인스턴스의 속성은 임의의 시점에 단 하나의 Federate 에 의해 소유된다.

Federate 규칙은 다음과 같다.

1. Federate 는 HLA 객체모델형판(OMT)에 의해 문서화된 하나의 SOM 을 가진다.
2. Federate 는 자신의 SOM 에 정의된 속성들에 대해 갱신, 반영 및 전송, 수신한다.
3. Federate 는 속성의 소유권을 다른 Federate 에게 이양하거나 이양 받을 수 있다.
4. Federate 는 속성들의 갱신을 제공하는 조건(임계치)를 변경할 수 있다.
5. Federate 는 사건 교환을 위해 내부 시뮬레이션 시간 즉, Local Time 을 관리한다.

18.6 OMT(Object Model Template)

OMT 는 FOM, SOM, MOM 으로 구성된다.

1. SOM(Simulation Object Model)

Federate 당 하나만 존재하며 개별 시뮬레이션 체계의 제공(Publish) 및 수신(Subscribe) 가능 객체 즉, 외부적 공용 가능한 객체 및 상호작용을 기술한다.

2. FOM(Federation Object Model)

Federation 내 하나만 존재하며 Federation 내 모든 객체, 상호작용 등 공용정보를 기술한다.

3. MOM(Management Object Model)

Federation 내 전역적 정의로 Federation 관리에 사용되는 객체 및 상호작용을 포함한 Federation 상태 및 관리기술을 위한 표준화 객체를 기술한다.

MOM 은 FOM 에는 반드시 존재하는 요소이다.

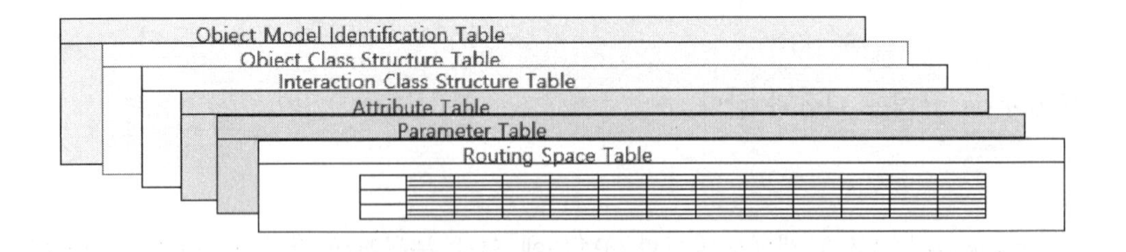

그림 18.7 OMT

18.6.1 SOM(Simulation Object Model)

SOM 에서는 객체의 전송(Publish)와 수신(Subscribe)에 대해 선언한다. 예를 들어 지상군 모델 SOM 에서는 공중 객체에 대해서는 수신하고 지상 객체에 대해서는 전송 및 수신, 해상 객체에 대해서는 전송도 수신도 하지 않는 것이다. 공군 전력이 지상군에 대해 공격이 가능하다고 가정해서 공격정보를 수신하여 피해를 산출해야 하고 지상군에 대해서는 상대측에 대한 공격과 상대측에 의한 공격피해를 동시에 묘사해야 하기 때문에 객체 정보에 대해 전송 및 수신을 한다. 다만 지상군 모델은 해상 객체에 대해서는 전송도 수신도 하지 않는다고 선언한 것은 양측간 교전이 없다는 것을 가정해서 선언한 것이다. 그러나 함포사격이나 지상 미사일에 의한 지대함 미사일 공격이 있을 경우에는 전송 및 수신을 다 선언해야 한다.

지상군의 전투근무지원 모델은 지상군 부대에 대해서만 지원을 하기 때문에 지상군 객체에 대해서만 전송 및 수신을 선언하면 된다. 마찬가지로 미사일 방어모델인 상대측의 미사일을 요격하는 임무를 수행하는 모델이기 때문에 공중객체 중 미사일 객체에 대해서만 수신을 하면 충분하다. 사후검토모델은 지상, 해상, 공중 객체에 대한 수신만 필요하다. 사후검토모델은 전장에서 발생한 사실을 파악하여 사후검토를 위한 모델이기 때문에 다른 객체에 대해 데이터를 송신할 필요가 없다. 만약 필요없는 객체를 송신 및 수신을 하게 되면 너무 많은 데이터가 RTI 를 거쳐 가게 되어 데이터 통신에 큰 문제를 일으키게 되고 불필요한 데이터를 사용하지 않기 때문에 의미가 없는 행위를 하게 되는 것이다.

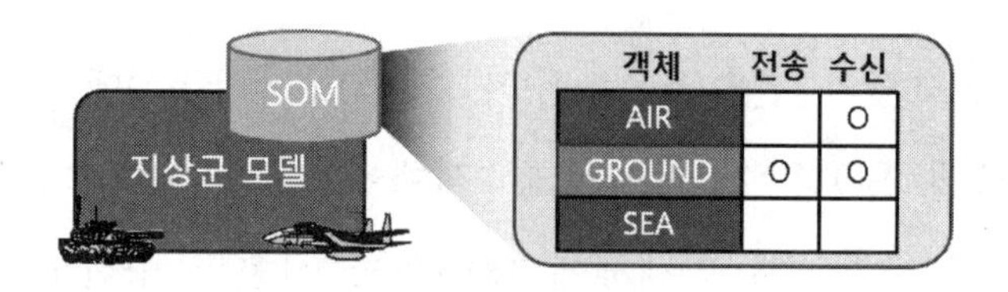

지상군 모델 선언

해군 모델 선언 공군 모델 선언

그림 18.8 객체 선언

해군 모델과 공군모델도 이처럼 공중, 지상, 해상 객체에 대한 전송과 수신을 선언하고 이를 RTI 를 통해 데이터를 주고받게 된다.

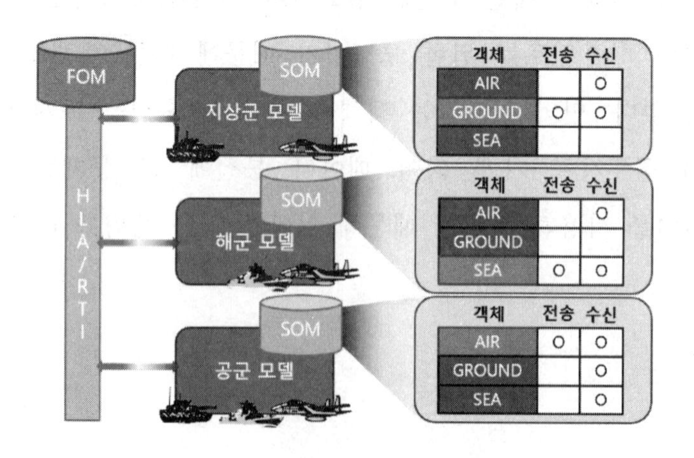

그림 18.9 각군 모델간 통신

18.6.2 FOM (Federation Object Model)

FOM 은 Federate 간 교환하는 객체, 상호작용에 관한 정보를 기술한 HLA 어플리케이션으로 자료교환을 정의하는 수단이다. FOM 은 모든 객체 및 상호작용에 대한 공용정보를 기술하는 Federation 체계 전체의 공유 데이터로 Federation 에 1 개만 존재한다. FOM 은 객체(Object)와 상호작용(Interaction)으로 구성되어 있으며 속성(Attribute)과 데이터 타입(Data Type)을 정의한다. 모든 Federate 는 FOM 에 정의된 내용으로만 자료를 다른 Federate 와 교환한다.

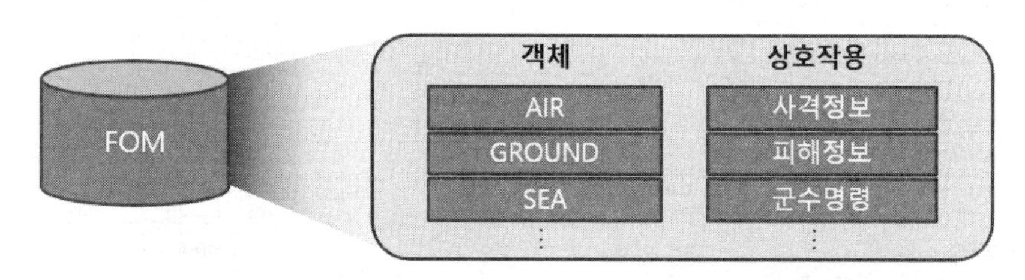

객체 (Object)

Class1	Class2	Class3
AIR 공중객체	CRUISE_MISSILE	
	FIXEDWING	
	HELICOPTER	
GROUND 지상객체	BASE	
	MANEUVER	ALLRAD
		COMBAT
		RADAR
		TEL
SEA 해상객체	SUBSURFACE	
	SURFACE	BOAT
		SHIP
⋮	⋮	⋮

속성(Attribute)

속성	데이터Type
ALTITUDE	Long
ATO_ID	String
COURSE	Float
SPEED	Float
LOCATION	Lat(float) Long(float)
MISSION	String
IFF	String
CALLSIGN	String
CLASS	String
FED_ID	Long
ORBIT_POINT	Lat(float) Long(float)
UNIT_TYPE	String

FixedWing Attribute 와 Data Type

상호작용 (Interaction)

Class1	Class2	Class3
ENGAGEMENT 사격정보	AIR_TO_AIR	
	AIR_TO_GROUND	
	AIR_TO_SEA	
	GROUND_TO_AIR	
	GROUND_TO_GROUND	ARTILLERY
		CLOSE_COMBAT
	GROUND_TO_SHIP	
REPORT 피해정보	AIR_TO_AIR	
	AIR_TO_GROUND	
	AIR_TO_SEA	
	GROUND_TO_AIR	
	GROUND_TO_GROUND	ARTILLERY
⋮	⋮	⋮

속성 (Parameter)

속성	데이터Type
AMMO	String
FIRER_LOCATION	Lat(float) Long(float)
FLYOUT	Double
FUZE	FUZE_ENUM
LOCATION	Lat(float) Long(float)
NUMBER	Long
PATTERN	PATTERN_ENUM
TARGETS	String
TUBES	Long
WEAPON	String

Interaction GROUND_TO_GROUND ARTILLERY 에 대한 속성(Attribute)과 Data Type

그림 18.10 FOM

이름	크기	유형
MRF_v7_1_FOM_20160203.fed	91KB	FED 파일
MRF_v7_1_FOM_20160203.omd	577KB	OMD 파일
MRF_v7_1_FOM_20160203.omt	728KB	OMT 파일

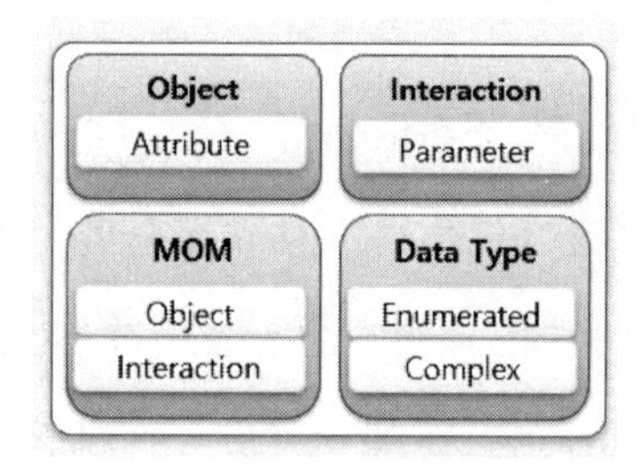


```
)
(class HELICOPTER
   (attribute ALTITUDE reliable timestamp)
   (attribute ATO_ID reliable
   (attribute C2W_FACTORS rel
   (attribute CALL_SIGN relia
   (attribute COURSE reliable timestamp)
   (attribute EMITTER reliable timestamp)
   (attribute HEADING reliable timestamp)
   (attribute HHQ_ID reliable timestamp)
   (attribute IFF reliable timestamp)
   (attribute MISSION reliable timestamp)
   (attribute ORBIT_POINTS reliable timestamp)
   (attribute RECOVERY_BASE reliable timestamp)
   (attribute SIZE reliable timestamp)
   (attribute SONAR reliable timestamp)
   (attribute SPEED reliable timestamp)
   (attribute STATUS reliable timestamp)
   (attribute TARGET_LOC reliable timestamp)
   (attribute TARGET_SHIP reliable timestamp)
   (attribute UNIT_TYPE reliable timestamp)
)
(class TBM
```

필수정보

<FED 파일>

```
(Class (ID 4)
  (Name "HELICOPTER")
  (PSCapabilities PS)
  (Description "\310\270\300\374
  (SuperClass 1)
  (Attribute (Name "ALTITUDE")
             (DataType "long")
             (Cardinality "1")
             (Units "feet")
             (Resolution "N/A")
             (Accuracy "perfect")
             (AccuracyCondition "perfect")
             (UpdateType Conditional)
             (UpdateCondition "N/A")
             (TransferAccept N)
             (UpdateReflect UR)
             (Description "\260\355\265\265")
             (DeliveryCategory "reliable")
             (MessageOrdering "timestamp")
  )
  (Attribute (Name "ATO_ID")
             (DataType "string")
```

세부정보

<OMD 파일>

그림 18.11 FED 파일과 OMD 파일

Object Class

Federation 에 참여한 각 Federate 들이 공동으로 소유 및 연동하기 위한 정보로서 Federation 에 항시 존재하는 정보이다.

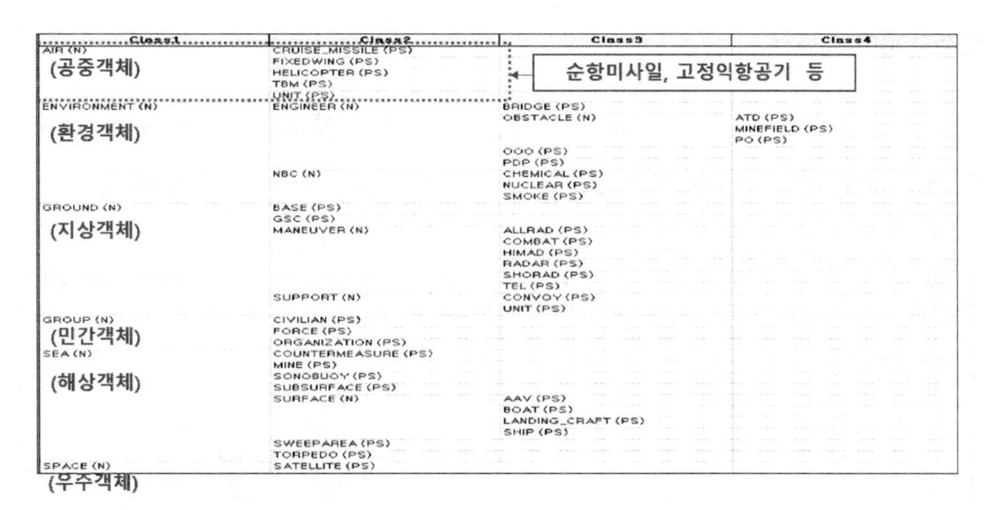

Class1	Class2	Class3	Class4
AIR (N)	CRUISE_MISSILE (PS)		
(공중객체)	FIXEDWING (PS)		
	HELICOPTER (PS)		
	TBM (PS)		
	UNIT (PS)		
ENVIRONMENT (N)	ENGINEER (N)	BRIDGE (PS)	
(환경객체)		OBSTACLE (N)	ATD (PS)
			MINEFIELD (PS)
			PO (PS)
		OOO (PS)	
		PDP (PS)	
	NBC (N)	CHEMICAL (PS)	
		NUCLEAR (PS)	
		SMOKE (PS)	
GROUND (N)	BASE (PS)		
(지상객체)	GSC (PS)		
	MANEUVER (N)	ALLRAD (PS)	
		COMBAT (PS)	
		HIMAD (PS)	
		RADAR (PS)	
		SHORAD (PS)	
		TEL (PS)	
	SUPPORT (N)	CONVOY (PS)	
		UNIT (PS)	
GROUP (N)	CIVILIAN (PS)		
(민간객체)	FORCE (PS)		
	ORGANIZATION (PS)		
SEA (N)	COUNTERMEASURE (PS)		
	MINE (PS)		
(해상객체)	SONOBUOY (PS)		
	SUBSURFACE (PS)		
	SURFACE (N)	AAV (PS)	
		BOAT (PS)	
		LANDING_CRAFT (PS)	
		SHIP (PS)	
	SWEEPAREA (PS)		
	TORPEDO (PS)		
SPACE (N)	SATELLITE (PS)		
(우주객체)			

그림 18.12 Object Class

Attribute

각 Object Class 의 Object 들은 하나 이상의 Attribute 값으로 구성된다. 모든 Attribute 값들은 하위 Object Class 에게 상속되어 사용된다. 모든 Attribute 은 Data Type 을 가지고 있다.

Object	Attribute	Datatype	Cardinality	Units	Resolution	Accuracy	Accuracy Condition	Update Type	Update Condition	Transferable/ Acceptable	Updateable/ Reflectable	Routing Space
	PERSONNEL	long	1	N/A	N/A	perfect	perfect	Conditiona	N/A	N	UR	N/A
HELICOPTER	ALTITUDE	long	1	feet	N/A	perfect	perfect	Conditiona	N/A	N	UR	N/A
(회전익 항공기)	ATO_ID	string	1	N/A	N/A	perfect	perfect	Conditiona	N/A	N	UR	N/A
	C2W_FACTORS	C2W_UNIT_STRUCT	1	N/A	N/A	N/A	N/A	Conditiona	N/A	N	UR	N/A
	CALL_SIGN	string	1	N/A	N/A	perfect	perfect	Conditiona	N/A	N	UR	N/A
	COURSE	float	1	degrees	N/A	perfect	perfect	Conditiona	N/A	N	UR	N/A
	EMITTER	EMITTER_STRUCT	1	N/A	N/A	N/A	N/A	Conditiona	N/A	N	UR	N/A
	HEADING	float	1	degrees	N/A	perfect	perfect	Conditiona	N/A	N	UR	N/A
	HHQ_ID	long	1	N/A	N/A	perfect	perfect	Conditiona	N/A	N	UR	N/A
	IFF	string	1	N/A	N/A	perfect	perfect	Conditiona	N/A	N	UR	N/A
	MISSION	string	1	N/A	N/A	perfect	perfect	Conditiona	N/A	N	UR	N/A
	ORBIT_POINTS	LOCATION_2D_STRUCT	1+	N/A	N/A	N/A	N/A	Conditiona	N/A	N	UR	N/A
	RECOVERY_BASE	string	1	N/A	N/A	perfect	perfect	Conditiona	N/A	N	UR	N/A
	SIZE	unsigned short	1	N/A	N/A	perfect	perfect	Conditiona	N/A	N	UR	N/A
	SONAR	SONAR_ENTRY_STRUCT	0+	N/A	N/A	N/A	N/A	Conditiona	N/A	N	UR	N/A
	SPEED	float	1	km/hour	N/A	perfect	perfect	Conditiona	N/A	N	UR	N/A
	STATUS	STATUS_ENUM	1	N/A	N/A	N/A	N/A	Conditiona	N/A	N	UR	N/A
	TARGET_LOC	LOCATION_2D_STRUCT	1	N/A	N/A	N/A	N/A	Conditiona	N/A	N	UR	N/A
	TARGET_SHIP	long	1	N/A	N/A	perfect	perfect	Conditiona	N/A	N	UR	N/A
	UNIT_TYPE	string	1	N/A	N/A	perfect	perfect	Conditiona	N/A	N	UR	N/A
HIMAD	AIR_STATUS	AIR_STATUS_ENUM	1	N/A	N/A	N/A	N/A	Conditiona	N/A	N	UR	N/A

고도, ATO, 전자전관련, 이동방향, 속도 등

그림 18.13 Attribute

Interaction Class

Federate 에서 발생하는 하나의 사건을, 관심을 갖고 있는 하나 이상의 다른 Federate 에게 전달하며 Federation 에서는 전송 후 소멸되는 정보이다.

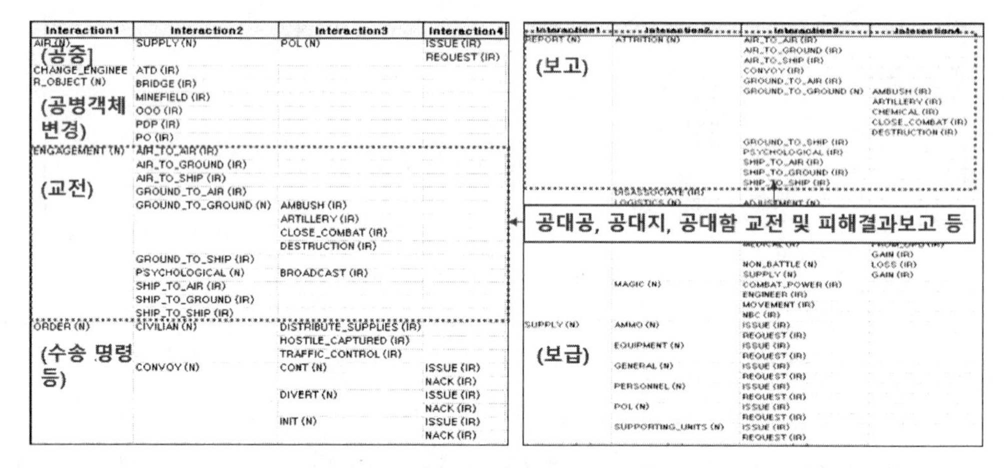

Interaction1	Interaction2	Interaction3	Interaction4
AIR (N) (공중)	SUPPLY (N)	POL (N)	ISSUE (IR)
			REQUEST (IR)
CHANGE_ENGINEER_OBJECT (N) (공병객체 변경)	ATD (IR)		
	BRIDGE (IR)		
	MINEFIELD (IR)		
	OOO (IR)		
	PDP (IR)		
	PO (IR)		
ENGAGEMENT (N) (교전)	AIR_TO_AIR (IR)		
	AIR_TO_GROUND (IR)		
	AIR_TO_SHIP (IR)		
	GROUND_TO_AIR (IR)		
	GROUND_TO_GROUND (N)	AMBUSH (IR)	
		ARTILLERY (IR)	
		CLOSE_COMBAT (IR)	
		DESTRUCTION (IR)	
	GROUND_TO_SHIP (IR)		
	PSYCHOLOGICAL (N)	BROADCAST (IR)	
	SHIP_TO_AIR (IR)		
	SHIP_TO_GROUND (IR)		
	SHIP_TO_SHIP (IR)		
ORDER (N) (수송 명령 등)	CIVILIAN (N)	DISTRIBUTE_SUPPLIES (IR)	
		HOSTILE_CAPTURED (IR)	
		TRAFFIC_CONTROL (IR)	
	CONVOY (N)	CONT (N)	ISSUE (IR)
			NACK (IR)
		DIVERT (N)	ISSUE (IR)
			NACK (IR)
		INIT (N)	ISSUE (IR)
			NACK (IR)

Interaction1	Interaction2	Interaction3	Interaction4
REPORT (N) (보고)	ATTRITION (N)	AIR_TO_AIR (IR)	
		AIR_TO_GROUND (IR)	
		AIR_TO_SHIP (IR)	
		CONVOY (IR)	
		GROUND_TO_AIR (IR)	
		GROUND_TO_GROUND (N)	AMBUSH (IR)
			ARTILLERY (IR)
			CHEMICAL (IR)
			CLOSE_COMBAT (IR)
			DESTRUCTION (IR)
		GROUND_TO_SHIP (IR)	
		PSYCHOLOGICAL (IR)	
		SHIP_TO_AIR (IR)	
		SHIP_TO_GROUND (IR)	
		SHIP_TO_SHIP (IR)	
	DISASSOCIATE (IR)		
	LOGISTICS (N)	ADJUSTMENT (N)	
			GAIN (IR)
		NON_BATTLE (N)	LOSS (IR)
		SUPPLY (N)	GAIN (IR)
	MAGIC (N)	COMBAT_POWER (IR)	
		ENGINEER (IR)	
		MOVEMENT (IR)	
		NBC (IR)	
SUPPLY (N) (보급)	AMMO (N)	ISSUE (IR)	
		REQUEST (IR)	
	EQUIPMENT (N)	ISSUE (IR)	
		REQUEST (IR)	
	GENERAL (N)	ISSUE (IR)	
		REQUEST (IR)	
	PERSONNEL (N)	ISSUE (IR)	
		REQUEST (IR)	
	POL (N)	ISSUE (IR)	
		REQUEST (IR)	
	SUPPORTING_UNITS (N)	ISSUE (IR)	
		REQUEST (IR)	

그림 18.14 Interaction Class

Parameter

Parameter 는 Interaction 이 가지는 Attribute 값으로 부모의 Attribute 값을 상속한다.

Interaction	Parameter	DataType	Cardinality	Units	Resolution	Accuracy	Accuracy Condition	Routing Space
ENGAGEMENT.AIR_TO_AIR	NUMBER	long	1			perfect	perfect	N/A
	TARGETS_ENGAGED	long						N/A
	WEAPON	string						N/A
	CORRELATION_ID	string	1			perfect	perfect	N/A
ENGAGEMENT.AIR_TO_GROUND (공대지 교전)	CORRELATION_ID	string	1			perfect	perfect	N/A
	LOCATION	LOCATION_2D_STRUCT	1	N/A	N/A	N/A	N/A	N/A
	MISSION	string	1			perfect	perfect	N/A
	NUMBER	long	1			perfect	perfect	N/A
	TARGET_REF	TARGET_REF_STRUCT	1+	N/A	N/A	N/A	N/A	N/A
	TARGETS	string	1+			perfect	perfect	N/A
	WEAPON	string	1			perfect	perfect	N/A
	FAILURE_REASON	FAILURE_REASON_ENUM	1	N/A	N/A	N/A	N/A	N/A

목표물위치, 공격무기유형, 공격무기 수 등

Interaction	Parameter	DataType	Cardinality	Units	Resolution	Accuracy	Accuracy Condition	Routing Space
REPORT.ATTRITION.AIR_TO_AIR	KILLS	long	1			perfect	perfect	N/A
	NUMBER	long						
	WEAPON	string						
	CORRELATION_ID	string	1			perfect	perfect	N/A
REPORT.ATTRITION.AIR_TO_GROUND	CORRELATION_ID	string	1			perfect	perfect	N/A
	FROM_UIC	long	1			perfect	perfect	N/A
	PERCENTAGE_EQUIPMENT_LOST	unsigned short	1			perfect	perfect	N/A
	PERCENTAGE_PERSONNEL_LOST	unsigned short	1			perfect	perfect	N/A
	UNIT_EQUIPMENT	ATTRITION_EQUIPMENT_STRUCT	0+	N/A	N/A	N/A	N/A	N/A
	UNIT_PERSONNEL	ATTRITION_PERSONNEL_STRUCT	0+	N/A	N/A	N/A	N/A	N/A

인원피해, 장비피행, 인원피해율, 장비피해율 등

그림 18.15 Parameter

DataType

DataType은 Complex DataType와 Enumerated DataType으로 나눌 수 있다. Complex DataType 은 다수개의 Data Type 을 갖는 Type 으로 위치, 인원현황, 장비현황 등으로 구성되어 있다. 그림 18.16 에서와 같이 예를 들어 위치정보(LOCATION_2D_STRUCT)는 위도(LATITUDE)와 경도(LONGITUDE)로 구성되어 있다.

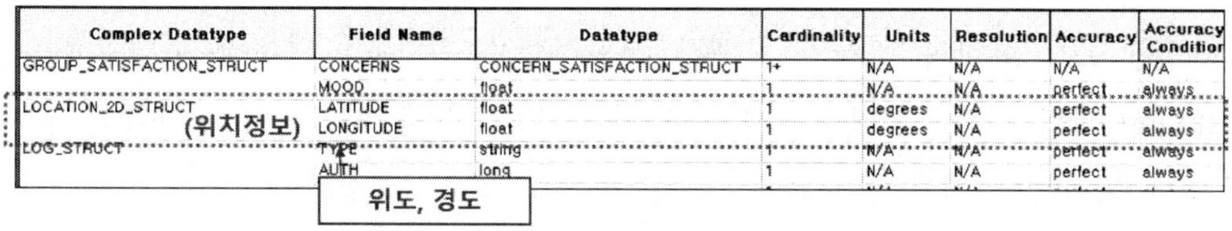

Complex Datatype	Field Name	Datatype	Cardinality	Units	Resolution	Accuracy	Accuracy Condition
GROUP_SATISFACTION_STRUCT	CONCERNS	CONCERN_SATISFACTION_STRUCT	1+	N/A	N/A	N/A	N/A
	MOOD	float	1	N/A	N/A	perfect	always
LOCATION_2D_STRUCT	LATITUDE	float	1	degrees	N/A	perfect	always
(위치정보)	LONGITUDE	float	1	degrees	N/A	perfect	always
LOG_STRUCT	TYPE	string	1	N/A	N/A	perfect	always
	AUTH	long	1	N/A	N/A	perfect	always

위도, 경도

그림 18.16 Complex DataType

Enumerated DataType 은 부대상태, 임무, 피해종류 등 확정적인 값을 가지는 속성이나 파라미터로 정수형 Representation 값을 이용하여 전송한다. 예를 들어 소속정보(SIDE_ENUM)은 RED, BLUE, NEUTRAL 로 구분되고 RED 는 1 로, BLUE 는 2 로, NEUTRAL 은 3 으로 표현하여 값을 전송하고 수신한 모델에서는 그 정수값으로 다시 RED, BLUE, NEUTRAL 을 구분한다.

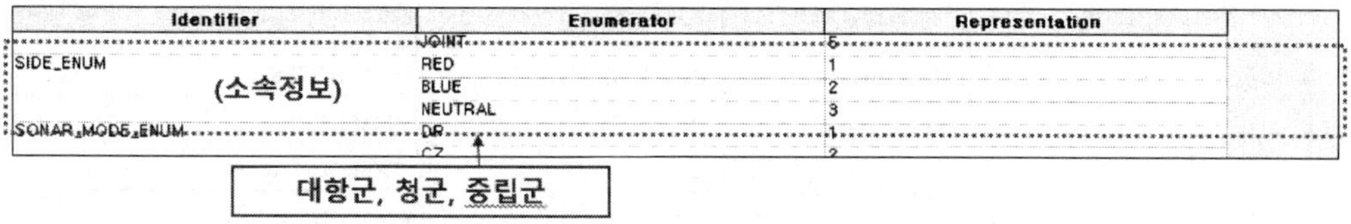

Identifier	Enumerator	Representation
	JOINT	5
SIDE_ENUM	RED	1
(소속정보)	BLUE	2
	NEUTRAL	3
SONAR_MODE_ENUM	DR	1
	CZ	2

대항군, 청군, 중립군

그림 18.17 Enumerated DataType

Enum Data (MEL: Master Enum Data List)

Enum Data 는 객체 및 상호작용의 데이터 중 String 으로 정의된 데이터 값 목록이다. 모델간 정확한 String 을 전송하기 위한 규약으로 *.xml 형태로 Master Enum Data List 파일 배포 후 모든 모델에서 적용한다. 모든 모델은 MEL 에 정의된 데이터만 전달해야 한다. 실제 각 워게임 모델들은 특정 객체 및 상호작용 데이터를 상이한 String 으로 사용할 수 있기 때문에 Enum Data 와 일치를 시켜야 한다. 이를 위해 각 워게임들은 FCC(Federation Consistency Checker)를 이용하여 워게임 모델간 교차시험을 위한 각 워게임 모델별 Enum Mapping 파일 *.xml 형태로 제출해야 한다. FCC 등을 이용하여 교차확인 후 각 워게임 모델에게 결과 통보하여 각 Federate 내부 속성값과 연동 속성값과의 일치 및 누락여부를 확인해야 워게임 모델에서 다른 워게임 모델들과 연동하는데 문제가 발생하지 않는다.

그림 18.18 은 한국군 지상전 모델인 창조 21 에서 사용하는 내부 속성값과 실제 연동하는 속성값이 상이한 경우를 표현한 것이다. 만약 연동 속성값이 MEL 와 상이하다면 연동 속성값을 MEL 에 Mapping 하여 일치시키는 것이 필요하다.

[창조21 Enum Mapping 파일 : Weapon Type]

내부속성값	연동속성값	방향
155MM견인포<KH-179>	155MM.HOW.KH179	IN&OUT
	155MM.GH.N-45	IN
	155MM.GUN.AS-90	IN
155MM구형<M114>	155MM.GUN.FH-70	IN&OUT
	155MM.GUN.TRF-1	IN
155MM자주포<K-55>	155MM.HOW.K55	IN&OUT
	155MM.HOW.AUF-1	IN

[Master Enumeration List]

Weapon Type
155MM.HOW.KH179
155MM.GH.N-45
155MM.GUN.AS-90
155MM.GUN.FH-70
155MM.GUN.TRF-1
155MM.HOW.K55
155MM.HOW.AUF-1

그림 18.18 창조21 모델 내부 속성값과 연동속성값, MEL

FCC 는 모델별 Enum Mapping 파일을 이용한 Enumeration Data 교차를 확인하고 실시간 Master Enumeration 위반여부 감시하는 기능을 가진 소프트웨어이다. FCC 는 MEL 을 기준으로 모든 Federate 의 송신정보를 확인하고 검사 결과를 화면에 실시간 전시하며 파일을 저장하는 기능을 가지고 있다.

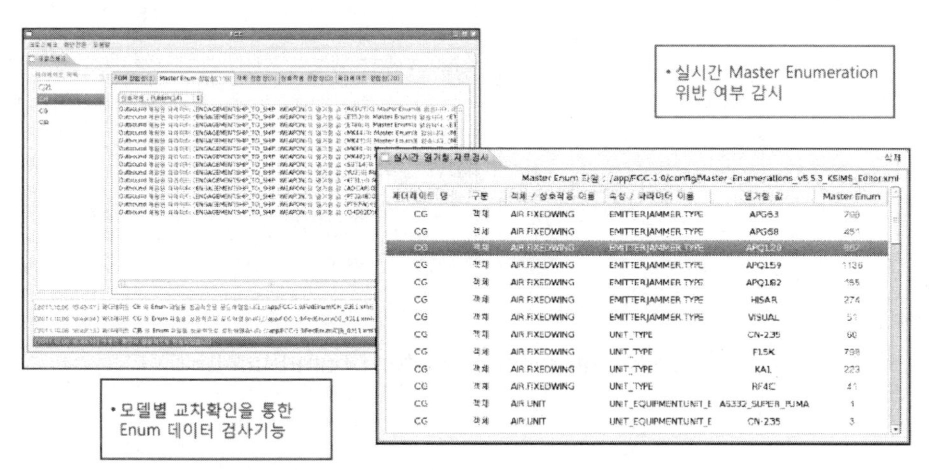

그림 18.19 FCC (Federation Consistency Checker)

Class 1	Class 2	Attribute
AIR	CRUISE_MISSILE	EMITTER.RADAR.TYPE
		MISSON
		UNIT_TYPE
	FIXED_WING / HELICOPTER	EMITTER.JAMMER.MODE
		EMITTER.JAMMER.TYPE
		EMITTER.RADAR.TYPE
		MISSION
		UNIT_TYPE
	TBM	MISSION
		UNIT_TYPE
	TEMP_HELO	UNIT_EQUIPMENT.TYPE
	UNIT	AC_IN_SHELTER.TYPE
		UNIT_EQUIPMENT.TYPE
GROUND		AMMUNITION_LIST.TYPE
		FUEL_LIST.TYPE
		GENERAL_LIST.TYPE
		UNIT_COUNTRY_CODE
		UNIT_EQUIPMENT.TYPE
	BASE	EMITTER.RADAR.TYPE
	MANEUVER	FORMATION
		ROLE
		SIZE
		UNIT_PERSONNEL.TYPE
	MANEUVER.ALLRAD MANEUVER.HIMAD MANEUVER.RADAR	EMITTER.RADAR.TYPE UNIT_TYPE

Class 1	Class 2	Attribute
GROUND	MANEUVER.SHORAD MANEUVER.TEL	UNIT_TYPE
SEA	COUNTERMEASURE	UNIT_TYPE
	MINE	UNIT_TYPE
	SONOBUOY	UNIT_TYPE
	SUBSURFACE	EMITTER.JAMMER.MODE
		EMITTER.JAMMER.TYPE
		EMITTER.RADAR.TYPE
		SONAR.TYPE
		UNIT_TYPE
	SURFACE.AAV	UNIT_TYPE
	SURFACE.BOAT	EMITTER.JAMMER.MODE
		EMITTER.JAMMER.TYPE
		EMITTER.RADAR.TYPE
		UNIT_TYPE
	SURFACE.LANDING_CRAFT	UNIT_TYPE
	SURFACE.SHIP	EMITTER.JAMMER.MODE
		EMITTER.JAMMER.TYPE
		EMITTER.RADAR.TYPE
		MISSION
		SONAR.TYPE
		UNIT_TYPE
	TORPEDO	UNIT_TYPE

그림 18.20 Object Master Enum Data List

Class 1	Class 2	Parameter
AIR.SUPPLY	POL	
	SUPPORTING_UNIT	
BE_OBJECT_UPDATE		
ENGAGEMENT	AIR_TO_AIR	WEAPON
	AIR_TO_GROUND	MISSION
		TARGETS
		WEAPON
	AIR_TO_SHIP	WEAPON
	GROUND_TO_AIR	WEAPON
	GROUND_TO_GROUND.ARTILLERY	AMMO
		TARGETS
		WEAPON
	GROUND_TO_GROUND.CLOSE_COMBAT	STATUS
		WEAPON
	GROUND_TO_SHIP	WEAPON
	SHIP_TO_AIR	WEAPON
	SHIP_TO_GROUND	TARGETS
		WEAPON
	SHIP_TO_SHIP	WEAPON
ORDER	AIRLIFT	
	CONVOY	
	TRANSFER	
	UNIT	

Class 1	Class 2	Attribute
REPORT.ATTRITION	AIR_TO_AIR	WEAPON
	AIR_TO_GROUND	UNIT_EQUIPMENT.TYPE
		UNIT_PERSONNEL.TYPE
	AIR_TO_SHIP	WEAPON
	CONVOY	UNIT_EQUIPMENT.TYPE
	GROUND_TO_AIR	WEAPON
	GROUND_TO_GROUND.* (AMBUSH, ARTILLERY, CHEMICAL, CLOSE_COMBAT, DESTRUCTION)	UNIT_EQUIPMENT.TYPE
		UNIT_PERSONNEL.TYPE
	GROUND_TO_SHIP	WEAPON
	MAGIC	UNIT_EQUIPMENT.TYPE
		UNIT_PERSONNEL.TYPE
	SHIP_TO_AIR	WEAPON
	SHIP_TO_GROUND	UNIT_EQUIPMENT.TYPE
		UNIT_PERSONNEL.TYPE
	SHIP_TO_SHIP	WEAPON
REPORT.LOGISTICS	ADJUSTMENT	
	CROSSLEVEL	
	MAINTENANCE	
	SUPPLY	
SUPPLY	AMMO	
	GENERAL	
	POL	

그림 18.21 Interaction Master Enum Data List

18.6.3 MOM (Management Object Model)

MOM 은 Federation 관리정보로 Federation 관리도구에서 사용한다. Federation 관리도구란 Federation 상태를 확인하고 문제가 발생했을 시에 조치하는 소프트웨어를 말한다. Federation 관리도구에서는 Federation 에 가입한 Federate 정보, 시간 진행 상태, Object 개수 등 Federation 운용에서 필요한 모든 정보를 표시한다. 기본 MOM 은 RTI 가 제공하는 기본 관리정보이고 확장 MOM 은 Federation 에서 추가로 정의한 관리정보를 말한다.

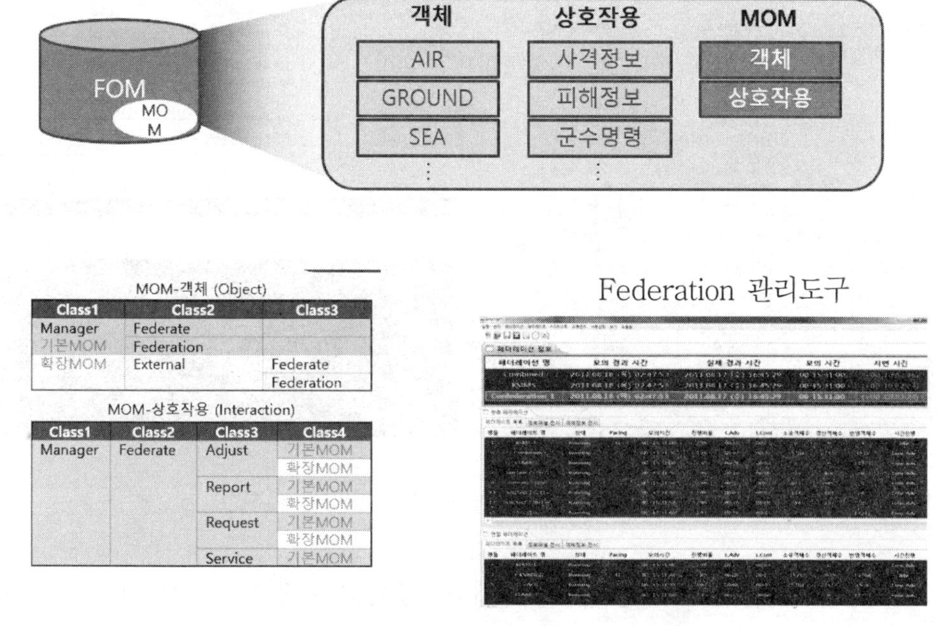

그림 18.22 MOM 과 Federation 관리도구

Management Object Model 은 Federation 의 상태 관찰 및 관리를 위한 것으로써 FOM 의 일부분이다.

CLASS 1	CLASS 2	CLASS 3	CLASS 4	설 명	KFMT	각군모델
Manager	Federate	Adjust	DesiredRate	목표 진행비율 설정명령	Publish	Subscribe
		Request	ApplicationStatus	모델 상태정보 요청	Publish	Subscribe
			RestoreCheck	저장파일 존재여부 요청		
			SoftwareVersion	모델 버전 정보 요청		
			Refresh	객체정보 Refresh		
		Report	ApplicationStatus	모델 상태정보 보고	Subscribe	Publish
			RestoreCheck	저장파일 존재여부 보고		
			SoftwareVersion	모델 버전 정보 보고		

그림 18.23 확장 MOM

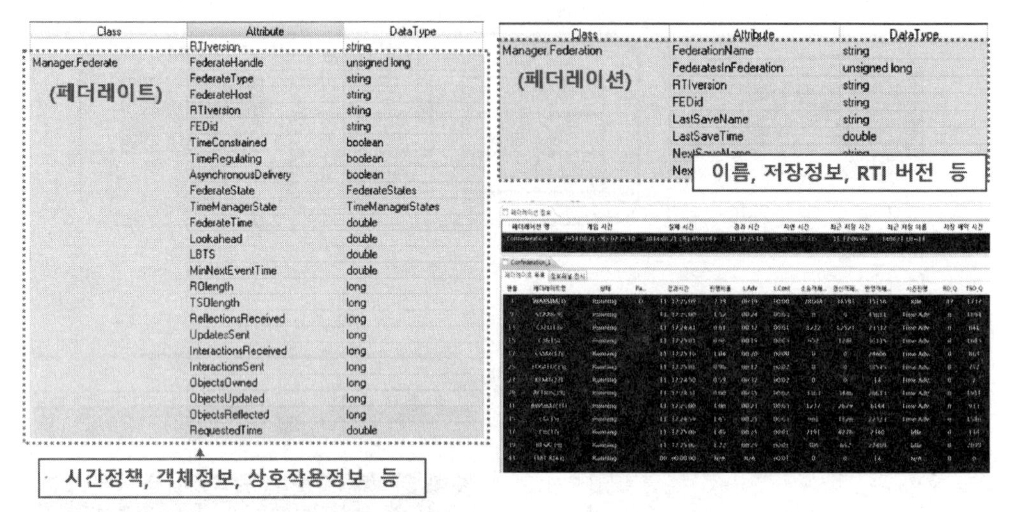

그림 18.24 Management Object Model

MOM Interaction 은 각종 보고서 형태의 정보를 요청 및 수신하여 전시하고 각종 서비스 설정 기능이다.

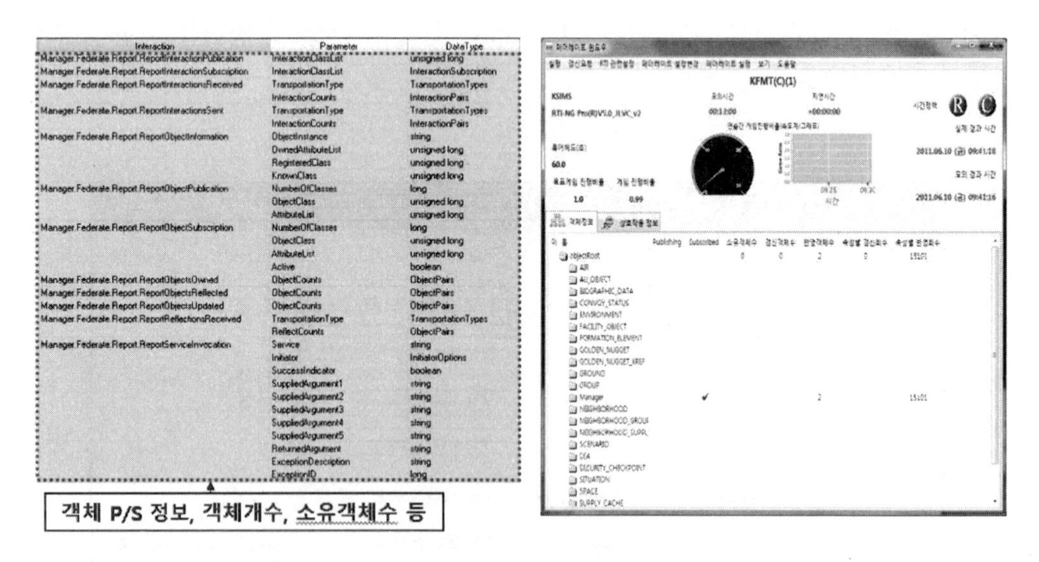

그림 18.25 Federation Management Tool 정보

18.7 FED ID

Object 고유 ID 는 RTI 가 자동 생성하는 RTI Instance ID 를 사용하지 않고 ALSP ID 를 사용한다. ALSP ID 는 각 'Federate ID + 일련번호(5 자리)'로 구성되어 있다.

RTI 는 최초 Object 등록시 Object 명에 ALSP ID +" "+ Class Name 을 전송한다. ALSP ID 는 대부분의 모델의 Key 값으로 사용 중이다. HLA 규약으로는 모델을 구분할 수 없기 때문에, 한미 연합연습에서 모델을 연동하는 Federation 에서 사용하는 방법은 FED ID 를 사용하는 것이다. 예를 들면 10009345 GROUND.MANEUVER.COMBAT 은 100 으로 시작하는 WARSIM 모델의 것으로 인식한다.

10009345 GROUND.MANEUVER.COMBAT
→ WARSIM
200105 SEA.SURFACE.SHIP → RESA
3200612 SEA.SURFACE. SHIP → CH
5001001 GROUND.BASE → CJ21

- Federate ID
  - WARSIM 100
  - RESA 2
  - AWSIM 3
  - ACEIOS 4
  - CJ21 50
  - CH 32
  - CG 33
  - CJB 80
  - ...

그림 18.26 Federation 고유 ID

현재 한미 연합연습 모델 연동에서 사용하고 있는 FED ID 범위는 그림 18.27 과 같다.

모 델	모델별 할당범위		모 델	모델별 할당범위	
	최소	최대		최소	최대
RESA	200,000	299,999	JLOD	2,700,000	2,799,999
AWSIM	300,000	399,999	MISC JLVC E	2,500,000	2,699,999
ACEIOS	400,000	499,999	CH	3,200,000	3,299,999
ACEIOS-UAV	600,000	699,999	CG	3,300,000	3,399,999
LOGFED	800,000	899,999	CFSIM	3,500,000	3,599,999
JNEM	1,100,000	1,199,999	JISIM	3,600,000	3,699,999
ISM	1,200,000	1,299,999	JSSM	3,700,000	3,799,999
MISC JLVC E	2,000,000	2,099,999	CMOSIM	3,800,000	3,899,999
JCATS	2,100,000	2,199,999	FIXEDSITE	4,000,000	4,199,999
JSAF	2,200,000	2,299,999	CJ21	5,000,000	7,999,999
JLVC-AWSIM	2,300,000	2,399,999	CJB	8,000,000	9,999,999
MTWS	2,400,000	2,499,999	WARSIM	10,000,000	14,999,999

그림 18.27 한미 연합연습시 FED ID 범위

FOM 구조에서 FOM 명명규칙은 다음과 같다. 첫째, 모든 속성은 FED_ID, COMBAT_STATUS 와 같이 대문자, 숫자, '.' '_' 만 사용한다. 둘째, 복합형 데이터는 UNIT_EQUIPMENT_STRUCT 와 같이 '_STRUCT' 사용한다. 셋째, 열거형 데이터는 STATUS_ENUM 와 같이 '_ENUM' 사용한다. FOM 단위사용은 그림 18.28 과 같이 통일하여 전체 Federation 에서 단위의 동일성을 추구하고 있다.

속성	데이터형	단위
Bearing	Float	Degrees
Course		
Heading		
Latitude		
Longitude		
Speed	Float	km/hour

속성	데이터형	단위
Depth	long	Feet
Altitude		
Width (장애물)	Float	Meters
Radius (장애물)		
Length (장애물)		
AMOUNT (화학탄)	Float	Milligrams

그림 18.28 Federation 에서 단위

Data Encoding 은 속성별 DataType 을 정확히 적용하여 전송하고 있다.

Data Type	Data Encoding Method
Boolean	(8-bit) 1-byte 값으로 0 = false, and 1 = true.
Enumeration	Enumeration Data의 Representation 값을 4-byte (32-bit) integer 값으로 전송
String	C언어의 규칙을 따라 마지막에 null-terminated값을 추가하여 전송
Fixed Length Array 고정길이 배열	고정길이 배열규칙에 따라 값을 나열하여 전송 (cardinality = integer > 1) ex) EW_ACQ 속성(float)은 cardinality가 8이므로, 4-byte값이 8번 나열되어 전송
Variable Length Array 가변길이 배열	가변길이의 크기를 2-byte (16-bit) 정수형으로 앞에 붙여서 전달 (cardinality = 0+ or 1+). ex) UNIT_EQUIPMENT의 속성(UNIT_EQUIPMENT_STRUCT)은 Cardinality가 1+이므로 장비개수만큼 앞에 2byte를 붙여서 전달
Optional fields of complex data 복합데이터 옵션 필드	옵션 설정값의 경우, 전송여부를 1-byte (8bit)로 붙여서 전달 ex) UNIT_EQUIPMENT_STRUCT의 AUTH값의 경우, 전달시 앞에 1byte에 1 값을 붙여서 전달, 전달하지 않는 경우 1byte에 0값을 붙여서 전달

Category	Data Type	설 명	
Cardinality	1	**Single value.**	반드시 한 개의 값이 와야 함.
	Integer > 1	**Fixed-length array.**	FOM에 명시한대로 항상 정해진 개수의 값이 와야 함.
	0+	**Variable-length array**	없어나 여러 개의 값이 올 수 있음.
	1+		한 개 이상의 값이 올 수 있음.

장비현황 (UNIT_EQUIPMENT)

```
UNIT_EQUIPEMENT(
        FULL_UPDATE (FALSE)                              : 전체정보 갱신여부 (FALSE)
        UNIT_EQUIPMENT(
                (TYPE(MBT.M1.A1)AUTH(2)AVAIL(4))         : MBT.M1.A1
                (TYPE(MBT.M1.A2)AUTH(2)AVAIL(10))        : MBT.M1.A2
                (TYPE(MBT.M60A3)AUTH(4)AVAIL(13))))      : MBT.M60A3
```

복합 데이터이름	복합 필드명	DataType	Cadinarity
UNIT_EQUIPMENT_VARIABLE_ LENGTH_STRUCT	FULL_UPDATE	boolean	1
	UNIT_EQUIPMENT	UNIT_EQUIPMENT_STRUCT	1+
UNIT_EQUIPMENT_STRUCT	TYPE	string	1
	AUTH	long	1 (optional)
	AVAIL	long	1

Buffer size <60>

1	2	3	4	5	6	7	8	9	10	11	12	13	14	15	16	17	18	19	20
0	0	3	4d	42	54	2e	4d	31	2e	41	31	0	1	0	0	0	2	0	0
t/f	count		MBT.M1.A1										t/f	Auth 2				Auth 4	
0	4	4d	42	54	2e	4d	31	2e	41	32	0	1	0	0	0	2	0	0	0
		MBT.M1.A2										t/f	Auth 2				Auth 10		
A	4d	42	54	2e	4d	36	30	41	33	0	1	0	0	0	4	0	0	0	d
	MBT.M60A3										t/f	Auth 4				Auth 13			

그림 18.29 Data Encoding

18.8 Interface Specification

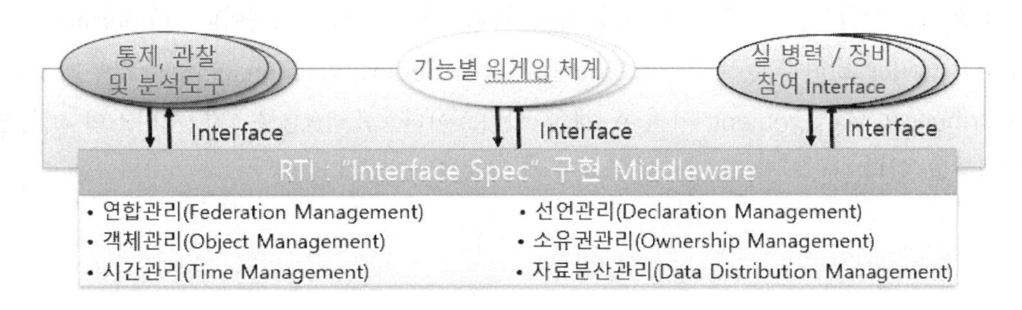

그림 18.30 Interface Specification

Interface Specification 은 Federate 과 RTI 간의 인터페이스 명세이다. HLA 에서 Federate 과 RTI 간의 인터페이스는 표준화되며, 다양한 형태의 RTI 구현이 가능하다. RTI 서비스는 HLA Interface Specification 에서 정의된다. Federation Management, Declaration Management 등 6 대 서비스로 나눌 수 있으며 이러한 서비스에 추가하여

Management Object Model(MOM)이 Federation 의 상태를 검사하고 조정을 가능하게 한다. 이 외에도 Federation Execution Data(FED), Application Programmers Interfaces(APIs)를 포함하고 있다.

각 서비스는 명칭과 설명문, 입력 인자와 출력 인자, 사전 조건과 사후 조건, 예외 사항, 관련된 서비스를 포함하고 있다.

대부분의 RTI 는 실행가능한 Central RTI Component(CRC)와 각 Federate 에 의해 사용되는 Library 인 Local RTI Component(LRC)로 구성되어 있다. 서비스는 C++이나 Java API 로 제공되고 Web 서비스를 사용한다.

18.9 HLA 의 기능

HLA 는 RTI, Federate, Federation, FOM 으로 구성된다. Federate 는 앞에서 설명한 것과 같이 워게임 모델, 시뮬레이터, Live Simulation, Game 등 연동하고자 하는 목적을 가진 시뮬레이션 대상이다. Federation 은 전체 시뮬레이션을 구성하는 Federate 의 집합과 FOM 이다. FOM(Federation Object Model)은 시뮬레이션 간에 교환되는 정보의 모델이다.

HLA 는 상위수준 구조로서 Federate 들을 연동시키는 개념이다. Federate 들로 구성된 Federation 을 운용하는데 필요한 기능은 Federation Management 로부터 Data Distribution Management 까지 6 개의 서비스이다. 표 18.2 는 각 서비스의 기능을 설명하고 있다.

표 18.2 HLA 6 대 기능

구 분	기 능
Federation Management	• Federation 실행의 생성 및 파괴 • Federation 가입 및 탈퇴 • Federation 저장, 복구, 동기화
Declaration Management	• Object 와 Interaction 에 대한 Publish, Subscribe, Reflect 선언
Object Management	• Object 의 등록, 발견, 갱신, 반영 • Interaction 의 송수신, 삭제, 제거
Ownership Management	• 시뮬레이션 Object 에 대한 등록, 갱신, 삭제 책임정의 및 소유권 관리 • Object 의 Ownership 이양 • Object 의 Ownership 획득
Time Management	• Federate 간 시간진행 제어 (사건의 인과관계 보장) • 시뮬레이션 시간 설정 • Synchronization 및 시간 수정
Data Distribution Management	• 선언 관리에서 정의된 자료의 제공자와 수신자의 관계 보다 정제 • 갱신 및 수신 지역 설정

각 서비스의 Integration, Data Exchange, Time Synchronization 관점에서 본 기능적 측면은 표 18.3 과 같다.

표 18.3 HLA 6 대 기능의 세부 활동

관리 영역	활동 묘사	통합	데이터 교환	시간 동기화
Federation Management	Control an exercise	○		
Declaration Management	Define data publication and subscription		○	
Object Management	Exchange object and interaction data		○	○
Ownership Management	Transfer attribute ownership		○	
Time Management	Control message ordering			○
Data Distribution Management	Efficiently route data between procedure and customers		○	

18.9.1 Federation Management

Federation Management 는 Federation Integration 을 위한 서비스로서 Federate 를 가입(Join)시켜 Federation 을 구성(Create)하고 Federate 를 탈퇴(Resign)시킨다. 필요시 모든 Federate 들을 탈퇴시켜 Federation 을 파괴(Destroy)하는 기능을 수행한다. 즉 Federation 의 Life Cycle 전반을 관리한다. HLA/RTI 는 여러 Federate 들을 연동시키는 것을 목적으로 하기 때문에 제일 먼저 해야 할 일은 2 개 이상의 Federate 들을 하나의 Federation 으로 구성하는 일이 우선이 되어야 한다. 이를 위해 createFederationExecution 함수를 사용한다. 만약 Federation 에 문제가 발생하면 대처하기 위한 주기적이거나 비주기적인 Save 기능과 특정 시점으로 되돌아 가서 저장된 정보로 복원하는 Restore 기능도 제공한다. 이러한 기능인 Federate 간 동기화 수단을 제공해 준다.

Federation Mangement 를 위해 몇 가지 용어를 정의한다. Update 는 객체정보를 갱신하는 것이다. 객체의 소유권을 가진 Federate 가 시간에 따라 위치, 전투력, 지향 방향 등을 새로 갱신한다. Refresh 는 Federate 가 소유하고 있는 객체정보를 재갱신 하는 것이다. Reflect 는 객체정보는 반영하는 것이다. 소유권을 가진 Federate 가 Update 한 정보를 RTI 를 통해 보내면 Subscribe 목록으로 지정된 정보에 한해 객체 정보를 수신하여 반영한다.

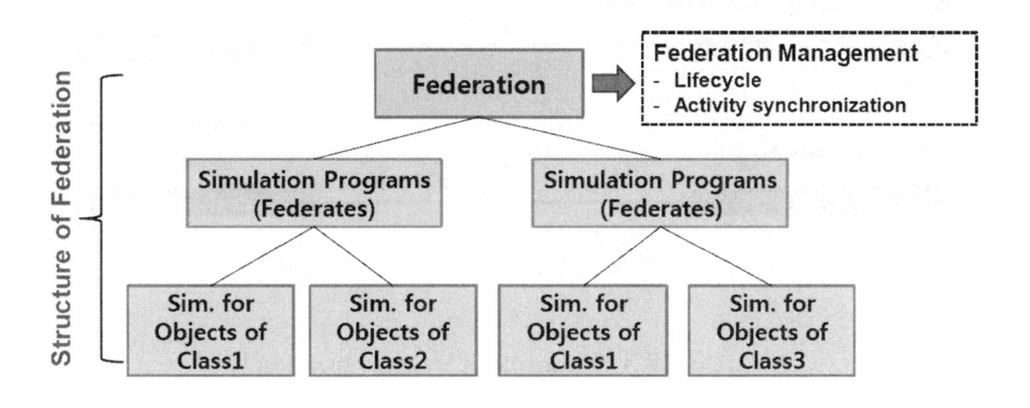

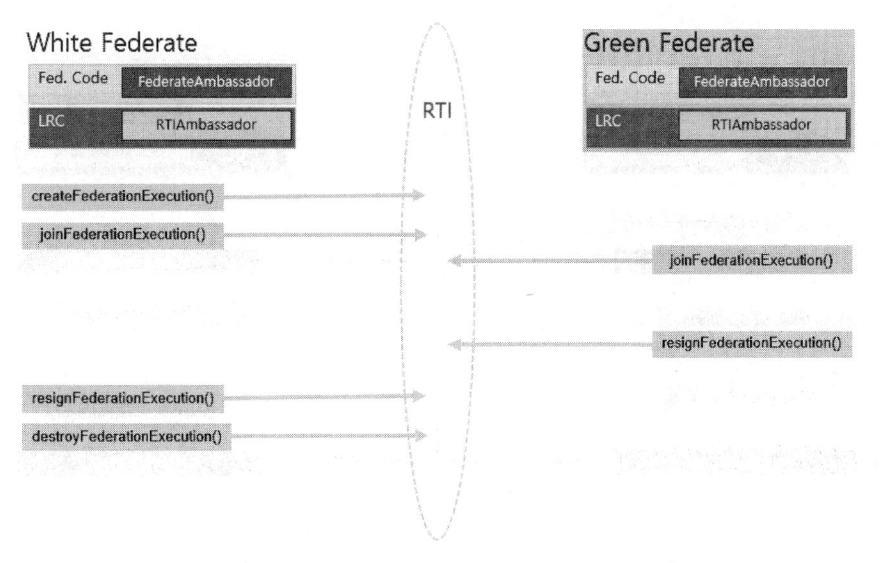

그림 18.31 Federation Life Cycle 관리

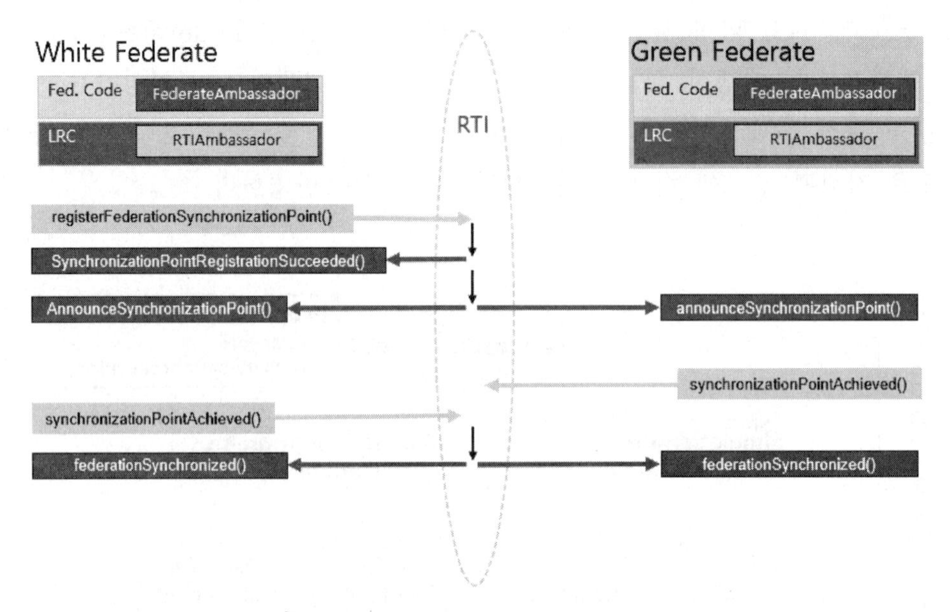

그림 18.32 Federation Synchronization

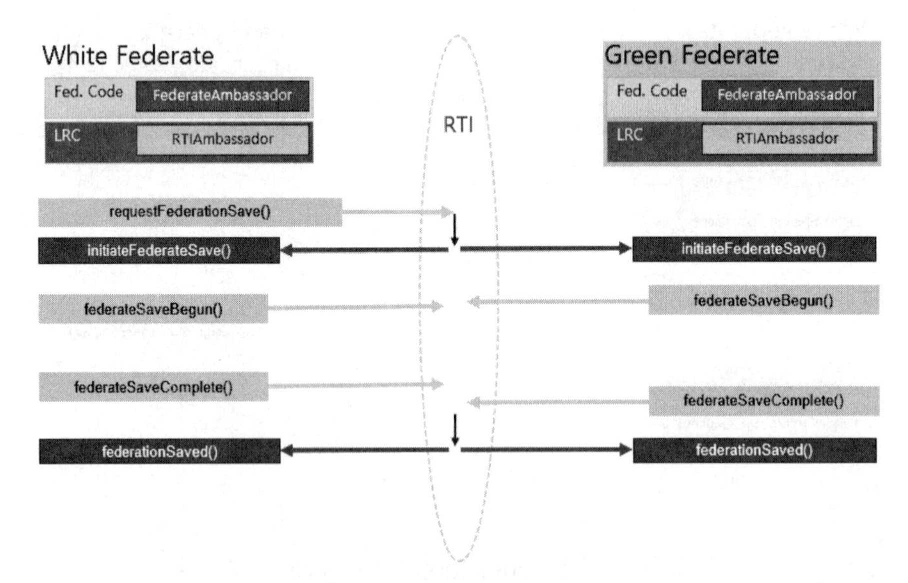

그림 18.33 Federation Save

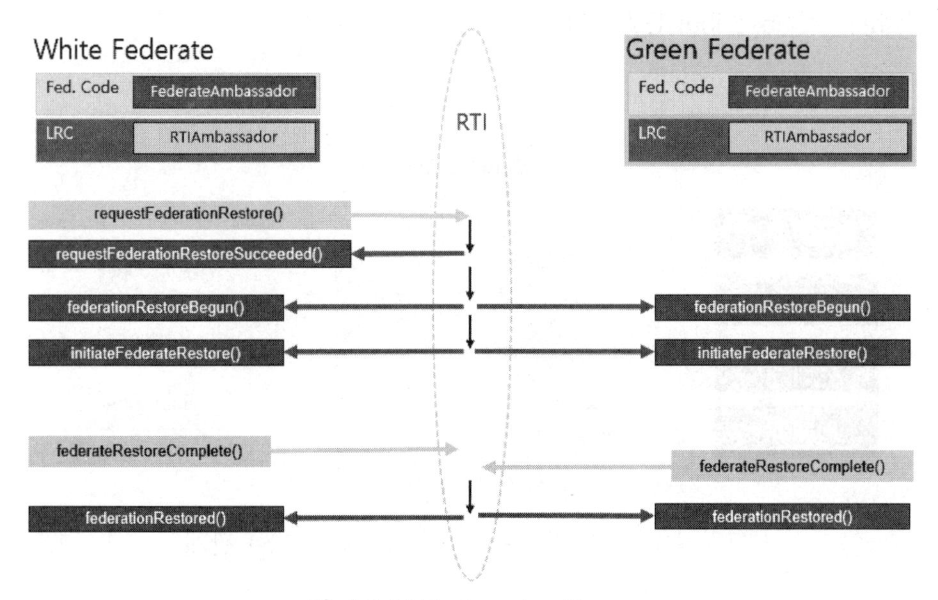

그림 18.34 Federation Restore

18.9.2 Declaration Management

Declaration Management(선언 관리)는 Federate 간 데이터의 송수신 채널을 생성한다. Federate 가 관심있는 Object(객체)를 수신하는 것을 선언하거나 다른 Federate 에 내보낼 Object 를 선언한다. 선언으로 객체를 등록하고 발견하며 속성을 갱신하고 반영하고 상호작용을 전송사고 수신할 수 있다. 이는 정보 제공자와 소비자 관계를 정의하며 Data 의 Publish 와 Subscribe 대상을 선언하는 것이다.

선언된 Object 에 대해서만 특정 Federate 에서는 송신 및 수신을 하여 시간에 따라 상태를 Update 한다. 선언된 Object 에 대해서 객체 인스턴스의 등록(Register), 등록된 객체 인턴스의 속성값 갱신(Update), 상호작용 전송(Send)이 이루어지고 Data Subscribe 에 의해 등록된 객체 인스턴스의 발견(Discover), 갱신된 속성값의 반영(Reflect), 상호작용 수신(Receive)이 이루어 진다. 다시 말하면 선언관리는 Federate 간 데이터 교환 협조, Federate 가 송신하거나 수신하는 데이터를 규정하는 것이다.

Publisher - Subscriber (P/S) 관계는 그림 18.35 와 같다.

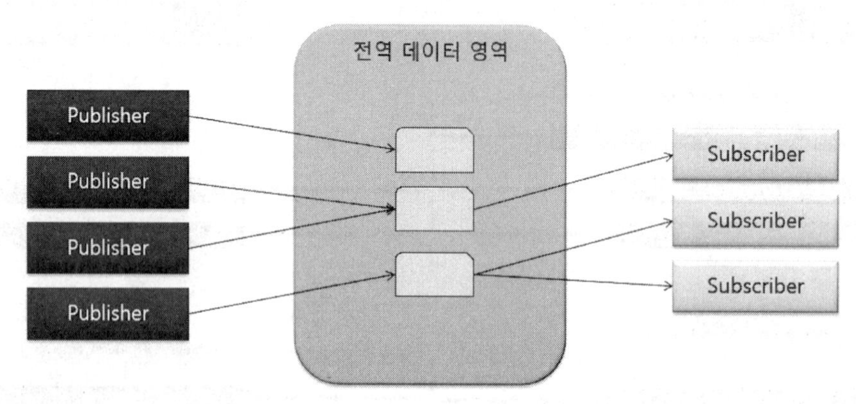

그림 18.35 Publisher - Subscriber (P/S) 관계

표 18.4 Object 선언관리 P/S Table

객체 클래스 (81개)	지상전모델(창조)		해상전모델(청해)		공중전모델(창공)		상륙전모델(천자봉)		군수지원모델(전근지)	
	P	S	P	S	P	S	P	S	P	S
AIR.CRUISE_MISSILE		○	○	○	○	○				
AIR.FIXEDWING		○	○	○	○	○		○		
AIR.HELICOPTER	○	○	○	○	○	○	○	○		
AIR.TBM		○	○	○	○	○				
AIR.TEMP_HELO										
AIR.UNIT					○	○				
GROUND.BASE	○		○	○	○	○				
GROUND.MANEUVER.HIMAD	○	○			○	○	○	○		○
GROUND.MANEUVER.ALLRAD	○	○				○	○	○		○
GROUND.MANEUVER.SHORAD	○	○				○	○	○		○
GROUND.MANEUVER.RADAR	○	○			○	○	○	○		○
GROUND.MANEUVER.COMBAT	○	○				○	○	○		○
GROUND.MANEUVER.TEL	○	○	○		○	○	○	○		○

표 18.5 Interaction 선언관리 P/S Table

상호작용 클래스 (200개)	지상전모델		해상전모델		공중전모델		상륙전모델		군수지원모델	
	P	S	P	S	P	S	P	S	P	S
ENGAGEMENT										
AIR_TO_AIR			O	O	O	O				
AIR_TO_GROUND	O	O	O	O	O	O	O	O		
AIR_TO_SHIP	O		O	O	O	O				
GROUND_TO_AIR	O	O	O	O	O	O	O	O		
GROUND_TO_GROUND. ARTILLERY	O	O					O	O		
GROUND_TO_GROUND. CLOSE_COMBAT	O	O					O	O		
GROUND_TO_SHIP	O		O	O			O	O		
SHIP_TO_AIR		O	O	O	O	O				
SHIP_TO_GROUND		O	O	O			O	O		
SHIP_TO_SHIP			O	O						
REPORT										

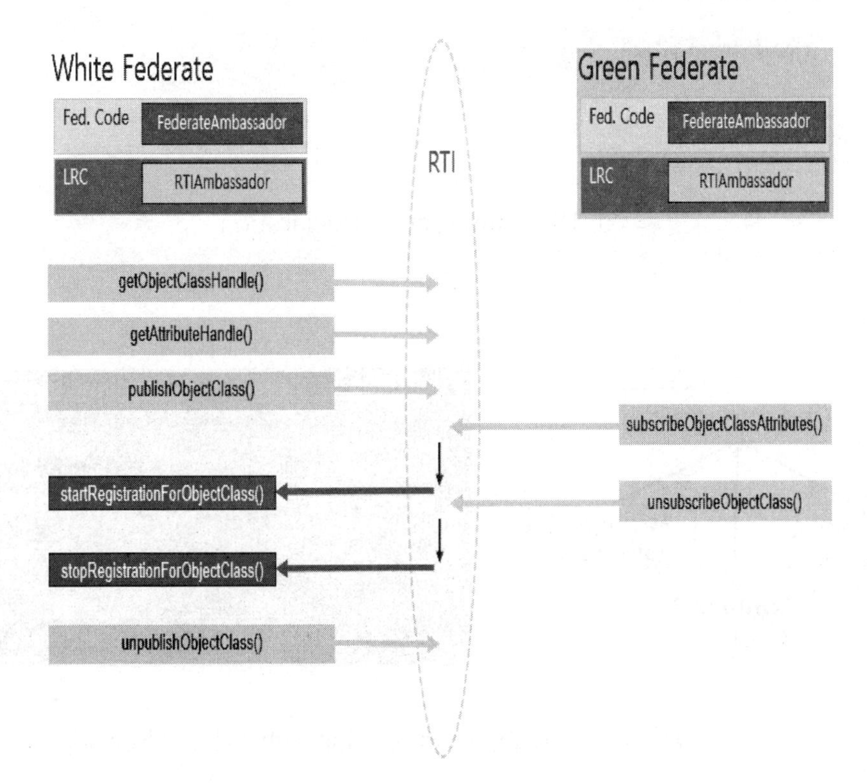

그림 18.36 Object Declaration

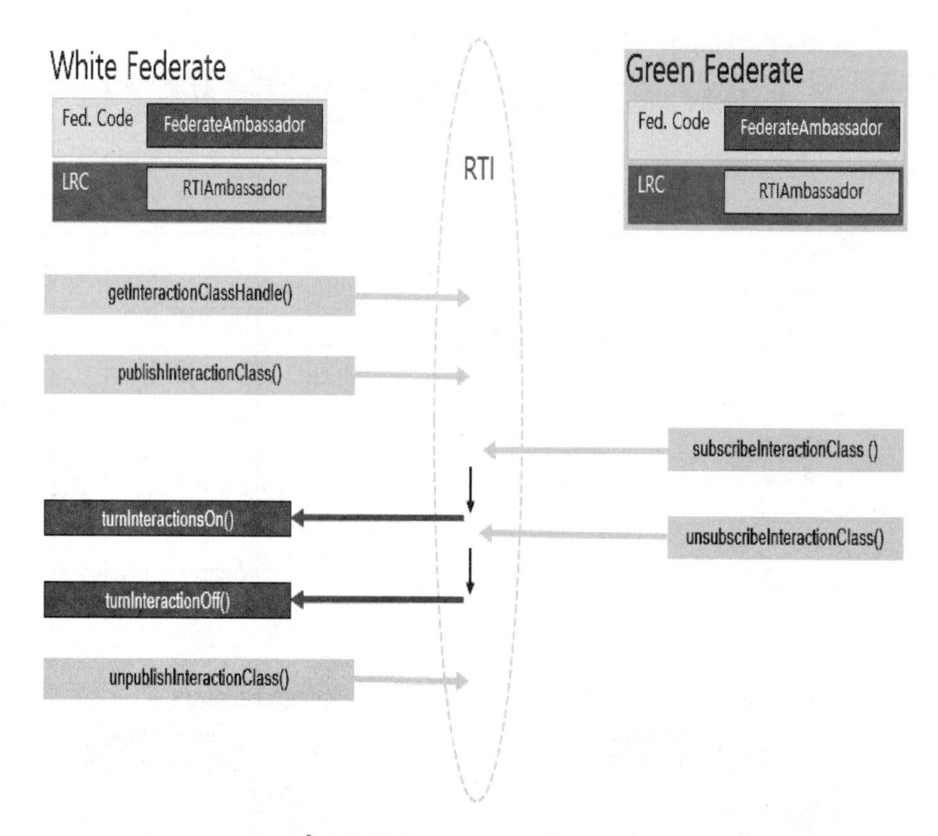

그림 18.37 Interaction Declaration

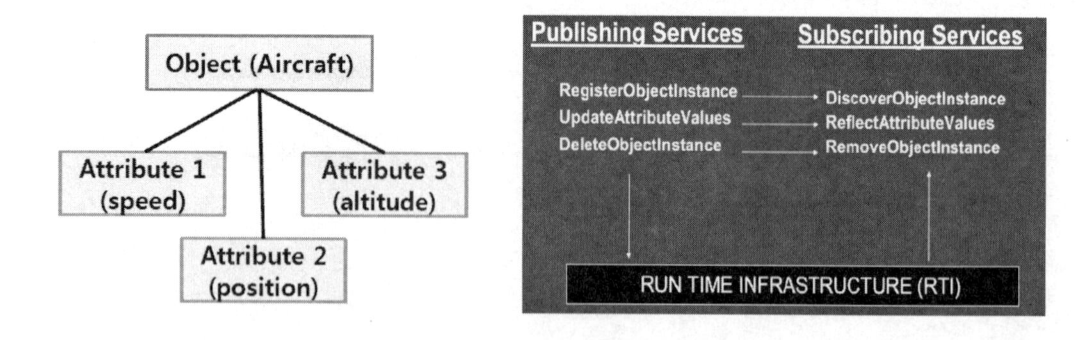

그림 18.38 Object 와 Attribute, Publishing/Subscribing Service

18.9.3 Object Management

Object Management 는 RTI 를 통한 Federate 간 Data 의 교환을 위한 서비스이다. 모델간 사건의 인과 관계 보장을 위한 시간 의존적 사건 발생(Time Stamp Order)와 인과관계에 무관한 메시지 전달을 위한 방법 제공(Receive Order)를 사용한다. 객체관리서비스 기능은 부대 등록 등과 같은 객체 인스턴스의 생성 및 삭제, 객체 속성의 갱신 및 반영, 상호작용의 송신 및 수신 등이다. 다시 말하면 데이터의 실제 전송을 위한 Object 의 생성, 삭제, 확인과 기타 서비스라고 할 수 있다.

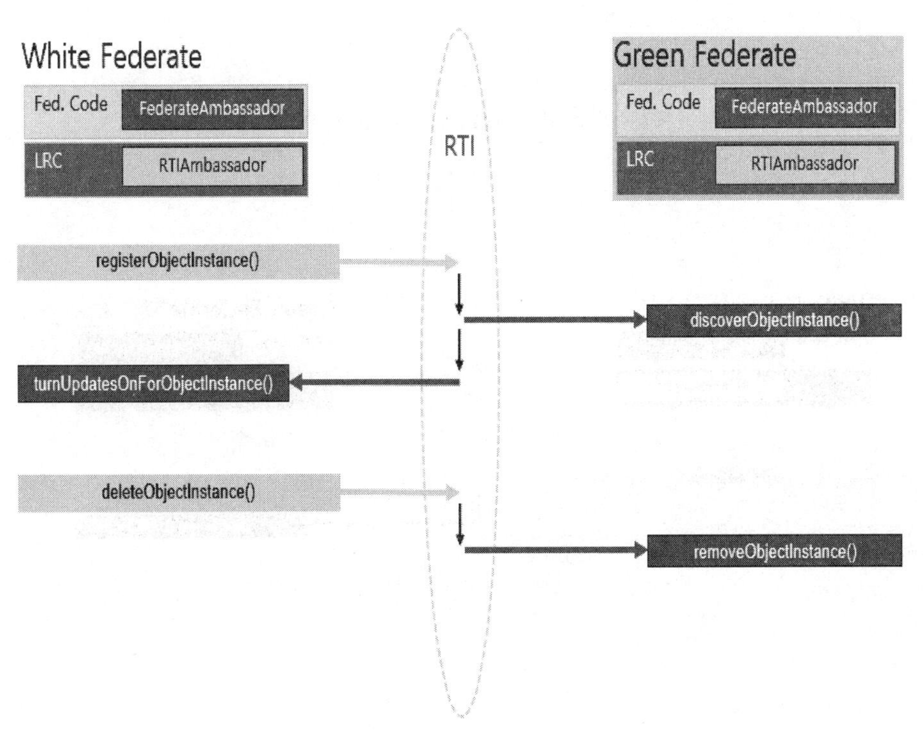

그림 18.39 Object Management Update

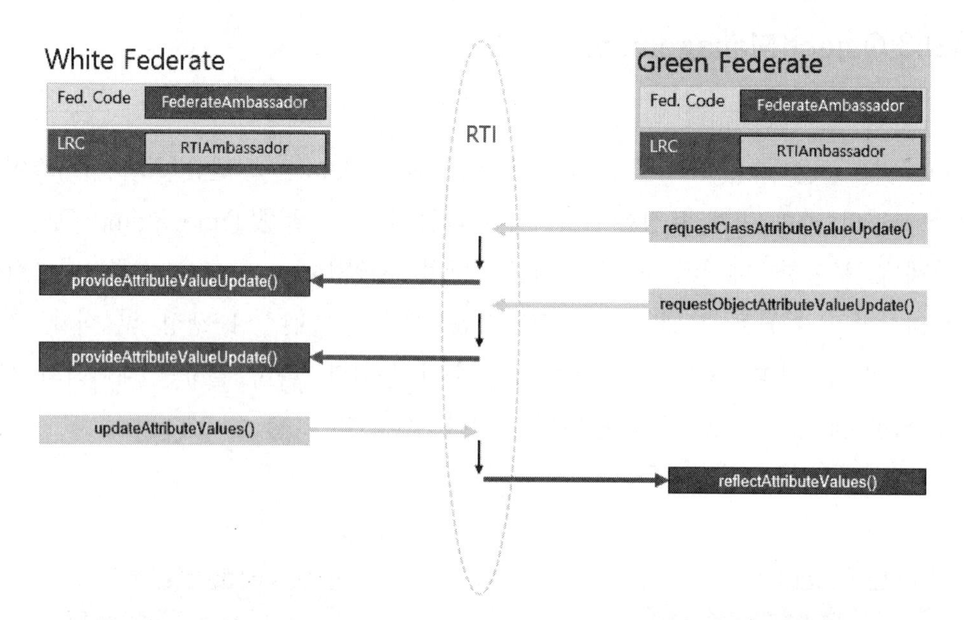

그림 18.40 Update Management

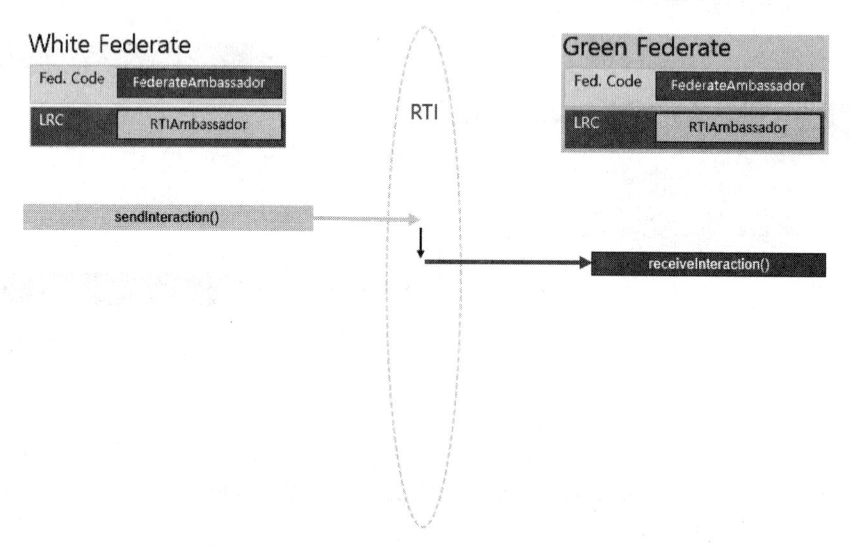

그림 18.41 Interaction Management Update

18.9.4 Ownership Management

Ownership Management 는 객체 속성의 갱신 권한을 정의하기 위한 서비스이다. 한 시점에서 하나의 Object 에 대한 소유권은 하나의 Federate 가 가지고 있어야 한다. 만약 2개 이상의 Federate가 하나의 Object에 대한 소유권을 가지고 있다면 소유권을 가진 Federate 들이 Object 에 대해 각자 Update 를 한다면 한 시점에서의 Object 상태는 다 다를 수밖에 없어 Federation 입장에서 보면 혼란이 발생할 수밖에 없다. 따라서 이러한 혼란을 방지하기 위해 한 시점에서 하나의 Object 에 대해서는 하나의 Federate 가 소유권을 가지고 있도록 통제하는 것이 Ownership Management 이다. 기본적으로 속성의 갱신 권한은 등록 객체에 있다.

소유권 관리 원칙은 첫째, 모든 인스턴스 속성은 어떤 Federate 에 의해 소유되거나 소유되지 않는다. 둘째, 인스턴스 속성은 해당 인스턴스가 등록될 때 Federation 에 나타난다. 셋째, 인스턴스는 삭제될 때까지 소유되거나, 소유되지 않은 상태에서 Federation 에 존재한다. 넷째, 인스턴스 속성을 소유하고 있는 Federate 은 해당 속성값을 갱신할 책임을 가진다. 다섯째, 인스턴스 속성은 한번에 하나 이상의 Federate 들에 의해 소유되지 않는다. 여섯째, 속성의 소유권은 특정 Federate 에서 다른 Federate 으로 분명하게 이양될 수 있다. 일곱째, 인스턴스 속성의 소유권은 소유 Federate 의 동의 없이 획득되거나 잃어버릴 수 없다. 마지막으로 특정 인스턴스의 모든 속성들은 동일한 Federate 에 의해 소유될 필요는 없다.

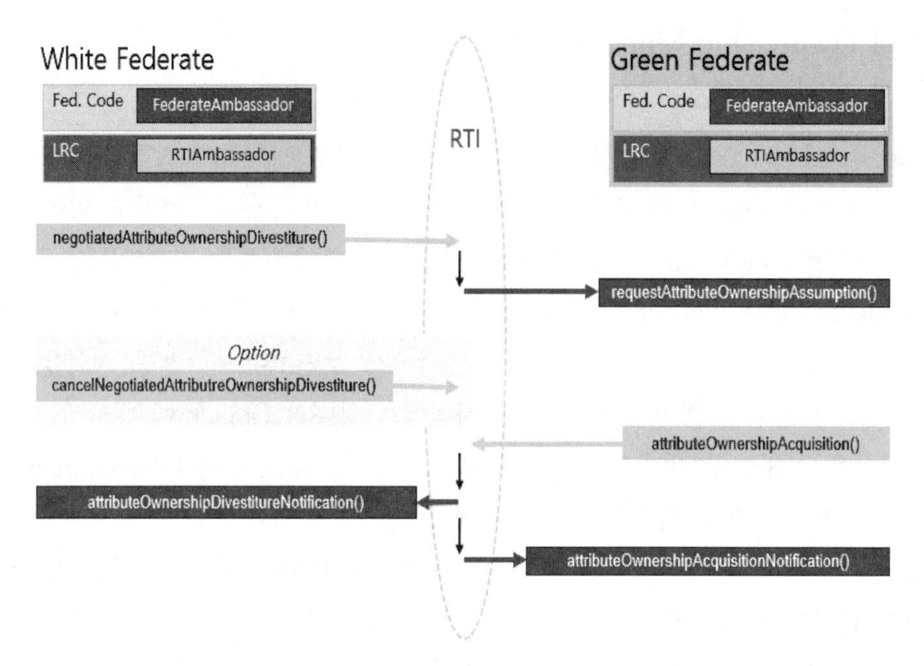

그림 18.42 Ownership Push Interaction

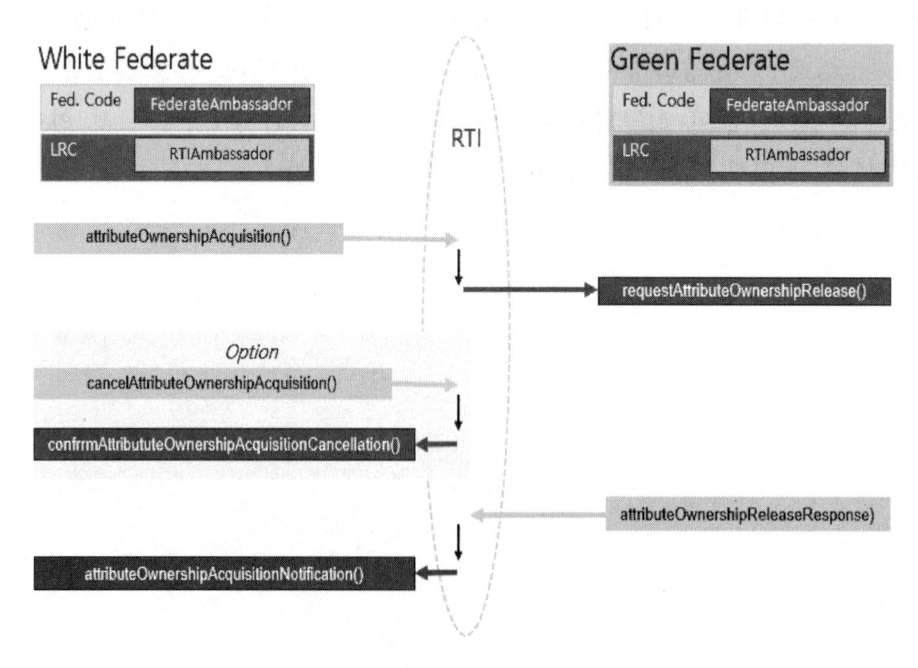

그림 18.43 Ownership Pull Interaction

18.9.5 Time Management

RTI 에서 시간관리 서비스 역할은 각 Federate 의 시간진행이나 메시지의 송수신에 있어서 인과관계(Causality)를 보장해 주는 것이다. Federation 내에서 시간은 항상 증가하도록 진행되어야 하며 Federation 에 참여하고 있는 Federate 의 현재 시간은 서로 다르므로 Federation 시간 축에 있는 각 Federate 의 시간 진행을 관리해야 할 필요가 있다. 이를 통해 Federate 에게 전달되는 정보는 원인과 결과가 정확하고 순차적이어야 한다. 이를 위해 Federate 가 안전하게 진행할 수 있는 최대 시간인 Greatest Available Logical Time(GALT) 또는 Lower Bound Time Stamp(LBTS)계산은 필수적인 요소이다.

그러므로 RTI 기능 중 Time Management 는 Federate 의 시간 진행이나 메시지 전송과 수신에 있어 인과관계를 보장해 주는 것이다. 즉, 먼저 발생한 사건과 나중에 발생한 사건이 시간적 역전이 되지 않도록 보장한다. Federate 에게 전달되는 정보는 원인과 결과가 정확하고 순차적이어야 하는 것은 당연한 일이다. Federation 내에서 시간은 항상 증가하는 방향으로 진행해야 하지만, 참여 Federate 의 현재 시간은 서로 다르기 때문에 각 Federate 의 시간 진행을 조정해야 할 필요성은 반드시 존재한다. 결론적으로 Time Management 서비스는 Federation 내의 논리 시간 진행과 Time-Stamp Data 가 전달되는 순서를 조정한다.

각 Federate 에는 기본적으로 Local Simulation Time 이 존재한다. 그러나 연동된 Federate 간 사건 동기화를 위해 Global Simulation Time 필요하다. 시뮬레이션에 의해 표현되는 시간인 Logical Time 과 관측자가 벽에 걸려있는 시계에서 보는 시간인 Wall Clock Time 차이가 발생한다. 시뮬레이션이 실시간으로 실행된다는 의미는 Logical Time 과 Wall Clock Time 이 동일한 진행율로 실행된다는 의미이다. Logical Time 과 Wall Clock Time 의 시작점은 통상 상이하다.

Federate 메시지 유형 및 시간 관리 정책은 TSO(Time Stamped Order)와 RO(Receive Order)로 구분할 수 있다. Federate 는 메시지를 TSO 또는 RO 순으로 전달받을 수 있다. TSO 에서는 사건이 일어난 순서대로 Federate 에 전달되고 RTI 가 과거로부터 메시지를 받지 않도록 보장한다. RO 에서는 받은 순서대로 메시지를 전달하고 일반적으로 Federate 는 Regulating, Constrained, Regulating and

Constrained, Non-Regulating and Non-Constrained 의 4 가지 중에서 하나의 정책을 택할 수 있다.

표 18.6 Federate 시간관리 정책

구 분	Regulating	Non-Regulating
Constrained	다른 Constrained Federate 의 시간을 규제하고 다른 Regulating Federate 에 의해 시간 진행 규제를 받음	다른 Regulating Federate 에 의해 시간 진행 규제를 받음 (규제하지는 못함)
Non-Constrained	다른 Constrained Federate 의 시간을 규제 (규제 받지 않음)	시간관리에 참여하지 않음

TSO Event 발생을 위해서는 Regulating 선언이 필요하다. Regulating 으로 선언된 Federate 는 Constrained 선언 Federate 의 논리시간을 통제한다. 반면, TSO Event 수신을 위해서는 Constrained 로 선언하는 것이 필요하다. Constrained 로 선언된 Federate 는 Regulating 선언 Federate 에 의해 논리시간을 통제받는다.

일반적으로 전투행위를 묘사하는 Federate 들은 "Regulating and Constrained"로 선언되어 TSO 를 발생시키면서 TSO 를 수신한다. Regulating Federate 는 시계역할을 하는 Federate 정도가 있을 수 있으며 Constrained Federate 로서는 사후검토를 담당하는 사후검토모델이 주로 이러한 형식을 적용한다. "Non-Regulating and Non-Constrained" Federate 는 Federation Management Tool 과 같은 것들이 있다.

Lookahead 는 각 Regulating Federate 가 설정하는 값으로 t(current) + t(lookahead)보다 더 이른 시간의 TSO 이벤트는 발생시키지 않을 것임을 Federate 가 보장한다. Lookahead 는 Regulating 할 때 지정해야 하며 동적으로 변경가능하다. Lookahead 는 Deadlock 에 대한 극복 방안으로 간주된다.

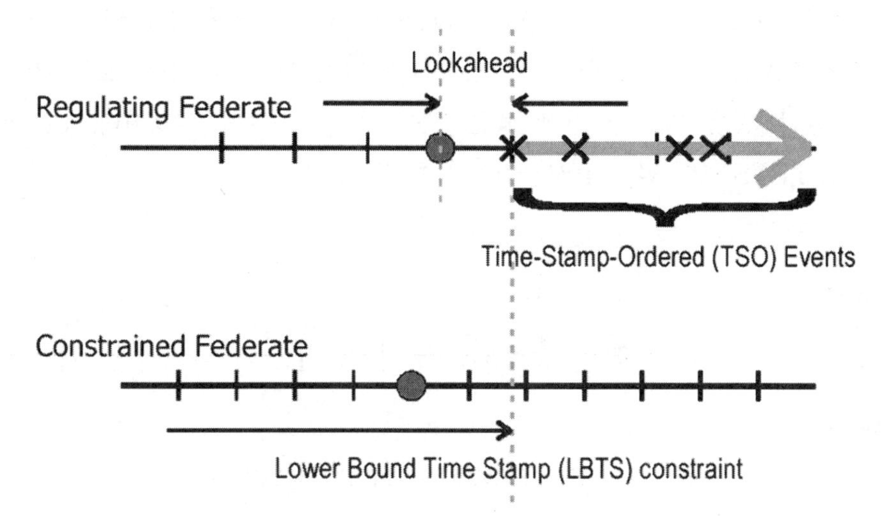

그림 18.44 시간 정책의 설정 (Regulating & Constrained)

각 Federate 는 시간진행요청(TAR: Time Advancing & Time Granted)을 통해 논리시간 진행을 RTI 에게 요청한다. RTI 는 Regulating Federate 들의 시간진행 요청 상태를 통해 Global Time 을 결정한다. RTI 는 Regulating Federate 의 시간진행 요청 상태로 Constrained Federate 의 논리시간 진행 허용시점을 판단한다.

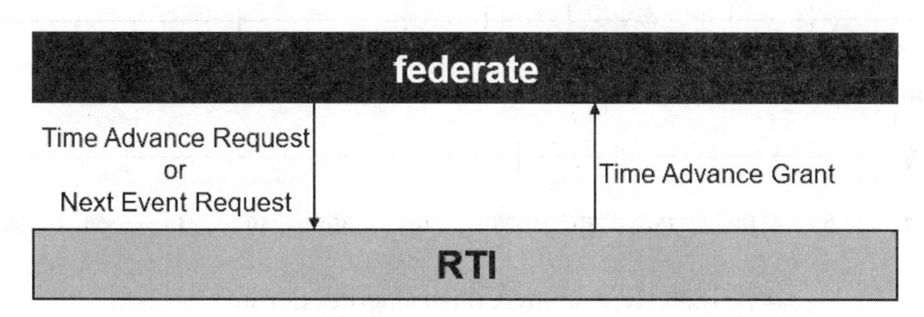

그림 18.45 시간진행요청과 허용

TSO Event 는 Time-stamp 와 결합된 이벤트이다. 모든 TSO Event 는 "t(current) + t(lookahead)" 이상의 시간에서 발생된다. Regulating Federate 가 Time-stamp 순서로 TSO 이벤트를 발생시킬 필요는 없다. 이벤트의 순서를 맞추는 것은 Constrained Federate 의 LRC(Local RTI Component)가 할 일이다.

Lower Bound Time Stamp(LBTS)는 Constrained Federate 가 받을 가능성이 있는 가장 빠른 TSO 이벤트의 Time Stamp 값이다. Constrained Federate 는 시간 진행을

위하여 자신을 제외한 모든 Regulating Federate 들의 "t(current) + t(lookahead)" 값 중 최소값인 GALT 또는 LBTS 라는 정보를 가지게 된다. 이 값은 모든 Regulating Federate 들의 발생 가능한 가장 빠른 TSO 를 조사하여 결정된다. Constrained Federate 는 LBTS 보다 앞서서 시간진행을 할 수 없다.

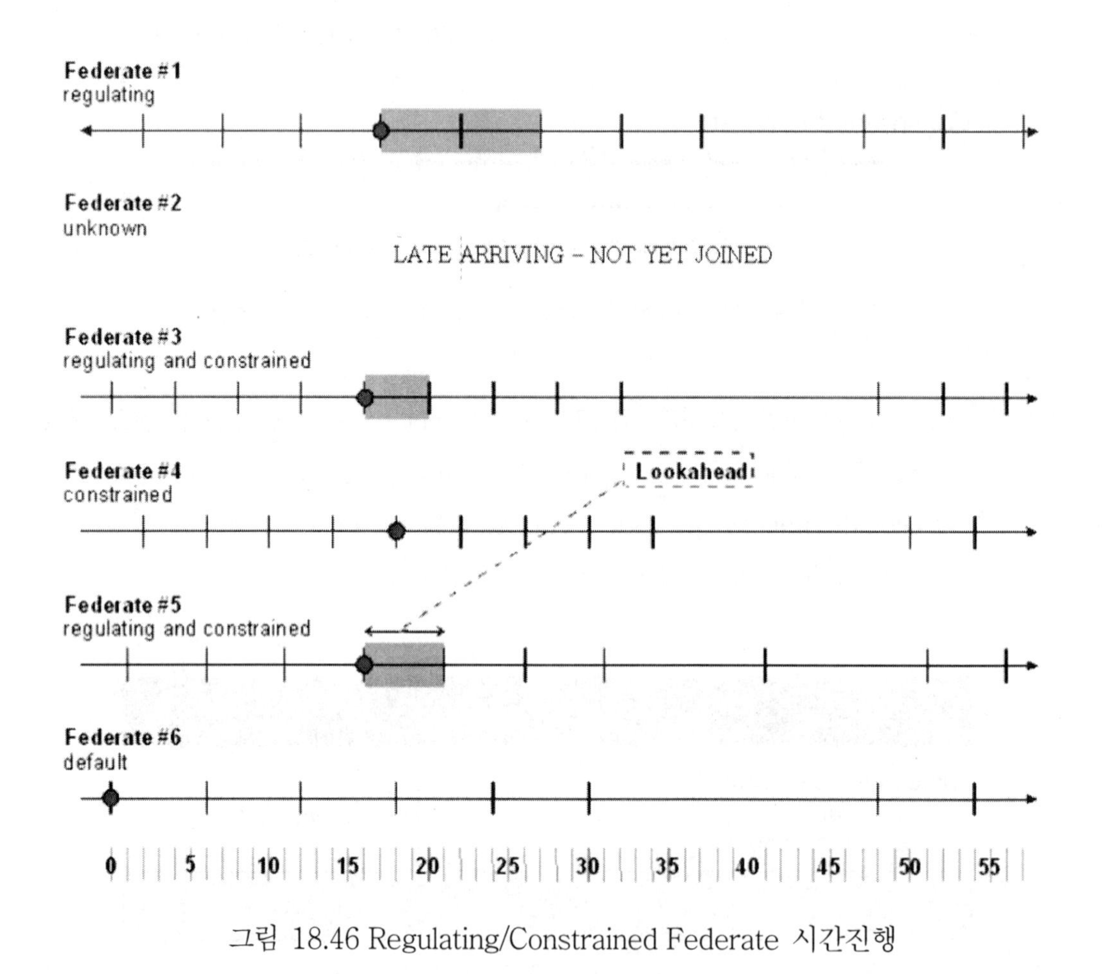

그림 18.46 Regulating/Constrained Federate 시간진행

그림 18.46 을 보면 6 개의 Federate 가 Regulating 과 Constrained 로 정의되어 있고 음영으로 된 부분이 Lookahead 로서 Regulating Federate 만 가지고 있다. Federate 1 은 Lookahead 가 2 시간 Step 이며 Federate 3 와 5 는 1 시간 Step 이다. Federate 2 는 아직 Federation 에 Join 하지 않은 상태이며 차후에 Federation 에 Join 할 예정이다. Federate 6 는 Default 로 표현되어 있는데 Federate 의 시간 정책이 정해지지 않은 상태이다.

Federation에 적용되는 통일된 시간은 존재하지 않으며 각 Federate가 독립적으로 시간을 진행시킨다는 것을 주의해서 볼 필요가 있다. 각 Federate 의 현재 시간은 아래와 같다.

Federate 1: t = 17 seconds
Federate 2: not applicable
Federate 3: t = 16 seconds
Federate 4: t = 18 seconds
Federate 5: t = 16 seconds
Federate 6: t = 0 seconds

일반적으로 Constrained 되지 않은 Federate 는 시간진행을 자유롭게 할 수 있다. 그러므로 Federate 1 과 Federate 6 는 Federate 가 진행시킬 수 있는 능력범위 내에서 시간을 빠르게 진행시킬 수 있다. 그러나 Constrained Federate 는 현재 LBTS 를 넘어서서 시간을 진행시킬 수는 없다.

이벤트가 TSO 로 전달되기 위한 조건은 다음과 같다.

1. Sender 가 Regulating 되어야 한다
2. Receiver 가 Constraind 되어야 한다.
3. 이벤트 자체가 TSO 로 지정되어야 한다.

<u>Event Queue</u>

LRC 는 Time-stamp Queue, Receive Queue 두 개의 Queue 를 유지한다. Receive-order Queue 안의 정보는 즉각적으로 Federate 에서 사용될 수 있다.

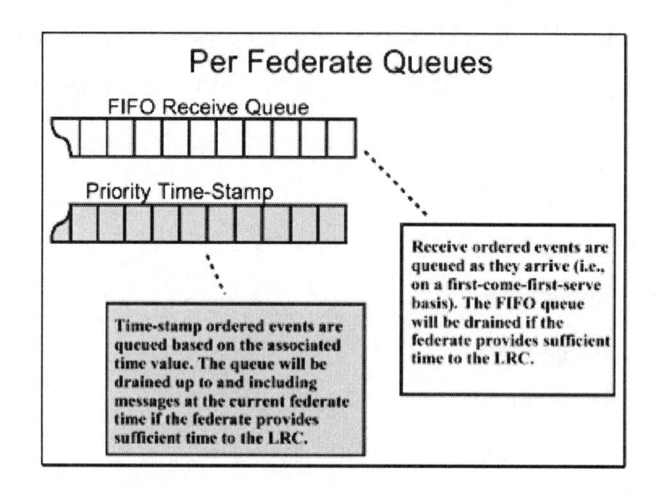

그림 18.47 시간 Time-stepped Simulation 에서 논리시간 진행

그림 18.48 에서 보는 것과 같이 Constrained Federate 는 그들의 현재 LBTS 를 넘어 시간을 진행할 수 없다. 주어진 Federated 의 다른 Regulating Federate 들로부터 수신한 제일 빠른 메시지에 의해 결정된다. Constrained Federate 는 LBTS 시간내에서 시간 진행이 가능하다.

Federate 3 은 두번째 점선까지 시간 진행이 가능하다. 왜냐하면 자신을 제외한 "t(current) + t(lookahead)" 값 중 최소값인 LBTS 가 두번째 점선까지 이기 때문이다. 이 Federate 3 의 LBTS 안에 있기 때문이다. 그러나 Federate 4 와 5 는 LBTS 넘어 진행되기 때문에 두번째 점선까지 시간진행을 할 수 없다.

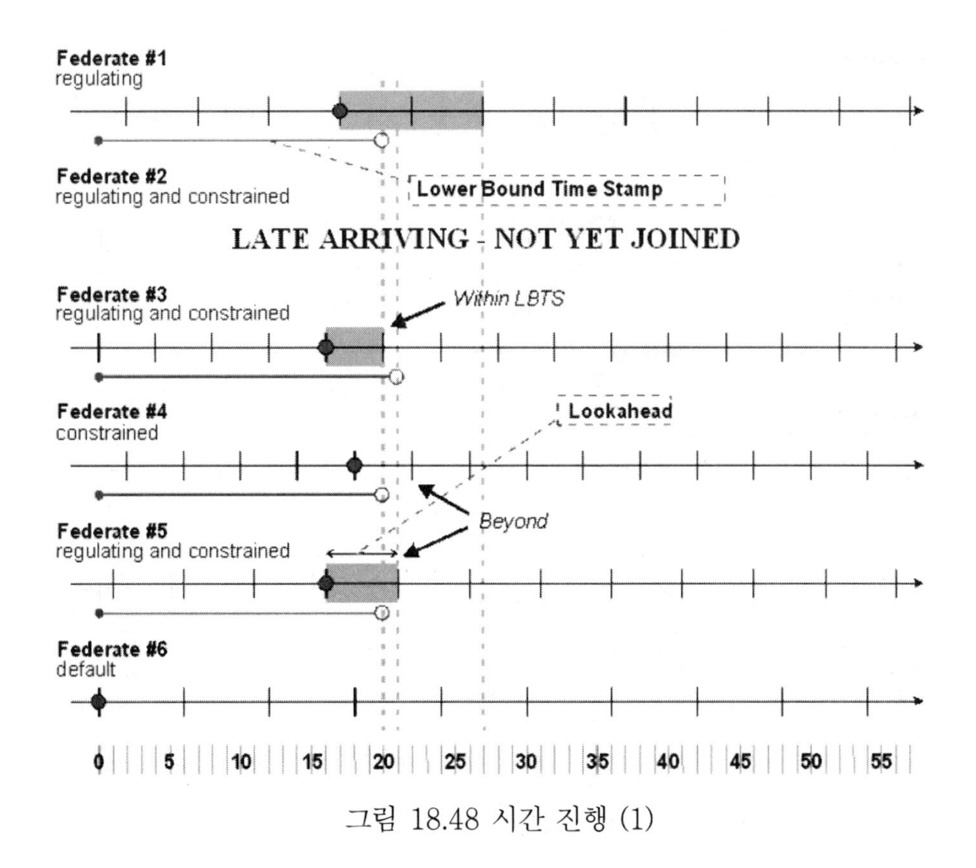

그림 18.48 시간 진행 (1)

이제껏 Federation 에 Join 하지 않았던 Federate 2 가 이 시점에서 Joint 하면서 Regulating and Constrained 로 선언한다면 이전에 Join 된 Regulating Federate 들의 LBTS 가 계산된다. Federate 2 는 이 LBTS 보다 이전의 TSO 메시지는 생성하지 않아야 한다. 그림 18.49 에서 Federate 2 가 Federation 에 Join 하는 시점은 t = 20 이다. Federate 2 의 Lookahead 값은 초기 시간을 할당하는 목적으로 무시되었다.

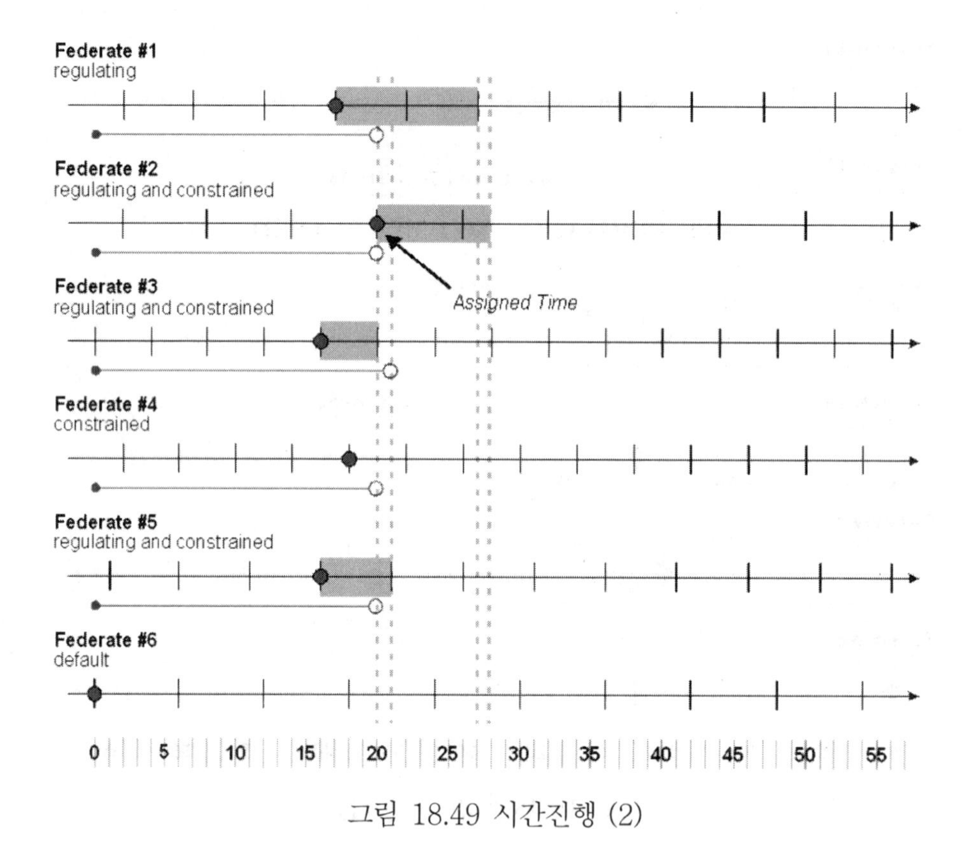

그림 18.49 시간진행 (2)

Time-stepped 시뮬레이션

Time-stepped 시뮬레이션은 동일한 일정한 Time Step 을 사용하여 시뮬레이션의 논리시간을 진행시킨다. 최소허용 Time-Stamp 는 RTI 허용 참여 체계 전송사건의 최소 Time-Stamp 이다. Time Stepped Simulation 에 대해서는 이 책의 4.6,4 절을 참고하라.

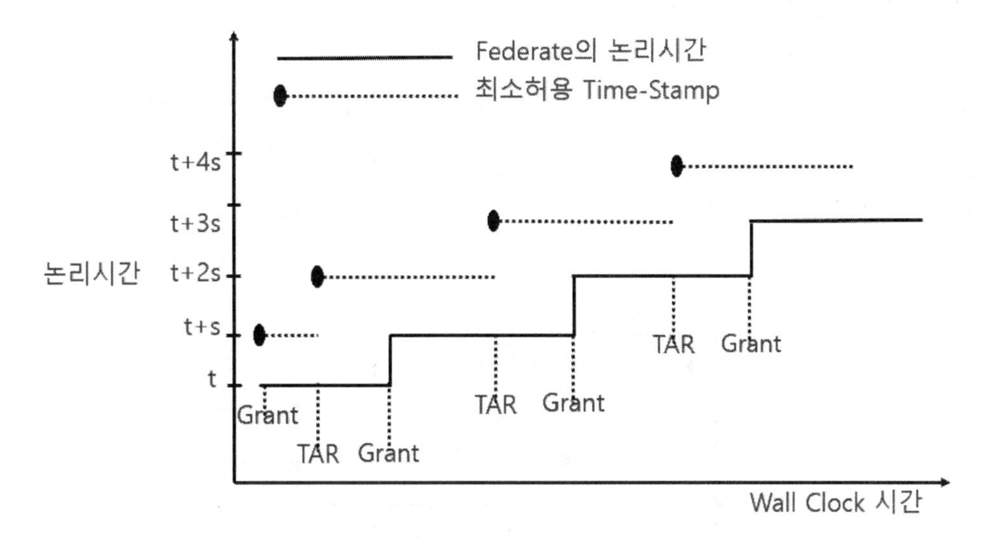

그림 18.50 Time-Stepped 시뮬레이션 (1)

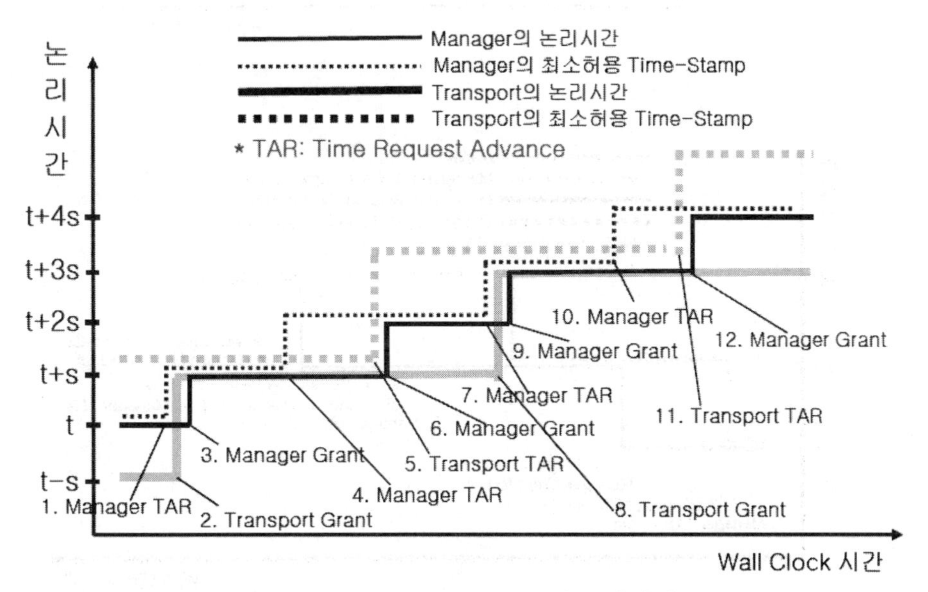

그림 18.51 Time-Stepped 시뮬레이션 (2)

Event-Driven 시뮬레이션

Event-Driven 시뮬레이션은 Event 가 발생한 시간을 기준으로 시간을 진행시키는 방법으로 Time-Stepped 처럼 일정한 시간간격으로 진행시키지는 않는다. Event-driven 시뮬레이션션에 대해서는 이 책의 4.6,4 절을 참고하라.

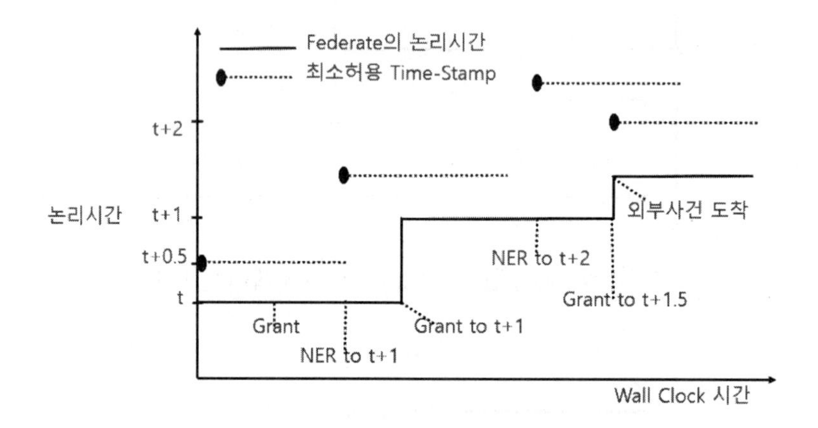

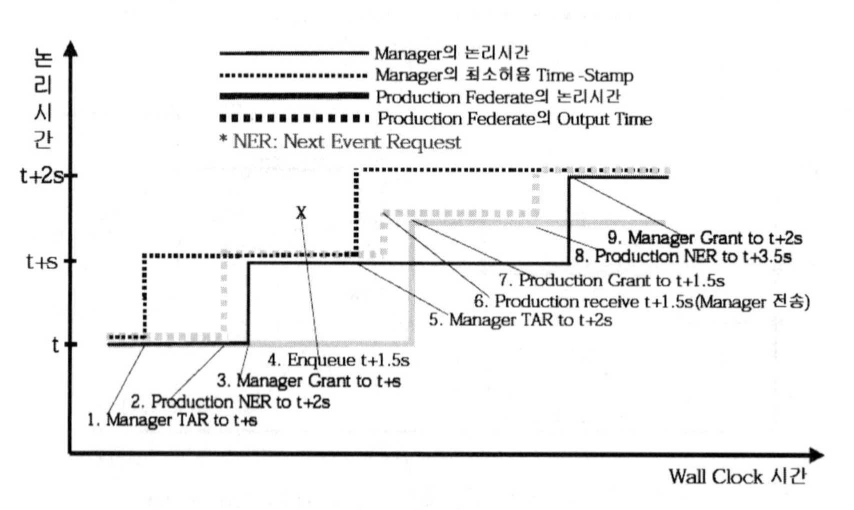

그림 18.52 Event-Driven 시뮬레이션

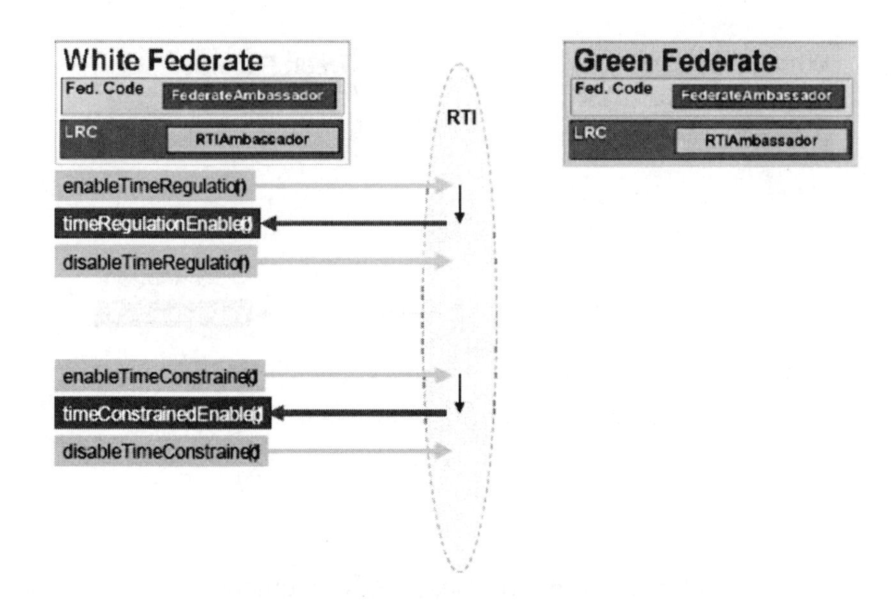

그림 18.53 Time Policy

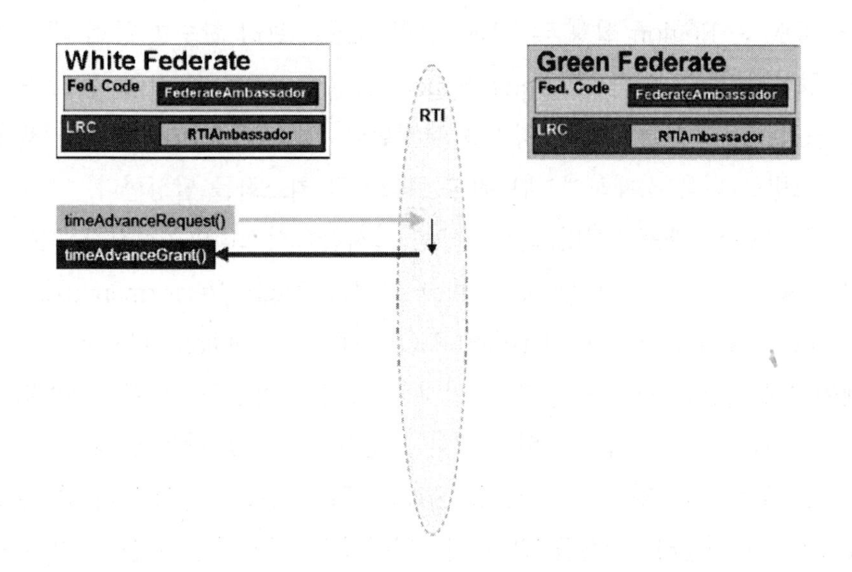

그림 18.54 Time-step Advancement

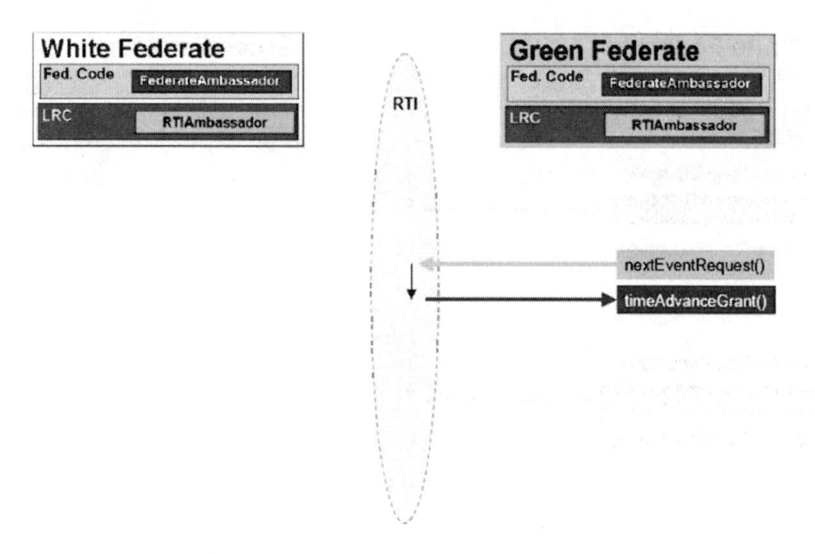

그림 18.55 Event-Based Advancement

18.9.6 Data Distribution Management

Data Distribution Management(DDM)은 Class Attribute 단위의 P/S 필터링을 수행한다. DDM은 Region 설정 및 DDM 관련 Object 관리 함수를 통해 데이터 분배의 효율성을 향상시킬 수 있다. Routing Space 는 Class, Geometry 등의 Region 에 근거하여 Federate 간 Data 교환 영역을 결정한다. DDM은 선언관리에서 정의된 송신 및 수신 정보량을 더욱 정제하여 네트워크 트래픽의 최소화를 달성한다.

DDM 은 Data 배포 서비스 기술로 실시간 시스템의 실시간성(Real-time), 규모가변성(Scalable), 안전성(Dependable), 고성능(High Performance)를 가능하게 하는 Object Management Group(OMG) 표준 Publish/Subscribe 네트워크 커뮤니케이션의 Middleware 이다. 이것은 분산 환경을 위한 데이터 중심의 Publish/Subscribe 프로그래밍 모델에 대한 표준화의 필요성 때문에 개발되었다.

DDS 는 금융거래, 항공 교통관제, Smart Grid 관리, 산업 자동화 시스템등의 Mission Critical 애플리케이션을 위해 디자인되었다. 과거에는 국방, 항공 우주산업에 제한적으로 사용되었지만, 현재는 다양한 분야의 지능화 시스템에 사용되는 사례가 증가하고 있다.

그림 18.56 에서 보는 것과 같이 Federate #1 은 'Alpha' Region 을 정의하여 객체를 Subscribe 하고 Federate #2 는 'Gamma' Region 을 정의하여 객체를 Subscribe 한다. 각 Federate 가 필요한 영역을 정의하여 Subscribe 함으로써 데이터의 양을 조절할 수 있게 된다.

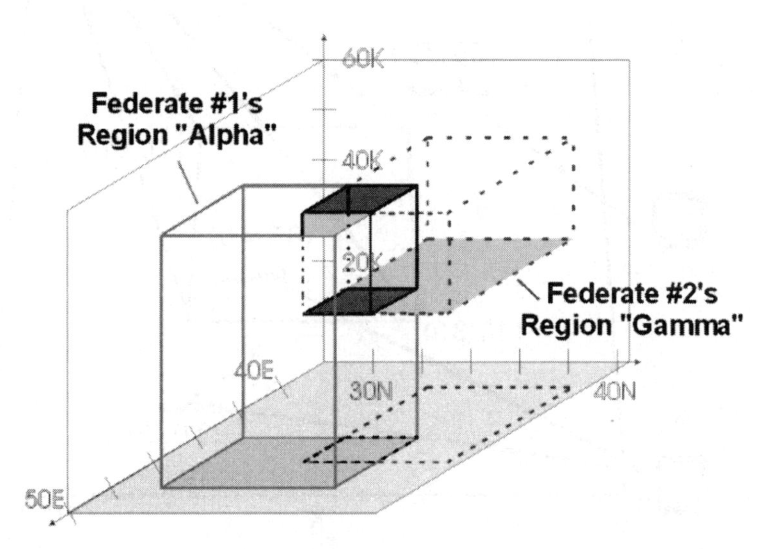

그림 18.56 DDS 와 Region

그림 18.57 에서 보여주는 DDS 의 예를 설명하면 다음과 같다. Federation 은 2 차원으로 100km x 100km 지역을 X, Y 로 정의한다. Federate C 는 X 축 (40~70), Y 축 (30~60) 범위에 있는 함정을 Subscribe 한다. Federate A 와 B 는 (30,70), (60,40), (70, 20)에 있는 함정 1, 2, 3 을 각각 Publish 하고 Send 하고 Update 한다. RTI는 단지 함정 2의 속성을 Federate C 에 Reflect 하고 함정 1과 3은 Filtering 한다.

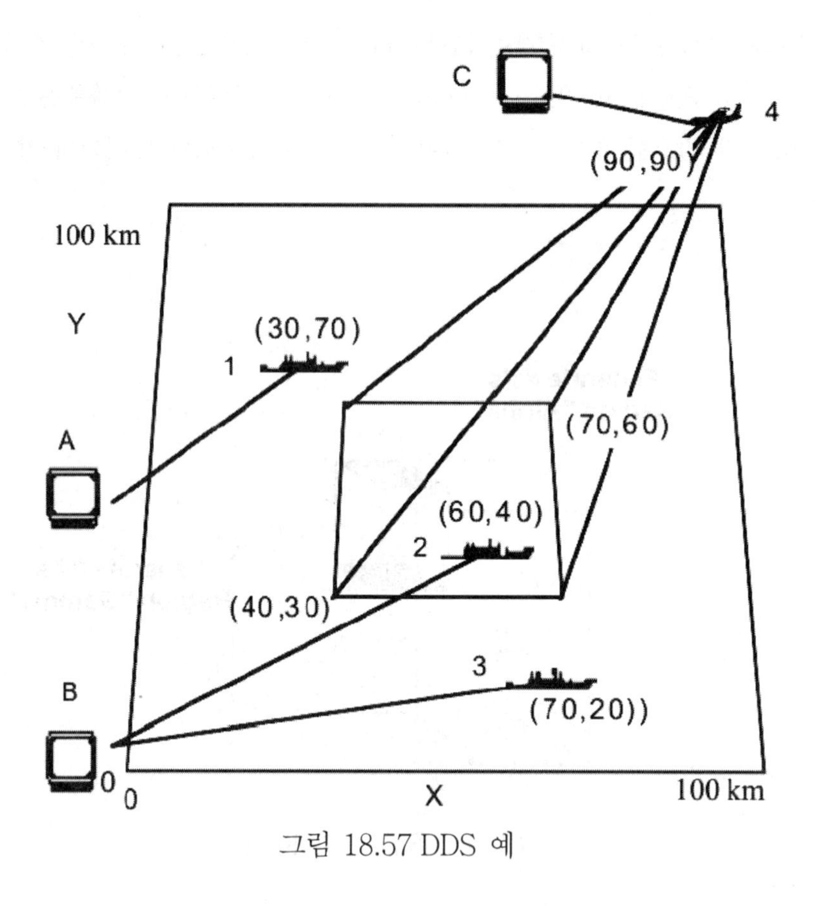

그림 18.57 DDS 예

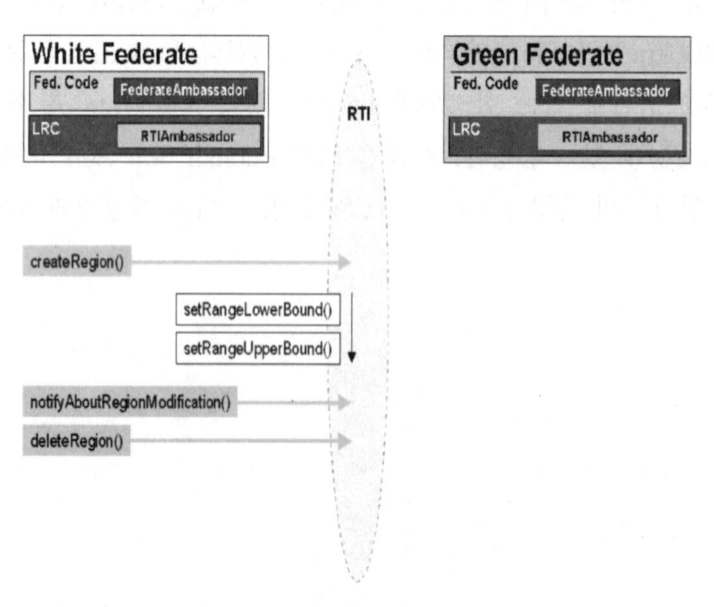

그림 18.58 Data Distribution Region Creation

18.10 RTI(Run Time Infrastructure)

RTI는 HLA를 구현하기 위해 요구되는 Middleware이다. 그러므로 RTI는 HLA의 기반요소라고 할 수 있다. RTI는 각 Federate들이 작동되는데 필요한 서비스와 실행간 다른 Federate들과 데이터를 주고받을 수 있는 서비스를 제공한다. RTI는 HLA 표준을 구현한 기반구조이며 분산 시뮬레이션 간의 정보 교환 통로이며 시뮬레이션과 통신 메커니즘의 분리로 Federate 등록, Object 관리, 통신 관리, 시간 동기화 등 시뮬레이션 시스템의 공통 서비스 제공한다. RTI를 통해 분산된 시뮬레이션 간의 통합이 가능하다.

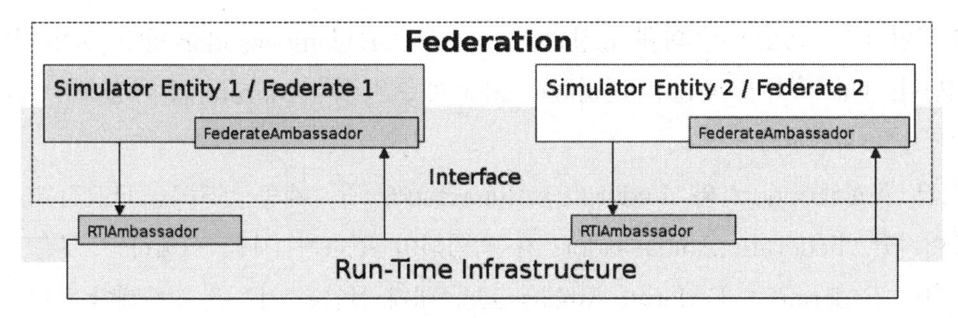

그림 18.58 Federation 과 RTI

RTI 구성요소는 RtiExec, FedExec, RTIambassador, FederateAmbassador, libRTI 이다. RTI 는 단독 워크스테이션이나 임의의 복잡한 네트워크에서 실행될 수 있는 소프트웨어이다. RtiExec 는 Federation 의 생성(Creation)과 파괴(Destroy)를 관장한다. 각 실행 Federation 은 단독 또는 전역 FedExec 에 의해 특징 지워진다. FedExec 는 Federation 을 관장하는데 Federate 의 Federation 가입(Join)이나 탈퇴(Resign)를 허락한다. 또한 Federation 에 참가하고 있는 Federate 들 사이에 Data 를 교환하는 것을 용이하게 한다. 물론, Federation 에 참가하고 있는 Federate 들은 HLA 호환되는 시뮬레이션 체계들이다. libRTI (RTI Library)는 Federate 개발자들에게 RTI 서비스를 더 확장시켜 주며 이러한 서비스들은 libRTI, RtiExec 사이에서 압축된 통신을 통해 구현된다.

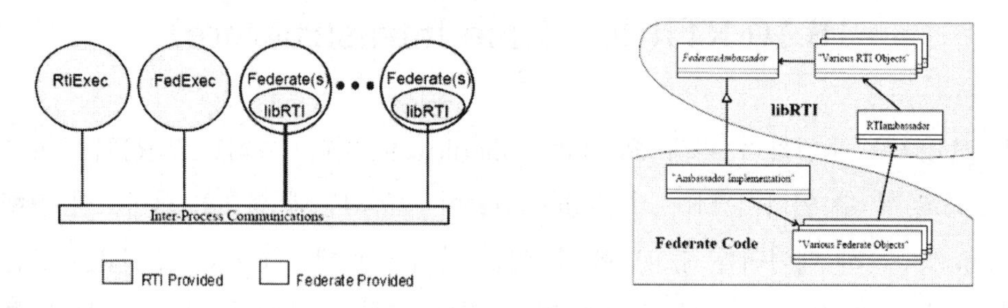

그림 18.59 RTI 구성요소

HLA Interface Specification 은 각 Federate 들이 Federation 에서 준수해야 하는 규칙을 libRTI 가 제공하고 있는 것을 확인한다. libRTI 내에서 RTIambassador 는 bundles the services provided by the RTI 에 의해 제공된 서비스를 묶어서 제공한다. RTI 위에서 Federate 에 의해 요청된 모든 요구는 RTIambassador 방법 요청 형태로 제시된다. The 축약된 FederateAmbassador 계층은 각 Federate 가 제공해야만 하는 응답기능을 확인한다.

RTI Ambassador 와 Federate Ambassador 두 계층 모두는 libRTI 의 한 부분이지만, Federate Ambassador 가 축약되어 있다는 것을 이해하는 것은 매우 중요하다. Federate 는 Federate Ambassador 내에 선언된 기능을 수행해야 한다.

Federation 은 libRTI 를 경유해서 많은 Federate 요청을 비동기적으로 응답한다. FederateAmbassador ‘callback’ 함수는 Federation 을 위해 Federate 에게 ‘signal’ 메커니즘을 제공한다.

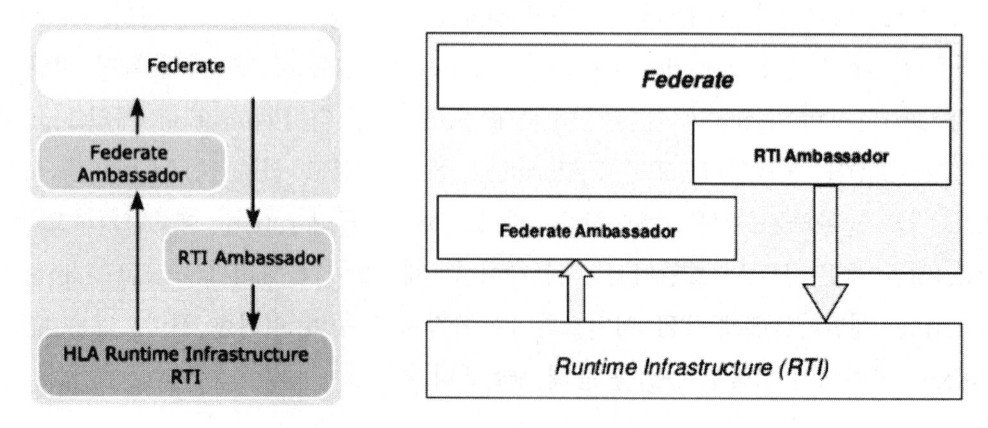

그림 18.60 RTI Ambassador 와 Federate Ambassador

앞에서 설명한 개념대로 한국군의 지상전 모델인 창조 21 모델과 미군의 지상전 모델인 WARSIM 간에 HLA/RTI 연동을 통한 부대간 교전을 살펴보면 다음과 같다. 여기서 WARSIM 에서는 대항군 부대를 묘사한다고 가정한다. 창조 21 에서 포병부대를 생성하고 이동시킨다. 이후 포병부대 객체(Object)를 등록(Register)하고 갱신(Refresh)하면 WARSIM 에서는 포병부대를 반영(Reflect)한다. WARSIM 에서는 보병부대를 생성하고 이동시킨다. 보병부대 객체를 등록하고 갱신하면 창조 21 에서는 보병부대를 반영하고 이 보병부대에 대해 표적을 식별하고 포병사격을 실시한다. 창조 21 에서 포병사격에 대한 상호작용을 송신(Publish)하면 WARSIM 에서는 포병사격을 수신(Subscribe)하고 피해를 모의하고 피해보고 상호작용을 창조 21 로 송신하면 창조 21 에서는 피해보고를 수신한다. WARSIM 에서 보병부대 객체를 갱신하면 창조 21 에서는 보병부대를 반영한다.

이러한 절차로 모델간 교전절차가 이루어 진다. 물론 이러한 절차가 이루어지기 전에는 모델들간에 송신((Publish)와 수신(Subscribe)이 미리 SOM 에서 선언되어야 한다.

- **창조21 포병부대가 WARSIM 보병부대에 포병사격 실시 및 피해보고**

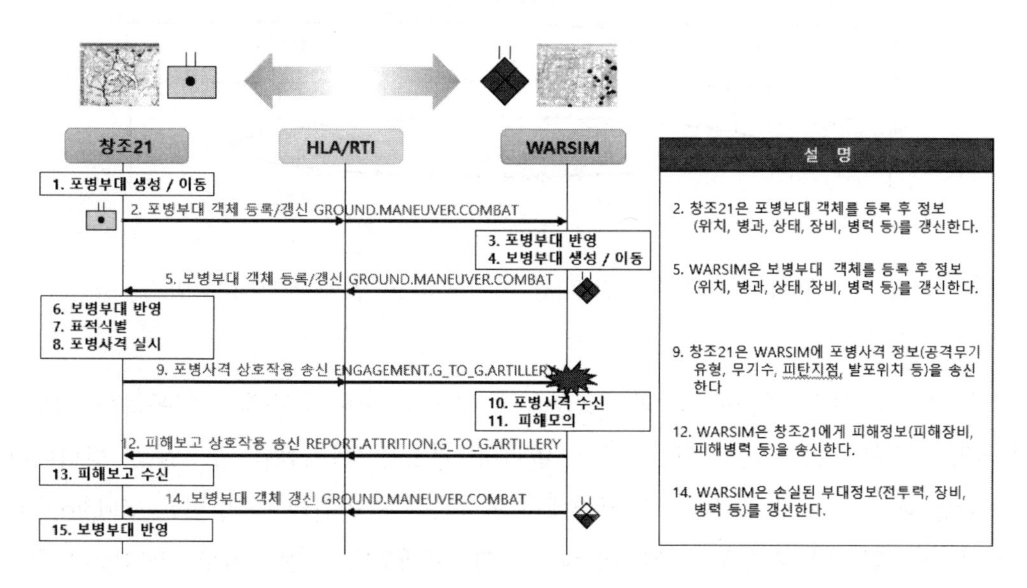

그림 18.61 창조 21 모델과 WARSIM 모델 연동

18.11 Federation 연동 방법

18.11.1 연동수준에 의한 분류

Federation 간 연동하는 문제는 크게 2 가지로 나눌 수 있다. 동종의 Middleware 를 사용하는 Federation 간 연동하는 문제와 RTI, TENA 등과 같이 이종의 Middleware 를 사용하는 Federation 간 연동하는 문제이다. 방법으로는 Federation 간 수준에서 연동하는 방법이 있고 RTI 와 같은 Middleware 수준에서 연동하는 방법이 있다. Federation 수준에서 연동하는 방법은 Gateway, Proxy 를 사용한 Bridge 가 있으며 Middleware 차원에서 연동하는 방법은 Broker, Wire Protocol 등이 있다.

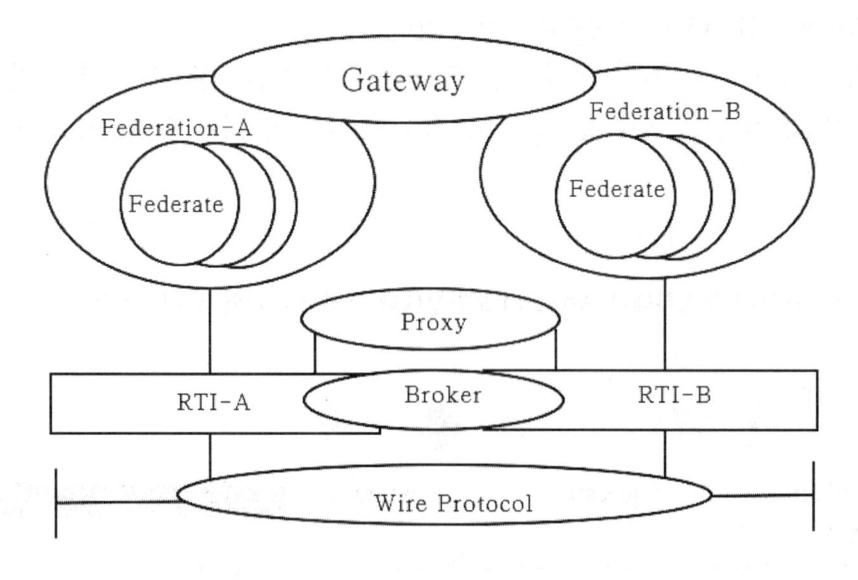

그림 18.62 RTI 기반 다중 Federation 연동 4 가지 방법

그림 18.62 에서 Gateway 와 Proxy 는 Federation 수준에서 연동하는 방법을 나타내고 있고 이는 RTI 의 확장이 없거나 확장을 최소화할 수 있는 방법이다. Gateway 와 Proxy 는 분산 체계 환경에서 연동하는 방안인데 이 방법은 Middleware 수정없이도 연동이 가능하나 Middleware 와 객체모델의 불일치로 완벽한 연동은 불가능하며 일정한 제한사항이 발생한다. 이는 동일한 Middleware 와 객체모델을 사용할 경우에도 제한점이 발생할 수가 있다.

반면 Broker 와 Wire Protocol 은 RTI 수준에서 연동하는 방법을 나타내고 있으며 RTI 의 Protocol 의 확장이 필수적이다. RTI, TENA, M/W 등 Middleware 수준에서 연동하는 것은 Middleware 를 수정해야 한다. 그러나 이미 표준화되어 상용화된 Middleware 를 수정하는 것은 현실적으로 불가능한 일이다.

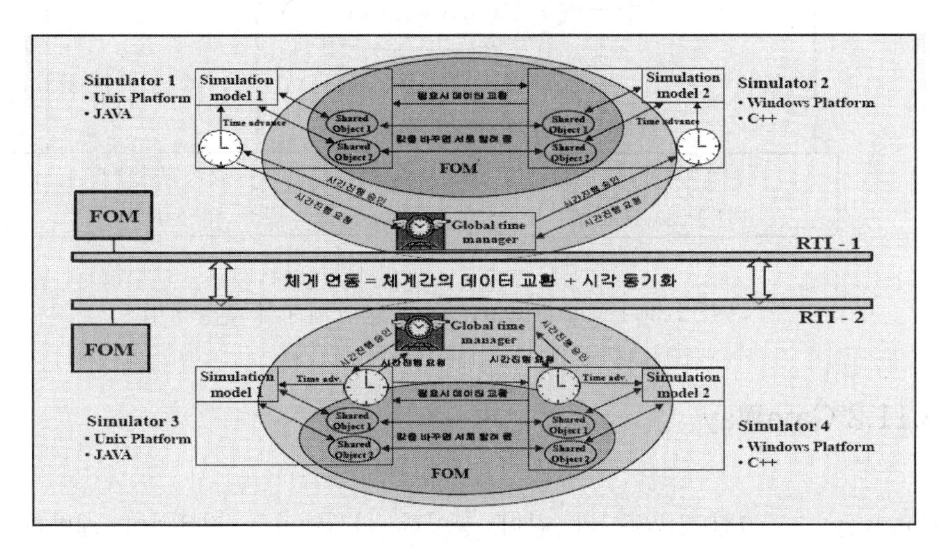

그림 18.63 RTI-RTI 연동

그림 18.63 에서 보는 것과 같이 체계간 연동은 체계간의 데이터를 교환하고 시간을 동기화 하는 것이다. 각 체계가 각각의 FOM 과 RTI 를 사용하고 있다면 가능하면 RTI 와 RTI 를 직접 연동시키고 싶어 한다. 그러나 RTI 와 RTI 를 연동시킬 수 있는 표준 API(Application Programming Interface)가 정의되어 있지 않아 RTI 와 RTI 를 100% 완벽하게 연동시킬 수는 없다. 그러므로 Gateway 나 Bridge 와 같은 다른 기술을 사용하여 부분적으로 연동을 추진하고 있다.

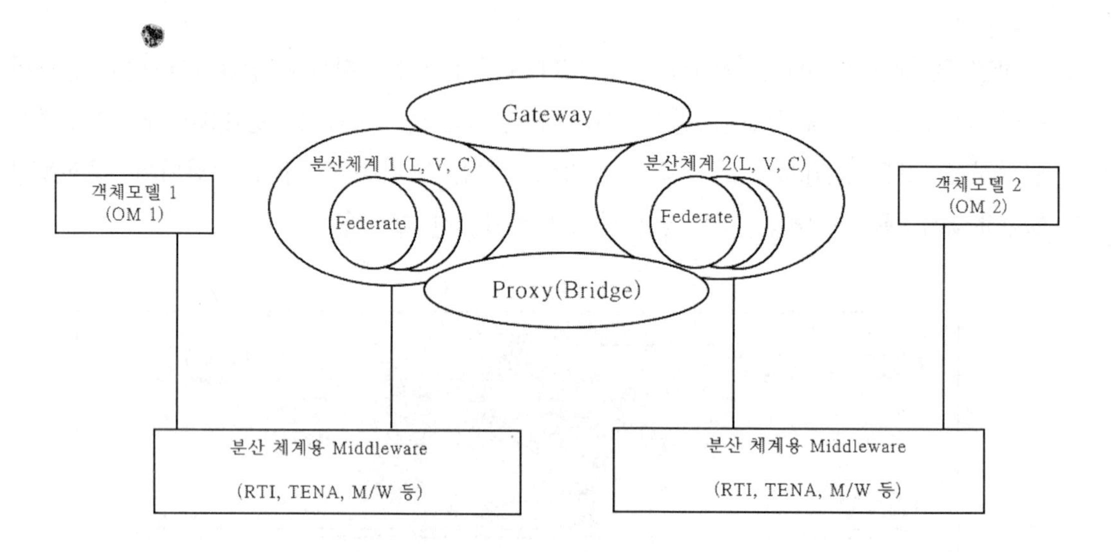

그림 18.64 Middleware 기반 분산체계의 연동방법

18.11.2 GateWay

Gateway 는 그림 18.65 와 같이 상이한 아키텍처를 적용하여 개발한 M&S 시스템들을 연동하는데 필요한 인터페이스이다. 일반적으로 Gateway 는 여러 개의 M&S 체계를 한 번에 연결하는 것이 아니라 바로 직접적으로 연결하는 2 개의 응용체계를 연결하게 되므로 연동하고자 하는 M&S 의 수가 많을수록 상당한 수의 Gateway 를 필요로 한다.

응용체계 단의 1:1 Solution 이고 비교적 간단하지만 여러 개의 개별적 Solution 개발 필요하다. 1 쌍의 분산체계 당 1 개의 Gateway 가 필요하며 n 개의 체계에는 n(n-1)/2 개의 Gateway 가 필요하다. 뿐만 아니라 서로 다른 연동체계들 사이의 시간 동기화가 불가능하여 실시간 동기화를 사용한다. 미래에는 TENA, HLA, C4ISR 체계들 사이의 Gateway 가 중요할 것으로 판단된다.

Gateway 를 개발하여 활용하는데 고려해야 할 것은 연결하여 운용하고자 하는 M&S 체계들을 연결하는 인터페이스로서 일단 주고받는 데이터와 정보를 원활히 매핑하여 처리할 수 있어야 하고, 할 수만 있다면 여러 개의 Gateway 를 개발하여 사용할 것이 아니라 한번 개발한 것을 재사용할 수 있도록 디자인하고 개발하여야 한다는 것이다.

Gateway 는 오류없이 데이터와 정보를 매핑하고 요구되는 성능을 보장하며, 연동하고자 하는 응용체계가 바뀔 때 얼마나 유연하게 적용하여 사용할 수 있도록 하는가 하는 문제는 전혀 다른 문제이다. Gateway 는 2 개 시스템 통합시 효율적인 최적의 방법으로 각 Application 은 선정된 Protocol 적용한다. 그러나 적합한 Gateway 식별이 어렵고 시험이 복잡하며 Latency 와 Error 잠재적 원인이 되기도 한다.

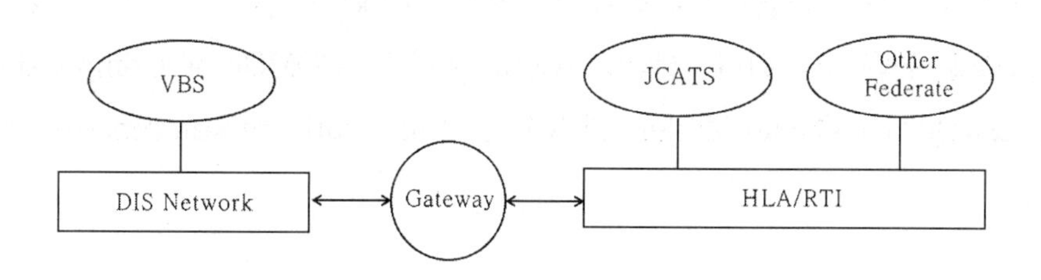

그림 18.65 Gateway

18.11.3 Bridge

Bridge 는 그림 18.66 에서 보는 것과 같이 아키텍처는 동일하나 연동 프로토콜을 적용하는 방법이나 버전이 상이할 때, 즉 HLA 의 경우 RTI 를 개발하여 판매하는 개발자 또는 제품이 다르거나 동일한 개발자와 동일한 제품의 RTI 라 하더라도 버전이 상이할 경우에 사용하는 인터페이스이다. Gateway 와 마찬가지로 Bridge 는 여러 개의 M&S 체계를 한 번에 연결하는 것이 아니라 바로 직접적으로 연결하는 2 개의 응용체계를 연결하게 되므로 연동하고자 하는 M&S 의 수가 많을수록 상당한 수의 Bridge 를 필요로 한다.

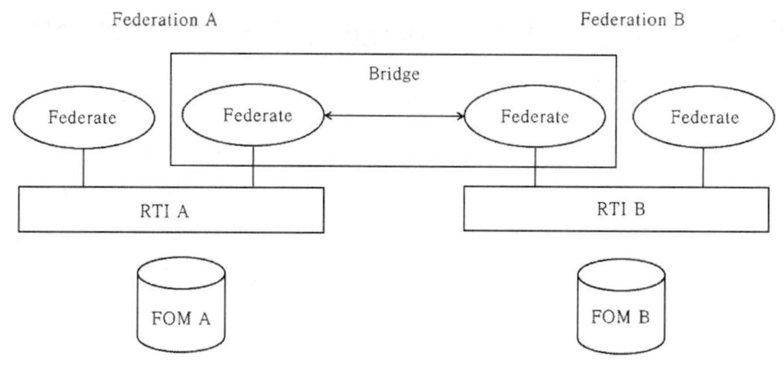

그림 18.66 Bridge

Bridge는 특정 Protocol을 사용하여 합의된 수단과 포맷으로 데이터 구성요소를 식별한다. 시뮬레이션에 직접 연결된 소프트웨어에서 번역 서비스 제공하나 Latency와 Error 잠재적 원인이 되기도 한다.

Middleware 간의 연동 방안으로 거의 완전한 연동 가능하나 단점은 FOM, LROM(Logical Range Object Model)과 같은 서로 다른 객체 모델 연동구조 사이의 인터페이스 및 객체 모델을 변환한다는 것이다. 객체모델 1 과 객체모델 2 의 변환은 Meta 모델을 통해 변환된다. 제안된 Meta 모델은 JCOM(Joint Composable Object Model), BOM(Base Object Model), RPR(Real-time Platform Reference) BOM 등이다.

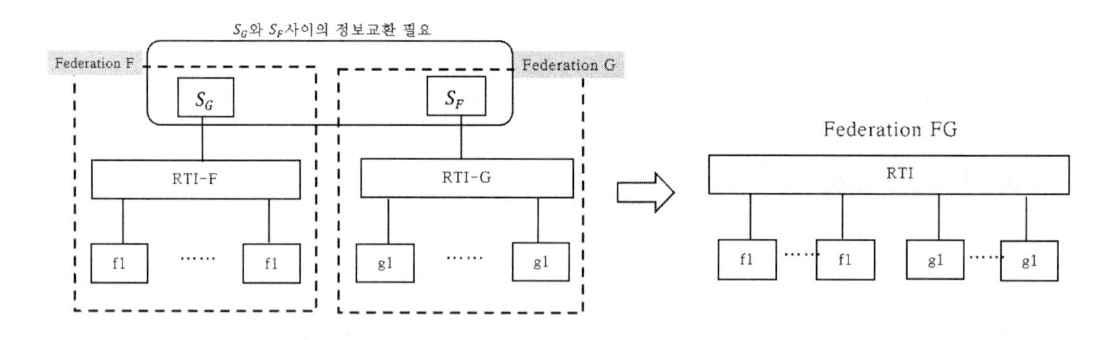

그림 18.67 Surrogate 를 사용한 연동

Bridge 를 통한 Proxy 방법을 구현하는 것은 Bridge Federate 가 Surrogate(S_G, S_F)는 소속된 Federation 의 반대편 Federation 대리자 역할을 한다. Bridge Federate 는 일반적 Federate 와 같이 동작하며 2 개의 Federation 에 동시에 참가할 수 있어야 한다. 또, 다른 Federate 는 Bridge 가 존재하는지 몰라야 한다.

S_G 는 Federation F 의 정보를 S_F 를 통하여 Federation G 에 전달하고 S_F 는 Federation G 의 정보를 S_G를 통하여 Federation F 에 전달한다. 이러한 Surrogate 는 RTI 서비스만 사용할 수 있다.

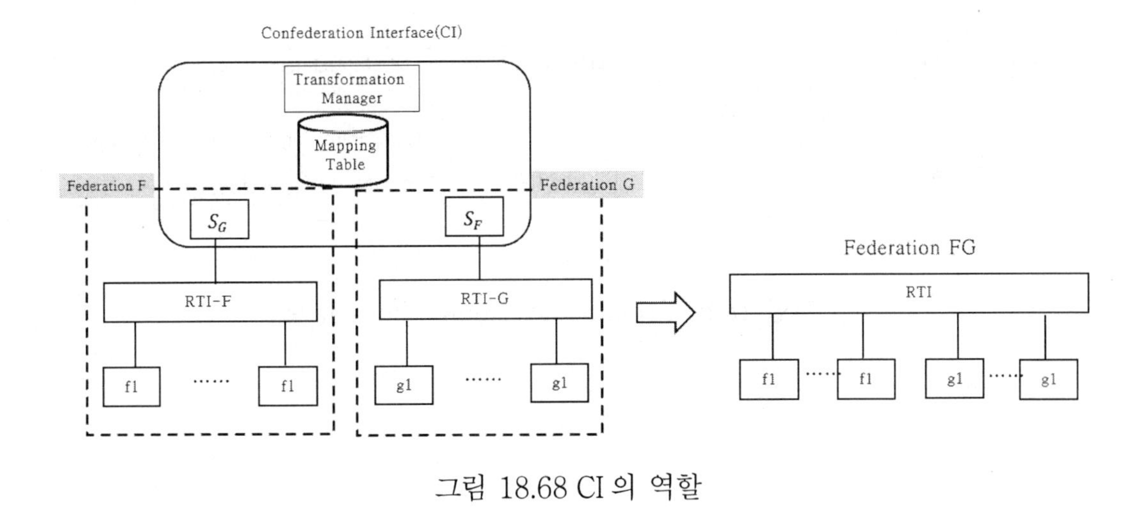

그림 18.68 CI 의 역할

그림 18.68 에서 Transformation Manager 는 메시지를 연결하고 S_G와 S_F 사이를 변환한다. Confederation Interface(CI) 구현시 Surrogate 간 통신방법은 Surrogate S_G와 S_F는 독립적인 Federate(process)로 통신을 하고 S_G와 S_F사이의 통신은 공유메모리 혹은 네트워크를 사용한다. 이 방법에서는 Interface 와 객체모델(OM: Object Model) Mapping 이 필요하다.

아키텍처간 직접 매핑시키는 1:1 매핑 방법은 OM_i를 OM_i와 직접 Mapping 시키는 방법과 $Meta\ OM$를 가운데 두고 Mapping 시키는 방법이 있다.

$$OM_i \rightarrow OM_i$$

$$OM_i \rightarrow Meta\ OM \rightarrow OM_i$$

JCOM, BOM 등 Architecture Neutral Format(ANF)을 이용 간접 매핑 방법은 다음과 같다.

$$OM_i \rightarrow ANDEM \rightarrow OM_i$$

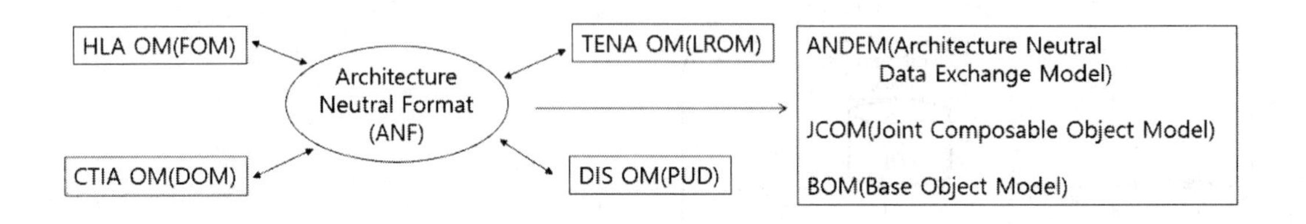

그림 18.69 Architecture Neutral Format 예

제19장

MULTI-RESOLUTION MODEL

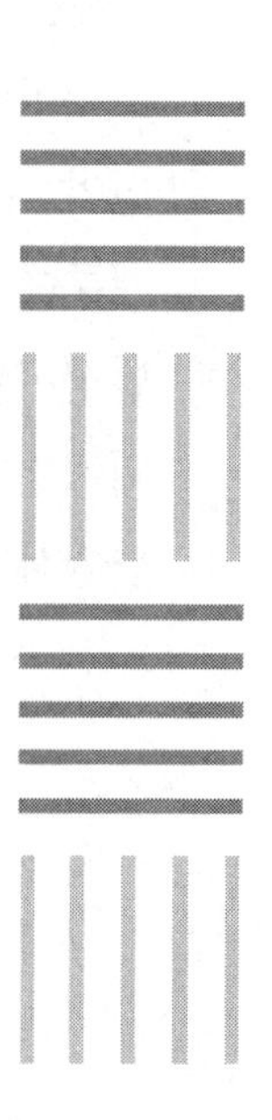

19.1 다중 해상도 모델(MRM: Multi-resolution Model)

19.1.1 MRM 개념

시뮬레이션 모델은 대상 시스템에 대한 묘사 수준에 따라 Entity-Level(High-resolution) 모델과 Aggregate-Level(Low-resolution) 모델로 구분되어 진다. Entity-Level 모델은 정확한 결과를 제공할 수 있지만 데이터 처리에 많은 시간과 자원이 소요된다. 이와 반대로 Aggregate-Level 모델은 데이터터 처리 시간을 단축하고 소요자원을 절약할 수 있으나 Entity-Level 모델과 비교시 상대적으로 부정확한 결과를 제공한다.

다중 해상도 모델이란 하나의 대상 객체를 상이한 해상도를 가진 다수의 모델로 표현한 것으로 상이한 특징을 가진 2 개 이상의 모델간의 연동을 위한 모델링 기법으로 모델이 가진 해상도, 모의 수준, 상세도 등 고유한 특성을 유지하면서 동일한 상황을 모의하는 기법이다.

예를 들어 교전급 워게임 모델인 '전투 21'의 최소 모의 단위를 살펴보면 전차부대는 소대이며 보병부대는 분대이다. '전차 시뮬레이터의' 모의 단위는 개별 전차 단위이다. 만약 워게임 모델인 '전투 21'에 있는 보병인 소대와 '전차 시뮬레이터'의 전차간 전투를 한다면 피해평가의 모의 논리가 상이하여 상호 피해평가를 공정하게 발생시키기가 어려울 것이다. 왜냐하면 그림 19.1 의 좌측 그림과 같이 '전투 21'의 피해평가 모의논리는 Lanchester 방정식을 채택하고 있고 '전차 시뮬레이터'는 단발사격 명중률과 피해율을 적용하고 있기 때문이다.

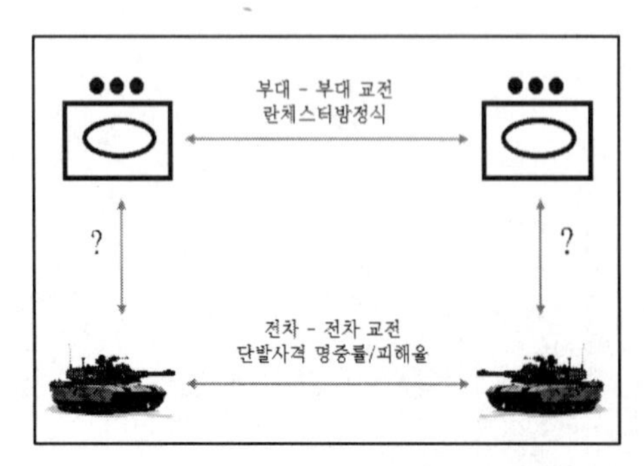

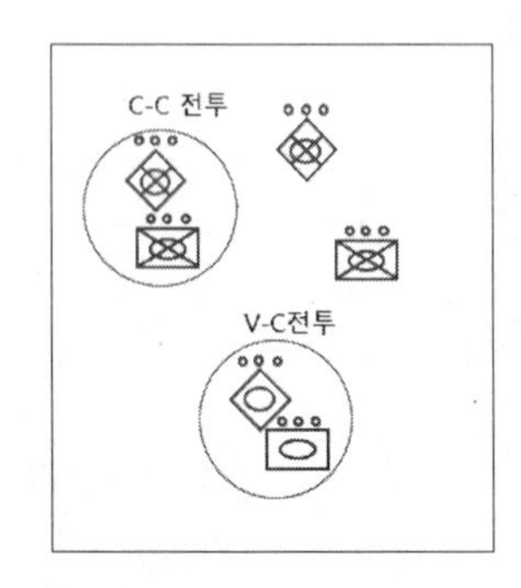

그림 19.1 부대단위 모델과 객체단위 모델간 전투 연동

임무급 모델인 '창조 21' 모델과 교전급 모델인 '전투 21' 모델간 연동인 경우에도 이러한 문제가 발생한다. '창조 21'의 일부 국면을 '전투 21'에서 적의 기계화보병 연대를 소대 단위로 분해하여 상세 모의하고 교전결과와 피해평가 등 정보를 집약하여 '창조 21'로 다시 보고하는 절차를 하고자 한다면 이러한 집약과 분해의 문제에서의 전투력의 수준과 부대 위치 등 정보의 일치성이 요구된다.

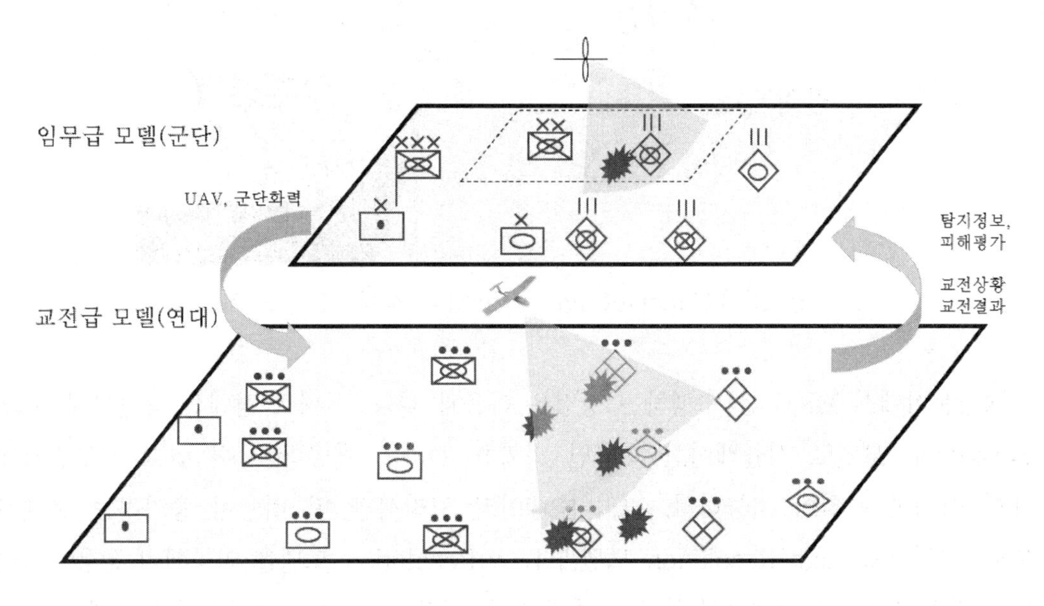

그림 19.2 임무급 모델과 교전급 모델 연동동

다음은 지형과의 상호작용 문제이다. Constructive 모델의 지형은 세부적인 수목, 바위 등은 생략되고 빽빽한 산림지역, 중간 산림지역, 기동가능 지역, 기동불가 지역 등으로 표현된다. 이에 반해 Virtual 시뮬레이터의 경우에는 포수전방의 수목 한그루, 낮은 구릉 등의 실제 지형을 가상세계로 옮겨놓은 모습으로 세부적으로 표현된다.

이러한 상이한 지형표현의 조건에서 Virtual 시뮬레이터의 전투객체와 Constructive 모델의 전투객체가 직접 교전하는 상황이 발생한다면 전투객체와 지형과의 상호작용이 서로 상이함으로 인해 수색 및 탐지, 지형지물을 이용한 은·엄폐 등에서 차이가 나게 될 것이며, 그 결과 공정하지 못한 교전결과를 발생시키게 된다. 대부대급 훈련에서의 연동이라면 소규모 교전이 전체국면에 미치는 영향이 적으므로 무시할 수 있는 오차이지만, 국지적인 소규모 교전이 전체 국면에 크게 영향을 미칠 수 있는 대대급

이하 임무급 모델과 교전급 모델의 연동 훈련 상황에서는 결코 무시될 수 없는 오차이다. 이문제 역시 기본적으로 해상도차이에서 기인한 것으로 이를 극복하기 위한 기술적 해결방법이 요구된다

그림 19.3 Constructive - Virtual 지형 충실도 차이

국방분야에서 MRM 을 수행하는 장점은 다음과 같다. 첫째로 경제성 측면인데 High Resolution 모델로 시뮬레이션을 하면 정확한 결과를 제공받을 수 있고 전투결과에 대한 상세한 관찰이 가능하다. 그러나 데이터 처리시간 및 비용이 증가하는 문제가 있다. 그러므로 High Resolution 모델과 Low Resolution 모델을 연동시켜 운용목적에 따라 사용함으로써 경제적인 문제를 해결할 수 있다. 다음으로 의사결정을 위한 인지적 필요성 때문이다. 바른 의사결정을 위해서는 다양한 수준의 검토가 필수적이다. Low Resolution 모델을 통해 얻은 결과에 대해 High Resolution 모델을 통한 검증 과정을 거침으로써 정확한 의사결정 지원의 수단이 된다. 마지막으로 상호보완성 측면이다. Low Resolution 모델의 모델링 범위는 크지만 상세한 정보를 제공할 수 없다. 반면 High Resolution 모델의 모델링 범위는 작지만 상세한 정보를 제공할 수 있다. 이와 같이 Low Resolution 모델과 High Resolution 모델은 상호 보완적인 성격을 가지고 있다.

19.1.2 MRM 기법

이를 위해 국방 분야에서는 MRM 과 관련된 연구를 다양하게 진행해 왔다. MRM 은 모의 수준이 상이한 모델들을 목적에 따라 해상도를 전환하여 사용하는 기법으로,

A/D(Aggregation/Disaggregation)와 UNIFY 가 MRM 의 대표적인 기법이다. A/D 기법은 특정 조건에 따라 모의 객체의 해상도 모델을 동적으로 전환하는 기법으로, 상호작용하는 대상 객체의 해상도에 따라 객체 해상도를 변경하거나 특정 지역 내에 진입하거나 이탈 시 객체 해상도를 변경할 경우 활용된다. 그림 19.4 에서 'Disaggregation Area'는 해상도 전환 조건으로, 'Unit Level'해상도로 모의되는 객체(A~D, 1~3)들이 'Disaggregation Area' 내로 진입할 경우 'Entity Level' 해상도로 변환하여 상호작용한다.

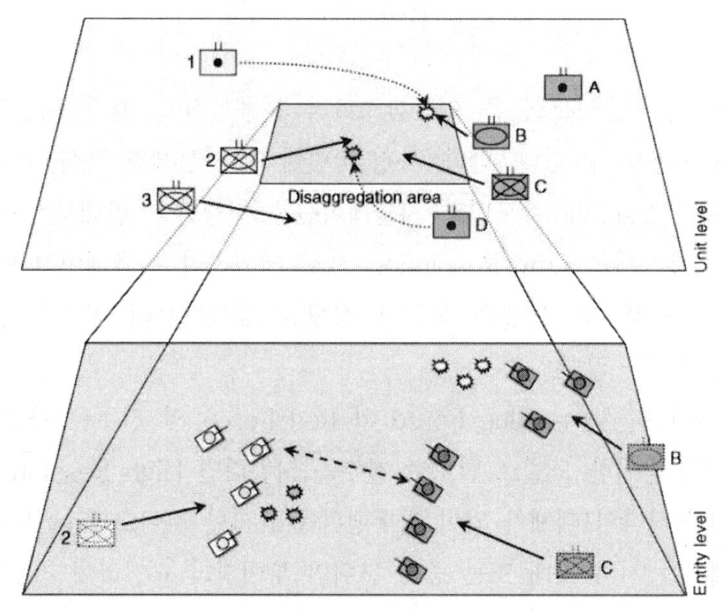

그림 19.4 A/D(Aggregation/Disaggregation) 방법

UNIFY 기법은 모의 객체의 해상도 모델들을 통합 관리하는 기법으로, 해상도별 모의 객체 정보를 일관성 있게 유지할 경우 활용된다. 이를 위해 UNIFY 는 MRE(Multiple Representation Entity) 모델을 적용하여 모델 내에 객체에 대한 다중 표현을 항상 공존시키는 방법을 적용한다. 그림 19.5 에서 E1 은 $Model^A$와 $Model^B$로 구성된 MRE 객체(다중 해상도 모델 객체)로, Interaction Resolver 기능에 의해 외부 객체(E2, E3)와 해상도별로 상호작용하고, Consistency Enforcer 기능에 의해 $Model^A$와 $Model^B$ 의 상태 정보를 일관성 있게 유지한다.

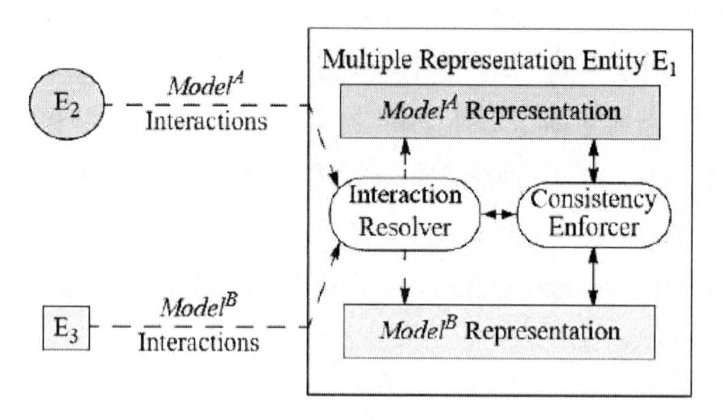

그림 19.5 UNIFY 기법

모의 수준이 상이한 모델들을 연동함으로써 운용목적에 따라 해상도를 전환하여 목적에 맞도록 사용할 수 있다. 만약, 특정 국면에 대한 상세한 분석 및 관찰을 필요로 하는 경우 High Resolution 모델로 시뮬레이션을 진행하고 반대로 전체적인 흐름에 대한 분석이 필요시에는 Low Resolution 으로 전환하여 시뮬레이션을 실시한다. 이 2 개의 상세도가 상이한 모델은 동일한 상황을 묘사하는데 공통의 동일한 상황을 유지하는 것이 쉽지는 않다.

예를 들어 전차로 구성된 Blue Force 와 Red Force 의 전투를 가정해 보자. 만약 2 개의 해상도가 상이한 모델로 별도로 전투를 시킨다면 High Resolution 모델에서는 각 전차 한 대가 각각의 객체가 되어 전투행위를 묘사할 것이고 Low Resolution 으로 구성된 모델에서는 전차 소대 또는 중대 단위의 부대끼리 교전하여 전투결과를 도출할 것이다.

19.2 MRM 도전 과제

상이한 해상도의 2 개 모델의 전투결과는 상이할 뿐만 아니라 전투 중 또는 전투 종료 후의 부대 위치와 전투력도 차이가 있을 것이다. 이러한 해상도가 상이한 2 개의 모델을 연동하여 전투를 진행하는 것은 여러가지 도전적인 과제이다. 전투 종료 후 전투결과가 우선적으로 동일해야 하고 부대의 위치나 잔여 전투력 수준이 동일해야 한다. 하나의 전투현장에서 묘사되는 2 개의 모델이 서로 다른 결과를 가지고 있으면 논리적 모순에 도달하여 모의를 더 이상 진행시킬 수 없다. 따라서 동일한 전투를 묘사하는 2 개의 해상도가 다른 모델들을 잘 조정하여 동일한 상황을 유도하는 것이 MRM 의 핵심적 과제이다.

MRM 과 관련된 주요 문제들은 표 19.1 에서 나타난 것과 같이 Federation 구조, 해상도 변환 관리, 데이터 전송, 동기화 등이다.

표 19.1 MRM 주요 도전 과제

<table>
<tr><th>구 분</th><th colspan="2">결정 문제</th></tr>
<tr><td>Federation 구조</td><td>연동구조 결정</td><td>• Full-Distributed
• Full-Centralized
• Part-Distributed</td></tr>
<tr><td rowspan="2">해상도 변환 관리</td><td>해상도 변환 조건 결정</td><td>• Fixed Geographical Area
• Manual Triggering
• Spheres of Influence
• Event Based</td></tr>
<tr><td>해상도 변환 방법 결정</td><td>• Full-Disaggregation
• Partial-Disaggregation
• Pseudo-Disaggregation</td></tr>
</table>

구 분	결정 문제	
데이터 전송	데이터 전송수준 결정	• Aggregate Level • Entity Level • Both
	Data Mapping	• Disaggregation • Aggregation
	소유권 전환	• Negotiated Push/Pull • Unconditional Push/Pull • Unobtrusive
동기화	• Time-Stamped • Event Driven	

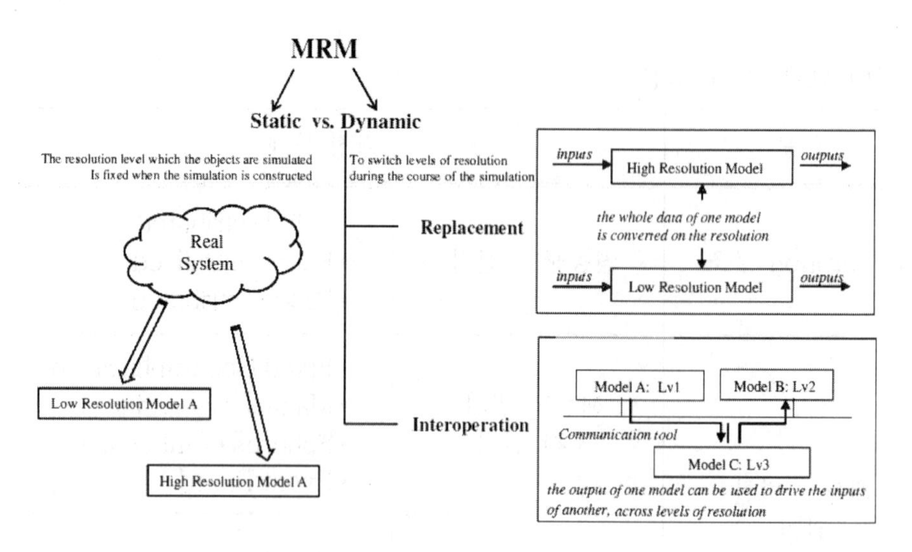

그림 19.6 MRM 의 주요 과정

19.2.1 연동 구조 및 방식 결정

모의 수준이 상이한 모델을 연동 시 각 모델의 연동 구조 및 방식을 결정해야 한다. 연동구조에 대한 접근방법은 완전 분산방식(Full-Distributed), 중앙집중식(Full-Centralized), 부분 분산방식(Part-Distributed)으로 나눌 수 있다.

Part-Distributed 방법은 HLA/RTI 기반하 연동하는 방법이다. 만약 '창조 21'모델과 '전투 21'모델을 연동한다면 두 모델에 대한 내부 리엔지니어링 없이 워게임 간의 인터페이스에 대한 작업만을 고려한다. 이 구조는 RTO 를 골격으로 '창조 21'과 '전투 21' 각각의 엔진을 HLA Interface 를 통해 연동한다. HLA Interface 는 워게임 엔진과 RTI 를 연결하는 Middleware 역할을 한다. 또한 '전투 21' HLA Interface 에 'Aggregation/Disaggregation' 모듈을 추가시켜 워게임 간에 교환되는 데이터를 수준을 전환하도록 한다. 이러한 구조의 장점은 워게임 모델의 리엔지니어링 작업이 불필요한 현실적인 대안이라고 할 수 있다.

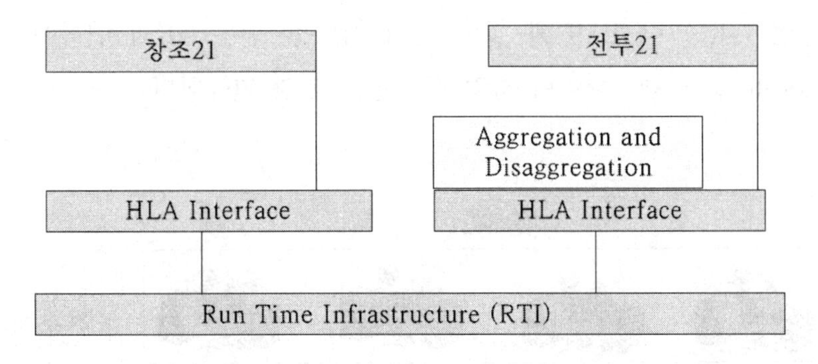

그림 19.7 Part-Distributed 연동구조

예를 들어 그림 19.8 과 같이 '창조 21' 모델에 있는 A 사단 1 연대를 분해하여 '전투 2'1 모델과 연동한다면 분해된 A 사단 1 연대의 소유권은 '전투 21'이 가지며 나머지 A 사단의 연대들은 '창조 21'이 가진다. 분해된 부대는 '전투 21'에서 모의되는데 훈련상황에 대한 정보를 주기적으로 '창조 21'으로 전송하여 전시한다.

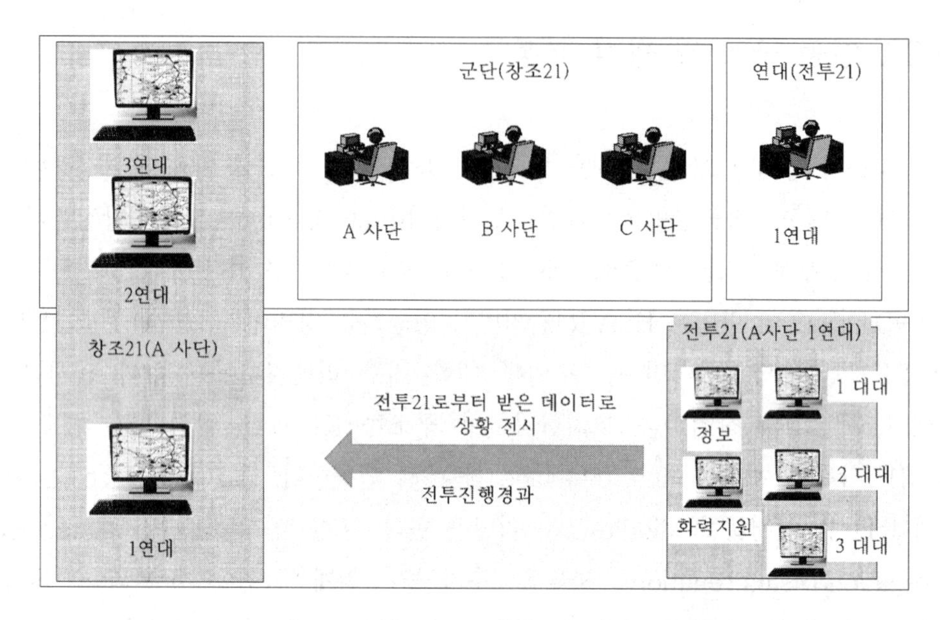

그림 19.8 창조 21-전투 21 연동 개념

Full-Distributed 방법은 HLA/RTI 기반으로 '창조 21'을 재구성 후 '전투 21'과 연동하는 방법이다. 그림 19.9 와 같이 '창조 21'을 '전투 21'과 연동이 가능한 연대 단위의 Federate 로 리엔지니어링 작업 후 '전투 21'과 연동한다.

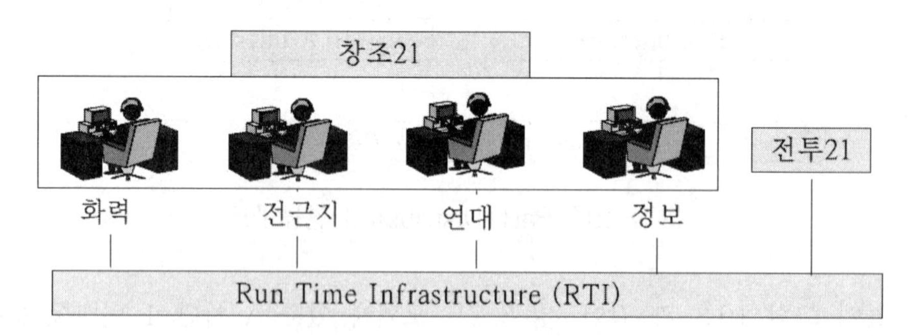

그림 19.9 Full-Distributed 연동구조

이 방법은 RTI를 골격으로 '창조 21'의 서브모델들과 '전투 21'을 연동하는 구조이다. 연동절차는 Part-Distributed 구조와 동일한다. 이 방법의 장점은 확장의 용이성이며 단점은 '창조 21'-'전투 21' 리엔지니어링 작업이 필요하며 교환되는 데이터 양이 증가한다.

Full-Centralized 구조는 그림 19.10 에서 보는 것과 같이 '창조 21'의 네트워크 상에 '전투 21'을 추가하여 연동하는 방법이다. 즉, '창조 21'의 네트워크를 주골격으로 하여 '전투 21'을 서브트리로 구성하여 연동하는 방법이다.

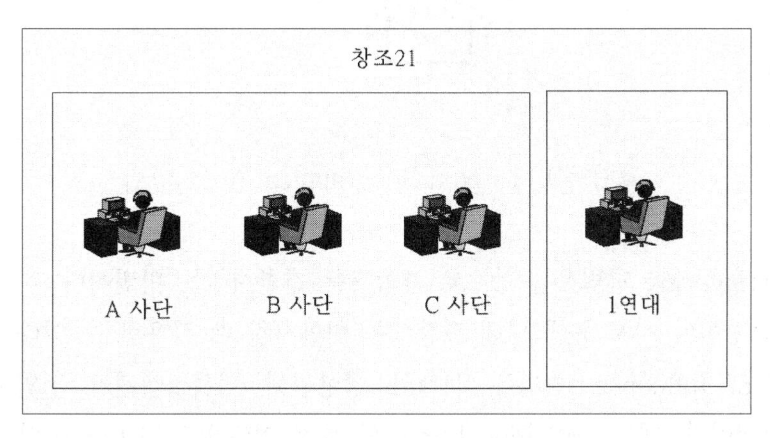

그림 19.10 Full-Centralized 구조

이 구조는 HLA/RTI 대신 내부 네트워크를 이용한다는 차이를 제외하고 연동방법은 위의 두 방법과 동일하다. 이 방법의 장점은 HLA/RTI 서비스가 불필요하다는 것이나 모델 재사용성 제한과 모델의 유지 보수의 어려움이 단점이다.

19.2.2 해당도 전환 방식

해상도 전환조건은 총괄 레벨 모델과 객체 레벨 모델간의 해상도 전환이 이루어지는 조건에 대한 문제로 Fixed Geographical Area, Manual Triggering, Spheres of Influence, Event Based 등의 방법이 있다.

Fixed Goegraphical Area 방법은 사전에 설정한 지역에 모델의 객체가 진입시 자동적으로 해상도가 전환되는 방법이다. 그림 19.11 에서와 같이 1 개 연대가 관심지역에 진입하게 되면 연대는 3 개 대대로 분해된다. 이 후 관심지역을 이탈하면 다시 3 개 대대로 통합된다. 이 방법은 특정지역에 상세한 정보를 필요로 하는 경우에 사용된다.

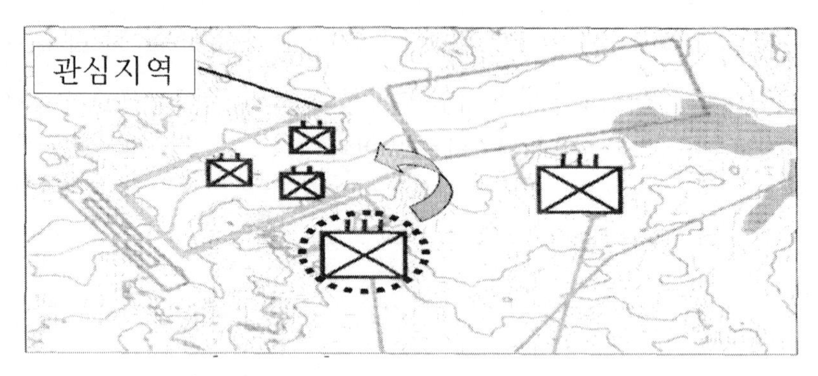

그림 19.11 Fixed Goegraphical Area 방법

Manual Triggering 방법은 수동으로 해상도를 전환시키는 방법이다. 이 방법은 훈련 중에 훈련 상황이나 지시 등에 의해 해상도를 변환시킬 때 사용할 수 있다.

Spheres of Influence 방법은 객체의 영향권에 다른 객체가 진입시 해상도가 전환되는 방법이다. 예를 들어 Blue Force 의 특정 연대에 Red Force 의 전차 대대가 영향권에 진입하면 Blue Force 의 연대가 대대로 분리되는 상황이 있을 수 있다.

Event Based 방법은 사전에 설정한 사건이 발생시 해상도가 전환되는 방법이다. 이 방법은 어떤 사건이 발생하면 해상도가 전환되는지 사전에 정의하여야 한다. '창조 21'-'전투 21'에서는 특정상황이나 조건에서만 전환시킬 때 사용될 수 있다. 특정상황이란 폭탄 투하, 교량 파괴 등이 될 수 있다.

해상도 전환방법은 Aggregate 수준과 Entity 수준 간의 해상도 차이를 보정하기 위해 Aggregate 수준 모델의 분할수준에 따라 Full-Diaggregation, Partial-Diaggregation, Pseudo-Disaggregation 로 나눌 수 있다.

Full-Diaggregation(FD) 방법은 그림 19.12 와 같이 Aggregate 수준의 객체를 Entity 수준의 객체들로 완전히 분해시키는 방법이다. LRE(Low Resolution Entity)를 HRE(High Resolution Entity)로 완전히 분해하는 것이다. 이 방법은 상세수준의 정보를 제공하나 시스템에 많은 부하를 유발할 수 있다.

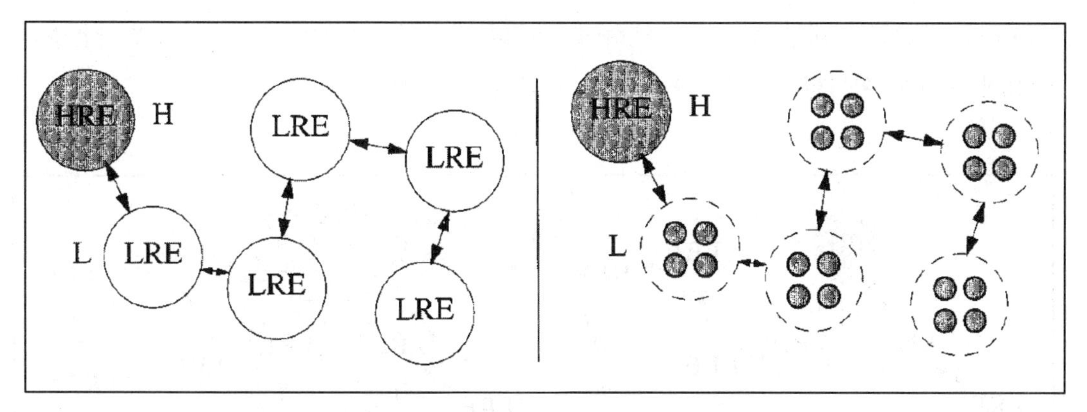

그림 19.12 Full-Diaggregation (FD) 전(좌)과 후(우)

Partial-Disaggregation 방법은 FD 방법의 제한사항을 극복하기 위해 제안된 것으로 FD 처럼 'Aggregate 수준'의 한 객체를 구성하고 있는 'Entity 수준'의 객체들 모두 분해시키지 않고 객체의 일부분만 분해시키는 방법이다. 이 방법은 네트워크 과부하를 방지할 수 있으나 Partition 설계의 어려움이 있다.

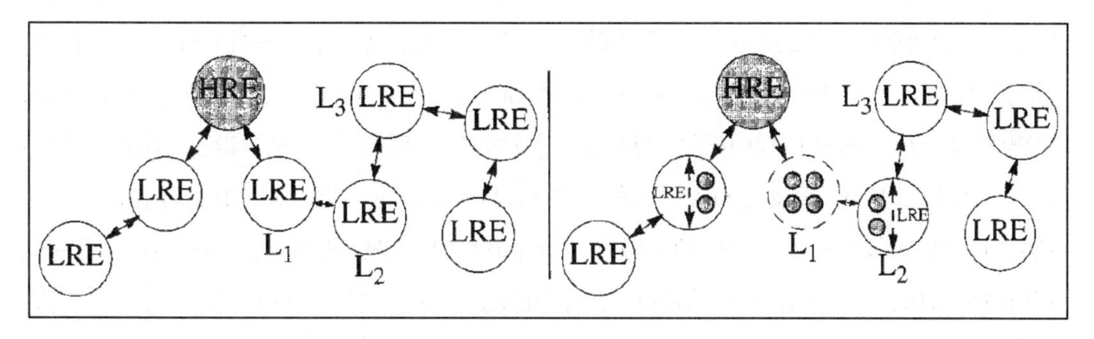

그림 19.13 Partial-Disaggregation 전(좌)과 후(우)

Pseudo-Disaggregation 방법은 객체간의 상호작용없이 'Aggregate 수준'의 정보를 획득시 사용하는 방법이다. HRE 가 어떤 LRE 과 상호작용없이 LRE 의 HRE 요소의 속성을 획득하고자 한다고 생각해 보자. 가장 보편적인 예는 무인 항공기인데 이것은 지상상황 영상을 획득하는데 주로 사용된다. LRE 는 시뮬레이션의 편의상 축약된 것이기 때문에 UAV 시뮬레이터에 의해 얻어진 LRE 는 HRE 로 분해할 필요가 없다. 이러한 경우 LRE 의 분해는 필요없는 낭비와 같은 것이다. 왜냐하면 HRE 의 속성만을 획득하기를 요구하기 때문에 LRE 와 상호작용없이 LRE 의 속성만 확인하고 HRE 가

요구하는 정보를 내부적으로 분해하여 획득한다. 이 방법의 장점은 상호작용없이 필요한 정보를 획득할 수 있으나 확장의 제한성이 존재한다.

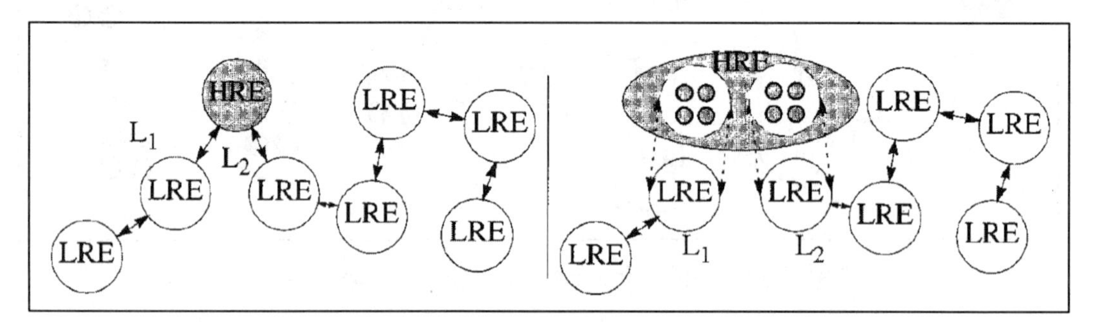

그림 19.14 Pseudo-Disaggregation 전(좌)과 후(우)

19.2.3 데이터 전송 방법

Data Mapping 은 Aggregate 수준의 데이터와 Entity 수준 데이터 간의 변환, 대응 방법을 결정한다. Aggregate 수준의 데이터는 Entity 수준에서 사용할 정도로 상세하지 않으므로 Entity 수준 데이터로 Mapping 시 추가적인 보간법을 필요로 한다. 반면에 Entity 수준의 데이터는 상세한 정보이므로 데이터의 평균값을 취하는 등과 같은 처리를 통해 Aggregate 수준 데이터로 Mapping 할 수 있다. Entity 수준 데이터에서 Aggregate 수준 데이터로 Mapping 할 때는 먼저 Aggregate 수준으로 데이터로 변환하는 작업이 필요하다. 만약 Entity 수준 그대로 데이터를 전송하게 되면 전송시간 및 처리시간이 지연되고 두 모델간의 실시간 연동에 문제가 발생한다. 이런 경우 평균값을 취하는 'Average Method'를 주로 사용한다. 전투력과 부대 위치, 피해율의 평균값을 취하는 것이다. 평균값을 취하는 방법은 추정이 용이하나 추정결과가 부정확할 수 있다. 부대 위치를 Entity 의 평균을 취할 것인지 지휘관이 있는 곳으로 할 것인지는 또 다른 문제이다.

Both 는 Aggregate 수준과 Entity 수준으로 동시에 전송하는 것이다. Aggregate 수준과 Entity 수준의 데이터가 제공된다는 장점은 있으나 데이터 처리 시간이 지연되고 시스템의 복잡도가 증가하는 단점이 있다.

소유권이란 두 개 이상의 Federate 가 Federation 을 이루어 시뮬레이션 할 경우 공유하는 객체의 속성 값을 변경시킬 수 있는 권한으로서 일정시점에 하나의 객체에 대한 소유권은 하나의 Federate 밖에 가질 수 없다. MRM 처리에 있어 소유권 전환은 자연스런 시뮬레이션 진행을 위해 중요하다.

먼저 Negotiated Push 는 현재 소유권자가 차기 소유권자를 확인 후에 소유권을 전환하는 방법으로 전환절차는 그림 19.15 와 같다.

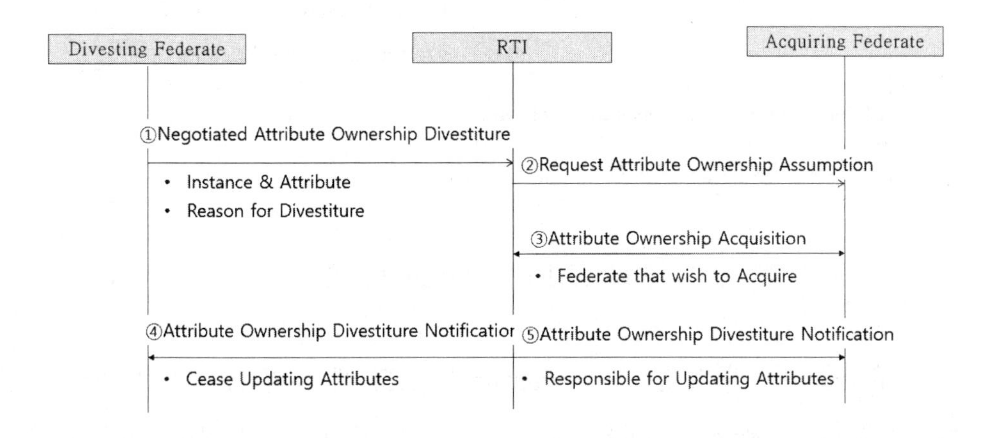

그림 19.15 Negotiated Push

소유권을 전환하고자 하는 Federate 는 RTI 에게 전환 의사를 알린다(①). RTI 는 HLA Federation 내의 다른 Federate 들에게 수신된 정보를 알려준다(②). 소유권을 획득하기 원하는 Federate 는 RTI 에게 획득 의사를 알린다(③). RTI 는 소유권을 전환하고자 하는 Federate 에게 전환을 지시하며(④) 소유권 요청을 한 Federate 에게 소유권 획득을 지시한다(⑤).

'창조 21'-'전투 21'에서는 객체의 소유권이'Unowned'되는 현상을 방지하기 위하여 이 방법을 채택하여야 한다.

Negotiated Pull 방법은 소유권을 차기 소유권자가 적합한 절차를 거쳐 소유권을 획득하는 방법이며 소유권 전환 절차는 그림 19.16 과 같다.

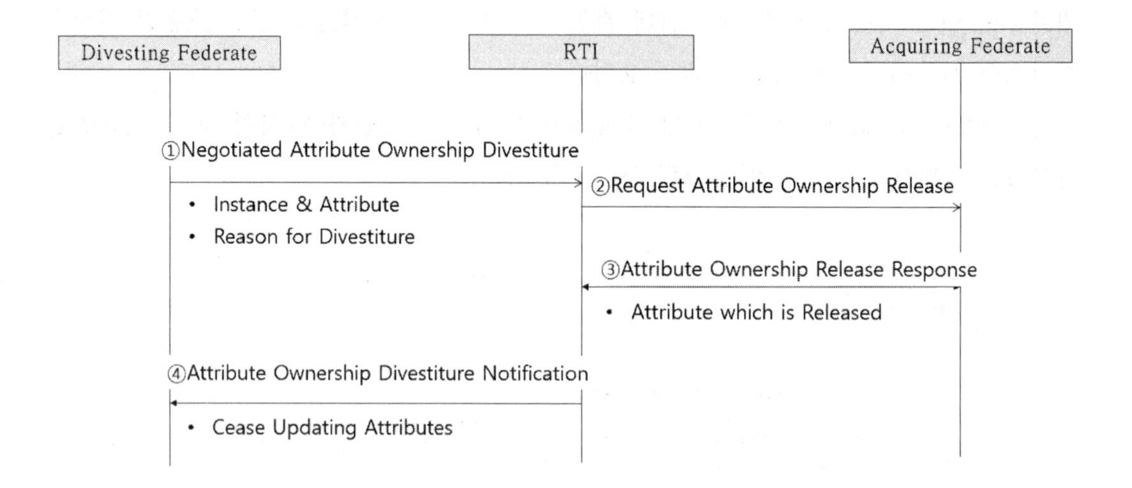

그림 19.16 Negotiated Pull

특정 소유권을 획득하기 원하는 Federate 는 RTI 에게 원하는 인스턴스와 속성을 알린다(①). RTI 는 해당 소유권을 가지고 있는 Federate 에게 전환요청을 한다(②). 해당 소유권을 전환할 경우, 전환의사를 RTI 에게 통보하고(③) RTI 는 소유권 획득 요청한 Federate 에게 소유권 획득을 지시한다(④).

Unconditional Push 방법은 현재 소유권을 차기 소유권자에 대한 확인없이 소유권을 포기하는 방법이다. 소유권 전환 절차는 그림 19.17 과 같다.

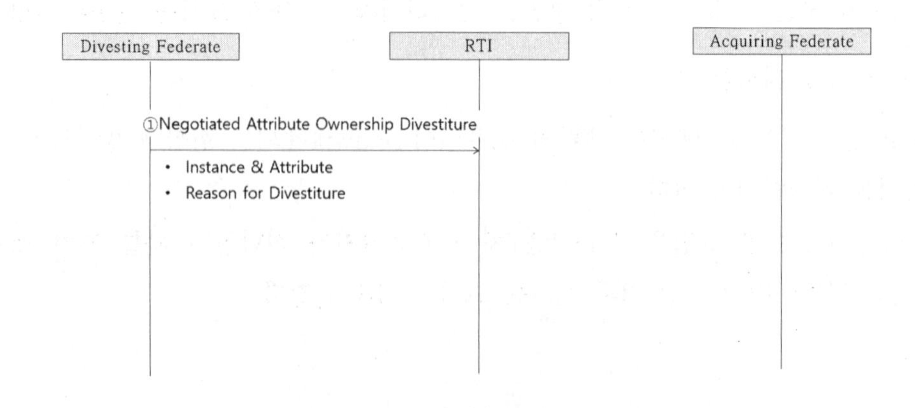

그림 19.17 Unconditional Push

소유권을 전환하고자 하는 Federate 는 RTI 에게 전환하고자 하는 속성과 전환이유를 알리는 동시에 해당 소유권을 포기한다. 이 방법은 차기 소유권자를 확인하지 않고 포기하기에 객체에 대한 소유권이 상당기간 'Unowned' 상태가 되어 시뮬레이션 간에 문제가 발생할 가능성이 존재한다.

Unobtrusive 방법은 소유권을 얻기 원하는 차기 소유자가 해당 소유권이 'Unowned'인 경우 해당 소유권을 획득하는 방법이다. 소유권 획득 절차는 그림 19.18 과 같다.

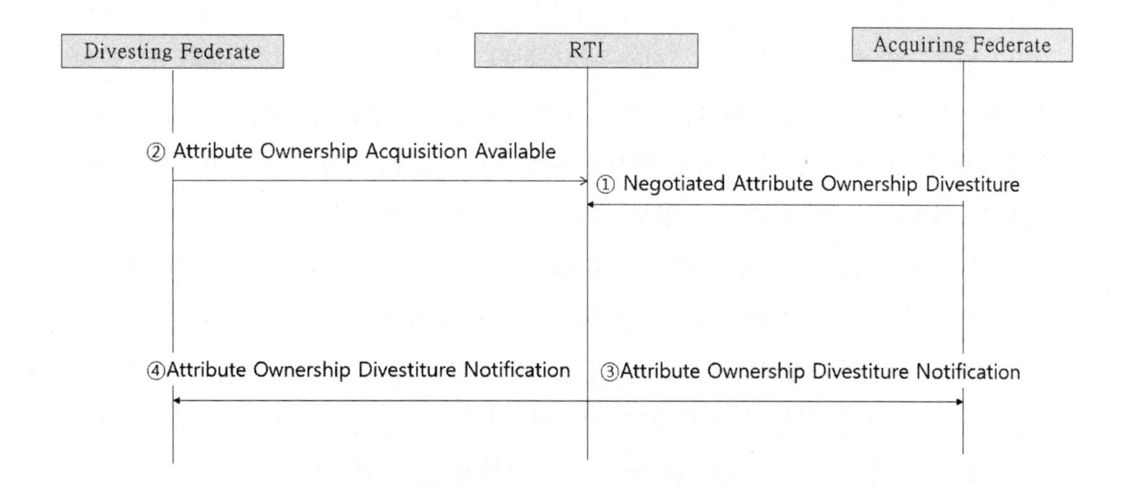

그림 19.18 Unobtrusive 방법

소유권을 전환하고자 하는 Federate 는 RTI 에게 전환하고자 하는 속성과 전환이유를 알린다(①). 이 후 특정 소유권을 획득하기 원하는 Federate 는 RTI 에게 원하는 인스턴스와 속성을 알린다(②). 해당 소유권이 'Unowned'인 경우 RTi 는 소유권을 전환하고자 하는 Federate 에게 전환을 지시하고(③) 소유권을 Federate 에게 소유권을 획득하라 지시한다(④).

19.2.4 동기화

동기화는 서로 다른 모델을 연동하기 위해 상이한 시간방식을 맞추어 주는 것으로 Time-Stepped 방식과 Event-Driven 방식의 동기화 방법이 있다. Time-Stepped 방식과 Event-Driven 방식에 대해서는 이 책 18.9.5 절에 기술되어 있다.

MRM 시뮬레이션의 성능에 영향을 주는 요인은 High Resolution 구간 비율, Event 처리 시간, Federate 개수 등이 있다. 첫째로 MRM 시뮬레이션의 경우에는 상대적으로 시스템의 부하가 많이 드는 High Resolution 으로 실행이 되는 비율에 따라 큰 영향을 받을 수 있다. 둘째로, Event 처리 시간인데 이 시간은 각 Federate 가 한 번의 시간진행을 위해서 소요되는 시간을 말한다. 즉, Federate 내부에서 일어나는 프로세스를 처리하는 시간이다. 셋째로, Federate 개수인데 HLA 의 특성상 모든 Federate 는 RTI 를 통해서 서로 의사소통을 한다. 즉 Federate 개수가 증가됨에 따라 RTI 가 처리해야 하는 데이터 양이 증가하게 되어 RTI 에서 시간 지연이 발생할 수 있다. 따라서 Federate 개수 변경에 따라 발생하는 RTI 에서의 시간 지연으로 인해 시뮬레이션의 성능이 영향을 받을 수 있다. 기타 요인으로는 Federate 간 물리적으로 멀리 떨어져 있을 경우에 발생할 수 있는 네트워크 시간 지연이 있을 수 있다. 또한 실험하는 컴퓨터의 성능에 의해서도 성능이 변할 수 있다. 이러한 기타 요소에 대한 성능변화는 포함하고 있지 않지만 추후 연구되어야 할 부분이다.

19.3 A/D(Aggregation/Disaggregation) 기법

19.3.1 A/D 기법의 구현방법

다중해상도 모델에서 A/D 기법의 구현방법은 2 계층 모델에 의한 VC 연동과 모델 변환기를 이용한 연동 2 가지가 있다. V-C 개체단위 통합 모델링 및 모의 방법은 그림 19.19 와 같이 Virtual 모델은 개체단위 연동과 Map 지형정보상 좌표 일치시키고 Constructive 모델은 개체단위 연동과 부대 단위 정보종합 및 명령을 입력하는 2 계층 모델이다. 이을 위해 V-C 간의 동일한 합성환경 모델과 정보 공유가 필요하다.

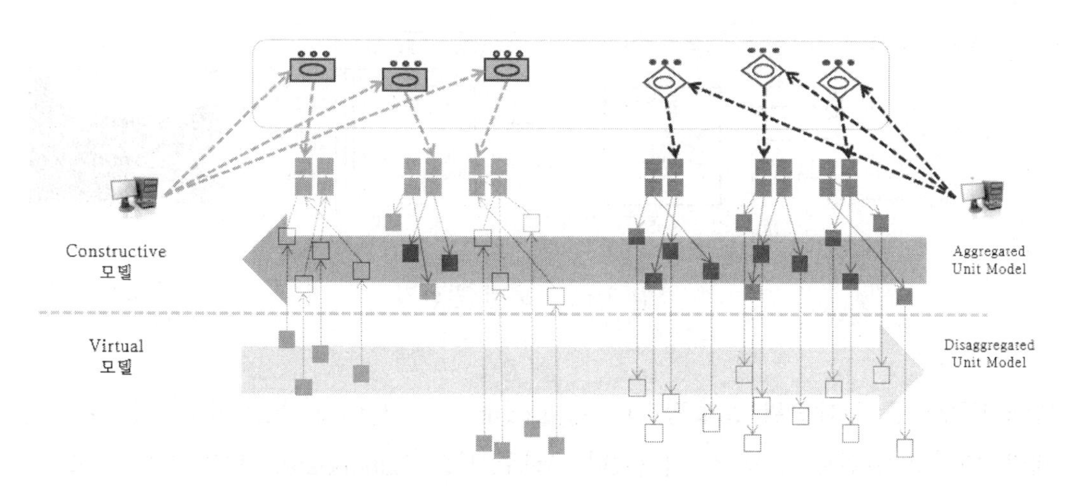

그림 19.19 개체단위 전투 모델링 개념

모델 변환기를 이용한 연동은 부대단위 모델을 Entity level 로 변환하여 교전하는 것이다. 그림 19.20 과 같이 Constructive 시뮬레이션에 있는 부대단위 객체는 Virtual 시뮬레이션에 있는 전차 시뮬레이터와 직접 교전하지 않고 Entity Level 로 분해한 객체들이 전차 시뮬레이터와 교전한다.

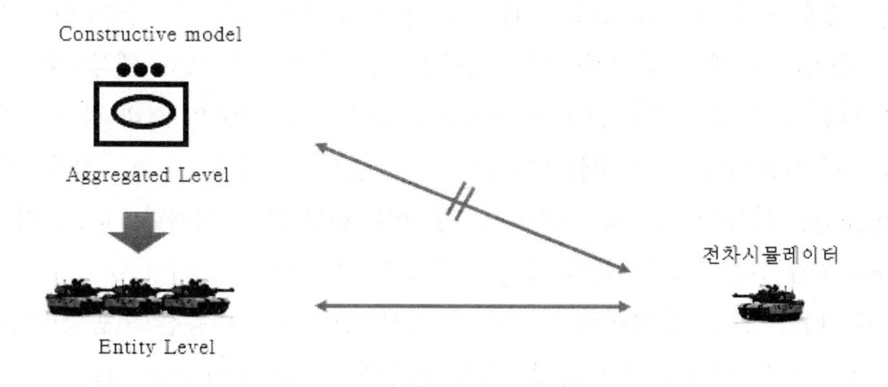

그림 19.20 모델 변환기를 이용한 연동

이를 위해 그림 19.21 과 같이 모델 변환기(Convert)를 Constructive 시뮬레이션 워게임과 Virtual 시뮬레이션 사이에 두는 것이다. 이 모델 변환기에서 소대 Resolution 을 전차 단차 Resolution 으로 변환시킨다.

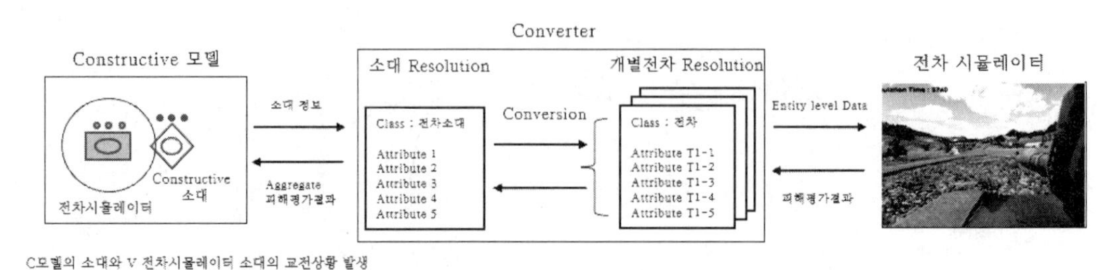

그림 19.21 모델 변환기

'전투21'모델은 부대단위 모델링으로 Aggregate된 모델이고 'K1 전차시뮬레이터'는 개별 Entity 단위로 모델링 되어있다. '전투21'은 Lanchester 방정식으로 교전을 모의하고'K1 전차시뮬레이터'는 단발사격의 명중률과 피해율을 적용하여 교전을 모의하므로 두 개의 모델을 직접연동하기 위해서는 교전모의 논리의 차이를 해결하기 위한 방안이 마련되어야 한다.

그런데 연동의 목적을 생각하였을 때, 전투지휘 훈련을 하는 지휘관의 입장에서는 전체 국면을 가지고 상황판단, 결심, 대응을 해야 하므로 예하소대의 개별 전차의 교전에 관심을 갖기 보다는 참모들이 각각의 예하부대로부터 상황 보고 및 피해보고를 받아 전체국면을 종합한 참모보고 내용에 지휘 관심이 있다. 반면 전차시뮬레이터의 전차장, 조종수 및 포수의 입장에서는 대항군과의 개별 교전이 전술훈련의 가장 큰 비중을 차지하고 개별 교전에 모든 역량을 집중한다. 그러므로 해상도와 교전모의 논리가 다른 두 모델의 직접 교전을 모의함에 있어서 '전투21'의 소대 정보를 개별전차 단위로 변환하여'K1 전차시뮬레이터'에서 교전을 실시하고 그 결과값을 다시 Aggregation 하여'전투21'에 반영하는 방법이 타당하다. 이러한 교전모의 방법을 구현하기 위한 연동구조를 5개의 대안을 가지고 검토한다.

'전투21'과'K1 전차시뮬레이터'의 연동은 모델 변환기를 이용한 연동방법으로 모델 변환기가 데이터 변환을 담당하게 하고 '전투21'의 Disaggregation된 전차 객체의 소유권을 전차시뮬레이터에 넘겨주어 SAF(Semi Automated Force)로 운용하여 교전모의를 전차시뮬레이터에서 모두 담당하고 교진의 결과 값을 취하는 방법이다. 이 방법에서 Converter의 기능은 '전투21'로부터 전차소대의 위치정보와 전투력 정보를 받아 개별 전차 수준으로 Data를 변환시키는 것으로 소대 단위로 부여되어 있는 전투력 정보를 개별 전차의 정보로 할당하는 것과 소대의 위치를 개별 전차의 위치로 나누어 배치하는 것이다.

모델 변환기를 구현할 때 고려사항으로는 첫 번째 데이터 변환의 조건 즉, 두 모델의 소대가 일정거리 이하가 되면 교전 가능 상태가 되어 모델 변환기가 데이터 변환을 해주어야 하는데 교전이 일어나는 조건이 되는 거리를 정하는 문제이다. 두 번째는 Aggregation 수준에서 Entity 수준으로 데이터 변환을 할 때 어떠한 규칙에 따라 변환할 것인가 하는 것이며, 세 번째는 Aggregation 수준과 Entity 수준으로 데이터가 여러 번 변환될 시 데이터의 일관성을 유지하는 것이다.

19.3.2 Disaggregation 조건 설정

시야 상에 장애물이 없어도 Disaggregation이 될 필요가 없는 경우가 있으며 시야 상에 장애물이 있어 보이지는 않지만 Disaggregation이 일어나야 될 경우도 있다. 따라서 일정거리에 들어오면 전차시뮬레이터의 전방에 장애물이나 지형의 영향으로 시야를 가린다 하더라도 잠재적으로 교전의 가능성이 있으므로 교전의 여건 조성을 위해 시야 범위에 따른 부대분리 보다 일정 영향범위 내에 들어오면 시야 방해에 상관없이 '전투21'의 부대가 Disaggregtion 되도록 하는 것이 타당하다. 이를 적용하기 위해서는 Disaggregation이 일어나는 영향범위를 어느 정도로 정하는 것이 타당한지 결정해야 한다.

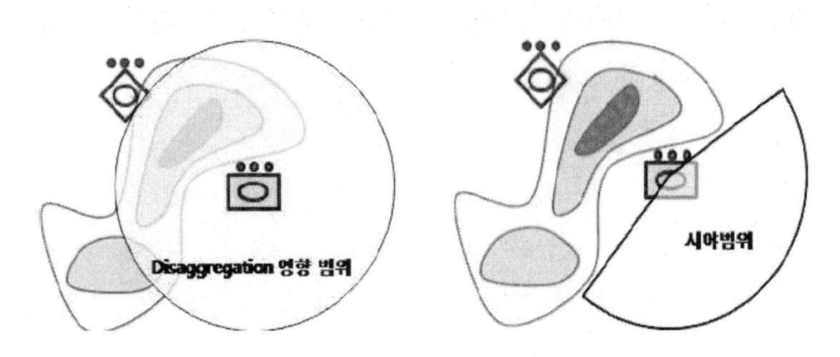

그림 19.22 시야범위와 영향범위 적용에 따른 Disaggregation 발생 차이

Disaggregation의 발생조건 거리가 너무 길면 교전과 상관없는 부대가 Disaggregation 될 수 있고 너무 짧은 경우에는 시야가 확보되고 접적한 상황에서도 적이 관측되지 않을 수 있다.

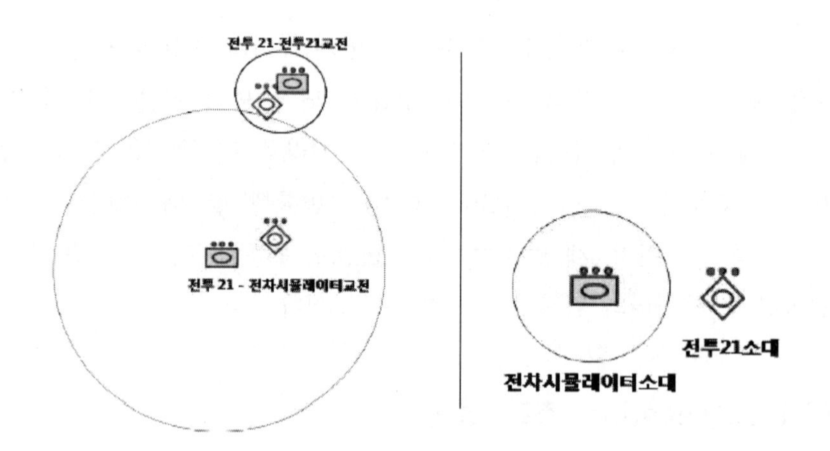

그림 19.23 Disaggregation 조건 거리에 따른 영향

적정한 Disaggregation 영향범위의 조건을 선정하기 위하여 어느 특정 부대의 1년간 '전투21'의 교전 데이터를 가지고 교전이 일어나는 부대간의 거리와 교전하지 않는 최기 부대의 거리를 분석하는 것이 필요하다. '전투21'로부터 받은 데이터 교전시간, 교전부대명, 교전위치 좌표, 적부대 위치 좌표, 부대간 거리의 정보가 포함되어 있다. 교전부대명과 교전위치 거기에 따른 교전상황이 나오는 것은 보안에 문제가 됨으로 고성길은 원천 데이터를 분석하여 도출한 거리에 따른 교전 빈도수와 교전거리에 따른 교전발생확률 그래프만 제시하였다. 교전거리를 50m 단위로 하여 교전횟수에 대한 히스토그램을 그리고 이를 분석하기 위하여 표 19.2와 같이 작성하였다.

표 19.2 특정부대의 전투21모델에서의 교전거리 범위별 전투횟수

교전거리범위(m)	전투횟수	누적횟수	누적비율
1-50	5	5	6.7%
51-100	6	11	14.7%
101-150	1	12	16.0%
151-200	5	17	22.7%
201-250	9	26	34.7%
251-300	8	34	45.3%
301-350	8	42	56.0%
351-400	4	46	61.3%
401-450	14	60	80.0%
451-500	3	63	84.0%
501-550	3	66	88.0%
551-600	2	68	90.7%
601-650	2	70	93.3%
651-700	0	70	93.3%
701-750	0	70	93.3%
751-800	0	70	93.3%
801-850	0	70	93.3%
851-900	0	70	93.3%
901-950	0	70	93.3%
951-1000	0	70	93.3%
1001-1050	2	72	96.0%
1051-1100	1	73	97.3%
1101-1150	0	73	97.3%
1151-1200	0	73	97.3%
1201-1250	0	73	97.3%
1251-1300	0	73	97.3%
1301-1350	0	73	97.3%
1351-1400	1	74	98.7%
1401-1450	0	74	98.7%
1451-1500	0	74	98.7%
1501-1550	0	74	98.7%
1551-1600	1	75	100.0%

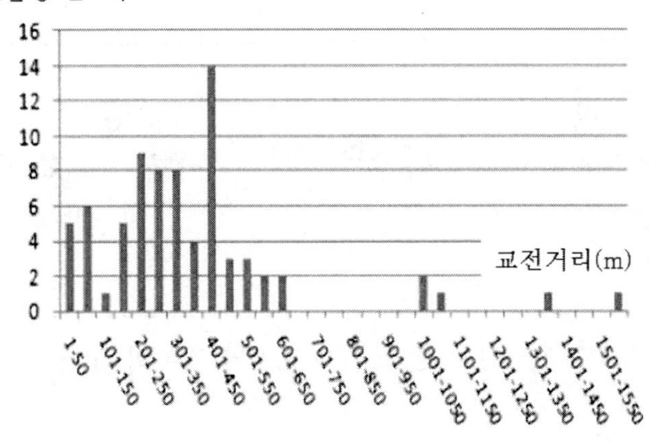

그림 19.24 교전거리에 따른 교전발생 빈도수

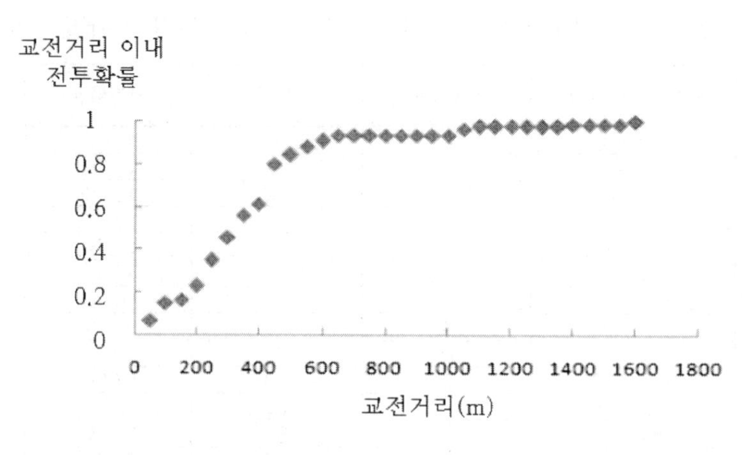

그림 19.25 교전거리 이내 전투 확률

고성길은 데이터를 분석한 결과 훈련 간 발생한 최초교전의 평균거리는 372.7m이고 최초교전의 90%가 600m 이내에서 발생했으며 1,000m 이상에서 발생한 교전은 전체 교전의 4% 정도임을 알 수 있었다. 이는 산지가 많고 도로망이 곡선형으로 발달된 한반도 중부지역의 지형적 특성의 영향으로 적의 관측이 쉽지 않아 대부분의 전차 교전이 근거리에서 일어난다고 판단할 수 있다. 그리고 교전하지 않는 최기 부대의 평균거리는 위 데이터에는 제공되어 있지 않으므로'전투21'의 지난 전투 데이터를 재연하여 거리측정 기능으로 거리를 측정하여 평균을 구한결과 1,994m임을 알 수 있었다. 그러므로 Disaggregation 되는 거리를 600m~1,000m로 설정하는 것이 타당하다고 판단할 수 있으나 다음과 같은 경우 교전처리문제가 발생한다.

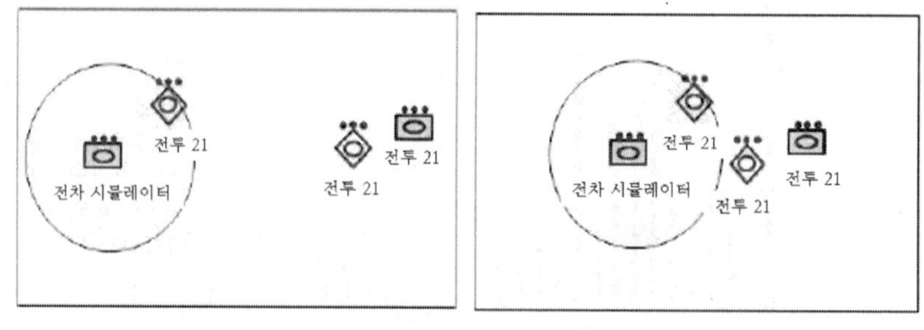

그림 19.26 V-C 요소가 혼재된 경우의 교전처리

위에서 통계적으로 산출한 Disaggregation 조건을 적용하면 그림 19.26의 좌측 그림과 같이 대부분의 경우 교전을 모의하는데 문제가 없으나 우측 그림과 같이 교전하지 않는 최기부대의 위치가 전차시뮬레이터의 Disaggregation 지역과 근접한 경우 교전의 상황이 발생할 가능성이 높다. 이러한 경우에는 Lanchester 방정식과 단발사격 교전 적용의 대립이 발생한다. 고성길의 연구에서는 구체적인 해결방안을 다루지는 않았으나 처리방안 및 문제점을 간략히 살펴본다.

먼저 모두 부대단위로 Aggregation 하여 Lanchester 방정식을 적용할 경우 시뮬레이터의 승무원이 교전에 참여할 수 없는 문제점이 발생한다. 한편 만일 모두 Disaggregation 할 경우에는'전투21'의 아군 전차소대도 SAF로 처리해줘야 하는 상황이 발생한다. 마지막으로'전투21'내에서 교전중인 적은 배제하는 방법은 실제 전장상황을 제한적으로 모의하는 방법이다. V와 C의 요소가 그림 19.26의 우측 그림처럼 혼재되어 있는 경우에는 추후에 Test Bed 구현 후 여러 가지 시나리오와 교전상황을 모의하는 목적에 부합하도록 처리되어야 할 것이다.

19.3.3 데이터 변환 규칙

교전 Converter를 구현할 때 두 번째 고려사항은 Low Resolution에서 High Resolution으로 또는 High Resolution에서 Low Resolution으로 어떻게 변화시킬 것인가 하는 문제이다. 보통의 경우 Low Resolution에서 High Resolution으로 데이터가 변환될 경우 정보가 부족하게 됨으로 새로운 정보를 참고하여 정보를 추정하여 적용하여야 한다. 참고할 새로운 정보는 군사교리, 역사, 기타참고 자료 등이 된다. 반면 High Resolution에서 Low Resolution으로 데이터의 변환이 일어날 경우에는 데이터의 손실 발생하는데 손실 데이터를 분석하여 손실이 용인이 되는 경우와 반드시 반영해야 하는 데이터를 구분하여 적용하여야 한다. 손실이 용인이 되는 기준이 Aggregate 된 이후 시뮬레이션에 필요 없는 정보는 손실이 일어나도 되고 그렇지 않은 경우에는 반드시 반영되어야 한다. 고성길의 연구에서는 소대 Resolution에서 개별전차 Resolution으로 데이터의 변환이 일어날 때 부족한 정보는 개별전차 위치와 소대의 속성 값을 전차별로 어떻게 할당하여 가지고 있느냐 하는 것이다.

예를 들면 전차소대에 기관총이 5정을 가지고 있는 경우 3대의 전차에 각각 몇 개의 기관총을 가지고 있느냐 하는 것이다. 이는 군사교리에서 소대 편제를 참고자료로 하여 부족한 정보를 추정할 수 있다. 그리고 개별 전차의 위치는 전투교리에서 공격 및 방어

시 부대 배치와 전개대형을 참고하고 주변지형과의 상관관계를 고려하여 추정할 수 있다. 반대로 개별전차 Resolution에서 소대 Resolution으로 변환되는 경우 개별전차의 위치 정보가 버려지게 되는데 개별전차의 위치는'전투21'에서의 교전 및 부대이동에서 필요가 없으므로 데이터의 손실을 용인할 수 있다. 반면 전차 별 속성 값의 합은 소대의 속성 값이 되므로 반드시 반영되어야 한다.

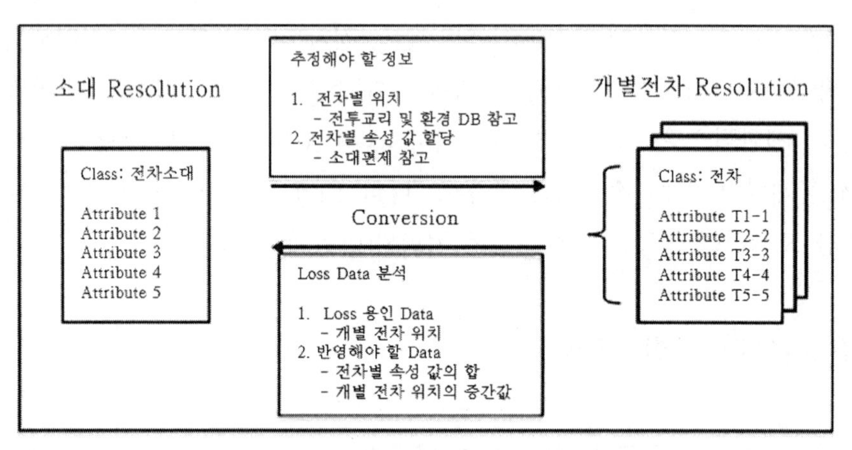

그림 19.27 데이터 변환 시 고려사항

데이터 변환 시 고려사항을 바탕으로 다음과 같은 데이터 변환 규칙을 만들 수 있다. 먼저 전차 소대 및 개별 전차의 편제 인원 및 장비를 사전에 모델 변환기기의 데이터 Mapping Table에 입력한다.

표 19.3 데이터 Mapping Table 편제 입력

1-1	P	1-1'	T1	T2	T3
전차	3	전차	1	1	1
기관총 A	3	기관총 A	1	1	1
기관총 B	6	기관총 B	2	2	2
중/소위	1	중/소위	1	0	0
중/하사	5	중/하사	1	2	2
전차병	6	전차병	2	2	2

데이터 변환 규칙은 소대 Resolution에서 개별전차 Resolution으로 변환되는 경우와 개별전차 Resolution에서 소대 Resolution으로 전환되는 경우로 나누어서 적용한다.

(1) 소대 Resolution에서 개별전차 Resolution으로 변환

① '전투21'에서 받은 소대 전투력이 피해가 없는 경우 편제 인원 장비 손실이 없는 것으로 반영한다.

②'전투21'에서 받은 소대 전투력이 피해가 있을 경우 완파된 전차가 있으면 전차 1대를 무작위하게 선택하여 완파로 처리하고 데이터 Mapping으로 선택된 전차의 구성인원 및 장비의 속성 값은 모두 0으로 처리한다. 나머지 부분은 완파 전차의 0으로 처리된 구성인원 및 장비를 제외하고 무작위하게 선택하여 속성 값에서 1을 뺀 값을 적용한다.

(2) 개별전차 Resolution에서 소대 Resolution으로 변환

이 경우에는 개별전차의 구성인원 및 장비의 합을 전차소대의 속성 값으로 적용한다.

데이터 변환 규칙을 순서도로 나타내면 그림 19.28과 같다.

표 19.4 데이터 Mapping Table

1-1	P	1-1'	T1	T2	T3
전차	A_1	전차	A_{11}	A_{21}	A_{31}
기관총 A	A_2	기관총 A	A_{12}	A_{22}	A_{32}
기관총 B	A_3	기관총 B	A_{13}	A_{23}	A_{33}
중/소위	A_4	중/소위	A_{14}	A_{24}	A_{34}
중/하사	A_5	중/하사	A_{15}	A_{25}	A_{35}
전차병	A_6	전차병	A_{16}	A_{26}	A_{36}

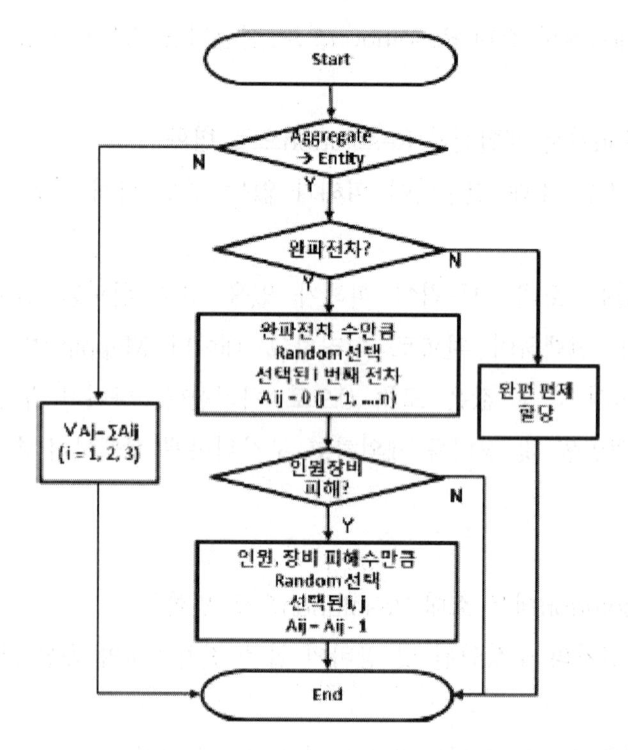

그림 19.28 데이터 변환 규칙 순서도

데이터 변환 규칙을 예제를 통하여 설명하고자 한다.

(1) 소대 Resolution에서 개별전차 Resolution으로 변환

Data mapping Table

1-1	P	1-1'	T1	T2	T3
전차	3	전차	1	1	1
기관총A	3	기관총A	1	1	1
기관총B	6	기관총B	2	2	2
중/소위	1	중/소위	1	0	0
중/하사	5	중/하사	1	2	2
전차병	6	전차병	2	2	2

그림 19.29 소대 Resolution → 개별전차 Resolution 데이터 변환

① Converter는 RTI를 통하여 '전투21'로부터 Invoke Converter Interaction을 Subscribe 한다.
② Converter는 RTI를 통하여 '전투21'로부터 'K1 전차시뮬레이터'로 데이터 변환을 해야 할 전차소대 Object를 Subscribe 한다.
③ Converter 내의 데이터 Manager가 데이터 변환 규칙에 의하여 데이터를 변환하고 데이터 Manager 내부의 데이터 Mapping Table을 갱신한다. 위 예제의 경우 피해현황이 없는 소대 정보를 받았으므로 데이터 Mapping Table에 소대편제 대로 각 전차 당 전투력을 할당하고 개별전차의 위치를 결정한다.
④ 데이터 변환이 끝나면 Converter는 RTI를 통하여'K1 전차시뮬레이터'로 개별전차 Object를 Publish 한다.

(2) 개별전차 Resolution에서 소대 Resolution으로 변환

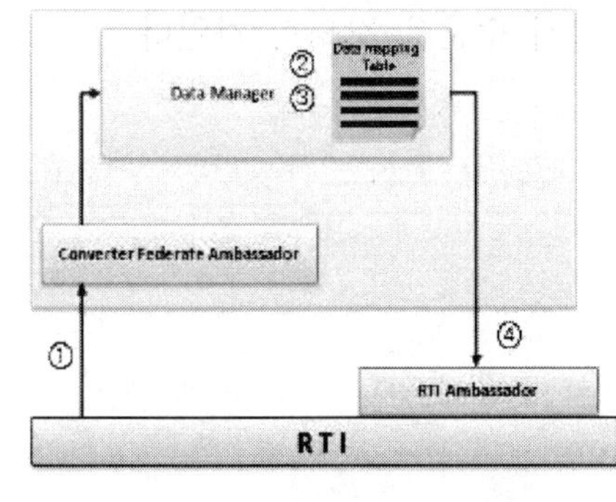

Data mapping Table

1-1	P	1-1'	T1	T2	T3
전차	3	전차	1	1	1
기관총A	2	기관총A	~~1~~	1	1
기관총B	6	기관총B	2	2	2
중/소위	1	중/소위	1	0	0
중/하사	4	중/하사	~~1~~	2	2
전차병	5	전차병	1 ~~2~~	2	2

그림 19.30 개별전차 Resolution → 소대 Resolution 데이터 변환

① 모델 변환기는 RTI를 통하여K1전차 시뮬레이터로부터'전투21'의 전차소대로부터 Disaggregation된 개별전차(SAF)와 'K1 전차시뮬레이터'가 교전하여 도출된 개별전차 Object를 Subscribe 한다.
② 모델 변환기 내의 데이터 Manager가 데이터 변환 규칙에 의하여 데이터를 변환하고 데이터 Manager 내부의 데이터 Mapping Table의 개별전차 부분을 갱신한다.
③ 위 예제의 경우 전차 1에 피해를 얻었으므로 그림 19.30과 같이 전차소대의 속성 값을 변환한다. 그리고 개별전차들의 위치의 중심 좌표를 소대 위치로 정한다.
④ 데이터 변환이 끝나면 모델 변환기는 RTI를 통하여'전투21'로 전차소대 Object를 Publish 한다.

19.3.4 데이터 일관성 유지

'전투21'-'K1 전차시뮬레이터'간 데이터 변환을 여러 번 반복하여도 각각의 시뮬레이션에서 사용되는 데이터의 일관성이 유지되어야 한다. 고성길의 연구의 경우에서 예를 들어 설명하면 개별전차 수준에서의 교전으로'전차 1'이 완파되면'전차 1'이 속해있는'전차소대 A'는 전차수의 속성 값이 2가 된다. 이후'전차소대 A'가 '전투21'로 Aggregation 되었다가 다시'K1 전차 시뮬레이터'로 Disaggregation 될 때 전차수의 속성 값이 2 이므로 전차를 두 대 생성해야하는데'전차 1'이 완파되었으므로'전차 2'와'전차 3'을 생성시켜야 한다. 만일 완파된'전차 1'이 파괴되지 않은 것으로 다시 생성된다면 이는 데이터의 일관성이 유지되지 않은 것이다.

데이터의 일관성이 유지되려면 소대 Resolution의 데이터와 개별전차 Resolution의 데이터의 관계가 명확히 정립되어 있어야 한다. 관련연구로 Reynods는 Multi-resolution Entity를 계획하여 Entity에 두 가지 수준을 갖도록 하였다.

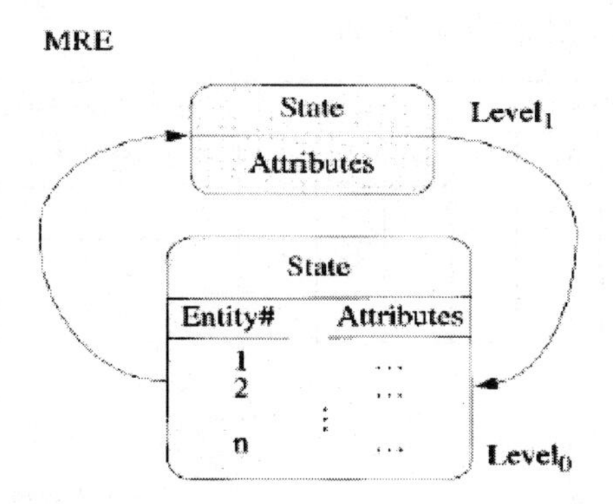

그림 19.31 Design of MRE

그러나 고성길 연구의 경우에는'전투21'의 Entity를 직접 수정할 수 없는 조건이므로 데이터 변환을 담당하는 모델 변환기에 데이터 Mapping Table을 정의하고 전차소대와 개별전차의 관계를 교범상의 편제를 참조하여 정립한 후 일관성을 유지하는 방법을 제안하였다.

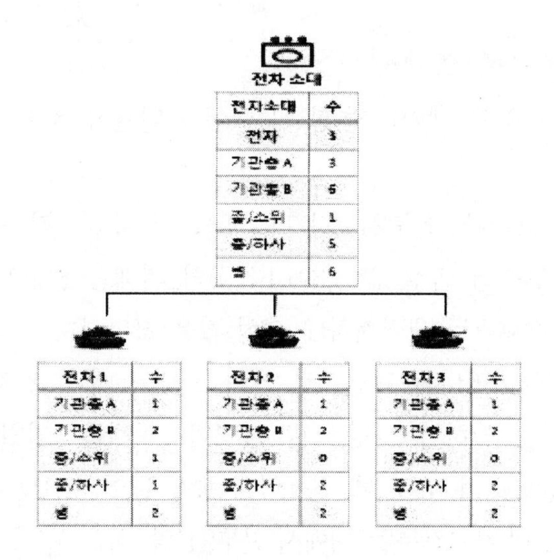

그림 19.32 전차소대 편제

'전투21'에서 적용하고 있는 교범상의 전차소대 편제를 참조하여 데이터 Mapping Table을 표 19.5와 같이 정의할 수 있다.

표 19.5 데이터 Mapping Table

소대 Resolution							개별전차 Resolution						
	T	M_A	M_B	L	S	P		T	M_A	M_B	L	S	P
1-1	3	3	6	1	5	9	T1	1	1	2	1	1	2
							T2	1	1	2	0	2	2
							T3	1	1	2	0	2	2

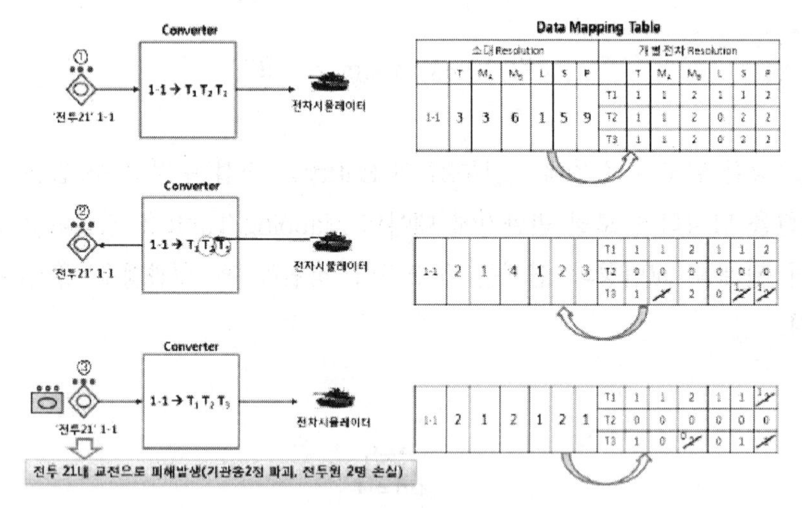

그림 19.33 데이터 변환 시 데이터 일관성 유지 예제

①의 그림에서 Converter는'전투21'로부터 '1-1 소대'의 전투력 속성 값을 넘겨받는다.'1-1 소대'의 전투력 속성 값(3,3,6,1,5,9)의 피해는 없으므로 데이터 Mapping Table에 전차소대의 편제대로 개별전차에 속성 값을 할당한다.

②의 그림에서 전차시뮬레이터와 교전으로 인해 '1-1 소대'의 전차 2가 완파되고 전차 3은 기관총 A 1정, 중/하사 1명, 병 1명의 피해를 입었다. 이에 따라'1-1 소대'가'전투21'로 Aggregation 될 때 전투력의 속성 값이 (2,1,4,1,2,3)으로 갱신된다.

③의 그림에서'1-1 소대'가 '전투21'내에서'전투21'의 적군 전차 소대와 교전을 하여 기관총 B 2정, 병 1명의 손실을 입어 속성 값이 (2,1,2,1,2,1) 된 후, 시뮬레이션을 지속하다 전차 시뮬레이터와 교전할 경우 마지막 그림과 같이 데이터의 일관성을 유지한 채로 데이터 변환이 가능하다.

19.4 UNIFY 기법

다중 해상도 모델의 구조가 명시된 UNIFY 기법을 적용하여 해상도별 객체 상태 정보를 획득하는 방법은 다음과 같다. 제안한 해상도별 모의 객체 정보 획득 방법은 그림 19.34 와 같다.

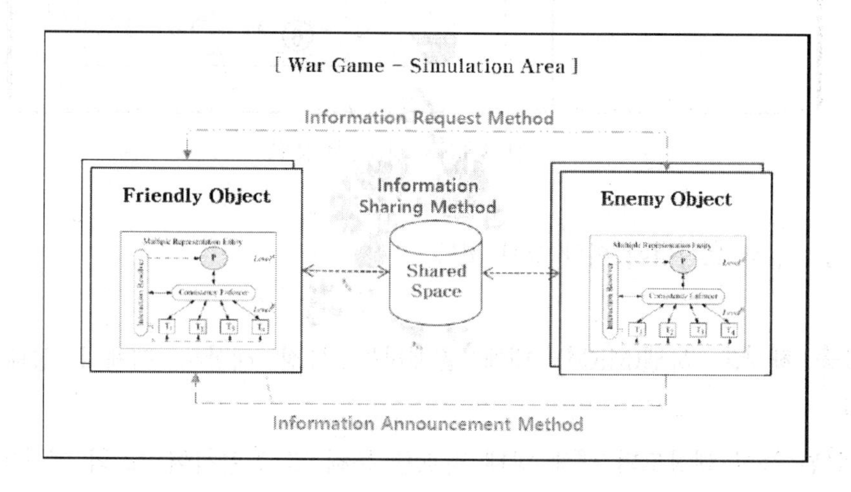

그림 19.34 해상도별 모의 객체의 정보 획득 방안

가상 환경에서 모의되는 아군 객체(Friendly Object)들과 적군 객체(Enemy Object)들은 자신의 해상도별 객체 상태 정보를 외부 객체들에게 직접 전달하거나, 해상도별 객체 상태 정보가 저장된 공유공간(Shared Space)을 활용하여 관련 정보를 조회한다. 여기서 전자가 정보요청법(Information Request Method)과 정보공지법(Information Announcement Method)이고, 후자가 정보공유법(Information Sharing Method)이다.

19.4.1 정보 요청법

정보 요청법은 다중 해상도 모델 객체가 외부로부터 요청받은 해상도의 객체 상태 정보를 선별하여 해당 외부 객체에게 제공하는 것으로, 그림 19.35와 같고, 정보 획득 방법은 <절차 1>과 같다.

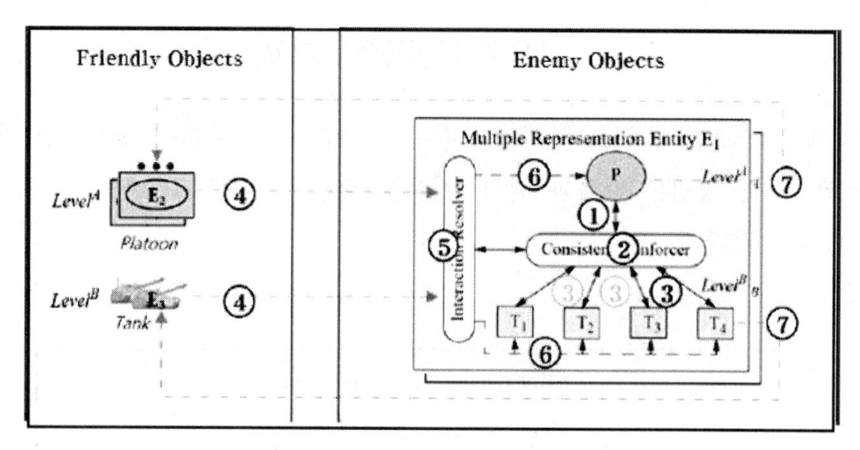

그림 19.35 정보 요청법

<절차 1> 정보 요청법에 의한 정보 획득

① 다중 해상도 모델(MRM) 내에 존재하는 특정 해상도 객체의 상태 정보를 갱신한다.

② 갱신된 특정 해상도의 객체 상태 정보를 분해 및 통합하여 그 외 해상도의 객체 상태 정보를 생성한다.

③ 생성된 객체 상태 정보를 적용하여 해당 객체 상태 정보를 갱신한다.

④ 외부 객체가 다중 해상도 모델에게 특정 해상도에 부합된 객체 상태 정보를 요청한다.

⑤ 다중 해상도 모델은 특정 해상도에 부합된 해상도 객체를 선정한다.

⑥ 다중 해상도 모델은 선정된 객체에게 정보를 제공하도록 요청한다.

⑦ 선정된 객체는 특정 해상도의 정보를 요청한 외부 객체에게 자신의 정보를 제공한다.

예를 들면, 그림 19.35 에서 적군 전차소대 객체 E1 이 내부에 포함된 부대 수준($Level^A$) 객체 P 의 갱신된 상태 정보를 활용하여 객체 수준($Level^B$) 객체 T1, T2, T3 및 T4 의 상태 정보를 갱신하고, 아군 전차소대 객체 E2 가 적군 전차 소대 객체 E1 에게 부대 수준의 객체 상태 정보를 요청하면, 적군 전차소대 객체 E1 은 부대 수준 객체 P 를 선정 후 해당 상태 정보를 아군 전차 소대 객체 E2 에게 제공한다.

19.4.2 정보 공지법

정보 공지법은 다중 해상도 모델에 내포된 모든 해상도의 객체 상태정보를 공지 받은 외부 객체가 특정 해상도의 객체 상태 정보를 선별하는 것으로, 그림 19.36 과 같고, 정보 획득 방법은 <절차 2>와 같다.

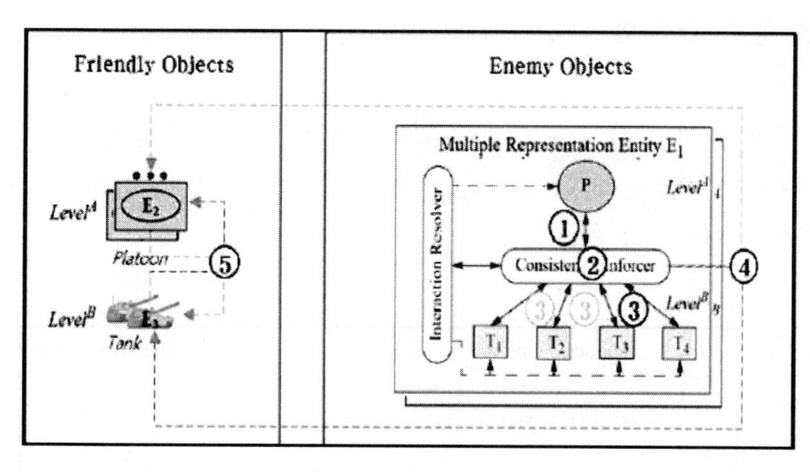

그림 19.36 정보공지법

<절차 2> 정보 공지법에 의한 정보 획득

① 다중 해상도 모델(MRE) 내에 존재하는 특정 해상도 객체의 상태 정보를 갱신한다.
② 갱신된 특정 해상도의 객체 상태 정보를 분해 및 통합하여 그 외 해상도의 객체 상태 정보를 생성한다.
③ 생성된 객체 상태 정보를 적용하여 해당 객체 상태 정보를 갱신한다.
④ 다중 해상도 모델 내에 존재하는 모든 객체의 상태 정보를 외부 객체에게 공지한다.
⑤ 외부 객체는 제공받은 정보 중 필요한 해상도의 객체 상태 정보를 선별하여 활용한다.

예를 들면, 그림 19.36에서 적군 전차소대 객체 E1이 내부에 포함된 부대 수준($Level^A$) 객체 P의 갱신된 상태 정보를 활용하여 객체 수준($Level^B$) 객체 T1, T2, T3 및 T4의 상태 정보를 갱신하고, E1 내부에 포함된 모든 객체(P, T1, T2, T3, T4)의 상태 정보를 공지하면, 아군의 전차 소대 객체 E2는 부대 수준의 객체 정보만 선별하여 활용하고, 전차 객체 E3은 객체 수준의 객체 정보만 선별하여 활용한다.

정보 공지법과 정보 공유법은 모의 객체들이 직접 메시지를 송수신하여 해상도별 객체 상태 정보를 획득할 수 있어, 다중 해상도 모델과 실행 구조만 활용하여 직관적으로 적용할 수 있다.

19.4.3 정보 공유법

정보 공유법은 다중 해상도 모델의 해상도별 객체 상태 정보가 모두 저장된 공유 공간을 조회하여 필요한 해상도의 정보를 획득하는 방법으로 그림 19.37과 같고, 정보 획득 방법은 <절차 3>과 같다

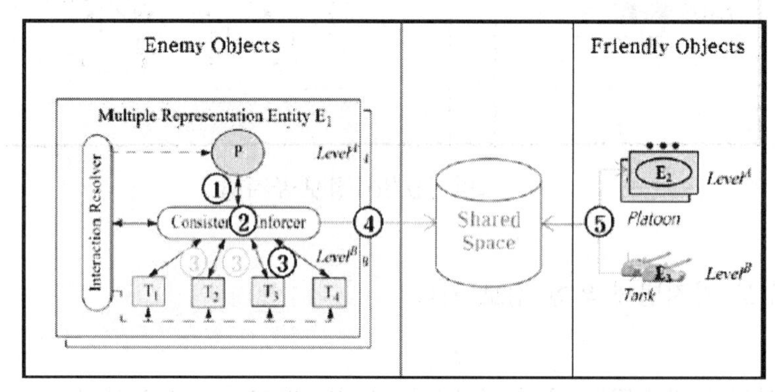

그림 19.37 정보공유법

<절차 3> 정보 공유법에 의한 정보 획득

① 다중 해상도 모델(MRE) 내에 존재하는 특정 해상도 객체의 상태 정보를 갱신한다.
② 갱신된 특정 해상도의 객체 상태 정보를 분해 및 통합하여 그 외 해상도의 객체 상태 정보를 생성한다.
③ 생성된 객체 상태 정보를 적용하여 해당 객체 상태 정보를 갱신한다.
④ 다중 해상도 모델 내에 존재하는 모든 객체의 상태 정보를 공유 공간(Shared Space)에 등록. 저장한다.
⑤ 외부 객체는 필요한 해상도의 객체 상태 정보를 공유 공간에 조회하여 그 결과를

활용한다.

예를 들면, 그림 19.37 에서 적군 전차소대 객체 E1 이 내부에 포함된 부대 수준($Level^A$) 객체 P 의 갱신된 상태 정보를 활용하여 객체 수준($Level^B$)객체 T1, T2, T3 및 T4 의 상태 정보를 갱신하고, E1 내부에 포함된 모든 객체(P, T1, T2, T3, T4)의 상태 정보를 공유 공간(Shared Space)에 저장하면, 아군의 전차소대 객체 E2 는 부대 수준의 객체 정보만 조회하여 활용하고, 전차 객체 E3 은 객체 수준의 객체 정보만 조회하여 활용한다.

정보 공유법에서 정보를 공유하기 위해서는 정보 공유 공간이 필요하다. 일반적으로 공유 공간은 전역 변수(Global Variable), 공유 메모리(Shared Memory)와 MMF(Memory Mapped File) 등을 직접 사용할 수 있으나, 공유공간의 재사용, 확장 및 유지보수 시 다양한 문제점이 발생된다. 이에 여기에서는 객체 지향 개념이 반영된 정보 공유 서비스 모듈을 정의하여 공유 공간으로 사용한다.

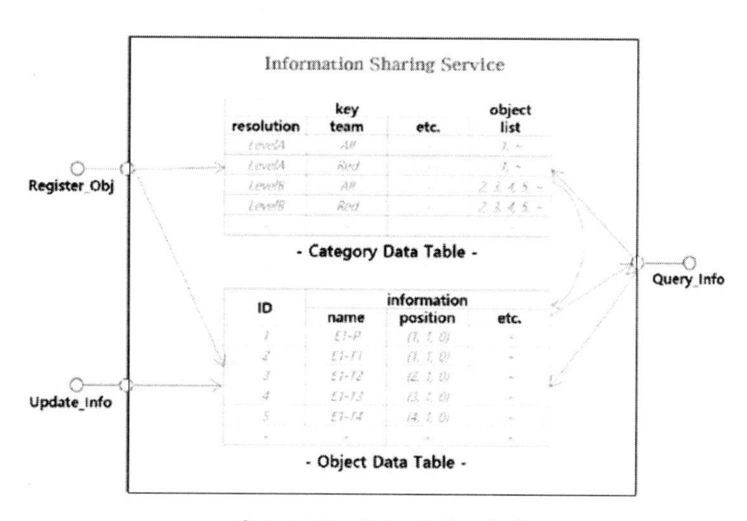

그림 19.38 정보 공유 서비스

정보 공유 서비스는 그림 19.38과 같이 가상 환경에서 모의되는 객체들이 정보를 공유할 수 있도록 객체 등록(Register_Obj) 기능과 객체 정보 갱신(Update_Info) 기능 및 객체 정보 조회(Query_Info) 기능을 제공한다. 여기서 객체 정보를 효율적으로 조회할 수 있도록 공유 공간을 범주(정보 분류) 데이터 저장 영역(Category 데이터 Table)과 객체 데이터 저장 영역(Object 데이터 Table)으로 구분하여 제공한다. 범주 데이터 저장 영역은 질의 조건에 해당되는 검색키(Key) 부분과 해당 조건에 부합된 객체 목록(Object List) 부분으로 구성되어 있고, 객체 데이터 저장 영역은 객체 식별자 항목(ID)과 정보(Information) 부분으로 구성된다. 정보 공유 서비스는 객체 정보 조회 기능 수행 시 범주 데이터 저장 영역을 참조하여 특정 해상도의 객체 데이터 목록을 식별하여 객체 데이터 저장 영역에 기록된 정보를 결과로 제공한다.

정보 공유법은 필요한 정보를 획득함에 있어 정보 저장 공간과 관련 서비스 기능이 하나로 통합된 독립 모듈(클래스/라이브러리)을 적용하기에 해당방법과 모듈의 재사용성, 확장성 및 유지보수성 등이 고려되어 다양한 체계에서 쉽게 응용될 수 있다.

제20장

SITUATIONAL FORCE SCORING 방법

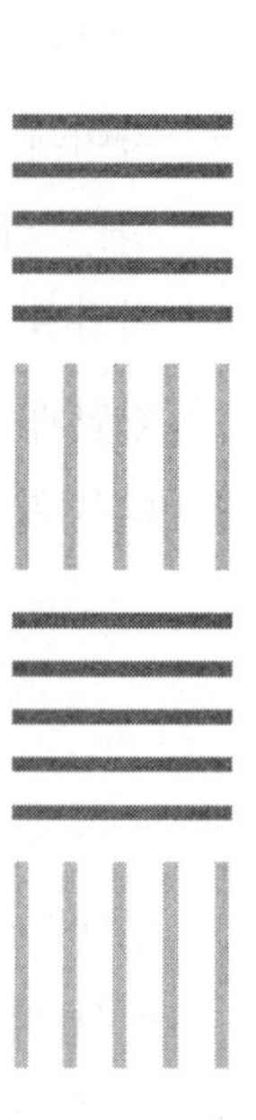

20.1 SFSM(Situational Force Scoring Methodology)

상황전력지수 방법론(SFSM)은 개략적 전투 모형에서 전투의 결과에 의해 전투력 비율과, 소모, 이동으로 지상군의 근접전투를 표현하는 방법을 개선하는 목적으로 개발되었다. 전구급 모델인 JICM 모델에서의 전투손실평가는 SFSM을 사용하는데 JICM 모델은 RAND연구소에서 개발하였다. 상황전력지수 방법론은 상황에 무관한 평균적 전력지수를 이용하여 피아 전투력을 판단하던 기존의 통합전투모형의 결정적 문제점을 보완하여 지형, 전투유형, 무기체계 구성 등의 전투상황을 피아 전투력 계산에 반영할 수 있도록 개발하였다.

상황전력지수체계는 기존의 전력지수체계와는 달리 구체적인 상황요인을 반영한 가변적 점수체계를 채택하고, 무기체계 구성비 효과를 적극적으로 반영하는 논리체계를 사용함으로써, 피아 무기체계 구성에 민감한 전투결과의 산출이 가능하며 또한 전사 자료나 전문가의 견해를 주요 모수에 반영할 수 있다. 하지만 새로운 유형의 전력과 기본전술의 변화 시에는 기존 상황전력지수체계의 적용이 곤란하며, 가시선 계산이 수행되는 대대급 이하의 모의모형에는 부적절하다.

평균적 개념의 전력지수 체계에서는 전투지형, 전투유형, 무기체계 유형별 구성의 차이에 따른 변화를 효과적으로 반영하지 못한다. 또한 충분한 시간과 자료가 요구되는 정밀 워게임 모형의 사용이 가용하지 않을 때 전력평가의 어려움이 존재한다. 따라서 시간과 자료 등의 제한으로 정밀 워게임에 의한 동태적 분석이 어려울 경우 전투력의 판단과 더불어 전선이동, 전투손실 등 개략적인 전투 결과의 산출이 가능한 대안으로 많은 분석평가 분야에서 활용될 수 있을 것이다

20.2 SFS 방법론 진행 절차

SFS 방법론의 절차를 살펴보면 표 20.1 과 같다. 표 20.1 에서는 수행절차에 대해 구체적인 수치 예제로 설명하고 있다, 표를 자세히 보면 기본적인 전투력을 기반으로 해서 각종 상황에 관련된 가중치를 곱해 상황이 반영된 전력지수를 제시하고 있다. 즉, 모든 상황에서 기본적인 무기체계의 지수가 고정된 것이 아니라 부대, 지형, 태세, 임무에 따라 전력지수가 가변적으로 변경되는 것을 알 수 있다.

표 20.1 SFS 계산 예

단계(행)	수행 절차	무기체계 범주			총점
		전차	보병	포병	
1	부대의 자산 수로 시작 (무기체계 수량 입력)	300	2,000	200	
2	전력지수로 자산 점수 판단 (WEI/WUV)	1.0	0.05	1.0	
3	최초 전투력 판단 (1행×2행)	300	100	200	600
4	부대 효과승수 적용 (선택)	1.0	1.0	1.0	
5	기본 전투력 판단 (3행×4행)	300	100	200	600
6	상황범주 승수 결정 (각종 참고표 참조)	0.8	1.0	1.2	
7	상황범주 전투력 계산 (5행×6행)	240	100	240	580
8	무기체계 구성 부족분에 대한 상황승수 산출 (참고표 참조)	0.8	1.0	1.0	
9	최종 범주별 전투력 결정 (7행×8행)	192	100	240	532
10	상대 측도 동일한 방법으로 전투력 결정				
11	전투력 비 결정				
12	방자 손실률(DLR), 교환율(ER), FLOT 이동률 결정 (참고표 참조)				
13	양측에 의해 손실된 상황 전투력 결정				
14	최종 범주별 전투력 (9행으로부터 가져옴)	192	100	240	532
15	범주별 손실 승수 결정 (참고표 참조)	1.3	1.0	0.3	
16	무기체계 구성 부족분 요소 적용 (8행으로부터 가져옴)	0.8	1.0	1.0	
17	상대적 손실율 계산 (14행을 15행으로 곱하여 16행으로 나눔)	312	100	72	484
18	정규화된 범주별 전투력 계산 (17행을 합(484)로 나누고 13행과 곱함)	27.4	8.8	6.3	42.5
19	부분 손실률 (%) (18행을 14행으로 나눔)	14.3	8.8	3.4	
20	각 무기체계 범주에 의한 손실된 자산 수 계산 (19행을 1행과 곱함)	42.9	176	6.8	
최초 무기체계 수량		**300**	**2,000**	**200**	

1 단계: 부대의 자산 수로 시작

SFSM 에서는 무기체계를 기갑, 보병, 포병, 기타 등 4개 범주와 13개 세부 유형으로 구분한다. 이것은 RAND 연구소에서 설정한 RSAS(RAND Strategy Assessment System) 분류 방법을 따른다.

표 20.2 RAND Strategy Assessment System 분류

범주	유형	무기체계
기갑	전차	경전차 이상
	보병 전투차량	BRADLEY, BMP, IFV
	대기갑 무기 장착 장갑차(ARV/anti-armor)	ITV, BRDM/AT-3
	대기갑 무기 비장착 장갑차(ARV)	Ferret
	인원 수송 장갑차(APC)	BTR-50, M-113
보병	장거리 대기갑 무기 보유	TOW, AT-1/3
	단거리 대기갑 무기 보유	100mm RR
	박격포	100mm 이하의 박격포
	소화기	유효화기 개념적용
포병	자주포	자주식 야포 및 대구경(100mm 이상) 박격포
	견인포	견인식 야포 및 대구경(100mm 이상) 박격포
기타	공격헬기	AH-64
	방공무기	

피아 유효무기 판단은 최초 전력구성은 기갑, 보병, 포병의 3개 범주내 전투자산만 고려하고 기타 공격헬기 및 방공무기는 독립적으로 고려한다. 이때 지형 및 전선의

길이를 고려하여 실제 전투에 참가하게 될 유효 무기체계를 판단하되 지형 및 범주별 배치 가능한 무기체계의 최대 밀도를 설정한다. 이때 유의할 사항은 적 위협 및 무기체계 치사능력, 기동 필요성, 생존성, 지형 등이 고려된 교리를 반영하는 것이다.

피아 유효무기 판단은 시뮬레이션 주기(예를 들어 4시간) 안에서 실제 전투에 참가하는 자산만 고려한다. FLOT(Forward Line of Own Troops: 전투지역전단)에 전개된 사단만 실제전투에 참가하는 전력으로 산정한다. 부대의 최대밀도는 지형과 부대구성에 의해 결정된다. 혼합지형이 전형적인 지형으로 간주되고 혼합지형에서 공격과 방어임무를 수행중인 기갑, 보병, 포병의 최대밀도는 표 20.3과 같이 정한다. 그러나 일반적으로 방어 임무를 수행중인 부대는 공격하는 부대보다 전투력의 밀도는 낮다.

표 20.3 혼합지형에서의 병과별 최대밀도

지형 형태	기갑	보병	포병
혼합 지형	80대/km	350명/km	80문/km

이러한 수치는 사단 또는 독립여단을 기초로 결정된 것이다. 그러므로 약 600대의 기갑 차량을 보유한 구소련 차량화 보병사단은 약 7.5km 의 정면을 가지고 1,100대의 기갑 차량을 가진 미 중무장 사단은 최소 14km 의 정면을 가진다.

2 단계: 전력지수로 자산 점수 판단

기본 전력지수는 RAND 연구소의 WEI(Weapon Effectiveness Index)/WUV(Weighted Unit Value)의 무기 점수를 사용한다. 혼합 전투지형, 정밀 전투유형, 공방 전력비는 2.5 대 1로 설정한다. 예를 들어 다음과 같은 전력을 생각해 보자. 전차(A 형)과 보병, 포병(B 형)을 각각 300대, 2,000명, 200문을 가지고 있는 부대가 있고 각 전투자산의 WEI/WUV 점수가 각각 1.0, 0.05, 1.0점이라고 하자.

표 20.4 전투자산의 수량과 WEI 점수

구 분	전차 (A 형)	보병	포병 (B 형)
전투자산의 수량	300 대	2,000명	200문
전투자산 WEI/WUV 점수	1.0	0.05	1.0

3 단계: 최초 전투력 판단

부대의 최초 범주별 전투력 점수는 전투자산의 수량과 전투자산 JICM 점수를 곱한 점수가 되고 부대의 최초 전투력은 범주별 점수를 다 더한 점수가 된다.

표 20.5 최초 전투력 판단

구 분	전차 (A 형)	보병	포병 (B 형)	부대 전투력 점수
전투자산의 수량	300대	2,000명	200문	
전투자산 WEI/WUV 점수	1.0	0.05	1.0	
전투력 점수	300	100	200	600

4 단계: 무형 전투력 효과승수의 적용

다음으로 무형 전투력 승수를 선택적으로 적용하는데 여기에는 부대의 사기, 군기, 단결력, 교육훈련, 정신력 등 무형전력을 고려하여 전투력 승수를 곱한다. 부대의 사기, 군기, 단결력, 교육훈련, 정신력이 잘 구비되어 있으면 1을 곱하여 앞에서 구한 범주별 전투력 점수를 그대로 두고 아니면 그 수준에 맞는 승수를 곱하여 범주별 전투력을 감소시킨다.

예를 들어 사기, 군기, 단결력, 교육훈련, 정신력 등 무형전력을 고려시 가장 잘 구비된 것에 비해 90%라고 하면 0.9를 곱한다. 이 예에서는 사기, 군기, 단결력, 교육훈련, 정신력 등 무형전력이 잘 갖추어져 있다고 가정하여 1을 곱하여 앞 단계에서 구한 점수를 그대로 둔다. 만약 어떤 부대가 막 동원된 부대라고 하면 상비 전력처럼 전투력을 바로 발휘할 수 없을 것이다. 이러한 경우에도 전투력 승수를 적용하여 전투력을 감소시킨다.

표 20.6 사기, 군기, 단결력, 교육훈련, 정신력 등 전투력 승수 반영

구 분	전차 (A형)	보병	포병 (B형)	부대 전투력 점수
전투자산의 수량	300대	2,000명	200문	
전투자산 WEI/WUV 점수	1.0	0.05	1.0	
전투력 점수	300	100	200	600
전투력 승수	1	1	1	

5 단계: 기본 전투력 판단

기본 전투력 판단은 전투력 점수에서 전투력 승수를 곱해 구한다.

표 20.7 기본 전투력 점수 산정

구분	전차 (A형)	보병	포병 (B형)	부대 전투력 점수
전투자산의 수량	300대	2,000명	200문	
전투자산 WEI/WUV 점수	1.0	0.05	1.0	
전투력 점수	300	100	200	600
전투력 승수	1	1	1	
기본 전투력 점수	300	100	200	600

6 단계: 상황범주 승수 결정

(1) 상황승수 개념

상황승수는 부대의 임무, 전투형태, 지형 등 다양한 상황별로 다양하게 구할 수 있는데 먼저 지형 상황승수는 SFSM 에서 다음과 같이 제시되어 있다. 표 20.8를 보면 전차는 산악지역에서는 전투력의 20% 밖에 발휘가 안되며 야지에서는 50%만 발휘된다는 것이다. 반면 보병은 혼합지역에서는 전투력이 그대로 발휘되고 산악지역에서는 60%가 발휘된다. 포병의 경우는 개활지, 혼합지형에서는 그대로 전투력이 손실없이 발휘되지만 산악지에서는 표적 획득의 어려움과 산악이 주는 방호 측면, 능선과 같은 지역을 타격하기 어려움 등으로 인해 40%만 전투력이 발휘된다.

표 20.8 상황승수

지형 형태	기갑	보병	포병
개활지(Open)	0.8	0.8	1.0
혼합 지형(Mixed)	1.0	1.0	1.0
야지(Rough)	0.5	0.8	0.8
도심지(Urban)	0.4	1.2	0.7
산악(Mount)	0.2	0.6	0.4

(2) 순수 지형만 고려한 부대 형태별 상황승수

공격과 방어 임무를 수행하는 부대의 지형 상황승수는 표 20.9와 같다.

표 20.9 공격하는 측의 지형에 따른 상황 승수

지형 형태	공격하는 측				
	기갑	보병	포병	헬기	방공
개활지(Open)	1.15	0.90	1.10	1.30	0.80
혼합 지형(Mixed)	1.00	1.00	1.00	1.00	1.00
야지(Rough)	0.90	1.20	0.90	0.70	1.20
도심지(Urban)	0.80	1.50	0.70	0.40	1.10
산악(Mount)	0.80	0.60	0.80	1.00	1.50

표 20.10 방어하는 측의 지형에 따른 상황 승수

지형 형태	방어하는 측				
	기갑	보병	포병	헬기	방공
개활지(Open)	1.10	0.90	1.10	1.20	0.70
혼합 지형(Mixed)	1.00	1.00	1.00	1.00	1.00
야지(Rough)	0.90	1.20	0.90	0.90	1.30
도심지(Urban)	0.80	1.50	0.70	0.50	1.10
산악(Mount)	0.80	0.60	0.80	1.00	2.00

표 20.9를 보면 공격하는 보병의 개활지에서의 전투 승수는 0.9로서 지형만 고려했을 때 전투 승수 0.8보다 0.1이 더 높다. 공격하는 기갑부대의 개활지 전투 승수는 1.15이고 방어하는 기갑부대의 전투 승수는 1.10으로서 0.05가 더 높다. 이것은 공격하는 기갑부대의 전투력 발휘가 방어하는 기갑부대보다 약간 더 용이하다는 것을 의미한다.

(3) 임무와 전투형태, 지형에 따른 상황승수

표 20.11은 부대의 전투형태, 지형, 부대 형태에 따른 전투승수를 보여준다. 전투형태는 돌파(Breakthrough), 철수(Withdrawal), 지연전(Delay), 급편공격(Hasty), 정밀공격(Deliberate), 준비된 공격(Prepared), 강화된 진지(Fortified) 공격,

교착(Static), 조우전(Meeting)으로 구분하고 있다. 예를 들어 공격(att) 임무 중인 전차(Tanks) 또는 보병전투장갑차(IFV: Infantry Fighting Vehicle)가 돌파(Breakthrough) 전투임무를 개활지(Open)에서 수행중일 때는 1.601 승수를 적용하게 되는데 이는 기본 전투력의 약 1.6배 전투력을 가지게 된다는 의미가 된다.

표 20.11에서 사용된 용어는 att(Attacker), atgms(Anti-Tank Guided Missile System), LR(Long Range), SR(Short Range), inf(Infantry), arty(Artillery) 등이다.

표 20.11 공격임무 수행중인 부대의 전투형태, 지형, 부대형태에 따른 전투승수

Type of Battle	Type of Terrain	Category of Weapon					
		att Tank IFVs	att APCs	att LR atgms	att SR atgms	att inf	att arty
Break-through	Open	1.601	·	0.426	·	0.288	0.440
	Mixed	1.400	·	0.380	·	·	0.400
	Rough	1.260	·	·	·	·	0.810
	Urban	1.120	·	·	·	·	·
	Mount	1.120	·	·	·	·	·
With-drawal	Open	1.380	·	·	0.405	·	·
	Mixed	·	·	·	0.450	·	·
	Rough	·	·	·	·	·	·
	Urban	·	·	·	·	·	·
	Mount	·	·	·	·	·	·
Delay	〃	· ·	· ·	· ·	· ·	· ·	· ·
Hasty	〃	· ·	· ·	· ·	· ·	· ·	· ·
Deliberate	〃	· ·	· ·	· ·	· ·	· ·	· ·
Prepared	〃	· · · ·	· · · ·	· · · ·	· · · ·	· · · ·	· · · ·
Fortified	〃	·	·	·	·	·	·
Static	〃	·	·	·	·	·	·
Meeting	〃	·	·	·	·	·	·

방어 임무를 수행중인 부대의 전투 승수는 표 20.12와 같다.

표 20.12 방어임무 수행중인 부대의 전투형태, 지형, 부대형태에 따른 전투승수

Type of Battle	Type of Terrain	Category of Weapon					
		def Tank IFVs	def APCs	def LR atgms	def SR atgms	def inf	def arty
Break-through	Open	0.880	·	0.540	·	0.450	0.220
	Mixed	0.800	·	0.500	·	·	0.200
	Rough	0.720	·	0.460	·	·	0.180
	Urban	0.640	·	·	·	·	·
	Mount	0.640	·	·	·	·	·
With-drawal	Open	0.990	·	·	0.540	·	·
	Mixed	·	·	·	0.600	·	·
	Rough	·	·	·	·	·	·
	Urban	·	·	·	·	·	·
	Mount	·	·	·	·	·	·
Delay	〃	· ·	· ·	· ·	· ·	· ·	· ·
Hasty	〃	· ·	· ·	· ·	· ·	· ·	· ·
Deliberate	〃	· ·	· ·	· ·	· ·	· ·	· ·
Prepared	〃	· ·	· ·	· ·	· ·	· ·	· ·
Fortified	〃	·	·	·	·	·	·
Static	〃	·	·	·	·	·	·
Meeting	〃	·	·	·	·	·	·

위에서 정의한 내용을 지형별로 먼저 분류하고 전투형태별로 정리한 상황승수는 표 20.13과 같다.

표 20.13 공격과 방어 부대 병과별/지형별/임무별 상황 승수

Type Battle	Attacker					Defender				
	Arm	Infty	Arty	Helos	AD	Arm	Infty	Arty	Helos	AD
Open/Mixed Terrain										
Brk	1.40	0.40	0.40	1.80	0.70	0.80	0.50	0.50	0.80	0.40
Wth	1.20	0.50	0.50	1.60	0.80	0.90	0.60	0.60	1.00	0.50
Rough/Urban/Mountain Terrain										
Brk	1.40	·	·	·	·	·	·	·	·	·
Wth	1.20	·	·	·	·	·	·	·	·	·
All Terrain Types										
Dly	1.00		0.60	1.40			·	·	·	0.70
Hsty	·	1.20	·	·	·	·	·	·	·	0.80
Delb	·	·	·	·	·	·	·	·	·	·
Prep	·	·	·	·	·	·	·	·	·	·
Ftf	·	·	·	·	·	·	·	·	·	·
Stm	·	·	·	·	·	·	·	·	·	·
Mtg	1.20	1.00	·	·	·	·	·	·	·	0.50

* Brk(Breakthrough), Wth(Withdrawal), Dly(Delay), Hsty(Hasty), Delb(Deliberate) Prep(Prepared), Ftf(Fortified), Stm(Stalemate), Mtg(Meeting)

(4) 조우전 보병의 상황승수

여기서 우리가 다시 고려할만한 상황승수는 엄호부대나 습격전투시 발생한 조우전에서 마주치는 Blue Force 와 Red Force 의 비장갑화된 보병의 전투력 상황승수다. 예를 들어 비장갑화되어 있고 장거리 대기갑무기를 장착한 보병은 기본 전투력에 0.95를 곱해 전투력을 감소해 주고 단거리 대기갑무기를 장착한 보병과 박격포를 보유한 보병은 0.9, 소화기로만으로 편성된 보병은 0.8을 곱해 각각 전투력을 10%, 20%를 감소시킨다.

표 20.14 조우전에서 비장갑화된 보병 전투력 상황승수

무기 유형	공격 보병 승수
장거리 대기갑 무기	0.95
단거리 대기갑 무기	0.90
박격포	0.90
소화기	0.80

(5) 부대 형태별 상황승수

미 육군의 기갑 사단(Armr Div: Armored Division), 경보병 사단(LID: Light Infantry Division), 소련군의 전차사단(Sov Tank Div: Soviet Tank Division), 소련의 차량화 보병사단(Sov MR Div: Soviet Motor Rifle Division) 형태별로 지형, 전투형태에 대해 상황승수를 산정하여 제공하고 있다. 여기에서 제시된 자료는 실제 데이터는 보안상 공개하지 못해 SFS를 설명하기 위한 가상 데이터이다.

예를 들어 혼합지형에서 준비된 방어를 하는 미 기갑사단의 전투력이 1.0이라면 강화된 방어를 하는 산악지형에서의 전투력은 0.59가 된다.

표 20.15 공격하는 부대형태별 상황승수

Type of Battle	Type of Terrain	Defender			
		US Armor Div	US LID	Soviet Tank Div	Soviet MR Div
Break-through	Open	0.80	0.09	0.53	0.37
	Mixed	0.73	0.09	0.49	0.35
	Rough	0.62	0.11	0.45	0.33
	Urban	0.46	0.13	0.37	·
	Mount	0.28	0.14	·	·
With-drawal	〃	· ·	· ·	· ·	· ·
Delay	〃	· ·	· ·	· ·	· ·

표 20.16 방어하는 부대형태별 상황승수

Type of Battle	Type of Terrain	Attacker			
		US Armor Div	US LID	Soviet Tank Div	Soviet MR Div
Break-through	Open	1.42	0.07	0.93	0.62
	Mixed	1.24	0.07	0.81	0.55
	Rough	0.94	0.18	0.73	0.61
	Urban	0.71	0.20	0.53	·
	Mount	0.46	0.22	·	·
With-drawal	Open	1.24	·	·	0.56
	Mixed	1.09	·	·	0.50
	Rough	·	·	·	·
	Urban	·	·	·	·
	Mount	·	·	·	·
Delay	Open	·	·	·	·
	Mixed	·	·	·	·
	Rough	·	·	·	·
	Urban	·	·	·	·
	Mount	·	·	·	·
Hasty	Open	·	·	·	·
	Mixed	·	·	·	·
	Rough	·	·	·	·
	Urban	·	·	·	·
	Mount	·	·	·	·
Deliberate	〃	·	·	·	·
Prepared	〃	·	·	·	·
Fortified	〃	·	·	·	·
Static	〃	·	·	·	·
Meeting	〃	·	·	·	·

(6) 무기 범주별 부대 전투력 구성 비율

SFS 에서는 각 부대형태별로 임무, 전투형태, 지형에 따라 전투력 기여도를 분석해서 제시하고 있다. 표 20.17은 방어 임무를 수행하는 미 기갑사단이 개활지에서 돌파작전을 수행할 때 전차(Tank), 보병 전투장갑차(IFV), 장갑차(ARV)의 전투력 기여도는 83%이고 인원수송 장갑차(APC)의 기여도는 8.7%, 장거리 대장갑 무기(LR A Arms)는 0%, 단거리 대장갑(SR A Arms) 무기는 1.5%, 소화기(Sml Arms)는 3.5%, 포병(Arty)은 3.2%인 것을 나타내고 있다.

이러한 방식으로 임무와 부대형태, 전투형태, 지형에 따른 전투 기여도를 산정하여 표 20.17과 같은 형식으로 제시하고 있다.

표 20.17 방어중인 미 기갑사단의 범주별 기여 비율

Type of Battle	Type of Terrain	Tank IFV ARV	APC	LR A Arm	SR A Arm	Sml Arms	Arty	Total
Break-through	Open	68.3	8.7	0	1.5	3.5	3.2	100
	Mixed	82.1	8.6	0	1.6	4.3	3.2	100
	Rough	79.7	8.3	0	2.5	6.0	3.4	100
	Urban	76.0	6.1	0	4.3	10.1	3.5	100
	Mount	61.9	6.5	0	7.4	17.6	6.6	100
With-drawal	〃	. .	. .	. .	. .	. .	. .	. .
Delay	〃	. .	. .	. .	. .	. .	. .	. .
Hasty	〃	. .	. .	. .	. .	. .	. .	. .
Deliberate	〃	.		.		.		.
Prepared	〃	.		.		.		.
Fortified	〃	.		.		.		.
Static	〃	.		.		.		.
Meeting	〃	.		.		.		.

(7) 공격부대의 준비시간 승수

SFS 에서는 공격하는 부대와 방어하는 부대의 준비기간에 따른 상황승수도 부여하고 있다. 공격하는 부대가 공격을 위해 준비하는 것은 정찰, 포병 준비, 공병 지원, 전반적 준비와 예행연습이 포함된다. 이러한 준비는 급속 공격하는 것 보다 전투에 많은 유리한 점을 부여한다. 이러한 승수는 방어하는 부대의 치열도(Intensity)를 수정하거나 손실 교환율(Exchange Ratio)를 조정하는데 사용 가능하다. 표 20.18에서 보는 것과 같이 예를 들어 공격하는 부대가 7일 이상 준비해서 공격할 경우 손실률 수정 승수는 1.0이고 손실 교환율 조정 승수는 0.95가 된다.

표 20.18 공격준비 기간에 따른 상황 승수

공격준비 기간	전투강도 승수	교환율 조정 계수
7일 이상	1.00	0.95
5~6일	0.95	1.00
3~4일	0.85	1.05
1~2일	0.75	1.10
1일 이하	0.65	1.15

포병의 경우는 급속공격보다 준비된 공격이 더 좋은 전투상황을 유도할 수 있다. 따라서 포병의 경우는 다음과 같은 식으로 승수를 부여한다.

7 단계: 상황범주 전투력 계산

앞에서 설명한 지형, 부대형태, 임무, 전투형태, 준비기간 등 여러가지 상황을 고려한 전차(형), 보병, 포병(형) 승수가 각각 0.8, 1.0, 1.2라면 기본 전투력 점수에서 상황승수를 곱해 전투력을 다시 산정한다. 이러한 절차를 거치면 모든 상황을 고려한 전투력으로 산정되었다고 간주된다.

표 20.19 상황승수를 고려한 전투력 산정

구분	전차 (A형)	보병	포병 (B형)	부대 전투력 점수
전투자산의 수량	300 대	2,000명	200문	
전투자산 WEI/WUV 점수	1.0	0.05	1.0	
전투력 점수	300	100	200	600
전투력 승수	1	1	1	
기본 전투력 점수	300	100	200	600
상황승수	0.8	1.0	1.2	
상황승수 고려한 전투력	240	100	240	580

8 단계: 무기체계 구성 부족분에 대한 상황승수 산출

(1) 무기체계 구성에서의 부족 승수

어떤 부대에 전투력이 적절히 혼합되어 있어야 제병협동 전력효과가 적절히 발휘된다. 통합 전투력을 발휘하는데 어떤 무기체계 요소가 없거나 부족하면 전투력 발휘에 제한을 가져온다. 제병협동 전력을 발휘하기 위해 구성되는 무기체계 범주는 보병, 기갑, 포병을 기본으로 결정된다. 3가지 병과의 전력의 부족분이 적을 살상하는데 부족한 효과나 효과적인 작전을 수행하는데 제한을 주는 효과를 승수로 표현하는 것이다.

예를 들어 전차는 적 전차나 적 보병에 대해서는 공격해서 손실을 가져올 수 있지만 적 후방에 위치한 적 포병에 대해서는 사거리 제한으로 인해 특별한 경우를 제외하고는 손실을 끼칠 수 없다. 200점으로 평가된 미 육군의 포병은 단순히 200점의 포병전력이고 여기에 기갑과 보병전력은 포함되어 있지 않다. 만약 Blue Force 는 전차와 보병만으로 구성되어 있고 Red Force 는 전차, 보병, 포병으로 구성되어 있으면 양측의 전투가 대등한 위치에서 진행된다고 말할 수 없다. 이러한 상황을 염두에 두고 무기체계 구성 부족분에 대한 상황승수를 적용하여 전투력을 평가해야 한다.

육군항공 전력은 분리해서 평가하지만 만약 육군항공 지원이 가용하다면 다른 병과의 부족분을 보상할 것은 자명한 사실이다. 예를 들어 육군 항공의 대전차 능력이 부대의 대기갑 전력에 추가된다면 이 능력은 제압효과와 충격효과 때문에 대기갑과 대포병 전력에도 각각 포함된다. 이론적으로 방공무기도 방공무기 자체의 효과가 특정 지역에 국한되지만 특별한 경우에 보병을 공격할 수 있어서 이러한 효과에 포함될 수 있다.

표 20.20은 각 전투력이 어떤 전력 Platform 에 속하는 가를 표현한 것이다. 예를 들어 전차(Tank)는 기갑(Armor) 전력의 범주에 속하고 장사정 대기갑무기(Long-range anti-armor)는 보병에 의해 사용이 되는 것이어서 보병에 속하고 공격헬기(Attack Helicopter)는 기갑(Armor) 범주에 30%, 포병(Arty) 범주에 50%에 속하는 것으로 간주하여 무기체계 구성에서의 부족분을 보상한다.

표 20.20 무기체계의 전력 범주

무기체계 범주	병과		
	기갑	보병	포병
전차	1	0	0
대기갑 능력 보유한 IFV	1	0	0
대기갑 능력 보유한 ARV	1	0	0
APC	1	0	0
ARV	0	1	0
장사정 대기갑 무기	0	1	0
단거리 대기갑 무기	0	1	0
박격포	0	1	0
자주포	0	0	1
견인포	0	0	1
공격헬기	0.3	0	0.5

다음은 무기체계 범주가 제병협동능력에 기여하는 바를 표현한 표이다. 예를 들어 공격작전을 수행하는(Attacker) 전차(Tank)는 대기갑에는 100%의 전력을 발휘하고 대인원 전력은 80%, 대포병전력에는 전력발휘를 전혀 할 수 없으나 돌파시나 철수

작전시는 30%의 전력을 발휘한다는 것을 의미한다. 공격작전을 수행하는(Attacker) 공격헬기(Attack helicopter)는 대기갑 전력에는 80%의 전력발휘를 대인원 전력은 50%, 대포병 전력에는 40% 효과를 발휘한다는 의미인다.

Note 1은 괄호 안에 있는 숫자는 돌파나 철수 작전을 수행중인 경우에 한해서 적용하라는 의미이다. 이는 전차나 장갑차 같은 기동자산이 방어하는 포병전력을 앞서거나 공격중인 포병자산이 우회된 방어 기동부대가 역공격하는 것을 설명하기 위해서이다. 철수작전시는 포병 손실을 더 현실적으로 반영하기 위해 이 숫자에 0.5를 곱해 사용한다.

Note 2는 준비된 진지와 요새화된 진지를 공격하는 단거리 대기갑 무기의 인원표적에 대한 효과는 0.2를 사용하라는 것이다. 기타 방어형태를 취하고 있는 적에 대한 공격시는 0.05를 사용한다.

Note 3은 자주화 포병(SP arty: Self Propelled Artillery)과 견인 포병(Twd arty: Towed Artillery)의 대포병 효과는 0.0~0.7로 되어 있는데 대포병 전력은 대포병 레이더와 자동화 사격통제 시스템 능력에 의해 결정되기 때문에 미 육군 포병은 0.7을 적용하고 다른 국가의 포병은 대포병 레이더와 자동화 사격통제 시스템 능력에 따라 감소시켜 사용하라는 것이다.

표 20.21 무기체계 범주와 제병협동 전투력 능력으로 연결

Categories of Weapon	Anti-Armor	Anti-soft	Anti-arty	Notes
Attacker:				
Tank	1.0	0.8	0.0(0.3)	Note 1
IFV/anti-armor	0.8	0.4	0.0(0.2)	
ARV/anti-armor	0.8	0.3	0.0(0.2)	
APC	0.05	0.3	0.0(0.05)	
ARV	0.05	0.2	0.0(0.05)	
Long-range anti-armor	1.0	0.05	0.0(0.2)	
Short-range anti-armor	1.0	0.05	0.0(0.05)	Note 2
Mortars(under 100mm)	0.05	1.0	0.0(0.05)	

Small arms	0.02	1.0	0.0(0.05)	
SP arty	0.4	1.0	0.0-0.7	Note 3
Twd arty	0.3	1.0	0.0-0.7	
Attack helicopters	0.8	0.5	0.4	
Defender:				
Tank	1.0	0.8	0.0(0.1)	Note 1
IFV/anti-armor	0.8	0.4	0.0(0.1)	
ARV/anti-armor	0.8	0.3	0.0(0.1)	
APC	0.05	0.3	0.0	
ARV	0.05	0.2	0.0	
Long-range anti-armor	1.0	0.05	0.0(0.05)	
Short-range anti-armor	1.0	0.05	0.0	
Mortars(under 100mm)	0.05	1.0	0.0	
Small arms	0.02	1.0	0.0	
SP arty	0.4	1.0	0.0-0.7	Note 3
Twd arty	0.3	1.0	0.0-0.7	
Attack helicopters	0.8	0.5	0.4	

Note 1: ( ) 안의 숫자는 방자의 포병자산을 초과하는 기동부대 또는 우회된 방자의 기동부대에 의해 역공격을 당한 공자의 포병자산을 설명하기 위해 Breakthrough(돌파) 또는 Withdrawal(철수)의 경우에 적용된다. 철수의 경우 포병 손실을 더 잘 묘사하기 이 숫자에 0.5를 곱하라.
Note 2: 준비된 방어와 강화된 방어 진지를 공격할 때 인원 표적에 대해 공격하는 단거리 대기갑 자산에는 0.2를 사용하라. 이것은 경대전차무기의 벙커 파괴 능력을 반영한다.
Note 3: 이 대포병 수치는 대포병 레이더와 자동화사격통제체계와 같은 대포병 능력에 의존한다. 미군의 대포병 능력은 0.7을 사용하고 다른 국가의 경우는 최소 0까지 비율적으로 감소시켜라.

표 20.21를 보면 대인원능력이 부족한 무기는 거의 없다. 그러나 장사정 대기갑(Long-range anti-armor) 무기와 같은 특정 무기는 대보병 능력이 부족한 것도 있다. 만약 보병이 부족하면 지형을 확보하거나 유지할 수가 없다. 보병이 없는 전차나 장갑부대에 의한 적 후방 돌파가 가능하나 지역 확보는 할 수 없는 것이다.

무기체계 구성 부족분이 존재하는지 결정하는 절차는 다음과 같다. 각 무기체계의 범주에 대해 표 20.22에서 제시된 수치를 비교하여 결정한다. 표 20.22는 전력배치가 가용한 전선의 km 당 최소 전력 밀도를 정의하고 있다. 예를 들어 기갑전력이 운용가능한 야지(Rough)에서 20km 전선에서 준비된 방어를 하는 부대를 공격하는 부대는 전력밀도 요구사항을 충족하기 위해 0.30SED (=0.015×20)를 필요로 한다. 만약 이 전력밀도를 충족하지 못하면 무기체계가 부족한 것으로 해서 전력 조정을 실시한다.

표 20.22 능력(SED/Usable km) 밀도 요구

Terrain	Type of Battle	Attacker			Defender		
		Armor	Soft	Arty	Armor	Soft	Arty
Open	Assault	0.025	0.003	0.008	0.015	0.002	0.005
Mixed	Assault	0.025	0.003	0.008	0.015	0.002	0.005
Rough	Assault	0.015	0.006	0.007	0.010	0.004	0.004
Urban	Assault	-	0.008	0.004	-	0.0055	0.0025
Mntn	Assault	-	0.008	0.004	-	0.0055	0.0025
Open	Hsty/Mtg/Stm	0.025	0.0015	0.004	0.015	0.001	0.0025
Mixed	Hsty/Mtg/Stm	0.025	0.0015	0.004	0.015	0.001	0.0025
Rough	Hsty/Mtg/Stm	0.015	0.003	0.0035	0.010	0.002	0.002
Urban	Hsty/Mtg/Stm	-	0.004	0.002	-	0.003	0.0012
Mntn	Hsty/Mtg/Stm	-	0.004	0.002	-	0.003	0.0012
Open	Dly/Wth/Brk	0.025	0.001	0.0016	0.015	0.0005	0.0015
Mixed	Dly/Wth/Brk	0.025	0.001	0.0016	0.015	0.0005	0.0015
Rough	Dly/Wth/Brk	0.015	0.002	0.0014	0.010	0.0010	0.0012
Urban	Dly/Wth/Brk	-	0.0025	0.0008	-	0.0015	0.0008
Mntn	Dly/Wth/Brk	-	0.0025	0.0008	-	0.0015	0.0008

* Hsty/Mtg/Stm(Hasty(급속)/Meeting(조우전)/Stalemate(교착)),
Dly/Wth/Brk(Delay(지연)/Withdraw(철수)/Breakthrough(돌파))

예를 들어 혼합지형에서 준비된방어를 수행하는 완편된 미 기갑사단은 5,268.4점 전투력으로 평가된다. 완편된 미 기갑사단 전력을 1.0 SED(Situationally Adjusted ED)로 정의한다. 그러므로 기갑 전력 3,000점은 0.569 SED 와 동일하다고 할 수 있다. 표 20.23은 미 기갑사단(U.S. Armor Div: Armor Division), 미 경보병사단(U.S. LID: Light Infantry Division)과 소련군 전차사단(USSR Tank Div: Tank Division), 소련군

차량화 보병사단(USSR MRD: Motor Rifle Division)의 지형에 따른 전투력 점수를 제시하고 있다.

상황에 따른 무기체계 점수를 무기체계 수량과 곱해 전체 무기의 점수를 구한다. 이것을 SED 단위로 환산하여 표 20.22에서 제시된 요구 SED 와 비교하여 부족한 무기에 대한 승수를 적용한다.

표 20.23 표준 공격부대 무기와 범주 가중치

U.S. Armor Div						
Terrain	Tanks IFVs, ARVs	APCs	LR Anti-armor	SR ANti-armor	Mortars Sm Arms	Arty
Mountain	228	92	0	454	1,800	159
Urban	456	184	0	454	1,800	159
Rough	570	230	0	454	1,800	159
Mixed/ Open	778	314	0	454	1,800	159
U.S. LID						
Terrain	Tanks IFVs, ARVs	APCs	LR Anti-armor	SR ANti-armor	Mortars Sm Arms	Arty
All	0	0	36	372	3,890	62
USSR. Tank Div						
Terrain	Tanks IFVs, ARVs	APCs	LR Anti-armor	SR ANti-armor	Mortars Sm Arms	Arty
Mountain	220	20	9	469	1,800	180
Urban	440	40	9	469	1,800	180
Rough	586	54	9	469	1,800	180
Mixed/ Open	674	634	9	469	1,800	180
USSR. MR Div						
Terrain	Tanks IFVs, ARVs	APCs	LR Anti-armor	SR ANti-armor	Mortars Sm Arms	Arty

Mountain	134	106	72	610	2,800	198
Urban	238	212	72	610	2,800	198
Rough	342	271	72	610	2,800	198
Mixed/ Open	342	271	72	610	2,800	198
Average Scores						
Side	Tanks IFVs, ARVs	APCs	LR Anti-armor	SR ANti-armor	Mortars Sm Arms	Arty
Blue	5.00	1.00	1.20	0.30	0.18	3.80
Red	4.00	1.00	1.00	0.25	0.15	2.50

short_mult 는 식 (20-1)과 같이 구한다.

short_mult={short_base+ (Level/Requried)}/(short_base + 1)　　(20-1)

여기서 Short_base 수치는 표 20.24에서 구할 수 있다. Required 는 표 20.22에서 구한다. Level 은 작전을 수행하는 현 전투력 수준을 말한다.

표 20.24 능력 부족 승수 기본값(Short_base)

Terrain	Attacker			Defender		
	Armor	Soft	Arty	Armor	Soft	Arty
Open	0.2	0.6	0.2	0.4	0.6	0.2
Mixed	0.2	0.6	0.2	0.5	0.6	0.2
Rough	0.6	0.4	0.4	0.7	0.4	0.4
Urban	0.8	0.2	0.6	0.8	0.2	0.6
Mntn	0.8	0.2	0.6	0.8	0.2	0.6
Applied to:	Soft	Armor	Armor Soft	Soft	Armor	Armor Soft

* Open(개활지), Mixed(혼합지), Rough(야지), Urban(도심지), Mntn(산악지)
Hsty/Mtg/Stm(Hasty(급속)/Meeting(조우전)/Stalemate(교착)),
Dly/Wth/Brk(Delay(지연)/Withdraw(철수)/Breakthrough(돌파))

예를 들어 개활지(Open)에서 공격작전(Attacker)을 수행중인 기갑부대(Armor)의 전투력이 요구하는 밀도의 50% 전력만 있다면 무기구성 부족분 상황승수 short_mult 는 식 (20-2)와 같이 구한다.

short_mult=(0.2+ 0.5)/(0.2+ 1.0)=0.58 (2—2)

(2) 대응능력 부족 승수

대응능력 부족 승수도 무기 부족 승수와 같은 방법으로 계산되지만 상대방의 능력에 대한 상대적 비율에 기반하여 구한다. 예를 들어 아군이 대기갑 능력이 부족하지만 적군이 기갑 능력을 많이 가지고 있지 않다면 대응능력 부족은 이 상황에서 큰 의미가 없다. 그러므로 이 대응능력 부족은 적의 무기 능력의 최소 비율에 기반하여 계산된다. 모든 경우에 있어서 단순히 일 대 일 비율로 비교하는 것만으로 이러한 대응능력 부족 승수를 계산하는 것으로 충분하다.

표 20.24에서 제시된 수치를 적군의 무기 범주로 나누어 최초 값을 조정한다. 예를 들어 만약 개활지에서 방어 작전을 수행하는 어떤 부대가 요구되는 대기갑 전력의 절반만 보유하고 있는 상황에서는 적의 기갑 능력을 0.58로 나누어 적의 기갑 능력은 기존 능력의 거의 2배가 된다. 아군이 대기갑 전력이 부족하면 적의 기갑 전력은 상대적으로 증가되는 것은 자명한 일이다.

이러한 방식은 두가지 결과를 초래한다. 먼저, 적군은 더 효과적이 될 것이고 더 큰 전력을 가지므로 더 큰 전력비를 가진다. 아군은 전력 부족에 의한 더 큰 손실률이 발생할 것이고 적에게는 더 낮은 손실률이 발생한다. 결론적으로, 손실분포 계산에 의해 적은 더 작은 기갑 손실이 발생하게 된다.

표 20.25 Anticapability Shortage Ratio Requirements

Terrain	Type of Battle	Attacker			Defender		
		Armor	Soft	Arty	Armor	Soft	Arty
Open	Assault	2.0	2.0	0.5	0.5	1.0	0.2
Mixed	Assault	2.0	2.0	0.5	0.5	1.0	0.2
Rough	Assault	1.5	2.0	0.5	0.4	1.0	0.2
Urban	Assault	1.0	2.0	0.5	0.3	1.0	0.2
Mntn	Assault	1.0	2.0	0.5	0.3	1.0	0.2
Open	Hsty/Mtg/Stm	2.0	1.0	0.25	0.5	1.0	0.2
Mixed	Hsty/Mtg/Stm	2.0	1.0	0.25	0.5	1.0	0.2
Rough	Hsty/Mtg/Stm	1.5	1.0	0.25	0.4	1.0	0.2
Urban	Hsty/Mtg/Stm	1.0	1.0	0.25	0.3	1.0	0.2
Mntn	Hsty/Mtg/Stm	1.0	1.0	0.25	0.3	1.0	0.2
Open	Dly/Wth/Brk	2.0	0.6	1.0	0.5	0.5	1.0
Mixed	Dly/Wth/Brk	2.0	0.6	1.0	0.5	0.5	1.0
Rough	Dly/Wth/Brk	1.5	0.6	1.0	0.4	0.5	1.0
Urban	Dly/Wth/Brk	1.0	0.6	1.0	0.3	0.5	1.0
Mntn	Dly/Wth/Brk	1.0	0.6	1.0	0.3	0.5	1.0

* Open(개활지), Mixed(혼합지), Rough(야지), Urban(도심지), Mntn(산악지)
Hsty/Mtg/Stm(Hasty(급속)/Meeting(조우전)/Stalemate(교착)),
Dly/Wth/Brk(Delay(지연)/Withdraw(철수)/Breakthrough(돌파))

(3) 대응능력 부족 비율 요구

무기 부족에 따라 발생하는 효과를 다 설명하지 못하는 다른 효과도 있다. 예를 들어, 어떤 효과는 돌파를 더 용이하게 할 수도 있고 소련군의 작전기동군(OMG: Operational Maneuver Group) 침입을 더 용이하게 할 수도 있다. 이러한 추가적 효과를 SFS 를 묘사하는 CAMPAIGN-ALT 워게임 모델에 반영하여 묘사한다.

이러한 효과를 모의하는 승수는 표 20.26과 같다. 예를 들어 방어를 수행하는 부대가 기갑이 부족하면 방어 부대가 신속하게 대응하지 못해 돌파가 더 쉽게 발생할 수 있어서 방어수행 부대의 정면을 1.25를 곱하여 확장시킨다. 이렇게 하면 같은 전력으로 더 넓은 정면을 담당하게 되면 공격부대의 돌파가 쉬워진다. 만약 공격하는 부대가 기갑전력이 부족하면 FLOT(Forward Line of Own Troops: 전투전단) 이동율에 0.75를 곱해 FLOT 이동을 감소시킨다.

표 20.26 기타 부족분 효과

방자가 기갑전력이 부족시	방자가 신속히 행동하지 못하기 때문에 돌파가 쉽게 발생 가능(방자의 유효 정면길이를 1.25배로 하라)
공자가 기갑전력이 부족시	FLOT 이동율을 감소(FLOT 이동율에 0.75를 곱하라) 방자가 충분한 기갑전력을 가지고 있으면 돌파는 적게 일어난다.(방자의 유효정면을 0.8배로 하라)
방자가 보병전력이 부족시	지형을 확보하지 못함. 준비된 방어와 지연전을 수행토록 강요될 수 있음. (방자의 유효정면을 1.25배로 하라)
공자가 보병전력이 부족시	지형을 확보하지 못함. 만약 돌파조건이 형성되면 OMG(작전기동단) 또는 다른 기갑전력을 투입할 수 있음.
방자가 포병전력이 부족시	화력집중을 신속히 할 수 없어서 돌파가 더 많이 생길 수 있음.
방자가 대기갑전력이 부족시	준비된 진지가 아닌 개활지에서는 유린당할 수 있음.
공자가 대기갑전력이 부족시	만약 방자가 충분한 기갑전력을 보유하고 있다면 돌파가 발생하지 못함.
방자가 대보병전력이 부족시	만약 공자가 충분한 보병전력을 보유하고 있다면 지형을 확보하기 힘듬.
공자가 대보병전력이 부족시	FLOT이 이동하지 못할 것임. (FLOT 이동율이 0이 됨)

보병만이 지역을 확보하고 유지할 수 있다는 것에 따라 포병과 기갑 전역으로만 구성된 부대는 그 전력이 얼마나 강한지에 상관없이 지역을 확보하고 유지할 수 없다.

중기갑 부대는 적의 영토 깊숙이 돌파가능하나 병참선은 보장되지 않는다. 포병만으로 구성된 방어부대는 공격하는 부대에 의해 돌파당할 수 있다.

9 단계: 최종 범주별 전투력 결정

무기체계 부족 승수를 구하여 범주별 전력의 승수에 적용하는 단계이다. 앞에서 설명한 무기체계 부족과 대응전력 부족에 관련한 승수를 구하여 적고 상황승수 고려한 전투력으로 곱하여 최종 상황전력지수비를 산출하기 위한 최종범주 전투력을 구한다.

표 20.27 최종 범주 전투력 산정

구분	전차 (A형)	보병	포병 (B형)	부대 전투력 점수
전투자산의 수량	300 대	2,000명	200문	
전투자산 WEI/WUV 점수	1.0	0.05	1.0	
전투력 점수	300	100	200	600
전투력 승수	1	1	1	
기본 전투력 점수	300	100	200	600
상황승수	0.8	1.0	1.2	
상황승수 고려한 전투력	240	100	240	580
무기체계 부족 승수	0.8	1.0	1.0	
최종 범주 전투력	192	100	240	532

무기체계 부족 승수를 구하는 예시를 설명한다. 표 20.28과 같이 기갑, 보병, 포병으로 구성된 방어부대의 총 전투력 점수는 580점이고 공격부대의 전투력 점수는 1,160점이다. 방어 부대에는 기갑부대와 포병부대가 편성되어 있지 않다. 공격 부대와 방어 부대 최초 전투력 비율은 2:1이다.

표 20.28 방어 부대와 공격 부대의 전투력

구분	기갑	보병	포병	총 전투력 점수
방어 부대 전투력	0	580	0	580
공격 부대 전투력	480	200	480	1,160

방어를 수행하는 부대가 포병이 전혀 없기 때문에 short_base 는 표 20.24에서 0.6이고 포병의 능력요구 승수는 다음과 같이 계산된다.

$$\frac{0.6+0}{0.6+1} = 0.375 \cong 0.38$$

방어를 수행하는 부대가 기갑 전력이 전혀 없고 도심작전에서 기갑 부대가 필요하지 않기 때문에 표 20.24에서 short_base 는 0.8이고 기갑의 능력요구 승수는 다음과 같이 계산된다.

$$\frac{0.8+0}{0.8+1} = 0.444 \cong 0.44$$

만약 방어하는 부대의 보병이 대기갑 전력이나 대포병 능력이 전혀 갖추어져 있지 않다고 가정하면 공격하는 부대의 기갑과 포병에 각각 0.44과 0.38로 나누어 계산하면 다음과 같은 결과를 얻을 수 있다. 방어 부대 보병의 경우도 보병이 시가전에서 기갑 능력은 요구되지 않으나 포병능력이 전혀 구비되어 있지 않으므로 제병협동 작전에 제한되어 포병능력 부족분만큼 비율적으로 보병능력 감소를 시킨다. 따라서 보병 능력은 $580 \times 0.38 = 220.4 \cong 220$으로 감소된다.

표 20.29 제병협동 능력 부족에 따른 전투력 조정

구분	기갑	보병	포병	총 전투력 점수
방어 부대 전투력	0	220	0	220
공격 부대 전투력	1,091 (=480/0.44)	200	1,263 (=480/0.38)	2,554

공격부대와 방어부대 전투력의 새로운 비율은 11.6 대 1이다. 이러한 상황에서 방어부대가 개활지에서 준비된 진지에서 방어하지 않는다면 공격부대에 의해 유린되거나 고립될 수 있다.

만약 방어부대에 공격헬기 지원이 가능하다면 부족한 포병전력을 보충할 수 있어 0.38로 공격부대 포병을 나누어 공격부대 포병전력을 높이 평가하지 않아도 된다. 같은 방법으로 방어부대에 충분한 공격헬기 지원이 주어진다면 기갑과 포병전력에 공격부대 전투력을 증가시키지 않아도 될 것이다. 그러므로 방어부대에 충분한 공격헬기 지원이 가능하다는 가정하에 최초 전력비 2 대 1을 그대로 유지할 수도 있다.

10 단계: 전투력 결정

범주별 최종 상황전력을 결정하면 양측의 총 전투력을 구하기 위해 각 범주별 상황전력을 합한다. 표 20.1의 9행에서 구할 수 있다.

11 단계: 전투력 비 계산

방어부대에 대한 공격부대의 전투력 비율은 전투형태와 더불어 양측의 손실률과 FLOT 이동율을 결정한다. 더불어 특수 상황에 의한 돌파 발생과 같은 전투단계의 변화가 확인되면 이러한 변화도 역시 평가된다. 추가적으로 특수한 조건에 의해 돌파와 같은 상황으로 변화되는 전투단계의 변화가 확인되면 이러한 변화는 앞에서 설명한 것과 같이 평가된다.

조우전, 교착전과 같은 전투형태에서는 실제적으로는 양측이 유사한 행동을 하고 방어하는 측의 유리한 점을 얻지 못하지만 계산상 편의를 위해 공격하는 측이 더 강하다는 것을 가정한다. 다른 전투형태에서는 여기에서 계산하는 적정 전투력 비율을 설정한다. 통상적으로 방어하는 측의 유리한 점을 묘사하기 위해서 조우전과 교착전에서는 전투력 비율에 1.7을 곱해야 한다.

전투력 비율을 결정할 때 고려사항은 기습효과이다. 기습효과는 방어하는 측의 전투력에 1.0보다 작은 지수로 표현한다. 이렇게 하면 방어하는 측 전투력이 감소되는 효과가 발생한다. 수정된 전투력 비율을 MFR(Modified Force Ratio)라고 하면 MFR 은 식 (20-3)과 같다.

$$\mathrm{MRF} = \frac{A'}{Surprise \times D'} \qquad (20\text{-}3)$$

여기에서 사용한 기호는 다음과 같이 정의한다.

A': 공격하는 측의 조정된 상황전력지수
D': 방어하는 측의 조정된 상황전력지수
$Surprise$: 기습지수

기습지수는 분석가에 의해 선택적으로 적용되고 비교적 짧은 기간에 적용한다.

12 단계: 손실률 및 부대이동률 계산

손실률 및 부대이동율을 계산하기 위한 첫 단계는 공격의 치열도를 결정하는 것이다. 공격의 치열도는 전투구역별로 결정할 수 있다. 전투치열도는 저강도, 중강도, 고강도 3단계로 구분한다. 중강도가 통상적 공격 치열도이다. 고강도는 통상적으로 주공을 실시하는 부대가 최소의 전투력을 가진 방어부대와 전투할 때 2~3일 정도의 제한된 기간만 발생한다. 저강도 전투는 미 육군의 교리에서 말하는 견제공격이라고 불리는 공격을 할 때 발생한다. 견제공격은 주공이 성공하기 위해 방어 부대를 고착시키기 위해 실시하는 공격형태이다. SFS 는 견제공격을 급편방어, 정밀방어, 준비된 방어, 강화된 진지 방어 및 지연전, 철수, 돌파와 같은 전투형태로 구분해서 제공하고 있지만 교착전은 고려하지 않는다. 조우전은 공방 측의 전투강도보다 더 높아야 한다.

표 20.30 전투강도와 공격강도 승수

전투 강도	공격강도 승수		
	DLR-Intens	ER-Intens	FMR-Intens
저강도	0.3	1.2	0.2
중강도	1.0	1.0	1.0
고강도	1.5	1.0	1.5

DLR-Intens: Defender's Loss Rate Intensity (방어측 손실률 치열도)
ER-Intens: Exchange Rate Intensity (손실 교환율 치열도)
FMR-Intens: FLOT Movement Rate Intensity (전투지역전단 이동율 치열도)

저강는 손실률과 이동율을 감소시킨다. 한편, 공격하는 부대는 저강도 전투에서는 효과적으로 작전을 할 수 없어 결과적으로 약간 높은 손실교환율을 강요받는다. 이 방정식은 분석가의 선호도에 따라 구간적 선형함수 또는 대수적으로 표현가능하다. 대수적 형태에서는 방어측의 손실률과 손실교환율은 모든 상황요소로 수정된 전투형태와 전투력 비율의 함수이다. ER' 를 통상적인 손실교환율이 아닌 모든 상황요소로 수정된 공격하는 측과 방어하는 측의 손실 교환율이다.

그러면 DLR, ER 은 식 (20-4), (20-5)와 같이 결정할 수 있다.

$$\text{DLR=Intensity} \times 0.03 \times MRF^{0.64} \quad (20\text{—}4)$$

$$\text{ER=ER-intens} \times 4.5 \times MRF^{-0.57} \quad (20\text{-}5)$$

여기서 모든 손실관련 치열도(Intensity)는 식 (20-6)과 같다.

Intensity=Bat-Intensity×Intensity-Prep-Mult×DLR-Intens (20-6)

전투형태 치열도 지수 Bat-Intensity 는 표 20.31과 같다. Bat-Intensity 는 전쟁사와 전문가로부터 구한 수치이다. Bat-Intensity 는 바로 DLR 에 영향을 주는 요소라서 강화된 지역 방어나 비슷한 형태의 방어작전에서는 급편방어 보다 상대적으로 적은 손실이 발생한다. 공격하는 측에서 보면 급편방어 진지를 공격하는 것보다 강화된 진지 방어를 공격하는 것이 더 큰 손실을 초래한다.

표 20.31 전투형태 치열도 지수

전투형태	Bat-Intensity
Withdrawal(철수)	1.05
Breakthrough(돌파)	1.05
Delay(지연전)	1.00
Stalemate(교착)	0.10
Hasty(급편) 방어	1.05
Deliberate(정밀) 방어	1.00
Prepared(준비된) 방어	0.95
Fortified(강화된)방어	0.80
Meeting(조우전)	0.85

공격하는 측의 손실률(ALR: Attacker's Loss Rate)는 식 (20-7)과 같다.

$$ALR = (DLR \times ER')/MFR \quad (20\text{-}7)$$

FMR 은 전투형태와 상대적인 손실률의 함수이다. 손실률은 식 (20-8), (20-9)와 같이 헬기와 전술항공으로부터의 손실을 포함한다.

$$DLR' = DLR + dlr(helos) + dlr(tacair) \quad (20\text{-}8)$$

$$ALR' = ALR = alr(helos) + alr(tacair) \quad (20\text{-}9)$$

여기서 DLR', ALR'은 각각 수정된 DLR, ALR이고 $dlr(helos)$, $dlr(tacair)$은 각각 헬기와 전술항공에 의한 방어하는 측의 손실률이고 $alr(helos) + alr(tacair)$은 각각 헬기와 전술항공에 의한 공격하는 측의 손실률이다.

전투형태별 기본 FMR 공식은 표 20.32와 같다. FMR은 DLR', ALR'의 함수이다.

표 20.32 전투형태별 기본 FMR 공식

전투형태	FMR-Base
Breakthrough(돌파)	(30.0+ 5.0× DLR'/ALR'))
Withdrawal(철수)	(40.0+ 6.0× DLR'/ALR'))
Delay(지연전)	(10.0+ 18.0× DLR'/ALR'))
Hasty(급편)	(0.0+ 9.0× DLR'/ALR'))
Deliberate(정밀)	(0.0+ 12.5× DLR'/ALR'))
Prepared(준비된)	(0.0+ 12.0× DLR'/ALR'))
Fortified(강화된)	(-0.5+ 10.0× DLR'/ALR'))
Meeting(조우전)	(0.0+ 5.0× DLR'/ALR'))
Stalemate(교착)	0

FMR-Intens를 FMR-base와 곱해 최종적인 FMR을 구한다.

$$FMR=FMR\text{-}Intens \times FMR\text{-}base$$

이 표현은 FLOT 이동율은 전투강도와 더불어 증가한다는 것을 제시하고 있다. FMR-Intens의 치열도 요소는 특정 구역에서의 이동을 위한 공격하는 측의 우선권의 척도이지 모든 전투 치열도의 척도는 아니다. 실제 시뮬레이션에서는 준비된 방어를 공격하는 공격부대의 고강도 작전기간 중 이동은 매우 느리다. 빠른 이동은 방어하는 측이 철수를 하고 재편성할 때와 같이 돌파하는 국면에서 상대적으로 작은 손실률이 발생하는 기간과 상관관계가 있다.

FLOT 이동률은 각 지형형태의 최대속도에 의해 제한된다. 이러한 결과는 전투력 비율과 전투형태가 방어하는 측의 손실률과 손실교환율을 결정하고 결국 FLOT 이동율에 영향을 미친다. DLR 은 이러한 평가 주기에서 방어하는 측과 관련된 것이다. 예를 들어 방어하는 측이 전력의 10%를 손실 당한다고 하면 만약 방어력이 240점인 경우 방어하는 측은 24점을 손실 당한다. ER 은 방어하는 측 손실에 대한 공격하는 측의 손실 비율이다. 만약 ER 이 2.0이라면 공격하는 측은 24점의 2.0배인 48점을 손실 당한다. 공격하는 측의 손실률은 손실량을 최초 전투력으로 나누어 결정한다. 만약 공격하는 부대의 최초 전투력이 600점이라면 48/600=0.08 (8%) 손실이 발생한다.

시뮬레이션에서 발생하는 손실률은 총손실이다. 정비가능한 손실을 반영하기 위해 분리된 정비율을 적용한다. 이러한 정비율은 양측의 손실에 대한 정비능력의 함수로 표현되고 전술적 상황도 정비율에 반영된다. 예를 들어 신속히 후방으로 이동을 강요받는 방어하는 측은 손상된 장비를 정비를 통해 전장복귀가 불가능하다. 시뮬레이션에서는 부분 정비노력을 현장 정비함수로 반영한다. 어떤 시뮬레이션에서는 전구차원 전투에서의 후송정비 시간을 고려한 정비 함수를 적용하고 있다.

13 단계: 양측에 의해 손실된 상황 전투력 결정

표 20.1의 12행 손실률을 9행의 총점으로 곱한다. 이러한 방법은 손실분포 계산에 사용될 것이다. 앞에서 든 예에서는 532점의 8%인 42.5점이 상황 전투력 점수가 된다. 전투결과를 평가하고 난 이후 양측의 손실이 양측의 자산에서 분포된다. 한 부대의 총 손실 점수는 알려져 있기 때문에 SFS 방법론은 전투에서 총 전투력 손실에 대한 각 무기체계 범주별 손실을 확인할 수 있다. 상황 범주 전투력은 상이한 형태의 무기체계 사이에서 손실의 비율이 어떠한지 결정하는데 사용될 수 있다. 이러한 일련의 평가의 순환에서 각 부대 전투력 손실이 부대 총전투력 손실과 동일하도록 이러한 값을 정규화하는데 전투 이전의 최종 전투력이 사용된다.

이 단계를 상세히 설명하기 전에 절차 뒤에 숨어 있는 개념을 간략히 설명한다. 도입부에서 언급한 것처럼 전통적인 전투력 소모모형에서는 정적 전투력 점수를 채택하여 전투력 손실률이 모든 무기체계 범주별에서 손실률이 동일하다는 것이다. 예를 들어 전투력이 5% 손실을 입었다면 모든 무기체계 범주에서 손실률은 5%로 동일하다. 그러나 이러한 사실은 전사(戰史)의 증거나 고해상도 전투모형에서도 일치하지 않는다.

전사연구와 고해상도 게임과 시뮬레이션을 광범위하게 살펴보면 기갑전력에서는 손실률이 높고 포병에서는 손실률이 낮은 것이 분명하다. 예를 들어 교전한 기갑부대의 손실률이 18%라고 하면 포병손실률은 2% 정도이고 보병의 손실률은 5% 정도이다. 이러한 형태의 정보를 확장하기 위해 각 무기범주별 손실계수를 추정한다. 현재의 계수는 단지 최초의 주관적인 판단에 의한 계수일 수는 있어도 모든 부대에 적용하는 계수보다는 훨씬 더 좋다.

주어진 조정의 경우에서, 전차가 최초 전투력의 40%를 구성하고 있다고 하고 전투에서 전투력의 50%를 손실을 입었다고 하자. 결과적으로 전차 손실은 전차가 처음 차지한 것보다 1.25배가 되는 것이다. 이 비율 1.25는 외삽할 경우 상대적인 크기를 결정하는데 사용된다. 예를 들어 장갑차가 단지 전투력의 10%의 구성되어 있다고 하면 단지 12.5%의 손실을 입을 것이다. 반대로 만약 장갑차가 64%의 전투력을 구성하고 있다면 장갑차는 손실 전투력은 80%가 되는 것과 같다.

모든 결과적 상대적 손실률의 합이 100%가 되게 하는 방법이 없기 때문에 각 무기체계 범주에 대한 모든 상대적 손실률을 정규화한다. 그러므로 만약 어떤 전력이 5% 손실을 입었다고 평가되었다면 전투력 점수의 합은 정규화 이후에 최초 전투력의 5%를 더한다.

이러한 손실배분 방법은 상대적 손실을 유도하는데 있어서 양측 사이와 무기체계 범주 사이에서 한 측이 옳바른 방향으로 움직이는 것 같다. 예를 들어 만약 한측이 상황계수와 부족분계수 덕분에 더 효과적이라면 그것 때문에 상대방 측보다 더 적은 전반적 손실을 입는다. 만약 주어진 무기의 범주가 더 효과적이면 더 적은 손실을 입는다. 방어하는 측이 대기갑 능력이 거의 없다고 하자. 그러므로 공격하는 측의 기갑은 소모를 평가하기 이전 효과도면에서 유리한 점을 부여받는다. 방어하는 측은 더 많은 손실을 입을 것이고 공격하는 측은 방어하는 측의 대기갑 능력 부족으로 인해 더 적은 손실을 입는다. 만약 돌파가 발생했다고 평가한다면 추가적 손실과 손실된 자산에 대한 복구의 부족이 방어하는 측에 대하여 평가되어야 한다. 추가적으로 손실배분를 계산하는 중에도 동일한 부족분계수가 공격하는 기갑전력에 대해 분배되어야 한다. 결과적으로 만약 방어하는 측이 더 나은 대기갑 능력을 가지는 경우보다는 이 경우에는 기갑전력은 다른 범주보다 더 낮은 상대적 손실을 입는다.

14 단계: 최종 범주별 전투력 점수로 시작

최종 범주별 전투력 점수는 손실분포 계산의 시작점이 된다. 우리의 예 표 20.1의 9번째 행에서 찾을 수 있다. 이 전투력은 각 무기 범주에 의해 유발된 전투력 비율을 결정하는데 사용된다.

15 단계: 범주별 손실 승수 결정

손실분포는 상황과 상대방의 능력에 따른 다른 무기형태가 다른 비율로 파괴된 것이기 때문에 중요하다. 예를 들어 우리의 조정의 경우 전차가 최초 전투력의 40%를 구성하고 있고 전투에서 50%가 손실된다고 하자. 결과적으로 전차의 손실은 최초 전차 전투력의 1.25배이다. 참고표를 각 교전형태의 손실분포를 결정하는데 사용할 수 있다. 참고표는 전사(戰史) 데이터나 고해상도 전투모델로부터 만들 수 있다. 우리의 최초 값은 표 20.33에서 보는 것과 같다.

표 20.33 범주별 손실 계수

Primary Assault Weapon	Type of Battle	Attacker			Defender		
		Armor	Infty	Arty	Armor	Infty	Arty
Armor	Assault	1.5	1.0	0.7*CB	1.2	1.0	0.7*CB
Infantry	Assault	0.5	2.0	0.7*CB	0.5	2.0	0.7*CB
Armor	Meeting	1.5	1.0	0.7*CB	1.5	1.0	0.7*CB
Infantry	Meeting	0.5	2.0	0.7*CB	0.5	2.0	0.7*CB
Armor	Stalemate	1.5	1.0	2.0*CB	1.5	1.0	2.0*CB
Infantry	Stalemate	0.5	1.0	2.0*CB	0.5	1.0	2.0*CB
-	Withdrawal	2.0	1.0	0.2*CB	1.2	1.0	0.4*CB+ 0.4
-	Break -through	2.0	1.0	0.2*CB	1.2	1.0	0.4*CB+ 0.4
-	Delay	1.5	1.0	0.7*CB	1.5	1.0	0.5*CB

*CB 는 상대측의 대포병능력이다.

표 20.33에서 Assault-type 전투는 방자의 급편방어, 정밀방어, 준비된 방어, 강화된 방어와 같은 전투준비상태에 대응된다. 여기에서 주된 공격수단이 상대측 보병에 대한 기갑전력이라면 구분한다. 이것은 전력이 혼성편성되어 있는 것보다 교리적 질문사항이 더 발생할 수 있다. 예를 들어 한국에서 최초의 공격과 방어는 보병에 의해 수행될 것이다. 기갑은 기껏해야 화력지원과 전과확대의 역할에 머무를 것이다. 그러므로 기갑은 상대적으로 더 적은 손실을 기대할 수 있고 보병은 상대적으로 높은 손실을 입을 것이다. 물론 여기와 다른 지역에서 계수와 기본적 SFS 논리 조차도 SFS 개념이 양측의 부대 구조와 교리를 적절히 반영하고 있는지 적용할 때 검토할 필요가 있다.

우리는 또한 포병의 손실을 상대방 측의 대포병사격 능력의 함수로 간주하여야 한다. 만약 포병의 손실이 높다면 다른 범주의 무기 손실도 평가의 순환주기 동안 높을 것이다. 왜냐하면 대포병사격에 중점을 두고 있는 포병은 기동부대를 타격하는데 중점을 두지 않을 것이기 때문이다. 그러나 한 측의 포병이 대포병사격으로 인해 아주 심하게 전투력 저하가 발생한다면 다음의 전투평가 순환주기 동안 해당측의 기동부대의 효과는 감소될 것이다. 마지막으로 돌파나 철수의 경우에 포병자산에 대한 추가적인 손실이 평가된다.

16 단계: 무기체계 구성 부족분 요소 적용

표 20.1의 16행에 8행을 복사한다. 무기체계 구성 부족분 승수를 손실분포에 포함한다. 왜냐하면 무기체계 구성부족분이 손실분포에 영향을 미치기 때문이다. 예를 들어 상대측이 대기갑 무기가 부족하다면 적의 기갑전력을 파괴하는 능력은 손상받기 때문에 적의 기갑전력의 손실은 적어진다.

17 단계: 상대적 손실률 계산

이 계산은 범주별 손실률을 최종 범주별 점수에 곱하고 이 곱한 수치를 무기체계 구성 부족분 승수로 나눈다. 구한 수치는 각 무기범주가 할당되어야 하는 상대적 손실률을 반영한다. 1보다는 적은 무기체계 구성 부족분 승수는 무기 범주가 덜 효과적이라는 것을 의미하며 평가 순환주기 동안 손실될 상대적 범주 점수를 증가시킨다.

18 단계: 정규화된 범주별 전투력 계산

표 20.1의 17행을 13행으로 곱하고 17행의 총점수로 나눈다. 이 수치는 각 무기체계 범주에서 범주별 손실을 정규화한 것이다. 각 범주의 손실의 합은 최종 총전투력 손실이다. 이 예의 경우 42.5 점이다.

19 단계: 손실률

표 20.1의 18행을 14행으로 나눈다. 이 수치는 각 무기체계 범주에서 최종 전투력 손실의 비율이다. 이 단계는 RSAS 가 무기체계 범주에 의해 손실된 자산의 수를 처음으로 계산하는 것이 아니라 무기체계 범주에서 손실된 자산의 비율로 계산하는 과정을 취하고 있기 때문에 주요하게 포함되어 있다.

20 단계: 각 무기체계 범주에 의한 손실된 자산 수 계산

표 20.1의 19행을 1행과 곱한다. 이 수치는 각 무기체계 범주에 의해 손실된 자산의 수를 나타낸다. 이것으로 SFS 방법론을 몇 가지 선택적 특징을 제외하고 완전히 설명하였다. 예를 들어 각 무기체계 범주에서 손실된 자산이 결정되면 선택적 KV(Killer-Victim) Scoreboard 결과를 만든다. 만약 각 자산형태의 수를 동일한 것으로 외삽을 할 때 사용한다면 각 무기의 범주에서 손실된 자산의 수는 완전히 조정의 경우와 일치할 것이다. 만약 외삽의 경우 입력 자산의 수가 조정의 경우와 다르다면 SFS 방법론은 다른 KV Scoreboard 와 유사하게 외삽방법으로 작용할 것이다. 이것은 아주 중요한 전투 방법론의 특징이다. 왜냐하면 이전의 KV Scoreboard 방법론이 그러한 주장을 펼칠 수가 있었기 때문이다.

참고문헌

A. F. Karr, “Lanchester Attrition Processes and Theatre-Level Combat Models, Mathematics of Conflict”, pp.89-126, Elsevier (North-Holland), 1983.

A. F. Karr, Stochastic Attrition Models of Lanchester Type, report No. P-1030, Institute for Defense Analyses, Arlington VA, 1974.

A. Ilachinski, “Exploring self-organized emergence in an agent-based synthetic warfare lab”, Kybernetes, The International Journal of Systems & Cybernetics, Vol. 32 No. 1-2, pp.38-76, 2003. 2.

A. Ilachinski, “Irreducible Semi AutonomousAdaptive Combat (ISAAC): An Artificial Life Approach to Land Combat”, Military Operations Research, Vol. 5 No. 3, pp.29-46, 2000.

A. M. Law, Simulation Modeling and Analysis, McGrawHill, 2007.

A. Maradudin, G. Weiss, “Method for Evaluating Interaction Integrals”, American Journal of Physics 26, No. 7, pp.499-500, 1958.

A. Patrick, Situational Force Scoring: Accounting for Combined Arms Effects in Aggregate Combat Models, A RAND NOTE, unknown printed year.

A. R. Washburn, Search and Detection, ORSA, 1989. 10.

A. S. Goldberger, “Structural Equations Methods in the Social Science, Econometrica”, 40, pp.979-1001, 1972.

A. Washburn, Moshe Kress, Combat Modeling, Springer, 2009.

B. Brumback, L. Winner, G. Casella, M. Ghosh, A. Hall, J. Zhang, L. Chorba, P. Duncan, “Esimating a Weighted Average of Stratum-Specific Parameters, Statistics in Medicine”, Vol. 27, pp.4972-4991, 2008.

B. Choi, D. Kang, Modeling and Simulation of Discrete-Event Systems, Wiley, 2013.

B. Efron, R. Tibshirani, An introduction to the bootstrap, Chapman and Hall, New York, 1993.

B. McCue, Combat Analysis-Lanchester and the Battle of Trafalgar, PHALANX, MORS, 1999.

B. Wilson, J. Rothenburg, Situational Force Scoring (SFS) in the Joint Integrated Contingency Model (JICM), RAND, 1999.

C. F. Hawkins, Modelling the Breakpoint Phenomena, Signal, 1989. 7.

C. MacDonald., A Time for Trumpets, William Morrow, New York, 1985.

Center for Army Analysis, Kursk operation simulation and validation exercise-Phase II (KOSAVE II), The U.S. Army's Center for Strategy and Force Evaluation Study Report, CAA-SR-98-7, Fort Belvoir, VA, 1998. 9.

D. Bitters, "Properties of the Battle Trace", Military Operations Research Vol. 5, p.67, 2000.

D. Glantz and J. House, The Battle of Kursk (Modern War Studies), University Press of Kansas, Lawrence, KS, 1999.

D. Hartley III, K. Kruse, Historical Support for a Mixed law Lanchester attrition Model, Oak Ridge TN K/DSRD-113, 1989.

D. Hartley III, R. Helmbold, "Validating Lanchester's Square Law and other attrition models", Naval Research Logistics Vol. 42, pp.609-633, 1995.

D. Hartley, "A Mathematical Model of Attrition Data", Naval Research Logistics, Vol. 42, pp.585-607, 1995.

D. Hartley, "Can the Square Law Be Validated?", Report No. K/DSRD-114/R1, Martin Marietta Energy Systems, Inc., Oak Ridge, TN, 1989.

D. Hartley, "Confirming the Lanchestrian Linear-Logarithmic Model of Attrition", Report No. K/DSRD-262/R1, Martin Marietta Energy Systems, Inc., Oak Ridge, TN, 1991.

D. Hartley, "A Mathmatical Model of Attrition Data", Naval Research Logistics, Vol. 42, pp.585-607, 1995.

D. S. Hartley III, Predicting Combat Effects, INFORMS, Linthicum Md, 2001.

D. Stone, The Theory of Optimal Search, Academic Press, 1975.

D. Teague, Combat Models: Investigating the Unusual Effectiveness of Guerilla a Warfare, NC School of Science and Mathematics, 2000.

D. Willard, "Lanchester as Force in History: An Analysis of Land Battles of the Years 1618-1905", DTIC No. AD297275L, Alexandria, VA, 1962.

Data Memory Systems Inc., The Ardennes Campaign simulation Data base (ACSDB) Final Report, Center for Army Analysis, Fort Belvoir, VA, 1990. 2.

DoD Modeling and Simulation Glossary, DOD 5000.59-M, 1998.

Donghyun Kim, Hyungil Moon, Donghyun Park and Hayong Shin, "An efficient approximate solution for stochastic Lanchester models", Journal of the Operational Research Society, Vol. 68, Issue 11, pp.1470-1481, 2017.

E. Segawa, S. Emery, S. Curry, Extended Generalized Linear Latent and Mixed Model, Journal of Educational and Behavioral Statistics, Vol. 33, No. 4, pp.464-484, 2008.

F. James, Dunnigan, Wargames Handbook(Third Edition), Writers Club Press, 2000.

F. Lanchester, Aircraft in Warfare: The Dawn of the Fourth Arm, Constable and Co. Ltd, London, 1916.

F. Reynolds Jr., Anand Natrajan, "Consistency Maintenance in Multiresolution Simulations", ACM Transaction on Modeling a Computer Simulations, 1997.

G. Astor, A Blood-Dimmed Tide, Donald I. Fine, New York, 1992.

G. Kimball, P. Morse, Methods of Operations Research, MIT Press, 1951.

G. S. Fishman, Discrete-Event Simulation Modeling, Programming, and Analysis, Springer, 2001.

G. Wesencraft, Practical Wargaming, Hippocrene Books, 1974.

H. G. Weiss, "Comparison of a Deterministic and a Stochastic Model for Interaction between Antagonistic Species", International Biometric Society, Vol. 19, No. 4, pp.595-602, 1963.

H. K. Weiss, "Combat Models and Historical Data: The Civil War", Operations Research, Vol. 14, pp.759-790, 1966.

H. K. Weiss, Requirements for the theory of combat, Mathematics of Conflict, Elsevier, 1983.

http://mip.hnu.kr/courses/simulation/chap1/chap1.html

https://en.wikipedia.org/wiki/Wargame

https://ko.wikipedia.org/wiki/%EB%9F%AC%EC%8B%9C%EC%95%84_%EC%9B%90%EC%A0%95

https://ko.wikipedia.org/wiki/%EB%AF%B8%EA%B5%AD_%EB%82%A8%EB%B6%8

1_%EC%A0%84%EC%9F%81

https://ko.wikipedia.org/wiki/%EB%B2%8C%EC%A7%80_%EC%A0%84%ED%88%AC

https://ko.wikipedia.org/wiki/%EC%9D%B4%EC%98%A4_%EC%84%AC_%EC%A0%84%ED%88%AC

https://ko.wikipedia.org/wiki/%EC%A0%9C2%EC%B0%A8_%EC%84%9C%EC%9A%B8_%EC%A0%84%ED%88%AC

https://ko.wikipedia.org/wiki/%EC%BF%A0%EB%A5%B4%EC%8A%A4%ED%81%AC_%EC%A0%84%ED%88%AC

https://m.blog.naver.com/PostView.nhn?blogId=msel&logNo=100021308071&proxyReferer=http%3A%2F%2Fwww.google.co.kr%2Furl%3Fsa%3Dt%26rct%3Dj%26q%3D%26esrc%3Ds%26source%3Dweb%26cd%3D12%26ved%3D2ahUKEwjBwvijnLzkAhVlyIsBHdnDDfk4ChAWMAF6BAgAEAE%26url%3Dhttp%253A%252F%252Fm.blog.naver.com%252Fmsel%252F100021308071%26usg%3DAOvVaw3lLbNWE4bsu0FKTWExS5vs

I. David, "Lanchester Modeling and the Biblical Account of the Battles of Gibeah", Naval Research Logistics,Vol. 42, pp.579-584, 1995.

J. Banks, S. John, Carson II, L. Nelson, M. David,Discrete Event System Simulation, Prentice Hall, 2005.

J. Bracken, "Lanchester Models of the Ardennes Campaign", Naval Research Logistics, Vol. 42, pp.559-577, 1995.

J. Bracken, M. Kress, R. Rosenthal (Editors), Warfare modeling, Military Operations Research.

J. Busse, An Attempt To Verify Lanchester's Equations, Developments in Operations Research, B. AviItzhak et al. (Eds.), Gordon and Breach, New York, 1971.

J. Dunnigan, Wargame Handbook, 3rd Edition, Writers Club Press, USA. 2000.

J. Engel, "A Verification of Lanchester's Law", Operations Research, Vol. 2, pp.163-171, 1954.

J. Epstein, The Calculus of Conventional War, The Brookings Institution, Washington DC, 1985.

J. G. Taylor, Lanchester Models of Warfare Volumes 1 and 2, Operations Research Society of America, 1983.

J. Moffat, M. Passman, Metamodels and Emergent Behaviour in Models of Conflict, Simulation Study Group Workshop, March, 2002.

J. Neter, M. Kutner, C. Nachtsheim, W. Wasserman, Applied linear statistical models, 3rd edition, Irwin, Chicago, IL, 1996.

J. S. Przemieniecki, Mathematical Methods in Defense Analyses, American Institute of Aeronautics. Inc, 2000.

J. Taylor, "Mathematical Analysis of Non linear Helmbold type equations of warfare", Journal of the Franklin Institute, Vol. 311, Issue 4, pp.243-265, 1981.

J. Wright, T. Bateson, "A Sensitivity of Bias in Relative Risk Esimates due to Disinfection by-Product Exposure Misclassification", Journal of Exposure analysis and Epideiology, Vol. 15, pp.212-216, 2005.

K. Joreskog. A General Methods for Estimating a Linear Structural Equation System, In Goldberger, A. S. and Duncan, O. D., eds., Structural Equation Models in the Social Science, New York: Academic Press, pp.85-112, 1973.

KSIMS 유지보수팀, HLA 및 FOM 개요/연합연습 연동규약, 한미연합군 사령부, 2009. 1.

KSIMS 유지보수팀, 국제표준연동구조(HLA/RTI) 소개, 한미연합군 사령부, 2009, 1.

LIGNext1, C4ISR 분석모델 체계개발사업 모의논리 분석서, 2017. 10.

M. B. Schaffer, Lanchester Models of Guerrilla Engagements, Operations Research, Vol. 16, pp.457-488. 1968.

M. Lauren, "Firepower concentration in cellular automaton combat models-an alternative to Lanchester", Journal of the Operational Research Society, Vol. 53 No. 6, pp.672-679, 2002.

M. Lauren, A Metamodel for describing the outcomes of the MANA Cellular Automaton Combat Model based on Lauren's attrition equation, DTA Report 205, NR 1409, ISSN 1175-6594, New Zealand Defence Force, 2005.

M. Lauren, G. McIntosh, N. Perry, J. Moffat, "Art of war hidden in Kolmogorov's equations", Chaos, Vol. 17, 2007.

M. Osipov, The influence of the numerical strength of engaged sides on thier losses. Military Collection (USSR) Part One, No. 6 (June), pp.59-74; Part Two, No. 7 (July), pp.25-36; Part Three, No. 8 (August), pp.31-40; Part Four, No. 9

(September), pp.25-37; Part Five (Addendum), No. 10 (October), pp.93-96. 1915.

M. Ross, Introduction to Probability Models(Eleventh Edition), Elsevier, 2014.

M. Ross, Simulation(Fifth Edition), Elsevier, 2013.

M. Sammel, L. Ryan, J. Lecler., Latent Variable Models for Mixed Discrete and Continuous Outcomes, Journal of the Royal Statistical Society B, Vol. 57, No. 3, pp.667-678, 1997.

MacDonald and Janes, Numbers, Predictions and War, T N Dupuy, London, 1979.

Morris Driels, Weaponeering: Conventional Weapon System Effectiveness, American Institute of Aeronautics. Inc, 2004.

N. Draper, H. Smith, Applied Regression Analysis, Wiley, New York, 1966.

N. Franks, L. Partridge, "Lanchester Battles and the Evolution of Ants", Animal Behavior, Vol. 45, pp.197-199, 1993.

N. Jaiswal, B. Nagabhushana, "Combat Modeling with Spatial Effects", Computers and Operations Research, Vol. 21, pp.615-628, 1994.

N. Jaiswal, B. Nagabhushana, "Termination Decision Rules in Combat Attrition Models", Naval Combat Logistics Vol. 42, pp.419-433, 1995.

N. Jaiswal, Y. Sangeeta, S. Gaur, "Stochastic Modeling of Combat with Reinforcement", European Journal of Operational Research, Vol. 100, Issue 1, pp.225-235, 1997.

N. K. Jaiswal, B. S. Nagabhushana, "Combat Modelling with Spatial Effects", Computers and Operations Research, Vol. 21, pp.615-628, 1994.

N. Perry, Fractal Effects in Lanchester Models of Combat, Joint Operations Division DSTO-TR-2331, Defence Science and Technology Organisation, Defense Science and Technology Organisation in Australian Department of Defense.

N. Perry, Verification and Validation of the Fractal Attrition Equation, DSTO-TR-1822, Australian Department of Defence, 2006.

Office of Search and Rescue U.S. Coastal Guard, The Theory of Search, 1996. 10.

Ojeong Kwon, Donghan Kang, Kyungsik Lee, Sungsoo Park, "Lagrangian Relaxation Approach to the Targeting Problem", Naval Research Logistics, Vol. 46. pp.640-653, 1999. 2.

Ojeong Kwon, Kyungsik Lee, Donghan Kang, Sungsoo Park, "A Branch-and-Price

Approach to the Targeting Problem", Naval Research Logistics, Vol. 54. No. 7, pp.731-742, 2007. 10.

ORSA, Lanchester Type Models of Warfare, H K Weiss, Proc.First International Conference on Operations Research, 1957.

P. Chen, P. Chu, "Applying Lanchester's Linear Law to model the Ardenns Campaign", Naval Research Logistics, Vol. 48, pp.653-661, 2001.

P. Davis, Technology for the USN and USMC 2000-2035 Volume 9 Appendix I, D B Blumenthal and D Gaver, National Academy of Science, Washington DC, 1997.

P. Harrigan, G. Kirschenbaum, Zones of Control: Perspeictives on Wargming, Massachusetts Institute of Technology, 2016.

P. Morse, G. Kimball, Methods of operation research, Wiley, New York, 1951.

P. Tsouras, The Great Patriotic War, Presidio Press, Novato, CA, 1992.

P. Young (Editor), Great generals and their battles, The Military Press, Greenwich, CT, 1984.

R. Fricker, "Attrition models of the Ardennes Campaign", Naval Res Logist Vol. 45, pp.1-22, 1998.

R. Helmbold, "A Modification of Lanchester's Equations", Operations Research, Vol. 13, No. 5, Sep-Oct, pp.857-859, 1965.

R. Helmbold, Air Battles and Land Battles-a common pattern?, AD 718 975, DTIC, 1971.

R. Helmbold, Decision in Battle: Breakpoint Hypotheses and Engagement Termination Data, RAND R-772-PR, 1971.

R. Helmbold, Historical Data and Lanchester's Theory of Combat, US Army Training and doctrine Command, AD480975, 1961.

R. Helmbold, Rates of Advance in Historical Land Combat Operations, US Army Concepts Analysis Agency, CAA-RP-90-1, 1990.

R. L. Johnson, "Lanchester's Square Law in Theory and Practice", US CGSC, AD A225, pp.484-485, 1990.

R. Myers, Classical and modern regression with applications, Duxbury, Boston, 1986.

R. Petersen, "On the Logarithmic Law of Attrition and Its Application to Tank

Combat", Operations Research, Vol. 15, No, 7, pp.557-558, 1967.

R. Samz., "Some Comments on Engel's 'A Verification of Lanchester's Law", Operations Research, Vol. 20, pp.49-50, 1972.

R. Speight, "Lanchester's equations and the structure of the operational campaign: Within-campaign effects", Military Operations Research Vol. 6, No. 1, pp.81-103, 2001.

R. T. Santoro, J. Dockery, "Combat modelling with partial differential equations", European Journal of Operations Research, 38, pp.178-183, 1989.

S. Clemens, The application of Lanchester Models to the Battle of Kursk, Yale University, New Haven, CT, 5 May 1997.

S. Deichman, "A Lanchester Model of Guerrilla Warfare", Operations Research, Vol. 10, Nov.-Dec, pp.818-827, 1962.

S. Hessam, E. Sarjoughian. Cellier, Discrete Event Modeling and Simulation Technologies, Springer, 2001.

S. J. Press, Applied Multivariate Analysis, Holt, Rinehart and Winston, New York, 1972.

S. Strickland, Fundamentals of Combat Modeling: Military Applications of Mathematical Modeling, Simulation Educators Colorado Springs, 2010.

T. Bagchi, "Force Multiplier Effects in Combat Simulation", proceedings of the 7th Asia Pacific Industrial Engineering and Management Systems Conference 2006, Bangkok, Thailand, pp.1244-1250, 2006.

T. Dupuy, D. Bongard, R. Anderson, Hitler's Last Gamble: The Battle of the Bulge, December 1944-January 1945, HarperPerennial, New York, 1994.

T. Lucas, T. Turkes, "Fitting Lanchester Equations to the Battles of Kursk and Ardennes", Naval Research Logistics, Vol. 51, pp.95-116, 2004.

T. Turkes, Fitting Lanchester and other equations to the Battle of Kursk data, Masters Thesis, Department of Operations Research, Naval Postgraduate School, Monterey, CA, 2000.

US Army Program Executive Office-Simulation, Training and Instrumentation(PEO STRI), JNEM Analyst's Guide, 2012. 12.

US General Accounting Office, Models, Data and War, PAD-80-21, 1980.

W. J. Bauman, Quantification of the Battle of Kursk, USCAA, 1999.

강정흥, 수학적 전투모델 이론, 교우사, 2014. 10.

강정흥, 수학적 접근방법에 의한 전략적 국방분석, 교우사, 2017. 10.

고성길, 기계화보병대대 훈련을 위한 교전급 모델 '전투 21'과 'K1 전차 시뮬레이터'의 연동 방안, KAIST 석사학위 논문, 2010. 2.

고성길, 이태억, 김대규, 최미선, "모델 변환기모델 변환기를 이용한 전투 21과 K1 전차 시뮬레이터의 연동 방안", 한국군사과학기술학회지 제13권 제5호, pp.841~851, 2010. 10.

고원, "C4ISRISR체계의 전투기여효과 모의분석", 국방정책연구 제68호, pp.95-120, 2005(여름).

국방대학교, 워게임 모델 인증 및 평가 방법론 연구, 2010. 2.

권오정, 다기준 의사결정방법론 이론과 실제, 북스힐, 2018. 7.

권오정, 이종호, 박석봉, "JNEM 모델 한미연합연습 적용방안 기초연구", 육사논문집 제63집 2권, pp.301-339, 2007. 6.

권오정, 전쟁사의 수학적 분석과 평가: 승리의 조건을 찾아서, 교우사, 2019. 1.

김건인, 조성식, 지상무기 전투효과 분석기법의 활용방안 연구, 한국군사학논집 제64집 2권, pp.127-149, 2008. 10.

김덕수, 배장원, 박수범, 김탁곤, "HLA/RTI를 이용한 워게임 시뮬레이터와 통신 효과 시뮬레이터의 연동 시뮬레이션 연구", 한국군사과학기술학회지, 제18권, 제1호, pp.46-54, 2015.

김세용, "에이전트 기반모의를 통한 갱도포병 타격방안 연구", 한국경영과학회 학술대회논문집, pp.359-363, 2008. 10.

김영길, 엄길섭, 전병욱, 네트워크화 무기체계의 전투기여 효과분석을 위한 기반연구, 한국국방연구원 연구보고서 지00-1529, 2000. 9.

김익현, "국방 M&S 발전을 위한 가상군 기술의 적용", 제10회 육군 M&S 학술대회 초록집, 2010. 10.

김재련, 컴퓨터 시뮬레이션 이산형 모의실험, 박영사, 2008. 3.

김충영, 민계료, 하석태, 강성진, 최석철, 최상영, 군사 OR 이론과 응용, 도서출판 두남, 2004.

김탁곤, 교육자료-국방 M&S 이론 및 기술(연동기술편), KAIST, 2013.

김탁곤, 국방 모델링 및 시뮬레이션, 한티미디어, 2018. 3.

민덕기, 전장 시뮬레이션 SW 표준 및 연동기술, 2013, 1.

민재형, 몬테칼로 시뮬레이션, ㈜ 이레테크, 2018. 8.

박래윤, “한국형 지상군 정밀묘사 모델의 특성 및 개발전망”, 한국국방연구원 주간 국방논단 제836호(01-6), 2001. 1.

박삼준, “Modeling and Simulation Technology 국방 분야에 어떻게 쓰이고 있나?”, 과학기술정책, Vol.- No. 207, pp.18-21, 2015.

박세연, 신하용, 이태식, 최봉완, “에이전트 기반의 NCW 전투모델링 시스템 설계”, 한국시뮬레이션학회 논문지 제19권 제4호, pp.271-280, 2010. 12.

박휘락, “네크워크 중심전의 이해와 추진 현황”, 국방정책연구 제69호, pp.155-180, 2005(가을).

배현식, 다중 해상도 모델다중 해상도 모델 기반 워게임 체계에서 해상도별 모의 객체의 정보 획득 방안, 한밭대학교 석사학위논문, 2017. 10.

원은상, 전력평가의 이론과 실제, 한국국방연구원(KIDA), 1999.

육군사관학교, 군사 시뮬레이션 공학, 북스힐, 2015. 8.

윤봉규, 이원재, ABM 개론 Netlogo를 활용한 자연, 사회, 공학 복잡계 모델링, 국방대학교 국가안전보장문제연구소, 2017. 12.

이경행, 서형필, 김지원, 효과분석 모델링 및 시뮬레이션, 성안당, 2015. 6.

이기택, 강성진, “EINSTein 모형의 비정규전 적용에 관한 연구”, 한국국방경영분석학회지, 제26권, 제2호, pp.75-89, 2000. 12.

이기택, 조경익, 이철식, “NCW 개념을 적용한 워게임 모의논리 발전방향 연구”, 국방정책연구 제26권 제4호, pp.127-155. 2010.

이상헌, “Lanchester 모형을 이용한 전투사례 분석”, 군사과학연구, Vol. 3, No. 1, pp.1-14, 2009.

이승호, MRM 도입 필요성 및 육군 워게임 적용 타당성 분석, KAIST 석사학위 논문, 2004. 12.

이영우, 이태식, “란체스터 방정식 개념을 활용한 NCW 효과 측정 metric 개발 연구”, 대한산업공학회 추계학술대회 논문집, pp.538-544, 2012. 11.

이종호, 모델링 및 시뮬레이션 이론과 실제, 21세기 군사연구소, 2008. 3.

이종호, 모델링 및 시뮬레이션 이야기, 북랩, 2018. 12.

이효남, 몬테칼로 시뮬레이션 및 통계적 결과분석, 자유아카데미, 2017. 1.

임동순, 시뮬레이션 강의노트, 한남대학교,
http://mip.hannam.ac.kr/courses/simulation/chap3/chap3.html

정성진, 조성진, 홍성필, “세포 자동자 시뮬레이션을 이용한 네트워크 중심전 전투 효과도 평가 연구”, 경영과학 제 22권, 2호, pp.135-145, 2005.

정성진, 조성진, 홍성필, “프랙탈을 이용하여 지형요소가 전투효과에 미치는 영향 연구”, 2007 한국경영과학회/대한산업공학회 춘계공동학술대회 논문집, 2007.

정환식, 박건우, 이재영, 이상훈, “NCW 환경에서 C4I 체계 전투력 상승효과 평가 알고리즘: 기술 및 인적 요소 고려”, 지능정보연구 제16권 제2호, pp.55~72, 2010. 6.

조성식, 이병진, 김종환, 진영호, 곽윤기 등, 국방 M&S, 청문각, 2018. 8.

진범주, 권오정, 이종호, 박석봉, “워게임 모델 연동 당위성과 구현방법”, 한국군사학논집 64권 2호, pp.151-172, 2008. 8.

천윤환, 이귀현, 유상준, 최석림, 기초전투모델링과 시뮬레이션, 황금소나무, 2017. 12.

최상영, 국방 모델링 및 시뮬레이션 총론, 북코리아, 2010. 3.

최상영, 워게임 모델 인증 및 평가 방법론 연구, 2010, 2.

최연호, 시뮬레이션 기반 탄약효과 예측 방법론에 관한 연구, 공주대학교 박사학위논문, 2018.

풍산-KAIST 미래기술연구센터, 2019년 중간성과보고서(미래 탄약기술 및 방산 정책제도발전 연구), 2019. 8.

한국국방연구원, 국방 시뮬레이션 용어사전, 편집부, 2003. 3.

한미연합군사령부, 미 합동민간요소 모의모델 모의논리 분석서, 2015. 9.

한원규, “HLA 기반의 MRM 시뮬레이션의 성능분석에 관한 연구”, 육사논문집 26집 3권, pp.289-302, 2006. 10.

합동참모본부, 도시지역 작전(원저: 미합동교범 3-06), 합동참모본부 교리훈련부, 2004.

홍정희, 서경민, 김탁곤, “전투체계효과도 및 성능 분석을 위한 공학/교전 모델 연동”, 한국군사과학기술학회 2010년 종합학술대회 논문집, pp.184-187, 2010.

찾아보기

ㄱ

가산합동(Additive Congruential) 방법 100
가상(Virtual) 4
가시선 533
가시선 분석 10, 485, 489, 490, 491, 534
간접사격 399, 400, 401, 403, 406, 407, 410, 411, 416, 419, 420, 421, 473, 474, 671
간헐적 일별 탐지 모델 259
개체 이동 모델링 471
개체(Entity) 183, 192, 193
게릴라 전 691
게임값 606
결정적(Deterministic) 모델 21
결합법 137
경계조건 738
경사계단 피해함수 412
경험적 누적 분포함수 109
경험적 분포 154, 155
고정시간 증가법 196
공학급 모델 21
교전급 모델 20
구조(Constructive) 4
규칙 집합 551
근접전투 전문가 시스템 468
급조폭발물 607
기뢰 587
기하분포 165

ㄴ

네트워크 능력 500, 501, 757
노출면적 426
논리적 모델 3

ㄷ

다중 해상도 모델 852, 855, 883, 884, 885, 886, 941
독립성(Independence) 105, 116, 117
동적(Dynamic) 시스템 193

ㅁ

명중확률 214, 242, 244, 246, 248, 249, 250, 251, 252, 253, 254, 371, 372, 373, 374, 375, 377, 378, 381, 382, 383, 385, 386, 387, 388, 389, 395, 396, 441, 442, 453, 454, 456, 457, 458, 460, 461, 780, 781, 782, 783, 784, 785, 787
모델 변환기 868, 869, 870, 871, 876, 880, 881, 939
모델(Model) 2
모델링 2
모델링 기술 27
모델링(Modeling) 2, 181
목록(List) 192
무기체계-표적 할당문제 351
무기추천도구 443

무인기 611, 625
무작위 탐색 281, 328
물리적 영역 497
미니어처(Miniature) 워게임 65
미래사건목록 192, 195, 198, 200, 202, 203, 204, 209, 210, 218, 219, 222, 223, 227, 228, 229, 231
미래사건목록(FEL: Future Event List) 195
민간집단별 관심사항 550
민군작전 544, 545, 546, 548, 566, 567, 789, 791

ㅂ

배경(Context) 182
보드(Board) 워게임 67
부분차단 647
분산 시뮬레이션 52, 788, 789, 790, 792, 794, 795, 841
분석용 워게임 14
블럭(Block) 워게임 70

ㅅ

사거리 공산오차 247, 248, 254, 379, 783
사건 증가법 197
사건(Event) 183, 192, 221, 548
사건목록(Event List) 192
사건알림(Event Notice) 192
사회적 영역 497
사후검토모델 9
살상범주 394, 419
삼각분포 144
상세(Disaggregation) 23
상수승수(Constant Multiplier) 방법 100
상태(State) 183
상태변수(State Variable) 183
상호연동 기술 27
생존성지향 문제 617, 618
선형보간법 401, 406, 417, 418, 486, 487, 490, 491
선형합동발생(LCG: Linear Congruential Generator) 방법 101
성형작약(Shaped Charge) 422
소규모 부대간 전투 690
소모계수율 676
소모율 669
속성(Attribute) 183, 801
손실 교환율 676
손실률 669
손자병법 30
수학적 모델 2
순환성(Cyclic Property) 97
승산합동(Multiplicative Congruential) 방법 103
시간지연 요소 474
시간지향 모델 615, 616, 618
시계(Clock) 193
시뮬레이션 178
시뮬레이션 절차 184
시뮬레이션(Simulation) 2
시스템(System) 182
실제(Live) 4

ㅇ

역변환법 137
역입체 탐지법 278, 282
역제곱 탐지법 278
연속 탐지 271
완전 탐색 269, 270, 280, 281
완전차단 647
우월 매개변수 681
워게임 지도 62

원형 공산오차 382, 383, 781
유린 466
의사난수(Pseudo Random Number) 96
이동경로 구성 473
이동경로 문제 611
이동속도 계산 473
이동제한 조건 472
이동표적 탐지모형 331
이산 사건 시뮬레이션 200
이산사건 시뮬레이션 192, 199
이산형 일양분포 164
이항분포 170
인지적 영역 497
일반 결투 Modelling 742
일양성(Uniformity) 97, 105, 106
임무 모델 20
임무 및 태세 전환기준 466
입체각(Solid angle) 262
입체각(Solid Angle) 276, 277

ㅈ

자동상관관계 검정 129
전구 모델 20
전자기파 292, 293
전자전 모의 539
전투 지속시간 기댓값 747
전투21 25, 852, 853, 859, 860, 861, 862, 865, 870, 871, 872, 873, 874, 875, 876, 877, 879, 880, 881, 882
전투력 분배 464
전투소모 판단 절차 669
전투종료 조건 묘사 729
전투집합 464
전투효율 669
전환 확률 710
점사격 674
정규분포 161
정보 융합 모의 541
정보공유법 883, 886
정보공지법 883, 885
정보요청법 883
정보의 영역 497
주요사건(Primary Event) 193
주파수 간섭 538, 539
준난수(Quasi Random Number) 96
중앙승법(Midproduct) 방법 99
중앙제곱(Middle-Square) 방법 98
증원과 비전투 손실 713
지뢰 587
지뢰지대 모의 588
지수 피해함수 411
지수분포 141
지수형 Lanchester 방정식 737
지역사격 674
지연 상태 조건 472
지연(Delay) 193
직사화기 교전 674
진정한 난수(Truly Random Number) 96
집단 종합성향 553, 559
집약(Aggregation) 23

ㅊ

창조21 4, 11, 14, 340, 342, 420, 463, 467, 535, 806, 843, 853, 859, 860, 861, 862, 865
채택/기각법 137, 171, 172, 173, 175, 176
청군(Blue Force) 39
최단경로문제 180
최연호 방법 453
충실도(Fidelity) 23
취약면적 426
취약성 범주 403, 404, 405, 406, 407,

418, 419
측면거리 294, 295, 296, 297, 305, 306, 307, 309, 310, 312, 315, 316, 317, 318, 319, 323, 324, 326, 592, 593
측면거리곡선 294, 295, 296, 297, 306, 307, 309, 310, 312, 318, 319, 323, 324, 592
치명부품 피해평가 446, 447
치사반경 409, 410, 412, 415, 418
카드(Card) 워게임 73
카운터 75, 602
카운트 603, 604, 605, 606
컴퓨터 워게임 74

E

타이머 602
탐지자산별 탐지거리 340
통신정보 탐지 모의 540

ㅍ

파괴확률 351, 352, 353, 360, 361, 394, 395, 397, 398, 423, 441, 442, 443, 448, 449, 626, 628, 632, 634
파편(Fragmentation) 422
편의 공산오차 247, 248, 254, 379, 380, 420, 783
포발사식 관측 드론 244, 245
폭풍(Balst) 422
표적 살상확률 371
표적형상모델 445
피해율 669

ㅎ

합동/전투실험용 워게임 19
합성법 137
합성환경기술 27
해상도(Resolution) 22
헥사 63, 76
혼합형(Hybrid) 모델 21
홍군(Red Force) 39
확률과정 735
확률변수값 생성 136
확률적 결투 741
확률적(Stochastic) 모델 21
환경(Environment) 182
활동(Activity) 183, 192, 193, 212, 221, 222
획득용 워게임 18
훈련용 워게임 9, 13

A

A/D 기법 868
Activity-scanning 194, 212, 221, 222
Activity-scanning World View 194
Advantage Parameter 681
Agent Based Model 기술 27
Aggregate-Level 852
Aiming Firing Law 706
Aircraft in Warfare: the Dawn of the Fourth Arm 668
ALSP 53, 796
Arena 639, 642, 643, 644, 645, 647, 648, 649
Autocorrelation 검정 116
Automatous Firing 706
AWAM 529

B

Bat-Intensity 919, 920
BCTP 50

Bootstrapping 198, 199, 200, 202, 203, 209
Bracken 전투모형 722
Branch-and-Bound 352, 354, 355, 356, 359, 365, 366, 368, 369
Branch-and-Price Algorithm 360
Bridge 793, 847
B형태 활동 221, 222, 223, 227, 228

C

C 형태 활동 221, 222
C4ISR 525
CAR 554, 560, 561, 564, 565
Carlton 피해함수 408, 409, 410
Casualty Exchange Rate 676
CBS 50, 547, 548, 549, 554, 565, 566, 567, 573
CES 528
COBRA 467
COGNIT 596
Constraind Federate 829
Constructive 시뮬레이션 8
Cookie Cutter 피해 함수 408
Critical 구성품 424
CTIA 790

D

Dantzig-Wolfe Decomposition 364
Data Distribution Management 814, 815, 838
Data Mapping 858, 864
DataType 805, 812
DDM 838
Declaration Management 815, 819
DEP 379
DES World Views 194
Direct Transformation Method 158
DIS 790
Disaggregation 23, 855, 857, 858, 859, 863, 864, 868, 870, 871, 872, 874, 875, 880
Discover 819
DMEA 446
DNS 528, 529, 530, 531, 532, 533, 535

E

EBO 498
Entity-Level 852
Enum Data 806, 807, 808
Enumerated DataType 805
ENWGS 589, 590, 591, 592
E-R Diagram 3
Erlang 분포 147
Event Based 857, 861, 862
Event-Driven 836, 868
Event-scheduling 194, 201, 202, 203, 213, 221, 222
Event-scheduling World View 194
Fair Fighting 26
FALT 445
FCC 806, 807

F

Federate 547, 792, 793, 795, 797, 801, 802, 804, 806, 807, 808, 810, 814, 815, 816, 819, 823, 825, 827, 828, 829, 831, 838, 841, 842, 860, 864, 865, 866, 867, 868
Federation 547, 548, 791, 792, 793, 794, 795, 797, 801, 802, 804, 806, 807, 808, 809, 810, 811, 812, 814, 815, 816, 817, 818, 819, 825, 827, 841,

842, 857, 864, 865
Federation Management 791, 810, 814, 815, 816
FedExec 841
FIT 528
Fixed Geographical Area 857, 861
FLOT 891, 893, 914, 917, 919, 921, 922
FMECA 445
FOM 792, 798, 801, 809, 812, 814, 933
Force Scoring 방법 729
Frederick William Lanchester 668
Full-Diaggregation 862

G

Gamma분포 162
Gap 검정 116, 132, 133
Gateway 793, 846, 847
Gaussian 피해함수 410, 411
GCU 612, 613, 619, 620, 621, 622, 624, 625

H

Hartly 전투모형 723
Hellwig 워게임 34
Heterogeneous Lanchester 전투모형 728
Heterogenous Lanchester 모형 670
High Resolution 모델 22
HLA 53, 58, 790, 791, 792, 793, 794, 795, 796, 797, 801, 811, 814, 815, 816, 841, 842, 843, 846, 847, 859, 860, 861, 865, 868, 933, 940, 943
HLA Interface Specification 842
HLA/RTI, 58, 861
Homogenous Lanchester 모형 670
HRE(High Resolution Entity) 862

I

IDAHEX 49
IED 607
Inverse Law of Detection 276, 537
ISM 548
ISR 58, 79, 80, 81, 82, 495, 524, 525, 526, 527, 528, 536, 542, 846, 939

J

JANUS 49
JCATS 547, 548, 549, 554, 568, 573
JICM, 51, 52, 64, 890, 894, 928
JIN 548, 551, 561, 562
JMEM 351, 440, 443, 444, 448, 452, 453, 454, 456, 457, 461, 462, 547
JNEM 546, 547, 548, 549, 550, 551, 554, 556, 558, 560, 561, 562, 563, 566, 567, 570, 573, 585, 939
JNTC 546
JOUT 549, 551, 562, 563, 564, 584
JRAM 549, 551, 561, 562, 563, 576, 581, 582, 583, 584

K

Kill-Tree 427
Knapsack 문제 354, 362, 365, 366
Kolmogorov-Smirnov(KS) 검정 109
Kriegsspiel 38
KS 검정 109, 115, 116

L

Lagrangian Heuristic 356, 357
Lagrangian Relaxation 352
Lanchester 1st Linear Law 684
Lanchester 2nd Linear Law 687

Lanchester Geometric Mean Law 704
Lanchester Logarithm Law 701
Lanchester Mixed Law 690
Lanchester Square Law 674
Lanchester 법칙 41
Lanchester 법칙의 제한사항 732
LBTS 827, 829
LCV 훈련 25
Live 시뮬레이션 6
Logistic 분포 148
Lookahead 828
Low Resolution 모델 22
LRE(Low Resolution Entity) 862
LVC 24, 25, 26, 27, 58, 789
LVC 연동 24
LVC 연동체계 25

M

Manual Triggering 857, 861, 862
MCM EXPERT 596
MEDAL 596
Metcalfe 법칙 501, 502, 503
METT-TC 545
MIXER 596
Modelling 667
ModSAF 52
MOE 21, 499, 542, 543, 612, 614, 615, 622
MOM 798, 808, 809, 810
Monte Carlo 방법 45
Monte Carlo 시뮬레이션 45, 233, 234, 235, 242, 244, 246, 248, 249, 250, 251, 253, 254, 255, 256, 454, 597, 599, 757
MOO 542, 543
MOP 21, 476, 525, 542, 543
MRM 기술 27
MSEL 546, 547, 548
Multi-resolution Model 793, 851

N

NCW 495, 496, 497, 498, 501, 502, 503, 504, 506, 507, 508, 509, 525, 526, 536, 761, 763, 771, 941, 942
Negotiated Pull 865, 866
Negotiated Push 858, 865
NGO 550, 552, 554, 568, 570
Noncritical 구성품 424
NTC 51
NUCEVL 596

O

Object Management 815, 823, 838
OMT 795, 798
OneSAF 58
OODA Cycle 497
OptSweep 600
OSIRIS 528, 530

P

Partial-Diaggregation 862
PCW 502
Peterson 702
Poisson 과정 148, 608, 735, 736, 737
Poisson 과정 기반 전투모형화 735
Poisson 분포 141, 167, 627, 735, 736
Poker 검정 116, 134, 135
Process-interaction 194, 212, 213, 228, 229, 230, 231
Process-interaction World View 194
Pseudo-Disaggregation 862, 863

Publish 799, 815, 819, 820, 838, 843, 879, 880

Q

Queue 179, 192, 222, 223, 226, 227, 831

R

Random 탐색 262, 263, 265, 267, 268, 270, 282
Ratio of Attrition Coefficient 676
Rayleigh 분포 150
RDO 498
Receive 819, 823, 827, 831
Redundant 구성품 424
Reflect 815, 817, 819, 843
Register 819, 843, 887
Regulating and Constrained 828
Regulating Federate 828, 829
Reisswitz워게임 36
REP 379
Resign 816, 841
RO 560, 760, 801, 811, 827
RSAS 51, 892, 926
RTI 791, 792, 793, 795, 799, 800, 801, 808, 810, 814, 816, 817, 823, 827, 829, 834, 841, 842, 843, 847, 859, 860, 861, 865, 866, 867, 868, 879, 880, 933, 940
Run above and blow the mean 검정 120
Run up Run down 검정 117
Run 검정 116, 118, 121
Run의 평균길이 124, 127

S

SAR 527, 536, 537, 538
SB 639
Scanned 탐색 262, 265, 266, 267, 268, 269, 270
Scheiber 전투모형 723
Schutzer의 C2 이론 499, 500
Send 819, 831
SFS 890, 891, 892, 896, 901, 903, 904, 913, 919, 922, 925, 926, 928
SFSM 890, 892, 896
SIMNET 50, 796
Solid Angle 438
SOM 792, 798, 799, 843
Spacewar! 47
Spheres of Influence 857, 861, 862
Subproblem 355, 364, 365, 366, 368, 369
Subscribe 799, 815, 817, 819, 820, 838, 843, 879, 880
Super Glimpse 269, 270

T

Tactics 67
TAR 829
TENA 790, 846
TGM 445
Time Management 815, 827
Time-Stamp 827, 834, 858
Time-Stepped 834, 835, 868
TSO 827, 828, 829, 831
*t*검정 239

U

UCAV 611, 625, 626, 627, 628, 629, 630, 631, 632, 633, 634, 636
UCPLN 596
UMPM 590, 591, 593, 594
Unobtrusive 방법 867

Update 368, 816, 819, 823, 824, 825, 887

V

Virtual 시뮬레이션 7
VV&A 기술 27

W

WARSIM 547, 811, 843
Weapon Scoring 670
WEI(Weapon Effectiveness Index) 893
Weibull 분포 145
What is the best 180
What-if 2, 179, 181, 182
WUV(Weighted Unit Value) 893

기타

1차원 모형 371
1차원 탐색 285, 286
2차원 모형 379

수학적 전투모델링과 컴퓨터 워게임

초판 1쇄 발행 | 2019년 12월 25일
초판 2쇄 발행 | 2020년 10월 10일

지은이 | 권오정
펴낸이 | 조승식
펴낸곳 | (주)도서출판 북스힐

등 록 | 1998년 7월 28일 제22-457호
주 소 | 서울시 강북구 한천로 153길 17
전 화 | (02) 994-0071
팩 스 | (02) 994-0073

홈페이지 | www.bookshill.com
이메일 | bookshill@bookshill.com

정가 59,000원

ISBN 979-11-5971-255-5

Published by bookshill, Inc. Printed in Korea.